# 输配电线路
## 异常运行及事故处理
## （下册）

《输配电线路异常运行及事故处理》编写组 编著

中国水利水电出版社
www.waterpub.com.cn
·北京·

## 内 容 提 要

本书共分两篇。第一篇为运维技术与管理篇，主要内容包括架空输电线路运维与异常处理、电缆输电线路运维与异常处理、绝缘子运维与异常处理、避雷器和接地装置运维与异常处理、输配电线路应急管理、防止人身伤亡事故重点要求、输配电网系统稳定、输配电网自动化系统及网络安全、输配电网智能运检、高压输电线路巡检管理创新等；第二篇为运检实践与案例篇，主要内容包括架空配电线路故障分析与处理、架空配电线路典型故障处理与实例、接地装置与接地网故障排除及安全运行、架空配电线路运维与事故处理、架空线路绝缘和变电所外绝缘异常运行与事故处理、高压输电线路直升机巡检技术、架空输电线路无人直升机巡检系统、固定翼无人直升机的巡检系统、架空输电线路无人机巡检作业管理、架空输电线路无人机巡检作业安全、高压输电线路多旋翼无人机巡检拍摄技术、机器人在高压输电线路巡检中的应用、电力电缆异常运行及事故处理、电力电缆线路运维与故障诊断、电力电缆带电检测技术、二次回路及其故障处理、智能配电线路的运维与快速自愈方案等。本书在阐述中列举了大量的实践案例，电力线路运行中的异常现象、事故原因及处理方法等内容尽量图表化，内容丰富，通俗易懂，理论联系实际。

本书可供输配电线路的运行、检修、安装、试验等方面的工程技术人员和管理人员使用，也可供输配电技术研发、制造企业及广大用电企业的专业技术人员阅读，还可供大、中专院校有关专业师生参考。

## 图书在版编目（CIP）数据

输配电线路异常运行及事故处理. 下册 /《输配电线路异常运行及事故处理》编写组编著. -- 北京：中国水利水电出版社, 2024. 11. -- ISBN 978-7-5226-2934-6

Ⅰ. TM732

中国国家版本馆CIP数据核字第20259BP266号

| 书　　名 | **输配电线路异常运行及事故处理（下册）**<br>SHUPEIDIAN XIANLU YICHANG YUNXING JI SHIGU CHULI (XIA CE) |
|---|---|
| 作　　者 | 《输配电线路异常运行及事故处理》编写组　编著 |
| 出版发行 | 中国水利水电出版社<br>（北京市海淀区玉渊潭南路1号D座　100038）<br>网址：www.waterpub.com.cn<br>E-mail：sales@mwr.gov.cn<br>电话：（010）68545888（营销中心） |
| 经　　售 | 北京科水图书销售有限公司<br>电话：（010）68545874、63202643<br>全国各地新华书店和相关出版物销售网点 |
| 排　　版 | 中国水利水电出版社微机排版中心 |
| 印　　刷 | 清淞永业（天津）印刷有限公司 |
| 规　　格 | 210mm×297mm　16开本　28.5印张　1354千字 |
| 版　　次 | 2024年11月第1版　2024年11月第1次印刷 |
| 印　　数 | 0001—2000册 |
| 定　　价 | **195.00元** |

凡购买我社图书，如有缺页、倒页、脱页的，本社营销中心负责调换

**版权所有·侵权必究**

# 《输配电线路异常运行及事故处理》（下册）编写组成员名单

| | | | | | | |
|---|---|---|---|---|---|---|
| 主　　编 | 王晋生 | 宫运刚 | 茹海波 | | | |
| 副 主 编 | 于景丰 | 程利军 | 姚　晖 | 郭红兵 | 宋子恒 | 邓元睿 |
| | 张　宁 | 张耀仁 | 司瑞琦 | 高艳雨 | 李焜烨 | |
| 参编人员 | 武同迪 | 倪兆瑞 | 李诗林 | 陈涵林 | 谢天朋 | 张　鑫 |
| | 杨　玥 | 郑　璐 | 金续曾 | 宫向东 | 苏　红 | 种倩倩 |
| | 董莉娟 | 付文光 | 寇　正 | 张　帆 | 李禹萱 | 王秀美 |
| | 王　迪 | 王子锐 | 赵　璐 | 周佳幸 | 曲梅红 | 邹汶洁 |
| | 张　敏 | 张瑞旭 | 曲秀青 | 蒋子尧 | 毛亚鹏 | 郑兰欣 |
| | 沈　通 | 王建亭 | 董红云 | 卜秀英 | 王周才 | 吕桂珍 |
| | 袁　野 | 高　健 | 郭铭家 | 侯　华 | 许雪莹 | 姜兆泽 |
| | 王淑珍 | 王京超 | 乔　斌 | 吕　杰 | 郑雅琴 | 王　政 |
| | 周小云 | 王嘉悦 | 杨皓淳 | 胡厚骅 | 崔冰嬬 | |

# 前 言

  我国电力工业随着国家综合国力的强大取得了举世瞩目的巨大发展成就。发电能力从新中国成立初期的世界落后水平，进入世界先进行列。发电量和发电装机容量增长上千倍，为我国经济建设提供了价格可承受的电力供应。电力供应从停电、断电是家常便饭进入高可靠性水平阶段。电网规模稳步发展，电压等级不断提升，建成世界上覆盖范围最广、能源资源配置能力最为强大、运行水平最高的电网。电源结构从一煤独大到多种能源发电并举，清洁能源装机规模和发电量不断扩大，电源结构持续优化；电力工业技术水平和装备能力大幅提升，特高压输电技术、新能源发电并网技术、核电技术和发电设备生产能力步入世界先进行列。电力技术创新与电力国际合作取得重大进展，电力体制机制日趋完善。我国电力工业发展为国民经济 70 多年快速发展提供了可靠的电力保障。

  发电装机规模是衡量一国电力工业产能的重要指标。发电量越多，表明电力工业的规模越大，提供电力服务的能力也越强。为满足不断增长的电力需求，新中国成立以来，投入巨额资金新建了大量发电基础设施。电网覆盖率是反映电力普遍供应能力的重要指标。我国电网从覆盖率低、联通性低、电压低的零星孤网发展成为世界上覆盖范围最广、能源资源配置能力最为强大、并网新能源装机规模最大、高压输电线路最多的电网；从安全运行水平低的电网发展成为世界安全运行水平最高的电网之一，电力供应进入高可靠性水平阶段。电网发展经历了从孤网、孤立电厂，到区域电网，再到全国电网覆盖到村的发展过程。新中国成立之初的我国电网十分薄弱，多是以城市为供电中心的孤立电厂和相应的低压供电。经过近 30 年的发展，到改革开放之初的 1978 年，全国电网覆盖率接近一半，电网主要以相对孤立的省级电网、城市电网为主，省间联系很少。特别是经过改革开放 40 年的发展，到 2018 年全国电网已经形成了华北、东北、华中、华东、西北、南方六个大型区域交流同步电网，除西北电网以 750kV 交流为主架网外，其他电网以 500kV 交流为主网架，华北电网和华东电网建有 1000kV 特高压工程。

  输电线路长度是反映电网规模的重要指标。1949 年，电力线路为 6474km，除东北地区 154～200kV 高压电网、京津唐地区 77kV 电网、上海市 33kV 供电电网外，在个别地方间或架设有单独的22kV或33kV输电线路。到1978年，220kV及以上输电线路长度2.3万km，是1949年的3.5倍。到2018年，电压等级极大提高至35kV及以上的输电线路回路长度达189万km，相当于绕地球赤道47圈，是1949年的291倍。电网线路长度增长超过290倍。

电压等级是反映电网技术水平的重要指标。1949年，最高电压等级为220kV。到1978年，最高电压等级为330kV，全国各电网以220kV和110kV高压输电线为主要干线，变电容量2528万kVA。特别是经过40年改革开放，到2018年，电网最高电压等级1100kV，超过巴西（800kV）、美国（765kV）、印度（765kV）、俄罗斯（750kV）、日本（500kV），达世界第一；变电设备容量40.3亿kVA；跨区输电能力不断提高，到2018年跨区输电达到1.36亿kW，其中交直流联网跨区输电能力超过1.23亿kW，跨区点对网送电能力1344万kW。电网电压等级世界最高。

我国电网技术在特高压输电、智能电网、大电网安全稳定运行控制、新能源接入等方面，取得了一批具有全球领先水平的科技创新成果。我国主导制定的特高压、新能源并网等国际标准成为全球相关工程建设的重要规范。特高压输电技术和超临界技术进入世界先进行列，拥有世界电压等级最高的±1100kV直流输电和1000kV交流特高压输电；输变电设备制造能力处于世界先进水平。特高压输电技术的发展改变了中国输变电行业长期跟随西方发达国家发展的被动局面，确立了国际领先地位。

众所周知，大量使用的电能几乎都是发输变配用同时发生的，只有发输电设备、变配电设备、用电设备和整个电网处于安全运行中，广大用户才能获得电压、频率合格的电能。输变电设备长久累月的运行中不可能不出现异常或故障甚至事故，正是在电网人的辛勤巡视检查下，采取各种防止事故发生的措施，才保证了电网的稳定安全运行。

电力设备正常运行是发电厂、变电所和电力系统安全、稳定、优质、经济运行的保证。当前，电力设备在运行中的异常现象时有发生，甚至引发事故，对电网安全运行造成严重威胁。因此，正确分析出现的异常现象和事故并及时处理具有重要意义。本书就是为适应这一需要而编写的，希望能对现场进行异常现象分析和事故处理有所促进和帮助。本书是以近些年来发布的国家标准、电力行业标准和国家电网有限公司、中国南方电网有限责任公司、各发电集团公司企业标准等为依据，结合作者在工程实践和现场培训中的经验和体会编写的。虽然在编写中查阅了大量的文献、资料，但由于电力设备类型繁多、结构千差万别，引起异常现象及事故的原因也比较复杂，加上编者所掌握资料的局限性，不可能对所有的异常现象和事故都进行很全面的叙述，因此在本书中仅对电力设备在运行中发生的性质严重、影响较大的异常现象和事故原因进行分析，并根据具体情况指出相应的诊断和处理方法或防止对策。在编写过程中，作者力求做到突出物理概念、理论联系实际，并能反映现场的新技术、新经验和新动向，以供运行、安装、检修、试验和制造部门的工程技术人员参考和借鉴。

本书共分两篇：第一篇为运维技术与管理篇，主要内容包括架空输电线路运维与异常处理、电缆输电线路运维与异常处理、绝缘子运维与异常处理、避雷器和接地装置运维与异常处理、输配电线路应急管理、防止人身伤亡事故重点要求、输配电网系统稳定、输配电网自动化系统及网络安全、输配电网智能运检、高压输电线路巡检管理创新等；第二篇为运检实践与案例篇，主要内容包括架空配电线路故障分析与处理、架空配电线路典型故障处理与实例、接地装置与接地网故障排除及安全运行、架空配电线路运维与事故处理、架空线路绝缘和变电所外绝缘异常运行与事故处理、高压输电线路直升机巡检技术、架空输电线路无人直升机巡检系统、固定翼无人直升机巡检系统、架空输电线路无人机巡检作业管理、架空输电线路无人机巡检作业安全、高压输电线路多旋翼无人机巡检拍摄技术、机器人在高压输电线路巡检中的应用、电力电缆异常运行及事故处理、电力电缆线路运维与故障诊断、电力电缆带电检测技术、二次回路及其故障处理、智能配电线路的运维与快速自愈方案等。本书在阐述中列举了大量的实践案例，电力线路运行中的异常现象、事故原因及处理方法等内容尽量图表化，内容丰富，通俗易懂，理论联系实际。本书可供输配电线路的运行、检修、安装、试验等方面的工程技术人员和管理人员使用，也可供输配电技术研发、制造企业及广大用电企业的专业技术人员阅读，还可供大、中专院校有关专业师生参考。

  本书在编写中，参考和引用了有关单位和个人公布的现场异常现象、事故案例、统计分析数据和试验研究成果，谨在此向被本书所引用的参考文献的作者（包括一些在内部刊物上发表论文的作者）表示衷心的感谢。

  鉴于作者的水平有限，书中很可能有不当或错误之处，希望广大读者不吝赐教！

**作者**

2024 年 10 月

# 目 录

前言

## 上 册

## 第一篇 运维技术与管理篇

### 第一章 架空输电线路运维与异常处理 ……… 3
- 第一节 巡检 ……………………………… 5
- 第二节 带电检测 ………………………… 7
- 第三节 异常故障处理 …………………… 11
- 第四节 预防性试验 ……………………… 42
- 第五节 检修性试验 ……………………… 43
- 第六节 国家能源局防止架空输电线路事故重点要求 ………………………………… 44
- 第七节 国家电网公司防止输电线路事故重点要求 ………………………………… 48
- 第八节 检修作业安全风险 ……………… 52
- 第九节 安全工器具及作业机具 ………… 66
- 第十节 起重机械安全监督管理 ………… 76

### 第二章 电缆输电线路运维与异常处理 ……… 83
- 第一节 巡检 ……………………………… 85
- 第二节 电缆线路带电检测 ……………… 96
- 第三节 异常故障处理 …………………… 101
- 第四节 预防性试验 ……………………… 111
- 第五节 电缆状态检修试验 ……………… 115
- 第六节 国家能源局防止电力电缆损坏事故重点要求 ………………………………… 118
- 第七节 国家电网公司防止电力电缆损坏事故重点要求 ………………………………… 120
- 第八节 检修作业安全风险 ……………… 121

### 第三章 绝缘子运维与异常处理 ……………… 125
- 第一节 绝缘子巡检 ……………………… 127
- 第二节 绝缘子带电检测 ………………… 127
- 第三节 异常故障处理 …………………… 127
- 第四节 预防性试验 ……………………… 127
- 第五节 状态检修试验 …………………… 130
- 第六节 国家能源局防止污闪事故重点要求 … 131
- 第七节 国家电网公司污闪事故重点要求 … 132

### 第四章 避雷器和接地装置运维与异常处理 …… 135
- 第一节 避雷器和接地装置巡检 ………… 137
- 第二节 避雷器和接地装置带电检测 …… 139
- 第三节 避雷器和接地装置异常及处理 … 141
- 第四节 预防性试验 ……………………… 141
- 第五节 状态检修试验 …………………… 149
- 第六节 国家能源局防止接地网和过电压事故重点要求 ………………………………… 150
- 第七节 国家电网公司防止接地网和过电压事故重点要求 ………………………………… 153

### 第五章 输配电线路应急管理 ………………… 157
- 第一节 电力企业应急预案基础知识 …… 159
- 第二节 电力企业综合应急预案主要内容 … 161
- 第三节 电力企业专项应急预案主要内容和体系目录 ………………………………… 162
- 第四节 电力企业现场处置方案 ………… 165
- 第五节 国家大面积停电事件应急预案 … 168
- 第六节 电力企业现场处置方案示例 …… 173
- 第七节 风偏跳闸故障应急处置与事故抢修 … 187
- 第八节 冰害跳闸故障应急处置与事故抢修 … 190

### 第六章 防止人身伤亡事故重点要求 ………… 195
- 第一节 国家能源局关于防止人身伤亡事故的重点要求 ………………………………… 197
- 第二节 国家电网公司关于防止人身伤亡事故的

| | | | | |
|---|---|---|---|---|
| | 重点要求……………………………………… | 203 | 第八章 输配电网自动化系统及网络安全………… | 311 |
| 第三节 | 输电工程建设安全风险管理…………………… | 205 | 第一节 防止电力自动化系统事故………………… | 313 |
| 第四节 | 输电运维安全风险管控………………………… | 279 | 第二节 防止电力监控系统网络安全事故………… | 314 |
| 第七章 输配电网系统稳定…………………………… | | 295 | 第三节 防止电力通信网事故……………………… | 320 |
| 第一节 | 电网运行设备操作管理及事故处理…………… | 297 | 第四节 防止信息系统事故………………………… | 324 |
| 第二节 | 电力系统频率降低事故处理…………………… | 297 | 第五节 防止网络安全事故………………………… | 326 |
| 第三节 | 电力系统电压降低事故处理…………………… | 298 | 第六节 防止分散控制系统失灵事故……………… | 327 |
| 第四节 | 电力系统发生振荡事故处理…………………… | 298 | 第九章 输配电网智能运检…………………………… | 335 |
| 第五节 | 电力系统出现谐振过电压事故处理…………… | 299 | 第一节 电网智能运检概述………………………… | 337 |
| 第六节 | 电力系统解列事故处理………………………… | 299 | 第二节 电网状态感知技术………………………… | 347 |
| 第七节 | 国家能源局防止系统稳定破坏事故重点 | | 第三节 移动作业技术和实物ID技术……………… | 352 |
| | 要求……………………………………………… | 300 | 第四节 运检数据处理技术………………………… | 356 |
| 第八节 | 国家电网公司防止系统稳定破坏事故重点 | | 第五节 电网故障诊断和风险预警技术…………… | 359 |
| | 要求……………………………………………… | 302 | 第六节 输电设备智能化技术……………………… | 362 |
| 第九节 | 国家能源局防止机网协调及风电机组、光伏 | | 第十章 高压输电线路巡检管理创新………………… | 367 |
| | 逆变器大面积脱网事故重点要求……………… | 304 | 第一节 运检指挥中心……………………………… | 369 |
| 第十节 | 国家电网公司防止机网协调及新能源大面积 | | 第二节 架空输电线路无人机巡检管理…………… | 396 |
| | 脱网事故重点要求……………………………… | 307 | | |

# 第二篇 运检实践与案例篇

| | | | | |
|---|---|---|---|---|
| 第一章 架空配电线路故障分析与处理……………… | | 415 | 第一节 架空配电线路典型故障排除方法………… | 427 |
| 第一节 | 概述……………………………………………… | 417 | 第二节 线路杆塔及其基础故障排除实例………… | 429 |
| 第二节 | 线路及设备故障起因…………………………… | 417 | 第三节 线路断路故障排除实例…………………… | 435 |
| 第三节 | 线路及设备故障分类与特点…………………… | 421 | 第四节 线路短路故障排除实例…………………… | 440 |
| 第四节 | 线路及设备故障诊断方法……………………… | 422 | 第五节 线路接地故障排除实例…………………… | 444 |
| 第五节 | 线路及设备故障处理…………………………… | 423 | 第六节 线路错接线故障排除实例………………… | 448 |
| 第二章 架空配电线路典型故障处理与实例………… | | 425 | 第七节 绝缘子故障排除实例……………………… | 450 |

# 下 册

| | | | | |
|---|---|---|---|---|
| 第三章 接地装置与接地网故障排除及安全运行…… | | 453 | 第二节 合成绝缘子………………………………… | 534 |
| 第一节 | 接地装置故障排除实例………………………… | 455 | 第六章 高压输电线路直升机巡检技术……………… | 539 |
| 第二节 | 接地网的安全判据……………………………… | 459 | 第一节 采用直升机对架空输电线路进行巡检 | |
| 第三节 | 接地线与导体截面选择………………………… | 463 | 作业的目的和意义……………………………… | 541 |
| 第四节 | 接地网腐蚀与防腐措施………………………… | 466 | 第二节 直升机巡检作业要求……………………… | 541 |
| 第五节 | 接地降阻剂……………………………………… | 470 | 第三节 直升机巡检前准备工作…………………… | 542 |
| 第四章 架空配电线路运维与事故处理……………… | | 473 | 第四节 直升机巡检作业…………………………… | 542 |
| 第一节 | 概述……………………………………………… | 475 | 第五节 直升机巡检种类…………………………… | 543 |
| 第二节 | 架空配电线路及设备运行管理………………… | 475 | 第六节 巡检资料的整理和移交…………………… | 543 |
| 第三节 | 架空配电线路运行……………………………… | 476 | 第七节 直升机巡检作业风险与预防策略………… | 544 |
| 第四节 | 架空配电线路季节性工作……………………… | 479 | 第七章 架空输电线路无人直升机巡检系统………… | 547 |
| 第五节 | 配电变压器运行………………………………… | 480 | 第一节 架空输电线路无人直升机巡检系统组成 | |
| 第六节 | 防雷与接地……………………………………… | 483 | 和分类…………………………………………… | 549 |
| 第七节 | 倒闸操作与核定相位…………………………… | 484 | 第二节 架空输电线路无人直升机巡检系统功能 | |
| 第八节 | 事故处理………………………………………… | 484 | 要求……………………………………………… | 549 |
| 第九节 | 工程竣工验收…………………………………… | 485 | 第三节 架空输电线路无人直升机巡检系统技术 | |
| 第十节 | 架空配电线路及设备运行技术管理…………… | 486 | 指标要求………………………………………… | 550 |
| 第五章 架空线路绝缘和变电所外绝缘异常运行 | | | 第四节 检测试验内容……………………………… | 552 |
| 与事故处理…………………………………… | | 499 | 第五节 中型无人直升机巡检系统内部集成要求… | 554 |
| 第一节 | 瓷绝缘子………………………………………… | 501 | 第八章 固定翼无人直升机巡检系统………………… | 559 |
| | | | 第一节 固定翼无人直升机分类和组成…………… | 561 |

| 第二节 | 固定翼无人直升机功能要求 | 561 |
| 第三节 | 固定翼无人直升机技术要求及其他要求 | 562 |
| 第四节 | 固定翼无人直升机的检测试验 | 563 |

## 第九章　架空输电线路无人机巡检作业管理  565
　　第一节　巡检计划的制订、上报及审批  567
　　第二节　空域使用管理  567
　　第三节　无人机巡检作业管理  568
　　第四节　无人机巡检作业类型和注意事项  570

## 第十章　架空输电线路无人机巡检作业安全  573
　　第一节　架空输电线路无人机巡检作业安全工作基本要求  575
　　第二节　保证架空输电线路无人机巡检作业安全的组织措施  577
　　第三节　保证架空输电线路无人机巡检作业安全的技术措施  581
　　第四节　安全注意事项  582
　　第五节　巡检作业异常处理  583

## 第十一章　高压输电线路多旋翼无人机巡检拍摄技术  585
　　第一节　多旋翼无人机巡检作业标准化作业指导书  587
　　第二节　多旋翼无人机巡视作业指导书范例  589
　　第三节　多旋翼无人机架空输电线路本体巡检影像拍摄安全要求和技术要求  596
　　第四节　巡检拍摄内容和拍摄原则  598
　　第五节　输电线路典型塔型巡检路径规划与拍摄技术  599
　　第六节　巡检资料归档  620
　　第七节　无人机巡检拍摄典型图例集锦  621

## 第十二章　机器人在高压输电线路巡检中的应用  629
　　第一节　巡线机器人的发展及现状  631
　　第二节　巡线机器人的功能及组成  632
　　第三节　高压输电线智能巡检排异物机器人  633
　　第四节　巡检机器人在南方电网的应用  634
　　第五节　架空智能巡检机器人  635
　　第六节　机器人修剪树木和除冰技术  635

## 第十三章　电力电缆异常运行及事故处理  639
　　第一节　纸绝缘电力电缆故障及防止措施  641
　　第二节　交联聚乙烯电缆事故及防止措施  652
　　第三节　电缆头故障及处理方法  659
　　第四节　电缆防火  670

## 第十四章　电力电缆线路运维与故障诊断  673
　　第一节　运行维护与管理  675
　　第二节　电力电缆的防腐  677
　　第三节　高压电缆线路的综合在线监控  678
　　第四节　电力电缆的故障  683
　　第五节　脉冲反射诊断技术基础知识  686
　　第六节　故障性质判断  693
　　第七节　故障距离粗测  694
　　第八节　电缆路径探测  712
　　第九节　电缆故障的精测定点  716
　　第十节　电力电缆实测案例与分析（29例）  721

## 第十五章　电力电缆带电检测技术  735
　　第一节　概述  737
　　第二节　电力电缆局部放电检测及其应用技术  737
　　第三节　电力电缆封铅涡流法探伤检测及其应用技术  748
　　第四节　电力电缆外护套接地电流检测及其应用技术  754
　　第五节　现场检测典型案例及其分析  757

## 第十六章　二次回路及其故障处理  773
　　第一节　二次回路运行  775
　　第二节　二次回路运行异常及故障处理  776

## 第十七章　智能配电线路的运维与快速自愈方案  783
　　第一节　配电网自动化现状  785
　　第二节　智能电网及智能配电网  789
　　第三节　新一代配电自动化  797
　　第四节　智能配电装置  800
　　第五节　故障指示器  829
　　第六节　智能配变终端  843
　　第七节　智能配电网运行维护  858
　　第八节　配电线路快速自愈方案  873

**参考文献**  891

# 第三章

## 接地装置与接地网故障排除及安全运行

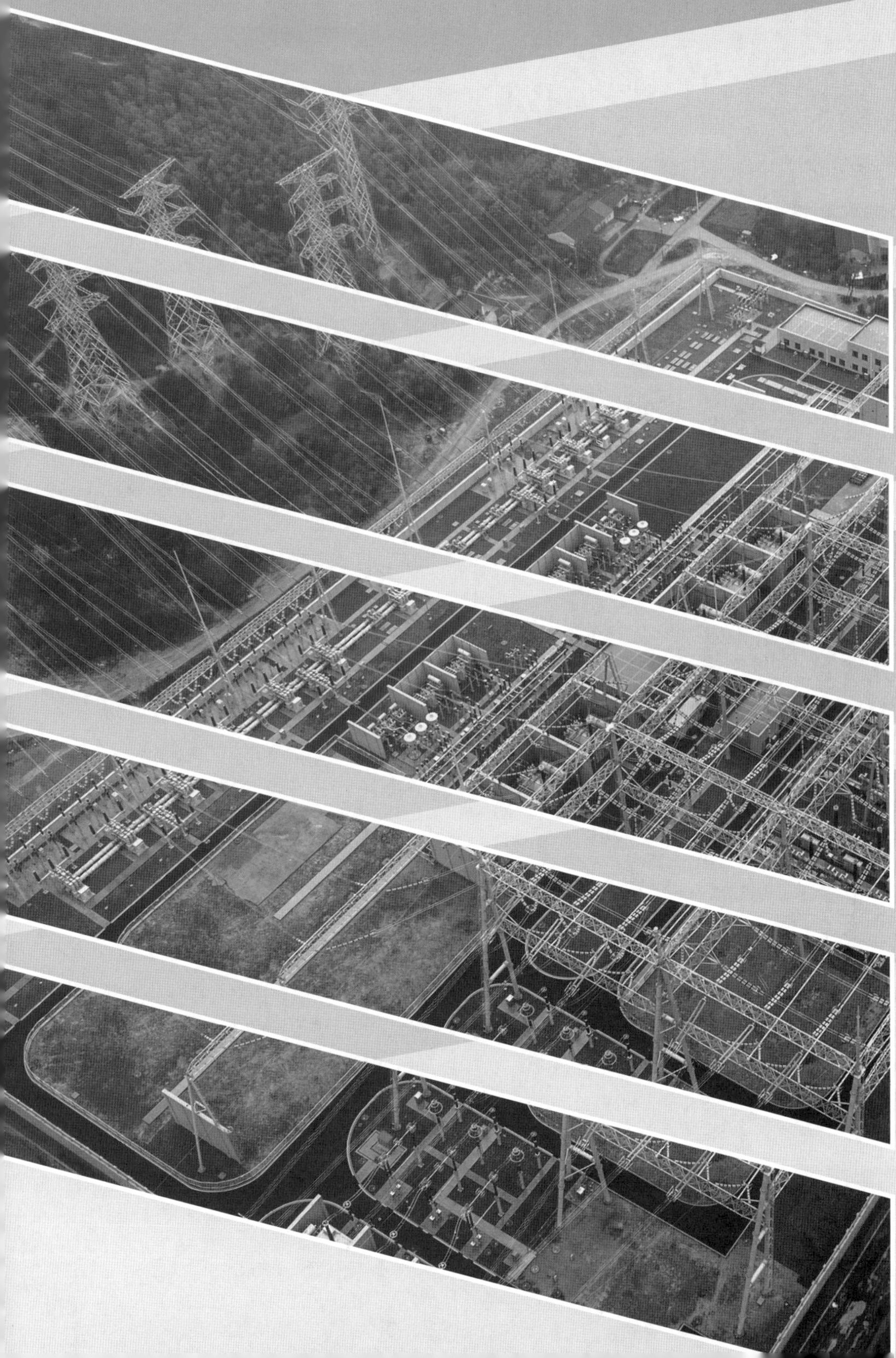

# 第一节　接地装置故障排除实例

## 一、柱上变压器接地引线断裂造成的触电事故

1. 事故现象

在某10kV线路柱上变压器（50kVA）的接地引线处，发生了一起触电事故。一天17时，几个学生到此台变压器旁的小河里游泳。18时15分左右，一个学生上岸休息，她走到柱上变压器的接地引下线处，背靠电杆休息，不料触电。

2. 事故原因分析

现场检查该台变压器的接地引下线，发现接地引下线采用的是铝芯塑料线，在与接地极连接处的7股铝芯已全部断裂，使接地引下线与接地极断开。经现场测量，接地电阻为2.7Ω，符合规程要求。三相合闸供电时，接地引下线对地电压接近200V。接地引下线与接地极连通时电流可达到3.4A。接地引下线先从变压器低压中性点引到外壳接地处螺栓，然后再引下连接接地极。当这个学生游泳上岸后，赤脚站在地上，又将潮湿的裸露后背贴靠在电杆时，因触及已断裂的接地引下线，电流就立即通过人体流入大地，造成触电。

为什么接地引下线对地电压约有200V，接地引下线与接地极连通电流有3.4A左右呢？这是因为，该变压器低压线路质量低劣，架设极不正规，有的绑扎固定在树枝上，有的固定在墙壁上，铝芯塑料线因日久天长、风吹日晒雨淋，绝缘老化，对地漏电，加之照明用户三相负荷又不平衡等原因，使得变压器中性点位移严重。因此，当接地引下线与接地极断开时就产生了高电压。

3. 防范措施

（1）变压器（中性点直接接地）接地引下线宜采用铜芯绝缘线，其截面一般不大于50mm²（北京地区配电变压器工作接地线一律使用截面70mm²低压铜芯交联聚乙烯绝缘线）。并在接地引下线外加装绝缘护套，防止人体与接地引线接触。

（2）运行中加强巡视，保证接地引下线可靠接地、接地电阻应合格。

## 二、开关箱外壳未接地造成的事故

1. 事故现象

某厂电工站在行车梁检修通道（高9m）上，往钢筋混凝土H形柱子上装设车间照明电线管支架。运行中的行车滑接线的开关箱即在该支架的下方约300mm处。在紧固支架膨胀螺栓的过程中，左手拇指碰触开关箱外壳，同一瞬间其右胳膊碰触检修道的金属护栏，造成触电；另一电工见状迅速拉开开关，将触电者扶躺在检修道上，经抢救无效死亡。

事故发生后有关单位共同对现场进行了全面检查：

（1）触电者穿有电工绝缘鞋，左手拇指上有一个电击点，右臂上有两个电击点。

（2）行车滑接线开关箱内装有熔断器式刀开关，刀开关的C相上触头已烧坏松动，箱体背板上有明显的电烧痕，触头及其固定螺栓上都有电击点。

（3）开关箱的外壳没有作保护接地。

（4）投入运行的行车及其滑接线等装置，是建设单位委托某工厂的劳动服务公司施工的。

2. 事故原因分析

（1）开关箱外壳未作保护接地是长期潜在的事故隐患。

（2）刀开关早已烧坏，为带病运行。合闸时，C相上触头导体碰触开关箱背板，使箱体带电。

3. 防范措施

（1）施工单位与建设单位必须严格贯彻执行《电气装置安装工程　接地装置施工及验收规范》（GB 50169—2006）等国家标准，严格把好工程质量关。电气设备的金属外壳必须装设保护接地。

（2）建立电气装置的日常维修制度，发现缺陷，必须及时消除。绝对不允许电气设备带病运行。

（3）在电气装置上施工或在邻近电气装置处工作时，工作人员应提高安全意识，应对电气装置进行必要的外观检查，并用验电笔测试是否有电，以确保人身安全。

## 三、低压三相四线制（380V/220V）系统错误地将地线网当零线引起的故障

1. 故障现象

某10kV用户在几分钟内烧坏日光灯近百套。故障发生后，电工在车间和配电室测量电压，$U_{a0}=320V$，$U_{b0}=220V$，$U_{c0}=180V$。显然，接在a相上的日光灯必然烧毁。该厂生产设备的主机是单相加热器，并且功率较大。随着生产任务的变化，设备的开停也就不同，故造成三相负载严重不平衡，不平衡电流有时高达300～400A（变压器容量为三相630kVA），占变压器二次额定电流的44%。电工认为事态很严重，必须认真查找原因。

2. 故障原因分析

该厂是10kV高压用户，变电所的接地网有两根引上线，一根引上线接至变压器低压侧的零线端子及变压器外壳；另一根引上线引至低压配电柜，与50mm²×2铜塑线连接后通过架空线引至车间，如图2-3-1-1所示。经过测量，变压器零线端子对地电压为80V。停电后检查相线对地未短路，于是疑点集中到接地网上。用万用表R×1挡测量接地网的两根引上线之间的电阻，发现开路，电阻极大。正常情况下应该在1～2Ω之间（注意：不能用R×10挡测量，若用此挡测量，因土壤是导电的，测量结果阻值为零）。由此得出结论：接地网和引上线之间断开了。开挖结果，果然在AB段之间30mm×6mm扁铁的一个焊接点断开了。

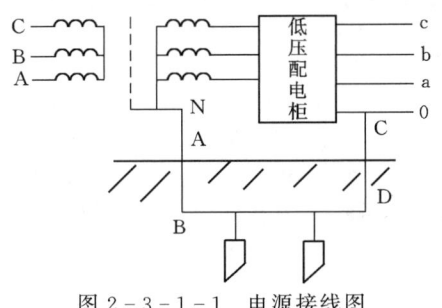

图2-3-1-1　电源接线图

3. 防范措施

（1）变压器低压侧零线必须单独敷设至低压开关柜，并与"零母线"相连接，其截面应与相线截面相同。不得以接

地网线代替零线。

(2) 低压开关柜下方应设"零母线",并用低压绝缘子支撑固定。各路低压出线的零线应分别与柜内"零母线"直接连接,连接应牢固可靠。

(3) 配电室接地网应有两根引上线,送达变压器室后连成一体后,再和变压器零线端子(低压中性点)相连,以保证变压器的工作接地可靠。

(4) 避雷器的接地端子、变压器外壳、架构等应接在接地引上线上。

(5) 接地网引上线应装设拆装方便、运行可靠的断接卡,以便于测量接地电阻。

### 四、用电设备外壳接零引起设备外壳带电故障

1. 故障现象

某农机修造厂为10kV用户,配电变压器为3相250kVA,Yyn0接线,10kV/0.4kV。各车间均采用三相四线制(380V/220V)供电,所有用电设备采用接零保护,即低压配电系统接地型式属TN-C系统,整个系统的中性线(零线)与保护线是合一的,如图2-3-1-2所示。设备运行中触及设备外壳时有麻电感,甚至有时达到低压试电笔发亮的程度。检查线路及设备,绝缘情况良好,没有漏电情况。为了找到麻电原因,拆掉设备接零保护线,反而麻电感觉消失。经过一段时间的观察和测试,发现电焊机(单相220V)工作时,麻电感重,电焊机停机时,几乎没有什么感觉。最后认定,是由于单相电焊机工作而影响三相负荷不平衡造成的。

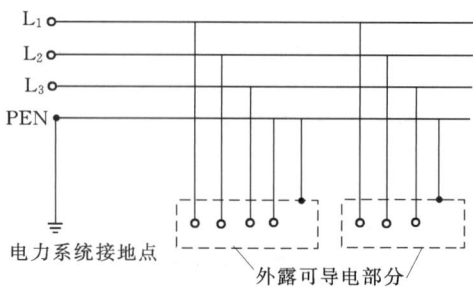

图2-3-1-2 TN-C系统

2. 故障原因分析

在三相四线制的供电系统中,如果三相负荷不平衡,在零线上便有电流通过而产生电压降,三相负荷越不平衡,这个电压降就越大。在变压器中性点接地处,电位为零,随着供电距离增大则电位升高。那么接在零线上的设备外壳的电位也就升高,因此,人触及设备外壳有麻电感觉。距变压器中性点近的设备外壳电位低,麻电感小;距变压器远的设备外壳电位高,麻电感就严重。三相负荷平衡时,零线上无电流(或电流很小),也就无电压存在,与之相接的设备外壳也就无电压存在,人触及设备外壳就不会有麻电感。该厂开电焊机时,三相负荷极不平衡,零线电压较高,与之相接的设备外壳电位也高,故感有麻电;不开电焊机时,三相负荷基本平衡,设备外壳电位很低,故无麻电感;拆掉接零的引线后,零线与设备外壳断开,故外壳无电。

3. 防范措施

(1) 接用电焊机等单相设备应注意三相均接,尽量使三相负荷平衡。

(2) 当采用接零保护时,除变压器低压中性点必须采取工作接地外,同时对零线要在适当距离(地点)采取多点重复接地,且保证接地电阻不大于10Ω。

(3) 在三相四线制供电系统中,用电设备外壳不宜采用接零保护而应采取接地保护。如系一台单独变压器供电,当三相负荷不平衡时,应从变压器低压中性点单独敷设一条零线供设备外壳接零之用。这时的低压线路就变为三相五线制,即低压配电系统TN-S接地型式,如图2-3-1-3所示。如果变压器低压中性点的接地电阻合格,就可避免设备外壳带电,从而保证用电安全。

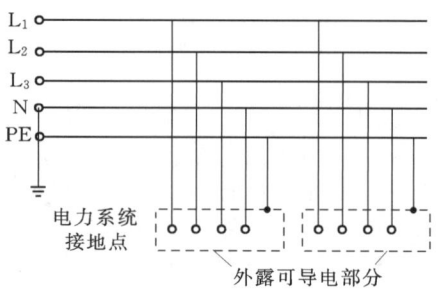

图2-3-1-3 TN-S系统

### 五、电热水器外壳带电引发的触电事故

1. 事故现象

某市电扇厂一职工拿着热水瓶去灌开水,刚拧电热水器的水龙头,便遭到电击。热水瓶摔个粉碎,该职工吓得满头大汗。幸亏这位职工穿的是胶底皮鞋,否则,后果将不堪设想。

2. 事故原因分析

现场检查,用试电笔测试电热水器外壳,氖管发红光。电热水器电源电压为三相380V,功率9kW,外壳接零且接触良好,使用近一年来一直未发现问题。

检查人员又作进一步检查分析,拉开电热水器电源开关,拆开热水器电源箱盖板,用500V绝缘摇表检测每个回路的绝缘电阻。测量结果,主电路绝缘电阻达50MΩ,只是控制回路的绝缘只有0.1MΩ,其原因是有一根电线绝缘老化。再继续检查发现,接于电热水器外壳的保护零线,是通过暗埋在墙里的电线管,取自二楼的照明控制刀开关下接线端子(出线端)的零线上,如图2-3-1-4所示。事故当日是星期天,办公楼只有几个人加班。但是二楼照明控制刀开关在星期六下班时已拉开(为了安全),致使电热水器失去了接零保护。检查人员把保护零线改接到三相电源处的零线上,并把电热水器内那根绝缘不良的绝缘线进行了更换,热水器外壳带电现象即刻排除。

3. 防范措施

(1) 供用电设备的安装,应委托具有"资质证书"和"承装(修、试)电力设施许可证"的建筑业企业安装。

(2) 用电设备采用接零保护,其零线不能有断路点,不能装设开关和熔断器。

(3) 接零保护所用导线应选用铜芯绝缘线,并应有足够的截面,安装应接触良好、牢固、可靠。

### 六、在同一台配电变压器供电系统中一部分用电设备采用接零保护,而另一部分用电设备采用接地保护酿成的触电事故

1. 事故现象

某饲料加工厂为10kV用户,配置三相200kVA变压器

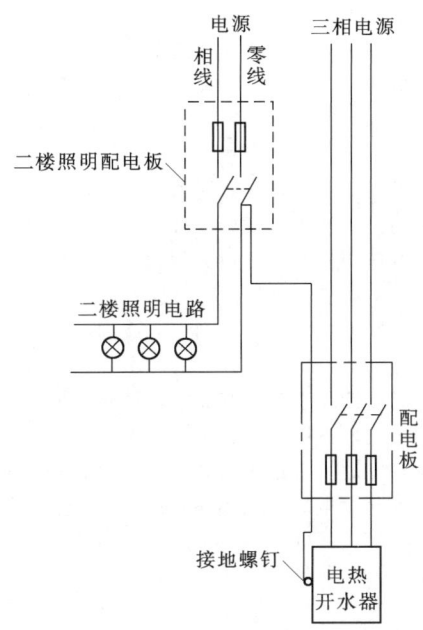

图 2-3-1-4 电热水器保护接零示意图

一台（Yyn0 接线，10kV/0.4kV），各车间均采用三相四线制（380V/220V）供电。有些用电设备采用接零保护，而另一部分用电设备则采用接地保护，如图 2-3-1-5 所示。

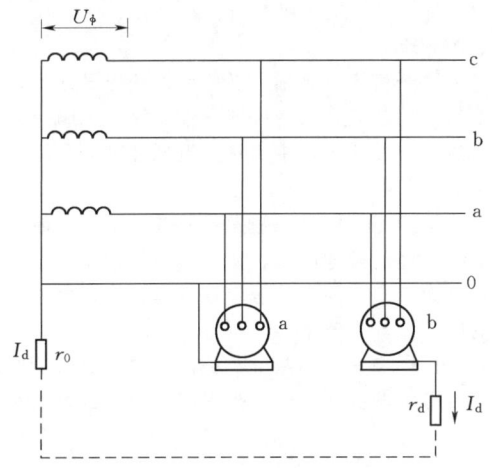

图 2-3-1-5 同一台变压器供电系统中设备一部分采用接零保护而另一部分采用接地保护示意图

一日，谷物传送机（图 2-3-1-5 中 a）之环形带脱轮，高粱米撒得满地皆是，工人立刻停机进行处理。当工人往皮带轮上挂环形带时，手碰皮带轮遭到电击，只听"啊"的一声，工人摔了个屁股蹲儿，脱离了电动机。

2. 事故原因分析

检查人员用试电笔接触 a 机外壳，氖管发光；又用电压表测试 a 机外壳对地（距电动机 a0.8m）电压为 108V；后又采用带电作业方法拆除 a 机接零保护导线，再测 a 机外壳，试电笔氖管不发光。上述检查结果说明：零线带电。电是从哪里来的呢？

检查人员继续检查，当检查到在运行的电动机 b 时，b 机外壳也带电，对地电压高达 118V。当即停电检查，停电后 b 机外壳不再有电。拆除电动机三相电源线，摇测电机线圈对外壳（地）绝缘电阻，发现 a 相线圈与外壳短路。

这时才发现 b 机采用接地保护。b 机 a 相线圈与外壳短路接地，a 机外壳为什么会有电呢？技术原因分析如下：

电动机 a 为接零保护，而电动机 b 为接地保护，且容量较大，当电动机 b 发生接地短路时，所产生的短路电流又不足以使其保护设备动作，这时变压器接地极与电动机 b 的接地极间势必有短路电流流动，其值为

$$I_d = \frac{U_\phi}{r_0 + r_d}$$

式中　$I_d$——短路电流；
　　　$r_0$——变压器中性点接地电阻；
　　　$r_d$——保护接地电阻。

此时电动机 a 上将出现对地电压：

$$U_a = I_d r_0 = \frac{U_\phi}{r_0 + r_d} r_0$$

式中　$U_a$——电动机 a 上的对地电压；
　　　$I_d$——短路电流；
　　　$r_0$——变压器中性点接地电阻；
　　　$r_d$——保护接地电阻；
　　　$U_\phi$——网络相电压。

设接地电阻 $r_0$、$r_d$ 均为 4Ω，代入公式：

$$U_a = \frac{220}{4+4} \times 4 = 110(V)$$

这样高的电压对人身安全构成了严重的威胁。

3. 防范措施

（1）在同一台变压器供电系统中，严禁同时采用两种保护方式。

（2）在同一台变压器供电系统中，若用电设备采用接地保护方式，则接地装置的安装必须满足 GB 50169—2006 的要求。

（3）在同一台变压器供电系统中，特别是三相四线制供电系统中，设备若采用接零保护方式，则低压配电系统宜采用 TN-S 接地型式，即三相五线制。

### 七、不按规定挂接地线引起的事故

1. 事故现象

某厂夏季对 10kV、10000kVA 电炉短网进行改造，由于工期紧，任务分别由冶炼分厂和检修分厂两个单位承担。具体任务分工：冶炼分厂负责隔墙内（左侧）的拆除和安装，检修分厂负责隔墙外（右侧）的拆除和安装，如图 2-3-1-6 所示。

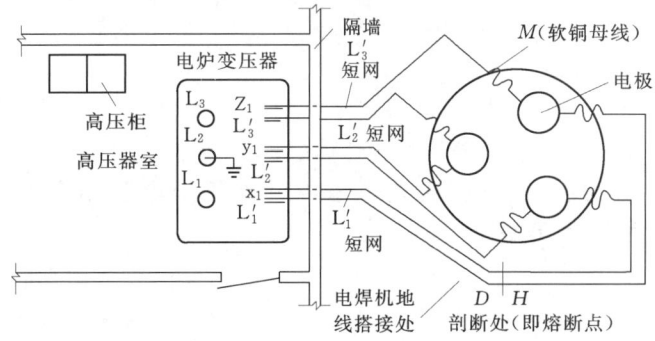

图 2-3-1-6 地形接线图

双方进场后，冶炼分厂电气人员首先将真空断路器和隔离开关拉开，并对出线电缆进行了充分放电，在图 2-3-1-7

所示的 J 点挂了接地线。

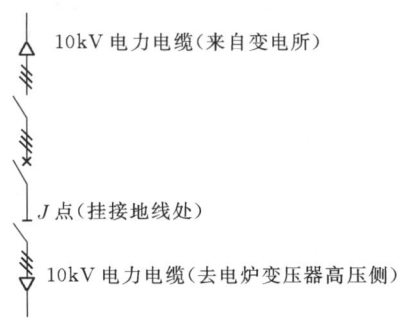

图 2-3-1-7 电缆出线图

冶炼分厂工作人员爬上 5m 多高的电炉变压器，进行低压侧铝母线排的拆除；检修分厂首先将铝母线排至电极间的软铜母线（图 2-3-1-6 中的 M 点）拆除，之后便进行外部吊挂的拆除；当拆除最长的 $L_1'$ 相时，为了工作方便，决定采用电焊切割的方法将 $L_1'$ 相从中割断（图 2-3-1-6 中的 H 点）。将电焊机地线搭在 $L_1'$ 相的 D 点，当割断 $L_1'$ 相后，进行 $x_1$ 割断操作时，只听见变压器室内一声高喊，一操作工臂部碰到 $L_1$ 相高压套管的接线螺栓上，遭到电击。

2. 事故原因分析

造成这起事故的主要原因是由于电炉变压器低压侧操作交流电焊机反送电至高压侧引起的。当检修分厂将电焊机地线搭在 $L_1'$ 相的 D 点上，进行 $x_1$ 母排切割时，等于在电炉变压器低压侧 $L_1'$ 相上施加 30V 电压，这时电炉变压器相当于升压变压器，高压侧 $L_1$ 相对地电压可达到 2kV（电炉变压器变比约为 66）。当冶炼分厂操作工臂部触及 $L_1$ 相时，即遭到电击。

如图 2-3-1-6 所示，$L_2$ 相为什么要接地呢？事后得知，当冶炼分厂有人发现检修分厂在动用电焊时就已经引起了警觉，不假思索地用一根导线将高压侧的 $L_2$ 相进行了简单接地，认为这样会更安全。检修分厂在开始用电焊机切割 $L_1'$ 相时，由于电焊机的地线和焊钳在同一条母线上，变压器高压侧不会有电压输出。当将焊钳移至 $x_1$ 母线上时，变压器低压绕组（$L_1'$ 相）就有电流流过，变压器高压绕组就出现了高电压。从而造成了这起触电事故。

3. 防范措施

（1）在变压器低压母线上利用电焊机作切割作业前，应在变压器低压套管处将母线拆除（脱离变压器）。

（2）如低压母线在套管处拆除确实存在困难，则电焊机的地线和焊钳必须在同一条母线上作业，且变压器上不得有人工作。

（3）工作确需挂接地线时，应使用合格的正规的接地线，每根导线均应接地，且接地应良好。

## 八、配电变压器低压中性点接地电阻不合格引起的事故

1. 事故现象

农民张×耕地完毕，牵着一头牛往家里走，路经配电变压器台（以下简称为变台）时，牛猛然发出"哞"的叫声，即刻躺在了地上，浑身哆嗦，不到 5min，牛停止了呼吸。事故发生后，张×立刻打电话给供电局急修班，讲明情况，并要求火速处理。急修班赶到现场首先用试电笔测试变压器接地引下线是否带电，氖管发光，说明地线有电；又测试地线电压：电压表一只表笔接在地线上，另一只表笔插在距地线 1m 处的大地上，电压表指示 82V；后又测量接地引下线中通过电流为 6.2A。急修班立即用红绳将变台围起来（以变台为中心，半径 8m），以拦挡行人，避免行人因跨步电压触电，令司机现场看守，并监视电压表指示值。

急修班两位工作人员开始查线，未发现异常。工作人员把视线转向低压用户。第一户为粉丝厂，工作人员用对讲机通知司机注意电压表指示，然后逐路拉闸试验，电压表指示未变，说明问题不在此户；又到综合修理厂进行检查，当接开 2 号出线（机加工车间）开关后，司机立刻报告：电压表指示消失。又连续作了两次开关拉合试验，最后确认 2 号出线（机加工车间）有接地问题。工作人员与用户电工配合进行故障查找，发现一台钻床电动机接线盒处有一条绝缘导线因绝缘损伤引起对电动机外壳短路接地（电机采用接地保护）。包扎绝缘后，供电恢复正常。

2. 事故原因分析

为了分析事故原因，急修班工作人员在变台地线旁砸了一份临时地线，将其端头接于变压器接地引下线上（并沟线夹或称断线卡上方），拆掉并沟线夹后测量变台接地电阻，实测值为 13.2Ω。柱上变压器容量为三相 160kVA，规程规定：变压器中性点接地电阻，凡容量在 100kVA 以上者应不大于 4Ω。显然实测值（13.2Ω）远远大于规程规定。根据欧姆定律可知：$U=IR$，则 $U=6.2\times13.2=81.84$（V），与实测值 82V 相符。

通过上述分析不难看出，低压用户绝缘导线损伤接地是造成这次事故的起因，而变压器中性点接地电阻过高也是造成这次事故的重要原因。牛因跨步电压过高而致死。

3. 防范措施

（1）设备运行单位应加强运行管理，采取有效的技术措施，降低接地体的接地电阻，使其满足规程要求。

（2）电力用户应加强安全用电管理，加强供电设施及用电设备的维护，提高安全用电水平。

（3）低压用户宜选用漏电开关。应根据负荷和网络的需要，一般可分为两级或三极保护，以避免人身触电和电气火灾的发生。

## 九、接地引线接触不良引起的事故

1. 事故现象

某厂树脂车间因 1 号旋振筛不能满足生产需要，办公室通知值班电工，将因机械故障（已修复）停运的 2 号旋振筛恢复接线。电工接线前，首先检查 2 号旋振筛电源开关确在断开位置，就准备将电机电源线重新接好。当他左手刚触及机身金属支架时，"啊"的一声，人向后倒下，左胳膊、手腕局部皮肤起泡、烧伤。

2. 事故原因分析

检查发现，1 号和 2 号旋振筛共用一个金属基础，电机电源线采用三芯软护套线，线身绑扎在金属支架上，在基础底部槽钢上有一接地螺栓，但接地线已掉在地上。1 号旋振筛运行中振动剧烈，致使电机接线盒端口的护套线磨损，其中一相线芯外露碰触金属支架，从而使整个金属支架带上了危险电压，当人体触及支架时，必然发生触电事故。

原来此金属支架有一条 40mm×4mm 镀锌扁钢与其焊接并可靠接地。后因工程改造，设备移位，将接地扁钢割

除。当时安装时电工发现设备无接地，就从附近的检修工作用的电源板上引了一根 1.5mm² 的单芯铜线作为临时接地线，用 M8×25mm 螺栓固定在底部槽钢上，接线不规范，一无平垫，二无弹簧垫圈，长期振动，致使接地线松脱，接触不良，这是造成触电事故的主要原因。由此看出该厂在安全用电管理中存在严重问题。

3. 防范措施

(1) 建立、建全安全用电管理制度，落实制度中的各项规定，提高安全用电管理水平。

(2) 严格执行《电力安全工作规程》(电力线路部分) (DL 409—1991)。在检修电气设备前，应严格落实停电、验电、挂接地线措施。验明确无电压后，方可开始工作。

(3) 在检修、安装施工中，必须严格执行 GB 50169—2006 的规定，保证工作质量，提高设备健康水平。

(4) 定期开展安全大检查，发现问题及时处理。

### 十、变压器及避雷器接地引下线分别接地，且接地电阻较高引起的变压器烧毁事故

1. 事故现象

某年夏季一天 14 时 12 分，10kV 线路西山路受雷击，变电站出线开关速断跳闸。经巡查发现 60 号支 5 号杆处的某纸箱厂 80kVA 变压器主绝缘被击穿，变压器喷油、烧毁。变台上三只阀型避雷器 (FS₄-10 型 12.7/50) 爆裂；67 号杆 A 相断线，A、B 两相 P-15 针式绝缘子被击碎。

2. 事故原因分析

(1) 纸箱厂变压器烧毁原因分析：经检查发现，变压器接地引下线和避雷器接地引下线分别接地，且接地电阻值均超过 10Ω。在这种情况下，当变压器高压侧发生雷击时，避雷器放电，作用在变压器绝缘介质上的过电压除避雷器的残压外还要加上雷电流通过接地电阻时引起的电压降，由于接地电阻较大，所以其上的压降也较大，因此加在变压器上的过电压较高，致使变压器绝缘击穿。

由于变压器是室外变台式安装，避雷器的接地端与变压器外壳的接地端的距离大于 5m，若单位长度接地线的电感为 1.5μH/m（LJ-35 接地线的近似值），在不大的雷电流陡度 $di/dt = 10 kA/\mu s$ 时，接地线上的压降可达 75kV（$U = L di/dt$），它与避雷器的残压（10kV 避型避雷器的残压为 50kV）叠加后达到 125kV，远远超出了变压器冲击耐压水平，从而造成变压器绝缘击穿烧毁。

(2) 67 号杆 A 相断线，A、B 相针式绝缘子被击碎原因分析。10kV 线路走廊是山丘地带，易形成山地雷暴，属多雷区；线路采用的是钢筋混凝土电杆，铁横担，针式绝缘子（P-15T），由于线路耐压等级低，所以线路的耐雷水平低，只要 5kA 的雷电流就可引起相间闪络。电弧大多都是沿铁横担建立的，由于电弧燃烧，靠近导线的弧根温度，可引起绝缘子爆裂、导线烧断。

3. 防范措施

(1)《10kV 及以下架空配电线路设计技术规程》(DL/T 5220—2005) 规定：配电变压器的防雷装置应结合当地区运行经验确定。防雷装置位置，应尽量靠近变压器，其接地线应与变压器二次侧中性点以及金属外壳相连并接地。

规程为什么要这样规定呢？

FS₄ 型 10kV 阀型避雷器 5kA 下的残压 $U_5$ 不大于 50kV，因之此时的等值电阻不过为 10Ω。但配电变压器的工频接地电阻 R 为 4Ω 或 10Ω（10Ω 适用于 100kVA 及以下的变压器），所以它和避雷器的等值电阻处在一个数量级上。为了避免雷电流流过 R 时其上的压降 $IR$ 与 $U_5$ 叠加作用在变压器绝缘上，应当将 FS₄ 型 10kV 阀型避雷器的接地线和变压器的外壳连在一起接地。这时作用在变压器 10kV 侧主绝缘上的只有 FS₄ 的残压了。但接地体和接地引下线上的压降此时将使变压器外壳电位大为抬高，可能发生由外壳向 380V/220V 低压侧的逆闪络。因之，必须将低压侧的中性点也连在变压器的外壳上，这样，"水涨船高"，低压侧电位也被抬高，外壳与低压侧之间就不会发生闪络了。

(2) 对于中性点不接地或经消弧线圈接地的 10kV 架空配电线路，发生单相接地时，一般不会建立起稳态电弧引起的线路跳闸。因此，防止相间短路是线路设计、运行、防雷的基本原则。

(3) 在多雷地区，钢筋混凝土电杆、铁横担、绝缘子铁脚之间，宜有可靠的电气连接并接地，并适当提高绝缘子的耐压等级。

(4) 变压器低压中性点、外壳、避雷器接地端之间的连接线宜短且直。接地引下线截面应符合设计要求，连接可靠，接地电阻合格。

## 第二节 接地网的安全判据

变电所接地网对保证电力系统的正常运行和人身安全都起着非常重要的作用，理应受到应有的重视，但是在相当一段时间内却被忽视，存在设计不周、结构不合理、施工质量不良、严重腐蚀等缺陷，以致在流过短路电流时，或者自身先行烧毁，使事故扩大，引起一、二次设备损坏，或者引起其他异常现象，威胁安全运行，所以分析由于接地网引起事故的原因及应采取的对策是必要的。

### 一、安全判据

变电所接地网的主要电气参数是接地电阻、接触电位差和跨步电位差。

我国电力行业标准《交流电气装置的接地》(DL/T 621—1997)（以下简称"接地标准"）规定：

(1) 在 110kV 及以上有效接地系统和 6～35kV 低电阻接地系统发生单相接地或同点两相接地时，发电厂、变电所接地装置的接触电位差和跨步电位差不应超过下列数值

$$U_\mathrm{t} = \frac{174 + 0.17\rho_\mathrm{f}}{\sqrt{t}} \quad (2-3-2-1)$$

$$U_\mathrm{s} = \frac{174 + 0.7\rho_\mathrm{f}}{\sqrt{t}} \quad (2-3-2-2)$$

式中 $U_\mathrm{t}$——接触电位差，V；

$U_\mathrm{s}$——跨步电位差，V；

$\rho_\mathrm{f}$——人脚站立处地表面的土壤电阻率，Ω·m；

$t$——接地短路（故障）电流的持续时间，s。

(2) 3～66kV 不接地、经消弧线圈接地和高电阻接地系统，发生单相接地故障后，当不迅速切除故障时，此时发电厂、变电所接地装置的接触电位差和跨步电位差不应超过下列数值

$$U_\mathrm{t} = 50 + 0.05\rho_\mathrm{f} \quad (2-3-2-3)$$

$$U_\mathrm{s} = 50 + 0.2\rho_\mathrm{f} \quad (2-3-2-4)$$

式(2-3-2-1)、式(2-3-2-2)、式(2-3-2-3)和式(2-3-2-4)既然规定了允许的接触电位差和跨步电位差,实际上也就规定了接地电阻值。因此,由所设计的接地网,可以算出接触电位差和跨步电位差为

$$U_t = K_t U_p \quad (2-3-2-5)$$
$$U_s = K_s U_p \quad (2-3-2-6)$$

式中 $U_p$——接地网的电位,$U_p = IR$;
　　　$K_t$——接触系数;
　　　$K_s$——跨步系数。

令式(2-3-2-1)和式(2-3-2-2)、式(2-3-2-3)和式(2-3-2-4)分别与式(2-3-2-5)和式(2-3-2-6)相等,电击时间取为1s,故可写出允许的接触电位差和跨步电位差所要求的接地电阻R为

$$R \leqslant \frac{174 + 0.17\rho_f}{K_t I} \quad (2-3-2-7)$$

$$R \leqslant \frac{174 + 0.7\rho_f}{K_s I} \quad (2-3-2-8)$$

或

$$R \leqslant \frac{50 + 0.05\rho_f}{K_t I} \quad (2-3-2-9)$$

$$R \leqslant \frac{50 + 0.2\rho_f}{K_s I}$$

式中 $I$——计算用的流经接地装置的入地短路电流,A。

由于接地电阻是以允许的接触电位差和跨步电位差为依据决定的,所以现场往往只监测接地电阻而忽视其他参数。换而言之,仅以接地电阻值作为接地网运行的安全判据。这种做法对地网附近大地为纯电阻(即可忽略地网导体的电感压降)和短路电流足够小时是有效的。但是对于大型接地网,很难同时满足上述条件,所以不能再以单纯的接地电阻值作为接地网的安全判据。国内外运行经验表明,变电所接地电阻值低,并不能保证安全。这是因为:

(1) 接地系统的总接地电阻与可能遭受到的最大冲击电流之间不存在简单的关系,即使对接地电阻值比较低的变电所,在某些情况下可能是危险的;而对某些接地电阻值很高的变电所,只要精心设计,仍然是安全的或者可以使之达到安全。

(2) 当人接触接地物体时,人体可能承受的电压和许多因素有关:如流经接地体的电流、电流的持续时间、接地体的结构、土壤电阻率等。计算表明,在一定的条件下,接触接地体的安全性,甚至当接地电阻值超过0.5Ω时,也能得到保证。所以国际上许多国家一般不在设计标准中对接地网的接地电阻值作规定。

在我国变电所事故调查中曾发现有四个变电所,当发生单相接地或两相接地故障时,共烧毁控制电缆5500多米,实测变电所的接地电阻值分别仅为0.24Ω、0.15Ω、0.155Ω和0.15Ω。究其原因主要是接地网内各点电位分布不均匀所致。事实上影响变电所能否安全运行的是能否始终保持整个地网为同一电位。所以为保证接地网的安全运行,应该以控制地电位升高甚至主要以控制网内电位分布为主,充分考虑接地网电位梯度所带来的危险。目前,在美国变电所安全接地导则中,在对接触电压、跨步电压和网格电压(见图2-3-2-1)进行比较后,认为网格电压是影响地网安全运行的主要因素。我国可以此作借鉴,在充分调查研究的基础上,把地网接地电阻(决定着地网的最大电位升)和网格电压(人站于地网范围内地面上可能遭受的最大接触电压)作为接地网的安全判据。

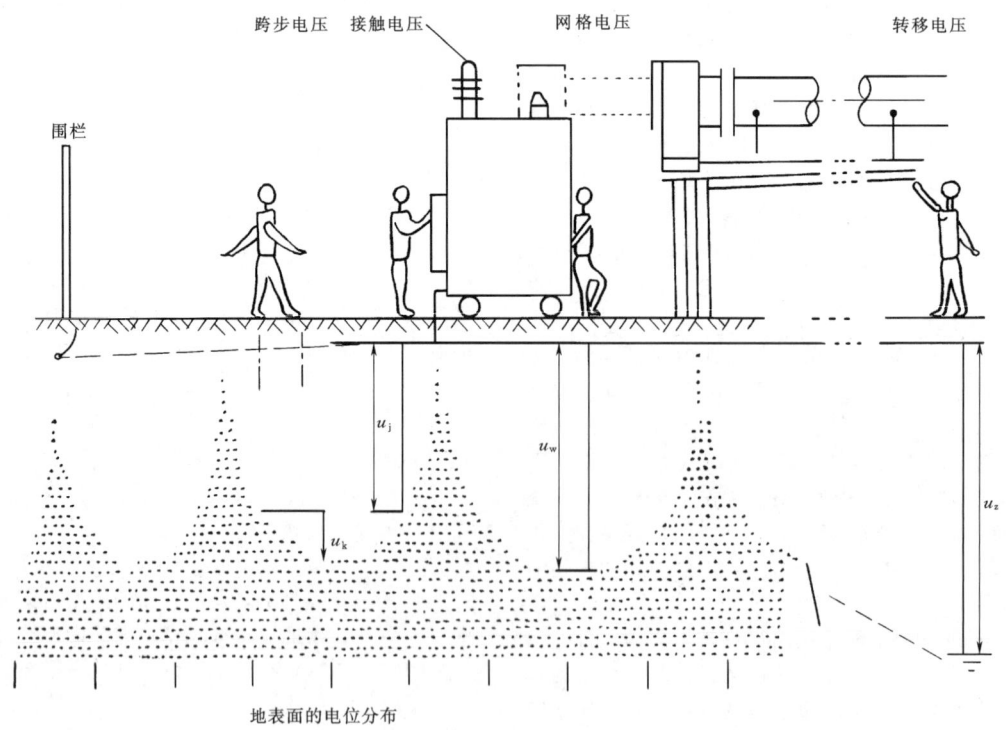

图2-3-2-1 变电所内施加于人体的电压概念图

## 二、网格电压的计算

如图 2-3-2-1 所示,网格电压是人体站于或靠近接地网格中心时,在接地网格内可能出现的最不利的接触电压。

根据有关文献,网格电压可用下式计算

$$U_w = \rho K_m K_i I_G / L \quad (2-3-2-10)$$

式中 $K_m$——由接地网的电极间隔、导体尺寸、埋设深度、导体数所决定的网格间隔系数,其值如图 2-3-2-2 所示;

$K_i$——网格修正系数,由式(2-3-2-11)求出;

$I_G$——最大对地短路电流,A;

$L$——埋设导体(包括水平电极和垂直电极)的总长度,m;

$\rho$——土壤电阻率,$\Omega \cdot m$。

接地网 $K_m$、$K_i$ 系数的示例如图 2-3-2-2 所示。

当采用萨珀尔(Thaper)提出的简易算法时,网格修正系数 $K_i$ 可用下式求出

$$K_i = 0.644 + 0.148n \quad (2-3-2-11)$$

而

$$n = abcd \quad (2-3-2-12)$$

$$a = 2L_t / L_p$$

$$b = \sqrt{\frac{L_p}{4}\sqrt{A}}$$

$$c = (L_x L_y / A)^{0.7A/(L_x L_y)}$$

$$d = D_m / \sqrt{L_x^2 + L_y^2}$$

式中 $L_t$——平行导体全长,m;

$L_p$——电极周长,m;

$A$——电极(网)面积,$m^2$;

$L_x$——x 方向电极长度的最大值,m;

$L_y$——y 方向电极长度的最大值,m;

$D_m$——电极上两点间距离的最大值,m。

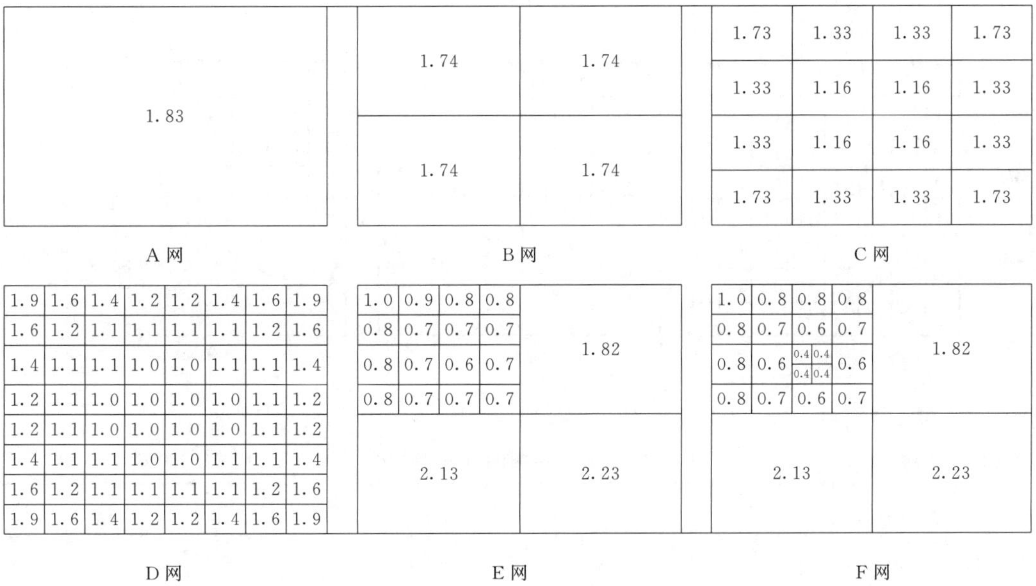

| 接地网 | A | B | C | D | E | F |
|---|---|---|---|---|---|---|
| $K_m \times K_i$ 的值 | 1.83 | 1.74 | 1.73 | 1.90 | 2.23 | 2.23 |
| $K_m$ 系数 | 1.82 | 1.50 | 1.18 | 0.86 | 1.50 | 1.50 |
| $K_i$ 系数 $\left(K_i = \dfrac{K_m \times K_i}{K_m}\right)$ | 1.00 | 1.16 | 1.47 | 2.21 | 1.49 | 1.49 |

图 2-3-2-2 接地网 $K_m$、$K_i$ 系数的示例

图 2-3-2-3 给出了 $L_x$、$L_y$ 和 $D_m$ 的示意图,$L_t$、$L_p$ 及 $A$ 也不难由图 2-3-2-3 中求出。

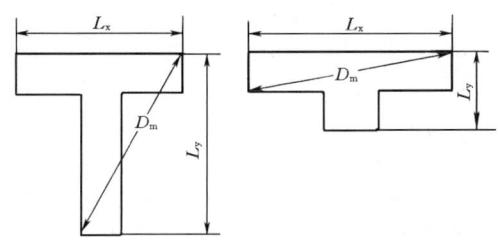

图 2-3-2-3 $L_x$、$L_y$ 和 $D_m$ 示意图

将以上各数代入式(2-3-2-10),即可求出接地网的网格电压。

图 2-3-2-4 是科奇(Koch)对各种接地网的形状经过试验以接地网总电位升的百分数表示的接地网和各网格中心之间的电位差。图中的数字系网格电压占接地网总电位升($IR$)的百分数,接地网有关参数如表 2-3-2-1 所示。

### 三、均压措施

求出网格电压后就可以知道接地网内的电位梯度。当电位梯度超过允许值时,可采用下列措施进行均压:

(1)采用方孔接地网。实例表明,方孔接地网是提高变电所接地网均压效果的有效措施。根据有关文献介绍,某变电所接地网将长孔网改成方孔网后,均压带总条数虽然达到

29 根（>24 根），而其电位比长孔网的电位下降幅度普遍超过 30%。所以建议以后新设计变电所接地网时，应优先采用方孔型接地网。

（2）采用不等间距接地网。它是近年来我国发电厂、变电所接地网设计中所采用的一项新技术。它在技术上解决了工频电压均压问题，在经济上可以大量节省钢材，是符合我国国情、安全可靠、经济合理的接地网布置方式。其具体做法是，将均压导体的间隔距离从地网边缘到中部按一定的规律增加，其规律为

$$L_{ik} = LS_{ik} \quad (2-3-2-13)$$

式中 $L_{ik}$——第 $i$ 段导体的长度；
$L$——地网一边的长度；
$S_{ik}$——第 $i$ 段导体长 $L_{ik}$ 占边长 $L$ 的百分数；
$k$——导体的分段数，如图 2-3-2-5 所示。

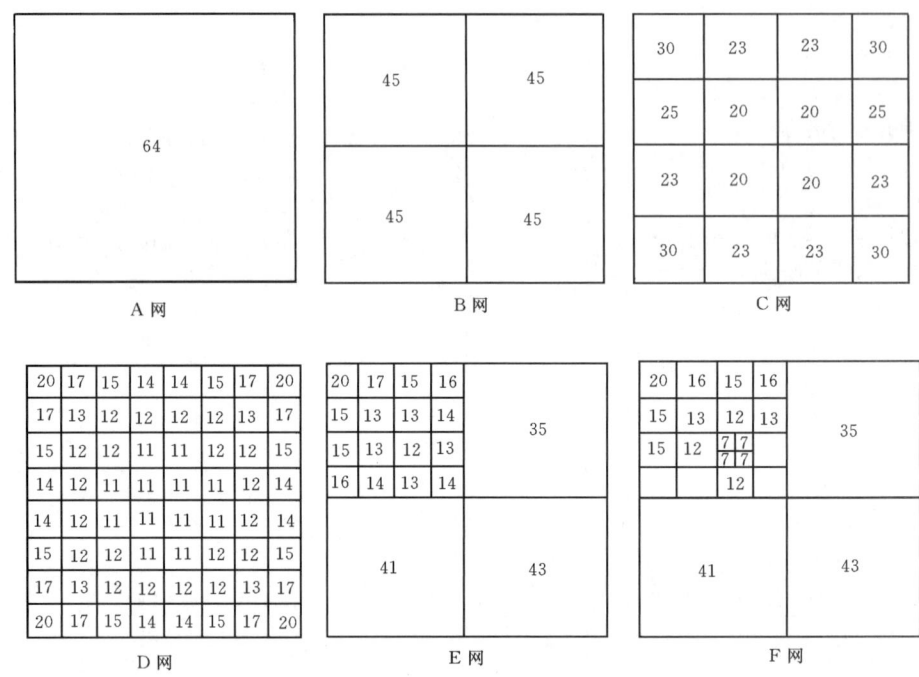

图 2-3-2-4 网格间距对网格电压的影响

表 2-3-2-1 科奇试验地网的有关参数

| 接地网 | A | B | C | D | E | F |
|---|---|---|---|---|---|---|
| 接地网导体总长度 $L/\text{m}$ | 55.2 | 82.8 | 138.0 | 248.4 | 117.3 | 120.7 |
| 每欧米电阻率的电阻 $R/\Omega$ | 0.0518 | 0.0467 | 0.0419 | 0.0382 | 0.0434 | 0.0430 |

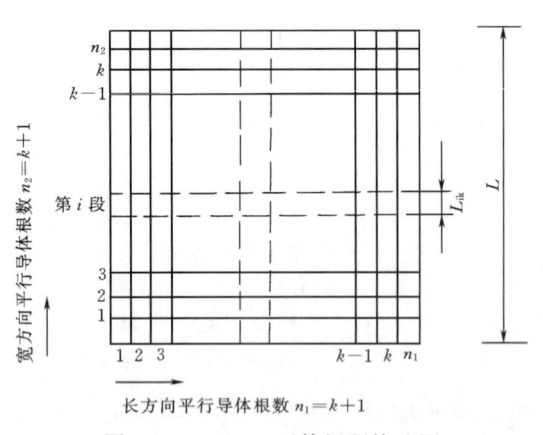

图 2-3-2-5 不等间距接地网

表 2-3-2-2 列出了 6 个变电所接地网采用不同间距布置的技术经济比较结果。

由表 2-3-2-2 可见，在等间距布置和不等间距布置的最大网孔电压基本相同的情况下，后者比前者节约钢材 47%～90%。接地网面积越大，布置的导体根数越多，节约的钢材用量也越多。反之，在同样钢材用量下，按不等间距布置的接地网，其最大网孔电压要较等间距布置时的最大网孔电压低 46.5% 及以上，从而提高了接地网的安全水平。

表 2-3-2-3 列出了另两个 220kV 变电所接地网采用不同间距布置方式时的技术经济比较。

由表 2-3-2-3 可见，两个自然条件和地网面积（约 144m×170m）基本相同的 220kV 变电所，接地网采用不等间距布置有明显的均压效果，其最大网孔电压与最小网孔电压之差仅为 12.59V。目前，我国已将不等间距布置方式这一新技术应用于 500kV 超高压变电所。

综上所述，为保证接地网的安全运行，宜采用其接地电阻值和网格电压作为安全判据。为使地网电位分布均匀，避免发生由接地网不良引起的事故，设计接地网时应采用方孔接地网或不等间距接地技术，并严格保证施工质量。

《交流电气装置的接地》（DL/T 621—1997）推荐的接地网不等间距布置网孔边长为网边长的百分数见表 2-3-2-4。

表2-3-2-2　　　　　　　　　等间距布置和不等间距布置时的技术经济比较

| 地网面积 $S=L_1L_2$ /m² | 等间距布置 | | | 不等间距布置 | | | 节约钢材 /% |
|---|---|---|---|---|---|---|---|
| | 导体根数 $n=n_1+n_2$ | 最大网孔电压 /kV | 钢材用量 /m | 导体根数 $n=n_1+n_2$ | 最大网孔电压 /kV | 钢材用量 /m | |
| 120×80 | $n_1=9$，$n_2=13$ | 1.930 | 2120 | $n_1=6$，$n_2=9$ | 1.800 | 1440 | 47.2 |
| 120×120 | $n_1=n_2=11$ | 1.667 | 2640 | $n_1=n_2=7$ | 1.660 | 1680 | 57.1 |
| 180×180 | $n_1=n_2=19$ | 0.868 | 6840 | $n_1=n_2=10$ | 0.800 | 3600 | 90.0 |
| 240×240 | $n_1=n_2=11$ | 0.978 | 5280 | $n_1=n_2=7$ | 0.993 | 3360 | 57.1 |
| 120×120 | $n_1=n_2=16$ | 1.304 | 3840 | $n_1=n_2=9$ | 1.252 | 2160 | 77.8 |
| 240×240 | $n_1=n_2=16$ | 0.773 | 7680 | $n_1=n_2=9$ | 0.746 | 4320 | 77.8 |

表2-3-2-3　　　　　　　　　　　两变电所技术和经济比较

| 变电所名称 | 甲 变 电 所 | | | | 乙 变 电 所 | | | | |
|---|---|---|---|---|---|---|---|---|---|
| 布置方式 | 等间距布置 | | | | 不等间距布置 | | | | |
| 比较内容 | 接触电压 $U_j$/V | 跨步电压 $U_k$/V | 接触电阻 $R/\Omega$ | 钢材用量 /m | 最大网孔电压 $U_{max}$/V | 最小网孔电压 $U_{min}$/V | 最大接触电压 $U_{jmax}$/V | 接地电阻 $R/\Omega$ | 钢材用量 /m |
| 比较结果 | 359 | 84 | 0.352 | 3512.5 | 847.48 | 834.89 | 241.89 | 0.315 | 3140 |

表2-3-2-4　　　　　　　　接地网不等间距布置网孔边长为网边长的百分数

| 网孔序号 | 1 | 2 | 3 | 4 | 5 | 6 | 7 | 8 | 9 | 10 |
|---|---|---|---|---|---|---|---|---|---|---|
| 网孔数 | 网 孔 边 长 百 分 数 /% | | | | | | | | | |
| 3 | 27.50 | 45.00 | | | | | | | | |
| 4 | 17.50 | 32.50 | | | | | | | | |
| 5 | 12.50 | 23.33 | 28.33 | | | | | | | |
| 6 | 8.75 | 17.50 | 23.75 | | | | | | | |
| 7 | 7.14 | 13.57 | 18.57 | 21.43 | | | | | | |
| 8 | 5.50 | 10.83 | 15.67 | 18.00 | | | | | | |
| 9 | 4.50 | 8.94 | 12.83 | 15.33 | 16.78 | | | | | |
| 10 | 3.75 | 7.50 | 11.08 | 13.08 | 14.58 | | | | | |
| 11 | 3.18 | 6.36 | 9.54 | 11.36 | 12.73 | 13.46 | | | | |
| 12 | 2.75 | 5.42 | 8.17 | 10.00 | 11.33 | 12.33 | | | | |
| 13 | 2.38 | 4.69 | 6.77 | 8.92 | 10.23 | 11.15 | 11.69 | | | |
| 14 | 2.00 | 3.86 | 6.00 | 7.86 | 9.28 | 10.24 | 10.76 | | | |
| 15 | 1.56 | 3.62 | 5.35 | 6.82 | 8.07 | 9.12 | 10.01 | 10.77 | | |
| 16 | 1.46 | 3.27 | 4.82 | 6.14 | 7.28 | 8.24 | 9.07 | 9.77 | | |
| 17 | 1.38 | 2.97 | 4.35 | 5.54 | 6.57 | 7.47 | 8.24 | 8.90 | 9.47 | |
| 18 | 1.14 | 2.58 | 3.86 | 4.95 | 5.91 | 6.76 | 7.50 | 8.15 | 8.71 | |
| 19 | 1.05 | 2.32 | 3.47 | 4.53 | 5.47 | 6.26 | 6.95 | 7.53 | 8.11 | 8.63 |
| 20 | 0.95 | 2.15 | 3.20 | 4.15 | 5.00 | 5.75 | 6.40 | 7.00 | 7.50 | 7.90 |

注　由于布置对称，表中只列出一半数值。

## 第三节　接地线与导体截面选择

近些年来，由于地网接地线及导体截面不够，引起接地引下线烧断，或地网腐蚀，导致地网电位升高而引起的重大设备事故屡有发生。例如某热电厂2号主变压器（80MVA、110/10kV、$U_d=10\%$）的中性点引线在短路时被烧断，事故扩大为全厂停电、停热，后果严重。再如，某电网自1984年7月以来，曾连续4次由于接地网原因而扩大事故，造成主设备损坏，全站停电的重大事故。所以合理地选择地网接地线及导体截面是保证地网安全运行的重要环节。

## 一、基本思路

选择地网接地线及导体截面时，首先应根据热稳定要求来确定其最小截面，然后再根据对地网运行寿命的要求以及地网在土壤中的腐蚀并考虑一定的裕度确定接地线及导体的截面。考虑裕度的原因是因为在土壤中的腐蚀并不是均匀的。

## 二、按热稳定选择接地线及导体的截面

目前我国对地网接地线及导体截面热稳定校验采用的计算方法主要有：

**1. 接地标准法**

在大接地短路电流系统中，流入地网的短路电流为几千安到几十千安，它将在接地引下线及地网导体中产生很大的热量，因短路电流持续时间很短，一般不大于1s。它取决于离短路点最近的断路器的主继电保护装置动作时间及断路器分闸时间之和。在这样短的时间内，可假设所产生的热量来不及散入周围介质中，即全部热量都用来使接地线和导体温度升高，在计算中按绝热过程校验导体的热稳定，由短路电流流过接地线和导体，使其温度升高来确定地网接地线最小截面 $S_g$，不考虑腐蚀时，接地标准推荐的计算公式为

$$S_g \geqslant \frac{I_g}{C}\sqrt{t_e} \quad (2-3-3-1)$$

式中  $S_g$——接地线的最小截面，$mm^2$；

$I_g$——流过接地线的短路电流稳定值，A，根据系统 5～10 年发展规划，按系统最大运行方式确定；

$t_e$——相当于继电保护主保护动作的等效持续时间，s；

$C$——接地线材料的热稳定系数，根据材料的种类、性能及最高允许温度和短路前接地线内初始温度确定。

在校验接地线的热稳定时，$I_g$、$t_e$ 及 $C$ 值应采用表 2-3-3-1 所列数值。接地线的初始温度，一般取 40℃。在爆炸危险场所，应按专用规定执行。

表 2-3-3-1 校验接地线热稳定用的 $I_g$、$t_e$ 和 $C$ 值

| 系统接地方式 | $I_g$ | $t_e$ | C | | |
|---|---|---|---|---|---|
| | | | 钢 | 铝 | 铜 |
| 有效接地 | 单（两）相接地短路电流 | 见本章附录3 | 70 | 120 | 210 |
| 低电阻接地 | 单（两）相接地短路电流 | 2s | 70 | 120 | 210 |
| 不接地、消弧线圈接地和高电阻接地 | 异点两相接地短路电流 | 2s | 70 | 120 | 210 |

应指出：

(1) 当发电厂、变电所的继电保护装置配置有 2 套速动主保护、近接地后备保护、断路器失灵保护和自动重合闸时，$t_e$ 可按式 (2-3-3-2) 取值

$$t_e \geqslant t_m + t_f + t_0 \quad (2-3-3-2)$$

式中  $t_m$——主保护动作时间，s；

$t_f$——断路器失灵保护动作时间，s；

$t_0$——断路器开断时间，s。

(2) 当配有 1 套速动主保护、近或远（或远近结合的）后备保护和自动重合闸，有或无断路器失灵保护时，$t_e$ 可按式 (2-3-3-3) 取值

$$t_e \geqslant t_0 + t_r \quad (2-3-3-3)$$

式中  $t_r$——第一级后备保护的动作时间，s。

根据热稳定条件，不考虑腐蚀时，接地装置接地极（导体）的截面不宜小于连接至该接地装置的接地线截面的 75%。

**2. 美国变电所安全接地导则法**

美国的变电所安全接地导则给出的接地线短路热稳定计算公式为

$$S = 1.9735 I \sqrt{\beta t / \ln(t_m, t_a, K_0)} \quad (2-3-3-4)$$

$$K_0 = \frac{1}{\alpha_0}$$

$$\beta = \frac{1}{(K_0 + t_0)TCAP} \rho_0 \times 10^4$$

式中  $S$——接地线的截面面积，$mm^2$；

$I$——短路电流有效值，kA；

$t$——短路电流流过的时间，s；

$t_m$——最高允许温度，℃；

$t_a$——环境温度，℃；

$\alpha_0$——电阻的温度系数，1/℃；

$t_0$——对物理常数的参考温度；

$\rho_0$——$t_0$ 时的材料电阻率，$\mu\Omega \cdot cm$；

TCAP——4.184×比热×比重。

有关文献用式 (2-3-3-1) 和式 (2-3-3-4) 算得的接地线截面选择数据如表 2-3-3-2 所示。由表可知，在相同的短路持续时间下，两个公式的计算结果相差甚小，而式 (2-3-3-1) 显然要比式 (2-3-3-4) 简便得多，因此有些单位在地网改造中仍用式 (2-3-3-1) 进行地网的热稳定校验。

**3. 接地线导体材料及截面的选择原则**

仍假定接地线导体短时发出的热量全部用来使导体温度升高，要使导体满足热稳定要求，即温度不超过允许温度，则

$$\int_0^{t_j} I^2 R \, dt \leqslant \int_{\theta_s}^{\theta_r} GC \, d\theta \quad (2-3-3-5)$$

根据式 (2-3-3-5)，可推导出满足热稳定的导体最小截面为

$$S \geqslant \frac{I}{C}\sqrt{t_e} \quad (2-3-3-6)$$

它与"接地标准"推荐的式 (2-3-3-1) 完全相同。其中 C 可查表 2-3-3-1，也可用下式计算。

$$C = \sqrt{\frac{\gamma C_0 A}{\rho_0}}$$

$$A = \frac{\alpha - \beta}{\alpha^2} \ln \frac{1 + \alpha \theta_r}{1 + 2\theta_s} + \frac{\beta}{\alpha}(\theta_r - \theta_s)$$

式中  $S$——接地线导体的截面面积，$mm^2$；

$I$——短路电流稳定值，有效值，A；

第三节 接地线与导体截面选择

$t_e$——短路电流等效持续时间，s；
$C_0$——导体的比热，$W \cdot s/(g \cdot ℃)$；
$\gamma$——导体的比重，$g/mm^3$；
$\rho_0$——导体的电阻率，$\Omega \cdot mm$；
$\alpha$——导体的电阻温度系数，1/℃；
$\beta$——导体的比热温度系数，1/℃；
$\theta_s$——土壤环境温度，℃；
$\theta_r$——短时最高允许温度，℃。

表2-3-3-2　　按式（2-3-3-1）和式（2-3-3-4）计算接地线最小截面比较表

| 短路电流持续时间/s | | 短路电流/kA | | | | | | | |
|---|---|---|---|---|---|---|---|---|---|
| | | 3 | 5 | 8 | 10 | 12 | 15 | 20 | 25 |
| 0.5 | (11) | 30.3 | 50.5 | 80.8 | 101 | 121.2 | 151.5 | 202 | 252.5 |
| | (12) | 30.7 | 51.1 | 81.8 | 102.2 | 122.6 | 153.3 | 204.4 | 255.5 |
| 1.0 | (11) | 42.9 | 71.4 | 114.3 | 142.7 | 171.4 | 214.3 | 285.7 | 357.1 |
| | (12) | 43.4 | 72.3 | 115.6 | 144.5 | 173.5 | 216.8 | 289.1 | 361.4 |
| 2.0 | (11) | 60.6 | 101 | 161.6 | 202 | 242.4 | 303 | 404.1 | 505.1 |
| | (12) | 61.2 | 102.2 | 163.5 | 204.4 | 245.3 | 306.6 | 408.8 | 511 |
| 3.0 | (11) | 74.2 | 123.7 | 197.9 | 247.4 | 296.9 | 371.2 | 494.9 | 618.6 |
| | (12) | 75.1 | 125.2 | 200.3 | 250.4 | 300.4 | 375.5 | 500.7 | 626 |

有关参考文献取 $\theta_s=40℃$，$\theta_r=400℃$ 时，$C=74$，其计算结果与式（2-3-3-1）取接地线材料热稳定系数 $C=70$ 时的计算结果基本相同。

有关参考文献指出，式（2-3-3-6）适用于各种金属导体材料，而式（2-3-3-4）仅为式（2-3-3-6）的一个特例，即导体为铜的情况。

除上述方法外，在《电力工程设计手册》（1972年上海科技出版社出版）、《电力工程电气设计手册》（1989年水利电力出版社出版）、《水电站机电设计手册》（1982年水利电力出版社出版）中还介绍了按热稳定选择接地线截面的计算方法，其中的关键问题是短路电流的稳定值和短路电流的等效持续时间应该取多少。对短路电流稳定值取值的看法是：对于一个大型变电所，从设计论证到投产运行，也许5年已经过去了，况且，近年和今后电网容量增加很快，甚至短路容量越来越大，地网又是一个埋在地下的隐蔽工程，总得要有几十年的使用寿命，所以为了满足实用要求，短路电流的稳定值应根据能够得到的尽可能多年份的系统发展规划计算出的远景短路电流作依据。这样在系统短路容量增加以及多年腐蚀后发生接地故障而流过短路电流时，接地线和导体的截面仍能满足热稳定校验的要求，为此有的省根据本省的具体情况，提出取用15年系统发展规划的短路电流分析结果。对于短路电流持续时间的选取有两种看法：一种意见认为，考虑主保护失灵，应以第一后备保护时间为依据，原电力工业部〔1994〕16号文明确要求，按照后备保护动作时间及热稳定短路电流校验主变压器中性点接地线的热稳定性；另一种意见认为，应该由主保护的可靠性来确定，一般取0.6s。其理由是：①对于大、中型发电厂的升压站和220kV变电所，通常在电网中的地位比较重要，对其保护的设置比较完善，主保护的可靠性比较高，有的220kV线路还设有双重化的主保护，主保护失灵的可能性很小，某地统计5年保护切除故障次数99%均由主保护完成。②从电网稳定计算结果来看，220kV电网一般从故障开始0.5s后，电网已开始失稳。某些故障只要0.2s不切除，电网就会失稳。所以从系统稳定的角度也要求提高主保护的可靠性。③220kV电网的故障，发电厂升压站的故障会使用户电压降低和失常，时间长了会影响重要用户的供电质量，这也要求提高主保护的可靠性。为安全起见，有人提出按主保护动作时间校验时，宜另加0.3～0.5s的安全裕度，即t=主保护动作时间＋断路器全分闸时间＋（0.3～0.5）≈0.5～1s。国外资料介绍的取值也多小于1s。

对于110kV及以下的变电所，一般为普通降压变电所，在电网中重要性相对低一些，保护的可靠性要差一些，接地短路电流也小一些，为防止由于接地装置原因而扩大事故，其热稳定校验时间宜按第一后备保护时间来考虑。

应当指出，接地线烧断除了热容量不够之外，另一个重要原因是接地线与地网接地极接触不良，甚至漏焊，出现较大的电位差，产生电弧，从而在高温下烧断。所以单纯增大接地线截面积并不是保证地网运行可靠性的唯一措施。另外，为了减小接地引下线的波阻抗，从而减小局部电位升高，减小干扰，凡是带有二次回路的设备都采用至少两根截面符合要求（每根截面积均应满足通过全部短路电流的热容量）的接地引下线分别焊接到接地网两根纵横交叉的主干线上。这种做法的另一优点是可以起到互为备用的效果。

还需指出，上述方法都是按"绝热过程"推导公式的。实际上，电流自地网流散入土壤，使土壤温度升高的因素是不可忽视的。

还有文献认为在进行地网热稳定计算时，应同时考虑电流自地网流散所引起的土壤温升。

设某点土壤中的电流密度为 $j$，土壤电阻率为 $\rho$，比热为 $C_0$，短路电流持续时间为 $t$，土壤温升为 $\tau$，则有

$$j = \sqrt{\frac{C_0 \tau}{\rho t}} \qquad (2-3-3-7)$$

为了避免温度过高，使土壤干燥，以致接地电阻迅速增加，从而造成地电位的抬高，土壤温度一般不允许超过100℃，它与导体发热是相互影响的。

当电流自地网向土壤中流散时，土壤中电流密度的最大值将出现在导体表面某点。当导体该点附近土壤因温度过高而丧失其导电性能后，必将引起导体其他各点流散电流密度的增大，使地网电阻不断增大。因此，地网导体表面最大流散电流密度是确定地网热稳定性能的

重要参数之一。

设计地网时，可用边界元线性插值法求出地网导体最大流散电流密度 $\delta_m$，单位为 A/m，校验其是否满足要求，可作为地网热稳定性的补充判据。

接地线的截面确定后，就可以根据接地线的截面来选取地网接地极（导体）的截面。由于接地引下线中通过的是系统短路的全部电流，而注入地网后，地网接地极至少有两支分流，考虑各种因素使分流不均匀，一般取接地线与接地极的截面积比例为 10∶7。

对于 66kV 及以下电压等级的系统，进行接地网热稳定性校验时，其短路电流采取两相短路电流、其校验时间宜取相当于继电保护第一后备保护动作的等效持续时间。

表 2-3-4-1　　　　　　　主接地网腐蚀情况

| 厂所名称 | 投运时间 | 主接地网电极尺寸 | 腐蚀状况 | 厂所名称 | 投运时间 | 主接地网电极尺寸 | 腐蚀状况 |
|---|---|---|---|---|---|---|---|
| 甲变电所 | 1972 年 | φ8 | 局部地段多处锈断 | 戊变电所 | 1973 年 5 月 | 40×4，φ8 | 4 处锈断 |
| 乙变电所 | 1964 年 | φ8 | 多处锈断 | 甲电厂 | 1978 年 | φ10～12 | 多处锈断 |
| 丙变电所 | 1975 年 | φ10～12 | 有一处锈断 | 乙电厂 | 1956 年 | 40×4 | 全网锈断 |
| 丁变电所 | 1970 年 12 月 | φ8 | 多处锈断 | 丙电厂 | | 25×5，φ8 | 全网锈断 |

注　开挖检查时间为 1986 年 9 月至 1987 年 5 月。

2. 引下线的腐蚀

这是材质介于大气和土壤两种介质的一种腐蚀。由于大气介质和土壤介质电化学腐蚀机理的差别和土壤表层结构组成的不均一性，使得引下线材质的腐蚀比主接地网更加严重，而且构件数量多、施工任务重，因此接地引下线的腐蚀就成为接地工程中值得重视的大问题。为便于比较，表 2-3-4-2 和表 2-3-4-3 分别列出了 268 处主接地网干线和 63 处接地引下线均采用扁钢的腐蚀率统计结果。

表 2-3-4-2　主接地网干线腐蚀率统计分布表

| 腐蚀范围/mm | 测点数 | 百分数/% |
|---|---|---|
| 0～0.019 | 85 | 31.8 |
| 0.02～0.039 | 55 | 20.7 |
| 0.04～0.059 | 39 | 14.6 |
| 0.06～0.079 | 29 | 7 |
| 0.08～0.09 | 25 | 9.4 |
| 0.1～0.119 | 16 | 6 |
| 0.12～0.139 | 9 | 3.4 |
| 0.14～0.159 | 11 | 4.1 |
| 0.16～0.179 | 3 | 1.17 |
| 0.18～0.199 | 5 | 1.9 |

比较表 2-3-4-2 和表 2-3-4-3 可以明显看出，接地引下线的腐蚀率较主接地网为高，例如，腐蚀范围为 0.1～0.19mm 时，主接网干线腐蚀率为 16.57%，而接地引下线高达 71.43%。

表 2-3-4-3　接地引下线腐蚀率统计分布表

| 腐蚀范围/mm | 0.1～0.19 | 0.2～0.29 | 0.3～0.39 |
|---|---|---|---|
| 测点数 | 45 | 13 | 5 |
| 百分数/% | 71.43 | 20.64 | 7.94 |

3. 电缆沟中接地带的腐蚀

这是一种湿式大气条件下的腐蚀。由于电缆沟中经常积水，而水又不易蒸发，致使比在一般大气条件下有更严重的腐蚀。有的变电所大气受污染，其腐蚀速度就更快。表 2-3-4-4 列出了某些运行变电所电缆沟接地体的腐蚀情况。

某文献根据实测的 331 处腐蚀数据及腐蚀率的统计分布状况，从既保证接地网安全运行又节约投资等方面综合考虑，推荐变电所接地网不同部位的年腐蚀深度取值如表 2-3-4-5 所示。可供环境条件相近地区设计时参考。

## 第四节　接地网腐蚀与防腐措施

接地网的腐蚀是严重威胁地网安全运行的原因之一。所以搞清地网腐蚀的原因、规律和防腐措施是非常重要的。

### 一、接地网腐蚀的主要部位

1. 主地网的腐蚀

这是材质埋在地下 0.5～0.8m 土层中的一种腐蚀。它具有一般土壤腐蚀的特点。表 2-3-4-1 列出了某些厂、所主接地网的腐蚀情况。

### 二、接地网的腐蚀机理

接地网是由金属导体组成的。金属腐蚀的本质是金属原子失掉电子后变成金属离子，这些金属离子再与其所接触的物质结合成腐蚀产物。金属腐蚀分为化学腐蚀和电化学腐蚀两种，大多数情况下两种腐蚀同时存在，后者较严重，是接地网腐蚀的主要形式。下面分别说明接地网各部位的腐蚀机理。

表 2-3-4-4　　　　　　　某些运行变电所电缆沟接地体腐蚀数据

| 所　名 | 敷设截面/mm² | 腐蚀深度/(mm/a) | 腐蚀面积/(mm²/a) | 运行年/a | 腐蚀状况 |
|---|---|---|---|---|---|
| 甲变电所 | 40×4 | ＞0.267 | ＞10.66 | 15 | 多处锈断 |
| 乙变电所 | 25×4 | ＞0.21 | ＞5.26 | 19 | 多处锈断 |
| 丙变电所 | 25×4 | ＞0.133 | ＞3.3 | 30 | 多处锈断 |

续表

| 所　名 | 敷设截面/mm² | 腐蚀深度/(mm/a) | 腐蚀面积/(mm²/a) | 运行年/a | 腐蚀状况 |
|---|---|---|---|---|---|
| 丁变电所 | 25×4 | >0.235 | >5.68 | 17 | 多处锈断 |
| 戊变电所 | 20×4 | >0.235 | >4.7 | 17 | 多处锈断 |
| 己变电所 | 45×4 | >0.233 | 6.47 | 15 | 严重腐蚀 |
| 庚变电所 | 30×4 | >0.4 | >0.4 | 10 | 多处锈断 |

注　表中">"的意义为，在检查时扁钢已腐蚀断，计算腐蚀率时只能用投运年去除投运时的扁钢厚度，计算的腐蚀率明显偏小，故用了">"。

表2-3-4-5　接地网不同部位的年腐蚀率推荐值

| 接地网部位 | 主网干线 | 接地引下线 | 电缆沟接地体 |
|---|---|---|---|
| 扁钢年腐蚀率（深度）/(mm/a) | 0.1～0.12 | 0.2～0.3 | 0.4 |
| 圆钢年腐蚀率（直径）/(mm/a) | 0.2～0.3 | 无 | 无 |

**1. 主接地网干线**

主接地网干线的局部腐蚀主要是电化学腐蚀，它是由于土壤中电解质浓度的不均匀性造成的，如主接地网各部分所在土壤的水饱和程度不同，致使土壤中扁钢表面的不同部位之间产生电位差，形成腐蚀电池。

腐蚀电池按阴阳极距离的大小可分为微电池腐蚀和宏电池腐蚀。阴阳极相距仅数毫米或数微米的，一般称为微电池腐蚀。例如土壤中小片金属试样的腐蚀基本上可看成是微电池腐蚀，其外形特征十分均匀。当腐蚀电池达几十厘米的、数米的乃至几千米时，这种大阳极和阴极就构成宏电池腐蚀，它是接地网主干线腐蚀的主要形式，其结果导致接地网导体形成穿孔和严重局部锈蚀，而且腐蚀速度较高。

**2. 接地引下线**

接地引下线的局部腐蚀基本是土壤内的金属腐蚀，由于接地引下线埋设深度不同，会构成宏观腐蚀电池。其影响因素很多，如土壤的性质、温度及均匀性等都对腐蚀速度有一定影响，影响较大的是氧浓差电池引起的电化学腐蚀。接地引下线（如扁钢）从空气中垂直入地部分，扁钢与土壤间会有一很小的间隙，使垂直段的扁钢周围充满空气。而拐弯处或拐弯以后的扁钢与土壤能较紧密地贴在一起，其周围的空气则垂直段少，由此引起接地引下线不同部位周围土壤含氧浓度的不同，在垂直段与拐弯段就形成了氧浓差腐蚀电池。缺氧的拐弯段为阳极，不缺氧的垂直段为阴极。腐蚀电流从缺氧的拐弯段（阳极）出发，经过土壤到不缺氧的垂直段（阴极区），通过接地体构成回路。因电流走最小阻力的路径。在缺氧区与不缺氧区的距离最短处电流比较集中，腐蚀也最严重。

应力也是造成接地引下线拐弯处腐蚀的原因之一，接地扁钢与一定的介质（如碱、硝酸及工业大气）接触将会产生应力腐蚀。由于应力撕破了金属的保护膜，使金属表面出现许多微小裂纹，造成表面电化学过程不均匀，裂纹尖端的微小表面比没有裂纹表面的电位负而成为阳极，没有裂纹的表面为阴极，由于它们两个部分的面积相差很大，造成了大阴极和小阳极。使裂纹的尖端部分成为腐蚀的活性点，裂纹不断向纵深发展，最终导致断裂。显然，污秽地区的应力腐蚀较清洁区更为严重。

泄漏电流也会使接地引下线腐蚀。当有泄漏电流过接地引下线时会加速其腐蚀，虽然交流电流不产生腐蚀，但大约有0.01%的交流电流在钢筋水泥的交界处被整流成直流，而小的直流电流会造成钢材料的腐蚀。据统计，在1A电流下，水泥中的钢筋一年可腐蚀9kg。

**3. 电缆沟中的接地带**

电缆沟中的接地带，其腐蚀也主要是电化学腐蚀。由于电缆沟内比较潮湿，潮气在接地扁钢表面形成许多小水珠或一层水膜。由于氧气在水珠或水膜中的浓度不均匀（如水珠边缘部分氧的浓度大于中心），在水珠的边缘和中心间就形成了氧浓差腐蚀电池，边缘为阴极，中心为阳极，造成了接地扁钢的腐蚀。引起电缆沟接地体电化学腐蚀的必备条件为接地体表面有水珠或水膜，发生电化学腐蚀的湿度约为65%以上。相对湿度越高，腐蚀速度越快，如相对湿度从90%增加到100%时，锈蚀量增大20倍左右。如果相对湿度小于65%，对接地体就几乎没有危害，若变电所由于下雨等原因造成电缆沟经常积水，且水气不易扩散使得电缆沟内潮气较大，会造成电缆沟接地带腐蚀率增大。

### 三、影响接地网腐蚀的因素

**1. 土壤的理化性质**

土壤的理化性质包括土壤电阻率、土壤中的含氧量、含水量、含盐量、土壤的酸度等。

（1）土壤电阻率。当腐蚀电池形成后，土壤是它的回路介质，土壤电阻率小，腐蚀电流就大，腐蚀就越严重，因而土壤电阻率被普遍作为评价其腐蚀性的重要指标。表2-3-4-6列出国外部分国家的土壤电阻率腐蚀性指标，表2-3-4-7列出国内某些油田的土壤电阻率腐蚀性指标。

表2-3-4-6　国外部分国家的土壤电阻率腐蚀性指标　　单位：Ω·m

| 国别 | 很大 | 大 | 中 | 小 |
|---|---|---|---|---|
| 美国 | <1 | 1～10 | 10～60 | >60 |
| 苏联 | <5 | 5～20 | 20～100 | >100 |
| 日本 | <20 | 20～45 | 45～60 | >60 |
| 英国 | <9 | 9～23 | 23～100 | >100 |
| 法国 | <5 | 5～15 | 15～25 | >25 |

钢材在不同土壤电阻率下的平均腐蚀速度如表2-3-4-8所示，不同土壤种类中的水平接地体腐蚀深度的国外试验数据如表2-3-4-9所示。

表 2-3-4-7 某些油田的土壤电阻率腐蚀性指标　　单位：Ω·m

| 油田号 | 特强 | 强 | 中 | 弱 |
|---|---|---|---|---|
| Ⅰ |  | <20 | 20~50 | >50 |
| Ⅱ | <5 | 5~50 | 50~100 | >100 |
| Ⅲ | <5 | 5~10 | 10~50 | >50 |

注　Ⅰ的指标也称为一般地区土壤腐蚀分级标准。

表 2-3-4-8　土壤电阻率与平均腐蚀速度的关系

| 土壤电阻率 /(Ω·m) | 腐蚀性 | 钢的平均腐蚀速度 /(mm/a) |
|---|---|---|
| 0~5 | 很高 | >1 |
| 5~20 | 高 | 0.2~1 |
| 20~100 | 中等 | 0.05~0.2 |
| >100 | 低 | <0.05 |

表 2-3-4-9　变电所中水平接地体腐蚀深度的平均值　　单位：mm

| 土壤种类 | 使用年限/a | | | | |
|---|---|---|---|---|---|
|  | 10 | 20 | 30 | 40 | 50 |
| 轻盐砂质黏土 | 1.95 | 2.8 | 3.37 | 3.88 | 4.27 |
| 带有黏土的腐殖土 | 1.52 | 2.17 | 2.6 | 2.96 | 3.26 |
| 盐渍化的砂质黏土 | 1.12 | 1.57 | 1.88 | 2.1 | 2.35 |
| 砂质黏土 | 0.449 | 0.656 | 0.8 | 0.92 | 1.02 |
| 重砂质黏土 | 0.252 | 0.34 | 0.4 | 0.44 | 0.48 |

根据有关文献介绍，接地体的腐蚀速度理论值与土壤电阻率 $\rho$ 有关，其关系式为

对于扁钢

$$\delta_b = \frac{1}{4 + 0.0012\rho^{1.5}} \qquad (2-3-4-1)$$

对于圆钢

$$\delta_b = \frac{1}{1.3 + 0.0004\rho^{1.5}} \qquad (2-3-4-2)$$

式中　$\delta_b$——接地体腐蚀速度，mm/a；
　　　$\rho$——土壤电阻率，Ω·m。

(2) 土壤中的含氧量。它对腐蚀过程也有很大的影响，除了酸性很强的土壤另当别论外，通常金属在土壤中的腐蚀，主要由下面的阴极反应所支配

$$\frac{1}{2}O_2 + H_2O + 2e \Longleftrightarrow 2OH^-$$

土壤中的氧主要来源于：①从地表渗透出来的空气；②在雨水、地下水中原有溶解的氧，后者的含氧量是很有限的，对土壤起主要作用的是土壤颗粒缝中的氧。在干燥的砂土中，由于氧容易渗透，所以含氧量较多；在潮湿的砂土中，因氧较难通过，含氧量少。在这样含氧量不同的土壤中埋设金属导体，就可能形成充气不均匀的腐蚀电池。

(3) 土壤中的含水量。它是一个容易变化的物理因素。它不仅会影响土壤的透气性，也会影响土壤中溶液可溶盐的数量及其导电性。对一般土壤来说，当其中含水量很低时，土壤电阻大，腐蚀很小。随着含水量增加，腐蚀速度提高，直至达到某一临界值为止。如果含水量再增大，腐蚀性反而减小。试验表明，对黏土和砂质黏土，土壤腐蚀性与含水量之间的关系是：含水量为零时没有腐蚀；含水量为 10%~12% 时达最大值；含水量为 12%~25% 时保持最大腐蚀速度；含水量为 25%~40% 时腐蚀速度降低；含水量超过 40% 时则出现较低恒定的腐蚀速度。

(4) 土壤中的含盐量。它对土壤的腐蚀性影响也是明显的。含盐量高，土壤电阻率小，腐蚀速度就大。如果含 $Cl^-$ 和 $SO_4^{2-}$ 的盐类，一般会促进金属的腐蚀，特别是 $Cl^-$ 的盐类，妨碍金属表面铁化膜的形成。$SO_4^{2-}$ 对钢铁的危害仅次于 $Cl^-$ 的化合物。表 2-3-4-10 给出我国某油田的含盐量腐蚀性指标。

表 2-3-4-10　某油田的含盐量腐蚀性　　%

| 油田号 | 特强 | 强 | 中 | 弱 |
|---|---|---|---|---|
| Ⅰ |  | >1.2 | 1.2~0.2 | 0.2~0.05 |
| Ⅱ | >0.75 | 0.75~0.05 | 0.05~0.01 | <0.01 |

(5) 土壤的 pH 值和酸度。大部分土壤水，其 pH 值为 6~6.75，即呈中性。但也有 pH 值为 7.5~9.5 的盐碱土，还有 pH 值为 3~6 的酸性土。一般认为，pH 值低的土壤，其腐蚀性大。

酸度的分级标准有两种：一种是根据 pH 值的大小，pH 值小于 4.5 的为强腐蚀，pH 值为 4.5~6.5 的为中等腐蚀，pH 值为 6.5~8.5 的为不腐蚀；另一种是根据土壤的交换性总酸度，每 100g 土壤交换性总酸度小于 40mg 当量的为低腐蚀性，4.1~8.0 的为中腐蚀性，8.1~12.0 的为较高腐蚀性，12.0~16.0 的为高腐蚀性，大于 16.0 的为特高腐蚀性。

当土壤中含有大量的有机酸（如腐殖酸）时，其 pH 虽然接近中性，但其腐蚀性仍然很强，特别是对于铁、锌、铝和铜等金属。因此，在检验土壤的腐蚀性时，不能只看 pH 这个指标，最好同时测定土壤的交换性总酸度。

**2. 接地体的敷设方式**

实测表明，接地体的敷设方式对其腐蚀是有影响的。例如，扁钢立放和平放所引起的腐蚀深度是有差异的，其原因是：①扁钢平放时有可能回填土夯的不实，造成扁钢下部（渠底未动的土）比较实，上部松散，从地面透入的氧气容易进入，以至形成扁钢上部的土壤不缺氧，造成氧浓差腐蚀电池；②平放比立放容易积水，从地面渗入的水分容易积在扁钢上面，使腐蚀速度增大。而立放时，由于两侧松散程度及积水量基本一样，不易形成氧浓差电池，所以腐蚀率低。

### 3. 接地极的形状

有关文献介绍了开挖的 20 多个变电所接地网的情况，其中绝大部分为扁钢，有部分变电所的个别地方使用圆钢。表 2-3-4-11 列出了在同一个变电所的相近点使用圆钢和扁钢的腐蚀数据。

表 2-3-4-11　部分变电所圆钢和扁钢的腐蚀数据

| 所　名 | 年腐蚀深度/(mm/a) | | 年腐蚀截面/(mm²/a) | |
|---|---|---|---|---|
| | 圆　钢 | 扁　钢 | 圆　钢 | 扁　钢 |
| 甲变电所 | 0.3 | 0.167 | 5.4 | 6.7 |
| 乙变电所 | 0.174 | 0.087 | 2.185 | 1.174 |
| 丙变电所 | 0.043 | 0.0343 | 0.623 | 0.686 |
| 丁变电所 | 0.143 | 0.09 | 2.35 | 1.24 |
| 戊变电所 | 0.172 | 0.167 | 2.014 | 2.5 |

由表 2-3-4-11 可见，圆钢的年腐蚀深度（圆钢指直径，扁钢指厚度）比扁钢大。如果按年腐蚀面积计算，扁钢的年腐蚀截面多数较圆钢大，因为在同样的截面下，扁钢的表面积比圆钢大。由于接地网截面面积对保护其安全运行至关重要，所以用年腐蚀截面面积来衡量腐蚀速度更切合实际。

### 4. 基建残物

施工时有的单位将砖块、木块等基建残物倒进地网沟，它影响地网的散流并加快地网的局部腐蚀。已有的调查表明，接地网主干线周围有基建残物时，其腐蚀速度是正常的 2 倍以上。

影响土壤腐蚀接地网的因素是相当多的，各地的情况也不尽相同，所以要因地而异、并根据不同部位采取不同的防腐措施。

## 四、防止接地网腐蚀的措施

### 1. 主接地网的防腐措施

（1）采用降阻防腐剂。试验表明，降阻防腐剂具有良好的防腐效果。表 2-3-4-12 列出了试片的锈蚀率。

表 2-3-4-12　试片的锈蚀率比较表

| 试片种类 | 埋入时间/月 | 原土中锈蚀率/%<br>降阻剂中锈蚀率/% | 原土中月均锈蚀率/%<br>降阻剂中月均锈蚀率/% |
|---|---|---|---|
| 甲 | 2 | 2.90/0.91 | 1.45/0.46 |
| | 4 | 4.11/1.74 | 1.03/0.44 |
| | 6 | 5.67/2.63 | 0.95/0.44 |
| 乙 | 6 | 2.22/0.85 | 5.45/0.14 |
| | 17 | 5.45/2.61 | 0.32/0.15 |

由表 2-3-4-12 可见：①试片在原土中的锈蚀率大于降阻剂中的锈蚀率；②埋入 6 个月的两种试片，甲试片锈蚀率大，这是因为两块试片的表面积不同，甲试片表面积大，则锈蚀量也就大。

试片埋在降阻防腐剂中比原土中的腐蚀率小的原因是：

1）降阻防腐剂为弱碱性，pH 为 10，原土壤为弱酸性，pH 为 6，故铁的析氢腐蚀作用和吸氧腐蚀作用都无法存在。

2）降阻防腐剂中的阴离子（$OH^-$）数量比原土壤大，

它与铁之间的"标准电极电位差"就比较小，故可抑制铁失去电子的能力，减小了腐蚀作用。

3）降阻防腐剂中含有大量钙、钠、镁和铝的金属氧化物，它们的金属离子都比铁的"标准电极电位"低，故可起一定的阴极保护作用。

4）降阻防腐剂呈胶粘体状，它将铁紧密地包围着，使空气（氧气）无法与铁表面接触，故可防止氧化腐蚀作用。

5）降阻防腐剂与铁表面发生化学反应，生成一层密实而坚固稳定的氧化膜，使铁表面被"钝化处理"，故不易腐蚀。

6）铁的氧化物属于碱性氧化物，与水作用后生成难溶于水的弱碱，仅能与酸反应。因此，铁埋在具有弱碱性的降阻防腐剂中，受到了保护作用。

（2）采用导电涂料 BD01 和锌牺牲电极联合保护，这个方法是将接地网涂两遍自制的 BD01 涂料，再连接牺牲阳极埋于地下。应用面积约为 115cm² 的试片试验表明，无涂料无牺牲阳极保护的阴极，其腐蚀率为 0.0278mm/a；无涂料有牺牲阳极保护的阴极，其腐蚀率为 0.0085mm/a；有涂料有牺牲阳极保护的阴极，其腐蚀率为 0.0000mm/a。

采用这种方法的技术条件是：有涂料和无涂料的阴极（接地网）的面积和阳极面积比分别为 25.7：1 和 7.5：1，保护电位至少比自然电位偏负 0.237V。

采用导电涂料能降低接地电阻值，而且能使接地网的接地电阻变化平稳，比一般接地网少投资 50%，能保护 40 年以上。

（3）腐蚀情况不同的地域选用不同材料。

1）腐蚀较严重的变电站应选取铜材。美国等很多国家都采用铜做变电站接地装置，这主要是考虑到变电站接地装置的重要性和铜的耐腐蚀性和稳定性。我国新中国成立前也曾大量采用铜作为接地体，如天津塘沽建的 110kV 变电站的接地装置用的是铜材，至今仍合格。

据资料介绍，铜腐蚀不存在点蚀，属表面均匀腐蚀，铜在土壤中的腐蚀速度是钢材的 1/5～1/10。从出土的几千年前的青铜器来看，铜的确具有很高的稳定性和抗腐蚀性。

根据我国经验，当土壤电阻率小于 100Ω/m 时，腐蚀性一般较严重。

应当指出，土壤情况不同的变电站应选不同的铜材。紫铜、黄铜、青铜在不同腐蚀液中的腐蚀速度是不同的。例如，在试验溶液 pH 为 5.8 时，紫铜的腐蚀速度较快，是黄铜的 1.6 倍，但在 pH 为 8.7 的试验溶液中，紫铜的腐蚀速度比黄铜慢，大约是黄铜的 48%。

2）腐蚀轻微的变电站宜选用钢材。因为腐蚀轻微的变电站的土壤电阻率往往也很高，工频接地电阻降不下来，可以充分利用钢材截面大、散流特性好这一优点。另外，造价也便宜。

值得注意的是，在腐蚀速度快的地域，宜选用圆断面的接地体。由上所述，在相同的腐蚀条件下，扁钢导体的残留断面减小得更快。另外，最好采用镀锌的接地体。

（4）采用无腐蚀性或腐蚀性小的回填土。在腐蚀性强的地区，宜采用腐蚀性小或无腐蚀性的土壤回填接地体，并避免施工残物回填，尽量减小导致腐蚀的因素。

（5）提高设计寿命。现在变电站接地装置的设计寿命为 25～30 年，显得短了些。新建变电站接地装置的设计寿命应提高到 50～60 年，从长远看，一方面节省了接地装置改造的投资费用,另一方面也提高了可靠性。

2. 接地引下线的防腐措施

(1) 涂防锈漆或镀锌。它属于一般的防腐措施。

(2) 采用特殊防腐措施。采用一般的防腐措施不可能满足安全运行 30~50 年的要求,为此,必须采取特殊的防腐措施。其中包括在接地体周围尤其在拐弯处加适当的石灰,提高 pH;或在其周围包上碳素粉加热后形成复合钢体。对于化工区的接地引下线的拐弯处,可在 590~650℃ 范围内退火清涂应力后,再涂防腐涂料。另外,在接地引下线地下近地面 10~20cm 处最容易被锈蚀,可在此段套一段绝缘,如塑料等,以防腐蚀。前苏联在采用此项措施后,达到了较为满意的效果。

3. 电缆沟的防腐措施

(1) 降低电缆沟的相对湿度,使其相对湿度在 65% 以下,以消除电化学腐蚀的条件。

(2) 接地体涂防锈涂料,但目前的防锈涂料只能维持两年左右。

(3) 接地体采用镀锌或热镀锌处理。

(4) 改变接地体周围的介质,这是一种较好的方法,其具体做法是用水泥混凝土将扁钢浇注到电缆沟的壁内。由于水泥混凝土是一种多孔体,地中或电缆沟内湿气中的水分渗进混凝土后即变为强碱性的,pH 在 12~14 范围内。根据腐蚀理论,钢在碱性电解质中(pH≥12),表面会形成一层氧化膜,它能有效地抑制钢的腐蚀。如某电厂升压站电缆沟内的接地扁钢就浇注在电缆沟混凝土两壁,运行了 30 年,最大腐蚀深度小于 1mm,年腐蚀深度小于 0.025mm。某些供电局的变电所,电缆沟内的扁钢也浇在混凝土两壁,它们都运行了 20 多年,暴露在空气中的一面几乎没有发现锈蚀现象,只是在个别焊点上有轻微锈点。相反,电缆的外皮及支撑电缆的角铁架已严重锈蚀,有的铁架已被锈断。因此,在电缆沟施工中宜将接地扁钢三面浇注到混凝土两壁中,对于各焊点再作特殊处理,如打掉焊渣、涂沥青或用混凝土覆盖,这样处理基本上可保证在 40 年内电缆沟中的接地扁钢不被腐蚀或仅有轻微腐蚀。

综上所述,接地网安全运行问题是一个综合性问题,为防止由于接地网原因引起的事故,必须采用综合措施。首先在设计、施工、运行等环节把好质量关,其次要进一步积累运行资料,弄清腐蚀的规律、论证热稳定校验时间和接地网的使用年限以及不断研究开发接地网防腐蚀的新技术、新工艺,消除由于接地网引发的各种事故。

# 第五节 接地降阻剂

## 一、降阻剂降阻的机理

接地降阻剂是指埋设在接地体周围以降低接地装置接地电阻的有机和无机化合物。其降阻机理如下。

1. 降低接地体周围的土壤电阻率

由于降阻剂的扩散和渗透作用,降低了接地体周围的土壤电阻率。其效果通常是化学降阻剂好于其他型式的降阻剂,这是因为它的扩散和渗透作用较好,但它的稳定性和长效性都比较差,因为扩散和渗透性强的降阻剂容易随雨水而流失。

2. 扩大接地体的有效截面

接地体周围施加降阻剂后,相当于扩大了接地体的有效截面。其效果,对固体降阻剂和膨润土类降阻剂最为明显,而化学降阻剂和树脂状的降阻剂随着时间的推移,有效截面的增大则不太明显,会越来越小。

3. 消除接触电阻

接地体的接地电阻可以分为两部分,一是接地体与周围的大地所呈现的电阻 $R_e$;二是接地体与周围土壤的接触电阻 $R_t$,$R=R_e+R_t$,$R_t$ 的大小与接地极周围的土壤有关,一般土质越密实,接触电阻越小,土壤越松散,接触电阻越大。接触电阻还与电极表面状况有关,接地极表面越光滑,接触电阻越小;接地极表面越粗糙,接触电阻越大。接地极生锈后,接触电阻会逐渐增大。接地体施加降阻剂后,会减少接触电阻,但只有某些物理降阻剂和膨润土类降阻剂才具有这方面的功能,而化学降阻剂和流质降阻剂则不具有这方面的功能,有些降阻剂由于腐蚀还会使接触电阻变大。

4. 保持土壤的导电性能

降阻剂的吸水性和保水性改善并保持土壤导电性能。土壤的导电性能除了与土壤所含金属导电离子的浓度有关外,还与土壤的含水量有关。某些降阻剂具有较强的吸水性和保水性,如膨润土类降阻剂,具有较强的吸水性,吸水后体积膨胀并能长期保持水分成为糨糊状,使接地电阻一直保持稳定不受气候的影响。

## 二、降阻剂的类型

降阻剂的分类和主要参数见表 2-3-5-1。

表 2-3-5-1　　　　　　降阻剂的分类和主要参数

| 降阻剂类型 | 有机化学降阻剂 | 无机化学降阻率 | | | |
|---|---|---|---|---|---|
| | | 膨润土 | | 金属氧化物蒙脱石碳素、稀土 | |
| 型号或牌号 | BXXA型<br>LRCP | 金陵牌<br>(南京) | GPF-94<br>(信阳) | MS | XJZ-2<br>(贵阳) |
| 电阻率 $\rho/(\Omega \cdot m)$ | 0.1~0.3 | 1.3~5.0 | <0.35 | 0.65~5.0 | 0.45~0.60 |
| 与钢材的价格比 $Q$ | 0.95~1.2 | 0.3~0.5 | | 0.72~0.8 | 0.65~0.75 |
| 推荐用量 $G/(kg/m)$ | 25 | 25~40 | | 15~30 | 8~15 |
| 冲击系数 $\alpha_i$ | <1.0 | <1.0 | | <1.0 | <1.0 |
| 降阻率 $\Delta R/\%$ | 30~90 | 20~60 | | 20~70 | 20~75 |
| 表面平均腐蚀率/(mm/a) | | | 0.0035 | | |

注　GPF-94 的全称是高效膨润土降阻防腐剂。

## 三、降阻剂的选择与使用

### (一) 选择

在选择降阻剂时应注意的指标如下：

1. 电阻率

降阻剂本身的电阻率 $\rho$ 值要小，以利于降低接地装置的接地电阻值。

2. 腐蚀率

降阻剂对钢接地体的腐蚀率要低，一些降阻剂对钢接地体有腐蚀作用，但也有一些降阻剂对钢接地体有防腐保护作用。降阻剂是否具有防腐作用，一般要看其对钢接地体的平均年腐蚀率是否低于当地土壤对钢接地体的腐蚀率，一般土壤对钢接地体的平均年腐蚀率：扁钢为 $0.05\sim0.2\,\mathrm{mm/a}$；圆钢为 $0.07\sim0.3\,\mathrm{mm/a}$。

3. 稳定性和长效性

人们总希望降阻剂具有良好的稳定性和长效性，使接地装置的接地电阻长期稳定在某个数值以下。但是，很多降阻剂的降阻效果会随土壤干湿度的变化而变化，特别是一些化学降阻剂，离子类降阻剂，一旦缺水就会析出颗粒状的晶体，失去导电特性，还有一些非电解质导电粉末的降阻剂，或固体降阻剂，导电水泥等，其降阻效果受土壤干湿度的影响也较大。有些降阻剂容易随水分而流失，随着时间的推移逐渐失去其降阻效果，甚至失效。

4. 安全性

选择降阻剂时一定要选无污染，无毒性，使用安全性好的降阻剂，对降阻剂要看其组分，要查有无环保部门的检测报告。

5. 实用性

选用的降阻剂在满足上述要求的前提下，还应当考虑使用是否方便，价格是否便宜。在进行综合的技术经济比较后确定所选用的降阻剂。

### (二) 使用

1. 小型接地装置

对小型接地装置，降阻剂的降阻效果是非常有效的。但在选用合适的降阻剂后，还应严格把住施工工艺关。

2. 大中型接地装置

大中型接地装置，由于其相互屏蔽作用，在接地网内部施加降阻剂效果并不明显，这时要结合合理的设计，把降阻剂用在接地网四周，外延接地，及深井式接地。有的单位曾用 GPF-94 高效膨润土降阻剂结合外延法处理了多座大中型接地网的降阻防腐问题，都获得了成功，且降阻效果稳定。

### (三) 埋设方式

接地装置使用降阻剂的埋设方式如下：

(1) 湿状降阻剂的埋设方式。

1) 在已挖好的接地坑上敷设好接地体，接地体离地底面约 5cm；

2) 按接地体长度配备降阻剂的数量（XJZ-2 型稀土降阻剂按每米接地体 5kg，膨润土降阻剂按每米接地体 10kg 配备）；

3) 将配备好的降阻剂放在容器（可用木桶或铁桶等）内，并加入适量的水，浸泡约 0.5h，再搅拌成糊状；

4) 将泡好的糊状降阻剂均匀地浇灌在接地体的周围，浇灌 2~4h 后，糊状降阻剂凝固，再回填原土。

(2) 膨润土干粉降阻剂的埋设方式。

1) 按接地体长度配备膨润土干粉，通常按每米接地体 20kg 配备；

2) 先在已挖好的 10m 接地坑内均匀倒入 100kg 干粉，并将接地体置于干粉上；

3) 将 100kg 膨润土干粉均匀覆盖在接地体上，并回填 20mm 厚的原土，再浇透水使膨润土能充分膨胀和分解，最后用原土回填、夯实。

### (四) 注意问题

总的来说，要按厂家说明书上规定的方法使用和施工。具体需要注意的问题如下：

(1) 降阻剂要均匀地施加在接地体的周围，不能有脱节现象。

(2) 对施加降阻剂和不施加降阻剂的地方要有过渡措施。

(3) 降阻剂的埋深要足够，回填土要合格。

## 四、需要进一步研究的问题

使用降阻剂降低接地装置的接地电阻的效果是肯定的，但有些问题还需要进一步研究，它们是：

(1) 降阻剂对接地体的腐蚀问题。

(2) 降阻剂的稳定性和长效性问题。

(3) 降阻剂的效果与设计和施工工艺的关系问题。

(4) 降阻剂的施工工艺问题。

(5) 降阻剂对环境的污染问题。

# 第四章

## 架空配电线路运维与事故处理

# 第一节 概 述

精心设计、精心施工、精心运行、精心维护是实现架空配电线路及设备安全运行和经济运行的保证。

架空配电线路设计的质量将对线路的安全、经济运行产生重大影响。架空配电线路设计必须严格执行所在地区（城市）配电网规划设计原则、《10kV 及以下架空配电线路设计技术规程》（DL/T 5220—2021）及有关规程的要求；架空配电线路所用材料、元件、设备等的选用必须满足订货技术条件的要求，做到技术性能领先、产品质量优良、运行稳定可靠。架空配电线路设计追求的目标：保证电网安全稳定运行，保证电能质量优良，降低电网电能损耗，提高供电可靠性，提高电网的经济运行水平。精湛完美地设计是实现线路及设备安全、经济运行的基础。

"百年大计、质量第一。"线路施工和设备安装的质量保证是实现线路及设备安全、经济运行的关键。线路施工图是线路施工的依据和技术语言，作为施工者，必须了解、熟悉施工图纸的全部内容，进而掌握设计意图，而施工的准则之一就是照图施工。为了保证线路及设备施工质量，线路施工和设备安装必须满足设计要求；施工工艺必须符合《电气装置安装工程 66kV 及以下架空电力线路施工及验收规范》（GB 50173—2014）的规定。

架空配电线路工程施工完毕，施工单位应向建设单位提交验收申请报告，由建设单位组织设计、施工监理、运行等有关单位共同进行施工验收。施工验收应根据设计图纸、规程规范和技术标准对施工项目进行认真、详细的检查验收。工程验收合格方可投入正式运行。工程竣工验收是质检工作非常重要的工作内容，是一项必不可少的技术环节，是保障线路及设备安全运行的关键。

架空配电线路及设备运行管理工作应贯彻预防为主的方针。根据地区和季节性特点，做好运行、维护工作，及时发现和消除设备缺陷，其目的就是要防止和减少线路（或设备）故障，提高供电可靠性，降低线损和运行维护费用，为用户提供优质电能。

# 第二节 架空配电线路及设备运行管理

## 一、架空配电线路及设备运行管理的意义

架空配电线路及设备长期暴露在大自然中运行，不仅受机械力、电磁力和热效应的作用，且受来自各方面的干扰和大自然千变万化的影响。这些影响将会促使配电线路各元件老化、疲劳、氧化、腐蚀或损坏，这些缺陷如不能及时发现、消除，就会发展成为各种故障。大自然中的大气污秽、雷击、强风、洪水冲刷、滑坡沉陷、鸟害、外力等对配电线路及设备的影响，如不及早预防和采取措施，也会造成架空配电线路故障。

架空配电线路及设备运行管理的目的就是要防止和减少线路故障。为此就必须根据架空配电线路所处的地形、地貌、气象条件及气候变化，通过认真观察、运用仪器设备测试，采取有效的防范措施，以防止故障的发生或将故障限制在最小范围，保证架空配电线路及设备的安全运行和电力系统的稳定。服务于社会、服务于人民，实现人民电业为人民的庄严承诺。

## 二、运行人员应具备的条件和主要职责

### （一）运行人员应具备的条件

具有事业心和责任感、具有中级检修工以上技能、具有一定的组织能力、具有高中以上文化程度及使用计算机的能力，并能不断学习，提高专业技术水平、提高实际操作技能、提高运行分析和判断能力、提高运行管理水平。

### （二）运行人员主要职责

1．线路运行专责人主要职责

（1）负责专责线路的安全运行与经济运行，按规程要求进行巡视，认真做好现场巡视记录，熟悉设备的运行状况。

（2）负责缺陷管理，为线路大修，改进工程提出方案。

（3）负责线路维修，做好季节性反事故工作，遇有不良天气应积极、主动进行线路特巡，认真宣传《电力设施保护条例》及《电力设施保护条例实施细则》，搞好与外单位的协作配合。

（4）负责线路故障的巡查、分析及记录，提出反事故措施，积极参加事故处理。

（5）负责各项技术资料的管理，做到清楚、准确、符合现场，并及时更新。

（6）参加新建工程的方案审查和竣工验收。

2．配电变压器运行专责人的主要职责

（1）负责变压器的安全运行和经济运行，按规程要求进行巡视，做好缺陷记录、分析。

（2）负责变压器的小修，及时消除变压器缺陷。

（3）负责变压器负荷的测定，对变压器所带电力用户设备容量进行核查，正确审批低压用户的报装增容，对过载或空载的变压器提出解决方案。

（4）负责变压器电压的测定和调整，及时调查用户反映的电压质量问题，提出解决方案。

（5）负责变压器事故的调查、分析、处理和记录。

（6）负责新装变压器的质量检查和竣工验收。

## 三、设备分界点的划分

《架空配电线路及设备运行规程》（SD 292—1988）第 1.0.3 条规定："配电线路应与发电厂、变电所或相邻的维护部门划分明确的分界点。分界点的划分，各地应根据当地情况，制定统一的规定。与用户的分界点划分，应按照《供电营业规则》执行。"为了明确架空配电线路及设备的运行维护管理责任，落实运行管理职责，做到运行管理不留空白点，某电力公司设备分界做了如下规定，供参考。

设备分界：

（1）与变电站的分界：变电站 10kV 出线架构线路侧耐张线夹外 2m 处为分界点，分界点以外属配电线路。

（2）与电缆线路的分界：配电线路的引线与电缆头的连接螺栓为分界点，螺栓以外（包括刀闸、避雷器、熔断器）属配电线路。

（3）与路灯系统分界：与低压配电线路同杆同担架设的低压路灯线路视同配电线路，单独架设的低压路灯线路（含与中低压线路同杆架设的单独低压路灯线路）及路灯专用变压器（含跌落式熔断器、路灯控制箱、立线及接头）属路灯

管理单位。

（4）与用户设备的分界：

1）中压架空配电线路与用户的分界点为第一断路器用户侧2m处。

2）低压架空配电线路与用户的分界点，有第一断路器的，以第一断路器用户侧2m处作为分界点；无第一断路器的，以供电接户线最后支持物作为分界点，支持物属供电公司。

（5）凡跨区县（或供电所）的配电线路，其分界由双方协商确定。但柱上配电变压器和其馈出的低压架空线路、低压接户线应归属同一单位管理。

（6）中压架空配电线路与配电变压器、配电变压器（含交流配电箱、无功补偿箱）与低压架空配电线路的维护分界由区县供电公司自行规定。

（7）通过对设备管理分界，落实管理职责，不留管理空白。

### 四、运行管理工作方针

运行管理工作应贯彻"预防为主"的方针。根据地区和季节性特点，做好运行、维护工作，及时发现和消除设备缺陷，预防事故发生，提高配电网的供电可靠性，降低线损和运行维护费用，为用户提供优质电能。

## 第三节 架空配电线路运行

架空配电线路故障种类很多，为保证线路安全运行，杜绝事故发生，一是严把设计质量关，二是加强施工质量验收，三是搞好线路的巡视、检查和维修工作。为了掌握线路的运行状况，及时发现缺陷和沿线威胁线路安全运行的隐患，必须按期进行巡视与检查。

### 一、线路巡视种类

（1）定期巡视。由专职巡线员进行，目的是掌握线路的运行状况，沿线环境变化情况，并做好护线宣传工作。

（2）特殊巡视。遇有重要政治活动或在气候恶劣（如台风、暴雨、雨夹雪、覆冰、河水泛滥、火灾等）和其他特殊情况下，对线路的全部或部分进行巡视或检查。

（3）夜间巡视。在线路高峰负荷或阴雾天气时进行，检查导线和设备接点有无发热打火现象，绝缘子表面有无闪络，木横担有无燃烧现象等。

（4）故障性巡视。查明线路发生故障的地点和原因。

（5）监察性巡视。由部门领导和线路专责技术人员进行，目的是了解线路及设备状况，鉴定设备缺陷，并检查、指导巡线员的工作。

### 二、线路巡视周期

线路巡视周期应按表2-4-3-1规定执行。

### 三、线路巡视安全措施及注意事项

（1）巡线工作应由有电力线路检修或运行工作经验的人员担任。单独巡线人员应考试合格并经工区（公司、所）主管生产领导批准。电缆隧道、偏僻山区和夜间巡线应由两人进行。暑天、大雪天等恶劣天气，必要时由两人进行。单人巡线时，禁止攀登电杆和铁塔。

表2-4-3-1 线路巡视周期表

| 顺序 | 巡视项目 | | 周期 | 备注 |
|---|---|---|---|---|
| 1 | 定期巡视 | 1~10kV线路 | 市区：一般每月1次<br>郊区及农村：每季至少1次 | |
| | | 1kV以下线路 | 一般每季至少1次 | |
| 2 | 特殊性巡视 | | | 按需要定 |
| 3 | 夜间巡视 | | 重负荷和污秽地区1~10kV线路：每年至少1次 | |
| 4 | 故障性巡视 | | | 由配电系统调度或配电主管生产领导决定，一般线路抽查巡视 |
| 5 | 监察性巡视 | | 重要线路和事故多的线路每年至少1次 | |

注 1. 定期巡视应严格按巡视周期执行。
2. 定期巡视发现安全隐患，如遇威胁线路运行安全的建筑施工、挖沟、堆土、伐树、违章搭挂通信线、鸟巢等紧急情况，应及时汇报，必要时应增加特殊巡视或夜间巡视。

（2）雷雨、大风天气或事故巡线，巡视人员应穿绝缘鞋或绝缘靴；暑天、山区巡线应配备必要的防护工具和药品；夜间巡线应携带足够的照明工具。

（3）夜间巡线应沿线路外侧进行；大风天气巡线应沿线路上风侧前进，以免万一触及断落的导线；特殊巡视应注意选择路线，防止洪水、塌方、恶劣天气等对人的伤害。

（4）事故巡线应始终认为线路带电。即使明知该线路已停电，也应认为线路随时有恢复送电的可能。

（5）巡线人员发现导线、电缆断落地面或悬吊空中，应设法防止行人靠近断线地点8m以内，以免跨步电压伤人，并迅速报告调度和上级，等候处理。

（6）进行配电设备巡视的人员，应熟悉设备的内部结构和接线情况。巡视检查配电设备时，不得越过遮栏或围墙。进出配电设备室（箱），应随手关门，巡视完毕应上锁。单人巡视时，禁止打开配电设备柜门、箱盖。

### 四、线路巡视检查内容

#### （一）电杆的巡视检查重点

（1）电杆是否倾斜、下沉、上拔，杆基周围土壤有无挖掘，冲刷或沉陷，电杆埋深是否合格。

（2）钢筋混凝土电杆有无裂缝、酥松、露筋、冻鼓；钢圈接头有无开裂、锈蚀，法兰盘螺栓是否松动、丢失；木杆有无槽朽、鸟洞、开裂、烧焦，帮桩有无松动；钢杆（铁塔）构件有无弯曲、锈蚀，螺栓有无松动，钢杆地脚螺栓有无保护帽，是否高出地面。

（3）电杆有无违章搭挂通信线，搭挂通信线是否杂乱过多，无法登杆，承力是否过载，通信线与导线距离、通信线跨越道路距离是否符合要求。

（4）电杆位置是否合适，有无被水淹、冲的可能，防洪围桩有无损坏、坍塌，易被车撞的电杆有无护桩及黄黑相间的防护标志。

(5) 电杆有无路名、杆号等明显标志，邻近并行及联络开关两侧线路电杆有无区别色标。

(6) 电杆上有无废弃未拆除设备器材。

(7) 电杆上有无萝藤类植物附生，有无危及运行安全的鸟巢。

**(二) 横担、金具的巡视检查重点**

(1) 铁横担（铁帽子）有无锈蚀、歪斜、弯曲、开裂。

(2) 金具有无锈蚀、变形，螺栓螺母是否齐全、紧固。

**(三) 绝缘子的巡视检查重点**

(1) 绝缘子有无硬伤、裂纹、脏污、闪络。

(2) 针式绝缘子、放电箝位绝缘子铁脚有无平垫和弹簧垫，螺母有无松脱，绝缘子有无歪斜。

(3) 放电箝位绝缘子绝缘罩、引弧板是否完好。

(4) 针式绝缘子绑线有无松散、断线。

(5) 悬式绝缘子串销子开口是否合格，有无断裂、脱落。

(6) 瓷横担装设是否符合要求。

**(四) 导线的巡视检查重点**

(1) 导线弧垂是否过紧、过松，各相弧垂是否一致。

(2) 导线有无断股、烧伤、背花；化工地区导线有无腐蚀现象。

(3) 绝缘线外皮有无磨损、烧熔、龟裂；绝缘导线接头绝缘包封是否完好；防雷放电线夹是否松动、移位；有无树枝刮蹭绝缘线。

(4) 接头有无过热变色、烧熔、锈蚀；导线连接（含铜铝导线）是否符合施工质量标准，事故断线临时处理的接头是否仍在运行。

(5) 导线有无卡脖现象（线路首端导线截面小，末端导线截面大）。

(6) 弓子线是否承力。

(7) 弓子线对邻相导线及对地的净空距离是否符合表 2-4-3-2 要求。

**表 2-4-3-2 弓子线对邻相导线及对地的净空距离表** 单位：mm

| 线路电压等级 | | 弓子线对邻相导线 | 弓子线对地 |
|---|---|---|---|
| 10kV 线路 | 裸导线 | 300 | 200 |
| | 绝缘线 | 200 | 200 |
| 低压线路 | 裸导线 | 150 | 100 |
| | 绝缘线 | 100 | 50 |

**(五) 接户线的巡视检查重点**

(1) 接头有无过热变色、烧熔。

(2) 绝缘层是否破损。

(3) 挡距中是否有接头。

(4) 构架是否牢固。

(5) 其他巡视内容同线路导线。

**(六) 拉线、拉桩、戗杆的巡视查重点**

(1) 拉线有无锈蚀、松弛、断股、张力分配不均，尾线有无松散。

(2) 采用绝缘拉线，外皮是否损坏；采用拉线绝缘子，使用是否正确，有无损坏。

(3) 拉线盘埋深是否合格，拉线棒有无弯曲；拉线抱箍有无变形；UT 楔形线夹螺母是否松脱。

(4) 拉线、拉桩、戗杆周围土壤有无突起、沉陷、缺土。

(5) 拉桩、戗杆有无歪斜、损坏。

(6) 水平拉线对地距离是否符合要求。

(7) 易被车辆或行人碰撞的拉线是否安装反光防护管。

**(七) 线路交叉跨越的巡视重点**

(1) 配电线路与弱电线路垂直交叉跨越距离，在最大弧垂时：10kV 线路不小于 2m，低压线路不小于 1m。

搭挂在配电线路电杆上的弱电线路在跨越道路时，应视同低压电力线路，跨越道路的距离不得小于 6m。

(2) 电力线路导线之间的垂直交叉跨越距离和水平距离见表 2-4-3-3。

**表 2-4-3-3 电力线路导线之间的垂直交叉跨越距离和水平距离** 单位：m

| 项目 | 线路 | ≤1kV | 10kV | 35～110kV | 220kV | 500kV |
|---|---|---|---|---|---|---|
| 最小垂直距离 | 中压 | 2 | 2 | 3 | 4 | 6 |
| | 低压 | 1 | 2 | 3 | 4 | 6 |
| 最小水平距离 | 中压 | 2.5 | 2.5 | 5.0 | 7.0 | — |
| | 低压 | 2.5 | 2.5 | 5.0 | 7.0 | — |

(3) 中低压绝缘线之间的交叉跨越垂直距离不应小于表 2-4-3-4 所列数值。

**表 2-4-3-4 中低压绝缘线之间的交叉跨越垂直距离** 单位：m

| 线路电压 | 中压 | 低压 |
|---|---|---|
| 中压 | 1 | 1 |
| 低压 | 1 | 0.5 |

(4) 线路边线与永久建筑物之间的水平距离在最大风偏情况下，不应小于表 2-4-3-5 所列数值；配电线路一般不允许跨房，因地形所限必须跨房时，在导线最大弧垂时与房顶的垂直距离不应小于表 2-4-3-5 所列数值。

**表 2-4-3-5 中低压配电线路导线与建筑物距离** 单位：m

| 类别 | 裸导线 | | 绝缘线 | |
|---|---|---|---|---|
| | 中压 | 低压 | 中压 | 低压 |
| 最小垂直距离 | 3.0 | 2.5 | 2.5 | 2.0 |
| 最小水平距离 | 1.5 | 1.0 | 0.75 | 0.2 |

(5) 导线对树木的距离，导线在最大弧垂及最大风偏情况下，最小净空距离应符合表 2-4-3-6 所列数值。校验导线与树木之间的垂直距离，应考虑树木在修剪周期内自然生长的高度。

(6) 导线在最大弧垂时对地面、水面及跨越物的最小垂直距离不应小于表 2-4-3-7 所列数值。

**(八) 沿线环境的巡视重点**

(1) 线路上有无搭落的树枝、金属丝、锡箔纸、塑料布、风筝等异物。

表 2-4-3-6 导线对树木的最小净空距离　　单位：m

| 类　别 | | 裸导线 | | 绝缘线 | |
|---|---|---|---|---|---|
| | | 中压 | 低压 | 中压 | 低压 |
| 公园、绿化区、防护林带 | 垂直 | 3.0 | | 3.0 | |
| | 水平 | | | 1.0 | |
| 果林、经济林、城市灌木林 | | 1.5 | | — | |
| 城市街道绿化树木 | 垂直 | 1.5 | 1.0 | 0.8 | 0.2 |
| | 水平 | 2.0 | 1.0 | 1.0 | 0.5 |

表 2-4-3-7 导线对地面等跨越物的最小垂直距离

单位：m

| 线路经过地区 | | 裸导线及绝缘线 | |
|---|---|---|---|
| | | 中压跨越 | 低压跨越 |
| 居民区 | | 6.5 | 6.0 |
| 非居民区 | | 5.5 | 5.0 |
| 交通困难地区 | | 4.5 (4) | 4.0 (3) |
| 公路、城市道路 | | 7.0 | 6.0 |
| 至铁路轨顶 | | 7.5 | 7.5 |
| 至有电车行车线的路面 | | 9.0 | 9.0 |
| 至通航河流最高水位 | | 6.0 | 6.0 |
| 至不通航河流最高水位 | | 3.0 | 3.0 |
| 至索道距离 | | 2.0 | 1.5 |
| 人行过街桥 | 裸导线 | 宜入地 | |
| | 绝缘线 | 4.0 | 3.0 |

注　（　）内数值为绝缘导线线路。

（2）线路下方有无盖房、植树、堆放土石，从杆塔周围取土等现象。

（3）线路旁有无危及线路安全运行的树木、烟囱、天线、旗杆等。

（4）线路旁有无塔吊、建筑脚手架、挖沟敷管、砍伐树木、修路修渠、平整土地等施工。

（5）线路周围有无堆放易被风刮起或易燃的锡箔纸、塑料布、草垛等。

（6）线路周围有无新建的化工厂、农药厂、电石厂等污染源及打靶场、开石爆破等不安全现象。

（7）有无利用杆塔作为起重牵引地锚、违章搭挂通信线、悬挂彩旗、张贴非法小广告、利用杆塔、拉线拴牲畜、悬挂物件等。

**（九）真空负荷开关的巡视检查重点**

（1）分合指示及操作杆是否在正确位置上。

（2）开关箱体有无锈蚀、变形，瓷套管有无裂纹、破损。

（3）相间及对地的距离是否合格。

（4）开关引线连接处有无过热现象，引线绝缘有无龟裂。

（5）开关安装金具有无变形、锈蚀。

（6）开关外壳是否接地。

**（十）柱上用户分界负荷开关的巡视检查重点**

（1）线路掉闸或接地后，分界开关故障指示灯是否闪烁，分合指示状态有无变化。

（2）合闸后是否储能，是否处于具备自动隔离故障的工况。

（3）其他巡视内容同（九）条。

**（十一）柱上多油负荷开关的巡视检查重点**

（1）外壳有无渗、漏油和锈蚀，油位、油色是否正常。

（2）套管有无硬伤、裂纹、脏污、闪络。

（3）开关接线端子及线夹有无过热现象。

（4）开关安装是否牢固，有无鸟巢，外壳是否接地。

**（十二）刀闸、跌落式熔断器的巡视检查重点**

（1）瓷绝缘有无硬伤、裂纹、脏污、闪络。

（2）触头关合是否到位，有无过热、烧熔现象。

（3）安装是否牢固，各部件有无松脱，相间距离不小于500mm，熔断器倾角为15°～30°。

（4）熔管有无弯曲、变形。

（5）常开刀闸，打开角度是否符合要求。

**（十三）故障指示器的巡视检查重点**

（1）能否正确指示故障区段（卡装在小分支及用户弓子线处，宜剥除绝缘层）。

（2）故障指示后，是否过48h后自动复位。

（3）卡线位置是否位移。

（4）外观是否损坏、锈蚀。

（5）安装位置是否合理。

**（十四）低压交流配电箱、低压无功补偿箱的巡视检查重点**

（1）箱体是否倾斜、锈蚀。

（2）导线连接有无过热变色，无功补偿 TA 引线有无破损。

（3）抄取运行数据，三相负荷是否平衡。

（4）低压空气断路器相间绝缘隔板是否完好，箱内母线是否绝缘封闭，剩余电流保护装置是否投入运行。

（5）低压无功补偿装置测控仪、电容器、晶闸管、接触器是否完好，有无异声，电容器投切指示灯显示是否正确。

（6）箱门、计量 TA、电能表及视窗是否完好。

（7）箱体是否可靠接地。

**（十五）避雷器的巡视检查重点**

（1）外护套有无硬伤、裂纹、脏污、闪络。

（2）安装是否牢固。

（3）引线是否绝缘，上下引线连接是否可靠。

（4）是否可靠接地。

（5）线路有无防雷空白点。

**（十六）接地装置的巡视检查重点**

（1）接地引下线有无断股、损伤、丢失。

（2）接头是否完好，接地线夹螺栓有无松动、锈蚀。

（3）接地钎子有无外露和严重腐蚀。

## 五、架空配电线路的预防性检查与维护周期

架空配电线路的预防性检查与维护周期应按表 2-4-3-8 规定执行。

## 六、10kV 线路登杆检查清扫

（1）一般线路停电登杆检查清扫，原则上每 5 年一次，负荷较重、缺陷较多及城镇地区的线路可根据需要适当缩短，以弥补地面巡视维护的不足。

表 2-4-3-8　　架空配电线路的预防性检查与维护周期表

| 序号 | 项目 | 周期 | 备注 |
|---|---|---|---|
| 1 | 登杆塔检查（1~10kV 线路） | 5 年至少一次 | 木杆、木横担线路每年一次 |
| 2 | 绝缘子清扫或水冲 | 根据污秽程度 | |
| 3 | 木杆根部检查、刷防腐油 | 每年一次 | |
| 4 | 铁塔金属基础检查 | 5 年一次 | 锈后每年一次 |
| 5 | 盐、碱、低洼地区混凝土杆根部检查 | 一般 5 年一次 | 发现问题后每年一次 |
| 6 | 导线连接线夹检查 | 5 年至少一次 | |
| 7 | 拉线根部检查<br>镀锌铁线<br>镀锌拉线棒 | 3 年一次<br>5 年一次 | 锈后每年一次<br>锈后每年一次 |
| 8 | 铁塔和混凝土杆钢圈刷油漆 | 根据油漆脱落情况 | |
| 9 | 铁塔紧螺栓 | 5 年一次 | |
| 10 | 悬式绝缘子绝缘电阻测试 | 根据需要 | |
| 11 | 导线弧垂、限距及交叉跨越距离测量 | 根据巡视结果 | |

（2）反污登杆清扫或更换绝缘子的周期应根据污秽程度和性质而定。

（3）应根据线路健康状况、相关技术政策和反事故措施，编制登杆检查清扫要求。

（4）登杆检查清扫基本要求：

1）登杆对柱上负荷开关、变压器，隔离开关、跌落式熔断器、避雷器、绝缘子、线夹、横担、导线接头等进行近距离触摸检查，检查弓子线间及对地距离，核对熔丝（片）配置，调整操作机构等。

2）摇测开关、刀闸的绝缘电阻，使用 2500V 绝缘摇表，其值（换算到 20℃时）低于 300MΩ 的应更换。10kV 氧化锌避雷器低于 1000MΩ 的应更换。

3）对发现的缺陷立即处理。对瓷绝缘裂纹等损坏严重的设备器材进行更换，对烧伤的导线和接头（含临时接头）进行处理，对针式绝缘子绑缠松脱的重新绑扎，对松动的螺母重新紧固，对瓷绝缘表面及内裙进行清扫等。

4）结合登杆清扫消除存留的缺陷，拆除杆上闲置设备器材。

5）柱上多油负荷开关应逐步淘汰，有缺陷、频繁操作及人口密集地区的应提前更换淘汰。柱上真空负荷开关实行状态检修，原则上运行年限暂定为 20 年，到期进行更换；未到更换周期而出现缺陷的，应视情况提前安排更换。

6）对发现的缺陷和处理情况认真记录，转线路运行单位。

## 第四节　架空配电线路季节性工作

架空配电线路点多、面广、线长，运行环境差，绝缘水平低，外界因素的作用和气候的千变万化极易对线路的安全运行造成影响。因此，不失时机地、有重点地开展反污、防雷、防汛、防风、去树、防鸟害等工作意义重大。现以北京地区为例，介绍季节性工作。

### 一、反污工作

每年 10 月底前，应结合线路巡视检查、线路周围污染源性质、距离和方向等情况，参照表 2-4-4-1 架空配电线路污秽分级标准，确定线路污秽等级。污秽等级不易确定时应进行等值附盐密度测定，运行人员并应建立历年线路污秽调查表和反污清扫记录。

反污工作应在 2 月中旬雨交雪发生前完成。根据污染源性质和线路污秽等级的不同，反污工作可采取登杆清扫、换高绝缘级别的绝缘子、换绝缘线或每 1~2 年轮换绝缘子等方式。运行人员对污闪事故应认真记录分析，以指导反污工作。

### 二、防雷工作

每年 3 月底前应完成防雷设施检查及缺陷处理。

重点检查有无去年甩掉而未投入运行的避雷器，避雷器引线及接地装置连接是否完好，新架线路及临时用电设备撤除的线路末端有无防雷空白点，中压架空绝缘线路安装放电箝位绝缘子或防雷放电线夹是否齐全，防雷接地电阻值是否合格等，多雷区的防雷改进措施是否落实。

雷雨季后应做好防雷总结，以指导防雷工作。

### 三、防汛工作

每年 6 月上旬应完成为水库、重点水闸、立交桥泵站等防汛设施供电的中低压配电线路、变压器的巡视检查、小修和缺陷处理，保障安全、可靠供电，并提前做好防汛物资储备。

重点检查沟旁、塘边、山坡、人防工事等处可能被洪水冲刷的电杆、变台及雷雨大风时可能倒伏到线路上的树木。对插入导线中或在导线上方的树枝应进行修剪，根据历年水情，对沿线路有可能发生山洪、泥石流的地段采取防洪措施。

### 四、防风工作

每年春夏大风季节之前，重点检查导线弧垂是否过松、过紧，线路周围有无堆放易被大风刮起的锡铂纸、塑料布、草垛等物，有无可能倒伏、落枝的树木。

### 五、迎峰工作

在夏季、冬季负荷高峰来临之前，应进行负荷分析和预

表 2-4-4-1　　　　　　　　　架空配电线路污秽分级标准

| 污秽等级 | 污湿特征 | 盐密/(mg/cm²) | 线路爬电比距/(cm/kV) 中性点非直接接地 | 线路爬电比距/(cm/kV) 中性点直接接地 |
| --- | --- | --- | --- | --- |
| 0 | 大气清洁地区及离海岸盐场 50km 以上无明显污染地区 | ≤0.03 | 1.9 | 1.6 |
| I | 大气轻度污染地区，工业区和人口低密集区，离海岸盐场 10～50km 地区。在污闪季节中干燥少雾（含毛毛雨）或雨量较多时 | >0.03～0.06 | 1.9～2.4 | 1.6～2.0 |
| II | 大气中等污染地区，轻盐碱和炉烟污秽地区，离海岸盐场 3～10km 地区。在污闪季节中潮湿多雾（含毛毛雨）但雨量较少时 | >0.06～0.10 | 2.4～3.0 | 2.0～2.5 |
| III | 大气污染严重地区，重雾和重盐碱地区，近海岸盐场 1～3km 地区，工业与人口密度较大地区，离化学污染源和炉烟污秽 300～1500m 的较严重地区 | >0.10～0.25 | 3.0～3.8 | 2.5～3.2 |
| IV | 大气特别严重污染地区，离海岩盐场 1km 以内，离化学污染源和炉烟污秽 300km 以内的地区 | >0.25～0.35 | 3.8～4.5 | 3.2～3.8 |

**注** 本表是根据《高压架空线路和发电厂、变电所环境污区分级及外绝缘选择标准》（GB/T 16434—1996）制订的。

测。对负荷高峰期间可能满负荷或过负荷的线路、变压器采取相应的措施；对接头接点重点检查监视，采集高峰负荷记录；夏季负荷高峰与气温高峰重叠期间，应加强对线路交叉跨越的检查。

### 六、去树工作

应以冬季去树为主，春季去树为辅。每年开展修剪树枝工作前，应及时向园林等树权单位提交修剪树枝通知书，提供准确的图纸，并做好现场配合。

绝缘线路应按裸导线同样要求，修剪树枝，保持安全距离，以防止树枝磨损绝缘层，发生接地、短路故障。

### 七、反外力工作

线路巡视应注意周边情况变化，发现建筑、掘路、违章搭挂通信线、砍伐树木及爆破等威胁线路安全的施工，应立即予以制止，发放违章通知书，签订安全协议书。必要时增加特殊巡视次数，采取特殊时间段的巡视。

### 八、防鸟害工作

根据鸟类春季筑巢的季节特点，对鸟害频发的线路段及鸟类易筑巢的特殊杆型安排特殊巡视，及时安排捣鸟巢、安装驱鸟器等防护措施。有条件时，实施线路绝缘化工程。

### 九、防雪工作

结合线路巡视检查导线弧垂是否过紧，及时调整导线弧垂，实施线路及变台绝缘化。

### 十、防振工作

风作用于架空线将使导线振动。常见架空线的振动按照频率和振幅的大小分为微风振动和舞动两种。微风振动由稳定微风引起，是最有危害性的振动，微风振动频率高，振幅一般不超过导线直径，微风振动易引起线夹等固定点处导线断股乃至断线事故。舞动则指大风作用下频率低、振幅大的架空导线振动，可能导致相间放电或短路。

影响架空线振动的因素有：风速、风向、挡距、悬点高度及导线应力等。导线的平均应力即导线在平均温度时的应力，是影响导线振动受损的关键因素。平均应力越大，导线振幅越大，越容易疲劳断股。根据运行经验可以采取以下措施：

（1）在条件允许时，适当降低导线平均应力，加大导线安全系数，即适当增大弧垂，但不会引起导线混连短路。

（2）在线夹等固定点处加装护线条或加装预绞丝，以增强导线机械强度，对导线加以保护。

（3）在线夹等固定点处附近安装防振锤，是广泛采用的有效防振措施。

## 第五节　配电变压器运行

### 一、变压器巡视与小修

#### （一）变压器巡视

1. 变压器巡视周期

变压器巡视周期与 10kV 线路巡视周期相同；变压器的巡视每半年至少一次。

2. 变压器及变台巡视检查内容

（1）油位、油色是否正常（带油枕变压器），有无渗、漏油，呼吸器中干燥剂是否变色。

（2）声音是否正常。

（3）高低压套管是否清洁，有无硬伤、裂纹、闪络。

（4）接头接点有无过热、烧损、锈蚀。

（5）变压器台绝缘引线有无龟裂、破损；高压套管引线之间及对地距离不应小于 200mm。

（6）跌落式熔断器、开关、避雷器、绝缘子是否完好。

（7）套管绝缘护罩、位号牌及警告牌等是否齐全完好。

（8）变压器外壳是否接地，接地线是否完好；避雷器是否良好。

（9）变压器台有无倾斜、下沉，变压器台及跌落式熔断器架对地距离是否符合要求。

（10）变压器上有无搭落金属丝、树枝等，有无藤萝类植物附生。

#### （二）变压器小修

1. 变压器小修周期

变压器小修周期，城镇地区一般每两年小修一次；农村地区一般每3年小修一次；供重要用户、双电源用户及负载率大于80%的变压器每年小修一次。

**2. 变压器小修检查内容**

(1) 检查有无假油面，油色是否正常、有无异味，缺油应补油。

(2) 检查油枕、套管、外壳等处密封垫是否老化、开裂，有无渗、漏油或进水现象。

(3) 检查呼吸器中的干燥剂是否已失效。

(4) 清扫高低压套管及其附件，检查有无裂纹、闪络等缺陷。

(5) 检查接头是否连接良好，有无烧熔、锈蚀。

(6) 摇测变压器绝缘电阻，使用2500V绝缘摇表。其值（换算到20℃时）一次对二次及地不应低于300MΩ，二次对地不应低于10MΩ。

(7) 检查高、低压避雷器，摇测绝缘电阻。摇测10kV氧化锌避雷器应使用2500V绝缘摇表，其绝缘电阻值应不低于1000MΩ；摇测0.5kV氧化锌避雷器应使用1000V绝缘摇表，绝缘电阻值应不低于100MΩ。

(8) 检查一、二次熔丝（片）是否合格，检查跌落式熔断器并调整操作机构。

(9) 检查变压器外壳、低压中性点及避雷器是否接地；接地装置连接是否良好；接地电阻是否合格。

(10) 紧固电气接线。

## 二、变压器负荷管理

### （一）负荷电流测量

**1. 负荷测定周期和测定时间**

变压器负荷电流的测定周期和测定时间，应根据其负载率的高低和负荷性质而定。一般安排测量日负荷或夜负荷。

(1) 满载或过载运行的变压器每月至少测定一次。

(2) 负荷为工业、商业和照明时，每半年在负荷高峰期至少测定一次，负载率在70%及以上时，每半年应增加一次。

(3) 负荷为农业排灌时，每年至少在负荷高峰时间内测定一次。

当变压器发生下列情况应加测负荷：

(1) 变压器容量变动及用户增容后。

(2) 变压器所带低压线路运行方式改变后。

(3) 均衡三相负荷后。

**2. 负荷三相不平衡度的管理**

变压器的三相负荷电流应力求平衡，不平衡度不应大于15%。Yyn0接线的配电变压器，中性线电流不应超过额定电流的25%；Yzn11接线的配电变压器，中性线电流不应超过额定电流的40%。不符合上述规定时，应采取均负荷措施，使三相电流达到平衡，不平衡度的计算式为

$$\text{不平衡度}\% = \frac{\text{最大相电流} - \text{最小相电流}}{\text{最大相电流}} \times 100\%$$

(2-4-5-1)

### （二）变压器负荷管理

(1) 配电变压器不宜过负荷运行，应经济运行，最大负荷电流不宜低于额定电流的60%，季节性用电的专用变压器（农灌等）应在无负荷季节停止运行。

(2) 应建立配电变压器负荷核准台账，记录所带动力用户的容量和负荷性质，变压器经常满负荷时应安排对用户用电情况进行核查。低压用户增容报装时，应根据变压器负荷情况及报装用电设备的容量、同时使用率核准。

(3) 特殊情况过负荷运行。

配电变压器在额定使用条件下，全年可按额定电流运行。由于用户负荷增加，在未能及时掌握的特殊情况下，允许变压器在平均相对老化率小于或等于1的情况下，周期性地超额定电流运行。

《油浸式电力变压器负载导则》规定变压器绕组的热点温度基准值为98℃（相应环境温度20℃），在此温度下绝缘的相对老化率为1，在80～104℃范围内，温度每增加6K，其老化率增加一倍。当变压器有较严重的缺陷或绝缘有弱点时，不宜超额定电流运行。各类负荷状态下配电变压器负荷电流和温度限值见表2-4-5-1。

**表2-4-5-1　配电变压器负荷电流和温度限值**

| 项　　目 | 正常周期性负荷 | 长期急救周期性负荷 | 短期急救负荷 |
|---|---|---|---|
| 负荷电流（标幺值） | 1.5 | 1.8 | 2.0 |
| 热点温度与绝缘材料接触的金属部件的温度/℃ | 140 | 150 | |

注　顶层油温限值为105℃，具体变压器热特性数据和实际负荷周期图详见《油浸式电力变压器负载导则》（GB/T 15164—1994）。长期急救周期性负荷可能持续几星期或几个月，短期急救负荷一般不超过0.5h。

长期急救周期性负荷下运行，将在不同程度上缩短变压器的寿命，应尽量减少出现这种运行方式的机会。短期急救负荷下运行，相对老化率远大于1，绕组热点温度可能大到危险程度。应及时压缩负荷、减少时间，一般不超过0.5h，0.5h短期急救负荷允许的负荷系数$K_2$见表2-4-5-2。

**表2-4-5-2　0.5h短期急救负荷允许的负荷系数$K_2$表**

| 变压器类型 | 急救负荷前的负荷系数$K_1$ | 环境温度/℃ | | | | | | | |
|---|---|---|---|---|---|---|---|---|---|
| | | 40 | 30 | 20 | 10 | 0 | -10 | -20 | -25 |
| 配电变压器（油浸自冷ONAN） | 0.7 | 1.95 | 2.00 | 2.00 | 2.00 | 2.00 | 2.00 | 2.00 | 2.00 |
| | 0.8 | 1.90 | 2.00 | 2.00 | 2.00 | 2.00 | 2.00 | 2.00 | 2.00 |
| | 0.9 | 1.84 | 1.95 | 2.00 | 2.00 | 2.00 | 2.00 | 2.00 | 2.00 |
| | 1.0 | 1.75 | 1.86 | 2.00 | 2.00 | 2.00 | 2.00 | 2.00 | 2.00 |
| | 1.1 | 1.65 | 1.80 | 1.90 | 2.00 | 2.00 | 2.00 | 2.00 | 2.00 |
| | 1.2 | 1.55 | 1.68 | 1.84 | 1.95 | 2.00 | 2.00 | 2.00 | 2.00 |

## 三、电压管理

### (一) 电压允许偏差

**1. 电压偏差**

所谓电压偏差是指在某一时段内,电压幅值缓慢变化而偏离额定值的程度,即供电电压实测值与额定值之差与其额定值的比值,通常以百分数来表示。即

$$\Delta U = U - U_N$$

$$\Delta U\% = \frac{U - U_N}{U_N} \times 100\% \quad (2-4-5-2)$$

式中 $U$——检测点供电电压的实测值,V;

$U_N$——检测点供电电压的额定值,V;

$\Delta U$——电压偏差,V;

$\Delta U\%$——电压偏差占额定值的百分比值。

**2. 电压允许偏差**

《电能质量供电电压允许偏差》(GB 12325—1990) 规定,供电电压允许偏差如下。

(1) 35kV 及以上供电电压正、负偏差绝对值之和不超过额定电压的 10%。

(2) 10kV 及以下三相供电电压、允许偏差为额定电压的 ±7%。

(3) 220V 单相供电电压允许偏差为额定电压的 +7%、-10%。

### (二) 电压管理

(1) 配电运行人员应掌握配电网络中压线路和低压台区的电压质量情况,运行部门要采取技术措施,为提高供电电压质量努力工作。

(2) 变压器二次侧出口及低压线路末端电压每年至少测定一次,并应在负荷高峰期间进行。

(3) 除正常进行电压测定外,还应选择一批具有代表性的电压监测点进行电压监测,以摸清配电网的供电电压状况,根据分析结论,采取技术措施,提高电能质量。

(4) 当进行下述工作后应加测电压:

1) 调整变压器分接开关。

2) 更换或新装变压器。

3) 投入较大或特殊负荷。

4) 用户反映电压过高、过低或三相不平衡。

(5) 经测定属变压器二次侧出口电压不合格者(含用户反映电压不合格,经复测属实者),应调整变压器分接开关。当变压器二次侧出口电压合格,而线路末端电压不合格时,应提出改善电压方案(如分装变压器、改造低压线路及改变低压线路运行方式等)。

变压器二次侧出口电压过高或过低,可通过调整分接开关的运行位置来获取二次侧的理想电压。分接开关应调到哪一挡可按下式计算

$$E_1' = \frac{E_1 \times E_2}{E_2'} \quad (2-4-5-3)$$

式中 $E_1$——分接开关原位置分头电压,kV;

$E_2$——分接开关在原位时,二次实测电压,V;

$E_1'$——分接开关应调到的分接位置电压,kV;

$E_2'$——需要的二次电压,V。

【例 2-4-5-1】 某三相 10kV/0.4kV 配电变压器,用户反映电压高,实测变压器低压出口线电压均为 420V,经查变压器分接开关在 10kV 位置(Ⅱ挡),欲得变压器低压出口线电压 400V,列式计算变压器分接开关应调整到什么位置?

解:$E_1$ 为 10kV;

$E_2$ 为低压出口实测线电压 420V;

$E_2'$ 为需要的变压器低压出口线电压 400V。

故 $$E_1' = \frac{E_1 \times E_2}{E_2'} = \frac{10 \times 420}{400} = 10.5 \text{ (kV)}$$

答:变压器分接开关应从 10kV 位置调到 10.5kV 挡位。

## 四、变压器并列运行

将两台或多台变压器的一次侧以及二次侧同极性的端子之间,通过同一母线分别互相连接,这种运行方式叫变压器的并列运行,其单线系统图如图 2-4-5-1 所示。

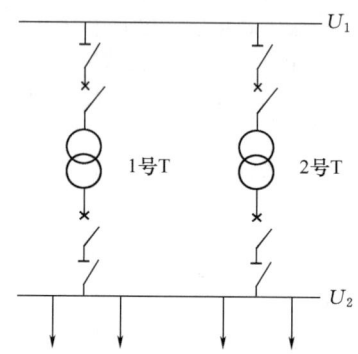

图 2-4-5-1 变压器并列运行单线系统图

### (一) 变压器并列运行的目的

**1. 提高变压器运行的经济性**

当负荷增加到一台变压器的容量不够用时,则可并列投入第二台变压器,而当负荷减少到不需要两台变压器同时供电时,可将一台变压器退出运行。这样,可尽量减少变压器本身的损耗,达到经济运行的目的。

**2. 提高供电可靠性**

当并列运行的变压器中有一台损坏时,只要迅速将其从电网中切除,其他变压器仍可正常供电。检修某台变压器时,也不影响其他变压器正常运行,这样减少了故障和检修时的停电范围。

### (二) 变压器并列运行的条件

变压器的并列运行固然有很多优点,但是变压器的并列运行应具备一定条件。变压器并列运行应同时满足下列条件:

(1) 变压器的接线组别相同。

(2) 变压器的变比相同(允许有 ±0.5% 的差值)。

(3) 变压器的短路电压相等(允许有 ±10% 的差值)。

(4) 变压器的容量比一般不宜超过 3:1。

以上并列运行条件中,前两个条件保证了变压器空载时绕组内不会有环流;第三个条件保证负荷分配与容量成正比。同时,考虑到容量不同的变压器短路电压值不相同,容量小的变压器短路电压小,因此对容量比有一定的要求。

上述并列运行条件中,第二个和第三个条件都允许有一定的差值,而且允许差值也非常具体。

两台变压器并列运行,变比不同和短路电压不同差异百分数计算式为

1) 变比相互间差异的百分数为

$$\frac{2\times(\text{第一台变比}-\text{第二台变比})}{\text{第一台变比}+\text{第二台变比}}\times100\%$$

$$(2-4-5-4)$$

2) 短路（阻抗）电压相互间差异的百分数为

$$\frac{2\times(\text{第一台短路电压}-\text{第二台短路电压})}{\text{第一台短路电压}+\text{第二台短路电压}}\times100\%$$

$$(2-4-5-5)$$

## 第六节 防雷与接地

在确定线路的防雷方式时，应全面考虑线路的重要程度、系统运行方式、线路经过地区雷电活动的强弱、地形地貌特征、土壤电阻率的高低等条件，并应结合当地已有运行经验，进行全面的技术经济比较，进而确定合理的防雷措施。对于电压较低的 10kV 及以下架空配电线路的防雷措施绝大多数仍以避雷器为主，但在个别特殊场合也有采用架空避雷线的；在绝缘线应用较多的地区，除装设避雷器外，直线杆还采用"放电箝位绝缘子"以防雷击断线。

大地是一个无穷大的散流体，所谓无穷大是相对于电压、电流而言。无论多高的电压，多大的电流，都无法改变大地始终保持零电位的特性。经过计算，距接地点 20m 的地方，大地基本呈现零电位。相对而言，大地导电性能好，散流速度快。

利用大地经常保持零电位这一特性，人为地将电气设备中带电或不带电的部位与大地连接，称为电气接地。将电气设备带电部位接地，利用大地构成其工作回路，称为工作接地。如："变压器中性点接地"。将电气设备不带电部位与大地连接，以保护人身或设备的安全，称为保护接地。如变压器、开关外壳接地。

10kV 及以下架空配电线路"防雷与接地"有如下规定。

### 一、防雷

(1) 避雷器应在雷雨季节之前投入运行，下列线路设备，必须装设避雷器：

1) 配电变压器（装在跌落式熔断器的负荷侧）。

2) 柱上开关（常闭开关装在电源侧，常开开关装在两侧）。

3) 常开隔离开关（装在两侧）。

4) 户外电缆头（装在开关、刀闸或跌落式熔断器的线路侧）。

5) 无高层建筑物遮挡（屏蔽）地区配电变压器的低压侧（装低压避雷器，在低压刀闸的负荷侧）。

6) 雷雨季节的空载线路（装在无负荷线路末端）。

(2) 10kV 架空绝缘配电线路直线杆逐杆每相均应装设放电箝位绝缘子或在原针式绝缘子旁加装放电线夹。

(3) 中低压氧化锌避雷器实行状态检修。运行 5 年后，每年安排轮换一批。将撤下的避雷器进行直流 1mA 参考电压试验，试验合格后，再行装出。

(4) 中压氧化锌避雷器额定电压的选择。

1) 10kV 中性点不接地或经消弧线圈接地系统，应选用额定电压为 17kV 的氧化锌避雷器。

2) 10kV 中性点经低电阻接地系统，应选用额定电压为 12kV 的氧化锌避雷器。

(5) 低压氧化锌避雷器额定电压的选择。低压交流配电箱、无功补偿箱宜选用额定电压为 0.3kV 的氧化锌避雷器，配电变压器及低压线路的防雷保护宜选用额定电压为 0.5kV 的氧化锌避雷器。

### 二、接地

(1) 下列设备必须进行良好的接地：

1) 铁杆（含钢管电杆、铁塔）。

2) 变压器外壳，配电变压器低压侧中性点（设计明确不接地者除外）。

3) 柱上开关（油、真空）外壳。

4) 电缆头金属护层。

5) 低压交流配电箱、无功补偿箱、控制箱、分接箱、接户线箱、电表箱等外壳，低压接户线绝缘子铁脚（必要时）。

6) 城镇地区低压三相四线制线路干线、分支线终端处零线应重复接地。

7) 避雷器的接地端。

(2) 测量接地电阻应在干燥的季节内进行，柱上变压器、配变站、柱上开关设备、电容器设备的接地电阻测量每 2 年至少一次；其他设备的接地电阻测量每 4 年至少一次。其数值规定如下：

1) 变压器中性点接地电阻，凡容量在 100kVA 及以下者不应大于 10Ω；容量在 100kVA 以上者不应大于 4Ω；在土壤电阻率大于 500Ω·m 的地区，不宜大于 30Ω。

2) 防雷接地和设备金属外壳接地，不大于 10Ω。

3) 铁杆接地电阻，不宜超过 30Ω。

4) 城镇地区三相四制线路终端处的零线应重复接地，每个台区的重复接地不应少于 3 处。每个重复接地装置的接地电阻，容量为 100kVA 以上的变压器不应大于 10Ω；容量为 100kVA 及以下的变压器不应大于 30Ω。

5) 对于无建筑物屏蔽的低压架空线路，其接户线的绝缘子铁脚宜接地，接地电阻不应超过 30Ω。如果距线路接地点不超过 50m，则可不接地。

(3) 配电变压器外壳、低压中性点及避雷器接地端接地的原则：

1) 10kV 中性点不接地或经消弧线圈接地系统，变压器金属外壳、低压中性点及避雷器接地端应连在一起共同接地。

2) 10kV 中性点经低电阻接地系统（接地电阻为 10Ω 时）。

a. 独立台区的变压器工作接地与保护接地（变压器外壳和避雷器接地）原则上应分别独立设置。保护接地设置在变压器台处；工作接地应采用绝缘导线引出 5m 以外接地，两个接地体之间应无电气连接，接地电阻均不应大于 4Ω。

b. 对于多个台区低压零线共网连接（含多个变台及线路重复多点接地），接地等效电阻达到 0.5Ω 及以下时，保护接地与工作接地可以不分开设置。

(4) 接地引下线应与接地装置应可靠连接，接地引下线从地面至 2.5m 高宜采用保护管防护。

## 第七节　倒闸操作与核定相位

### 一、倒闸操作

将电气设备由一种工作状态改变为另一种工作状态的操作，称为倒闸操作。

倒闸操作是一项复杂而重要的工作，操作的正确与否，直接关系到操作人员的安全和设备的正常运行。若发生误操作事故，其后果是极其严重的。因此，电气运行人员一定要树立"精心操作，安全第一"的思想，严肃认真地对待每一步操作。现将国家电网《国家电网公司电力安全工作规程》（线路部分）（安监〔2019〕664号）中有关倒闸操作的规定摘录如下，供大家学习，在工作中认真执行。

(1) 倒闸操作应使用倒闸操作票。倒闸操作人员应根据值班调度员（工区值班员）的操作指令（口头、电话或传真，电子邮件）填写或打印倒闸操作票。操作指令应清楚明确，受令人应将指令内容向发令人复诵，核对无误。发令人发布指令的全过程（包括对方复诵指令）和听取指令的报告时，都要录音并作好记录。

事故应急处理和拉合断路器（开关）的单一操作可不使用操作票。

(2) 操作票应用钢笔或圆珠笔逐项填写。用计算机开出的操作票应与手写格式票面统一。操作票票面应清楚整洁，不得任意涂改。操作票应填写设备双重名称，即设备名称和编号。操作人和监护人应根据模拟图或接线图核对所填写的操作项目，并分别手工或电子签名。

(3) 倒闸操作前，应按操作票顺序在模拟图或接线图上预演核对无误后执行。

操作前、后，都应检查核对现场设备名称、编号和断路器（开关），隔离开关（刀闸）的断、合位置。电气设备操作后的位置检查应以设备实际位置为准，无法看到实际位置时，可通过设备机械指示位置、电气指示、带电显示装置、仪表及各种遥测、遥信信号的变化来判断。判断时，应有两个及以上的指示，且所有指示均已同时发生对应变化，才能确认该设备已操作到位。以上检查项目应填写在操作票中作为检查项。

(4) 倒闸操作应由两人进行，一人操作，一人监护，并认真执行唱票、复诵制。发布指令和复诵指令都应严肃认真，使用规范的操作术语，准确清晰，按操作票顺序逐项操作，每操作完一项，应检查无误后，做一个"√"记号。操作中产生疑问时，不准擅自更改操作票，应向操作发令人询问清楚无误后再进行操作。操作完毕，受令人应立即汇报发令人。

(5) 操作机械传动的断路器（开关）或隔离开关（刀闸）时，应戴绝缘手套。没有机械传动的断路器（开关）、隔离开关（刀闸）和跌落式熔断器，应使用合格的绝缘棒进行操作。雨天操作应使用有防雨罩的绝缘棒，并穿绝缘靴、戴绝缘手套。

在操作柱上断路器（开关）时，应有防止断路器（开关）爆炸时伤人的措施。

(6) 更换配电变压器跌落式熔断器熔丝的工作，应先将低压刀闸和高压隔离开关（刀闸）或跌落式熔断器拉开。摘挂跌落式熔断器的熔断管时，应使用绝缘棒，并派专人监护。其他人员不得触及设备。

(7) 雷电时，严禁进行倒闸操作和更换熔丝工作。

(8) 在发生人身触电事故时，可以不经过许可，即行断开有关设备的电源，但事后应立即报告调度（或设备运行管理单位）和上级部门。

(9) 操作票应事先连续编号，计算机生成的操作票应在正式出票前连续编号，操作票按编号顺序使用。作废的操作票，应注明"作废"字样，未执行的应注明"未执行"字样，已操作的应注明"已执行"字样。操作票应保存一年。

### 二、核定相位

在双电源或多电源电网中，线路检修、更动导线、拆改设备、新线投入和首次并网前，必须确定开关两侧导线的相别，即核定相位。若相位不对，就合闸并网，那将造成极其严重的相间短路事故。因此，运行及检修人员必须认真地对待核相工作，以确保电网的安全运行。核定相位工作的要求如下：

(1) 中压架空配电线路，凡增设联络开关、更动与联络开关有关的导线、拆改与"网"有关的设备、新线投入和首次并网前，均应核定相位；核相前应向值班调度员要令并经同意后方可进行。

(2) 架空配电线路核相一般采用高阻杆（核相杆）核相；高阻杆必须经试验合格方可使用；使用高阻杆核相，工作前应确认高阻杆使用电压等级要与线路额定电压相符；两高阻杆的阻值应基本相等（误差应在±10%以内），接线正确。

(3) 核相工作不得少于3人，必要时应事先勘察，做好充分的准备。核相前应检查接线，工作负责人应详细交待安全措施、工作范围、核相测点、操作方法等。

(4) 核相中应服从工作负责人统一指挥。按照指令将核相杆缓缓接近带电体，变动相位时不得直接移向另一相，应将核相杆脱离带电体后再向另一相靠近，以防短路。并注意带电部位与地保持安全距离。室外10kV核相，一根高阻核相杆固定在一侧带电导线上时，另一侧按指令接触带电体。

(5) 工作人员应戴绝缘手套。进行10kV核相，工作人员、仪表及引线在任何情况下距带电体均不得小于0.7m。

(6) 核相工作必须做好记录，在两个电源的各相对应关系经核定确认后，须再作一次最后核定，以确保万无一失。

(7) 室外核相遇有雨、雾、雪天或五级以上大风时，应停止核相工作。

(8) 核相杆应妥善保管，禁止受潮，使用中禁止平放在地面上。如发现核相杆有异常现象应停止使用，认真检查。

(9) 核相杆在使用或运输过程中严禁磕、碰、压、摔，使用完后应装入帆布袋内，在干燥通风处存放。

(10) 低压系统一般采用电压表法进行核相。核相前应检查两个电源的三相电压是否平衡，如电压严重不平衡时，不得进行核相。

(11) 为不影响配电网的安全运行，配电线路的核相工作，应在施工当天完成。特殊情况须经主管领导批准，但最长期限不得超过3天。凡相位不对的应尽快安排调整接线，调整后，应再次进行核相确认，并报调度所值班调度员。

## 第八节　事　故　处　理

(1) 线路运行单位应建立事故抢修组织，制定严细的管理制度和高效的通信联系网络，为迅速地处理事故提供组织保证。

(2) 事故处理人员应具有较强的线路运行经验和优异的检修技能。事故处理单位应备有线路电源图册、电工仪表、必要的工具、良好的照明设备、电工材料等，并及时补充。

(3) 线路运行单位应备有一定数量的物资、器材、工具等，作为事故抢修的备品备件。

(4) 线路运行单位的事故处理人员应熟悉《国家电网公司电力安全工作规程》（线路部分）的相关规定，并经考试合格；外单位承担线路运行单位事故处理的工作人员应熟悉《国家电网公司电力安全工作规程》（线路部分）相关规定，并经考试合格，还应持有"电工进网作业许可证"。

(5) 事故处理内勤值班人员应熟悉系统运行方式和道路、地名等，具有对各类故障的分析、判断能力；事故处理单位应有事故（故障）报告单、电话记录和事故处理记录。

(6) 事故处理的主要任务：
1) 尽快查出事故地点和原因，消除事故根源，防止扩大事故。
2) 采取措施防止行人接近故障导线和设备，避免发生人身事故。
3) 尽量缩小事故停电范围和减少事故损失。
4) 对已停电的用户尽快恢复供电。

(7) 事故处理原则：
1) 事故处理应根据事故对人身安全威胁的程度、政治影响、经济损失大小等统筹考虑，合理安排。对断线等严重威胁人身安全、停电造成重大政治影响、断电对国民经济造成重大损失的事故应优先安排。
2) 对一时不易恢复的故障，根据电网接线情况，可将线路故障段隔离，尽早恢复无故障段线路的供电。

(8) 配电系统发生下列故障时，必须迅速查明原因，并及时处理。
1) 断路器掉闸（不论重合是否成功）。
2) 熔断器跌落（或熔丝熔断）。
3) 发生永久性接地或频发性接地。
4) 变压器一次或二次熔丝（片）熔断。
5) 线路倒杆、断线。
6) 发生火灾、触电伤亡等意外事件。
7) 用户报告无电或电压异常。

(9) 事故处理：
1) 中压线路发生掉闸或接地等故障（含重合发出），应及时通知线路运行人员和用电检查人员，对该线路和与其相连接的中压用户进行全面巡查，直至查出故障点为止。

在全面进行巡查时，应充分利用故障指示器、用户分界负荷开关、接地故障探测仪等先进手段，尽快查出故障点。

2) 线路上或变压器台上跌落式熔断器跌落，往往是因为熔管长度调整不当所致；但也有因上盖压力弹簧失效造成的；还有因树枝摆动，掀动熔断器上盖而引起熔管跌落的。处理此类故障，应停止变压器运行，处理完毕再履行送电操作。

3) 10kV 中性点不接地或经消弧线圈接地系统发生永久性接地故障或频发性接地故障时，可用柱上开关分段选出故障段。当故障段确定后，在线路上仍找不到故障点，可通过试停10kV用户查找故障点。

4) 变压器一、二次熔丝（片）熔断按如下规定处理：

a. 一次熔丝熔断，应认真检查变压器变台10kV母线有无短路，变压器高低压套管接线端子处有无搭落金属丝，如无短路迹象，则应摇测绝缘电阻，如无问题，再查低压线路有无短路越级可能，无问题后方可送电，切记不可盲目试送。

b. 二次熔片熔断，首先检查低压熔片及刀闸接触是否良好，然后检查低压线路，无问题后方可送电，送电后应测量负荷电流，判明变压器运行是否正常。

(10) 事故处理人员应将事故现场状况和处理经过做好记录，并收集与事故有关的残留物品，加以妥善保管，以便分析事故原因。

(11) 线路运行单位应及时组织有关人员对事故开展调查、分析，根据事故原因，制定反事故措施，并按规定填写事故报告。定期进行事故分类统计、分析，指导线路运行工作。

# 第九节 工程竣工验收

为了保证架空配电线路及设备的施工质量，促进工程施工技术水平的提高，确保架空配电线路及设备安全运行，必须严肃认真地做好工程竣工验收工作。

工程施工完毕，施工单位在完成"三查三检"之后，向工程建设单位（运行部门）提交正式验收申请报告，由运行部门组织设计、施工、运行、工程监理等有关单位共同进行验收。

## 一、架空配电线路工程竣工验收

### （一）验收时施工单位应提交的资料

(1) 符合现场实际的施工图纸（变更设计应有证明文件）。
(2) 设备试验成绩单。
(3) 设备器材产品说明书及出厂试验合格证。
(4) 负荷开关等安装凭证。
(5) 接地装置电阻测量记录。
(6) 有关协议等文件。

### （二）验收时应进行下列检查或测试

(1) 导线的型号、规格是否符合设计要求，导线有无磨损、断股、背花等缺陷，导线连接、固定是否符合规范要求，导线弧垂、相间距离、对地距离等是否符合规定。

(2) 电杆规格（梢径、长度、标准弯矩、类型）是否符合设计要求，施工各项误差是否在允许范围之内。

(3) 拉线的制作与安装是否符合规范要求，镀锌钢绞线、拉线棒、拉线盘的规格是否符合设计要求。

(4) 交叉跨越距离是否符合规定。

(5) 绝缘子有无试验报告，施工中有无损坏，其型号是否符合设计规定。

(6) 电气设备（开关、熔断器、避雷器等）及部件的外观应完整无缺损，安装应符合规范要求，金属外壳是否接地。

(7) 接地装置安装是否符合要求，接地电阻值是否合格。

(8) 相位是否正确。

(9) 路名牌、杆号牌、开关调度号牌、警告牌等是否悬挂好。

(10) 沿线的障碍物，应砍伐的树或树枝等杂物是否清除完毕。

## 二、配电变压器工程竣工验收

### (一) 验收时施工单位应提交的资料

(1) 符合现场实际的施工图纸。

(2) 变压器试验成绩单。

(3) 设备、器材（跌落式熔断器、避雷器、绝缘子等）产品说明书、试验报告、合格证。

(4) 变压器装撤凭证。

(5) 电压、接地电阻测量记录。

(6) 有关协议等文件。

### (二) 验收时应进行下列检查

(1) 10kV引下线及变台母线型号、规格是否符合设计要求。

(2) 跌落式熔断器安装是否符合规范要求，熔丝规格是否与变压器容量相匹配。

(3) 变压器台电杆规格是否符合设计要求，施工误差是否符合规范要求。

(4) 变压器台整体安装是否符合设计要求，低压引线截面是否与变压器容量匹配。

(5) 变压器型号、交接试验应合格，应有试验成绩单、合格证及使用说明书。

(6) 变压器本体无缺陷、外表整洁、无渗漏油和油漆脱落现象。

(7) 油位合格、油色正常、干燥剂无变色。

(8) 高、低压套管完整、无损坏裂纹；高、低压引线合格，接点紧固良好。

(9) 分接开关放置位置适当，二次电压合格。

(10) 变压器外壳、低压中性点、避雷器接地端接地良好，接地电阻合格。

(11) 全密封变压器压力释放阀处于工作状态。

(12) 变压器台及变压器上无遗留物。

(13) 变压器一、二次熔丝（片）配置符合规定等。

工程经过竣工验收检查合格后，按照规范，建设单位会同施工单位对线路（或变压器）进行电气试验，经试验判断合格才能认定：线路（或变压器）具备投入运行条件。线路（或变压器）送电，需按调度规程规定程序办理。

## 第十节 架空配电线路及设备运行技术管理

架空配电线路及设备运行技术管理主要是指计划管理、缺陷管理、运行分析、技术资料管理、线路编号标志管理、备品备件管理和技术培训。配电线路及设备的安全运行与技术管理息息相关，运行技术管理是安全、经济运行的基础。

### 一、计划管理

计划管理即工作计划管理。计划是在工作前预先拟定的工作内容、步骤和措施。计划管理是一种科学的工作方法，可以减少盲目性，增强自觉性，更好地发挥主观能动性，从而有准备、有步骤、有措施、有期限，积极主动完成既定的任务。

配电线路运行工作内容很多，必须按年、季、月作具体安排，因此就有年、季、月的计划，在计划指导下工作。

年度计划主要有大修、更改工程，设备预防性检查试验与维修，反事故措施、安全组织措施、技术培训、事故抢修演习、班际之间评比等工作。

季度计划主要是依据经批准的年计划，根据季节性特点及设备运行状态编制本季度应完成的任务计划。在时间上只有年计划的1/4，任务是年计划的一部分。

月度计划就是更具体的执行计划。牵涉开工日期、竣工日期，牵涉到申请停电期限，任务的人员组织、交通工具配置及工作技术、组织安全措施等。

制订计划应有群众基础，让全体工作人员明白。计划一经批准，就要严格实施，不要随意变动。当然计划制订在人、财、物方面和时间上要留有余地，因为配电线路运行工作受天气、电网运行方式影响很大。

### 二、缺陷管理

缺陷管理的目的是掌握运行设备存在的问题，以便根据轻重缓急消除缺陷，保障线路及设备的安全运行。同时要对缺陷进行分析总站，找出规律，为编制大修和改进工程计划提供依据。

1. 缺陷分类

按照缺陷的危急程度，可将缺陷分成以下几类。

(1) 一般缺陷。是指对近期安全运行影响不大的缺陷。可列入年、季检修计划或日常维护工作中去消除。

(2) 严重缺陷。缺陷比较严重，但设备仍可坚持短期安全运行。应在短期内尽快消除，消除前加强监视。

(3) 危急缺陷。严重程度已使设备不能安全运行，随时可能发生事故或危及人身安全，危急缺陷应立即上报，必须立即消除或采取必要措施临时处理。

2. 缺陷记录

运行人员需将巡视发现或外人报告的缺陷做详细记录，并提出处理意见。

3. 缺陷管理

配电线路运行单位应制定切实可行的缺陷管理细则。

缺陷管理细则主要应包括缺陷判断标准及缺陷信息传递、反馈、消除、验收等组织细则。

(1) 缺陷判断标准。配电线路运行单位应根据运行标准和多年运行经验，将配电线路分成基础及拉线、杆塔、导线、绝缘子、金具及附件、防雷及接地装置，配电设备等几大部分，并分别制定出每一部分的一般缺陷、严重缺陷、危急缺陷标准。标准应尽可能详细，能定量的应有数字标准，不能定量只能定性的要叙述详细明了，便于巡线员，护线员现场判断。

设备缺陷判断标准和设备评级标准，这是两个从相对立的侧面制定的标准，不是一回事。设备缺陷判断标准是从坏的方面即对设备缺陷的严重程度进行分类；设备评级标准是从好的方面即对设备完好情况进行排队，因此设备评级标准中三类设备标准同一般缺陷标准基本一致。

(2) 缺陷信息传递、反馈、消除、验收等组织管理细则，大致如下。一般缺陷，巡线员一经查到，若工作量不大，且情况允许，应尽可能立即消除。严重缺陷一经发现，应于当天进行汇报，工区应立即组织线路运行技术人员等到现场鉴定,确认是严重缺陷,工区应向生技部门汇报。危急缺陷发现,工区接到巡线班汇报后应在第一时间向生技部门及主管领导汇报,由生技部门组织安监部门、工区等部门专业技术人员在主管领导主持下进行鉴定。确认是危急缺陷,应现场确定处理方案或采取临时安全措施,工区应立即实施。

巡线员在巡线中发现缺陷,应将缺陷详情和现场环境情况记录在巡线手册上。严重和危急缺陷要立即向班长汇报。一条线路巡视完毕后,巡线班(运行班)应把发现的缺陷逐条登记到缺陷记录本上。巡线班长将审查后的缺陷逐条填写缺陷传递票(一式两份),一份自存,一份报送工区专责工(根据各单位分工而定)。工区专责工根据缺陷类别及情况,分为两类:一类由巡线班进行消除,签署意见退回巡线班;另一类列入维护、检修工作计划,签署意见后,转给检修班长。检修班长将缺陷进行登记,并根据要求,按缺陷危及程度安排处理。处理后将处理情况写在缺陷传递票上并在缺陷簿上进行注销。将处理后传递票经专责工审阅后退回巡线班,巡线班长按巡线员的分工分发给有关巡线员。巡线员下次巡线时对照检查验收处理是否合格。确认合格后巡线员签字,并交还班长,班长在缺陷登记本上注销该缺陷。若巡线员对照检查验收不合格,也签署具体情况并交还班长,班长经审查后签上意见交回工区专责工,并参照上述程序,直至缺陷消除。缺陷传递票保存时间长短,各单位可根据具体情况自定。

## 三、运行分析

为了不断提高配电线路及设备的运行管理水平,从而不断提高线路、设备的安全、经济运行水平。配电线路及设备运行主管部门每月至少应组织一次运行分析会。对线路及设备运行状况、存在的缺陷、事故和发生的异常运行情况进行分析。遇上不同寻常、稀奇古怪的异常运行情况更应及时举行分析会,以科学的态度进行分析,找出原因,制定措施,达到防微杜渐,举一反三,由此及彼,触类旁通。

运行分析主要包括以下内容。

### (一)运行岗位分析

分析运行人员巡线维护工作质量,研究分析提高巡线维护质量在技术上、管理上的措施和巡线维护计划完成情况等。

### (二)设备缺陷分析

设备缺陷发生、发展的原因,找出其普遍规律性,制订预防措施。

### (三)事故及异常情况分析

事故及异常情况产生的原因,要尽量保存事故现场、实物,为事故分析和制订反事故措施提供依据。对待事故要做到"三不放过",并接受事故教训。

### (四)专题分析

对污闪、雷害、鸟害、外力破坏、风害和绝缘子劣化、混凝土电杆裂缝、塔材金具等金属件锈蚀、导地线断股、导线松动等进行专题分析。找出原因,提出防范措施。

### (五)线路及设备定级

1. 线路及设备定级目的

掌握和分析设备运行状况,树立设备建设标准化样板,加强设备订货、施工验收及运行管理,通过评级分析,有针对性地提出线路升级方案或下一年度大修改进计划,提高设备运行安全。

2. 线路及设备定级原则

根据线路及设备的质量、安装施工工艺水平、运行维护情况和健康水平,整体抵御自然灾害和外力破坏的能力,结合线路、设备的实际运行情况,评定供电可靠性,线路及设备定级实行动态定级。

3. 线路及设备定级分类

线路及设备定级的级别分为一级、二级、三级,一级、二级为完好设备,三级为不良设备。设备的完好率指完好设备占总设备的百分数。

$$线路(或设备)完好率 = \frac{完好设备(路数或台数)}{设备总量(路数或台数)} \times 100\%$$

(2-4-10-1)

4. 线路及设备定级管理

线路及设备定级由生产单位组织有关运行班组进行,每年评定一次,6月底前完成。为编制来年大修、改进工程计划提供依据。

## 四、技术资料管理

配电线路及设备的运行管理,必须以规程、规范、条例、设计文本等为依据。为做好运行分析,提出防范措施、反事故措施等,必须积累翔实的记录资料和数据。因此技术档案和技术资料是进行生产建设和科学研究的必要条件,也是不断提高运行管理工作水平的基础。

### (一)配备规程、标准与制度

在配电线路及设备的设计、安装、运行及安全管理方面,涉及的规程、标准和制度多达20~30种。一般运行管理部门应配备下列规程,标准和制度。

(1)《中华人民共和国电力法》(国家主席令第60号)。

(2)《电力设施保护条例》(国务院令第239号)及《电力设施保护条例实施细则》(国家经贸委、公安部令第8号)。

(3)《电网调度管理条例》(国务院令第115号)。

(4)《国家电网公司电力安全工作规程》(线路部分)(国家电网安监〔2009〕664号)。

(5)《架空配电线路及设备运行规程(试行)》(SD 292—1988)。

(6)《电力变压器运行规程》(DL/T 572—2021)。

(7)《10kV及以下架空配电线路设计规范》(DL/T 5220—2021)。

(8)《交流电气装置的过电压保护和绝缘配合》(DL/T 620—1997)。

(9)《交流电气装置的接地》(DL/T 621—1997)。

(10)《并联电容器装置设计规范》(GB/T 50227—1995)。

(11)《电气装置安装工程 66kV及以下架空电力线路施工及验收规范》(GB 50173—2014)。

(12)《电气装置安装工程 接地装置施工及验收规范》(GB 50169—1992)。

(13)《电业生产事故调查规程》(DL 558—1994、国电发〔2000〕643号、国家电网生〔2003〕426号)。

(14)《电业生产人员培训制度》(电力工业部电安生〔1996〕374号)。

(15)《供电系统用户供电可靠性统计办法》(能源部1991年颁布)。

(16)《供电系统用户供电可靠性评价规程》(DL/T 836—2003)。

(17)《架空绝缘配电线路设计技术规范》(DL/T 601—1996)。

(18)《架空绝缘配电线路施工及验收规程》(DL/T 602—1996)。

(19)《电力设备预防性试验规程》(DL/T 596—1996)。

(20)《电气装置安装工程 电气设备交接试验规程》(GB 50150—1991)。

(21)《电力供应与使用条例》(国务院令第196号)。

(22)《供电营业规则》(电力工业部令第8号)。

**(二) 技术资料**

架空配电线路及设备运行单位应具备必要的技术资料。技术资料是安全生产和开展运行工作的必要条件,也是不断提高运行管理工作水平的基础。建立各种技术资料是为了做到胸中有数,同时又是指导生产的可靠依据。运行单位应具有以下技术资料。

**1. 中压架空配电线路运行单位(低压线路运行单位可参照)应具备的技术资料(图样和表样为示意)**

(1) 配电网络系统图(略)。配电网络系统图显示出本地区所有配电线路的结构和运行方式,以及与相邻线路间的联络方式。图中绘出了每条线路的出线、分段、联络开关等,并标注调度号。

(2) 配电线路电源图。配电线路电源如图2-4-10-1所示。以每条配电线路为单位,主要标示运行方式和电源情况,包括出线、分段、联络开关、隔离开关等,并标注调度号;标出配电变压器的位号和容量;标出高压用户的名称和位置,标出双电源用户的另一路电源及内部小发电机;标出相邻线路及联络线路的名称。该图主要用于线路运行维护及故障抢修工作。

(3) 配电线路杆位图(略)。配电线路杆位图(又称资产图)以每条线路为单位,标出本条线路的所有电杆、导线、开关及变压器等。标注导线型号和长度;标出配电变压器的位号和容量;标出高压用户的名称和位置;标出柱上开关、隔离开关、电容器、避雷器等主要设备。

该图可配合地理地形图绘制。除标示出线路走向外,还可详细标明线路周边道路名称及参照物等。

(4) 工作记录示意表(式样)。

1) 负荷记录表。

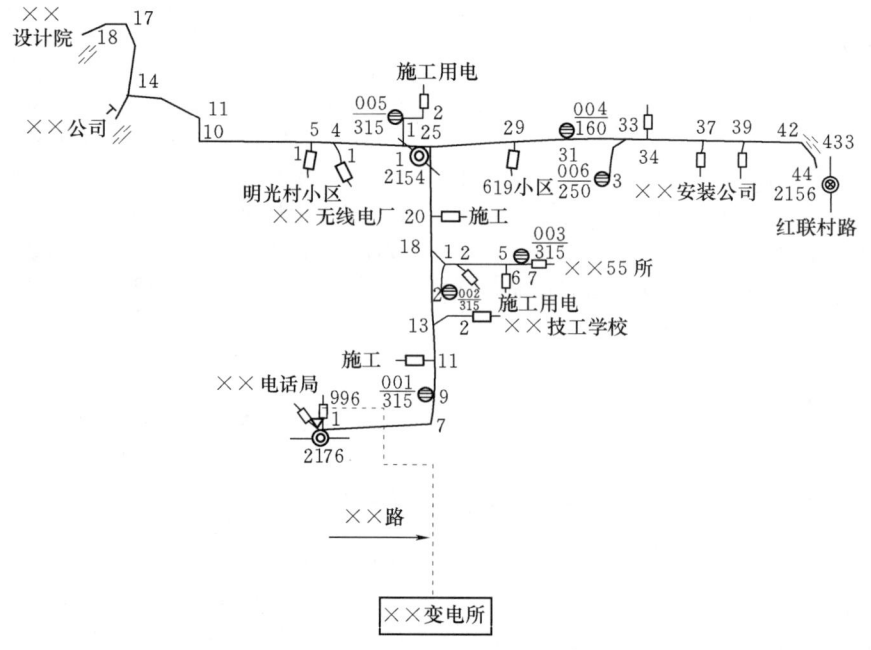

图2-4-10-1 配电线路电源图

**负 荷 记 录 表**

| 序号 | 站名 | 调度号 | 路名 | 最小载流元件/A | 负荷电流/A ||||||||||||
|---|---|---|---|---|---|---|---|---|---|---|---|---|---|---|---|---|
| | | | | | 1月 | 2月 | 3月 | 4月 | 5月 | 6月 | 7月 | 8月 | 9月 | 10月 | 11月 | 12月 | 年最大负荷 |
| | | | | | | | | | | | | | | | | | |
| | | | | | | | | | | | | | | | | | |
| | | | | | | | | | | | | | | | | | |
| | | | | | | | | | | | | | | | | | |
| | | | | | | | | | | | | | | | | | |
| | | | | | | | | | | | | | | | | | |

2）缺陷记录表。

**缺 陷 记 录 表**

路名：_____

| 发现日期 | 地址 | 杆号 | 缺陷内容 | 缺陷来源 | 缺陷类别 | 处理意见 | 消除日期 | 处理人 | 备注 |
|---|---|---|---|---|---|---|---|---|---|
|  |  |  |  |  |  |  |  |  |  |
|  |  |  |  |  |  |  |  |  |  |
|  |  |  |  |  |  |  |  |  |  |
|  |  |  |  |  |  |  |  |  |  |
|  |  |  |  |  |  |  |  |  |  |
|  |  |  |  |  |  |  |  |  |  |

3）故障记录表。

**故 障 记 录 表**

路名：_____

| 序号 | 日期 | 天气情况 | 地址 | 杆号 | 保护动作情况，简要处理过程，停电及送电时间 | 故障原因 | 故障指示器动作情况 | 备注 |
|---|---|---|---|---|---|---|---|---|
|  |  |  |  |  |  |  |  |  |
|  |  |  |  |  |  |  |  |  |

4）中压用户一览表。

**中 压 用 户 一 览 表**

| 编号 | 户名 | 地址 | 电源 | | 联系人 | 电话 | 装接容量/kVA | 备用电源 | | 进线方式 | 备注 |
|---|---|---|---|---|---|---|---|---|---|---|---|
|  |  |  | 路名 | 杆号 |  |  |  | 高压（路名）或 | 低压（变压器位号） |  |  |
|  |  |  |  |  |  |  |  |  |  |  |  |
|  |  |  |  |  |  |  |  |  |  |  |  |
|  |  |  |  |  |  |  |  |  |  |  |  |
|  |  |  |  |  |  |  |  |  |  |  |  |
|  |  |  |  |  |  |  |  |  |  |  |  |
|  |  |  |  |  |  |  |  |  |  |  |  |
|  |  |  |  |  |  |  |  |  |  |  |  |

5）真空负荷开关、刀闸、用户分界负荷开关安装摇测记录表。

**××开关安装摇测记录表**

路名：_____

| 设备名称 | 地址 | 杆号 | 调度号 | 联络或分段开关或用户名 | 设备情况 | | | 绝缘电阻测定 | |
|---|---|---|---|---|---|---|---|---|---|
|  |  |  |  |  | 厂名 | 厂号 | 安装日期 | 日期 | 绝缘阻值/MΩ |
|  |  |  |  |  |  |  |  |  |  |
|  |  |  |  |  |  |  |  |  |  |
|  |  |  |  |  |  |  |  |  |  |

6)避雷器安装摇测记录表。

### 避雷器安装摇测记录表

路名：_____

| 路名 | 杆号 | 被保护设备 | | | 10kV氧化锌避雷器 | | | 低压氧化锌避雷器 | | | 测定日期 |
|---|---|---|---|---|---|---|---|---|---|---|---|
| | | 调度号（位号） | 名称 | 容量 | 数量 | 安装日期 | 绝缘阻值/MΩ | 数量 | 安装日期 | 绝缘阻值/MΩ | |
| | | | | | | | | | | | |
| | | | | | | | | | | | |
| | | | | | | | | | | | |

7)接地电阻摇测记录表。

### 接地电阻摇测记录表

路名：_____

| 序号 | 地址 | 杆号 | 设备名称 | 接地电阻/Ω | 测定日期 | 备注 |
|---|---|---|---|---|---|---|
| | | | | | | |
| | | | | | | |
| | | | | | | |

8)中压及低压双电源（或有自备电源）户名记录表。

### 中压及低压双电源（或有自备电源）户名记录表

| 编号 | 户名 | 地址 | 电源一路 | | 电源二路 | | 联系人 | 电话 | 装接容量/kVA | 自备电源及容量/kVA | 备注 |
|---|---|---|---|---|---|---|---|---|---|---|---|
| | | | 路名 | 杆号 | 路名 | 进线方式 | 杆号或开关号 | | | | |
| | | | | | | | | | | | |
| | | | | | | | | | | | |
| | | | | | | | | | | | |

9)线路污秽调查及反污清扫记录表。

### 线路污秽调查及反污清扫记录表

路名：_____

| 地址 | 污秽范围（起止杆号） | 污源性质 | 污秽等级 | 线路绝缘状况 | 导线腐蚀情况 | 措施实施情况 | 清扫日期 | 备注 |
|---|---|---|---|---|---|---|---|---|
| | | | | | | | | |
| | | | | | | | | |

10)交叉跨越记录。

### 交叉跨越记录表

路名：_____

| 地点 | 杆号 | 跨越物 | | 跨越情况 | | | 本线路情况 | | | 跨越发生时间 | | 重要跨越物单位 | | | 测量时温度/℃ |
|---|---|---|---|---|---|---|---|---|---|---|---|---|---|---|---|
| | | 名称 | 重要程度 | 上下 | 距离 | 交叉角 | 是否合格 | 导线规范 | 支持方式 | 瓷瓶绝缘 | 年月 | 先后 | 单位 | 电话 | 联系人 | |
| | | | | | | | | | | | | | | | |
| | | | | | | | | | | | | | | | |
| | | | | | | | | | | | | | | | |

11) 交叉跨越图（参考）。

交 叉 跨 越 图

路名：_____

| 线号挡距 | 日期 | 温度<br>/℃ | 距离<br>/m | 跨越物 | 平面图 | 编号 |
|---|---|---|---|---|---|---|
|  |  |  |  |  |  |  |

12) 线路跨房记录表。

线 路 跨 房 记 录 表

路名：_____

| 地点 | 杆号 | 跨越业主 | 跨越方向 | 跨越距离 | 跨越发生时间 | 线路先后 | 通知发放日期 | 发件人 | 收件人 |
|---|---|---|---|---|---|---|---|---|---|
|  |  |  |  |  |  |  |  |  |  |
|  |  |  |  |  |  |  |  |  |  |
|  |  |  |  |  |  |  |  |  |  |

13) 树木分布图表。

树 木 分 布 图 表

路名：_____

| 地址 | 起止杆号 | 树种 | 棵数 | 距导线 || 树权单位<br>（公、私） | 严重程度 | 备注 |
|---|---|---|---|---|---|---|---|---|
|  |  |  |  | 方向 | 距离 |  |  |  |
|  |  |  |  |  |  |  |  |  |
|  |  |  |  |  |  |  |  |  |
|  |  |  |  |  |  |  |  |  |

14) 线路检查及缺陷处理记录表。

线路检查及缺陷处理记录表

路名：_____ 日期：_____

| 地址 | 杆号 | 缺陷情况 | 处理情况 | 登杆检查人 |
|---|---|---|---|---|
|  |  |  |  |  |
|  |  |  |  |  |

单位_____ 班长_____ 组长_____ 记录人_____

15) 大修、改进、维修工作记录表。

大修、改进、维修工作记录表

路名：_____ 记录人：_____

| 大修工作名称： | 完成日期： |
|---|---|

主要工作量：

续表

| 改进工作名称： | | 完成日期： |
|---|---|---|
| 主要工作量： | | |

| 维修工作名称： | | 完成日期： |
|---|---|---|
| 主要工作量： | | |

16) 10kV架空配电线路资产统计表。

**10kV架空配电线路资产统计表**

统计日期_____年_____月_____日

| 设备分类 | | 线路名称 数量 | ××线路 | ××线路 | ××线路 | 合计 |
|---|---|---|---|---|---|---|
| 电杆（基） | 中压 | 铁杆（钢管杆） | | | | |
| | | 灰杆 | | | | |
| | | 木杆 | | | | |
| | | 木杆灰腿 | | | | |
| | | 高压杆基总数 | | | | |
| | 低压 | 灰杆 | | | | |
| | | 木杆 | | | | |
| | | 木杆灰腿 | | | | |
| | | 低压杆基总数 | | | | |
| 导线/km | 中压线路长度（单线长） | JKLYJ-240 | | | | |
| | | JKLYJ-185 | | | | |
| | | JKLYJ-150 | | | | |
| | | JKLYJ-120 | | | | |
| | | JKLYJ-70 | | | | |
| | 低压线路长度（单线长） | JLY-150 | | | | |
| | | JLY-120 | | | | |
| | | JLY-95 | | | | |
| | | JLY-50 | | | | |
| 断路器或负荷开关/台 | | $SF_6$ | | | | |
| | | 真空 | | | | |
| | | 充油 | | | | |
| 隔离开关/只 | | 10kV | | | | |
| | | 低压 | | | | |
| 跌落式熔断器/组 | | 10kV | | | | |
| 避雷器/只 | | 10kV | | | | |
| | | 低压 | | | | |
| 10kV绝缘子/只 | | 针式 | | | | |
| | | 双吊瓶 | | | | |
| | | 茶吊 | | | | |
| 拉线/条 | | 普通 | | | | |
| | | 拉桩 | | | | |
| 配电变压器 | | 台数 | | | | |
| | | 容量合计 | | | | |

2. 配电变压器运行单位应具备的技术资料（式样）

(1) 变压器台账。

**变 压 器 台 账**

路名：_____

| 位号 | 地址 | 单相 | | 三相 | | 厂名 | 厂号 | 出厂日期 | | | 额定电压/kV | 结线 | 装撤日期 | | | 备注 |
|------|------|------|---|------|---|------|------|----------|---|---|-------------|------|----------|---|---|------|
| | | 容量/kVA | 台 | 容量/kVA | 台 | | | 年 | 月 | 日 | | | 年 | 月 | 日 | |
| | | | | | | | | | | | | | | | | |
| | | | | | | | | | | | | | | | | |
| | | | | | | | | | | | | | | | | |

(2) 变压器分布图（略）。可用线路电源图替代，以10kV线路为单元进行管理。

(3) 变压器档案袋（略）。一般内装变压器装撤凭证、变压器出厂及大修后试验成绩单、现场小修记录等有关资料。

(4) 变压器缺陷记录表。

**变 压 器 缺 陷 记 录 表**

路名：_____

| 巡视日期 | 位号 | 地址 | 容量 | 缺陷内容 | 缺陷来源 | 缺陷类别 | 处理意见 | 消除日期 | 处理人 | 备注 |
|----------|------|------|------|----------|----------|----------|----------|----------|--------|------|
| | | | | | | | | | | |
| | | | | | | | | | | |
| | | | | | | | | | | |
| | | | | | | | | | | |

(5) 变压器运行记录表。

**变 压 器 运 行 记 录 表**

位号：____ 地址：____ 杆号：____ 相别：____
容量：____ kVA，变台型式：____ 使用分头：____ 负荷性质：____

电流测定记录

| 测定时间 | | | | 额定电流/A | 负荷电流/A | | | | 最大负载率/% | 三相不平衡度/% | 测定人 |
|---|---|---|---|------------|------------|---|---|---|--------------|----------------|--------|
| 年 | 月 | 日 | 时 | | A | B | C | 0 | | | |
| | | | | | | | | | | | |
| | | | | | | | | | | | |
| | | | | | | | | | | | |
| | | | | | | | | | | | |

电压测定记录

| 测定时间 | | | | 出口电压/V | | | 末端电压（1） | | | 末端电压（2） | | | 测定人 |
|---|---|---|---|---|---|---|---|---|---|---|---|---|--------|
| 年 | 月 | 日 | 时 | A | B | C | A | B | C | A | B | C | |
| | | | | | | | | | | | | | |
| | | | | | | | | | | | | | |
| | | | | | | | | | | | | | |
| | | | | | | | | | | | | | |

续表

地线电阻测定记录

| 测定时间 | | | | 天气 | 地线线号 | 地线电阻值/Ω | 是否合格 | 测定人 | 备注 |
|---|---|---|---|---|---|---|---|---|---|
| 年 | 月 | 日 | 时 | | | | | | |
| | | | | | | | | | |
| | | | | | | | | | |
| | | | | | | | | | |
| | | | | | | | | | |
| | | | | | | | | | |

(6) 电力用户负荷登记卡片。

电力用户负荷登记卡片

位号：____ 合计：3 相____ kW、____ 台；单相____ kW、____ 台

| 日 期 | | | 报装号 | 用户名称 | 地址 | 电话 | | 总容量 | | 10kW 及以上设备 | | | 电表容量 | 原报容量 | 备注 |
|---|---|---|---|---|---|---|---|---|---|---|---|---|---|---|---|
| 年 | 月 | 日 | | | | 联系人 | | kW | 台 | 相 | 容量 | 台 | | | |
| | | | | | | | | | | | | | | | |
| | | | | | | | | | | | | | | | |
| | | | | | | | | | | | | | | | |
| | | | | | | | | | | | | | | | |

(7) 低压线路小图（省略）。可应用低压线路图。　　(8) 变压器事故记录表。

变 压 器 事 故 记 录 表

| 序号 | 日期 | 天气情况 | 路名 | 位号 | 地址 | 停电时间 | 送电时间 | 事故情况 | 事故原因 | 损坏程度 | 处理结果 |
|---|---|---|---|---|---|---|---|---|---|---|---|
| | | | | | | | | | | | |
| | | | | | | | | | | | |
| | | | | | | | | | | | |
| | | | | | | | | | | | |

(9) 变压器资产统计表。

变 压 器 资 产 统 计 表

| 站名 | 路名 | 位号 | 安装地址 | 型号 | 容量/kVA | 设备定级 | 空载损耗/W | 短路损耗/W | 相别 | 厂名 | 厂号 | 结线组别 | 出厂日期 | 安装日期 | 备注 |
|---|---|---|---|---|---|---|---|---|---|---|---|---|---|---|---|
| | | | | | | | | | | | | | | | |
| | | | | | | | | | | | | | | | |
| | | | | | | | | | | | | | | | |

(10) 来信来访记录。

来 信 来 访 记 录

| 日期 | 来信接收人 | 来信内容 | 联系人 | 联系地址或电话 | 处理结果 | 备 注 |
|---|---|---|---|---|---|---|
|  |  |  |  |  |  |  |
|  |  |  |  |  |  |  |
|  |  |  |  |  |  |  |
|  |  |  |  |  |  |  |
|  |  |  |  |  |  |  |

(11) 负荷审批记录表。

负 荷 审 批 记 录 表

| 登记日期 | 登记编号 | 户名 | 地址 | 用户报装容量 | 用户电话及联系人 | 变压器位号 | 变压器容量 | 变压器负载率/% | 审批结果 | 备 注 |
|---|---|---|---|---|---|---|---|---|---|---|
|  |  |  |  |  |  |  |  |  |  |  |
|  |  |  |  |  |  |  |  |  |  |  |
|  |  |  |  |  |  |  |  |  |  |  |
|  |  |  |  |  |  |  |  |  |  |  |
|  |  |  |  |  |  |  |  |  |  |  |

(12) 低压交流配电箱、低压无功补偿箱台账。

低压交流配电箱、低压无功补偿箱台账

| 序号 | 路名 | 位号 | 低压断路器 | | | | 低压电容器 | | | 测控仪厂名 | 复合投切或普通投切 |
|---|---|---|---|---|---|---|---|---|---|---|---|
|  |  |  | 容量/A | 数量/台 | 厂名 | 带剩余电流功能 | 容量/kvar | 数量/台 | 厂名 |  |  |
|  |  |  |  |  |  |  |  |  |  |  |  |
|  |  |  |  |  |  |  |  |  |  |  |  |
|  |  |  |  |  |  |  |  |  |  |  |  |
|  |  |  |  |  |  |  |  |  |  |  |  |
|  |  |  |  |  |  |  |  |  |  |  |  |

(13) 配电变压器现场小修记录。

配电变压器现场小修记录

位号：＿＿＿ 地址：＿＿＿ 杆号：＿＿＿ 相别：＿＿＿ 天气：＿＿＿
容量：＿＿＿kVA；变台形式：＿＿＿ 厂名：＿＿＿ 厂号：＿＿＿ 变比：＿＿＿kV

| 绝缘电阻 | | | | | | | | 油耐压 |
|---|---|---|---|---|---|---|---|---|
| 油温℃换算20℃ | 一次对地 | MΩ MΩ | 二次对地 | MΩ MΩ | 一次对二次 | MΩ MΩ | | 五次平均/kV |
| 项目 | 发现缺陷 | | 处理结果 | | | | 结论及说明 | |
| 高压套管 |  |  |  |  |  |  |  |  |
| 高压引线 |  |  |  |  |  |  |  |  |
| 低压套管 |  |  |  |  |  |  |  |  |
| 低压引线 |  |  |  |  |  |  |  |  |
| 油箱 |  |  |  |  |  |  |  |  |

续表

| 绝缘电阻 | | | | | | 油耐压 | |
|---|---|---|---|---|---|---|---|
| 油温℃ | 一次对地 | MΩ | 二次对地 | MΩ | 一次对二次 | MΩ | 五次平均/kV |
| 换算20℃ | | MΩ | | MΩ | | MΩ | |
| 项目 | 发现缺陷 | | 处理结果 | | | 结论及说明 | |
| 油截门 | | | | | | | |
| 油枕 | | | | | | | |
| 油标管 | | | | | | | |
| 油面 | | | | | | | |
| 油色 | | | | | | | |
| 出气瓣 | | | | | | | |
| 分接开关 | | | | | | | |
| 分头位置 | | | | | | | |
| 压力释放阀 | | | | | | | |
| 高压保险器、丝 | | | | | | 审核意见 | |
| 低压刀闸 | | | | | | | |
| 低压刀闸、保险片 | | | | | | | |
| 高压避雷器 | | | | | | | |
| 低压避雷器 | | | | | | | |
| 接地电阻 | | | | | | | |
| 其他 | | | | | | | |

工作负责人：_____ 工作人：_____ 记录人：_____ _____年_____月_____日

资料的积累管理贵在坚持，及时填写整理、修改补充，保持资料与现场实际相符。有连续性和历史性的资料是一笔十分宝贵的资产财富，给运行分析、设备改进和编制工程计划提供了有力依据。

### 五、线路命名、编号及标志管理

#### （一）中压配电线路命名及编号

**1. 中压配电线路命名**

线路名称通常以线路经过的主要街道或沿线知名度较高的景、物、名胜古迹等取名，同一调度管理区域不得出现重名。

**2. 中压配电线路杆号编制办法（采用阿拉伯数字编号）**

（1）主干线电杆。出线杆为1号杆，其余依此顺序沿主干线推至末端电杆。

（2）分支线电杆。以"/"相分隔，斜线前为上级的杆号，斜线后为本级杆号。如4/4/2，指主干线4号杆支接一级分支线，一级分支线的4号杆又支接二级分支线的2号杆。

为了区分一棵杆带两个或以上分支线的情况，在分支线杆号前加方向文字。如4/北1，或4/南1。电杆编号示意如图2-4-10-2所示。

**3. 中压配电线路常用标识**

（1）路名牌。为运行和检修方便，要将编制命名的配电线路名称制作成"路名牌"，悬挂或喷涂在电杆巡视易见一侧。

（2）色标。为防止相邻线路施工及检修时错登电杆，线路应设置色标牌。使相邻线路色标不同。

（3）杆号牌。主干线杆号牌直接为其杆号。为制作和管理方便，分支线的杆号牌加分支线符号，如"-4-"。有多条分支时，在分支线的第一基电杆，可加上方向来区分。如"-南1-"（参考北京地区做法）。

（4）路名、杆号或色标牌可制成搪瓷牌悬挂，或在电杆上喷涂等。路名牌、杆号牌、色标牌要求距地面2.5m，悬挂在巡视易见一侧。

#### （二）低压配电线路编号

编制低压线路路名及杆号方法，各地做法不一，现将常见做法简要介绍如下。

（1）低压线路分为两种形式：①与中压线路同杆并架的低压线路，视为中压线路的一部分，其路名和杆号与中压线路一致；②单独架设部分（纯低压线路）单独编号，较短线路一般不编号。

（2）低压配电线路按照变压器台区或配电室低压出线号进行命名；杆号可以参考中压线路编号方法。

#### （三）配电线路设备编号

对线路及设备进行统一编号，有利于技术资料的管理。

（1）配电线路路号。为便于管理，需要对配电线路编号。推荐方法是将该地区所有变电所和发电厂进行编号，然后编制路号。路号为变电所编号＋架空配电线路投运顺序编号（两位）（如：01，02，…，11，12，…）。

（2）配电变压器位号。采用路号＋本路变压器序号的办法（序号一般预留两位）。在添加新的变压器时，依次向后累加。

（3）柱上断路器、负荷开关和隔离开关的编号。在一个调度所管辖范围内，所有柱上断路器、负荷开关及隔离开关的调度号由调度所进行统一编号，这样做是为了便于调度，

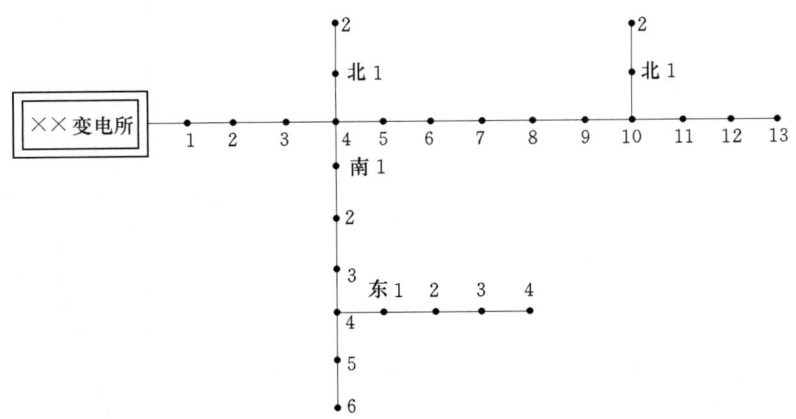

图 2-4-10-2 中压配电线路杆号编制

更有利于安全管理。设备编号通常采用不同的编号系列来加以区分,如以不同的字母打头或不同的数字位数来区分。

## 六、备品备件管理

为了及时消除缺陷和隐患,加快线路及设备事故抢修速度,缩短停电时间,提高供电可靠性,必须制定"电力生产线路及设备事故备品备件管理制度"。管理制度内容包括:总则、事故备品备件的范围、备品备件定额、备品备件储备、职责分工和备品备件的订货与配备等。

事故备品备件包括:设备类备品,配件类备品,材料类备品。

### (一) 备品备件的范围

(1) 在正常运行情况下不易磨损,检修中一般也不需要更换,但若损坏,将造成供电设备不能正常运行或直接影响主要设备的出力和安全运行,必须立即更换的。

(2) 零部件一旦损坏后,不易修复、购买、制造或材料特殊而恢复生产又属急需者。

### (二) 备品备件管理一般原则

(1) 主管生产的局长(或总工程师)负责本单位的备品备件管理工作;生产技术处(科)是备品备件管理职能处(科),负责具体组织管理工作。

(2) 备品备件的品种和数量应能满足及时消除设备缺陷、快速抢修事故、缩短停电时间的需要。

(3) 事故备品备件在储备期间,应保证随时可用,并具备完整的证明资料。

(4) 事故备品只能用于事故抢修,领用时需经主管领导批准。特殊紧急情况下,可先领用,但事后应迅速补办审批手续。

(5) 备品备件的存储尽量做到:既保证安全生产的需要,又要防止资金的积压、浪费。

(6) 备品备件的验收、入库、保管、领用要制定细则。

(7) 备品备件应建立台账。

(8) 保管员登记账卡要及时,确保账、卡、物相符。

事故备品、备件定额管理,应加强调查研究,摸清规律,积累资料,总结经验,使事故备品定额逐步做到更加合理。

## 七、技术培训

配电线路运行管理水平高低同配电线路运行工人的理论及实际操作水平密切相关。开展技术培训是提高工人理论和实际操作水平行之有效的手段。

开展技术培训的方法、手段可采取多种多样形式,如定期技术问答、现场考问讲评、短期培训班、专题技术讲座、反事故演习、实际操作和基本功演习等。而对于新招收的学徒工,签订师徒合同,开展包教包学是很有必要的。

提高运行和检修人员业务水平,达到部颁《电业生产人员培训制度》中对上述人员分别达到"三熟""三能"要求,线路运行主管部门应将技术培训摆到议事日程上。年度计划应该有此项重要内容。管教育部门应紧密配合。技术工人级别的升级应按部颁《电力行业职业技能鉴定规范》中知识要求和技能要求进行考试。技术培训贵在坚持,只要长期坚持下去自然会有丰硕果实。

# 第五章

## 架空线路绝缘和变电所外绝缘异常运行与事故处理

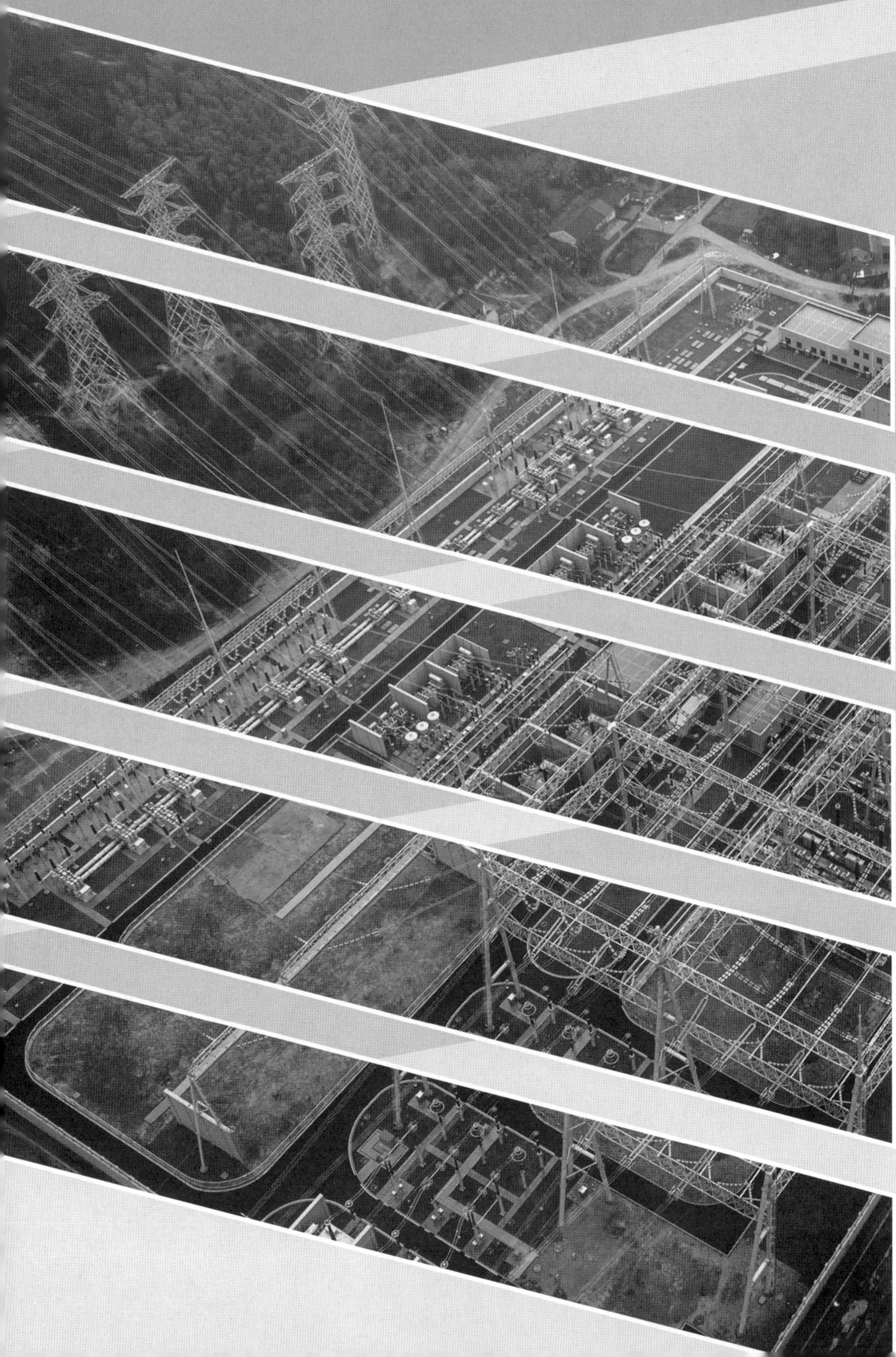

架空线路绝缘和变电所外绝缘可分为固体绝缘和空气绝缘。固体绝缘有瓷绝缘子、玻璃绝缘子和合成绝缘子。运行经验表明，架空线路和变电所的固体绝缘常有闪络、击穿和火花放电等现象发生，影响架空线路和变电所的安全运行。本章将对产生上述现象产生的原因进行分析、并指出相应的措施。

# 第一节 瓷绝缘子

悬式瓷绝缘子在运行中常出现劣化、钢帽炸损、闪络等现象，导致绝缘子断串、导线落地或落在塔窗上，甚至引起停电，给国民经济带来重大损失。

## 一、绝缘子劣化

### (一) 劣化的原因

由于外力、环境、自然老化、事故及产品质量等原因造成抗电性能下降的瓷绝缘子称为劣化绝缘子。它分为低值绝缘子和零值绝缘子。

悬式瓷绝缘子是采用水泥将物理、化学性能各异的瓷件和金属件胶装在一起而构成的。在运行中，长期经受着电场、机械负荷和大自然的阳光、温度、风、雨、水、雪等的作用，逐渐劣化是很自然的现象。诚然，其劣化速度与制造的材料、配方、工艺质量、运行环境等多种因素有关。简要分析如下。

1. 制造中的缺陷

在瓷件制造过程中，若原料材质不良、配方不当、混合不均匀、焙烧温度不适当等，则瓷件易形成吸湿性气孔。而结构不合理，或者成型时失误、受力不均等会使瓷件内部存在内应力，而导致瓷件产生裂纹、气隙。由于潮气作用，使裂纹或气隙进一步扩大，加速劣化，结果导致绝缘遭受破坏。

2. 温度的影响

悬式瓷绝缘子是由瓷、水泥、金具紧密黏结在一起组成的，而三者的线性膨胀系数和导热系数都不相同。当环境温度发生骤变时，它们之间产生较大的温差，其膨胀、收缩各异，形成内应力，迫使瓷件产生应力而损坏。例如，夏季烈日突然又降暴雨时，绝缘子的各部分来不及同时收缩，绝缘子的局部位置（如头部）将承受很大的机械应力，可能导致瓷件开裂。长期的运行经验表明，质量不好的绝缘子，在夏季，特别是在烈日曝晒后又突降大雨的天气下，绝缘子的劣化率往往比冬季高数倍。

3. 水泥风化的影响

绝缘体内的水泥，较容易吸收空气中的二氧化碳而导致风化、膨胀，水泥还较容易吸收水分，水分在水泥内部可能会在寒冷季节的深夜冻结膨胀，而白天受热又融化，如此循环往复，在绝缘子内部产生内应力，迫使瓷件受力而龟裂。

4. 电场作用

运行中的绝缘子，承受长期工作电压和各种过电压的作用；在潮湿污秽地区，还会因污秽而引起局部放电。这样，在电场作用下，会造成瓷件局部发热而导致龟裂，甚至击穿。

5. 机械负荷的作用

运行中的绝缘子，承受长期机械负荷的作用，虽然使用负荷仅为其破坏负荷的1/5，但长期的机械负荷或外力的冲击也会使瓷件产生龟裂而劣化。研究表明，同一吨位的绝缘子承受的机械负荷越大，其劣化率越高。

6. 运行时间的影响

国内外运行经验证明，随着运行时间的增长，瓷绝缘子的劣化也逐步加速。我国某220kV线路的瓷绝缘子在运行10年、16年后的抽样检测数据见表2-5-1-1。

表2-5-1-1　　某220kV线路瓷绝缘子抽样检测数据

| 试品型号 | 被测绝缘子数量/只 | 运行时间/a | 1min3.6t机械负荷 | 3min工频火花电压击穿数/只 | 1h机电试验击穿数/只 | 机电破坏强度/t | 损失率/% |
|---|---|---|---|---|---|---|---|
| X-4.5 | 14 | 10 | 合格 | 1 | 7 | 8.1 | 57 |
| XP-7 | 27 | 16 | 合格 | 11 | 6 | 6.1 | 63 |

美国对绝缘子的运行统计数据表明，5种不同类型的盘形瓷绝缘子运行一定时间后，其电气、机械强度均有所降低。例如，运行6年后平均降低约20%。如果瓷绝缘子制造质量低劣，则劣化更会加速，投运2~3年后，其性能就会大为下降。通常运行20~30年就会普遍劣化。

### (二) 劣化的规律

根据原水利电力部电力科学研究院和东北电力设计院等单位的调查结果分析，架空电力线路瓷绝缘子串年劣化率的规律如下：

(1) 耐张绝缘子串的绝缘年劣化率比直线串明显高。这是因为耐张绝缘子串在运行中承受较大的耐张应力，而且在外界条件下，各绝缘子串受力可能不均匀，例如，在导线风偏时，各串受力可能有较大差别。因而这样的绝缘子在较大应力的长期作用下很可能被损坏，甚至出现零值。

(2) V形串的绝缘子，由于所受到的机械振动较大，其劣化率往往也高于直线串。

(3) 海拔较高，山地较多的地区的绝缘子年劣化率高于一般地区的绝缘子年劣化率。这可能与海拔较高、山地的运行条件较差有关。

(4) 调查初步结论认为，220kV线路绝缘子年劣化率一般地区为千分之一左右，个别地区由于绝缘子质量较差，年劣化率高达百分之一左右；330kV线路绝缘子年劣化率在万分之一左右；500kV线路绝缘子年劣化率在万分之一至十万分之五之间。

### (三) 劣化绝缘子检测

1. 检测方法的理论依据

在送电线路瓷绝缘子串中，一旦出现劣化绝缘子，该绝缘子串就与完好绝缘子串在电气性能、温度分布等方面出现差异。若采取科学方法辨识这些差异，就可以检测出劣化绝缘子。所以各种测量方法都是建立在辨识差异的基础上的。劣化绝缘子与完好绝缘子之间的差异如下：

(1) 劣化绝缘子分担的电压降低。35~500kV线路绝缘子串分布电压标准值如表 2-5-1-2 所示。

图 2-5-1-1 给出了完好绝缘子串和有劣化绝缘子的绝缘子串的电压分布曲线。由图可见，当绝缘子串中有劣化绝缘子时，劣化绝缘子上分担的电压降低，降低的程度决定于劣化绝缘子所处的位置及其绝缘电阻的大小等。因此，测量绝缘子串的电压分布，可以检测出劣化绝缘子。根据这个原理研究的测量方法有火花间隙法、静电电压表法、音响脉冲法等。

（2）劣化绝缘子的绝缘电阻降低。良好绝缘子的绝缘电阻一般在 2000MΩ 左右，我国《规程》规定，当绝缘子的绝缘电阻低于 300MΩ 时，就判定为劣化绝缘子。绝缘电阻越低，说明其劣化越严重。根据这个原理提出的测量方法有兆欧表法等。

表 2-5-1-2　　　　　　　　　35～500kV 线路绝缘子串分布电压标准值

| 电压等级/kV | 序号/片数 | 由导线侧数绝缘子元件上的分布电压标准值/kV | | | | | | | | | | | | | |
|---|---|---|---|---|---|---|---|---|---|---|---|---|---|---|
| | | 1 | 2 | 3 | 4 | 5 | 6 | 7 | 8 | 9 | 10 | 11 | 12 | 13 | 14 |
| 35 | 2 | 10.0 | 10.0 | | | | | | | | | | | | |
| | 3 | 9.0 | 5.0 | 6.0 | | | | | | | | | | | |
| | 4 | 8.0 | 4.8 | 3.5 | 4.0 | | | | | | | | | | |
| 110 | 6 | 19.0 | 11.0 | 9.0 | 8.0 | 7.0 | 10.0 | | | | | | | | |
| | 7 | 18.5 | 10.0 | 8.5 | 7.0 | 5.0 | 6.0 | 9.0 | | | | | | | |
| | 8 | 17.0 | 10.0 | 8.0 | 6.5 | 4.5 | 5.0 | 5.0 | 8.0 | | | | | | |
| 220 | 14 | 13.0 | 16.0 | 12.0 | 9.0 | 7.0 | 6.5 | 6.0 | 5.0 | 5.0 | 5.0 | 5.0 | 6.5 | 6.0 | 8.0 |
| 330 | 19 | 19.0 | 17.0 | 15.5 | 14.0 | 12.5 | 11.5 | 10.5 | 9.5 | 8.5 | 7.5 | 7.0 | 6.5 | 6.5 | 6.5 |
| | 20 | 18.5 | 16.5 | 15.0 | 13.5 | 12.0 | 11.0 | 10.0 | 9.0 | 8.0 | 7.5 | 7.0 | 6.5 | 6.0 | 6.0 |
| | 21 | 18.5 | 16.5 | 15.0 | 13.5 | 12.0 | 10.5 | 9.5 | 8.5 | 7.5 | 7.0 | 6.5 | 6.0 | 6.0 | 5.5 |
| | 22 | 18.0 | 16.0 | 14.5 | 13.0 | 11.5 | 10.5 | 9.5 | 8.5 | 7.5 | 7.0 | 6.5 | 6.0 | 6.0 | 5.5 |
| 500 | 28 | 21.5 | 19.5 | 17.5 | 16.0 | 14.5 | 13.0 | 12.0 | 11.0 | 10.0 | 9.5 | 9.0 | 8.5 | 8.0 | 7.5 |

| 电压等级/kV | 序号/片数 | 由导线侧数绝缘子元件上的分布电压标准值/kV | | | | | | | | | | | | | |
|---|---|---|---|---|---|---|---|---|---|---|---|---|---|---|
| | | 15 | 16 | 17 | 18 | 19 | 20 | 21 | 22 | 23 | 24 | 25 | 26 | 27 | 28 |
| 35 | 2 | | | | | | | | | | | | | | |
| | 3 | | | | | | | | | | | | | | |
| | 4 | | | | | | | | | | | | | | |
| 110 | 6 | | | | | | | | | | | | | | |
| | 7 | | | | | | | | | | | | | | |
| | 8 | | | | | | | | | | | | | | |
| 220 | 14 | | | | | | | | | | | | | | |
| 330 | 19 | 6.5 | 7.0 | 7.5 | 8.0 | 9.5 | | | | | | | | | |
| | 20 | 6.0 | 6.5 | 7.0 | 7.5 | 8.0 | 9.0 | | | | | | | | |
| | 21 | 5.5 | 5.5 | 6.0 | 6.5 | 7.0 | 8.5 | | | | | | | | |
| | 22 | 5.0 | 5.0 | 5.0 | 5.5 | 6.0 | 6.5 | 7.0 | 8.0 | | | | | | |
| 500 | 28 | 7.0 | 7.0 | 7.0 | 7.0 | 7.0 | 7.0 | 7.0 | 7.5 | 8.0 | 8.5 | 9.5 | 10.5 | 11.5 |

（3）泄漏电流引起绝缘子表面发热。由上述可知，当绝缘子绝缘良好时，其绝缘电阻极高，泄漏电流仅沿其表面流过，且很小（为微安级）不足以引起绝缘子表面发热。

对劣化绝缘子而言，由于其体积绝缘电阻很低，其泄漏电流不仅沿绝缘子表面流过，而且也沿其内部流过。体积泄漏电流的大小决定于绝缘子的劣化程度。当绝缘子为零值时，其体积泄漏电流最大，而表面泄漏电流趋于零。显然，绝缘子表面不会发热。由于零值绝缘子分担的电压趋于零，所以使绝缘子串中良好绝缘子分担的电压增大，导致其泄漏电流增大，使绝缘子温度升高，造成良好绝缘子与零值绝缘子间的温度差异。根据这个原理提出的测量方法有变色涂料法、红外线测温法等。

（4）劣化绝缘子存在的微小裂纹引起局部放电而产生电磁超声波和杂音电流。当劣化绝缘子中存在裂纹，并进入气体后，电场分布将发生畸变。由于 $\varepsilon_c > \varepsilon_q$，所以气体分担的场强高。又由于气体的绝缘强度比绝缘子低，因而易在气体中发生局部放电，并产生电磁波、超声波和杂音电流。根据这个原理研究出的检测方法主要有超声波检测法。

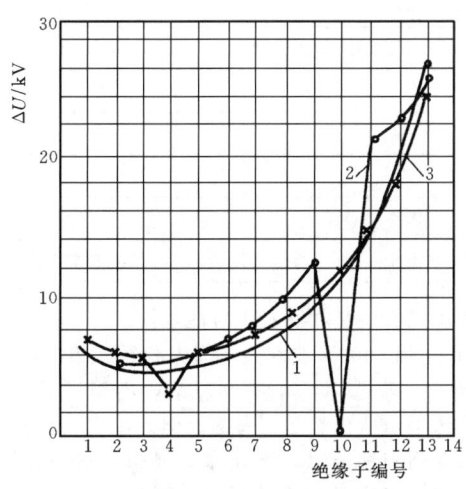

图 2-5-1-1 沿串中绝缘子的电压分布（220kV）
1—完好绝缘子串；2—10号绝缘子（0MΩ）；
3—4号绝缘子（60MΩ）

（5）脉冲电流不平衡。正常情况下，三相绝缘子串在电场作用下所产生的电晕脉冲电流是平衡的。若三相电晕脉冲电流不平衡，则说明某串有劣化绝缘子。根据这个原理研究出的检测方法主要有电晕脉冲电流法。

2. 检测方法

国内外采用的检测方法如下。

（1）火花间隙法。

1）固定式。所谓固定式，就是在检测过程中，其间隙是固定不变的。利用此种间隙的两根探针短接绝缘子两端部件瞬间的放电与否来判断绝缘子的好坏。此种火花间隙检测装置又分为不可调式和可调式两种。

a. 不可调式。短路叉是检测零值绝缘子最常用、最简便的火花间隙检测装置，其检测方法如图 2-5-1-2 所示。

图 2-5-1-2 短路叉检测法
1、2—短路叉端头

检测杆端部装上一个金属丝做成的叉子，把短路叉的一端 2 和下面绝缘子的钢帽接触，当另一端 1 靠近被测绝缘子的钢帽时，1 和钢帽间的空气隙会产生火花。被测绝缘子承受的分布电压越高，出现火花越早，而且火花的声音也越大，因此根据放电情况可以判断被测绝缘子承受电压的情况。如果被测绝缘子是零值的，就不承受电压，因而就没有火花。据此，可以检查出零值绝缘子。

使用短路叉检测零值绝缘子时应注意当某一绝缘子串中的零值绝缘子片数达到了表 2-5-1-3 中的数值时，应立即停止检测。此外，针式绝缘子及少于 3 片的悬式绝缘子串不准使用这种方法。

表 2-5-1-3 使用短路叉检测时零值绝缘子的允许片数

| 电压等级/kV | 35 | 110 | 220 |
|---|---|---|---|
| 串中绝缘子片数/片 | 3 | 7 | 13 |
| 串中零值片数/片 | 1 | 3 | 5 |

b. 可调式。图 2-5-1-3 为可调式火花间隙检测装置。示意图可以根据检测绝缘子电压等级不同来调整其间隙距离，以适应不同电压等级的需要。

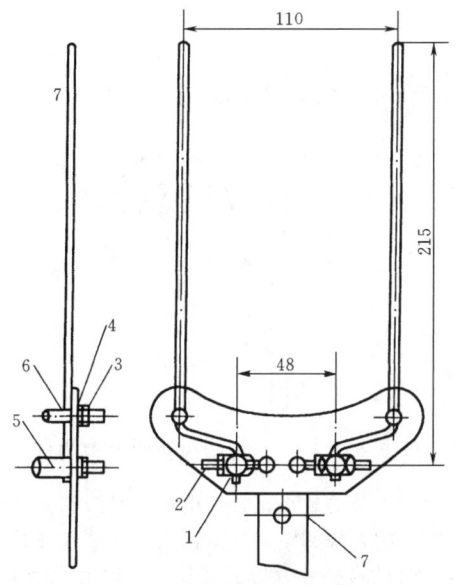

图 2-5-1-3 火花间隙检测装置示意图（单位：mm）
1—支承板；2—电极；3—调整螺母；4—垫圈；
5—电极、探针固定架；6—探针固定架；
7—工作头

我国以往使用的火花间隙电极大都为尖对尖，而球对球的电极形状放电分散性较小。考虑分散性小和过去实际使用的电极形状，故在行业标准《带电作业用火花间隙检测装置》（DL 415—91）中采用了球对球和尖对尖两种电极。测量时的间距如表 2-5-1-4 所示。

当测得的分布电压下降到最低正常分布电压 50% 时，则认为是不合格的，需要更换。

固定可调式火花间隙检测装置具有结构简单、轻巧、可快速定性等优点。它适用于不同电压等级的悬式绝缘子零值和低值的检测。

2）可变式。所谓可变式，则是在检测过程中可变动间隙的距离。

图 2-5-1-4 所示为一种可调火花间隙的检测杆，其测量部分是一个可调的放电间隙和一个小容量的高压电容器相串联，预先在室内校好放电间隙的放电电压值，并标在刻度板上，测杆在机械上可以旋转。这样，在现场当接到被测的绝缘子上后，便转动操作杆，改变放电间隙，直至开始放电，即可读出相应于间隙距离在刻度板上所标出的放电电压值。如果某一元件上的分布电压低于规定标准值，而相邻其他元件的分布电压又高于标准值时，则该元件可能有缺陷。为了防止因火花间隙放电短接了良好的绝缘元件而引起相对地闪络，可以用电容 C 与火花间隙串联后再接到探针上去。C 值约为 30pF，和一片良好的悬式绝缘子的电容值接近。因为和 C 串联的火花间隙的电容量只有几皮法，所以 C 的存在基本上不会降低作用于间隙上的被测电压。

表 2-5-1-4　　　　　　　　　　各级电压等级火花间隙的间隙距离

| 额定电压/kV | 绝缘子串最低正常分布电压值/kV | 50%最低正常分布电压值/kV | 按50%最低正常分布电压的0.9得出的相应间隙距离/mm | |
|---|---|---|---|---|
| | | | 球—球 | 尖—尖 |
| 63 | 4.0 | 2.0 | 0.4 | 0.4 |
| 110 | 4.5 | 2.25 | 0.5 | 0.5 |
| 220 | 5.0 | 2.50 | 0.6 | 0.65 |
| 330 | 5.0 | 2.50 | 0.6 | 0.65 |

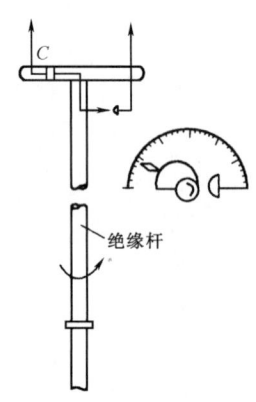

图 2-5-1-4　可调火花间隙检测杆

这种检测工具的缺点是，动电极容易损伤而变形，放电电压受温度影响，检测结果分散性大，这些都使其检测的准确性较差，而且测量时劳动强度较大，时间也较长。因此，它仅用于检验性测量，对于零值绝缘子的检测还是有效的。

综上所述，选择固定可调式火花间隙检测装置作为检测零值和低值绝缘子工具是适当的。

(2) 测量绝缘电阻法。完好绝缘子的绝缘电阻一般都很高，而内部有裂缝的劣化绝缘子，由于其裂缝会吸收潮气，绝缘电阻都很低。因此采用兆欧表测量其绝缘电阻可以把它们分辨出来。但是在测量中应注意：

1) 宜选用5000V兆欧表。因为有裂缝的绝缘子如果是相当干燥的，若选用2500V兆欧表，则因试验电压较低，测出的绝缘电阻值仍然是很高的。例如，某一零值绝缘子在现场用火花间隙法未被检测出来，但用5000V兆欧表却可以检测出来。将这只绝缘子更换下来后，用2500V兆欧表检测，其绝缘电阻值却大于1000MΩ，可见用5000V兆欧表检测劣化绝缘子的检出率要高于2500V兆欧表的检出率。

2) 宜在绝缘子表面清洁干燥、天气晴朗、湿度低的情况下进行检测。因为用兆欧表测量绝缘电阻受气候湿度影响很大，同一只绝缘子，早、中、晚的绝缘电阻可相差30%~60%。空气湿度增加10%，其绝缘电阻则降低60%，阴雨天的绝缘电阻较晴天的绝缘电阻可能小20%~50%。若绝缘子表面脏污、天气潮湿，完好绝缘子的绝缘电阻常常也会在300MΩ以下，所以在检测前，宜清洁绝缘子表面，并在绝缘子表面干燥、天气晴朗、湿度低的情况下进行测量。

(3) 工频耐压试验。它是检测劣化绝缘子最直接、最可靠的方法。由于施加的试验电压比较高，容易发现绝缘子内部存在的裂缝。

电力行业标准《盘形悬式绝缘子劣化检测规程》(DL/T 626—1997) 推荐选用上述任一种方法对绝缘子进行检测，其检测方法、周期、要求和判断标准如表2-5-1-5所示。

上述三种方法的特点见表2-5-1-6。

表 2-5-1-5　　　　　　　　　　瓷绝缘子检测方法、周期、要求和判断标准

| 序号 | 检测方法 | 周　　期 | 要求 | 判　断　标　准 |
|---|---|---|---|---|
| 1 | 测量电压分布 | (1) 变电所1~3年一次；<br>(2) 35kV以上输电线路2~4年一次 | 正常运行 | (1) 被测绝缘子电压值低于标准规定值的50%，判为劣化绝缘子；<br>(2) 被测绝缘子电压值高于标准规定值的50%，且明显同时低于相邻两侧合格绝缘子的电压值，判为劣化绝缘子；<br>(3) 在规定火花间隙距离和放电电压下未放电，判为劣化绝缘子 |
| 2 | 测量绝缘电阻 | (1) 变电所1~3年一次；<br>(2) 35kV及以上输电线路2~4年一次 | 停电 | (1) 500kV线路：绝缘子绝缘电阻低于500MΩ，判为劣化绝缘子；<br>(2) 500kV以下线路：绝缘子绝缘电阻低于300MΩ，判为劣化绝缘子 |
| 3 | 工频耐压试验 | (1) 变电所1~3年一次；<br>(2) 35kV及以上输电线路2~4年一次 | 停电 | 对机械破坏负荷为60~300kN级的绝缘子，施加60kV工频耐受电压1min，未耐受者判为劣化绝缘子 |

表 2-5-1-6　　　　　　　　　　三种绝缘子检测方法的特点

| 项目 | 测量电压分布 | 测量绝缘电阻 | 工频耐压试验 |
|---|---|---|---|
| 主要试验设备 | (1) 电压分布测量仪；<br>(2) 火花间隙检测装置 | 不低于5000V兆欧表 | 高压试验变压器、调压器及测量系统 |
| 特点 | 不停电、易操作、设备简单，35kV及以下电压等级线路因绝缘子片数少，不宜采用此法 | 易操作，设备简单 | 需要试验电源设备，对线路绝缘子试验工作量大<br>无误判 |

续表

| 项目 | 测量电压分布 | 测量绝缘电阻 | 工频耐压试验 |
|---|---|---|---|
| 测量结果分析 | 由于表面脏污、电场干扰等原因，可能造成误判。应在良好天气，相对湿度低于80%，绝缘子表面无凝露状况下测量 | 表面脏污、受潮会造成非零值绝缘子的绝缘电阻下降到300MΩ以下，造成误判。测试应在良好天气，相对湿度低于80%，且表面清洁、无凝露状况下进行 | 能耐受试验电压无误判 |

注　测量仪器及检测装置应定期校验。

（4）自爬式劣化绝缘子检测器。图2-5-1-5所示为国外研制的用于500kV超高压线路的自爬式劣化绝缘子检测器的检测系统框图，它主要由自爬驱动机构和绝缘电阻测量装置组成。检测时用电容器将被测绝缘子的交流电压分量旁路，并在带电状态下测量绝缘子的绝缘电阻。根据直流绝缘电阻的大小判断绝缘子是否良好。当绝缘子的绝缘电阻值低于规定的电阻值时，即可通过监听扩音器确定出劣化绝缘子，同时还可以从盒式自动记录装置再现的波形图中明显地看出劣化绝缘子部位。当检测V形串和悬垂串时，可借助于自重沿绝缘子下移，不需特殊的驱动机构。

1984年辽宁锦州电业局研制出ZP-1型自爬式与ZZ-1型自落式零值绝缘子检出器，其原理与火花间隙法的相同。将绝缘子串的分布电压转变为光和声信号。在逐步检测中，若光和声信号消失，则判定绝缘子为零值绝缘子。自爬式检出器专用于XP-16、XP-21型绝缘子组成的耐张串，自落式检出器专用于XP-16、XP-21型或XWP-16D型绝缘子组成的悬垂串，它们只能检出零值绝缘子。其主要性能见表2-5-1-7。

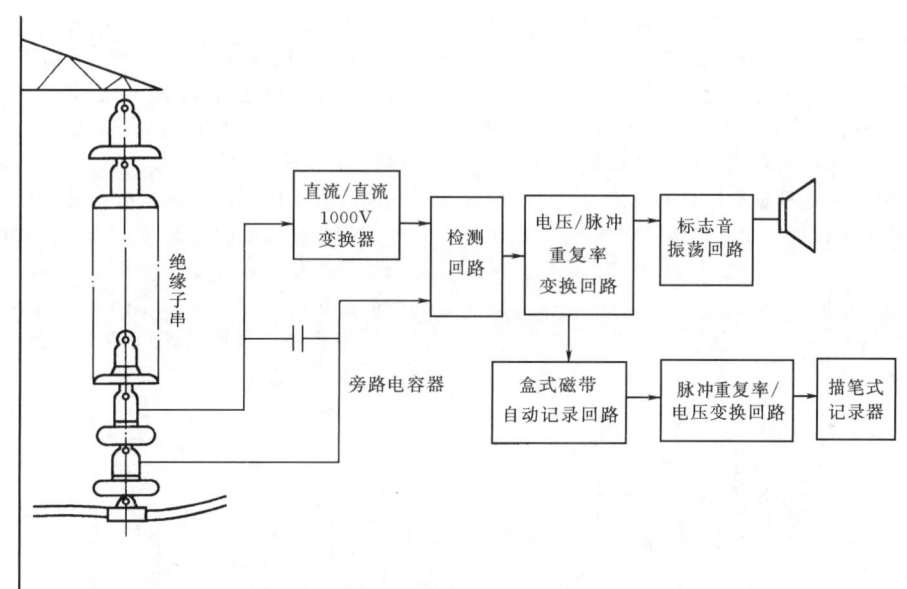

图2-5-1-5　自爬式劣化绝缘子检测器检测系统图

表2-5-1-7　自爬（落）式检测器的主要性能

| 产地 | 检出原理 | 适用范围 | 重量/kg | 外形尺寸 | 检出速度/(s/片) | 评价 | 备注 |
|---|---|---|---|---|---|---|---|
| 日本 | 测绝缘电阻 | 280mm和320mm V形串和悬垂串 | 10 | — | 8.57 | 安全可靠，效率高，精度高，要登杆 | 需4人操作 |
| | | 280mm和320mm 耐张串 | 13.5 | — | | | |
| 中国 | 测零值电阻 | XP-16、XP-21、XWP-16D型绝缘子组成的悬垂串 | — | — | 3 | 轻便、灵巧，检出速度快，准确率达100%，只检零值 | — |
| | | XP-16、XP-21型绝缘子组成的耐张串 | 5.3 | 56cm×50cm | 3~3.03 | | |

为了克服ZP-1型检出器只能检出零值绝缘子而不能检出低值绝缘子的不足，北京供电局已将ZP-1型自爬式检出器配以盐城无线电总厂生产的遥测仪，用于直接测量500kV线路绝缘子的电压分布，从而检出零值和低值绝缘子。目前这项改制工作正在进行中。

（5）电晕脉冲式检测器。这是一种专门在地面上使用的检测器，它既可用于检测平原地区线路，也可用于检测山区线路，其特点是：

1）重量轻，体积小，电源为1号电池，使用方便、安全。

2）不用登杆，在地面即可检测。

3）先以铁塔为单元粗测，若判定该铁塔有不良绝缘子时，再逐个绝缘子细测。

4）采用微机系统进行逻辑分析、处理，检测效率较高。

在输电线路运行中,绝缘子串的连接金具处会产生电晕,并形成电晕脉冲电流通过铁塔流入地中。电晕电流与各相电压相对应,只发生在一定的相位范围内。若把正负极性的电流分开,则同极性各相的脉冲电流相位范围的宽度比各相电压间的相位差还小。采用适当的相位选择方法便可以分别观测各相脉冲电流 $i_{ka}$、$i_{kb}$、$i_{kc}$,如图 2-5-1-6 所示。

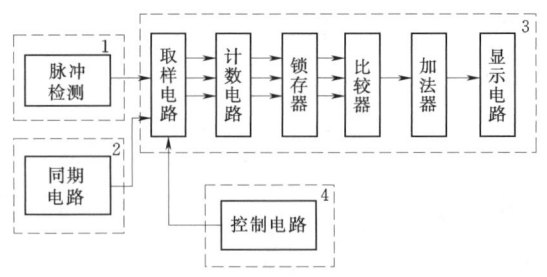

图 2-5-1-7 检测器检测系统框图

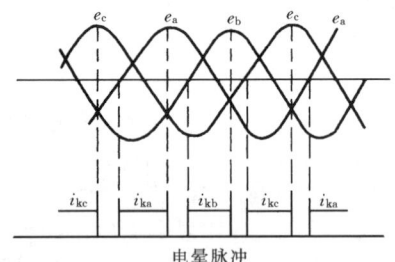

图 2-5-1-6 电晕脉冲的发生相位
$e_a$、$e_b$、$e_c$—a、b、c 三相的对地电压

对各相电晕脉冲分别进行计数,并选出最大最小的计数值,取两者的比值(最大/最小)即不同指数,作为判别依据。当同一杆塔的三相绝缘子串无劣化绝缘子时,各相电晕脉冲处于平衡状态,此时比值接近于 1;当有劣化绝缘子时,则各相电晕脉冲处于不平衡状态,该比值将与 1 有较大偏差。电晕脉冲式检测器就是根据此原理研制的。

图 2-5-1-7 示出了该检测器的检测系统框图,它由四部分组成:

1) 电晕脉冲信号形成回路。
2) 周期信号形成回路。
3) 各相电晕脉冲计数回路。

4) 各铁塔不同指数的计算和显示回路。

我国鞍山电业局和丹东电业局曾根据上述原理分别研制出绝缘子检测仪,并用于现场测量,取得许多有益的数据。

目前仍有不少单位在从事这方面研究。我们根据测得的电晕脉冲电流波形,应用现代时间序列分析理论以及灰色理论等进行识别,也取得了良好结果。

最近,华北电力大学等单位又在上述原理的基础上,研制出地面检测线路劣化绝缘子装置,并分别在实验室和现场进行了检测,使地面检测零值绝缘子进入了实用阶段。

图 2-5-1-8 给出了检测仪的原理框图。它由以 AT89C51 为核心的单片机系统、宽带电流传感器和耦合天线组成。其中单片机系统包括数据采集与处理系统、串行接口电路和两路信号的滤波器、放大器等电路。

该检测仪体积小、重量轻,利用电池供电,适合野外巡线时携带。它利用钳形电流传感器从杆塔地线上获取信号,不用登塔,在地面即可迅速完成对塔上所有绝缘子的检测,操作简便,准确性高。

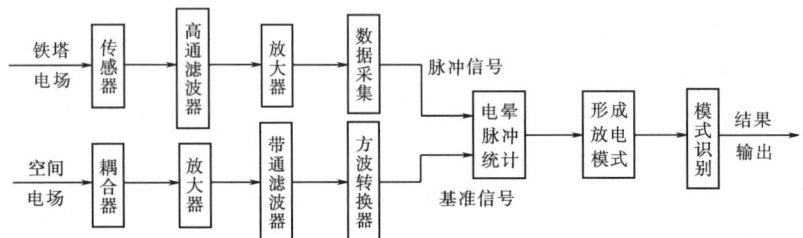

图 2-5-1-8 检测仪原理框图

(6) 电子光学探测器。电子光学探测器是应用电子和离子在电磁场中的运动与光在光学介质中传播的相似性的概念和原理〔即带电粒子(电子、离子)在电磁场中(电磁透镜)可聚焦、成像与偏转〕制造的。

架空输电线路绝缘子串中每片绝缘子的电压分布是不均匀的,离导线最近的几片绝缘子上电压降最大。当出现零值绝缘子时,沿绝缘子串的电压将重新分布,离导线最近的几片绝缘子上的电压将急剧升高,会引起表面局部放电或者增加表面局部放电的强度。而根据表面局部放电时产生光辐射的强度,就可知道绝缘子串的绝缘性能。

如图 2-5-1-9 所示,被监测的绝缘子表面局部放电、电晕放电和绝缘子的光影像,通过物镜输入亮度增强器的光阴极、电子由光阴极逸出,形成电子电流,依据电子电流密度的平面分布可显示出原有光影像的亮度分布。焦距调节系统使电子加速,从而使亮度增强器荧光屏发光。这样,原来形成的光影像中途经过电子影像,又重新变为光影像。在影像传递过程中,磁场系统将电子加速,使原有光影像的亮度增加(可达 $10^5$ 倍)。亮度增强器可以实现由地面远距离(5~50m)测量输电线路的悬式绝缘子串上的表面局部放电时的微弱光亮。

当在夜间进行探测时,为了区别绝缘瓷件表面局部放电和其他外界光源的干扰(月光和照明),提高信噪比,可采用脉冲电源对亮度增强器供电。因为表面局部放电是发生在绝缘子所施加交流电压的最大值附近,其频率为 100Hz,而外界光辉强度与电网频率无关。当绝缘瓷件在仅出现表面局部放电时(1~6ms),按接近于 100Hz 的频率将亮度增强器投入,将会使背景微弱曝光和外界干扰光辉减弱。在电子光学探测器的荧光屏上,将观察到与电网频率和亮度增强器合拍的表面局部放电的亮区脉动。此脉动可将表面局部放电的光强与减弱的不脉动外界干扰光辉区别开来。实际检测中,有缺陷的绝缘子串中表面局部放电的光辐射强度超过平均光辐射强度。

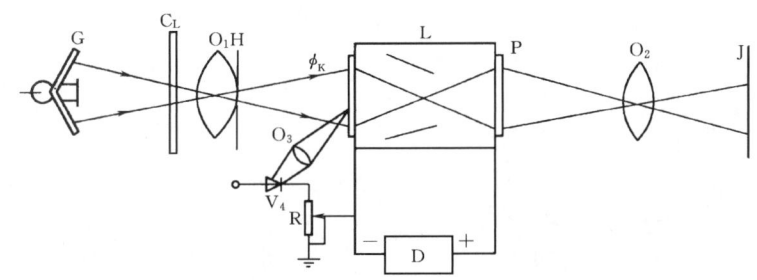

图 2-5-1-9 悬式绝缘子串用的电子光学探测器结构示意图

G—受监测绝缘子；J—照相胶卷；H—物镜光圈；$O_1$、$O_2$—输入（输出）物镜（目镜）；
R—可调电阻；$V_4$—光电三极管；$O_3$—透镜；$C_L$—滤光器；$\phi_K$—光阴极；
L—焦距调节系统；D—电源；P—亮度增强器荧光屏

利用电子光学探测器来评价离导线最近的第一片绝缘子上的表面局部放电的光辐射强度与平均光辐射强度的差的方法是，利用电子光学探测器的灵敏度阈值 $\phi_0$ 与光学输入系统诸参数的关系进行分析，其关系式为

$$\phi_0 = \frac{\tau(D/F)^2 A}{L^2}$$

式中 $\tau$——输入系统的透射系数；

$D/F$——输入目镜的计量光强（相对孔、光圈）；

$A$——常数；

$L$——与辐射源的距离。

减小 $\phi_0$（关小输入光圈），当 $D$ 减小到某一值时，平均光强不再出现在电子光学探测器的荧光屏上。屏上将仅显示出有缺陷绝缘子的表面局部放电。然后，再进一步对靠近导线的第一片绝缘子表面放电的光辐射强度与平均光辐射进行比较。若此光辐射强度超过无不良绝缘子存在时的光辐射强度，就可以根据表面局部放电的光辐射强度与绝缘子上的电压关系曲线，找到靠近导线的第一片绝缘子上分布的电压。根据得到的分布电压值与良好绝缘子串第一片绝缘子的正常分布电压值的差别，便可判断出是否存在不良绝缘子。这种探测方法效率很高。

但是，电子光学探测器仅能判断出绝缘子串中是否存在零值绝缘子，不能确定到底有几片零值绝缘子以及它们的位置。

（7）利用红外热像仪检测不良绝缘子。由上述可知，劣化绝缘子与良好绝缘子的表面温度存在差异，但这种差异很小，所以用一般的测温方法难以分辨。近几年来，国外广泛应用红外热像仪将绝缘子表面的温度分布转换成图像，以直观、形象的热像图显示出来，再根据热像图检测劣化绝缘子。图 2-5-1-10 示出了红外成像装置系统图。

目前我国华东、华北电力试验研究所等单位都在开展这方面的研究工作，并取得一些经验。图 2-5-1-11 示出了红外热像仪现场测试的流程图，图 2-5-1-12 示出了由两片绝缘子组成的绝缘子串及其热像图。

在图 2-5-1-12（a）中，上、下两片绝缘子均为良好绝缘子。为模拟劣化绝缘子，将上片绝缘子的铁帽接地，并在铁帽和铁脚间并联一对间隙距离为 1mm 的小球，当电压施加于下片绝缘子的铁脚时，上片绝缘子的小球间隙放电，使上片绝缘子经小球间隙的电弧短接，因而其温度很低，仅在小球间隙放电处有一亮点，如图 2-5-1-12（b）上部所示。对下片绝缘子，因其承受电压较高，泄漏电流较大，产生的损耗就大，铁帽与瓷介质温度较高，故在热像图中显得较明显，如图 2-5-1-12（b）下部所示。

图 2-5-1-13 为含有低值绝缘子的 500kV 耐张绝缘子串。由图可见，下串第 4 片绝缘子钢帽的温度比左、右、上都明显偏高，经测试其绝缘电阻为 23MΩ，属于低值绝缘子。

图 2-5-1-14 为含有零值绝缘子的 330kV 耐张绝缘子串。图中箭头所指的绝缘子的绝缘电阻为 0.3MΩ，属于零值绝缘子。

研究表明，正常绝缘子串的温度分布同电压分布规律对应，即呈不对称的马鞍形，靠线路侧的绝缘子温度相对略高，相邻绝缘子之间的温差很小。在故障时，其热像将根据不同情况而发生变化。因此可根据热像特征对劣化绝缘子进行诊断，其规律是：

1）低值绝缘子。当绝缘子的绝缘电阻值降至 300Ω～10MΩ 时，在绝缘子内部有缺陷的地方，也就是绝缘电阻最低的地方，场强为最大，电流密度也最大。当场强超过介质（空气）的绝缘强度时，将发生电离，产生局部放电、电晕脉冲电流、红外辐射。这些都表现为相应的热效应，比较集中的热量从绝缘子内部往外传导。由于钢帽的热阻比瓷件低，两者就有较大的温差，所以低值绝缘子的钢帽与瓷件亮暗分明，它的钢帽（温度较高）比其他正常绝缘子的钢帽要亮得多。如图 2-5-1-13 所示，低值绝缘子的热像特征是以钢帽为中心的热像，其所在处钢帽亮如灯笼。

2）零值绝缘子。它在绝缘子串中分布电压很低，为正常分布电压的 20% 以下，甚至近于零。绝缘子内部成了导电的通道，泄漏电流主要从内部通过，流过瓷表面的泄漏电流甚小。因此该片绝缘子由表面电流所反映的温度比正常绝缘子低，它的热像特征是与相邻良好绝缘子相比呈暗色调的热像，如图 2-5-1-14 和图 2-5-1-15 所示。该片绝缘子好像在绝缘子串中隐没了。

3）污秽绝缘子。由于其表面污秽电流增大，形成发热，所以它比其他正常绝缘子的温度略高。其热像表现为以瓷盘为发热区的热像区。

利用红外成像法来检测劣化绝缘子，简单方便、速度快、效率高，甚至可普查每串绝缘子，还可结合检测进行巡线，是高压、超高压及特高压输电线路劣化绝缘子的检测方向。但是，就目前来看，普遍推广存在两个问题：一是红外热像仪价格昂贵，每台几十万元；二是要将这种仪器用于山区或兼顾巡线，宜配备飞机进行航测，这些都是一般单位

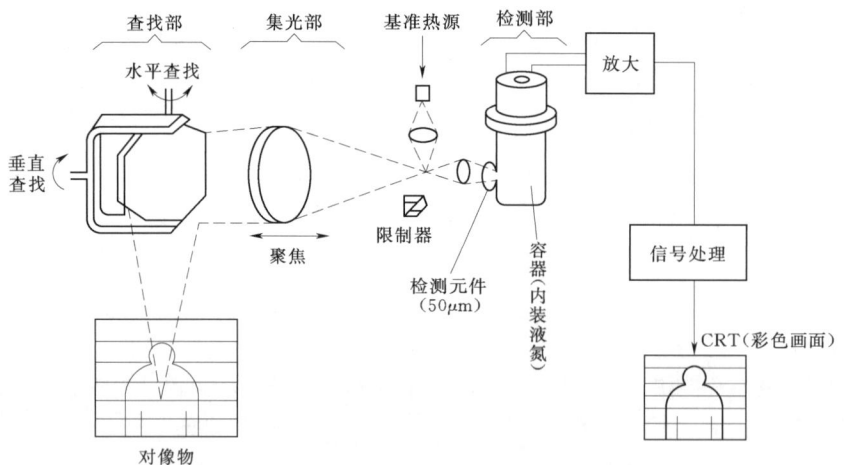

图 2-5-1-10 红外成像装置系统图

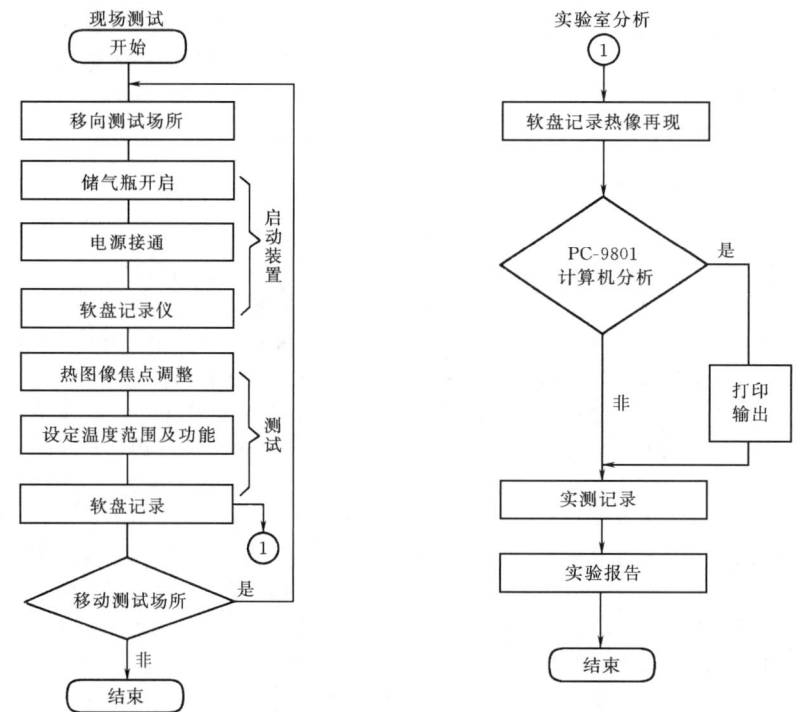

图 2-5-1-11 红外热像仪现场测试流程图

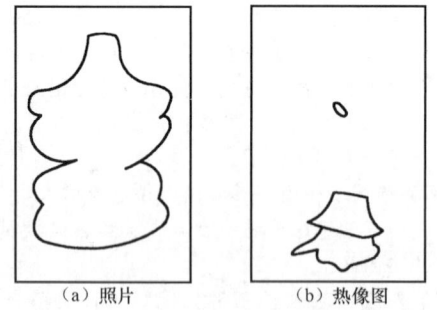

图 2-5-1-12 两片绝缘子并联放电间隙的绝缘子串及其热像图

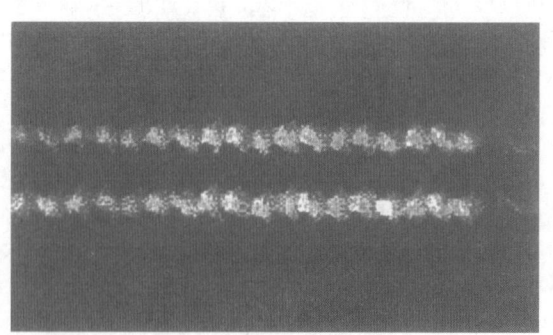

图 2-5-1-13 含有低值绝缘子的 500kV 耐张绝缘子串

力所不能及的。当然，目前有计划地组织这方面的研究、总结经验、摸索规律，无疑是有益的。据报道，华北电力集团公司已用直升机开展实际生产性巡线工作，截至 2002 年 9 月，实际飞行巡线已累积 400 余小时，6000 余千米，采用

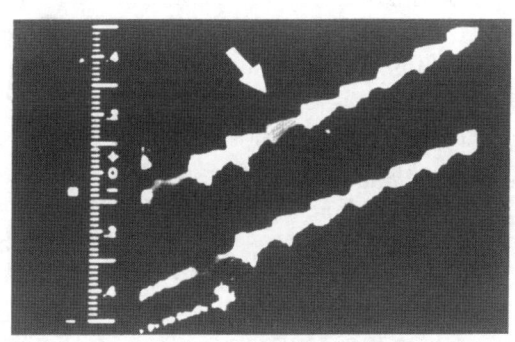

图2-5-1-14 含有零值绝缘子的330kV耐张绝缘子串

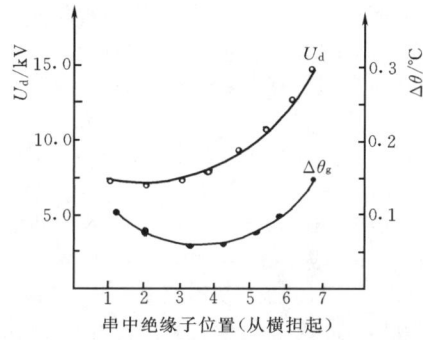

图2-5-1-15 110kV良好绝缘子串的电压分布与温升分布曲线

热像巡视与目测巡视相结合，巡线中发现了多处引流板过热缺陷、绝缘子破损、均压环破损、悬重锤移位等故障。今后将在华北电网的全部500kV输电线路上开展直升机巡检作业。

**（四）对策**

1. 保证质量

施工中使用的绝缘子，必须具有符合有关标准的出厂质量证明。

2. 认真巡视

运行单位应按《架空送电线路运行规程》的要求对运行着的绝缘子进行巡视，其主要内容是：瓷质破损、钢脚及钢帽锈蚀、钢脚弯曲、局部火花放电现象及锁紧销缺少等。

3. 定期检测

运行单位可按要求定期检测绝缘子。其检测方法目前可采用测量电压分布或测量绝缘电阻或工频耐压试验。对检测结果应进行总结分析，统计劣化率，积累经验掌握规律，制定保证绝缘子安全运行的措施。

4. 认真分析劣化率大的原因

当新线路投运三年内年劣化率大于0.2%或运行多年后年均劣化率大于0.3%或机电性能明显下降时，应分析原因，并采取相应措施。

5. 积极探索新的检测方法和仪器

目前研究的电晕脉冲电流法、红外检测法等都是具有发展前景的方法。

6. 选用新型的合成绝缘子替代瓷绝缘子

我国的运行经验表明，合成绝缘子的年故障率较国产瓷绝缘子的年劣化率（～$10^{-3}$）低；合成绝缘子由污闪造成的故障要明显低于瓷绝缘子。

**二、绝缘子污闪**

我国东部沿海工业较发达地区的电网，早在20世纪50年代就出现了污闪事故，60年代后污闪事故逐步向全国各电网发展。80年代随着城乡工业迅速发展，环境污染日益加重。随着高压输变电设备大幅度增加，以及500kV输变电系统在许多电网相继投运，全国污闪事故明显上升，而且由污染严重的城市工业区扩大到以前人们认为是清洁的郊区和农田地区。20世纪80年代末到21世纪初，东北、华北、华东及华中几个大电网相继发生了大面积污闪事故。华东及东北新投运的500kV线路频繁发生污闪跳闸，终于使人们认识到现有的输变电设备的外绝缘水平和以清扫为主要手段的传统的防污闪工作方式已不能适应大气环境污染状况的变化，无法抵御恶劣气象条件的侵袭。为防止污闪事故特别是大面积污闪事故的发生，必须对防污闪工作有新的认识和突破。

**（一）绝缘子污秽放电的过程和机理**

绝缘子污秽放电的显著特点是闪络电压低，标准绝缘子每片清洁干闪电压平均有75kV，湿闪电压也有45kV，而在潮湿脏污的状态下可能低到10kV及以下，这是因为在线运行的绝缘子，在自然环境中，受到$SO_2$、氮氧化物以及颗粒性尘埃等大气环境的影响，在其表面逐渐沉积了一层污秽物。在天气干燥的情况下，这些表面带有污秽物的绝缘子保持着较高的绝缘水平，其放电电压和洁净、干燥状态时接近。然而，当遇有雾、露、毛毛雨以及融冰、融雪等潮湿天气时，绝缘子表面污秽物吸收水分，使污层中的电解质溶解、电离，导致污层电导增加。从而引起绝缘子的表面泄漏电流增加。由于绝缘子的形状、结构尺寸的影响以及绝缘子表面污层分布不均和潮湿程度不同等因素，使绝缘子表面各部位的电流密度不同，其结果在电流密度比较大的部位形成了干燥带。例如悬式绝缘子的钢脚附近，棒式支柱绝缘子裙和芯棒交接处。干燥带的形成促使绝缘子表面电压分布更加不均匀，干燥带承担较高的电压。当电场强度足够大时，将产生辉光放电，继而产生局部电弧。这时，染污介质的表面放电模型，相当于表面局部电弧串联着一段污层电阻。此时局部电弧有可能熄灭，也有可能发展。当局部电弧不断发生和发展，达到和超过临界状态时，电弧贯穿两极，完成闪络。

由此可见，绝缘子的污秽闪络，取决于以下四个阶段的发生和发展。即：

（1）绝缘子表面的积污过程。
（2）绝缘子表面污层湿润的过程。
（3）干燥带形成和局部电弧过程。
（4）局部电弧发展贯穿两极的过程。

1. 绝缘子表面的积污

绝缘子表面沉积的污秽，来源于该地大气环境的污染（包括远方传送来的），也受大气条件的洗涤（例如，风吹和雨淋），还与绝缘子本身的结构、表面光洁度有着密切的关系。

长期的运行经验表明，城市工业区及大气污染严重的地区，一般绝缘子表面的积污也多。工业规模越大，对周围影响的范围也越大。原电力部电力科学院等单位研究表明，对于大气扩散和传送能力强的地区，大城市工业污染扩散对电力系统污染的影响范围可达20～30km及以上；中等工业城市的影响范围可达10～20km；对四川盆地、长江三峡、汉中盆地等大气净化能力弱地区，城市工业污染影响范围多在10km之内。一般来说，距工业污染源越远，影响越弱，绝缘子表面积污的盐密值也逐渐减小。据重点工业城市对44条输电线路上绝缘子表面沉积污秽的盐密值统计，其值可用下式表达

$$ESDD = Ae^{-BL} \qquad (2-5-1-1)$$

式中　$ESDD$——绝缘子表面污秽物盐密值，$mg/cm^2$；

　　　$L$——距污源的距离，m；

　　　$A$、$B$——常数。

特别是大气污染比较严重地区的浓雾，对绝缘子表面的污染也是明显的。研究表明，城市工业区的浓雾的雾水电导率可达$2000\mu S/cm$左右，一次来雾可稳定地维持数小时。城市工业区的边缘及邻近农村的浓雾的雾水电导率也可达数百至$1000\mu S/cm$以上。雾对绝缘子表面的实际污染在北京地区的清河和草桥两个试验站进行过实测，其结果是，一次大、中型雾8～10h，绝缘子表面盐密值可增加$0.01mg/cm^2$左右。人工模拟试验表明，当雾水电导率为$2000\mu S/cm$时，XP-160绝缘子，受雾6～10h，盐密值可增加0.03～0.04mg/$cm^2$。雾水电导率为$2000\mu S/cm$的雾可使设备的污闪电压比蒸馏水雾下降20%左右。如果雨、雪中含有较高的电导率物质，则对绝缘子有增加污染的作用。如果是大雨，则又有洗涤绝缘子使其净化的作用，某地10月（雨季后）测得的绝缘子表面盐密值，普遍比同年3月（无雨积污期）低，雨水的冲洗效果都很明显，平均冲洗效率为28%。

综上所述，大气环境中充满了各种气态、液态污染物和固体微粒。固体微粒中直径较大者，在重力作用下垂直降落。直径较小的微粒呈悬浮状态，也在绝缘子周围运动着。绝缘子表面污秽的积聚，一方面取决于促使微粒接近绝缘子表面的力；另一方面也取决于微粒和表面接触时保持微粒的条件。

微粒在绝缘子表面上的沉积，受风力、重力、电场力的作用，其中风力是最主要的。重力只对直径较大的微粒起作用，且主要影响污染源附近的绝缘子的上表面。微粒在交流电场中作振荡运动，作用在中性微粒上的电场力指向电力线密集的一端。空气运动的速度和绝缘子的外形决定了绝缘子表面附近的气流特性，在不形成涡流的光滑表面附近（例如，$XWP_2$双层伞型和XMP草帽型），微粒运动速度快，从而减少了它们降落在绝缘子表面的可能性。反之，下表面具有高棱和深槽的绝缘子表面附近则易形成涡流，使气流速度下降，创造了污秽沉积的有利条件。

由于风力对绝缘子表面积污起主要作用，因此，有风、无风及风大、风小均对微粒的沉积影响较大。也直接影响绝缘子上、下表面积污的差别以及带电与否对积污的影响。

另外，绝缘子表面的光洁度等也影响微粒在其表面的附着。因此，新的、光洁度良好的绝缘子与留有残余污秽的或者表面粗糙的绝缘子相比，其沉积污秽的速度应该是不同的。

**2．污层的湿润**

大多数的污物在干燥状态下是不导电的，该状态下绝缘子放电电压和洁净干燥时非常接近。只有当这些污物吸水受潮，其中的电解质电离，在绝缘子表面形成一层导电膜时，绝缘子表面的闪络电压才会降低，其中闪络电压降低的程度与污层的电导率有关。

长期的运行经验表明：雾、露、毛毛雨最容易引起绝缘子的污秽放电，其中雾的威胁性最大。华北电力科学研究院统计了1970—1983年华北地区110～220kV线路污闪跳闸，其中雾天气下的污闪占76.4%，毛毛雨占9.7%。这些气象条件之所以容易发生污闪，是因为它们能够使污层充分湿润，使污层中的电解质完全溶解，但又不致使污层被冲洗掉。因此，污层的电导最大，污闪电压最低。

雾是由悬浮在近地面大气中缓慢沉降的微小水滴、冰晶质点或二者的混合物组成的。雾经常出现的厚度是20～50m，持续时间为1.5h至数个昼夜，雾中水滴的直径多为2～15mm，出现概率最大的是5～10mm，含水量约为0.5～1.5g/$m^3$。雾有多种类型，例如，北京地区采暖期辐射雾近年来出现的概率最高达55.9%，其次是平流辐射雾，概率为40.2%，平流雾占4%。其中以平流辐射雾分布范围最大，持续时间最长，对输变电设备外绝缘的影响最大。1990年年初，华北地区持续了10多天的平流辐射雾致使华北地区的京津唐电网、河北电网、山西电网发生了大面积的污闪事故。2001年2月21—22日，大雾笼罩着我国北方地区的部分电网，出现大面积污闪停电事故，造成辽宁中部电网220kV及以上线路跳闸44条151次，10座220kV变电所停电，66kV线路跳闸171次，120座66kV变电所停电，全省损失电量937万kW·h。河北南部电网220～500kV线路跳闸59条225次，110kV线路跳闸209次，35kV线路跳闸110条次，10座220kV变电所停电。京津唐电网35kV及以上线路跳闸29条44次，河南北部电网500kV线路跳闸2条2次，220kV线路跳闸18条71次。

雾多在夜间发生，据华北电力科学研究院于1980—1994年的统计，北京地区起雾时间多在20:00—24:00，直至凌晨，消雾时间多在9:00—12:00；雾的持续时间多为2～8h，占54%，持续时间超过12h，占8%以上；雾的含水量在发生发展过程中是起伏变化的，在两次对雾的全过程观测中，其含水量的高峰值在凌晨5:00—7:00，这也可能是输变电设备的雾闪多发生在凌晨的原因。

露是空气中水分在温度低于周围空气时绝缘子上的冷凝物。露和雾一样，也能使绝缘子的上下表面都湿润。近年来，凝露对室内10kV设备曾造成一连串的闪络事故，也应引起重视。

雨夹雪、融雪融冰，特别是横担、架构上的融冰融雪伴随着污水顺绝缘子表面而下，也会造成闪络。

毛毛雨是稠密而细小的液体降水，随风飘浮、徐徐下降，迎面有潮湿感。其强度为0.5～4.0mm/h，概率最大的为2.0mm/h。水滴直径在100～500mm范围内，大多数为200～400mm，降水速度不超过1m/s，降雨持续时间可达数小时。毛毛雨一般仅能湿润绝缘子的上表面，在相同的条件下，一般污闪电压比雾高20%～30%。

雨一般分为大、中、小雨。中雨，雨落如线，雨滴不易分辨，1h的雨量为2.5～8.0mm；超过中雨的雨称为大雨，强度很大的雨每小时的降水量达几十毫米到几百毫米，多数雨滴的直径为1000～1400$\mu m$，雨滴的降落速度为4.0～6.0m/s。雨量10mm/h左右的雨一般可持续几小时。小雨，雨点清晰可见，无飘浮现象，1h内的降水量可达2.5mm。大雨和中雨，水滴较大，雨强大，对染污绝缘子表面有湿润作用，但冲刷、净化污秽表面的作用较大，一般污闪较少。统计表明：在送电线路38次的污闪事故中，降水量小于

0.05mm/h 的（15 次）占 39.5%，降水量在 0.05～2.00mm/h 的（13 次）占 34.2%，二者合计占 73.7%，在降水超过 2.5mm/h 下发生的污闪不足 3%。因此，一般地说，大雨不是污秽地区绝缘子运行的危险条件。

然而，对于伞裙较密，伞伸出不长的棒型支柱绝缘子、套管等设备，特别是在久旱无雨积污较多又突然降大雨的情况下，有可能发生闪络。

**3. 局部电弧的产生和发展**

在前面的污秽绝缘子放电过程中已经提到，运行中的污染绝缘子长期承受工作电压，在潮湿的条件下，表面污层逐渐受潮，泄漏电流逐渐增大。在电流密度比较大的部位，例如盘形悬式绝缘子的钢脚、铁帽处，棒形支柱绝缘子的杆径处，污层烘干并形成干燥带。此时绝缘子承受电压将重新分配，干燥带承受很高的电压，以致出现辉光放电。随着泄漏电流的增大，辉光放电有可能转变为局部电弧，这时绝缘子表面相当于局部电弧和一串剩余的污层电阻相串联。这时的局部电弧可能熄灭，也可能发展，完全是随机的。

局部电弧的热效应，会使干区扩大，局部电弧会沿干区旋转，不断适应自己的长度。当干区扩大到电弧无法维持时，电弧就会熄灭；当周围湿润的条件继续使污层电阻不断减小，泄漏电流不断增大，局部电弧的压降不断减小时，局部电弧可不断向对极发展，直至闪络。

**（二）污闪的原因**

**1. 电网设备外绝缘水平偏低**

（1）设计值偏低。在设计、基建阶段确定输变电设备外绝缘配置时，对环境污秽的发展估计不足，片面追求降低工程造价，使设备外绝缘水平偏低，导致防污能力不足。例如，在上述 2001 年 2 月的大面积污闪事故中，有相当一部分线路的爬电比距为所处污区的下限值，部分甚至低于所处污区的要求值。如华中某 500kV 1、2 回线路中有 58km 线段所经区域按 1997 年污区分布图为Ⅲ级污秽区，而绝缘水平却是按Ⅱ级污秽区配置，爬电比距仅为 2.31。

（2）污区等级划分偏低。例如，在上述 2001 年 2 月的大面积污闪事故中，有相当一部分线路所在区域的污区等级划分偏低，还有不少地区由于缺乏全面环境污染和气候数据，主要依据以往的盐密测量值及运行经验来划分污区等级，一旦遇上多年少见的恶劣气候，又处于环境污染高峰期，在多种不利因素的综合作用下，暴露出污区等级划分偏低，抗污闪能力较弱。

（3）调爬力度不够。例如，在上述 2001 年 2 月的大面积污闪事故前，虽然有一部分线路曾开展过调爬工作，但调爬力度不够，不能满足所在区域防污要求。对部分因杆塔间距限制无法增加爬距的线路，没有采用防污闪性能好的绝缘子。运行线路的绝缘配置低于恶劣气候情况下的运行要求，这也是造成大面积污闪的重要原因之一。

**2. 大气污染和高湿气候共同作用**

由上述，绝缘子表面足够的脏污是发生污闪的必要条件。一般冬春为高污闪期，因为这段时期里雨水少，绝缘子无法自然清洗，又因为北方冬季为采暖期，大气污染程度加剧。实测表明，2001 年 2 月污闪后的盐密测量值较污闪前不久的测量值明显增加。在积污增长期间，又遇上大雾，雾气中的电解质物质的湿沉降又导致绝缘子表面产生快速污染，由于已存的污秽和外来污染叠加，在持续高湿度大雾的湿润作用下，导致绝缘子表面发生污闪。

**3. 运行维护不足**

运行维护不足主要表现在：

（1）劣化绝缘子没有及时检出并及时更换。

（2）污秽清扫没有完全落实。因为污区的等级划分及污耐压绝缘是按 1 年一次清扫的前提来配置的，如果污秽清扫没有落实，而绝缘配置又没有增加裕度，相当于减弱了绝缘子的抗污闪能力，容易导致污闪事故。

**（三）污秽度及其测定方法**

污秽度是用来区分污秽区和清洁区，以及轻污秽区与重污秽区的差别的物理量。国际大电网会议推荐 5 种表示污秽度的方法，即等值盐密法（ESDD）、污层电导率法、泄漏电流脉冲计数法、最大泄漏电流法和污闪电压梯度法。我国普遍采用的是等值盐密法。

**1. 等值盐密法**

等值盐密即等值附盐密度，简称盐密。即把绝缘子表面导电污物密度转化为等值单位面积上含多少盐（NaCl）。盐密值在国内外应用颇为广泛，它是输变电设备划分污秽等级的依据之一，也是选择绝缘水平和进行外绝缘维护措施的依据。所以测量等值盐密是一项具有重要意义的基础性技术工作。

测量等值盐密的方法是将待测的绝缘子瓷表面的污物用蒸馏水（或去离子水）全部清洗下来，采用电导率仪测其电导率，同时测量污液温度，然后换算到标准温度（20℃）下的电导率值，再通过电导率和盐密的关系，计算出等值含盐量和等值盐密值。具体做法如下：

（1）取样。

1）发电厂和变电所。对于发电厂和变电所的支柱绝缘子与悬式绝缘子，应分别在户外能代表当地污染程度的至少一根棒式支柱和一串悬垂绝缘子上取样。

2）线路。根据沿线路污染状况，每 5～10km 选一串悬垂绝缘子作为试样。取样的时间应是当地积污最重的时期，一般可选在无雨的污季结束，雨季来临之前。例如，华东地区一般都在每年 11 月至次年 3 月间进行取样。

（2）清洗准备。清洗试样前应充分做好准备工作，其中包括器具、蒸馏水和测量仪器等。

1）托盘和杯子。供收集污秽溶液用。

2）泡沫塑料块或毛刷。供擦洗绝缘子表面污物用。

3）量筒。10mL 和 500mL 各 1 支，用以量蒸馏水。

以上所有器具，在使用前及擦洗绝缘子时，都必须洗干净，最后用去离子水冲洗、擦干。

4）蒸馏水。供擦洗绝缘子表面用。

5）测量仪器。根据国内使用经验及厂家生产情况，以使用电导仪为宜，它的配套电极是：①DJS-1 和 DJS-10 白电极。至少 1 支，供测蒸馏水用。②DJS-1 黑电极各 1 支，供测污液电导率用。

6）温度计。1 支，供测污液温度用。

（3）测量与计算。

1）支柱绝缘子。

（a）单元裙段的选取。对于 110～220kV 的支柱绝缘子至少应均匀地取 3 个单元裙段，500kV 支柱绝缘子取 5 个裙段。如图 2-5-1-16 所示。

（b）擦洗。首先计算出擦洗每个单元裙段所需要的蒸馏水量。若按每 500cm² 表面积使用 100mL 的水量计算，则取用的水量为

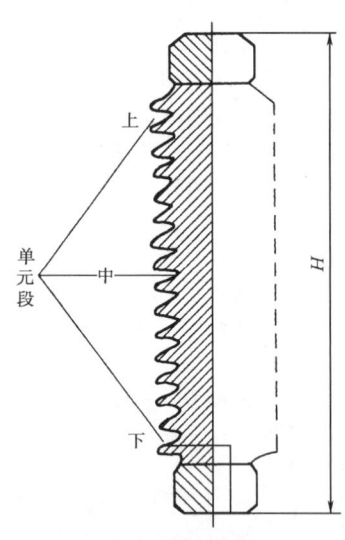

图 2-5-1-16 支柱绝缘子单元裙段的选取

水再次擦净，直到彻底干净为止，并把泡沫塑料中的水挤入污液。擦洗时，不应把水或污液溅到器皿外部。

(c) 测量。将上述两份污液均匀混合，即用电导仪测取污液的电导率 $\sigma_t$（$\mu$S/cm），并记录污液温度 $t$（℃）。然后将测得的污液电导率 $\sigma_t$ 换算成 20℃时的污液电导率 $\sigma_{20}$，换算公式为

$$\sigma_{20} = K_t \sigma_t \quad (\mu S/cm)$$

式中 $K_t$——温度校正系数，如表 2-5-1-8 所示。

(d) 计算等值盐密。首先根据 $\sigma_{20}$，在表 2-5-1-9 中查出单元裙段污秽液的等值含盐量（mg/100mL）。然后根据等值含盐量浓度计算出单元裙段表面的等值盐密 $S_{dd}$：

$$S_{dd} = W_d / A_d \quad (mg/cm^2)$$

式中 $A_d$——单元裙段的表面积，$cm^2$；

$W_d$——等值含盐量，mg。

当 $\sigma_{20}$ 在 40～4000$\mu$S/cm 范围内时，$W_d$ 可用下式计算为

$$W_d = \left(5.7 \frac{\sigma_{20}}{10^4}\right)^{1.03} Q_d$$

整支支柱绝缘子的等值盐密为

$$S_d = \frac{\sum_1^n S_{dd}}{n}$$

$$Q_d = 100(A_d/500) \quad (mL)$$

式中 $A_d$——单元裙段的表面积，当 $A_d < 500cm^2$ 时，取 $Q_d$ 不小于 100mL。

其次把 $Q_d$ 至少分成两份，取其中一份，用泡沫塑料块反复擦洗单元裙段表面污秽，待基本擦干净时，换用另一份

式中 $n$——测取单元裙段数目。

表 2-5-1-8　　　　　　　　　　　污液电导率温度校正系数 $K_t$ 表

| 温度/℃ | $K_t$ | 温度/℃ | $K_t$ | 温度/℃ | $K_t$ |
|---|---|---|---|---|---|
| 1 | 1.6819 | 11 | 1.2487 | 21 | 0.9776 |
| 2 | 1.6306 | 12 | 1.2167 | 22 | 0.9559 |
| 3 | 1.5810 | 13 | 1.1858 | 23 | 0.9530 |
| 4 | 1.5331 | 14 | 1.1561 | 24 | 0.9149 |
| 5 | 1.4869 | 15 | 1.1274 | 25 | 0.8954 |
| 6 | 1.4224 | 16 | 1.0997 | 26 | 0.8768 |
| 7 | 1.3997 | 17 | 1.0732 | 27 | 0.8588 |
| 8 | 1.3586 | 18 | 1.0477 | 28 | 0.8416 |
| 9 | 1.3193 | 19 | 1.0233 | 29 | 0.8252 |
| 10 | 1.2817 | 20 | 1.000 | 30 | 0.8095 |

表 2-5-1-9　　　　　　　污秽绝缘子清洗液电导率 $\sigma_{20}$ 与盐量浓度的关系（IEC1987 年数据）

| $W_d$ /(mg/100mL) | $\sigma_{20}$ /($\mu$S/cm) | $W_d$ /(mg/100mL) | $\sigma_{20}$ /($\mu$S/cm) | $W_d$ /(mg/100mL) | $\sigma_{20}$ /($\mu$S/cm) |
|---|---|---|---|---|---|
| 22400 | 202600 | 700 | 11520 | 60 | 1068 |
| 16000 | 167300 | 500 | 8327 | 50 | 895 |
| 11200 | 130100 | 350 | 6000 | 40 | 721 |
| 8000 | 100300 | 250 | 4340 | 30 | 545 |
| 5600 | 75630 | 200 | 3439 | 20 | 368 |
| 4000 | 55940 | 150 | 2601 | 10 | 188 |
| 2800 | 40970 | 100 | 1754 | 8 | 151 |
| 2000 | 29860 | 90 | 1584 | 6 | 114 |
| 1400 | 21690 | 80 | 1413 | 5 | 96 |
| 1000 | 15910 | 70 | 1241 | 4 | 77 |

2) 盘型悬式绝缘子。

(a) 片数及位置的选取。测量悬式绝缘子串的等值盐密时,原则上可测取串中各片绝缘子的盐密值,取其平均值作为整串绝缘子的盐密值。对于110kV及以上的绝缘子串,可采用如下方法进行测量:

110kV绝缘子串。可测上、中、下3片绝缘子的盐密值,取其平均值作为整串绝缘子的盐密值。

220~500kV绝缘子串。可取上2片、中1片和下2片,计5片绝缘子的盐密的平均值,作为整串绝缘子的盐密值。

如测取XWP$_2$型绝缘子的盐密值,有必要估算相同情况下XP型绝缘子的盐密值,或者相反。即XP型绝缘子表面盐密值的0.5~0.7倍(一般取0.6倍)作为XWP$_2$型绝缘子盐密的估计值。

当没有条件测取运行绝缘子串的盐密时,可在相同情况下测取几串不带电运行的绝缘子串的盐密值,取其平均值来估计在该处运行的绝缘子的盐密值,但要乘以大于1的系数$K$,对XP型绝缘子串而言,$K=1.25\sim1.35$。

(b) 擦洗。擦洗一片绝缘子用水量$Q_1$如下:对XP-70、X-4.5、XP-160绝缘子,表面积约1500cm$^2$,用水量$Q_1$为300mL。

对于XWP$_2$型XHP型推荐用水量$Q_1$按下式计算

$$Q_1 = 300 \frac{A}{1500} \quad (\text{mL})$$

式中　$A$——一片绝缘子的表面积,cm$^2$;常用绝缘子表面积如表2-5-1-10所示。

表2-5-1-10　　　　　　　　　常用绝缘子表面积数据

| 型　　号 | 泄漏距离/mm | 总表面积/cm$^2$ | 下表面积/cm$^2$ | 上表面积/cm$^2$ |
| --- | --- | --- | --- | --- |
| XWP-16 | 412 | 2507 | 864 | 1643 |
| WXWP$_1$-7 | 410 | 2013 | 803 | 1210 |
| XWP$_2$-16 | 450 | 2619 | 783 | 1836 |
| XWP$_5$-16 | 450 | 2727 | 1351 | 1376 |
| XP-16 | 300 | 1530 | 870 | 660 |
| XP$_3$-16 | 359 | 1930 | 1103 | 831 |
| X-4.5 | 300 | 1450 | 805 | 645 |
| XP-6 | 290 | 1390 | 720 | 670 |
| XP-7 | 290 | 1400 | 715 | 685 |
| XWP$_1$-6(代号24100) | 420 | 2070 | 540 | 1530 |
| XWP$_1$-6(代号24106) | 410 | 2110 | | |
| XWP$_1$-6(代号24108) | 430 | 2450 | | |

擦洗以及测试方法与支柱绝缘子相同。

(c) 计算等值盐密。

$$S_{dp} = \left(5.7 \frac{\sigma_{20}}{10^4}\right)^{1.03} Q_1/A \quad (\text{mg/cm}^2)$$

等值盐密平均值为

$$S_d = \frac{\sum S_{dp}}{n} \quad (\text{mg/cm}^2)$$

式中　$n$——测取绝缘子片的数目。

影响等值盐密测量结果的主要因素如下:

(1) 盐量浓度与电导率关系的影响。盐量浓度与电导率的关系是测量等值盐密的重要依据,因此这一关系直接决定着等值盐密的测量准确程度。国内外长期研究资料表明,采用表2-5-1-2所示的数据是较准确可靠的,可作为我国现场测量等值盐密的标准。

(2) 用水量的影响。研究表明,用水量对等值盐密测量结果影响很大。其基本规律是:

1) 一定量的电解质,用不同水量测量时,其结果是不同的:在盐量小时,由于浓度小,不同水量下测量结果差别不大;而盐量大时,其测量结果差别颇大。

2) 测量同一电解质,特别是盐量较大时,用水量越少,误差越大。IEC1987年文件提出的用水量为2~4L/m$^2$,我国规定采用300mL水测一片X-4.5型绝缘子与IEC一致。

(3) 清洗方法及部位的影响。在测定过程中,一方面是擦洗下来的污液不能溅失;另一方面,不该擦洗下来的污秽物,不应擦洗,如清扫不到的"死角";钢脚周围和帽檐下的水泥面,最容易积垢,这部分污物不应擦洗。因为它不影响污闪,但对测量结果影响很大。

(4) 温度的影响。研究表明,各种电解质的温度系数大致相同,温度每升高1℃,电导率约增大2%~2.5%,故测量电导率时应准确测量其温度,以便将测量值能准确换算到标准温度下的电导率。

(5) 电极常数的影响。电极常数对测量结果有很大的影响。研究表明,电极常数随浓度增大而增大。当浓度增至10倍时,电极常数有20%~70%的变化。而测量时认为电极常数是不变的,因此得到的测量值偏小,且其误差也随水量减小或盐量的增大而增大。为了避免电极常数随浓度增大而增大的影响,待测溶液的浓度不应超过标定常数时的浓度,而测量用水量至少应达到规定的最低标准。通常测量的等值盐量上限为1000~1500mg,这时应该用DTS-10电导电极测量,而用水量应不少于200~300mL。

由于影响等值盐密测量结果的因素较多,所以测量时应严格要求,以得到准确的结果。并将测得的盐密值与当地的污秽等级比较,是否一致,当盐密值超过表2-5-1-3或表2-5-1-11规定时,应根据具体情况调整爬距或采取清扫、涂料等措施。

**表 2-5-1-11 普通支柱绝缘子盐密与对应的发、变电所污秽等级**　　单位：mg/cm²

| 污秽等级 | 1 | 2 | 3 | 4 |
|---|---|---|---|---|
| 盐密 | ≤0.02 | >0.02～0.05 | >0.05～0.10 | >0.10～0.20 |

**2. 污层电导率法**

绝缘子表面污层电导率也叫表面电导率，其含义是绝缘子单位表面污层的电导值。它能够反映绝缘子表面的积污量和湿润程度，是确定现场污秽程度的一个很好的办法，借助于污层电导和污闪电压的关系，可以确定运行设备的污耐压水平。

污层电导率可分为积分电导率（又称整体表面电导率）和局部表面电导率两种。

（1）积分电导率法。

1）测量原理。积分电导率 $K$，是把绝缘子表面的污层视为具有电导率的导电层，可以用加在绝缘子两金属附件间污层上的电流与电压之比求出电导值，即 $G=\dfrac{I}{U}$，再与绝缘子的形状系数 $F$ 相乘而得出，而系数 $F$ 则由绝缘子的结构尺寸决定。表达式如下

$$K = GF = \frac{I}{U}F \quad (2-5-1-2)$$

$$F = \int_0^L \frac{dx}{\pi D(x)} \quad (2-5-1-3)$$

式中　　$L$——绝缘子泄漏距离；

$D(x)$——沿泄漏路径各点的直径长度。

积分电导率法把绝缘子表面污层电导率 $K$ 视为常数，即是认为其污层分布为均匀状态，而实践证明自然污秽污层的分布是绝对不均匀的，即使在试验室中人工污秽涂层也不可能做到均匀度完全一致，所以由这种方法测得的电导率仅仅是近似的，或称等值电导率。

测定整体表面电导率时，是用适量蒸馏水喷在试品表面，当其污层饱和受潮时，再在绝缘子两极上施加工频电压 $U$，同时测出它的泄漏电流 $I$，得出绝缘子的积分电导 $G=I/U$。关于施加电压 $U$ 的数值，世界各国不尽相同，如表 2-5-1-12 所示。

**表 2-5-1-12 施加电压值/每米绝缘子放电距离**

| 序号 | 电压值 | 来源 |
|---|---|---|
| 1 | 24kV | 德国人工试验方法 |
| 2 | ≥700V（有效值） | 1988 年 IEC |
| 3 | 2kV | 1985 年 IEC |
| 4 | 30kV | CIGRE 工作组建议 |
| 5 | 80%放电电压值 | 苏联 |

施加电压值的大小出于两方面的考虑，一方面是考虑污层不均，会存在稀薄的导电带或导电断层，如果所加电压过小，则在测量结果中必将出现假象，即可能污秽已很严重，但测出的电导率很小，为此才出现所加电压值不得小于 30kV/m 的规定，使断层在高电压的作用下得以产生火花放电而跨过；另一方面施加电压又不能太高，因为电压过高，泄漏电流过大将产生较多的热量，使污层温度升高而将其水分烘干，人为造成了低电导带，从而带来更大误差。出于同一因素考虑，测量时电压施加的时间也不可太长，一般只加 2～5 个周波，以能记录下泄漏电流即可。

关于绝缘子的形状系数 $F$，其计算方法可根据绝缘子外形尺寸，计算出沿泄漏路径各点的圆周长度 $\pi D(x)$ 的倒数，画出 $1/\pi D(x)$ 与泄漏距离的关系曲线，该曲线下所包络的面积即是该绝缘子的形状系数。对于绝缘子串和支柱绝缘子来说，它们的 $F$ 值就是各个单元件 $F$ 值之和。

测量电导率时，应测出绝缘子污层的表面温度 $t$℃，以将测量温度时的电导值 $G_t$ 换算到标准温度 20℃时的电导值 $G_{20}$ 为

$$G_{20} = G_t \frac{1.6}{1+0.03t}$$

积分电导率法能在相当好的程度上反映污染程度和潮湿的程度，其人工污秽和自然污秽下的耐受电压曲线也是比较接近的。但是，由于污秽断层带的影响，自然污染分布不均匀的影响，以及测量需要有一个容量较大的高压电源，现场测量比较麻烦，推广应用受到一定限制，有关各类绝缘子污层电导与耐受电压的关系试验也较少。图 2-5-1-17 列出了 X-4.5 绝缘子人工污秽闪络电压试验结果。

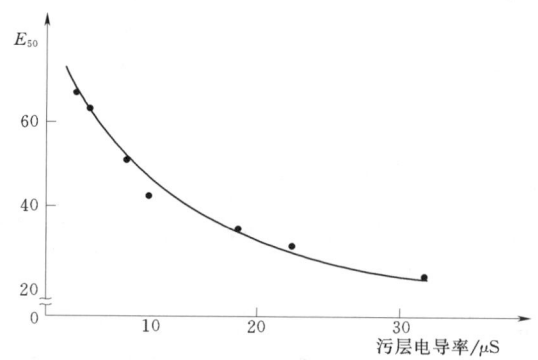

图 2-5-1-17　X-4.5 绝缘子人工污秽闪络电压试验结果

2）现场污层电导率测试装置介绍。为了能在现场方便地开展悬式绝缘子污层电导率的测试，山西电力试验研究所试制了一套高压人工雾现场污秽度测试装置，简介如下：

电源采用 220V 调压器、10kV TV 升压，在 400mm×400mm×550mm 的人工雾室中湿润试品后测试，测试中电流整定为四挡，分"预告"、"警告"、"危险"和"污闪"等状况，不仅可测试试品的电导率，而且还可以测出最高泄漏电流范围值。由于采用微机控制加压，实现自动计算和连续测试，操作简便，具有显示和打印功能。如果需要还可配置更大容量升压器来实现自然污秽绝缘子污秽耐受电压特性的测试。

该测量装置可以在任何时候使用，可以对人工染污绝缘子污秽度测量，也可用于自然污染绝缘子污秽度的测量，适用于典型污染抽查，也适于污秽分布的普查。但由于电压等级低、雾量小，故仅能用于单片悬式绝缘子的污秽度测量。

（2）局部表面电导率。鉴于整体表面电导率法的不足，又提出了局部表面电导率的测量法，这种方法避开污层间断在绝缘子金属附件部位的不良影响，它的测量结果对绝缘子污秽度有更真实的意义，与其污闪电压有较好的相关

性。除此以外，该方法除可以测到试品污秽度的总平均值外，还能测出绝缘子表面污秽度的分布状态及随时间的变化规律。

如何进行局部表面电导率的测量呢？下面介绍局部表面电导率仪的原理与使用。局部表面电导率仪工作原理如图 2-5-1-18 所示。

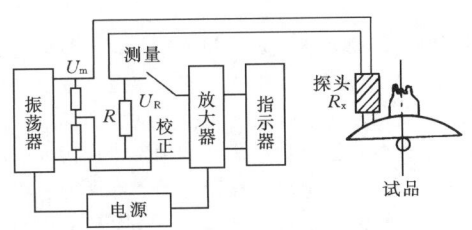

图 2-5-1-18　局部表面电导率仪工作原理示意图

仪器分测量电路和探头两部分，其中测量电路提供高频振荡信号，电源使用干电池供电，分"校正"和"测量"两挡工作状态。

当在"测量"挡工作时，设振荡器输出电压为 $U_m$，电阻 $R$ 上的压降 $U_R$，探头在试品表面处的电阻为 $R_X$，则求出 $R_X$ 就可以得出此处表面的电导率 $K_P$。通过试品被测表面的电流为 $I_X$，它与流过 $R$ 的电流相同，即 $I_R = I_X$，故可得出如下结果：

$$R_X = \frac{U_X}{I_X} = \frac{U - U_R}{U_R/R} = \frac{U - U_R}{U_R} R = \left(\frac{U}{U_R} - 1\right) R$$
(2-5-1-4)

则
$$K_P = \frac{A}{R_X}$$
(2-5-1-5)

式中　$A$——探头的几何常数。

测量前绝缘子用蒸馏水湿润。湿润应使绝缘子上的整个污层湿透，但不允许污层有过分的蒙雾，否则存在污秽层被洗掉的危险。为此最好用一个新的、清洁的喷枪，灌满蒸馏水，用人工喷洒或用具有油水分离器的压缩空气装置来工作。在这时应注意使绝缘子蒙上雾时所使用的上述装置不应有其他物质或污秽微粒。喷枪应能产生很细的雾而不允许喷出水滴。

测点的选取原则是使测量结果尽可能准确，即尽量多选些测点，如悬式绝缘子可在其上、下两个表面靠钢帽处、中间及靠近外缘 3 处，并在全圆周均分 4 等分，共取 24 个测点进行测量，最终取其算术平均值，即为该试品的平均表面电导率值。

下面介绍局部表面电导率法的应用实例，采用固体污层法进行人工污秽试验，获取绝缘子污闪电压与其表面平均电导率的关系曲线，得到了只要试品的平均表面电导率相同，则不论试品污秽可溶盐是由何物质构成，其污闪电压都是接近一致的重要结论。图 2-5-1-19 给出了各种污盐时 X-4.5 型绝缘子闪络电压 $U_f$ 与平均表面电导率 $K_P$ 的关系曲线。

必须指出，如果局部表面电导率仪的电源信号电压低时，其测量结果分散性大，故准确度不是很高。

### 3. 泄漏电流脉冲计数法

污染绝缘子在运行电压下若遇潮湿天气，在发生污闪之前将会产生局部电弧和较大的脉冲式泄漏电流。对于不同污染程度的绝缘子，其表面污秽越重者，出现泄漏电流脉冲的幅值越大，而且频度也越高。换句话说，脉冲的幅值和频率迅速增加是污闪的征兆。所以，当在给定时间间隔内记录超过一定幅值的泄漏电流脉冲总数时，也就可以在某种程度上反映绝缘子的污秽度了。

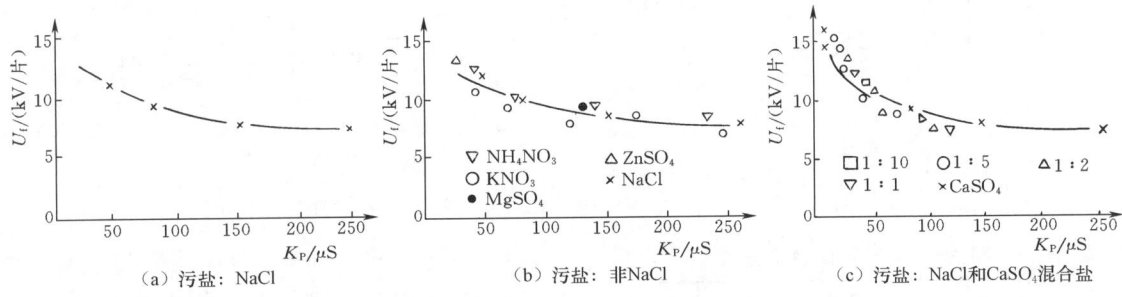

（a）污盐：NaCl　　（b）污盐：非NaCl　　（c）污盐：NaCl和CaSO₄混合盐

图 2-5-1-19　各种污盐时 X-4.5 型绝缘子闪络电压 $U_f$ 与平均表面电导率 $K_P$ 的关系

脉冲计数法能够反映绝缘子积污和闪络的全过程，方法简捷，因此可以方便地实现在线监测。虽然脉冲数和污闪电压之间没有更直接的定量关系，目前尚不能提供更有意义的绝对值，但试验研究表明，泄漏电流报警值的确定要综合考虑脉冲幅值和脉冲数目，并根据不同电流整定值的脉冲计数值来估算运行期间最大泄漏电流值，进而判断绝缘子的污秽度及耐污能力。

脉冲计数器目前有两类，早期比较简易的是电磁式计数器，随着电子器件的进展，又出现了传感器与电子集成电路构成的计数器。

（1）电磁式脉冲计数器。电磁式脉冲计数器的工作原理是当计数器线圈中流过的泄漏电流超过某个选定值时就动作计数。该选定值称启动电流，根据需要可将启动电流分设为几挡。

这种计数器的抗干扰能力较强，且不需要辅助电源，作为现场的监测手段是比较方便的。但电磁式计数器对泄漏电流脉冲的响应能力较差，即它的响应时间很长，要达几十毫秒，有时还由于它"复归"时间长，在没来得及复归的情况下将不再计数，所以它的计数结果往往不能真实反映泄漏电流的脉冲数目。

以 XLY 型泄漏电流记录仪在试验室中进行的动作验证性试验为例来说明，该计数器分挡记录电流脉冲数，为 20/35/50mA（有效值），分 5 次加压，用示波图读出结果和计数器动作结果相比较，累计结果如表 2-5-1-13 所示。

从表 2-5-1-13 中可见，在 20mA 挡时，电磁计数器的计数明显小于示波图的实际脉冲数，很可能是脉冲幅值较低时的跃变在时间上与上一次幅值较高的跃变相距较近，致使计数器来不及"复归"而未能计数造成的，在 35mA 和

50mA两挡,两台计数器分别出现计数结果超过实际脉冲数的情况,据分析认为是合闸造成误动而引起的。

表2-5-1-13　累计结果表

| | 启动电流规定值/mA | 20 | 35 | 50 |
|---|---|---|---|---|
| 8号 | 启动电流实测值/mA | 19 | 34.5 | 49 |
| | 计数器记录次数 | 66 | 22 | 13 |
| 10号 | 启动电流实测值/mA | 19.5 | 33.5 | 49.5 |
| | 计数器记录次数 | 59 | 25 | 11 |
| | 示波图读出脉冲数 | 74 | 24 | 11 |

另有研究表明,早期设定的动作电流是20mA、50mA,其值偏低,而采用大于100～250mA的动作电流更为合理。

电磁式脉冲计数器与被测设备的连接如图2-5-1-20所示,使用时要注意与其并联的设备绝缘表面的泄漏电流对监测的影响。一般对悬式绝缘子的应用是没问题的,而对于支柱绝缘子和套管,由于考虑尽可能减少对原绝缘水平的影响,测量仪器并联的绝缘表面距离不能取得过大,因而其表面绝缘电阻的分流作用不能忽视。

如在110kV刀闸支柱绝缘子上,并联距离取1.5cm,其测量结果如表2-5-1-14所示。

为了使设备分流控制在5%以内,要求其绝缘电阻不小于30kΩ。

电磁式脉冲计数器在现场中早有应用,且效果良好。如陕西某供电局,从20世纪70年代后期就使用该型记录仪,对装有此计数器的绝缘子串,凡是警告挡未动作的都没有清扫或更换涂蜡层,这些绝缘子经数年运行均未发生过污闪,对警告挡动作的,经分析确认是绝缘污秽引起的,都进行了清扫或采取其他防污措施,也未发生过污闪;对于危险挡动作的,立即进行清扫,防止了污闪事故。同时该局在利用脉冲计数法判断涂蜡绝缘子涂层是否老化和确定污区清扫周期方面也起到一定作用。该局脉冲计数的电流值设定如表2-5-1-15所示。

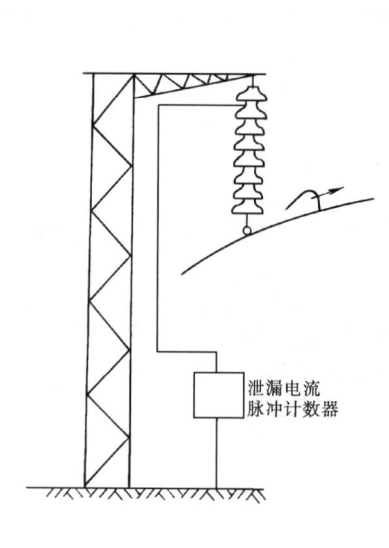
(a) 悬式绝缘子

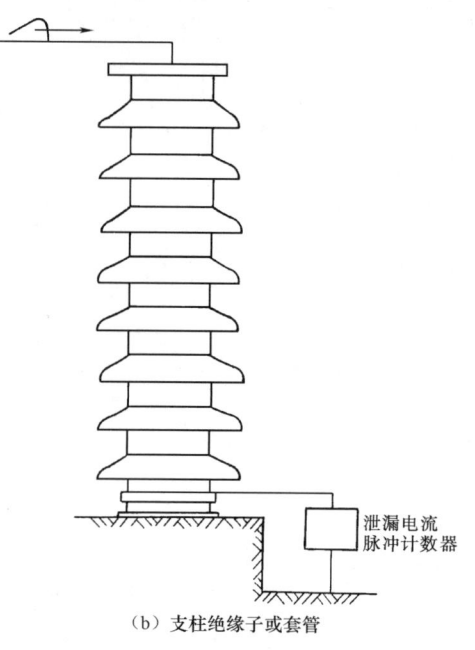
(b) 支柱绝缘子或套管

图2-5-1-20　电磁式脉冲计数器与被测设备的连接

表2-5-1-14　用XLY型泄漏仪测量结果

| 附盐密度<br>/(mg/cm²) | 流入泄漏<br>仪电流 $I$<br>/mA | 设备分流<br>电流 $I'$<br>/mA | 分流比<br>$I'/I$/% |
|---|---|---|---|
| 0.0382 | 50 | 3.7 | 7.4 |
| 0.104 | 50 | 6.7 | 13.4 |
| 0.231 | 50 | 20.5 | 41.0 |

表2-5-1-15　各挡启动电流

| 泄漏比距<br>/(cm/kV) | 启动电流 | | |
|---|---|---|---|
| | 第一挡 | 第二挡 | 第三挡 |
| 1.7 | 10 | 30 | 50～70 |
| 2.3 | 20～30 | 70 | 100～150 |

(2) 电子型脉冲计数器。电子型脉冲计数器的基本工作原理是通过一个特制电流互感器装置传感泄漏电流脉冲,记录幅值超过规定值的脉冲数,并进行报警,其原理框图如图2-5-1-21所示。

在传感器中产生的泄漏电流脉冲信号经放大后送到比较电路,对信号幅值超过某一预定值时,则计数器将在一预定时间内累计脉冲数。当累计的脉冲数超过一预定值时,则比较器就给出信号到报警电路而发报报警,发报距离为100m,电源由干电池供电。

4. 最大泄漏电流法

国内外试验研究表明,泄漏电流不仅能够全面地反映作用电压、气候条件、绝缘子表面污染程度等综合因素的影响,而且临闪电流 $I_C$ 与闪络电压梯度 $E_C$ 有着十分确定的关系。其 $E_C$-$I$ 关系曲线,在绝缘子表面污秽成分不同,污秽分布均匀,甚至绝缘子串长不等,都能够较好地吻合。即使绝缘子的结构形式不同, $E$-$I$ 关系也无多大差别,其表达式可用幂函数表示。即

$$E_C = AI_C^{-b}$$

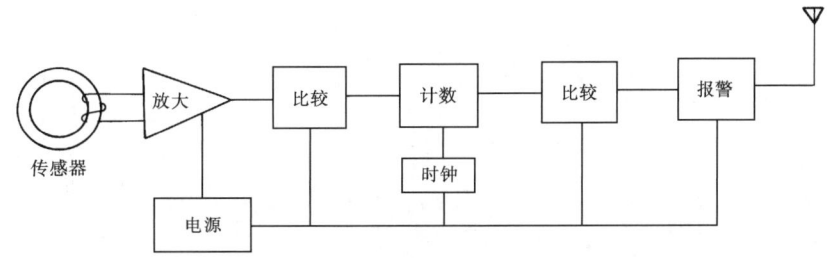

图 2-5-1-21　电子型脉冲计数器原理框图

式中　$E_C$——闪络电压梯度；
　　　$I_C$——临闪电流；
　　　$A$、$b$——常数。

此处 $I_C$ 是临闪前的最大泄漏电流，代表着将要闪络的临界污秽度，所对应的电压也就是运行电压。如果利用泄漏电流作为监测的手段，必须选取一个比临闪电流 $I_C$ 低得多的电流 $I_P$ 来代表当地必须报警的污秽度，以便及时采取措施，防止闪络。

$I_P$ 应该远小于 $I_C$，$I_P$ 同时应该是最大值，但是泄漏电流是脉冲值，是一个忽大忽小的统计量，其值很难测得。只好在规定的时间内，例如 15min 内，在测得的许多的电流脉冲中，取其中的最大值来代表当时当地的污秽度。以此来作为报警电流。报警电流 $I_P$ 可用图 2-5-1-22 和图 2-5-1-23 来确定。图 2-5-1-22 表示在一定污秽度下，施加电压 $U$ 与泄漏电流 $I$ 之间的关系；图 2-5-1-23 表示在一定电压下，污秽度 $S_d$ 与泄漏电流 $I$ 的关系。图中 $I$ 均代表在指定时间内测得的电流最大值。$I_{max}$ 与运行电压下临界污秽度 $S_C$ 对应，从图 2-5-1-23 中可找到与某一污秽度 $S$ 对应的 $I_P$，从图 2-5-1-22 中可找到对应于 $I_P$ 泄漏电流的电压，从而可找出离污闪电压 $U_C$（运行电压）的裕度。

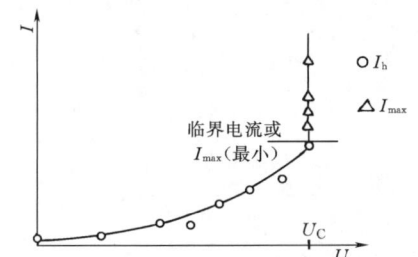

图 2-5-1-22　在一定污秽度下，施加
电压与泄漏电流关系曲线

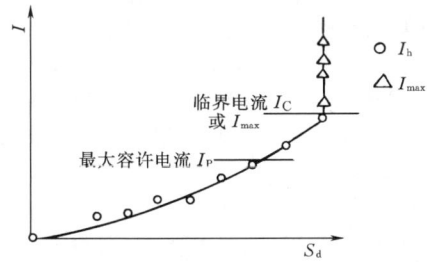

图 2-5-1-23　在一定电压下，污秽度
与泄漏电流关系曲线

这种方法可用于在线检测，也可用来报警。适用于经常湿润的地区。长久干旱的地区，无泄漏电流显示，若突然湿润，可能还未来得及报警就闪络了。

测量泄漏电流用的仪器大致有以下几种：

(1) 磁钢棒。这是结构最简单的测量仪器，它是将磁钢棒插入线圈中测量运行期间流过绝缘子的最大泄漏电流。磁钢棒磁化后，取下来用磁针偏转仪测量其磁化程度，然后查有关曲线确定流过磁钢棒的电流值，所以测试结果不直观。

(2) 纸带自动记录电流表。这种仪器理论上可记录泄漏电流连续变化规律，但灵敏度和精度偏低，且由于记录液不能连续供给，故在运行中若无人监视很难应用。

(3) 磁带记录仪。这种仪器对纸带记录仪器缺点进行改进，使其在无人监视下能连续记录电流变化，并可贮存及回放，但成本较高。

(4) 光线示波器。它是试验室中长期使用的记录设备，灵敏度及测量范围都很适宜。

(5) 智能型记录仪。这是最新推出的记录仪，它将微电脑技术应用于绝缘污秽监测中，其主要特点是：数字化记录泄漏电流的变化，自动打印、存贮输出泄漏电流的波形及最大值数据，操作简单，根据需要可随时整定报警值。

智能型监测仪基本原理如图 2-5-1-24 所示。

传感器是一个环形线圈，安装于被测绝缘子串顶部挂环周围，对设备及人身均安全。传感器将感应出的信号送至放大器和 A/D 转换器，再经微机处理后打印显示连续采样的最大电流数值及波形，电源为交流 220V。

使用智能型监测仪需要注意抗干扰问题。对于传感器输出信号传递过程中，对周围电磁场的强大干扰必须采取多种有效措施屏蔽，如采用双层屏蔽线、力求传输路线最短、正确接地及电源的良好屏蔽等，否则将直接影响测量结果的正确性。

该型仪器的性能优于光线示波器，成本低于磁带记录仪。目前，我国已有商品化产品供应。

**5. 污闪电压梯度法**

绝缘子在潮湿脏污状态下的闪络电压称为污闪电压。污闪电压梯度是污闪电压除以绝缘子的串长。这两个参数的本质是相同的，是表征绝缘子抗污闪能力最直接、最重要的参数。其测量可在试验室或试验站现场进行。

(1) 在试验室测量。在试验室中测量运行绝缘子的污闪电压或污闪电压梯度，往往采用抽查的办法。即在某些运行环境相同或相近的绝缘子中，抽取一定数量的自然污染绝缘子，在试验标准规定的人工雾室中，进行人工雾的污闪电压试验，求取绝缘子样本的污闪电压平均值、最小值和标准偏差，或者求取样本的最大污耐压值，借以估计类似绝缘子在相同运行环境下的抗污闪能力和必须采取的对策。这种方法，需要一个容量比较大的高压电源和一个满足试验标准的人工气候室。现场不好操作，往往在电力部门的试验单位考虑到有必要进行一批抽查试验时，或分析污闪事故，有必要进行污闪电压试验时才采用。

(2) 试验站法。现场测量绝缘子的污闪电压或污闪电压

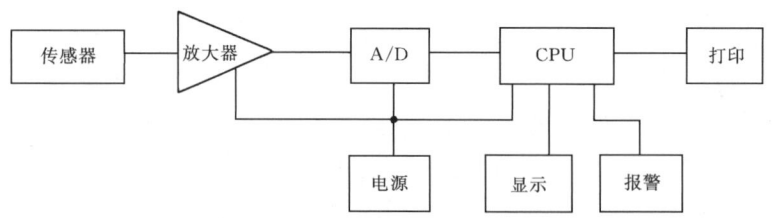

图 2-5-1-24　智能型监测仪基本原理图

梯度，主要在污秽试验站中进行。其主要目的是为污秽外绝缘选择提供依据，即能在实际情况下测定绝缘子的耐污性能和各类型绝缘子的优劣顺序，直接给出绝缘水平。也可以借助这种方法，对运行在类似环境下的相同绝缘子实行监视，估计运行绝缘子在相同情况下的实际抗污闪能力。

在试验站中测定绝缘子的污闪电压或污闪电压梯度一般采用图 2-5-1-25 所示的 3 种接线方式。其中图 2-5-1-25（a）是用不同长度的绝缘子串，分别用熔断器与电源连接。当最短的绝缘子串闪络时，与其串联的熔丝熔断，该串与电源脱离，重合电源后可对其他串继续试验。图 2-5-1-25（b）是使试验串中的绝缘子片数多于实际需要量，多余的绝缘子用快速熔断器短接，一旦污闪，事故串熔丝熔化，试验站跳闸，当重合时，事故串加强了一段绝缘。其余的绝缘子继续受到考验。图 2-5-1-25（c）是被试绝缘子串上，串联多个多余的绝缘子片，在每片多余的绝缘子上并联一快速熔断器，一旦污闪，则最靠近被试串的熔断器最先熔断，重合时，事故串自动地增加了 1 片绝缘子。如此也就自动地决定了该地区所必需的最短串长。

### （四）防污闪对策

**1. 加强现场巡视**

现场巡视直观、方便、范围广，是供电部门防止污闪事故发生，广泛采用的方法。但巡视结果与巡视人员的经验、素质等多种因素有关，无法定量，不十分确切，容易漏检。

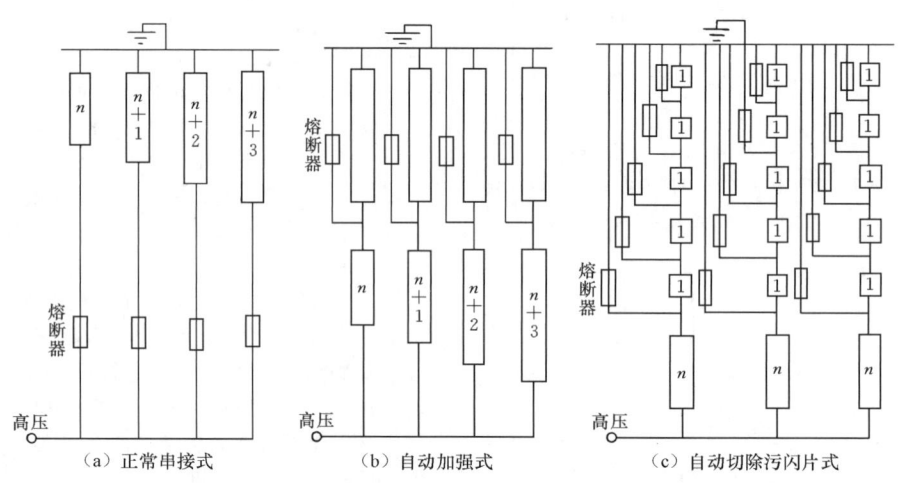

图 2-5-1-25　为确定最短绝缘子串耐受长度而采用的不同接线

防污闪巡视，常常要安排在夜间和雾、毛毛雨等潮湿天气下进行。在我国北方地区，要特别重视入冬后的第一次雾和入春后的第一场雨的巡视。这时的巡视往往会发现外绝缘的一些薄弱环节。

巡视判别的方法，一是听放电声音，二是看放电现象。如果设备在潮湿天气下放电声音较小且放电声均匀，问题不大；反之，放电声音较大且伴有"哔剥"声，则放电较为严重。一般应予以处理。若按放电现象判断：一般绝缘子表面均匀覆盖一层蓝紫色的光圈者，对绝缘的危害并不大；若放电呈黄红色的伸缩性树枝状或黄白色的局部电弧时，则放电严重。应及时采取措施。

**2. 严格执行国标和有关规定**

为杜绝大面积污闪事故的发生，应严格执行《高压架空线路和发电厂、变电所环境污区分级及外绝缘选择标准》（GB/T 16434—1996）、《关于防止电网大面积污闪事故若干措施的实施要求》（能源办〔1990〕606 号）、《加强电力系统防污闪技术措施（试行）》（调网〔1997〕91 号文附件）和《电力系统电瓷防污闪技术管理规定》以及其他有关规定，完善防污管理体系，落实各项措施。

**3. 调整爬电距离**

爬电距离是指两个导电部分之间，沿绝缘材料表面的最短距离。通常简称爬距。调整爬距是当前防止大面积污闪事故的重要措施，是物质基础。

绝缘子在运行中发生污闪的三个要素是作用电压、污秽和潮湿。运行经验表明，绝缘子在上述三个要素相同的条件下，有的发生污闪，有的却不发生污闪，究其原因，发生污闪的绝缘水平低，也即爬电距离不足。研究表明，同一种结构的绝缘子，其外绝缘的耐污电压水平随着绝缘子的爬电距离的增长而线性提高。绝缘子发生污秽闪络，从根本上讲也是绝缘子污耐压水平低于实际污秽度要求的一种表现。在可能的情况下，加大爬距，一般会提高绝缘子的抗污闪能力。

## 第一节 瓷绝缘子

对于输电线路：由于线路长、范围广、运行维护困难，特别强调输电线路的绝缘爬距要按污秽等级所要求的标准调足，认为它是防止污闪的根本性措施。对于 500kV、220kV 以及电源进线等重要线路，要求调至污级标准的上限。关于污区分级和外绝缘选择标准，在 1996 年发布的《高压架空线路和发电厂、变电所环境污区分级及外绝缘选择标准》（GB/T 16434—1996）中已做规定，如表 2-5-1-16 所示。

表 2-5-1-16　　　　线路和发电厂、变电所污秽等级及各级下的盐密值和爬电比距值

| 污秽等级 | 线　路 | | | 发电厂、变电所 | | |
|---|---|---|---|---|---|---|
| | 盐密 /(mg/cm²) | 爬电比距/(cm/kV) | | 盐密 /(mg/cm²) | 爬电比距/(cm/kV) | |
| | | 220kV 及以下 | 330kV 及以上 | | 220kV 及以下 | 330kV 及以上 |
| 0 | ≤0.03 | 1.39 (1.60) | 1.45 (1.60) | — | — | — |
| Ⅰ | >0.03~0.06 | 1.39~1.74 (1.60~2.00) | 1.45~1.82 (1.60~2.00) | ≤0.06 | 1.60 (1.84) | 1.60 (1.76) |
| Ⅱ | >0.06~0.10 | 1.74~2.17 (2.00~2.50) | 1.82~2.27 (2.00~2.50) | >0.06~0.10 | 2.00 (2.30) | 2.00 (2.20) |
| Ⅲ | >1.0~0.25 | 2.17~2.78 (2.50~3.20) | 2.27~2.91 (2.50~3.20) | >1.0~0.25 | 2.50 (2.88) | 2.50 (2.75) |
| Ⅳ | >0.25~0.35 | 2.78~3.30 (3.20~3.80) | 2.91~3.45 (3.20~3.80) | >0.25~0.35 | 3.10 (3.57) | 3.10 (3.41) |

注　括号内的数字表示以额定电压为基准算出的爬电比距。

对于输电线路来说，可以通过增加绝缘子片数来增大爬距。但增加的片数受到杆塔窗口的限制。因此，多采用更换普通型绝缘子为防污型绝缘子，甚至更换为硅橡胶合成绝缘子的办法。

把普通型绝缘子更换为防尘绝缘子，要注意形状系数的影响。也就是说，由于绝缘子的结构型式发生了变化，绝缘子的爬电距离虽然相等，但在自然界积污不同，能够耐受的电压也不同。因此，就存在着爬电距离的有效性问题。为此提出有效系数 $K$ 的概念。

$$K = K_1 K_2 = \frac{E_X}{E_O} \frac{U_{WX}}{U_{WO}} \quad (2-5-1-6)$$

式中　$E_X$ 和 $E_O$——被试绝缘子和标准型绝缘子在相同盐密值下的污耐（闪）压梯度，kV/cm；

　　$U_{WX}$ 和 $U_{WO}$——被试绝缘子和标准型绝缘子在现场自然污染时，不同盐密值下的污耐（闪）电压值，kV；

　　$K_1 = E_X/E_O$——反映了相同盐密值下，造形不同、耐污电压或耐压电压梯度的不同；

　　$K_2 = U_{WX}/U_{WO}$——反映了绝缘子造形不同，在自然环境中，沉积污秽的不同对污闪电压的影响。

对于变电站和发电厂升压站中运行着的变电设备的防污闪问题，特别强调"因地制宜、综合治理"的原则。对于闪络比较频繁的"站"，一般来讲，其母线悬式绝缘子和支柱绝缘子，应该具备较高的爬电距离。爬电距离过小，全部采取辅助措施比较复杂。对于各类套管，调整爬电距离有很大困难，而且资金较多，一般都采用的辅助的防污闪措施。

目前国家电力公司的各公司都在按国家标准，以保安全、重质量的原则大规模调整爬电距离。例如，东北公司对其管辖的总长 1117km 的 7 条 500kV 送电线路进行了调整爬距工作。调整爬距后，送电设备的爬电比距（瓷绝缘爬电距离对最高工作电压有效值之比）达到 2.5kV/cm。调整爬电距离工作不能搞"一刀切"，要保证重点，实施中应综合考虑的因素如表 2-5-1-17 所示。

表 2-5-1-17　　　　调整爬电距离应综合考虑的因素

| 序号 | 是否加强绝缘的因素 | 优先加强 | 暂缓或不加强 |
|---|---|---|---|
| 1 | 运行设备的污闪事故率或污闪跳闸率 | 超过国家电力公司控制指标的输变电设备 | 不超过国家电力公司控制指标或污闪跳闸甚少 |
| 2 | 设备在电网中的重要程度 | 重要 要求供电可靠性高，停电检修概率少，主力电厂、枢纽变电所、主干线电网联络线、重要电源线路 | 供非重要用户 |
| 3 | 发生一次污闪事故可能产生的损失 | 随系统不同而定（或 100 万 kW·h 以上） | 损失很少 |
| 4 | 设备电压等级 | 330kV 及以上 | 35kV 及以下 |
| 5 | 装机容量和输送容量 | 视系统不同而定（如 300MW 以上） | 小水电、农业排灌线路 |

续表

| 序号 | 是否加强绝缘的因素 | 优先加强 | 暂缓或不加强 |
|---|---|---|---|
| 6 | 与采用清扫或涂涂料等其他防污措施作经济技术比较 | 清扫、维护工作量大，费用高；每年清扫一次不能满足安全运行要求；每年维护费相当提高一级绝缘水平投资的20%以上 | 清扫工作量小，费用低，每年清扫一次可不发生污闪 |
| 7 | 线路绝缘子年劣化率 | ≥0.5%以上 | <0.2% |
| 8 | 污秽特征 | 盐密值多处多次超国家标准的规定；污秽成分是海水盐分或导电性强的化学气体或金属粉尘；污秽物，黏着力强 | 盐密值一般不超过国家标准的规定 |
| 9 | 地形地貌特征 | 海拔高度1000m以上；跨铁路、公路两侧；污源距离近，沿海岸、强海风侵袭地区；污源有发展趋势 | 植被覆盖好，海拔高度低，污源少的山区 |
| 10 | 气候特征 | 冬季枯雨期长（1—2月），雨、雾、黏雪、融冰持续时间长（数小时～数天）；盐雾、酸雨、酸雾频发地区 | 长期干旱，即使来雨来雾，但持续时间短，不易充分润湿绝缘子的地区；常年雨量充沛，绝缘子经常被大雨冲洗 |

**4. 清扫**

清扫是恢复外绝缘抗污闪能力，防止设备外绝缘污闪的重要手段，对于外绝缘爬距已经调整到位的输电线路，强调适时的清扫尤为必要。对于运行在一定地区的输变电设备，要结合盐密测量和运行经验，合理安排清扫周期；在盐密（或其他污秽度参数）测量比较好的地区，可以通过统计分析，逐步以盐密值控制过渡到状态清扫。

清扫周期，按《电力系统电瓷外绝缘防污闪技术管理规定》，凡是按污秽等级配置外绝缘爬距的设备，原则上一年一清扫。这是因为划分污级标准时，规定的是一年累积的污秽盐密的最大值。

一年一清扫的设备，清扫时间应安排在污闪来临之前，一般安排在污闪季节前1～2个月内进行。清扫的顺序：通常先安排一般输电线路和变电站，后安排比较重要的线路和变电站；在绝缘子型式方面，一般先清扫防尘绝缘子，后清扫普通型绝缘子。其目的是保证重要线路和普通绝缘子最大可能安然度过污闪季节。

盐密指导清扫能够最有效地利用原设备外绝缘的抗污闪能力，避免不必要的清扫。利用盐密值控制清扫的时间在技术上应做到三点：

(1) 要确定一定耐受水平下的盐密控制值。
(2) 所测取的绝缘子表面盐密值，应具有代表性。
(3) 要掌握清扫绝缘子在运行地区盐密的累积速度。

清扫，有停电清扫和带电清扫之分。清扫除了人力揩擦之外，还有一些自动清扫工具。如自动清洗机，旋动毛刷等。

**5. 带电水冲洗**

为清除外绝缘上的积污，在运行状态下采用具有一定绝缘电阻的高压水柱去冲洗电瓷表面的方法，称带电水冲洗法。其主绝缘是水柱。

该方法我国从20世纪60年代初就开始使用，目前已有30多年历史，在国外是从30—40年代开始的。尽管目前还存在需要探讨的问题，但在绝缘强度的影响因素、保证水冲洗安全措施和新用工具等方面，均已有成熟的经验，我国在1984年就推出《电气设备带电水冲洗导则》。

(1) 带电水冲洗基本物理过程。带电水冲洗电瓷外绝缘时，是自下而上进行。当水柱开始冲湿绝缘下部时，附着在绝缘表面的污秽将潮解而显示更强的导电性，这部分绝缘电阻将降低，它所承担的电压也将降低，而使更大部分的电压降在未被冲湿的干燥区域。此时大约是在整个外绝缘长度的一半被冲湿前，绝缘表面的泄漏电流没有太大变化；随着水柱向绝缘上部移动，干燥区域越来越少，但承受的电压更高，电场强度越来越大，在干燥区内开始出现局部电弧，并逐渐从局部延伸加长，造成泄漏电流的渐增。当干燥区只占全绝缘的1/3左右时，泄漏电流大大增加，此时应移动水柱迅速将干燥区冲湿，使电压分布趋于均匀，从而消除局部电弧的发展延伸而引起闪络。在水柱上移过程中，外绝缘上有两种互相矛盾的现象同时存在，一方面是水使污秽受潮而增大泄漏电流，掌握不好就会导致冲击闪络；另一方面是水冲洗将污秽冲走而净化了外绝缘，又使泄漏电流减小，如何减少不利而增加有利因素，是实施水冲洗方法的核心问题。图2-5-1-26给出水冲洗过程中，绝缘子受潮长度与其泄漏电流的关系曲线。

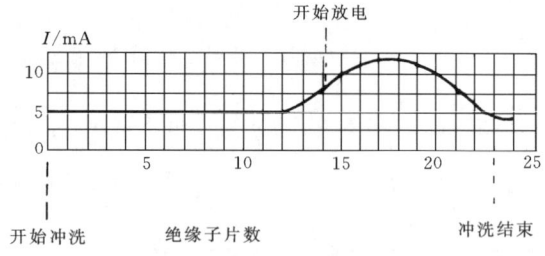

图2-5-1-26 在冲洗过程中泄漏电流随绝缘子的受潮长度而变化的曲线

(2) 水冲洗闪络的主要影响因素。

1) 水阻率、盐密、设备爬距对冲闪电压的影响。

水冲洗试验证明，冲洗水的电阻率、设备表面污染盐密值以及设备本身的爬电距离，是影响设备冲击闪络电压的三个重要因素。当其他条件相同时，一般水阻率越高，冲击闪络电压也越高；设备的盐密值越大，冲击闪络电压越低；设备的爬电距离越低，冲击闪络电压也越低。如表2-5-1-18和表2-5-1-19及图2-5-1-27和图2-5-1-28所示。

表 2-5-1-18　　110kV 支柱绝缘子的冲击闪络电压

| 爬电比距/(cm/kV) | 1.7（普通型绝缘子） | | | | | | | | | | 2.5（防污型绝缘子） | | |
|---|---|---|---|---|---|---|---|---|---|---|---|---|---|
| 水电阻率/(Ω·cm) | 1000 | | | 2300 | | | | 70000 | | | 1000 | 2300 | |
| 盐密/(mg/cm²) | 0 | 0.05 | 0.1 | 0.05 | 0.1 | 0.15 | 0.2 | 0.15 | 0.2 | 0.25 | 0.1 | 0 | 0.15 | 0.25 |
| $U_{50}$/kV | 89 | 80.6 | 79.2 | 93.2 | 88 | 72.1 | 69 | 91.4 | 87.1 | 79.8 | 100 | 130 | 110 | 95.5 |
| $\sigma$/% | 3.7 | 4.73 | 2.6 | 1.67 | 5.4 | 5.9 | 4.2 | 5.8 | 3.6 | 4.4 | 8.3① | 3.7 | 3.4 | 3.5 |

① 此数据是一个加工粗糙的喷嘴的数据。

表 2-5-1-19　　220kV 支柱绝缘子的冲击闪络电压

| 爬电比距/(cm/kV) | 1.7（普通型绝缘子） | | | | | | 2.5（防污型绝缘子） |
|---|---|---|---|---|---|---|---|
| 水电阻率/(Ω·cm) | 2300 | | | 50000 | | | 2300 |
| 盐密/(mg/cm²) | 0.1 | 0.15 | 0.2 | 0.2 | 0.3 | 0.4 | 0.1 |
| $U_{50}$/kV | 153 | 146.3 | 138.2 | 203.4 | 180 | 171.7 | 175.5 |
| $\sigma$/% | 3.7 | 2.1 | 4.6 | 2.9 | 1.1 | 4.8 | 2.3 |

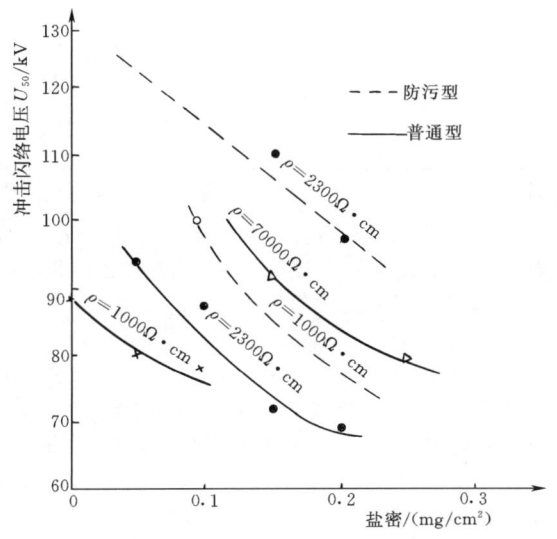

图 2-5-1-27　110kV 支柱绝缘子冲击闪络电压与水阻率、盐密、爬距的关系

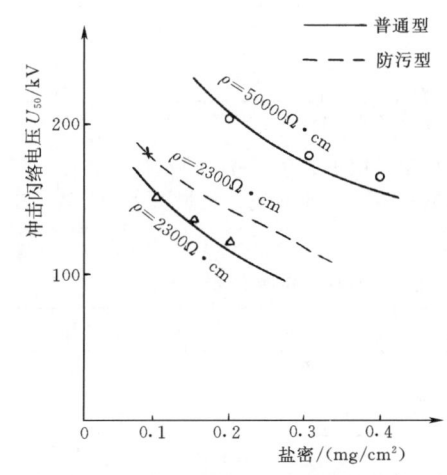

图 2-5-1-28　220kV 支柱绝缘子冲击闪络电压与水阻率、盐密、爬距的关系

2）冲洗方式的影响。实践证明，水冲洗方式是否合适也极大地影响着冲击闪络电压，对能否保证安全运行起着很重要的作用。

冲洗方法一般分单枪和双枪两种，而冲洗路径却有多种，见表 2-5-1-20。

表 2-5-1-20　　冲 洗 方 式

| 序　号 | 水枪数目 | 冲洗路径 | 图　示 | 耐受电压/kV |
|---|---|---|---|---|
| 1 | 单枪 | 先冲一面，后冲一面 | | 86 |
| 2 | 单枪 | 螺旋式上升 | | 92 |
| 3 | 双枪 | 由下往上对冲 | | 89 |
| 4 | 双枪 | 分主、次，主枪在上、辅枪在下，形成跟踪 | | 101 |

上述四种方式在相同的设备（喷嘴、直径、压强相同），水阻率和设备盐密相同的条件下，其冲击闪络电压不同，其中双枪跟踪方式的冲击闪络电压最高，比第一种单枪方式高约12%，其原因是跟踪式可以通过主枪完成冲下污秽的作用，而辅枪可将带有污秽的污水及时冲走，使其不可能形成污水连线，从而提高了冲洗效果，另外，从实践中还能看到，单枪在一个方向不能一次洗净设备全圆周的裙内污秽，而有辅枪相助，则效果必然增强。

3) 冲洗设备性能的影响。水柱冲到绝缘表面上的压强大小直接影响污物是否能被及时冲掉，也影响水碰到设备后的溅射情况，从而影响冲击闪络电压及其标准偏差。而水柱的末端性状是由水泵出口压强及喷嘴直径大小及其形状、光洁度来决定的，一般情况下，压强在小范围内变化时，对冲击闪络电压的影响并不突出，如表2-5-1-21所示。

表2-5-1-21 水柱压强对冲击闪络电压的影响

| 水泵出口压强/kPa | 98×6 | 98×8 | 98×10 |
|---|---|---|---|
| $U_{50}$/kV | 79.2 | 84 | 82.2 |
| $\sigma$/% | 6.7 | 4.2 | 5.1 |

当选用不同直径喷嘴时，只要相应改变水泵压强，使水柱喷出有足够长度，并且到达被冲洗设备表面仍有足够压强，则结果对冲击闪络电压影响仍不大，如表2-5-1-22所示。

表2-5-1-22 小水冲与中水冲闪络电压的比较

| 绝缘子型式 | 普通支柱 | | | | | | 防污支柱 | |
|---|---|---|---|---|---|---|---|---|
| 电压等级/kV | 110 | | | | 220 | | 220 | |
| 盐密/(mg/cm²) | 0.05 | | 0.1 | | 0.1 | | 0.1 | |
| 喷口直径/mm | 2.5 | 4 | 2.5 | 4 | 2.5 | 4 | 2.5 | 4 |
| $U_{50}$/kV | 93.2 | 92.6 | 88 | 88.4 | 170 | 175 | 190 | 190.5 |
| $\sigma$/% | 1.7 | 4.4 | 5.4 | 4.6 | 3.7 | 2.3 | 4.6 | 4.4 |

注 小水冲：喷口直径2.5mm，水泵压强98×17kPa；中水冲：喷口直径4mm，水泵压强98×8kPa；水阻率：2300Ω·cm。

如水枪喷嘴粗糙度不够高，将会使水柱"散花"而使冲击闪络电压降低较多，且标准偏差也增大，如表2-5-1-23所示。

表2-5-1-23 喷嘴粗糙度的影响

| 喷嘴粗糙度 | 较好 | | 差 | |
|---|---|---|---|---|
| 盐密/(mg/cm²) | 0.05 | 0.1 | 0.05 | 0.1 |
| $U_{50}$/kV | 92.6 | 88.4 | 83.6 | 76.3 |
| $\sigma$/% | 4.4 | 4.6 | 8.0 | 7.3 |

由于喷嘴是将水流压力能转化为水柱动能的关键部件，所以对它的要求也应严格，其截面形状为圆形，以形成圆形水柱和空气的接触面积最小，因而空气阻力最小；从大直径向小直径过渡应光滑均匀，且不能有任何突变。

应当注意的是，为了使水柱长度足够，往往采用提高压力的办法，而不采用增加喷嘴直径的办法，因为前者用水量只成正比增加，而后者的用水量将与水柱增加长度成四次方比例增加，这是不足取的。但增加水压并不是永远有效的，当压力增至某一极限值时，水柱长度将不再增大。其原因是水压增大后，水柱的流速也增大，它将更容易与空气碰撞雾化成小水滴，而压力超过极限值时，即它的压力能将会更多转化为水柱的雾化能量去提高水滴的细度，而不再用于提高水柱的长度。但在近距离部分，水柱的撞击力却一直可以随着出口流速的提高而加强。

当水柱流速过高时，它与被冲洗设备表面相撞而散射的影响面将扩大，对邻近设备的影响将变大，即邻近效应将变得恶劣。

水柱对喷枪的反作用力，也因压力提高而变大，但一般情况下都不必考虑，但对超高压设备进行水冲洗时，由于水柱射高要达25m以上，此时巨大的反作用力将使一名持枪手难以靠自身体力支撑以保证准确的水柱射点。

4) 设备高度影响。设备高度不同时，高度大的由于水柱到达时压强较低，"散花"加大而使冲击闪络电压降低。

5) 邻近设备的溅闪问题。水冲洗时，有时会发生邻近设备因被水溅湿而闪络的现象。这种现象的发生与冲洗角度有关（指被冲洗绝缘和与邻近绝缘子连线与水柱之夹角），若该角度选择不当，特别是在周围风力的作用下，会将邻近设备溅湿面积加大，导致绝缘性能降低而闪络。表2-5-1-24列出的试验结果表明，溅闪电压也有可能会低于被冲洗设备的冲击闪络电压。

表2-5-1-24 邻近设备的溅闪试验结果 单位：kV

| 试品<br>状态 | 绝缘子<br>LC-8021 | 电站支柱绝缘子<br>SSP-10 |
|---|---|---|
| 被冲洗设备 | 70 | 70 |
| 相邻设备 | 45 | 50 |

注 试验条件：水压98×7.5kPa，水柱长7m，水阻率$\rho$=5kΩ·cm，盐密0.1mg/cm²。

(3) 控制水冲洗的"临界盐密"值。通过大量的试验研究，已比较系统地总结出水阻、盐密、泄漏比距及各种因素对设备水冲洗闪络的影响，并总结出临界盐密法以求定量控制水冲洗条件，为水冲洗安全实施提供保证。

当电站内较脏污的支柱绝缘子盐密值低于临界值时，电站设备可以进行带电水冲洗，否则应使用高电阻率的水，才能保证带电水冲洗的安全，线路绝缘子可以相对放宽。

盐密临界值是由大量试验求得的。在多种盐密、多种水阻率的各种组合下，测得试品水冲洗50%工频放电电压、标准偏差，并推出万分之一闪络概率的放电电压$U_{0.0001}$与盐密的关系曲线，其中$U_{0.0001}=U_{50}(1-3.7\sigma)$，$\sigma$是各组偏差中的最大值。如图2-5-1-29中所示，$U_{0.0001}$曲线与最大运行电压及额定电压交点对应的盐密值即为这两种电压下的临界盐密值。

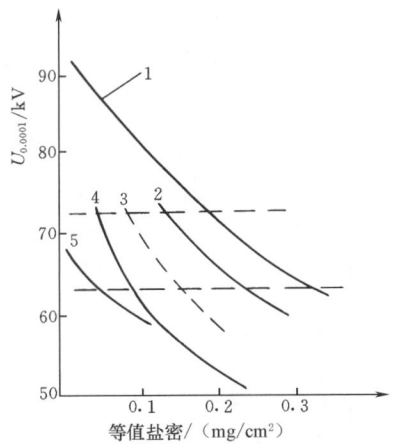

图 2-5-1-29　110kV 支柱绝缘子冲击闪络电压
1—泄漏比距 2.5cm/kV，水阻率 2300 Ω·cm；
2—泄漏比距 1.6cm/kV，水阻率 70000 Ω·cm；
3—泄漏比距 2.5cm/kV，水阻率 1000 Ω·cm；
4—泄漏比距 1.6cm/kV，水阻率 2300 Ω·cm；
5—泄漏比距 1.6cm/kV，水阻率 1000 Ω·cm

目前临界盐密法是唯一可定量的方法，并且在控制水冲洗中起重要作用。但实际应用很不方便，在变电站或线路上各种设备盐密取样测量结果分散性非常大，难以做到未被取样设备的盐密值不大于被取样设备的临界盐密值，个别设备的积污很有可能超过了自身的耐污能力，也没有列入冲洗。所以为保证水冲洗的安全实施，还必须遵守从实践中总结出来的操作安全规定。

（4）主绝缘——水柱的特性。水柱在水冲洗时要承受全部的工作电压，它自身的绝缘性能主要取决于它的电阻率、长度、直径和压强等因素，其中水柱长度是决定因素。为保证水冲洗时的人身安全，首选的冲洗工具性能必须良好，水柱绝缘强度应保证在系统出现最大运行电压和操作过电压时，不对人体发生闪络。

1）水柱的操作波放电特性。水柱的长度是确保在操作过电压下不发生闪络的关键。试验证明水柱的操作波放电电压与水柱的长度基本呈线性关系，不论是小、中、大各种水量的水柱都遵循这个线性规律，如图 2-5-1-30 和图 2-5-1-31 所示。

水柱的直径取决于喷嘴的直径，一般情况下直径大则截面大，水阻变小，绝缘强度也变小，其操作波放电电压也将降低，对于小直径喷嘴尤其显著，如图 2-5-1-32 所示，$l$ 为水柱长度，水柱电阻率的影响如图 2-5-1-33 所示，由图可见，在其他条件相同时，水电阻率大，其放电电压也高。

2）水柱的工频放电特性。研究表明，系统中出现的最大工频电压和操作过电压所要求的水柱长度是不同的，但操作过电压是决定因素。

水柱工频放电电压与水柱长度也基本呈线性关系，并且也是随着喷嘴直径变大呈下降趋势，如图 2-5-1-34 和图 2-5-1-35 所示。

而工频放电电压随水电阻率的增高而略有增高；水压的变化对其影响不大。

3）水柱泄漏电流的特性。由于水冲洗一般都是在工频

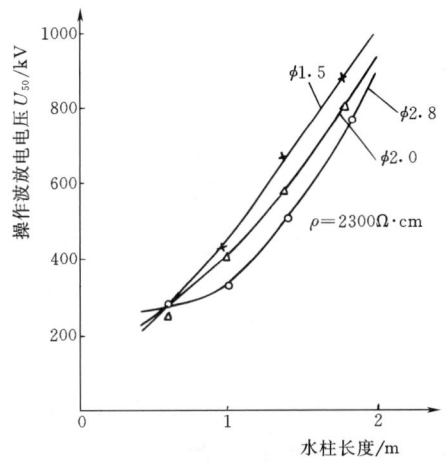

图 2-5-1-30　操作波放电电压与水柱长度的关系（小水冲范围）

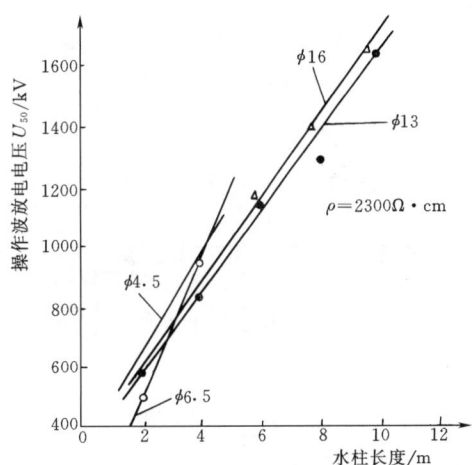

图 2-5-1-31　操作波放电电压与水柱长度的关系（中、大水冲范围）

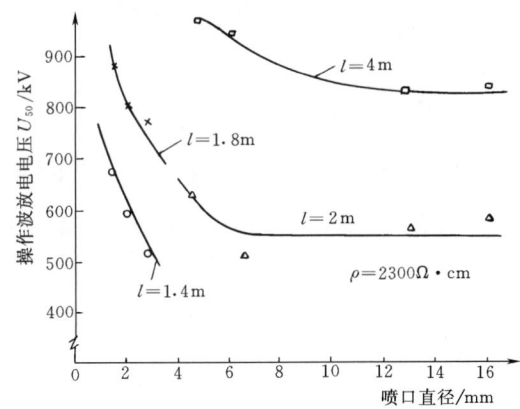

图 2-5-1-32　操作波放电电压与喷口直径的关系

电压下进行的，而泄漏电流大小又是影响人身安全的关键，所以了解工频下水柱泄漏电流的特性至关重要。

在可比的条件下，水柱泄漏电流随水柱长度的增加而减小；随水柱截面（即喷嘴的直径）增加而增大；随施加电压的变化而呈线性关系如图 2-5-1-36、图 2-5-1-37 和图 2-5-1-38 所示。但水的电阻率对泄漏电流的影响不大，

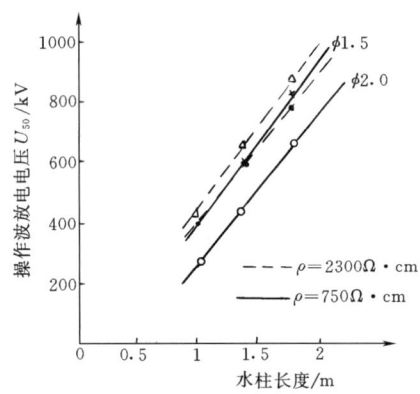

图 2-5-1-33 水电阻率与操作波放电电压的关系

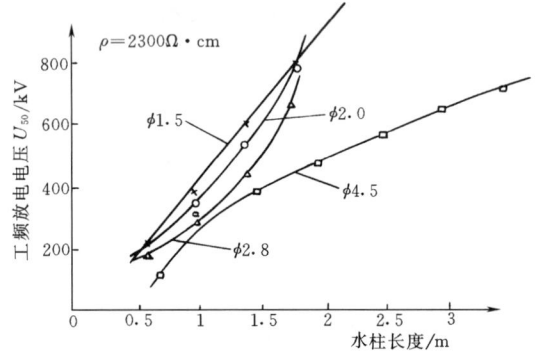

图 2-5-1-34 工频放电电压与水柱长度关系

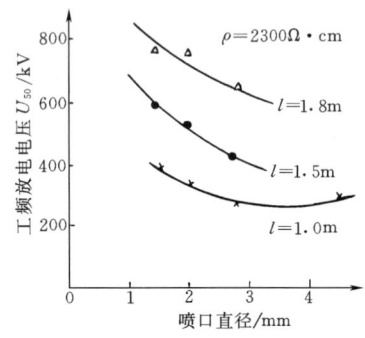

图 2-5-1-35 喷口直径与工频放电电压的关系

其原因是当水阻率大于 2500Ω·cm 后，对于在水柱较长的情况下，其内含有很多空气隙，增加了水柱的绝缘强度，水阻率的影响就显得很小了。

(5) 保证人身安全的基本要求。

1) 喷嘴与带电体间距离必须保证满足表 2-5-1-25 要求。

2) 冲洗用水的水阻率不得低于 3000Ω·cm。

3) 水冲洗作业时流经人体的电流应不超过 1mA。

4) 水冲洗工具的绝缘应满足的要求是：在中性点有效接地系统中耐受 3 倍操作过电压；在非有效接地系统中耐受 4 倍操作过电压。

5) 中、大型水冲洗的喷嘴和水泵，应可靠接地，接地线与地网相连；冲洗线路瓷瓶时，水枪接地线电阻应小于 10Ω。

6) 冲洗作业自始至终应保持水压正常，否则不得接触带电设备。

7) 不要在有 4 级以上的风或气温低于零度，雨、雪、雾天中作业，且注意风向，不要逆风作业。

(6) 保护设备安全注意事项。

1) 水冲洗前必须准确测量水电阻率，因为水电阻率的大小直接关系着人身与设备安全。

水电阻率可用电导率仪测量（见"盐密测试法"），若无电导率仪时可用其他方法测量，如用有机玻璃管两端加装铜电极制成测量容器，将其充满待测水后测其水阻，再根据容器尺寸用式（2-5-1-7）计算出水的电阻率。公式如下

$$\rho = R \frac{S}{l} \quad (2-5-1-7)$$

式中  $\rho$——水电阻率，Ω·cm；
  $R$——水电阻，Ω；
  $S$——容器截面，cm²；
  $l$——容器长度，cm。

对于测量水电阻的仪器，采用交流电源时更为准确，直流电源加在水阻两端，在测量中将产生极化带来较大误差。

2) 密封不良的设备不宜水冲洗。

3) 绝缘不良的设备或预防性试验超期的设备不宜用水冲洗。

4) 密裙形及螺旋形等特殊结构外绝缘不宜水冲洗。

5) 带电水冲洗的操作方法是指采用地电位作业方式，操作人员持水枪经水泵喷出一定压力、一定水阻率的水柱，按一定程序方式对带电设备瓷件的表面进行喷射。冲洗电站绝缘子（双枪比单枪好）由两操作人员各持一水枪分别在绝缘子两侧进行对冲。一般以顺风方向为主枪。在两水枪射出的水流正常后将水柱从设备的下方慢慢举起，对准绝缘子的根部，自下而上逐裙冲洗。冲洗的位置要对准，逐裙递升的速度要慢，不断往复循环上下左右移动以冲洗各侧。每冲一裙，务必干净（以滴下的水线变清为准），在逐裙往上移动时，主枪先行提前往上冲，辅枪落后 3～4 裙，并适当上下来回以便及时把主枪冲下的污水线冲断并稀释。

6) 冲洗的速度宜慢不宜快。特别是对下半截，务必冲洗干净。冲洗时间随水枪的口径、被冲洗设备的结构和污秽性质而异。例如中水量冲洗 220kV 棒式支柱绝缘子，冲洗全程时间掌握在 1～2min，防污型支柱绝缘子和污源性质特殊者按具体情况适当增加时间。

7) 在冲洗下半截时，务必保持上半截干燥，让它耐受住系统电压。为此水柱不能散花，操作者尽量避免意外失手；水柱与被冲洗设备中心轴的夹角在冲洗下半截时尽量接近 90°，在冲洗上半截时应不小于 45°。

8) 在冲洗下半截时，如绝缘顶部已有较强的放电声，这说明被冲洗绝缘子盐密较大，或者空气湿度过大，上半截已有些受潮，应特别小心。尽量放慢冲洗速度，多冲洗下半截，务必使下半截冲洗干净，使放电声减少，让下半截绝缘强度恢复，耐受住系统电压。

9) 在开始冲洗下半截时，当绝缘子顶部发生强烈的电火花，且电弧短路了 3～4 个瓷裙，这是盐密过高的象征，有可能发生闪络，应立即停止冲洗；严禁此时把水柱指向电弧。如果把水柱指向电弧，不仅不能灭弧反而造成闪络。

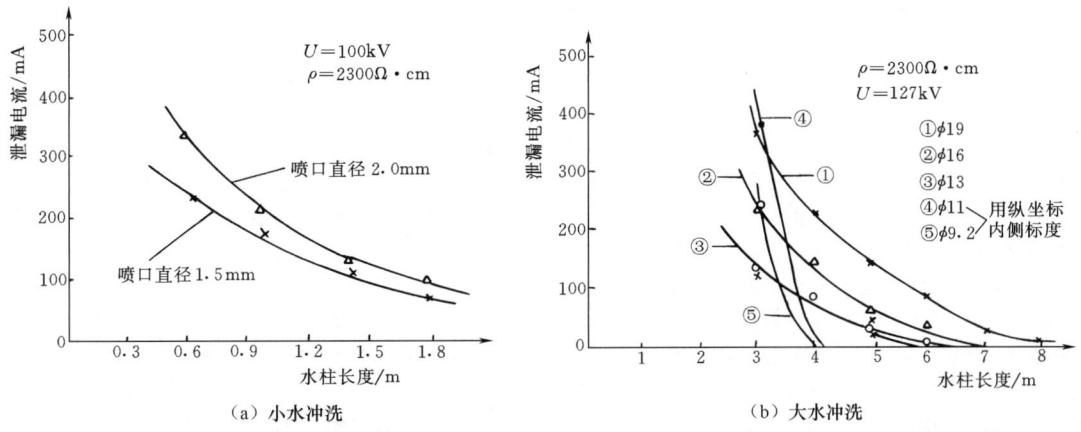

图 2-5-1-36 泄漏电流与水柱长度的关系

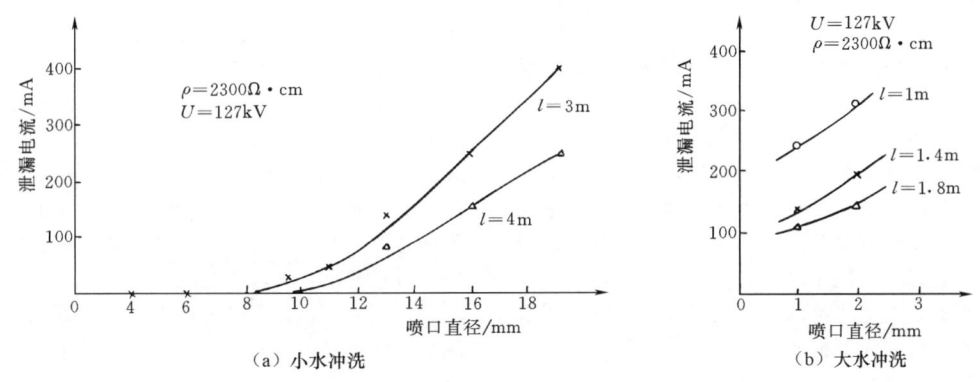

图 2-5-1-37 泄漏电流与喷口直径的关系

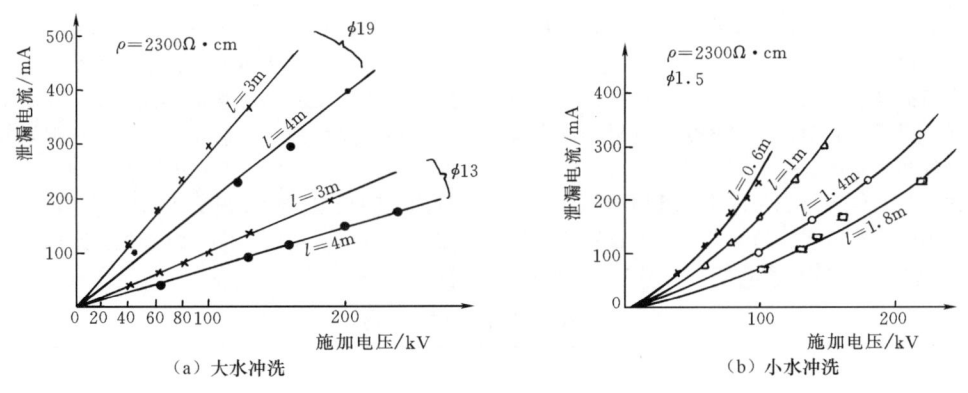

图 2-5-1-38 泄漏电流与施加电压的关系

表 2-5-1-25　　　　　　　　　　　喷口与带电体之间的安全距离　　　　　　　　　　　单位：m

| 喷口直径 | 8mm 及以下 | 4～8mm | | 9～12mm | | 13～18mm | |
|---|---|---|---|---|---|---|---|
| 喷口接地方式 | 接地或不接地 | 接地 | 不接地 | 接地 | 不接地 | 接地 | 不接地 |
| 35～63kV | 0.8 | 2 | 3 | 4 | 5 | 6 | 8 |
| 110kV | 1.2 | 3 | 4 | 5 | 6 | 7 | 9 |
| 220kV | 1.8 | 4 | 5 | 6 | 7 | 8 | 10 |

10）只有冲洗至全瓷件高度约 3/4 处，顶部才出现局部电弧，此时主枪水柱可冲洗顶部，把电弧冲灭，辅枪仍应继续冲洗下半截，把污水流截断。这种情况说明下半截的冲洗还不够干净，应增加冲洗时间。这样，顶部电弧才逐渐减弱并消失。

11）在冲洗下半截时，如果冲洗不干净，冲洗可以暂停。但冲洗至上半截时，绝缘子已被全部溅湿，应继续冲洗完毕，在未完全冲洗干净时，不应停止。

12）如被冲洗的绝缘子与邻近的绝缘子距离较小，水花、雾气有可能溅湿相邻待冲洗的绝缘子时，可采用分段交替、同步递升的方法进行冲洗。分段一般以分三段为宜。即先冲洗绝缘子 A 高度的 1/4，接着冲洗可能被溅湿绝缘子 B 或 C 全高度的 1/4，再回来冲洗绝缘子 A 整个高度的 1/2（下半截），然后再冲洗绝缘子 B 或 C 全高度的 1/2（下半截），依此类推。其原则是在绝缘子的下半截未冲洗干净时，尽量避免未冲洗的绝缘子上半截受潮。相邻各绝缘子下半截均冲洗干净后，可稍停片刻，待其干燥，即绝缘已恢复后，再冲洗各绝缘子的上半截。如遇盐密偏高，风力偏大，条件比较恶劣，应尽量放慢冲洗速度，采用此分段、交替循序渐进的方法。

13）冲洗悬式绝缘子时，先将水柱指向带电体（导线）附近的绝缘子，把这几片绝缘子冲洗干净后，将水柱向上侧移动几片再冲洗，然后再将水柱移到下端已冲洗干净的绝缘子上重复清洗，再向上侧移动几片，如此循序渐进重复这一过程，直至将所有绝缘子冲洗干净。

14）冲洗水平安装的耐张绝缘子串或瓷横担，应先从带电侧开始冲洗，逐渐向构架方向移动。

15）对变电站高层结构，被冲洗设备的顺序是先冲洗下层再冲洗上层。

16）同一层设备，被冲洗设备的顺序，应先冲洗下风侧，再冲洗上风侧。

17）调整水泵时，应使水柱离开带电设备，只有当水柱压力正常时，才能将喷嘴指向绝缘子。

18）水电阻率与温度的变化成反比。水温能降低水电阻率，若水已在阳光下曝晒较长时间，应将引水管里的温水排掉之后，才能将水柱指向带电设备。

19）水冲洗大直径套管容易发生闪络，其原因如下。

（a）在相同的爬电比距、相同的盐密下，大直径的绝缘子耐污闪性能比支柱绝缘子低得多。例如直径 $\phi > 500mm$ 时，其有效爬电比距下降 20% 以上。因此大直径设备比较容易发生由于冲洗造成的闪络。

（b）水冲洗直径大于 500mm 的套管，好比水柱冲到平板上，往两旁切线方向溅出的污水，大部分沿着瓷裙表面往下流，使已被冲洗过的部分再次被污染，比较容易发生由于冲洗造成的闪络。

（c）当水冲洗大直径瓷件时，虽然采用双枪对冲，但所冲的范围各为半周长，在两个半环的汇合处，两股污水汇集往下流，在这处污水特别集中，闪络概率较高。

（d）某些大直径套管，直径为上小下大成尖塔型（如 220kV 电流互感器 $LCLWD_2-220$ 型）且伞间距短，往下淌的污水流极易连续成串，短路了下半截绝缘，因此，闪络概率高。

（e）大直径套管的表面积大，受潮的范围也大，有时下半截还未冲干净，上半截已充分受潮，因此，它闪络概率较高。

（f）大直径套管表面积大，冲洗的时间应按比例递增，方能冲洗干净，若不注意这一点，下半截未冲洗干净即往上冲，闪络的概率也高。

为避免大直径套管发生由于冲洗时造成的闪络，要求它的临界盐密值比小直径设备控制得更低。具体数值按不同套管的污耐受值决定。

20）对 500kV 及以上的设备，由于水冲洗距离更远，需注意的安全问题更多，有待继续积累经验和研究。

（7）常用水冲洗设备及冲洗方式。水冲洗用的主要设备就是水泵和水枪，其性能因要求不同而异，一般分移动式和固定式两大类，每类又可细分为大、中、小三种水量。我国目前主要应用移动式水冲洗方式。所采用的设备如表 2-5-1-26 所示。

对于污染严重地区，也可采用固定式水冲洗方式，所采用的设备如表 2-5-1-27 所示。

6．采用防污闪涂料

长期以来，防污闪涂料是电力系统设备外绝缘防止污秽闪络不可缺少的补救措施。近年来，随着工业排放量的增大和环境污染的加重，输变电设备的污闪越来越频繁。在输电线路绝缘子串的爬电距离得到普遍调整之后，变电设备的防污闪问题显得更加突出。防污闪涂料在变电站的使用也与日俱增。目前，用防污闪涂料涂敷已经构成变电设备防污闪的重要手段。

表 2-5-1-26　　　　　移动式水冲洗方式所用设备

| 设备 | 水　泵 | 水　枪 |
|---|---|---|
| 大水量 | 消防车水泵，安装汽车中部底盘上，汽车发动机作动力 | 导水管和操作杆要求绝缘良好。<br>喷嘴形状合理，粗糙度要高 |
| 中水量 | 电动泵、汽油泵、可随车移动 | |
| 小水量 | 电动泵、汽油泵；线路还可用手摇泵，体积轻，耗水少，射程远 | |

表 2-5-1-27　　　　　固定式水冲洗方式所用设备及其性能

| 设备 | 性　能 |
|---|---|
| 水泵和电动机 | 离心泵和三相感应电动机 |
| 净水器 | 为避免喷嘴堵塞，要求水质干净，设过滤网滤去杂质沙粒，用离子交换树脂除盐分 |
| 管道系统 | 要确保冲洗用压力足够大，且要防锈、防腐、防冻 |
| 喷头喷嘴 | （1）不动式：为多喷嘴；<br>（2）转动式：喷嘴数量较少 |

续表

| 设 备 | 性 能 |
|---|---|
| 控制系统 | (1) 自检水电阻率、水压、水箱水位；<br>(2) 按风向、风速确定冲洗方法和顺序；<br>(3) 自检被冲洗设备的积污程度而启动和停止冲洗；<br>(4) 自检冲洗设备的异常而停止冲洗 |

我国电力系统使用防污闪涂料年代较久。20世纪六七十年代，广泛应用硅油、硅脂、地蜡等涂料，对输变电设备外绝缘的防污闪起了重要作用。80年代以来，我国又开发了室温硫化硅橡胶（RTV）涂料，使变电设备的防污闪又有了新的进展。

硅油易于涂敷，也易于清除，操作简单、方便，但防污闪有效使用期较短。华北地区，使用硅油的黏度多为 2500mm²/s，防污闪有效期一般定为半年左右。即当年的秋季涂敷，翌年的3月底或4月中旬前擦掉。以免涂料沾染灰尘太多，绝缘子表面失去憎水性而发生设备污闪。

硅脂涂料防污闪有效期比硅油长，一般在1年左右，但清除比硅油难。

地蜡的防污闪有效期也较长，华北地区的塘沽供电局使用地蜡涂料防污闪，有效期一般为5年，甚至更长。但地蜡涂料的涂敷和清除都比较麻烦。

室温硫化硅橡胶（RTV）涂料有效使用期也较长，大多数都能稳定地运行3～5年，某些地区，也有运行1年左右而发生闪络的。RTV涂料防污闪性能良好，在有效期内，其污闪电压一般为相同污秽度下瓷绝缘子的2倍左右，是目前变电设备防污闪的重要涂料。

(1) 有涂料绝缘子的防污闪机理。绝缘子发生污闪的基本条件之一，是其表面的湿润。瓷和玻璃是亲水性材料，污秽物本身也吸收水分。水降落到这些材料表面，使污层中的电解质电离并在其表面形成导电水膜，如图 2-5-1-39（a）所示，增大了外绝缘的表面电导，最后导致放电。有涂料的绝缘子是把憎水性涂料涂敷在瓷和玻璃绝缘子表面，使亲水性的瓷表面变为憎水性的涂料表面，且利用这些涂料本身憎水性的迁移作用以及对污秽物的吞噬作用等，使绝缘子表面的污层也具有一定的憎水性能。憎水性的表现，就是水落至这些材料表面，不会像水落到瓷表面那样浸润一片形成水膜，而是彼此孤立的小圆水珠，如图 2-5-1-39（b）所示，其结果使绝缘子表面构成许多水珠和高电阻带相串联的放电模型，如图 2-5-1-39（c）所示。保持着绝缘子表面具有较高的污层电阻，限制了泄漏电流的发展，防止了绝缘子表面的污闪。

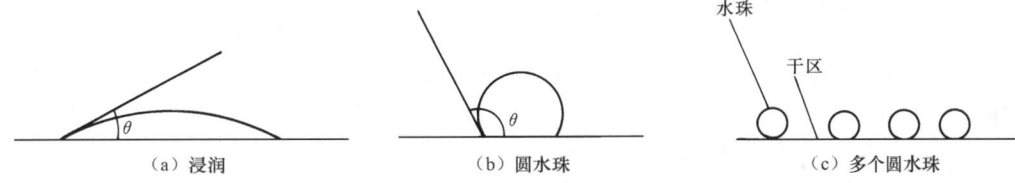

图 2-5-1-39　水落到有无涂料绝缘子表面的情况

涂料有干性。湿性和干湿两性兼有之分。干性涂料是指涂料涂敷于绝缘子表面后，使其形成一定厚度的干的薄膜，如 RTV 涂料。这种涂料本身的憎水性能良好，污秽物落至表面后，它能通过材料中小分子的挥发和大分子链的运动，使憎水性能迁移至污层表面，使污秽层有了憎水性能。湿性涂料如硅油，涂于绝缘子表面后仍呈现黏手的湿状态。它除了本身的憎水性能之外，对落至表面的污秽还具有吞噬的作用。而地蜡涂料是干、湿两性兼有的涂料。在环境温度较低时，蜡涂料表面呈凝固状，属干性材料。而温度较高时，或者局部电弧发生时，蜡涂料熔化，使其具有湿性涂料的性能。

(2) 防污闪涂料应具有的基本性能。任何一种防污闪措施都有它的长处和不足，都有它的适用范围和使用有效期。同一种涂料，在不同的环境、不同的设备上使用，也可能产生不同的效果。总的来讲，选择使用涂料要因地制宜，要不断总结当地的运行经验，创造出适合当地设备防污闪的最好措施和运行的最佳成绩。然而，涂料用来防止设备外绝缘发生污闪，它应具备以下的基本性能：

1) 涂料应具有良好的电性能和绝缘性能，不能因为设备涂敷涂料，而降低了原有的绝缘性能。

2) 涂料本身应有良好的憎水性能。染有一定程度的污秽后，仍具有较强的抗污闪能力。

3) 涂料应具有良好的耐候性和耐电弧性能，要求其化学性能稳定和有效使用期较长。

4) 涂料应具有较好的机械性能。能完整地覆盖并固定于绝缘子表面，不起皮、不开裂、不流失。

5) 涂料的涂敷与清除，尽可能工艺简单、操作方便。最好能带电实施。

(3) 防污涂料的种类。由上所述，硅油、硅脂和 RTV 涂料等是常用防污涂料。硅油、硅脂和室温硫化硅橡胶，属硅有机聚合物，是一种新型的高分子物质。其主链是硅醚键，具有比较明显的离子性结构，与无机物质相似。主链的侧面可挂上各种有机基因 R，因此，聚合物又具有类似于有机物的各种特性。

聚硅醚的制取，通常是由各种有机氯硅烷水解而获得相应的有机硅醇，然后再通过缩聚反应获得硅醚，即

$$\cdots + \mathrm{OH\!-\!\underset{\underset{R}{|}}{\overset{\overset{R}{|}}{Si}}\!-\!O\,H + OH\!-\!\underset{\underset{R}{|}}{\overset{\overset{R}{|}}{Si}}\!-\!OH} + $$

$$\longrightarrow \cdots \underset{\underset{R}{|}}{\overset{\overset{R}{|}}{Si}}\!-\!O\!-\!\underset{\underset{R}{|}}{\overset{\overset{R}{|}}{Si}}\!-\!O\!-\!\cdots + n\mathrm{H_2O}$$

—Si—O 为主链

R 表示有机物的基团，如甲基（—CH$_3$）；乙基（—C$_2$H$_5$）；苯基（—C$_6$H$_5$）等。硅醚在聚合过程中，由于聚合度的不同，填充料种类、数量的不同；交链支数，形状的不同，以及侧链上连接的有机物的种类和数量的不同，因而状态和性能各有差异。在聚硅醚中，如果分子量较小，则呈油状的液体，如具有线状或环状结构的甲基硅油。由于分子量的不同，可以有不同黏度的硅油。分子量再继续增加可以形成膏状的硅脂和具有高弹性的硅橡胶。

聚硅醚有如下共同点：①具有良好的憎水性。虽然主链具有极性，但周围都包有一层非极性的有机基，起了屏蔽的作用。②具有良好的电气性能，能耐电晕、耐电弧。③有好的耐候性和稳定的化学性，能长期抗耐氧、臭氧、弱酸、碱以及太阳的照射。

1) 硅油。目前作为防污闪涂料使用的硅油是二甲基硅油，它是一种无色透明的液体，油状物，随着分子量的增加，黏度也在增高。防污闪用甲基硅油的常用黏度为 2000～2500mm$^2$/s，硅油比较稳定，随温度的变化甚小。在 150℃ 以下长期加热不氧化，在 −50℃ 下仍不失去流动性。硅油的表面张力低，能覆盖和渗润在附着物的表面，吞噬污秽颗粒。

硅油的化学性稳定，几乎不与金属盐类的水溶液、稀硝酸、稀硫酸、稀盐酸等作用。

硅油不溶于水及酒精，但可以溶于某些有机溶剂之中，如芳烃、二氯甲烷、酒精与苯的混合物等。

硅油具有良好的电气性能，如表 2-5-1-28 所示。

表 2-5-1-28　硅油的电气性能

| 介电常数 | 2.5～2.8（随温度及频率几乎不变） |
|---|---|
| 体积电阻率 | (5～8)×10$^{15}$Ω·cm |
| tanδ | 50Hz、室温下 0.0002～0.004 |
| 击穿场强 | 140～180kV/cm（测量电极间距 $C=0.25$mm 时） |

长期以来，硅油就作为电力设备外绝缘的防污闪涂料。可以用毛刷停电涂敷，也可以利用工具带电喷涂。但不管哪种方法，均要求涂层有一定厚度，且表面完整，尽量均匀，薄厚一致，涂料在表面不能堆积，也不能流挂。涂层太薄，硅油在污秽作用下很快失去憎水性，缩短了涂料有效使用期；涂油太厚，则容易流挂。

华北地区，涂刷使用的硅油黏度多为 2000～2500mm$^2$/s，普通悬式绝缘子 XP-70，一片面积约 1500cm$^2$，1kg 硅油可涂 70～80 片。有效使用期一般为半年左右。华北地区喷涂使用的甲基硅油，黏度为 880mm$^2$/s。有效使用期为 3～4 个月。喷涂硅油可以进行带电作业，甚至在设备表面产生局部电弧时，可进行紧急处理，以阻止局部电弧的发展，防止设备的污闪。

硅油易涂也易擦。有效使用期与当地的污秽环境和污层厚度有关，各地应总结自己的运行经验，控制有效使用期。但硅油失效，应立即擦掉，因为失效的硅油上都具有很多的污物，在潮湿的天气下易发生闪络。

2) 硅脂。硅脂是膏状物，在绝缘的表面上可以涂得更厚些。有效使用期为 1 年左右。硅脂的物化特性与硅油相似，其绝缘性能良好，如表 2-5-1-29 所示。

表 2-5-1-29　硅脂的电气特性

| 介电常数 | 3.0 |
|---|---|
| 体积电阻率 | 5×10$^{13}$Ω·cm |
| 击穿场强 | 88kV/cm |

硅脂的涂敷方法多为手工涂刷。硅脂稀释后也可喷涂。使用硅脂要充分利用可以涂厚的优点，以便使用有效期更长些。若涂层厚度为 1mm，一般 1kg 涂料可涂刷普通悬式绝缘子 8～10 片。

3) 室温硫化硅橡胶（RTV）涂料。20 世纪 80 年代初，清华大学率先开展了 RTV 防污闪涂料的研究。迄今，已在全国各供电部门得到广泛的应用。

RTV 涂料，也是有机硅高分子聚合物。其基本的物、化特性与硅油、硅脂类似。目前生产厂家较多，其性能互有差别。经过数年的研究，认为 RTV 涂料应具备以下基本特性：

(a) 涂料应无明显的杂质，絮状物和沉淀物。

(b) 涂料的表面电阻率应不小于 $1.0 \times 10^{12}$Ω·cm，体积电阻率不小于 $1.0 \times 10^{14}$Ω·cm。

(c) 涂料的介电常数应不大于 3.0，tanδ 应不大于 0.5%～0.6%。

(d) 涂料的击穿场强 $E \geqslant 150$kV/cm。

(e) 涂料应具有良好的憎水性和憎水迁移性。

(f) 涂层应光滑、平整、无气泡。

(g) 涂层的表干时间约 30min。

(h) 涂层与瓷表面附着力应不低于 2 级（画图法）。

(i) 涂层在稀酸、碱、盐的作用下，不应脱落和起泡。

(j) 相同污秽度下 RTV 涂料绝缘子，比相同的瓷绝缘子的污闪电压提高 1 倍及以上。

某些试验表明：1 片 X-4.5 悬式瓷绝缘子，按国标 GB 775.2—87 规定的方法进行淋雨试验，RTV 涂料绝缘子的湿闪电压比未涂料时高 27%；凝露的条件下，涂料绝缘子的露闪电压比未涂料时高 200%～400%；在绝缘子染污盐密值为 0.05～0.4mg/cm$^2$ 的情况下，涂料绝缘子的污闪电压比未涂料时高 100% 以上。

RTV 涂料的显著优点是憎水性迁移。当污秽降落到 RTV 防污涂料表面时，"蒸发"到涂层表面的活性有机硅分子与污秽接触，爬升附着于污秽物质表面，实现有机硅对污秽物质的表面整理，使其表面能和表面张力降低，即憎水性迁移到污秽物质上，使污秽也具有有机硅的憎水性。但迁移的速度与绝缘子表面的污秽密度和温度有关。一般温度低时，迁移速度慢；灰密高时，憎水性的迁移也比较慢。

由于 RTV 涂料具有投资少、见效快的特点，所以适用性很广，可用于现有的电瓷设备上。这项应用技术将电网的防污闪专业工作由传统的多维护、短时效、高成本、低可靠性向先进的少维护、长时效、低成本、高可靠性转变，提供了成功的技术途径。

迄今生产的RTV涂料，有单组分、双组分和多组分之别。选择涂料要严格把关，具体使用时可参考网调〔1997〕130号文附件二《RTV防污闪涂料使用指导意见》。一般，单组分使用比较方便，可直接涂刷或喷涂（有时要稀释）在设备表面上。双组分和多组分，需要在用前再行按比例配制，搅拌均匀然后涂刷。否则将影响涂料的固化时间，配时，一般是用多少就配多少，以免放置时间长了无法再涂。

对RTV涂料，要严格按使用说明书操作。涂前，一般应将被涂表面清理干净、擦干水，以免涂层起泡、龟裂或影响涂料的附着力。涂层不可太薄，一般宜取0.25～0.5mm。涂时要求均匀、完整、涂料在表面不堆积、不流、不缺损。在实际运行中已经出现因涂层太薄或严重缺损而造成的闪络事故。

RTV涂料的有效使用期较长，有人提出5年左右。我们认为这个提法欠确切。因为RTV涂料的使用有效期除了与涂料本身的制造质量有关外，还与涂敷质量有关，也与运行的环境、污秽量的积累以及被涂设备的基础绝缘水平有关。要具体情况具体分析，要不断总结自己地区的运行经验，找出当地RTV涂料的有效使用期。

迄今为止，还没有人提出对RTV涂料失效的检测方法。我们认为，RTV涂料绝缘子失去抗污闪的能力的检测，至少应包括两个方面内容的检测：①RTV涂料憎水性及憎水迁移性的检测；②RTV涂料绝缘子表面污秽度的测量。如果涂料失去憎水性，或者涂料本身尚有憎水性，但不能迁移至污层表面，则失去涂料抗污闪的能力。另外，如果绝缘子表面沉积污秽比较严重，虽然涂料的憎水性可以使污闪电压有所提高，但总的污闪电压仍然低于运行电压，也难免要发生污闪事故。

(4) 蜡涂料绝缘子。20世纪50年代末，华北电力科学研究院和塘沽供电局开始研制并首先在塘沽地区使用热浸蜡涂料绝缘子，主要用于输电线路的悬式绝缘子。1977年又研制了带电冷喷蜡涂料绝缘子，把蜡涂料推广至变电设备的防污闪。20世纪70年代末80年代初，蜡涂料防污闪曾在我国的塘沽、天津、北京、河北、沈阳、大连、青岛、江苏和西安等地广泛使用，对当时的防污闪起了重要的作用。

蜡涂料的主要原料为地蜡和凡士林。带电冷喷的蜡涂料，其中还有相当量的机油并用溶剂汽油稀释以便于喷涂。

蜡涂料的主要原料都是有机物，地蜡为非极性分子，表面具有良好的憎水性能。同时介电常数较小（$\varepsilon=2.7\sim2.8$），介质损耗因数较小（$\tan\delta=0.01\sim0.0002$），具有较高的体积电阻率（$\rho=10^{14}\Omega\cdot cm$数量级）和较高的击穿场强（$E=250kV/cm$）。

蜡涂料中地蜡与凡士林的配比为1:1.2～1:1.8，因地区温度不同，而有所差别。

华北电力科学研究院对蜡涂料绝缘子做过试验，其结果如表2-5-1-30和表2-5-1-31所示。

表2-5-1-30　湿放电电压试验结果

| 绝缘子种类 | П-4.5悬式绝缘子 | 蜡涂料热浸 | 冷喷蜡涂料 |
|---|---|---|---|
| 湿闪电压/kV | 52.3 | 56.0 | 57.7 |
| $U_{涂料}/U_{未涂料}$ | 1.00 | 1.07 | 1.10 |

表2-5-1-31　热浸与冷喷蜡物理特性比较

| 涂料类别 | 涂料滴点 | 流化试验 | 开裂试验 |
|---|---|---|---|
| 热浸蜡 | 75～90℃ | 55℃不流化 | -25℃ 24h不开裂 |
| 冷喷蜡 | 69～71℃ | 50℃ 4h不流化 | -30℃ 4h不开裂 |

蜡涂料绝缘子使用有效期较长，塘沽地区一般在5年以上，峰峰地区也是5年一轮换，个别地区也有运行2年而发生闪络的。蜡涂料的有效使用期与原料配方、施工工艺以及运行地区有关。在运行中应进行运行监测，不断总结经验，确定合理的更换周期。

热浸蜡涂料绝缘子的施工要点是：
1) 涂料按比例配备，投入容器中烧熔，并均匀搅拌。
2) 浸蜡前，绝缘子及使用工具要干燥洁净，避免潮湿和污垢。
3) 施工时，绝缘子表面与蜡溶液温差不可过大，一般以环境温度10℃以上，温差不超过30℃为宜。
4) 要避免一次未浸好，二次再补浸。

冷喷蜡涂料施工要点是：
1) 要尽量均匀地喷涂整个瓷表面，避免把局部一个地区喷到要求的厚度，然后再喷另一个地方。
2) 喷嘴喷出的液体的主流方向与瓷表面越接近垂直越好。
3) 要按泵的压力，调整喷嘴至瓷表面的距离，以不破坏涂料表面的光滑平整为宜。
4) 涂层要尽可能厚一些，一次喷涂厚度不足，可停一段时间再喷第二次。

冷喷蜡涂料运行若干时间后，防污闪性能失效，可以更换，也可以再次喷涂，将沉积的污垢包没在新的蜡涂料之内，使抗污闪性能再次恢复。

**7. 加装防污闪辅助伞裙**

对已投运的输变电设备，当运行的污秽环境变重时，或者设计和选择外绝缘的爬电距离不能满足污秽等级的要求时，采用加装辅助伞裙的方法也是行之有效且比较经济的防污闪措施。目前，辅助伞裙基本上可分两大类：一类是活动型的，俗称防护罩；另一类是固定型的，又称增爬裙。防护罩在我国使用的时间较久始于20世纪70年代，山东、淮北、陕西等地，有着较好的运行经验。增爬裙的生产和使用始于80年代，起初主要用于防污闪。随着高电压、大直径套管雨闪的增多，加装辅助伞裙已发展成为防止大直径套管雨闪的重要手段。

(1) 活动型伞裙（防护罩）。
1) 防护罩及其主要作用。防护罩是加装在电瓷外绝缘伞裙间的、可活动的、形状和瓷绝缘子伞裙相似的绝缘隔板。一般做成开口的环状，用尼龙螺丝连接，以便于安装和随时拆卸。这种防护罩的主要作用是：①改善绝缘子表面的受潮条件；②阻止局部电弧的发展，有绝缘隔板的作用；③在雨水稍大时，能够防止污水流桥接瓷裙；④部分盐密测试结果表明，防护罩还可以改善绝缘子的染污状况。30多年的运行实践认为它有一定的防止污闪和雨闪的作用。

2) 防护罩的材质和结构。目前使用的防护罩，材质多为聚乙烯、聚丙烯，并增加了一些防老化的添加剂。20世纪70年代使用的材料多为聚氯乙烯。板材的厚度一般为

1～2mm，加工制造成为类似于绝缘子伞裙的样子，如图2-5-1-40所示。防护罩的尺寸视被防护的绝缘子而定。一般的情况下，罩的外径比罩瓷绝缘子的外径大100mm左右。也就是说，罩的伞伸出要比瓷伞伸出的大，但不可过分大，即不要超出瓷伞伸出的一倍。因为罩的伞伸出过于长则影响瓷绝缘子的自洁性，而且伞长易变形。罩的内径一般略大于被保护伞根部套管（或棒）的直径，以便于套装且可自由活动。罩不需与瓷表面粘接，相反，罩的下表面常常还装有一定数量的绝缘垫块，垫块高约2mm，使罩与瓷表面间有一定空隙，以利于局部电弧的熄灭。垫块不可过低，否则，罩面与瓷面相贴，局部电弧则可能烧坏罩面和瓷裙。垫块也不可过高，若过高，在下雾的天气下，有可能失去防瓷表面潮湿的性能。

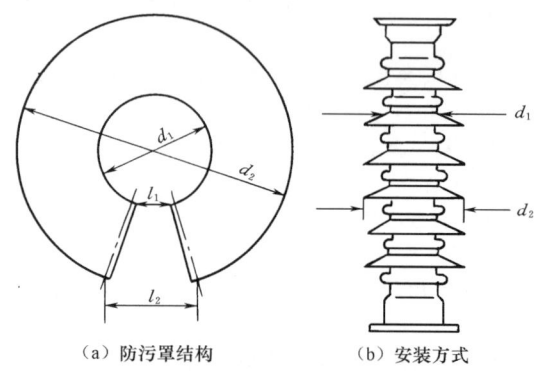

图2-5-1-40 防污罩的结构及安装方式
（a）防污罩结构 （b）安装方式

3）防护罩的材质一般应符合以下条件。

（a）防护罩的材质应具有良好的电气性能。瓷绝缘子不会因装防护罩而降低绝缘子各项电气性能指标。

（b）材质应具有一定的机械性能。安装在运行地区的最高温度和最低温度下、风雨中，以及不断振动下，不脆裂，不变形。

（c）应具有一定的阻燃性，能够耐受住电晕和局部电弧。

（d）应具有一定的耐候性，材质的老化速度不可太快，有效使用期应在3～5年以上。

对材质的具体技术参数要求如表2-5-1-32所示。

表2-5-1-32 聚丙烯或聚乙烯的基本性能

| 指标名称 | 指标 |
|---|---|
| 密度/(g/cm³) | 0.9 |
| 吸水率 | 0.03%～0.04% |
| 抗张强度/(kg/cm²) | 300 |
| 抗弯强度/(kg/cm²) | 420 |
| 冲击强度/(kg·cm/cm²) | 2.2～2.5 |
| 热变形温度/℃ | 100～116 |
| 连续耐热/℃ | 121 |
| 耐电弧性能/s | 125～185 |
| 脆化温度/℃ | -35 |
| 介电常数 | 2.2～2.6 |
| 体积电阻率/(Ω·cm) | >10¹⁶ |
| 击穿强度/(kV/mm) | 20～30 |

4）防护罩的使用范围和要求。防护罩大多数使用在110kV及以下电压等级的支柱绝缘子上。使用地区，一般在Ⅱ级及以下的污秽区内。有些试验表明，110kV支柱绝缘子每隔1～2个瓷裙加一个罩伞，在盐密0.1mg/cm²的污秽下，会发生严重放电。目前，110kV支柱绝缘子，大多加6片防护罩，即每隔一瓷裙，装一个罩伞。装防护罩要注意两点：①要尽量均匀分布，防止因防护罩安装不均匀，在潮湿天气下引起的电场过分集中而产生局部电弧；②在两端法兰的第一个瓷伞裙上不宜装防护罩。因为该处场强较大，容易产生局部电弧烧伤瓷件和防护罩。

此外，对于新的防护罩，其抗污闪的能力不能太低。一般认为，在盐密0.1mg/cm²下，加防护罩的绝缘子的污闪（耐）电压应比未加装前高40%～50%。

防护罩在运行中要加强巡视和维护。如发现有损坏或有局部放电者，应及时更换。同时应进行污秽度参数测量，当积污太重时，也应及时清除。

（2）固定型伞裙（增爬裙）。

1）增爬裙及其作用。增爬裙为固定型伞裙，该伞裙紧缩或通过黏合剂密粘在瓷绝缘子的伞裙上，构成复合绝缘，共同承担设备所应承担的各种电压。其作用除了兼有防护罩的几种作用外，由于增爬裙的直径大，又和瓷裙密粘成一体，对于原绝缘子来讲有增加爬电距离的作用。因此，对该种伞裙的材质、黏合剂的性能以及粘接质量的要求都较高。其中一项把关不严，则可能降低抗污闪性能。若伞裙黏结不牢或留有气隙，不但失去增加爬电距离的作用，而且会因产生局部电弧而灼伤瓷裙表面。

目前，安装运行现场发现较多的仍然是外观上的问题。主要是伞裙搭接不平整，甚至是两层胶皮叠加在一起形成很厚的接缝，易藏污积水形成污水流，造成伞裙间的桥接。也发现有粘接不好，一碰即掉的情况。这些都是应该引起注意的。

2）增爬裙和黏合剂的性能。增爬裙的材料，目前多为高温硫化硅橡胶。部分厂家增加了热型材料。高温硫化硅橡胶属高分子聚合物。主链为［—Si—O—］硅氧结构、具有良好的耐候性、耐电弧性和绝缘性能，其侧面为有机基团，具有良好的憎水性能。

由于增爬裙、黏合剂和瓷裙混为一体组成复合绝缘，共同承担各种电气和机械力的作用。因此，一些技术参数要相互配合。表2-5-1-33和表2-5-1-34给出的技术条件供参考。

表2-5-1-33 复合绝缘的技术参数

| 项目 | 单位 | 性能 |
|---|---|---|
| 体积电阻率 | Ω·cm | ≥1×10¹⁴ |
| 击穿强度 | kV/mm | ≥20 |
| 介质损耗因数 | % | ≤3 |
| 耐电弧性 | S | ≥100 |
| 耐电痕性 | TMA | ≥3 |
| 撕裂强度 | kN/m | ≥10 |
| 扯断强度 | MPa | ≥5 |
| 硬度 | 邵氏（H） | ≥50 |
| 脆化温度 | ℃ | -70 |

续表

| 项 目 | 单 位 | 性 能 |
| --- | --- | --- |
| 阻燃性能 | 氧指数 GB 2406—80/30 | ≥20 |
| 热变形温度 | ℃ | ≥100 |
| 新材料憎水性 | 接触角法<br>喷水法 | $t=25℃$，$\theta>90°$<br>$t=25℃$，<br>HC1～2级 |
| 憎水迁移性 | 硅藻土灰密<br>$0.5mg/cm^2$<br>迁移96h | $t=25℃$，$\theta>90$<br>$t=25℃$，<br>不低于3级 |

表 2-5-1-34　　黏结剂的技术参数

| 项 目 | 单 位 | 性 能 |
| --- | --- | --- |
| 扯断强度 | MPa | ≥2 |
| 硬度 | 邵氏 | ≥20 |
| 撕裂强度 | kN/m | ≥10 |
| 对瓷黏合剪切强度 | MPa | ≥2 |
| 体积电阻率 | Ω·cm | ≥$10^{14}$ |
| 击穿强度 | kV/mm | ≥20 |

3）增爬裙装设的片数。增爬裙装设的片数和增爬裙本身的材质与抗污闪能力有关，也与运行的污秽环境和原来设备基础绝缘水平有关。究竟加多少片合适？对具体设备而言，最好进行不同污秽度下不同片数的污闪电压试验。并经过技术经济比较，最后取一个比较安全经济的片数。

目前，有关单位试验结果如下：

（a）采用固体污层法对110kV支柱绝缘子ZS-110/400加装 5 个伞裙，进行盐密 $0.05mg/cm^2$、$0.1mg/cm^2$、$0.25mg/cm^2$ 的污闪电压试验，其结果列于表 2-5-1-35中，试验结果表明，在盐密值为 $0.05～0.25mg/cm^2$ 时，加装5个伞裙比不加伞裙污闪电压提高约60%～70%。

表 2-5-1-35　ZS-110/400 型支柱绝缘子试验结果

| 盐密/灰密/(mg/cm²) | 0.05/1.0 | 0.1/1.0 | 0.25/1.0 |
| --- | --- | --- | --- |
| ZS-110/400 | 61.5 | 49.5 | 36.6 |
| ZS-110/400均匀加5个伞 | 101.1 | 84.9 | 61.0 |
| ($U_{加伞}/U_{未加伞}$)-1 | 64.4 | 71.5 | 66.7 |

（b）采用固体污层法，对110kV普通支柱绝缘子进行了不同盐密值下加装不同片数的最佳利用率试验。试验结果认为：在盐密值为 $0.05mg/cm^2$ 下，加1个伞利用率最高；在Ⅱ级污秽区，即盐密值为 $0.1mg/cm^2$ 左右，分别在支柱的上部和下部各装1伞利用率最佳；在重污秽区，即盐密值为 $0.2mg/cm^2$ 左右，在支柱绝缘子的上、中、下部各装一伞利用率最好。

（c）采用盐雾法对ZS-110/400进行加装伞裙的污闪电压试验。其结果是：加1个伞，在瓷柱的第9裙或第10裙较好，适用于污秽度小于 $20kg/m^3$ 的轻污秽区；加2个伞，在瓷柱的第2裙和第11裙较好，适用于污秽度 $20～40kg/m^3$ 的地区；加3个伞，在瓷柱的第3裙、第7裙和第11裙较好，适用于污秽度大于 $40kg/m^3$ 的地区。

我们认为，对于110kV及以上的设备，加装增爬裙，即使在轻污区也不可过少。原因是：①加装伞裙越少，在潮湿天气下，电压分布越易集中于增爬裙，容易造成闪络；②加伞越少，对伞的质量要求越高，目前的黏结工艺很难做到。

《变电设备防污闪辅助伞裙使用指导性意见》（网调〔1997〕130号）对各个电压等级加装的伞裙推荐数如表 2-5-1-36 所示。

表 2-5-1-36　加装伞裙推荐表

| 电压等级/kV | 加装伞裙/个 |
| --- | --- |
| 110 | 3 |
| 220 | 6 |
| 500 | 12～14 |

4）安装验收、运行维护与监测。由于增爬裙增加了爬距并担当主绝缘的作用，因此，施工质量要高，并坚持运行监测。

施工质量，除了外观检查其接缝是否平整之外，最重要的是检查是否粘好。关键是做耐受电压试验。施加电压的数值，从原则上讲，既然作为主绝缘，所加电压即使引起表面闪络，也绝不会造成伞或伞间界面的击穿。从增爬裙主要在运行电压下防止污闪的角度出发，所加电压可适当降低。但由于冷热温差影响和风、雨等机械力的作用，都将影响伞裙的牢固程度，因此对新安装的伞裙也不可过分放低要求。假如能够完整地黏结5mm厚，至少可耐受工频电压75kV。因此，建议每片施加工频耐受电压60kV。

运行维护与监测的内容很多，着重提出以下3点供参考：

（a）坚持雾、雨天对增爬裙运行情况的巡视，如有伞下局部放电，应及时检查并处理。

（b）坚持对增爬裙进行憎水性能的测量。若表面憎水性丧失，应及时处理。

（c）坚持盐密测量。不论是瓷伞，还是增爬裙，其抗污闪能力均随盐密值的增大而降低。当污秽沉积到污闪电压低于运行电压时则发生闪络。

8. 使用合成绝缘子

硅橡胶合成绝缘子因其优异的憎水性和憎水迁移特性而具有很强的抗污闪能力，其污闪电压一般比相同爬距的瓷绝缘子提高1倍左右。在1996—1997年期间，华东、华中、西北、山东、福建等地电网瓷绝缘子大面积污闪时，运行于中等及重污秽地区的全部20多万支合成绝缘子无一闪络。成功的运行经验表明，合成绝缘子有效防止了污闪事故的发生，大大减轻了繁重的清扫、检测零值等运行维护工作，已成为我国解决污秽地区线路污闪问题最为有效的方法。

9. 加装"环状薄片"

华中理工大学研制了一种用复合材料制成的环状薄片，将其嵌入绝缘子铁帽的下部，如图 2-5-1-41所示。由于它能改善绝缘子表面的电场分布，如图 2-5-1-42所示。所以它能抑制帽檐根部电晕的产生、提高污闪电压。该方法有较好的应用前景。

上述对策是有针对性的，不同方法针对不同的污闪因素，为比较，表 2-5-1-37列出了国内外防污闪的主要方法。

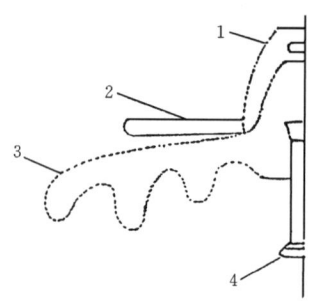

图 2-5-1-41 环状薄片的嵌入位置
1—铁帽；2—环状薄片；3—绝缘；4—铁脚

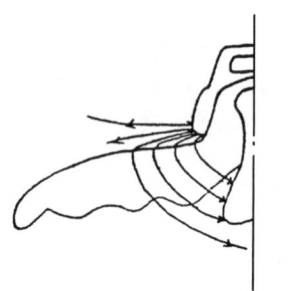 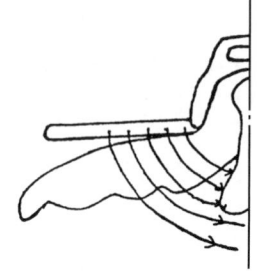

（a）常规线路绝缘子电场分布　　（b）加上环状薄片后的电场分布

图 2-5-1-42 线路绝缘子有无环状薄片的电场分布比较

### 三、雷击跳闸

长期以来，国内外一直认为操作过电压在超高压电网中起主导作用。随着保护设备性能的提高与保护措施的不断完善，500kV 系统操作过电压水平已降至 2.0p.u.，使操作过电压在绝缘配合中占突出地位的情况有所改变，操作过电压已不再是超高压线路绝缘的决定性因素。但因一般认为随电压等级的提高，线路抗雷能力自然增大，对 500kV 系统雷电过电压的研究，尤其是对线路防雷的研究，显得较为薄弱。事实上，由于 500kV 线路绵延近千千米，杆塔较高，地形、气象条件复杂，从整体上看，更容易遭受雷击。国内外高压、超高压线路运行经验表明，线路绝缘闪络主要是工作电压及雷击闪络，而在这两种原因引起的绝缘闪络中雷击闪络又占 60%~70%，即雷害是造成线路故障的主要原因。

近几年来，我国华东、华中、华南等地区的某些 500kV 超高压线路雷击跳闸十分突出，例如，某省境内的 9 条近 1320km 的超高压线路共发生线路故障跳闸 33 次，其中雷害事故就有 19 次，占故障跳闸总次数的 57.6%，雷击跳闸率最高达 0.552 次/(100km·a)，大大超过表 2-5-1-38 所列的预期值。所以超高压线路的防雷不可忽视，应当研究雷击跳闸的原因及防止措施。

#### （一）雷击部位及分析

如图 2-5-1-43 所示，为分析方便，将雷击超高压线路的部位分成如下几部分：

表 2-5-1-37　　　　　　　　国内外防污闪主要方法

| 针对因素 | 具体措施 | 实施难度 | 投资 | 效果 |
|---|---|---|---|---|
| 脏污（指导思想是保持绝缘子表面清洁） | （1）污源治理：科学治理"三废"，加强环境保护。 | 很大 | 多 | 好 |
| | （2）避开污源：线路绕过污区；不在污区内建立电站；设备装设在户内；采用 $SF_6$ 组合电器。 | 大 | 多 | 好 |
| | （3）绝缘子净化。<br>①绝缘子自洁：绝缘子表面采用光滑不积灰瓷釉；采用空气动力型结构的防污绝缘子，让绝缘子在风雨中被自然净化； | 容易 | 少 | 好 |
| | ②清扫：停电清扫—人工手擦；带电清扫—通过操作杆、机械手操作毛刷清扫或通过带电作业将悬式绝缘子从横担脱离，降至地面清扫。 | 较容易 | 较少 | 好，但难保证清扫质量 |
| | ③气吹清扫：通过电动工具喷出压缩空气和锯木屑摩擦清扫。 | 较容易 | 较少 | 一般 |
| | ④水冲洗：停电水冲洗；带电水冲洗。通过人工操作移动式设备冲洗或通过固定式设备自动冲洗 | 较难 | 较多 | 好 |
| 潮湿（指导思想是保持绝缘子表面干燥，防止绝缘子表面产生导电水膜） | （1）户内设备加强通风和吸潮。 | 容易 | 较少 | 较好 |
| | （2）涂憎水性涂料。<br>①涂硅油、硅脂、地蜡； | 容易 | 较少 | 较好 |
| | ②涂室温硫化硅橡胶（RTV）长效防污闪涂料。 | 容易 | 较少 | 好 |
| | （3）采用半导体釉绝缘子。 | 容易 | 较多 | 一般 |
| | （4）加装辅助伞裙。 | 容易 | 较少 | 好 |
| 作用电压（指导思想是增大爬电比距） | （1）增加绝缘子爬距。 | 容易 | 较多 | 好 |
| | （2）改善绝缘子的结构、材料；选用防污型绝缘子；选用合成绝缘子。 | 容易 | 较多 | 好 |
| | （3）安装 V 形绝缘。 | 容易 | 较多 | 好 |
| | （4）加装辅助伞裙。 | 容易 | 较少 | 好 |
| | （5）污闪季节中系统电压低限运行 | 容易 | 少 | 好 |

表 2-5-1-38　我国线路雷击跳闸率的限值

| 电压等级/kV | DL/T 620 标准值 | 国家电力公司发输运营部期望的目标值 |
|---|---|---|
| 110 | 1.18～2.01 | 0.525 |
| 220 | 0.43～0.95 | 0.315 |
| 330 | 0.27～0.60 | 0.20 |
| 500 | 0.17～0.42 | 0.14 |

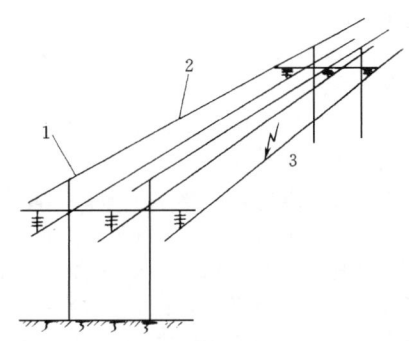

图 2-5-1-43　超高压线路受雷击部位示意图
1—雷击杆塔；2—雷击避雷线；3—绕击导线

**1. 雷击于挡距中央及其附近的避雷线**

根据理论分析和运行经验，我国电力行业标准《交流电气装置的过电压保护和绝缘配合》（DL/T 620—1997）中规定，在挡距中央，导线和避雷线之间的空气距离 $S$ 可按式（2-5-1-8）来选择：

$$S \geqslant 0.012l + 1 \quad (2-5-1-8)$$

式中　$S$——导线与避雷线之间的距离，m；
　　　$l$——挡距长度，m。

运行经验证明，式（2-5-1-8）是足够可靠的，即只要满足该式的要求，雷击挡距中央，导线和避雷线间发生闪络引起跳闸的情况是罕见的，可不考虑这种情况引起的跳闸。

**2. 雷击杆塔或杆塔附近的避雷线**

研究表明，雷击杆塔或杆塔附近的避雷线是造成反击（由绝缘子串接地端经绝缘子串表面向导线发生闪络）的主要原因，反击耐雷水平的计算公式为

$$I = \frac{U_{50\%}}{(1-k)\beta R_i + \left(\dfrac{h_a}{h_t} - k\right)\beta \dfrac{L_t}{2.6} + \left(1 - \dfrac{h_g}{h_c}\right)\dfrac{h_c}{2.6}}$$

$$(2-5-1-9)$$

式中　$U_{50\%}$——线路绝缘子串的50%冲击闪络电压，kV；
　　　$k$——考虑冲击电晕影响的耦合系数；
　　　$\beta$——杆塔分流系数；
　　　$R_i$——杆塔冲击接地电阻，Ω；
　　　$h_a$——横担对地高度，m；
　　　$h_t$——杆塔高度，m；
　　　$L_t$——杆塔电感，μH；
　　　$h_g$——避雷线对地平均高度，m；
　　　$h_c$——导线平均高度，m；
　　　2.6——波前长度，μs。

当 500kV 线路采用如图 2-5-1-44 所示的酒杯形铁塔，悬挂 25×XP-160 的绝缘子，冲击接地电阻为 7～15Ω 时，按式（2-5-1-9）计算得雷击杆塔的耐雷水平分别为 176.6kA 和 125.4kA，其相应出现的概率分别为 0.98% 和 3.8%。

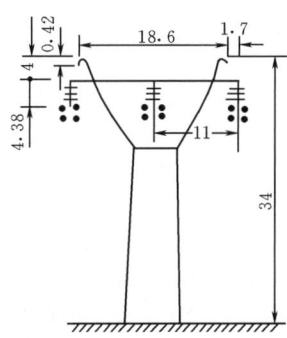

图 2-5-1-44　500kV 酒杯形铁塔（单位：m）

现场在对发生雷击故障的 500kV 线路调查中，发现实测的雷击故障杆塔的工频接地电阻值均未超过其设计值，一般在 10Ω 左右，这说明线路杆塔的实际耐雷水平比设计值还要高些，因而具有较高的防止反击事故的能力，反击难以形成。从发生雷击故障的 500kV 线路 GPS 雷电定位观测系统提供的雷电流数据来看也不具备形成反击发生的条件。

根据上述，可以认为雷击故障由反击引起的可能性极小。

**3. 绕击**

雷绕过避雷线直击于导线的现象，称为绕击。

目前绕击的分析方法主要有两种：

（1）规程法。规程法是根据高压线路积累的运行经验而制定的，与超高压线路的实际运行情况出入较大。

（2）电气几何模型（EGM）法。20 世纪 60 年代中后期，开始应用电气几何模型来分析避雷线的屏蔽作用。电气几何模型是以"闪击距离" $r_s$ 的概念为基础的，所谓闪击距离就是雷电先导头部与地面目标间的临界击穿距离，此击穿距离与先导头部电位有关，先导头部电位与先导中的电荷有关，后者又决定了随后出现的雷电流幅值，因此，"闪击距离" $r_s$ 与雷电流幅值有直接关系，其关系式如下：

$$r_s = 7.1 I^{3/4} \quad (2-5-1-10)$$

由于利用"击距理论"能较好地解释运行中导线遭受雷击的现象，故下面采用"击距理论"对典型的雷击故障例进行分析。

**【例 2-5-1-1】** 1998 年 8 月 26 日华中某 500kV 线路 A 相故障跳闸，重合成功。据 GPS 雷电定位观测系统提供资料，有 5 个地闪雷电流值，均为负极性，其值分别为：−11.3kA、−16.2kA、−40.8kA、−27.6kA、−16.2kA，坐标定位在 208 号塔附近，雷击跳闸时伴随有暴雨。

208 号塔为 JG21-21 耐张转角塔，全高 34m，跳线绝缘为 LXP-7×27，此塔 A 相对应于中相，为上字形排列，位于左边相上方，处于一个小山坡上。工频接地电阻值为 11Ω。对绕击分析如下：

（1）临界击距、临界电流。

地线高度　　$h_1 = 34\text{m}$
导线高度　　$h_2 = 29.8\text{m}$
保护角　　　$\alpha = \tan^{-1} 1.2/4.2 = 15°56'$
山坡倾角　　$\theta = 15°$
临界击距　　$r_{sc} = (h_1 + h_2)/2[1 - \sin(\alpha + \theta)]$
　　　　　　　　　$= 65.64\text{m}$

由 $r_{sc}=7.1I_{sc}^{3/4}$ 计算，临界电流为
$$I_{sc}=19.38\text{kA}$$

(2) 绕击耐雷水平及相应击距。按 EGM 法分析，可引起绕击闪络的最小雷电流即绕击耐雷水平：
$$I_{min}=2\times U_{50\%}/Z$$

故障时有暴雨，暴雨使污秽绝缘子的雷电闪络电压有所下降，500kV 四分裂导线有电晕时波阻 $Z$ 取为 280Ω，则可能引起绝缘子串闪络的最小绕击雷电流：
$$I_{min}=2\times2300(1-15\%)/280=14\text{kA}$$
$$r_s=7.1I_{min}^{3/4}=51.3\text{m}$$

由图 2-5-1-45 可见，根据 $I_{min}<I_a<I_{sc}$，初步判断是 $I_a=16.2$kA 的雷电流绕击中相导线造成了跳闸事故。

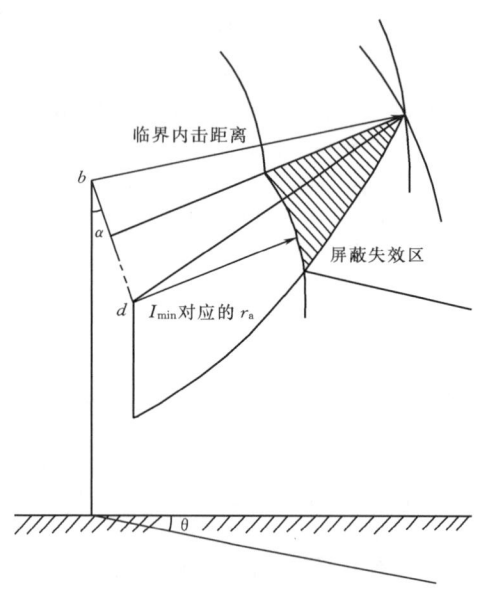

图 2-5-1-45　绕击分析几何模型

【**例 2-5-1-2**】 1998 年 4 月 23 日为雷雨天气，华中某 500kV 线路 C 相故障跳闸，重合成功。据 GPS 雷电定位观测系统资料，故障在 183 号塔附近，共获得 4 个地闪雷电流，均为负极性，其幅值分别为 $-47.7$kA、$-29.1$kA、$-24.8$kA、$-21.6$kA。故障后经检查发现 186 号塔地线间隙有轻度烧伤痕迹，此处 C 相对应水平排列的右相，186 号塔地处一小山包上，塔型为 ZB21-36，绝缘配置情况 LXP-16D×25，2 侧挡距分别为 556m 和 343m。绕击计算结果如下：

(1) 绕击耐雷水平及相应击距。
$$I_{min}=13\text{kA}$$
$$r_s=7.1I_{min}^{3/4}=48.55\text{m}$$

(2) 临界击距及临界绕击闪络电流。
$$r_{sc}=75.26\text{m}$$
$$I_{sc}=23.26\text{kA}$$

(3) 绕击条件。根据 $I_{min}<I_a<I_{sc}$，可初步判断在 4 个雷电流中，最有可能是 21.6kA 的雷绕击中右相导线，造成了跳闸事故。

上述分析结论与现场的实际情况基本吻合，说明雷击故障是由绕击引起的。

事实上，EGM 理论是根据保护角较大，杆塔高度较低的线路运行经验总结而成的（美国依据 345kV 线路，观测了长达 8 年的统计值），有一定的适用范围。国内最新试验研究表明，由于放电的分散性，即使满足规程设计要求和 EGM 完全屏蔽条件的杆塔，超过 EGM 绕击区外定位的雷闪，也可能发生绕击，只是定位点离开等效绕击区越远，绕击概率逐渐降低。

**（二）防止绕击的对策**

**1. 研究影响绕击的因素**

目前，国外已提出考虑长间隙放电物理的先导发展模型，影响绕击跳闸的因素除了 $\alpha$ 及避雷线高度 $h_1$ 外，杆塔的具体结构（$\alpha$，$h_1$，$h_2$ 值），绝缘子串冲击绝缘水平，地形条件及具体雷暴特点都有一定的影响。我国也应开展这方面的基础研究，以指导实际设计及运行工作。

**2. 因地制宜采取措施**

例如易绕击段，应加强防绕击的措施。对山区，可采取减小保护角或负保护角的措施等。近年有人研究在山区采用负保护角的杆塔及在避雷线上加装侧向短针。后者旨在将绕击转化为反击，因 500kV 线路反击耐雷水平大于 100kA，而绕击耐雷水平仅为 15～30kA，较小的雷电流击中避雷线及杆塔顶部也不会引起闪络。

**3. 加强雷电活动的检测**

利用传统磁钢棒检测技术和现代化的 GPS 雷电定位观测系统相结合，开展雷击重点地段和易击点的雷电活动检测，找出雷电活动规律，以采取相应措施。

**4. 研究防雷新技术、新设备**

由于雷害是危及输电线路尤其是超高压线路安全运行的首要原因，所以国内外均在研究防雷新技术。当前线路防雷工作研究的新内容为：同杆双回线路采用不平衡绝缘的防雷效果及线路避雷器防雷保护效果。目前，国内已研制成功 500kV 串联外间隙复合绝缘避雷器（SGMOA），并已挂网运行。SGMOA 是安装在输电线路塔顶部的防雷保护电器。在输电线路运行中，SGMOA 的串联外间隙始终承受输电线路持续运行工作电压的作用，有时还承担输电线路系统操作过电压的冲击。当雷击杆塔瞬间，SGMOA 动作，限制雷电过电压幅值，避免因绝缘子闪络引起的输电线路跳闸事故。

# 第二节　合成绝缘子

合成绝缘子与传统的瓷和玻璃绝缘子相比，具有重量轻、强度高、耐污闪能力强、无零值、制造工艺简单、运行维护方便等优点。因此，近年来在世界范围内发展很快，尤其在我国发展十分迅猛。截至 1999 年年底，有总量为 84 万余支的各种电压等级的合成绝缘子投入全国电网使用。在数量上我国已成为仅次于美国的第二大使用国。

## 一、合成绝缘子结构

合成绝缘子是一种复合结构的新型绝缘子，一般由两种以上的合成材料组成。合成绝缘子的结构如图 2-5-2-1 所示。它主要由芯棒、伞裙护套、黏结层和金具等 4 部分组成。

**1. 芯棒**

芯棒材料主要选用经过树脂增强的单向玻璃纤维引拔棒，简称引拔棒。其作用是承受合成绝缘子的机械负荷，也

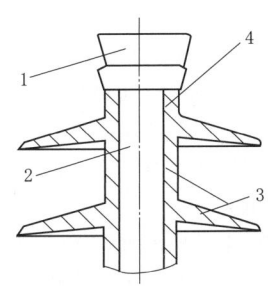

图 2-5-2-1　合成绝缘子结构
1—金具；2—芯棒；3—伞裙护套；
4—黏结层

是构成内绝缘的主要部分。因此，要求它有很高的机械强度、优良的绝缘性能以及抗疲劳、耐老化性能。

2. 伞裙护套

伞裙护套是以高分子聚合物硅橡胶为基体，加入偶联剂、阻燃剂、抗老化剂等填料经高温加压硫化而成。其作用是构成合成绝缘子的外绝缘部分，能保护芯棒免受外部环境的侵袭。伞裙护套长年暴露在大气环境中，经受日晒、雨淋、酷暑、严寒等气候条件，承受在脏污潮湿条件下可能产生的火花放电或局部电弧的烧蚀。因此要求伞裙护套材料有良好的耐漏电起痕性及耐电蚀损性，有良好的耐大气老化性及耐臭氧、耐高、低温等性能。

3. 黏结层

合成绝缘子的外形为细长的棒形，内外绝缘距离几乎相等，所属不可击穿绝缘子。而实际情况是芯棒与伞裙护套两者由某种黏结剂黏结在一起，其间形成一个黏结层。其作用是将芯棒与护套两种材料粘为一体。黏结层是构成绝缘子内绝缘的另一主要部分。如果粘结不好，黏结层就会成为内绝缘的弱点。所以黏结层的性能是影响合成绝缘子整体电气性能的关键。在国内外合成绝缘子的试验及运行中均发生过沿黏结层放电而导致整根合成绝缘子丧失绝缘性能的事例。

4. 金具

金具和芯棒紧密结合在一起构成了合成绝缘子的接头，其两端分别用于连接杆塔与导线，并传递机械负荷。接头结构的好坏直接影响合成绝缘子的机械性能。

合成绝缘子采用的接头结构大致可分为黏结式、压接式及楔接式三类；如图 2-5-2-2～图 2-5-2-4 所示。

综上所述，所谓复合绝缘子的复合结构，就是由接头与芯棒传递并承担全部机械负荷，由伞裙护套保证外绝缘要求，

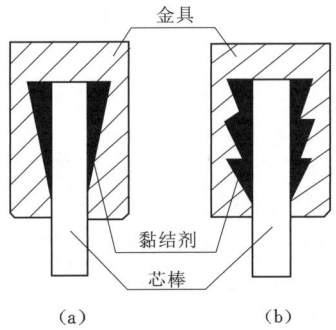

图 2-5-2-2　黏结式接头结构示意图

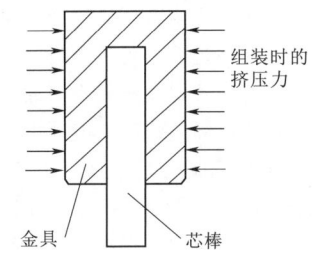

图 2-5-2-3　压接式接头结构示意图

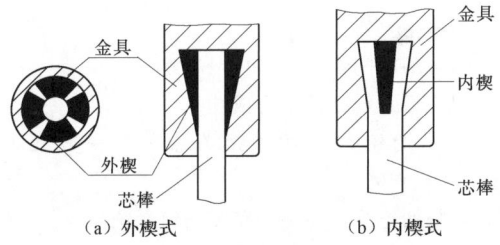

图 2-5-2-4　楔接式接头结构示意图

内绝缘部分则由芯棒与黏结层共同组成。这种复合结构的主要特点是把机械强度与外绝缘性能分开，由不同材料来满足，同时发挥了芯棒材料机械强度高与伞裙护套材料耐老化性能好及耐污闪能力强的优点，因而这种复合结构是合理的，使合成绝缘子同时具有优异的机械性能和电气性能。

## 二、合成绝缘子事故

随着合成绝缘子使用数量的增多，近年来，有关合成绝缘子发生闪络及损坏的事故日趋增多。表 2-5-2-1 列出了我国合成绝缘子所发生的事故种类及比例。

表 2-5-2-1　合成绝缘子事故统计

| 事故类型 | 电气 | | | | | | 机械 | | |
| --- | --- | --- | --- | --- | --- | --- | --- | --- | --- |
| | 雷击闪络 | 不明闪络 | | | 鸟粪 | 污闪 | 内绝缘击穿 | 机械事故 | 脆断 |
| | | 晴天 | 阴天多云 | 污秽气象 | | | | | |
| 比例/% | 47.2 | 12.9 | 6.1 | 4.9 | 16.6 | 5.5 | 2.5 | 2.5 | 1.8 |

注　数据统计截至 1998 年 9 月。

由表 2-5-2-1 可见，在合成绝缘子事故中，雷击闪络居首位，其次是不明闪络和鸟粪闪络等。

1. 雷击闪络

雷击闪络主要发生在华东、广东等沿海多雷地区。其原因是：

(1) 雷电活动强烈。

(2) 合成绝缘子干弧距离偏小。合成绝缘子伞裙直径较小，相同高度时，干弧距离略小于瓷和玻璃绝缘子。

(3) 合成绝缘子均压环降低其耐雷水平。现场对 110kV 电压等级合成绝缘子的试验结果表明，配置 1 个均压环，下

降约5%；配置2个均压环，下降约8%。这是因为均压环间（上、下端或接地端、导线间）空气间隙偏小（约减少15～20cm），等效于降低了有效绝缘长度而造成雷击闪络电压降低。

（4）合成绝缘子工频电压电场分布最不均匀。华北电力集团公司等单位的研究表明，在运行条件下，线路绝缘子中的半导体釉瓷绝缘子的工频电场分布最均匀，普通瓷绝缘子的电场分布次之，合成绝缘子的电场分布最不均匀。这对合成绝缘子雷击闪络电压有一定影响。

#### 2. 不明原因闪络

所谓不明原因闪络是指未查明原因的闪络。发生闪络时系统无任何过电压。闪络过后，为了分析闪络的原因，曾有人把发生闪络的合成绝缘子送到试验室，通过各种试验（测量盐密、憎水性、直流泄漏电流、陡度冲击、雷电冲击、工频干湿闪络、人工雾闪、水煮等），发现试验结果均在合格范围之内，内外绝缘良好，查不到闪络的原因。因此长期以来被判为原因不明或不明原因。据统计，它约占闪络总次数的24%。然而，这些不明原因闪络的合成绝缘子有其共同的特点：

（1）闪络主要发生在晴天。
（2）闪络的时间都在后半夜或凌晨。
（3）闪络后系统都能重合成功。
（4）闪络的绝缘子污秽度都很轻，一般在0.03～0.05mg/cm$^2$，有的更小。
（5）闪络的绝缘子所在线路无任何系统操作。
（6）闪络的电压等级多为110kV及220kV。

华北电力科学研究院等单位的研究认为：

（1）在绝缘长度相等前提下，合成绝缘子的不明原因闪络比瓷绝缘子的更为突出的基本原因是沿合成绝缘子轴向形成了极不均匀的电场分布。由高电压放电理论可知，不均匀电场的放电电压低于均匀电场，因此，在其他直接原因的配合下，合成绝缘子更容易形成闪络。

（2）造成合成绝缘子及其他类型绝缘子不明原因闪络的直接原因是异物飘至绝缘子附近或附着在绝缘子上，常见的异物包括鸟粪、带金丝的风筝线、锡箔纸、塑料绳、塑料袋、大棚用塑料薄膜等，闪络后由于上述异物被电弧烧毁、被风吹走、落入线下池塘，或因其他原因离开绝缘子表面，在未发现证据的情况下，往往被视为不明原因闪络，其中因近年来环境改善、对鸟类加强保护等原因，鸟类数量增加较快，鸟害掉闸增多，因此下述的鸟粪在距绝缘子外缘十几厘米处落下而造成的闪络可能在不明原因闪络中占有一定的比例。

（3）在特殊情况下发生闪络。例如，有一起完全沿绝缘子表面的闪络，将其表面（包括伞裙和护套）完全烧黑，现场结合气象、环境因素进行分析，认为是在闪络前不久，大风使合成绝缘子表面短时内落上一层略厚的尘土，在憎水性迁移至尘土前，遇到较潮湿的天气就导致沿面闪络。

#### 3. 鸟害闪络

鸟害闪络是指大鸟停留在输电线路合成绝缘子的上方排粪所引起的闪络。具体情况如下：

（1）鸟粪直接落在合成绝缘子表面引起的闪络。即非绝缘污湿的鸟粪恰巧沿绝缘子伞裙边缘往下淌，由于伞间距离较小，容易短接伞裙边缘的空气间隙，而引发的闪络。此种情况下，绝缘子表面有明显的鸟粪痕迹。

（2）鸟粪沿均压环外侧但接近均压环处落下，直接导致上下金具间短路放电。

清华大学在实验室模拟鸟害闪络的试验中发现，鸟粪通路距绝缘子外缘十几厘米时，比直接滴落到伞缘时更容易闪络，其机理可以认为是鸟粪在下落的瞬间畸变了绝缘子周围的电场分布，使鸟粪通道与绝缘子高压均压环或金具之间发生了空气间隙放电而导致的闪络。此种闪络情况不可能在绝缘子上发现鸟粪痕迹。该试验表明，统计中的不明原因闪络可能有很大比例是属于鸟害事故。

#### 4. 损坏事故

合成绝缘子损坏包括内绝缘界面击穿、脆断、芯棒从金具中拉落或因突然外力等造成的断裂等。这几种情况都会造成合成绝缘子永久性的破坏，导致长时间的电力中断。

发生内绝缘界面击穿的合成绝缘子大都是采用早期的单伞套装、真空灌胶技术，若制造过程中工艺控制不严格，可能埋下界面缺陷的隐患。例如某省110kV及以上线路共发生24次闪络，其中有5次事故发生在早期真空灌胶工艺的合成绝缘子，由于内界面有气泡，导致局部放电引发内部击穿和脆断。现在普遍采用的挤包护套、模压伞裙工艺或整体注射工艺已经杜绝了此类事故的发生。而芯棒从金具中拉脱仅出现于早期某种接头结构的合成绝缘子上，内楔式和压接式接头结构尚未见到此类问题的报道。

合成绝缘子芯棒脆断问题在世界范围内都有发生。端部密封或护套劣化后，外界水分侵入，在电场的作用下，可能会形成局部的酸性环境，芯棒在机械应力与酸的共同作用下发生的酸蚀脆断被认为是合成绝缘子脆断的内在原因。例如，华北某500kV线路发生的合成绝缘子脆断就是因端部密封破坏引起的。再如，华东某电力局曾发生一起500kV合成绝缘子芯棒脆断现象。分析某原因主要是均压环倒装，引起高压侧芯棒和金具端部场强增高，在强电场作用下，护套和金具上产生强烈电晕放电，析出臭氧和氮的氧化物，腐蚀金具端部的密封胶和芯棒护套，并以击穿、针孔、径裂形式使护套劣化，水汽通过劣化针孔和裂口渗入金具内部和芯棒，在芯棒和护套之间的界面产生内部放电，这样，有水汽时，当酸的浓度达到一定程度，芯棒发生酸蚀，由最初的裂纹缓慢发展，最后使残余截面上的应力显著增加，造成绝缘子断裂。

酸的来源有两种：

（1）合成绝缘子高压端部电场强烈，电晕严重，空气在电场的作用下电离，产生氮离子与空气中的水结合生成弱硝酸。

（2）酸雨，尤其是在酸雨严重的重污染地区，这些弱酸通过端部密封部分直接与芯棒接触，或沿着合成绝缘子裂纹慢慢渗透。

目前已从提高基体树脂或玻璃纤维的耐酸性能及加强端

部密封等几个方面尝试解决合成绝缘子的脆断问题。

**5. 污闪**

合成绝缘子运行在重污区以及重粉尘区时，一遇上潮湿，少数爬距较小者有可能发生污秽闪络。例如，华东地区曾发生一次合成绝缘子集污闪络。该合成绝缘子表面所集的粉尘几乎桥接了伞裙，而在天气晴好，湿度不大的情况下发生了污闪。运行实践证明，采用合成绝缘子只能提高防污闪能力，而不能杜绝污闪。

现场试验及运行中均已发现合成绝缘子在长期受潮后，如在连续雨雾的气候条件下，硅橡胶表面憎水性能有程度不同的下降，有的绝缘子甚至暂时丧失憎水性能，造成漏电增大，耐污闪性能明显降低。在外部连续雨、雾等潮湿条件消失后，憎水性会逐渐恢复。影响憎水性能恢复的主要因素有：

1）硅橡胶材料配方及加工工艺。

2）合成绝缘子连续受潮的时间越长，恢复憎水性所需时间越长。

3）环境温度低，憎水性恢复慢；温度高，恢复快。

4）绝缘子表面粗糙度越高其憎水性恢复越慢。

5）运行时间长的旧绝缘子比新绝缘子憎水性恢复慢，材料的老化也会影响憎水性的恢复。

6）发生闪络后且有一定烧痕的绝缘子其憎水性恢复明显减慢，虽然在试验中仍然可能通过各项电气试验，但在一定的气候条件下，特别是湿度很大、温度较低的气候环境下，闪络的概率明显增大。上述可以解释华东地区合成绝缘子在晴好天气条件下发生闪络故障的原因。

针对合成绝缘子在运行中发生故障的原因而采取的措施如下：

（1）增大干弧距离。现行标准《高压线路用棒形悬式复合绝缘子尺寸与特性》（JB/T 8460—1996）中规定110kV合成绝缘子的干弧距离为1000mm，这对于多雷区，特别是雷电活动强烈的地区来说是偏小，110kV绝缘子要求雷电全波冲击耐受电压为550kV，这对1000mm干弧距离实际上并无裕度。IEC在修订标准时提出拟将对应于550kV冲击耐受水平的干弧距离改为1050mm，我国有的地区也建议选用干弧距离为1050mm的合成绝缘子，在多雷区和雷击强烈的地区所使用的合成绝缘子，应在现行标准的基础上增加15%~20%的裕度，并选择两端金具较短的产品。

（2）适当增大爬电距离。在同样的爬距及污秽条件下，合成绝缘子防污闪能力明显高于瓷绝缘子和玻璃绝缘子。其原因是：

1）硅橡胶伞裙表面为低能面，憎水性良好，且可迁移，使污秽层也具有憎水性，污层表面的水分以小水珠的形式出现，难以形成连续的水膜。其在持续电压的作用下，不像瓷和玻璃绝缘子那样形成集中而强烈的电弧，表面不易形成集中的放电通道，从而具有较高的污闪电压。

2）合成绝缘子杆径小，同污秽条件下表面电阻比瓷、玻璃绝缘子要大，污闪电压也相应要高。

3）与瓷和玻璃绝缘子结构不同，合成绝缘子伞裙的结构和形状也不利于污秽的吸附及积累，不需要清扫积污，有

利于线路的运行维护。但合成绝缘子仍会污闪，其原因有：表面快速积污或积污过多，造成憎水性难以迁移；气候环境等外因造成合成绝缘子憎水性减弱或暂时丧失；硅橡胶材料老化造成憎水性及污闪性能下降等。

鉴于合成绝缘子表面的憎水性有消失现象，所以有人提出合成绝缘子的爬电距离不宜低于瓷绝缘的爬电距离，且宜适当增大。

（3）采用均压环。首先应避免均压环倒装；其次应使均压环的结构及尺寸合理。

由于采用均压环会增加鸟粪闪络的可能性。有人提出，从综合考虑引弧与鸟粪闪络的角度看，对110kV及220kV绝缘子采用招弧角似乎是一个可以两者兼顾的措施。

（4）防止鸟害闪络。目前防鸟害主要是加装防鸟装置，防止或减少鸟在绝缘子上方停留。从而降低鸟粪闪络事故。例如，某线路在加装防鸟装置及加长绝缘子串后，不明闪络由33次/年降低为10次/年。

（5）在线检测。在线检测合成绝缘子的方法如下。

1）观察法。是最常用的方法。可在地面用望远镜观察，也可登杆检查，检查护套、伞裙、金具等部位有无开裂、电蚀、树枝状通道、粉化、起痕等老化迹象，如有以上现象应立即更换。该方法难以发现内绝缘缺陷。

2）紫外成像法。用于检测表面的局部放电。

3）声波法。以检测局部放电的声音来诊断缺陷，但灵敏度较低。

4）电场法。根据合成绝缘子纵向电场分布曲线的形状来判断内部缺陷。

5）红外测温法。通过检测局部放电、泄漏电流引起的局部温度升高来诊断缺陷。该方法比较直观，是现场实用、方便的一种方法，易于发现早期的缺陷。现场已有的经验认为，红外测温法检测合成绝缘子芯棒发热相当有效。例如，华南某局曾用AGEMA570红外热成像测温仪对分布在3条220kV线路上的36只合成绝缘子进行检测，发现9只合成绝缘子热像图异常，其中有边、中、B、A、C相。一般发热点温度50~60℃，最高的1只达73℃（气温24℃），最严重的1只发热点已到第9~10大裙，只剩下一半裙承受运行电压，很可能在雷电或操作冲击下发生同样的击穿事故。分析发热点发现：

（a）凡红外检测发现有明显局部过热点的绝缘子，其硅橡胶表面均显著发黑、粉化、变脆、变硬，有的还有许多细小裂纹，憎水性基本丧失，其中有3只护套有明显的破损点。

（b）局部发热点多集中在靠近高压端一侧，局部发热点与高压端之间的护套明显发黑。

（c）发热点至高压端的一段不能承受工频耐压试验或陡波冲击试验，非护套破损处发热点为内绝缘界面局部放电进展的位置。

现场经验认为，合成绝缘子内部有缺陷时，要经过2~5年的过程发展才会击穿，所以红外定期检测可2年进行1次，以预防这类缺陷。

绝缘子类设备红外缺陷典型图谱如图2-5-2-5所示。

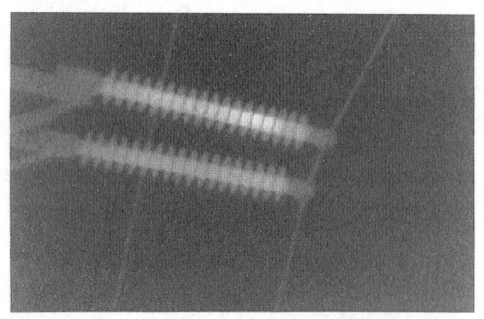
(a)合成绝缘子内部受潮发热

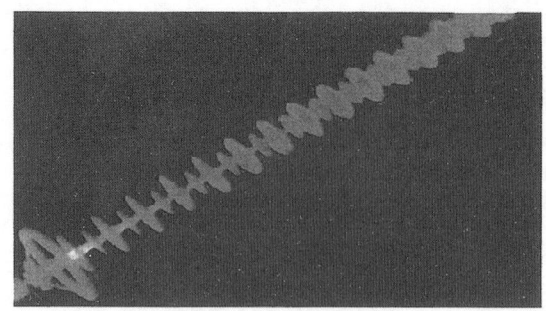
(b)合成绝缘子端部棒芯受潮发热

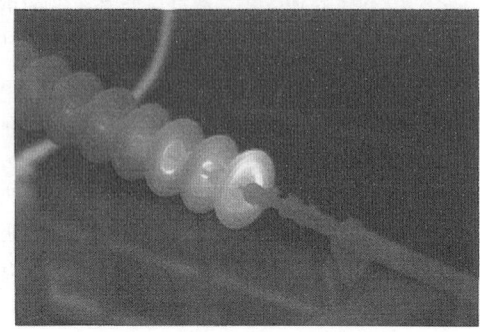
(c)瓷绝缘子发热(表面污秽)

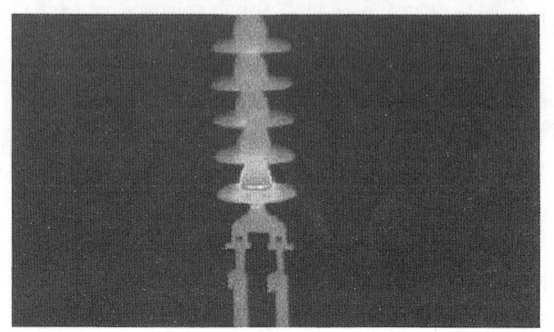
(d)瓷绝缘子低值发热

图 2-5-2-5　绝缘子类设备红外缺陷典型图谱

# 第六章

## 高压输电线路直升机巡检技术

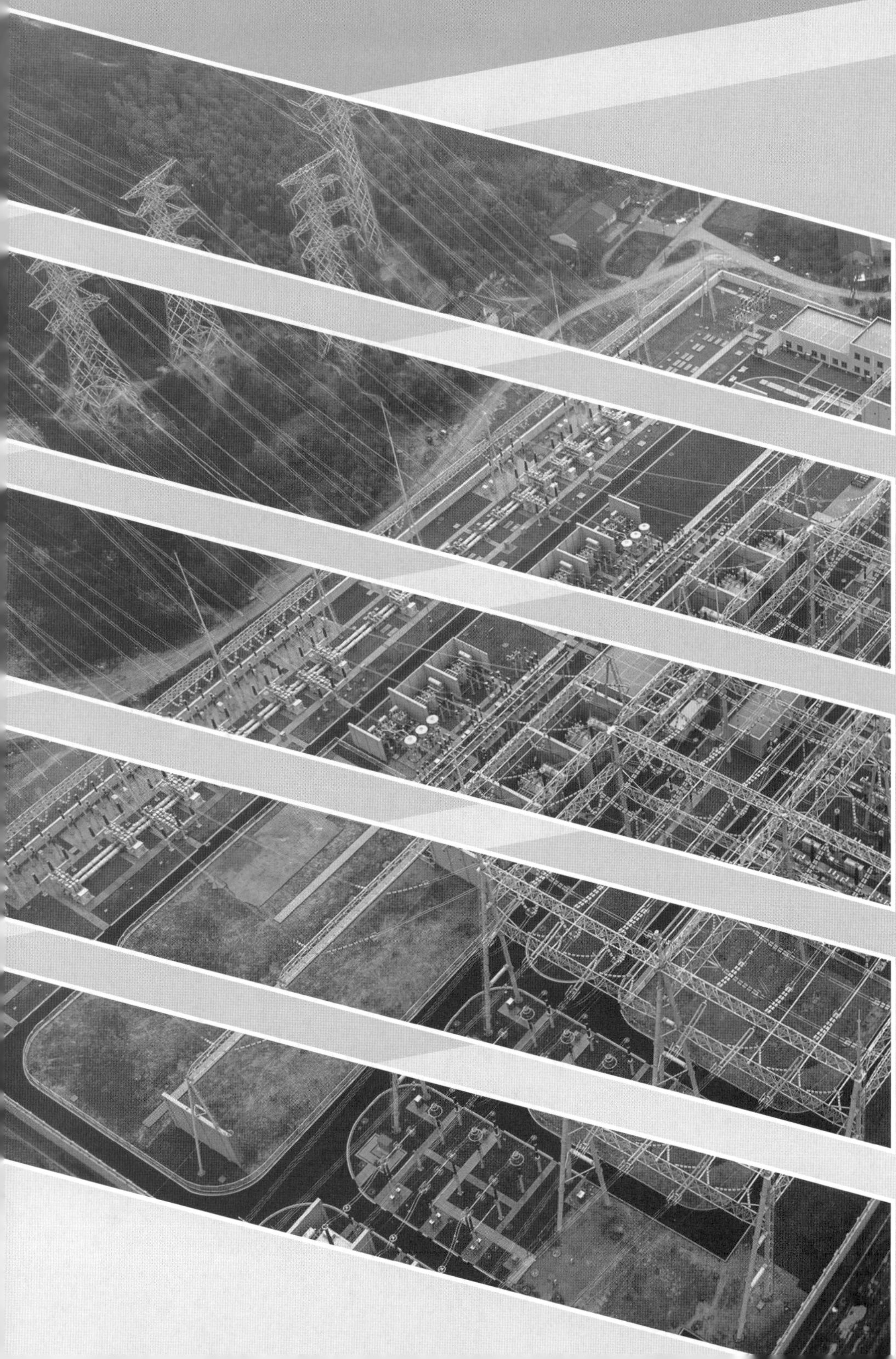

# 第一节 采用直升机对架空输电线路进行巡检作业的目的和意义

## 一、目的和意义

一直以来,运用传统的地面巡检作业方式,不仅劳动效率低,劳动强度大,而且巡检质量依赖于人员自身的技术素质、经验和工作责任心,很难保证线路巡检质量。

随着我国电力科技的不断进步以及航空事业的发展,采用直升机对架空输电线路进行巡检作业方式已经成为我国输电线路运行维护的发展方向之一。目前,采用直升机对架空输电线路进行巡检已取得了较好的效果,并积累了关键技术指标。

## 二、直升机巡检相关术语

直升机巡检相关术语见表 2-6-1-1。

表 2-6-1-1 直升机巡检相关术语

| 序号 | 名词术语 | 定义或解释 |
|---|---|---|
| 1 | 直升机巡检(Inspection with Helicopter) | 在直升机上搭载遥感检测设备,对线路情况进行巡视、检测,包括可见光巡检、红外巡检、紫外巡检等 |
| 2 | 可见光巡检(Visible Inspection) | 应用稳像仪、照相机、摄像机等可见光设备对线路本体、辅助设施及线路走廊进行巡视并记录相关信息 |
| 3 | 红外巡检(Infrared Inspection) | 应用红外热成像仪对导线连接点、线夹、绝缘子等部件进行温度检测并记录相关信息 |
| 4 | 紫外巡检(Ultraviolet Inspection) | 应用紫外成像对导线、绝缘子和金具等部件进行电晕检测并记录相关信息 |
| 5 | 特殊巡检(Special Inspection) | 在特殊情况下或根据特殊需要,应用直升机对线路进行巡视检查工作 |
| 6 | 故障巡检(Fault Inspection) | 是指线路发生故障后,在特定线路区段为查找故障点而进行的巡视检查工作 |
| 7 | 灾情检查(Post-disaster Inspections) | 是指在恶劣气候、地质灾害发生后,对该区段的线路进行巡视,检查设备运行状态及通道走廊环境变化情况 |
| 8 | 单侧巡检(One Side Inspection) | 是指直升机在输电线路的一侧对输电设备进行巡检 |
| 9 | 双侧巡检(Bilateral Inspection) | 是指直升机在输电线路的左右两侧对输电设备进行巡检 |

# 第二节 直升机巡检作业要求

## 一、直升机巡检作业安全要求

1. 基本要求

(1) 巡检作业时,作业线路必须自始至终在直升机飞行员的视线之中,并清楚线路的走向,若出现飞行员看不清输电线路的情形,应立即上升高度退出后重新进入。

(2) 巡检作业时,直升机应远离爆破、射击、打靶、飞行物、烟雾、火焰、无线电干扰等活动区域。

2. 主要安全要求

(1) 当直升机悬停巡视时,应顶风悬停;若对直升机姿态进行调整时,航巡员应提醒直升机飞行员线路周围有何障碍物需引起注意。

(2) 巡检作业时如错过观察点,直升机应向线路外侧转弯,重新进入,严禁倒飞。

(3) 巡检作业时,若需要直升机转到线路的另一侧,必须从塔顶上飞过,严禁从挡中横穿。严禁直升机在变电站(所)、电厂上空穿越。

3. 其他安全要求

(1) 当巡检地处狭长地带或大挡距、大落差等特殊地形时,飞行员应根据直升机的性能及气象情况判断是否继续飞行,或调整直升机飞行参数。

(2) 相邻两回线路边线之间的距离小于 100m(山区为 150m)时,直升机不宜在两回线路之间上空飞行。

## 二、直升机巡检飞行资质要求

1. 适航证

(1) 作业所用直升机已取得适航证,并得到民航管理部门的认可。

(2) 安装在直升机舱外的所有航巡设备必须经民航相关部门适航测试飞行,取得相应机型的适航证书后,方可安装在直升机上进行作业。

2. 驾驶证

飞行员应持有现行有效的商用驾驶执照,其直升机总飞行时间不少于 500h,机长总飞行时间不少于 600h,同时接受巡线飞行培训 100h 以上,持有上岗证后方可执行巡线作业任务。

3. 资质

(1) 执行架空输电线路直升机巡检作业的单位应具备乙类及以上资质,具有空中巡查许可经营项目,并具有直升机电力作业相应运行规范和运行手册。

(2) 符合上述(1)规定的通航公司在经过省级电力公司审批同意后方可执行直升机巡视作业。

## 三、登上直升机航巡人员要求

航巡员应具有丰富的高压线路运行维护工作经验,必须经过直升机航巡作业专业培训,考试合格并持证上岗。

## 四、警示标志要求

开展直升机巡视作业的输电线路宜装有警示标志,警示标志应依据 DL/T 289 的规定进行制作、安装。

## 五、巡检作业天气情况要求

（1）作业应在良好天气下进行：作业云下能见度不小于3km，风速不大于8m/s。

（2）遇到雷、雨、雪、大雾、大风等恶劣天气，应根据直升机性能参数和选配装置安装情况，进行飞行安全评估，制定安全措施，飞行单位和线路运维单位分管领导共同批准后方可进行。

## 六、其他要求

### 1. 无管会和空管部门的批准

（1）直升机与地面调度系统的无线通信频道，应得到民航无线电管理委员会的批准。

（2）直升机巡线作业飞行使用的空域手续应得到相关空管部门（空军、民航）的批准。

（3）飞行签派员在作业开始前，应与当地空管部门联系，待当地空管部门下达放飞许可后，机组方可开始进行巡检作业，作业结束后应向当地空管部门汇报。

### 2. 试飞

对于新型结构输电线路，应首先确定飞行、作业相关技术参数后进行试飞。经试飞后方可开展正式作业。

（1）执行架空输电线路巡检作业的直升机主要技术参数要求如下：

1）旋翼直径：9~15m。
2）最大负载：600kg以上。
3）最大平飞速度：200km/h及以上。
4）最大航程：550km及以上。
5）最大载油量：280kg及以上。

（2）执行架空输电线路巡检作业的可选机型见表2-6-2-1。

**表2-6-2-1    巡检作业机型选择**

| 作业区域 | 适用机型 |
|---|---|
| 一般地区 | EC120B、BELL206B3、MD500、AS350B2 |
| 高山区 | BELL206-L4、AS350B3、BELL407 |

（3）作业直升机宜装备导航、飞行记录及远程实时监控指挥和危险提示系统。

机载仪器设备基本配置和性能要求见表2-6-2-2。

**表2-6-2-2    机载仪器设备基本配置和性能要求**

| 序号 | 巡检设备 | 性能要求 | 数量 |
|---|---|---|---|
| 1 | 稳像仪 | 14倍及以上具备机械防抖功能 | 1 |
| 2 | 数码照相机 | 800万像素及以上单反相机，并配有70~300mm的镜头 | 1 |
| 3 | 录音笔 | — | 1 |
| 4 | 机载吊舱 | 陀螺稳定 | 1 |
| 5 | 机载红外热成像仪 | 双视场，分辨率：320×240及以上 | 1 |
| 6 | 机载可见光摄像机 | 100万像素及以上 | 1 |
| 7 | 机载硬盘录像机 | 防抖性能好 | ≥1 |

续表

| 序号 | 巡检设备 | 性能要求 | 数量 |
|---|---|---|---|
| 8 | 硬盘录像机备份仪 | 500GB及以上容量 | 2 |
| 9 | 液晶监视器 | 14in及以上 | 1 |
| 10 | 机载紫外成像仪 | — | 1 |

# 第三节  直升机巡检前准备工作

## 一、直升机飞行前准备工作

### 1. 现场勘察和航线报批

（1）一般应进行现场勘察，了解线路走向、特殊地形、地貌及气象情况。

（2）向线路途经地区的空军、民航相关部门申请航线报批。

### 2. 选择好直升机临时加油点

（1）加油点场地要求平坦坚硬、无砂石，面积不小于30m×30m。

（2）加油点场地周围至少有一侧无高大障碍物。

（3）加油点布置于横线路方向40km以内，顺线路间隔80~150km。

### 3. 机械师

机械师对直升机进行起飞前检查，确保直升机处于适航状态。

### 4. 飞行签派员申请放飞许可

飞行签派员应提前了解作业现场当天的气象情况，依据CCAR-91R2规定，决定是否能够进行飞行巡检作业，并向当地空管部门联系，申请放飞许可。

### 5. 航巡员确保设备运行良好

航巡员对航巡设备进行安装和开机调试，确保设备运行良好。

## 二、巡检作业前准备工作

### 1. 收集巡检线路资料和编制直升机巡视计划

（1）收集巡检线路资料，包括杆塔明细表、线路平断面图、外绝缘台账、杆塔经纬度坐标、交叉跨越信息等，进行航图绘制和领航计算。

（2）根据线路运维单位要求，依据《架空输电线路运行规程》（DL/T 741）相关条款，制订直升机巡视计划，确定巡视方式和重点。

### 2. 编制巡视作业指导书

按照相应项目编制"直升机巡视作业指导书"，其内容主要包括适用范围、编制依据、工作准备、操作流程、操作步骤、安全措施、所需工器具。

# 第四节  直升机巡检作业

## 一、直升机巡检内容

直升机巡检主要对输电线路相关设施进行检查。根据巡检主要内容包括可见光检查、红外温度检测和紫外电晕检测三种巡检作业方法。

**1．可见光检查**

应用稳像仪对铁塔上部的塔材、金具、绝缘子、导线、地线、附属设施及线路走廊进行可见光检查。

**2．红外温度检测**

应用红外热成像仪对导线连接点、线夹、绝缘子等部件进行温度检测。

**3．紫外电晕检测**

应用紫外成像仪对导线、绝缘子及金具进行电晕检测。

## 二、直升机巡检方式

根据巡检线路电压等级和线路架设方式，分单侧巡检和双侧巡检两种作业方式。

**1．单侧巡检**

（1）对于500kV及以下电压等级的交、直流单回路输电线路宜采取单侧巡视方式。

（2）直升机巡检作业平均速度一般保持在15km/h。

**2．双侧巡检**

（1）对于同塔多回输电线路和500kV以上电压等级的交、直流输电线路宜采取双侧巡检方式。

（2）直升机巡检作业平均速度一般保持在10km/h。

## 三、直升机巡检方法

巡检方法分为两类，即挡中巡检和杆塔巡检。

**1．挡中巡检**

挡中巡检时，直升机宜以20～40km/h的速度匀速飞行，直升机旋翼与边导线的水平距离为15～30m范围内，由航巡员先对导地线进行目视检测，发现可疑点时使用稳像仪进行检查；使用红外热成像仪对导线接续管进行红外检测；使用紫外成像仪对导线和金具进行电晕检查。在检查过程中，如发现异常情况，可进行悬停检查核实，并记录详细信息。

**2．杆塔巡检**

杆塔巡检时，直升机处于悬停状态，直升机旋翼距杆塔水平距离在15～30m范围内，位置与地线横担水平或稍高于地线横担，悬停时间一般为2～5min；由航巡员使用稳像仪对杆塔上部塔材、金具、绝缘子以及附属设施进行可见光检查；使用红外热成像仪对绝缘子、引流板、导线线夹等进行温度检测；使用紫外成像仪对绝缘子和金具进行电晕检查。

**3．注意事项**

（1）在巡检同塔多回路垂直排列的线路时，当不能看清下端部件时，直升机可下降高度进行巡检。

（2）在巡检过程中，必要时对输电线路进行可见光、红外、紫外的全程录像。

# 第五节　直升机巡检种类

直升机巡检分为三类，即一般巡检、故障巡检和特殊巡检。

## 一、一般巡检

**1．作业内容**

一般巡视主要对输电线路导线、地线和杆塔上部的塔材、金具、绝缘子、附属设施、线路走廊等进行检查；巡视时可根据线路运行情况、检查要求，选择性搭载相应的航巡设备进行可见光巡视、红外巡视、紫外巡视等巡视项目，各种巡视项目可以单独进行，也可以根据需要组合进行。

**2．注意事项**

（1）直升机到达巡线区域后，核实所巡线路名称和杆塔号，观察所巡线路周围地形地貌情况，选择与线路约45°夹角进入作业位置。

（2）巡检作业时，直升机主驾驶应位于靠近被巡线路的一侧，严禁直升机在线路正上方巡检飞行。

（3）直升机旋翼与边导线、铁塔的最小安全距离应不小于15m，同时为保证巡检效果，直升机旋翼与最近一侧的边导线、铁塔净空距离不大于30m。

## 二、故障巡检

**1．作业内容**

故障巡检主要是查找故障点，检查设备受损情况和其他异常情况。

**2．注意事项**

（1）根据故障信息，确定重点巡检区段、部位和巡检内容，选择性搭载相应的航巡设备。

（2）在安全要求和技术条件允许的情况下尽量靠近输电设备低速航巡。

## 三、特殊巡检

特殊巡检是指在特殊情况下或根据特殊需要，应用直升机对线路进行巡检，主要包括灾情检查和其他专项巡检等。

**1．检查内容**

（1）灾情检查主要是对受灾区域内的输电线路设备状态和线路走廊通道环境进行检查和评估。

（2）其他巡检主要是针对专项任务，搭载相应设备对架空输电线路进行巡视。

**2．注意事项**

（1）灾情检查时应根据现场情况，合理选择直升机，并选装必要的应急装置（如燃油防水系统、旋翼除冰装置、增稳装置等）。

（2）在现场条件允许的情况下，对受灾线路进行检查和全程录像，搜集输电设备受损及环境变化信息。

（3）其他巡检应根据任务需求，选装相应设备，确定飞行和巡检作业技术参数，制订专项巡检作业方案。

（4）巡检作业时，飞行员应注意观察和判断天气变化趋势，主动与地面联系，获取有关气象资料，向邻近机场进行气象咨询。

# 第六节　巡检资料的整理和移交

## 一、巡检资料的整理

（1）直升机巡检发现的相关异常情况应及时整理，形成"直升机巡检记录单"，其格式见表2-6-6-1。同时包括文字资料、航巡照片及录像。上述资料均须妥善保管并存档。

表 2-6-6-1　直升机巡检记录单

编号：　　　　报送单位：

| 序号 | 线路名称 | 巡线发现情况 | 巡线时间 | 运维单位 |
| --- | --- | --- | --- | --- |
| 1 | | | | |
| 2 | | | | |
| 3 | | | | |
| 4 | | | | |
| 5 | | | | |
| 6 | | | | |
| 7 | | | | |
| 8 | | | | |
| 9 | | | | |
| 10 | | | | |
| 11 | | | | |

备注：（1）注明直升机巡检完成的线路名称及巡检区段。
　　　（2）注明巡线过程中放弃的巡检区段和原因。
　　　（3）注明导线排列顺序。

审批：　　　　审核：　　　　编写：

（2）"直升机巡检记录单"内容包括巡检线路名称、巡检区段以及巡检发现的线路相关异常信息、巡线照片、录像。

## 二、巡检资料的移交

巡检结束后，应及时将巡检记录单、可见光、红外和紫外照片递交线路运行单位。

# 第七节　直升机巡检作业风险与预防策略

## 一、主要风险

1. 山区主要风险

（1）天气变化快，极易遇到低云低能见的天气，不慎进入云层的风险。
（2）乱流和侧风的影响，由于海拔高，风力一般要大于平原。
（3）不规则的高跨线，例如斜上方、正上方等。
（4）高度差很大的线路。
（5）与障碍物的安全距离小。
（6）迫降时，能够使用的安全场地少。
（7）高海拔时，剩余功率不足的风险。
（8）高海拔时，发动机结冰的风险。

2. 平原主要风险

（1）容易吹倒民房、养殖场、庄稼，引起不必要的麻烦。
（2）噪声。
（3）误入部队上空。
（4）与高楼的安全距离小。
（5）发动机吸入厂矿废烟。
（6）发动机吸入扬沙、灰尘和焚烧后庄稼的灰烬。
（7）巡错线路。

## 二、风险预防策略

1. 飞行前预先准备阶段的策略应对

飞行前预先准备是整个巡检任务的重中之重，特别对于不熟悉的巡线飞行，任何一个环节的遗漏，在空中实施飞行时都有可能造成不必要的麻烦和工作效率的降低，更有可能危及飞行安全。一般来说，飞行任务都是前一天晚上以微信的方式发到巡线群里，接到任务后，首先完成网上准备，然后利用 Google Earth 软件和纸质地图准备以下内容：

（1）线路的基本走向，地形，最高海拔（计算可用功率，便于加油）。
（2）起点前两个线塔坐标，以及起点线塔距离起降点距离和方位，终点线塔坐标。
（3）认真辨别起点线塔周边的地貌和地标特征，以及周边其他线塔的区别，从而减少空中找目标线塔的时间，提高效率。
（4）认真辨别目标线路与周边线路的交叉、距离、重叠、高度差。
（5）认真熟悉目标线路周边的地标（公路、河流、村庄、城市、铁路等），预防 GPS 失效迷航，同时为选择迫降场打下基础。
（6）根据任务量计算好油量、直升机的重量和重心、可用扭矩。
（7）做好备份线路，以防其他原因导致计划的目标线路不能实施。
（8）提前标出通过民房、养殖场、庄稼和人口密集区的线路，采取放弃或者高飞的方法规避风险。
（9）标出部队的禁飞区域，防止误入。

由于巡线是机长责任制，所以飞行前一天还要了解飞机状况，机组成员（包含 2 名航检员）状况，了解吃饭、进场、轮班（多班飞行）时间，轮班机组安排等，提醒各部门人员提早休息，养足精力做好次日飞行。

2. 直接准备阶段的策略应对

向签派人员了解天气和空域状况、日落时间。确认油量满足任务需求，根据气象条件计算出直升机的实际全部重量、可用扭矩。与机组成员再次确认任务线路、名称、起点线塔。微信拍照传给安监人员。确认航检员安全带绑好，航检设备工作正常。

3. 空中飞行实施阶段的策略应对

（1）飞行巡线前必须要进行两个功率和重心检查：悬停离地后检查、进入起点塔之前检查。如果高海拔地区，应注意防冰系统的检查。
（2）剩余油量大于 1000 磅，由于直升机操作和气动性能都没有达到最佳状态，此时应柔和谨慎地操纵直升机，避免大的动作输入，特别在多线路和地形复杂的情况下。
（3）在下坡巡检坡度很陡同时转弯角度比较大的线路时，一定注意控制好下降率，同时一个方向下降，不要边下降边转航向，以防进入涡环。
（4）侧风比较大和不稳定时，注意控制好直升机的操作，对于高压线方向来的风，要适当地向线路方向压杆，以保持良好的拍摄角度和距离。对于左座方向来的风，适当地向线路方向左压杆，避免距离高压线过近。
（5）巡线高度一般在地线上面 2～4m，水平距离 15～20m 进行巡查（这些数据不是固定不变的，应根据不同的风速、光线亮度、线塔类型进行适当调整,在安全和巡检质量之间找到平衡点)。

(6) 气象条件在边缘时,应尽量避免进入山区,如果已经进入山区,要减慢速度,看清山腰或者山顶线塔。

(7) 在线路下面有养殖场或者庄稼等容易吹翻物体的时候,可采用高飞和缓慢通过来规避,如果不行,就果断放弃。

(8) 对于 500kV 线路的巡检,特别是线路比较密集的情况,一定主要控制好机身与线路的距离,防止被高压电击穿。

《电力设施保护条例实施细则》(1999 年 3 月 18 日国家经济贸易委员会、公安部令第 8 号)第五条规定距建筑物的水平安全距离如下:1kV 以下 1.0m,1~10kV 1.5m,35kV 3.0m,66~10kV 4.0m,154~220kV 5.0m,330kV 6.0m,500kV 8.5m。

(9) 巡检过程中,一定要遵循"1 停 2 看 3 通过":"1 停"就是巡完一个线塔后要停住;"2 看"就是停住后看前方的障碍物,看功率余度,看线路走向;"3 通过"就是前飞。特别在线路密集,地形复杂的条件下飞行,到处都是不容易发现的安全隐患,很容易危及飞行安全,一定要注意。

(10) 巡线过程中,如果遇到逆光,同时线路比较复杂时,一定要看清线塔,特别对于太阳光方向容易忽视的斜高跨线。

(11) 左座人员做好提醒和记录,必要时可把头伸出机舱外观察障碍物,及时记录放弃的线塔。在线路特别密集的区域,一定要看清线路的走向,分塔还是并塔,过了密集区,认真核实杆号牌,谨防巡错线路。

4. 飞行后阶段策略应对

(1) 讲评。巡线任务结束后与航检员核对此次飞行巡检和放弃的线塔数量,沟通此次飞行中的问题,为后续流畅的飞行做好准备。通知油料加好下次飞行的油量。

(2) 记录。把飞行时间、巡检和放弃的线塔数量,拍照用微信发给签派人员,认真填写任务书,飞行日报录入(公司和电力两份)、危险源的录入。

(3) 设备。头盔和护具放好,飞行记录本认真填写,如果当天后续没有飞行,需插上起落架销子。

虽然直升机巡检维护不能完全取代常规的人工陆路巡线维护,但直升机具有机动、灵活、快捷的特点,用于输电线路巡检维护,在一些项目上与常规方式比较还有较强的优势。因此,在取得现有经验的基础上,有必要继续进行相关技术的研究和实践,加强与航空公司在相关方面的技术交流和项目合作,以推动该项技术的不断发展和完善。随着国内通用航空业务日趋发展和成熟,在有可行直升机机源和可靠飞行、航务保证条件下,在每年春秋两季可安排对线路进行全线直升机巡检,及时发现线路本身存在的隐患和缺陷,预测预防塔基周边环境变迁对线路安全运行可能造成的危害,采取有力措施予以消除和防备,进一步提高系统运行的安全可靠性。

# 第七章

## 架空输电线路无人直升机巡检系统

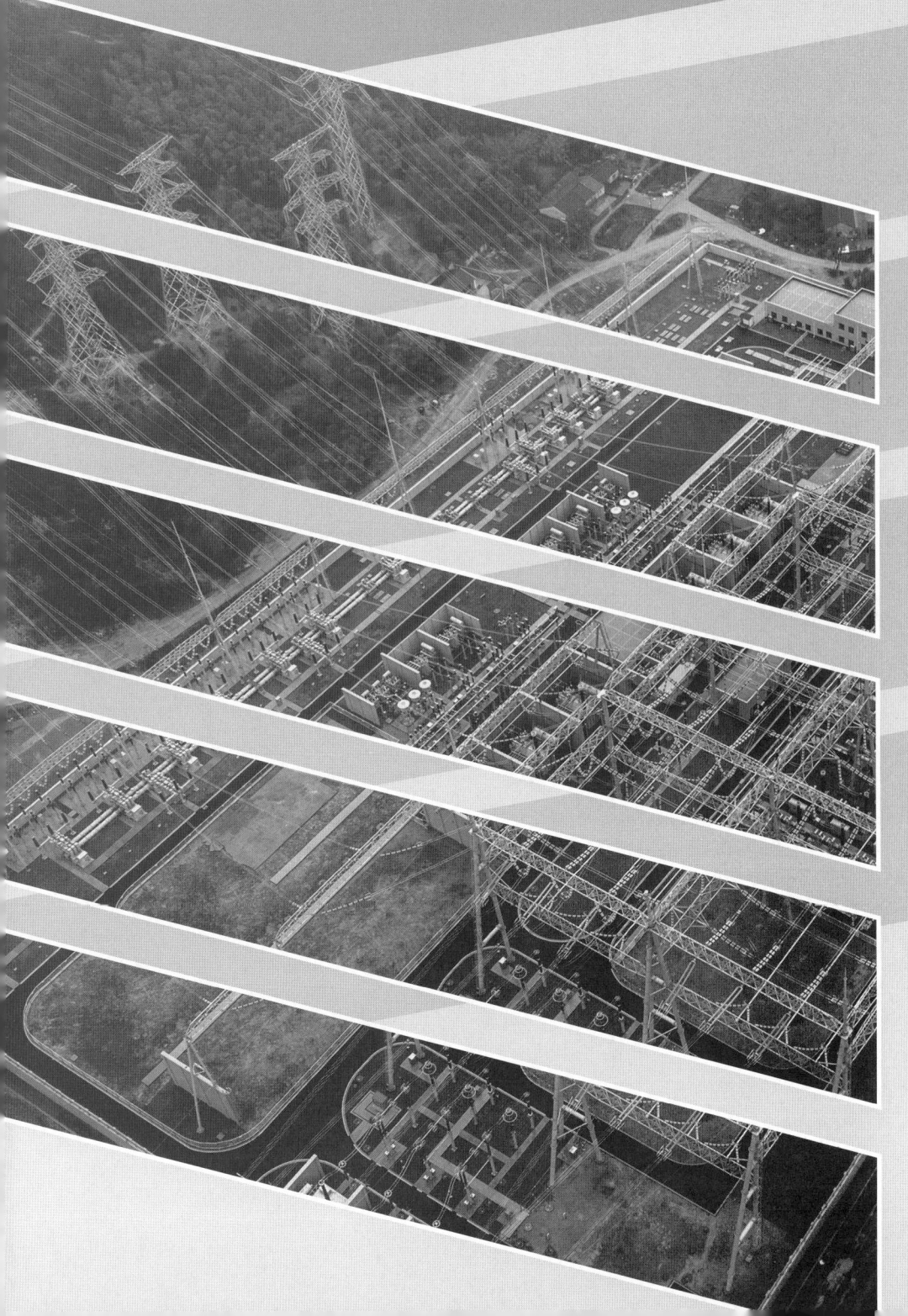

# 第一节　架空输电线路无人直升机巡检系统组成和分类

## 一、系统组成

无人直升机巡检系统应包括无人直升机分系统、任务载荷分系统和综合保障分系统。

1. 无人直升机分系统

无人直升机分系统包括无人直升机平台、通信系统和地面站系统。

（1）无人直升机平台包括无人机本体和飞行控制系统，无人直升机平台应装有航行灯、机载追踪器和飞行数据记录仪。

航行灯（navigation light）是指无人直升机巡检系统上用以表示自身位置和运动方向的信号灯。

机载追踪器（airborne tracker）是指不依赖于机载电源和数传电台工作，能通过定时自动或受控应答方式与工作人员取得联系，确定无人机所在位置信息的机载设备。

飞行数据记录仪（flight data recorder）是指安装在无人机上，用于记录系统工作状况和引擎工作参数等飞行数据的设备。

（2）通信系统包括数据传输系统和视频传输系统。

（3）地面站系统包括硬件设备、飞行控制软件和检测软件等。

2. 任务载荷分系统

任务载荷（mission payload）是指搭载在无人直升机上，为完成检测、采集和记录架空输电线路信息等特定任务功能的设备或装置。

（1）任务载荷分系统包括任务设备和地面显控单元。

（2）中型无人直升机巡检系统的任务设备应为光电吊舱。

（3）小型无人直升机巡检系统的任务设备可为光电吊舱，也可为云台搭载可见光、红外成像等设备。

3. 综合保障分系统

（1）综合保障分系统一般包括供电设备、动力供给（燃料或动力电池）、风速仪和频谱仪等专用工具、备品备件和车辆等。

（2）中型无人直升机巡检系统需配备专用车辆，小型无人直升机巡检系统可根据具体需要配备储运车辆。

## 二、系统分类

1. 中型无人直升机

中型无人直升机指空机质量大于7kg且小于等于116kg的无人直升机，一般是单旋翼带尾桨式无人直升机，适用于中等距离的多任务精细化巡检。

2. 小型无人直升机

小型无人直升机指空机质量小于等于7kg的无人直升机，一般是电动多旋翼无人机，适用于短距离的多方位精细化巡检和故障巡检。

# 第二节　架空输电线路无人直升机巡检系统功能要求

## 一、通用部分

1. 飞行功能

飞行功能应满足以下要求：

（1）应具备全自主起降功能。全自主起降（automatic takeoff and landing）是指无人直升机无须人工操作，能按照预先设置的指令自动完成起飞、着陆任务。

（2）一般应具备手动、增稳和全自主三种飞行模式，三种飞行模式应能自由切换。

1）手动飞行模式（manual flight）是指无人直升机不依赖导航定位系统，不受飞控系统闭环控制的飞行模式。

2）增稳飞行模式（augmentation flight）是指导航定位系统不参与控制，飞行控制系统控制无人直升机飞行姿态，操作人员控制速度、航向、高度等的飞行模式。

3）全自主飞行模式（automatic flight）是指无人直升机完全由飞控系统闭环控制的飞行模式。

（3）飞行状态和任务模式可灵活设置，设置内容包括但不限于飞行航线、高度、速度、起飞和降落方式、安全策略等，且在地面站上应有参数设置界面。

（4）应具备任务规划功能，一般宜具备在飞行过程中实时修改航路点的功能。

（5）飞行任务可保存，支持重复调用和编辑。

（6）应具备一键返航功能。一键返航（a key to return）是指不论无人机处于何种飞行状态，只要操作人员通过地面控制站或遥控手柄上的特定功能键（按钮）启动该功能，无人机应中止当前任务，按预先设定的策略返航。

2. 通信功能

通信功能满足以下要求：

（1）应能实现无人直升机分系统测控数据的上传和下载。

（2）应能实现任务载荷分系统测控数据的上传和下载。

（3）在通信链路不中断的情况下具有实时视频传输功能。

3. 任务功能

任务功能满足以下要求：

（1）应能对电力设备进行高清可见光拍照和摄像。

1）手动拍照（manual photo）。需要人工操控地面站控制系统下达拍照指令完成的拍照任务。

2）自动程序拍照（automatic photo）。无须人工操作，可按照预设程序（包括地理坐标、拍摄角度、时间间隔等）对巡检目标完成拍照。

3）步进拍照（stepping photo）。无须人工操作，任务设备可按照预设程序对巡检目标完成扫描拍照的功能。

（2）可见光检测设备应具备自动对焦功能，宜具备遥控变焦功能。

（3）红外检测设备应具备自动对焦功能，可获取热图数据，具备伪彩显示功能，应能实时显示影像中温度最高点位置及温度值。

（4）可见光图片、视频及红外热图数据应能在任务设备中存储。红外热图（infrared thermography）是指将红外辐射能转换为相应的电信号显示出的可见图像。

（5）应能记录图像获取的时间和位置信息。

（6）光电吊舱（云台）应具备水平和俯仰转动功能。

4. 地面显示功能

地面显示功能满足以下要求：

（1）应具备地图导入及显示功能，且预设航线、飞行航迹和机头指向等应能在地图中显示。

（2）应能显示和记录飞行状态、发动机（电机）状态、通信状态等遥测参数。应采用高亮显示屏，在户外阳光下应

# 第七章 架空输电线路无人直升机巡检系统

能清晰显示。

（3）飞行数据可在线记录，具备飞行日志数据下载和分析工具。

（4）人机交互界面应为中文界面。

5. 安全保护功能

安全保护功能满足以下要求：

（1）应具有自检功能，自检项目应至少包括飞行控制模块、电池电压值、发动机（电机）工况、遥控遥测信号等。以上任一部件故障，均能进行声、光报警，并且系统锁死，无法起飞。根据报警提示，应能确定故障部件。

（2）应具备飞行状态、通信状态、发动机（电机）状态等参数越限告警功能，报警方式应为声、光报警。

（3）应具备安全控制策略，包括返航策略和应急降落策略。返航策略应至少包括原航线返航和直线返航，可对返航触发条件（通信中断、油/电量不足等）、飞行速度、高度、航线等进行设置。

## 二、专用部分

1. 中型无人直升机巡检系统

中型无人直升机巡检系统满足以下要求：

（1）中型无人直升机巡检系统宜具备可替换的可见光和红外机载吊舱，替换操作应简便，能在工作现场完成。

（2）宜具备巡检任务界面和飞行控制界面分屏显示的功能。

（3）光电吊舱应具有陀螺增稳和步进拍照功能。

（4）中型无人直升机巡检系统应装有左红、右绿、尾白的航行灯。

（5）巡检目标与图像、视频应建立对应关系，在可见光图像中可标识出杆塔号及线路名称等信息。

（6）应支持航路点信息的批量导入和导出。

2. 小型无人直升机巡检系统

小型无人直升机巡检系统满足以下要求：

（1）应具有机头重定向功能。机头重定向（nose redirection）是指对无人机机头朝向进行重新指定，无论无人机机头指向何方，均能按手柄或按键的操控方向飞行。

（2）机载云台应具有陀螺增稳功能。

（3）无人机外壳宜选用绝缘材料。

（4）应装有航行灯，用于显示机头朝向，表示不同飞行状态或警示作用。机头应有明显标识。

# 第三节 架空输电线路无人直升机巡检系统技术指标要求

## 一、中型无人直升机巡检系统技术指标要求

中型无人直升机巡检系统技术指标项目及要求见表2-7-3-1。

## 二、小型无人直升机巡检系统技术指标要求

小型无人直升机巡检系统技术指标项目及要求见表2-7-3-2。

表2-7-3-1　　中型无人直升机巡检系统技术指标项目及要求

| 序号 | 技术指标名称 | 应 满 足 要 求 |
|---|---|---|
| 1 | 环境适应性 | （1）存储温度范围：$-20 \sim +65℃$。<br>（2）工作温度范围：$-20 \sim +55℃$。<br>（3）相对湿度不大于95%（+25℃）。<br>（4）抗风能力不小于10m/s（距地面2m高，瞬时风速）。<br>（5）抗雨能力：能在小雨（12h内降水量小于5mm的降雨）环境条件下短时飞行 |
| 2 | 飞行性能 | （1）巡检实用升限（满载，一般地区）不小于2000m（海拔）。<br>（2）巡检实用升限（满载，高海拔地区）不小于3500m（海拔）。<br>（3）续航时间（满载，经济巡航速度）不小于50min。<br>（4）悬停时间不小于30min。<br>（5）最大爬升率不小于3m/s。<br>（6）最大下降率不小于3m/s |
| 3 | 质量指标 | （1）空机质量：7～116kg。<br>（2）正常任务载重（满油）一般大于10kg |
| 4 | 航迹控制精度 | （1）水平航迹与预设航线误差不大于5m。<br>（2）垂直航迹与预设航线误差不大于5m |
| 5 | 通信 | （1）数传延时不大于80ms，误码率不大于$1\times10^{-6}$。<br>（2）传输带宽不小于2Mbit/s，图传延时不大于300ms。<br>（3）距地面高度60m时最小数传通信距离不小于5km。<br>（4）距地面高度60m时最小图传通信距离不小于5km |
| 6 | 任务载荷 | （1）可见光图像检测效果要求：在距离目标50m处获取的可见光图像中可清晰辨识3mm的销钉级目标。<br>（2）高清可见光摄像机帧率不小于24Hz；支持数字及模拟信号输出，支持高清及标清格式；连续可变视场。<br>（3）红外热像仪分辨率不小于640×480像素；热灵敏度不大于100mK；输出信号制式PAL；在距离目标50m处，可清晰分辨出发热点。<br>（4）吊舱回转范围方位：$n\times360°$；俯仰：$+20° \sim -90°$。<br>（5）吊舱回转方位和俯仰角速度不小于60°/s。<br>（6）吊舱稳定精度不大于100μrad（RMS）。<br>（7）机载存储应采用插拔式存储设备，存储空间不小于64GB |

续表

| 序号 | 技术指标名称 | 应满足要求 |
|---|---|---|
| 7 | 地面展开时间、撤收时间 | （1）地面展开时间不大于 30min。<br>（2）撤收时间不大于 15min |
| 8 | 平均无故障间隔时间 | 不小于 50h |
| 9 | 整机寿命 | 不小于 500h |
| 10 | 编辑飞行航点 | 不小于 200 个 |

表 2-7-3-2　　小型无人直升机巡检系统技术指标项目及要求

| 序号 | 技术指标名称 | 应满足的要求 |
|---|---|---|
| 1 | 环境适应性 | （1）存储温度范围：-20～+65℃。<br>（2）工作温度范围：-20～+55℃。<br>（3）相对湿度不大于 95%（+25℃）。<br>（4）抗风能力不小于 10m/s（距地面 2m 高，瞬时风速）。<br>（5）抗雨能力：能在小雨（12h 内降水量小于 5mm 的降雨）环境条件下短时飞行 |
| 2 | 飞行性能 | （1）巡检实用升限（满载，一般地区）不小于 3000m（海拔）。<br>（2）巡检实用升限（满载，高海拔地区）不小于 4500m（海拔）。<br>（3）悬停时间不小于 20min（满载）。<br>（4）最大爬升率不小于 3m/s。<br>（5）最大下降率不小于 3m/s |
| 3 | 质量 | 不含电池、任务设备、云台的空机质量不大于 7kg |
| 4 | 飞行控制精度 | （1）地理坐标水平精度小于 1.5m。<br>（2）地理坐标垂直精度小于 3m。<br>（3）正常飞行状态下，小型无人直升机巡检系统飞行控制精度水平小于 3m。<br>（4）正常飞行状态下，小型无人直升机巡检系统飞行控制精度垂直小于 5m |
| 5 | 通信 | （1）数传延时不大于 20ms，误码率不大于 $1\times10^{-6}$。<br>（2）传输带宽不小于 2Mbit/s（标清），图传延时不大于 300ms。<br>（3）距地面高度 40m 时数传距离不小于 2km。<br>（4）距地面高度 40m 时图传距离不小于 2km |
| 6 | 任务载荷 | （1）可见光传感器的成像照片应满足在距离不小于 10m 处清晰分辨销钉级目标的要求。有效像素不少于 1200 万像素。<br>（2）红外传感器的影像应满足在距离 10m 处清晰分辨发热故障。分辨率不低于 640×480；热灵敏度不低于 50mK；测温精度不低于 2K；测温范围-20～+150℃。<br>（3）可视范围应保证水平-180°～+180°，同时俯仰角度范围-60°～+30°。<br>（4）机载存储应采用插拔式存储设备，存储空间不小于 32GB |
| 7 | 地面展开时间、撤收时间 | （1）地面展开时间不大于 5min。<br>（2）撤收时间不大于 5min |
| 8 | 平均无故障工作间隔时间 | 不小于 50h |
| 9 | 整机寿命 | 不小于 500h 或 1000 个架次（以先到者为准） |
| 10 | 可编辑飞行航点 | 不小于 50 个 |

## 三、其他要求

（1）中型无人直升机巡检系统最小起降场地面积应不超过 5m×5m，小型无人直升机巡检系统最小起降场地面积应不超过 2m×2m，起降场地周边净空环境满足安全起降要求。

（2）无人直升机巡检系统所有部件均应能够满足相关国家标准的要求。

（3）任务设备、电池及配套使用工具等均应装箱储运，便于携带运输。

（4）连接接头应具有良好的外绝缘强度、各触点间导通性良好，接头连接牢固、可靠，应具备防误插功能，满足长时间连续使用的需要。

（5）电池循环寿命应不小于 300 次，0～45℃应能正常充电，在充电及储运状态下应有防爆、阻燃等安全措施。电池宜有固定卡槽，固定于机身上，电源接口宜采用防火花接头。电池（包括飞控电池、舵机电池、任务设备电池以及地面站电池等）单次使用时间应大于相应机型的续航时间。

（6）中型无人直升机油箱应具备一定的抗冲击性和防腐

蚀性，宜有油量指示。

（7）中型无人直升机分系统应能与任务载荷分系统集成。中型无人直升机巡检系统集成要求见本章第五节。

（8）无人直升机巡检系统应配备飞行模拟仿真培训系统以及培训教材等，所用语言应采用中文。

（9）无人直升机巡检系统的移交资料见表2-7-3-3，无人直升机巡检系统的移交资料包括但不限于表2-7-3-3中所列的内容。

表2-7-3-3　无人直升机巡检系统移交资料目录列表

| 序号 | 名　称 | 数量/份 | 备　注 |
|---|---|---|---|
| 1 | 装箱清单表 | 1 | |
| 2 | 技术规格书 | 2 | 包括但不限于型号、结构、技术参数、执行标准等 |
| 3 | 操作手册 | 2 | |
| 4 | 维护手册 | 2 | |
| 5 | 备品备件清单 | 1 | |
| 6 | 随机工具和仪器清单 | 1 | |
| 7 | 出厂检验报告 | 1 | |
| 8 | 出厂合格证 | 1 | |
| 9 | 系统软硬件版本信息表 | 1 | |
| 10 | 故障记录表 | 1 | |
| 11 | 维护记录表 | 1 | |

## 第四节　检测试验内容

表2-7-4-1和表2-7-4-2分别列出了中、小型无人直升机巡检系统型式试验和出厂检验的检测内容和试验方法参照标准。

表2-7-4-1　　　　中型无人直升机巡检系统检测试验内容

| 序号 | 检验项目 | 型式试验 | 出厂检验 | 检测对象 | 试验方法参考标准 |
|---|---|---|---|---|---|
| 1 | 外观及尺寸测量 | ● | ● | 无人直升机分系统、任务载荷分系统 | |
| 2 | 重量测量 | ● | ● | 无人直升机分系统、任务载荷分系统 | |
| 3 | 输出电压稳定性测试 | ● | ● | 无人直升机分系统 | ※ |
| 4 | 电压适应性测试 | ● | ● | 任务载荷分系统 | ※ |
| 5 | 输出功耗测试 | ● | ● | 无人直升机分系统 | ※ |
| 6 | 功耗测试 | ● | ● | 任务载荷分系统 | ※ |
| 7 | 高低温贮存试验 | ● | ○ | 无人直升机分系统、任务载荷分系统 | GB/T 2423.1 |
| 8 | 高低温工作试验 | ● | ○ | 无人直升机分系统、任务载荷分系统 | GB/T 2423.1 |
| 9 | 湿热试验 | ● | ○ | 无人直升机分系统、任务载荷分系统 | GB/T 2423.1 |
| 10 | 冲击试验 | ● | ○ | 无人直升机分系统、任务载荷分系统 | GB/T 2423.5 |
| 11 | 跌落试验（带包装） | ● | ○ | 无人直升机分系统、任务载荷分系统 | GB/T 2423.8 |
| 12 | 振动试验 | ● | ○ | 无人直升机分系统、任务载荷分系统 | GB/T 2423.10 |
| 13 | 低气压试验 | ● | ○ | 无人直升机分系统、任务载荷分系统 | GB/T 2423.21 |
| 14 | 淋雨试验 | ● | ○ | 无人直升机分系统 | GB 4208 |
| 15 | 温度变化试验 | ● | ○ | 任务载荷分系统 | GB/T 2423.22 |
| 16 | 电磁兼容测试试验 | ● | ○ | 无人直升机分系统、任务载荷分系统、整套系统 | GB/T 17626.03 |
| 17 | 任务编辑试验 | ● | ● | 无人直升机分系统 | ※ |
| 18 | 自检试验 | ● | ● | 无人直升机分系统 | ※ |
| 19 | 全自主起降试验 | ● | ● | 无人直升机分系统 | ※ |
| 20 | 飞行模式验证及切换试验 | ● | ● | 无人直升机分系统 | ※ |
| 21 | 三维程控飞行试验 | ● | ● | 无人直升机分系统 | ※ |

续表

| 序号 | 检验项目 | 型式试验 | 出厂检验 | 检测对象 | 试验方法参考标准 |
|---|---|---|---|---|---|
| 22 | 安全策略试验 | ● | ● | 无人直升机分系统 | ※ |
| 23 | 巡航速度测试试验 | ● | ● | 无人直升机分系统 | ※ |
| 24 | 抗风能力试验 | ● | ○ | 无人直升机分系统 | ※ |
| 25 | 淋雨试验 | ● | ○ | 无人直升机分系统 | GB/T 2423.38 |
| 26 | 巡航时间测试试验 | ● | ● | 无人直升机分系统 | ※ |
| 27 | 测控距离测试试验 | ● | ● | 无人直升机分系统 | ※ |
| 28 | 最大起飞重量测试试验 | ● | ○ | 无人直升机分系统 | ※ |
| 29 | 任务载重测试试验 | ● | ● | 无人直升机分系统 | ※ |
| 30 | 软件测试试验 | ● | ○ | 无人直升机分系统 | ※ |
| 31 | 可见光检测效果试验 | ● | ● | 任务载荷分系统 | ※ |
| 32 | 红外光检测效果试验 | ● | ● | 任务载荷分系统 | ※ |
| 33 | 吊舱旋转角度范围测试试验 | ● | ● | 任务载荷分系统 | ※ |
| 34 | 吊舱回转速率测试试验 | ● | ● | 任务载荷分系统 | ※ |
| 35 | 稳定精度测试试验 | ● | ● | 任务载荷分系统 | ※ |
| 36 | 跟踪精度测试试验 | ● | ● | 任务载荷分系统 | ※ |
| 37 | 电池充放电次数试验 | ● | ○ | 无人直升机分系统、任务载荷分系统 | QC/T 743 |
| 38 | 电池放电特性试验（−20～+60℃） | ● | ○ | 无人直升机分系统、任务载荷分系统 | QC/T 743 |
| 39 | 电池安全试验 | ● | ○ | 无人直升机分系统、任务载荷分系统 | QC/T 743 |
| 备注 | ●表示规定必须做的项目；○表示规定可不做的项目；※表示相关标准，另行规定 | | | | |

表 2-7-4-2　　　　小型无人直升机巡检系统的检测试验内容

| 序号 | 检验项目 | 型式试验 | 出厂检验 | 试验方法参考标准 |
|---|---|---|---|---|
| 1 | 外观及尺寸测量 | ● | ● | |
| 2 | 重量测量 | ● | ● | |
| 3 | 高低温贮存试验 | ● | ○ | GB/T 2423.1 |
| 4 | 高低温工作试验 | ● | ○ | GB/T 2423.1 |
| 5 | 湿热试验 | ● | ○ | GB/T 2423.1 |
| 6 | 跌落试验（带包装） | ● | ○ | GB/T 2423.8 |
| 7 | 振动试验 | ● | ○ | GB/T 2423.10 |
| 8 | 低气压试验 | ● | ○ | GB/T 2423.21 |
| 9 | 温度变化试验 | ● | ○ | GB/T 2423.22 |
| 10 | 淋雨试验 | ● | ○ | GB 4208、GB/T 2423.38 |
| 11 | 抗风能力试验 | ● | ○ | ※ |
| 12 | 电磁兼容测试试验 | ● | ○ | GB/T 17626.3 |
| 13 | 任务编辑试验 | ● | ● | ※ |
| 14 | 自检试验 | ● | ● | ※ |
| 15 | 全自主起降试验 | ● | ● | ※ |
| 16 | 飞行模式验证及切换试验 | ● | ● | ※ |

续表

| 序号 | 检验项目 | 型式试验 | 出厂检验 | 试验方法参考标准 |
|---|---|---|---|---|
| 17 | 三维程控飞行试验 | ● | ● | ※ |
| 18 | 安全策略试验 | ● | ● | ※ |
| 19 | 最大平飞速度测试试验 | ● | ○ | ※ |
| 20 | 最大巡航时间测试试验 | ● | ● | ※ |
| 21 | 测控距离测试试验 | ● | ● | ※ |
| 22 | 最大起飞重量测试试验 | ● | ○ | ※ |
| 23 | 任务载重测试试验 | ● | ○ | ※ |
| 24 | 软件测试试验 | ● | ○ | ※ |
| 25 | 可见光检测效果试验 | ● | ● | ※ |
| 26 | 红外光检测效果试验 | ● | ● | ※ |
| 27 | 任务设备旋转角度范围测试试验 | ● | ● | ※ |
| 28 | 吊舱回转速率测试试验 | ● | ○ | ※ |
| 29 | 电池充放电次数试验 | ● | ○ | QC/T 743 |
| 30 | 电池放电特性试验（−20～＋60℃） | ● | ○ | QC/T 743 |
| 31 | 电池安全试验 | ● | ○ | QC/T 743 |
| 备注 | ●表示规定必须做的项目；○表示规定可不做的项目；※表示相关标准，另行规定 | | | |

# 第五节　中型无人直升机巡检系统内部集成要求

本节适用于国家电网公司输电线路巡检用中型无人直升机和任务吊舱的适配。本节对中型无人直升机和任务吊舱配装所涉及的机械、电气和通信等接口进行了规定，在保证各项性能指标的基础上，充分考虑了规范化、通用性、可靠性。中型无人直升机厂商和任务吊舱厂商均须按照本规约规定的适配接口协议执行。

## 一、术语及定义

（1）中型无人直升机系统：具有垂直起降、自主飞行和通信功能的无人机系统，由中型无人直升机和地面控制站组成。

（2）任务吊舱：可固定安装于无人直升机且具备图像获取、陀螺增稳等功能的检测装置，由机载吊舱和地面显控单元组成。

（3）载机：可搭载任务吊舱的中型无人直升机。

（4）安装支架：用于紧固连接载机和任务吊舱的结构架。

（5）安装面：吊舱安装支架与载机紧固连接点形成的平面。

（6）上行报文：吊舱地面显控单元通过无人机系统提供的透明串口传输至机载吊舱的报文。

（7）下行报文：机载吊舱通过无人机系统提供的透明串口传输至吊舱地面显控单元的报文。

（8）地理信息报文：载机向机载吊舱发送的包含地理位置信息的报文。

## 二、机械接口规约

1. 安装空间适配

（1）载机应提供足够的安装空间，安装面距离地面不小于520mm（确保吊舱在载机上安装后最下端离地面高度不得小于140mm），安装支架的安装面积不小于250mm×250mm，允许转塔回转空间直径不小于270mm。

（2）吊舱体回转直径不大于250mm，总高度不大于400mm，吊舱高出安装面以上部分不得大于20mm，如图2-7-5-1所示。

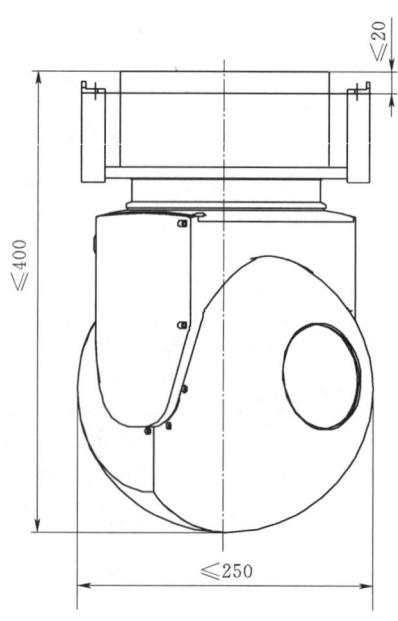

图2-7-5-1　单光源吊舱外形图
（单位：mm）

## 2. 质量适配

(1) 载机的飞行有效载荷应不小于 10kg。

(2) 单光源吊舱质量不大于 7kg（包括安装支架、无角位移减震器、紧固金具、数据存储设备、电缆等）。

## 3. 连接方式

安装支架采用 4 个 M5 螺钉、弹簧垫片（或螺纹锁止胶）与载机连接安装，4 个 M5 螺钉等安装，如图 2-7-5-2 所示。

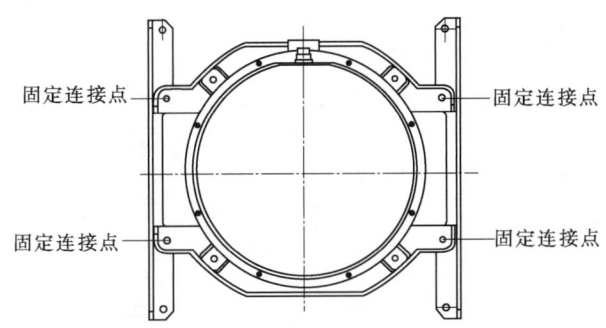

图 2-7-5-2 单光源吊舱安装及支架外形图

## 4. 电缆安装

电缆走线应充分考虑安装及检查的易操作性，布置于吊舱的侧边。为保护电缆不发生折断和安装的便捷性，电缆安装不应与安装支架、载机等干涉。

## 5. 装卸时间

载机与任务吊舱的安装对接应方便、快捷，吊舱挂载或卸载时间不大于 0.5h。

## 三、电源接口规约

### 1. 电压适配

(1) 载机供电电压为直流 28(1±15%)V，纹波系数小于 3%。

(2) 吊舱适应电压范围为直流 28(1±20%)V，允许纹波系数 3%。

### 2. 功率适配

(1) 载机供电峰值功率应不小于 80W，持续功率不小于 60W。

(2) 任务吊舱的峰值功率应不大于 70W，持续功率不大于 55W。

## 四、通信接口规约

### 1. 控制接口

(1) 控制接口采用 RS422 全双工串口，用于接收控制命令和发送遥测信息。接插件形式见有关标准的规定。

(2) 无人机地面控制站与吊舱显控单元控制接口采用 9600bit/s 通信波特率。字节定义为每字节 8 个数据位，1 个起始位，1 个停止位，无奇偶校验，具体报文规约见下面 2 的内容。

(3) 机载飞控需向机载吊舱提供地理信息报文，控制接口采用 9600bit/s 通信波特率。字节定义为每字节 8 个数据位，1 个起始位，1 个停止位，无奇偶校验，具体报文规约见下面 2 的内容。

### 2. 报文规约

本规约规定的报文中每个字节的发送顺序为：高位先发。

(1) 上行报文。

1) 周期：事件发送（操控杆控制有效状态下 $T=80ms$）。

2) 上行报文长度：1 帧报文由 32 字节组成。

3) 上行报文字节示意图如图 2-7-5-3 所示。

4) 上行报文格式定义见表 2-7-5-1。

(2) 下行报文。

1) 周期：$T=80ms$。

2) 下行报文长度：1 帧报文由 20 字节组成。

3) 下行报文字节定义如图 2-7-5-4 所示。

4) 下行报文内容定义见表 2-7-5-2。

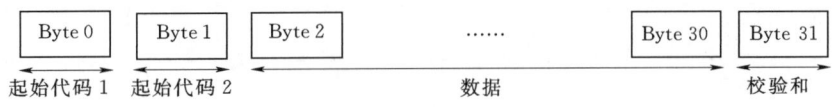

图 2-7-5-3 上行报文字节示意图

表 2-7-5-1　　　　　　　　　　上 行 报 文 格 式 定 义

| Byte | 数据格式 | 描述 | Byte | 数据格式 | 描述 |
|---|---|---|---|---|---|
| 0 | 十六进制 | 53H（帧头标识符） | 30 | 十六进制 | 00H（帧尾结束符） |
| 1 | 十六进制 | 47H（帧头标识符） | 31 | 十六进制 | 校验和 $=\sum iByte (i=0\sim30)$ |
| 2~29 | 自定 | 自用 | | | |

注 如在数据帧中出现了和帧头或帧尾相同的字符，必须进行转译。

图 2-7-5-4 下行报文字节示意图

(3) 地理信息通信报文。

1) 周期：发送地理信息（$T=0.5s$）。

2) 报文长度：1 帧报文由 40 字节组成。

3) 报文字节定义如图 2-7-5-5 所示。

4) 地理信息报文格式定义见表 2-7-5-3。

## 五、视频接口和图像数据接口

### 1. 视频接口

(1) 标清视频制式：PAL。

(2) 红外视频制式：PAL。

# 第七章 架空输电线路无人直升机巡检系统

表 2-7-5-2　　　　　　　　　　　　下行报文内容定义

| Byte | 数据格式 | 描述 | Byte | 数据格式 | 描述 |
|---|---|---|---|---|---|
| 0 | 十六进制 | 53H（帧头） | 17 | 自定 | 备用 |
| 1 | 十六进制 | 47H（帧头） | 18 | 十六进制 | 00H（帧尾结束符） |
| 2～16 | 自定 | 自用 | 19 | 十六进制 | 校验和 $=\sum i$ Byte $(i=0\sim 18)$ |

注　如在数据帧中出现了和帧头或帧尾相同的字符，必须进行转译。

图 2-7-5-5　报文字节示意图

表 2-7-5-3　　　　　　　　　　　　地理信息报文格式定义

| Byte | 数据格式 | 描述 |
|---|---|---|
| 0 | 十六进制 | 53H（帧头） |
| 1 | 十六进制 | 67H（帧头） |
| 2～5 | 有符号整型数 | 经度，比例系数 $1.00\times 10^{-7}$，单位：（°） |
| 6～9 | 有符号整型数 | 纬度，比例系数 $1.00\times 10^{-7}$，单位：（°） |
| 10～11 | 无符号整型数 | 速度，单位：mm/s |
| 12～14 | 有符号整型数 | 海拔，单位：m |
| 15～17 | 有符号整型数 | 载机滚转角度：向右滚转为正，向左滚转为负，单位：μrad |
| 18～20 | 有符号整型数 | 载机俯仰角度：向后俯仰为正，向前俯仰为负，单位：μrad |
| 21～23 | 有符号整型数 | 载机航角度：正北为 0，向东为正，向西为负，单位：μrad |
| 24 | 无符号整型数 | 年（YY） |
| 25 | 无符号整型数 | 月（MM） |
| 26 | 无符号整型数 | 日（DD） |
| 27 | 无符号整型数 | 时（24时） |
| 28 | 无符号整型数 | 分 |
| 29 | 无符号整型数 | 秒 |
| 30～37 | 自定 | 备用 |
| 38 | 十六进制 | 00H（帧尾结束符） |
| 39 | 十六进制 | 校验和 $=\sum i$ Byte $(i=0\sim 38)$ |

注　如在数据帧中出现了和帧头或帧尾相同的字符，必须进行转译。

**2. 图像数据接口**

图像数据接口主要用于下载已采集的图像数据的，考虑可靠性和使用寿命等条件，可采用插拔存储介质（如 SD 卡等）用于存储可见光相机、红外热像仪存储的热图数据。

**六、电气接插件规格**

（1）吊舱与飞机之间连接电缆由吊舱厂家提供，采用 J599 系列航空电连接器。吊舱端采用 J599/24FC35PN，电缆端采用 J599/26FC35SN。

（2）吊舱供电电源由飞机提供，且能保证吊舱连续工作 1h 以上。

（3）接插芯功能定义见表 2-3-5-4。

表 2-7-5-4　　　　　　　　　　　接插芯功能定义

| 芯号 | 定  义 | 备 注 | 芯号 | 定  义 | 备 注 |
|---|---|---|---|---|---|
| 1 | 视频 1 芯线 | 可见光视频 | 12 | 备用 | |
| 2 | 视频 1 地 | 可见光视频 | 13 | 备用 | |
| 3 | 视频 2 芯线 | 红外视频 | 14 | +28V 电源 | |
| 4 | 视频 2 地 | 红外视频 | 15 | +28V 电源 | |
| 5 | 数字地 | | 16 | +28V 电源 | |
| 6 | RS422 吊舱发送＋ | | 17 | +28V 电源 | |
| 7 | RS422 吊舱发送－ | | 18 | 电源地 | |
| 8 | RS422 吊舱接收＋ | | 19 | 电源地 | |
| 9 | RS422 吊舱接收－ | | 20 | 电源地 | |
| 10 | 数字地 | | 21 | 电源地 | |
| 11 | 备用 | | 22 | 备用 | |

# 第八章

## 固定翼无人直升机巡检系统

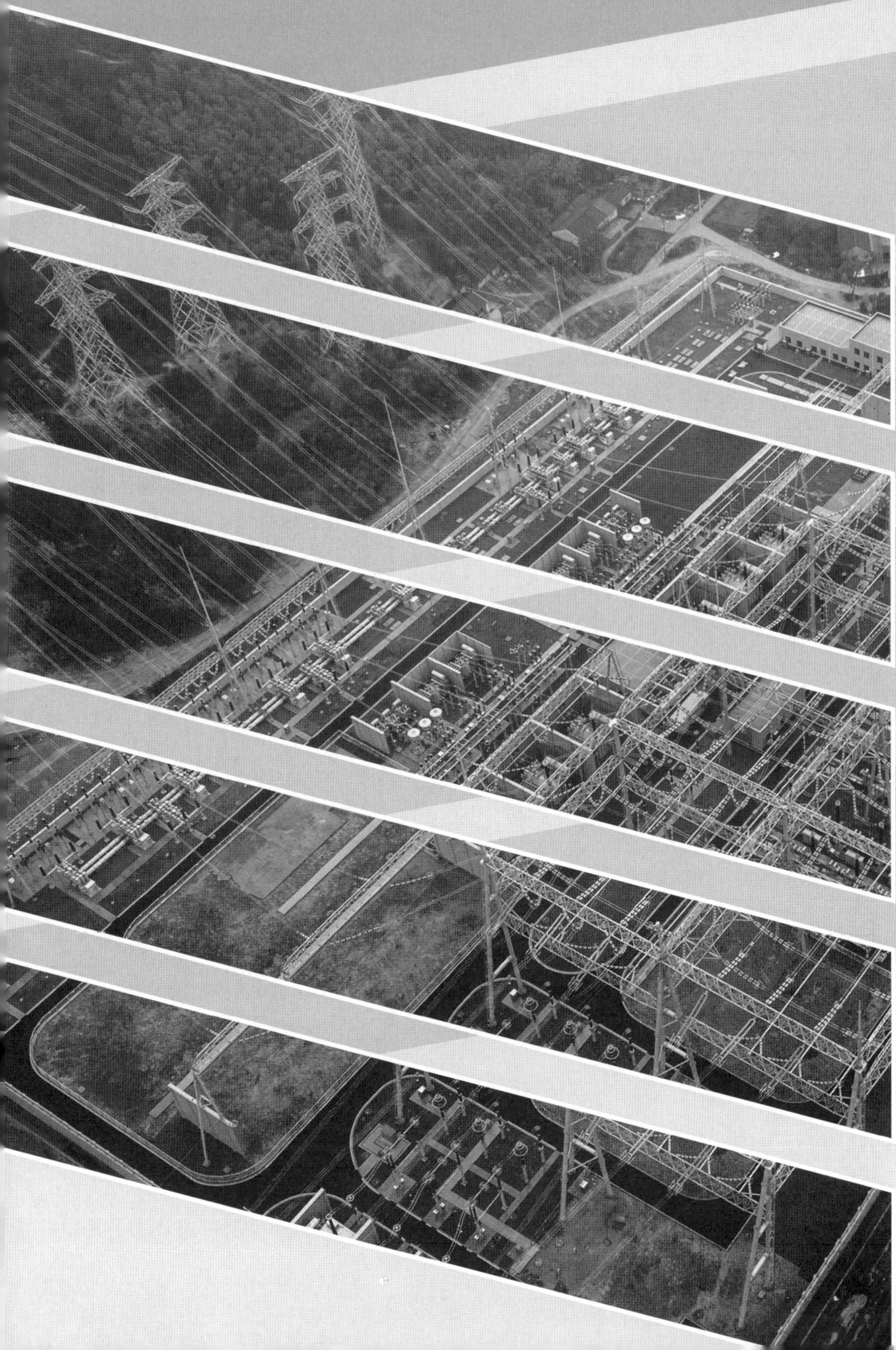

# 第一节　固定翼无人直升机分类和组成

## 一、固定翼无人直升机分类

### 1. 名词术语

固定翼无人直升机名词术语见表 2-8-1-1。

表 2-8-1-1　　固定翼无人直升机名词术语

| 序号 | 名 词 术 语 | 含 义 或 解 释 |
|---|---|---|
| 1 | 机载追踪器（airborne tracker） | 不依赖于机载电源和数传电台工作，能通过定时自动或受控应答方式与工作人员取得联系，确定无人机所在位置信息的机载设备 |
| 2 | 全自主起降（automatic take off and landing） | 无须人工操作，按照预先设置的指令完成起飞、着陆任务 |
| 3 | 手动飞行模式（manual flight） | 不依赖导航定位系统，固定翼无人机不受飞控系统闭环控制的飞行模式 |
| 4 | 增稳飞行模式（augmentation flight） | 导航定位系统不参与控制，飞行控制系统控制固定翼无人机飞行姿态，操作人员控制速度、航向、高度等的飞行模式 |
| 5 | 全自主飞行模式（automatic flight） | 固定翼无人机完全由飞控系统闭环控制的飞行模式 |
| 6 | 滑跑起降（sliding takeoff and landing） | 固定翼无人机在起飞和降落时需要在跑道上滑行一段距离的起降方式 |
| 7 | 弹射起飞（catapult takeoff） | 固定翼无人机利用弹射装置施加推力，提高初始速度完成起飞的方式 |
| 8 | 手抛起飞（hand throw takeoff） | 固定翼无人机借助人力抛掷完成起飞的方式 |
| 9 | 机腹擦地着陆（belly landing） | 固定翼无人机借助机腹与地面的摩擦完成降落回收的方式 |
| 10 | 伞降回收（parachute landing） | 固定翼无人机利用降落伞完成降落回收的方式 |
| 11 | 撞网回收（arrested landing） | 固定翼无人机利用拦阻网和缓冲装置完成降落回收的方式 |
| 12 | 三维程控飞行（3D programmed flight） | 由计算机自动控制无人机按照预设航线变高程飞行的控制方式 |
| 13 | 一键返航（a key to return） | 不论无人机处于何种飞行状态，只要操作人员通过地面控制站或遥控手柄上的特定功能键（按钮）启动该功能，无人机应中止当前任务，按预先设定的策略返航 |
| 14 | 真高（actual height） | 固定翼无人机飞行时距离地面的垂直距离 |

### 2. 固定翼无人直升机系统分类

（1）中型固定翼无人机。中型固定翼无人机是指空机质量大于 7kg 且小于等于 20kg 的固定翼无人机，续航时间一般大于等于 2h，适用于大范围通道巡检、应急巡检和灾情普查。

（2）小型固定翼无人机。小型固定翼无人机是指空机质量小于等于 7kg 的固定翼无人机，续航时间一般大于等于 1h，适用于小范围通道巡检、应急巡检和灾情普查。

## 二、固定翼无人直升机巡检系统组成

固定翼无人直升机巡检系统包括固定翼无人机分系统、任务载荷分系统和综合保障分系统。

### 1. 固定翼无人机分系统

固定翼无人机分系统包括固定翼无人机平台、通信系统和地面站系统。

（1）固定翼无人机平台包括无人机本体和飞行控制系统，装有机载追踪器和飞行数据记录仪，中型固定翼无人机还增配北斗卫星机载追踪器。

（2）通信系统包括数据传输系统和视频传输系统。

（3）固定翼无人机巡检系统的地面站系统包括硬件设备、飞行控制软件和检测软件等，具备系统航迹及参数显示和控制等功能。

### 2. 任务载荷分系统

固定翼无人机任务载荷分系统包括任务设备和地面显控单元。

（1）任务设备。任务设备包括可见光照相机和可见光摄像机，可根据巡检任务需求选择搭载红外检测设备。

（2）地面显控单元。地面显控单元可以实时显示视频的设备。

### 3. 综合保障分系统

固定翼无人机综合保障分系统一般包括供电设备、动力供给（燃料或动力电池）、发射回收装置、专用工具、备品备件等，根据需要可配备储运车辆。

# 第二节　固定翼无人直升机功能要求

## 一、起降方式

固定翼无人机起降方式应满足以下要求：

（1）宜具备全自主起降功能。

（2）起飞可采用滑跑、弹射、手抛等方式。

（3）降落可采用伞降、滑跑、机腹擦地、撞网等方式，其中伞降为必备方式。

(4) 机载任务设备、电机/发动机等核心部件应具有适当防护措施，防止着陆时受直接冲击。

(5) 采用机腹擦地方式降落的固定翼无人机，触地部位应使用耐磨材料。

(6) 采用伞降方式的固定翼无人机，机体应具备适当保护措施。

(7) 采用撞网方式降落的无人机，机体布局应采用后置螺旋桨的布局形式。

## 二、飞行功能

固定翼无人机飞行功能应满足以下要求：

(1) 应具备一键返航功能。

(2) 飞行控制系统应具备三维程控飞行功能。

(3) 一般应具备手动、增稳和全自主飞行模式，三种飞行模式可自由无缝切换，切换过程中，固定翼无人机应保持稳定的飞行状态和飞行姿态。

(4) 在自主飞行模式下执行任务时，具备定点盘旋功能，相关参数可灵活设置。

(5) 飞行状态和任务模式可灵活设置，设置内容包括但不限于飞行航线、高度、速度、起飞和降落方式、安全策略等，且在地面站上应有参数设置界面。

(6) 应具备在线任务规划功能，支持通过地面站在飞行过程中实时修改航路点。

(7) 飞行任务可保存，并支持重复调用和编辑，且应支持航路点信息批量导入和导出。

(8) 飞行数据可在线记录，具有飞行数据下载和分析工具。

## 三、通信功能

固定翼无人机的通信功能应能满足以下要求：

(1) 应能够实现固定翼无人机分系统的测控数据上传和下载。

(2) 应能够实现任务载荷分系统的测控数据上传和下载。

(3) 具有实时视频传输功能。

## 四、任务功能

固定翼无人机的任务功能应满足以下要求：

(1) 同时具备拍照、全程摄像功能。

(2) 拍照支持手动和自动模式（定点、定时和定距）。

(3) 可见光图像和视频数据均可机载保存，同时能记录图像获取的时间和位置信息。

(4) 红外检测设备应具备伪彩显示功能。

## 五、地面显示功能

固定翼无人机的地面显示功能应满足以下要求：

(1) 应具备地图导入及显示功能，且预设航线、飞行航迹和机头指向等应能在地图中显示。

(2) 应具备飞行状态、通信状态等遥测参数的显示和记录功能，宜具备发动机（电机）状态显示和记录功能。

(3) 宜具备巡检任务界面和飞行控制界面分屏显示的功能。

(4) 应采用高亮屏，在户外阳光下应能清晰显示。

(5) 人机交互界面应为中文界面。

## 六、安全保护功能

固定翼无人机的安全保护功能应满足以下要求：

(1) 应具有自检功能，自检项目应至少包括飞行控制模块、电池电压量、发动机（电机）工况、遥控遥测信号等。以上任一部件故障，均能进行声、光报警，并且系统锁死，无法起飞。根据报警提示，应能确定故障部件。

(2) 应具备飞行状态、通信状态、发动机（电机）状态等参数越限告警功能，报警方式应为声、光报警。

(3) 应具备安全控制策略，包括返航策略和应急降落策略。返航策略应至少包括原航线返航和直线返航，可对返航触发条件、飞行速度、高度、航线等进行设置。应急降落策略触发条件可设置。

(4) 若采用弹射起飞，弹射触发启动装置需具备防误操作措施。

# 第三节　固定翼无人直升机技术要求及其他要求

## 一、环境适应性

固定翼无人机应满足以下环境适应性要求：

(1) 存储温度范围：－20～＋65℃。

(2) 工作温度范围：－20～＋55℃（电动）、－30～＋55℃（油动）。

(3) 相对湿度：≤90%（＋25℃）。

(4) 抗风能力：≥10m/s（距地面2m高，瞬时风速）。

(5) 抗雨能力：能在小雨（12h内降水量小于5mm的降雨）环境条件下短时飞行。

## 二、起降技术指标

固定翼无人机应满足以下起降技术指标要求：

(1) 用滑跑方式起飞、降落或采用机腹擦地方式降落时，滑跑距离应小于50m。

(2) 弹射架应可折叠，折叠后长度不宜超过2m，重量不宜超过30kg。

(3) 采用伞降降落方式时，开伞位置控制误差不宜大于15m。

## 三、飞行性能技术指标

固定翼无人机应满足以下飞行性能技术指标要求：

(1) 巡航速度：60～100km/h。

(2) 最大起飞海拔：≥4500m。

(3) 最大巡航海拔：≥5500m。

(4) 最小作业真高：≤150m。

(5) 中型固定翼无人机续航时间：≥2h，小型固定翼无人机续航时间：≥1h。

(6) 最小转弯半径：≤150m。

(7) 最大爬升率：≥3m/s。

(8) 最大下降率：≥3m/s。

## 四、任务载重

固定翼无人机应满足以下任务载重要求：

(1) 中型固定翼无人机正常任务载重：≥2kg。
(2) 小型固定翼无人机正常任务载重：≥0.5kg。

### 五、航迹控制精度

固定翼无人机应满足以下航迹控制精度要求：
(1) 水平航迹与预设航线误差：≤3m。
(2) 垂直航迹与预设航线误差：≤5m。

### 六、通信

固定翼无人机通信应满足以下要求：
(1) 传输带宽：≥2Mbit/s（标清），图传延时：≤300ms。
(2) 数传延时：≤80ms。
(3) 通视条件下最小数传距离：≥20km。
(4) 通视条件下最小图传距离：≥10km。

### 七、任务载荷

固定翼无人机任务载荷满足以下要求：
(1) 在作业真高200m时，采集的视频可清晰识别航线垂直方向上两侧各100m范围内的3m×3m静态目标。
(2) 在作业真高200m时，采集的图像可清晰识别航线垂直方向上两侧各100m范围内的0.5m×0.5m静态目标。
(3) 高清可见光摄像机帧率不小于24Hz；支持数字及模拟信号输出，支持高清及标清格式。
(4) 机载存储应采用插拔式存储设备，存储空间不小于64GB。

### 八、可靠性和可操作性

1. 固定翼无人机应满足的可靠性要求
(1) 平均无故障工作间隔时间 $MTBF \geqslant 50h$。
(2) 机械和电子部件定期检查保养周期不低于20个架次。
2. 固定翼无人机应满足的可操作性要求
(1) 展开时间：≤20min。
(2) 撤收时间：≤10min。
3. 固定翼无人机使用寿命
整机使用寿命不低于300架次。

### 九、其他要求

(1) 起降场地周边净空环境满足安全起降要求。
(2) 固定翼无人机巡检系统所有部件均应能够满足 GB/T 25480 的要求。
(3) 任务设备、电池及配套使用工具等均应装箱储运，便于携带运输。

(4) 连接接头应具有良好的外绝缘强度、各触点间导通性良好，接头连接牢固、可靠，应具备防误插功能，满足长时间连续使用的需要。
(5) 电池循环寿命应不少于300次，且应满足0~45℃可正常充电，在充电及储运状态下应有防爆、阻燃等安全措施。
(6) 电池宜有固定卡槽，固定于机身上，电源接口宜采用防火花接头。所有电池（包括飞控电池、舵机电池、任务设备电池以及地面站电池等）的单次使用时间应大于相应机型的续航时间。
(7) 油动型固定翼无人机油箱应具备一定的抗冲击性和防腐蚀性，宜有油量指示。
(8) 固定翼无人机巡检系统应配备飞行模拟仿真培训系统以及培训教材等，所用语言应采用中文。
(9) 架空输电线路固定翼无人直升机巡检系统的移交资料见表 2-8-3-1，架空输电线路固定翼无人机巡检系统的移交资料包括但不限于表 2-8-3-1 所列的内容。

表 2-8-3-1　架空输电线路固定翼无人直升机巡检系统的移交资料

| 序号 | 名　称 | 数量/份 | 备　注 |
|---|---|---|---|
| 1 | 装箱清单表 | 1 | |
| 2 | 技术规格书 | 2 | 包括但不限于型号、结构、技术参数、执行标准等 |
| 3 | 操作手册 | 2 | |
| 4 | 维护手册 | 2 | |
| 5 | 备品备件清单 | 1 | |
| 6 | 随机工具和仪器清单 | 1 | |
| 7 | 出厂检验报告 | 1 | |
| 8 | 出厂合格证 | 1 | |
| 9 | 系统软硬件版本信息表 | 1 | |
| 10 | 故障记录表 | 1 | |
| 11 | 维护记录表 | 1 | |

## 第四节　固定翼无人直升机的检测试验

对固定翼无人机巡检系统的专用检测试验内容，包括型式试验、出厂检验的内容见表 2-8-4-1。

表 2-8-4-1　固定翼无人直升机巡检系统的专用检测试验内容

| 序号 | 检验项目 | 型式试验 | 出厂检验 | 试验方法参照标准 |
|---|---|---|---|---|
| 1 | 外观及尺寸测量 | ● | ● | |
| 2 | 重量测量 | ● | ● | |
| 3 | 高低温贮存试验 | ● | ○ | GB/T 2423.1 |
| 4 | 高低温工作试验 | ● | ○ | GB/T 2423.1 |
| 5 | 湿热试验 | ● | ○ | GB/T 2423.1 |
| 6 | 冲击试验 | ● | ○ | GB/T 2423.5 |

续表

| 序号 | 检验项目 | 型式试验 | 出厂检验 | 试验方法参照标准 |
|---|---|---|---|---|
| 7 | 跌落试验（带包装） | ● | ○ | GB/T 2423.8 |
| 8 | 振动试验 | ● | ○ | GB/T 2423.10 |
| 9 | 低气压试验 | ● | ○ | GB/T 2423.21 |
| 10 | 温度变化试验 | ● | ○ | GB/T 2423.22 |
| 11 | 淋雨试验 | ● | ○ | GB 4208、GB/T 2423.38 |
| 12 | 电磁兼容测试试验 | ● | ○ | GB/T 17626.3 |
| 13 | 任务编辑试验 | ● | ● | ※ |
| 14 | 自检试验 | ● | ● | ※ |
| 15 | 全自主起降试验 | ● | ● | ※ |
| 16 | 飞行模式验证及切换试验 | ● | ● | ※ |
| 17 | 三维程控飞行试验 | ● | ● | ※ |
| 18 | 安全策略试验 | ● | ● | ※ |
| 19 | 巡航速度测试试验 | ● | ○ | ※ |
| 20 | 起飞海拔高度测试试验 | ● | ○ | ※ |
| 21 | 最小作业真高测试试验 | ● | ○ | ※ |
| 22 | 测控距离测试试验 | ● | ○ | ※ |
| 23 | 最大起飞重量测试试验 | ● | ○ | ※ |
| 24 | 最小转弯半径测试试验 | ● | ○ | ※ |
| 25 | 续航时间测试试验 | ● | ○ | ※ |
| 26 | 爬升率、下降率测试试验 | ● | ○ | ※ |
| 27 | 可见光检测效果试验 | ● | ● | ※ |
| 28 | 软件测试试验 | ● | ○ | ※ |
| 29 | 电池充放电次数试验 | ● | ○ | QC/T 743 |
| 30 | 电池放电特性试验（-20～+60℃） | ● | ○ | QC/T 743 |
| 31 | 电池安全试验 | ● | ○ | QC/T 743 |
| 备注 | ●表示规定必须做的项目；○表示规定可不做的项目；※表示相关标准，另行规定 | | | |

# 第九章

## 架空输电线路无人机巡检作业管理

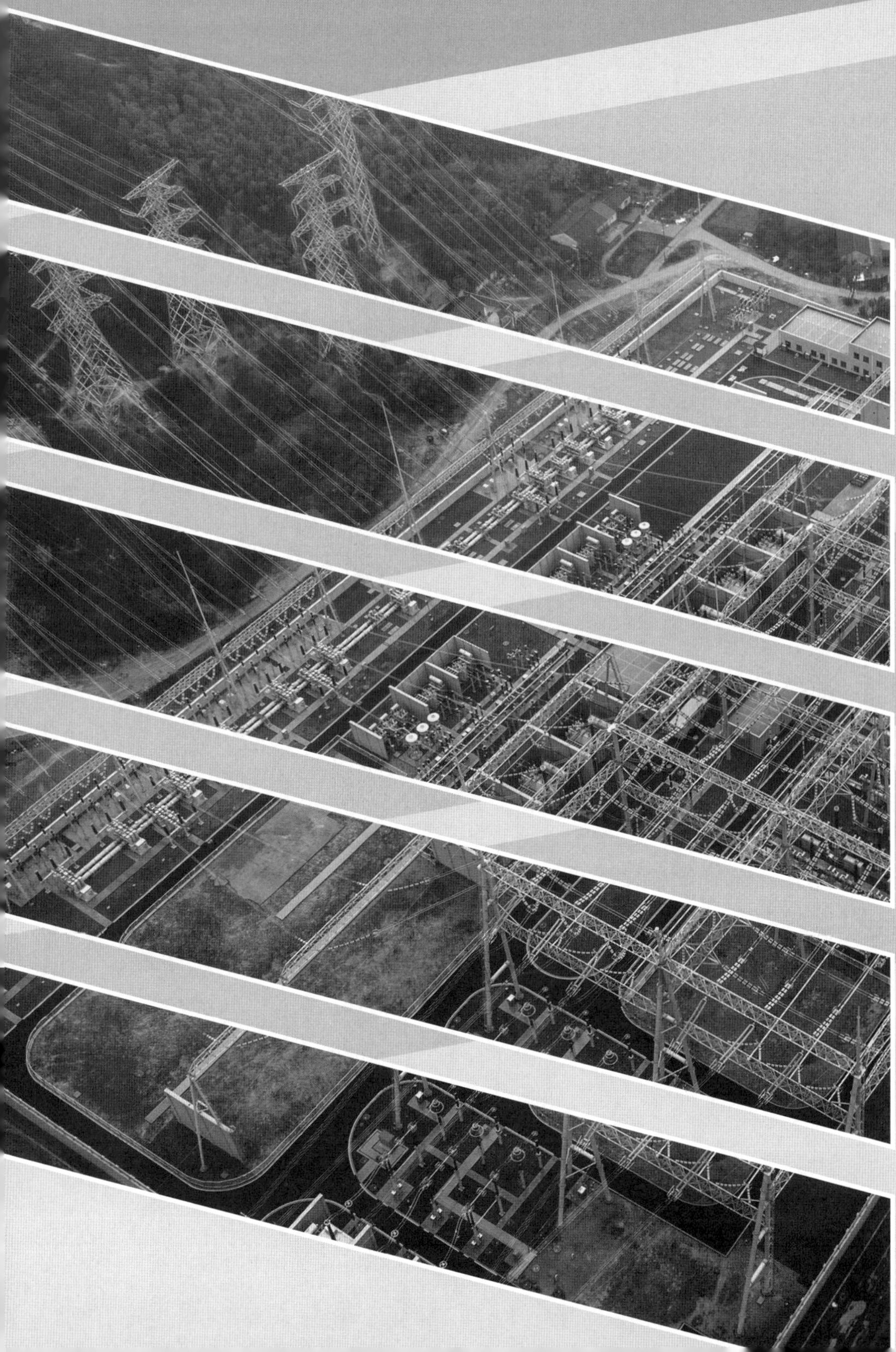

# 第一节　巡检计划的制订、上报及审批

## 一、制订上报审批流程和注意事项

1. 制订上报审批流程

无人机巡检作业计划的制订上报和审批流程如图2-9-1-1所示。

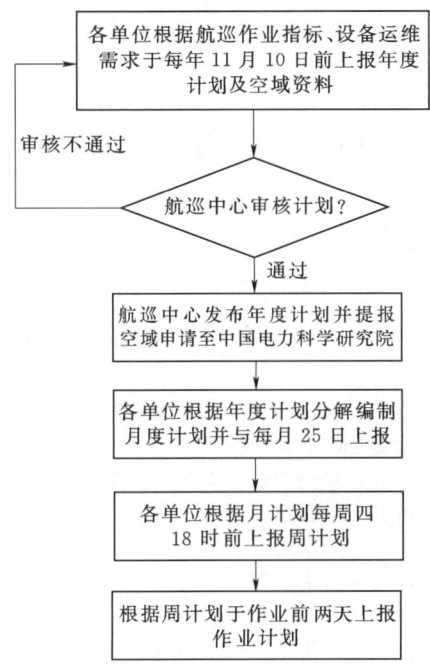

图2-9-1-1　无人机巡检作业计划的制订上报和审批流程图

2. 注意事项

各单位所辖区域涉及多个县级区域，应将同一县级区域内的全部线路尽量安排在同一月度进行巡视。若某一县区域内线路数量较多，可连续上报该区域月度计划，同一区域线路应集中连续作业，并且同一县级区域计划不得间断，应完成该区域后再进行另一县级区域线路计划上报；若各单位所辖线路途经多个县级区域，应将该线路分段进行考虑，将该线路在某一县级涉及的区段与该县级区域线路安排在同一月进行，每完成一条线路，对巡检佐证材料进行梳理，按季度汇总并上报航巡中心。

## 二、年度计划

各单位运维检修部结合设备运行工况，按照年度无人机巡检覆盖率不少于50%的任务量编制下一年度无人机飞行计划，各单位运维检修部审核后于每年11月10日前上报航巡中心，航巡中心统一审核后上报省公司设备管理部进行审批。

## 三、月计划

各单位运维检修部根据审批的年度计划，分解编制月计划，每月25日18时之前上报航巡中心进行审批，同时对当月无人机巡检工作进行总结，与月计划一起上报。

## 四、周计划

无人机巡检小组根据审批的月计划，结合线路所在地域的地理环境、气候以及空域管制情况，编制周计划，由各单位指定的航巡工作负责人每周四下午18时前上报航巡中心进行审批。

## 五、作业当日

根据空域申请相关要求，当日执行的工作需提前向空域管理部门申请空域的批准，各单位须提前两天上报空域审批表至航巡中心。

每日22时0分前各单位将当日工作开展的情况以日报形式报送至航巡中心内网邮箱。

# 第二节　空域使用管理

## 一、无人机巡检作业空域使用管理流程

无人机巡检作业空域使用管理流程如图2-9-2-1所示。

## 二、空域申请

1. 年度作业飞行空域申请要求

航巡中心统一汇总年度无人机作业飞行空域申请，每年11月10日前，向各战区空军参谋部航气处提交次年无人机作业飞行空域申请。

2. 年度作业飞行空域申请内容

申请内容通常包括作业单位、机型种类、操控方式、作业时间范围、航线编号、飞行高度及示意图、应急处置措施、作业人员资质和联系方式等。

## 三、空域计划申报

1. 时限要求

航巡中心于飞行前一天15时前，向有关飞行管制部门提交飞行计划。根据飞行地区和线路巡检需要，可以视情申请常备计划。发生紧急突发情况时，航巡中心可以在作业飞行1h前，向负责飞行管制分区的单位提出临时计划申请。

2. 空域计划申报主要内容

申报内容主要包括作业单位、机型种类、现场工作负责人及联系方式、航线编号、真高、作业区域所在地、预计起飞时间与降落时间、安全措施等。

## 四、工作许可与终结

1. 工作许可

（1）现场工作负责人应与航巡中心建立可靠通信联络，并于到达现场后申请工作许可，通报飞行前准备工作情况，作业申请内容包括作业单位、现场工作负责人、线路名称及航线编号、现场天气情况和计划飞行与结束时间。

（2）由航巡中心向分区空域管理部门进行报备后许可，许可现场人员工作。

2. 工作终结

作业结束后现场人员应立即向航巡中心终结工作，由航巡中心向当地空管部门终结飞行。

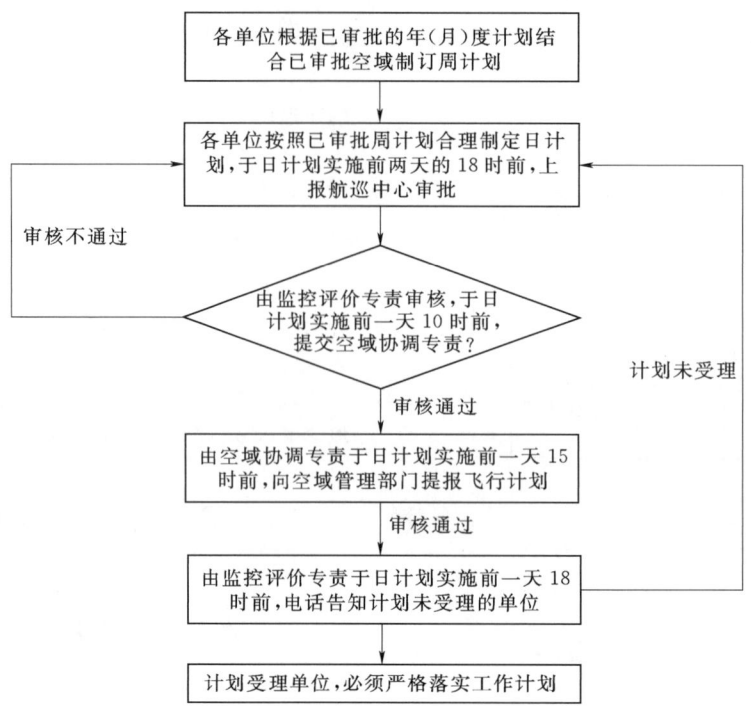

图 2-9-2-1 无人机巡检作业空域使用管理流程图

## 第三节 无人机巡检作业管理

### 一、无人机巡检作业流程

无人机巡检作业流程如图 2-9-3-1 所示。

### 二、作业前准备

1. 人员配备及要求

无人机巡检作业人员配备见表 2-9-3-1。

无人机巡检作业人员应掌握《架空输电线路运行规程》(DL/T 741)、《架空输电线路无人机巡检作业安全工作规程》(Q/GDW 11399) 主要内容，了解航空、气象、地理等必要知识，并熟悉无人机巡检作业方法和技术手段，通过相应机型的操作培训并持证上岗，人员巡视前，必须熟悉架空输电线路巡视内容和巡视路线。

2. 设备配备及要求

无人机巡检作业主要设备及工器具配备见表 2-9-3-2。无人机巡检作业的主要设备应按相应作业任务配置，并在使用前对设备进行检测或调试，确保设备处于正常状态。

3. 资料准备

巡检作业组应提前收集好巡检线路的地域信息、交叉跨越情况、杆塔 GPS 坐标、运行参数、缺陷记录、地形地貌、气象条件、线路周边的环境情况及无人机巡检作业指导书等。

### 三、现场勘察

1. 现场勘察的目的和要求

巡检作业前，应进行现场勘察。核查作业范围是否满足空域的相关要求并核实杆塔和主要地标物的 GPS 坐标等信息，同时对现场的温度、风速等影响作业的环境因素进行测量，按照"一地形、一勘察"的要求填写现场勘察单。

2. 无人机起降场地选定

选定无人机起降场地，应满足以下要求。

(1) 起降点不应在线路下方，与线路边线水平距离不小于 15m。

(2) 起降点应为平坦实地（线路途经农田地、山区区段起降点要求飞机落到地面相对平稳），面积不小于 3m×3m。

(3) 作业人员工作地点与起降点直线距离不小于 3m。

(4) 通信、图传、数传遥控等信号传输正常，周围无干扰信号，距离信号干扰源保持 300m 以上距离。

### 四、起飞前准备

1. 填用飞行检查单工作票工作任务单

起飞作业前，应填写飞行检查单、工作票及工作任务单，使用中型无人直升机和固定翼无人机巡检系统开展的线路巡检等工作填写工作票，使用小型无人直升机巡检系统开展的线路巡检等工作填写工作任务单。

2. 进行航线规划和设定

作业人员明确作业任务内容，根据实际情况确定无人机的飞行方案，并明确应急措施。若采用自主模式飞行，应进行航线规划与设定。

3. 联机调试

起飞前，应在选定的起降场地进行无人机巡检系统的联机调试。

4. 申请飞行许可

现场负责人以电话的形式向航巡中心申请许可，申请内容包括作业单位、现场负责人、机型种类、作业内容、航线编号、作业区域所在地、天气情况（风速、温度）、预计起飞与降落时间等。申请术语示例如下：我是×××公司×××，现申请使用××××××无人机对×××千伏××××线×××号～×××号，作业区域，航线编号××开展日常巡视，现场天气××，风速××m/s，温度××℃，计划××时××分飞行，××时××分结束，申请按计划时间开始工作。

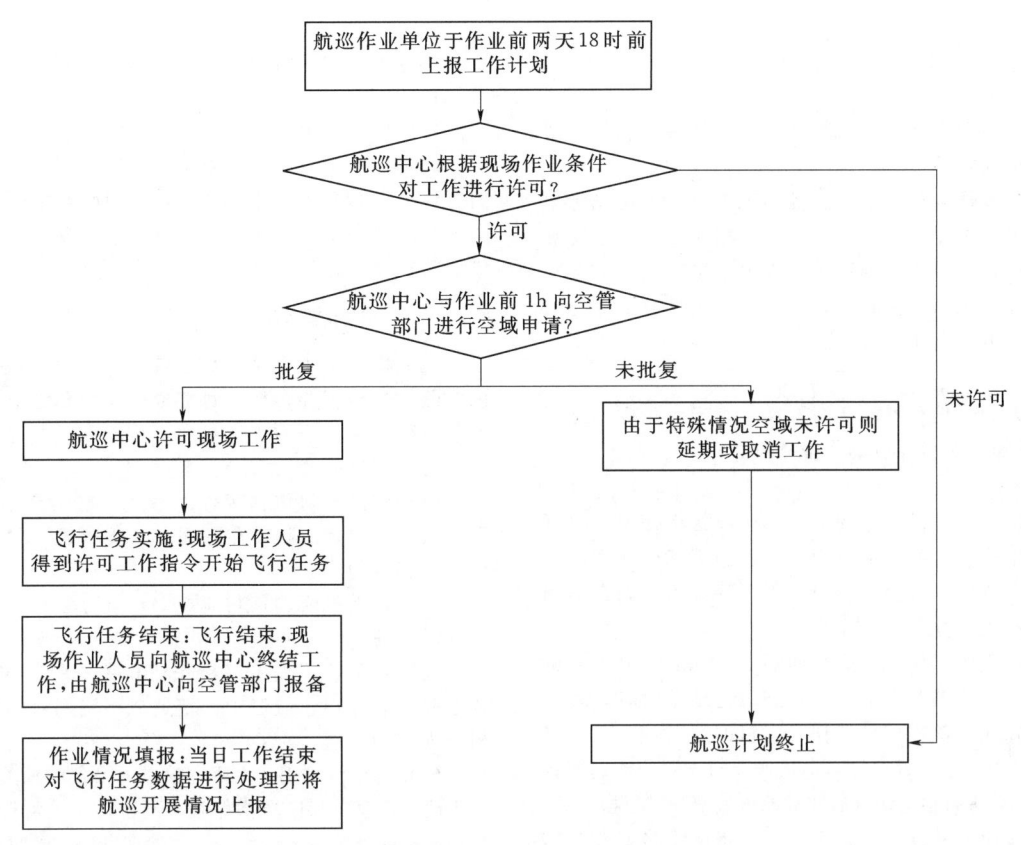

图 2-9-3-1　无人机巡检作业流程图

表 2-9-3-1　　　　　　　　　　无人机巡检作业人员配备

| 序号 | 岗位名称 | 建议配备人数 | 人员职责分工 |
|---|---|---|---|
| 1 | 现场负责人 | 1 | 现场整体管控 |
| 2 | 无人机操作员 | 1 | 飞行控制 |

注　以上人数为一个架次最低人员配置。

表 2-9-3-2　　　　　　　　　无人机巡检作业主要设备及工器具配备

| 序号 | 巡检设备 | 数量 | 备注 |
|---|---|---|---|
| 1 | 多旋翼无人机 | 1 架 | 必配 |
| 2 | 地面站 | 1 套 | 根据机型配置 |
| 3 | 电池 | 至少 8 块 | 必配 |
| 4 | 防护眼镜 | 2 个 | 根据作业需要配置 |
| 5 | 可见光相机（含存储卡） | 1 台 | 必配 |
| 6 | 平板电脑 | 1 台 | 必配 |
| 7 | 红外热成像仪 | — | 根据机型配置 |
| 8 | 螺旋桨 | 2 套 | 必配 |
| 9 | 无人机专用工具 | 1 套 | 必配 |
| 10 | 医用药箱 | 1 个 | 必配 |
| 11 | 车载充电器 | — | 根据作业需要配置 |
| 12 | 劳保用品 | — | 根据作业需要配置 |
| 13 | 巡视背包 | 1 个 | 必配 |
| 14 | 风速仪 | 1 个 | 必配 |
| 15 | 温度计 | 1 个 | 必配 |

## 五、起飞作业

**1. 起飞**

在空域许可情况下,无人机能否起飞、降落和飞行,由无人机操作人员根据适航标准和气象条件自行确定。

(1)无人机操作人员平稳匀速控制无人机按预定飞行方案飞行,检查过程中作业人员始终保持对尾飞行,如遇特殊情况,无人机操作人员应按现场负责人要求更改飞行方案。

(2)无特殊情况下,多旋翼无人机巡检飞行速度保持匀速飞行,最大速度不大于 10m/s。

**2. 数据取得**

现场负责人通过地面站的实时画面调整云台角度,进行控制拍照/录像等,取得相应的作业数据。

**3. 注意事项**

(1)现场操作人员操控过程中无人机应始终处于目视可及的范围内,不得有遮挡,在执行飞行任务区域要注意周边是否有信号塔干扰因素、房屋、树木等,现场情况如有不利飞行因素,操作人员立即停止作业。

(2)作业过程中现场负责人每间隔1~2min需向无人机操作人员报告无人机的状态信息,达到飞行预警值时,现场负责人及时通知无人机操作员操作无人机回航。

(3)对单基杆塔进行巡检时,巡检作业时先对距离起降场地近端的电气部分进行检查,最后对远端电气部分进行检查。

(4)巡检作业需从杆塔上方飞越,不得从线路下方穿越线路。

## 六、作业结束返航

**1. 返航前准备**

返航前,操作人员应正确判断风向、风速等。

**2. 返航过程中**

(1)返航过程中应平稳、缓慢地降低无人机高度。

(2)返航过程中,现场负责人应根据飞行高度的变化向操作人员持续通报,同时确认起降场地无外物。

**3. 降落**

无人机平稳降落后,断开无人机主电源,对设备情况进行检查。

**4. 作业终结**

现场作业结束后,向航巡中心终结当日工作,作业终结内容包括作业单位、作业负责人、航线编号、工作结束时间。当天按要求填写巡检作业使用记录单,并对影像资料及佐证材料进行梳理存档。

## 七、资料管理

无人机小组工作结束后需统计分析巡检数据并将当日巡视佐证材料梳理并存档,每完成一条线路的巡视工作后梳理该条线路巡检作业的佐证材料,按季度汇总并上报至航巡中心内网邮箱。

(1)佐证材料包括工作票或工作任务单、现场勘察单、飞行前检查单、巡检使用记录单、无人机巡检照片(左中右相)、缺陷照片。

(2)各类报表、资料应按要求规范填写,并按照时间节点及时反馈。

(3)各单位无人机巡检作业相关资料应定期进行更新、整理并建立存档,航巡中心定期或不定期对各单位进行航巡相关内容的检查。

(4)各单位利用无人机巡检电力设备的相关图像、视频及设备地理信息资料应严格保管,不得将相关资料上传、拷贝至无关人员或单位,未经允许,严禁在微信、微博等媒体上传播。

## 第四节　无人机巡检作业类型和注意事项

### 一、无人机巡检作业类型

无人机巡检作业主要包含两大类:一类是杆塔精益化巡检,另一类是通道巡检。各类作业的巡视对象和要求见表 2-9-4-1 和表 2-9-4-2。

表 2-9-4-1　　　　无人机杆塔精益化巡检作业

| 巡视对象 | 检查线路本体和附属设施有无以下缺陷、变化或情况 |
| --- | --- |
| 线路金具 | 线夹断裂、裂纹、磨损、销钉脱落或严重腐蚀。均压环、屏蔽环烧伤、螺栓松动。防振锤跑位、脱落、严重锈蚀、阻尼线变形、烧伤。间隔棒松脱、变形或离位。各种联板、连接环、调整板损伤、裂纹等。金具锈蚀、变形、磨损、裂纹,开口销及弹簧销缺损或脱出,特别要注意检查金具经常活动、转动的部位和绝缘子串悬挂点的金具 |
| 绝缘子及绝缘子串 | 绝缘子与瓷横担脏污,瓷质裂纹、破碎,钢化玻璃绝缘子爆裂,绝缘子铁帽及钢脚锈蚀,钢脚弯曲。合成绝缘子伞裙破裂、烧伤,金具、均压环变形、扭曲、锈蚀等异常情况。绝缘子与绝缘横担有闪络痕迹和局部火花放电留下的痕迹。绝缘子串、绝缘横担偏斜。绝缘横担绑线松动、断股、烧伤。绝缘子槽口、钢脚、锁紧销不配合,锁紧销子退出等。重要交跨是否采用了独立悬挂点的双串绝缘子,重要交跨主要指下方跨越等级公路和高速公路、铁路、通航河流、人口密集地区 |
| 发热诊断 | 导线(有无红色发热点)、线夹及接续管(有无接触点发热)、引流线(有无发热点)、绝缘子(有无击穿发热)、杆塔(有无击穿发热)、耐张管(有无发热) |
| 防鸟装置 | 变形、螺栓松脱、褪色、破损等 |
| 各种监测装置 | 缺失、损坏、功能失效等 |
| 防雷装置 | 避雷器动作异常、计数器失效、破损、变形、引线松脱;放电间隙变化、烧伤等 |
| 防坠落装置 | 损坏、变形、螺栓松动、断裂 |
| 杆号、警告、防护、指示、相位等标识 | 缺失、损坏、字迹或颜色不清、严重锈蚀等 |

续表

| 巡视对象 | 检查线路本体和附属设施有无以下缺陷、变化或情况 |
|---|---|
| 航空警示器材 | 高塔警示灯、航空标识球、标识牌缺失、损坏、失灵 |
| 地线、光缆 | 损坏、断裂、弛度变化等 |

表 2-9-4-2　　　　　　　　　　　无人机通道巡检作业

| 序号 | 巡检对象 | 巡检项目 |
|---|---|---|
| 1 | 线路通道 | 施工作业、建筑物、构筑物、山火、覆冰、地质灾害、交叉跨越、树竹生长、防洪、排水、基础、保护设施、道路、桥梁、污染源、采动影响区等情况 |
| 2 | 防鸟装置 | 变形、螺栓松脱、褪色、破损等 |
| 3 | 各种监测装置 | 缺失、损坏、功能失效等 |
| 4 | 防雷装置 | 避雷器动作异常、计数器失效、破损、变形、引线松脱；放电间隙变化、烧伤等 |
| 5 | 杆号、警告、防护、指示、相位等标识 | 缺失、损坏、字迹或颜色不清、严重锈蚀等 |
| 6 | 航空警示器材 | 高塔警示灯、航空标识球、标识牌缺失、损坏、失灵 |
| 7 | 地线、光缆 | 损坏、断裂、弛度变化等 |

## 二、无人机巡检作业风险及预控措施

无人机巡检作业风险及预控措施见表 2-9-4-3。

## 三、无人机巡检作业过程中注意事项

1. 空域审批

在办理空域审批手续时，应按实际作业空域申报，不应扩大许可范围。实际作业范围不能超过批复的空域。

2. 无人机飞行作业过程

（1）当无人机飞行中出现链路中断故障，可原地悬停等候 1～5min，待链路恢复正常后继续执行巡检任务。若链路仍未恢复正常，可采取沿原飞行轨迹返航或升高至安全高度后返航的安全策略。

（2）无人机起降点若处于沙漠等尘土较大的地区，需考虑到防尘，在起降点布置好篷布等防尘措施，防止沙粒、尘土在起降过程中因气流原因进入设备。

表 2-9-4-3　　　　　　　　　　　无人机巡检作业风险及预控措施

| 类别 | 风险名称 | 风险来源 | 预防控制措施 |
|---|---|---|---|
| 安全 | 起降现场 | 场地不平坦，有杂物，面积过小，周围有遮挡 | 按要求选取合适的场地 |
| | | 多旋翼无人机 3～5m 内有影响无人机起降的人员或物品 | 明确多旋翼无人机起降安全范围，严禁安全范围内存在人或物品 |
| | | 多旋翼无人机起飞和降落时发生事故 | 巡检人员严格按照产品使用说明书使用产品。起飞前进行详细检查。多旋翼无人机进行自检 |
| | 飞行故障及事故 | 飞行过程中零部件脱落 | 起飞前做好详细检查，零部件螺丝应紧固，确保各零部件连接安全、牢固 |
| | | 巡检范围内存在影响飞行安全的障碍物（交叉跨越线路、通信铁塔等）或禁飞区 | 巡检前做好巡检计划，充分掌握巡检线路及周边环境情况资料。现场充分观察周边情况。作业时提高警惕，保持安全距离。靠近禁飞区及时返航 |
| | | 微地形、微气象区作业 | 现场充分了解当前的地形、气象条件，作业时提高警惕 |
| | | 安全距离不足导致导线对多旋翼无人机放电 | 满足各电压等级带电作业的安全距离要求 |
| | | 无人机与线路本体发生碰撞 | 作业时无人机与线路本体至少保持水平距离 8m |
| | | 恶劣天气影响 | 作业前应及时全面掌握飞行区域气象资料，严禁在雷、雨、大风（根据多旋翼抗风性能而定）或者大雾等恶劣天气下进行飞行作业。在遇到天气突变时，应立即返场 |
| | | 通信中断 | 预设通信中断自动返航功能 |
| | | 动力设备突发故障 | 由自主飞行模式切换回手动控制，取得飞机的控制权。迅速减小飞行速度，尽量保持飞机平衡，尽快安全降落 |
| | | GPS 故障或信号接收故障，多旋翼迷航 | 在测控通信正常情况下，由自主飞行模式切换回手动模式，尽快安全降落或返航 |

续表

| 类别 | 风险名称 | 风险来源 | 预防控制措施 |
|---|---|---|---|
| 设备 | 飞机安全 | 多旋翼无人机遭人为破坏或偷盗 | 妥善放置保管 |
| 人员 | 人员资质 | 人员不具备相应机型操作资格 | 对作业人员进行培训 |
| | 人员疲劳作业 | 人员长时间作业导致疲劳操作 | 及时更换作业人员 |
| | 人员中暑 | 高温天气下连续作业 | 准备充足饮用水，装备必要的劳保用品。携带防暑药品 |
| | 人员冻伤 | 在低温天气及寒风下长时间工作 | 控制作业时间、穿着足够的防寒衣物 |

(3) 无人机设备与输电线路带电导线的最小安全距离应按照省电力有限公司架空输电线路无人机精细化巡检规范的规定执行。

(4) 无人机应保持匀速、平稳飞行，切勿"野飞""乱飞"或在导线间穿梭飞行。

(5) 无人机应位于线路的一侧，不宜在线路正上方长时间飞行。

3. 突发事件

(1) 当发生非人为的视距外飞行或迷航时，应及时返航，无人机操作人员须密切监视无人机飞行状态信息、现场负责人须密切监视地面站工作状态，条件允许下可尝试一键返航功能。

(2) 飞行过程中，发生无人机设备故障（坠机）、无人机社会事件等紧急情况，应第一时间向航巡中心反馈，并终止飞行活动。

### 四、输电线路缺陷隐患管理

1. 线路缺陷隐患管理流程

无人机巡检发现的架空输电线路缺陷（隐患）管理分为照片筛查、缺陷汇总、分析定性、审核上报、录入系统五个环节。输电线路缺陷（隐患）管理流程如图2-9-4-1所示。

2. 输电线路缺陷隐患管理要求

(1) 无人机巡检工作负责人应按要求填写缺陷单并对缺陷照片进行描述、编辑汇总并上报各单位运维检修部审核，审核无误后存档至佐证材料按季度统一进行上报。

(2) 经审批后各单位运维检修部根据缺陷类型制订消缺计划并安排消缺，按季度向航巡中心反馈缺陷处理情况。

(3) 各单位定期对无人机巡检情况进行评价，针对缺陷（隐患）情况进行总结分析，逐步提高巡检质量。

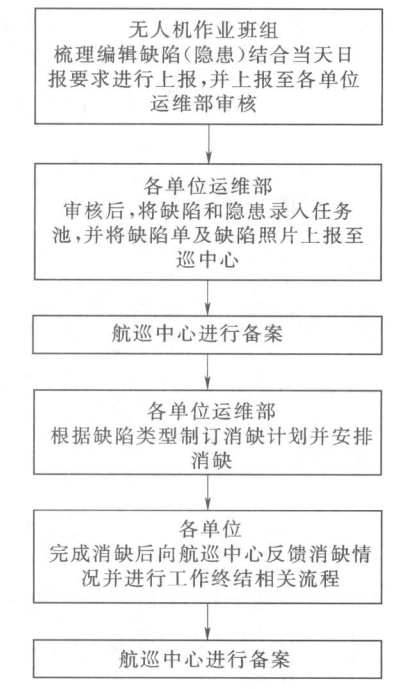

图2-9-4-1 输电线路缺陷（隐患）管理流程图

# 第十章

## 架空输电线路无人机巡检作业安全

# 第一节 架空输电线路无人机巡检作业安全工作基本要求

## 一、无人机巡检系统和无人机巡检作业

随着智能电网的建设,常态化人工巡检已不能满足架空输电线路运行维护的要求,无人机在线路巡检中的优势越来越突出。我国已开展无人机巡视相关研究工作,但目前行业内无人机巡视作业尚不规范。2008 年起,国家电网公司系统内部分单位开始将无人机用于架空输电线路巡检。国家电网公司于 2013 年开展直升机、无人机和人工协同巡检模式试点工程,选取 10 家省公司开展协同巡检,推进无人机巡检技术。但无人机升空受民航、军航等部门管制,巡检作业具有较高的技术难度,如果作业流程不规范,会导致无人机坠毁,影响已有线路的安全运行,甚至威胁国家公共财产安全。

1. 无人机巡检系统(unmanned aerial vehicle inspection system)

无人机巡检系统是一种用于对架空输电线路进行巡检作业的装备,由无人机(包括旋翼带尾桨、共轴反桨、多旋翼和固定翼等形式)分系统、任务载荷分系统和综合保障分系统组成。一般将无人机分系统为旋翼带尾桨或共轴反桨形式的称为中型无人直升机巡检系统;将多旋翼形式的称为小型无人直升机巡检系统;将固定翼形式的称为固定翼无人机巡检系统。

2. 无人机巡检作业(unmanned aerial vehicle inspection work)

无人机巡检作业是利用无人机巡检系统对架空输电线路本体和附属设施的运行状态、通道走廊环境等进行检查和检测的工作。根据所用无人机巡检系统的不同,分为中型无人直升机巡检作业、小型无人直升机巡检作业和固定翼无人机巡检作业。

3. 巡检航线(inspection route)

巡检航线是巡检作业时无人机巡检系统的飞行路线。路线周边不应存在影响无人机巡检系统安全起飞、飞行和降落的地形地貌、建筑以及其他障碍物等。

4. 巡检作业点(inspection point)

巡检作业点是中小型无人直升机巡检作业时,无人直升机巡检系统停留进行拍照、摄像等作业的位置。

5. 目视可及(visually accessible)

目视可及是人员通过直接目视可看见无人机巡检系统的范围。

## 二、作业现场的基本条件和作业人员的基本条件

1. 作业现场的基本条件

(1) 作业现场的生产条件和安全设施等应符合有关标准、规范的要求,作业人员的劳动防护用品应合格、齐备。现场使用的安全工器具和防护用品应合格并符合有关要求。

(2) 经常有人工作的场所及作业车辆上宜配备急救箱,存放急救用品,并指定专人经常检查、补充或更换。

(3) 作业人员应被告知其作业现场和工作岗位存在的危险因素、防范措施及事故紧急处理措施。

2. 作业人员的基本条件

(1) 经医师鉴定,无妨碍工作的病症(体格检查每两年至少一次)。

(2) 具备必要的电气、机械、气象、航线规划等巡检飞行知识和相关业务技能,熟悉 Q/GDW 1799.2 和相关规程,并经考试合格。

(3) 具备必要的安全生产知识,学会紧急救护法。

## 三、人员配置

(1) 使用中型无人直升机巡检系统进行的架空输电线路巡检作业,作业人员包括工作负责人(一名)和工作班成员。工作班成员至少包括程控手、操控手和任务手。

1) 程控手(program operator)是指利用地面控制站以增稳或全自主模式控制无人机巡检系统飞行的人员。

2) 操控手(manual operator)是指利用遥控器以手动或增稳模式控制无人机巡检系统飞行的人员。

3) 任务手(mission operator)是指操控任务载荷分系统对输电线路本体、附属设施和通道走廊环境等进行拍照、摄像的人员。

(2) 使用小型无人直升机巡检系统进行的架空输电线路巡检作业,作业人员包括工作负责人(一名)和工作班成员,分别担任程控手和操控手,工作负责人可兼任程控手或操控手,但不得同时兼任。必要时,也可增设一名专职负责人,此时工作班成员至少包括程控手和操控手。

(3) 使用固定翼无人机巡检系统进行的架空输电线路巡检作业,作业人员包括工作负责人(一名)和工作班成员。工作班成员至少包括程控手和操控手。

## 四、各岗位人员资质要求

1. 工作票签发人

工作票签发人应通过考试并合格,工作票签发人员名单应书面公布。

2. 工作许可人

工作许可人应通过考试并合格,工作许可人员名单应书面公布。

3. 工作负责人(监护人)

工作负责人应具有 3 年及以上的架空输电线路巡检实际工作经验,具有 10 次及以上的无人机巡检实际工作经验,具有一定组织能力和事故处理能力,经专门培训,考试合格并具有上岗证。

4. 操控手

(1) 小型无人直升机巡检系统操控手应累计具有 20h 及以上的小型无人直升机实际飞行小时数,且本机型实际飞行小时数不少于 10h。

(2) 中大型无人直升机巡检系统操控手应累计具有 30h 及以上的中大型无人直升机实际飞行小时数,且本机型实际飞行小时数不少于 15h。

(3) 固定翼无人机巡检系统操控手应累计具有 20h 及以上的固定翼无人机实际飞行小时数,且本机型实际飞行小时数不少于 15h。

5. 程控手

(1) 小型无人直升机巡检系统程控手应具有 10 次及以

上的小型无人直升机巡检工作经验,且本机型巡检工作经验不少于 6 次。

(2) 中大型无人直升机巡检系统程控手应具有 20 次及以上的中大型无人直升机巡检工作经验,且本机型巡检工作经验不少于 10 次。

(3) 固定翼无人机巡检系统程控手应具有 10 次及以上的固定翼或中大型无人直升机巡检工作经验,且本机型巡检工作经验不少于 5 次。

6. 任务手

(1) 小型无人直升机巡检系统任务手应具有 5 次及以上的小型无人直升机巡检工作经验,且本机型巡检工作经验不少于 3 次。

(2) 中大型无人直升机巡检系统任务手应具有 10 次及以上的中大型无人直升机巡检工作经验,且本机型巡检工作经验不少于 5 次。

7. 机务

(1) 小型无人直升机巡检系统机务应具有 10 次及以上的小型旋翼无人机巡检工作经验,且本机型巡检工作经验不少于 6 次。

(2) 中大型无人直升机巡检系统机务应具有 20 次及以上的中大型无人直升机巡检工作经验,且本机型巡检工作经验不少于 10 次。

(3) 固定翼无人机巡检系统机务应具有 10 次及以上的固定翼巡检工作经验,且本机型巡检工作经验不少于 5 次。

## 五、教育和培训

1. 考试合格上岗

(1) 作业人员应接受相应的安全生产教育和岗位技能培训,经考试合格上岗。

(2) 应每年对作业人员进行《架空输电线路无人机巡检作业安全工作规程》(Q/GDW 11399)考试一次。因故间断无人机巡检作业连续三个月以上者,应重新学习该规程,程控手和操控手还应进行实操复训,经考试合格后,方能恢复工作。

(3) 新参加无人机巡检工作的人员、实习人员和临时参加作业的人员等,应经过安全知识教育和培训后,方可参加指定工作,且不得单独工作。

(4) 任何人发现有违反该规程的情况,应立即制止,经纠正后才能恢复作业。各作业人员有权拒绝违章指挥和强令冒险作业。

2. 试验和推广新技术新工艺新设备的要求

在试验和推广新技术、新工艺、新设备时,应制订相应的安全措施,确定无人机巡检系统状态良好,并履行相关审批手续后方可执行。

3. 空域使用要求

开展架空输电线路无人机巡检作业的各单位应规范化使用空域。

## 六、设备及资料管理

(1) 无人机巡检系统应有专用库房进行存放和维护保养。

(2) 维护保养人员应按维护保养手册要求按时开展日常维护、零件维修更换、大修保养和试验等工作。

(3) 当无人机巡检系统主要组成部件,如电机、飞控系统、通信链路、任务设备以及操作系统等进行了更换或升级后,运维单位应组织试验检测,确保无人机巡检系统满足相关标准要求。

(4) 无人机巡检系统所用电池应按要求进行充(放)电、性能检测等维护保养工作,确保电池性能良好。

(5) 每次巡检作业结束后,工作负责人应填写无人机巡检系统使用记录单,如图 2-10-1-1 所示。记录无人机巡检系统作业表现及当前状态等信息,并于第二个工作日内前交维护保养人员。

| 架空输电线路无人机巡检系统使用记录单 ||||||
|---|---|---|---|---|---|
| 编号: |||| 巡检时间:  年 月 日 ||
| 使用机型 |||||| 
| 巡检线路 || 天气 | 风速 || 气温 |
| 工作负责人 |||工作许可人|||
| 操控手 || 程控手 | 任务手 || 机务 |
| 架次 |||飞行时长|||
| 1. 系统状态 | 记录无人机巡检系统航前、航后检查情况,飞行过程中的状态等 |||||
| 2. 航线信息 | 如为首次巡检的航线,记录巡检航线周边环境信息,否则记录周边环境信息的变化情况。周边环境信息包括:空中管制区、重要建筑和设施、人员活动密集区、通信阻隔区、无线电干扰区、大风或切变风多发区和森林防火区等的位置和分布 |||||
| 3. 其他 | 记录巡检过程中无人机巡检系统出现的其他异常情况 |||||
| 记录人(签名):_____ |||| 工作负责人(签名):_____ ||

图 2-10-1-1 架空输电线路无人机巡检系统使用记录单格式

(6) 设备运维单位应建立线路资料信息,包括线路走向和走势、交叉跨越情况、杆塔坐标、周边地形地貌等,并核实无误。

(7) 设备运维单位应提前掌握线路周边重要建筑和设施、人员活动密集区、空中管制区、无线电干扰区、通信阻隔区、大风或切变风多发区、森林防火区和无人区等的分布情况，提前建立各型无人机巡检系统正常以及备选起飞和降落区档案，由工作许可人在地图上进行标注，并及时更新。工作负责人应在每次巡检作业结束后的第二个工作日内前将相关变化情况报送工作许可人。

# 第二节　保证架空输电线路无人机巡检作业安全的组织措施

## 一、保证安全的组织措施

开展架空输电线路无人机巡检作业，保证安全的组织措施包括以下七项制度：

(1) 空域申报制度。
(2) 现场勘察制度。
(3) 工作票制度。
(4) 工作许可制度。
(5) 工作监护制度。
(6) 工作间断制度。
(7) 工作终结制度。

## 二、空域申报制度

为维护空中交通秩序、保障空中交通安全和国家安全，按照国家有关法规划设了空中管制区（air traffic control area），这是对航空器在空间内活动应遵守的规则、方式和时间等进行了规定和限制的区域。民用航空的空中管制区包括塔台管制区、进近管制区和区域管制区等，此外还包括但不限于以下区域：

(1) 空中禁区：由国家划设的，未按照国家有关规则经特别批准，任何航空器不得飞入的空间。
(2) 空中限制区：由管制部门划设的，在规定时限内，未经管制部门许可的航空器禁止飞入的空间。
(3) 空中危险区：由管制部门划设，供对空射击或者发射使用的，在规定时限内，禁止无关航空器飞入的空间。

无人机巡检作业应严格按国家相关政策法规、当地民航军管等要求规范化使用空域。

(1) 工作许可人应根据无人机巡检作业计划，按相关要求办理空域审批手续，并密切跟踪当地空域变化情况。
(2) 各单位应建立空域申报协调机制，满足无人机应急巡检作业时空域使用要求。

## 三、现场勘察制度

工作负责人和程控手应提前掌握巡检线路走向和走势、交叉跨越情况、杆塔坐标、周边地形地貌、空中管制区分布、交通运输条件及其他危险点等信息，并确认无误。宜提前确定并核实起飞和降落点环境。

(1) 工作票签发人或工作负责人认为有必要进行现场勘察的作业场所，应根据工作任务组织现场勘察，并填写架空输电线路无人机巡检作业现场勘察记录单，如图2-10-2-1所示。现场勘察由工作票签发人或工作负责人组织。

**架空输电线路无人机巡检作业现场勘察记录单**

勘察单位_____　编号_____

勘察负责人_____勘察人员_____

勘察的线路或线段的双重名称及起止杆塔号：
_____
_____

勘察地点或地段：
_____
_____

巡检内容：
_____
_____

现场勘察内容

1. 作业现场条件：
_____

2. 地形地貌以及巡检航线规划要求：
_____

3. 空中管制情况：
_____

4. 特殊区域分布情况：
_____

5. 起降场地：
_____

6. 巡检航线示意图：
_____

7. 应采取的安全措施：
_____

记录人：_____　　　勘察日期：___年__月__日__时__分至___年__月__日__时__分

图2-10-2-1　架空输电线路无人机巡检作业现场勘察记录单格式

(2) 现场勘察应核实线路走向和走势、交叉跨越情况、杆塔坐标、巡检区域地形地貌、起飞和降落点环境、交通运输条件及其他危险点等，确认巡检航线规划条件。

(3) 对复杂地形、复杂气象条件下或夜间开展的无人机巡检作业以及现场勘察认为危险性、复杂性和困难程度较大的无人机巡检作业，应专门编制组织措施、技术措施、安全措施，并履行相关审批手续后方可执行。

### 四、工作票制度

1. 工作票的种类

对架空输电线路进行无人机巡检作业，应按下列方式进行：

(1) 填用架空输电线路无人机巡检作业工作票如图2-10-2-2所示。

**架空输电线路无人机巡检作业工作票**

单位_____　编号_____

1. 工作负责人_____　工作许可人_____
2. 工作班_____
工作班成员（不包括工作负责人）：_____
3. 无人机巡检系统型号及组成：_____
4. 起飞地点、降落地点及巡检线路：
_____
5. 工作任务：

| 巡检线段及杆号 | 工作内容 |
|---|---|
|  |  |
|  |  |
|  |  |

6. 审批的空域范围：
_____
7. 计划工作时间：
自____年__月__日__时__分
至____年__月__日__时__分
8. 安全措施（必要时可附页绘图说明）
8.1 飞行巡检安全措施：_____
_____
8.2 安全策略：_____
_____
8.3 其他安全措施和注意事项：_____

工作票签发人签名_____　____年__月__日__时__分
工作负责人签名_____　____年__月__日__时__分
9. 确认本工作票1~8项，许可工作开始

| 许可方式 | 许可人 | 工作负责人 | 许可工作的时间 |
|---|---|---|---|
|  |  |  | ____年__月__日__时__分 |

10. 确认工作负责人布置的工作任务和安全措施
班组成员签名：
_____

11. 工作负责人变动情况
原工作负责人_____离去，变更_____为工作负责人。
工作票签发人签名_____　____年__月__日__时__分
12. 工作人员变动情况（变动人员姓名、日期及时间）
_____

13. 工作票延期
有效期延长到____年__月__日__时__分
工作负责人签名_____　____年__月__日__时__分
工作许可人签名_____　____年__月__日__时__分
14. 工作间断
工作间断时间____年__月__日__时__分
工作负责人签名_____　____年__月__日__时__分
工作许可人签名_____　____年__月__日__时__分
工作恢复时间____年__月__日__时__分
工作负责人签名_____　____年__月__日__时__分
工作许可人签名_____　____年__月__日__时__分

图2-10-2-2（一）　架空输电线路无人机巡检作业工作票格式

15. 工作终结

无人机巡检系统撤收完毕，现场清理完毕，工作于____年__月__日__时__分结束。

工作负责人于____年__月__日__时__分向工作许可人____用____方式汇报。

无人机巡检系统状况：
_____

16. 备注

(1) 指定专责监护人_____负责监护_____
_____(人员、地点及具体工作)

(2) 其他事项_____

图 2-10-2-2（二） 架空输电线路无人机巡检作业工作票格式

（2）填用架空输电线路无人机巡检作业工作单如图 2-10-2-3 所示。

**架空输电线路无人机巡检作业工作单**

单位_____ 编号_____

1. 工作负责人_____ 工作许可人_____
2. 工作班_____

工作班成员（不包括工作负责人）：_____

3. 作业性质：小型无人直升机巡检作业（   ）  应急巡检作业（   ）
4. 无人机巡检系统型号及组成：_____
5. 使用空域范围：
_____
6. 工作任务：
_____
7. 安全措施（必要时可附页绘图说明）：
7.1 飞行巡检安全措施：_____
_____
7.2 安全策略：_____
_____
7.3 其他安全措施和注意事项：_____
_____

8. 上述 1～7 项由工作负责人_____根据工作任务布置人_____的布置填写。

9. 许可方式及时间

许可方式：_____

许可时间：____年__月__日__时__分至____年__月__日__时__分

10. 作业情况

作业自____年__月__日__时__分开始，至____年__月__日__时__分，无人机巡检系统撤收完毕，现场清理完毕，作业结束。

工作负责人于____年__月__日__时__分向工作许可人____用____方式汇报。

无人机巡检系统状况：
_____

工作负责人（签名）_____ 工作许可人_____

填写时间____年__月__日__时__分

图 2-10-2-3 架空输电线路无人机巡检作业工作单格式

2．填用架空输电线路无人机巡检作业工作票的工作

使用中型无人直升机和固定翼无人机巡检系统按计划开展的线路设备巡检、通道环境巡视、线路勘察和灾情巡视等工作，应填用架空输电线路无人机巡检作业工作票。

3．填用架空输电线路无人机巡检作业工作单的工作

（1）使用小型无人直升机巡检系统开展的线路设备巡检、通道环境巡视、线路勘察和灾情巡视等工作。

（2）在突发自然灾害或线路故障等情况下需紧急使用无人机巡检系统开展的工作。

4．工作票（单）的填写与签发

（1）工作票由工作负责人或工作票签发人填写。工作单由工作负责人填写。

（2）工作票（单）应用黑色或蓝色的钢（水）笔或圆珠笔填写与签发，内容应正确，填写应清楚，不得任意涂改。如有个别错、漏字需要修改时，应使用规范的符号，字迹应清楚。

（3）工作票一式两份，应提前分别交给工作负责人和工作许可人。

（4）用计算机生成或打印的工作票（单）应使用统一的票面格式。工作票应由工作票签发人审核无误，并手工或电子签名后方可执行。

（5）工作票由设备运维管理单位（部门）签发，也可由经设备运维管理单位（部门）审核合格且经批准的运行检修单位签发。

（6）运行检修单位的工作票签发人、工作许可人和工作负责人名单应事先送有关设备运维管理单位（部门）备案。

(7) 一张工作票中，工作许可人和工作票签发人不得兼任工作负责人。一张工作单中，工作许可人不得兼任工作负责人。

5. 工作票（单）的使用

(1) 一张工作票（单）只能使用一种型号的无人机巡检系统。使用不同型号的无人机巡检系统进行作业，应分别填写工作票（单）。

(2) 一个工作负责人不能同时执行多张工作票（单）。在巡检作业工作期间，工作票（单）应始终保留在工作负责人手中。

6. 工作票（单）所列人员的基本条件

(1) 工作票签发人应由熟悉人员技术水平、熟悉线路情况、熟悉无人机巡检系统、熟悉本规程，并具有相关工作经验的生产领导人、技术人员或经本单位分管生产领导批准的人员担任。

(2) 工作许可人应由熟悉空域使用相关管理规定和政策、熟悉地形地貌和环境条件、熟悉线路情况、熟悉无人机巡检系统、熟悉本规程，具有航线申请、空管报批相关工作经验，并经省（地、市）检修公司分管生产领导书面批准的人员担任。

(3) 工作负责人（监护人）应由熟悉线路情况、熟悉无人机巡检系统、熟悉本规程，具有相关工作经验，并经省（地、市）检修公司分管生产领导书面批准的人员担任。

(4) 工作班成员应由熟悉线路情况、熟悉无人机巡检系统、熟悉本规程，取得无人机巡检系统培训合格证，并具有相关工作经验的人员担任。

7. 工作票（单）所列人员的安全责任

(1) 工作票签发人：

1) 负责审查工作必要性和安全性。

2) 负责审查工作内容和安全措施等是否正确完备。

3) 负责审查所派工作负责人和工作班成员是否适当和充足。

(2) 工作许可人：

1) 负责审查飞行空域是否已获批准。

2) 负责审查航线规划是否满足安全飞行要求。

3) 负责审查安全措施等是否正确完备。

4) 负责审查安全策略设置等是否正确完备。

5) 负责审查异常处理措施是否正确完备。

6) 负责按相关要求向当地民航军管部门办理作业申请。

(3) 工作负责人（监护人）：

1) 正确安全地组织开展巡检作业工作，按国家相关法律法规规定正确使用空域，及时纠正不安全行为。

2) 负责检查航线规划、安全策略设置和作业方案等是否正确完备，必要时予以补充。

3) 负责检查所列安全措施是否正确完备，是否符合现场实际条件，必要时予以补充。

4) 工作前对工作班成员进行危险点告知、交代安全措施和技术措施，并确认每一个工作班成员已知晓。

5) 严格执行所列安全措施。

6) 督促、监督工作班成员遵守本规程，正确使用劳动防护用品和执行现场安全措施，及时纠正不安全行为。

7) 确认工作班成员精神状态是否良好，必要时予以调整。

(4) 工作班成员：

1) 熟悉工作内容、工作流程，掌握安全措施，明确工作中的危险点，并履行确认手续。

2) 严格遵守安全规章制度、技术规程和劳动纪律，对自己在工作中的行为负责，互相关心工作安全，并监督本规程的执行和现场安全措施的实施。

3) 正确使用安全工器具和劳动防护用品。

### 五、工作许可制度

工作负责人应在工作开始前向工作许可人申请办理工作许可手续，在得到工作许可人的许可后，方可开始工作。工作许可人及办理人应分别逐一记录、核对工作时间、作业范围和许可空域，并确认无误。

(1) 工作负责人应在当天工作前和结束后向工作许可人汇报当天工作情况。

(2) 已办理许可手续但尚未终结的工作，当空域许可情况发生变化时，工作许可人应及时通知工作负责人视空域变化情况调整工作计划。

(3) 办理工作许可手续方法可采用：当面办理、电话办理或派人办理。当面办理和派人办理时，工作许可人和办理人在两份工作票上均应签名。电话办理时，工作许可人及工作负责人应复诵核对无误。

### 六、工作监护制度

工作许可手续完成后，工作负责人应向工作班成员交代工作内容、人员分工、技术要求和现场安全措施等，进行危险点告知。在工作班成员全部履行确认手续后，方可开始工作。

(1) 工作负责人应始终在工作现场，对工作班成员的安全进行认真监护，及时纠正不安全的行为。

(2) 工作负责人应对工作班成员的操作进行认真监督，确保无人机巡检系统状态正常、航线和安全策略等设置正确。

(3) 工作负责人应核实确认作业范围地形地貌、气象条件、许可空域、现场环境以及无人机巡检系统状态等满足安全作业要求。任意一项不满足安全作业要求或未得到确认，工作负责人不得下令放飞。

(4) 工作期间，工作负责人若因故暂时离开工作现场时，应指定能胜任的人员临时代替，离开前应将工作现场交代清楚，并告知工作班全体成员。原工作负责人返回工作现场时，也应履行同样的交接手续。

(5) 若工作负责人必须长时间离开工作现场时，应履行变更手续，并告知工作班全体成员及工作许可人。原、现工作负责人应做好必要的交接。填用架空输电线路无人机巡检作业工作票的应由原工作票签发人履行变更手续。

### 七、工作间断制度

在工作过程中，如遇雷、雨、大风以及其他任何情况威胁到作业人员或无人机巡检系统的安全，但可在工作票（单）有效期内恢复正常，工作负责人可根据情况间断工作，否则应终结本次工作。若无人机巡检系统已经放飞，工作负责人应立即采取措施，作业人员在保证安全条件下，控制无人机巡检系统返航或就近降落，或采取其他安全策略及应急方案保证无人机巡检系统安全。

(1) 在工作过程中，如无人机巡检系统状态不满足安全作业要求，且在工作票（单）有效期内无法修复并确保安全可靠，工作负责人应终结本次工作。

（2）已办理许可手续但尚未终结的工作，当空域许可情况发生变化不满足要求，但可在工作票（单）有效期内恢复正常，工作负责人可根据情况间断工作，否则应终结本次工作。若无人机巡检系统已经放飞，工作负责人应立即采取措施，控制无人机巡检系统返航或就近降落。

（3）白天工作间断时，应将发动机处于停运状态、电机下电，并采取其他必要的安全措施，必要时派人看守。恢复工作时，应对无人机巡检系统进行检查，确认其状态正常。即使工作间断前已经完成系统自检，也必须重新进行自检。

（4）隔天工作间断时，应撤收所有设备并清理工作现场。恢复工作时，应重新报告工作许可人，对无人机巡检系统进行检查，确认其状态正常，重新自检。

（5）工作票的有效期与延期：

1）工作票的有效截止时间，以工作票签发人批准的工作结束时间为限。

2）工作票只允许延期一次。若需办理延期手续，应在有效截止时间前2h由工作负责人向工作票签发人提出申请，经同意后由工作负责人报告工作许可人予以办理。

## 八、工作终结制度

工作终结后，工作负责人应及时报告工作许可人，报告方法可采用当面报告、电话报告。工作终结报告应简明扼要，并包括下列内容：工作负责人姓名、工作班组名称、工作任务（说明线路名称、巡检飞行的起止杆塔号等）已经结束、无人机巡检系统已经回收、工作终结。

已终结的工作票（单）应保存一年。

# 第三节  保证架空输电线路无人机巡检作业安全的技术措施

## 一、航线规划

### 1. 应严格按照批复后的空域进行航线规划

（1）应根据巡检作业要求和所用无人机巡检系统技术性能进行航线规划。

（2）航线规划应避开空中管制区、重要建筑和设施，尽量避开人员活动密集区、通信阻隔区、无线电干扰区、大风或切变风多发区和森林防火区等地区。对首次进行无人机巡检作业的线段，航线规划时应留有充足裕量，与以上区域保持足够的安全距离。

（3）航线规划时，无人机巡检系统飞行航时应留有裕度。对已经飞行过的巡检作业航线，每架次任务的飞行航时应不超过无人机巡检系统作业航时，并留有一定裕量。对首次实际飞行的巡检作业航线，每架次任务的飞行航时应充分考虑无人机巡检系统作业航时，留有充足裕量。

### 2. 航线规划应注意事项

（1）除必要的跨越外，无人机巡检系统不得在公路、铁路两侧路基外各100m之间飞行，距油气管线边缘距离不得小于100m。

（2）除必要外，航线不得跨越高速铁路，尽量避免跨越高速公路。

（3）选定的无人机巡检系统起飞和降落区应远离公路、铁路、重要建筑和设施，尽量避开周边军事禁区、军事管理

区、森林防火区和人员活动密集区等，且满足对应机型的技术指标要求。

（4）不得在无人机巡检系统飞行过程中更改巡检航线。

## 二、安全策略设置

（1）应充分考虑无人机巡检系统在飞行过程中出现偏离航线、导航卫星颗数无法定位、通信链路中断、动力失效等故障的可能性，合理设置安全策略。

（2）应充分考虑巡检过程中气象条件和空域许可等情况发生变化的可能性，合理制订安全策略。

## 三、做好航前检查、航巡监控和航后检查工作

### 1. 航前检查

（1）应确认当地气象条件是否满足所用无人机巡检系统起飞、飞行和降落的技术指标要求；掌握航线所经地区气象条件，判断是否对无人机巡检系统的安全飞行构成威胁。若不满足要求或存在较大安全风险，工作负责人可根据情况间断工作、临时中断工作或终结本次工作。

（2）应检查起飞和降落点周围环境，确认满足所用无人机巡检系统的技术指标要求。

（3）每次放飞前，应对无人机巡检系统的动力系统、导航定位系统、飞控系统、通信链路、任务系统等进行检查。当发现任一系统出现不适航状态，应认真排查原因、修复，在确保安全可靠后方可放飞。

（4）每次放飞前，应进行无人机巡检系统的自检。若自检结果中有告警或故障信息，应认真排查原因、修复，在确保安全可靠后方可放飞。

### 2. 航巡监控

（1）各型无人机巡检系统的飞行高度、速度等应满足该机型技术指标要求，且满足巡检质量要求。

（2）无人机巡检系统放飞后，宜在起飞点附近进行悬停或盘旋飞行，作业人员确认系统工作正常后方可继续执行巡检任务。否则，应及时降落，排查原因、修复，在确保安全可靠后方可再次放飞。

（3）程控手应始终注意观察无人机巡检系统发动机或电机转速、电池电压、航向、飞行姿态等遥测参数，判断系统工作是否正常。如有异常，应及时判断原因，采取应对措施。

（4）操控手应始终注意观察无人机巡检系统飞行姿态、发动机或电机运转声音等信息，判断系统工作是否正常。如有异常，应及时判断原因，采取应对措施。

（5）采用自主飞行模式时，操控手应始终掌控遥控手柄，且处于备用状态，注意按程控手指令进行操作，操作完毕后向程控手汇报操作结果。在目视可及范围内，操控手应密切观察无人机巡检系统飞行姿态及周围环境变化，突发情况下，操控手可通过遥控手柄立即接管控制无人机巡检系统的飞行，并向程控手汇报。

（6）采用增稳或手动飞行模式时，程控手应及时向操控手通报无人机巡检系统发动机或电机转速、电池电压、航迹、飞行姿态、速度及高度等遥测信息。

（7）无人机巡检系统飞行时，程控手应密切观察无人机巡检系统飞行航迹是否符合预设航线。当飞行航迹偏离预设航线时，应立即采取措施控制无人机巡检系统按预设航线飞行，并再次确认无人机巡检系统飞行状态正常可控。否则，应立即采取措施控制无人机巡检系统返航或就近降落，待查明原因，排

除故障并确认安全可靠后,方可重新放飞执行巡检作业。

(8) 各相关作业人员之间应保持信息畅通。

3. 航后检查

(1) 当天巡检作业结束后,应按所用无人机巡检系统要求进行检查和维护工作,对外观及关键零部件进行检查。

(2) 当天巡检作业结束后,应清理现场,核对设备和工器具清单,确认现场无遗漏。

(3) 对于油动力无人机巡检系统,应将油箱内剩余油品抽出,对于电动力无人机巡检系统,应将电池取出。取出的油品和电池应按要求保管。

## 第四节 安全注意事项

### 一、一般注意事项

1. 使用的无人机巡检系统应通过试验检测

(1) 作业时,应严格遵守相关技术规程要求,严格按照所用机型。

(2) 现场应携带所用无人机巡检系统飞行履历表、操作手册、简单故障排查和维修手册。

(3) 工作地点、起降点及起降航线上应避免无关人员干扰,必要时可设置安全警示区。

(4) 现场禁止使用可能对无人机巡检系统通信链路造成干扰的电子设备。

2. 油料

(1) 带至现场的油料应单独存放,并派专人看守。作业现场严禁吸烟和出现明火,并做好灭火等安全防护措施。

(2) 加油及放油应在无人机巡检系统下电、发动机熄火、旋翼或螺旋桨停止旋转以后进行,操作人员应使用防静电手套,作业点附近应准备灭火器。

(3) 加油时,如出现油料溢出或泼洒,应擦拭干净并检查无人机巡检系统表面及附近地面确无油料时,方可进行系统上电以及发动机点火等操作。

(4) 雷电天气不得进行加油和放油操作。在雨、雪、风沙天气条件时,应采取必要的遮蔽措施后才能进行加油和放油操作。

3. 起飞和降落

起飞和降落时,现场所有人员应与无人机巡检系统始终保持足够的安全距离,作业人员不得位于起飞和降落航线下。

4. 个人防护

(1) 巡检作业现场所有人员均应正确佩戴安全帽和穿戴个人防护用品,正确使用安全工器具和劳动防护用品。

(2) 现场作业人员均应穿戴长袖棉质服装。

5. 其他注意事项

(1) 工作前8h及工作过程中严禁饮用任何酒精类饮品。

(2) 工作时,工作班成员禁止使用手机。除必要的对外联系外,工作负责人不得使用手机。

(3) 现场不得进行与作业无关的活动。

### 二、使用中型无人直升机巡检系统的巡检作业安全注意事项

1. 检查

(1) 操控手应在巡检作业前一个工作日完成所用中型无人直升机巡检系统的检查,确认状态正常,准备好现场作业工器具以及备品备件等物资,并向工作负责人汇报检查和准备结果。

(2) 程控手应在巡检作业前一个工作日完成航线规划工作,编辑生成飞行航线、各巡检作业点作业方案和安全策略,并交工作负责人检查无误。

2. 巡检

(1) 应在通信链路畅通范围内进行巡检作业。

(2) 宜采用自主起飞,增稳降落模式。

(3) 起飞和降落点宜相同。

(4) 巡检飞行速度不宜大于15m/s。

3. 航线

(1) 巡检航线应位于被巡线路的侧方,且宜在对线路的一侧设备全部巡检完后再巡另一侧。

(2) 沿巡检航线飞行宜采用自主飞行模式。即使在目视可及范围内,也不宜采用增稳飞行模式。

(3) 不得在重要建筑和设施的上空穿越飞行。

4. 悬停

(1) 沿巡检航线飞行过程中,在确保安全时,可根据巡检作业需要临时悬停或解除预设的程控悬停。

(2) 无人直升机巡检系统悬停时应顶风悬停,且不应在设备、建筑、设施、公路和铁路等的上方悬停。

5. 巡检作业点

(1) 无人直升机巡检系统到达巡检作业点后,程控手应及时通报任务手,由任务手操控任务设备进行拍照、摄像等作业,任务手完成作业后应及时向程控手汇报。任务手与程控手之间应保持信息畅通。

(2) 若无人直升机巡检系统在巡检作业点处的位置、姿态以及悬停时间等需要调整以满足拍照和摄像作业的要求,任务手应及时告知程控手具体要求,由程控手根据现场情况和无人直升机状态决定是否实施。实施操作应由程控手通过地面站进行。

(3) 巡检作业时,无人直升机巡检系统距线路设备距离不小于30m,水平距离不小于25m,距周边障碍物距离不小于50m。

### 三、使用小型无人直升机巡检系统的巡检作业安全注意事项

(1) 操控手应在巡检作业前一个工作日完成所用无人直升机巡检系统的检查,确认状态正常,准备好现场作业工器具以及备品备件等物资。

(2) 应在通信链路畅通范围内进行巡检作业。在飞至检作业点的过程中,通常应在目视可及范围内;在巡检作业点进行拍照、摄像等作业时,应保持目视可及。

(3) 可采用自主或增稳飞行模式控制无人直升机巡检系统飞至巡检作业点,然后以增稳飞行模式进行拍照、摄像等作业。不应采用手动飞行模式。

(4) 无人直升机巡检系统到达巡检作业点后,宜由程控手进行拍照、摄像等作业。

(5) 程控手与操控手之间应保持信息畅通。若需要对无人直升机巡检系统的位置、姿态等进行调整,程控手应及时告知操控手具体要求,由操控手根据现场情况和无人直升机状态决定是否实施。实施操作应由操控手通过遥控器进行。

(6) 无人直升机巡检系统不应长时间在设备上方悬停,

不应在重要建筑及设施、公路和铁路等的上方悬停。

(7) 巡检作业时,无人直升机巡检系统距线路设备距离不小于5m,距周边障碍物距离不小于10m。

(8) 巡检飞行速度不宜大于10m/s。

### 四、使用固定翼无人机巡检系统的巡检作业安全注意事项

(1) 操控手应在巡检作业前一个工作日完成所用固定翼无人机巡检系统的检查,确认状态正常,准备好现场作业工器具以及备品备件等物资,并向工作负责人汇报检查和准备结果。

(2) 程控手应在巡检作业前一个工作日完成航线规划工作,编辑生成飞行航线、各巡检作业点作业方案和安全策略,并交工作负责人检查无误。

(3) 巡检航线任一点应高出巡检线路包络线100m以上。

(4) 起飞和降落宜在同一场地。

(5) 使用弹射起飞方式时,应防止橡皮筋断裂伤人。弹射架应固定牢靠,且有防误触发装置。

(6) 巡检飞行速度不宜大于30m/s。

## 第五节 巡检作业异常处理

### 一、设备异常处理

(1) 无人机巡检系统在空中飞行时发生故障或遇紧急意外情况等,应尽可能控制无人机巡检系统在安全区域紧急降落。

(2) 无人机巡检系统飞行时,若通信链路长时间中断,且在预计时间内仍未返航,应根据掌握的无人机巡检系统最后地理坐标位置或机载追踪器发送的报文等信息及时寻找。

### 二、特殊工况应急处理

(1) 巡检作业区域出现雷雨、大风等可能影响作业的突变天气时,应及时评估巡检作业安全性,在确保安全后方可继续执行巡检作业,否则应采取措施控制无人机巡检系统避让、返航或就近降落。

(2) 巡检作业区域出现其他飞行器或飘浮物时,应立即评估巡检作业安全性,在确保安全后方可继续执行巡检作业,否则应采取避让措施。

(3) 无人机巡检系统飞行过程中,若班组成员身体出现不适或受其他干扰影响作业,应迅速采取措施保证无人机巡检系统安全,情况紧急时,可立即控制无人机巡检系统返航或就近降落。

### 三、次生灾害应急处理

(1) 应采取有效措施防止无人机巡检系统故障或事故后引发火灾等次生灾害。

(2) 无人机巡检系统发生坠机等故障或事故时,应妥善处理次生灾害并立即上报,及时进行民事协调,做好舆情监控。

# 第十一章

## 高压输电线路多旋翼无人机巡检拍摄技术

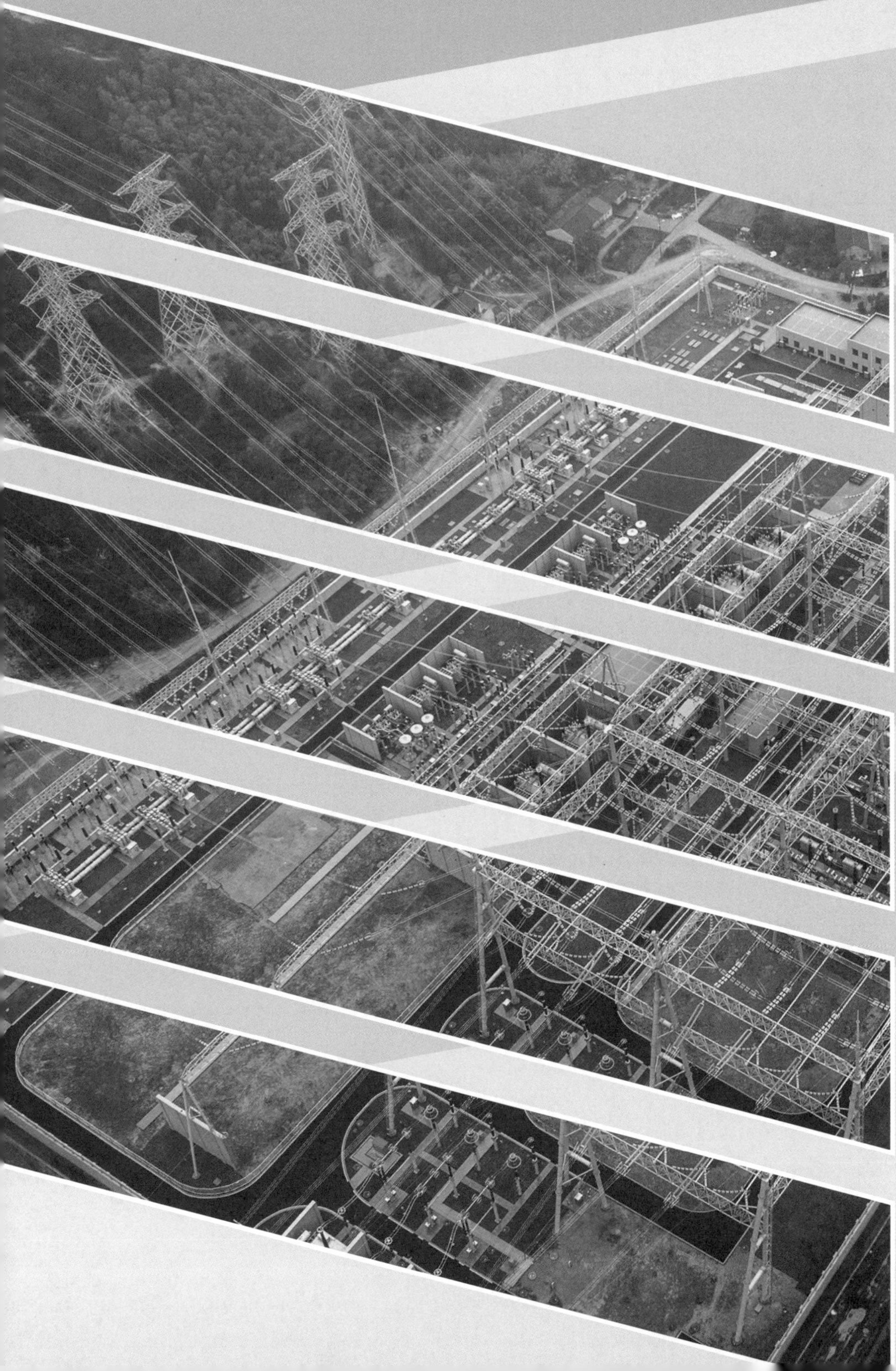

# 第一节　多旋翼无人机巡检作业标准化作业指导书

## 一、适用范围

本作业指导书适用于使用多旋翼无人机（以下简称"无人机"）进行输电线路设备的日常巡检及故障巡检工作。

## 二、起飞前准备

1. 组织措施

起飞前准备组织措施是要明确所有作业人员的分工和职责，见表 2-11-1-1。

2. 安全措施

为保证巡检人员的安全，起飞前准备的安全措施既包括个人的防护措施，也包括整个航巡作业过程中的安全措施，见表 2-11-1-2。

表 2-11-1-1　　起飞前准备组织措施

| 序号 | 人员分工 | 职责 | 作业人员 | 备注 |
|---|---|---|---|---|
| 1 | 工作负责人（监护人）1名 | 组织巡检工作开展、地面站数据监控 | | |
| 2 | 操控手1名 | 利用遥控器以手动或增稳模式控制无人机巡检系统飞行的人员 | | |
| 3 | 任务手1名 | 操控任务荷载分系统对输电线路本体、附属设施和通道走廊环境等进行拍照、摄像的人员 | | |

表 2-11-1-2　　起飞前准备的安全措施

| 序号 | 安全措施内容 |
|---|---|
| 1 | 飞行组成员作业时必须佩戴安全帽，穿紧袖口上衣，不得戴线织手套 |
| 2 | 飞行作业起降场地必须符合无人机起降条件。如起降场地为黄土地，应使用起降毯，使用起降毯要固定牢靠，防止起降时吹起。必要时起降场地应设置围栏 |
| 3 | 作业应在良好天气下进行。遇到雷、雨、雪、大雾、五级及以上大风等恶劣天气禁止飞行。在特殊或紧急条件下，若必须在恶劣气候下进行巡检作业时，应针对现场气候和工作条件，制定安全措施，经本单位主管领导批准后方可进行 |
| 4 | 严格按照"××电力公司无人机飞行前检查单"要求做好各项准备、检查工作，确认无误后方可起飞 |
| 5 | 在执行无人机巡检作业过程中，操控手和任务手严禁接打电话 |
| 6 | 如遇天气突变或无人机出现特殊情况时应进行紧急返航或迫降处理 |
| 7 | 无人机应对设备保持5～10m的飞行距离，并在下风侧飞行 |
| 8 | 在确保巡检设备及无人机安全的情况下，无人机可以从杆塔顶部快速跨越，如无法确保安全必须从导线下部穿过 |
| 9 | 只允许在通信范围内执行巡检飞行作业；在飞行全过程应确保测控链路畅通状态 |

3. 准备工作安排

起飞前准备工作安排内容及标准见表 2-11-1-3。

4. 工器具

起飞前应将巡检作业用的工器具全部准备好，无论是数量还是质量都应符合要求，见表 2-11-1-4。

5. 危险点分析及技术措施

起飞前应对该次巡航的危险点及其应采取的技术措施通晓，并严格执行，见表 2-11-1-5。

## 三、作业程序

1. 开工

开工的主要工作内容见表 2-11-1-6。

2. 作业内容及标准

航巡作业步骤和作业内容及标准见表 2-11-1-7。

表 2-11-1-3　　起飞前准备工作安排内容及标准

| 序号 | 内容 | 标准 | 责任人 | 备注 |
|---|---|---|---|---|
| 1 | 核查有关资料 | （1）查阅工作段设备的相关信息，包括杆塔坐标、高程、被跨越和跨越情况、邻近构筑物等。<br>（2）落实杆塔全高、挡距情况 | | |
| 2 | 确认现场气象条件 | 依据无人机使用条件，确定现场气象条件是否满足安全飞行要求 | | |
| 3 | 组织现场作业人员学习作业指导书 | 掌握整个操作程序，理解工作任务及操作中的危险点及控制措施 | | |
| 4 | 人员要求 | 精神状态良好，技术能力能胜任飞行工作，操控手取得AOPA飞行许可证 | | |

表 2-11-1-4　　起飞前工器具准备一览表

| 序号 | 名称 | 型号/规格 | 单位 | 数量 | 备注 |
|---|---|---|---|---|---|
| 1 | 多旋翼无人机 | | 架 | 1 | |
| 2 | 图传地面站及任务载荷 | | 套 | 1 | 任务载荷包括：照相机、摄像机、测温仪等 |

续表

| 序号 | 名称 | 型号/规格 | 单位 | 数量 | 备注 |
|---|---|---|---|---|---|
| 3 | 电池检测仪 | | 个 | 1 | |
| 4 | 无人机电池组 | | 块 | 若干 | 根据飞行任务确定 |
| 5 | 测风仪 | | 个 | 1 | |
| 6 | 测距仪 | | 台 | 1 | 根据飞行任务确定 |
| 7 | 操作台 | | 个 | 1 | 根据飞行任务确定 |
| 8 | 维修组装工具 | | 套 | 1 | |
| 9 | 起降毯 | | 块 | 1 | 根据飞行任务确定 |

表 2-11-1-5  航巡作业危险点及技术措施

| 序号 | 危险点 | 技术措施 |
|---|---|---|
| 1 | 无人机带病起飞 | (1) 现场作业人员，必须在无人机起飞前认真检查无人机的机桨、机臂、云台、搭载设备连接是否牢固可靠。<br>(2) 地面检测飞控信号，图传信号是否正常 |
| 2 | 无人机意外失控 | (1) 操控手应对起降场地进行确认，确保起降场地无影响起降的异物及旁观人员。<br>(2) 如在飞行途中出现失控，应本着将损失减少至最小的原则进行迫降。首先应考虑迫降场地地面有无人员 |
| 3 | 无人机发生撞机 | (1) 作业前要对飞行区域进行了解，要落实在飞行区域内的邻近，下穿，上跨的各种情况。<br>(2) 操控手在起飞、飞行过程和降落时，视线应保持与无人机同步，如要进行定点拍摄，应先将无人机悬停并停稳后再进行拍摄作业。<br>(3) 飞行作业全过程不得失去监护，监护的范围包括起降场地的秩序维护，飞行过程中及时提醒操控手无人机与设备的垂直距离、水平距离。<br>(4) 巡检过程中，巡检人员之间应保持信息联络畅通，确保每项操作均知会全体人员，禁止擅自违规操作 |

表 2-11-1-6  开工的主要工作内容

| 序号 | 内容 | 作业人员签字 |
|---|---|---|
| 1 | 工作负责人办理"××电力公司无人机巡检作业工作单""××电力公司无人机巡检作业现场勘察记录单""××电力公司无人机巡检系统使用记录单""××电力公司无人机飞行前检查单" | |
| 2 | (1) 工作负责人现场核对工作线路名称、杆塔编号。<br>(2) 工作负责人组织全体工作人员戴好安全帽，在现场列队宣读工作票，交代工作任务、安全措施、注意事项，工作成员明确后，进行签字确认 | |

表 2-11-1-7  航巡作业步骤和作业内容及标准

| 序号 | 作业步骤 | 作业内容及标准 | 安全措施注意事项 | 责任人 |
|---|---|---|---|---|
| 1 | 起飞前检查 | 现场环境检查：使用测风仪检查风速是否超过限值 | 严格按照无人机使用技术条件执行 | |
| | | 无人机系统检查：机体检查，桨叶检查，电气检查 | 检查各连接插口，固定螺栓，锁止标识 | |
| | | 任务载荷系统检查：任务载荷中相机、摄像机等设备正常，电池电量充足；任务载荷与无人机电气连接检查 | 任务载荷与无人机连接可靠，信号链接正常，各项操作正常 | |
| | | 测控系统检查：地面测控设备检查，开机后测控系统上、下行数据检查 | 确定连接可靠，与地面站链接正常，信号正常 | |
| | | 以上地面站架设及各系统检查完毕，确认无误，工作负责人签名后方可起飞作业 | | |
| 2 | 起降及飞行过程 | 监护人要与操控手时刻保持联系，读实时的飞行高度，电池电压，高空风力等相关数据。在无人机飞行时注意无人机与周边设施的水平和垂直距离 | | |
| 3 | 降落 | 巡检任务结束后无人机返航，返回至在降落点上方并悬停 | 随时观测无人机的飞行航线 | |
| | | 降低无人机高度至安全降落高度内，确认降落地面平整，无影响安全降落因素后方可进行降落操作 | 降落安全区域内无杂物等影响降落因素 | |
| | | 降落时应注意观察下降垂速，确保无人机下降垂速不超过 1.5m/s | 降落时垂速不得超出 1.5m/s | |
| | | 在无人机桨叶还未完全停止下来前，严禁任何人接近无人机 | | |

## 四、无人机降落检查及设备撤收

无人机完成预定巡检任务降落地面后的作业内容和要求见表 2-11-1-8。

表 2-11-1-8　　　　无人机完成预定巡检任务降落地面后的作业内容和要求

| 序号 | 作业内容 | 作业步骤及标准 | 注意事项 | 责任人 |
|---|---|---|---|---|
| 1 | 降落检查 | 巡检工作结束后,需要对无人机进行检查,以确保所有部件的正常 | | |
| | | 飞行后的检查项目同飞行前的检查项目 | | |
| 2 | | 补充填写完整"××电力公司无人机巡检系统使用记录单",完成各种履历表记载 | | |
| 3 | | 设备检查完毕,做好相关记录后,进行设备撤收,定置安放各种设备 | | |
| 4 | | 填写"××电力公司无人机巡检作业报告"单,报告中应包括发现的缺陷图像 | | |

# 第二节　多旋翼无人机巡视作业指导书范例

## 一、范围

本指导书针对架空输电线路多旋翼无人机飞行巡视情况编制,适用于××电力公司检修公司使用多旋翼无人机进行输电线路巡视检查工作。

## 二、引用文件

(1) ××电力公司架空输电线路无人机巡视作业管理制度。

(2) 检修公司架空输电线路无人机巡检作业管理制度。

(3) 检修公司无人机飞行任务单。

## 三、巡视周期

按无人机巡视计划执行。

## 四、飞行巡视要求

### (一) 人员要求

人员要求见表 2-11-2-1。

### (二) 环境要求

环境要求见表 2-11-2-2。

### (三) 飞行巡视工器具及材料要求

飞行巡视工器具及材料要求见表 2-11-2-3。

表 2-11-2-1　　　　　　　　　　人　员　要　求

| 序号 | 内　容 | 备注 |
|---|---|---|
| 1 | 作业人员应精神状态良好、心情愉悦、精力充沛 | |
| 2 | 必须持有无人机管理机构核准的无人机操控资质 | |
| 3 | 必须熟练掌握《电力安全工作规程(线路部分)》有关知识 | |
| 4 | 作业人员穿着具有一定防护性能的防护服 | |
| 5 | 作业人员严禁戴手链或其他易缠绕的物品 | |
| 6 | 现场飞行作业时必须佩戴安全帽 | |
| 7 | 作业现场应有维修工具及急救箱 | |
| 8 | 飞行作业前手机等个人通信工具必须交由工作负责人统一保管 | |

表 2-11-2-2　　　　　　　　　　环　境　要　求

| 序号 | 内　容 | 备注 |
|---|---|---|
| 1 | 起飞地点保证半径 3m 内为平面,半径 15m 内无凸出障碍物 | |
| 2 | 无人机飞行时风速不应大于 6m/s | |
| 3 | 飞行环境温度保持在 -30~+50℃ | |
| 4 | 飞行区域能见度不低于 400m | |
| 5 | 飞行区域保证 GPS 搜星颗数在 6 颗以上,精度不小于 6m | |
| 6 | 飞行区域不应选择在电磁干扰过强的环境中 | |

表 2-11-2-3　　　　　　　　　　　飞行巡视工器具及材料要求

| 序号 | 名　称 | 规　格 | 单位 | 数量 | 备注 |
|---|---|---|---|---|---|
| 1 | 无人机 | 多旋翼 | 架 | 1 | |
| 2 | 地面站 | | 套 | 1 | |
| 3 | 机载设备 | 可见光/红外 | 套 | 1 | |
| 4 | 操控遥控装置 | | 套 | 2 | |
| 5 | 天线装置 | 全向 | 套 | 1 | |
| 6 | 天线装置 | 定向 | 套 | 1 | |
| 7 | 风速风向仪 | | 套 | 1 | |
| 8 | 对讲机 | | 部 | 2 | |
| 9 | 望远镜 | | 部 | 1 | |
| 10 | GPS 定位仪 | | 台 | 1 | |
| 11 | 专用工具箱 | | 套 | 1 | |
| 12 | 围挡装置 | 围挡杆/围挡条 | 个 | 若干 | |

**（四）分工**

分工见表 2-11-2-4。

## 五、作业程序

**（一）飞前准备**

**1. 无人机巡检系统检查**

无人机巡检系统检查见表 2-11-2-5。

**2. 飞行地理数据准备**

飞行地理数据准备见表 2-11-2-6。

**3. 起飞前现场勘查**

起飞前现场勘查见表 2-11-2-7。

**（二）起飞前的检查**

起飞前的检查见表 2-11-2-8。

表 2-11-2-4　　　　　　　　　　　　　　　　分　工

| 序号 | 工作人员 | 作 业 内 容 |
|---|---|---|
| 1 | 工作负责人 | 下达飞行指令、协助作业人员观测现场情况 |
| 2 | 无人机操控员 | 无人机飞行操控 |
| 3 | 地面站操控员 | 地面站操控 |

表 2-11-2-5　　　　　　　　　　　无人机巡检系统检查

| 序号 | 项目 | 内　容 | 备注 |
|---|---|---|---|
| 1 | 无人机及设备检查 | 按照前面表 2-11-2-3 的无人机飞行巡视工器具及材料要求，检查有无丢失、外观有无损坏，有无正确放置在规定的运输箱、运输包内 | 接受工作任务后 |
| 2 | 无人机及设备电池 | 保证无人机动力电池、地面站、遥控器、微波盒、摄像机电池电量充足 | 接受工作任务后 |

表 2-11-2-6　　　　　　　　　　　飞行地理数据准备

| 序号 | 项　目 | | 内　容 | 备注 |
|---|---|---|---|---|
| 1 | 杆塔信息 | 杆塔经度 | 通过杆塔 GPS 定位信息坐标与飞控系统相关软件验证无误 | |
| 2 | | 杆塔纬度 | | |
| 3 | | 海拔高程 | | |
| 4 | | 杆塔全高 | 根据实际图纸数据录入 | |

表 2-11-2-7　　　　　　　　　　　起飞前现场勘查

| 序号 | 项　目 | | 内　容 | 备注 |
|---|---|---|---|---|
| 1 | 通道信息 | 通道环境 | 以飞行航线 50m 范围内无障碍物 | |
| 2 | | 交叉跨越 | 明确通道中线路上跨或下穿情况，准确改变无人机航向及高度 | |
| 3 | | 气象条件 | 多点测量飞行区域气象条件，且无影响 | |

表 2-11-2-8　　起飞前的检查

| 序号 | 内容 | 备注 |
|---|---|---|
| 1 | 无人机机身完整无裂痕 |  |
| 2 | 无人机各零部件牢固可靠 |  |
| 3 | 无人机起落架平整无变形 |  |
| 4 | 无人机桨叶无损伤且清洁 |  |
| 5 | 无人机动力电池电量 |  |
| 6 | 无人机飞控系统通信链路正常稳定 |  |
| 7 | 地面站系统电池电量 |  |

续表

| 序号 | 内容 | 备注 |
|---|---|---|
| 8 | 地面站软件运行正常，各项显示指标正常 |  |
| 9 | 机载设备运行正常 |  |

### （三）输电线路飞行巡检

输电线路飞行巡检见表 2-11-2-9。

### （四）飞行总结

飞行总结见表 2-11-2-10。

表 2-11-2-9　　输电线路飞行巡检

| 序号 | 项目 | 内容 | 作业步骤 | 标准用语 | 备注 |
|---|---|---|---|---|---|
| 1 | 展开无人机巡检系统 | 无人机操控员展开无人机，地面站操控员展开地面站系统，工作负责人测试现场风力、风向、温度、清除现场异物并设置围挡 | （1）工作负责人测试现场风力、风向、温度、清除现场异物，并做相应记录，维持地面秩序。<br>（2）无人机操控员展开无人机机翼、安装机载设备、安装无人机动力电池、打开遥控器开关，无人机通电进入起飞程序，进行自检搜星。<br>（3）地面站操控员根据需求架设全向或定向天线，打开地面站软件、激活视频（无人机通电后） |  | 无人机操控员在展开无人机时检查无人机设备，详见表 2-11-2-8 中 1~5。地面站操控员检查地面站设备，详见表 2-11-2-8 中 6~8 |
| 2 | 无人机手控定点巡检<br><br>无人机自驾飞行巡检 | 无人机操控员操作无人机起飞，手控无人机进行巡检；地面站操控员通过地面站报告线路情况与无人机操控员配合完成巡视任务；工作负责人维持飞行场地秩序，密切观测风力、风向情况<br><br>（1）无人机操控员操作无人机起飞，获批切入自驾模式进行无人机巡检，并应时刻注意无人机飞行姿态。<br>（2）地面站操控员通过地面站通告无人机飞行情况和航线位置等。<br>（3）工作负责人维持飞行场地秩序，密切观测风力、风向情况 | （1）无人机操控员确认无人机自检无误即遥控器显示为 PH（位置锁定）模式，卫星颗数为 6 颗以上，精度 6m 以上并且听到连续"哔哔"的提示音时工作负责人请示起飞。获批后将遥控器油门杆拉到底，滑动杆 F 往前推，启动电机，确认无人机运转正常时推动油门，无人机离开地面 5m 左右将 PH 模式转换为 DPH（动态锁定）模式。如进行自驾飞行巡检，将 DPH 模式转换为 WP（自动驾驶）模式。每次模式转换均需向工作负责人报告获批。<br>（2）地面站操控员通过地面站报告无人机飞行姿态、电池电量、风力、风向和航线偏移情况等，并且定时向无人机操控员通告 | 无人机操控员：无人机自检正常。<br>地面站操控员：显示正常。<br>工作负责人：可以起飞<br><br>无人机操控员：切换自驾。<br>地面站操控员：接收数据正常。<br>工作负责人：可以切换。<br>无人机操控员：已切换。<br>地面站操控员：自驾模式正常。<br>工作负责人：开始作业。<br>地面站操控员：启动预设航线。<br>地面站操控员：到达×号航点。<br>无人机操控员：×号航点作业结束。<br>无人机操控员：作业结束 |  |
| 3 | 无人机降落 | （1）无人机操控员操作无人机平稳降落到指定区域。<br>（2）地面站操控员通过地面站通告飞行姿态、电池电压等。<br>（3）工作负责人清场机降地点，密切观测风力、风向情况 | （1）工作负责人确认降落点当时风力、风向适合降落、秩序良好。<br>（2）无人机操控员操纵无人机以"落叶飘"形式降落高度到达距地面约 10m 处时垂直缓慢降落到指定区域。<br>（3）地面站操控员在无人机操控员操纵无人机降落时为无人机操控员提供无人机飞行姿态、风力、风向、电池电量等飞行数据 | 无人机操控员：是否降落。<br>地面站操控员：接收数据正常。<br>工作负责人：可以降落 |  |
| 4 | 无人机回收 | 待无人机平稳降落、螺旋桨停止转动后开始回收工作 | （1）无人机操控员拆下无人机动力电池后关闭遥控器电源，拆除机载设备，回收机体。<br>（2）地面站操控员关闭地面站系统所有电源后回收地面站和天线。<br>（3）工作负责人做好相关飞行记录 |  |  |

表 2-11-2-10　　　　　　　　　　　　　飞　行　总　结

| 序号 | 项目 | 内容 | 备注 |
|---|---|---|---|
| 1 | 无人机影像资料整理 | （1）无人机航拍照片、视频筛选（选出清晰可见的照片）。<br>（2）针对所拍视频做好后期剪辑工作 | |
| | | 照片分类建档（缺陷照片、设备照片、事故照片） | |
| 2 | 总结 | （1）针对所拍缺陷照片做好缺陷记录。<br>（2）针对所有清晰照片做好后期分析工作，总结出拍摄的时间、地点、顺逆光、角度、焦距、对焦模式等 | |
| 3 | 填制巡检结果记录单 | 根据总结分析结果，填制巡检结果记录单 | |

### （五）维护保养

维护保养见表 2-11-2-11。

表 2-11-2-11　　　　　　　　　　　　　维　护　保　养

| 序号 | 项目 | 内容 | 备注 |
|---|---|---|---|
| 1 | 各个系统电池的充放电 | 无人机动力电池、机载设备、地面站、遥控器充电并做好相应记录 | |
| 2 | 外表擦拭检查 | 无人机设备外表擦拭并进行相应检查 | |

附件 1：

## 单回路耐张杆塔标准化巡视作业卡

作业名称：_____

工作负责人：_____

作业人员：_____

1. 标准化流程及安全质量控制

| 序号 | 悬停位置 | 巡视内容 | 确认 |
|---|---|---|---|
| 1 | A1 点<br>（远景，斜 45°角） | 对杆塔基础和塔腿进行拍摄 | |
| 2 | | 对杆塔塔身进行拍摄 | |
| 3 | | 对杆塔塔头进行拍摄 | |
| 4 | A2 点<br>（平行于左侧地线横担，斜 45°角） | 对左侧地线小号侧横担进行拍摄 | |
| 5 | | 对左侧地线大号侧横担进行拍摄 | |
| 6 | A3 点<br>（平行于中相小号侧耐张绝缘子串，斜 45°角） | 对中相小号侧绝缘子与杆塔连接部分金具和前半段绝缘子进行拍摄 | |
| 7 | | 对中相小号侧整串耐张绝缘子进行拍摄 | |
| 8 | | 对中相小号侧绝缘子与导线连接部分金具和后半段绝缘子进行拍摄 | |
| 9 | A4 点<br>（平行于中相大号侧耐张绝缘子串，斜 45°角） | 对中相大号侧绝缘子与杆塔连接部分金具和前半段绝缘子进行拍摄 | |
| 10 | | 对中相大号侧整串耐张绝缘子进行拍摄 | |
| 11 | | 对中相大号侧绝缘子与导线连接部分金具和后半段绝缘子进行拍摄 | |
| 12 | A5 点<br>（平行于左侧小号侧耐张绝缘子串，斜 45°角） | 对左侧小号侧绝缘子与杆塔连接部分金具和前半段绝缘子进行拍摄 | |
| 13 | | 对左侧小号侧整串耐张绝缘子进行拍摄 | |
| 14 | | 对左侧小号侧绝缘子与导线连接部分金具和后半段绝缘子进行拍摄 | |
| 15 | A6 点<br>（平行于左侧大号侧耐张绝缘子串，斜 45°角） | 对左侧大号侧绝缘子与杆塔连接部分金具和前半段绝缘子进行拍摄 | |
| 16 | | 对左侧大号侧整串耐张绝缘子进行拍摄 | |
| 17 | | 对左侧大号侧绝缘子与导线连接部分金具和后半段绝缘子进行拍摄 | |
| 18 | A7 点<br>（平行于右侧地线横担，斜 45°角） | 对右侧小号侧地线横担进行拍摄 | |
| 19 | | 对右侧大号侧地线横担进行拍摄 | |
| 20 | A8 点<br>（平行于右侧小号侧耐张绝缘子串，斜 45°角） | 对右侧小号侧与杆塔连接部分金具和前半段绝缘子进行拍摄 | |
| 21 | | 对右侧小号侧整串耐张绝缘子进行拍摄 | |
| 22 | | 对右侧小号侧与导线连接部分金具和后半段绝缘子进行拍摄 | |

续表

| 序号 | 悬停位置 | 巡视内容 | 确认 |
|---|---|---|---|
| 23 | A9 点 | 对右侧大号侧与杆塔连接部分金具和前半段绝缘子进行拍摄 | |
| 24 | （平行于右侧大号侧耐张绝缘子串，斜 45°角） | 对右侧大号侧整串耐张绝缘子进行拍摄 | |
| 25 | | 对右侧大号侧与导线连接部分金具和后半段绝缘子进行拍摄 | |

2. 确认签字

工作负责人：　　　　　　　　　　　　作业人员：

附件 2：

## 单回路直线杆塔标准化巡视作业卡

作业名称：_____

工作负责人：_____

作业人员：_____

1. 标准化流程及安全质量控制

| 序号 | 悬停位置 | 巡视内容 | 确认 |
|---|---|---|---|
| 1 | A1 点 | 对杆塔基础和塔腿进行拍摄 | |
| 2 | （远景，斜 45°角） | 对杆塔塔身进行拍摄 | |
| 3 | | 对杆塔塔头进行拍摄 | |
| 4 | A2 点（平行于左侧地线横担，斜 45°角） | 对左侧地线横担进行拍摄 | |
| 5 | A3 点 | 对左侧绝缘子与杆塔连接部分金具和上半段绝缘子进行拍摄 | |
| 6 | （平行于左侧耐张绝缘子串，斜 45°角） | 对左侧整串耐张绝缘子进行拍摄 | |
| 7 | | 对左侧绝缘子与导线连接部分金具和下半段绝缘子进行拍摄 | |
| 8 | A4 点 | 对中相绝缘子与杆塔连接部分金具和上半段绝缘子的左半部分进行拍摄 | |
| 9 | （平行于中相耐张绝缘子串，斜 45°角） | 对中相整串耐张绝缘子的左半部分进行拍摄 | |
| 10 | | 对中相绝缘子与导线连接部分金具和下半段绝缘子的左半部分进行拍摄 | |
| 11 | A5 点（平行于右侧地线横担，斜 45°角） | 对右侧地线横担进行拍摄 | |
| 12 | A6 点 | 对右侧与杆塔连接部分金具和上半段绝缘子进行拍摄 | |
| 13 | （平行于右侧耐张绝缘子串，斜 45°角） | 对右侧整串耐张绝缘子进行拍摄 | |
| 14 | | 对右侧与导线连接部分金具和下半段绝缘子进行拍摄 | |
| 15 | A7 点 | 对中相绝缘子与杆塔连接部分金具和上半段绝缘子的右半部分进行拍摄 | |
| 16 | （平行于中相耐张绝缘子串，斜 45°角） | 对中相整串耐张绝缘子的右半部分进行拍摄 | |
| 17 | | 对中相绝缘子与导线连接部分金具和下半段绝缘子的右半部分进行拍摄 | |

2. 确认签字

工作负责人：　　　　　　　　　　　　作业人员：

附件 3：

## 双回路耐张杆塔标准化巡视作业卡

作业名称：＿＿＿＿＿＿＿＿＿＿＿＿＿＿＿＿＿＿＿＿＿＿＿
工作负责人：＿＿＿＿＿＿＿＿＿＿＿＿＿＿＿＿＿＿＿＿＿
作业人员：＿＿＿＿＿＿＿＿＿＿＿＿＿＿＿＿＿＿＿＿＿＿

1. 标准化流程及安全质量控制

| 序号 | 悬停位置 | 巡视内容 | 确认 |
|---|---|---|---|
| 1 | A1 点<br>（远景，斜 45°角） | 对杆塔基础和塔腿进行拍摄 | |
| 2 | | 对杆塔塔身进行拍摄 | |
| 3 | | 对杆塔塔头进行拍摄 | |
| 4 | A2 点<br>（平行于左侧地线<br>横担，斜 45°角） | 对左侧地线横担小号侧进行拍摄 | |
| 5 | | 对左侧地线横担大号侧进行拍摄 | |
| 6 | A3 点<br>（平行于左侧上线小号<br>侧耐张绝缘子串，<br>斜 45°角） | 对左侧上线小号侧绝缘子与杆塔连接部分金具和前半段绝缘子进行拍摄 | |
| 7 | | 对左侧上线小号侧整串耐张绝缘子进行拍摄 | |
| 8 | | 对左侧上线小号侧绝缘子与导线连接部分金具和后半段绝缘子进行拍摄 | |
| 9 | A4 点<br>（平行于左侧上线大号<br>侧耐张绝缘子串，<br>斜 45°角） | 对左侧上线大号侧绝缘子与杆塔连接部分金具和前半段绝缘子进行拍摄 | |
| 10 | | 对左侧上线大号侧整串耐张绝缘子进行拍摄 | |
| 11 | | 对左侧上线大号侧绝缘子与导线连接部分金具和后半段绝缘子进行拍摄 | |
| 12 | A5 点<br>（平行于左侧中线小号侧<br>耐张绝缘子串，<br>斜 45°角） | 对左侧中线小号侧绝缘子与杆塔连接部分金具和前半段绝缘子进行拍摄 | |
| 13 | | 对左侧中线小号侧整串耐张绝缘子进行拍摄 | |
| 14 | | 对左侧中线小号侧绝缘子与导线连接部分金具和后半段绝缘子进行拍摄 | |
| 15 | A6 点<br>（平行于左侧中线大号<br>侧耐张绝缘子串，<br>斜 45°角） | 对左侧中线大号侧绝缘子与杆塔连接部分金具和前半段绝缘子进行拍摄 | |
| 16 | | 对左侧中线大号侧整串耐张绝缘子进行拍摄 | |
| 17 | | 对左侧中线大号侧绝缘子与导线连接部分金具和后半段绝缘子进行拍摄 | |
| 18 | A7 点<br>（平行于左侧下线小号<br>侧耐张绝缘子串，<br>斜 45°角） | 对左侧下线小号侧绝缘子与杆塔连接部分金具和前半段绝缘子进行拍摄 | |
| 19 | | 对左侧下线小号侧整串耐张绝缘子进行拍摄 | |
| 20 | | 对左侧下线小号侧绝缘子与导线连接部分金具和后半段绝缘子进行拍摄 | |
| 21 | A8 点<br>（平行于左侧下线大号<br>侧耐张绝缘子串，<br>斜 45°角） | 对左侧下线大号侧绝缘子与杆塔连接部分金具和前半段绝缘子进行拍摄 | |
| 22 | | 对左侧下线大号侧整串耐张绝缘子进行拍摄 | |
| 23 | | 对左侧下线大号侧绝缘子与导线连接部分金具和后半段绝缘子进行拍摄 | |

续表

| 序号 | 悬停位置 | 巡视内容 | 确认 |
|---|---|---|---|
| 24 | A9点<br>（平行于右侧地线<br>横担，斜45°角） | 对右侧地线横担小号侧进行拍摄 | |
| | | 对右侧地线横担大号侧进行拍摄 | |
| 25 | A10点<br>（平行于右侧上线小号<br>侧耐张绝缘子串，<br>斜45°角） | 对右侧上线小号侧与杆塔连接部分金具和前半段绝缘子进行拍摄 | |
| 26 | | 对右侧上线小号侧整串耐张绝缘子进行拍摄 | |
| 27 | | 对右侧上线小号侧与导线连接部分金具和后半段绝缘子进行拍摄 | |
| 28 | A11点<br>（平行于右侧上线大号<br>侧耐张绝缘子串，<br>斜45°角） | 对右侧上线大号侧与杆塔连接部分金具和前半段绝缘子进行拍摄 | |
| 29 | | 对右侧上线大号侧整串耐张绝缘子进行拍摄 | |
| 30 | | 对右侧上线大号侧与导线连接部分金具和后半段绝缘子进行拍摄 | |
| 31 | A12点<br>（平行于右侧中线小号<br>侧耐张绝缘子串，<br>斜45°角） | 对右侧中线小号侧与杆塔连接部分金具和前半段绝缘子进行拍摄 | |
| 32 | | 对右侧中线小号侧整串耐张绝缘子进行拍摄 | |
| 33 | | 对右侧中线小号侧与导线连接部分金具和后半段绝缘子进行拍摄 | |
| 34 | A12点<br>（平行于右侧中线大号<br>侧耐张绝缘子串，<br>斜45°角） | 对右侧中线大号侧与杆塔连接部分金具和前半段绝缘子进行拍摄 | |
| 35 | | 对右侧中线大号侧整串耐张绝缘子进行拍摄 | |
| 36 | | 对右侧中线大号侧与导线连接部分金具和后半段绝缘子进行拍摄 | |
| 37 | A13点<br>（平行于右侧下线小号<br>侧耐张绝缘子串，<br>斜45°角） | 对右侧下线小号侧与杆塔连接部分金具和前半段绝缘子进行拍摄 | |
| 38 | | 对右侧下线小号侧整串耐张绝缘子进行拍摄 | |
| 39 | | 对右侧下线小号侧与导线连接部分金具和后半段绝缘子进行拍摄 | |
| 40 | A14点<br>（平行于右侧下线大号<br>侧耐张绝缘子串，<br>斜45°角） | 对右侧下线大号侧与杆塔连接部分金具和前半段绝缘子进行拍摄 | |
| 41 | | 对右侧下线大号侧整串耐张绝缘子进行拍摄 | |
| 42 | | 对右侧下线大号侧与导线连接部分金具和后半段绝缘子进行拍摄 | |

2. 确认签字

工作负责人：　　　　　　　　　　　　作业人员：

附件4：

# 双回路直线杆塔标准化巡视作业卡

作业名称：＿＿＿＿＿＿＿＿＿＿＿＿＿＿＿＿＿＿＿＿＿＿

工作负责人：＿＿＿＿＿＿＿＿＿＿＿＿＿＿＿＿＿＿＿＿＿＿

作业人员：＿＿＿＿＿＿＿＿＿＿＿＿＿＿＿＿＿＿＿＿＿＿

1. 标准化流程及安全质量控制

| 序号 | 悬停位置 | 巡视内容 | 确认 |
|---|---|---|---|
| 1 | A1点<br>（远景，斜45°角） | 对杆塔基础和塔腿进行拍摄 | |
| 2 | | 对杆塔塔身进行拍摄 | |
| 3 | | 对杆塔塔头进行拍摄 | |
| 4 | A2点<br>（平行于左侧地线横担，<br>斜45°角） | 对左侧地线横担进行拍摄 | |
| 5 | A3点<br>（平行于左侧上线<br>耐张绝缘子串，<br>斜45°角） | 对左侧上线绝缘子与杆塔连接部分金具和上半段绝缘子进行拍摄 | |
| 6 | | 对左侧上线整串耐张绝缘子进行拍摄 | |
| 7 | | 对左侧上线绝缘子与导线连接部分金具和下半段绝缘子进行拍摄 | |
| 8 | A4点<br>（平行于左侧中线<br>耐张绝缘子串，<br>斜45°角） | 对左侧中线绝缘子与杆塔连接部分金具和上半段绝缘子进行拍摄 | |
| 9 | | 对左侧中线整串耐张绝缘子进行拍摄 | |
| 10 | | 对左侧中线绝缘子与导线连接部分金具和下半段绝缘子进行拍摄 | |

续表

| 序号 | 悬停位置 | 巡视内容 | 确认 |
|---|---|---|---|
| 11 | A5点<br>(平行于左侧下线<br>耐张绝缘子串,<br>斜45°角) | 对左侧下线绝缘子与杆塔连接部分金具和上半段绝缘子进行拍摄 | |
| 12 | | 对左侧下线整串耐张绝缘子进行拍摄 | |
| 13 | | 对左侧下线绝缘子与导线连接部分金具和下半段绝缘子进行拍摄 | |
| 14 | A6点<br>(平行于右侧地线<br>横担,斜45°角) | 对右侧地线横担进行拍摄 | |
| 15 | A6点<br>(平行于右侧上线<br>耐张绝缘子串,<br>斜45°角) | 对右侧上线与杆塔连接部分金具和上半段绝缘子进行拍摄 | |
| 16 | | 对右侧上线整串耐张绝缘子进行拍摄 | |
| 17 | | 对右侧上线与导线连接部分金具和下半段绝缘子进行拍摄 | |
| 18 | A7点<br>(平行于右侧中线耐张<br>绝缘子串,斜45°角) | 对右侧中线绝缘子与杆塔连接部分金具和上半段绝缘子进行拍摄 | |
| 19 | | 对右侧中线整串耐张绝缘子进行拍摄 | |
| 20 | | 对右侧中线绝缘子与导线连接部分金具和下半段绝缘子进行拍摄 | |
| 21 | A6点<br>(平行于右侧下线耐张<br>绝缘子串,斜45°角) | 对右侧下线与杆塔连接部分金具和上半段绝缘子进行拍摄 | |
| 22 | | 对右侧下线整串耐张绝缘子进行拍摄 | |
| 23 | | 对右侧下线与导线连接部分金具和下半段绝缘子进行拍摄 | |

2. 确认签字

工作负责人:　　　　　　　　　　　　　　　作业人员:

## 第三节　多旋翼无人机架空输电线路本体巡检影像拍摄安全要求和技术要求

### 一、安全要求

无人机本体巡检应遵守相关的安全规定,具体要求如下:

(1) 作业前应办理空域申请手续,空域审批后方可作业,并密切跟踪当地空域变化情况。

(2) 作业前应掌握巡检设备的型号和参数、杆塔坐标及高度、巡检线路周围地形地貌和周边交叉跨越情况。

(3) 作业前应检查无人机各部件是否正常,包括无人机本体、遥控器、云台相机、存储卡和电池电量等。

(4) 作业前应确认天气情况,雾、雪、大雨、冰雹、风力大于10m/s等恶劣天气不宜作业。

(5) 保证现场安全措施齐全,禁止行人和其他无关人员在无人机巡检现场逗留,时刻注意保持与无关人员的安全距离。避免将起降场地设在巡检线路下方、交通繁忙道路及人口密集区附近。

(6) 作业前应规划应急航线,包括航线转移策略、安全返航路径和应急迫降点等。

(7) 无人机巡检时应与架空输电线路保持足够的安全距离。

### 二、技术要求

无人机本体巡检应满足相关技术要求,具体如下:

(1) 拍摄时应确保相机参数设置合理、对焦准确,保证图像清晰、曝光合理、不出现模糊现象。

(2) 输电线路目标设备应位于图像中间位置,销钉类目标及缺陷在放大情况下清晰可见,典型示例如图2-11-3-1~图2-11-3-4所示,其他类型目标及缺陷如图2-11-7-32~图2-11-7-43所示。

(a) 耐张绝缘子横担端(目标设备)

(b) 绝缘子及挂板上销钉清晰可见(放大)

图2-11-3-1　耐张绝缘子横担端图像

## 第三节　多旋翼无人机架空输电线路本体巡检影像拍摄安全要求和技术要求

（a）耐张绝缘子导线端（目标设备）　　　　（b）绝缘子与导线连接处销钉清晰可见（放大）

图 2-11-3-2　耐张绝缘子导线端图像

（a）引流导线端（目标设备）　　　　（b）重锤及线夹上销钉与螺栓清晰可见（放大）

图 2-11-3-3　引流导线端图像

（a）地线 U 形挂环（目标设备）　　　　（b）挂板上销钉及缺陷清晰可见（放大）

图 2-11-3-4　架空地线 U 形挂环图像

## 三、作业流程

标准化作业流程如图 2-11-3-5 所示。

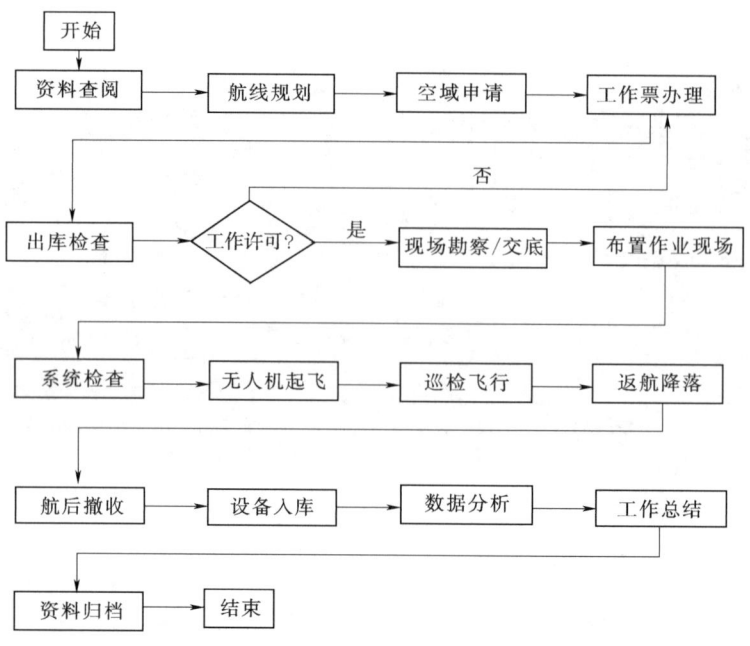

图 2-11-3-5 标准化作业流程图

## 第四节 巡检拍摄内容和拍摄原则

### 一、巡检拍摄内容

多旋翼无人机巡检拍摄内容应包含塔全貌、塔头、塔身、塔号牌、绝缘子、各挂点、金具、通道等，具体拍摄部位和拍摄重点见表 2-11-4-1，典型图例如图 2-11-7-1～图 2-11-7-31 所示。

### 二、巡检拍摄原则

1. 基本原则

多旋翼无人机巡检路径规划的基本原则是面向大号侧先左后右，从下至上（对侧从上至下），先小号侧后大号侧。有条件的单位，应根据输电设备结构选择合适的拍摄位置，并固化作业点，建立标准化航线库。航线库应包括线路名称、杆塔号、杆塔类型、布线型式、杆塔地理坐标、作业点成像参数等信息。

表 2-11-4-1 巡检拍摄部位和拍摄重点

| 塔型 | 拍摄部位 | 拍摄重点 |
| --- | --- | --- |
| 直线塔 | 塔概况 | 塔全貌、塔头、塔身、塔号牌、塔基 |
| | 绝缘子串 | 绝缘子 |
| | 悬垂绝缘子横担端 | 绝缘子碗头销、保护金具、铁塔挂点金具 |
| | 悬垂绝缘子导线端 | 导线线夹、各挂板、联板等金具 |
| | | 碗头挂板销 |
| | 地线悬垂金具 | 地线线夹、接地引下钱连接金具、挂板 |
| | 通道 | 小号侧通道、大号侧通道 |
| 耐张塔 | 塔概况 | 塔全貌、塔头、塔身、塔号牌、塔基 |
| | 耐张绝缘子横担端 | 调整板、挂板等金具 |
| | 耐张绝缘子导线端 | 导线耐张线夹、各挂板、联板、防振锤等金具 |
| | 耐张绝缘子串 | 每片绝缘子表面及连接情况 |
| | 地线耐张（直线金具）金具 | 地线耐张线夹、接地引下钱连接金具、防振锤、挂板 |
| | 引流线绝缘子横担端 | 绝缘子碗头销、铁塔挂点金具 |
| | 引流绝缘子导线端 | 碗头挂板销、引流线夹、联板、重锤等金具 |
| | 引流线 | 引流线、引流线绝缘子、间隔棒 |
| | 通道 | 小号侧通道、大号侧通道 |

## 2. 直线塔拍摄原则

(1) 单回直线塔：面向大号侧先拍左相再拍中相后拍右相，先拍小号侧后拍大号侧。

(2) 双回直线塔：面向大号侧先拍左回后拍右回，先拍下相再拍中相后拍上相（对侧先拍上相再拍中相后拍下相，∩形顺序拍摄），先拍小号侧后拍大号侧。

## 3. 耐张塔拍摄原则

(1) 单回耐张塔：面向大号侧先拍左相再拍中相后拍右相，先拍小号侧再拍跳线串后拍大号侧。小号侧先拍导线端后拍横担端，跳线串先拍横担端后拍导线端，大号侧先拍横担端后拍导线端。

(2) 双回耐张塔：面向大号侧先拍左回后拍右回，先拍下相再拍中相后拍上相（对侧先拍上相再拍中相后拍下相，∩形顺序拍摄），先拍小号侧再拍跳线后拍大号侧，小号侧先拍导线端后拍横担端，跳线串先拍横担端后拍导线端，大号侧先拍横担端后拍导线端。

# 第五节 输电线路典型塔型巡检路径规划与拍摄技术

## 一、交流线路单回直线酒杯塔

交流线路单回直线酒杯塔无人机巡检路径规划如图 2-11-5-1 所示，其拍摄技术见表 2-11-5-1。

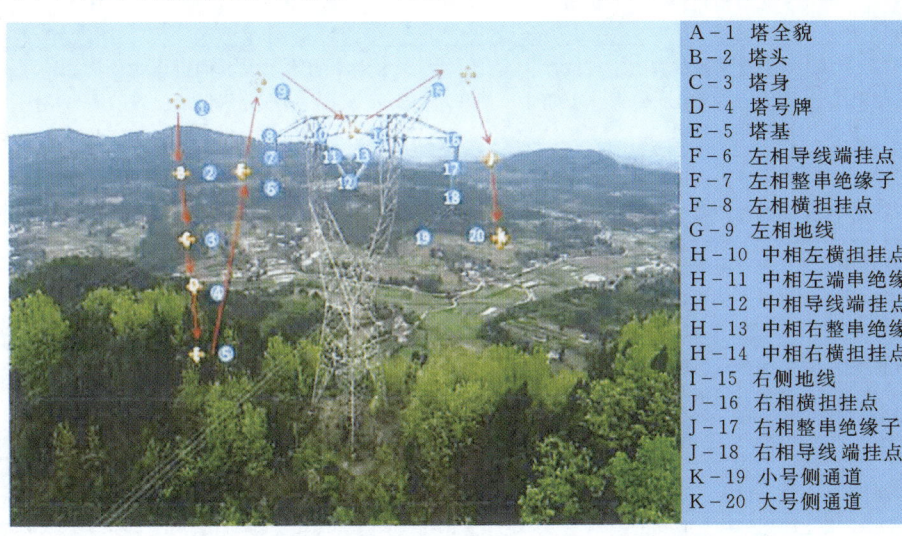

图 2-11-5-1 交流线路单回直线酒杯塔无人机巡检路径规划

表 2-11-5-1 交流线路单回直线酒杯塔无人机巡检拍摄技术

| 无人机悬停区域 | 拍摄部位编号 | 拍摄部位 | 无人机拍摄位置 | 拍摄角度 | 拍摄质量要求 |
|---|---|---|---|---|---|
| A | 1 | 塔全貌 | 从杆塔远处，并高于杆塔，杆塔完全在影像画面里 | 俯视 | 塔全貌完整，能够清晰分辨塔材和杆塔角度，主体上下占比不低于全幅80% |
| B | 2 | 塔头 | 从杆塔斜上方拍摄 | 俯视 | 能够完整看到杆塔塔头 |
| C | 3 | 塔身 | 杆塔斜上方，略低于塔头拍摄高度 | 平/俯视 | 能够看到除塔头及塔基部位的其他结构全貌 |
| D | 4 | 塔号牌 | 无人机镜头平视或俯视拍摄塔号牌 | 平/俯视 | 能清晰分辨塔号牌上线路双重名称 |
| E | 5 | 塔基 | 走廊正面或侧面面向塔基俯视拍摄 | 俯视 | 能够看清塔基附近地面情况，拉线是否连接牢靠 |
| F | 6 | 左相导线端挂点 | 面向金具锁紧销安装侧，拍摄金具整体 | 平/俯视 | 能够清晰分辨螺栓、螺母等小尺寸金具及防振锤。设备相互遮挡时，采取多角度拍摄。每张照片至少包含一片绝缘子 |
| F | 7 | 左相整串绝缘子 | 正对绝缘子串，在其中心点以上位置拍摄 | 平视 | 需覆盖绝缘子整串，可拍多张照片，最终能够清晰分辨绝缘子片表面损痕和每片绝缘子连接情况 |
| F | 8 | 左相横担挂点 | 与挂点高度平行，小角度斜侧方拍摄 | 平/俯视 | 能够清晰分辨螺栓、螺母、锁紧销等小尺寸金具。设备相互遮挡时，采取多角度拍摄。每张照片至少包含一片绝缘子 |
| G | 9 | 左相地线 | 高度与地线挂点平行或以不大于30°角度俯视，小角度斜侧方拍摄 | 平/俯/仰视 | 能够判断各类金具的组合安装状态，与地线接触位置铝包带安装状态，清晰分辨锁紧位置的螺母销级物件。设备相互遮挡时，采取多角度拍摄 |
| H | 10 | 中相左横担挂点 | 与挂点高度平行，小角度斜侧方拍摄 | 平视 | 能够清晰分辨螺栓、螺母、锁紧销等小尺寸金具。设备相互遮挡时，采取多角度拍摄。每张照片至少包含一片绝缘子 |

续表

| 无人机悬停区域 | 拍摄部位编号 | 拍摄部位 | 无人机拍摄位置 | 拍摄角度 | 拍摄质量要求 |
|---|---|---|---|---|---|
| H | 11 | 中相左整串绝缘子 | 正对绝缘子串，在其中心点以上位置拍摄 | 平视 | 需覆盖绝缘子整串，可拍多张照片，最终能够清晰分辨绝缘子片表面损痕和每片绝缘子连接情况 |
| H | 12 | 中相导线端挂点 | 与挂点高度平行，小角度斜侧方拍摄 | 平视 | 能够清晰分辨螺栓、螺母、锁紧销等小尺寸金具及防振锤。设备相互遮挡时，采取多角度拍摄。每张照片至少包含一片绝缘子 |
| H | 13 | 中相右整串绝缘子 | 正对绝缘子串，在其中心点以上位置拍摄 | 平视 | 需覆盖绝缘子整串，可拍多张照片，最终能够清晰分辨绝缘子片表面损痕和每片绝缘子连接情况 |
| H | 14 | 中相右横担挂点 | 正对横担挂点位置拍摄 | 平/俯视 | 能够清晰分辨挂点锁紧销等金具 |
| I | 15 | 右侧地线 | 高度与地线挂点平行或以不大于30°角度俯视，小角度斜侧方拍摄 | 俯视 | 能够判断各类金具的组合安装状态，与地线接触位置铝包带安装状态，清晰分辨锁紧位置的螺母销级物件。设备相互遮挡时，采取多角度拍摄 |
| J | 16 | 右相横担挂点 | 与挂点高度平行，小角度斜侧方拍摄 | 平视 | 能够清晰分辨螺栓、螺母、锁紧销等小尺寸金具。设备相互遮挡时，采取多角度拍摄。每张照片至少包含一片绝缘子 |
| J | 17 | 右相整串绝缘子 | 正对绝缘子串，在其中心点以上位置拍摄 | 平视 | 需覆盖绝缘子整串，如无法覆盖则至多分两段拍摄，最终能够清晰分辨绝缘子片表面损痕和每片绝缘子连接情况 |
| J | 18 | 右相导线端挂点 | 与挂点高度平行，小角度斜侧方拍摄 | 平视 | 能够清晰分辨螺栓、螺母、锁紧销等小尺寸金具及防振锤。设备相互遮挡时，采取多角度拍摄。每张照片至少包含一片绝缘子 |
| K | 19 | 小号侧通道 | 塔身侧方位置先小号通道，后大号通道 | 平视 | 能够清晰完整看到杆塔的通道情况，如建筑物、树木、交叉、跨越的线路等 |
| K | 20 | 大号侧通道 | 塔身侧方位置先小号通道，后大号通道 | 平视 | 能够清晰完整看到杆塔的通道情况，如建筑物、树木、交叉、跨越的线路等 |

注　拍摄角度和拍摄图片张数以能够清晰展示所需细节为目标，根据实际作业环境可做适当调整。

## 二、交流线路单回直线猫头塔

交流线路单回直线猫头塔无人机巡检路径规划如图2-11-5-2所示，其拍摄技术见表2-11-5-2。

## 三、直流线路单回直线塔

直流线路单回直线塔无人机巡检路径规划如图2-11-5-3所示，其拍摄技术见表2-11-5-3。

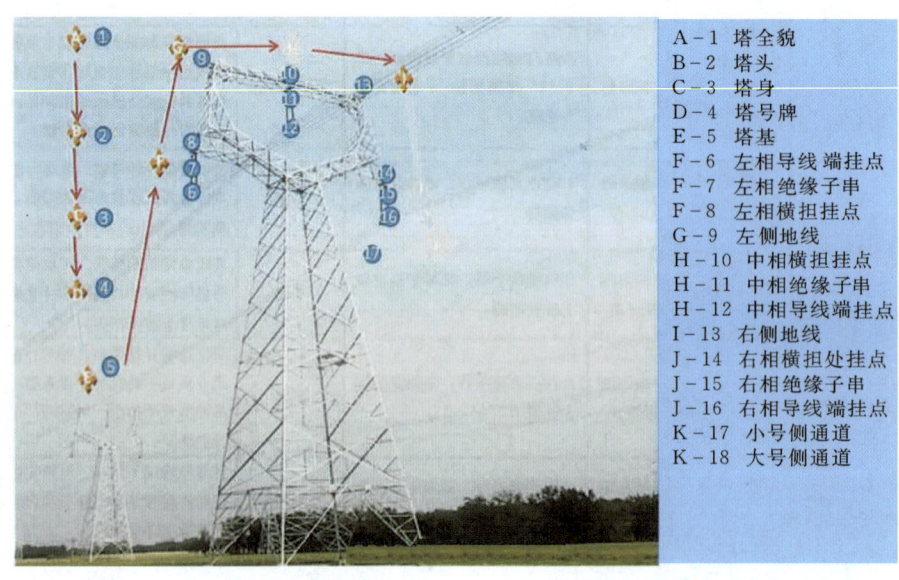

图2-11-5-2　交流线路单回直线猫头塔无人机巡检路径规划

表 2-11-5-2　　　　　交流线路单回直线猫头塔无人机巡检拍摄技术

| 无人机悬停区域 | 拍摄部位编号 | 拍摄部位 | 无人机拍摄位置 | 拍摄角度 | 拍摄质量要求 |
|---|---|---|---|---|---|
| A | 1 | 塔全貌 | 从杆塔远处,并高于杆塔,杆塔完全在影像画面里 | 俯视 | 塔全貌完整,能够清晰分辨塔材和杆塔角度,主体上下占比不低于全幅80% |
| B | 2 | 塔头 | 从杆塔斜上方拍摄 | 俯视 | 能够完整看到杆塔塔头 |
| C | 3 | 塔身 | 杆塔斜上方,略低于塔头拍摄高度 | 平/俯视 | 能够看到除塔头及塔基部位的其他结构全貌 |
| D | 4 | 塔号牌 | 无人机镜头平视或俯视拍摄塔号牌 | 平/俯视 | 能清晰分辨塔号牌上线路双重名称 |
| E | 5 | 塔基 | 走廊正面或侧面面向塔基俯视拍摄 | 俯视 | 能够看清塔基附近地面情况,拉线是否连接牢靠 |
| F | 6 | 左相导线端挂点 | 面向金具锁紧销安装侧,拍摄金具整体 | 平/俯视 | 能够清晰分辨螺栓、螺母、锁紧销等小尺寸金具及防振锤。设备相互遮挡时,采取多角度拍摄。每张照片至少包含一片绝缘子 |
| F | 7 | 左相绝缘子串 | 正对绝缘子串,在其中心点以上位置拍摄 | 平视 | 需覆盖绝缘子整串,可拍多张照片,最终能够清晰分辨绝缘子片表面损痕和每片绝缘子连接情况 |
| F | 8 | 左相横担挂点 | 与挂点高度平行,小角度斜侧方拍摄 | 平/俯视 | 能够清晰分辨螺栓、螺母、锁紧销等小尺寸金具。设备相互遮挡时,采取多角度拍摄。每张照片至少包含一片绝缘子 |
| G | 9 | 左侧地线 | 高度与地线挂点平行或以不大于30°角度俯视,小角度斜侧方拍摄 | 平/俯/仰视 | 能够判断各类金具的组合安装状态,与地线接触位置铝包带安装状态,清晰分辨锁紧位置的螺母销级物件。设备相互遮挡时,采取多角度拍摄 |
| H | 10 | 中相横担挂点 | 与挂点高度平行,小角度斜侧方拍摄 | 平视 | 能够清晰分辨螺栓、螺母、锁紧销等小尺寸金具。设备相互遮挡时,采取多角度拍摄。每张照片至少包含一片绝缘子 |
| H | 11 | 中相绝缘子串 | 正对绝缘子串,在其中心点以上位置拍摄 | 平视 | 需覆盖绝缘子整串,可拍多张照片,最终能够清晰分辨绝缘子片表面损痕和每片绝缘子连接情况 |
| H | 12 | 中相导线端挂点 | 与挂点高度平行,小角度斜侧方拍摄 | 平视 | 能够清晰分辨螺栓、螺母、锁紧销等小尺寸金具及防振锤。设备相互遮挡时,采取多角度拍摄。每张照片至少包含一片绝缘子 |
| I | 13 | 右侧地线 | 高度与地线挂点平行或以不大于30°角度俯视,小角度斜侧方拍摄 | 俯视 | 能够判断各类金具的组合安装状态,与地线接触位置铝包带安装状态,清晰分辨锁紧位置的螺母销级物件。设备相互遮挡时,采取多角度拍摄 |
| J | 14 | 右相横担处挂点 | 与挂点高度平行,小角度斜侧方拍摄 | 平视 | 能够清晰分辨螺栓、螺母、锁紧销等小尺寸金具。设备相互遮挡时,采取多角度拍摄。每张照片至少包含一片绝缘子 |
| J | 15 | 右相绝缘子串 | 正对绝缘子串,在其中心点以上位置拍摄 | 平视 | 需覆盖绝缘子整串,如无法覆盖则至多分两段拍摄,最终能够清晰分辨绝缘子片表面损痕和每片绝缘子连接情况 |
| J | 16 | 右相导线端挂点 | 与挂点高度平行,小角度斜侧方拍摄 | 平视 | 能够清晰分辨螺栓、螺母、锁紧销等小尺寸金具及防振锤。设备相互遮挡时,采取多角度拍摄。每张照片至少包含一片绝缘子 |
| K | 17 | 小号侧通道 | 塔身侧方位置先小号通道,后大号通道 | 平视 | 能够清晰完整看到杆塔的通道情况,如建筑物、树木、交叉、跨越的线路等 |
| K | 18 | 大号侧通道 | 塔身侧方位置先小号通道,后大号通道 | 平视 | 能够清晰完整看到杆塔的通道情况,如建筑物、树木、交叉、跨越的线路等 |

注　拍摄角度和拍摄图片张数以能够清晰展示所需细节为目标,根据实际作业环境可做适当调整。

## 第十一章 高压输电线路多旋翼无人机巡检拍摄技术

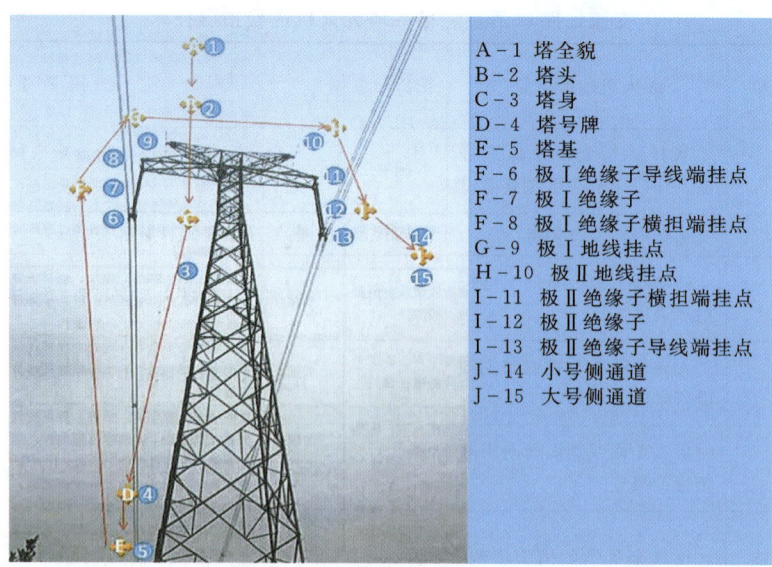

图 2-11-5-3 直流线路单回直线塔无人机巡检路径规划

表 2-11-5-3　　　　　　　　直流线路单回直线塔无人机巡检拍摄技术

| 无人机悬停区域 | 拍摄部位编号 | 拍摄部位 | 无人机拍摄位置 | 拍摄角度 | 拍摄质量要求 |
|---|---|---|---|---|---|
| A | 1 | 塔全貌 | 从杆塔远处,并高于杆塔,杆塔完全在影像画面里 | 俯视 | 塔全貌完整,能够清晰分辨塔材和杆塔角度,主体上下占比不低于全幅80% |
| B | 2 | 塔头 | 从杆塔斜上方拍摄 | 俯视 | 能够完整看到杆塔塔头 |
| C | 3 | 塔身 | 杆塔斜上方,略低于塔头拍摄高度 | 平/俯视 | 能够看到除塔头及塔基部位的其他结构全貌 |
| D | 4 | 塔号牌 | 无人机镜头平视或俯视拍摄塔号牌 | 平/俯视 | 能清晰分辨塔号牌上线路双重名称 |
| E | 5 | 塔基 | 走廊正面或侧面面向塔基俯视拍摄 | 俯视 | 能够看清塔基附近地面情况 |
| F | 6 | 极Ⅰ绝缘子导线端挂点 | 面向金具锁紧销安装侧,拍摄金具整体 | 平/俯视 | 能够清晰分辨螺栓、螺母、锁紧销等小尺寸金具及防振锤。设备相互遮挡时,采取多角度拍摄。每张照片至少包含一片绝缘子 |
| F | 7 | 极Ⅰ绝缘子 | 正对绝缘子串,在其中心点以上位置拍摄 | 平视 | 需覆盖绝缘子整串,拍多张照片,最终能够清晰分辨绝缘子片表面损痕和每片绝缘子连接情况 |
| F | 8 | 极Ⅰ绝缘子横担端挂点 | 与挂点高度平行,小角度斜侧方拍摄 | 平/俯视 | 能够清晰分辨螺栓、螺母、锁紧销等小尺寸金具。设备相互遮挡时,采取多角度拍摄。每张照片至少包含一片绝缘子 |
| G | 9 | 极Ⅰ地线挂点 | 高度与地线挂点平行或以不大于30°角度俯视,小角度斜侧方拍摄 | 平/俯/仰视 | 能够判断各类金具的组合安装状态,与地线接触位置铝包带安装状态,清晰分辨锁紧位置的螺母销级物件,设备相互遮挡时,采取多角度拍摄 |
| H | 10 | 极Ⅱ地线挂点 | 高度与地线挂点平行或以不大于30°角度俯视,小角度斜侧方拍摄 | 平/俯/仰视 | 能够判断各类金具的组合安装状态,与地线接触位置铝包带安装状态,清晰分辨锁紧位置的螺母销级物件,设备相互遮挡时,采取多角度拍摄 |
| I | 11 | 极Ⅱ绝缘子横担端挂点 | 与挂点高度平行,小角度斜侧方拍摄 | 平/俯视 | 能够清晰分辨螺栓、螺母、锁紧销等小尺寸金具。设备相互遮挡时,采取多角度拍摄。每张照片至少包含一片绝缘子 |
| I | 12 | 极Ⅱ绝缘子 | 正对绝缘子串,在其中心点以上位置拍摄 | 平视 | 需覆盖绝缘子整串,可拍多张照片,最终能够清晰分辨绝缘子片表面损痕和每片绝缘子连接情况 |
| I | 13 | 极Ⅱ绝缘子导线端挂点 | 面向金具锁紧销安装侧,拍摄金具整体 | 平/俯视 | 能够清晰分辨螺栓、螺母、锁紧销等小尺寸金具及防振锤。设备相互遮挡时,采取多角度拍摄。每张照片至少包含一片绝缘子 |

第五节 输电线路典型塔型巡检路径规划与拍摄技术

续表

| 无人机悬停区域 | 拍摄部位编号 | 拍摄部位 | 无人机拍摄位置 | 拍摄角度 | 拍摄质量要求 |
|---|---|---|---|---|---|
| J | 14 | 小号侧通道 | 塔身侧方位置拍摄小号通道 | 平视 | 能够清晰完整看到杆塔的通道情况，如建筑物、树木、交叉、跨越的线路等 |
| J | 15 | 大号侧通道 | 塔身侧方位置拍摄大号通道 | 平视 | 能够清晰完整看到杆塔的通道情况，如建筑物、树木、交叉、跨越的线路等 |

注　拍摄角度和拍摄图片张数以能够清晰展示所需细节为目标，根据实际作业环境可做适当调整。

### 四、直流线路单回耐张塔

直流线路单回耐张塔无人机巡检路径规划如图 2-11-5-4 所示，其拍摄技术见表 2-11-5-4。

### 五、交流线路双回直线塔

交流线路双回直线塔无人机巡检路径规划如图 2-11-5-5 所示，其拍摄技术见表 2-11-5-5。

图 2-11-5-4　直流线路单回耐张塔无人机巡检路径规划

表 2-11-5-4　　　　　直流线路单回耐张塔无人机巡检拍摄技术

| 无人机悬停区域 | 拍摄部位编号 | 拍摄部位 | 无人机拍摄位置 | 拍摄角度 | 拍摄质量要求 |
|---|---|---|---|---|---|
| A | 1 | 塔全貌 | 从杆塔远处，并高于杆塔，杆塔完全在影像画面里 | 俯视 | 塔全貌完整，能够清晰分辨塔材和杆塔角度，主体上下占比不低于全幅80% |
| B | 2 | 塔头 | 从杆塔斜上方拍摄 | 俯视 | 能够完整看到杆塔塔头 |
| C | 3 | 塔身 | 杆塔斜上方，略低于塔头拍摄高度 | 平/俯视 | 能够看到除塔头及塔基部位的其他结构全貌 |
| D | 4 | 塔号牌 | 无人机镜头平视或俯视拍摄塔号牌 | 平/俯视 | 能清晰分辨塔号牌上线路双重名称 |
| E | 5 | 塔基 | 走廊正面或侧面面向塔基俯视拍摄 | 俯视 | 能够看清塔基附近地面情况 |
| F | 6 | 极Ⅰ小号侧导线端挂点 | 面向金具锁紧销安装侧，拍摄金具整体 | 平/俯视 | 能够清晰分辨螺栓、螺母、锁紧销等小尺寸金具及防振锤。设备相互遮挡时，采取多角度拍摄。每张照片至少包含一片绝缘子 |
| F | 7 | 极Ⅰ小号侧绝缘子 | 正对绝缘子串，在其中心点以上位置拍摄 | 平视 | 需覆盖绝缘子整串，可拍多张照片，最终能够清晰分辨绝缘子片表面损痕和每片绝缘子连接情况 |

续表

| 无人机悬停区域 | 拍摄部位编号 | 拍摄部位 | 无人机拍摄位置 | 拍摄角度 | 拍摄质量要求 |
|---|---|---|---|---|---|
| F | 8 | 极Ⅰ小号侧横担端挂点 | 与挂点高度平行,小角度斜侧方拍摄 | 平/俯视 | 能够清晰分辨螺栓、螺母、锁紧销等小尺寸金具。设备相互遮挡时,采取多角度拍摄。每张照片至少包含一片绝缘子 |
| G | 9 | 极Ⅰ跳线串横担端挂点 | 与挂点高度平行,小角度斜侧方拍摄 | 平/俯视 | 能够清晰分辨螺栓、螺母、锁紧销等小尺寸金具。设备相互遮挡时,采取多角度拍摄。每张照片至少包含一片绝缘子 |
| G | 10 | 极Ⅰ跳线绝缘子 | 正对绝缘子串,在其中心点以上位置拍摄 | 平视 | 需覆盖绝缘子整串,可拍多张照片,最终能够清晰分辨绝缘子片表面损痕和每片绝缘子连接情况 |
| G | 11 | 极Ⅰ跳线串导线端挂点 | 面向金具锁紧销安装侧,拍摄金具整体 | 平/俯视 | 能够清晰分辨螺栓、螺母、锁紧销等小尺寸金具及防振锤。设备相互遮挡时,采取多角度拍摄。每张照片至少包含一片绝缘子 |
| H | 12 | 极Ⅰ大号侧横担端挂点 | 与挂点高度平行,小角度斜侧方拍摄 | 平/俯视 | 能够清晰分辨螺栓、螺母、锁紧销等小尺寸金具。设备相互遮挡时,采取多角度拍摄。每张照片至少包含一片绝缘子 |
| H | 13 | 极Ⅰ大号侧绝缘子 | 正对绝缘子串,在其中心点以上位置拍摄 | 平视 | 需覆盖绝缘子整串,可拍多张照片,最终能够清晰分辨绝缘子片表面损痕和每片绝缘子连接情况 |
| H | 14 | 极Ⅰ大号侧导线端挂点 | 面向金具锁紧销安装侧,拍摄金具整体 | 平/俯视 | 能够清晰分辨螺栓、螺母、锁紧销等小尺寸金具。设备相互遮挡时,采取多角度拍摄。每张照片至少包含一片绝缘子 |
| I | 15 | 极Ⅰ地线挂点 | 高度与地线挂点平行或以不大于30°角度俯视,小角度斜侧方拍摄 | 平/俯/仰视 | 能够判断各类金具的组合安装状态,与地线接触位置铝包带安装状态,清晰分辨锁紧位置的螺母销级物件。设备相互遮挡时,采取多角度拍摄 |
| J | 16 | 极Ⅱ地线挂点 | 高度与地线挂点平行或以不大于30°角度俯视,小角度斜侧方拍摄 | 平/俯/仰视 | 能够判断各类金具的组合安装状态,与地线接触位置铝包带安装状态,清晰分辨锁紧位置的螺母销级物件。设备相互遮挡时,采取多角度拍摄 |
| K | 17 | 极Ⅱ小号侧导线端挂点 | 面向金具锁紧销安装侧,拍摄金具整体 | 平/俯视 | 能够清晰分辨螺栓、螺母、锁紧销等小尺寸金具及防振锤。设备相互遮挡时,采取多角度拍摄。每张照片至少包含一片绝缘子 |
| K | 18 | 极Ⅱ小号侧绝缘子 | 正对绝缘子串,在其中心点以上位置拍摄 | 平视 | 需覆盖绝缘子整串,可拍多张照片,最终能够清晰分辨绝缘子片表面损痕和每片绝缘子连接情况 |
| K | 19 | 极Ⅱ小号侧横担端挂点 | 与挂点高度平行,小角度斜侧方拍摄 | 平/俯视 | 能够清晰分辨螺栓、螺母、锁紧销等小尺寸金具。设备相互遮挡时,采取多角度拍摄。每张照片至少包含一片绝缘子 |
| L | 20 | 极Ⅱ跳线串横担端挂点 | 与挂点高度平行,小角度斜侧方拍摄 | 平/俯视 | 能够清晰分辨螺栓、螺母、锁紧销等小尺寸金具。设备相互遮挡时,采取多角度拍摄。每张照片至少包含一片绝缘子 |
| L | 21 | 极Ⅱ跳线绝缘子 | 正对绝缘子串,在其中心点以上位置拍摄 | 平视 | 需覆盖绝缘子整串,可拍多张照片,最终能够清晰分辨绝缘子片表面损痕和每片绝缘子连接情况 |
| L | 22 | 极Ⅱ跳线串导线端挂点 | 面向金具锁紧销安装侧,拍摄金具整体 | 平/俯视 | 能够清晰分辨螺栓、螺母、锁紧销等小尺寸金具及防振锤。设备相互遮挡时,采取多角度拍摄。每张照片至少包含一片绝缘子 |
| M | 23 | 极Ⅱ大号侧横担端挂点 | 与挂点高度平行,小角度斜侧方拍摄 | 平/俯视 | 能够清晰分辨螺栓、螺母、锁紧销等小尺寸金具。设备相互遮挡时,采取多角度拍摄。每张照片至少包含一片绝缘子 |
| M | 24 | 极Ⅱ大号侧绝缘子 | 正对绝缘子串,在其中心点以上位置拍摄 | 平视 | 需覆盖绝缘子整串,可拍多张照片,最终能够清晰分辨绝缘子片表面损痕和每片绝缘子连接情况 |
| M | 25 | 极Ⅱ大号侧导线端挂点 | 面向金具锁紧销安装侧,拍摄金具整体 | 平/俯视 | 能够清晰分辨螺栓、螺母、锁紧销等小尺寸金具及防振锤。设备相互遮挡时,采取多角度拍摄。每张照片至少包含一片绝缘子 |

续表

| 无人机悬停区域 | 拍摄部位编号 | 拍摄部位 | 无人机拍摄位置 | 拍摄角度 | 拍摄质量要求 |
|---|---|---|---|---|---|
| N | 26 | 小号侧通道 | 塔身侧方位置拍摄小号通道 | 平视 | 能够清晰完整看到杆塔的通道情况，如建筑物、树木、交叉、跨越的线路等 |
| N | 27 | 大号侧通道 | 塔身侧方位置拍摄大号通道 | 平视 | 能够清晰完整看到杆塔的通道情况，如建筑物、树木、交叉、跨越的线路等 |

注 拍摄角度和拍摄图片张数以能够清晰展示所需细节为目标，根据实际作业环境可做适当调整。

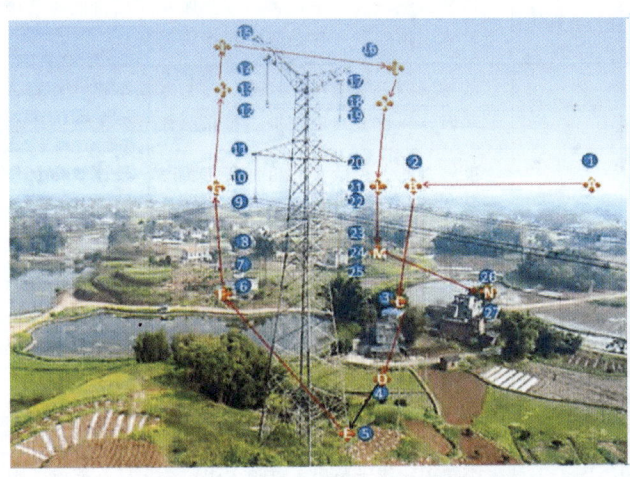

图 2-11-5-5 交流线路双回直线塔无人机巡检路径规划

表 2-11-5-5 交流线路双回直线塔无人机巡检拍摄技术

| 无人机悬停区域 | 拍摄部位编号 | 拍摄部位 | 无人机拍摄位置 | 拍摄角度 | 拍摄质量要求 |
|---|---|---|---|---|---|
| A | 1 | 塔全貌 | 从杆塔远处，并高于杆塔，杆塔完全在影像画面里 | 俯视 | 塔全貌完整，能够清晰分辨塔材和杆塔角度，主体上下占比不低于全幅80% |
| B | 2 | 塔头 | 从杆塔斜上方拍摄 | 俯视 | 能够完整看到杆塔塔头 |
| C | 3 | 塔身 | 杆塔斜上方，略低于塔头拍摄高度 | 平/俯视 | 能够看到除塔头及塔基部位的其他结构全貌 |
| D | 4 | 塔号牌 | 无人机镜头平视或俯视拍摄塔号牌 | 平/俯视 | 能清晰分辨塔号牌上线路双重名称 |
| E | 5 | 塔基 | 走廊正面或侧面面向塔基俯视拍摄 | 俯视 | 能够看清塔基附近地面情况 |
| F | 6 | 左回下相导线端挂点 | 面向金具锁紧销安装侧，拍摄金具整体 | 平/俯视 | 能够清晰分辨螺栓、螺母、锁紧销等小尺寸金具及防振锤。设备相互遮挡时，采取多角度拍摄。每张照片至少包含一片绝缘子 |
| F | 7 | 左回下相绝缘子 | 正对绝缘子串，在其中心点以上位置拍摄 | 平视 | 需覆盖绝缘子整串，可拍多张照片，最终能够清晰分辨绝缘子片表面损痕和每片绝缘子连接情况 |
| F | 8 | 左回下相横担端挂点 | 与挂点高度平行，小角度斜侧方拍摄 | 平/俯视 | 能够清晰分辨螺栓、螺母、锁紧销等小尺寸金具。设备相互遮挡时，采取多角度拍摄。每张照片至少包含一片绝缘子 |
| G | 9 | 左回中相导线端挂点 | 面向金具锁紧销安装侧，拍摄金具整体 | 平/俯视 | 能够清晰分辨螺栓、螺母、锁紧销等小尺寸金具及防振锤。设备相互遮挡时，采取多角度拍摄。每张照片至少包含一片绝缘子 |
| G | 10 | 左回中相绝缘子 | 正对绝缘子串，在其中心点以上位置拍摄 | 平视 | 需覆盖绝缘子整串，可拍多张照片，最终能够清晰分辨绝缘子片表面损痕和每片绝缘子连接情况 |

续表

| 无人机悬停区域 | 拍摄部位编号 | 拍摄部位 | 无人机拍摄位置 | 拍摄角度 | 拍摄质量要求 |
|---|---|---|---|---|---|
| G | 11 | 左回中相横担端挂点 | 与挂点高度平行，小角度斜侧方拍摄 | 平/俯视 | 能够清晰分辨螺栓、螺母、锁紧销等小尺寸金具。设备相互遮挡时，采取多角度拍摄。每张照片至少包含一片绝缘子 |
| H | 12 | 左回上相导线端挂点 | 面向金具锁紧销安装侧，拍摄金具整体 | 平/俯视 | 能够清晰分辨螺栓、螺母、锁紧销等小尺寸金具及防振锤，设备相互遮挡时，采取多角度拍摄。每张照片至少包含一片绝缘子 |
| H | 13 | 左回上相绝缘子 | 正对绝缘子串，在其中心点以上位置拍摄 | 平视 | 需覆盖绝缘子整串，可拍多张照片，最终能够清晰分辨绝缘子片表面损痕和每片绝缘子连接情况 |
| H | 14 | 左回上相横担端挂点 | 与挂点高度平行，小角度斜侧方拍摄 | 平/俯视 | 能够清晰分辨螺栓、螺母、锁紧销等小尺寸金具，设备相互遮挡时，采取多角度拍摄。每张照片至少包含一片绝缘子 |
| I | 15 | 左回地线 | 高度与地线挂点平行或以不大于30°角度俯视，小角度斜侧方拍摄 | 平/俯/仰视 | 能够判断各类金具的组合安装状态，与地线接触位留铝包带安装状态，清晰分辨锁紧位置的螺母销级物件。设备相互遮挡时，采取多角度拍摄 |
| J | 16 | 右回地线 | 高度与地线挂点平行或以不大于30°角度俯视，小角度斜侧方拍摄 | 平/俯/仰视 | 能够判断各类金具的组合安装状态，与地线接触位置铝包带安装状态，清晰分辨锁紧位置的螺母销级物件。设备相互遮挡时，采取多角度拍摄 |
| K | 17 | 右回上相横担端挂点 | 与挂点高度平行，小角度斜侧方拍摄 | 平/俯视 | 能够清晰分辨螺栓、螺母、锁紧销等小尺寸金具。设备相互遮挡时，采取多角度拍摄。每张照片至少包含一片绝缘子 |
| K | 18 | 右回上相绝缘子 | 正对绝缘子串，在其中心点以上位置拍摄 | 平视 | 需覆盖绝缘子整串，可拍多张照片，最终能够清晰分辨绝缘子片表面损痕和每片绝缘子连接情况 |
| K | 19 | 右回上相导线端挂点 | 面向金具锁紧销安装侧，拍摄金具整体 | 平/俯视 | 能够清晰分辨螺栓、螺母、锁紧销等小尺寸金及防振锤。设备相互遮挡时，采取多角度拍摄。每张照片至少包含一片绝缘子 |
| L | 20 | 右回中相横担端挂点 | 与挂点高度平行，小角度斜侧方拍摄 | 平/俯视 | 能够清晰分辨螺栓、螺母、锁紧销等小尺寸金具。设备相互遮挡时，采取多角度拍摄。每张照片至少包含一片绝缘子 |
| L | 21 | 右回中相绝缘子 | 正对绝缘子串，在其中心点以上位置拍摄 | 平视 | 需覆盖绝缘子整串，可拍多张照片，最终能够清晰分辨绝缘子片表面损痕和每片绝缘子连接情况 |
| L | 22 | 右回中相导线端挂点 | 面向金具锁紧销安装侧，拍摄金具整体 | 平/俯视 | 能够清晰分辨螺栓、螺母、锁紧销等小尺寸金具及防振锤。设备相互遮挡时，采取多角度拍摄。每张照片至少包含一片绝缘子 |
| M | 23 | 右回下相横担端挂点 | 与挂点高度平行，小角度斜侧方拍摄 | 平/俯视 | 能够清晰分辨螺栓、螺母、锁紧销等小尺寸金具。设备相互遮挡时，采取多角度拍摄。每张照片至少包含一片绝缘子 |
| M | 24 | 右回下相绝缘子 | 正对绝缘子串，在其中心点以上位置拍摄 | 平视 | 需覆盖绝缘子整串，可拍多张照片，最终能够清晰分辨绝缘子片表面损痕和每片绝缘子连接情况 |
| M | 25 | 右回下相导线端挂点 | 面向金具锁紧销安装侧，拍摄金具整体 | 平/俯视 | 能够清晰分辨螺栓、螺母、锁紧销等小尺寸金具及防振锤。设备相互遮挡时，采取多角度拍摄。每张照片至少包含一片绝缘子 |
| N | 26 | 小号侧通道 | 塔身侧方位置拍摄小号通道 | 平视 | 能够清晰完整看到杆塔的通道情况，如建筑物、树木、交叉、跨越的线路等 |
| N | 27 | 大号侧通道 | 塔身侧方位置拍摄大号通道 | 平视 | 能够清晰完整看到杆塔的通道情况，如建筑物、树木、交叉、跨越的线路等 |

注　拍摄角度和拍摄图片张数以能够清晰展示所需细节为目标，根据实际作业环境可做适当调整。

## 六、交流线路双回耐张塔

交流线路双回耐张塔无人机巡检路径规划如图 2-11-5-6 所示，其拍摄技术见表 2-11-5-6。直流线路双回耐张塔无人机巡检路径规划及拍摄技术可参照应用。

## 七、直流线路双回直线塔

直流线路双回直线塔无人机巡检路径规划如图 2-11-5-7 所示，其拍摄技术见表 2-11-5-7。

# 第五节 输电线路典型塔型巡检路径规划与拍摄技术

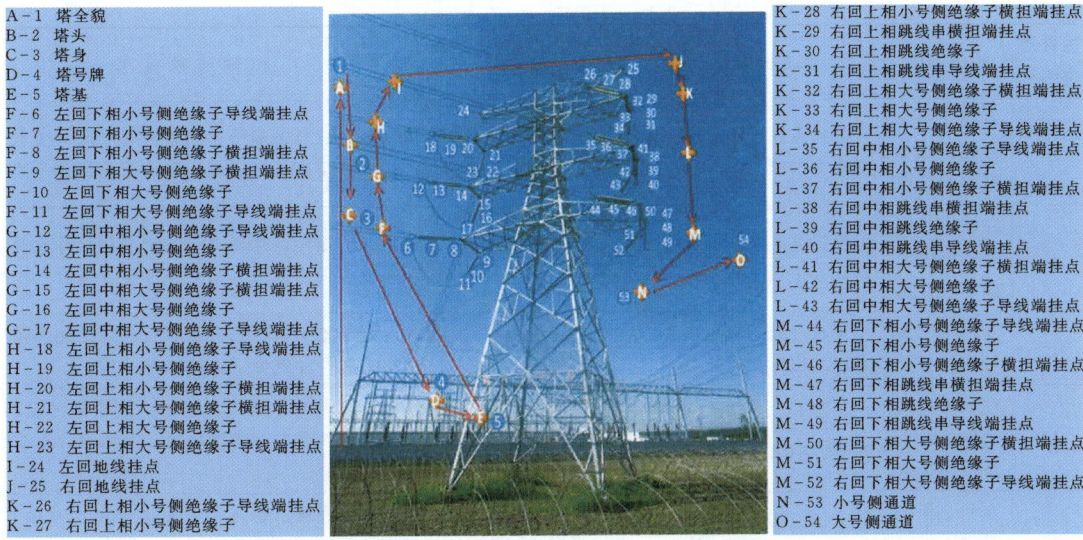

```
A-1   塔全貌                           K-28  右回上相小号侧绝缘子横担端挂点
B-2   塔头                             K-29  右回上相跳线串横担端挂点
C-3   塔身                             K-30  右回上相跳线
D-4   塔号牌                           K-31  右回上相跳线串导线端挂点
E-5   塔基                             K-32  右回上相大号侧绝缘子横担端挂点
F-6   左回下相小号侧绝缘子导线端挂点    K-33  右回上相大号侧绝缘子
F-7   左回下相小号侧绝缘子              K-34  右回上相大号侧绝缘子导线端挂点
F-8   左回下相小号侧绝缘子横担端挂点    L-35  右回中相小号侧绝缘子导线端挂点
F-9   左回下相大号侧绝缘子横担端挂点    L-36  右回中相小号侧绝缘子
F-10  左回下相大号侧绝缘子              L-37  右回中相小号侧绝缘子横担端挂点
F-11  左回下相大号侧绝缘子导线端挂点    L-38  右回中相跳线串横担端挂点
G-12  左回中相小号侧绝缘子导线端挂点    L-39  右回中相跳线
G-13  左回中相小号侧绝缘子              L-40  右回中相跳线串导线端挂点
G-14  左回中相小号侧绝缘子横担端挂点    L-41  右回中相大号侧绝缘子横担端挂点
G-15  左回中相大号侧绝缘子横担端挂点    L-42  右回中相大号侧绝缘子
G-16  左回中相大号侧绝缘子              L-43  右回中相大号侧绝缘子导线端挂点
G-17  左回中相大号侧绝缘子导线端挂点    M-44  右回下相小号侧绝缘子导线端挂点
H-18  左回上相小号侧绝缘子导线端挂点    M-45  右回下相小号侧绝缘子
H-19  左回上相小号侧绝缘子              M-46  右回下相小号侧绝缘子横担端挂点
H-20  左回上相小号侧绝缘子横担端挂点    M-47  右回下相跳线串横担端挂点
H-21  左回上相大号侧绝缘子横担端挂点    M-48  右回下相跳线
H-22  左回上相大号侧绝缘子              M-49  右回下相跳线串导线端挂点
H-23  左回上相大号侧绝缘子导线端挂点    M-50  右回下相大号侧绝缘子横担端挂点
I-24  左回地线挂点                     M-51  右回下相大号侧绝缘子
J-25  右回地线挂点                     M-52  右回下相大号侧绝缘子导线端挂点
K-26  右回上相小号侧绝缘子导线端挂点    N-53  小号侧通道
K-27  右回上相小号侧绝缘子              O-54  大号侧通道
```

图2-11-5-6  交流线路双回耐张塔无人机巡检路径规划

表2-11-5-6  交流线路双回耐张塔无人机巡检拍摄规则

| 无人机悬停区域 | 拍摄部位编号 | 拍摄部位 | 无人机拍摄位置 | 拍摄角度 | 拍摄质量要求 |
|---|---|---|---|---|---|
| A | 1 | 塔全貌 | 从杆塔远处,并高于杆塔,杆塔完全在影像画面里 | 平/俯视 | 塔全貌完整,能够清晰分辨塔材和杆塔角度,主体上下占比不低于全幅80% |
| B | 2 | 塔头 | 从杆塔斜上方拍摄 | 平/俯视 | 能够完整看到杆塔塔头 |
| C | 3 | 塔身 | 杆塔斜上方,略低于塔头拍摄高度 | 平/俯视 | 能够看到除塔头及塔基部位的其他结构全貌 |
| D | 4 | 塔号牌 | 无人机镜头平视或俯视拍摄塔号牌 | 平/俯视 | 能清晰分辨塔号牌上线路双重名称 |
| E | 5 | 塔基 | 走廊正面或侧面面向塔基俯视拍摄 | 俯视 | 能够看清塔基附近地面情况,拉线是否连接牢靠 |
| F | 6 | 左回下相小号侧绝缘子导线端挂点 | 面向金具锁紧销安装侧,拍摄金具整体 | 平/俯视 | 能够清晰分辨螺栓、螺母、锁紧销等小尺寸金具及防振锤。设备相互遮挡时,采取多角度拍摄。每张照片至少包含一片绝缘子 |
| F | 7 | 左回下相小号侧绝缘子 | 正对绝缘子串,在其中心点以上位置拍摄 | 平视 | 需覆盖绝缘子整串,可拍多张照片,最终能够清晰分辨绝缘子片表面损痕和每片绝缘子连接情况 |
| F | 8 | 左回下相小号侧绝缘子横担端挂点 | 与挂点高度平行,小角度斜侧方拍摄 | 平/俯视 | 能够清晰分辨螺栓、螺母、锁紧销等小尺寸金具。设备相互遮挡时,采取多角度拍摄。每张照片至少包含一片绝缘子 |
| F | 9 | 左回下相大号侧绝缘子横担端挂点 | 与挂点高度平行,小角度斜侧方拍摄 | 平/俯视 | 能够清晰分辨螺栓、螺母、锁紧销等小尺寸金具。设备相互遮挡时,采取多角度拍摄。每张照片至少包含一片绝缘子 |
| F | 10 | 左回下相大号侧绝缘子 | 正对绝缘子串,在其中心点以上位置拍摄 | 平视 | 需覆盖绝缘子整串,可拍多张照片,最终能够清晰分辨绝缘子片表面损痕和每片绝缘子连接情况 |
| F | 11 | 左回下相大号侧绝缘子导线端挂点 | 与挂点高度平行,小角度斜侧方拍摄 | 平/俯视 | 能够清晰分辨螺栓、螺母、锁紧销等小尺寸金具及防振锤。设备相互遮挡时,采取多角度拍摄。每张照片至少包含一片绝缘子 |
| G | 12 | 左回中相小号侧绝缘子导线端挂点 | 面向金具锁紧销安装侧,拍摄金具整体 | 平/俯视 | 能够清晰分辨螺栓、螺母、锁紧销等小尺寸金具及防振锤。设备相互遮挡时,采取多角度拍摄。每张照片至少包含一片绝缘子 |
| G | 13 | 左回中相小号侧绝缘子 | 正对绝缘子串,在其中心点以上位置拍摄 | 平视 | 需覆盖绝缘子整串,可拍多张照片,最终能够清晰分辨绝缘子片表面损痕和每片绝缘子连接情况 |

续表

| 无人机悬停区域 | 拍摄部位编号 | 拍摄部位 | 无人机拍摄位置 | 拍摄角度 | 拍摄质量要求 |
|---|---|---|---|---|---|
| G | 14 | 左回中相小号侧绝缘子横担端挂点 | 与挂点高度平行，小角度斜侧方拍摄 | 平/俯视 | 能够清晰分辨螺栓、螺母、锁紧销等小尺寸金具。设备相互遮挡时，采取多角度拍摄。每张照片至少包含一片绝缘子 |
| G | 15 | 左回中相大号侧绝缘子横担端挂点 | 与挂点高度平行，小角度斜侧方拍摄 | 平/俯视 | 能够清晰分辨螺栓、螺母、锁紧销等小尺寸金具。设备相互遮挡时，采取多角度拍摄。每张照片至少包含一片绝缘子 |
| G | 16 | 左回中相大号侧绝缘子 | 正对绝缘子串，在其中心点以上位置拍摄 | 平视 | 需覆盖绝缘子整串，可拍多张照片，最终能够清晰分辨绝缘子片表面损痕和每片绝缘子连接情况 |
| G | 17 | 左回中相大号侧绝缘子导线端挂点 | 与挂点高度平行，小角度斜侧方拍摄 | 平/俯视 | 能够清晰分辨螺栓、螺母、锁紧销等小尺寸金具及防振锤。设备相互遮挡时，采取多角度拍摄，每张照片至少包含一片绝缘子 |
| H | 18 | 左回上相小号侧绝缘子导线端挂点 | 面向金具锁紧销安装侧，拍摄金具整体 | 平/俯视 | 能够清晰分辨螺栓、螺母、锁紧销等小尺寸金具及防振锤。设备相互遮挡时，采取多角度拍摄。每张照片至少包含一片绝缘子 |
| H | 19 | 左回上相小号侧绝缘子 | 正对绝缘子串，在其中心点以上位置拍摄 | 平视 | 需覆盖绝缘子整串，可拍多张照片，最终能够清晰分辨绝缘子片表面损痕和每片绝缘子连接情况 |
| H | 20 | 左回上相小号侧绝缘子横担端挂点 | 与挂点高度平行，小角度斜侧方拍摄 | 平/俯视 | 能够清晰分辨螺栓、螺母、锁紧销等小尺寸金具。设备相互遮挡时，采取多角度拍摄。每张照片至少包含一片绝缘子 |
| H | 21 | 左回上相大号侧绝缘子横担端挂点 | 与挂点高度平行，小角度斜侧方拍摄 | 平/俯视 | 能够清晰分辨螺栓、螺母、锁紧销等小尺寸金具。设备相互遮挡时，采取多角度拍摄。每张照片至少包含一片绝缘子 |
| H | 22 | 左回上相大号侧绝缘子 | 正对绝缘子串，在其中心点以上位置拍摄 | 平视 | 需覆盖绝缘子整串，可拍多张照片，最终能够清晰分辨绝缘子片表面损痕和每片绝缘子连接情况 |
| H | 23 | 左回上相大号侧绝缘子导线端挂点 | 与挂点高度平行，小角度斜侧方拍摄 | 平/俯视 | 能够清晰分辨螺栓、螺母、锁紧销等小尺寸金具及防振锤。设备相互遮挡时，采取多角度拍摄。每张照片至少包含一片绝缘子 |
| I | 24 | 左回地线挂点 | 高度与地线挂点平行或以不大于30°角度俯视，小角度斜侧方拍摄 | 小号侧平视/大号侧平视 | 能够判断各类金具的组合安装状态，与地线接触位置铝包带安装状态，清晰分辨锁紧位置的螺母销级物件。设备相互遮挡时，采取多角度拍摄 |
| J | 25 | 右回地线挂点 | 高度与地线挂点平行或以不大于30°角度俯视，小角度斜侧方拍摄 | 小号侧平视/大号侧平视 | 能够判断各类金具的组合安装状态，与地线接触位置铝包带安装状态，清晰分辨锁紧位置的螺母销级物件。设备相互遮挡时，采取多角度拍摄 |
| K | 26 | 右回上相小号侧绝缘子导线端挂点 | 面向金具锁紧销安装侧，拍摄金具整体 | 平/俯视 | 能够清晰分辨螺栓、螺母、锁紧销等小尺寸金具及防振锤。设备相互遮挡时，采取多角度拍摄。每张照片至少包含一片绝缘子 |
| K | 27 | 右回上相小号侧绝缘子 | 正对绝缘子串，在其中心点以上位置拍摄 | 平视 | 需覆盖绝缘子整串，可拍多张照片，最终能够清晰分辨绝缘子片表面损痕和每片绝缘子连接情况 |
| K | 28 | 右回上相小号侧绝缘子横担端挂点 | 与挂点高度平行，小角度斜侧方拍摄 | 平/俯视 | 能够清晰分辨螺栓、螺母、锁紧销等小尺寸金具。设备相互遮挡时，采取多角度拍摄。每张照片至少包含一片绝缘子 |
| K | 29 | 右回上相跳线串横担端挂点 | 杆塔右回上相跳线绝缘子外侧适当距离处 | 平/俯视 | 采取平拍方式针对销钉穿向，拍摄下挂点连接金具；采取俯拍方式拍摄挂点上方螺栓及销钉情况，金具部分应占照片50%空间以上 |
| K | 30 | 右回上相跳线绝缘子 | 杆塔右回上相跳线绝缘子外侧适当距离处 | 平视 | 拍摄出绝缘子的全貌，应能够清晰识别每一片伞裙 |
| K | 31 | 右回上相跳线串导线端挂点 | 杆塔右回上相跳线绝缘子外侧适当距离处 | 小号侧俯视/大号侧俯视 | 分别位于导线端金具的小号侧及大号侧拍摄两张照片，每张照片应包括从绝缘子末端碗头至重锤片的全景，且金具部分应占照片50%空间以上 |

续表

| 无人机悬停区域 | 拍摄部位编号 | 拍摄部位 | 无人机拍摄位置 | 拍摄角度 | 拍摄质量要求 |
|---|---|---|---|---|---|
| K | 32 | 右回上相大号侧绝缘子横担端挂点 | 与挂点高度平行，小角度斜侧方拍摄 | 平/俯视 | 能够清晰分辨螺栓、螺母、锁紧销等小尺寸金具。设备相互遮挡时，采取多角度拍摄。每张照片至少包含一片绝缘子 |
| K | 33 | 右回上相大号侧绝缘子 | 正对绝缘子串，在其中点以上位置拍摄 | 平视 | 需覆盖绝缘子整串，可拍多张照片，最终能够清晰分辨绝缘子片表面损痕和每片绝缘子连接情况 |
| K | 34 | 右回上相大号侧绝缘子导线端挂点 | 与挂点高度平行，小角度斜侧方拍摄 | 平/俯视 | 能够清晰分辨螺栓、螺母、锁紧销等小尺寸金具及防振锤。设备相互遮挡时，采取多角度拍摄。每张照片至少包含一片绝缘子 |
| L | 35 | 右回中相小号侧绝缘子导线端挂点 | 面向金具锁紧销安装侧，拍摄金具整体 | 平/俯视 | 能够清晰分辨螺栓、螺母、锁紧销等小尺寸金具及防振锤。设备相互遮挡时，采取多角度拍摄。每张照片至少包含一片绝缘子 |
| L | 36 | 右回中相小号侧绝缘子 | 正对绝缘子串，在其中点以上位置拍摄 | 平视 | 需覆盖绝缘子整串，可拍多张照片，最终能够清晰分辨绝缘子片表面损痕和每片绝缘子连接情况 |
| L | 37 | 右回中相小号侧绝缘子横担端挂点 | 与挂点高度平行，小角度斜侧方拍摄 | 平/俯视 | 能够清晰分辨螺栓、螺母、锁紧销等小尺寸金具。设备相互遮挡时，采取多角度拍摄。每张照片至少包含一片绝缘子 |
| L | 38 | 右回中相跳线串横担端挂点 | 杆塔右回中相跳线绝缘子外侧适当距离处 | 平/俯视 | 采取平拍方式针对销钉穿向，拍摄下挂点连接金具；采取俯拍方式拍摄挂点上方螺栓及销钉情况，金具部分应占照片50%空间以上 |
| L | 39 | 右回中相跳线绝缘子 | 杆塔右回中相跳线绝缘子外侧适当距离处 | 平视 | 拍摄出绝缘子的全貌，应能够清晰识别每一片伞裙 |
| L | 40 | 右回中相跳线串导线端挂点 | 杆塔右回中相跳线绝缘子外侧适当距离处 | 小号侧俯视/大号侧俯视 | 分别位于导线端金具的小号侧及大号侧拍摄两张照片，每张照片应包括从绝缘子末端碗头至重锤片的全景，且金具部分应占照片50%空间以上 |
| L | 41 | 右回中相大号侧绝缘子横担端挂点 | 与挂点高度平行，小角度斜侧方拍摄 | 平/俯视 | 能够清晰分辨螺栓、螺母、锁紧销等小尺寸金具。设备相互遮挡时，采取多角度拍摄。每张照片至少包含一片绝缘子 |
| L | 42 | 右回中相大号侧绝缘子 | 正对绝缘子串，在其中点以上位置拍摄 | 平视 | 需覆盖绝缘子整串，可拍多张照片，最终能够清晰分辨绝缘子片表面损痕和每片绝缘子连接情况 |
| L | 43 | 右回中相大号侧绝缘子导线端挂点 | 与挂点高度平行，小角度斜侧方拍摄 | 平/俯视 | 能够清晰分辨螺栓、螺母、锁紧销等小尺寸金具及防振锤。设备相互遮挡时，采取多角度拍摄。每张照片至少包含一片绝缘子 |
| M | 44 | 右回下相小号侧绝缘子导线端挂点 | 面向金具锁紧销安装侧，拍摄金具整体 | 平/俯视 | 能够清晰分辨螺栓、螺母、锁紧销等小尺寸金具及防振锤。设备相互遮挡时，采取多角度拍摄。每张照片至少包含一片绝缘子 |
| M | 45 | 右回下相小号侧绝缘子 | 正对绝缘子串，在其中点以上位置拍摄 | 平视 | 需覆盖绝缘子整串，可拍多张照片，最终能够清晰分辨绝缘子片表面损痕和每片绝缘子连接情况 |
| M | 46 | 右回下相小号侧绝缘子横担端挂点 | 与挂点高度平行，小角度斜侧方拍摄 | 平/俯视 | 能够清晰分辨螺栓、螺母、锁紧销等小尺寸金具。设备相互遮挡时，采取多角度拍摄。每张照片至少包含一片绝缘子 |
| M | 47 | 右回下相跳线串横担端挂点 | 杆塔右回下相跳线绝缘子外侧适当距离处 | 平/俯视 | 采取平拍方式针对销钉穿向，拍摄下挂点连接金具；采取俯拍方式拍摄挂点上方螺栓及销钉情况，金具部分应占照片50%空间以上 |
| M | 48 | 右回下相跳线绝缘子 | 杆塔右回下相跳线绝缘子外侧适当距离处 | 平视 | 拍摄出绝缘子的全貌，应能够清晰识别每一片伞裙 |
| M | 49 | 右回下相跳线串导线端挂点 | 杆塔右回下相跳线绝缘子外侧适当距离处 | 小号侧俯视/大号侧俯视 | 分别位于导线端金具的小号侧及大号侧拍摄两张照片，每张照片应包括从绝缘子末端碗头至重锤片的全景，且金具部分应占照片50%空间以上 |

续表

| 无人机悬停区域 | 拍摄部位编号 | 拍摄部位 | 无人机拍摄位置 | 拍摄角度 | 拍摄质量要求 |
|---|---|---|---|---|---|
| M | 50 | 右回下相大号侧绝缘子横担端挂点 | 与挂点高度平行，小角度斜侧方拍摄 | 平/俯视 | 能够清晰分辨螺栓、螺母、锁紧销等小尺寸金具。设备相互遮挡时，采取多角度拍摄。每张照片至少包含一片绝缘子 |
| M | 51 | 右回下相大号侧绝缘子 | 正对绝缘子串，在其中心点以上位置拍摄 | 平视 | 需覆盖绝缘子整串，可拍多张照片，最终能够清晰分辨绝缘子片表面损痕和每片绝缘子连接情况 |
| M | 52 | 右回下相大号侧绝缘子导线端挂点 | 与挂点高度平行，小角度斜侧方拍摄 | 平/俯视 | 能够清晰分辨螺栓、螺母、锁紧销等小尺寸金具及防振锤。设备相互遮挡时，采取多角度拍摄。每张照片至少包含一片绝缘子 |
| N | 53 | 小号侧通道 | 塔身侧方位置先小号通道，后大号通道 | 面朝小号侧顺线路方向 | 能够清晰完整看到杆塔的通道情况，如建筑物、树木、交叉、跨越的线路等 |
| O | 54 | 大号侧通道 | 塔身侧方位置先小号通道，后大号通道 | 面朝大号侧顺线路方向 | 能够清晰完整看到杆塔的通道情况，如建筑物、树木、交叉、跨越的线路等 |

注 拍摄角度和拍摄图片张数以能够清晰展示所需细节为目标，根据实际作业环境可做适当调整。

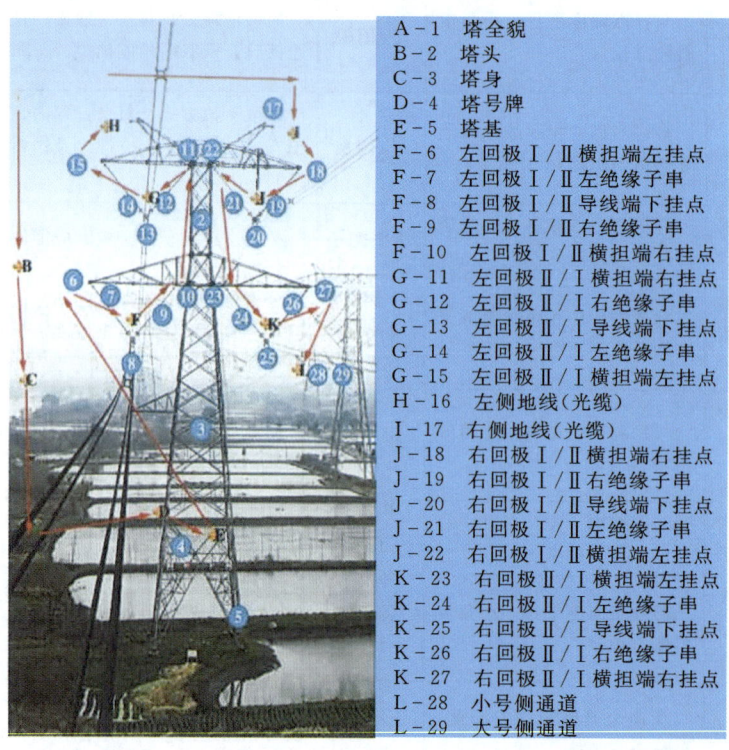

图 2-11-5-7 直流线路双回直线塔无人机巡检路径规划

表 2-11-5-7 直流线路双回直线塔无人机巡检拍摄技术

| 无人机悬停区域 | 拍摄部位编号 | 拍摄部位 | 无人机拍摄位置 | 拍摄角度 | 拍摄质量要求 |
|---|---|---|---|---|---|
| A | 1 | 塔全貌 | 从杆塔远处，并高于杆塔，杆塔完全在影像画面里 | 俯视 | 塔全貌完整，能够清晰分辨塔材和杆塔角度，主体上下占比不低于全幅80% |
| B | 2 | 塔头 | 从杆塔斜上方拍摄 | 俯视 | 能够完整看到杆塔塔头 |
| C | 3 | 塔身 | 杆塔斜上方，略低于塔头拍摄高度 | 平/俯视 | 能够清晰完整看到杆塔下横担至塔号牌平面之间的塔材结构 |
| D | 4 | 塔号牌 | 无人机镜头平视或俯视拍摄塔号牌 | 平/俯视 | 能清晰分辨塔号牌上线路双重名称 |
| E | 5 | 塔基 | 走廊正面或侧面面向塔基俯视拍摄 | 俯视 | 能够看清塔基附近地面情况 |

续表

| 无人机悬停区域 | 拍摄部位编号 | 拍摄部位 | 无人机拍摄位置 | 拍摄角度 | 拍摄质量要求 |
|---|---|---|---|---|---|
| F | 6 | 左回极Ⅰ/Ⅱ横担端左挂点 | 线路外侧杆塔下横担偏下位置正对目标拍摄 | 仰视 | 能够清晰分辨螺栓、螺母、销针、锁紧销等小尺寸金具。设备相互遮挡时，采取多角度拍摄 |
| F | 7 | 左回极Ⅰ/Ⅱ左绝缘子串 | 相应导线上方适当距离拍摄 | 仰视 | 需覆盖绝缘子整串，可拍多张照片，最终能够清晰分辨绝缘子表面损痕情况 |
| F | 8 | 左回极Ⅰ/Ⅱ导线端下挂点 | 相应导线上方适当距离拍摄 | 俯视 | 能够清晰分辨螺栓、螺母、锁紧销等小尺寸金具及防振锤。设备相互遮挡时，采取多角度拍摄 |
| F | 9 | 左回极Ⅰ/Ⅱ右绝缘子串 | 相应导线上方适当距离拍摄 | 仰视 | 需覆盖绝缘子整串，可拍多张照片，最终能够清晰分辨绝缘子表面损痕情况 |
| F | 10 | 左回极Ⅰ/Ⅱ横担端右挂点 | 在本拍摄目标的线路大号侧方向适当距离微仰视 | 仰视 | 能够清晰分辨螺栓、螺母、销针、锁紧销等小尺寸金具。设备相互遮挡时，采取多角度拍摄 |
| G | 11 | 左回极Ⅱ/Ⅰ横担端右挂点 | 在本拍摄目标的线路大号侧方向适当距离微仰视 | 仰视 | 能够清晰分辨螺栓、螺母、销针、锁紧销等小尺寸金具。设备相互遮挡时，采取多角度拍摄 |
| G | 12 | 左回极Ⅱ/Ⅰ右绝缘子串 | 相应导线上方适当距离拍摄 | 仰视 | 需覆盖绝缘子整串，可拍多张照片，最终能够清晰分辨绝缘子表面损痕情况 |
| G | 13 | 左回极Ⅱ/Ⅰ导线端下挂点 | 相应导线上方适当距离拍摄 | 俯视 | 能够清晰分辨螺栓、螺母、锁紧销等小尺寸金具及防振锤。设备相互遮挡时，采取多角度拍摄 |
| G | 14 | 左回极Ⅱ/Ⅰ左绝缘子串 | 相应导线上方适当距离拍摄 | 仰视 | 需覆盖绝缘子整串，可拍多张照片，最终能够清晰分辨绝缘子表面损痕情况 |
| G | 15 | 左回极Ⅱ/Ⅰ横担端左挂点 | 线路外侧杆塔上横担偏下位置正对目标拍摄 | 仰视 | 能够清晰分辨螺栓、螺母、销针、锁紧销等小尺寸金具。设备相互遮挡时，采取多角度拍摄 |
| H | 16 | 左侧地线（光缆） | 线路外侧杆塔羊角偏下位置正对目标拍摄 | 平拍 | 能够判断各类金具的组合安装状态，与地线接触位置铝包带安装状态，清晰分辨螺栓、螺母、销针等小尺寸金具及防振锤。设备相互遮挡时，采取多角度拍摄 |
| I | 17 | 右侧地线（光缆） | 线路外侧杆塔羊角偏下位置正对目标拍摄 | 平拍 | 能够判断各类金具的组合安装状态，与地线接触位置铝包带安装状态，清晰分辨螺栓、螺母、销针等小尺寸金具及防振锤。设备相互遮挡时，采取多角度拍摄 |
| J | 18 | 右回极Ⅰ/Ⅱ横担端右挂点 | 线路外侧杆塔上横担偏下位置正对目标拍摄 | 仰视 | 能够清晰分辨螺栓、螺母、销针、锁紧销等小尺寸金具。设备相互遮挡时，采取多角度拍摄 |
| J | 19 | 右回极Ⅰ/Ⅱ右绝缘子串 | 相应导线上方适当距离拍摄 | 仰视 | 需覆盖绝缘子整串，可拍多张照片，最终能够清晰分辨绝缘子表面损痕情况 |
| J | 20 | 右回极Ⅰ/Ⅱ导线端下挂点 | 相应导线上方适当距离拍摄 | 俯视 | 能够清晰分辨螺栓、螺母、锁紧销等小尺寸金具及防振锤。设备相互遮挡时，采取多角度拍摄 |
| J | 21 | 右回极Ⅰ/Ⅱ左绝缘子串 | 相应导线上方适当距离拍摄 | 仰视 | 需覆盖绝缘子整串，可拍多张照片，最终能够清晰分辨绝缘子表面损痕情况 |
| J | 22 | 右回极Ⅰ/Ⅱ横担端左挂点 | 在本拍摄目标的线路大号侧方向适当距离微仰视 | 仰视 | 能够清晰分辨螺栓、螺母、销针、锁紧销等小尺寸金具。设备相互遮挡时，采取多角度拍摄 |
| K | 23 | 右回极Ⅱ/Ⅰ横担端左挂点 | 在本拍摄目标的线路大号侧方向适当距离微仰视 | 仰视 | 能够清晰分辨螺栓、螺母、销针、锁紧销等小尺寸金具。设备相互遮挡时，采取多角度拍摄 |

续表

| 无人机悬停区域 | 拍摄部位编号 | 拍摄部位 | 无人机拍摄位置 | 拍摄角度 | 拍摄质量要求 |
|---|---|---|---|---|---|
| K | 24 | 右回极Ⅱ/Ⅰ左绝缘子串 | 相应导线上方适当距离拍摄 | 仰视 | 需覆盖绝缘子整串，可拍多张照片，最终能够清晰分辨绝缘子表面损痕情况 |
| K | 25 | 右回极Ⅱ/Ⅰ导线端下挂点 | 相应导线上方适当距离拍摄 | 俯视 | 能够清晰分辨螺栓、螺母、锁紧销等小尺寸金具及防振锤。设备相互遮挡时，采取多角度拍摄 |
| K | 26 | 右回极Ⅱ/Ⅰ右绝缘子串 | 相应导线上方适当距离拍摄 | 仰视 | 需覆盖绝缘子整串，可拍多张照片，最终能够清晰分辨绝缘子表面损痕情况 |
| K | 27 | 右回极Ⅱ/Ⅰ横担端右挂点 | 在本拍摄目标的线路大号侧方向适当距离微仰视 | 仰视 | 能够清晰分辨螺栓、螺母、销针、锁紧销等小尺寸金具。设备相互遮挡时，采取多角度拍摄 |
| L | 28 | 小号侧通道 | 塔身侧方位置先小号通道，后大号通道 | 面朝小号侧顺线路方向 | 能够清晰反映通道情况，如建筑物、树木、交叉、跨越的线路等 |
| L | 29 | 大号侧通道 | 塔身侧方位置先小号通道，后大号通道 | 面朝大号侧顺线路方向 | 能够清晰反映通道情况，如建筑物、树木、交叉、跨越的线路等 |

注　拍摄角度和拍摄图片张数以能够清晰展示所需细节为目标，根据实际作业环境可做适当调整。

## 八、换位塔

换位塔无人机巡检路径规划如图 2-11-5-8 所示，其拍摄技术见表 2-11-5-8。

## 九、紧凑型塔

紧凑型塔无人机巡检路径规划如图 2-11-5-9 所示，其拍摄技术见表 2-11-5-9。

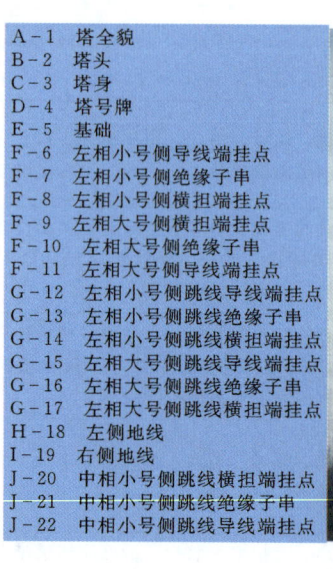
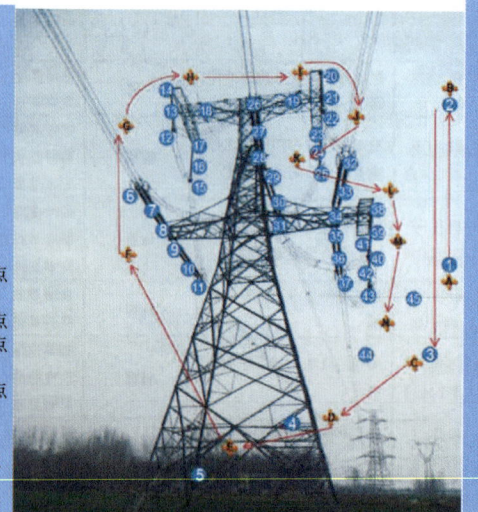

图 2-11-5-8　换位塔无人机巡检路径规划

表 2-11-5-8　　　　　　　　　换位塔无人机巡检拍摄技术

| 无人机悬停区域 | 拍摄部位编号 | 拍摄部位 | 无人机拍摄位置 | 拍摄角度 | 拍摄质量要求 |
|---|---|---|---|---|---|
| A | 1 | 塔全貌 | 从杆塔远处，并高于杆塔，杆塔完全在影像画面里 | 俯视 | 塔全貌完整，能够清晰分辨塔材和杆塔角度，主体上下占比不低于全幅80% |
| B | 2 | 塔头 | 从杆塔斜上方拍摄 | 俯视 | 能够完整看到杆塔塔头 |
| C | 3 | 塔身 | 杆塔斜上方，略低于塔头拍摄高度 | 平/俯视 | 能够看到除塔头及塔基部位的其他结构全貌 |
| D | 4 | 塔号牌 | 无人机镜头平视或俯视拍摄塔号牌 | 平/俯视 | 能清晰分辨塔号牌上线路双重名称 |

续表

| 无人机悬停区域 | 拍摄部位编号 | 拍摄部位 | 无人机拍摄位置 | 拍摄角度 | 拍摄质量要求 |
|---|---|---|---|---|---|
| E | 5 | 基础 | 走廊正面或侧面面向塔基俯视拍摄 | 俯视 | 能够看清塔基附近地面情况,拉线是否连接牢靠 |
| F | 6 | 左相小号侧导线端挂点 | 面向金具锁紧销安装侧,拍摄金具整体 | 平/俯视 | 能够清晰分辨螺栓、螺母、锁紧销等小尺寸金具及防振锤。设备相互遮挡时,采取多角度拍摄。每张照片至少包含一片绝缘子 |
| F | 7 | 左相小号侧绝缘子串 | 正对绝缘子串,在其中心点以上位置拍摄 | 平视 | 需覆盖绝缘子整串,可拍多张照片,最终能够清晰分辨绝缘子片表面损痕和每片绝缘子连接情况 |
| F | 8 | 左相小号侧横担端挂点 | 与挂点高度平行,小角度斜侧方拍摄 | 平/俯视 | 能够清晰分辨螺栓、螺母、锁紧销等小尺寸金具。设备相互遮挡时,采取多角度拍摄。每张照片至少包含一片绝缘子 |
| F | 9 | 左相大号侧横担端挂点 | 与挂点高度平行,小角度斜侧方拍摄 | 平/俯视 | 能够清晰分辨螺栓、螺母、锁紧销等小尺寸金具。设备相互遮挡时,采取多角度拍摄。每张照片至少包含一片绝缘子 |
| F | 10 | 左相大号侧绝缘子串 | 正对绝缘子串,在其中心点以上位置拍摄 | 平视 | 需覆盖绝缘子整串,可拍多张照片,最终能够清晰分辨绝缘子片表面损痕和每片绝缘子连接情况 |
| F | 11 | 左相大号侧导线端挂点 | 面向金具锁紧销安装侧,拍摄金具整体 | 平/俯视 | 能够清晰分辨螺栓、螺母、锁紧销等小尺寸金具及防振锤。设备相互遮挡时,采取多角度拍摄。每张照片至少包含一片绝缘子 |
| G | 12 | 左相小号侧跳线导线端挂点 | 面向金具锁紧销安装侧,拍摄金具整体 | 平/俯视 | 能够清晰分辨螺栓、螺母、锁紧销等小尺寸金具。设备相互遮挡时,采取多角度拍摄。每张照片至少包含一片绝缘子 |
| G | 13 | 左相小号侧跳线绝缘子串 | 正对绝缘子串,在其中心点以上位置拍摄 | 平视 | 需覆盖绝缘子整串,可拍多张照片,最终能够清晰分辨绝缘子片表面损痕和每片绝缘子连接情况 |
| G | 14 | 左相小号侧跳线横担端挂点 | 与挂点高度平行,小角度斜侧方拍摄 | 平/俯视 | 能够清晰分辨螺栓、螺母、锁紧销等小尺寸金具。设备相互遮挡时,采取多角度拍摄。每张照片至少包含一片绝缘子 |
| G | 15 | 左相大号侧跳线导线端挂点 | 面向金具锁紧销安装侧,拍摄金具整体 | 平/俯视 | 能够清晰分辨螺栓、螺母、锁紧销等小尺寸金具。设备相互遮挡时,采取多角度拍摄。每张照片至少包含一片绝缘子 |
| G | 16 | 左相大号侧跳线绝缘子串 | 正对绝缘子串,在其中心点以上位置拍摄 | 平视 | 需覆盖绝缘子整串,可拍多张照片,最终能够清晰分辨绝缘子片表面损痕和每片绝缘子连接情况 |
| G | 17 | 左相大号侧跳线横担端挂点 | 与挂点高度平行,小角度斜侧方拍摄 | 平/俯视 | 能够清晰分辨螺栓、螺母、锁紧销等小尺寸金具。设备相互遮挡时,采取多角度拍摄。每张照片至少包含一片绝缘子 |
| H | 18 | 左侧地线 | 高度与地线挂点平行或以不大于30°角俯视,小角度斜侧方拍摄 | 平/俯/仰视 | 能够判断各类金具的组合安装状态,与地线接触位置铝包带安装状态,清晰分辨锁紧位置的螺母销级物件。设备相互遮挡时,采取多角度拍摄 |
| I | 19 | 右侧地线 | 高度与地线挂点平行或以不大于30°角俯视,小角度斜侧方拍摄 | 平/俯/仰视 | 能够判断各类金具的组合安装状态,与地线接触位置铝包带安装状态,清晰分辨锁紧位置的螺母销级物件。设备相互遮挡时,采取多角度拍摄 |
| J | 20 | 中相小号侧跳线横担端挂点 | 与挂点高度平行,小角度斜侧方拍摄 | 平/俯视 | 能够清晰分辨螺栓、螺母、锁紧销等小尺寸金具。设备相互遮挡时,采取多角度拍摄。每张照片至少包含一片绝缘子 |
| J | 21 | 中相小号侧跳线绝缘子串 | 正对绝缘子串,在其中心点以上位置拍摄 | 平视 | 需覆盖绝缘子整串,可拍多张照片,最终能够清晰分辨绝缘子片表面损痕和每片绝缘子连接情况 |
| J | 22 | 中相小号侧跳线导线端挂点 | 面向金具锁紧销安装侧,拍摄金具整体 | 平/俯视 | 能够清晰分辨螺栓、螺母、锁紧销等小尺寸金具及防振锤。设备相互遮挡时,采取多角度拍摄。每张照片至少包含一片绝缘子 |

续表

| 无人机悬停区域 | 拍摄部位编号 | 拍摄部位 | 无人机拍摄位置 | 拍摄角度 | 拍摄质量要求 |
|---|---|---|---|---|---|
| J | 23 | 中相大号侧跳线横担端挂点 | 与挂点高度平行,小角度斜侧方拍摄 | 平/俯视 | 能够清晰分辨螺栓、螺母、锁紧销等小尺寸金具。设备相互遮挡时,采取多角度拍摄。每张照片至少包含一片绝缘子 |
| J | 24 | 中相大号侧跳线绝缘子串 | 正对绝缘子串,在其中心点以上位置拍摄 | 平视 | 需覆盖绝缘子整串,可拍多张照片,最终能够清晰分辨绝缘子片表面损痕和每片绝缘子连接情况 |
| J | 25 | 中相大号侧跳线导线端挂点 | 面向金具锁紧销安装侧,拍摄金具整体 | 平/俯视 | 能够清晰分辨螺栓、螺母、锁紧销等小尺寸金具及防振锤。设备相互遮挡时,采取多角度拍摄。每张照片至少包含一片绝缘子 |
| K | 26 | 中相小号侧导线端挂点 | 面向金具锁紧销安装侧,拍摄金具整体 | 平/俯视 | 能够清晰分辨螺栓、螺母、锁紧销等小尺寸金具及防振锤。设备相互遮挡时,采取多角度拍摄。每张照片至少包含一片绝缘子 |
| K | 27 | 中相小号侧绝缘子串 | 正对绝缘子串,在其中心点以上位置拍摄 | 平视 | 需覆盖绝缘子整串,可拍多张照片,最终能够清晰分辨绝缘子片表面损痕和每片绝缘子连接情况 |
| K | 28 | 中相小号侧横担端挂点 | 与挂点高度平行,小角度斜侧方拍摄 | 平/俯视 | 能够清晰分辨螺栓、螺母、锁紧销等小尺寸金具。设备相互遮挡时,采取多角度拍摄。每张照片至少包含一片绝缘子 |
| K | 29 | 中相大号侧横担端挂点 | 与挂点高度平行,小角度斜侧方拍摄 | 平/俯视 | 能够清晰分辨螺栓、螺母、锁紧销等小尺寸金具。设备相互遮挡时,采取多角度拍摄。每张照片至少包含一片绝缘子 |
| K | 30 | 中相大号侧绝缘子串 | 正对绝缘子串,在其中心点以上位置拍摄 | 平视 | 需覆盖绝缘子整串,可拍多张照片,最终能够清晰分辨绝缘子片表面损痕和每片绝缘子连接情况 |
| K | 31 | 中相大号侧导线端挂点 | 面向金具锁紧销安装侧,拍摄金具整体 | 平/俯视 | 能够清晰分辨螺栓、螺母、锁紧销等小尺寸金具及防振锤。设备相互遮挡时,采取多角度拍摄。每张照片至少包含一片绝缘子 |
| L | 32 | 右相小号侧导线端挂点 | 面向金具锁紧销安装侧,拍摄金具整体 | 平/俯视 | 能够清晰分辨螺栓、螺母、锁紧销等小尺寸金具及防振锤。设备相互遮挡时,采取多角度拍摄。每张照片至少包含一片绝缘子 |
| L | 33 | 右相小号侧绝缘子串 | 正对绝缘子串,在其中心点以上位置拍摄 | 平视 | 需覆盖绝缘子整串,可拍多张照片,最终能够清晰分辨绝缘子片表面损痕和每片绝缘子连接情况 |
| L | 34 | 右相小号侧横担端挂点 | 与挂点高度平行,小角度斜侧方拍摄 | 平/俯视 | 能够清晰分辨螺栓、螺母、锁紧销等小尺寸金具。设备相互遮挡时,采取多角度拍摄。每张照片至少包含一片绝缘子 |
| L | 35 | 右相大号侧横担端挂点 | 与挂点高度平行,小角度斜侧方拍摄 | 平/俯视 | 能够清晰分辨螺栓、螺母、锁紧销等小尺寸金具。设备相互遮挡时,采取多角度拍摄。每张照片至少包含一片绝缘子 |
| L | 36 | 右相大号侧绝缘子串 | 正对绝缘子串,在其中心点以上位置拍摄 | 平视 | 需覆盖绝缘子整串,可拍多张照片,最终能够清晰分辨绝缘子片表面损痕和每片绝缘子连接情况 |
| L | 37 | 右相大号侧导线端挂点 | 面向金具锁紧销安装侧,拍摄金具整体 | 平/俯视 | 能够清晰分辨螺栓、螺母、锁紧销等小尺寸金具及防振锤。设备相互遮挡时,采取多角度拍摄。每张照片至少包含一片绝缘子 |
| M | 38 | 右相小号侧跳线横担端挂点 | 与挂点高度平行,小角度斜侧方拍摄 | 平/俯视 | 能够清晰分辨螺栓、螺母、锁紧销等小尺寸金具。设备相互遮挡时,采取多角度拍摄。每张照片至少包含一片绝缘子 |
| M | 39 | 右相小号侧跳线绝缘子串 | 正对绝缘子串,在其中心点以上位置拍摄 | 平视 | 需覆盖绝缘子整串,可拍多张照片,最终能够清晰分辨绝缘子片表面损痕和每片绝缘子连接情况 |
| M | 40 | 右相小号侧跳线导线端挂点 | 面向金具锁紧销安装侧,拍摄金具整体 | 平/俯视 | 能够清晰分辨螺栓、螺母、锁紧销等小尺寸金具及防振锤。设备相互遮挡时,采取多角度拍摄。每张照片至少包含一片绝缘子 |
| M | 41 | 右相大号侧跳线横担端挂点 | 与挂点高度平行,小角度斜侧方拍摄 | 平/俯视 | 能够清晰分辨螺栓、螺母、锁紧销等小尺寸金具。设备相互遮挡时,采取多角度拍摄。每张照片至少包含一片绝缘子 |

续表

| 无人机悬停区域 | 拍摄部位编号 | 拍摄部位 | 无人机拍摄位置 | 拍摄角度 | 拍摄质量要求 |
|---|---|---|---|---|---|
| M | 42 | 右相大号侧跳线绝缘子串 | 正对绝缘子串，在其中心点以上位置拍摄 | 平视 | 需覆盖绝缘子整串，可拍多张照片，最终能够清晰分辨绝缘子片表面损痕和每片绝缘子连接情况 |
| M | 43 | 右相大号侧跳线导线端挂点 | 面向金具锁紧销安装侧，拍摄金具整体 | 平/俯视 | 能够清晰分辨螺栓、螺母、锁紧销等小尺寸金具及防振锤。设备相互遮挡时，采取多角度拍摄。每张照片至少包含一片绝缘子 |
| N | 44 | 小号侧通道 | 塔身侧方位置 | 平视 | 能够清晰完整看到杆塔的通道情况，如建筑物、树木、交叉、跨越的线路等 |
| N | 45 | 大号侧通道 | 塔身侧方位置 | 平视 | 能够清晰完整看到杆塔的通道情况，如建筑物、树木、交叉、跨越的线路等 |

注 拍摄角度和拍摄图片张数以能够清晰展示所需细节为目标，根据实际作业环境可做适当调整。

图 2-11-5-9 紧凑型塔无人机巡检路径规划

表 2-11-5-9　　　　　　　　　　紧凑型塔无人机巡检拍摄技术

| 无人机悬停区域 | 拍摄部位编号 | 拍摄部位 | 无人机拍摄位置 | 拍摄角度 | 拍摄质量要求 |
|---|---|---|---|---|---|
| A | 1 | 塔全貌 | 从杆塔远处，并高于杆塔，杆塔完全在影像画面里 | 俯视 | 塔全貌完整，能够清晰分辨塔材和杆塔角度，主体上下占比不低于全幅80% |
| B | 2 | 塔头 | 从杆塔斜上方拍摄 | 俯视 | 能够完整看到杆塔塔头 |
| C | 3 | 塔身 | 杆塔斜上方，略低于塔头拍摄高度 | 平/俯视 | 能够看到除塔头及塔基部位的其他结构全貌 |
| D | 4 | 塔号牌 | 无人机镜头平视或俯视拍摄塔号牌 | 平/俯视 | 能清晰分辨塔号牌上线路双重名称 |
| E | 5 | 基础 | 走廊正面或侧面面向塔基俯视拍摄 | 俯视 | 能够看清塔基附近地面情况，拉线是否连接牢靠 |
| F | 6 | 下相左V串横担端挂点 | 与挂点高度平行，小角度斜侧方拍摄 | 平/俯视 | 能够清晰分辨螺栓、螺母、锁紧销等小尺寸金具。设备相互遮挡时，采取多角度拍摄。每张照片至少包含一片绝缘子 |

续表

| 无人机悬停区域 | 拍摄部位编号 | 拍摄部位 | 无人机拍摄位置 | 拍摄角度 | 拍摄质量要求 |
|---|---|---|---|---|---|
| F | 7 | 下相左V串绝缘子串 | 正对绝缘子串，在其中心点以上位置拍摄 | 平视 | 需覆盖绝缘子整串，可拍多张照片，最终能够清晰分辨绝缘子片表面损痕和每片绝缘子连接情况 |
| F | 8 | 下相导线端挂点 | 面向金具锁紧销安装侧，拍摄金具整体 | 平/俯视 | 能够清晰分辨螺栓、螺母、锁紧销等小尺寸金具及防振锤。设备相互遮挡时，采取多角度拍摄。每张照片至少包含一片绝缘子 |
| F | 9 | 下相右V串绝缘子串 | 正对绝缘子串，在其中心点以上位置拍摄 | 平视 | 需覆盖绝缘子整串，可拍多张照片，最终能够清晰分辨绝缘子片表面损痕和每片绝缘子连接情况 |
| F | 10 | 下相右V串横担端挂点 | 与挂点高度平行，小角度斜侧方拍摄 | 平/俯视 | 能够清晰分辨螺栓、螺母、锁紧销等小尺寸金具。设备相互遮挡时，采取多角度拍摄。每张照片至少包含一片绝缘子 |
| G | 11 | 右相右V串横担端挂点 | 与挂点高度平行，小角度斜侧方拍摄 | 平/俯视 | 能够清晰分辨螺栓、螺母、锁紧销等小尺寸金具。设备相互遮挡时，采取多角度拍摄。每张照片至少包含一片绝缘子 |
| G | 12 | 右相右V串绝缘子串 | 正对绝缘子串，在其中心点以上位置拍摄 | 平视 | 需覆盖绝缘子整串，可拍多张照片，最终能够清晰分辨绝缘子片表面损痕和每片绝缘子连接情况 |
| G | 13 | 右相导线端挂点 | 面向金具锁紧销安装侧，拍摄金具整体 | 平/俯视 | 能够清晰分辨螺栓、螺母、锁紧销等小尺寸金具及防振锤。设备相互遮挡时，采取多角度拍摄。每张照片至少包含一片绝缘子 |
| G | 14 | 右相左V串绝缘子串 | 正对绝缘子串，在其中心点以上位置拍摄 | 平视 | 需覆盖绝缘子整串，可拍多张照片，最终能够清晰分辨绝缘子片表面损痕和每片绝缘子连接情况 |
| G | 15 | 右相左V串横担端挂点 | 与挂点高度平行，小角度斜侧方拍摄 | 平/俯视 | 能够清晰分辨螺栓、螺母、锁紧销等小尺寸金具。设备相互遮挡时，采取多角度拍摄。每张照片至少包含一片绝缘子 |
| H | 16 | 左相右V串绝缘子串 | 正对绝缘子串，在其中心点以上位置拍摄 | 平视 | 需覆盖绝缘子整串，可拍多张照片，最终能够清晰分辨绝缘子片表面损痕和每片绝缘子连接情况 |
| H | 17 | 左相导线端挂点 | 正对绝缘子串，在其中心点以上位置拍摄 | 平视 | 需覆盖绝缘子整串，可拍多张照片，最终能够清晰分辨绝缘子片表面损痕和每片绝缘子连接情况 |
| H | 18 | 左相左V串绝缘子串 | 正对绝缘子串，在其中心点以上位置拍摄 | 平视 | 需覆盖绝缘子整串，可拍多张照片，最终能够清晰分辨绝缘子片表面损痕和每片绝缘子连接情况 |
| H | 19 | 左相左V串横担端挂点 | 与挂点高度平行，小角度斜侧方拍摄 | 平/俯视 | 能够清晰分辨螺栓、螺母、锁紧销等小尺寸金具。设备相互遮挡时，采取多角度拍摄。每张照片至少包含一片绝缘子 |
| I | 20 | 左侧地线 | 高度与地线挂点平行或以不大于30°角度俯视，小角度斜侧方拍摄 | 平/俯/仰视 | 能够判断各类金具的组合安装状态，与地线接触位置铝包带安装状态，清晰分辨锁紧位置的螺母销级物件。设备相互遮挡时，采取多角度拍摄 |
| J | 21 | 右侧地线 | 高度与地线挂点平行或以不大于30°角度俯视，小角度斜侧方拍摄 | 平/俯/仰视 | 能够判断各类金具的组合安装状态，与地线接触位置铝包带安装状态，清晰分辨锁紧位置的螺母销级物件。设备相互遮挡时，采取多角度拍摄 |
| K | 22 | 小号侧通道 | 塔身侧方位置 | 平视 | 能够清晰完整看到杆塔的通道情况，如建筑物、树木、交叉、跨越的线路等 |
| K | 23 | 大号侧通道 | 塔身侧方位置 | 平视 | 能够清晰完整看到杆塔的通道情况，如建筑物、树木、交叉、跨越的线路等 |

注 拍摄角度和拍摄图片张数以能够清晰展示所需细节为目标，根据实际作业环境可做适当调整。

### 十、交流线路单回耐张干字塔

交流线路单回耐张干字塔无人机巡检路径规划如图2-11-5-10所示，其拍摄技术见表2-11-5-10。

### 十一、拉线塔

拉线塔无人机巡检路径规划如图2-11-5-11所示，其拍摄技术见表2-11-5-11。

## 第五节　输电线路典型塔型巡检路径规划与拍摄技术

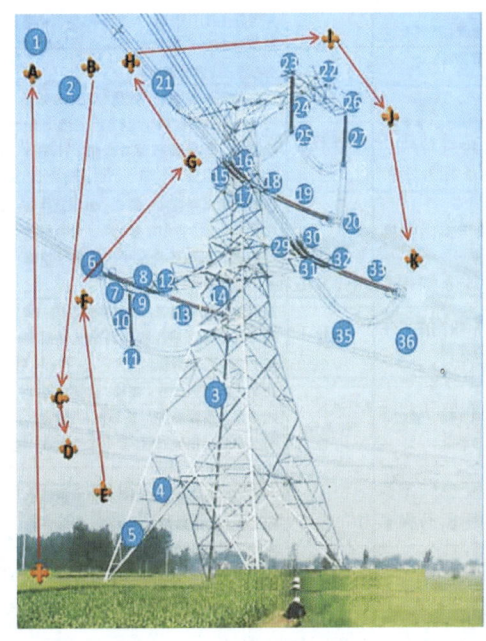

| 编号 | 名称 | 编号 | 名称 |
|---|---|---|---|
| A-1 | 塔全貌 | J-25 | 中相左跳线导线端挂点 |
| B-2 | 塔头 | J-26 | 中相右跳线横担挂点 |
| C-3 | 塔身 | J-27 | 中相右跳线绝缘子串 |
| D-4 | 塔号牌 | J-28 | 中相右跳线导线端挂点 |
| E-5 | 塔基及地面 | K-29 | 右相小号侧导线端挂点 |
| F-6 | 左相小号侧导线端挂点 | K-30 | 右相小号侧绝缘子串 |
| F-7 | 左相小号侧绝缘子串 | K-31 | 右相小号侧横担挂点 |
| F-8 | 左相小号侧横担挂点 | K-32 | 右相大号侧横担挂点 |
| F-9 | 左相跳线横担挂点 | K-33 | 右相大号侧绝缘子串 |
| F-10 | 左相跳线绝缘子串 | K-34 | 右相大号侧导线端挂点 |
| F-11 | 左相跳线导线端挂点 | K-35 | 小号侧通道 |
| F-12 | 左相大号侧横担挂点 | K-36 | 大号侧通道 |
| F-13 | 左相大号侧绝缘子串 | | |
| F-14 | 左相大号侧导线端挂点 | | |
| G-15 | 中相小号侧导线端挂点 | | |
| G-16 | 中相小号侧绝缘子串 | | |
| G-17 | 中相小号侧横担挂点 | | |
| G-18 | 中相大号侧横担挂点 | | |
| G-19 | 中相大号侧绝缘子串 | | |
| G-20 | 中相大号侧导线端挂点 | | |
| H-21 | 左侧地线 | | |
| I-22 | 右侧地线 | | |
| J-23 | 中相左跳线横担挂点 | | |
| J-24 | 中相左跳线绝缘子串 | | |

图 2-11-5-10　交流线路单回耐张干字塔无人机巡检路径规划

表 2-11-5-10　　　　　交流线路单回耐张干字塔无人机巡检拍摄技术

| 无人机悬停区域 | 拍摄部位编号 | 拍摄部位 | 无人机拍摄位置 | 拍摄角度 | 拍摄质量要求 |
|---|---|---|---|---|---|
| A | 1 | 塔全貌 | 从杆塔远处，并高于杆塔，杆塔完全在影像画面里 | 俯视 | 塔全貌完整，能够清晰分辨塔材和杆塔角度，主体上下占比不低于全幅80% |
| B | 2 | 塔头 | 从杆塔斜上方拍摄 | 俯视 | 能够完整看到杆塔塔头 |
| C | 3 | 塔身 | 杆塔斜上方，略低于塔头拍摄高度 | 平/俯视 | 能够看到除塔头及塔基部位的其他结构全貌 |
| D | 4 | 塔号牌 | 无人机镜头平视或俯视拍摄塔号牌 | 平/俯视 | 能清晰分辨塔号牌上线路双重名称 |
| E | 5 | 塔基及地面 | 走廊正面或侧面面向塔基俯视拍摄 | 俯视 | 能够看清塔基附近地面情况 |
| F | 6 | 左相小号侧导线端挂点 | 面向金具锁紧销安装侧，拍摄金具整体 | 平/俯视 | 能够清晰分辨螺栓、螺母、锁紧销等小尺寸金具及防振锤。设备相互遮挡时，采取多角度拍摄。每张照片至少包含一片绝缘子 |
| F | 7 | 左相小号侧绝缘子串 | 正对绝缘子串，在其中心点以上位置拍摄 | 平视 | 需覆盖绝缘子整串，可拍多张照片，最终能够清晰分辨绝缘子片表面损痕和每片绝缘子连接情况 |
| F | 8 | 左相小号侧横担挂点 | 与挂点高度平行，小角度斜侧方拍摄 | 平/俯视 | 能够清晰分辨螺栓、螺母、锁紧销等小尺寸金具。设备相互遮挡时，采取多角度拍摄。每张照片至少包含一片绝缘子 |
| F | 9 | 左相跳线横担挂点 | 与挂点高度平行，小角度斜侧方拍摄 | 平/俯视 | 能够清晰分辨螺栓、螺母、锁紧销等小尺寸金具。设备相互遮挡时，采取多角度拍摄。每张照片至少包含一片绝缘子 |
| F | 10 | 左相跳线绝缘子串 | 正对绝缘子串，在其中心点以上位置拍摄 | 平视 | 需覆盖绝缘子整串，可拍多张照片，最终能够清晰分辨绝缘子片表面损痕和每片绝缘子连接情况 |
| F | 11 | 左相跳线导线端挂点 | 面向金具锁紧销安装侧，拍摄金具整体 | 平/俯视 | 能够清晰分辨螺栓、螺母、锁紧销等小尺寸金具及防振锤。设备相互遮挡时，采取多角度拍摄。每张照片至少包含一片绝缘子 |
| F | 12 | 左相大号侧横担挂点 | 与挂点高度平行，小角度斜侧方拍摄 | 平/俯视 | 能够清晰分辨螺栓、螺母、锁紧销等小尺寸金具。设备相互遮挡时，采取多角度拍摄。每张照片至少包含一片绝缘子 |
| F | 13 | 左相大号侧绝缘子串 | 正对绝缘子串，在其中心点以上位置拍摄 | 平视 | 需覆盖绝缘子整串，可拍多张照片，最终能够清晰分辨绝缘子片表面损痕和每片绝缘子连接情况 |
| F | 14 | 左相大号侧导线端挂点 | 面向金具锁紧销安装侧，拍摄金具整体 | 平/俯视 | 能够清晰分辨螺栓、螺母、锁紧销等小尺寸金具及防振锤。设备相互遮挡时，采取多角度拍摄。每张照片至少包含一片绝缘子 |

续表

| 无人机悬停区域 | 拍摄部位编号 | 拍摄部位 | 无人机拍摄位置 | 拍摄角度 | 拍摄质量要求 |
|---|---|---|---|---|---|
| G | 15 | 中相小号侧导线端挂点 | 面向金具锁紧销安装侧，拍摄金具整体 | 平/俯视 | 能够清晰分辨螺栓、螺母、锁紧销等小尺寸金具及防振锤。设备相互遮挡时，采取多角度拍摄。每张照片至少包含一片绝缘子 |
| G | 16 | 中相小号侧绝缘子串 | 正对绝缘子串，在其中心点以上位置拍摄 | 平视 | 需覆盖绝缘子整串，可拍多张照片，最终能够清晰分辨绝缘子片表面损痕和每片绝缘子连接情况 |
| G | 17 | 中相小号侧横担挂点 | 与挂点高度平行，小角度斜侧方拍摄 | 平/俯视 | 能够清晰分辨螺栓、螺母、锁紧销等小尺寸金具。设备相互遮挡时，采取多角度拍摄。每张照片至少包含一片绝缘子 |
| G | 18 | 中相大号侧横担挂点 | 与挂点高度平行，小角度斜侧方拍摄 | 平/俯视 | 能够清晰分辨螺栓、螺母、锁紧销等小尺寸金具。设备相互遮挡时，采取多角度拍摄。每张照片至少包含一片绝缘子 |
| G | 19 | 中相大号侧绝缘子串 | 正对绝缘子串，在其中心点以上位置拍摄 | 平视 | 需覆盖绝缘子整串，可拍多张照片，最终能够清晰分辨绝缘子片表面损痕和每片绝缘子连接情况 |
| G | 20 | 中相大号侧导线端挂点 | 面向金具锁紧销安装侧，拍摄金具整体 | 平/俯视 | 能够清晰分辨螺栓、螺母、锁紧销等小尺寸金具及防振锤。设备相互遮挡时，采取多角度拍摄。每张照片至少包含一片绝缘子 |
| H | 21 | 左侧地线 | 高度与地线挂点平行或以不大于30°角度俯视，小角度斜侧方拍摄 | 平/俯/仰视 | 能够判断各类金具的组合安装状态，与地线接触位置铝包带安装状态，清晰分辨锁紧位置的螺母销级物件。设备相互遮挡时，采取多角度拍摄 |
| H | 22 | 右侧地线 | 高度与地线挂点平行或以不大于30°角度俯视，小角度斜侧方拍摄 | 平/俯/仰视 | 能够判断各类金具的组合安装状态，与地线接触位置铝包带安装状态，清晰分辨锁紧位置的螺母销级物件。设备相互遮挡时，采取多角度拍摄 |
| J | 23 | 中相左跳线横担挂点 | 与挂点高度平行，小角度斜侧方拍摄 | 平/俯视 | 能够清晰分辨螺栓、螺母、锁紧销等小尺寸金具。设备相互遮挡时，采取多角度拍摄。每张照片至少包含一片绝缘子 |
| J | 24 | 中相左跳线绝缘子串 | 正对绝缘子串，在其中心点以上位置拍摄 | 平视 | 需覆盖绝缘子整串，可拍多张照片，最终能够清晰分辨绝缘子片表面损痕和每片绝缘子连接情况 |
| J | 25 | 中相左跳线导线端挂点 | 面向金具锁紧销安装侧，拍摄金具整体 | 平/俯视 | 能够清晰分辨螺栓、螺母、锁紧销等小尺寸金具及防振锤。设备相互遮挡时，采取多角度拍摄。每张照片至少包含一片绝缘子 |
| J | 26 | 中相右跳线横担挂点 | 与挂点高度平行，小角度斜侧方拍摄 | 平/俯视 | 能够清晰分辨螺栓、螺母、锁紧销等小尺寸金具。设备相互遮挡时，采取多角度拍摄。每张照片至少包含一片绝缘子 |
| J | 27 | 中相右跳线绝缘子串 | 正对绝缘子串，在其中心点以上位置拍摄 | 平视 | 需覆盖绝缘子整串，可拍多张照片，最终能够清晰分辨绝缘子片表面损痕和每片绝缘子连接情况 |
| J | 28 | 中相右跳线导线端挂点 | 面向金具锁紧销安装侧，拍摄金具整体 | 平/俯视 | 能够清晰分辨螺栓、螺母、锁紧销等小尺寸金具及防振锤。设备相互遮挡时，采取多角度拍摄。每张照片至少包含一片绝缘子 |
| K | 29 | 右相小号侧导线端挂点 | 面向金具锁紧销安装侧，拍摄金具整体 | 平/俯视 | 能够清晰分辨螺栓、螺母、锁紧销等小尺寸金具及防振锤。设备相互遮挡时，采取多角度拍摄。每张照片至少包含一片绝缘子 |
| K | 30 | 右相小号侧绝缘子串 | 正对绝缘子串，在其中心点以上位置拍摄 | 平视 | 需覆盖绝缘子整串，可拍多张照片，最终能够清晰分辨绝缘子片表面损痕和每片绝缘子连接情况 |
| K | 31 | 右相小号侧横担挂点 | 与挂点高度平行，小角度斜侧方拍摄 | 平/俯视 | 能够清晰分辨螺栓、螺母、锁紧销等小尺寸金具。设备相互遮挡时，采取多角度拍摄。每张照片至少包含一片绝缘子 |
| K | 32 | 右相大号侧横担挂点 | 与挂点高度平行，小角度斜侧方拍摄 | 平/俯视 | 能够清晰分辨螺栓、螺母、锁紧销等小尺寸金具。设备相互遮挡时，采取多角度拍摄。每张照片至少包含一片绝缘子 |
| K | 33 | 右相大号侧绝缘子串 | 正对绝缘子串，在其中心点以上位置拍摄 | 平视 | 需覆盖绝缘子整串，可拍多张照片，最终能够清晰分辨绝缘子片表面损痕和每片绝缘子连接情况 |
| K | 34 | 右相大号侧导线端挂点 | 面向金具锁紧销安装侧，拍摄金具整体 | 平/俯视 | 能够清晰分辨螺栓、螺母、锁紧销等小尺寸金具及防振锤。设备相互遮挡时，采取多角度拍摄。每张照片至少包含一片绝缘子 |

续表

| 无人机悬停区域 | 拍摄部位编号 | 拍摄部位 | 无人机拍摄位置 | 拍摄角度 | 拍摄质量要求 |
|---|---|---|---|---|---|
| K | 35 | 小号侧通道 | 塔身侧方位置先小号通道，后大号通道 | 平视 | 能够清晰完整看到杆塔的通道情况，如建筑物、树木、交叉、跨越的线路等 |
| K | 36 | 大号侧通道 | 塔身侧方位置先小号通道，后大号通道 | 平视 | 能够清晰完整看到杆塔的通道情况，如建筑物、树木、交叉、跨越的线路等 |

注 拍摄角度和拍摄图片张数以能够清晰展示所需细节为目标，根据实际作业环境可做适当调整。

图 2-11-5-11 拉线塔无人机巡检路径规划

表 2-11-5-11 拉线塔无人机巡检拍摄技术

| 无人机悬停区域 | 拍摄部位编号 | 拍摄部位 | 无人机拍摄位置 | 拍摄角度 | 拍摄质量要求 |
|---|---|---|---|---|---|
| A | 1 | 塔全貌 | 从杆塔远处，并高于杆塔，杆塔完全在影像画面里 | 俯视 | 塔全貌完整，能够清晰分辨塔材和杆塔角度，主体上下占比不低于全幅80% |
| B | 2 | 塔头 | 从杆塔斜上方拍摄 | 俯视 | 能够完整看到杆塔塔头 |
| C | 3 | 塔身 | 杆塔斜上方，略低于塔头拍摄高度 | 平/俯视 | 能够看到除塔头及塔基部位的其他结构全貌 |
| D | 4 | 塔号牌 | 无人机镜头平视或俯视拍摄塔号牌 | 平/俯视 | 能清晰分辨塔号牌上线路双重名称 |
| E | 5 | 塔基及地面拉线 | 走廊正面或侧面面向塔基俯视拍摄 | 俯视 | 能够看清塔基附近地面情况，拉线是否连接牢靠 |
| F | 6 | 左相导线端挂点 | 面向金具锁紧销安装侧，拍摄金具整体 | 平/俯视 | 能够清晰分辨螺栓、螺母、锁紧销等小尺寸金具及防振锤。设备相互遮挡时，采取多角度拍摄。每张照片至少包含一片绝缘子 |
| F | 7 | 左相绝缘子串 | 正对绝缘子串，在其中心点以上位置拍摄 | 平视 | 需覆盖绝缘子整串，可拍多张照片，最终能够清晰分辨绝缘子片表面损痕和每片绝缘子连接情况 |
| F | 8 | 左相横担挂点 | 与挂点高度平行，小角度斜侧方拍摄 | 平/俯视 | 能够清晰分辨螺栓、螺母、锁紧销等小尺寸金具。设备相互遮挡时，采取多角度拍摄。每张照片至少包含一片绝缘子 |
| F | 9 | 左侧拉线挂点 | 高度和拉线塔端挂点水平 | 平视 | 能够清晰分辨螺栓、螺母、锁紧销等小尺寸金具。设备相互遮挡时，采取多角度拍摄 |
| G | 10 | 左侧地线 | 高度与地线挂点平行或以不大于30°角度俯视，小角度斜侧方拍摄 | 平/俯视/仰视 | 能够判断各类金具的组合安装状态，与地线接触位置铝包带安装状态，清晰分辨锁紧位置的螺母销级物件。设备相互遮挡时，采取多角度拍摄 |
| I | 11 | 中相横担挂点 | 与挂点高度平行，小角度斜侧方拍摄 | 平/俯视 | 能够清晰分辨螺栓、螺母、锁紧销等小尺寸金具。设备相互遮挡时，采取多角度拍摄。每张照片至少包含一片绝缘子 |

续表

| 无人机悬停区域 | 拍摄部位编号 | 拍摄部位 | 无人机拍摄位置 | 拍摄角度 | 拍摄质量要求 |
|---|---|---|---|---|---|
| I | 12 | 中相绝缘子串 | 正对绝缘子串，在其中心点以上位置拍摄 | 平视 | 需覆盖绝缘子整串，可拍多张照片，最终能够清晰分辨绝缘子片表面损痕和每片绝缘子连接情况 |
| I | 13 | 中相导线端挂点 | 与挂点高度平行，小角度斜侧方拍摄 | 平视 | 能够清晰分辨螺栓、螺母、锁紧销等小尺寸金具及防振锤。设备相互遮挡时，采取多角度拍摄。每张照片至少包含一片绝缘子 |
| J | 14 | 右侧地线 | 高度与地线挂点平行或以不大于30°角度俯视，小角度斜侧方拍摄 | 平/俯/仰视 | 能够判断各类金具的组合安装状态，与地线接触位置铝包带安装状态，清晰分辨锁紧位置的螺母销级物件。设备相互遮挡时，采取多角度拍摄 |
| K | 15 | 右相横担处挂点 | 与挂点高度平行，小角度斜侧方拍摄 | 平/俯视 | 能够清晰分辨螺栓、螺母、锁紧销等小尺寸金具。设备相互遮挡时，采取多角度拍摄。每张照片至少包含一片绝缘子 |
| K | 16 | 右相拉线挂点 | 高度和拉线塔端挂点水平 | 平视 | 能够清晰分辨螺栓、螺母、锁紧销等小尺寸金具。设备相互遮挡时，采取多角度拍摄 |
| K | 17 | 右相绝缘子串 | 正对绝缘子串，在其中心点以上位置拍摄 | 平视 | 需覆盖绝缘子整串，可拍多张照片，最终能够清晰分辨绝缘子片表面损痕和每片绝缘子连接情况 |
| K | 18 | 右相导线端挂点 | 面向金具锁紧销安装侧，拍摄金具整体 | 平/俯视 | 能够清晰分辨螺栓、螺母、锁紧销等小尺寸金具及防振锤。设备相互遮挡时，采取多角度拍摄。每张照片至少包含一片绝缘子 |
| L | 19 | 小号侧通道 | 塔身侧方位置先小号通道，后大号通道 | 平视 | 能够清晰完整看到杆塔的通道情况，如建筑物、树木、交叉、跨越的线路等 |
| L | 20 | 大号侧通道 | 塔身侧方位置先小号通道，后大号通道 | 平视 | 能够清晰完整看到杆塔的通道情况，如建筑物、树木、交叉、跨越的线路等 |

注 拍摄角度和拍摄图片张数以能够清晰展示所需细节为目标，根据实际作业环境可做适当调整。

## 第六节 巡检资料归档

### 一、图像存放整理

当日巡检工作完成后，将巡检图像导出至专用电脑指定硬盘中，按照以下规范进行分级文件夹管理：

文件夹第一层：××公司××kV××线无人机巡视资料。（例：山东公司500kV邹川Ⅱ线无人机巡视资料，"Ⅱ"为罗马数字）

文件夹第二层：♯××无人机巡视资料。（例：♯201无人机巡视资料，"♯"在阿拉伯数字前）

文件夹第三层：×年无人机巡视资料。

文件夹第四层：×月无人机巡视资料，当月缺陷照片存放于第四层。

文件夹第五层：每基杆塔对应无人机巡视资料。

五层图像存放规范要求如图2-11-6-1所示。

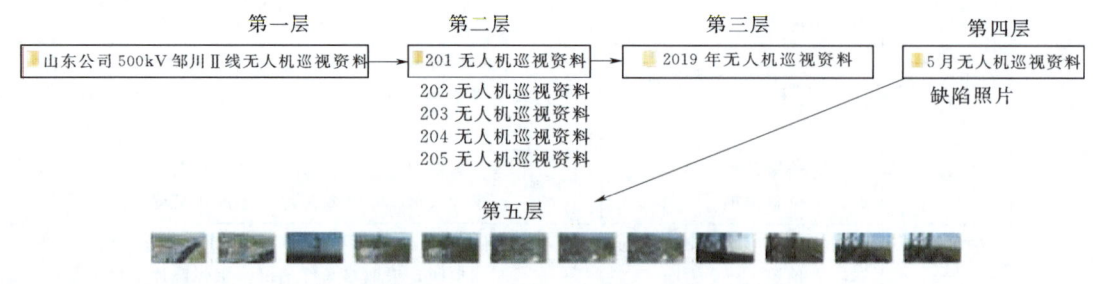

图2-11-6-1 图像存放示意图

### 二、图像分析及规范命名

图像分析工作应尽快完成（一般3个工作日内）。发现缺陷后应编辑图像，对图像中缺陷进行标注，并将图像重命名，命名规范如下：

"电压等级+线路名称+杆号"-"缺陷简述"-"该图片原始名称"

示例如下：

500kV聊韶Ⅱ线♯124塔-上相挂点缺销钉-DSG-0001.JPG

(1) 缺陷描述按"相-侧-部-问"顺序进行命名。

(2) 每张图像只标注并描述一条缺陷。

缺陷命名与标识示例如图2-11-6-2所示。

图 2-11-6-2 缺陷命名与标识示例

## 第七节 无人机巡检拍摄典型图例集锦

为了进一步提升无人机线路本体巡检质量和效率,规范多旋翼无人机本体巡检的作业流程和拍摄方法,同时为缺陷智能识别技术提供标准化样本数据,加快缺陷智能化识别技术研究进度,选择无人机巡检拍摄典型图例供参考。

### 一、拍摄典型图例

拍摄典型图例如图 2-11-7-1~图 2-11-7-31 所示。

### 二、放大图片典型示例

放大图片典型示例如图 2-11-7-32~图 2-11-7-43 所示。

图 2-11-7-1 塔全貌

图 2-11-7-2 塔头

图 2-11-7-3 塔身

图 2-11-7-4 铁塔编号牌和禁止攀登标志牌

图 2-11-7-5 塔基

图 2-11-7-6 直线塔悬垂绝缘子串

图 2-11-7-7 直线塔悬垂绝缘子
横担端挂点（平视）

图 2-11-7-8 直线塔悬垂绝缘子
串横担端挂点（俯视）

图 2-11-7-9 直线塔悬垂绝缘子串
导线端挂点（小号侧）

图 2-11-7-10 直线塔悬垂绝缘子串
导线端挂点（大号侧）

图 2-11-7-11 耐张塔耐张绝缘子串

图 2-11-7-12 耐张绝缘子串横担端挂点（平视）

图 2-11-7-13 耐张绝缘子串横担端挂点（俯视）

图 2-11-7-14 耐张绝缘子串导线端挂点（平视）

图 2-11-7-15 耐张绝缘子串导线端挂点（俯视）

图 2-11-7-16 直流线路跳线导线端挂点（小号侧）

图 2-11-7-17 直流线路跳线导线端挂点（大号侧）

图 2-11-7-18 直流线路绝缘子横担端挂点

图 2-11-7-19 直流线路绝缘子导线端挂点

图 2-11-7-20 直流线路跳线横担端内侧挂点

图 2-11-7-21 直流线路跳线横担端外侧挂点

图 2-11-7-22 直线塔地线挂点

图 2-11-7-23 耐张塔地线挂点

图 2-11-7-24 引流线

图 2-11-7-25 引流线绝缘子横担端（平视）

图 2-11-7-26 引流线绝缘子横担端（俯视）

图 2-11-7-27 引流线绝缘子导线端（小号端）

图 2-11-7-28 引流线绝缘子导线端（大号端）

图 2-11-7-29 附属设施

图 2-11-7-30 通道（小号侧）

图 2-11-7-31 通道（大号侧）

图 2-11-7-32 悬垂绝缘子横担端（放大）

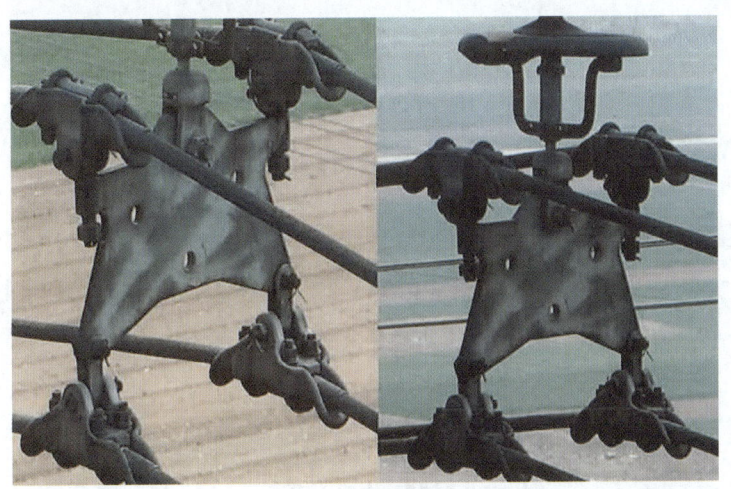
图 2-11-7-33 悬垂绝缘子导线端（放大）

图 2-11-7-34 耐张绝缘子横担端（放大）（一）

图 2-11-7-35 耐张绝缘子横担端（放大）（二）
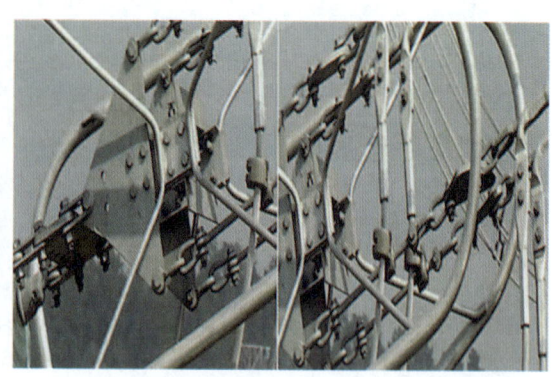
图 2-11-7-36 耐张绝缘子导线端（放大）

图 2-11-7-37 耐张绝缘子串（放大）

图 2-11-7-38 地线悬垂金具（放大）

图 2-11-7-39 地线耐张金具（放大）

图 2-11-7-40 直线塔架空地线（放大）

图 2-11-7-41 引流线绝缘子横担端（放大）

### 第七节 无人机巡检拍摄典型图例集锦

图 2-11-7-42 引流线绝缘子导线端（放大）

图 2-11-7-43 引流线及间隔棒（放大）

# 第十二章

## 机器人在高压输电线路巡检中的应用

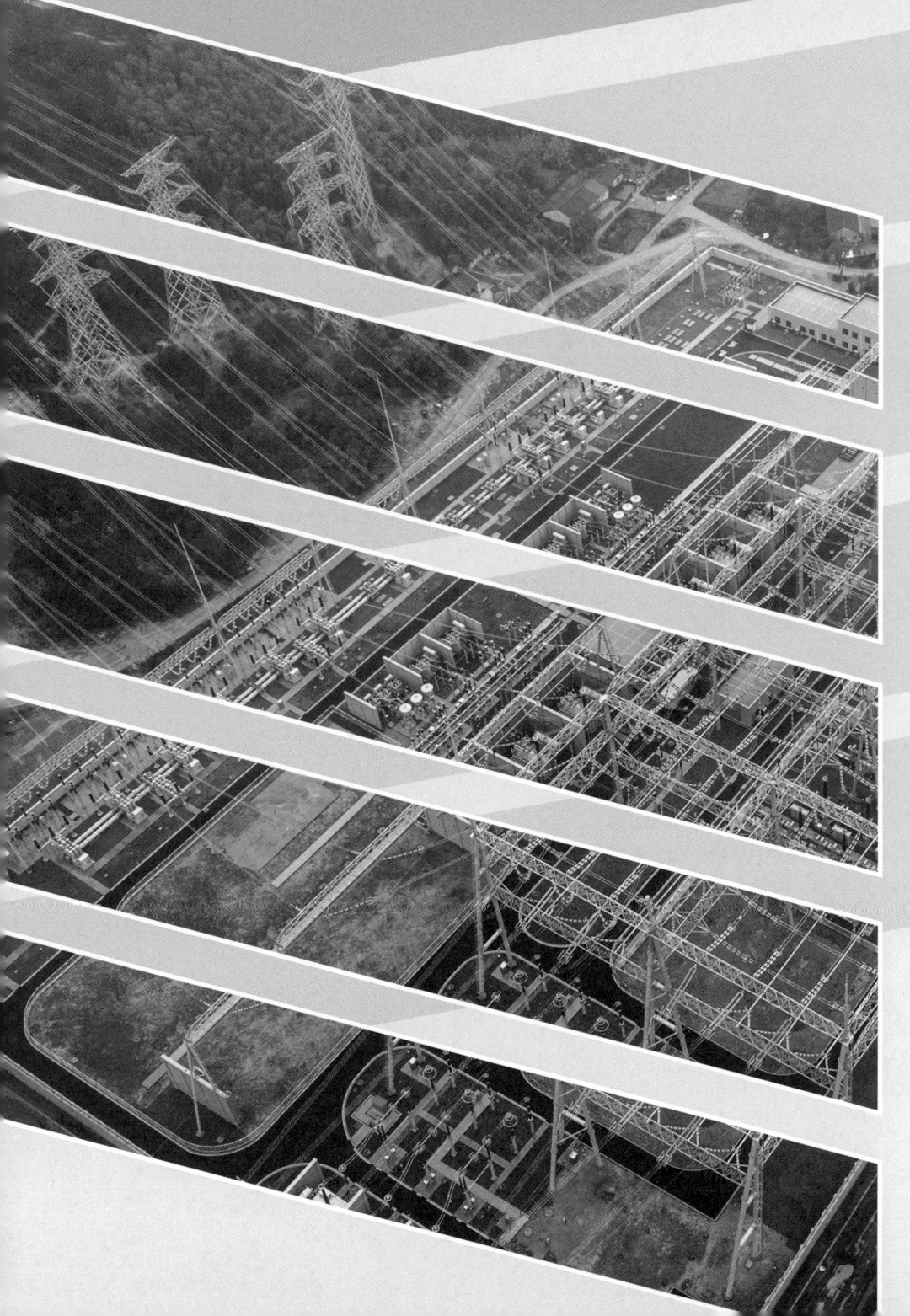

# 第一节 巡线机器人的发展及现状

电力线路巡线机器人是现代机器人技术的应用之一。今后，各种机器人将在各个领域内发挥更大的作用，特别是危险操作等领域替代人类，完成重要的工作，改善人们的生活。

巡线机器人研究始于 20 世纪 80 年代末，加拿大、中国、日本、韩国、美国的研究处于领先地位。目前突破了一系列关键技术（机构、控制、通信、绝缘、电磁兼容等），研制出了多种类型的样机，并开展了带电检测与维护作业的试验。

巡线机器人已成为特种机器领域的一个研究热点。移动巡线机器人可以沿电力电线自主行走、跨越障碍并进行线路巡检。巡线机器人能够带电工作，以一定的速度沿输电线爬行，并能跨越防震锤、耐张线夹、悬垂线夹、杆塔等障碍，利用携带的传感仪器对杆塔、导线及避雷线、绝缘子、线路金具、线路通道等实施接近检测。

## 一、国外巡线机器人研究情况

国外巡线机器人的研究始于 20 世纪 80 年代末，日本、美国、加拿大、泰国的一些研究机构先后开展了巡线机器人的研究。他们研制的巡线机器人可以分为两类：一类具有跨越障碍物功能，但结构尺寸大、质量大，因而实用性差，并大多仍处在实验室研制阶段；另一类则只能在两杆塔间的直线段巡线，不具备跨越障碍物功能，因而其巡线作业范围受到极大限制。东京电力公司的 Sawada 等研制了光纤复合架空地线（OPGW）巡检移动机器人。该机器人利用一对驱动轮和一对夹持轮沿地线（OPGW）爬行，能跨越地线上防振锤、螺旋减振器等障碍物，遇到线塔时，机器人采用仿人攀援机理，先展开携带的弧形手臂，手臂两端勾住线塔两侧的地线，构成一个导轨，然后本体顺着导轨滑到线塔的另一侧。待机器人夹持轮抱紧线塔另一侧的地线后，将弧形手臂折叠收起，以备下次使用。机器人运动控制有粗略控制和精确定位两种模式，粗略控制是把线塔和地线的资料数据（线塔的高度、位置，地线长度，线路上附件数量等）预先编制好程序输入机器人，据此控制机器人的行走和越障；精确定位控制则根据传感器反馈信息进行控制。机器人携带的损伤探测单元采用涡流分析方法探测光纤复合架空地线铠装层的损伤情况，并把探测数据记录到磁带上。

巡检飞行机器人的另一种是线路巡检飞行机器人，采用小型无人飞行器，安装 CCD 摄像机，可以超视距测控飞行和低空飞行，具有智能化程度高的特点。如国外 EA Technology 公司研制的电线巡检机器人 Sprite 是一种小型对称旋翼飞行器，机身设计特别考虑到了空气紊流的影响，安装了增稳控制系统，可以在阵风扰动中平稳飞行。飞行器安装有一个高精度 CCD 摄像机，有一个变焦镜头安装在主动平衡系统上，平衡系统可以保证飞行器飞行时图像的平稳。

## 二、国内巡线机器人研究情况

国内巡线机器人的研究始于 20 世纪 90 年代末，我国巡线机器人的研究主要集中在高校和研究院。

中国科学院沈阳自动化研究所申请的发明专利 200410020490.8（申请日：2004 年 4 月 30 日）涉及一种超高压输电线巡检机器人机构。它由移动车体、后手臂、前手臂组成，其中：移动车体由本体和行走轮组成，行走轮通过水平转动副和移动副安装在本体上，并与线相抓持，本体通过转动副分别与前、后手臂相连，手臂末端为手爪；前臂、后手臂结构相同，其中每一手臂由上臂、下臂两部分组成，上臂为连杆及滚珠丝杠与滑块组合结构，通过水平转动副与下臂相连接，下臂为大行程伸缩机构。该发明工作空间大、重量轻、能耗低且越障能力强。

中国科学院自动化研究所申请的发明专利 200310118302.0（申请日：2003 年 11 月 18 日）涉及机器人技术领域，是 110kV 高压输电线路自动巡检机器人的一个单体。该发明中的高压输电线路自动巡检机器人单体由防护罩、驱动臂、驱动臂升降电机、小臂、小臂升降电机组成，其驱动臂包括驱动轮、驱动轮轴、同步带、同步带轮、主电机、主电机输出轴、开合电机、开合螺杆等，其中，主电机带动驱动轮，使巡检机器人单体在输电线上行走，开合电机控制开合机构，决定驱动轮与输电线之间的挂靠或撤离；其小臂中设有支撑轮和关节轴承，支撑轮槽曲率较大，与输电线保持点接触，有利于关节轴承对支撑轮姿态的自调节。该发明自动巡检机器人单体，可实现在输电线上稳定行走、跨越障碍物、紧急刹车等功能，取代了人工巡检高压输电线路。

武汉大学申请的发明专利 200510019930.2（申请日：2005 年 12 月 1 日）公开了一种高压巡线机器人沿输电线路进行导航的方法，其特征在于：将一系列相同参数的电磁传感器分别布置在机器人的手臂上，各组传感器分别同轴线布置，让机器人的各待调控部位的空间位姿状态能通过各该部位的传感器阵列相对高压输电导线的距离表征。本发明的优点是：实现简单、结构小巧、成本低廉；可避免强电场、强磁场的干扰、实用性强；控制算法简单、操作方便。如配备相应的机器人设备，可以用来辅助完成高压巡线机器人沿架空高压输电线路进行全自动化的巡检作业。

山东大学申请的专利 200510042569.5（申请日：2005 年 3 月 18 日）为沿 110kV 输电线自主行走的机器人及其工作方法。机器人由机器人本体、控制装置、传感器、检测装置和无线图像传输设备组成，控制装置和无线图像传感器 CCD 安装在每只手的前方，检测装置包括高速摄像机和热成像仪通过云台与机器人本体相连。能够在 110kV 输电线路上平稳行走，自主地跨越输电线上的各种障碍，代替人进行输电线路的巡线工作，减轻输电线路巡线的工作量，提高工作效率和检测的精度，达到确保输电线路安全运行的突出特点。

山东科技大学在 2011 年研制了巡检机器人，西安交通大学 2012 年设计了三臂式巡线机器人，山东电力研究院 2012 年研制出用于多分裂线路巡检的巡线机器人。

巡线机器人样机如图 2-12-1-1 所示。

华北电力大学申请的发明专利 200410098960.2（申请日：2004 年 12 月 17 日）提供了一种电力线路巡检机器人飞机及其控制系统。飞机结构采用共轴双螺旋桨反向驱动结构，采用两个发动机分别驱动两个螺旋桨反向旋转，通过控制两个发动机的转速比控制飞机机身的稳定；使用 GPS 系统与 GIS 系统确定飞机的飞行轨迹，使用基于 32 位的精简指令集计算机处理器 ARM 的嵌入式系统进行飞行姿态调整,使用蓄电池为发动机电机、检测传感器以及数据链路系统提供电源。控制系统由电力线路巡检机器人飞机导航系统、飞行路径自主规划系统、数据链路系统、基于多传感器融合的在线检测系统构成。其优点在于:有效的改善电力线路的监控质量,保障输电网络的安全平稳运行,并且安全、可靠、适应性好,监测速度快;机器人飞机智能化程度高,可实现超视距测控飞行、程控自主飞行及自动返航等多种功能。

 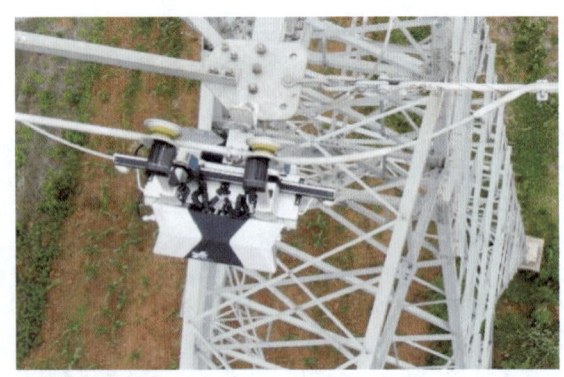

图 2-12-1-1 巡线机器人样机

### 三、超高压输电线路巡检机器人

超高压输电线路巡检机器人是以机器人本体平台为载体,携带高清摄像机和红外热成像仪等检测仪器,沿输电线路的相线或上方的架空地线运行,对线路进行检查、维护等工作。"智能巡检机器人及巡检技术"属于国家电网公司"十二五"科技规划中"输变电设备运行与管理"领域的重点任务,是重点发展的新技术,具有广阔的发展前景。

该机器人在国家"863"计划以及国网东北电网有限公司支持下研制完成,攻克了超高压环境下的机器人机构、驱动与控制、远程通信以及电磁兼容等多项关键技术,是具有自主知识产权的新型移动机器人,可应用于 500kV 超高压输电线路巡检作业。

巡检机器人系统由巡检机器人和地面移动基站组成。巡检机器人在超高压输电线路上沿线行走,通过摄像机等检测设备检测输电设施的损伤情况,地面基站对机器人具有远程控制与监测功能,机器人上的高速球形摄像机拍摄的输电设施(输电线、绝缘子及杆塔等)图像可通过无线传输系统传送至地面基站,进行显示、存储与处理,以便地面人员及时准确地掌握输电线路的运行状态,发现线路设施的损伤、缺陷等故障情况。

## 第二节 巡线机器人的功能及组成

### 一、巡线机器人的功能

(1)移动功能。作为一款线上行走机器人,它需要适应超高压线路的特性,能够在线上稳定行走,速度太慢将影响巡线检查效率,太快又会因为线路上的障碍物造成不可预测的危险状况。

(2)攀爬功能。考虑高压输电线路的柔性特点,巡检机器人需要完成较大角度攀爬,特别是在两个山头的塔杆之间以满足实际线路要求。

(3)越障功能。巡检机器人的越障能力是其整个机械结构设计的关键,为了提高巡视检测的效率,机器人需要安全通过普通障碍物。

(4)安全保护功能。在高空作业过程中,若机器人发生机械故障,很可能会对周围工作人员甚至整个电网造成巨大威胁,因此,在机械结构设计时,需要谨慎考虑机器人的自我保护能力提高安全性。

(5)电机驱动控制能力。超高压巡检机器人要在线上完成各种复杂动作,其运动的根本是电机的转动,因而需要对机器人上的各个电机进行伺服控制,通过上层指令实现对各电机的位置控制和速度控制。

(6)通信功能。机器人在高空作业,而工作人员一般在地面操作,因此,必须通过无线通信将操作人员的指令发送给机器人,使其完成相应动作,同时,机器人采集的数据也通过无线传输返回给地面。

### 二、巡线机器人的组成

巡线机器人是一种复杂的机电一体化产品,包括机械系统、运动控制系统、无线传输系统、检测系统及电源系统。巡线机器人辅助人工巡检,促进了巡检的自动化程度,提高了效率,节约了成本。

(1)机械系统作为机器人功能实现的基本组成,是制约巡线机器人技术发展及实体化的关键技术之一。机械系统主要由行走系统、夹持系统、传动系统及刹车系统组成。这种基本巡线的程序需要 A、B 两个电动机,触动传感器和光电传感器。程序开始,先收集白光的光感值,触动传感器松开后,收集黑光的光感值,然后进行求平均数计算。以平均数作为光电分支的分界点,大于分界点,A 停 B 转;小于分界点,则 B 停 A 转。这是一个轮回,跳转到光电分支的分界点前即可。

(2)运动控制系统、无线传输系统、检测系统及电源系统归属于电气系统,需实现的功能有:巡线机器人在线平稳运动的功能;无线传输功能,对高空中的巡线机器人进行远程遥控;检测功能,通过摄像头采集到需要的图像信息,经无线传输系统传给地面的工作人员,供后期对图像信息进行分析。

(3)机器人可携带红外热成像仪、高清摄像头、噪声传感器、铁磁传感器,辅助人工完成对电力设备红外巡检和变压器噪声检测。

总之，巡线机器人是以移动机器人作为载体，以可见光摄像机、红外热成像仪、其他检测仪器作为载荷系统，以机器视觉—电磁场—GPS—GIS的多场信息融合作为机器人自主移动与自主巡检的导航系统，以嵌入式计算机作为控制系统的软硬件开发平台。具有障碍物检测识别与定位、自主作业规划、自主越障、对输电线路及其线路走廊自主巡检、巡检图像和数据的机器人本体自动存储与远程无线传输、地面远程无线监控与遥控、电能在线实时补给、后台巡检作业管理与分析诊断等功能。

## 第三节　高压输电线智能巡检排异物机器人

### 一、项目简介

目前我国500kV超高压线路已经发展到12.2万km以上。由于高压输电线路时常会悬挂有各种异物，如不及时进行处理，将会威胁线路的安全运行，造成极大的经济损失。目前高压输电线路清除异物仍主要是采用人工作业方式，这种原始的方法危险性大、成本高，劳动强度大，受线路环境制约。某科研团队成功设计了一款能够巡线、排除异物的机器人，安全性高、适应性强、成本低、效率高，具有广泛的应用前景。

### 二、产品性能优势

**1. 单双线设计**

采用单线/双线两种设计，以适应不同线路对线路路数、重量、体积等要求。

**2. 自动越障**

合理设计行走轮和张紧轮，可以平稳翻越间隔棒和防振锤。

**3. 多功能除障**

机械臂、砂轮、刀片的联合控制，实现对障碍物的抓取、切割和去除。

**4. 远程遥控**

基于手机App的远程遥控，从地面即可实现对机器人的远程操作，方便且安全。

**5. 视频传输**

远程实现视频传输与监控，方便观察输电线路实际情况，采取相应措施。

### 三、市场前景及应用

国内目前成熟的智能清障巡线机器人较少，技术并不成熟，且高压线巡线清障的难度大，危险程度高。截至2015年年底，国家电网公司经营区域110kV及以上输电线路长度约66.23万km，其中220kV及以上线路长度32.06万km，它是我国电力系统的主网架。按照平均每10km引进1个高压输电线路巡检机器人，每个巡检机器人初步价格10万元计算，则市场空间近70亿元，潜力巨大。

### 四、技术成熟度

某机械工程学院巡线机器人研发团队目前已与陕西某供电公司签订合作开发协议，并取得四项专利，样机试验如图2-12-3-1所示。

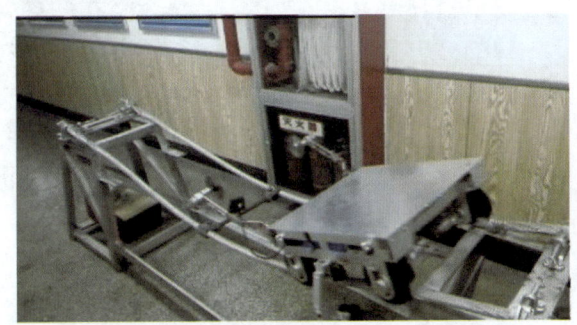

(a) 一种用于输电线路巡检机器人的行走机构（CN206417094U）

(b) 一种用于输电线路巡检机器人的辅助爬坡机构（CN206416176U）

(c) 一种用于输电线路除异物机器人的组合清障装置（CN206432623U）

(d) 一种履带机器人摆臂驱动装置（CN102887181B）

图2-12-3-1　样机试验

## 第四节　巡检机器人在南方电网的应用

### 一、基本情况

落户于顺德大良五沙工业园内的广东科凯达智能机器人公司，基于武汉大学机器人研究所吴功平教授团队的原创技术所生产的巡检机器人，集成了巡检仪器设备，机器人沿着高压线路行驶，巡视并储存定位后的巡视图像，通过后台软件自动或人工分析来判别线路的缺陷或安全隐患，随后进行检修维护。该机器人的最大优势是甚至可以垂直攀爬。科凯达巡检机器人重量不超过50kg，是日本和加拿大同类型机器人的一半。机器人要沿高压线巡检，重量不能太大。同时，这一机器人还能适用于不同线路结构，即使U形路线也毫无障碍。

相较于传统人工巡线，机器人巡线的优势体现在工作质量和效率上。人工巡线需要借助望远镜、照相机或红外传热成像仪等巡视，机器人是近距离巡视，准确度大幅提升；机器人可多任务同时执行，实时反馈线路情况。机器人能将工人彻底从辛苦危险的高压线巡检工作中解放出来。

按科凯达公司的规划，目前巡检机器人研发完成了近期（1年）的目标，即自动巡视和自动判别，在未来3～5年内，将完善自动规划、自动检测、自动维护等功能。机器人将增加多关节机械手，完成导/地线断股修补、缠绕异物清除、绝缘子更换等。这些工作平日皆由工人带电作业完成，与人工对比，可省成本近三成。

目前有三台科凯达公司巡检机器人已在南方电网、湖南电力公司等试用。依据国家电网和南方电网的调研，国内110kV及以上输电线路总长度约100万km，按每100km配置一台计算，共需要1万台巡检机器人，加上石油、石化企业的需求，巡检机器人市场总产值约250亿元。

科凯达将根据现有技术积累延伸产品领域，包括输电线路绝缘子带电检测与清扫机器人、输电线路清障与维护作业机器人、变电站巡检机器人等。

### 二、高压带电巡检试验

云南电力公司首款线路巡检机器人成功开展了首次高压带电巡检试验。

在云南省曲靖市沾益区白水镇香山附近，云南省首款线路巡检机器人攀附在带电运行的220kV平富Ⅰ回线的架空地线上，一边沿着线路的走向慢慢向前行进，一边用自身所携带的可见光摄像机和红外热成像仪等设备对线路健康情况进行"把脉问诊"，仅仅只利用了15min就完成了两基铁塔之间线路巡检工作，这也是云南首款线路巡检机器人在云南省高原气候环境下成功开展首次高压带电巡检试验，成功应用多种智能巡检设备对输电线路形成全方面、多维度巡检和实时动态分析。巡检机器人机身采用轻量化设计，只有25kg重。它首先在线路首末段利用自动上下线装置进入到铁塔顶端的地线上，然后全线路全自主运行，自动调用相应越障程序依次智能自主越过线路金具和杆塔等障碍物，利用铁塔上的能量补给系统及时进行能量补给，通过利用所携带的可见光摄像机、红外热成像仪和激光雷达系统等设备对线路进行巡检，可随时掌握和了解输电线路运行情况，以及线路周围环境和线路保护区的变化情况，及时发现和消除隐患。

曲靖地处云贵高原，境内海拔高，昼夜温差大，气候变化明显，其输电线路所处环境恶劣，巡视人员走路巡线面临的安全风险比较多。而且，曲靖供电局输电所目前有235人，管辖着8647km输电线路，缺员率达到了9%，因此急需借助高科技设备开展机巡，逐步减少和替代常规人工巡视的工作。平时路况比较好的情况下，一天也只能巡视完7～8基铁塔和线路。等这个巡检机器人全面投入使用后，一天就能自动巡检15基杆塔，而且像销钉这种细小物件上的各种缺陷和隐患也都能及时发现和处理。

由曲靖供电局和广东科凯达智能机器人有限公司联合研发的这个巡检机器人已经是第四代产品，采用了国内外先进的巡检机器人技术，并根据曲靖电网高压线路环境特性，对机器人本体轻量化设计、适应恶劣环境、故障识别与定位、故障诊断分析等若干关键技术进行实用化研究，将大大提升电网智能化巡检水平，最终将实现曲靖电网"机巡为主、人巡为辅"的协同巡检。图2-12-4-1所示为巡线机器人在双分裂导线上行走，图2-12-4-2所示为巡线机器人顺利通过各种障碍，图2-12-4-3所示为技术负责人团队在对线路上每个异处和疑点进行取证分析，为下一步巡检机器人在电网的全面推广使用奠定基础和积累经验。

图2-12-4-1　巡线机器人在双分裂导线上行走

图2-12-4-2　巡线机器人顺利通过各种障碍

图 2-12-4-3 技术负责人团队在对线路上每个异处和疑点进行取证分析

## 第五节　架空智能巡检机器人

根据中国南方电网有限责任公司超高压输电公司广州局建设智慧输电线路实际运维管理的需要，一批架空输电线路智能巡检机器人已经顺利挂载"上线"。作为超高压输电公司广州局第一条智慧输电线路，该线路以实际需求为导向，进行创新融合，结合设备及环境的典型特征，从智能巡视、智能操作、智能安全、智能建模、平台建设、标准制度以及运维模式改革等方面着手，建设一条具有本质坚强、实时感知、全息互联、自主预警、智能处置等五个特征的智慧输电线路。利用机器人进行巡检工作和维护超高压输电网络的正常运行，对提高电网智能化水平、保障电网安全运行具有重要意义。

### 一、架空智能巡检机器人系统

近年来，无人机代替电力工人巡线，提高了巡线工作效率，也提高了工作质量。可是，随着禁飞区域的划定，部分地区无人机飞不起来，巡线只能回到原始的双腿模式。如今，智能巡检机器人的"上线"则解决了这一难题。超高压输电公司广州局输电队伍，完成了太阳能充电基站安装和智能巡检机器人挂载，同时在试点区段的铁塔进行地线金具改造，为机器人平稳通过铁塔线路连接点铺平道路。

架空智能巡检机器人系统由巡检机器人、太阳能充电基站、微气象系统等组成，采用远程遥控和自主巡检控制方式。利用两只外延的滑轮在地线上悬挂移动，可以越过铁塔连接处，实现全线无障碍。智能巡检机器人拥有完善的本体保护机制，能够有效地防止掉落、死机等设备突发故障。面对恶劣天气，机器人可以自动回塔；低于 30% 电量可以自动回塔充电。辅以 10cm 精准定位系统，多重容错机制，实现机器人高度智能自动化运行。运维人员每天只要打开电脑里的机器人后台管理系统，就能实时了解塔体、塔基、导地线、金具及附属物运行状态，实时分析诊断，真正实现"看得见、盯得牢、防得住"的输电线路安全管理，为输电线路安全运维构筑立体防线。

### 二、架空智能巡检机器人的优势

巡检机器人可实现输电线路高空巡检全覆盖。智能巡检机器人的投入应用是对输电线路传统巡检方式的高视角近距离巡检的完美补充，在提高了工作效率和精益度的同时，实现了高空巡检"全覆盖"，使输电线路巡检从"人巡"过渡到"机器人巡"，从根本上解决人身安全隐患；从"人眼判别"升级到"机器视觉和 AI 缺陷识别"，为线路的运维提供更为可靠的诊断结果。智能巡检机器人长期实时在线自主巡检，能轻松跨越森林、大江、湖泊、高海拔等巡检人员难以到达区域，减少了传统巡检范围盲区，辅以三维建模技术，真实呈现线路通道情况，精准测量树障，实时对输电线路杆塔、绝缘子、金具以及输电线路通道全过程状态精细巡视。智能巡检机器人能更加清晰地辨别锈蚀、断裂、异物飘浮、接头位置的高温异常等线路通道缺陷及细微异常情况，并将巡检数据自动采集和实时后台智能分析，把发现的缺陷、短信通知运维人员，让现存问题和潜在威胁及时发现和处理，大大提高了线路隐患排除和运维的安全性、时效性、精准性。

### 三、架空巡检机器人的巨大发展空间

针对目前轮臂式高压巡检机器人机体过重、巡检效率低下以及容易打滑等问题，科研人员提出了一种基于磁悬浮的高压直流输电线路机器人的技术方案。利用高压直流导线周围的磁场，采用全新的磁悬浮技术，使机器人能悬浮于线路之上，并利用洛伦兹力牵引机器人移动，从而简化巡检机器人的结构，提高巡检效率，彻底消除打滑问题。根据架空高压直流输电导线周围的磁场特性，设计了实现磁力悬浮和磁力驱动的线圈结构以及与之相适应的机器人的总体结构，阐述了磁力驱动和磁力悬浮的实现原理，并从理论上证明了实现巡检机器人的磁悬浮和磁力驱动的可行性。

在国际智能移动机器人的大发展为超高压输电线路巡检机器人这个新事物提供了可能性。利用机器人进行巡检工作和维护超高压输电网络的正常运行，不但可以减轻电力工人的劳动强度，而且对提高电网自动化水平、保障电网安全运行具有重要意义。

## 第六节　机器人修剪树木和除冰技术

### 一、机器人修剪树木技术原理和应用

架空电力线及杆塔附件长期暴露在野外，受到持续的外界影响。尤其位于森林茂盛的山区，输电线下树木生长速度极快，树线距离过近，往往需要紧急停电处理，影响可靠供电。因此，利用机器人爬树并携带工具对树木顶端进行切断处理，对于减轻巡视人员的劳动强度、提高供电效率和安全性具有重大意义。下面以广州供电局研发的砍树机器人为例进行介绍。

#### （一）技术原理

爬树机器人本体由机械结构、电机、舵机、控制器、通信模块、电源等组成。系统架构一般由爬树机器人本体和控制端组成，控制端可以采用普通智能手机安装控制 App 实现，爬树机器人和手机之间采用 WiFi 连接进行控制指令的传输。

机器人本体采用仿生学原理，模拟昆虫蠕动行走方式，由两组夹持机构交替夹紧和上升完成攀爬。同时为了躲避树

枝，机器人在攀爬过程中可以通过柔性机构改变攀爬方向。对于较小的树枝则可以用自带的切割装置切断。

夹持机构采用舵机驱动齿轮对的方式进行夹紧，为了增加摩擦力，夹持机构嵌入了利齿，可以嵌入到树皮内，从而避免松动。另外，为了避免舵机长时间工作增加了弹性拉紧器，从而减轻了舵机工作强度，提高了电池续航能力。

爬行机构采用三轴并联机构，第一级采用齿轮转动，从而具有较高效率。第二级采用丝杆螺母传动，可以实现自锁，断电机器人也不会下滑，从而保证机器人的安全。柔性机构采用弹簧组构成，从而可以通过调整三个轴不同的移动位移来实现机器人前进和俯仰方向的调整从而躲避树枝。图2-12-6-1所示为爬树机器人模型图。

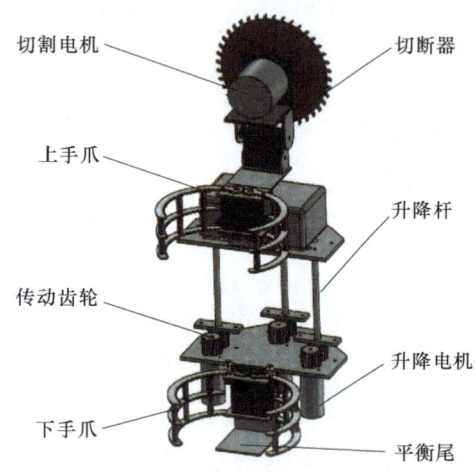

图2-12-6-1　爬树机器人模型图

#### （二）应用情况

机器人具备爬树能力，可以实现爬树和下树功能；具备修剪树木能力，可以实现修剪最大直径4cm的树枝。如图2-12-6-2所示为机器人爬树作业现场。

图2-12-6-2　机器人爬树作业现场

### 二、除冰机器人的技术原理和应用

#### （一）架空输电线路除冰方法分类

根据工作原理差异，输电线路的除冰方式大致分为四种方式，即机械除冰、热力融冰、自然被动除冰以及其他除冰方式，各种除冰方法具有不同的优缺点。

除冰机器人是近些年来智能电网重点研究的除冰技术之一，主要是从巡线机器人发展而来的。巡线机器人的研究为除冰机器人的研究工作打下了坚实的理论与实践基础，除冰机器人在巡线机器人的基础上增加了线路除冰功能。

#### （二）除冰机器人工作原理

除冰机器人是一个复杂的机电一体化系统，典型除冰机器人一般由两大部分组成，包括机器人和除冰装置。机器人一般由三大部分组成，主要包括机械部分、控制部分和传感部分，具体由机械系统（包含驱动部分）、人机交互系统、机器人与环境交互系统、感知系统、控制系统等构成。除冰装置主要有冲击式、切削式和综合式三种。除冰机器人的工作原理如图2-12-6-3所示。

1. 传感部分

除冰机器人的传感部分主要有两类：一类是机器人对外界环境的感知，另一类是机器人对自身状态的感知。

除冰机器人对外界的感知主要通过传感器完成，一般包括温湿度传感器、红外（激光）测距传感系统、视觉系统等。温湿度传感器主要用于感知除冰作业附近的温湿度情况，为除冰作业提供数据决策参考。红外测距传感系统主要用于机器人判断相对障碍物或导线端部距离，便于机器人为下一步运动做控制计划。视觉系统是除冰机器人较为高端的感知系统。

机器人视觉是使机器人具有视觉感知功能的系统。机器人视觉可以通过视觉传感器获取目标物的二维图像，并通过视觉处理器进行分析和解释，进而转换为符号，让机器人能够辨识物体，并确定其位置。机器视觉系统是指用计算机来实现人的视觉功能，也就是用计算机来实现对客观的三维世界的识别的系统。

除冰机器视觉系统主要由三部分组成：图像的获取、图像的处理和分析以及图像的输出和显示。视觉系统检测输电线路的结冰状况、线路的缺损以及机器人运动轨迹，决定线路是否符合质量要求和机器人是否按预定轨迹运动，并根据检测结果产生相应的信号输入上位机。图像获取设备包括光源、摄像机等；图像处理设备包括相应的软件和硬件系统；输出设备是与机器人控制系统相连的有关系统，包括控制器、报警装置和图像显示装置等。数据传输到计算机，进行分析和控制，若发现不合格品，则报警器报警，记录缺损点的位置并产生相应操作等。

除冰机器人的自身状态感知主要指自身运行状态的感知、运行参数极限的感知以及电源续航能力等方面的感知。

2. 控制部分的功能

根据除冰机器人的结构和功能特点，一般要求除冰机器人的控制系统具有以下功能：

（1）障碍识别（具有越障功能时），在除冰机器人运行过程中，除冰机器人应做到识别障碍物的类型，检测确定其距离，并做出判断，及时地选择越障策略，同时在遇到特殊的情况时，可以报警。

（2）运动控制，控制器应对除冰机器人的所有运动环节进行有效的控制操作，如驱动轮上电机和关节上的电机的启动、停止和转向，保证关节的位置控制和角度控制具有较高的精度和灵敏度等。

（3）状态位置识别，除冰机器人应具有对各执行机构的状态的检测与识别功能，如执行机构的极限位置检测。因

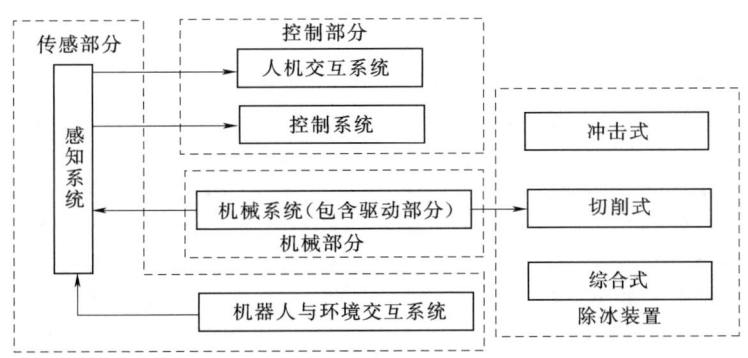

图 2-12-6-3 除冰机器人的工作原理框图

此,为了保护机械机构不被损坏以及有效位置的检测,应该在每个执行机构正反两个极限位置设置开关传感器,提供相应的控制信号,同时也可以作为复位系统的参考位置。

(4) 远程通信。远程图像传输功能为了得到机器人当前所处的状态和本身位姿的实时图像,以及后续的线路故障检测,机器人必须具有图像远程传输功能。此外,为了方便机器人位姿调整和复杂情况下的顺利越障,需要给机器人控制器加上遥控功能,实现自动和手动控制的相结合,提高机器人的可靠性。

(5) 抗干扰(特别是带电作业机器人)。由于除冰机器人的作业环境具有很强的电磁场,要求其控制系统应该具有较强的抗电磁干扰能力。

**3. 控制部分的控制结构**

机器人的控制是一个智能控制过程,智能控制就是驱动智能机器自主地实现其目标的过程。智能控制是同时具有一种知识表示的非数学广义模型和以数学模型表示的混合控制过程,也往往是那些含有复杂性、不完全性、模糊性或不确定性,以及不存在已知算法的非数字过程,并以知识进行推理,以启发来引导求解过程。

一般来讲,移动机器人的控制结构可分为集中式、递阶式、分布式和混合式四种。其中递阶式系统结构改变了集中式中只有一个全局控制器控制整个系统的缺点,把系统分为多个层次,每一层由若干控制单元组成,每个单元智能与上一层通信。整个系统的活动分布在多个层次上实现,降低了问题的复杂性,同时使得系统能够处理大量的静态和动态信息,使得系统的控制能力大大增强。系统的响应速度和优化性能较好,结构更加合理。递阶式系统是目前除冰机器人常用的控制系统结构。

**4. 机械部分**

架空输电线路除冰机器人要保证在导地线上稳定行走,安全、有效去除线路覆冰,而且控制系统还要尽可能简单,具有越障功能的除冰机器人还需要考虑越障手臂和长时间续航能力。由于高压线周围存在强磁场,为防止磁场干扰和外界环境的腐蚀,除冰机器人结构应力求紧凑,其工作部件尽量进行绝缘封存,因此其机械结构需要考虑的因素较多,机械结构是除冰机器人的基石。

目前大部分除冰机器人均不具备越障功能和长时间续航能力,机械结构的复杂性主要集中在行走机构、蓄电池和除冰装置三部分。部分巡检机器人具备越障和长时间续航功能,其机械结构较常规机器人复杂。

目前,应用在架空输电线路上的行走机构主要有步进式行走机构和轮式行走机构两种。步进式行走机构一般应用在斜拉桥缆索、管道外壁的检查与维护过程中,其行走原理为过机构上多只手臂的交替移动完成一步一步地步进爬行。轮式行走机构行走原理为依靠由电机驱动的行走轮与管线之间的摩擦力来驱动机器人行走前进。轮式行走机构行走平稳,速度快,有利于所携带的探测仪器可靠工作,目前已有的巡线机器人多采用轮式行走机构。

除冰机器人的越障功能是架空输电线路除冰机器人的技术难点。除冰机器人的越障过程是指从机器人辨识到障碍物开始到机器人后机械臂离开障碍物这一动作过程。这一过程是除冰机器人搜索辨识目标、数学模型还原精确定位解算和操作臂协调控制的过程。单纯的移动机构并不具有越障的功能,需要其他机构辅助实现。目前应用的越障辅助机构形式有轮臂复合机构、仿人手臂攀援机构、多节分体机构等。轮臂复合机构结构紧凑、质量轻、控制难度低、对线路损伤程度小,最符合除冰机器人越障要求,但对作业环境有一定要求。由于现有的高压输电线路的架设遵守作业规范,障碍环境状况为已知,根据已有线路有针对性设计巡检机器人的轮臂复合机构可以达到跨越线路障碍的要求。

所有机器人的动作均由驱动系统部分完成。驱动系统也就是执行装置,是驱动机械系统的驱动装置,根据驱动源的不同,可以分为电动、液压、气动以及这三种驱动的综合应用。驱动系统可以直接与机械系统相连,也可以通过齿轮、链条、同步带等传动装置与机械系统间接相连。电机驱动具有无污染、运动精度高、易于控制、成本低、效率高等优点,是目前机器人系统中应用最广的驱动装置。驱动电机常用直流伺服电动机,其具有调速方便,调速范围广,低速性能好启动转矩大,启动电流小、转速和转矩易控制、运行平稳、体积小、重量轻、效率高等优点,缺点是噪声比交流伺服电机大,换向器需经常维护,电刷极易磨损,需经常更换。

**5. 取电方式**

需要具备长续航能力的除冰机器人一般采用电流互感器取电和蓄电池结合的方法。蓄电池采用轻便的锂电池。由于地线中的感应电流较小,难以满足地线除冰机器人的功耗,因此常用加大蓄电池的方式来满足较长时间续航能力的要求,对于 500kV 及以上交流架空输电线路,部分研究单位也在尝试采用感应取能的方式满足地线除冰机器人的长时间续航要求。

**6. 除冰装置**

目前除冰装置的除冰主要有切削、刮铲、碾压、敲击等方法。除冰装置根据其除冰原理可分为冲击式、切削式及综合式三种。

（1）冲击式除冰装置。冲击式除冰装置原理是利用冰的脆性，采用冲击系统推动除冰刀具进行往复直线运动以粉碎覆冰，这种除冰装置的典型代表为加拿大魁北克水电研究所研制的一种电缆除冰器破冰装置。该破冰装置由轴套与四个翼刀组成，翼刀呈锥形间隔安装在轴套上，锥形开口指向小车前进方向，轴套的开合由转板实现。采用这种除冰装置能够适应各种厚度覆冰，且整套装置拆装方便，但整套装置体积过大，不利于除冰机器人越障。

（2）切削式除冰装置。切削式除冰装置采用刀具切削方式切除覆冰，这种方法的特点是除冰效果好，但容易损伤线路，需采取保护措施。切削式除冰装置的除冰单元一般包括破冰铁刀盘、刀盘电机减速器、刀盘电机。破冰铁刀盘由内、外两轮式破冰铁刀各两片组成，内轮式破冰铁刀直径小于外轮式破冰铁刀，刀盘电机经刀盘电机减速器减速后，带动铁刀转动除冰。外轮式破冰铁刀切除导线两侧覆冰，内轮式破冰铁刀则主要切除导线上部覆冰。内、外轮式破冰铁刀通过螺栓连接，必要时可通过加垫片的方式适应不同直径的导线。

（3）综合式除冰装置。综合式除冰装置是切削、冲击、碾压等各种除冰方法的综合使用，这种方式能够通过各种除冰方法的综合运用有效去除覆冰。其典型代表为北京电力建设研究院研究的除冰装置，该装置是敲击、刮铲、冲击三种方式组合，包括旋转除冰装置、振动冲击锥以及刮冰铲。除冰时，三个装置同时工作，通过横向敲击、轴向冲击、轴向挤压去除线路覆冰。除冰过程首先由旋转敲击敲碎冰层，去除大部分覆冰；厚度较大、附着牢固的坚硬覆冰则由电动机驱动振动冲击锥进行往复冲击去除；最后由刮冰铲通过其旋转敲击以及冲击去除残余覆冰。

**（三）除冰机器人应用情况**

图2-12-6-4所示为除冰机器人作业现场。

该除冰机器人在六盘水供电局的110kV玉杨白线、110kV沙鲁平李线、35kV杉勺线（原杉玉格线）等线路上使用，效果良好。在110kV玉杨白线75～76号杆，导线覆冰厚度40mm，除冰速度可达15m/min。

（a）现场图1

（b）现场图2

图2-12-6-4　除冰机器人作业现场

# 第十三章

## 电力电缆异常运行及事故处理

目前电力系统采用的电缆主要有纸绝缘电力电缆、橡塑绝缘电力电缆和自容式充油电力电缆。

纸绝缘电力电缆主要包括黏性油纸绝缘电力电缆和不滴流油纸绝缘电力电缆。35kV及以下的纸绝缘电力电缆都采用黏性油纸绝缘,导电芯上绕包纸带后,经过干燥,真空干燥,真空下浸渍油。因为浸渍剂黏度很高,故称黏性油纸绝缘。不滴流油纸绝缘电力电缆的特点是,其浸渍剂在浸渍温度下,具有足够低的黏度,以保证充分浸渍,但在电缆工作温度范围内,它不流动,成为塑性固体。在电缆采用一定支撑敷设的情况下,不滴流电力电缆工作在滴点温度下,它的敷设落差几乎不受限制。

橡塑绝缘电力电缆是指聚氯乙烯绝缘、交联聚乙烯绝缘和乙丙橡皮绝缘电力电缆。应用越来越广泛的是交联聚乙烯绝缘电力电缆。

自容式充油电力电缆一般在线芯的中心有一油道,与补充浸油剂的设备(供油箱等)相连,构成整个电缆系统,如图2-13-0-1所示。当电缆温度升高时,浸渍剂膨胀,膨胀出来的浸渍剂经过油道流至供油箱;当电缆温度下降时,浸渍剂收缩,油箱中的浸渍剂又经过油道返回绝缘层以填补空隙。这样既消除了绝缘层中气隙的产生,又防止了在电缆中产生过高的压力。为提高补充浸渍剂速度,防止油流产生过高的油压降过大,浸渍剂一般选用低黏度油,如十二烷基苯等。为了提高绝缘层的击穿强度,防止护套破裂潮气侵入,一般浸渍剂压力均高于大气压。

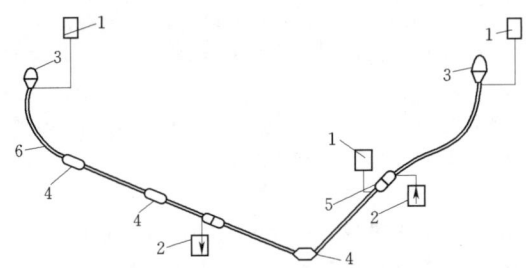

图2-13-0-1 自容式充油电缆线路工作原理示意图
1—重力供油箱;2—压力供油箱;3—终端盒;
4—连接接头盒;5—阻止式连接盒;6—电缆

由于黏油性纸绝缘电力电缆和交联聚乙烯电力电缆在现场应用最普遍。故本章只介绍这两种电力电缆的常见故障及处理方法。

# 第一节 纸绝缘电力电缆故障及防止措施

## 一、故障类型

运行管理中的电缆线路故障及其相应的处理方法如下。

1. 运行故障

运行故障是指电缆在运行中,因绝缘击穿或导体损坏而引起保护器动作突然停止供电的事故,或因绝缘击穿发生单相接地,虽未造成突然停止供电但又需要退出运行的故障。常见的运行故障如下:

(1)电缆线路单相接地(未跳闸)。

一般来说,发生此类故障的电缆导体的损伤只是局部的。如果是属于机械损伤,而故障点附近的土壤又较干燥时,一般可进行局部修理,加添一只假接头,即不将电缆芯锯断,仅将故障点绝缘加强后密封即可。

(2)电缆线路其他接地或短路故障。

发生此类故障的电缆导体和绝缘的损伤一般较大,已不能做局部修理。这时必须将故障点和已受潮的电缆全部锯除,换上同规格的电缆,安装新的电缆接头或终端。

(3)电缆终端故障。

电缆终端一般留有余线,因此发生故障后一般应进行彻底修复。为了消除潮气,应将电缆锯除一段后重新制作终端。

2. 试验故障

试验故障是指在预防性试验中绝缘击穿或绝缘不良而必须进行检修才能恢复供电的故障。常见的电缆试验故障如下:

(1)油纸绝缘电缆的接头在预防性试验中被击穿。

由于接头在运行中其绝缘强度逐渐降低,而在预防性试验中施加的电压又较高,所以常发生这类故障。对这类故障的处理方法是将接头拆开,在消除故障点后重新接复,这种方法比锯除故障头后将电缆重接的办法要经济得多。

(2)环氧树脂电缆接头在预防性试验中被击穿。

对这类故障的处理方法是,先找出击穿点部位,将击穿点外面的环氧树脂用铁凿凿去,消除故障点后加包堵油层,然后再重新局部浇注环氧树脂。

(3)户内终端在预防性试验中被击穿。

对这类故障的处理方法是将故障相进行拆接,局部修理。

(4)护层故障。

对护层有绝缘要求的电缆线路,在测得准确的护层故障位置后,可用与护层相同材料的补丁块以塑料焊枪热风吹焊或用自粘橡胶带紧包扎。损坏较多的护层可套上热缩卷包管卷包后,加热收缩。修补后的护层再做护层直流耐压试验或绝缘电阻测量。

## 二、故障原因

纸绝缘电力电缆在运行中发生故障或击穿的主要原因是绝缘损坏。运行经验表明,导致绝缘损坏的原因如下:

1. 过热过负荷导致电缆绝缘损坏

电力电缆过负荷和接头发热导致绝缘损坏,在主干电缆线路中比较常见,主要原因是超负荷运行或连接点接触不良。前者属于管理上违反允许载流量规定,后者是施工质量不佳,或材料不合格,或连接工艺达不到技术要求所致。

根据《电力电缆运行规程》规定,黏性纸绝缘10kV电缆表面温度不应超过45℃。实际上,当电缆表面温度在45℃时,其电缆芯温度已达到60℃了。长期满负荷或经常超负荷运行的电缆,会出现绝缘老化和明显的铅包鼓胀、裂纹和漏油等缺陷,以致发展为故障。尤其是电缆头和中间接头,此处的连接管和端子,其接触电阻往往大于电缆本体线芯同等长度的直流电阻值。在接头盒的绝缘处理上,往往需包上比本体绝缘厚1倍的手包绝缘层,由于盒内用电缆胶填充,形成导体(连接管)对壳的距离增大(从绝缘强度来看是必要的,但从散热条件来说却比电缆本体困难得多)。当电缆增大时,接头盒内温度不断上升,导致发热量大于散热量，在高温、压力和电压作用下就形成了绝缘损坏。

出现接头温度升高，以致膨胀爆炸的现象不一定都是过负荷造成的。有些线路平时负荷不很大，但由于接头的导体连接工艺或铅连接管材料不合格或压接机具本身达不到技术要求，造成连接点接触不良，散热条件差，即使输送容量未达到额定数值，也仍会发热以致发生故障。上述原因从事故样品分析中经常可以发现，连接管有短路电流熔蚀痕迹；导线有断股现象；绝缘均干枯并呈龟裂状态等。说明这种接头在故障前已经过相当长时间的高温载流运行，直接加速绝缘老化和损坏。

**2. 密封不良导致电缆附件绝缘损坏**

电缆终端头和接头盒密封性能差，引起受潮，甚至绝缘损坏在运行中是常见的。1984 年北京、天津、广州三市在同 1 个月内就发生了 50 多起户外电缆头事故。这是因为户外终端头常年经受大气、温度和干、湿等气候条件的影响，其运行条件比电缆本身更为恶劣。特别是南方地区，对密封性能非常敏感。以鼎足式电缆头为例，它的三个瓷套管以及顶盖共有 6～7 处可能成为受潮进水的通道。水分进入电缆头后，逐渐使绝缘受潮，导致绝缘击穿，甚至爆炸。

**3. 腐蚀引起受潮导致电缆绝缘损坏**

电缆腐蚀穿孔引起的受潮，在运行年久的老电缆或有电腐蚀和化学腐蚀的地区中是常见的现象。此外，电缆外护层质量差也会加速电缆腐蚀穿孔。

被腐蚀的电缆铅包通常会有淡黄色或粉红色粒状腐蚀物，有腐蚀物的地方就是铅包穿孔和受潮的通道。在腐蚀孔处，地下潮湿的水分侵入铅包内使电缆纸受潮，绝缘油分解和结晶，使绝缘性能下降。在电压、温度和电场作用下，形成相间或对地击穿现象。

电缆敷设场所的环境及敷设方式对其腐蚀有重要影响。从运行实践和事故分析资料中可以发现：直埋电缆比电缆沟或是管道敷设电缆耐腐蚀。调查表明，一些在 20 世纪 30 年代敷设于黏土层中的电缆，其外护层大多数还是完整的。而跨越道路穿于管中的电缆则普遍发现腐蚀，绝缘损坏率和故障次数也明显多于直埋电缆。

**4. 机械损伤电缆绝缘**

这类损伤主要包括以下几个方面：

（1）直接受外力作用造成的破坏。这方面的损坏主要有施工和交通运输所造成的损坏，如挖土、打桩、起重、搬运等都可能误伤电缆，行驶车辆的震动或冲击性负荷也会造成穿越公路或铁路以及靠近公路或铁路敷设电缆的铅（铝）包裂损。

（2）敷设过程造成的损坏。这方面的损坏主要是电缆因受拉力过大或弯曲过度而导致绝缘和护层的损坏。尤其是一些穿进管道的电缆，常发现管口部位绝缘击穿，主要原因是两端管口的弯曲半径太小。有的甚至以管口边缘作支点，严重损坏了电缆内部的绝缘。在电缆转角的地方也经常发现弯曲半径小于允许倍数的现象。

（3）自然力造成的损坏。这方面的损坏主要包括中间接头或终端头受自然拉力和内部绝缘胶膨胀作用所造成的电缆护套的裂损，因电缆自然胀缩和土壤下沉所形成的过大拉力，拉断中间接头或导体以及终端头瓷套因受力而破损等。

**5. 绝缘老化与干枯**

绝缘老化与干枯主要出现在使用多年的电缆和接头盒内。杆上电缆和高差大的纸绝缘电缆，也有此现象。

电缆在长期运行中，因受过热、过负荷和各种过电压的作用，使本体内绝缘层发生逐渐的自然老化和干枯现象。因此其绝缘强度也逐渐地降低。国产电缆运行 10～20 年后，在事故处理和取样解剖时大多数有此现象。例如某 6kV 电缆，升压至 10kV 运行，经 3～5 年便出现绝缘油结晶、干枯和树枝状击穿。

高差较大和电缆垂直部分主要是出现干枯，因而加速绝缘老化。其原因是高端的垂直部分电缆本体内黏性绝缘剂往低处流淌，尤其是户外上杆电缆，从保护管至电缆头的一段呈垂直露空架设，表面接受太阳照射和缆芯载流发热产生的温度，加速了黏性绝缘油的溶解和流失。例如，某厂高温车间有一根上楼电缆，运行 6 年后，在引上垂直部分的缆身被击穿，解剖发现从地面至端头约 6～7m 的一段电缆本体绝缘油流失，绝缘纸既干又脆，电缆安装高度虽有限，但说明高温场所对露空垂直敷设的电缆有很大的破坏作用。一般运行 10 年以上的上杆电缆容易被击穿。特别是剥掉钢带铠装的一段，经常发现铅包局部凸出和出现裂纹，在击穿点及以下几米的一段电缆绝缘层明显干枯。《电力电缆运行规程》规定这类电缆高低差不能超过 15m，实际上高差在 5～8m 的杆上电缆仍然容易干枯和击穿。

**6. 过电压导致绝缘击穿**

在电力系统中出现的雷电过电压和内部过电压可能导致电缆绝缘击穿，这在保护不完善的电缆线路中也时有发生。对实际事故分析表明，许多户外终端头的事故，是由于雷电过电压引起的，电缆本身有缺陷更容易在雷电过电压和内部过电压下发生击穿事故。

### 三、诊断方法

**（一）绝缘缺陷**

电力电缆的绝缘缺陷，如受潮、绝缘性能降低等通常可通过预防性试验来检测。规程规定的试验项目有测量绝缘电阻和进行直流耐压试验。实践表明，它们对发现绝缘缺陷是有效的。例如，某发电厂曾对一条用所变压器的 10kV 电缆进行测试，其结果如表 2-13-1-1 所示。

表 2-13-1-1　　10kV 电缆的试验结果

| 相 | 绝缘电阻 /MΩ | 直流试验电压下的泄漏电流/μA | | | | |
|---|---|---|---|---|---|---|
| | | $0.25U_n$ (2.5kV) | $2.5U_n$ (25kV) | $3.75U_n$ (37.5kV) | $5U_n$ (50kV) | |
| | | | | | 1min | 5min |
| A | 2000/1500 | 6 | 13 | 23 | 42 | 64 |
| B | 2500/1700 | 10 | 16 | 27 | 27 | |
| C | 3500/1700 | 5 | 12 | 20 | 31 | 31 |

由表 2-13-1-1 可见，A 相电缆在 $5U_N$ 直流试验电压下，泄漏电流值随试验时间的增长而急剧上升，1min 时的泄漏电流值为 $42\mu A$，经 5min 后泄漏电流值增长至 $64\mu A$，约增长 52%。据此，经延长耐压持续时间至 6min45s 时击穿。解剖检查，发现在断路器侧电缆头上 400mm 处绝缘老化、焦脆。处理后，电缆绝缘恢复正常。

进行直流耐压试验时，应采用负极性试验电压。

**（二）电力电缆故障探测**

对电缆故障，采用常规的预防性试验方法进行诊断难以奏效。必须采用专门的仪器和方法进行诊断。其主要步骤是：

（1）判明故障性质。

（2）选择相应的方法进行粗测。

（3）精确测定故障点。

**1. 电缆故障的类型**

电缆故障的探测方法取决于故障的性质，电缆故障可分为开路故障、低阻故障和高阻故障三种类型。

（1）开路故障。如果电缆相间或相对地的绝缘电阻值达到所要求的规范值，但工作电压不能传输到终端，或虽然终端有电压，但负载能力较差，这类故障称为开路故障。如图 2-13-1-1 所示，在某相 H 点存在电阻 $R_k$，$R_k=\infty$ 的这种情况称为断线故障，这是开路故障的特殊情况。

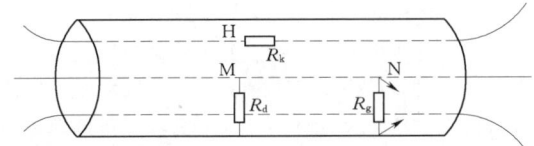

图 2-13-1-1 电缆故障示意图

（2）低阻故障。若电缆相间或相对地的绝缘受损，其绝缘电阻减小到一定程度，能用低压脉冲法测量的故障称为低阻故障。如图 2-13-1-1 所示，在电缆中某相 M 点对地绝缘电阻 $R_d<100\Omega$ 以下时，便认为是低阻故障。$R_d=0$ 的这种情况称为短路故障，这是低阻故障的特殊情况。如果故障点在电缆终端头，$R_d$ 小于电缆特性阻抗才认为是低阻故障。

（3）高阻故障。相对于低阻故障，若电缆相间或相对地的故障电阻较大，以致不能采用低压脉冲法进行测量的故障。通称为高阻故障，它包括泄漏性高阻故障和闪络性高阻故障。

在做电缆预防性试验时，泄漏电流是随试验电压的升高而逐渐增大，且其值大大超过规定的泄漏值，这种故障为泄漏性高阻故障。在图 2-13-1-1 中，对泄漏性高阻故障，$R_d$ 一般大于 $150\Omega$。特殊情况下，终端高阻泄漏故障中的 $R_d$ 大于电缆的特性阻抗。

闪络性高阻故障则不然，其特点是故障点不但没有形成低阻通道，相反，绝缘电阻值却很大。做试验时，当电压升高到一定值时，泄漏电流突然增大。当电压稍降时，此现象消失。在图 2-13-1-1 中，某相 N 点在高电压作用下，$R_g=0$，当高电压降低到某一数值后，$R_g\to\infty$。

**2. 判定电缆故障性质的方法**

通常是将电缆脱离供电系统，并按下列步骤测量：

（1）用绝缘电阻表测量每相对地绝缘电阻，如绝缘电阻指示为零，可用万用表或双臂电桥进行测量，以判断是高阻还是低阻接地。

（2）测量两相之间的绝缘电阻。

（3）将另一端三相短路，测量其线芯直流电阻。这一步往往被疏忽，以致弄不清故障性质，得不到结论。

按上述步骤应分别在两端各做一次，并将测得的数据列成表格，以利于全面分析比较，确定故障性质。

例如，某 10kV、1200m 电缆线路，其型号规格为 $ZQ_2 3mm\times 70mm$，在运行中发生故障，试判明故障性质。

首先按上述步骤测量其相对地及相间的绝缘电阻，测量结果如图 2-13-1-2 所示，并列于表 2-13-1-2 中。

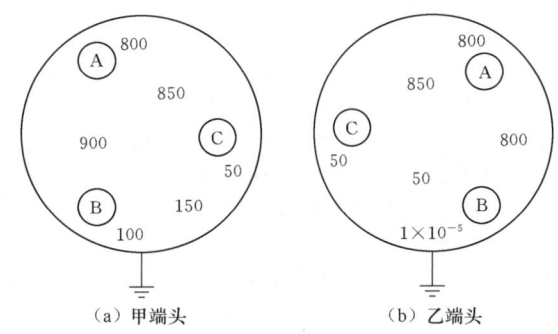

（a）甲端头　　　　（b）乙端头

图 2-13-1-2 相对地及相间绝缘
电阻（MΩ）示意图

表 2-13-1-2　　电缆故障类型测量记录

| 测试地点 | | 甲端 | 乙端 |
|---|---|---|---|
| 相对地<br>绝缘电阻<br>/MΩ | A | 800 | 800 |
| | B | 100 | $1\times 10^{-3}$ |
| | C | 50 | 50 |
| 相间<br>绝缘电阻<br>/MΩ | AB | 900 | 800 |
| | BC | 150 | 50 |
| | CA | 850 | 850 |

由于表 2-13-1-2 中数据尚不能说明故障性质，所以仍需做缆芯回路直流电阻测试，测量示意图如图 2-13-1-3 所示，测量结果列于表 2-13-1-3 中。

综合上述测试，可作如下结论：

（1）A 相正常。

（2）B 相断开，乙端有一低阻接地故障点。

（3）C 相有一高阻接地故障点，但导体完整。

表 2-13-1-3　　缆芯回路直流电阻测量记录

| 测试地点 | | 甲端 | 乙端 |
|---|---|---|---|
| 万用表<br>测得数据<br>/Ω | AB | $\infty$ | $\infty$ |
| | BC | $\infty$ | $\infty$ |
| | CA | 0.6 | 0.6 |

有了准确的故障性质判定结论，接着便可以选择合适的探测仪器和确定测寻方法了。

**3. 电缆故障探测方法**

电缆故障探测方法仍是当今一大研究课题。在 20 世纪 70 年代以前，普遍应用电桥法、脉冲法、驻波法等对电缆故障进行测量，但这些方法主要用以测量绝缘电阻较低的一类电缆故障，对于电缆中出现的一些高阻故障，需要采用烧穿技术，在高电压、大电流作用下，使故障点绝缘电阻降低。但有些故障需连续烧几天几夜才能见效，而有些故障则根本就烧不穿，这就给故障探测带来很大的困难。

# 第十三章 电力电缆异常运行及事故处理

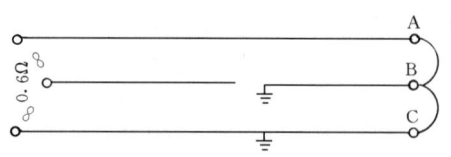
（a）甲端头测量（乙端头临时三相短路）

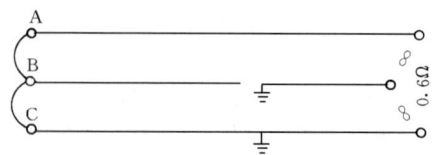
（b）乙端头测量（甲端头临时三相短路）

图 2-13-1-3　电缆芯回路直流电阻测量示意图

为了解决这个难题，国内相继研制生产了一些电缆故障探测仪，其中以脉冲电压法和脉冲电流法为原理而构成的探测仪应用较普遍。

（1）脉冲电压法。脉冲电压法，又称闪测法。采用这种方法首先使电缆故障在直流高压或脉冲信号作用下击穿，然后，通过观察放电电压脉冲在观察点与故障点之间往返一次的时间进行测距。该方法可测量电缆中出现的开路故障、相间或相对地低阻故障，同时也可以测量电缆全长和显示电缆中部分中间接头的位置。

当用仪器对电缆故障测量时，电缆被认为是一传输线（或叫长线）。当电波在长线中传输时，存在着以下几个特性：

1）对于均匀无损的理想长线，设长度为 $L$，当从其一端加电压或电流波，那么电波便以均匀速度 $v$ 向其另一端传播，经 $T_d$ 时间后到达另一端，则有

$$L = vT_d \qquad (2-13-1-1)$$

由波过程理论可知，式中的 $v$ 为光速，$v=300\text{m}/\mu\text{s}$。对油纸电缆，$v\approx160\text{m}/\mu\text{s}$；对不滴流电缆，$v\approx144\text{m}/\mu\text{s}$；对交联聚乙烯电力电缆，三芯者 $v\approx84\text{m}/\mu\text{s}$，单芯者 $v\approx86\text{m}/\mu\text{s}$；对聚乙烯（全塑电缆）电力电缆，$v>5\sim80\text{m}/\mu\text{s}$。

2）均匀长线中每一点的波阻抗是相等的，对不同截面积油浸纸介质电缆，其波阻抗 $Z$ 在 $10\sim50\Omega$ 之间。

3）在长线中，若某一点的波阻抗发生变化时，电波传播到该点就发生折反射现象，反射电压与入射电压满足关系式：

$$U_f = \beta U_r \qquad (2-13-1-2)$$

式中　$U_f$——反射电压波；
　　　$U_r$——入射电压波；
　　　$\beta$——电压波反射系数。

$\beta$ 可用下式表示：

$$\beta = \frac{Z_2 - Z_1}{Z_1 + Z_2} \qquad (2-13-1-3)$$

其中　$Z_1$——长线的波阻抗，$Z_1=Z_C$；
　　　$Z_2$——长线中发生变化点的等效波阻抗。

因此，对于低阻故障，若故障点对地电阻为 $R_d$，则该点的等效波阻抗 $Z_2=R_d//Z_1$，对于开路故障，若故障电阻为 $R_k$，则该点的等效阻抗 $Z_2=R_k+Z_1$，如图 2-13-1-4 所示。

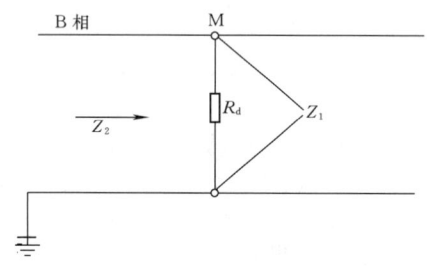
（a）低阻故障等效电路

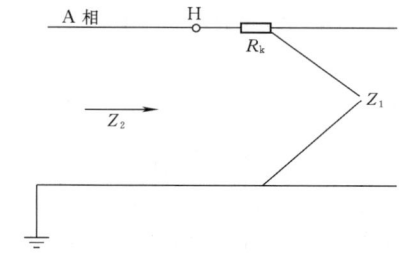
（b）开路故障等效电路

图 2-13-1-4　不同故障时的等效电路

由式（2-13-1-3）可知，$-1\leqslant\beta\leqslant1$。当 $-1\leqslant\beta<0$ 时，说明低阻抗点存在反射波，且反射波与入射波反极性。$R_d$ 愈小，$|\beta|$ 愈大，$|U_f|$ 愈大。当 $R_d=0$ 为短路故障时，$\beta=-1$，$U_f=-U_r$，即电压波在短路故障点产生全反射。

当 $0<\beta\leqslant+1$ 时，说明开路故障点也存在反射波，且反射波与入射波同极性。$R_k$ 愈大，$|\beta|$ 愈大，$|U_f|$ 愈大。当 $R_x=\infty$，即为断线故障时，$\beta=+1$，$U_f=U_r$，电压波在断线故障点产生开路全反射。

用仪器测量低阻、开路故障时，由机内产生一宽度为 $0.1\sim2\mu\text{s}$、幅度大于 120V 的低压脉冲，在 $t_0$ 时刻加到电缆故障相一端，此时脉冲便以速度 $v$ 向电缆故障点传播，经 $\Delta t$ 时间后到达故障点，并产生反射脉冲，反射脉冲波又以同样的速度 $v$ 向测量端传播，并经过同样的时间 $\Delta t$ 于 $t_1$ 时刻到达测量端。若设故障点到测量端的距离为 $L$，则有如下关系

$$L = v\Delta t = \frac{1}{2}v(t_1-t_0) \qquad (2-13-1-4)$$

所以只要记录 $t_0$ 和 $t_1$ 时刻，就可以测出测量端到故障点的距离，$t_0$ 和 $t_1$ 时刻的记录由闪测仪完成。

当对电缆全长进行校准时，往往使电缆终端开路。因此，电缆全长的校准相当于电缆断线故障的测量情况。

电缆存在有中间接头时，由于接头处的电缆形状及其绝缘介质等的变化，引起了该点波阻抗的变化。根据长线理论，该点也一定存在反射。但有些中间接头反射幅度较小，仪器可能分辨不出来。

例如，某厂一条 10kV 塑料绝缘电缆，投入运行不久发生 A 相单相接地故障，用兆欧表测定绝缘电阻为零；用 QJ-44 型双臂电桥测定，在缆芯与金属屏蔽层间形成一个

阻值不稳定（4～16Ω）的非金属性接地故障，说明缆芯与金属屏蔽层间形成低阻接地。根据故障性质，决定用低压脉冲法查找故障点。

1）低压脉冲法测量的接线如图 2-13-1-5 所示，故障相电缆的首端加压，末端开路，水电阻经同轴电缆接闪测仪。

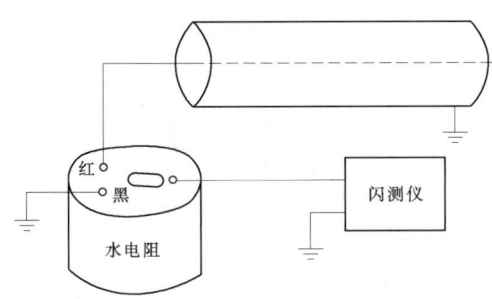

图 2-13-1-5　低压脉冲法测量接线图

2）用低压脉冲法测得的电缆故障相的波形如图 2-13-1-6 所示。从波形曲线上量得始端到故障点为 14.5μs，故障点到末端为 2.5μs，始端到末端为 14.5+2.5=17（μs）。经计算有

$$电缆全长 = \frac{1}{2} \times 17 \times 160 = 1360 \text{（m）}$$

$$电缆故障点到首端距离 = \frac{1}{2} \times 14.5 \times 160 = 1160 \text{（m）}$$

$$电缆故障点到末端距离 = \frac{1}{2} \times 2.5 \times 160 = 200 \text{（m）}$$

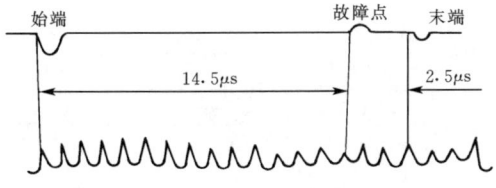

图 2-13-1-6　故障相波形图

3）根据低压脉冲法得到的故障相电缆波形图，可计算出故障点距末端约 200m，并测量出距末端 200m 处有一电缆井。揭开井盖检查，发现该电缆已烧成圆形的孔洞，用绳子测量出的电缆故障点到末端的距离为 198.8m（测量的绝对误差为 1.2m）。

对于高阻故障，由于故障点电阻较大，此点的反射系数 β 很小或几乎等于零，用低压脉冲法测量时，故障点的反射脉冲幅度很小或不存在反射，因而仪器分辨不出来。DGC 电缆故障闪测仪应用高压闪络测量法对这种故障进行测量，可取得满意的效果。

由直流高压发生器产生一负的直流高压，加到电缆故障相，当电压高到一定数值后，电缆故障点产生闪络放电，瞬间被电弧短路，故障点便产生一跳变电压波在故障点与测量端之间来回反射。DGC-711 电缆故障闪测仪在测量端取出这一反射波，同时产生标准刻度波，最后由式（2-13-1-4）计算出故障点到测量端的距离。DGC-711 数字式电缆故障闪测仪同样在测量端取出反射波形，并自动分析测量波形，最后直接显示出故障点到测量端的距离。

常用的高压闪络测量法有两种，即直流高压闪络测量法（简称直闪法）和冲击高压闪络法（简称冲闪法）。

1）直闪法。直闪法测量线路如图 2-13-1-7（a）所示。图中高压变压器 $T_2$ 输出的交流电压通过二极管 V 整流后加到电缆故障相，当负高压加到一定幅度时，故障点闪络放电，在故障点与测量端之间形成图 2-13-1-7（b）所示的测量波形，这一波形通过隔直电容 C，再经电阻 $R_1$、$R_2$ 分压后加到仪器上，故障点到测量端的距离为

$$L = \frac{1}{2}V(t_1 - t_0) = \frac{1}{2}V(t_2 - t_1)$$

（2-13-1-5）

由于受到高压电源输出功率的限制，因此直闪法只能测量闪络性高阻故障。

2）冲闪法。冲闪法分为电阻和电感冲闪两种。对于前者，因电阻在线路中的分压作用，使得实际加到故障电缆上的电压偏低，故对放电不利，特别是对于那些有较高阻值的故障更难以放电，因此此法存在一定的局限性，故通常采用后者。

冲击直流高压电感测量法（简称冲 L 法）的测量线路如图 2-13-1-8（a）所示。当电源接通后，首先由直流高压给储能电容 C 充电，当电容上的电压高到一定幅值时，球隙 Q 被击穿放电，在 $t_0$ 时刻瞬间负高压加到电缆故障相，并传向故障点，继而故障点闪络放电，故障点放电时的短路电弧使沿电缆送去的电压波反射回去，从而在测量端和故障点之间产生如图 2-13-1-8（b）所示的波形，图中尖脉冲是由于电感 L 的微分作用所致。这一波形通过 $R_1$、$R_2$ 电阻分压后加到仪器上。故障点到测量端的距离为

$$L = \frac{1}{2}v(t_2 - t_1)$$

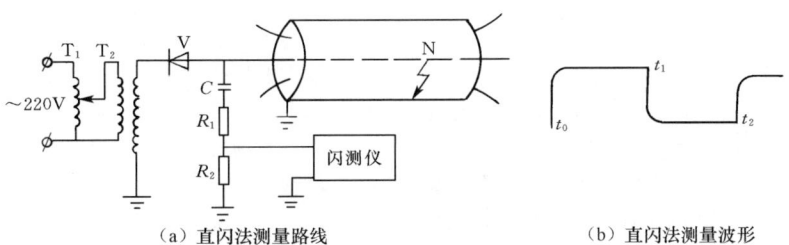

(a) 直闪法测量路线　　　　　　(b) 直闪法测量波形

图 2-13-1-7　直闪法测量线路及波形

C—耦合电容（大于 0.1μF）；$R_1$—水电阻（20～40kΩ）；$R_2$—水电阻（约 500Ω）

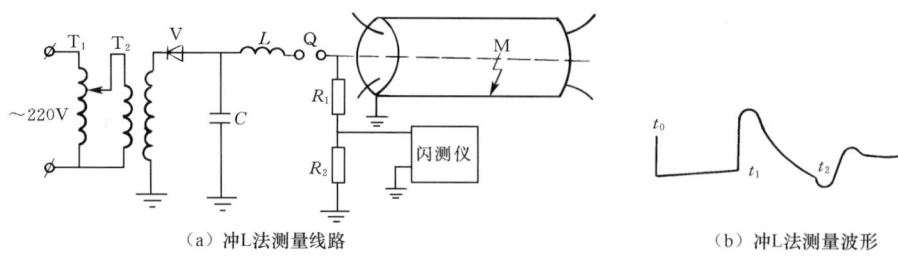

(a) 冲L法测量线路　　　　　　　(b) 冲L法测量波形

图 2-13-1-8　冲L法测量线路及波形

冲L法主要用于测量泄漏性高阻故障，也可测量闪络性高阻故障。

应当指出，DGC 电缆故障闪测仪，虽是较先进的仪器，但它们均属于粗测仪器，当判断出故障点的粗略范围后，还需设法精确定点。电缆故障传统的定点方法是木棒定点法。这种方法的特点是简单易行，特别是放电声较大的时候，还是比较理想的。然而，当故障点的直流电阻较小时，放电声不太大，这时利用木棒定点往往不能奏效。为此，不少专业技术人员一直都在致力于寻求更理想的方法。有的单位提出，不再利用木棒收听故障点发生闪络所产生的振动波。而是通过新型的探头和定点仪将微弱的机械振动波首先转换成电信号，由定点仪的放大电路将这一电信号进行足够的放大后，再通过耳机还原成声音，然后通过人机的有机配合，从而准确地确定故障点的精确位置。目前常用的声测定点法。

由于电缆的故障性质不同，定点的具体做法稍有差异，所以下面就针对不同性质的电缆故障分别进行分析和讨论。

1) 低阻故障的定点。用低压脉冲法对低阻故障进行故障点的粗测后，按图 2-13-1-9 连接线路，然后在粗测的范围内进行定点。由于这类故障电阻小，因此故障点的放电间隙也小，致使施加的冲击高压在不很高的情况下，故障点便发生闪络放电。这时因闪络放电而产生的冲击振动波也小，因此给定点时的测听工作增加了难度。再加上定点现场其他因素的干扰，这时的放电声往往不易分辨甚至听不到放电声，当发生这种情况时，可以人为地调节球间隙的距离，以控制冲击电压的高低，同时还可以通过加大储能电容器的电容量，增强放电强度，从而获得较强、较大的放电声，便于收听、分析和判断故障点的精确位置。当然，无论任何时间，收听到声音最大的点即为故障点。

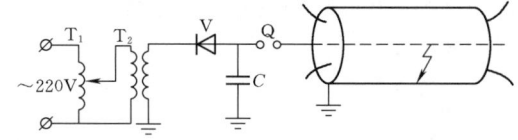

图 2-13-1-9　低阻故障定点接线图

2) 高阻故障的定点。高阻故障的定点方法和低阻一样，接线方法仍如图 2-13-1-9 所示。因这类故障的阻抗较高，定点时施加的冲击电压除非达到较高的幅度，故障点才会发生闪络放电，故放电声和由此而产生的冲击振动波一般说来都比较大，较便于收听、分析和辨别，因而相比之下就比较容易定点。

3) 开路故障的定点。对于开路故障的定点，电路连接如图 2-13-1-10 所示。由图可以看出，在故障相的一端加冲击高压，而故障相的另一端及另外两相和电缆铅包连接后充分接地，然后利用定点仪在粗测的范围内进行定点。因开路故障类似于高阻故障，因此故障现象与高阻故障相类似。在定点时，除电路连接与高阻故障定点时稍有区别外，其定点方法与高阻故障的定点方法相同。

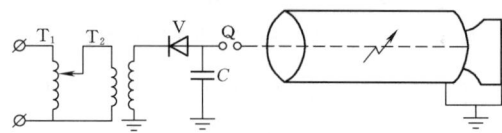

图 2-13-1-10　开路故障定点接线图

4) 特殊位置故障点的定点。上述仅是一般情况下的定点方法，即故障点都远离测试端。如果故障点就在测试端附近，这时故障点的放电声会被球隙的放电声所淹没。因此故障点的放电声不易被测寻人员收听，当然也就无法定点了。当遇到这种情况时，可以采用如下措施进行接线，如图 2-13-1-11 所示。由图可见，由于人为地将球间隙放到远离测试端的另一端，并通过已知的正常相对故障相加电压，从而达到故障相闪络放电的目的。这时由于串入回路的球间隙远离测试端，因此当故障点放电时就比较容易收听了，就不会因球隙放电声的干扰而难以辨别了。

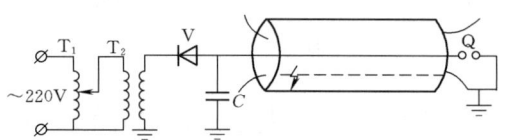

图 2-13-1-11　故障点在测试端附近的接线图

上面介绍了故障点在常规和特殊位置时的定点方法，而实际测寻时遇到的情况往往要比想象的复杂得多，即使按上面介绍的方法进行定点，仍有很多技巧性的东西需要掌握。下面推荐两种定点中的技巧。

1) 同步定点法。所谓同步定点，就是利用两台（种）设备在同一地点、同一时间同时接收放电信息，从而排除其他因素的干扰而准确迅速地确定故障点的精确位置。

某供电局曾用一部定点仪和一对对讲机的配合使用来实现同步定点，接线图如图 2-13-1-9 或图 2-13-1-10 所示。定点现场的环境是复杂的，如电力部门的电缆通常都设在街道的一侧，来往车辆的车轮压碾马路和行人的脚步声都会经探头传给定点仪的放大电路，与故障点放电闪络时所产生的"啪、啪"声波同时放大，致使测寻人员很难辨别清哪些是无用的杂音，哪些是有用的放电声，从而增加了定点的难度。遇到这种情况就只好靠同步定点法进行定点了。具体做法是：甲对讲机置于球间隙处，并使之处于发射状态，乙对讲机置于定点处,并使之处于接收状态,这时只要球间隙放电发出声音,处于球间隙处的甲机便接收这一信号并向外发射,定点者在故障范围内,只要从耳机中接收到和乙对讲机发出的放电声同步的信号,就足以说明该处就是故障电缆的故障点。

2) 三点两次比较定点法。为了准确迅速地在最短的时间内确定故障点的精确位置,合理地在粗测范围内选择测听点是非常重要的。否则会因选点不佳而延误时间。这里介绍某电业局采用的一种方法,即三点两次比较定点法,其选点情况如图2-13-1-12所示。

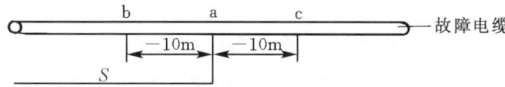

图2-13-1-12 三点两次比较法选点图

首先按测试仪测出的距离S在故障电缆上选点a,然后再在S±10m处选出b和c两点,这时所要选的三个点已基本确定。定点时首先在a、b两点进行测听比较,此时如果b点声音大于a点,则说明故障点就在b点附近,即可以围绕b点进行定点。如果b点声音小于a点,可以进行第二次测听比较,即对a、c点进行比较,如果此时a点声音大于c点,则可肯定故障点就在a点附近,那么可以围绕a点进行定点。如果在第二次测听比较时,c点声音大于a点,则说明故障就在c点周围,即可围绕c点进行定点。用上述方法进行定点,一般情况下,1~2h内确定故障点是问题不大的。另外,为使测听真切和直观,还可对上述三点进行局部开挖,因为土方量并不大,实践证明,这样更便于定点,同时可收到事半功倍的效果。

目前西安电子科技大学机电设备厂生产的DGC-711型设备等可以较好地完成上述三项测试任务,具体测量步骤:①将主机与被测电缆连接,显示故障波形,并测出故障性质及故障点距离;②将路径仪与被测电缆连接,用定点仪测量电缆走向和埋设深度;③将高压设备与被测电缆连接,用定点仪沿电缆走向测出故障点准确位置。

在电缆故障测寻时,借助现代化的仪器和设备,便可准确迅速地确定故障点的精确位置,为使故障迅速地处理,尽快恢复送电,赢得宝贵的时间。但是如果测寻不得法,则可能导致设备的损坏和故障的扩大,给国家带来不必要的损失,给测寻工作增添麻烦,下面谈谈测寻中应注意的几个问题:①在用冲击放电声定点时(包括测距)应特别注意电缆的耐压等级。一般情况下,冲击电压的幅度不应超过正常运行电压的3.5倍,即10kV电缆所加电压不应超过35kV;6kV电缆应不超过21kV。不过在做电阻冲闪测距时,由于电阻的分压作用,电缆上实际所承受的电压还不到所加电压的1/2。因此,此时的冲击电压可适当提高到50kV。②前面已提到,精确定点是电缆故障测寻的主要矛盾。定点顺利时可在1~2h内结束,而不顺利时,有时可能几小时甚至几天都确定不下来,尤其是封闭性故障和定点时周围环境特别吵闹时,都会使定点工作感到极难。这时定点人员往往都表现得比较急躁。越是遇到这种情况,越是需要冷静,否则会把问题越搞越复杂,越搞越糟。

总之,作为一个专业的或兼职的测寻人员,只要能认真、冷静地分析故障的类型和性质,平时多注意积累这方面的经验,总结、分析以往的每一次测寻工作,久而久之,就能做到得心应手地掌握仪器、设备,收到满意的效果。

(2) 脉冲电流法。脉冲电流法是20世纪80年代初发展起来的一种测试方法。该方法是将电缆故障点用高电压击穿,使用仪器采集并记录下故障点击穿所产生的电流行波信号,通过分析判断电流行波信号在测量端与故障点往返一趟的时间来计算故障点的距离。其原理接线图如图2-13-1-13所示。当放电脉冲电压(或故障点反射电压)信号到达测量点时,高压电容器呈短路状态,产生很强的脉冲电流信号,线性电流耦合器输出一个与高压回路电流成正比的很尖锐的脉冲电压信号,被仪器记录下来。可见,它不像低压脉冲反射法那样,要主动向电缆发射探测电压脉冲,而是被动记录故障击穿所产生的瞬间脉冲电流信号。

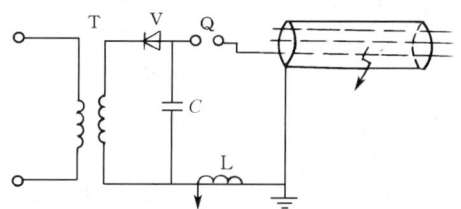

图2-13-1-13 脉冲电流法原理接线图
T—试验变压器;C—充电电容器;
V—高压硅堆;L—线性电流耦合器;
Q—放电球隙

在淄博科汇电气有限公司生产的T-903电力电缆故障测距仪中,脉冲电流工作方式,主要用闪络法测量高阻和闪络性故障。而闪络法又分为直闪法和冲闪法,分别介绍如下。

1) 直闪法。直闪法测试接线如图2-13-1-14所示。$T_1$为调压器;$T_2$为高压试验变压器,容量在0.5~1.0kVA之间,输出电压30~60kV,C为电容器,可使用额定电压6kV,电容量2μF或更大的电力电容器或专用的脉冲电容器。L为线性电流耦合器,电容的接地线按箭头标出的方向从L中穿过后接地,L的输出经同轴电缆接T-903的输入/输出插孔。

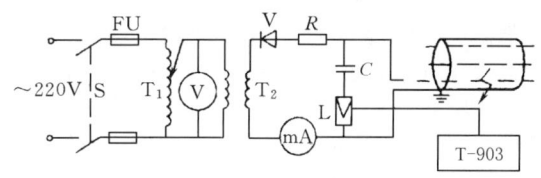

图2-13-1-14 直闪法测试接线图

接线时的注意事项如下:①线性电流耦合器L的放置方向不可错,否则会改变记录波形的极性,影响正常判断故障距离。如L放置方向正确,录下的放电波形第一个脉冲为负极性。②为保证测量到的波形比较规范,应使电容器与电缆导体之间的连线尽可能短,并且电容低压侧引线与电缆的地线(铅包)直接相连。测试步骤如下:

a. 仪器调整。按动T-903的工作方式键,使T-903工作在"脉冲电流方式"状态,按动范围键,选择仪器的工作范围,所选择的工作范围应大于且最接近所测试电缆的长度(例如电缆长度为3400m,合适的范围值应选择为

5120m），如在低压脉冲方式时，已选择好范围值，这一工作可以不做。开机后，仪器的测量范围自动设定为213m。经检查确认仪器完好、接线无误后，即可以进行测试，把增益打在较小的位置，按动"预备"键，仪器处于等待触发工作状态，显示"延时时间0μs等待"提示符，关于延时时间0μs的意义，见后述。

b. 放电波形的记录。调节调压器，逐渐升高加到电缆上的电压，当故障点放电时，仪器被触发，显示出新的当前波形，如图2-13-1-15所示，其中第一个脉冲是由故障点传来的放电脉冲，而第二个脉冲是从故障点返回的反射脉冲。

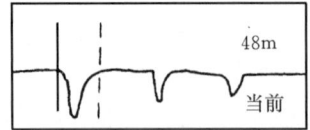

图2-13-1-15 放电波形

如果记录的当前波形幅值过小或过大时，应适当提高或减少信号增益后重新进行测试。

应特别注意的是当增益过大或增益过小时，仪器不能保证自动判别或计算结果的正确性。

c. 故障点距离测量。在仪器显示出满意的放电脉冲电流波形后，仪器把测量的零点自动设置为第一个放电脉冲的起始点，把光标移动到故障点反射脉冲的开始下降的起始点前，屏幕右上角显示的距离即为故障点距离，如图2-13-1-16所示。

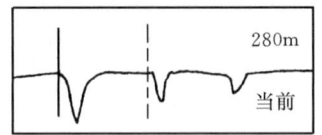

图2-13-1-16 显示故障点距离

d. 故障点距离自动计算。当仪器显示出满意的波形后，按动计算键，仪器将自动计算故障点距离，计算结束后，仪器把光标设定在放电波形起始处，可移动光标设定在故障点反射脉冲的起始处，并把计算结果在屏幕右上角显示出来。

直闪法的测试接线，除采用图2-13-1-14外，还可采用如图2-13-1-17所示的远端短路环法接线。

如图2-13-1-17（a）所示，在电缆测量端用一导线把一健全相导体与故障相导体相接，用上述相同的测试步骤，测得一波形，如图2-13-1-18（a）所示。

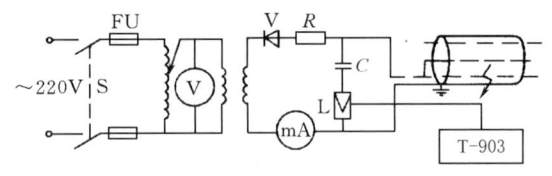
（a）测量端健全相与故障相导体相接

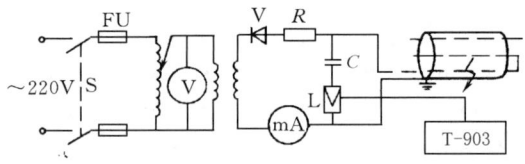
（b）远端健全相与故障相导体短接

图2-13-1-17 远端短路环法接线

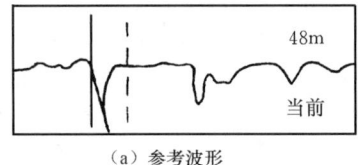
（a）参考波形

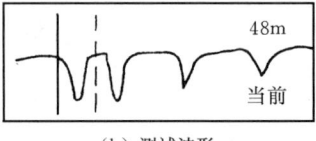
（b）测试波形

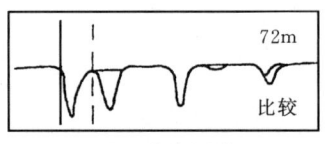
（c）波形的比较

图2-13-1-18 参考波形、测试波形及其比较

确信显示出满意的波形后，按动"记忆"键，屏幕显示出"记忆?"提示符，再按动记忆键，当前波形被记忆下来，作为参考波形。

如图2-13-1-17（b）所示，在电缆远端用一导线把健全相导体与故障相导体短接起来，保持仪器的增益不变，重复以上测试，得到一新的放电脉冲波形，如图2-13-1-18（b）所示。按动比较键，液晶显示器上显示出加与不加远端短路环的放电脉冲电流波形，把光标移到两波形开始有明显差异处，液晶显示器显示的距离即为故障点到电缆另一端（有短路环的一端）的精确距离，如图2-13-1-18（c）所示。

测量时的注意事项如下：①在加远端短路环之前，一定要先挂上地线，电缆两端测试人员应保持联系，并要有人监护，去掉地线加电时，要经两端测试人员允许。②此测试方法特别适用于带有分支的电缆。

2）冲闪法。冲击高压闪络法，简称冲闪，它是在电缆故障相上施加一高压脉冲信号，故障点在高压脉冲信号的作用下，发生击穿或放电，通过分析故障点由于击穿或放电产生的脉冲电流波形而测定故障点距离的一种方法。其测试接线如图2-13-1-19所示。调节升压器后，逐渐增大电容C上的电压，当电压增大到球间隙的放电电压时，球隙放电，从而导致电容C对电缆放电，使故障点受到高压脉冲信号的作用。

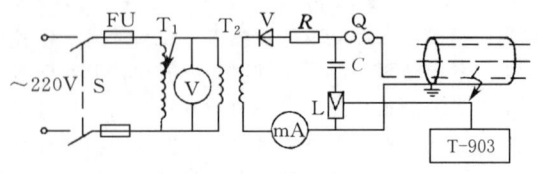

图2-13-1-19 冲闪法测试接线图

采用冲闪法的测试步骤如下：

a. 仪器调整。方法同直闪法。

b. 记录放电脉冲波形。把球形间隙的球间距离调节到较小，按动"预备"键，使仪器处于等待状态。调节调压器，逐渐加大加在间隙上的电压，直至球形间隙击穿，对电缆放电，仪器被触发，显示出所记录的类似图2-13-1-20所示无击穿波形。由于这时加到故障点上的脉冲电压值较小，故障点并不击穿。图中第一个负脉冲为高压电容器 $C$ 通过球形间隙对电缆放电产生的，第二个脉冲为电缆远端的反射脉冲。按动两次"记忆"键，把该波形储存起来，作为故障点没击穿的情况参考波形。

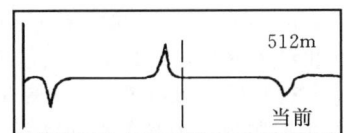

图2-13-1-20　无击穿时波形

逐步增大球形间隙距离，重复以上测试，直至故障点击穿，仪器上显示出放电脉冲波形，如图2-13-1-21所示，并把零点自动固定在故障点放电脉冲的起始处。

利用波形比较，可判断故障点是否放电。在获得新的测量波形后，按动比较显示键，屏幕按当前比例同时显示出当前波形与故障点无放电现象的过去波形，如图2-13-1-22所示，两波形有明显差异，说明故障点击穿。在开始有差异处，新波形中出现的很陡的负脉冲，即为故障点放电脉冲，

紧接着的第二个负脉冲为相应的故障点反射脉冲。

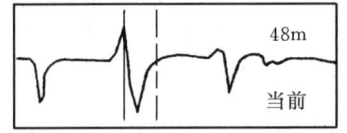

图2-13-1-21　冲闪法测试波形

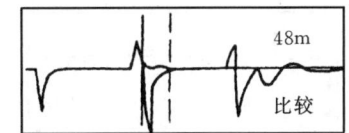

图2-13-1-22　测试波形与参考
波形的比较

故障冲闪放电的几种典型波形如图2-13-1-23和图2-13-1-24所示。其中图2-13-1-23所示的波形均是远端反射电压到达故障点后击穿的，图2-13-1-23（a）放电延时最小，图2-13-1-23（b）的放电延时较大，而对于图2-13-1-23（c），其放电延时相当长，故障是在球型间隙放电加到电缆上的直流高压在电缆往返数次后击穿的。图2-13-1-24是直接击穿的波形，第二个下降尖锐的脉冲为故障点放电脉冲。

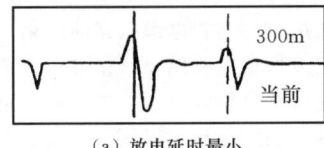 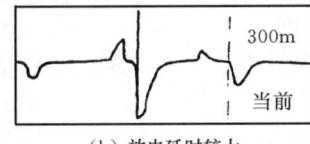 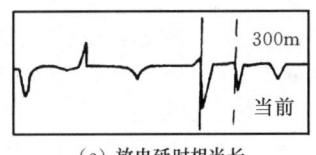

（a）放电延时最小　　　　　　（b）放电延时较大　　　　　　（c）放电延时相当长

图2-13-1-23　故障冲闪放电典型波形（远端反射电压到达故障点后击穿）

e. 实际测量波形示例。如图2-13-1-25～图2-13-1-28所示。

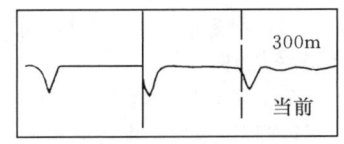

图2-13-1-24　故障冲闪放电
典型波形（直接击穿）

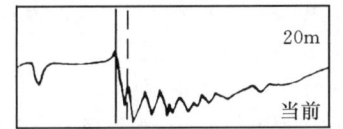

图2-13-1-25　故障距离20m、
远端反射电压击穿、
6kV塑料电缆的波形

应特别注意对故障点不放电或放电不充分的情况处理：冲闪时，往往故障点不放电或者放电不充分造成测量到的波形不规则，给测距带来困难。这时，可加大电容器的电容量和提高故障点的放电电压，以提高故障点放电能量。有些情况下，使球间隙连续放电，将此过程维持一段时间后，可最后使故障点放电或放电充分，出现满意波形。

c. 测量故障点距离。把零点固定在故障点放电脉冲的起始点，把光标移到故障点反射脉冲开始向负极性变化的点，屏幕右上角显示出故障距离，如图2-13-1-23和图2-13-1-24所示。

d. 自动计算。当仪器显示出满意的波形并确认零光标设置在故障点放电脉冲的起始点处（否则不能保证计算结果的正确性）后，按动"计算"键，仪器自动计算故障距离，并在仪器右上角显示出来。

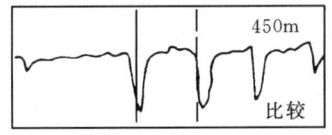

图2-13-1-26　故障距离450m、
直接击穿、6kV塑料电缆的波形

冲闪法的测试接线除采用图2-13-1-19外，也可采用如图2-13-1-29所示的远端短路环法接线。测量时，在电缆测量端用一导线把故障相导体与健全相导体短接起来，按与上面同样的步骤，得到放电脉冲电流波形，如图2-13-1-30（a）所示，把它记忆下来作为参考波形。

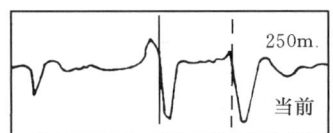

图 2-13-1-27 故障距离 250m、远端反射电压击穿、6kV 油浸纸绝缘电缆的波形

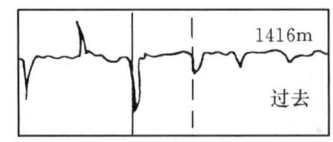

图 2-13-1-28 故障距离 1416m、放电延时较长、6kV 塑料电缆的波形

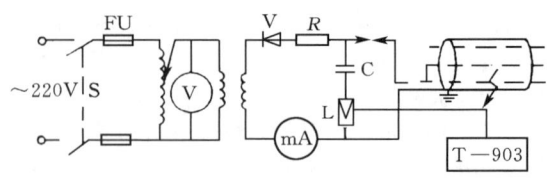

图 2-13-1-29 远端短路环法接线图

在电缆远端把故障导体与同一健全导体短接起来，保持仪器的增益不变，重复以上测试，得到一新的放电脉冲电流波形，如图 2-13-1-30（b）所示。按动"比较"键，液晶显示器上显示出参考波形与新波形，将零点固定在放电电流脉冲的起始点，把光标移动到两波形开始有明显差异处，液晶显示器显示出的距离即为故障点到电缆远端的精确距离，如图 2-13-1-30（c）所示。

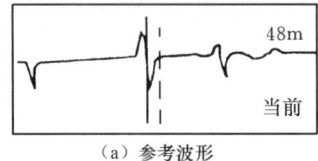
（a）参考波形

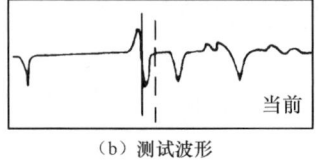
（b）测试波形

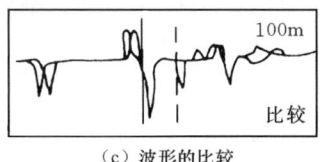
（c）波形的比较

图 2-13-1-30 参考波形与测试波形及其比较

## 四、防止电缆故障的措施

根据现场的运行经验，防止电缆故障的措施如下：

### （一）加强巡查

**1. 按规定的周期进行巡查**

发电厂、变电所内的电缆，至少每 3 个月巡回检查 1 次。对敷设在土中的直埋电缆，根据季节及基建工程的特点，必要时应增加巡查次数。对挖掘暴露的电缆，应根据工程的具体情况，酌情加强巡查。

电缆终端头，根据现场及运行情况，一般每 1～3 年停电检查 1 次。装有油位指示的电缆终端头，每年夏、冬应检视油位高度。污秽地区的电缆终端头的巡查与清扫的期限，可根据当地的污秽程度予以决定。

**2. 巡查时的主要注意事项**

（1）对敷设在地下的每一电缆线路，应查看路面是否正常，有无挖掘痕迹，查看路线标桩是否完整无缺等。

（2）电缆线路上不应堆置瓦砾、矿渣、建筑材料、笨重物体、酸碱性排泄物或砌堆石灰坑等。

（3）对于通过桥梁的电缆，应检查桥堍两端电缆是否拖拉过紧，保护管或槽有无脱开或锈烂现象。

（4）对于备用排管应该用专用工具疏通，检查其有无断裂现象。

（5）人井内电缆铅包在排管口及挂钩处，不应有磨损现象，需检查衬铅是否失落。

（6）对户外与架空线连接的电缆和终端头应检查终端头是否完整，引出线的接点有无发热现象，电缆铅包有无龟裂漏油，靠近地面一段电缆是否被车辆撞碰等。

（7）多根并列电缆要检查电流分配和电缆外皮的温度情况。防止因接点不良而引起电缆过负荷或烧坏接点。

（8）隧道内的电缆要检查电缆位置是否正常，接头有无变形漏油，温度是否异常，构件是否失落，通风、排水、照明等设施是否完整。

**3. 对巡查结果的处理**

（1）巡线人员应将巡视电缆线路的结果，记入巡线记录簿内。运行部门应根据巡视结果，采取对策消除缺陷。

（2）在巡视检查电缆线路中，如发现有零星缺陷，应记入缺陷记录簿内，检修人员据以编订月度或季度的维护小修计划。如果发现有普遍性的缺陷，应记入大修缺陷记录簿内，据以编制年度大修计划。

（3）巡视人员如发现电缆线路有重要缺陷，应立即报告运行管理人员，并做好记录，填写重要缺陷通知单，运行管理人员接到报告后应及时采取措施，消除缺陷。

### （二）防止绝缘过热

由上所述，过负荷是导致电缆绝缘过热的重要原因。因此，《电力电缆运行规程》规定，电缆原则上不允许过负荷，即使在处理事故时出现的过负荷，也应迅速恢复其正常电流。

为避免电缆过负荷，一是正确选择电缆的截面，使之满足允许温度和载流量的要求；二是经常测量和监视电缆的负荷电流和温度。

电缆负荷电流的测量，可用配电盘式电流表或钳形电流表等。测量的时间及次数应按现场运行规程执行，一般应选择最有代表性的日期和负荷在最特殊的时间进行。发电厂或变电所引出的电缆负荷测量由值班人员执行，每条线路的电流表上应画出控制红线，用以标志该线路的最大允许负荷。当电流超过红线时，值班人员应立即通知调度部门采取减负荷措施。

电缆温度的测量，应在夏季或电缆最大负荷时进行，应选择电缆排列最密处或散热条件最差处及有外界热源影响的线段。测量直埋电缆温度时，应测量同地段的土壤温度。测量土壤温度的热电偶温度计的装置点与电缆间的距离不小于 3m，离土壤测量点 3m 半径范围内应无其他热源。电缆与地下热力管道交叉或接近敷设时,电缆周围的土壤温度在任何时候不应超过本地段其他地方同样深度的土壤温度10℃以上。

### (三) 防止电缆绝缘干枯

对20~35kV黏性浸渍纸绝缘电缆的终端,不应用无流动性的绝缘胶作填充用,以防止垂直部分电缆的干枯。

为防止电缆绝缘干枯,现场采取的措施如下:

(1) 在高端使用注油式电缆终端。沈阳电业局于1986年研制了户外注油式终端,已定型生产。已安装上百只,近十年来运行情况良好。

(2) 在高端使用交联聚乙烯绝缘电缆及热收缩终端。我国户外终端长期灌注沥青绝缘胶,不仅不能解决电缆绝缘干枯问题,而且在三叉处出现空隙受潮后,有使绝缘严重降低发生相间短路的危险,因此对运行多年,经检测绝缘有明显降低或有闪络的线路,宜将高端电缆更换为交联聚乙烯绝缘电缆,并做两种电缆的中间连接盒,以便良好连接。

(3) 在高端使用不滴流油浸纸绝缘电缆。

### (四) 防止电缆腐蚀

由上所述,电缆铅包或铝包腐蚀是导致电缆绝缘受潮的重要原因,所以防止电缆铅包或铝包腐蚀是保证电缆安全运行的重要措施。

电缆的腐蚀有化学腐蚀和电解腐蚀两种。防止化学腐蚀的方法如下:

(1) 合理选择电缆线路路径,尽量远离有腐蚀性的土壤。否则应采取必要的措施,如部分更换不良土壤,或增加外层防护,将电缆穿在耐腐蚀的管道中等。

(2) 对已运行的电缆线路,较难随时了解电缆的腐蚀程度,只能在发现电缆有腐蚀,或发现电缆线路上有化学物质渗漏时,掘开泥土检查电缆,并对附近土壤做化学分析,根据表2-13-1-4所列标准确定其损坏的程度。

(3) 对室外架空敷设的电缆,每隔2~3年(化工厂内1~2年)涂刷一遍沥青防腐漆,对保护电缆外护层有良好的作用。

防止电解腐蚀的方法如下:

(1) 加强电缆包皮与附近巨大金属物体间的绝缘。

(2) 在杂散电流密集的地方安装排流设备,应使电缆铠装上任何部位的电位不超过周围土壤的电位1V以上。

排流导线应接以串联调整电阻、电流表及熔丝,以便控制杂散电流的大小。

(3) 在小的阳极地区采用吸回电极(锌极或镁极)来构成阴极保护时,被保护的电缆铅包电压不应超过-0.2~-0.5V。

### (五) 防止电缆纸绝缘受潮

防止电缆铅包或铝包腐蚀是防止电缆绝缘受潮的重要措施。对渗油的电缆进行及时处理也是防止电缆绝缘受潮的重要环节。主要方法如下:

(1) 电缆运行部门在巡视时,要注意电缆护套是否有渗油现象,对渗油的电缆要做好观察和记录,停电时应进行处理。

(2) 对电缆沟、隧道中的电缆,每年应进行两次检查,发现渗油电缆要及时处理;如要封铅处理,须停电检查,核对无误后再实施。

(3) 对电缆沟、隧道、工井等电缆构筑物,要及时排除积水,清理杂物。

表2-13-1-4                    土壤和地下水的侵蚀程度

| 土壤和地下水的侵蚀程度 | | 不侵蚀的 | 中等侵蚀程度的 | 侵蚀的 |
|---|---|---|---|---|
| | 氢离子浓度(pH) | 6.8~7.2 | 6~6.8和7.2~8之间 | 6以下8以上 |
| | 一般酸性或碱性/(KOH mg/L) | 0.05以下 | 0.05~1 | 1以上 |
| 侵蚀指标 | 土壤里有机物/% | 2以下 | 2~5 | 5以上 |
| | 一般硬度用硬度数表示 | 15以上 | 14~9 | 8以下 |
| | 硫酸离子数量/(mg/L) | 100以上 | 60~100 | 60以下 |
| | 碳酸气体数量/(mg/L) | 以下 | 30~80 | 80以上 |
| | 硝酸离子数量/(mg/L) | 不计算 | 0.05以下 | 0.05以上 |

注 1. pH用pH计来确定。
    2. 有机物的数量用焙烧试量(约50g)的方法来确定。

### (六) 防止外力损伤电缆绝缘

电力电缆线路事故大部分是由外力的机械损伤造成的。为了防止电缆的外力损伤,应当建立制度、加强宣传、加强管理,在电缆线路附近进行机械化挖掘土方工程时,必须采取有效的保护措施,或者先用人力将电缆挖出并加以保护后,再根据操作机械及人员的条件,在保证安全距离的条件下进行施工,并切实加强监护。

### (七) 防止过电压击穿电缆绝缘

发电厂、变电所的35kV及以上电缆进线段,在电缆与架空线的连接处应装设阀式避雷器,其接地端应与电缆的金属外皮连接。对三芯电缆,末端的金属外皮应直接接地;对单芯电缆,应经接地器或保护间隙接地。

### (八) 防止户内终端发生电晕放电引发事故

电力电缆户内终端发生电晕放电的原因如下:

(1) 设计不佳。由于设计考虑不周,使电缆头三芯分叉处距离较小,芯与芯之间形成一个电容,在电场作用下,其中的空气隙分担的场强较高,容易发生游离而形成电晕放电。

(2) 安装环境差。安装在开关柜或计量柜中的户内电缆终端,往往通风不良、空气潮湿,由于绝缘表面的水分会使电场发生畸变,从而容易产生电晕放电。

对这种现象的防止措施如下:

(1) 改进终端的设计。采用已被实践证明的先进的终端型式。

(2) 采用等电位方法。在干包电缆终端时可采用等电位方法，其具体做法是，在三叉处各线芯绝缘的表面包一段金属带，并互相连接就可消除电晕放电现象。

(3) 改善电场分布。可采用应力锥的原理将附加绝缘包成应力锥来改善电场分布，以消除电晕现象。

(4) 改善运行环境。加强通风，不仅可以降低运行温度，而且也可以减小潮气的影响，使电晕现象难以产生。

### (九) 加强电缆的预防性试验工作

严格执行《电力设备预防性试验规程》（DL/T 596—2021），定期或在线进行预防性试验，防患于未然。

### (十) 加强电缆线路设备的验收工作

(1) 应进行分阶段检查验收。电缆线路设备是投资大，要求可靠运行30年以上的隐蔽性工程，施工单位应按设计和《电气装置安装工程施工及验收规范》中电缆线路的规定进行。运行单位应派出有经验人员，对施工中的主要环节（例如直埋电缆的沟深、沙层、交叉跨越、连接盒和终端施工等），进行分阶段的有效监督和检查，发现问题及时纠正，确保施工质量，防止新建电缆线路发生早期故障。

(2) 认真执行《电气装置安装工程 电气设备交接试验标准》（GB 50150—91），把住验收试验关。交接试验标准规定，电缆的泄漏电流具有下列情况之一者，电缆绝缘可能有缺陷，应找出缺陷部位，并予以处理：

1) 泄漏电流很不稳定。
2) 泄漏电流随试验电压升高急剧上升。
3) 泄漏电流随试验时间延长有上升现象。

### (十一) 加强红外诊断

对电缆进行红外诊断主要能发现，电缆头绝缘不良、电缆内部连接和出线套管接头接触不良缺陷。

各种电缆的最高允许工作温升如表2-13-1-5所示。

表2-13-1-5　　各种电缆的最高允许工作温升

| 电缆类型 | | 内部长期允许温度/℃ | 表面允许温升/K | |
|---|---|---|---|---|
| | | | 带铠装 | 不带铠装 |
| 油性浸渍绝缘电缆 | 6kV以下 | 65 | 20 | 25 |
| | 20～35kV | 60 | 15 | 20 |
| 充油电缆 | | 75～80 | 25～30 | 20～25 |
| 交联聚乙烯电缆 | | 80～90 | 30～40 | 25～35 |
| 橡胶皮电缆 | | 65 | 20 | 25 |

## 第二节　交联聚乙烯电缆事故及防止措施

交联聚乙烯电力电缆由于其电气性能和耐热性能都很好，传输容量较大，结构轻便，易于弯曲，附件接头简单，安装敷设方便，不受高度落差的限制，特别是没有漏油和引起火灾的危险，因此受到用户广泛欢迎，并不断向高压、超高压领域发展，呈现出逐步替代油纸电缆的趋势。

### 一、交联聚乙烯电缆的结构特点

如图2-13-2-1所示，交联聚乙烯电缆和大家熟悉的油浸纸统包电缆的区别除了相间主绝缘是交联聚乙烯塑料以及线芯形状是圆形之外，还有两层半导体胶涂层。在芯线的外表面涂有第一层半导体胶，它可以克服电晕及游离放电，使芯线与绝缘层之间有良好的过渡。在相间绝缘外表面涂有第二层半导体胶，同时挤包了一层0.1mm厚的薄铜带，它们组成了良好的相间屏蔽层，它保护着电缆，使之几乎不能发生相间故障，如图2-13-2-2所示。

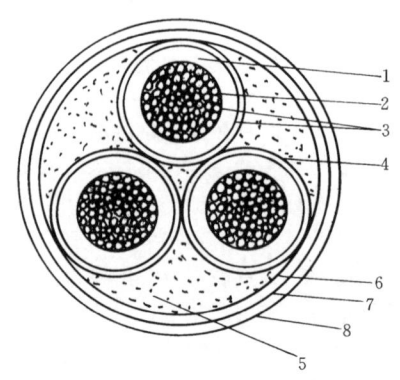

图2-13-2-1　交联聚乙烯电缆断面构造示意图

1—绝缘层；2—线芯；3—半导体胶层；4—铜带屏蔽层；5—填料；6—塑料内衬；7—铠装层；8—塑料外护层

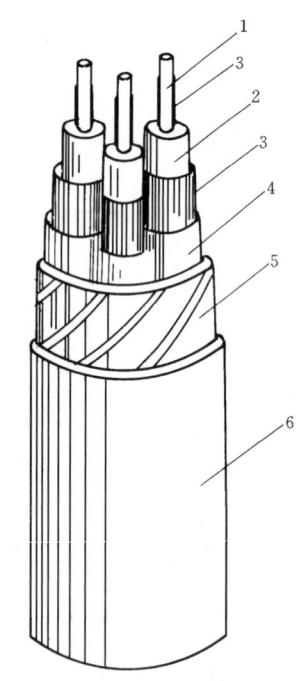

图2-13-2-2　交联聚乙烯电缆结构示意图

1—线芯；2—交联聚乙烯绝缘；3—半导电层；4—铜屏蔽；5—包带；6—外护层

### 二、事故原因

根据国内外报道，交联聚乙烯电缆发生事故的原因如下：

#### 1. 水树枝劣化

它是交联聚乙烯电缆事故的主要原因，约占事故的

71%，多发生于自然劣化。

所谓"树枝"不过是一个形象名词，它指固体介质击穿破坏前，固体介质中产生的树枝状裂痕和放电痕迹。树枝的产生引起绝缘进一步的恶劣化，不久将导致全部击穿。所以树枝现象也是预击穿现象。

按树枝化形成的原因，树枝可分为电树枝、水树枝和电化树枝（也可归为水树的特例）。

水树枝，它是水浸入绝缘层，在电场作用下形成的树枝状物。它的特点是引发树枝的空隙含有水分，它在比发生电树枝低得多的场强下即可发生。树枝有的大多不连续，内凝有水分，主干树枝较粗，分枝多且密密麻麻，如图 2-13-2-3 所示。

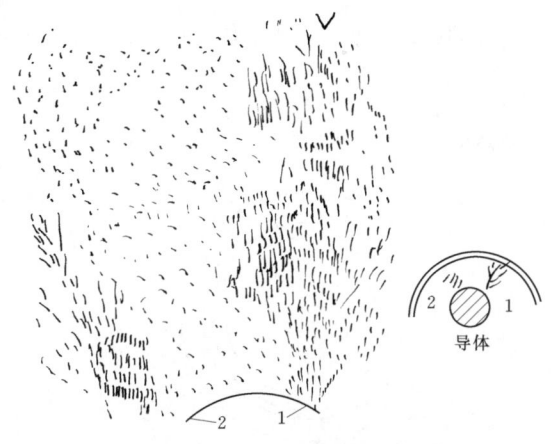

图 2-13-2-3 自内侧的水树枝状
1—4200μm；2—2260μm

水树枝一般是从内半导电层、屏蔽层与绝缘层界面上引发出来。若绝缘体内存有气隙或杂质，则会在电场方向产生并加剧蝶形领结状水树枝。这些水树枝不仅受电缆结构的影响，而且还受半导体层性能和形状、含水率、电压等级、电缆芯温度以及浸水条件等因素的影响。

水树枝延伸最主要的条件是高温和浸水，这时水树枝的长度可以达到绝缘厚度的一半以上。图 2-13-2-4 所示为经加速劣化而引起水树枝加剧的例子。

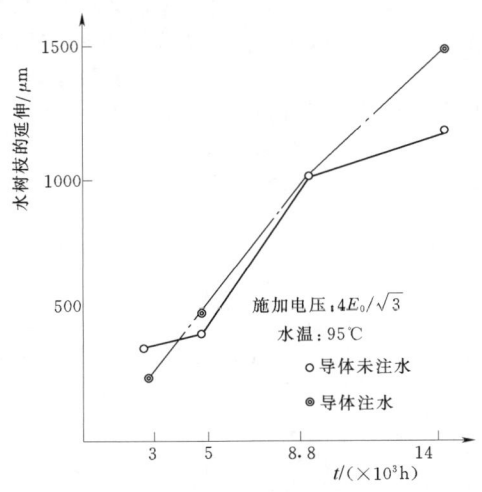

图 2-13-2-4 水树枝延伸的时间特性

水树枝具有消失和重现的特点，有的水树枝受热、干燥、抽真空后会消失形态，浸入热水中又会重现。水树枝不会直接导致击穿，但会使绝缘强度降低，促进老化作用，缩短寿命。

水树枝长度和交流击穿电压的关系如图 2-13-2-5 所示。

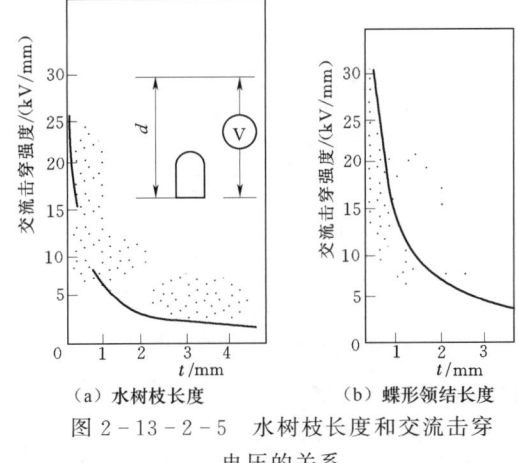

(a) 水树枝长度　　(b) 蝶形领结长度

图 2-13-2-5 水树枝长度和交流击穿电压的关系

由图 2-13-2-5 可以看出，后者比前者的交流击穿电压稍高。在此，将水树枝形状引用平均电场中的旋转椭圆体相近似的概念，则树枝末梢的电场 $E$ 表示如下：

$$E = \frac{2U}{d} \frac{1}{\ln\left(\frac{\Delta l}{r}\right)} \frac{l}{r}$$

式中　$r$——突起末端的曲率半径，mm；
　　　$l$——突起的长半径，mm；
　　　$d$——电极间的间隙宽度，mm；
　　　$U$——外加电压，kV。

设电缆绝缘的固有击穿电场强度为 600kV/mm，$r=0.0025$mm，$d=4$mm 时，计算 $U$ 和 $l$ 的关系，则图 2-13-2-5 中的 (a) 和 (b) 的理论值和实测值的结果基本一致。若水树枝长度在 1mm 以上，则交流击穿电压比理论值要高些，这是因为水树枝已开始具有向横向扩展的能力和水树枝末端的已经缓和的缘故。

根据现场运行经验，水树枝劣化特征如下：

（1）仅发生在 6kV 高压以上的交联聚乙烯电缆中。

（2）从投运到破坏的时间需要数年至十几年，大多数在 10 年以上。

（3）贯通绝缘体的水树枝状劣化，大部分能维持正常工作电压以上的电压值，只有在发生脉冲电压等异常电压时才产生破坏。

（4）环境温度高时，劣化进程加快。

（5）电缆构造与故障有很大关系，对用棉带做基布的半导体层的电缆要特别注意。

（6）全屏蔽的 3.3kV 交联聚乙烯电缆，由于接地有可能发展为相间短路。

**2. 屏蔽铜带断裂**

在屏蔽铜带一端接地的电缆中，当屏蔽铜带断裂时，非接地一端的铜带成为非接地状态，该铜带上将感应出高电压，其值为

$$U_g = \frac{C_1}{C_1 + C_2} U$$

式中　$C_1$——电缆芯与非接地一端铜带间的电容；
　　　$C_2$——非接地一端铜带对地电容。

这个高电压若导致断裂部位发生放电，往往引起绝缘破

坏。屏蔽铜带断裂时感应出高电压放电现象示意图如图2-13-2-6所示。

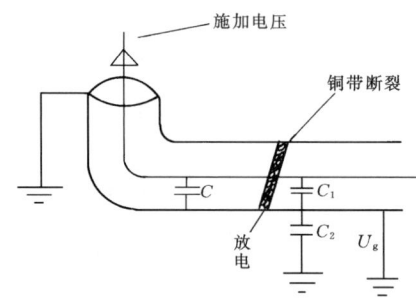

图2-13-2-6 屏蔽铜带断裂时感应
出高电压放电现象示意图

屏蔽铜带断裂的特征是：
(1) 单芯电缆比三芯电缆的事故多。
(2) 从投运到破坏的时间，从数周到数年不等。
(3) 断裂部位的导体电阻增大到数千欧，不能保护非接地侧电缆的对地闪络。
(4) 断裂部位放电时冒火、冒烟，严重时可能引起火灾。

**3. 铜屏蔽接地故障**

交联聚乙烯电缆铜屏蔽接地故障已逐渐引起现场的重视。例如某地区的交联聚乙烯电缆多半采取直埋方式，为此将终端头的铜屏蔽地线和钢铠地线分别引出，接地线截面分别不小于$25mm^2$和$10mm^2$，从热缩手套下引出时应互相绝缘，通过以上两项改进，就有条件在终端头处定期测量钢铠对地和钢铠对铜屏蔽的绝缘电阻，可间接反映电缆内、外护套有无损伤，从而可以判断电缆是否受潮。

检测发现电缆铜屏蔽接地，在某变电所终端侧绝缘电阻为$0.01MΩ$。

为进一步找到故障点，又用$QF_1-A$型电缆探伤仪测试。电缆敷设示意图和测试接线图如图2-13-2-7所示。测量结果如下：

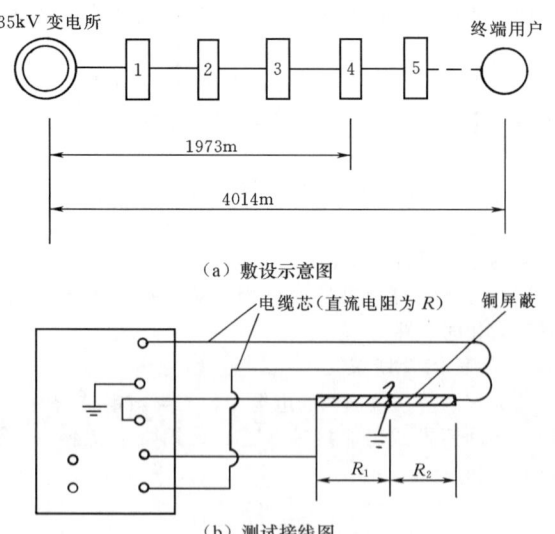

图2-13-2-7 电缆敷设及其测试接线图
1、2、3、4、5—电缆接头编号

正接线　　$R_1=0.492$
　　　　　$L_x=R_1L=0.492×4014$
　　　　　　　$=1975$（m）
反接线　　$R_2=0.507$
　　　　　$L_x=(1-R_2)L=(1-0.507)×4014$
　　　　　　　$=1978.9$（m）

测量结果表明，正、反接线的测量结果基本吻合，故障点的位置在离变电所1973m的4号电缆接头上。

将4号接头刨开，把接头内、外护套分别剥开检查，发现造成铜屏蔽接地的原因是内、外护套搭接处密封不严，钢铠甲和铜屏蔽处均有潮气存在。针对故障原因，用喷灯对该接头进行充分排潮后，把铜屏蔽在接头处断开，分别摇测接头两侧铜屏蔽对地绝缘电阻，测量结果是：变电所侧为$4.5MΩ$，终端侧为$5MΩ$。由于处理及时，避免了事故发生。

**4. 电缆护层故障**

某电业局敷设了日本生产额定电压为$47kV/66kV$交联聚乙烯单芯电缆，其结构如图2-13-2-8所示。

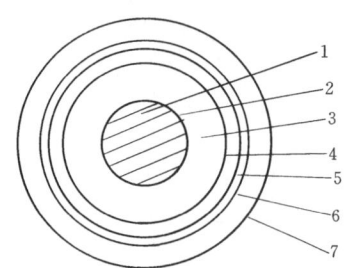

图2-13-2-8 交联聚乙烯单芯
电缆结构图
1—铜线芯（$240mm^2$）；2—内半导电层；
3—主绝缘层（XLPE）；4—外半导电层；
5—铜屏蔽层；6—铝波纹护层
（1.7mm厚）；7—PVC外护层
（4mm厚，外涂石墨层）

高压单芯交联聚乙烯电缆能否安全可靠地运行，与其护层能否安全可靠运行关系密切。电缆护层采用一端接地方式时，要求该电缆的护层必须绝缘良好。当电缆护层发生接地时，运行中电缆护层将受到交变磁场的作用，在铝波纹护层上将产生感应电压，使直接接地端和电缆护层的绝缘不良处产生"环流"。"环流"使铝波纹层发热，并使输送容量降低30%～40%；而且严重的可将金属护层烧穿。护层烧穿后将使电缆的主绝缘裸露在外，与地下（或空气中）的水分或潮气相接触，使绝缘层遭受破坏，最终导致绝缘击穿。

上述电缆线路正常负荷为40～50A，最高负荷约300A。1988年对该电缆进行预防性试验时发现B相PVC外护层绝缘对地仅$0.5MΩ$。以后逐年下降，1992年5月用万用表测得护层对地绝缘电阻值为$15kΩ$，如表2-13-2-1所示。1988—1992年在正常负荷下测得护层的感应电压在5V左右，接地电流在1A以下，认为该相外护层有接地故障。

1992年6月，用YJDJ-1型橡塑电缆护套损伤探测仪对该线路B相护层接地故障进行测寻，找到了故障点。从故障点外表看，从故障点向变电所方向有一段近350mm长的树枝状痕迹。该段外护层变得僵硬，故障周围的细砂已变黑，说明在两个接地点之间确实存在"环流"。再用手向里触摸故障点，发现铝波纹层有一个面积约为$30mm^2$的孔洞。

这个孔洞也是因"环流"而烧穿的。"孔洞"的出现表示电缆主绝缘已暴露在土壤中，水及潮气已经侵入。由于处理及时，避免了电缆交联聚乙烯绝缘层因长期受潮而导致生长水树枝，造成绝缘击穿事故的隐患。

表 2-13-2-1　电缆护层绝缘电阻值　　单位：MΩ

| 测试时间 /(年.月) | 相　　　别 | | | 测试仪器 |
|---|---|---|---|---|
| | A | B | C | |
| 1988.5 | 5 | 0.5 | 4 | 绝缘电阻表 |
| 1989.4 | 11 | 0.2 | 14 | 绝缘电阻表 |
| 1990.5 | 7 | 0.1 | 8 | 绝缘电阻表 |
| 1991.5 | 8 | 0.1 | 8 | 绝缘电阻表 |
| 1992.5 | 3 | 15kΩ | 3 | 万用表 |

**5. 线芯屏蔽层厚薄不均匀**

电力电缆线芯在紧压过程中容易产生尖锐毛刺。随着运行电压升高，导体表面电场增大，毛刺尖端电场严重畸变，导致引发主绝缘树枝状放电。因此，3kV及以上的交联聚乙烯电力电缆均要求设计由半导电材料构成的线芯屏蔽层和绝缘屏蔽层。半导电线芯屏蔽层的主要作用是：均匀线芯表面电场、防止气隙、提高电缆局部放电电压、屏蔽线芯毛刺、抑制树枝引发和树枝状放电，还起热屏障作用。因此它直接影响电缆的安全运行和寿命。例如：

（1）某 YJV-26/35 型、3mm×400mm 的交联聚乙烯电缆投入运行 8 天后发生故障，电缆本体绝缘几乎全部烧融，铜芯均有过热退火痕迹，位于铜屏蔽接地处上方 16mm 和 51mm 两处的铜线芯被烧熔化为黄豆大小粒状，铜接线端子完好。

（2）某 YJV-26/35 型、3mm×400mm 的交联聚乙烯电缆敷设竣工后做直流耐压试验时，在距一端点约 47m 处发生击穿。

现场解剖检查、分析两起故障电缆、其主绝缘和绝缘屏蔽层无明显制造质量问题，而线芯屏蔽层厚薄不均匀，最薄处厚度约 0.67mm，最厚处厚度约 1.22mm，炭黑分散比较均匀，体积电阻率为 $10^6 \Omega \cdot cm$。因此，可以判断：故障的原因是线芯屏蔽层较薄、体积电阻率偏高，不足以屏蔽线芯毛刺或铜屑所引起的畸变电场尖端放电，主绝缘迅速被破坏，最后导致电击穿。

### 三、诊断方法

**1. 停电诊断方法**

我国《规程》规定的停电诊断方法有：

（1）测量电缆主绝缘的绝缘电阻。对 0.6/1kV 电缆用 1000V 绝缘电阻表；0.6kV/1kV 以上电缆用 2500V 绝缘电阻表；其中 6kV/6kV 及以上电缆也可用 5000V 绝缘电阻表。对重要电缆，其试验周期为 1 年；对一般电缆，3.6kV/6kV 及以上者为 3 年，3.6kV/6kV 以下者为 5 年，要求值自行规定。

（2）测量电缆外护套绝缘电阻。这个项目只适用三芯电缆的外护套。对单芯电缆，由于其金属层（电缆金属套和金属屏蔽的总称）采用交叉互联接地方法，所以应按交叉互联系统试验方法进行试验，即除对外护套进行直流耐压试验外，如在交叉互联大段内发生故障，则应对该大段进行试验。如在交叉互联系统内直接接地的接头发生故障时，则与该接头连接的相邻两个大段都应进行试验。

对三芯电缆外护套进行测试时，采用 500V 绝缘电阻表，当每千米的绝缘电阻低于 0.5MΩ 时，应采用相关方法判断外护套是否进水。

由于交联聚乙烯电缆的金属层、铠装层及其涂层用的材料有铜、铅、铁、锌和铝等。这些金属的电极电位如表 2-13-2-2 所示。

表 2-13-2-2　某些金属的电极电位

| 金属种类 | 铜（Cu） | 铅（Pb） | 铁（Fe） | 锌（Zn） | 铝（Al） |
|---|---|---|---|---|---|
| 电位/V | +0.334 | -0.122 | -0.44 | -0.76 | -1.33 |

当交联聚乙烯电缆的外护套破损并进水后，由于地下水是电解质，在铠装层的镀锌钢带上会产生对地 -0.76V 的电位，如内衬层也破损进水后，在镀锌钢带与铜屏蔽层之间形成原电池，会产生 0.334-(-0.76)≈1.1V 的电位差，当进水很多时，测到的电位差会变小。在原电池中铜为"正"极，镀锌钢带为"负"极。

当外护套或内衬层破损进水后，用绝缘电阻表测量时，每千米绝缘电阻值低于 0.5MΩ 时，用万用表的"正""负"表笔轮换测量铠装层对地或铠装层对铜屏蔽的绝缘电阻，此时在测量回路内由于形成的原电池与万用表内干电池相串联，当极性组合使电压相加时，测得的电阻值较小；反之，测得的电阻值较大。因此上述两次测得的绝缘电阻值相差较大时，表明已形成原电池，就可判断外护套和内衬层已破损进水。

外护套破损不一定要立即检修，但内衬层破损进水后，水分直接与电缆芯接触并可能会腐蚀铜屏蔽层，一般应尽快检修。

对重要电缆，试验周期为 1 年；一般电缆，3.6kV/6kV 及以上者为 3 年，3.6kV/6kV 以下者为 5 年。要求值为绝缘电阻值不应低于 0.5MΩ/km。

（3）测量电缆内衬层绝缘电阻。测量方法、周期及要求值同（2）。

（4）测量铜屏蔽层电阻和导体电阻比。在电缆投运前、重作终端或接头后、内衬层破损进水后，应测量铜屏蔽电阻和导体电阻比。其测量方法是：

1）用双臂电桥测量在相同温度下的铜屏蔽和导体的直流电阻。

2）当前者与后者之比与投运前相比增加时，表明铜屏蔽层的直流电阻增大，铜屏蔽层有可能被腐蚀；当该比值与投运前相比减少时，表明附件中的导体连接点的接触电阻有增大的可能。

（5）电缆主绝缘直流耐压试验。仅对新作终端或接头后的电缆进行直流耐压试验，因为它对发现接头内部的缺陷还是很有效的。直流试验电压如表 2-13-2-3 所示。交联聚乙烯电缆的直流耐压试验尚在争论中。

对试验结果的要求是：

1）在试验电压作用下，5min 不击穿。

2）耐压 5min 时的泄漏电流不应大于耐压 1min 时的泄漏电流。

在日本，直流泄漏电流法被认为是目前适合现场使用的精密诊断方法，准确度高，包括电流绝对值、极化指数和急冲变动。该方法具有代表性的测量回路，如图 2-13-2-9 所示。判断标准如表 2-13-2-4 和图 2-13-2-10 所示。

表 2-13-2-3　　　　　　　　交联聚乙烯电缆直流耐压试验电压

| 电缆额定电压 $U_0/U$ | 1.8/3 | 3.6/6 | 6/6 | 6/10 | 8.7/10 | 21/35 | 26/35 | 48/66 | 64/110 | 127/220 |
|---|---|---|---|---|---|---|---|---|---|---|
| 直流试验电压/kV | 11 | 18 | 25 | 25 | 37 | 63 | 78 | 144 | 192 | 305 |

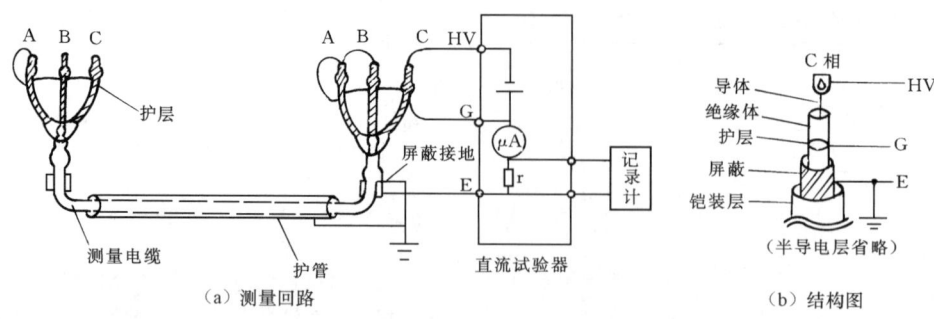

图 2-13-2-9　直流泄漏电流测量回路

表 2-13-2-4　　　　　　　　对交联聚乙烯电缆的建议判据举例（日本）

| 电压等级 /kV | 直流泄漏试验/kV | | 交流 tanδ 试验 | 直流耐压试验 | |
|---|---|---|---|---|---|
| | 每级加压 30s | 最后加 10min | | 电压/kV | 时间/min |
| 6.6 | 2, 4, 9 | 10 | | 20.7 | 10 |
| 22 | 4, 6, 12, 16 | 20 | | 50.7 | 10 |
| 33 | 5, 10, 15, 20 | 25 | | 50.7 | 10 |
| 判断标准 | 参　数 | 泄漏电流/μA | 突　跳 | 电流值随时间变化 | tanδ 值/% |
| | $a$ | <0.1 | 无 | 下降 | <0.1 |
| | $b$ | 0.1~1.0 | — | — | 0.1~5 |
| | $c$ | >1 | 有 | 上升 | >5 |
| 综合判断 | "良"：全为 $a$；"要注意"：除 $a$ 及 $c$ 以外；"不良"：有 $c$ 时，宜考虑耐压试验 | | | | |

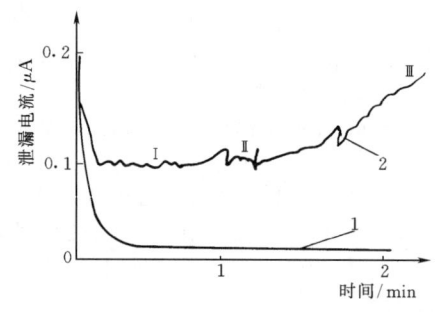

图 2-13-2-10　泄漏电流随时间变化的波形
1—正常电缆；2—异常电缆；Ⅰ—泄漏电流值较大；Ⅱ—有突变；Ⅲ—随时间而增大

### 2. 在线诊断方法

在国外（主要是日本），交联聚乙烯电缆在线诊断方法主要有直流法、工频法、低频法及复合判断法等四大类。目前国外仍处于研究阶段，国内处于起步阶段。由于国内的研究是以上述方法为基础的，故简要介绍如下：

（1）直流叠加法。其基本原理如图 2-13-2-10 所示。利用在接地的电压互感器的中性点处加进以低压直流电源（常用 50V）：即将此直流电压叠加在电缆绝缘原已施加的交流相电压上，从而测量通过电缆绝缘层的微弱的直流电流（一般为 nA 级以上）或其绝缘电阻。

试验证明：用直流叠加法测得的绝缘电阻与停电后加直流高压时的测试结果很相近。

直流叠加法在国内已有应用，但因积累数据及经验还不多，尚无判断标准，表 2-13-2-5 列出日本利用直流叠加法测出绝缘电阻的判据，供参考。判断时要注意被试电缆的长度、材料及原始数据等。

（2）直流成分法。近年来的研究工作中发现，在图 2-13-2-11 所示的直流叠加法测量回路中，即使不叠加直流电压，也能测到微小的直流电流分量。即用图 2-13-2-12 所示的测量回路可在交流电力电缆系统中，检测到缆芯与屏蔽层间的电流中有极小的直流分量（或称直流成分）。

其解释为：若在交联聚乙烯电缆中有水树枝的话，水树枝起了整流作用，这可形象化地用图 2-13-2-13 来表示：因为在外施电压的负半周下，树枝放电向绝缘中注入较多的负电荷；而在正半周时，注入的正电荷较少，以致仅中和了一部分负电荷。这样在外施交流工作的正、负半周的反复作用下，水树枝前端所积聚的负电荷逐渐向对方漂移，就像整流作用那样出现了直流分量，但数值极小，有时仅几纳安。

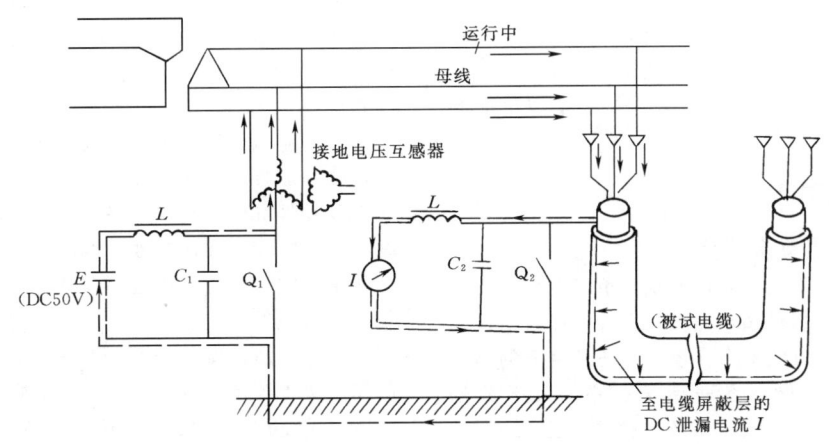

图 2-13-2-11 直流叠加法测量原理图

表 2-13-2-5　　　　　　　　直流叠加法测出绝缘电阻的判断

| 测定对象 | 测量数据/MΩ | 评　价 | 处理建议 |
| --- | --- | --- | --- |
| 电缆绝缘层<br>绝缘电阻 | >1000 | 良　好 | 继续使用 |
|  | 100～1000 | 轻度注意 | 继续使用 |
|  | 10～100 | 中度注意 | 有戒备下使用，准备换 |
|  | <10 | 高度注意 | 更换电缆 |
| 电缆护层绝缘<br>的绝缘电阻 | >1000 | 良　好 | 继续使用 |
|  | <1000 | 不　良 | 继续使用、局部进行修补 |

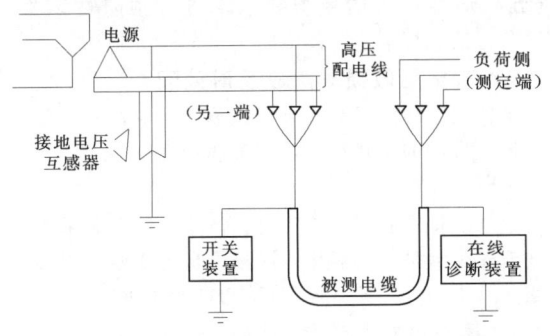

图 2-13-2-12 直流分量法的测量原理图

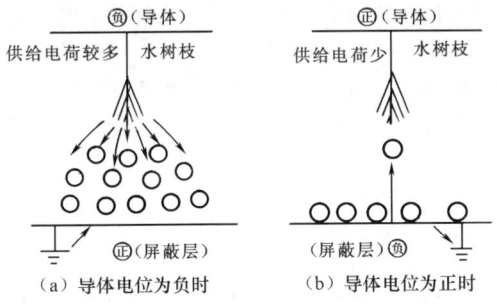

图 2-13-2-13 水树枝的整流作用示意图

通常认为直流成分电流小于 1nA 时绝缘良好，大于 100nA 时绝缘不良，介于两者之间时应予以注意，并加强监测。

（3）介质损耗因数法。其基本原理是：将加于电缆上的电压用电压互感器或分压器取出，将流过绝缘中的工频电流用电流互感器取出，然后在自动平衡回路中检测上述信号的相位差，即可测出电缆绝缘的介质损耗因数 $\tan\delta$。测量回路如图 2-13-2-14 所示。测量时要注意电压、电流互感器角差对测量结果的影响。判断的参考标准如表 2-13-2-6 所示。

表 2-13-2-6　在线检测电缆绝缘 $\tan\delta$ 的参考标准

| 类别 | 标准建议 | 状 况 分 析 |
| --- | --- | --- |
| a | <0.2% | 良好 |
| b | 0.2%～5% | 有水树枝等形成 |
| c | >5% | 水树枝增多增长、将影响耐压 |

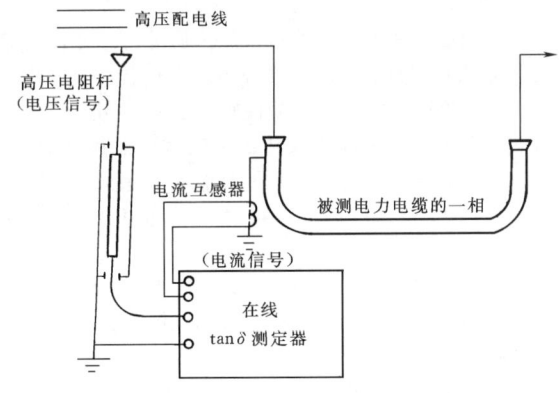

图 2-13-2-14 电缆绝缘 $\tan\delta$ 在线监测回路图

目前由直流成分法、直流叠加法、$\tan\delta$ 法三种方法组成一体的电缆在线监测仪已在国外问世。根据国外的研究，并结合我国的具体情况，目前宜采用直流叠加法和 $\tan\delta$ 法所构成的复合判断法进行在线诊断。因为这种测量装置研制的难度小，现场测量中的干扰也相对小些。

1992年，上海宝山钢铁（集团）公司和上海电缆研究所联合研制了一台电缆状况在线诊断仪，它是用两种方法（即直流叠加法和直流成分法）来检测交联聚乙烯电缆的绝缘状况，分析现场测试结果，用直流叠加法是成功的，而用直流成分法则还需进一步研究如何有效排除杂散电流的影响。

### 四、防止故障的对策

#### （一）设计选型适当留有裕度

现场运行经验表明，对连续生产的重要负荷电缆，在设计选时宜适当留有裕度。这样做虽然投资稍大一点，但最终可以减少电缆故障，延长电缆寿命，经济上还是合算的。例如，宝山钢铁（集团）公司，在一期工程中，大部分的10kV系统是中性点经电阻接地的系统，按规范选用6kV/10kV等级的电缆就可以了，但设计中采用了8.5kV/10kV等级的电缆，十余年来没有发生一次事故。据报道，在三期工程中也采用了这种方法。

#### （二）敷设方式要因地制宜

对不同的地区应采用不同的敷设方式。例如，在地下水位较高的地区及多雨地区，不宜采用直埋方式。电缆数量比较集中的地区应用电缆隧道或电缆井。对距变电所较远的个别用户可采用架空或防水型电缆。在南方电缆隧道内黄梅季节容易结露，应采用合适的通风措施。电缆隧道的各电缆入口处应有封堵措施，避免在下雨时雨水沿电缆流入隧道内。隧道内应设有排水设施。电缆沟的电缆井应有防止雨水侵入致使电缆泡在水中的措施，必要时应加排水泵。

#### （三）选择质量好的电缆

电缆质量的好坏对防止水树枝劣化至关重要。电缆的质量问题主要由生产设备不良，材料选用不当，工艺落后，质量管理和生产管理等原因造成的。所以在选择电缆时应对电缆的生产工艺、管理等有一定了解，以便买到质量好的电缆，为减少故障奠定基础。

#### （四）把好施工质量关

即使电缆质量很高，而施工质量不高，也会造成隐患。为此必须把好施工质量关，其基本途径如下：

**1. 重视热缩接头施工质量**

（1）关键在于密封。热缩接头施工质量的好坏，关键在于密封。为把好密封关，应严格做好以下几点：

1）加热的火候要适当。掌握喷灯或丙烷喷枪的火候，防止过热或欠火。热缩时应保持火焰朝着向前移动的方向，以预热管材，赶走管内的气体。并且应不停地移动火炬，避免烧焦管材。火炬沿电缆方向移动以前，必须保证管子在周围方向已充分均匀地收缩。

2）管子的两端应重复加热。管子整体热缩完毕后，管子的两端最后应重复加热，以保证其内部的黏合剂或热熔胶充分地热熔密封。

3）接头各密封部位，如经移动，应再次加热，防止开胶。

4）热缩好坏的判断。管子热缩以后，表面应光滑、无皱纹、无气泡，并能清晰地看到其内部结构的轮廓。管子两端的黏合剂或热熔胶充分地热熔以后，应略有外溢现象。

（2）消除尖端棱角。电缆线芯压接前后，应充分地打磨和冲洗，以消除棱角和尖端。

绝缘层剥切以后，其表面的半导电层，有的可以撕掉，有的需要用玻璃片刮掉，最后要求用细砂纸充分地打磨绝缘层表面，使其光滑无刀痕。绝缘层的切断处，要求削成锥体（或倒角），切削时，要求表面光滑无刀痕无棱角。

（3）应力处理。屏蔽层的切断处，是应力比较集中的地方，这些地方电场比较强。因此，对接头在两侧电缆内屏蔽切断处和外屏蔽切断处，终端头在外屏蔽切断处，均要求包缠应力疏解胶，在切断处千万注意一定要用应力疏解胶填满缠紧不留空隙，这一措施对改善电场分布，消除应力集中，是行之有效的。

（4）清洁。做接头前，要求搭设临时工棚，以防风砂、雨雪、灰尘等侵入接头，影响施工质量。施工中所使用的工具应擦洗干净，包缠绝缘带时，操作人员应戴医用手套和口罩。

应当指出，当用餐纸蘸着清洗剂清洗对接头或终端头绝缘表面时，其方向一定要从压接管向外屏蔽切断处进行，千万不能用接触过半导电层的餐纸去清洗绝缘表面。

（5）尽量缩短接头的制作时间。为尽量缩短接头的制作时间，准备工作要充分，接头的制作要求连续进行，不得间断，要一气呵成。

**2. 尽量避免外护套破损**

在交联聚乙烯电缆施工中经常发生由于机械外力、制造过失等原因，使其外护套破损，影响电缆的使用寿命和正常运行。所以应尽量避免。为此必须加强管理、精心施工。

#### （五）对运行中的电缆要认真进行预防性试验

试验方法和标准请参阅DL/T 596—2021。

#### （六）对护层破损故障应及时处理

当查找出电缆护层存在破损故障后，应及时处理，消除隐患。根据现场的实践经验，可分两步进行：

**1. 封堵孔洞**

若铝波纹护层破损，首先对铝波纹护层孔洞采用环氧树脂加玻璃丝带封堵，然后用乙丙绝缘带替代原PVC外护层，最后用防水带包扎，使其恢复原PVC的作用。

**2. 对护层内潮气进行排潮处理**

电缆铝护层内排潮处理安装示意图如图2-13-2-15所示。

排潮采用交替加压力和真空循环的方法，其步骤为：

（1）在户内侧充高纯氮气（$N_2 \geq 99.999\%$，$H_2O \leq 40 \times 10^{-6}$），压力为0.2～0.4MPa，充气时间为30min。

（2）停止充气保持0.2MPa状态60min，让潮气和干燥气体混合。

（3）在户外侧检测含水量。

（4）在户外侧抽真空，压力为-0.1MPa，时间60min，之后破坏真空进入第二个循环。

在第一个循环抽真空前，对电缆护层中是否存在潮气进行检验，检测的方法是，用干燥瓶装入硅胶，从一端加入带压力的护层内气体，经过硅胶从另一端（特制瓶）排出，若变色就证明有潮气存在。

经过排潮8个循环后，对护层中的含水量再进行检测。其方法是，使用气体微水含量检测仪器进行测量。使用该仪器时应注意气体的含水量应尽量小，一般应在$4000 \times 10^{-6}$以下，否则影响测量结果。

根据资料介绍，大气中正常情况下的含水量为3000～

$3500\times10^{-6}$。所以经排潮处理后,电缆护层内的气体含水量应当小于上述数值,当然越小越好。例如,某电缆经过8个循环排潮处理后,其含水量为$1730\times10^{-6}$,认为恢复了电缆本体内的绝缘环境。

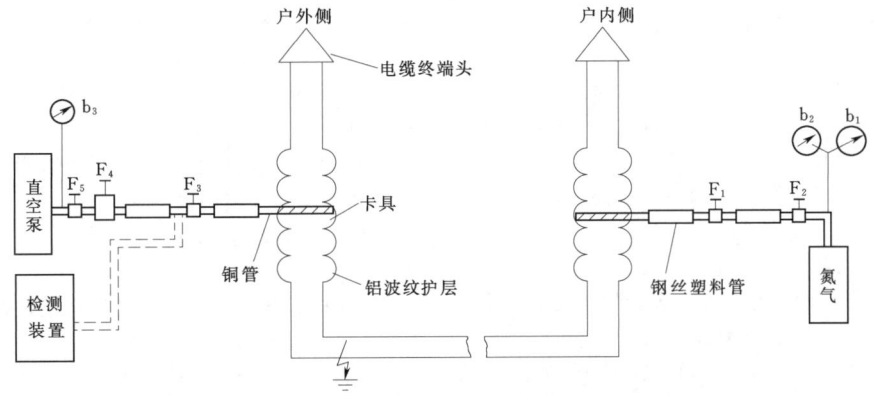

图2-13-2-15 电缆铝护层内排潮处理安装示意图
$F_1$、$F_2$、$F_3$、$F_5$—高压阀门;$F_4$—电磁阀;$b_1$—氮气瓶压力表;
$b_2$—电缆护层内压压力表;$b_3$—真空表

## 第三节 电缆头故障及处理方法

电缆头包括终端头和中间接头,它是电缆线路的薄弱环节,往往容易损坏,导致故障。本节分析其故障原因、故障处理及电缆头制作方法。

### 一、电缆头常见故障及处理方法

#### (一)电缆头漏油的原因及处理

**1. 违反敷设规定**

敷设电缆时,施工人员违反敷设的规定,将电缆铅包折伤或机械碰伤。为避免这种情况发生,应在敷设电缆时,按规定施工,如不应使电缆过度弯曲,各种电缆最小允许弯曲半径不能小于规定值;直埋电缆接头盒外面应有防止机械损伤的保护盒。明敷电缆的接头,应用托板托置固定等。

**2. 电缆头制作不符合工艺要求**

现场人员制作电缆头,中间接线盒时扎锁不紧,不符合工艺要求,封焊也不好。为避免这种情况发生,在制作电缆头、中间接线盒时,应严格遵守工艺要求,使扎锁处或三岔口的封焊符合要求。

**3. 垫片没有垫好**

注油的电缆头套管裂纹或垫片没有垫好,导致漏油。对这种情况,应使充油的电缆头、接线盒垫片垫好。

**4. 过负荷运行**

由于电缆过负荷运行,引起温度有较大的升高,因而产生很大油压,导致电缆油膨胀。当发生短路时,由于短路电流的冲击使电缆油产生冲击油压;当电缆垂直安装时,由于高差的原因产生静油压。若电缆密封不良或存在薄弱环节,上述情况的发生将使电缆油沿着芯线或沿包内壁缝隙流淌到电缆外部。为避免这种情况,应防止电缆在运行中过负荷;在敷设时应避免高差过大或垂直安装。

#### (二)户内电缆终端头漏油及处理

**1. 环氧树脂电缆头**

如漏油部位是壳体,可将漏油点环氧树脂凿去一部分,将污油清洗干净,再绕包防漏橡胶带,然后再浇注环氧树脂。如果是环氧杯杯口三芯边漏油,则将三芯绝缘在杯口绕包环氧带后,将杯口接高一段,再灌注环氧树脂。

**2. 尼龙头**

尼龙头三芯手指口是用橡胶手指套包扎的,此橡胶手指套设计时虽已考虑到电缆头内油压的变化,但实际运行中这种部分包扎处较易漏油,橡胶也较易老化破裂。因此,在手指套外用塑料带、尼龙绳加固扎牢。另外,一种行之有效的办法是将尼龙头壳体上盖拆开,将电缆芯导体在适当位置锯断,增添一只塞止连接管,压接后,用事先准备好的加高了手指的上盖替换原来的上盖,复装后在上盖手指加高部位灌注环氧树脂,使电缆芯油路全部堵死。

**3. 干包头**

这类电缆头主要是在三芯分叉口漏油的较多,处理时,可先剥去几层塑料带,然后再压"风车"。包绕塑料绝缘带要分层涂胶,在外面用尼龙绳扎紧。

#### (三)户外终端头铸铁匣胀裂的处理

对户外终端头铸铁匣,由于其铸铁件本身质量较差,安装时各部分受力不均匀以及灌注沥青绝缘胶较满,在满负荷或过负荷情况下,往往会发生铸铁匣胀裂的现象,而且多半发生在下半只匣体的上部紧螺丝部分。过去一般都是割除缺陷终端头后重新制作,但运行经验证明,这类缺陷是由内压力过大造成的,缺陷形成后,匣体内绝缘胶从裂缝中向外挤出,裂纹部分一般在壳体最大直径部分向下,通常不会使大量潮气或水侵入。对此,可采取修补壳体的措施来解决。值得注意的是,修补前,先做一次直流耐压试验,鉴定其电气性能是否合格,当证实绝缘强度合格后,然后再修补外壳。如耐压击穿或不合格,说明已有水浸入,则应更换终端头。

修补铸铁匣外壳胀裂的方法如下:

(1)先将由裂缝挤出的绝缘胶刮去,用汽油清洗裂缝。
(2)用钢丝刷将裂缝及两侧铁垢刷清,再用汽油清洗。
(3)用环氧泥嵌填满裂缝。
(4)用薄铝皮按修补范围筑好外模,再用环氧泥嵌满模缝。
(5)用环氧树脂灌注,环氧树脂配方可用6101环氧树脂100份,651聚酸胺45份(重量比)配制,不添加石英粉。

(6) 待环氧树脂固化，检查质量合格后即可。

#### （四）户外终端头瓷套管碎裂的处理

户外电缆终端头瓷套管，由于外力损伤或雷击闪络等往往会造成损坏。如果三相瓷套管有1～2只损坏，可用更换瓷套管的办法处理，不必将电缆割去更换。有时候即使三相套管全部损坏，但杆塔下没有多余电缆可利用时，也可采取更换瓷套管的办法。其更换方法如下：

(1) 将终端头出线连接部分夹头和尾线全部拆除。
(2) 用石棉布包好完好的瓷套管。
(3) 将损坏的瓷套管用小锤敲碎，取去。
(4) 用喷灯加热电缆头外壳上半部，使沥青胶全部熔化。
(5) 用管板子等工具将壳体内残留瓷套管取出。
(6) 将壳体内绝缘胶清除，并疏通至灌注孔的通道。
(7) 清洗线芯上污物、碎片，并加清洁绝缘带。
(8) 套上新的瓷套管。
(9) 在灌注孔上装高漏斗，并灌注绝缘胶。
(10) 待绝缘胶冷却后，装上出线部分。

#### （五）终端头下部铅包龟裂的处理

这类缺陷多半发生在垂直装置较高的电缆头下面，一般在杆塔上的电缆比较多见。如果发现此类缺陷，则需先鉴定其缺陷程度，若尚未达到全部裂开致漏时，可采用以下两种处理办法：

(1) 用封铅加厚一层。
(2) 用环氧带包扎密封。

采用环氧带包扎密封时，可以在不停电条件下进行，工作人员操作时应保持对带电设备有足够的安全距离。包扎时用无碱玻璃丝带，涂刷环氧涂料，操作简便，较为实用。此法也可用来处理电缆线路上发生的类似缺陷。例如电缆铜包局部损伤、终端头封铅不良而漏油等。缺陷处理结束后，应进行耐压试验，以做最后的绝缘鉴定。

#### （六）电缆中间头腐蚀的处理

制作电缆中间接头时，一般要把金属护套的沥青和塑料带防腐层剥去一部分，制作后，外露的部分护套和整个中间接头的外壳都应进行防腐处理，其方法如下：

(1) 对铅包电缆，可涂沥青与桑皮纸组合（沥青层与桑皮纸间隔各两层）作防腐层。
(2) 对铅包电缆，在铅包电缆钢带锯口处，可保留40mm长的电缆本体塑料带沥青防腐层。铅包表面用汽油揩擦干净后，从接头盒铅封处起至钢带锯口处，热涂沥青一层，用聚氯乙烯塑料带以半重叠方式绕包两层，自黏性带一层，再加上沥青、桑皮纸以组合防腐层。

### 二、电缆头的制作方法

#### （一）制作电缆头前的准备工作

当电缆接头发生绝缘击穿故障时，电缆头要重新制作。制作电缆接头前，应做好的准备工作如下：

(1) 材料准备。
1) 将绝缘带卷成5～10m的小卷，并要妥善保管，不得受潮。
2) 灌注绝缘胶的电缆终端头和中间接头内所用的绝缘带（如黑蜡带等）必须经除潮、除蜡处理。其方法是将松散的绝缘带装于铁丝篮内，在120～130℃的电缆油内浸3～5min。加热处理绝缘材料的容器在使用前应检查其是否清洁、干燥。

3) 将尼龙绳、白线绳等卷成小卷，对白线绳还应作除潮处理。
4) 铜鼻子、铜连接管应打磨干净，并用盐酸等除去氧化层，均匀地镀上一层焊锡。铜、铝线鼻子上连接用的接触面应锉平。
5) 环氧树脂电缆头外壳及附件的有关部位应打毛，以利于黏结。
6) 由于环氧树脂复合物的配比和操作温度等与每批原材料的性能及环境温度有关，因此，环氧树脂复合物的配制应先作试验，以掌握其工艺。

(2) 现场准备。
1) 检查施工现场光线是否充足，否则加装照明。
2) 施工现场应保持清洁和干燥，相对湿度在60%以下，1kV以下电缆允许达80%。如果有积水和脏污杂物，应清除之。
3) 室外施工时应搭防护棚。
4) 在带电设备附近施工时，事先要做好安全措施。
5) 施工现场符合防火规定，易燃物品应妥善保管，使用喷灯时必须注意防火、防爆。
6) 施工现场气温低于5℃时，应采取保暖措施。
7) 制作环氧树脂电缆头时，施工现场的通风必须良好。
8) 准备好制作电缆接头的各种专用工具。

#### （二）6～10kV交联聚乙烯电力电缆热收缩终端头的制作工艺步骤

热收缩电缆头的结构如图2-13-3-1所示。其制作工艺步骤如下：

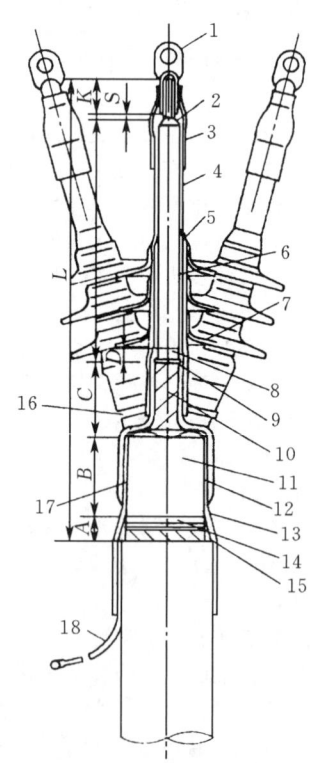

图2-13-3-1 热收缩电缆头（户外头）的结构
1—接线鼻子；2—密封带；3—终端管；4—绝缘管；
5—半导体带；6—应力控制管；7—防雨罩；8—半导体
敷设层；9—绑扎线；10—铜带屏蔽层；11—内护层；
12—分支手套；13—保护套；14—钢铠；15—绑扎线；
16—相包带；17—引线；18—接地线

(1) 准确工作。施工现场准备好制作电缆头的各种专用工具，如喷灯、压接钳、剖塑刀、割塑钳等，对喷灯加燃料、打气、加热调试；必要时现搭设篷布防尘、防雨。

(2) 剥切电缆护层。把电缆尽可能放直，去掉长度为 $L$mm 的外护层；在距外护层切口 $A$mm 处剥去钢铠；在距钢铠切口 $B$mm 处剥去内护层和填料。

(3) 电缆试验。将电缆端部绝缘剥去，露出导电线芯，将线芯绝缘表面半导体层剥去约10mm，然后对电缆做绝缘电阻、泄漏电流和直流耐压试验，以检测电缆绝缘的好坏。

(4) 剥切电缆芯线屏蔽层和绝缘层。在距内护层切口 $C$mm 处剥去铜带屏蔽层；在距铜带屏蔽层切口 $D$mm 处剥去半导体屏蔽层；在电缆端部 $K+S$mm 处剥去电缆主绝缘和导电线芯与绝缘之间的半导体屏蔽层。

(5) 焊接地线。将接地用的铜编织软线分成3股分别扎在各相线芯铜带和钢铠上并焊牢。

(6) 压接接线鼻子。把接线鼻子套入已剥掉绝缘的导电线芯上，用专用工具压接好。

(7) 清洁电缆绝缘。用清洁的白布蘸酒精对电缆绝缘进行清洗，尤其要将半导体粉末清除掉。

(8) 装分支手套。先用密封胶带将引出地线及外护套末端绕包2层，然后套上分支手套，最后用喷灯从上往下加热收缩直至其紧缩密封好。

(9) 装应力控制管。在每相铜带屏蔽层末端与半导体屏蔽层切口处用半导体自黏带绕包一层，然后套上应力控制管，最后用喷灯从下往上加热收缩直至其紧缩密封好。

(10) 装绝缘管。在每相线芯上套上绝缘管用喷灯从下往上加热收缩直至其紧缩密封好。

(11) 装终端管。在接线鼻子与电缆绝缘切口处用半导体自粘带填充缝隙处，然后套上终端管，用喷灯从下往上加热收缩直至其紧缩密封好。

(12) 装相色套，先对电缆核相，然后将相色套套在相应的电缆线芯上（一般套在分支手套的手指部分），用喷灯加热收缩相色套。

(13) 装防雨罩。用于户外电缆终端头，在每相线芯上套上防雨罩，然后用喷灯加热收缩防雨罩根部。

(14) 电缆交接试验。电缆两端终端头做好以后，按规程规定做绝缘电阻、泄漏电流和直流耐压试验，以判断电缆及其终端头的绝缘状况。

制作热收缩电缆头的注意事项如下：

(1) 正确使用喷灯。对热收缩管加热一般使用汽油喷灯，有条件时，最好使用丙烷或丁烷喷灯。使用前，要调节好喷嘴火头。使火焰呈现出柔和的淡黄色和蓝色，尽量避免呈现笔状的蓝色火焰，使用时，要把喷灯对准要收缩的方向，以利预热材料，火焰要不断晃动，以免烧焦材料。

(2) 正确剥切电缆。电缆各护层、屏蔽层和绝缘层切割时要用锋利的专用工具操作，切割处应光滑、均匀、避免有齿状口和毛刺出现，锯钢铠或铜带时，要在标出锯断位置用扎丝或PVC自黏带扎牢，然后再锯，以防钢铠或铜带松散。

(3) 正确清洗电缆。每一道工序开始之前，都要对电缆做一遍清洗，对于密封部位要注意清除油脂和污秽。

(4) 正确安装绝缘管与应力控制管。绝缘管与应力控制管一般不应切割，而应尽其所长安装在电缆头上。

(5) 正确加热。热收缩管加热要正确，以使其收缩均匀，电缆头成型后表面应光滑无皱折，内在部件界限清楚。

### （三）10kV 交联聚乙烯电缆热收缩中间接头的制作工艺步骤

10kV 交联聚乙烯电缆热收缩中间接头的结构如图2-13-3-2所示。其具体制作工艺步骤如下：

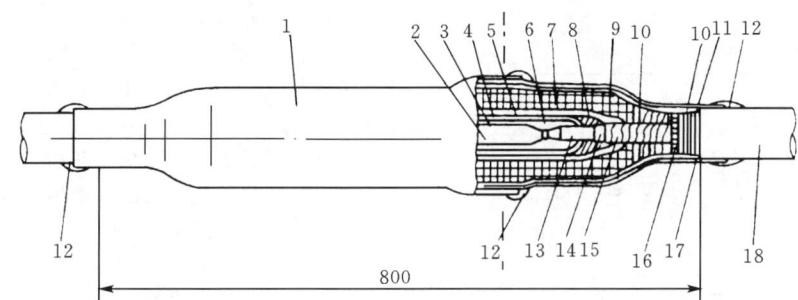

图2-13-3-2　10kV交联聚乙烯电缆热收缩中间接头的结构（单位：mm）
1—保护管；2—连接管；3—半导电带；4—半导电热缩管；5—绝缘热缩管；6、12—自黏带；7—铜丝网；8—半导电带；9—接地线；10—镀锡铜丝；11—焊点；13—线芯；14—半导电层；15—铜带屏蔽；16—内衬层；17—铠装层；18—外护套

(1) 剥切电缆。将电缆对直固定，将电缆末端重叠200mm，取其中心作出标记，如图2-13-3-3所示。剥切尺寸如图2-13-3-4所示。图中 $L$ 的尺寸见表2-13-3-1。按照表2-13-3-1中的尺寸剥切电缆外护套。在距外护套切断口40mm以内，绑扎铜线，锯切钢带。保留10mm长内衬层，去除填充物。按照图2-13-3-5所示，在中心标记处，锯切电缆，切口要整齐。

(2) 剥切铜带屏蔽、削末端绝缘。按照图2-13-3-4所示尺寸，在铜带屏蔽断口内侧，绑扎铜线，剥切铜带屏蔽。保留30mm半导电外屏蔽层，其余剥除。按照图2-13-3-4中尺寸，剥除多余线芯绝缘。将线芯末端绝缘削成"铅笔头"形，长度为30mm。剥除绝缘表面碳迹，可用细砂布打磨，用清洁剂擦净。

(3) 套热收缩保护管。将两根电缆距外护套断口200mm内的外护套表面打毛，再将两根热收缩保护管（长、短配套）两端100mm内的内表面打毛，用清洁剂清洁干净，分别套到两根电缆上去（长管套到长端上，短管套到短端上，不要搞错）。

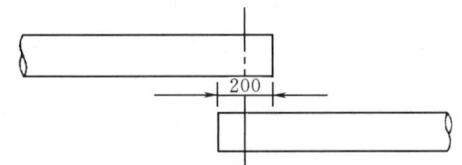

图 2-13-3-3 重叠 200mm 并做标记

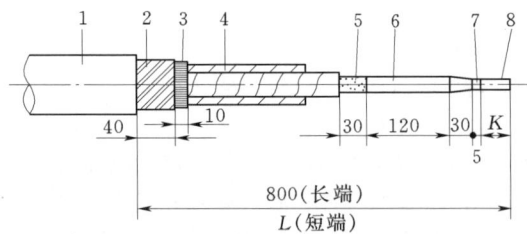

图 2-13-3-4 剥切尺寸（单位：mm）
1—外护套；2—钢带铠装；3—内衬层；4—铜带屏蔽；
5—半导电层外屏蔽；6—线芯绝缘；
7—半导电层内屏蔽；8—导线
K=连接管长度之半加 5mm；
L=电缆短端尺寸，见表 2-13-3-1

(4) 套绝缘热收缩管和半导电热收缩管。在长端电缆 3 根芯线上分别套入红色绝缘热收缩管和黑色半导电热收缩管。将 3 个铜丝网扩张缩短，分别套到 3 个黑色外导电热收缩管上。

表 2-13-3-1 图 2-13-3-4、图 2-13-3-5 中 L 的尺寸

| 电缆截面积/mm² | | L /mm |
|---|---|---|
| 6kV | 10kV | |
| 25～50 | 16～35 | 500 |
| 70～120 | 50～95 | 500 |
| 150～300 | 120～300 | 600 |

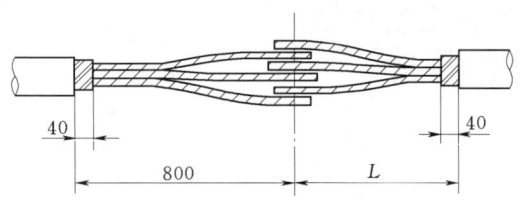

图 2-13-3-5 锯切电缆（单位：mm）
（L 尺寸见表 2-13-3-1）

(5) 压接连接管。将长端和短端的三相导线分别按相对应插入已清洁好的连接管内，进行压接。先压两端，后压中间。用锉刀和砂布去除连接管表面的棱角和毛刺。用清洁剂清洁连接管表面，校直电缆，准备包绕屏蔽和绝缘。

(6) 包绕屏蔽层和增绕绝缘层。用清洁剂清洁绝缘表面。用半导电带盖平连接管的压坑，并用半叠绕方式包绕填平连接管与线芯半导电内屏蔽层之间的间隙，然后在连接管上半叠绕包两层半导电带。在两端绝缘末端"铅笔头"处与连接管端部用自黏带拉伸包绕填平。自长端距半导电层外屏蔽 10mm 处至短端距半导电层外屏 10mm 处中间的一段用自黏带半叠绕包绕 6 层。将绝缘热收缩管从长端线芯上移至连接管上，中部对正，从中部加热向两端收缩。加热时要均匀缓慢环绕进行，保证完好收缩。在绝缘热收缩管的两端与半导电层外屏蔽上用半导电带以半叠绕方式绕包成约 40mm 长的锥型坡，以达到平滑过渡。将半导电热收缩管从线芯上移到绝缘热收缩管上，中部对正，从中部加热收缩。加热要均匀缓慢环绕进行，保证完好收缩，两端部包压在铜带屏蔽上约 10～20mm。3 根线芯依次收缩完毕。将三相线芯上的铜丝网放到中部，对正中心，将铜丝网拉紧拉直平滑紧凑地包在半导电热收缩管上，两端用铜丝绑在铜带屏蔽上并用焊锡焊好。

(7) 焊接地线，安装热收缩保护管。将编织铜接地线焊在两段电缆的钢带铠装上。把三相线芯并拢收紧，用塑料带将三相线芯和接地线缠绕扎紧，使其成为紧凑平滑的圆柱。在电缆长、短两端已打毛的外护套上，分别缠绕 100mm 宽的热熔胶带 1～2 层，钢带铠装上也缠 1～2 层热熔胶带更好。从短端电缆上将短热收缩护套管拉出，使其与短端电缆的外护套搭接 100mm，从此端向另一端加热收缩。从长端电缆上将长热收缩护套管拉出，使其与长端电缆的外护套搭接 100mm，在长热收缩护套管的另一端与已收缩的短端热收缩护套管的搭接处做好搭接长度标记。在该搭接长度标记内，用热熔胶带包绕 1～2 层，从长端电缆侧向中间方向进行加热收缩。加热要均匀缓慢环绕进行，完好收缩时，保护管两端应有少量胶液被挤出。在电缆外护套与保护管交界处，用自黏带绕包 3 层，长 200mm，分别包在外护套和保护管上各 100mm。在两保护管交界处，用自粘带绕包 3 层，长 200mm，分别包在两保护管上各 100mm。待中间接头完全冷却后，才可移动。

6kV 交联聚乙烯电缆热收缩中间接头也可参照上述方法制作。

### （四）6～10kV 油浸纸绝缘电力电缆热缩终端头的制作工艺步骤

6～10kV 油浸纸绝缘电力电缆热缩终端头的结构如图 2-13-3-6 所示。只是 6kV 者没有应力控制管，而 10kV 者有应力控制管，其制作工艺两者基本相同。具体制作工艺步骤如下：

(1) 锯钢铠、焊地线、剖铅。核对电缆，检验潮气后即可进行剥外护层、剥钢铠、焊地线和剖铅工作。剥切尺寸如图 2-13-3-7 所示。

图中 L 的长度包括线芯长、统包绝缘长和铅包长。按照图中的尺寸，先剥除外护层 (L+K) mm，用酒精清洁钢铠焊地线处，绑扎铜线并将接地线压在绑线下，在距外护层切口 Amm 处，剥除钢铠，清洁铅包护套，将地线与铅包、绑线及钢铠用锡焊焊牢。在距钢铠切口 Bmm 处进行第一次剖铅，剥除统包绝缘后，再在距统包绝缘切口 Cmm 处剥除每相铅包和半导电纸。

剥切时应注意的事项：剥钢铠时不要伤及铅包；剥铅包时不要伤及统包绝缘；剥切统包绝缘时不要伤及线芯绝缘；切口要整齐无毛刺。

(2) 剥除线芯端部绝缘。剥除炭黑纸，分开三相线芯，剥除线芯端部 K 长度的绝缘纸。

(3) 压接接线鼻子。在每相线芯上装好接线鼻子，用模具压接，压接完毕用锉刀去除毛刺棱角，用耐油黄胶包敷压坑及裸露导线，要求包敷平整并略粗于线芯绝缘外径，如图 2-13-3-8 所示。

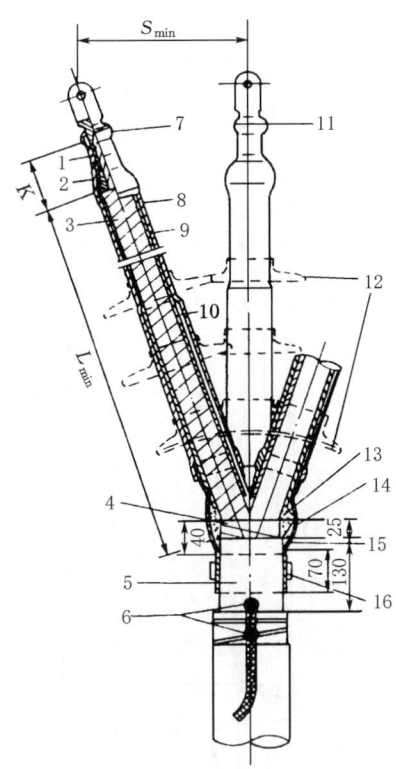

图 2-13-3-6 6～10kV 油浸纸绝缘电力电
缆热缩终端头的结构（单位：mm）

1—接线鼻子；2—导线；3—线芯绝缘；4—统包绝缘；
5—铅包；6—锡焊；7—绝缘自黏带；8—外绝缘套；
9—隔油管；10—应力控制管；11—相包带；
12—雨裙；13—填充黄胶；14—导电胶带；
15—三芯分支手套；16—卡箍

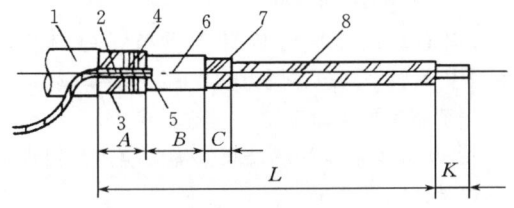

图 2-13-3-7 6～10kV 油纸电缆热缩终端
头剥切尺寸（单位：mm）

1—外护层；2—接地线；3—钢铠；4—绑线；
5—锡焊；6—铅包；7—统包绝缘；8—线芯

（4）装隔油管。用酒精清除线芯表面绝缘油渍，在线芯绝缘端部再包一层耐油黄胶；将隔油管套装在三相线芯上，其下口距铅包口尺寸为 $A$ mm，如图 2-13-3-9 所示，三相隔油管分别自下而上加热收缩，上管口收缩到接线鼻子上约 10～20mm。

（5）装应力管。用酒精清洁隔油管表面，在每相线芯上分别套上黑色应力管，其下口距铅包口尺寸为 $B$ mm，如图 2-13-3-10 所示，三相应力管自下而上缓慢环绕加热收缩。

（6）填充绕包耐油填充胶。去除统包绝缘段的临时包带，用酒精清洁铅包段、统包绝缘段及三叉处。取少量耐油黄胶捏成锥形塞入线芯三叉处，将耐油黄胶拉伸包敷在应力管根部和铅包之间。耐油黄胶与铅包搭接 5mm，使绕包的耐油黄胶外形像苹果形状，最大直径等于铅包外径加

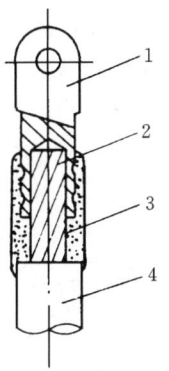

图 2-13-3-8 压接部位
包敷耐油黄胶

1—接线鼻子；2—导线；3—耐油
黄胶；4—线芯绝缘

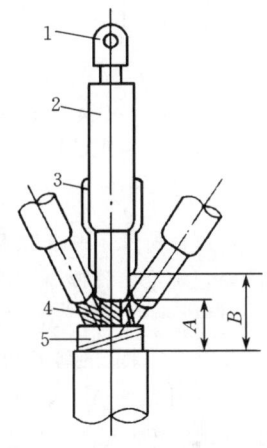

图 2-13-3-9 隔油管及应力管位置

1—接线鼻子；2—白色隔油管；3—黑色应力管；
4—线芯绝缘；5—统包绝缘

15mm，最大外径处位于铅包口至应力管下口一段的中间。用黑色导电胶带在铅包和黄胶之间包绕成喇叭口状，导电胶带与铅包和黄胶各搭接 20mm。包绕情况如图 2-13-3-10 所示。

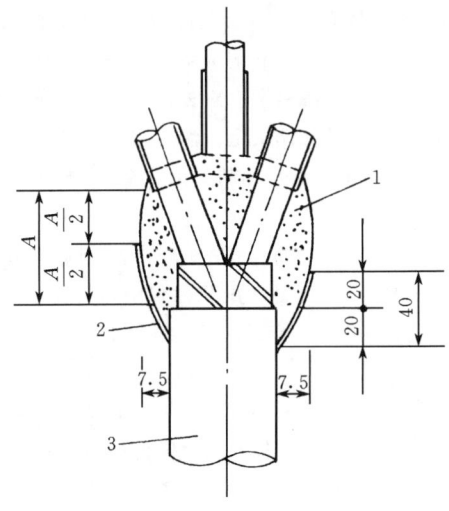

图 2-13-3-10 包绕耐油黄胶及导电胶带

1—耐油黄胶；2—黑色导电胶带；3—铅包

(7) 装分支手套。自三线芯端部套入三芯分支手套，手套下端与铅包重叠70mm。从中部开始加热收缩手套。先预热铅包，再从中部缓慢向下环绕加热收缩手套下部，最后从中部缓慢向上环绕加热收缩手套分支部，加热时使填充黄胶软化挤入空隙处将手套内空气排出去。分支手套的安装如图2-13-3-11所示。

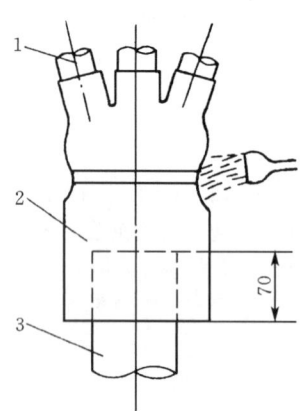

图 2-13-3-11 安装分支手套
1—应力管；2—分支手套；
3—铅包

(8) 装外绝缘管，包自黏带。用酒精清洁分支手指部，在手指部和接线鼻子处包绕热熔胶带2～3层，将外绝缘管套在线芯上直到手指根部，自下而上缓慢环绕加热收缩。收缩完毕，将接线鼻子及以外多余的绝缘管切除。用酒精清洁外绝缘管及接线鼻子，在外绝缘管上端自下而上30mm部位，用绝缘自黏带拉伸到原来带宽的一半并以半叠绕方式绕包3层。

(9) 户外终端头装防雨罩。将防雨罩套在线芯上，间距约为100mm，自下而上加热收缩直至紧固。

**(五) 35kV 交联聚乙烯电缆终端头的制作工艺步骤**

35kV 交联聚乙烯电缆户内无瓷套终端头的结构如图2-13-3-12所示，其制作工艺步骤如下：

(1) 剖塑。用剖塑刀割去护套800mm，留20mm铜屏蔽及10mm半导体布带，其余铜屏蔽及外半导体层均剥除，并将所留的半导体布带翻到铜屏蔽处。

(2) 连接导体。用剖塑钳割去线芯末端绝缘，所割去的绝缘长度由线鼻子的孔深决定。然后用卷刀将电缆末端绝缘卷出长度为50mm的反应力锥，套上铝（铜）鼻子压接并打光。

(3) 包应力锥。先将 φ5 的铜丝制成圆环套在电缆上，然后按图2-13-3-12所示的尺寸包绕，其程序如下：

1) 自铜屏蔽层末端起向上绕包280mm乙丙橡胶带两层。

2) 在乙丙橡胶带外绕包辐照聚乙烯带，绕包尺寸如图2-13-3-12所示。当绕包到应力锥直径为64mm时，自应力锥的末端至最大直径处绕包一层乙丙橡胶带。

3) 翻平半导体布带，将预先套在电缆上的铜丝环移到应力锥最大直径处。

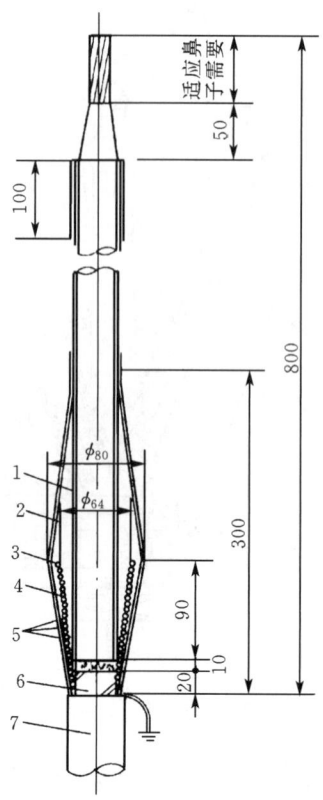

图 2-13-3-12 35kV 交联聚乙烯电缆
户内无瓷套终端头（单位：mm）
1—交联聚乙烯绝缘层；2—辐照聚乙烯带；
3—φ5铜丝环；4—φ2.02软铅丝；
5—乙丙橡胶带；6—铜屏蔽层；
7—聚氯乙烯外护套

4) 自铜屏蔽层至应力锥最大直径处的铜丝环，用φ2.02的软铅丝紧绕包在应力锥表面。铜环与软铅丝以及软铅丝与铜屏蔽层均用焊锡焊牢，要求不少于3个焊点。同时把25mm²的软裸铜线的一端与铜屏蔽层用焊锡焊牢，作为电缆的接地线。

5) 自剖塑口向上到铜丝环绕包一层乙丙橡胶带。

6) 再绕包辐照聚乙烯带，尺寸如图2-13-3-12所示，大小要与热塑模具相吻合。

7) 最后绕包一层聚四氟乙烯带作为脱模剂。

(4) 套热塑模具加热。加热到170℃保持30min后停止加热，待冷却到70℃左右时脱模。

(5) 扫尾工作。拆除聚四氟乙烯后，自应力锥底剖铅口处至线鼻子处绕包一层自黏橡胶带。自线鼻子向下绕包长100mm的相色带。最后，在自黏橡胶带外再绕包一层透明聚氯乙烯带。

35kV 交联聚乙烯电缆户外终端头结构如图2-13-3-13所示。其制作工艺步骤如下：

(1) 将终端头的卡装部件和尾管套在电缆上。

(2) 剖聚氯乙烯护套505mm，留20mm铜屏蔽层及10mm半导体布带，其余剥除，并将半导体布带翻到铜屏蔽层外面。自拟固定尾管位置的尾管平面向上量385mm，将电缆芯的绝缘整平。

(3) 剥去线芯末端绝缘,其长度根据接线柱内孔深度决定。再用卷塑刀将线芯末端绝缘卷出长度为50mm的反应力锥。

(4) 套上接线柱,压接并打光。

(5) 用汽油或丙酮擦净电缆绝缘表面,然后包两层油浸黑玻璃丝带。

(6) 用油浸黑玻璃丝带包绕应力锥,其大小尺寸如图2-13-3-13所示。应力锥的最大直径为线芯绝缘外径加30mm。

(7) 翻平半导体布带,然后用直径为2.02mm的软铅丝绕包,如图2-13-3-13所示,两端用焊锡焊牢。同时把25mm²的软裸铜线的一端与铜屏蔽层用焊锡焊牢,另一端与尾管连接。

(8) 装好尾管,放上耐油橡胶密封圈,套上已组装好的瓷套和终端顶部铜件,均匀拧紧瓷套和尾管间的底盘螺丝。

(9) 松开顶部铜件,灌注绝缘胶。绝缘胶应先加热熔化驱潮,待冷却到快要凝固前注入瓷套管内。一次灌满,然后拧紧顶部的全部铜件。

(10) 三相终端头用截面为25mm²的软铜线连通并接地。

**(六) 35kV交联聚乙烯电缆中间接头的制作工艺步骤**

35kV交联聚乙烯电缆中间接头的结构(一芯)如图2-13-3-14所示。其制作工艺步骤如下:

(1) 将待接的两条电缆搁平放直,确定接头中心位置。

(2) 按图2-13-3-15所示尺寸剥切电缆。用剖塑刀剖去塑料护套。剖塑长度为自接头中心起向两端各250mm,留20mm铜屏蔽带及10mm的半导体布带,将布带翻到铜屏蔽外。

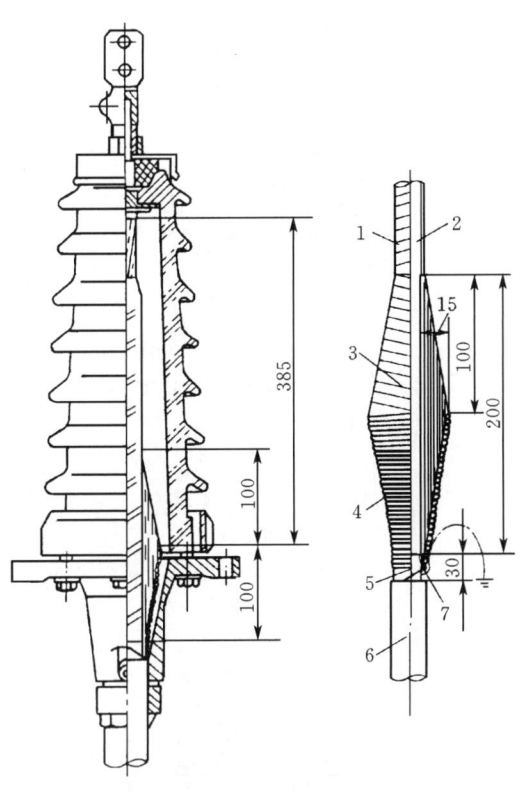

图2-13-3-13 35kV交联聚乙烯电缆户外终端头(单位:mm)
1—两层油浸黑玻璃丝带;2—交联聚乙烯绝缘层;3—油浸黑玻璃丝带;4—φ2.02软铅丝;5—铜屏蔽层;6—聚氯乙烯外护套;7—锡焊

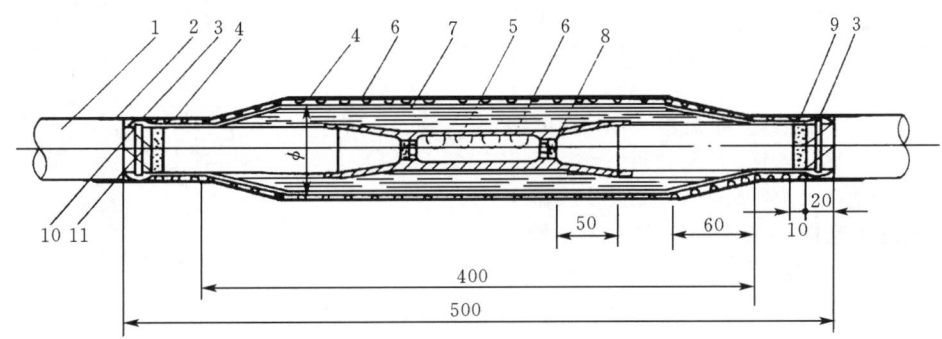

图2-13-3-14 35kV交联聚乙烯电缆中间接头(一芯)结构图(单位:mm)
1—聚氯乙烯外护套;2—聚氯乙烯带;3—焊锡;4—屏蔽铜丝网;5—乙丙胶;6—半导体胶带;7—辐照聚乙烯带;8—内半导电屏蔽层;9—外半导电屏蔽层;10—电缆铜带屏蔽层;11—绑扎铜丝

(3) 用剖塑钳割除交联聚乙烯绝缘,使导体露出长度为铝接管长度的$\frac{1}{2}$加5mm。用专用卷刀仔细地自电缆末端开始绞制反应力锥,使电缆内屏蔽露出5mm,反应力锥的长度为50mm,两侧一样。如果没有专用卷刀而用刀削反应力锥时,应特别注意勿使导体及内屏蔽受伤,并使锥体端正。

(4) 将热收缩管和屏蔽铜丝网套在一端电缆上。

(5) 压接连接管,压完后除去飞边毛刺。

(6) 套上加热模具进行预热驱潮,加热温度为120℃,保持1h,然后冷却到70℃以下即可脱模。预热驱潮可驱除导体内及绝缘表面的水分,否则在热缩时容易产生气泡,降低绝缘强度、影响质量。如果电缆在运输和贮存中未受潮,施工时环境温度又低,可以免去此道工序。

(7) 用乙丙半导体带或丁基半导体橡胶带填平压坑,并在接管上包绕两层。包绕的半导体带与电缆芯线内半导体带搭接,但不可包绕到反应力锥绝缘上去。

(8) 从接头中心起向两端超过反应力锥顶端10mm处包绕两层未硫化的乙丙橡胶带,压接管与反应力锥之间凹陷部分也用此包带绕包填平。

(9) 包绕辐照交联聚乙烯带自接头中心开始向两端200mm(包括应力锥长度60mm)半搭盖式来回包绕,包绕成型后直径φ如表2-13-3-2所示。一般包绕到电缆接头

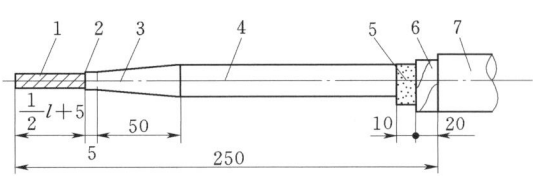

图 2-13-3-15 35kV 交联聚乙烯电缆中间接头
电缆剥切尺寸（单位：mm）

1—导电线芯；2—半导体内屏蔽层；3—反应
力锥；4—绝缘线芯；5—半导体外屏蔽层；
6—屏蔽铜带；7—聚氯乙烯护套；
$l$—连接管长度

直径比加热模具内径小 3～4mm 为宜。

表 2-13-3-2　　包绕绝缘直径 $\phi$　　单位：mm

| 电缆截面 | 70 | 95 | 120 | 150 | 185 | 240 | 300 |
|---|---|---|---|---|---|---|---|
| $\phi$ | 56 | 59 | 61 | 62 | 66 | 68 | 70 |

（10）在接头两端应力锥处包 2～3 层未硫化的乙丙橡胶带，以便模具合上时能与其贴紧。然后在最后面绕包一层聚四氟乙烯带。

（11）装好加热模具，接通电源加热。先从室温开始升到 120℃，保持 2h，然后升到 150℃ 并保持 1.5h，再逐渐升到 165℃ 并保持 3h 即可切断电源，待冷却到 70℃ 时脱模。

（12）拆除聚四氟乙烯带，翻平半导体布带后，用乙丙半导体或丁基半导体橡胶带在接头表面半搭盖绕包两层，两端与电缆绝缘外半导体屏蔽搭盖，要求接触紧密无间隙。

（13）将铜屏蔽网移到接头中央，向两端拉伸，使其收缩紧贴在接头半导电屏上。两端用直径 1.25mm 的铜线将铜屏蔽网绑扎在电缆铜带上，并用焊锡焊牢，多余的可以割除。

（14）在屏蔽铜丝网外包两层透明聚氯乙烯带，在电缆接头两端的聚氯乙烯护套上涂热熔胶，然后将热缩管移到接头处，用喷灯从中间向两端文火均匀加热，直到完全收缩。

**（七）35kV 油纸绝缘电缆终端头的制作工艺步骤**

35kV 油纸绝缘电缆通常为分相铅包结构，其终端头的整体安装图如图 2-13-3-16 所示。电缆头每相的结构如图 2-13-3-17 所示，其制作工艺如下：

1. 准备工作

准备好材料和工具，检查电缆绝缘状况。

2. 剥切钢带、电缆弯芯

根据现场具体情况，先确定电缆固定卡子的位置，如图 2-13-3-18 所示的 Ⅰ 处，用镀锌铁丝绑扎 4～5 圈，剥去 Ⅰ 到末端的麻包护层。在距 Ⅰ 处 50mm 处绑扎第二道绑线，剥去 Ⅱ 到末端的钢带。Ⅰ 与 Ⅱ 之间的钢带用汽油布擦净。距 Ⅱ 处 70mm 处绑扎第三道绑线，剥去 Ⅲ 到末端的内保护层。然后套上分线盒，确定相位后按位置将电缆分开。根据电缆弯曲半径不小于电缆外径 20 倍的要求，电缆终端头瓷瓶支架与电缆分线盒之间的距离应等于瓷瓶相间距离加 1m。弯芯时应避免过分弯曲，旁边两相的形状尽量对称。

3. 装接线梗

先将法兰和尾管（也称基座）小心地套在每一根缆芯上，并将法兰固定在支持构架上。根据瓷瓶的实际尺寸（标

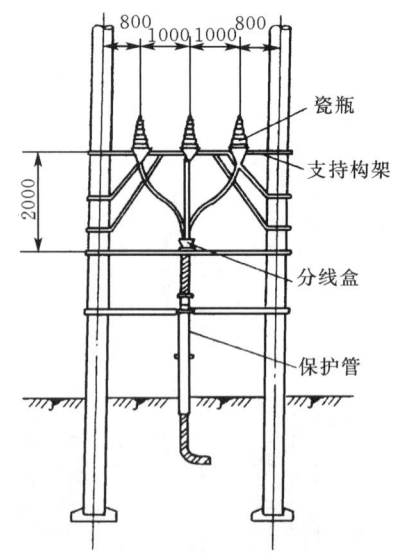

图 2-13-3-16　35kV 电缆终端头整体
安装图（尺寸单位：mm）

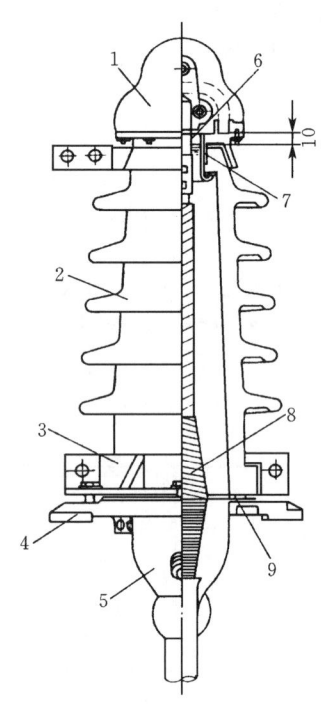

图 2-13-3-17　35kV 分相铅包电缆
终端头结构

1—帽罩；2—瓷套；3—瓷套紧箍；4—法兰；
5—尾管；6—铜接线梗；7—电缆油浇灌位置；
8—应力锥；9—耐油橡胶密封圈

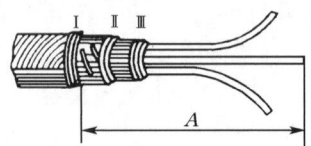

图 2-13-3-18　末端保护层的剥切示意图

准瓷瓶高度为 450mm）决定芯线的长度 A，如图 2-13-3-18 所示，并将多余的缆芯锯掉。接线梗接管深度为 30mm 的长度剥去线芯末端的铅包和绝缘纸，进行焊接或压接。若

焊接，应在绝缘切口及临近铅包部分包上无碱玻璃丝带作为临时保护。无论焊接或压接，均应保证表面光滑。在距纸绝缘末端40mm处用油浸棉纱带扎紧，以防纸绝缘松散，并将该段绝缘切成锥体。

4. 剖铅、包应力锥和屏蔽层

剖铅位置是从法兰平面往下100mm处，剥去该段电缆分相铅包。除去半导体屏蔽纸，靠近铅包口边缘处保留3～5mm。在离铅包口8～10mm处开始用油浸纸带或油浸黑玻璃丝带包缠成图2-13-3-19所示形状的应力锥。在应力锥上用直径2mm的软铅丝或镀锡铜线包绕屏蔽层，开始的3～4圈缠绕在铅包上，用焊锡焊牢，然后继续在半导体纸和应力锥上，一圈紧靠一圈地缠绕，在锥顶将屏蔽线的末端固定牢固。

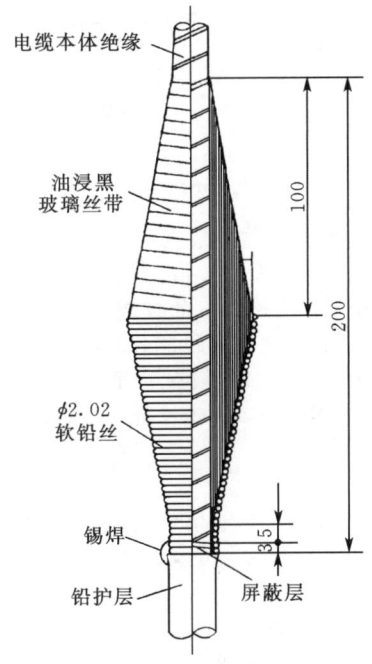

图2-13-3-19　35kV电缆终端头应力锥（单位：mm）

5. 装配、封铅

先用热电缆油（140℃左右）浇屏蔽层及绝缘层表面，进行驱潮处理。然后安装法兰和尾管，放上耐油橡胶密封圈，套上已组装好的瓷瓶和终端头顶部铜件，对角逐渐上紧法兰盘与瓷瓶紧箍间的六只螺栓。拆去放油孔螺塞与橡胶垫圈，进行封铅，应使尾管与各相铅包的封铅焊成"球"状。装配后，应力锥的锥顶应位于法兰的上表面的高度处。

6. 灌电缆油

装好放油孔螺塞，往终端头内灌电缆油，油面加到离瓷瓶端部10mm处。灌油完毕，装好帽子，拧紧帽子螺丝。

7. 装接地线

接地线应用25mm²的多股裸铜线，三相都一样，一端接在法兰盘接地螺栓上，另一端接地。

8. 分相盒上灌沥青

分相盒底部用麻丝塞紧，浇灌沥青，灌满为止。应力锥在终端瓷套管内的位置直接影响终端头的正常运行。这是因为应力锥的位置的高低，对电缆终端头内外绝缘的电位分布有明显的影响，如图2-13-3-20所示。当应力锥所处位置低于接地法兰时，对终端头内绝缘是有利的，其原因是：

（1）改善了应力锥最高点的电场，使电场集中的问题大为改善。

（2）内绝缘爬电距离增长，提高内部放电电压。

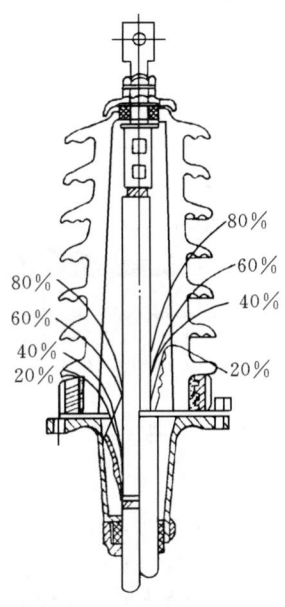

图2-13-3-20　瓷套管内应力锥位置的选择

这样做带来的缺点是：

（1）使外绝缘电位分布很不均匀，靠近接地端的3个裙边承受了80%左右的外施电压，而上边的4个裙边只承受20%的外施电压。瓷套上部裙边利用率太低。

（2）瓷套接地法兰上端电场比较集中，影响外绝缘的放电水平。如果应力锥处于很高的位置，将出现与上述相反的现象。

为了达到最有利的状况，一般将应力锥最高点置于略低于瓷套接地法兰的位置，这样对内外绝缘的改善，可兼而有之。

**（八）35kV油纸绝缘电缆中间接头的制作工艺步骤**

35kV油纸绝缘电缆中间接头的结构如图2-13-3-21所示，其制作工艺步骤如下：

1. 准备工作

准备好工具、材料，检查电缆绝缘状况。

2. 剥切钢带

将被连接电缆末端2m放平、调直，在电缆重叠处找中心作为接头中心，电缆末端必须在中点每侧重叠250～300mm。其中一根电缆在离接头中心900mm处用镀锌铁丝绑扎，如图2-13-3-18中的Ⅰ，剥除Ⅰ到末端钢带外面的麻包护层。在距Ⅰ50mm处绑扎线Ⅱ，剥除Ⅱ到末端钢带、内护层及填充物，并将各芯铅包擦净，另一根电缆绑扎线Ⅰ距接头中心1300mm，绑线Ⅱ离绑线Ⅰ150mm。

3. 电缆弯芯

将电缆各芯弯好，使三芯成边长为125mm（指线芯中心线间）的等边三角形。两根电缆各芯两两成对绑在一起，自接头中心点锯齐，然后各芯套上铅套管，铅套管直径一般为90～100mm。

## 第十三章 电力电缆异常运行及事故处理

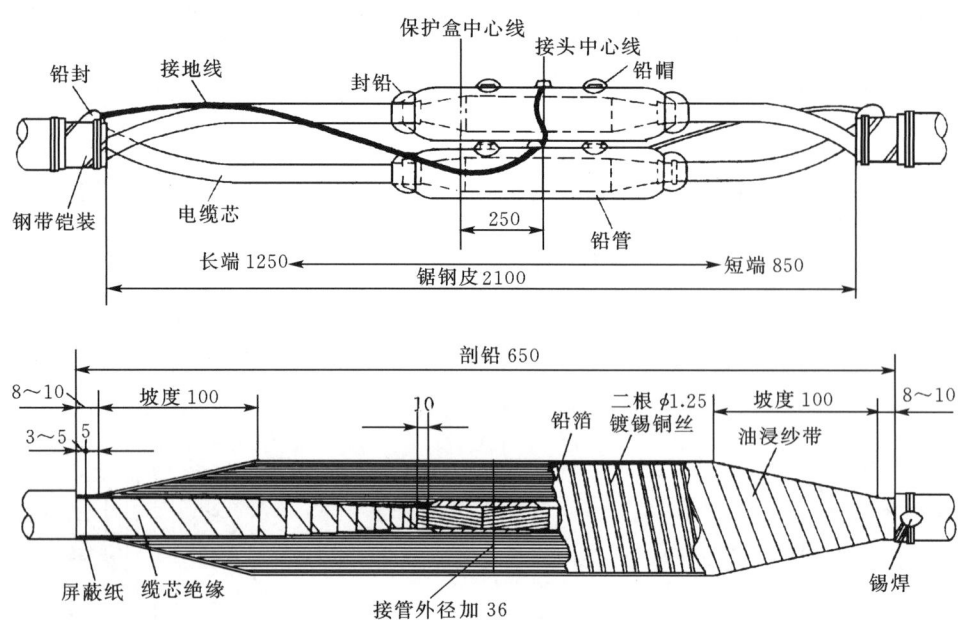

图 2-13-3-21　35kV 油纸绝缘电缆中间接头的结构图（单位：mm）

**4. 线芯导体连接**

由接头中心向两侧各量 325mm 作剖铅记号。第一次每侧先剖连接管 1/2 加 10mm 长的铅包，剥去纸绝缘，进行线芯导体的连接。无论焊接或压接，连接操作完成后必须表面光滑无刺。若焊接，应在绝缘切口及邻近铅包部分包无碱玻璃丝带临时保护。

**5. 剥切梯步**

再剖 120mm 的铅包，剥切铅包和屏蔽带，按图 2-13-3-22 剥切梯步。图中第 9 梯步 25%，是指剥切绝缘纸层数占电缆绝缘纸总层数的 25%。例如，绝缘纸总数为 80 张，则第 9 梯步应剥去 20 张，其余类推。剥切梯步时，不得切伤不应剥去的绝缘纸，更不能切伤导线线芯。剥切完的梯步应用油浸棉纱线临时扎紧，以免松散。梯步剥切完毕，再剖铅到 325mm 记号处，屏蔽纸自铅包切口处留 3~5mm，其余剥去，然后用热电缆油（140℃左右）浇线芯驱潮。

**6. 包绕绝缘**

包绕绝缘用油浸黑玻璃丝带或油浸电缆纸，包绕后的结构如图 2-13-3-21 所示。最大外径为连接管外径加 36mm，两端坡度起点离屏蔽纸 5mm，坡度长为 100mm。连接管两端线芯用宽度为 5mm 的油浸黑玻璃丝带填实，第 1~4 梯步用宽度为 10mm 的包绕，第 5~9 梯步用宽度为 20mm 的包绕。在包绕梯步部分时，当发现有不平整处时，用 5mm 的油浸黑玻璃丝带垫平。若是压接，压坑必须用沥青或环氧腻子填实。绝缘包绕后，再用热油浇一遍驱潮。

**7. 包屏蔽层**

在包好的绝缘外，包一层铝箔，用 $\phi 1.25$ 镀锡铜线扎紧，两端在铅包上缠绕 8~10 圈，并与铅包焊牢，然后包一层油浸纱带或油浸玻璃丝带。

**8. 封铅、灌沥青胶**

将铅套移正，用木锤收口，进行封铅。封铅分两次进行，以保证密封质量。灌沥青胶可一次加满，冷却后再加一次，再冷却后即可封铅帽。

**9. 焊接地线**

电缆两端钢带与三相铅套管用一根裸铜线连接，如图 2-13-3-21 所示，铜线截面不小于 25mm²。

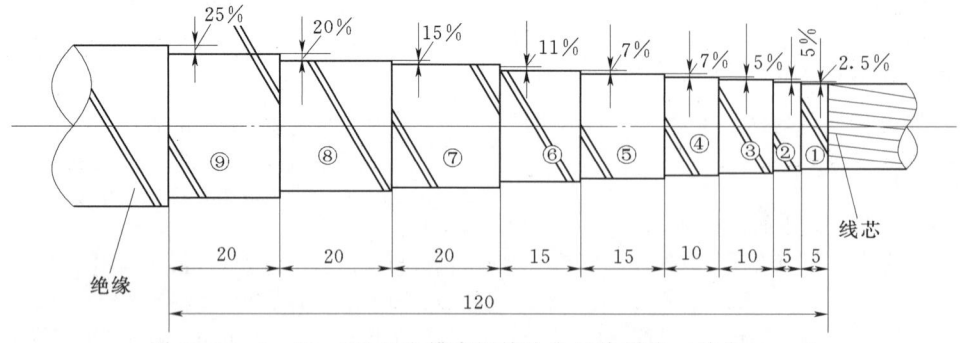

图 2-13-3-22　35kV 电缆中间接头的绝缘梯步（单位：mm）
①~⑨—梯步号

**（九）10~35kV 单芯交联聚乙烯绝缘电缆热收缩终端头的制作工艺步骤**

10~35kV 单芯交联聚乙烯绝缘电缆热缩终端头结构如图 2-13-3-23 所示。其制作工艺步骤如下：

**1. 剥切电缆**

校正固定电缆。按照表 2-13-3-3 和图 2-13-3-24

### 第三节 电缆头故障及处理方法

屏带屏蔽和半导电层屏蔽。剥除时不要伤及线芯绝缘，绝缘表面的碳迹可用细纱布擦除。

**4. 包绕半导电带和自粘带**

用清洁剂清洁线芯绝缘表面，如果绝缘表面不光滑，应均匀地涂上一层硅脂。按照图 2-13-3-25 所示，在半导电层屏蔽端部和线芯绝缘交接处，用半导电带绕包，填充间隙平滑过渡，半导电带与半导电层和线芯绝缘各搭接 20mm。由此半导电带包绕处往上用自粘带以半叠绕方式绕包一层，6～10kV 长度为 110mm，35kV 长度为 240mm。包绕时都要将半导电带或自粘带拉伸至其宽度的一半以半叠绕方式进行。

**5. 安装接线鼻子**

剥除芯线末端绝缘，长度为接线鼻子孔深加 5mm。将芯线绝缘末端削成长度为 30mm 的铅笔头形状。切口要整齐光滑。压接接线鼻子。用锉刀和砂布去除接线鼻子上的棱角和毛刺。用自粘带填充压坑并包绕填平接线鼻子与端部绝缘之间的间隙。

**6. 安装应力控制管**

套入应力控制管，下管口重叠在铜带屏蔽上并紧靠在接地线上。自下而上缓慢环绕加热收缩，确保收缩紧密平整。冷却后，用清洁剂清洁应力控制管表面的碳迹。在应力控制管上端口，用自黏带包绕使之平滑过渡。如图 2-13-3-25 所示。

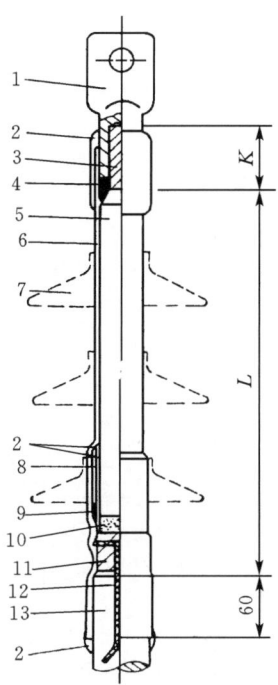

图 2-13-3-23　10～35kV 单芯交联聚乙烯绝缘
电缆热缩终端头（单位：mm）
1—接线鼻子；2、4—自粘带；3—导线；
5—线芯绝缘；6—绝缘热收缩管；7—雨裙；
8—应力控制管；9—半导电带；10—半导
电层外屏蔽；11—铜带屏蔽；12—编织
接地线；13—外护套
K—接线鼻子孔深加 5mm；
L 的尺寸见表 2-13-3-3

中规定的尺寸剥切电缆。

表 2-13-3-3　图 2-13-3-24 中 L 的最小尺寸
单位：mm

| 电压 | 6kV | 10kV | 35kV |
|---|---|---|---|
| 户内 | 300 | 450 | 700 |
| 户外 | 350 | 500 | 750 |

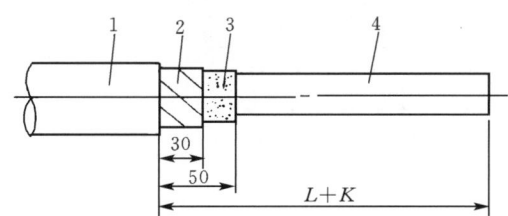

图 2-13-3-24　10～35kV 单芯交联聚乙烯绝缘
电缆热收缩终端头剥切尺寸（单位：mm）
1—外护套；2—铜带屏蔽；3—半
导电层外屏蔽；4—绝缘线芯

**2. 焊接地线**

用镀锡编织铜接地线在距外护层端部 10mm 处的铜带屏蔽上绑扎一圈并焊牢，焊点不少于 3 点。在密封段（密封段长 60mm，见图 2-13-3-25）的中部，用焊锡将 15～20mm 长的一段编织接地线的间隙填满，形成防潮段。

**3. 剥铜屏蔽和半导电层屏蔽**

按照图 2-13-3-24 所示的尺寸，绑好绑线，剥除铜

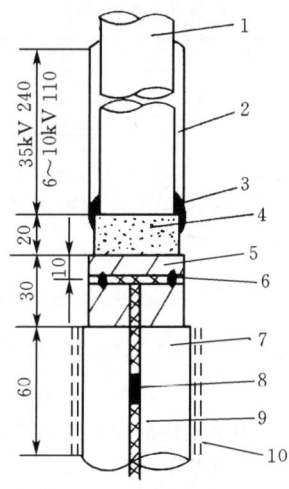

图 2-13-3-25　焊防潮段，剥屏蔽层
（单位：mm）
1—线芯绝缘；2—自黏带绕包；3—半导电带
绕包；4—半导电层屏蔽；5—铜带屏蔽；6—
接地线焊点；7—外护套；8—防潮段；9—
接地线；10—热熔胶带

**7. 安装绝缘热收缩管**

用热熔胶在电缆外护套端部的密封段（60mm 长）包绕两层：一层在接地线下面，另一层在接地线外面。使焊点部位平整。在接线鼻子根部包绕 1～2 层热熔胶带，套入红色绝缘热收缩管，自下而上缓慢环绕加热收缩。收缩后端部有少量胶液被挤出为佳。在接线鼻子根部切除多余绝缘热收缩管。在绝缘热收缩管两端以半叠绕方式包绕自粘带 2～3 层，包绕长度为 30～50mm，分别与接线鼻子，电缆外护套搭接，如图 2-13-3-23 所示。

**8. 安装雨裙**

自下而上套装雨裙。雨裙安装数量视电压等级和安装环

境而定。图 2-13-3-26 为单芯交联聚乙烯绝缘电缆热收缩终端头。雨裙加热收缩时要装正，防止倾斜。雨裙需用数量如表 2-13-3-4 所示。

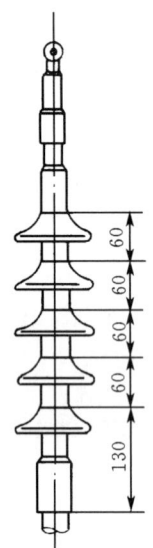

图 2-13-3-26　单芯交联聚乙烯绝缘电缆
热缩终端头（单位：mm）

**表 2-13-3-4　雨裙需用数量**

| 电压等级/kV | 6 | 10 | 35 |
|---|---|---|---|
| 户内/片 |  |  | 3 |
| 户外/片 | 2 | 3 | 5 |

应当指出，6kV 单芯交联聚乙烯绝缘电缆热收缩终端头制作可以参考 10～35kV 单芯交联聚乙烯绝缘电缆热收缩终端头的制作进行。

### 三、新作电缆终端头和接头后的试验项目与要求

电力电缆新作电缆终端头和接头后的试验项目和要求见表 2-13-3-5。

**表 2-13-3-5　电力电缆新作终端头和接头后的试验项目和要求**

| 类型 | 项目 | 周期 | 要　求 | 说　明 |
|---|---|---|---|---|
| 油纸绝缘电缆 | 绝缘电阻 | 在直流耐压试验之前进行 | 自行规定 | 额定电压 0.6kV/1kV 电缆用 1000V 兆欧表；0.6kV/1kV 以上电缆用 2500V 兆欧表（6kV/6kV 及以上电缆也可用 5000V 兆欧表） |
| 油纸绝缘电缆 | 直流耐压试验 | （1）1～3 年<br>（2）新做终端或接头后进行 | （1）试验电压值按表 2-13-3-6 规定，加压时间 5min，不击穿；<br>（2）耐压 5min 时的泄漏电流值不应大于耐压 1min 时的泄漏电流值；<br>（3）三相之间的泄漏电流不平衡系数不应大于 2 | 6kV/6kV 及以下电缆的泄漏电流小于 10μA，8.7kV/10kV 电缆的泄漏电流小于 20μA 时，对不平衡系数不做规定 |
| 橡塑绝缘电缆 | 铜屏蔽层电阻和导体电阻比 | （1）投运前<br>（2）重做终端或接头后<br>（3）内衬层破损进水后 | 对照投运前测量数据自行规定 | （1）用双臂电桥测量在相同温度下的铜屏蔽层和导体的直流电阻；<br>（2）当前者与后者之比与投运前相比增加时，表明铜屏蔽层的直流电阻增大，铜屏蔽层有可能被腐蚀；当该比值与投运前相比减少时，表明附件中的导体连接点的接触电阻有增大的可能 |
| 橡塑绝缘电缆 | 电缆主绝缘直流耐压试验 | 新做终端或接头后 | （1）试验电压值按表 2-13-3-7 规定，加压时间 5min，不击穿；<br>（2）耐压 5min 时的泄漏电流不应大于耐压 1min 时的泄漏电流 |  |

**表 2-13-3-6　油纸绝缘电力电缆直流耐压试验电压**

| 电缆额定电压 $U_0/U$ | 直流试验电压/kV |
|---|---|
| 1.8/3 | 12 |
| 3.6/3 | 17 |
| 3.6/6 | 24 |
| 6/6 | 30 |
| 6/10 | 40 |
| 8.7/10 | 47 |
| 21/35 | 105 |
| 26/35 | 130 |

**表 2-13-3-7　橡塑绝缘电力电缆直流耐压试验电压**

| 电缆额定电压 $U_0/U$ | 直流试验电压/kV |
|---|---|
| 1.8/3 | 11 |
| 3.6/6 | 18 |
| 6/6 | 25 |
| 6/10 | 25 |
| 8.7/10 | 37 |
| 21/35 | 63 |
| 26/35 | 76 |
| 48/66 | 144 |
| 64/110 | 192 |
| 127/220 | 305 |

## 第四节　电缆防火

### 一、电缆火灾事故原因

#### （一）外界火源引起火灾

据原电力部不完全统计，在 1986—1991 年，全国电力系统共发生 64 次电缆火灾事故。其中外界火源引燃电缆的

火灾事故有 45 次，占总数的 70.3%。可见外界火源是引起电缆火灾事故的主要原因。

在外界火源引起的火灾中，由于电缆积煤粉自燃引起电缆火灾 23 次，占由外界火源引起火灾的一半以上，由此说明必须下大力气防止在电缆上积煤粉。油管道、轴瓦以及锅炉油枪等漏油引起电缆火灾 11 次；电焊、气割金属熔渣引起电缆火灾 3 次；制粉系统爆炸引起电缆火灾 2 次等。

### （二）电缆本身故障引起火灾

在上述统计中，由电缆本身故障引起的火灾有 19 次，占总数的 29.7%。可见它是引起电缆火灾的重要原因，不可忽视。

在电缆本身故障引起火灾主要有绝缘老化、受潮、短路以及终端、接头爆炸等原因，其中由于 380V 低压电缆故障造成电缆火灾 10 次，占电缆本身故障引起火灾的一半以上，比例较大，说明在防止电缆火灾事故时不能忽视低压动力电缆故障。例如：

（1）某发电厂电缆火灾事故的发生和扩大是由于该厂 3 号机 380VB 段母线引至 5 号机 380V 保安段的塑料电缆 [VLV 型，3 根 3×120(mm)+1×35(mm)，长约 300m] 在电缆夹层中发生接地短路而引燃了周围的电缆所致。

（2）某发电厂电缆火灾事故是由于某射水泵电缆（AYKY 型捷制全塑电缆）故障引起的。

（3）某发电厂电缆火灾事故是由于厂用电源备用电缆的电缆头爆炸起火引起的。

## 二、电缆的防火措施

### （一）采用阻燃型电缆或耐火型电缆

阻燃型电缆是指着火后具有不延燃或能自熄的电缆。耐火型电缆是指电缆在一定时间（如 0.5～3h）和高温（如 750～1000℃）作用下，绝缘不致完全烧坏并能继续通电的电缆。实践证明，采用阻燃型电缆或耐火型电缆是电缆防火的有效措施之一。所以在原电力部制订的《火电厂电缆防火措施》中要求，新建或扩建的 300MW 及以上机组应采用满足国标 GB 12666.5—90 A 类成束燃烧试验条件的阻燃型电缆；对于重要回路，如直流油泵、消防水泵及蓄电池直流电源线路等，采用满足国标 GB 12666.6—90 A 类耐火强度试验条件的耐火型电缆，阻止火灾蔓延。

近几年来，我国已能生产达到 IEC 和国标要求的阻燃型、耐火型电缆，如沈阳电缆厂生产的 XLPE 绝缘无卤低烟阻燃及耐火电缆。阻燃型电缆的价格比同类普通电缆高 10% 左右，耐火型电缆约高 50% 左右。

### （二）单元机组应有单独的电缆通道

在部标《发电厂、变电所电缆选择与敷设设计规程》（SDJ 26—89）中规定，200MW 及以上机组，主厂房内每条电缆通道容纳的电缆回路，应不超过 1 台机组的电缆。当不能完全实现时，应采取耐火分隔方式。对公用重要回路的非耐火型电缆，宜布置在两个互相独立或有耐火分隔的通道中，也可对其中一回路电缆作耐火处理。为防止电缆火灾事故扩大，今后新设计的电厂应严格按上述规定进行设计。

### （三）提高电缆敷设和电缆防火封堵质量

电缆竖井和电缆孔洞的封堵，对于防止电缆火灾蔓延起着十分重要的作用。因此，在电力部制订的《火电厂电缆防火措施》中要求，设计时应考虑通过竖井进入控制室电缆夹层的电缆数量不宜过多，应尽可能地减小竖井的开孔尺寸，以方便封堵。对运行单位，电缆孔洞和竖井的严密封堵是当务之急，要求对封堵不严或未进行封堵的应立即完成封堵。

封堵填料有 7551-Ⅱ 型发泡型电缆密封填料、DMT 灌注型电缆耐燃密封填料、DMT-$J_2$ 嵌塞型填料和 DFD-Ⅱ 型电缆防火堵料等。

7551-Ⅱ 型发泡型电缆密封填料的特点是物料渗透性强，发泡时涨力大，密封性能好，尤其对根数较多的成束电缆穿过墙壁的填料盒或电缆洞时具有优良的水密封性能。成型后的填料质轻，阻燃性好，填料固化成型时间短，可拆性好。

DMT 灌注型电缆耐燃密封填料是用于舰船电缆密封装置中阻火防火的密封填料，也可用作建筑物或电力部门电缆穿孔处的密封填料。该填料灌注方便，硬化后硬度适中，具有弹性，有极其良好的水密性能。

DMT-$J_2$ 嵌塞型填料可广泛用于金属、塑料管的密封及地下建筑、高层建筑电缆贯穿部位的密封、防火和阻燃。

DFD-Ⅱ 型电缆防火堵料具有良好的阻火堵烟性能，主要用于工矿企业、民用与高层建筑等各种供电系统中堵塞电缆孔洞的裂缝。

对上述封堵填料可根据具体要求选择使用。

### （四）加强低压动力电缆的技术管理

由上所述，低压动力电缆故障击穿着火引起火灾，对电力系统安全运行威胁很大。所以在电力部制订的《火电厂电缆防火措施》中，从设计、运行等方面提出了加强低压动力电缆技术管理的要求，指出在选择电力电缆截面时，应留有适当的裕度。因为《发电厂、变电所电缆选择与敷设设计规程》（SDJ 26—89）中仅有单层多根并列的排列系数，而在目前工程设计中，大量采用多层多根并列，因此设计中的排列系数应根据实际情况加以修正。运行单位应重视对 380V 低压动力电缆的运行管理，定期巡视检查，认真、及时地进行预防性试验。对低压动力系统的电源线，设计时应适当配备二次保护以利于上下级之间的配合。已运行的低压 380V 动力系统应完善电源开关的保护，并与上一级保护相配合。

### （五）重视消防系统的设计和运行管理

目前一般电厂均设有消防（高位）水箱，作为火灾时紧急备用的消防水。但对消防水箱的设计、运行管理重视不够，例如有的电厂的消防水箱在设计时没有按《火力发电厂生活消防给水和排水设计技术规定》（DLGJ 24—91）设计保证消防用，不作他用的技术措施；运行单位对存在的问题也未抓紧解决，使消防水箱长期不能投入使用。

上述技术规定中还要求，消防水泵应保证在火警后 5min 内开始工作，并在火场断电时仍能正常运转，以利于扑救工作。

今后在消防系统的设计和管理中，应严格执行上述技术规定，对现有的消防系统，不满足技术要求者，应尽快采取措施，使消防系统在发生火灾时真正起到"消防"作用。

### （六）安装火灾预警系统

目前国内有些电厂已经安装了红外光束发射、接收式烟感火灾报警系统。但是，由于在红外光束探测到电缆过热产生烟雾时，实际上电缆早已开始引燃。所以这种装置并不理想。东北电力学院与黑龙江省电力工业局联合研制开发的采用单片微机实现的电缆多点温度在线自动监测及其火灾预警系统可以在电缆发生火灾事故之前预警，将电缆火灾事故消灭在萌芽状态。该系统的基本工作原理是：以检测电缆表皮温度为测量手段，当电缆表皮温度超过所给定的温度整定限值后,即发出报警信号,并能准确地确定电缆发生过热的具体部位,因而能够在很大保护范围内,从根本上消灭电缆事故,防患于未然。

系统的构成如图2-13-4-1所示。

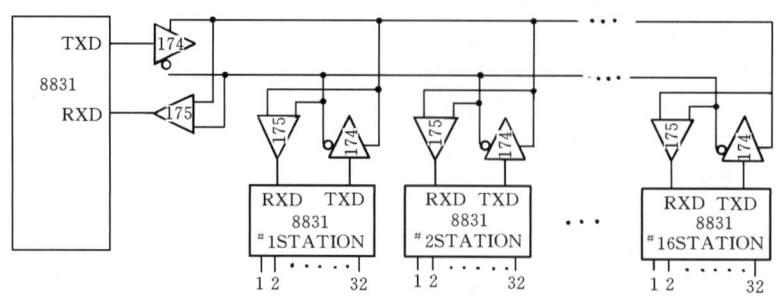

图2-13-4-1 系统的构成示意图

该系统的特点是:

(1) 数据通信接口设计采用了422A接口标准,从而实现了单片微机的远程数据通信。

(2) 在分机硬件接口设计中,由于采用了比较灵活并具有一定技巧的设计方法,从而能够以简洁的方式实现多点温度测量开关的转换。

(3) 比较好地解决了温度传感器的测量误差、导线电阻误差以及采用软、硬件结合的方法来消除工频强电磁干扰等问题。

该系统已在现场安装运行。目前,国外也采用在线温度检测装置,预防电缆火灾事故。例如,日本采用火灾检测线进行温度报警已有20余年。

# 第十四章

## 电力电缆线路运维与故障诊断

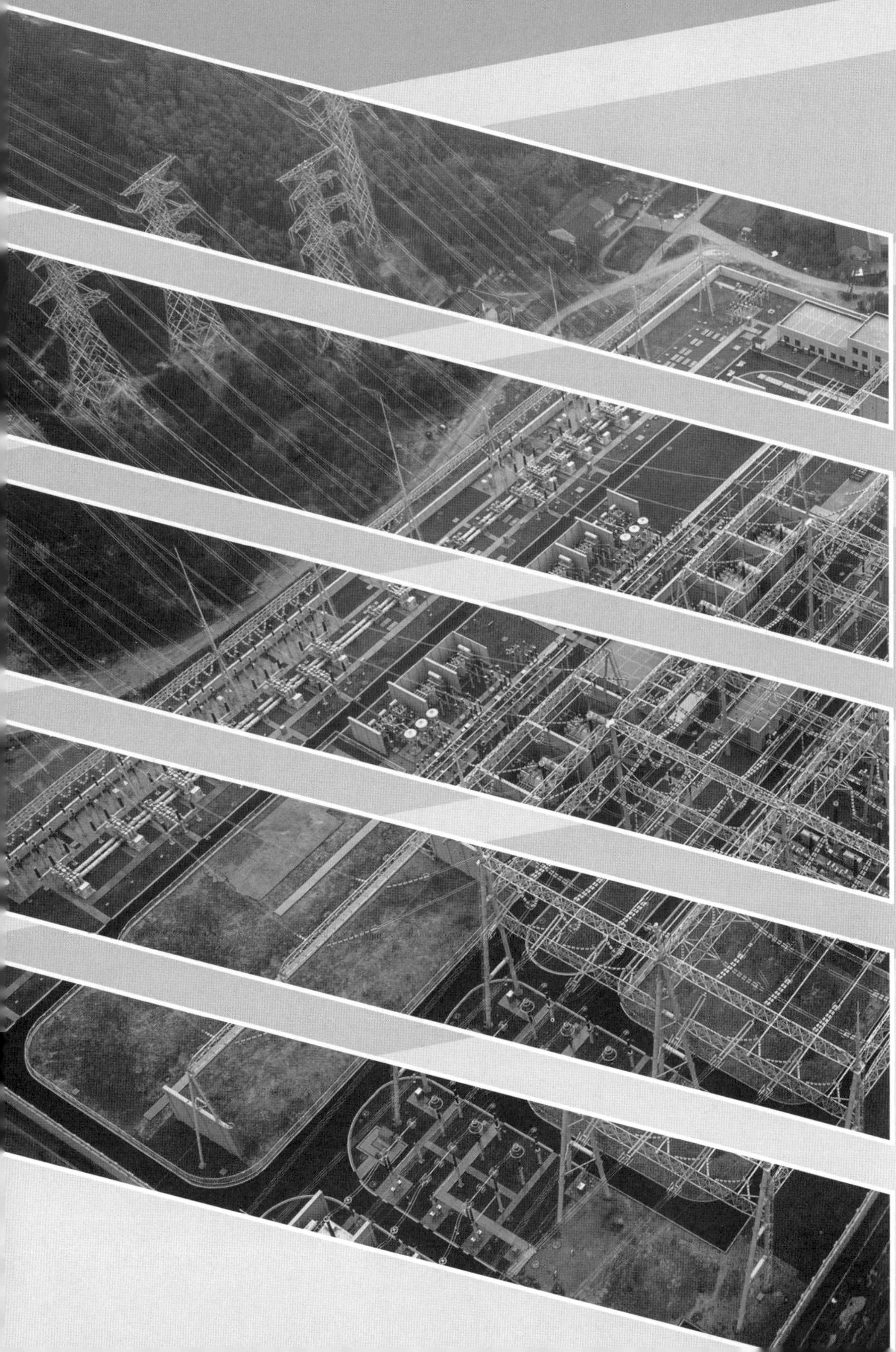

# 第一节 运行维护与管理

电力电缆投入运行以后,不仅要进行故障维修,还应加强运行维护和管理,这样才能延长电缆的正常使用寿命。

## 一、电力电缆线路的管理

电力电缆线路的管理工作包括以下几个方面。

**1. 电力电缆线路保护区的管理**

电力电缆线路周围1m范围内为电缆线路保护区。在电缆线路保护区内,禁止进行临时性建筑或修建仓库,必须修建时,应采取有效的防护设施。在直埋电缆线路保护区内,禁止重型机械或重型汽车在非道路电缆线路保护区内作业或通过。

在直埋电缆线路保护区内,禁止堆放下列物品。

(1) 易燃、易爆品。
(2) 对电缆有害的腐蚀品。
(3) 临时加热器具。
(4) 建筑器材、钢锭等重型物品。
(5) 积土、垃圾等杂物。

**2. 电缆标志的管理**

电力电缆室内外终端头要有与母线一致的黄、绿、红三色相序标志。电缆沟、井、隧道及变电所、配电室的出入口电缆,需要明显的标志。直埋电缆线路在拐弯点、中间接头等处,需埋设标桩或标志牌。电缆通过墙壁、建筑物等应涂刷红色标记。电缆房应有明显的标志牌。

电缆标志牌一般应注明以下内容。

(1) 电缆线路的名称、号码。
(2) 电缆的根数、型号、长度。
(3) 穿越障碍物用的红色"电缆"标志牌。

**3. 电缆缺陷的管理**

检查与维护人员在检查完电缆设备以后,要填写检查记录、缺陷记录和缺陷报告单,并根据缺陷的轻、重、缓、急情况,分别汇交管理或检修计划部门,以备安排计划或配合停电处理。

比较重大的电缆设备缺陷消除以后,应将发生缺陷的时间、地点、处理措施和施工负责人等记录在电缆履历卡内。

无须停电即可处理的电缆设备缺陷,由检查维护人员与管理或检修部门的有关技术人员具体研究处理方案,以便随时安排检修处理。需要停电处理的电缆缺陷,应由管理或检修部门统一计划,申请临时停电或配合检修计划处理。

**4. 电缆备品的管理**

电缆备品应储存在交通方便,易于存取的干燥处所。电缆盘不允许平卧放置。永久性的电缆储存场所,应设有防火材料搭盖的遮棚。

电缆备品应按不同型号与规格分别放置,并在电缆盘上标明其详细、准确的额定数据,以便取用。电缆备品必须经过耐压(同时记录泄漏电流)试验合格后方可使用。

制作电缆三头用的各种绝缘材料,经验收试验合格后,应密封保存,不得任意启封。

电缆运行、维护单位对同一规格的电缆或附件,最少应具有下列数量的备品。

(1) 电缆线路总长为10km以下时,备品应达到总长的0.5%。

(2) 电缆线路总长为10~50km时,备品应达到总长的0.25%~0.5%。

(3) 电缆在排管内敷设时,应按电缆井间最长距离储备。

(4) 各种型号的电缆三头附件,最少应备有两套。

**5. 技术资料的管理**

技术资料的管理是电缆运行、维护管理的重要一项。必须及时、准确、系统地对资料加以整理。完整的技术资料应包括以下内容。

(1) 电缆网络总平面图。电缆网络总平面图是一个地区电缆线路按照实际坐标分布的总布置图。在电缆非常密集的地区,可将电缆网络总平面图按电压等级分为几张,但不宜过多。

(2) 电缆敷设线路图。电缆敷设线路图包括两个内容:其一是电缆线路长度;其二是电缆线路坐标。图纸上要注明电缆型号、规格、根数、长度、埋设深度、中间接头位置等。对于直埋电缆,其敷设线路图的准确性尤为重要。

(3) 三头安装记录。电缆终端头和中间接头安装完毕后,应记录电缆头所在线路的名称、部位,电缆头类型,安装原因、时间和安装人员等。

(4) 缺陷处理报告。运行中的电缆经检查发现的缺陷,必须及时处理。并填写缺陷处理报告,写明缺陷内容,处理日期、方法、结果和处理人员等。

(5) 故障报告。电缆故障处理后,必须填写故障报告。故障报告的内容包括:故障时间、故障原因、故障现象、处理情况和处理人员等,并应尽可能地收集故障标本。故障的统计资料,是制定防止故障的措施和编制年度检修计划的主要依据。

(6) 电缆线路专档和履历卡。每条运行的电缆都必须有专档,有关技术文件应纳入其内,避免资料的分散和遗失。其内容包括:设计书,原始安装资料、验收文件及更改线路的记录,其他资料如检修工作总结、运行和维护报表、预防性试验报告、负荷及温度检查记录、腐蚀检查记录、现场巡视记录等,也应一并归入档内。

电缆线路履历卡是电缆线路设计、施工、运行与维护等各种情况的综合记录。

**6. 维修计划的编制**

维修计划通常包括预防性试验计划、维修计划和大修计划。现简述如下。

(1) 预防性试验计划。预防性试验的原则在于"精"。电缆线路的预防性试验——直流耐压试验,是一种破坏性试验,尤其是对于塑料绝缘电缆,具有不可逆转的破坏作用。因此,不主张把塑料绝缘电缆与油浸纸绝缘电缆同样进行定期预防性直流耐压试验,塑料绝缘电缆应进行非破坏性的绝缘监视或低频试验。

(2) 维修计划。电缆线路的维修计划包括:电缆检修、缺陷处理、电缆终端头和中间接头的检修,电缆隧道、电缆沟和电缆井的维修,电缆支架和电缆外护层金属的防腐等。维修计划中每个项目都应有工作进度、劳动力的安排和材料的准备等。

(3) 大修计划。电缆的更换,电缆隧道、电缆沟等设施的大修,要根据电缆运行年限、负荷的多少与重要性、故障情况、腐蚀程度、耐压试验和绝缘老化情况进行综合判断,按轻重缓急列出大修的时间表，以及工作量、劳动力、工具、材料和大修费。

制定计划时，应尽量考虑和电气设备检修时间相配合，以减少停电次数和时间。

## 二、电力电缆线路的运行维护

电力电缆线路的运行维护工作包括以下几个方面。

1. 电缆保护区的检查内容

(1) 电缆线路上的标志、符号是否完整。

(2) 外露电缆是否有下沉及被砸伤的危险。

(3) 电缆线路与铁路、公路及排水沟交叉处有无缺陷。

(4) 电缆保护区内的土壤、构筑物有无下沉现象，电缆有无外露。

(5) 与电缆线路交叉、并行电气机车路轨的电气联线是否良好。

(6) 有可能受机械或人为损伤的地方有无保护装置。

2. 电缆井、沟、隧道的检查内容

(1) 电缆井、沟盖是否丢失或损坏，电缆井是否被杂物压上。

(2) 电缆井、沟、隧道是否有积水或其他异常变化。

(3) 电缆井、沟、隧道内的中间接头是否有损伤或变形。

(4) 电缆本身的标志是否脱落损失。

(5) 电缆井、沟、隧道里的空气及电缆本身的温度是否有异常。

(6) 电缆及电缆头是否有损伤，铅套或钢带是否松弛、受拉力或悬浮摆动。

(7) 电缆井、沟、隧道内电缆支架或铠装是否有锈蚀，支架是否牢固。

(8) 清洁状态如何。

3. 电缆线路的检查周期

各种电缆线路的检查周期见表 2-14-1-1。

表 2-14-1-1　　电缆线路的检查周期

| 电缆线路类别 | 检查周期 | 电缆线路类别 | 检查周期 |
| --- | --- | --- | --- |
| 厂内直埋电缆线路 | 每日最少一次 | 电缆房内、变电所及用户电缆 | 每季最少一次 |
| 施工地点电缆线路 | 每日最少一次 | 郊区、桥梁、隧道及水下电缆 | 不定期 |
| 电缆沟、井、隧道电缆 | 每月最少一次 | | |

4. 电缆及其三头的检查内容

(1) 裸露电缆的外护套、裸钢带、中间头、户外头有无损伤或锈蚀。

(2) 户外头密封性能是否良好。

(3) 户外头的接线端子、地线的连接是否牢固。

(4) 终端头的引线有无爬电痕迹，对地距离是否充足。

(5) 变电所、用户的电缆出、入口密度是否合格。

(6) 对并列运行的电缆，应分别测量温度，或在验电确认安全的情况下，用手分别触摸电缆检查温度，当差别较大时，应用卡流表测量电流分布情况。

(7) 风暴、雷雨或线路自动开关跳闸时，应做特殊检查，必要时应进行寻线。

5. 电缆线路的防腐与清扫

所有裸露的电缆设备，均要根据其锈蚀程度、清洁状况，进行适当的防腐与清扫，其周期见表 2-14-1-2。

表 2-14-1-2　　电缆设备防腐与清扫周期

| 设备名称 | 防腐周期 | 清扫周期 | 备注 |
| --- | --- | --- | --- |
| 电缆及其支架、桥梁 | 每三年一次 | — | 根据情况酌情改变 |
| 电缆井、沟、隧道 | — | 每年最少一次 | 根据情况酌情改变 |
| 电缆房 | — | 每年一次 | 根据情况酌情改变 |
| 室内电缆沟 | — | 每年一次 | 根据情况酌情改变 |
| 户外头 | — | 每年最少二次 | 停电即要配合清扫 |

6. 电缆线路的温度监视

(1) 电缆表面及其周围温度，应定期检查并记录。

(2) 直接埋在地下的电缆，应选择电缆排列最密集或散热情况最坏处检查其温度。

(3) 测量电缆温度时，须测量同地段土壤温度及当时的大气温度，计算月土壤平均温度、空气平均温度，并绘制年度土壤、空气温度曲线。

(4) 直接埋设的电缆，在夏季要加强温度监视，测量温度应在负荷最大时进行。

(5) 当测得电缆温度不正常或超过允许温度时，必须绘制温度及负荷变化曲线，分析其原因，并采取适当措施消除。

(6) 同热力管道并行或交叉敷设的电缆，必须进行特殊的温度监视。

7. 电缆线路最大允许负荷的确定

(1) 电缆的最大允许负荷与敷设方式、周围环境（如直埋、空气中敷设、并列敷设、热阻变化等）等条件有关。

(2) 每一路电缆均应按电缆允许温度及散热最坏地段来确定最大允许电流。

(3) 敷设在土壤中、空气中的各种电力电缆的长期允许载流量不应超过有关标准的规定。

(4) 当电缆周围介质与环境不同于标准状况时，其长期允许载流量应进行修正。

(5) 当电缆线路经过多种不同环境时，其长期允许载流量应根据条件最坏的一段计算，但此段长度不应少于 10m。

(6) 在事故状态，电缆允许短时间地过负荷，但应遵守下列规定。

1) 3kV 以下，允许过负荷 10%，连续 2h。

2) 6~10kV，允许过负荷 15%，连续 2h。

3) 间断性的过负荷，必须在前一次 10~24h 以后才允许再过负荷。

8. 电缆线路的电流监视

(1) 由变电所引出的输配电缆，应装有配电盘式电流表，并根据现场运行条件，确定冬、夏季允许连续电流。

(2) 电缆维护技术员与线路检查员，应定期向变电所了解电缆负荷情况，并做记录。

（3）电缆实用负荷如超过允许连续最大负荷时，应立即向有关人员汇报，分析原因、采取必要的措施。

（4）备用或暂时不使用的电缆线路，应连续接在电力系统上加以充电（热备用），其继电保护调整到无时限动作位置。

# 第二节　电力电缆的防腐

塑料绝缘电力电缆，在中低压系统，甚至在高压电缆系统中，已逐步取代油浸纸绝缘电力电缆，但是目前电力系统中仍有油浸纸绝缘电力电缆在运行。高压单芯塑料绝缘电力电缆也有采用铅护套、铝护套或皱纹铝护套。因此，在这里有必要介绍一下电力电缆的防腐蚀技术。

一般地，直埋电力电缆的运行寿命为30～50年，由于其周围环境的恶化，造成电力电缆的金属铠装或金属护套腐蚀，导致电缆的故障频发和寿命缩短。电缆的腐蚀可分为化学腐蚀和电化学腐蚀两大类。化学腐蚀是金属和周围介质发生氧化作用引起的腐蚀。电化学腐蚀是金属和周围介质形成原电池作用而引起的腐蚀。这种腐蚀在直流变电所或电气机车轨道附近的直流泄漏区尤为严重，当土壤中含有硝酸盐、钠盐、钙盐或氢化物时腐蚀更加严重。

电力电缆的腐蚀情况比较复杂，它与周围介质的情况（温度、湿度、酸、碱性等）密切相关。众所周知，湿度越大腐蚀越容易发生；温度升高时，由于提高了离子的扩散速度，而加速了腐蚀；介质的酸、碱性（即pH值），也对金属的腐蚀起着重大作用，实际测试与分析的结果表明：一般氢离子浓度pH值等于6.8～7.2时不腐蚀，pH值等于6～6.8时和pH值等于7.2～8时腐蚀程度轻微，pH值小于6或pH值大于8时腐蚀程度严重。

从电化学的角度来分析，金属腐蚀的本质是具有较低电位的部分金属起阳极作用，具有较高电位的部分金属起阴极作用，而周围的土壤和水起完成电化学反应的电解作用，即形成了原电池。在这样的电池中，电流从阴极或具有较高电位的区域流出，经构筑物或金属流向阳极或电位较低的区域。电流到达阳极后，再由金属表面流出进入土壤或水，这时，金属离子进入周围的电解液中，因而造成腐蚀。从电缆铅皮流出的电流密度及电缆铅皮自然电位的试验可知：一昼夜平均从电缆铅皮流出的电流密度大于$1.5\mu A/cm^2$时，电缆就受腐蚀；当电缆的自然电位高于$-0.55V$（$CuSO_4$饱和溶液电极测试）时，电缆就腐蚀。

当腐蚀物为呈褐色的过氧化铅时，可判定为阳极区的杂散电流腐蚀。当腐蚀物为呈鲜红色或绿色、黄色时，可判定为阴极区的杂散电流腐蚀。当电缆铅包腐蚀生成带淡黄或淡粉红色的白色痘状物时，可判定为化学腐蚀。

电力电缆的防腐措施有很多，目前应用最多的是防腐层法。这种方法虽然对明敷设电缆（包括金属构架）比较适用，但防腐涂料的涂刷工程与费用较大。对于直埋电缆，可以增大电缆与电气铁轨间的距离、增大铁轨与大地间的接触电阻和根除土壤中的酸碱物等方法。但上述方法在工厂密集区是难以实现的。随着电化学保护法的发展，使阴极保护法在直埋电缆防腐技术上的应用，取得了可喜的成果。

## 一、阴极保护法的理论基础

所谓阴极保护法是在被保护的金属（电缆金属铠装或外护套）处在阴极极化时实现的。阴极保护时，被保护金属的固定电位值向它的标准电位的负向移动，直至达到金属无化学反应活性或处于热力学稳定状态。

为了使电缆的金属铠装与护套，在电化学腐蚀过程中，整个周围介质（土壤和水等）成为阴极，必须借助于外部直流电源——自动恒电位仪（又称防腐仪）。把直流电源的正极接于辅助阳极上，把负极接于电缆的金属铠装与护套上，阳极电流会促进腐蚀，而阴极电流则能抑制腐蚀。电化学理论表明：如果电缆铠装与护套上的金属亚铁离子$Fe^{2+}$和铅离子$Pb^{2+}$达到一定浓度，而且使其电位降低到$-0.44V$（氢标）和$-0.13V$（氢标）时，铁和铅就不再进入溶液（土壤或水等），即不被腐蚀。如果使电位移到更负的数值，则溶液中的部分铁和铅离子以金属形式重新沉积出来。

实际上，当电缆金属铠装与护套接通外部直流电源（自动恒电位仪）时，电源便供给电缆金属铠装与护套阴极电流，金属铠装与护套的电位就向负的方向移动，当电位降至腐蚀电池的阳极起始电位时，电缆的金属铠装与护套就不再腐蚀。

## 二、阴极保护法的应用

### 1. 恒电位仪的容量设计

当决定采用恒电位仪进行阴极保护后，遇到的首要问题就是阴极保护所需电流和电压的设计。其计算公式如下：

$$I = KI_0 S_总$$
$$U = IR_总$$

式中　$I$——保护电流；

$U$——保护电压；

$K$——遮蔽系数，取决于阳极分布和被保护体结构；

$I_0$——最小保护电流密度（查表可得），$A/m^2$；

$S_总$——被保护体表面的总面积，$m^2$；

$R_总$——阴极保护系统的总电阻（主要指阳极-介质-阴极之间的电阻），$\Omega$。

### 2. 恒电位仪安装位置的确定

在恒电位仪安装之前，要对直埋电缆线路进行自然电位的调查测试，最好测出电缆线路各点电位长时间变化的规律，并绘出电缆线路的电压分布曲线。如果该曲线各点电位高于$-0.55V$时，则说明该电缆线路需要防腐保护，并且应将阴极点与阳极装设在电缆线路自然电位的最高点及其附近，电缆线路过长时，可增设阳极点。

### 3. 恒电位仪的安装

恒电位保护仪是按图2-14-2-1进行接线的。

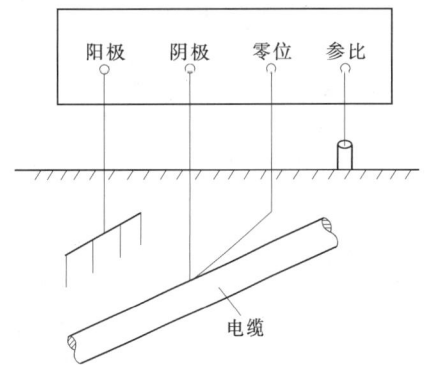

图2-14-2-1　恒电位保护仪接线图

（1）参比电极。其介质是用饱和 $CuSO_4$ 水溶液，埋在靠近阴极的冻土层以下，要求湿润并与土壤保持毛细现象，且不得渗透太快。

（2）阴极。阴极是连接被保护的电缆或金属。在电缆金属铠装或护套上焊接阴极连接线时，焊接面应能满足恒电位仪输出的额定电流需要，焊接后焊点应绝缘密封。

（3）阳极。阳极的情况比较复杂，辅助阳极的材料要求既导电又耐腐，一般采用石墨电极。阳极的接地电阻应不大于 2Ω。根据电缆线路电位曲线和阳极接地电阻的大小来确定阳极组数及每组的接地体个数，对于多个接地体的阳极排列可分为"一"字形、三角形和方块形等几种形式，其中"一"字形排列效果最佳。

阳极引出线与阳极头部的连接部位要求绝缘密封，而且不允许与土壤接触，以免受腐并要采取特殊措施来防止外伤损坏。

（4）连接线。该保护系统所有的阴极线、测试点引线及阳极各接地体间的连接线，均应采用绝缘多股线并套上保护管，否则一旦伤破绝缘，几日内即可腐蚀断。

（5）测试点。测试点的间距应视电缆线路的长短而定，一般认为每 100m 设一测试点为宜，如遇特殊情况，可以多设或少设测试点。

阴极保护法应用于电力电缆的防腐保护效果十分显著。下面将给出 AG 公司具有代表性的电缆线路，采用阴极保护前、后腐蚀故障次数对比曲线，如图 2-14-2-2 所示。并绘制出 1976—1993 年 AG 公司电力电缆腐蚀故障率曲线，如图 2-14-2-3 所示。

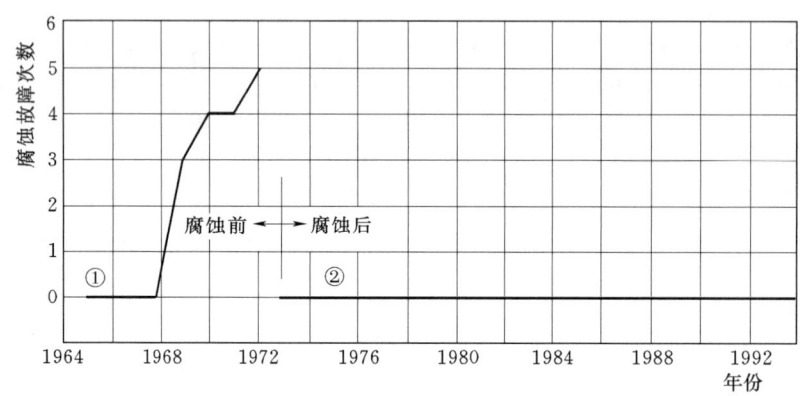

图 2-14-2-2　阴极保护前后年腐蚀故障次数对比图
①—电缆 1965 年敷设，1973 年报废；②—电缆 1973 年更新，至 1993 年无腐蚀故障

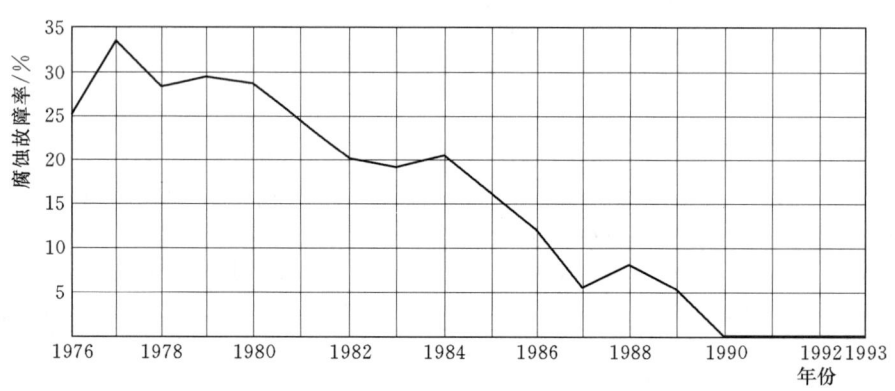

图 2-14-2-3　1976—1993 年腐蚀故障率

## 第三节　高压电缆线路的综合在线监控

近年来，我国电网建设持续快速发展，地下电力电缆输配电线路逐步取代架空线路为整洁明快的市容市貌提供了先决条件，城市电网电缆化程度已成为衡量一个城市电网技术水平和经济水平的重要标志。

高压电缆有许多优点，它能完成架空线路不易甚至无法完成的任务，例如跨越大水道、海峡的长距离输电，以及直接向大城市和大工业区中心大容量供电等。但是由于电缆在制造、敷设施工、运行维护过程中，不可避免地会出现产品质量、过负荷运行以及外力破坏等问题，经过一段时间的运行，电缆的绝缘水平会下降，从而引起电缆发生接地故障。因此，利用现代在线检测理论，对高压电缆运行状态进行实时监测，对于快速排除线路故障，尽快恢复线路供电具有十分重要的意义。

### 一、电缆线路在线监控技术简介

交联聚乙烯（XLPE）电缆自问世至今已有四十多年的历史，由于它性能优良、工艺简单、安装方便，因而在国内外得到了广泛的应用。

对于 XLPE 电缆线路，一般在投运初期（1～5 年），电缆线路的故障率较低，且多因电缆本体及附件或敷设、安装的质量问题而引发故障；运行中期（5～25 年），电缆线路的故障率稳定在最低的水平。但此时的故障因素繁多，包括电缆本体绝缘老化、附件安装界面处的沿面放电、长期电应力作用以及外力等；运行末期（25 年之后），受电缆本体绝缘的树枝老化、电-热老化及附件老化等因素的影响，电力电缆线路的故障率大幅攀升。这些电缆线路故障无疑是引发电网事故，造成重大经济损失的重要原因。因此，适时准确掌握电缆线路的运行状态，对合理处置故障隐患，保障电网稳定运行具有十分重要的意义。

电缆运行的可靠性应从两方面加以提高。一方面是发展与提高电缆的制造技术；另一方面是研究适宜的诊断技术，根据诊断结果对电缆线路进行合理的维护、检修或更换。诊断有离线和在线之分，采用在线监测技术可有效地保证电缆线路运行的可靠性，具有较高的经济意义。

电缆线路在线监测有以下几种方法。

**1. 直流分量法**

劣化的电缆在交流电压作用下，由于老化区正负半周的放电不对称（放电的极性效应），在电缆绝缘层中有剩余电荷，此电荷通过电缆绝缘层经金属屏蔽而接地，形成直流电流分量。此方法是在线从电缆金属屏蔽层的接地线中检测出此直流分量的大小。直流分量法测量电路如图 2-14-3-1 所示。由中性点接地的电压互感器、高压配电线、被测电缆、诊断装置以及大地构成闭合电路。

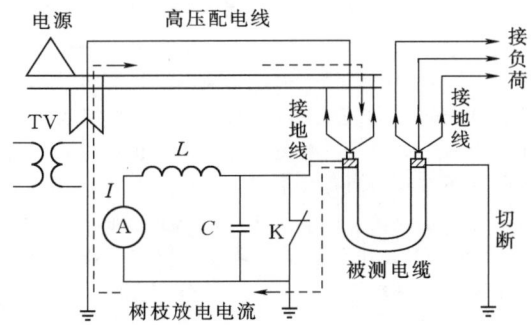

图 2-14-3-1　直流分量法测量电路

直流泄漏电流（流过电缆绝缘层总泄漏电流中的直流分量）的大小和绝缘层中水树枝的成长状态相关，因此，可以此判断水树枝或绝缘劣化的程度。这个直流泄漏电流比一般离线时，在直流高压下测得的泄漏电流小得多，是纳安（nA）数量级的。通常认为直流分量小于 1nA 时绝缘为良好，大于 100nA 时为绝缘不良，介于二者之间时要加强监测。

直流分量法存在的问题是，当电缆护层的绝缘电阻下降时，由于护层与地之间存在化学作用电势 $E_s$ 的作用，使测量装置中流过由 $E_s$ 引起的杂散电流，会影响测量和诊断的精度和可靠性。

**2. 直流电压叠加法**

直流电压叠加法的机理是当对运行中绝缘逐渐劣化的电缆绝缘施加低直流电压（几伏至几十伏）时，将产生与劣化程度相应的直流电流。根据叠加的直流电压和测得的直流电流，用在线方法算出电缆绝缘电阻，判断绝缘劣化的状态。通过电压互感器（TV）的一次中性点将直流电压 $E$ 加到高压母线上，从被测电缆屏蔽层的接地线测量直流电流，从而求出绝缘电阻。其测量线路如图 2-14-3-2 所示。

用直流叠加法测得的电缆绝缘电阻大于 1000MΩ 时绝缘良好，小于 10MΩ 时绝缘不良。

直流叠加法的优点在于可通过正反向叠加直流电压来消除 $E_s$ 引起的杂散电流的影响。此外，用该方法测得的绝缘电阻和用常规法测得的绝缘电阻值相对应。但是，当地中杂

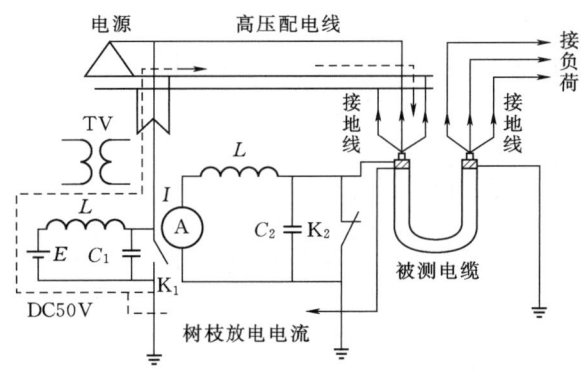

图 2-14-3-2　直流叠加法测量原理

散电流变化大或电缆头表面泄漏电阻较低时，测量误差大。

**3. 损耗因数 tanδ 法**

给电力电缆施加交流电压时产生的电流，分为电容电流分量和损耗电流分量。水树劣化的电缆绝缘电阻下降，损耗电流增加。但因分离电容电流分量和损耗电流分量困难，故多用损耗电流与电容电流之比的 tanδ 判断。然而 tanδ 是电压施加了一个周期的平均值，因而所得信息有一定局限性。

在线 tanδ 法。检测出线路运行电压与流过绝缘的电流（从电缆接地线中测出）相位差，以 tanδ 的大小来判定电缆绝缘的好坏。tanδ＞1％时，认为绝缘不良。

水树枝是含有大量亚微观裂纹或管状通道的集合体。施加高电场后，空隙内的水在麦克斯韦应力作用下沿电场方向拉伸，进一步扩展水树枝，因而电流剧增。因此，贯通水树的直流泄漏电流呈现非线性的电流—电压特性，并含有高次谐波分量。

tanδ 测量得到的信息反应的是绝缘缺陷的平均程度。目前对用 tanδ 来衡量电缆绝缘老化还存在着不同看法，有的研究者认为，tanδ 仅能反映电缆的吸水程度。

**4. 局部放电法**

局部放电法历来是在线监测电力设备绝缘的一个方法，但由于现场电晕等放电干扰，在线监测局部放电比较困难。局部放电在线监测方法有电磁波法、超声波法、脉冲相位分析法等。测量点有只测量接头（包括中间接头）处局部放电（接头是现场制作，质量更不易保证）或整条电缆的局部放电。对测量信号的分析主要有频谱分析、小波分析、脉冲相位分析、分形分析、指纹分析等方法。

XLPE 电缆对局部放电非常敏感，故对监测系统的灵敏度要求极高，电缆局部放电监测的主要困难是现场严重的干扰。

**5. 交流叠加法**

对生成水树而劣化的电缆绝缘，在电缆金属屏蔽层上叠加（2 倍工频＋1）Hz 的交流电压，检测由劣化而引起的 1Hz 劣化信号。图 2-14-3-3 给出了交流叠加法测量示意图。

**6. 电桥法**

通过 TV 中性点将直流电压 $E_1$ 施加于高压母线，靠 TV 中性点和被测电缆金属屏蔽间形成的电桥电路，完成电缆绝缘电阻的在线测量并判断电缆的劣化程度。

电桥法测量电路如图 2-14-3-4 所示，TV 中性点和电缆金属屏蔽都经电容器使交流接地，而直流则是电桥电路。被测电缆的绝缘电阻成为一个桥臂。

电桥法的特点主要是：因是通过电桥根据已知电阻之比

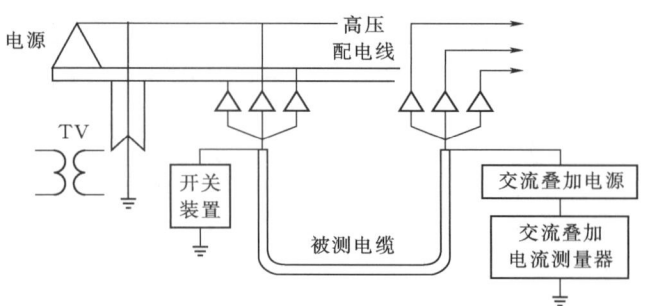

图 2-14-3-3 交流叠加法测量原理

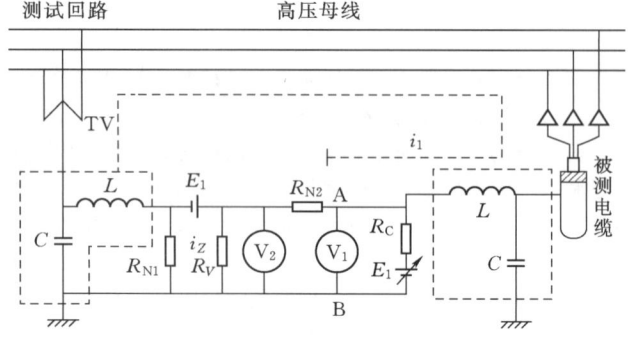

图 2-14-3-4 电桥法测量电路

求取被测绝缘电阻,故能测量高电阻;护层绝缘电阻值低到数千欧姆时,也能测量电缆的绝缘电阻。但是电桥法在测量上仍存在一些问题,如杂散电流变化时,电桥可能得不到平衡;被测点远离 TV 时,组成电桥电路花时间;和直流叠加法一样,也产生 TV 磁路饱和引起零序电压,这成为变电所继电器误动作的一个原因。

### 7. 低频叠加法

低频叠加法是将低频电压叠加于高压回路与地之间,从电缆屏蔽的接地线处测出低频电流,其中有功电流分量可换算为绝缘电阻值,一般认为,绝缘电阻小于 1000MΩ 时,电缆性能不好;小于 400MΩ 时,电缆应立即更换。

### 8. 差频法

含水树枝的电缆在两个频率相近或频率近似呈倍数关系的正弦电压共同作用下产生的一种超低频差频响应电流,可用于 XLPE 电缆绝缘水树枝老化状态的在线检测。因为差频响应是较为规则的超低频正弦电流,易与干扰分离,故适于较强静电干扰或较大杂散电流干扰下的现场测量。

近 20 年来,为了保障 XLPE 电力电缆的安全运行,电力电缆绝缘在线监测技术得到了长足的发展。目前针对 XLPE 电缆绝缘的主要在线监测方法研制热点有:直流成分法、直流叠加法、泄漏电流法、在线损耗因数 tanδ 法、局部放电法等。典型的如德国、英国学者进行的电缆及接头局部放电在线监测技术研究,日本学者进行的电缆直流分量与直流叠加及损耗因数 tanδ 的在线监测技术。前者对于绝缘水树枝劣化状态,特别是对于个别危险长度水树枝比较敏感,后两者对电缆整体老化、受潮等反应显著,两者结合可以取得较好的绝缘诊断结果。

目前,国内利用现代电力电子技术、计算机技术和通信技术自主研发的 HDCS 高压电缆综合在线监控系统,处于国内技术的领先水平,具有完全的自主知识产权,拥有多项技术专利及著作权,拥有大量成功案例。

高压电缆运行状态在线监测系统总框架如图 2-14-3-5 所示,可分为高压电缆隧道综合在线监控系统和无线型高压电缆在线监测系统两类产品,下面分别介绍。

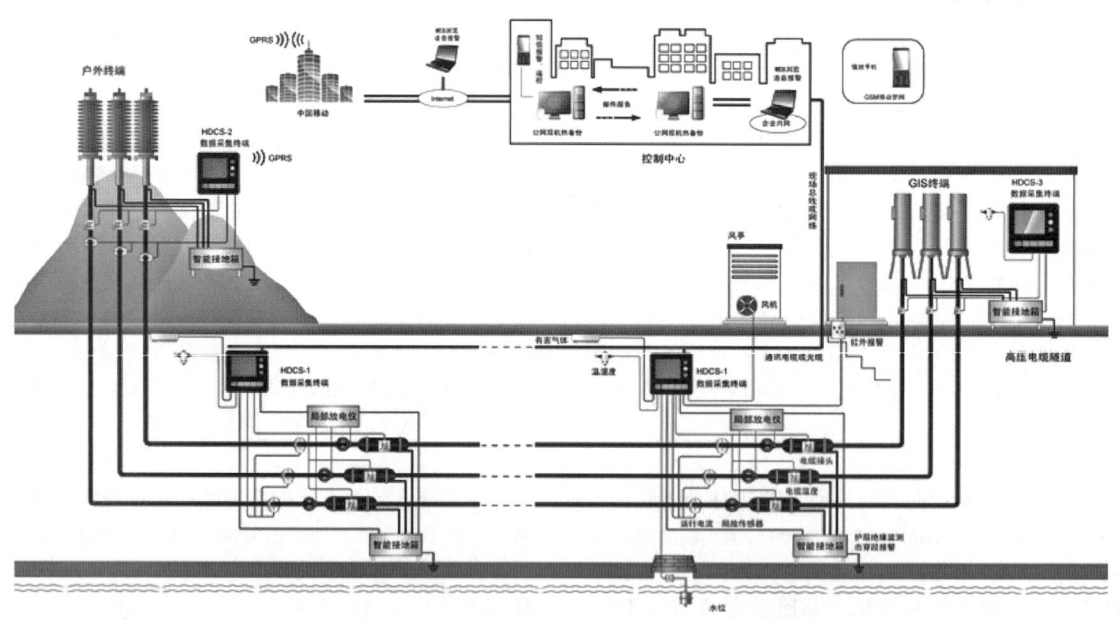

图 2-14-3-5 高压电缆运行状态在线监测系统总框架

## 二、高压电缆隧道综合在线监控系统

### (一)工作原理

在线监测系统由站控层和间隔层两部分组成,站控层采用开放式网络结构实现站控层与间隔层各设备间连接。站控层与间隔层间采用标准通信规约。站控层设备发生故障而停运时,不影响间隔层的正常运行。

站控层由计算机网络连接的系统工作站及综合处理单元等设备构成,提供站内运行的人机联系界面,实现监视查看间隔层设备等功能,形成全站在线监测中心,能接收站内监控系统相关数据,并能与远方主站在线监测系统及站内一体化平台系统进行信息交换。站控层的设备集中布置。

间隔层由在线监测数据处理服务器、在线监测采集及处理单元和各种网络、通信接口、传感器（通常是标准变送器）等设备构成，完成面向单元设备的监测及信息处理等功能。在站控层及间隔层通信失效的情况下，在线监测数据处理服务器仍能独立完成本间隔设备的在线监测数据的采集与处理功能。

系统结构满足系统中任一装置故障或退出都不影响系统的正常运行。

高压电缆隧道综合在线监控系统示意图如图2-14-3-6所示。

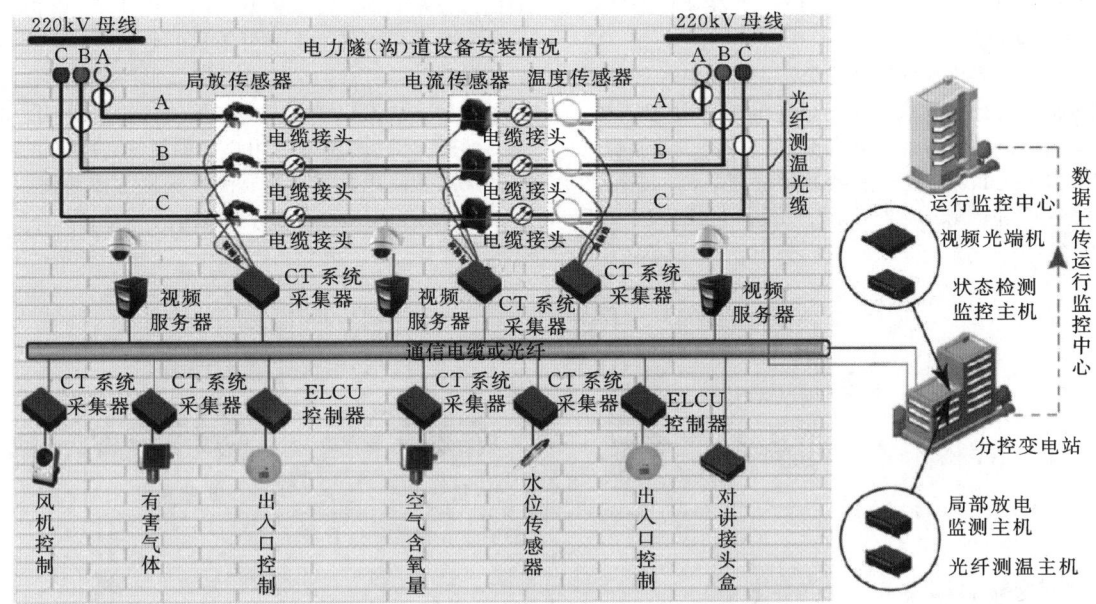

图2-14-3-6 高压电缆隧道综合在线监控系统示意图

### （二）系统功能

（1）通过监测金属套环流、瞬间短路故障电流、运行电流及局部放电量来监测电缆的运行状态。

（2）通过双端故障定位系统监控电缆的运行故障并精确定位。

（3）通过监测电缆隧道的氧气含量和CO含量来进行空气质量监测。

（4）通过DTS光纤测温全程监测电缆本体、电缆接头及终端表面温度。

（5）通过安防设备：如门禁，井盖锁，视频，红外探头等防止非法侵入。

（6）水位监测及自动水泵控制防止隧道及电缆被水淹没。

（7）隧道温度预警及排风扇自动控制。

（8）隧道烟雾、灭火器及防火门的自动监控。

（9）隧道灯光控制，隧道内的电话，隧道自动灭火器等。

### （三）系统特点

系统采用了现代先进的计算机技术、通信技术、图形图像及多媒体技术、分布式对象技术、面向对象的软件工程技术、数据库技术、中间件技术、Internet技术、组件技术、Java技术、Cluster技术、防火墙、物理隔离等安全防护技术，总体技术达到了国内先进水平，其优势如下。

（1）系统结构为分层、全分布、全开放系统，采用结构化设计，便于功能和硬件模块的扩充。

（2）采用了 ProfiBus 等多种现场总线技术、PLC 的控制技术，光缆通信方式，便于扩容，保证了系统具有较高的兼容性、可靠性和可维护性。

（3）系统遵循各项国际标准、工业标准以及国家行业相关标准，便于与其他系统通信，达到共享系统软、硬件资源。

（4）系统具有灵活的组态能力。可根据系统功能、性能要求，均衡网络各节点负载，提供最佳的系统组态方案，从而提高系统总体性能。

（5）系统的后台监控软件平台整体采用图形化设计，人机界面友好，操作方便，易学易用，便于维护。

（6）系统各子模块相互独立，互不影响，并在关键接点上具有二次备份，保证了系统整体高可靠和稳定性。

### （四）适用条件

（1）适用于标准电缆隧道的综合监控，可同时监测一回或多回路的电缆隧道。

（2）需要有企业局域网支持数据传输与发布。

### （五）监测对象

（1）高压电缆：金属套环流、运行电流、表面温度、短路故障电流、中间接头等重要部位的局部放电情况、故障定位。

（2）隧道环境：监测环境温湿度、空气质量（含氧量、有害气体等）、水位、烟雾、工井井盖状态，控制摄像头对隧道进行影像监控，控制风机、水泵等处理隧道异常状态。

## 三、无线型高压电缆在线监测系统

### （一）工作原理

在线监测系统由上位机智能数据管理中心平台和现场数据采集装置两部分组成，主要监测电缆的运行状态参数。这两部分之间主要采用中国移动无线GPRS方式进行数据传输。

GPRS是通用分组无线业务（General Packet Radio Service）的英文简称，这种无线业务是在GSM网络上开通的一种新型的分组数据传输业务,它是利用"分封交换"(Packet-Switched)的概念所发展出的一套无线传输方式。GPRS采用分组交换技术,它可以让多个用户共享某些固定的信道资源。GPRS特别适用于间断的、突发性的或频繁的、少量的数据传输,也适用于偶尔的大数据量的传输,具有"实时在线""按量计费""快捷登录""高速传输"及"自如切换"的优点。

现场数据采集装置由现场数据采集器主机和各种传感器组成,主机包括采集处理模块、通信模块和电源处理模块。装置实时采集高压电缆各种运行状态参数,滤波、封包后通过无线 GPRS方式上报给上位机智能数据管理平台,进行下一步分析。装置通过特制的CT从运行的高压电缆上获取所需电能,无须敷设专用供电电缆,结构简单、安装方便。各装置工作相互独立、互不影响,任一装置故障或退出都不影响系统的正常运行。

智能数据管理中心平台由安装有专用在线监测数据管理软件的服务器及附属硬件设备组成。数据管理软件采用B/S架构、分布处理,分散控制、图形化界面的实时监控理念设计,实时采集现场多套装置上报的监测数据,通过实时数据显示界面、各种参数的变化趋势波形图、曲线比对图、历史数据表等方法发布数据,并采用独特的判据判断电缆运行状态,通过GSM短信等给用户提供预警和报警信息。

无线型高压电缆在线监测系统示意图如图2-14-3-7所示。

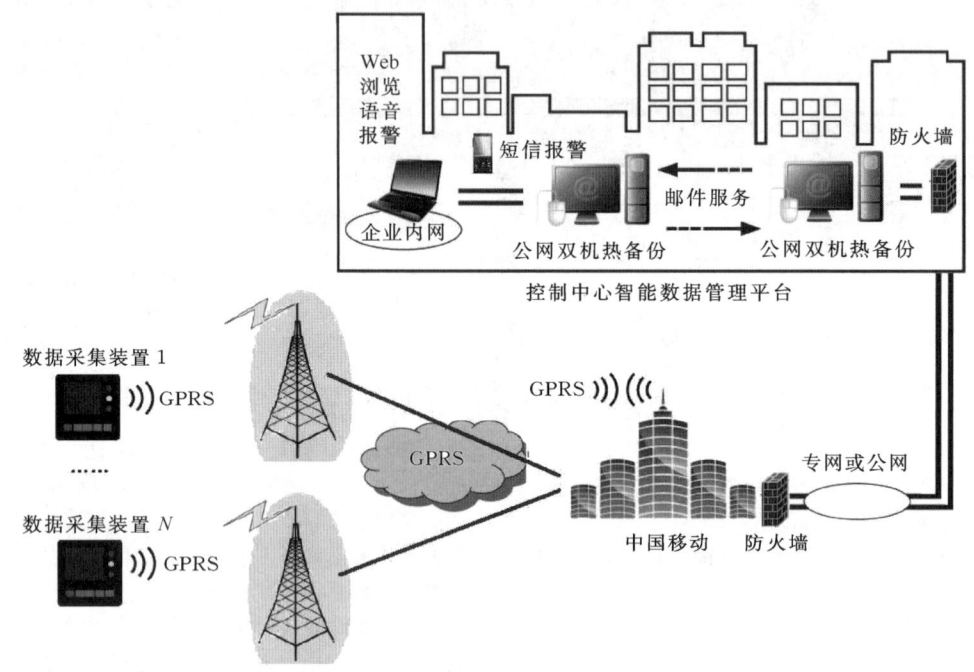

图2-14-3-7 无线型高压电缆在线监测系统示意图

**(二)系统功能**

(1) 通过监测电缆金属套环流、运行电流、短路故障电流及重要部位表面温度监测电缆运行状态。

(2) 接地线盗割、井盖偷盗、接地箱非法开启等状态报警。

(3) 监测环境温湿度等状态参量。

**(三)系统特点**

(1) 可靠性高。采用面向连接的TCP协议通信,避免了数据包丢失的现象,保证数据可靠传输。中心可以与多个监测点同时进行数据传输,互不干扰。GPRS网络本身具备完善的频分复用机制,并具备极强的抗干扰性能。

(2) 实时性强。GPRS具有实时在线的特性,数据传输时延小,并支持多点同时传输,很好地满足系统对数据采集和传输实时性的要求。

(3) 监控范围广。GPRS网络已经实现全国范围内覆盖,并且扩容无限制,接入地点无限制,能满足山区、乡镇和跨地区的接入需求。

(4) 系统建设成本低。由于采用GPRS公网平台,无须建设有线光纤等网络,只需安装设备即可,建设成本低,也免去了网络维护费用。

(5) 系统运营成本低。GPRS网络可以按包月不限流量收费,并省去昂贵的漫游费用,从而实现了系统的低成本通信。

(6) 可对各监测点仪器设备进行控制。通过GPRS数据监控中心,可实现对现场设备的远程控制。例如:远程开关控制,远程复位控制,远程状态查询,远程参数配置,远程固件升级等。

(7) 系统的传输容量、扩容性能好。GPRS技术能很好地满足传输突发性数据的需要;由于系统采用成熟的TCP/IP通信架构,具备良好的扩展性能,一个智能数据管理中心平台可轻松支持几千个现场采集点的通信接入。

(8) GPRS传输功耗小,适合野外供电环境。GPRS传输方式非常适合在野外使用太阳能供电或蓄电池供电的场合下使用。

(9) 供电方便、安装便捷。现场数据采集装置供电采用从运行电缆上感应获取电能,无须敷设专用供电电缆,安装便捷。

**(四)适合条件**

(1) 不方便敷设供电电缆和通信光缆(电缆)的现场,如室外杆塔、野外终端站、某些电缆工井中等,监测电缆终端头。

(2) 现场要覆盖有较好的无线GPRS信号。

(3) 需要有企业局域网支持。

**(五) 监测对象**

(1) 主要监测高压电缆的运行状态：金属套环流、运行电流、短路故障电流、重要部位电缆表面温度。

(2) 接地线盗割、井盖偷盗、接地箱非法开启的状态参量。

(3) 环境温湿度等环境参量。

## 第四节 电力电缆的故障

随着我国城乡及国防现代化建设的发展和科学技术的不断进步，使电力电缆的应用更加广泛，其数量成倍增长。在这样庞大而复杂的电缆网络中，由于电缆的生产质量、施工不当、运行维护不善等诸多因素，将造成电缆故障。因此，及时准确地诊断出电缆故障点并加以排除，迅速恢复供电，已经成为电力部门面临的又一新课题。

由于电力电缆的运行环境复杂多样，给电缆故障的诊断工作带来相当大的困难。因此，电力电缆故障诊断工作要求测试人员选用合适的测试仪器和测试方法，并具有熟练的测试技术和丰富的实践经验。长期以来，人们在电缆故障的诊断工作中，摸索出许多办法，如电桥法等，这些方法的应用范围有一定的局限性，精度也较差，为区别于现代的脉冲反射法，我们将其统称为经典法。现代的脉冲反射法具有使用范围广，测试速度快，精度高等优点。它已经成为电缆故障诊断技术中不可缺少和替代的先进技术。

### 一、电力电缆故障发生的原因及其特征

电力电缆的生产、敷设、三头工艺、附件材料、运行条件等与电缆的运行情况密切相关。上述任何环节的疏漏，都将埋下电缆故障的隐患。分析与归纳电缆故障的原因和特点，大致如下。

**(一) 机械损伤**

机械损伤类故障比较常见，所占的故障率最大（约为57%），其故障形式比较容易识别，大多造成停电事故。一般造成机械损伤的原因有以下几种。

(1) 直接受外力损坏。如进行城市建设，交通运输，地下管线工程施工、打桩、起重、转运等误伤电缆。

(2) 施工损伤。如机械牵引力过大而拉损电缆；电缆弯曲过度而损伤绝缘层或屏蔽层；在允许施工温度以下的野蛮施工致使绝缘层和保护层损伤；电缆剥切尺寸过大、刀痕过深等损伤。

(3) 自然损伤。如中间头或终端头的绝缘胶膨胀而胀裂外壳或附近电缆护套；因自由行程而使电缆管口、支架处的电缆外皮擦破；因土地沉降、滑坡等引起的过大拉力而拉断中间接头或电缆本体；因温度太低而冻裂电缆或附件；大型设备或车辆的频繁振动而损坏电缆等。

**(二) 绝缘受潮**

绝缘受潮是电缆故障的又一主要因素，所占的故障率约为13%，绝缘受潮一般可在绝缘电阻和直流耐压试验中发现，表现为绝缘电阻降低，泄漏电流增大。一般造成绝缘受潮的原因有以下几种。

(1) 电缆中间头或终端头密封工艺不良或密封失效。

(2) 电缆制造不良，电缆外护层有孔或裂纹。

(3) 电缆护套被异物刺穿或被腐蚀穿孔。

**(三) 绝缘老化**

电缆绝缘长期在电和热的作用下运行，其物理性能会发生变化，从而导致其绝缘强度降低或介质损耗增大而最终引起绝缘崩溃者为绝缘老化，绝缘老化故障率约为19%。运行时间特别久（30～40年以上）的则称为正常老化。如属于运行不当而在较短年份内发生类似情况者，则认为是绝缘过早老化。可引起绝缘过早老化的主要原因有：

(1) 电缆选型不当，致使电缆长期在过电压下工作。

(2) 电缆线路周围靠近热源，使电缆局部或整个电缆线路长期受热而过早老化。

(3) 电缆工作在具有可与电缆绝缘起不良化学反应的环境中而过早老化。

**(四) 过电压**

电力电缆因雷击或其他冲击过电压而损坏的情况在电缆线路上并不多见。因为电缆绝缘在正常运行电压下所承受的电应力，约为新电缆所能承受的击穿试验时承受电应力的1/10。因此，一般情况下，3～4倍的大气过电压或操作过电压对于绝缘良好的电缆不会有太大的影响。但实际上，电缆线路在遭受雷击时被击穿的情况并不罕见。从现场故障实物的解剖分析可以确认，这些击穿点往往早已存在较为严重的某种缺陷。雷击仅是较早地激发了该缺陷。容易被过电压激发而导致电缆绝缘击穿的缺陷主要有：

(1) 绝缘层内含有气泡、杂质或绝缘油干枯。

(2) 电缆内屏蔽层上有节疤或遗漏。

(3) 电缆绝缘已严重老化。

**(五) 过热**

电缆过热有多方面的因素，从近几年各地运行情况的统计分析上来看，主要有以下原因：

(1) 电缆长期过负荷工作。

(2) 火灾或邻近电缆故障的烧伤。

(3) 靠近其他热源，长期接受热辐射。

过负荷是电缆过热的重要原因。电缆过负荷（在电缆载流量超过允许值或异常运行方式下）运行，未按规定的电缆温升和整个线路情况来考虑时，会使电缆发生过热。例如在电缆比较密集的区域，电缆沟及隧道通风不良处，电缆穿在干燥的管中部分等，都会因电缆本身过热而加速绝缘损坏。橡塑绝缘电缆长期过热后，绝缘材料发生变硬、变色、失去弹性、出现裂纹等物理变化；油纸电缆长期过热后，绝缘干枯、绝缘焦化，甚至一碰就碎。另外，过负荷也会加速电缆铅包晶粒再结晶而造成铅包疲劳损伤；在大截面较长电缆线路中，如若装有灌注式电缆头，因灌注材料与电缆本体材料的热膨胀系数相差较大，容易造成胀裂壳体的严重后果。

对于因火灾或邻近电缆故障的影响等外来的过热损伤，多半可从电缆外护层的灼伤情况加以确认，比较容易识别。

**(六) 产品质量缺陷**

电缆及电缆附件是电缆线路中不可缺少的两种重要材料，它们的质量优劣，直接影响电缆线路的安全运行。电缆及电缆附件的制造缺陷，以及一些施工单位缺乏必要的专业技术培训，使电缆三头的制作质量存在较大的质量问题。这些产品质量缺陷可归纳为以下几个方面。

(1) 电缆本体质量缺陷。油纸电缆铅护套存在杂质砂粒、机械损伤及压铅有接缝等；橡塑绝缘电缆主绝缘层偏芯、内含气泡、杂质，内半导电层出现节疤、遗漏，电缆储

运中不封端而导致线芯大量进水等；上述缺陷一般不易发现，往往是在检修或试验中发现其绝缘电阻低、泄漏电流大，甚至耐压击穿。

(2) 电缆附件质量缺陷。传统三头质量缺陷：铸铁件有砂眼，瓷件强度不够，组装部加工粗糙，防水胶圈规格不符或老化等；热缩和冷缩电缆三头质量缺陷有：绝缘管内有气泡、杂质或厚度不均，密封涂胶处有遗漏等。

(3) 三头制作质量缺陷。传统式三头制作质量缺陷主要有：绝缘层绕包不紧（空隙大）、不洁，密封不严，绝缘胶配比不对等。热缩三头制作质量缺陷主要有：半导电层处理不净，应力管安装位置不当，热缩管收缩不均匀，地线安装不牢等。预制电缆三头安装质量缺陷主要有：剥切尺寸不精确，绝缘件套装时剩余应力太大等。

另外，电缆线路中也有一些是拆用旧电缆及附件的情况，这种以旧充新或以旧补旧的做法虽然在利用材料、节省资金方面有好处，但对设备完好率却影响很大，建议各施工与运行单位慎重对待。

### (七) 设计不良

电力电缆发展到今天，其结构与型式已基本稳定，但电缆中间头和终端头的各种电缆附件却一直在不断地改进。这些新型电缆附件往往在新设备、新材料、新工艺上没有取得足够的运行经验，因此在选用时应慎之又慎，最好根据其运行经验的成熟与否，逐步推广使用，以免造成大面积质量事故。属于设计不良的主要弊病有：

(1) 防水密封不严密。
(2) 选用材料不妥当。
(3) 工艺程序不合理。
(4) 机械强度不充足。

## 二、电力电缆故障的分类

上小节介绍了电力电缆故障的原因。实际上，电力电缆的故障有些是某一种原因造成的，而大多数则是由几种原因共同作用的结果。因此，电力电缆的故障原因是极其复杂的。电力电缆的故障形式千差万别，为便于电缆故障的诊断与研究，对电力电缆故障的分类显得十分必要。

电缆线路的故障，根据不同部门的需要，可以有不同的分类方式。现分述如下。

### (一) 电缆线路故障按故障部位分类
(1) 电缆本体故障。
(2) 电缆中间头故障。
(3) 电缆户内头故障。
(4) 电缆户外头故障。

### (二) 电缆线路故障按故障时间分类
(1) 运行故障。运行故障是指电缆在运行中因绝缘击穿或导线烧断而引起保护器动作，突然停止供电的故障。
(2) 试验故障。试验故障是指在预防性试验中绝缘击穿或绝缘不良而必须进行检修后才能恢复供电的故障。

### (三) 电缆线路故障按故障责任分类
(1) 人员过失。电缆选型不当，三头结构设计失误，运行不当，维护不良等。
(2) 设备缺陷。电缆制造缺陷，电缆三头附件材料缺陷，利旧设备的遗留缺陷，安装方式不当或施工工艺不良等原因造成的三头质量缺陷。
(3) 自然灾害。包括：雷击、水淹、台风袭击、鸟害、虫害、泥石流、地沉、地震、天体坠落等。
(4) 正常老化。一般电缆运行 30 年以上的绝缘老化，户外头运行 20 年以上的浸潮，垂直敷设的油纸电缆在 20 年以上的高端干枯等。
(5) 外力损坏、腐蚀、用户过失及新产品、新技术的试用等。

### (四) 电缆线路故障按故障性质分类

(1) 低阻故障。即低电阻接地或短路故障。电缆一芯或数芯对地绝缘电阻或芯与芯之间的绝缘电阻低于 $10Z_C$（$Z_C$ 为电缆特性阻抗，一般不超过 $40\Omega$）时，而导体连续性良好者称为低阻故障。一般常见的低阻故障有单相接地、二相短路或接地等。

说明：这一低阻故障的定义是针对脉冲反射测试原理而定的，其他测试方法中的低阻故障定义与特性阻抗 $Z_C$ 无关。下面介绍的高阻故障亦然。

本书定义的低阻和高阻故障的分界值 $10Z_C$ 不是一个精确的数值，而是一个模糊的概念。因为电缆的特性阻抗随着不同的电缆结构而变化（如 $240mm^2$ 的电缆 $Z_C$ 为 $10\Omega$，$35mm^2$ 的电缆 $Z_C$ 为 $40\Omega$），而这样定义的根本原因是为了划分脉冲反射诊断技术中低压脉冲法是否可以测试，也就是说绝缘电阻大约在 $10Z_C$ 以下的电缆故障可用低压脉冲法测试，否则低压脉冲法不能测试。

(2) 高阻故障。即高电阻接地或短路故障。电缆一芯或数芯对地绝缘电阻或芯与芯之间的绝缘电阻低于正常值很多，但高于 $10Z_C$，而导体连续性良好者称为高阻故障。一般常见的高阻故障有单相接地、二相短路或接地等。

(3) 断线故障。电缆各芯绝缘均良好，但有一芯或数芯导体不连续者称为断线故障。

(4) 断线并接地或短路故障。电缆有一芯或数芯导体不连续，经过（高或低）电阻接地或短路者称之。

(5) 泄漏性故障。泄漏性故障是高阻故障的一种极端形式。在进行电缆绝缘预防性耐压试验时，其泄漏电流随试验电压的升高而增大，直至超过泄漏电流的允许值（此时试验电压尚未或已经达到额定试验电压），这种高阻故障称为泄漏性故障。泄漏性故障的绝缘电阻可能很高，甚至达到合格标准。

(6) 闪络性故障。闪络性故障是高阻故障的又一种极端形式。在进行电缆绝缘预防性耐压试验时，泄漏电流小而平稳。但当试验电压升至某一值（尚未或已经达到额定试验电压）时，泄漏电流突然增大并迅速产生闪络击穿，这种高阻故障称为闪络性故障。闪络性故障的绝缘电阻极高，通常都在合格标准以上。具有闪络性故障的电缆，短期内，在较低的电压下（不大于闪络击穿电压），其闪络击穿的现象可能会完全停止并显现较好的电气性能。

实际上，高阻故障的特性可由高阻故障等效电路分析清楚。如图 2-14-4-1 所示，泄漏电阻 $R_s$ 和放电间隙 $J_s$ 的相对大小变化，决定了高阻故障的特性是属于泄漏性、闪络性或是二者兼而有之。

例如：当 $R_s$ 很大（近似无穷大）时，故障点 $J_s$ 两端的直流电压可以升至额定试验电压而泄漏电流还远达不到额定允许值。在这种情况下，如果 $J_s$ 的击穿电压大于额定试验电压，这个故障点在该试验电压下将不会被发现；如果 $J_s$ 的击穿电压小于或等于额定试验电压，则耐压试验时 $J_s$ 将被击穿，形成闪络性故障。

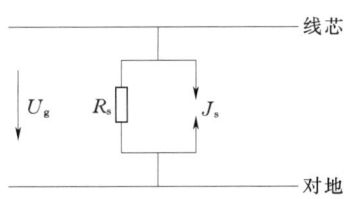

图 2-14-4-1 故障点等效电路

当 $R_s$ 较小时,在耐压试验中,由于 $R_s$ 的存在而产生较大的泄漏电流,同时该泄漏电流将在高压试验电源的内阻上形成较大的压降,从而使试验电压无法升高。欲继续升高试验电压,势必造成泄漏电流的剧增,甚至远远大于允许值,这样的耐压试验一般由人为或试验设备继电器保护动作而终止。在这样的故障点中,由于 $J_s$ 两端电压较低而常常不能被击穿,只表现出泄漏电流过大。这就是泄漏性故障。

当 $R_s$ 与 $J_s$ 适中时,在耐压试验中可能会出现泄漏电流较大,而试验电压又可以升高(甚至达到额定试验电压),在较高的试验电压下也可能会出现闪络击穿。这就是通常意义上的高阻故障。

高阻故障中的等效泄漏电阻 $R_s$ 减小到 $10Z_C$ 以下时,其故障性质就转变为低阻故障。

## 三、电力电缆故障诊断的一般步骤与方法

前面分别介绍了电力电缆故障形成的原因和故障的不同种类。事实上,若干种电缆故障诱因共同作用的结果,可使电缆产生任何种类的电缆故障。几十年来,人们在各自的生产实践中探索和总结出许多电缆故障测试方法。如经典法中的电阻电桥法、电容电桥法、高压电桥法等。电阻电桥法只能测试单相接地或相间短路的绝缘电阻较低的电缆故障;电容电桥法主要测试电缆的断线性故障;高压电桥法主要测试高阻故障(泄漏性故障和闪络性故障除外)。可见电缆故障诊断技术中的经典法具有一定的局限性,不能满足各种不同类型电缆故障测试的要求。

现代的脉冲反射测试技术包括低压脉冲法、直流高压闪络法、冲击高压闪络法和多脉冲高压闪络法,它们适用于各种不同类型的电缆故障测试。多年的生产实践已经充分证明了,现代的脉冲反射测试技术的适用性和准确性,并已日趋成熟与完善。本书所谈的电缆故障诊断技术,在无特别声明的情况下,均指脉冲反射测试技术。

电力电缆故障的诊断,无论选用哪种测试方法,均需按照一定的程序和步骤进行,现归纳如下。

**(一)确定故障性质**

当着手对某一故障电缆进行故障测试时,首先要进行的工作是:了解故障电缆的有关情况以确定故障性质。掌握这一故障是接地、短路、断线,还是它们的混合;是单相、两相,还是三相故障;是高阻、低阻,还是泄漏性或闪络性故障。只有确定了故障性质,才可以选择适当的测试方法对电缆故障进行具体的诊断。

**(二)粗测距离**

当确定了故障电缆的故障性质以后,就可以根据故障性质,选择适当的测试方法测出故障点到测试端或末端的距离,这项工作称为粗测距离。

粗测距离是电缆故障测试过程中最重要的一步,这项工作的优劣,决定着电缆故障测试整个过程的效率和准确性。

因此,常常需要具有相当专业技术基础理论知识和丰富实践经验的人员来进行操作。人们在长期的生产实践中探讨和总结出多种故障距离的粗测方法,即经典法(如电桥法及其变形等)和现代法(脉冲反射法)。

随着电力电缆生产质量的提高和新型绝缘材料的采用,使电缆的故障电阻不断提高(达到兆欧级)。据统计,凡预防性试验击穿的故障电阻,不小于90%在兆欧数量级以上;运行故障的75%是高阻故障,其中60%以上的故障电阻达到兆欧级。由此看来电缆故障的绝大部分为高阻故障,那些只能测试低阻故障的经典测试方法显然适用性太差。当遇到高阻故障时,必须经过一个耗时、费力的"烧穿"降阻过程,以求把高阻故障转化为低阻故障,这个漫长的过程需要的设备笨重而繁杂,而新型绝缘材料电缆的故障电阻极难"烧穿"与降阻。现代的脉冲反测试法可以做到无须经过"烧穿"降阻而直接进行高阻故障的测距。这一发明,无疑是电缆故障诊断技术的重大进步。这种现代法与经典法相比具有下列优点。

(1)可以不依赖准确的电缆资料。如长度、截面、接头或分支位置、敷设图等。

(2)测试简便。由于不需要"烧穿"降阻,使测试设备得到简化,测试程序变得简单。

(3)测试效率高。由于高阻故障无须漫长的"烧穿"降阻过程,缩短了测试时间,使测试效率大为提高。

(4)测试更精确。现代的脉冲反射法采用先进的微电子技术,尤其是近几年引入了人工智能技术,无须人工换算使现代法测试结果更加精确。

(5)适用范围广。现代的脉冲反射法不像经典法那样具有应用的局限性,无论是哪种电缆故障,都可以通过脉冲反射测试技术得到快速、准确的测试结果,因此具有更加广泛的适用性。

(6)适于发展。现代的脉冲反射测试技术具有设备简单、轻便,一机多用(各类故障)、操作方便等优点而成为电缆故障诊断技术的发展方向。人工智能设备的出现,为操作者提供了更快捷、更理想的测试结果。

**(三)探测路径或鉴别电缆**

故障电缆经过粗测以后便得出一个故障距离 $L_x$,这个故障距离是由测试端(即首端或称始端)到故障点的距离。从理论上讲,以测试端为圆心,以故障距离 $L_x$ 为半径画一个圆,圆周上的所有点都满足故障点到测试端的距离为 $L_x$ 的条件,显然故障点只能是圆周上的某一点,而这一点又必须在电缆上,这是可以借助于另外一个条件。当把电缆路径用线段画出以后,这条线段必将与 $R=L_x$ 的圆相交于一点,这一点才是欲寻找的故障点。

对于直接埋设在地下的电缆,需要找出电缆线路的实际走向(也可以测出埋设深度)即为探测路径。对于在电缆沟、隧道等处的明敷电缆,则需要从许多电缆中挑选出故障电缆,即鉴别电缆。

探测电缆路径或鉴别电缆,通常是向故障电缆(如有完好线芯,一般加在完好线芯上)加一音频电流信号,然后用探测线圈接收此音频信号,从而找出电缆路径或鉴别电缆。

对于干扰较大的复杂环境,鉴别电缆常用钳形电流表来辅助鉴别。从电缆首端或末端加入一电流信号,并做规律性通断变化,然后用钳形表卡在电缆上观察其电流指示值及通断规律,当电流指示值接近于加入端电流值(由于线路损耗

而有所减小),并且通断规律相符时,可以确认该电缆为故障电缆。

#### (四)精测定点

精测定点是电缆故障测试工作的最后一步,也是至关重要的一步。在粗测出故障距离并确定了故障电缆路径或鉴别出故障电缆以后,为什么还需要精测定点呢?因为粗测出的故障距离有一定的误差,故障距离的丈量也有误差。因此,在精测定点前只能判断出故障点所处的大概位置,要想准确地定出故障点所在的具体位置,必须经过精测定点。

电缆故障的精测定点一般采用声测定点法、感应定点法和其他特殊方法。95%以上的电缆故障可以通过声测法确定故障点的位置,金属性接地故障需要用感应法或特殊方法定点。

以上是电缆故障诊断的一般步骤。在具体测试工作中,根据具体情况的不同,有些步骤可以省略。例如,电缆线路标志很清楚的不需要测寻电缆路径或鉴别电缆;明敷短电缆的开放性故障(电缆故障点已暴露在外表),可以略去各步而直接精测定点;故障点的可能位置有限(如仅怀疑在某个中间头上)时,也可直接精测定点。

电力电缆故障诊断的一般步骤与方法见表 2-14-4-1。

表 2-14-4-1 电力电缆故障诊断的一般步骤与方法

| 步骤 | 内容 | 方法 | 备注 |
|---|---|---|---|
| 一 | 确定故障性质 | 1. 测绝缘电阻<br>2. 导通试验 | |
| 二 | 粗测距离 | 1. 经典法:<br>① 电桥法<br>② 驻波法等 | 高阻故障需烧穿 |
| | | 2. 现代法(脉冲反射法):<br>① 低压脉冲法<br>② 直流高压闪络法<br>③ 冲击高压闪络法<br>④ 多脉冲高压闪络法 | 高阻故障无须烧穿 |
| 三 | 探测路径 | 1. 音频感应法<br>2. 卡流表法 | 只适用于鉴别电缆 |
| 四 | 精测定点 | 1. 声测定点法 | |
| | | 2. 感应定点法 | 仅适用金属性接地故障 |
| | | 3. 时差定点法 | |
| | | 4. 同步定点法 | |
| | | 5. 其他特殊方法 | 适用于低压电缆故障 |

电缆故障诊断设备产品较多,质量不一,为方便读者的了解与选择,现将中外电缆故障测试仪的主要产品列于表 2-14-4-2。

表 2-14-4-2 中外电缆故障测试仪的主要产品对照表

| 产地 | 型号及名称 | 测试方法 | 价格 | 性能 |
|---|---|---|---|---|
| 日本 | 电缆故障定位仪 | 低压脉冲法<br>直流闪络法 | 30万元 | 低阻和高阻故障 |
| 德国 | 80系列电缆故障定点仪 | 低压脉冲法 | 80万元(含测试车) | 低阻和高阻故障 |
| | M601 | 直流闪络法 | 28万元 | 低阻和高阻故障 |

续表

| 产地 | 型号及名称 | 测试方法 | 价格 | 性能 |
|---|---|---|---|---|
| 美国 | 电缆故障定点仪 | 阻抗法 | 18万元 | 低阻故障 |
| | PFL7000 电缆故障测试定位系统 | 弧反射法 | 42万元 | 高阻需"烧穿" |
| 中国西电丰泽 | DGC-2010A 多脉冲智能电缆故障测试仪 | 低压脉冲法<br>直流高压闪络法<br>冲击高压闪络法<br>多脉冲高压闪络法 | 20万元 | 低阻和高阻故障<br>泄漏性故障<br>闪络性故障 |

## 第五节 脉冲反射诊断技术基础知识

### 一、脉冲反射法基本概念及特征参数

#### (一)脉冲反射法的分类

脉冲反射法又称行波法。它可具体地分为低压脉冲反射法(简称低压脉冲法)、脉冲反射电压取样法和脉冲反射电流取样法三大类。后两类又可细分为直闪法和冲闪法。下面就分别介绍它们的技术特点和应用范围。

1. 低压脉冲反射法

低压脉冲反射法又称雷达法。它是通过观察发射脉冲和故障点反射脉冲之间的时间差 $T$($\mu s$)来测取故障距离,如果设脉冲电波在电缆中的传播速度为 $v$(m/$\mu s$),则电缆故障距离 $L_x$(m)可由下式计算:

$$L_x = \frac{1}{2} v T \qquad (2-14-5-1)$$

低压脉冲反射法的优点是简单,不需要掌握电缆线路的原始资料,如导体截面、长度、电阻率等,无须高压脉冲产生设备,整个测试过程均在低压下进行,更为安全、简便。但低压脉冲法不能测试高阻及泄漏性和闪络性故障。

低压脉冲反射法的适用范围是:

(1) 低阻短路或接地性故障。
(2) 断线性故障。
(3) 测量电缆全长。
(4) 测量电波在电缆中的传播速度。

在电缆故障测试工作中,无论遇到哪种性质的故障,一般都先用低压脉冲法测量故障电缆的长度 $L$,若测得的故障距离 $L_x$ 大于 $L$,显然不合逻辑;若电缆线路图纸标长 $L_t$ 与 $L$ 相差较大,则需要消除这一系统误差。通过下式将测试故障距离 $L_x$ 换算成图纸上的故障距离 $L_{xt}$:

$$\frac{L_{xt}}{L_x} = \frac{L_t}{L} \qquad (2-14-5-2)$$

【例 2-14-5-1】 一条故障电缆的图纸标长为 1250m,实测全长为 1200m,而测得的故障距离是 850m,试问该障点在图纸上的何处?

已知:$L_t = 1250$,$L = 1200$,$L_x = 850$。求 $L_{xt}$。

**解:** 根据式(2-14-5-2)得

$$L_{xt} = L_x \frac{L_t}{L} = 850 \times \frac{1250}{1200} \approx 885.4 \text{ (m)}$$

上例说明当电缆线路较长,而且图纸标长与测长相差较大时,这一系统误差可能导致几十米的绝对误差,因而必须

引起测试者的注意并加以消除。当选用先进的智能测试设备时，可以利用低压脉冲法的电波测速的功能。即以图纸标长为基准，测出电波在电缆中的传播速度，然后再利用这一速度测故障距离。这样就从根本上消除了系统误差，无须再进行换算。

**2. 脉冲反射电压取样法**

脉冲反射电压取样法又称闪络法，是20世纪70年代发展起来的一种高阻和泄漏性、闪络性故障的测试方法。它首先使电缆故障点在直流高压（直闪法）或冲击高压（冲闪法）信号的作用下击穿，即发生闪络放电，该闪络则在电缆中产生一个电压跃变（即脉冲），于是，这个跃变的电压脉冲就以电波的形式在测试端与故障点之间来回反射，然后在电缆终端记录该电波的波形，从波形上可以确定脉冲电压在测试端与故障点之间往返一次所需的时间，再根据电波在电缆中的传播速度，就可以由式（2-14-5-1）算出故障点的距离。

脉冲反射电压取样法的重要优点是不必将高阻故障和泄漏性、闪络性故障"烧穿"降阻而直接测试，并且测试速度快、误差小、操作简单等。但是，脉冲反射电压取样法需要通过电容、电阻分压器测量电压脉冲信号，仪器与高压回路有电耦合，致使测试仪的安全程度不够理想。另外，在冲闪法时，由于高压电容器对脉冲信号呈短路状态，所以需要一隔离电感或电阻，从而降低了电容放电时加到故障电缆上的电压，使故障点不易击穿。

脉冲反射电压取样法对各种电缆故障均适用。其中直闪法对闪络性高阻故障最有效，冲闪法最适合测试泄漏性高阻故障，并对其他各种性质的电缆故障均适用。

**3. 脉冲反射电流取样法**

脉冲反射电流取样法与脉冲反射电压取样法大致相同。它们的区别只在于：脉冲反射电流取样法是通过记录故障点击穿时产生的电流行波信号在测试端与故障点之间往返一次所需的时间来计算故障点距离。也就是说：电流取样法测取的是电流行波信号，电压取样法测取的是电压行波信号，除此以外，它们的测试方法，距离计算公式及其各自的适用范围都完全相同。

实际上，脉冲反射电流取样法和电压取样法，在具体的测试工作中，由于提取的试样不同而使接线方式迥异，尽管它们在同样的测试方法下，所测得的波形也完全不同，从而波形的分析也相差很大。脉冲反射电流取样法与电压取样法相比具有以下优点。

(1) 仪器与高压回路没有电的联系，是磁耦合，提高了仪器的安全程度。

(2) 脉冲电流耦合波形比较简单，易于理解与掌握。

(3) 无须在电缆端头与放电间隙之间串联电感或电阻以产生电压信号，从而减小了测试电路的能量损耗和复杂性。

**（二）电力电缆的长线等效线路**

**1. 长线与短线**

电力电缆是电力传输线路的一种，传输线路本身几何长度 $L$ 大于它所传输电波的波长 $\lambda$（$\lambda=$ 传输速度 $v$/电波频率 $f$），或二者可以相比拟时，则称该传输线路为长线，否则为短线。当传输的电波为脉冲波时，波长等于脉冲宽度 $\tau$。可见，长线或短线是相对于 $\lambda$ 或 $\tau$ 的相对概念。

在微波技术中，波长的计量单位是米或厘米。因此，长线的几何长度并不一定要很长，有时只不过几厘米或几米就足够了。对于电力传输线路而言，即使线路长度达千米以上，它比起工频信号的波长（6000km）要小得多，因此不能称之为长线。

当在电缆线路上利用脉冲反射测试技术进行故障诊断时，情况就发生变化了。一般来说，低压脉冲的宽度 $\tau=0.2\sim2\mu s$，脉冲电压、电流波的宽度不足 $1\mu s$，而电波在电缆中的传播速度一般不超过 $200m/\mu s$。因此，低压脉冲的波长 $\lambda=40\sim400m$，而脉冲电压、电流波的波长不大于 $200m$。可见，当电缆线路长度在几十米以上时可以等效为长线。

**2. 长线等效电路**

电力电缆被看作长线时，就不再是简单的导体（线芯）——绝缘——对地（外护套）回路，而是由许许多多的等效电阻、电导、电感、电容构成，这些参数沿整个电缆线路均匀分布，故称之为分布参数。电缆等效长线分布参数电路如图2-14-5-1所示。

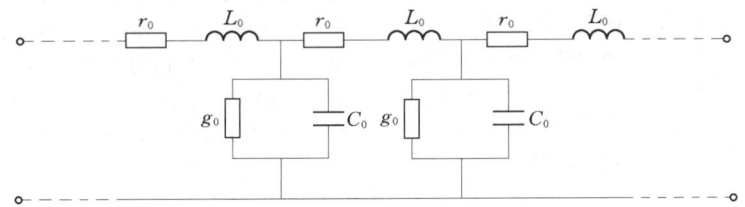

图2-14-5-1 电缆等效长线分布参数电路

$r_0$—电缆线路单位长度的电阻；$g_0$—电缆线路单位长度的电导；
$L_0$—电缆线路单位长度的电感；$C_0$—电缆线路单位长度的电容

当信号电流流过每一单位长度电缆线路上的电阻和电感时，都会产生电压降，并会通过电导和电容分流而中途返回。当电缆传输高频电波时，可以忽略电阻和电导的损耗，即认为 $r_0=g_0=0$，这种电路被称为无损耗电路。如无特别说明，所讨论的电缆等效电路均指这种无损耗电路。电缆无损耗等效长线分布参数电路如图2-14-5-2所示。

**（三）电波在电缆中的传播速度**

如图2-14-5-2所示，在电缆的一端施加电压后，电缆的另一端并不能立即得到电压，这是由于 $L_0$ 和 $C_0$ 的惰性所致。由于电感 $L_0$ 中的电流不能立即产生，电容 $C_0$ 上的电压不能马上建立，都需要一定的时间才能在 $L_0$ 和 $C_0$ 中逐一（由始端向终端）产生和建立起电流和电压，最后到达电缆另一端（即终端）。可见，电压波从电缆的始端到达终端需要经历一定的时间，即电波在电缆中是以一定的速度传播的。

若一电波从长度为 $L$ 的电缆始端传到终端需要经过的时间为 $T$，则该电波在电缆中的传播速度 $v$ 为

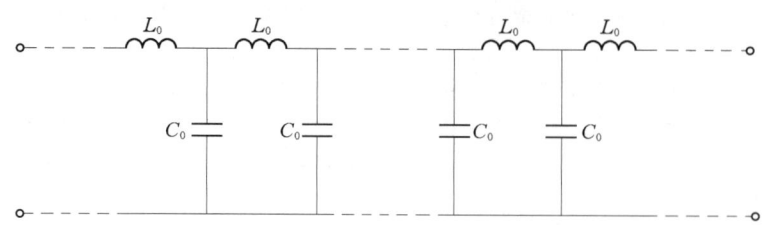

图 2-14-5-2 电缆无损耗等效长线分布参数电路

$$v = \frac{L}{T} \quad (2-14-5-3)$$

经分析计算可得

$$v = \frac{1}{\sqrt{L_0 C_0}} = \frac{1}{\sqrt{\varepsilon \mu}}$$

即

$$v = \frac{1}{\sqrt{\varepsilon_0 \varepsilon_r \mu_0 \mu_r}} = \frac{1}{\sqrt{\varepsilon_0 \mu_0}} \cdot \frac{1}{\sqrt{\varepsilon_r \mu_r}} \quad (2-14-5-4)$$

式中 $\varepsilon_0$——真空介电系数，$\varepsilon_0 = 1/(36\pi \times 10^9)$；
$\mu_0$——真空磁导率，$\mu_0 = 4\pi 10^{-7}$；
$\varepsilon_r$——相对介电系数；
$\mu_r$——相对磁导率。

把 $\varepsilon_0$、$\mu_0$ 值代入式（2-14-5-4）可得

$$v = \frac{1}{\sqrt{\frac{1}{36\pi 10^9} \times 4\pi 10^{-7}}} \sqrt{\varepsilon_r \mu_r}$$

$$= \frac{1}{\sqrt{\frac{1}{9 \times 10^{16}}} \sqrt{\varepsilon_r \mu_r}}$$

$$= \frac{3 \times 10^8}{\sqrt{\varepsilon_r \mu_r}}$$

则

$$v = \frac{C_0}{\sqrt{\varepsilon_r \mu_r}} \quad (2-14-5-5)$$

式中 $C_0$——光速，$C_0 = 3 \times 10^8$，m/s。

由式（2-14-5-5）可知，电缆中电波的传播速度只与电缆绝缘材料的相对介电系数和相对磁导率有关，而与电缆的长度、结构、导体材料等无关。由于不同绝缘材料的介电系数差别较大，所以电波在不同绝缘材料电缆中的传播速度也互不相等。但对于同种绝缘材料电缆中的电波传播速度却是恒定的常数。

采用脉冲反射法测试电缆故障距离时，测取量是电波在故障电缆的测试端至故障点之间往返一次的传播时间 $T$，而故障距离 $L_x$ 是由式（2-14-5-1）计算而得，式中电波在电缆中的传播速度 $v$，需要预先掌握。现将常用电力电缆的电波传播速度计算值与推荐使用值列于表 2-14-5-1 中，以便读者参考。

#### （四）电缆的特性阻抗

当电缆被等效地看作长线时，可以用一个特性参数来描述电缆中电压与电流的对应关系。这个特性参数就是特性阻抗，又称波阻抗。一般地，电缆中的电压波和电流波是互相伴随着向前传播的。把从电缆始端推进的入射电压波 $U^+$ 与入射电流波 $I^+$ 之比定义为电缆的特性阻抗 $Z_c$，则 $Z_c$ 可表示为

表 2-14-5-1 常用电缆电波传播速度参考值

| 电缆绝缘材料 | | | 波速/(m/μs) | |
|---|---|---|---|---|
| 名称 | $\mu_r$ | $\varepsilon_r$ | 计算值 | 推荐值 |
| 油浸纸 | 1 | 3.0~3.8 | 154~173 | 160 |
| 不滴流纸 | 1 | 4.0~4.6 | 140~150 | 144 |
| 聚苯乙烯 | 1 | 2.5~2.6 | 186~190 | 184 |
| 交联聚乙烯 | 1 | 2.4 | 194 | 172 |
| 聚氯乙烯 | 1 | 4~5 | 134~150 | 142 |
| 天然橡胶 | 1 | 2.5 | 190 | 190 |
| 乙丙橡胶 | 1 | 2.2 | 202 | 200 |
| 丁苯橡胶 | 1 | 2.0~2.8 | 179~212 | 195 |
| 丁基橡胶 | 1 | 2.3 | 198 | 200 |

注 1. 各种绝缘材料的磁导率均为近似值。
2. 计算值是按纯净绝缘材料计算而得。
3. 推荐值是经过大量实测统计而得。

$$Z_c = \frac{U^+}{I^+}$$

经分析计算得

$$Z_c = \sqrt{\frac{L_0}{C_0}} \quad (2-14-5-6)$$

式中 $L_0$——电缆线路单位长度的电感；
$C_0$——电缆线路单位长度的电容。

式（2-14-5-6）中的 $L_0$、$C_0$ 除了与电缆所用的绝缘材料的介电系数和磁导率有关外，还与电缆的几何结构（如电缆的截面结构、绝缘层厚度、线芯与外护层间的距离等）有关。因此，不同种类、不同规格的电缆，其特性阻抗不同，而且电缆线芯的截面积越大，其特性阻抗值越小。例如：10kV 240mm² 电缆的特性阻抗大约为 10Ω，10kV 35mm² 电缆的特性阻抗大约为 40Ω。

反射电压波 $U^-$ 和反射电流波 $I^-$ 的比值也等于电缆的特性阻抗 $Z_c$，只是由于把 $I^-$ 的方向假设与 $I^+$ 一致，而实际传播方向相反，所以它们的关系是

$$Z_c = \frac{U^+}{I^+} = -\frac{U^-}{I^-} \quad (2-14-5-7)$$

线路上电流行波的流动方向是电压行波前进的方向，规定电流的正方向与距离的正方向一致，假设电压行波极性为正，正向电流行波的流动方向与距离方向一致，为正极性；而反向电流行波的流动方向与距离方向相反，为负极性。

如上所述，电缆的特性阻抗为一纯电阻，其基本单位为 Ω。其数值的大小只与电缆的几何结构和绝缘介质有关，而与电缆的长度、导体材料、所传播波的频率等无关。电缆的特性阻抗是电缆中一对正向或反向电压、电流波之间的幅值比，而不是任意点电压、电流瞬时值之比。因为，电缆任

意点电压、电流的瞬时值是经过该点的许多个正、反向电压、电流波的叠加。

电缆等效长线结构如图 2-14-5-1 和图 2-14-5-2 所示。通过分析推导可得其特性阻抗的计算公式。

同轴线特性阻抗计算公式为

$$Z_c = 60\sqrt{\frac{\mu_r}{\varepsilon_r}}\ln\frac{b}{a} \qquad (2-14-5-8)$$

式中  $a$——导体半径；

　　　$b$——绝缘层外半径。

双导线特性阻抗计算公式为

$$Z_c = 120\sqrt{\frac{\mu_r}{\varepsilon_r}}\ln\frac{2D-d}{d} \qquad (2-14-5-9)$$

式中  $D$——两导线中心距离；

　　　$d$——导线直径。

### （五）电缆中电波的反射

电缆中电波的传播情况是由电缆线路阻抗决定的。两条特性阻抗不同的电缆连接时，连接点处将出现阻抗失配。当电缆线路中出现低阻或断线故障时，故障点的等效阻抗与特性阻抗不相等，也将出现阻抗失配现象。当电缆中间头结构较电缆本体改变较大或材料特性差异较大时，该电缆中间头部位的阻抗也就产生了较大的改变，形成阻抗失配。当电波到达这些阻抗失配点时，会产生部分或全部的反射，即行波回送。在低阻故障（但故障电阻不为零）时，还会有电波透射现象，即有一部分电波越过故障点继续往前运动。

电波的反射强度可用发生反射的阻抗失配点的反射电压（电流）与入射电压（电流）之比来表示，这个比值称为反射系数 $P$。

如图 2-14-5-3 所示，设入射波由 A 端推入，终端（或故障点）B 的等效阻抗为 $Z_x$，入射波到达终端（或故障点）而产生反射时，其 B 端电压、电流分别为 $U_x$、$I_x$，则它们应为入射电压（电流）和反射电压（电流）之和，即

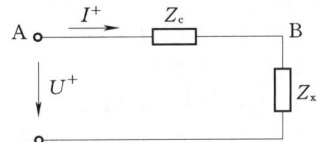

图 2-14-5-3　反射系数推导电路

$$U_x = U^+ + U^- \qquad (2-14-5-10)$$
$$I_x = I^+ + I^- \qquad (2-14-5-11)$$

另外，$U_x$ 与 $I_x$ 的比值等于 B 端的等效阻抗 $Z_x$，即

$$Z_x = \frac{U_x}{I_x} \qquad (2-14-5-12)$$

将式 (2-14-5-7)、式 (2-14-5-10)~式 (2-14-5-12) 联解，不难求出电压反射系数 $P_u$ 和电流反射系数 $P_i$：

$$P_u = \frac{U^-}{U^+} = \frac{Z_x - Z_c}{Z_x + Z_c} \qquad (2-14-5-13)$$

$$P_i = \frac{I^-}{I^+} = -\frac{Z_x - Z_c}{Z_x + Z_c} = -P_u \qquad (2-14-5-14)$$

根据式 (2-14-5-13) 和式 (2-14-5-14)，讨论以下几种特殊情况。

(1) $Z_x = Z_c$ 时，$P_u = P_i = 0$，即反射系数为零，这时无反射波产生，这种现象称为匹配。终端匹配时，入射波到达终端后，长线上的电压和电流就不再发生变化了，也不发生反射，而是被 $Z_x$ 全部吸收。这样，长线终端得到和始端相同的电压和电流，只是在时间上略有延迟。

(2) $Z_x \to \infty$ 时，$P_u = 1$，$P_i = -1$，这种状态为开路状态。开路状态造成电压的全反射。电压反射波与入射波极性相同。开路端的实际电压是入射电压和反射电压之和，因此出现电压加倍现象。由于 $P_i = -1$，反射电流与入射电流大小相等，方向相反，开路端的实际电流是二者之和，因此为零。

(3) $Z_x \to 0$ 时，$P_u = -1$，$P_i = 1$，这种状态为短路状态，短路点的反射电压与入射电压大小相等，方向相反，其合成电压为零。由于短路点电流反射系数 $P_i = 1$，反射电流与入射电流大小相等，方向相同。因此，短路点出现电流加倍现象。

### （六）故障点的闪络机理

用一个放电间隙 $J_s$ 和一个故障电阻 $R_s$ 组成故障点的等效电路，如图 2-14-4-1 所示，图中 $V_g$ 为故障点的击穿电压。

如前所述，故障点的形式多种多样，故障点的阻值也是千变万化的，十分复杂。电缆故障点的闪络机理是脉冲反射法最根本的理论依据。如果故障点不发生闪络击穿，则故障波形就不可能产生。

电缆故障，除金属性接地故障（$R_s = 0$）不放电以外，其余情况下，由于绝缘介质被破坏，其介电强度下降，在不同的加压方式（直流电压或冲击电压）下，只要外加电压达到或超过绝缘介质的耐电强度，故障点就会发生介质的闪络击穿，其机理简述如下。

在强电场下，固体导带中因冷发射或热发射而存在一些电子，这些电子一面在外电场作用下被加速获得动能，一面与晶格相互作用而激发晶格振动，把电场的能量传递给晶格，当这两个过程在一定的条件下（电场强度和温度）平衡时，固体介质就具有稳定的电导；当电子从电场中得到的能量大于损失给晶格振动的能量时，电子所具有的能量就会越来越大，当电子的能量增大到一定值时，电子与晶格的相互作用便导致介质的碰撞电离，从而产生新的电子，而这些新产生的电子同样重复上述过程。这样就使介质中的自由电子数量迅速增加，即形成"电子雪崩"。因此介质的电导打破原来的稳定状态而急剧增加，于是击穿开始发生，使故障点被强大的电子流瞬间短路。

介质发生雪崩击穿，需要一定的时间，这种现象称为延迟效应。电缆故障点在闪络击穿过程中，由于电流和损耗的存在，而伴随着热效应的作用，从而导致故障点绝缘状态进一步恶化，故障电阻不断降低，进而加速故障点的击穿进程。

## 二、脉冲反射法基本原理

### （一）低压脉冲反射法

低压脉冲反射法，又称雷达法。它是根据传输线理论，在被测电缆上送入一脉冲电压，当发射脉冲在电缆线路上遇到故障点、电缆终端或中间接头时，由于该处阻抗的改变，而产生向测试端运动的反射脉冲，利用仪器记录下发射脉冲与反射脉冲的时间差 $T$，即发射脉冲在测试端与故障点之间往返一次所需的时间。则故障距离 $L_x$ 可由下式求得

$$L_x = \frac{1}{2}vT \qquad (2-14-5-15)$$

式中  $v$——电波在电缆中的传播速度，m/μs；

$T$——电波在故障点与测试端之间往返一次所需的时间，μs；

$L_x$——故障距离，m。

低压脉冲反射法只适用于低阻短路或接地及断线性故障的测试。对于高阻故障，由于故障点的等效阻抗几乎等于电缆的特性阻抗，造成故障点阻抗突变不明显，反射系数近似为零，产生的反射脉冲相当微弱。因此，低压脉冲反射法不能有效地测试高阻故障，这时需要采用下面介绍的直流高压闪络法或冲击高压闪络法进行测试。

**（二）脉冲反射电压取样法**

脉冲反射电压取样法又称闪络测距法，简称闪测法。闪测法具有直流高压闪络（直闪）方式和冲击高压闪络（冲闪）方式之分别。它们的测试原理是：根据电缆故障性质的不同，在故障电缆上施加直流电压（直闪方式）或冲击电压（冲闪方式），使故障点击穿放电，即发生闪络。根据传输线理论，该闪络将在电缆中产生一个电压跃变（即脉冲），这个跃变的电压将以电波的形式在电缆的测试端与故障点之间来回反射。这时，如果在测试端记录下电波的波形，则可以从电波波形上测出电波来回反射一次的时间 $T$，再根据电波在电缆中的传播速度 $v$，就可以利用式（2-14-5-15）求出故障距离 $L_x$。这就是脉冲反射电压取样直闪或冲闪法的基本原理。

脉冲反射电压取样法适用于低阻、高阻、泄漏性、闪络性等所有故障。其中直闪方式对闪络性故障最有效；冲闪方式对泄漏性故障最有效，并对其他所有故障均十分有效。

脉冲反射电压取样法在脉冲反射诊断技术中应用最为广泛，多年的应用实践，对它的有效性和准确性，给予了充分的肯定，但也发现了它的不足之处。脉冲反射电压取样法是通过电容、电阻分压器测量电压脉冲信号的，仪器与高压回路有电耦合，安全性不够理想；耦合出的电压信号波形上升不够尖锐，有时识别起来有一定的困难，尤其是在特殊波形的分析中，需要有较好的基础理论与实践经验。在采用冲闪方式测距时，由于高压电容器对脉冲信号呈短路状态，所以需要一隔离电感或电阻，这样就增加了接线的复杂性，而且降低了电容器放电时加到故障电缆上的电压，使故障点不容易被击穿，这些不足，有的可以通过测试仪器性能的不断提高与完善加以消除或削弱。

**（三）脉冲反射电流取样法**

脉冲反射电流取样法与脉冲反射电压取样法都是利用行波技术，只是脉冲反射电流取样法所利用的是电流行波信号，而脉冲反射电压取样法利用的是电压行波信号。

脉冲反射电流取样法同样也可以分为直流高压闪络（直闪）方式和冲击高压闪络（冲闪）方式。它们都是根据电缆故障性质的不同，在故障电缆上施加直流电压（直闪方式）或冲击电压（冲闪方式），使故障点击穿放电，即发生闪络。然后通过记录测量故障点击穿时产生的电流行波信号在测试端与故障点之间往返一次所需的时间 $T$，再根据电波在电缆中的传播速度 $v$，就可以利用式（2-14-5-15）求得故障距离 $L_x$。可见脉冲反射电流取样法与电压取样法的基本原理完全相同。

脉冲反射电流取样法的电流脉冲信号，是利用线性电流耦合器来测量流入充电电容的脉冲电流信号。当放电脉冲电压（或故障点反射电压）信号到达测试端时，高压电容器呈短路状态，产生很强的脉冲电流信号，被仪器记录下来的就是线性耦合器输出的、与高压回路电流成正比的尖锐脉冲电流信号。

脉冲反射电流取样法的应用范围与脉冲反射电压取样法完全相同。其中电流取样直闪法也是最适合于闪络性故障的测试，电流取样冲闪法对泄漏性故障及其他性质的故障均十分有效。

**（四）多脉冲测试法**

多脉冲测试法实际上是冲击高压闪络法的一种特殊形式。其简单工作原理是：利用一个"多脉冲产生器"将"高压发生器"产生的瞬时冲击高压脉冲引导到故障电缆的故障相上，使故障点充分击穿，并且延长故障点击穿后的电弧持续时间。在击穿电弧持续时间内，由"多脉冲自动触发装置"先后发出多个测试低压脉冲，经"高频高压数据处理器"传送到被测故障电缆上。此时，该测试低压脉冲在电缆中的传输特性与机理与低压脉冲反射法完全相同。我们利用电缆击穿后的电流、电压波形特征，将形成的反射脉冲波形记录下来，则可以从电波波形上测出电波来回反射一次的时间 $T$，再根据电波在电缆中的传播速度 $v$，就可以利用式（2-14-5-15）求出故障距离 $L_x$。这就是多脉冲测试法的基本原理。

多脉冲测试法与低压脉冲法极其相似，只是在低压测试脉冲之前，需要有高压冲击脉冲将故障点充分击穿，并维持击穿电弧至低压测试脉冲形成完整反射波。多脉冲测试法是当今高阻故障（包括闪络性高阻故障和泄漏性高阻故障）最有效的测试方法。

同样，多脉冲测试法的取样方式也可分为电压取样和电流取样，并可进一步细分为高压端和低压端电压、电流取样，电感与电阻取样，始端与终端取样等。由于低压端电流取样接线简便、安全可靠、波形易于识别，所以本书只介绍低压端电流取样法。

多脉冲法的实质是把高阻故障转化为低阻短路性故障，使现场测得的故障波形得到简化，将复杂的高压冲击闪络波形变成了非常容易判读的类似于低压脉冲法的短路故障波形。所以，大大提高了现场故障的判断准确率。

### 三、DGC-2010A 多脉冲智能电缆故障测试仪简介

该仪器采用目前国际上最先进的"多次脉冲"技术，配以测试技术和高频高压数据信号处理装置，使其具有极好的电缆故障波形判断能力和简化方便的操作系统。

多脉冲法可将复杂的高压冲击闪络波形智能处理成非常容易判读的类似于低压脉冲法的短路故障波形，极大地提高了故障测试的正确性和准确率。

多脉冲智能电缆故障测试仪采用 10 英寸真彩显示触摸屏幕，波形显示特别清晰。由于采用清晰屏幕触摸键，使得操作也十分简单。

**（一）仪器功能与特点**

（1）适用于测量各种不同截面、不同介质的各种电力电缆、高频同轴电缆、市话电缆及两根以上均匀铺设的地埋电线等电缆的高低阻、短路、开路、断路以及高阻泄漏和高阻闪络性故障。

（2）在低压脉冲状态下，可自动完成故障距离的计算。

(3) 可测 35kV 及以下电压等级所有电缆的高、低阻故障，适应面广。

(4) 采用了国际先进的"多脉冲法"测试技术，同时还具有传统的冲击高压闪络法和低压脉冲法。

(5) 在多次脉冲模式下，任何高阻故障均呈现最简单的类似于低压脉冲短路故障特征的波形，极易判读。

(6) 具有方便的全中文菜单以及清晰屏幕触摸键操作。

(7) 测试故障成功率、测试精度及测试方便程度处于国内领先地位。

(8) 超大液晶屏作为显示终端，仪器具有强大的数据处理能力和友好的显示界面。

(9) 具有极安全的采样高压保护措施。测试仪器在冲击高压环境中不会死机和损坏。

(10) 具有屏幕拷贝功能，用于波形打印。

(11) 按键定义简单明了，操作简单，可靠性高，测量方法简单快速。

(12) 内置电源，可在无外部电源环境测试电缆的开路及低阻短路故障。

(13) 具有 USB 接口，可用移动硬盘进行数据拷贝。

(14) 具有通用的网络接口，可直接通过网络进行数据远程传输。

**（二）主要技术指标**

(1) 测试方法：多脉冲法、冲击高压电流取样法和低压脉冲法。

(2) 冲击高压：<35kV。

(3) 数据采样速率：120MHz、90MHz、60MHz、30MHz。

(4) 测试距离：>15km。

(5) 读数分辨率：<0.5m。

(6) 系统测试精度：<50cm。

(7) 测试脉冲幅度：约 380V。

(8) 多脉冲发送及故障反射信号的自动显示，使得故障特征波形的表示极为简单。所有的高阻故障波形仅有一种，即类似低压脉冲法的短路故障波形。

(9) 具有测试波形储存功能：能将现场测试到的波形按规定顺序方便地储存于仪器内，供随时调用观察。可以储存大量的现场测试波形。

(10) 能将仪器在不同的工作状态下测得的故障电缆波形同时显示在屏幕上进行同屏对比和叠加对比。使得故障距离的判断更加准确。

(11) 内置电源：充满电后可连续工作 6h，也可外接交流电源工作。

(12) 工作条件：温度 −10～+45℃，相对湿度不大于 90%，大气压力（750±30）mmHg。

**（三）仪器面板及操作功能**

1. 仪器正视图

如图 2-14-5-4 所示，有工作状态指示灯，红灯亮为低压脉冲测量状态，黄灯亮为冲闪测量状态，蓝灯亮为多脉冲测量状态。有 LCD 彩色显示屏、输入/输出接口、输入信号幅度调节旋钮、USB 接口、网络接口、充电输入接口、电源开关。

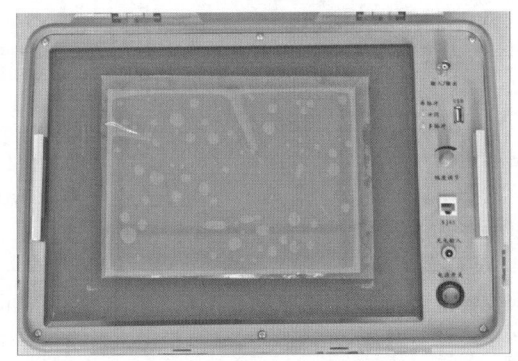

图 2-14-5-4 DGC-2010A 多脉冲智能电缆故障测试仪正视图

2. 按键功能介绍

在开机界面（见图 2-14-5-5）下，各按键功能如下。

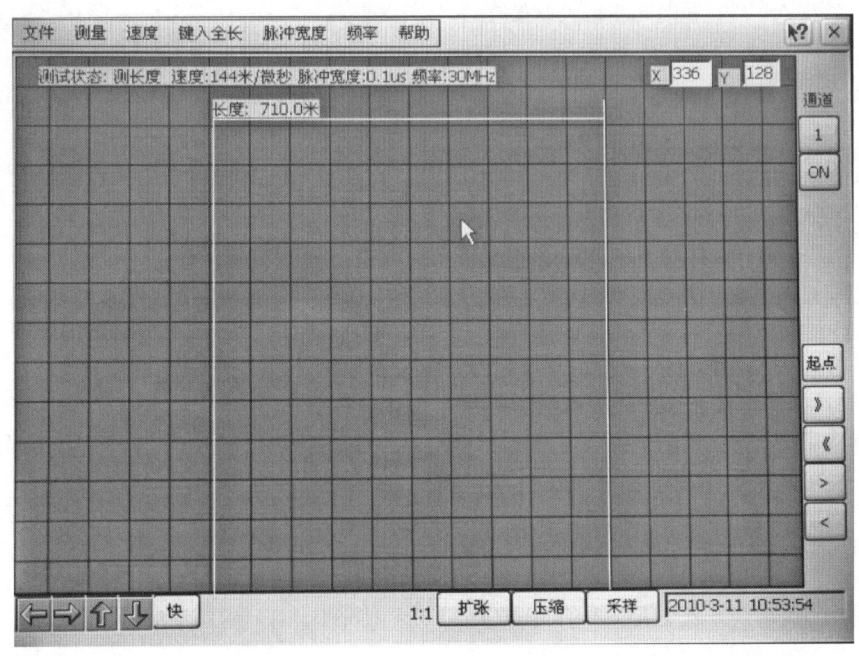

图 2-14-5-5 DGC-2010A 多脉冲智能电缆故障测试仪开机工作界面

(1) ⇧键有如下功能：选中的波形可向上移动。
(2) ⇩键有如下功能：选中的波形可向下移动。
(3) ⇦键有如下功能：选中的波形可向左移动。
(4) ⇨键有如下功能：选中的波形可向右移动。
(5) 扩张键有如下功能：选中的波形可按比例放大。
(6) 压缩键有如下功能：选中的波形可按比例缩小。
(7) 起点、终点键有如下功能：按此键，起点和终点循环显示，若显示起点，则按≪键，≫键，＜键，＞键移动的是起点光标，若显示终点，则按≪键，≫键，＜键，＞键移动的是终点光标。
(8) 采样键有如下功能：向下位机发送命令，等待下位机回传有效测量数据。
(9) ≪键有如下功能：光标快速左移，不论在起点或终点状态，自动计算测量结果。
(10) ≫键有如下功能：光标快速右移，不论在起点或终点状态，自动计算测量结果。
(11) ＜键有如下功能：光标左移一线，不论在起点或终点状态，自动计算测量结果。
(12) ＞键有如下功能：光标右移一线，在起点键按后，会自动计算测量结果。
(13) 通道选择：仪器设有6个通道进行采样和显示波形，按通道的数字键可循环选择当前的工作通道，6个通道采样的波形可同时显示到屏幕上，也可关断不需要的通道。没有进行多脉冲测量时，只有3个通道可选择。

3. 操作菜单介绍

当仪器打开电源开关正常工作时，首先加载Windows操作系统，然后进入仪器程序，显示设备名称8s左右，自动进入工作界面，如图2-14-5-5所示。

(1) 文件菜单。
1) 打开——打开原有的波形数据文件。
2) 保存——把当前选中的显示波形数据存入到指定的路径/文件。测试完毕后，如果操作者认为此次测试结果有保留价值，可用"保存"功能。界面将弹出文件保存的二级菜单。点击二级菜单上的相关键后，在名称栏填入要保存的文件名，由"OK"键或"×"键确定此次测试结果的保存或取消
3) 保存屏幕——把当前选中的显示波形数据及工作状态保存为图形文件，并可通过打印机打印为纸张文件，以便保存或交流。
4) 关闭——退出当前操作程序。
5) 退出——在数据处理界面，测试完毕后，需要结束此次测试时，此功能仪器自动回到计算机的桌面系统。进入关机或其他应用状态。

(2) 测量菜单。
1) 脉冲——有两种选择：一是测长度或故障；二是测速度。同时向下位机发送操作命令，建立脉冲测试条件。
2) 冲闪——向下位机发送操作命令，建立冲闪测试条件。
3) 多次脉冲——向下位机发送操作命令，建立多次脉冲测试条件。

(3) 速度菜单。速度——在以下速度值中选择144m/μs、160m/μs、172m/μs、184m/μs或自选键入新的速度值。当有测试结果显示时，改变速度值后自动修改测试结果并显示。

(4) 键入全长菜单。键入全长——在脉冲状态下测试速度值时需要键入被测电缆的长度值。
(5) 脉冲宽度菜单。脉冲宽度——选择测量用的脉冲宽度4μs、2μs、0.5μs、0.1μs。
(6) 频率菜单。频率——在以下频率值中选择30MHz、60MHz、90MHz、120MHz。
(7) 帮助菜单。帮助——建立一些与本仪器有关的说明文档。
(8) 网络操作。用网络连接线把该仪器与网络连通后，进行以下操作即可实现数据在线传输。
1) 若在测试工作界面（或运行其他程序），则关闭当前程序，返回到桌面。
2) 在进入网络浏览器之前，先进行键盘释放操作。
3) 在桌面，点击网络浏览器，这时与在计算机上的操作完全相同。

**（四）电缆故障测试步骤及测试方式选择**

在测试电缆故障之前，测试人员除掌握本机性能与操作方法之外，必须首先确定电缆故障的性质，以便选用适当的工作与测试方法。

首先用兆欧表和万用表在电缆一端测量各相对地及相对相之间的绝缘电阻，根据阻值高低确定故障性质是低阻短路或断线开路，或者是高阻闪络性故障。

(1) 凡是故障电缆的故障性质为低阻短路性故障、开路或断线性故障时，可选用低压脉冲法直接测试。
(2) 凡是故障电缆的故障性质为绝缘电阻很高（数百兆到数千兆）且在作耐压试验时有瞬间放电现象，此类故障一般称为闪络性故障，可选用冲闪法或多次脉冲法测试。
(3) 凡是故障电缆的故障性质为高阻故障（阻值高于电缆特性阻抗）时，可选用冲闪法或多次脉冲法测试。
(4) 按一定方式粗测之后再进行精确定点，必要时需查找电缆路径、丈量电缆长度或路径距离。

**（五）高压闪络测试法测试注意事项**

高压闪络测试时，由于工作电压很高，稍有不慎就会威胁到人身与设备的安全，因此在进行故障测试前应仔细阅读仪器设备的使用说明书，掌握好操作步骤与要领，妥善连接各仪器设备和被测电缆的接线。同时操作中还应注意以下几点。

(1) 高压闪络测试时，高压试验设备应由专业人员操作，仪器接线、调整时应断开电源，彻底放电并挂好安全地线。
(2) DGC-2010A设备全部由机内内置电池供电。在每次到现场测试电缆故障前，必须将主机的电池电压充足。外接电源充电时，"电源开关"指示灯亮，表示正在进行充电。一般充电4h即可。电池电压充足以后可以保证正常工作6h左右。仪器在使用时可接交流电源进行浮充使用。但是在进行高压闪络测试时，必须与外部交流电源完全断开。
(3) 电流取样器接地端必须可靠接地，否则高压放电通路断开，高压会感应到测试仪而对仪器造成安全隐患。
(4) 从测试仪安全考虑，闪络测试时一定要选择在冲闪或直闪工作状态。如果错误选择在低压脉冲状态进行高压闪络测试时，将有可能损坏测试仪内部低压脉冲电路。
(5) 测试系统应正确接地。即高压设备，电流取样器地线一定要就近接电缆的地线。测试仪保护接地应与高压设备

地线分开连接。

（6）测试时各连接点应牢固连接，不应有放电火花，否则会影响测试波形。

（7）测试仪属高度精密的电子设备。非专业人员不可轻率拆卸。测试仪器有问题，请及时与经销商或制造商联系。

（8）测试仪要退出测试状态并关机时，应进入文件菜单用"退出"功能退到桌面系统，再按正常程序关闭计算机。计算机关闭后，请将面板上的"电源开关"断开，以确保计算机不再待机耗电。

## 第六节 故障性质判断

电缆故障性质的判断，是电缆故障测试工作程序中的第一步。电缆故障性质判断的准确与否直接影响粗测方法选择的正确性。有时，由于故障性质的判断失误，导致测试方法的选择错误，直至造成整个测试工作的失败。因此，我们必须熟练掌握才能准确地判断各类电缆故障的性质。

本篇第一章中，曾经介绍了电缆故障的原因及其特点，并对电缆故障按照其故障性质进行了详细的分类。那么如何判断出电缆故障的性质呢？下面，就分运行故障和预试故障两部分来分别介绍故障性质的判断方法及其故障距离测试方法的选择。

### 一、运行故障

运行故障是指电缆在运行中，因绝缘击穿或导线烧断而引起的保护器动作而突然停止供电的故障。运行故障可以造成电缆的单相或多相的高阻、低阻、断线性故障，或者是它们的混合性故障。要想掌握电缆故障的确切性质，可进行以下两种电气试验。

1. 绝缘电阻试验

绝缘电阻试验要求将故障电缆两端三相均作开口处理，然后测量各相间、对地的绝缘电阻值。值得提出的是：当采用高阻计测量绝缘电阻时，如果测得结果为零，其故障电阻 $R_x$ 不一定为零（因为其单位为 MΩ），只有改用低阻测试仪器（单位为 Ω 级）测得的 $R_x$（Ω），才可以与 $Z_c$ 进行比较，以判断故障性质的高阻或低阻。

2. 导通试验

导通试验就是鉴别故障电缆导电线芯是否连续的试验。导通试验要求将故障电缆末端三相短路并接地，然后在故障电缆首端逐一测试各相对地电阻 $R_x$（Ω）。

导通试验一般不允许用高阻测试设备测量。因为，断线性故障的故障点处绝缘可能碳化并形成较低电阻的碳化通道，从而在高阻测试仪下可能呈现电阻为零的假象，造成误判断。

典型运行故障性质判断及粗测方法的选择见表 2-14-6-1。

表 2-14-6-1 典型运行故障性质判断及粗测方法的选择表

| 序号 | 绝缘电阻试验（末端开口） | | 导通试验/Ω（末端三相短路并接地） | 故障性质 | 粗测方法 |
|---|---|---|---|---|---|
| | 相间 | 对地（E） | | | |
| 1 | AB：∞<br>BC：∞<br>CA：∞ | AE：10MΩ<br>BE：∞<br>CE：∞ | AE：0<br>BE：0<br>CE：0 | A 相高阻接地；<br>无断线 | 直闪、冲闪或多次脉冲 A 相 |
| 2 | AB：∞<br>BC：6MΩ<br>CA：∞ | AE：∞<br>BE：4MΩ<br>CE：2MΩ | AE：0<br>BE：0<br>CE：0 | B、C 两相高阻接地；<br>无断线 | 直闪、冲闪或多次脉冲 B、C 相 |
| 3 | AB：30MΩ<br>BC：20MΩ<br>CA：10MΩ | AE：10MΩ<br>BE：20MΩ<br>CE：100Ω | AE：0<br>BE：0<br>CE：0 | C 相低阻接地；<br>A、B 两相高阻接地；<br>无断线 | 低压脉冲 C 相；<br>直闪、冲闪或多次脉冲 A、B 相 |
| 4 | AB：∞<br>BC：8MΩ<br>CA：∞ | AE：∞<br>BE：5MΩ<br>CE：3MΩ | AE：0<br>BE：0<br>CE：0 | C 相高阻接地；<br>B 相断线并高阻接地；<br>另一端情况待测 | 低压脉冲 B 相；<br>直闪、冲闪或多次脉冲 B、C 相 |
| 5 | AB：∞<br>BC：∞<br>CA：∞ | AE：∞<br>BE：∞<br>CE：∞ | AE：∞<br>BE：0<br>CE：0 | A 相断线；<br>另一端情况待测 | 低压脉冲 A 相 |
| 6 | AB：∞<br>BC：10MΩ<br>CA：∞ | AE：∞<br>BE：10MΩ<br>CE：100Ω | AE：0<br>BE：∞<br>CE：0 | B 相断线并高阻接地；<br>C 相低阻接地；<br>另一端情况待测 | 低压脉冲 B、C 相；<br>直闪、冲闪或多次脉冲 B 相 |
| 7 | AB：100kΩ<br>BC：∞<br>CA：∞ | AE：100kΩ<br>BE：10Ω<br>CE：∞ | AE：∞<br>BE：∞<br>CE：∞ | A 相断线并高阻接地；<br>B 相断线并低阻接地；<br>C 相断线；<br>另一端情况待测 | 低压脉冲 A、B、C 相；<br>直闪、冲闪或多次脉冲 A 相 |
| 8 | AB：100kΩ<br>BC：∞<br>CA：∞ | AE：0Ω<br>BE：100kΩ<br>CE：∞ | AE：0<br>BE：∞<br>CE：∞ | A 相金属性接地；<br>B 相断线并高阻接地；<br>C 相断线；<br>另一端情况待测 | 低压脉冲 A、B、C 相；<br>直闪、冲闪或多次脉冲 B 相 |

## 二、预试故障

电缆的预试故障是指在预防性试验中绝缘击穿或绝缘不良而必须进行检修绝缘后才能恢复供电的电缆故障。电缆预防性直流耐压试验的接线方式为：在对一相进行直流耐压时，其他各项（单芯电缆除外）连同地线一并接地。由于电缆的预防性试验是逐相进行的，而且能量较小，所以电缆预试故障不可能造成断线故障，一般多为单相及相间高阻、低阻的接地或短路故障。可见，电缆的预试故障性质要比运行故障简单得多。

电缆预试故障的性质比较容易判断。根据预防性耐压试验的结果和故障相绝缘电阻的测量结果即可作出准确的判断。电缆预防性试验采用直流负高压，耐压试验时，要求被试电缆末端三相开口；绝缘电阻试验同样要求被测电缆末端三相开口。

由于预试故障一般不会造成断线性故障，因而在预试故障性质判断时无需作导通试验。

典型预试故障性质判断及粗测方法选择见表 2-14-6-2。

表 2-14-6-2　　　　　　典型预试故障性质判断及粗测方法选择表

| 序号 | 耐压试验 | 绝缘电阻试验 对地 | 绝缘电阻试验 相间 | 故障性质 | 粗测方法 |
|---|---|---|---|---|---|
| 1 | A：泄漏大<br>B：通过<br>C：通过 | AE：10MΩ<br>BE：∞<br>CE：∞ | AB：∞<br>BC：∞<br>CA：∞ | A 相高阻泄漏性故障 | 冲闪或多次脉冲 A 相 |
| 2 | A：通过<br>B：泄漏大<br>C：泄漏大 | AE：∞<br>BE：20MΩ<br>CE：100KΩ | AB：∞<br>BC：20MΩ<br>CA：∞ | B、C 两相高阻泄漏性故障 | 冲闪或多次脉冲 B、C 相 |
| 3 | A：击穿<br>B：通过<br>C：通过 | AE：100MΩ<br>BE：∞<br>CE：∞ | AB：∞<br>BC：∞<br>CA：∞ | A 相高阻闪络性故障 | 直闪、冲闪或多次脉冲 A 相 |
| 4 | A：击穿<br>B：通过<br>C：击穿 | AE：∞<br>BE：∞<br>CE：∞ | AB：∞<br>BC：∞<br>CA：100kΩ | A、C 相间高阻闪络性故障 | 直闪、冲闪或多次脉冲 A、C 相 |
| 5 | A：击穿<br>B：击穿<br>C：击穿 | AE：∞<br>BE：∞<br>CE：10MΩ | AB：100kΩ<br>BC：∞<br>CA：∞ | A、B 相间高阻闪络性故障；<br>C 相高阻闪络性故障 | 直闪、冲闪或多次脉冲 A、B、C 相 |
| 6 | A：泄漏大<br>B：泄漏大<br>C：通过 | AE：∞<br>BE：∞<br>CE：∞ | AB：10MΩ<br>BC：∞<br>CA：∞ | A、B 相间高阻泄漏性故障 | 直闪、冲闪或多次脉冲 A、B 相 |
| 7 | A：泄漏大<br>B：击穿<br>C：泄漏大 | AE：∞<br>BE：100kΩ<br>CE：∞ | AB：∞<br>BC：∞<br>CA：10MΩ | A、C 相间高阻闪络性故障；<br>B 相高阻闪络性故障 | 直闪、冲闪或多次脉冲 B 相；<br>冲闪 A、C 相 |
| 8 | A：泄漏大<br>B：击穿<br>C：通过 | AE：10MΩ<br>BE：100kΩ<br>CE：∞ | AB：∞<br>BC：∞<br>CA：∞ | A 相高阻泄漏性故障；<br>B 相高阻闪络性故障 | 直闪、冲闪或多次脉冲 B 相；<br>冲闪或多次脉冲 A 相 |
| 9 | A：泄漏大<br>B：泄漏大<br>C：泄漏大 | AE：100MΩ<br>BE：100MΩ<br>CE：100MΩ | AB：200MΩ<br>BC：200MΩ<br>CA：200MΩ | 三相高阻泄漏性故障 | 冲闪或多次脉冲 A、B、C 相 |

# 第七节　故障距离粗测

## 一、经典法简介

经典法作为电缆故障的诊断技术，已逐渐被现代的脉冲反射测试技术所取代。但在某些地区与单位尚不具备脉冲反射测试条件时，仍需要使用经典法。因此，这一节将简单介绍几种常用的经典测试技术的基本原理。

### （一）电阻电桥法

电阻电桥法，在 20 世纪 60 年代以前，被世界各国所广泛采用。该法几十年来几乎没有任何改变，它对低阻接地或短路性故障比较适用。

电阻电桥法的接线原理如图 2-14-7-1 所示，其等效电路如图 2-14-7-2 所示。其工作原理大致如下。

反复调节电桥平衡电阻 $R_2$，最终使电桥平衡，即 CD 之间电位差为零，检流计中的电流为零。此时，根据电桥平衡原理可得

$$R_1 R_4 = R_2 R_3$$

式中　$R_1$——标准电阻，已知；

$R_2$——平衡电阻，已知；

$R_3$——$(2L-L_x)$ 长度直流电阻；

$R_4$——$L_x$ 长度直流电阻。

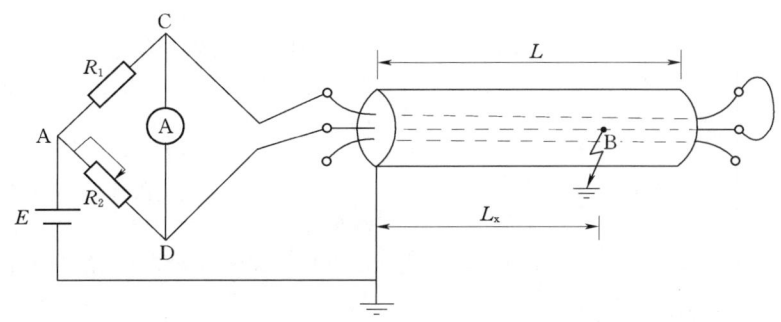

图 2-14-7-1 电阻电桥法的接线原理

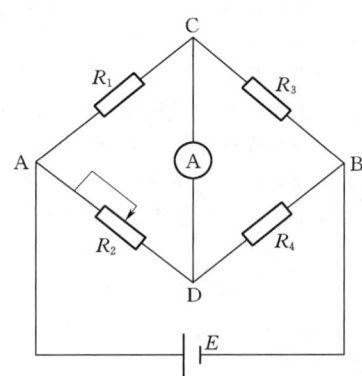

2-14-7-2 电阻电桥法等效电路

由于电缆直流电阻与其长度成正比,所以有

$$\frac{R_3}{R_4}=\frac{2L-L_x}{L_x}=\frac{R_1}{R_2}$$

设:$R_1/R_2=k$,则可得

$$L_x=\frac{2L}{k+1} \quad (2-14-7-1)$$

由式(2-14-7-1)可知,只要掌握电缆的精确长度 $L$ 和电桥已知桥臂的阻值之比 $k$,就能够计算出故障距离 $L_x$。

需要特别指出的是:对于三相断线故障,由于没有完好相做参比,而无法测试,使它的应用范围大打折扣。

### (二) 电容电桥法

当电缆故障呈断线性质时,由于直流电阻电桥法中测量桥臂不能构成直流通路,所以电阻电桥法将无法测量出故障距离,这时采用电容电桥法即可测出故障距离。

电容电桥法的接线原理如图 2-14-7-3 所示,其等效电路如图 2-14-7-4 所示。其工作原理与电阻电桥法基本相同,不同之处在于:直流电源换为交流 50Hz 电源,检流计换成交流毫伏表(见图 2-14-7-1)。

仔细调节平衡电阻 $R_2$,最终可使毫伏表指示为零,即达到电桥平衡,根据电桥平衡原理得

$$R_1X_x=R_2X_0$$

式中 $R_1$——标准电阻;

$R_2$——平衡电阻;

$X_x$——故障相上的容抗;

$X_0$——无故障相上的容抗。

由于电缆上分布电容与电缆长度成正比,所以上式可改写为

$$\frac{R_2}{R_1}=\frac{X_x}{X_0}=\frac{L_x}{L}$$

设:$R_2/R_1=k$,则

$$L_x=kL \quad (2-14-7-2)$$

由式(2-14-7-2)可知,只要精确地掌握电缆全长 $L$,电桥平衡时测出 $k$ 值,就可以计算出故障点距测试端的距离 $L_x$。

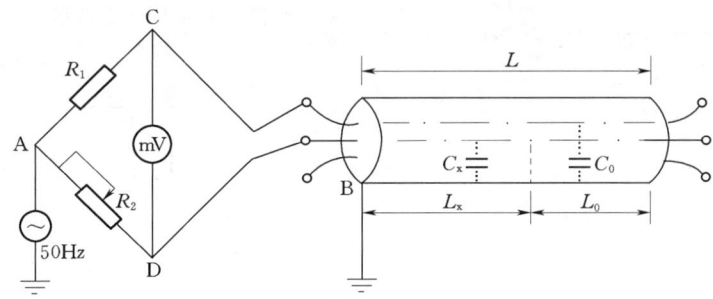

图 2-14-7-3 电容电桥法接线原理

需要注意的是:使用电容电桥法测试电缆故障时,其断线故障的绝缘电阻应不小于 1MΩ,否则会造成较大的误差,从而限制了电容电桥法在实际测试工作中的应用。

### (三) 烧穿降阻法

电力电缆的高阻故障几乎占故障总数的 90% 以上,对于这些高阻故障,经典的测试方法是毫无效果的。因为高阻故障的故障电阻很高,测量电流极小,即使用足够灵敏的仪表也难以测量;对于低压脉冲法,由于故障点等效阻抗几乎等于电缆的特性阻抗,即反射系数几乎为零,所以得不到反射脉冲而无法测量。为了使经典法能够测试高阻故障,必须通过烧穿降阻法把高阻故障变为低阻故障。烧穿的原理电路如图 2-14-7-5 所示。

为利用电缆中电渗透效应的优点,烧穿设备的输出通常是直流负高压。大量的实践证明,用负高压烧穿故障点的效果要比正高压或交流高压烧穿故障点好得多。烧穿电流一般为毫安级。那种认为烧穿须用大电流的概念是错误的,事实

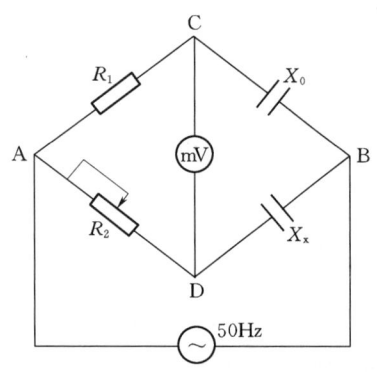

图 2-14-7-4 电容电桥法等效电路

上,在直流负高压下,数毫安的电流即可使故障点的绝缘物碳化。烧穿电流太大时,虽然烧穿速度快,但烧穿过程不易控制,极易引起故障点的碳化熔烧,形成金属性接地故障,从而增加了故障定点工作的难度。

当故障点形成低而稳定的电阻通道时,即可使用低阻测试方法进行故障距离的测试。顺便提一下,并不是所有的高阻故障都可以用烧穿法降为低阻故障(如某些电缆中间头)。对于油浸纸绝缘电缆,由于绝缘油的渗透作用,常使烧穿后的故障阻值回升而影响测试工作,有时需要反复烧穿。

### (四) 高压电桥法

经典法测试高阻故障,必须经过烧穿降阻过程。而有些高阻故障虽然已被烧穿,但当去掉烧穿高压时,故障电阻迅速回升,以致无法测量。另外,前面介绍的几种低压电桥法,由于测试电压低,测量电流小,在检流计灵敏度一定的情况下,测量误差大。为解决上述两个问题,可采用高压电桥法。

高压电桥法的测试接线方式、测量原理与故障距离的计算公式均与电阻电桥法完全相同(不再赘述)。所不同的是将低压直流电源换成高压直流电源。

高压电桥法,由于在测试过程中所有测试设备均在高压状态工作,所以设备与操作人员的安全工作是一个十分重要的问题,只有在比较完善的测试条件下,才可使用高压电桥法。因此,高压电桥法始终没能普遍推广应用。

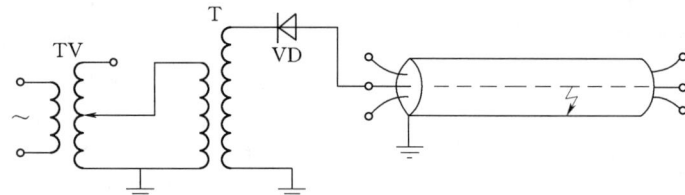

图 2-14-7-5 烧穿的原理电路

## 二、低压脉冲反射法

低压脉冲反射法适用于低阻($R_x < 10Z_c$)短路或接地、断线(开路)性故障,并可测试电缆的全长和电波在电缆中的传播速度。由于电缆的全长及电波在电缆中传播速度的测试方法与开路性故障完全相同,因此本节将不作特别介绍。低压脉冲反射法测试线路非常简单,如图 2-14-7-6 所示。

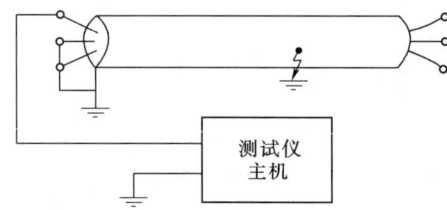

图 2-14-7-6 低压脉冲反射法测试线路

### (一) 短路性故障

如果电缆在 $X$ 处发生低阻($R_x < 10Z_c$)短路或接地性故障时,故障点处的等效阻抗 $Z_x$ 应为故障电阻 $R_x$ 与电缆特性阻抗 $Z_c$ 的并联,即

$$Z_x = \frac{R_x Z_c}{R_x + Z_c} \quad (2-14-7-3)$$

根据传输线理论,故障点 $X$ 处的反射系数应为

$$P_u = \frac{Z_x - Z_c}{Z_x + Z_c}$$

代入式 (2-14-7-3) 得

$$P_u = -\frac{Z_c}{2R_x + Z_c} \quad (2-14-7-4)$$

当 $R_x = 0 \to \infty$ 时,$P_u = -1 \to 0$,从而可得出如下几点结论。

(1) 短路性故障的反射系数为:$-1 \leq P_u < 0$。即 $|U^-| \leq |U^+|$,且 $U^-$ 与 $U^+$ 极性相反。

(2) $R_x$ 越小,反射脉冲幅值 $|U^-|$ 越大;反之,$|U^-|$ 越小。这就是低压脉冲反射法不能测试高阻故障的根本原因。

(3) 当 $R_x = 0$ 时,$P_u = -1$,反射脉冲幅值最大,即 $|U^-| = |U^+|$,这种情况称为短路故障的全反射。

短路性故障的典型波形如图 2-14-7-7 所示。

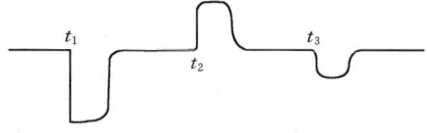

图 2-14-7-7 短路性故障的典型波形

图 2-14-7-7 中:$t_1$ 是测试仪产生的发射脉冲(负极性)开始入射的时刻,$t_2$ 是入射脉冲到达故障点后形成的反极性反射脉冲到达测试端的时刻,由于测试端等效阻抗(测试仪输入阻抗)大于电缆特性阻抗,所以在测试端将产生同极性反射脉冲(相当于 $t_2$ 时刻的反射脉冲)再次向故障点入射,到达故障点后,产生反极性反射,并传向测试端……,从而形成了 $t_3$、$t_4$、…、$t_n$ 时刻的二次、三次等多次反射脉冲。各反射脉冲时间间隔相等,幅值越来越小,各相邻反射脉冲的极性相反。

### (二) 开路性故障

当电缆在 $X$ 处发生开路性故障时,这一点的等效阻抗

$Z_x$ 应为故障电阻 $R_x$ 与电缆特性阻抗的串联,即

$$Z_x = R_x + Z_c \quad (2-14-7-5)$$

根据传输线理论,故障点 $X$ 处的反射系数应为

$$P_u = \frac{Z_x - Z_c}{Z_x + Z_c}$$

代入式(2-14-7-5)得

$$P_u = \frac{R_x}{R_x + 2Z_c} \quad (2-14-7-6)$$

当 $R_x = 0 \to \infty$ 时,$P_u = 0 \to 1$,因此可以得出以下几点结论。

(1) 开路性故障的反射系数为:$0 < P_u \leq 1$。即 $|U^-| \leq |U^+|$,且 $U^-$ 与 $U^+$ 极性相同。

(2) $R_x$ 越大,反射脉冲幅值 $|U^-|$ 越大;反之,$|U^-|$ 越小。

(3) 当 $R_x = \infty$ 时,$P_u = 1$,反射脉冲幅值最大,$|U^-| = |U^+|$,这种情况称为开路故障的全反射。

开路性故障的典型波形如图 2-14-7-8 所示。

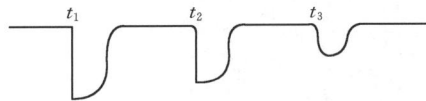

图 2-14-7-8 开路性故障的典型波形

图 2-14-7-8 中:$t_1$ 是测试仪产生的发射脉冲(负极性)开始入射的时刻,$t_2$ 是入射脉冲到达故障点后形成的同极性反射脉冲到达测试端的时刻。由于测试端的等效阻抗(测试仪输入阻抗)大于电缆的特性阻抗,所以在测试端将产生同极性反射脉冲(相当于 $t_2$ 时刻的反射脉冲)再次向故障点入射,到达故障点以后再次产生同极性反射,并传向测试端……,从而形成了 $t_3$、$t_4$、…、$t_n$ 时刻的二次、三次等多次反射。各反射脉冲极性相同、时间间隔相等,但幅值越来越小。

**(三)电缆中间接头反射**

电缆线路上常常存在着一个或多个中间接头。由于电缆接头处的绝缘材料及其几何结构等发生了变化,因此电缆接头处的特性阻抗就与电缆本体的特性阻抗不同,根据传输原理,脉冲波在电缆中间接头处也将产生反射现象。

根据同轴电缆特性阻抗计算公式,可以作出如下定性分析

$$Z_c = 60\sqrt{\frac{\mu_r}{\varepsilon_r}} \ln \frac{b}{a}$$

式中的绝缘材料相对介电系数 $\varepsilon_r$、绝缘外半径 $b$、导体半径 $a$ 在电缆中间接头处都将发生变化,相对磁导率 $\mu_r$ 的变化较小,因而可以忽略不计。$a$ 与 $b$ 都将增大,但一般来讲,$b$ 的增加幅度要比 $a$ 大,因此 $b$ 与 $a$ 的比值趋于增加。另外常用电缆头绝缘材料相对介电系数为:热缩管 $\varepsilon_r = 2.38 \sim 2.48$;聚四氟乙烯带 $\varepsilon_r = 1.8 \sim 2.2$。

常用电缆绝缘材料的相对介电系数见表 2-14-7-1。可见电缆接头处的 $\varepsilon_r$ 值不大于电缆本体的 $\varepsilon_r$ 值。因此,电缆接头处的特性阻抗值通常是变大的。

根据传输线理论,电缆接头处的反射系数一般为大于或等于零。因此电缆中间接头的反射波与入射波同极性,当采用适当的绝缘材料和电缆接头结构时,可以减小或消除电缆中间接头的反射。

另外,电缆 T 接处也将存在反射现象。由于 T 接处的等效阻抗为两电缆特征阻抗的并联,所以,该等效阻抗必定较原来减小,从而使其反射系数为负值。可见,电缆 T 接处的反射脉冲与入射脉冲极性相反。

**(四)DGC-2010A 低压脉冲法测试要点**

(1) 先将故障电缆与其他一切设备断开,并进行充分放电。

(2) 按图 2-14-7-9 原理接线。测试线的红色线夹接在被测电缆故障相的端子上,黑色线夹接在被测电缆的地线上。

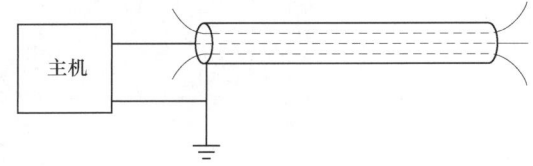

图 2-14-7-9 DGC-2010A 低压脉冲法测试接线图

(3) 打开主机电源开关,仪器首先加载 Windows 操作系统,然后进入仪器程序,显示设备名称 8s 左右自动进入工作界面,如图 2-14-7-10 所示。

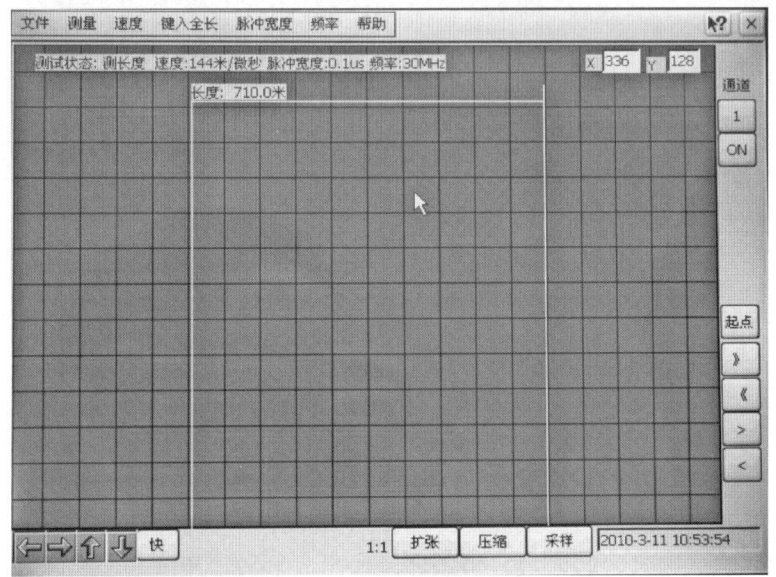

图 2-14-7-10 DGC-2010A 多脉冲智能电缆故障测试仪开机界面

## 第十四章 电力电缆线路运维与故障诊断

(4) 在"测量"菜单下,选择"脉冲"——"测长度"测量方式。

(5) 在"速度"菜单下,根据被测电缆的绝缘介质来选择电波传播速度。

在以下速度值中选择 144m/μs、160m/μs、172m/μs、184m/μs 或自选键入新的速度值。当有测量结果显示时,改变速度值后自动修改测量结果并显示。

(6) 在"脉冲宽度"菜单下,根据所测电缆的长度选择脉冲宽度。

选择测量用的脉冲宽度:4μs、2μs、0.5μs、0.1μs。

(7) 在"频率"菜单下,根据所测电缆的长度选择采样频率。

选择测试的采样频率:30MHz、60MHz、90MHz、120MHz。

(8) 调节"幅度调节"电位器至 1/3 位置。

(9) 点击"采样"功能按键,采集测试波形。

根据显示波形大小,调节"幅度调节"电位器,重新采样。当在 0.1μs 脉冲宽度下,输入幅度最大时还无反射波时,可选用 0.5μs 或其他两个宽度脉冲测试。为了便于比较可分别接故障相、电缆好相做两次采样。

(10) 波形处理:完成采样以后,移动光标定起点,再移动光标到波形反射点,此时屏幕所显示的长度就是故障距离。

定光标时,以发射负脉冲下降沿与基线交点为准定光标起点,以反射负脉冲(对开路性故障或全长)或正脉冲(对短路性故障)下降或上升沿与基线交点定光标终点。

(11) 粗测结束,如图 2-14-7-11 和图 2-14-7-12 所示。

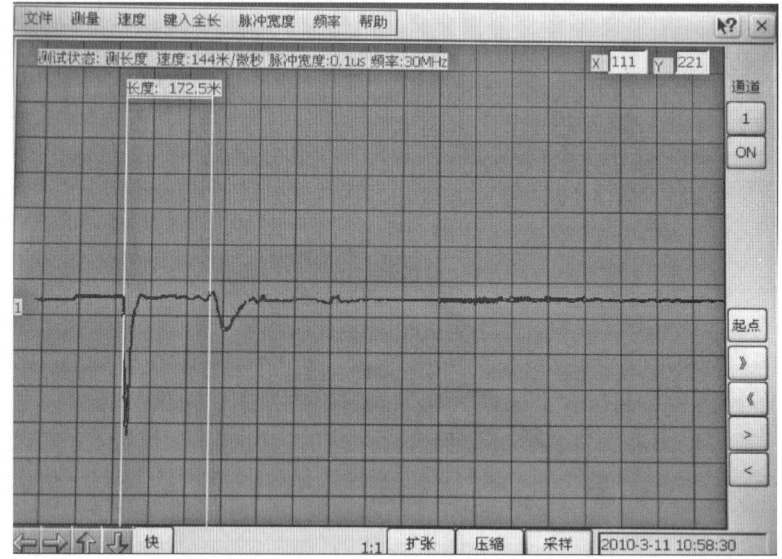

图 2-14-7-11　DGC-2010A 低压脉冲法开路或全长测试波形

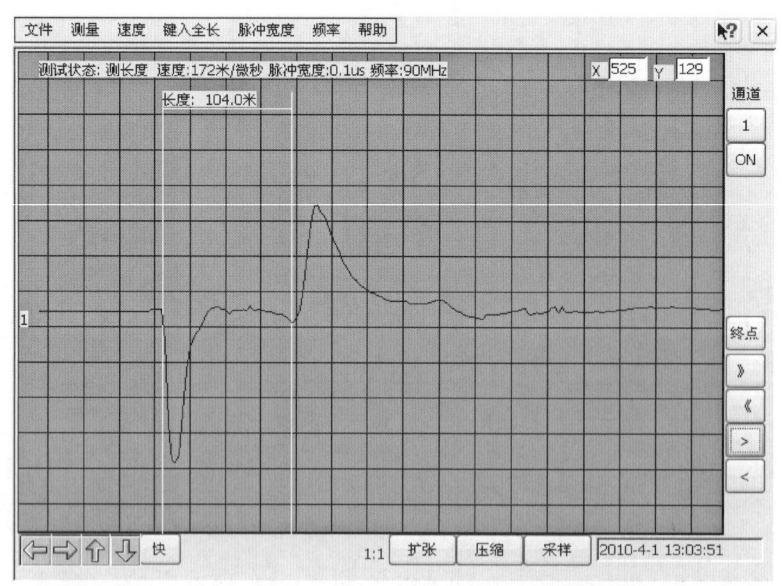

图 2-14-7-12　DGC-2010A 低压脉冲法低阻短路故障测试波形

### (五) 首端及其附近故障点的测试

当故障点位于首端(测试端)及其附近(大约 40m 以内)时,由于电波在电缆中的传播速度很快,因此在脉冲宽度 τ 时间内反射脉冲就已到达测试端,甚至在时间 τ 内已形成了多次反射。此时,在测试端得到的波形已不是入射脉冲与反射脉冲两个分离的峰,而是入射脉冲与反射脉冲的叠加波形，其波形外貌已发生了根本的改变，此时若用常规的分析方法已无法测算故障距离，通常把该范围定义为"盲区"。

如果发射脉冲的宽度为 $\tau$，根据

$$L_x = \frac{1}{2}vT$$

得

$$T = \frac{2L_x}{v}$$

当 $T < \tau$ 时，将发生入射脉冲和反射脉冲的叠加情况，形成叠加波形的最大距离与脉冲宽度 $\tau$ 和电波速度 $v$ 有关，其叠加波形的形成剖析如图 2-14-7-13 和图 2-14-7-14 所示。

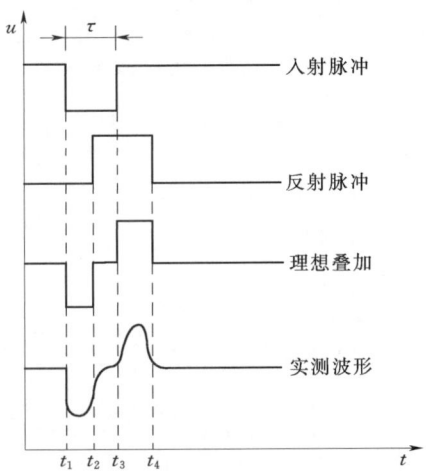

图 2-14-7-13 短路性故障叠加波形

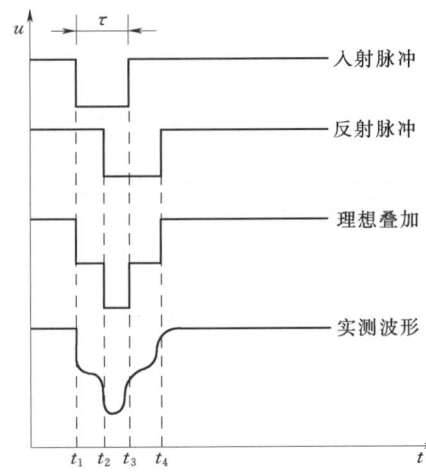

图 2-14-7-14 开路性故障叠加波形

根据图 2-14-7-13 进行如下讨论。

(1) $t_2 - t_1 < \tau$ 时，$T = t_2 - t_1$。

(2) $t_2 - t_1 = \tau$ 时，有：

1) 当入射脉冲与反射脉冲反向衔接（$t_2 = t_3$），即 $t_2$ 点和 $t_3$ 点重合，此时

$$T = t_2 - t_1 = t_3 - t_1 = \frac{1}{2}(t_4 - t_1)$$

2) 当入射脉冲和反射脉冲相脱离（$t_3 > t_2$），即 $t_3$ 点和 $t_2$ 点不重合时，故障点不在盲区，属于正常情况，其 $T$ 值和 $L_x$ 值的测算如前所述，这里不再赘述。

根据图 2-14-7-14 进行如下讨论：

(1) $t_2 - t_1 < \tau$ 时，$T = t_2 - t_1$。

(2) $t_2 - t_1 = \tau$ 时，有：

1) 当入射脉冲与反射脉冲同向衔接（$t_2 = t_3$），即 $t_2$ 点与 $t_3$ 点重合，此时在波形上已看不到 $t_2$ 点或 $t_3$ 点，因此

$$T = \frac{1}{2}(t_4 - t_1)$$

由于实测波形中的 $t_4$ 点很难判断准确，因此这种情况一般采取改变脉冲宽度重新测取波形的方法来获取更为理想的波形。

2) 当入射脉冲与反射脉冲相脱离，即 $t_3$ 点与 $t_2$ 点不重合时，故障点不在盲区，属于正常情况，其 $T$ 值与 $L_x$ 值的测算如前所述，这里不再赘述。

**(六) 低压脉冲回路法**

在故障电缆的首、末端，故障相分别与同一好相短接后，发射脉冲将同时（$t_0$ 时刻）进入故障相和短接好相。因此，脉冲波在故障相上，经过故障距离 $L_x$ 到达故障点，并在那里产生反射，于 $t_1$ 时刻返回到测试端。另一路脉冲波在短接好相上，经过电缆全长 $L$，在电缆末端通过短接线进入故障相末端，再经过故障点与电缆末端的距离 $L'_x$ 到达故障点，并在那里产生反射，于 $t_2$ 时刻到达测试端。由上述分析可知：故障相上的脉冲波往返一次的行程是 $2L_x$，而短接好相上脉冲电波往返一次的行程是 $2(L+L'_x)$，即 $2(L_x+2L'_x)$。开路性故障和短路性故障的低压脉冲回路法波形如图 2-14-7-15 和图 2-14-7-16 所示。

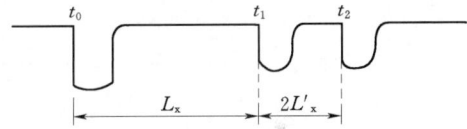

图 2-14-7-15 开路性故障低压脉冲回路法波形

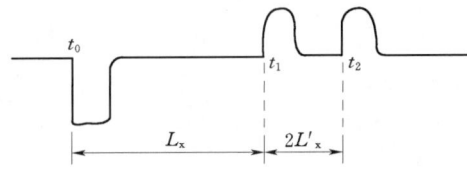

图 2-14-7-16 短路性故障低压脉冲回路法波形

在图 2-14-7-15 和图 2-14-7-16 中

$$T = t_1 - t_0,\ T' = \frac{1}{2}(t_2 - t_1)$$

$$L_x = \frac{1}{2}vT,\ L'_x = \frac{1}{2}vT'$$

回路测试法的反射脉冲数量增加了一倍，容易形成反射脉冲的多峰叠加，在实测中应特别注意其波形的变化与分析。

**(七) 粗测案例**

【案例 2-14-7-1】

电缆型号：ZQ22-6 3×150。

电缆全长：840m。

故障性质：$R_A = R_B = R_C = 70\Omega$。

测试方法：低压脉冲法。

测试波形：三相低压脉冲波形均为图 2-14-7-17 所示波形。图中：$t_2$ 点为中间接头反射，$t_3$ 点为接地反射，$t_4$

点为终端反射。则有

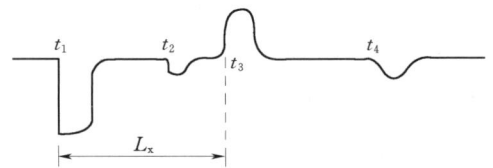

图 2-14-7-17 低压脉冲波形

$$L_{中间头}\bigg|_{t_1}^{t_2}=300\text{m}$$
$$L_x\bigg|_{t_1}^{t_3}=418.6\text{m}$$
$$L_{全长}\bigg|_{t_1}^{t_4}=842\text{m}$$

【案例 2-14-7-2】

电缆型号：YJLV22-8.7/10 3×95。

电缆全长：1120m。

故障性质：开路性故障（A 相），且 $R_A=100\Omega$。

测试方法：选用低压脉冲法，宽脉冲测试波形如图 2-14-7-18（a）所示。

由于图 2-14-7-18（a）波形是复杂的叠加波形，因此改换窄脉冲后再测得波形如图 2-14-7-18（b）所示。

两波形中，$t_1$ 点为发射脉冲前沿，$t_2$ 点为故障点。则有：$L_x\big|_{t_1}^{t_2}=98\text{m}$。可见，当电缆故障距离较近时，宽脉冲状态下易产生叠加波形，这一点提醒大家应予注意。

【案例 2-14-7-3】

电缆型号：ZLQ22-10 3×240。

运行电压：10kV。

故障性质：相间短路跳闸，$R_{AB}=100\Omega$，其余正常。

测试方法：低压脉冲法。

测试波形：电缆好相与故障相波形如图 2-14-7-19 所示。图中：$t_{x1}$ 为发射脉冲前沿；$t_{x2}$ 为短路点反射波前沿；$t_{x3}$ 为终端反射波前沿；$t_{x4}$ 为故障点二次反射波前沿。所以有

$$L_x\bigg|_{t_{x1}}^{t_{x2}}=L_x\bigg|_{t_{x2}}^{t_{x4}}=480\text{m}$$

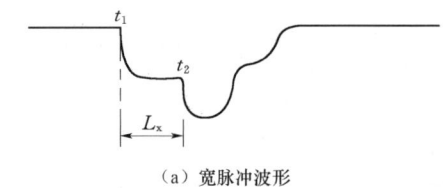

(a) 宽脉冲波形

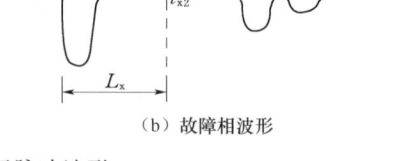

(b) 窄脉冲波形

图 2-14-7-18 低压脉冲波形

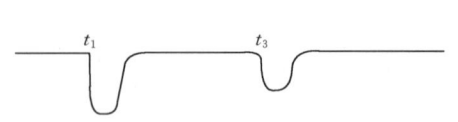

(a) 好相波形

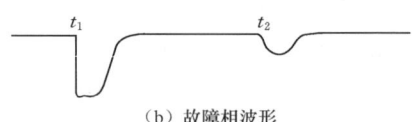

(b) 故障相波形

图 2-14-7-19 低压脉冲波形

【案例 2-14-7-4】

电缆型号：ZQD22-10 3×120。

电缆全长：320m。

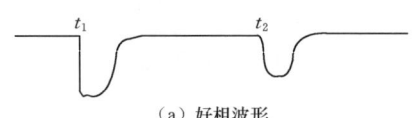

(a) 好相波形

(b) 故障相波形

图 2-14-7-20 低压脉冲波形

由图 2-14-7-20 可见，各相波形几乎完全相同，只是在 $t_2$ 处的反射波幅值不同。故障相波形上没有接地性反射特征峰，且终端反射幅值变小的原因是：故障点位于终端，电波在那里产生接地反射和终端反射，二者叠加的结果使终端反射被接地反射所削弱，即

$$L_x\bigg|_{t_1}^{t_2}=L_{全长}=320\text{m}$$

【案例 2-14-7-5】

电缆型号：多芯通信电缆。

电缆全长：380m。

故障性质：两芯短路，短路电阻 $R_x=0\Omega$。

测试方法：低压脉冲法。

故障性质：单相接地，$R_C=150\Omega$。

测试方法：低压脉冲法。

测试波形：三相低压脉冲波形如图 2-14-7-20 所示。

测试波形：好相波形如图 2-14-7-21（a）所示。

效验被测电缆的电波传播速度约为：180m/μs。

故障相波形如图 2-14-7-21（b）所示。

$$L_x\bigg|_{t_1}^{t_2}=180\text{m}$$

图 2-14-7-21 中可见，这两个波形与典型的电力电缆的开路性故障和短路性故障的测试波形差别很大，主要是二次反射以后的波形极性，其原因是通讯电缆的特性阻抗较大，超过了测试仪输入端的等效阻抗，确切地讲是大于低压脉冲仿真线的特性阻抗（75Ω）的缘故。因此，测试端的反射系数为负值，由于开路点反射系数大于零，短路点反射系数小于零，因此造成了短路故障的多次反射方向一致，而开路反射极性依次相反。

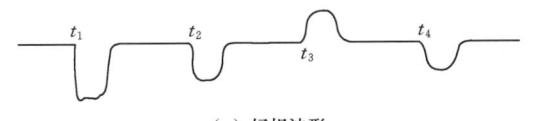
(a) 好相波形

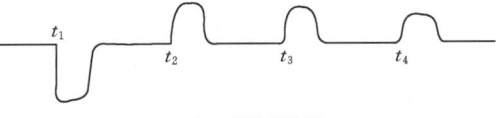
(b) 故障相波形

图 2-14-7-21 低压脉冲波形

## 三、直流高压闪络法

直流高压闪络法简称直闪法，该方法最适于高阻闪络性故障，即故障点未形成电阻通道（或虽形成电阻通道，但阻值很高），当外施电压达到一定值时（一般为数千伏或上万伏）产生闪络击穿。

闪络性故障两次击穿的时间间隔，为数秒或数分钟，对于油浸纸绝缘电缆，尤其是陈旧性的充油接头部位故障，由于绝缘油的流动，可使击穿现象暂时停止，形成封闭性故障。另外，闪络性故障击穿几次或十几次以后，由于故障电阻降低，直流高压加不上而无法继续测试，所以应珍惜最初的闪络机会。

直闪法还可分为脉冲反射电压取样直闪法和脉冲反射电流取样直闪法两种。这两种方法除了提取的测试信号一个是电压，另一个是电流以外，在其他方面均完全相同，现分述如下。

### （一）脉冲反射电压取样直闪法

脉冲反射电压取样直闪法接线原理如图 2-14-7-22 所示。

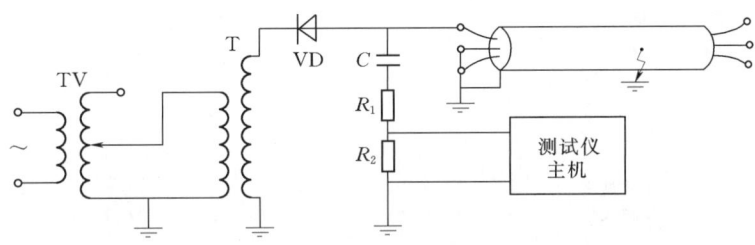

图 2-14-7-22 脉冲反射电压取样直闪法接线原理

图 2-14-7-22 中：TV 为调压器，要求调压范围为 0～200V，输出功率大于 2kVA；T 为高压变压器，要求输出电压为 0～50kV，容量不小于 1kVA；VD 为高压整流二极管，要求其反向耐压大于 200kV，正向电流大于 100mA；C 为耦合电容，容量不小于 2μF 的 10kV 移相电容器或专用脉冲电容器；$R_1$ 和 $R_2$ 构成水阻分压器；$R_2$ 为碳质电阻，阻值约为 300Ω，4W；$R_1$ 为水电阻，内充 $CuSO_4$ 水溶液，阻值应根据 $R_1$ 和 $R_2$ 分压后 $R_2$ 的电压不超过 300V 为原则，一般取 50kΩ，功率大于 250W。

脉冲反射电压取样直闪法标准波形如图 2-14-7-23 所示。

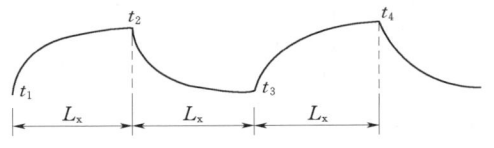

图 2-14-7-23 脉冲反射电压取样直闪法标准波形

### （二）脉冲反射电流取样直闪法

脉冲反射电流取样直闪法接线原理如图 2-14-7-24 所示。图中 L 为线性电流耦合器，其他设备及其参数均与电压取样直闪法相同。

电流取样直闪法中的线性电流耦合器不可以把方向放错，否则会改变测试波形的极性，影响正常的测试与分析。另外，为保证测试波形的规范性，应使电容器与被测电缆线芯导体之间的连线尽可能短，并且电容器低压侧引线应与被测电缆的地线直接相连。

脉冲反射电流取样直闪法标准波形如图 2-14-7-25 所示。

### （三）首端及其附近故障点的测试

故障点位于首端及其附近（大约 40m 以内）时，与低压脉冲法相类似，测得的波形与正常波形不同，用常规的分析方法也无法准确地测算故障距离。这是由于故障点击穿而形成的短路电弧使故障点产生电压跃变时，因为故障点位于（或靠近）首端，这一跃变电波尚未达到稳态值时，下一反射波又已到达测试端，即形成了多次反射的叠加，并且故障距离越近，波形中快速变化的过程振荡越密集。根据脉冲技术原理，对首端及其附近故障的脉冲反射电压取样直闪法和脉冲反射电流取样直闪法波形进行剖析，从而获得了直闪法"盲区"波形剖析图，如图 2-14-7-26 和图 2-14-7-27 所示。

根据图 2-14-7-26 和图 2-14-7-27 的剖析，不难得出

$$T = t_2 - t_1 \quad \text{或} \quad T = t_3 - t_2$$

故障距离仍可采用式（4-14-5-15）求得，即

$$L_x = \frac{1}{2} vT$$

由于 $L_x < 40m$，故有 $T < 0.5\mu s$（$v$ 取 160m/μs），反射波密集，而仪器的显示分辨率又不可能无限小，因此造成"盲区"测距的困难和误差增大。此时可取一较长的时间 $t$（3～5μs），然后根据测试波形确定在时间 $t$ 内的反射次数 $n$，或先选定 $n$ 次反射（5～8次），再测定 $n$ 次反射所需的时间 $t$，于是故障距离的计算公式可改写为

## 第十四章　电力电缆线路运维与故障诊断

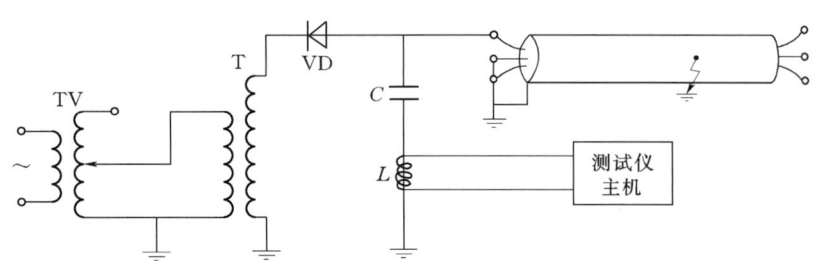

图 2-14-7-24　脉冲反射电流取样直闪法接线原理

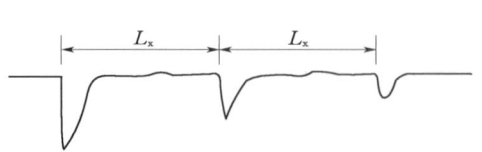

图 2-14-7-25　脉冲反射电流取样
直闪法标准波形

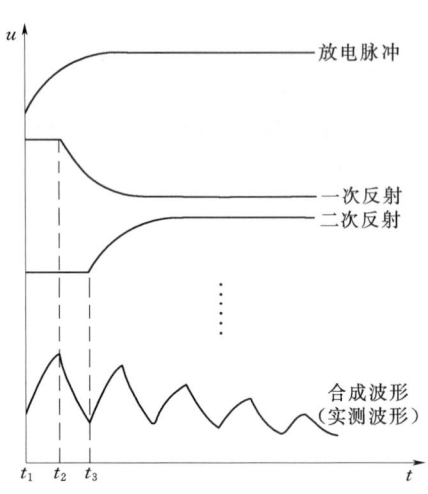

图 2-14-7-26　脉冲反射电压取样
直闪法"盲区"波形剖析

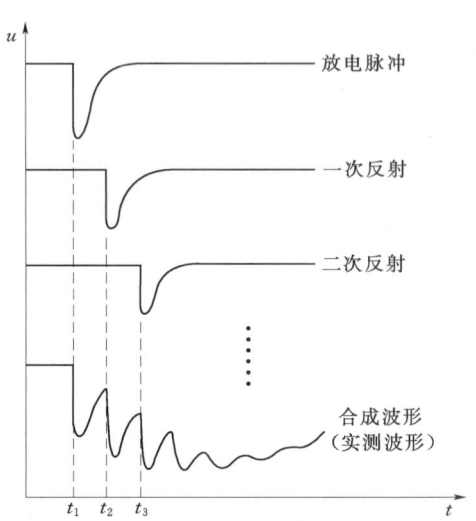

图 2-14-7-27　脉冲反射电流取样
直闪法"盲区"波形剖析

$$L_x = \frac{vt}{2n} \quad (2-14-7-7)$$

由上述分析可知，式（2-14-7-7）是根据几何平均原理所得，其计算结果为几何平均值。实际测试中就是选定 $n$ 次反射，将固定游标和活动游标分别置于第一次和第 $n$ 次反射波的前沿，然后将仪器显示的故障距离被 $n$ 除，其商为实际故障距离。

**（四）终端直闪法**

如果被测电缆比较长，而且闪络性高阻故障又靠近终端，采用直闪法测得的波形往往拐点比较圆滑，使测量误差增大。在这种情况下，可采用终端直闪法进行测试，其测试线路参见图 2-14-7-28。

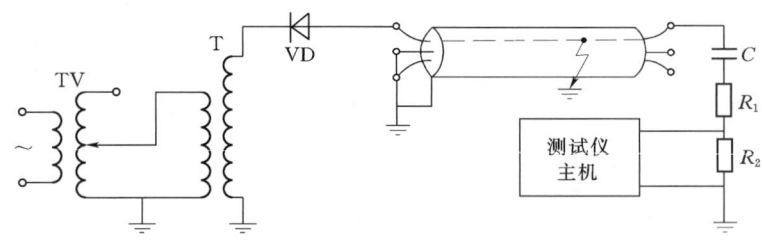

图 2-14-7-28　终端直闪法测试线路 I

终端直闪法是在电缆的始端给故障相加直流高压，用测试仪在终端检测测试波形。当直流负压使故障点闪络放电后，在故障点产生的反极性反射波同时向电缆的始端和终端传播，向终端传播的反射波于 $t_1$ 时刻到达终端。与反射波到达始端的情况一样，反射波在终端也要产生同极性反射波并返回故障点，如此便在终端形成了图 2-14-7-29 所示的波形。该波形的形成过程与波形形状均与标准直闪波完全相同。

采用终端直闪法进行测试时，终端与始端需要密切配合，因此两端的联系工作很重要，以确保测试工作的顺利进行。有时为了避免两端联系上的不便，还可以采用另一种形式的终端直闪法。即利用故障电缆的好相或并行的好电缆，

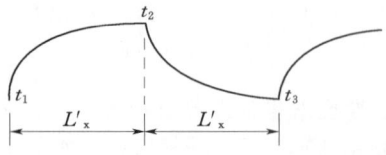

图 2-14-7-29　终端直闪法波形

在始端按终端测试原理与方法进行直闪法测试，其测试线路如图 2-14-7-30 所示。

上述两种终端直闪法的测试原理，测试方法及波形的形成过程与波形形状均与标准直闪法完全相同。所不同的是它们所测得的距离分别是故障点到终端和始端的距离，即始终

是故障点到测试仪端的距离。

上述两种终端直闪法也可以采用电流取样方式,其测试方法与波形均与常规电流取样直闪法相同,这里不再赘述。

**(五)回路直闪法**

在电缆线路较长(大于2km),而故障点又靠近终端时,除了可以采用终端直闪法以外,还可以采用回路直闪法测试,以减小远距离故障的测量误差。

回路直闪法是将直流负高压直接加在故障相上,在电缆终端通过短接线将故障相与一好相或另一同型号等长的并行电缆相连,其测试线路如图2-14-7-31所示。

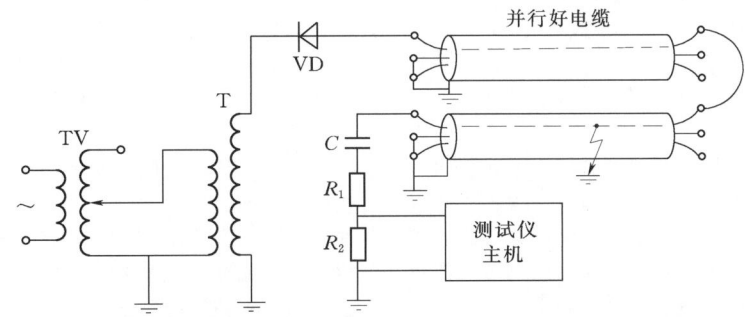

图2-14-7-30 终端直闪法测试线路Ⅱ

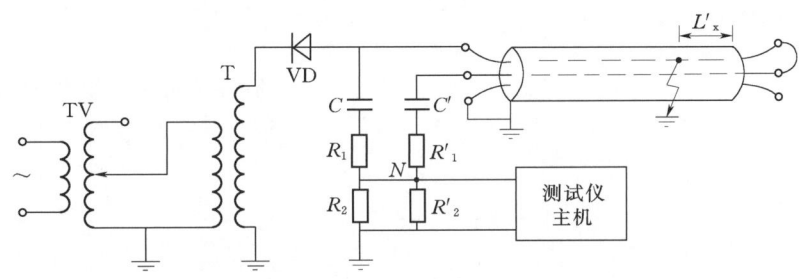

图2-14-7-31 回路直闪法测试线路

当直流负高压升高到一定值时,故障点电离击穿放电,正向突跳电压一方面沿故障相直接向测试端传播,于$t_1$时刻首先到达测试端并通过耦合电容$C$及分压电阻$R_1$、$R_2$进入测试仪;另一方面,还会向电缆终端传播,在终端通过短接线传到好相上,然后从终端经电缆好相传回测试端,于$t_2$时刻到达测试端并通过耦合电容$C'$及分压电阻$R'_1$、$R'_2$在$N$点与$t_1$时刻的正突跳电压波叠加。很明显,$t_2$时刻传回的正突跳电压波比$t_1$时刻传回的正突跳电压波多走了故障点到电缆终端的两倍,即$2L'_x$。

回路直闪法波形如图2-14-7-32所示。

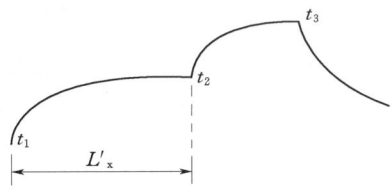

图2-14-7-32 回路直闪法波形

根据图2-14-7-32,故障点到电缆终端的距离$L'_x$可由下式求得

$$L'_x = \frac{1}{2}v(t_2 - t_1) \quad (2-14-7-8)$$

回路直闪法也可采用电流取样法。其接线只是将图2-14-7-31中的两组电阻分压器换成两个线性电流耦合器即可;测试方法与波形均与常规直闪法完全一致。

**(六)粗测案例**

【案例2-14-7-6】

电缆型号:ZLQ22-6 3×120。
电缆全长:195m。
故障性质:试验击穿。闪络性高阻故障。
测试方法:电压取样直闪法。
测试波形:电压取样直闪法波形如图2-14-7-33所示。

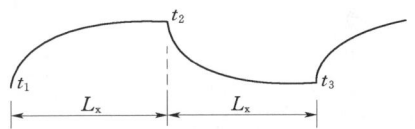

图2-14-7-33 电压取样直闪法波形

图2-14-7-33中:$t_1$为故障点击穿电压跃变第一次传至测试端的时刻;$t_2$为故障点击穿电压跃变第二次传至测试端的时刻。则

$$L_x \Big|_{t_1}^{t_2} = 168\text{m}$$

【案例2-14-7-7】

电缆型号:YJLV22-8.7/10 3×120。
电缆全长:1280m。
故障性质:试验击穿。闪络性高阻故障。
测试方法:电压取样直闪法。
测试波形:电压取样直闪法波形如图2-14-7-34所示。

从图2-14-7-34(a)上可以看出是始端附近的故障,为减小测试误差,按扩展键后得到图2-14-7-34(b)的波形。图中$L_{xA}=53\text{m}$;$L_{xB}=50.8\text{m}$。

**四、冲击高压闪络法**

冲击高压闪络法简称冲闪法,冲闪法主要用于直闪法不易测试的泄漏性高阻故障,也可对闪络性高阻故障进行有效的测试。

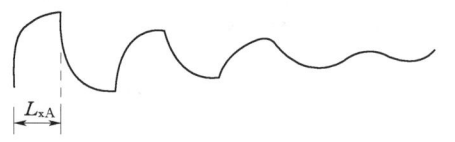
(a) 原始波形

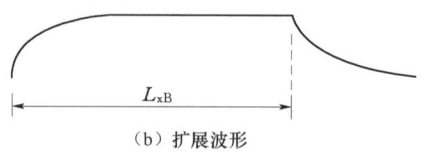
(b) 扩展波形

图 2-14-7-34　电压取样直闪法波形

由于直闪法所采用的直流高压电源的等效内阻比较大，电源输出功率受到了一定的限制。而泄漏性高阻故障往往需要较大功率的直流高压电源才能使其闪络放电，形成瞬间短路。在实际测试中，已充电的大容量电容器可作为较大功率的直流电源，其等效内阻很小，相当于一个恒压源。在冲闪法中，正是利用大容量的充电电容作为直流高压电源，使故障点闪络击穿，形成瞬间短路放电。

冲闪法也可以采用电压取样和电流取样两种方式测试。

**（一）脉冲反射电压取样冲闪法**

脉冲反射电压取样冲闪法接线原理如图 2-14-7-35 所示。

图 2-14-7-35 中 $J_s$ 为球间隙，用以形成冲击高压脉冲；改变 $J_s$ 距离的大小，即可控制冲击电压的高低。$Z_s$ 为取样原件，其余部分均与图 2-14-7-22 中相应参数相同。当 $Z_s$ 为一电阻 $R$ 时（50～100Ω），称为冲 R 法。冲 R 法适用于电缆故障电阻值不太高的泄漏性高阻故障，也可测试一些闪络性高阻故障。当 $Z_s$ 为一电感 L 时（5～30μH），称为冲 L 法。冲 L 法适用于一切泄漏性高阻故障和闪络性高阻故障，因此冲闪法把冲 L 法作为主要测试方法，而把冲 R 法作为一种辅助的测试方法。一般地，在无特别说明时的冲闪法，均指电压取样冲 L 法。

冲 R 法与冲 L 法的标准波形如图 2-14-7-36 和图 2-14-7-37 所示。

**（二）脉冲反射电流取样冲闪法**

脉冲反射电流取样冲闪法接线原理如图 2-14-7-38 所示。

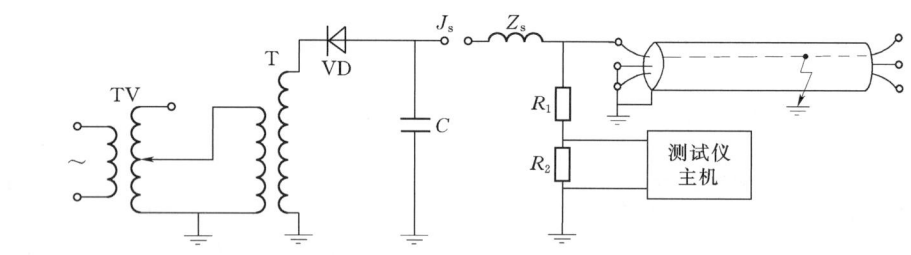

图 2-14-7-35　脉冲反射电压取样冲闪法接线原理

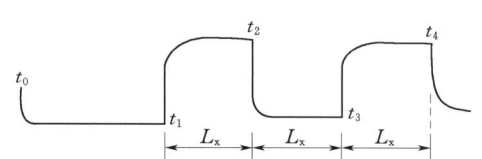

图 2-14-7-36　冲 R 法标准波形

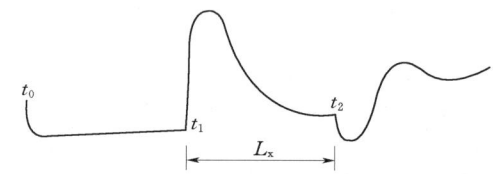

图 2-14-7-37　冲 L 法标准波形

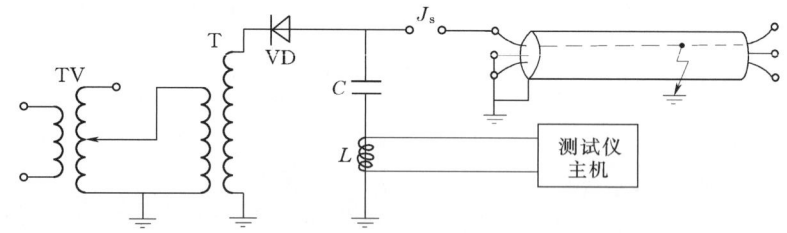

图 2-14-7-38　脉冲反射电流取样冲闪法接线原理

图 2-14-7-38 中：$J_s$ 为球间隙，调节 $J_s$ 距离的大小，可以改变冲击电压的高低。其余各参数均与图 2-14-7-24 所示的相应参数相同。

脉冲反射电流取样冲闪法标准波形如图 2-14-7-39 所示。

**（三）DGC-2010A 冲闪法测试要点**

（1）先将故障电缆与其他一切设备断开，并进行充分放电。

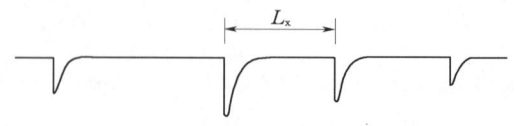

图 2-14-7-39　脉冲反射电流取样冲闪法标准波形

（2）按图 2-14-7-40 原理接线。测试线的红色线夹接在被测电缆故障相的端子上，黑色线夹接在被测电缆的地线上。

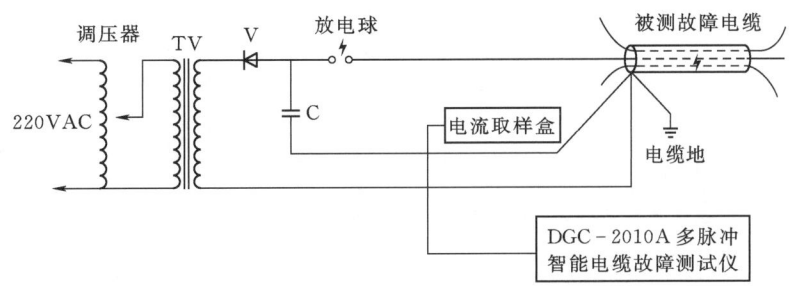

图 2-14-7-40 电流取样冲闪法接线图

图 2-14-7-40 中：调压器为 1～5kVA；TV 为高压变压器，功率为 1～5kVA；V 为高压整流硅堆，大于 50kW/0.2A（高压试验变压器已内置）；C 为高压电容，容量为 1～8μF，耐压大于 10～40kV。

（3）打开主机电源开关，仪器首先加载 Windows 操作系统，然后进入仪器程序，显示设备名称 8s 左右，自动进入工作界面。

（4）在"测量"菜单下，选择"冲闪"测量方式。

（5）在"速度"菜单下，根据被测电缆的绝缘介质来选择电波传播速度。

在以下速度值中选择 144m/μs、160m/μs、172m/μs、184m/μs 或自选键入新的速度值。当有测量结果显示时，改变速度值后自动修改测量结果并显示。

（6）在"频率"菜单下，根据所测电缆的长度选择采样频率。

选择测量用采样频率：30MHz、60MHz、90MHz、120MHz。

（7）调节"幅度调节"电位器至 1/3 位置。

（8）点击"采样"功能按键，仪器进入等待采样状态。

（9）调整球隙、幅度调节旋钮后，对故障电缆升压，电压升到一定值时，球隙放电，仪器记录采集波形。

根据波形大小可重新调整球隙、幅度调节的大小，重复采样，直至获得理想的冲闪测试波形，如图 2-14-7-41 所示。

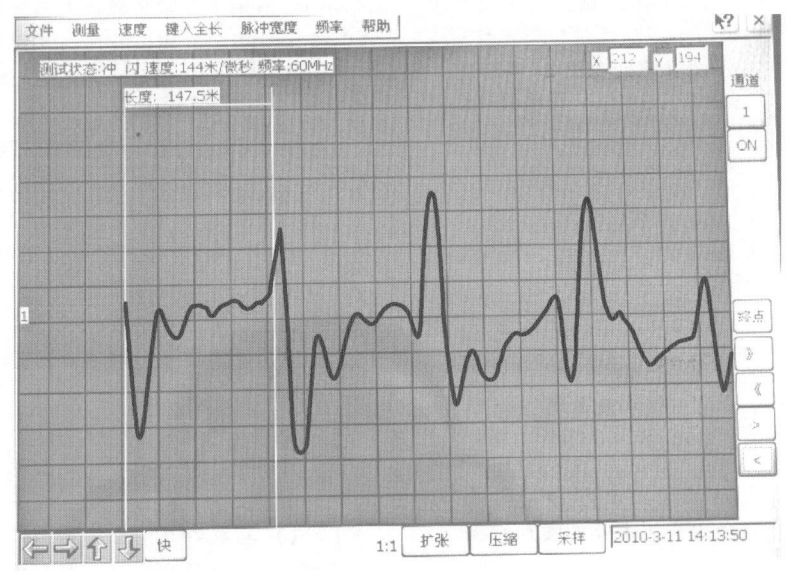

图 2-14-7-41 冲闪法电流取样测试波形

（10）波形处理：完成采样以后，移动光标定起点，再移动光标到波形反射点，此时屏幕所显示的长度就是故障距离。

如图 2-14-7-41 所示，第一个小负脉冲为球间隙击穿而故障点未放电时电容器对电缆的放电电流脉冲（输入幅度小或者仪器灵敏度低时第一个小脉冲可能不出现），第二个大负脉冲为故障点击穿之后形成的短路电流脉冲，其次为由该放电电流脉冲形成的一次、二次等多次反射电流脉冲，因衰减而幅度逐次减小。由于故障特性的差异和电容电压与引线电感的存在，而在反射正脉冲的前沿出现负反射，计算故障距离时起点为第一个放电负脉冲的前沿，终点为第一次反射负脉冲之前的正脉冲前沿。

（11）粗测结束。

**（四）脉冲反射电压取样冲 L 法几种典型波形**

**1. 波形全貌**

冲 L 法的波形全貌是（或类似）一个衰减的余弦振荡，如图 2-14-7-42 所示。在前面一段叠加着快速变化的尖脉冲，测量故障点的就是这些快速变化的尖脉冲。

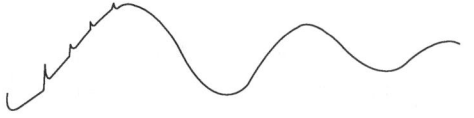

图 2-14-7-42 冲 L 法波形全貌

**2. 标准波形**

在测得波形全貌之后，利用波形的"扩展"键进行适当的扩展，即可得到理想的测试波形——标准波形，如图2-14-7-43所示。

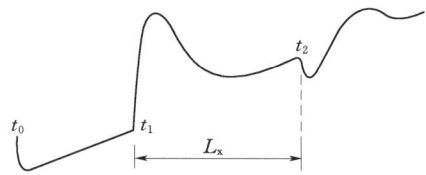

图2-14-7-43 冲L法标准波形

由图2-14-7-43可得，$L_x = \frac{1}{2}v(t_2-t_1)$，而不是取$t_1$与$t_0$间的距离，$t_0$是球间隙放电产生脉冲的时刻，设故障距离为$L_x$，则球隙放电脉冲经过$T/2$时间，行程$L_x$远到达故障点，由于故障点的击穿放电不仅需要足够高的电压，还需要一定的电压持续时间（这个时间称为放电延迟时间），因此故障点并非立即击穿放电，而是当球隙放电脉冲到达故障点后，再经过延迟时间$\Delta T$故障点才击穿放电，而故障点放电脉冲再经过$T/2$时间到达测试端，于是

$$t_1 - t_0 = T + \Delta T$$

**3. 故障点位于首端及其附近的波形**

故障点位于首端及其附近的波形如图2-14-7-44所示。

由图2-14-7-44可见，它与故障点位于首端及其附近的直闪法波形类似，它们都是由于多次反射的叠加改变了测试波形。$T$值与故障距离$L_x$的计算公式均可参照直闪法，即

$$T = t_2 - t_1 \quad 或 \quad T = t_3 - t_2$$
$$L_x = \frac{1}{2}vT \quad 或 \quad L_x = \frac{vt}{2n}$$

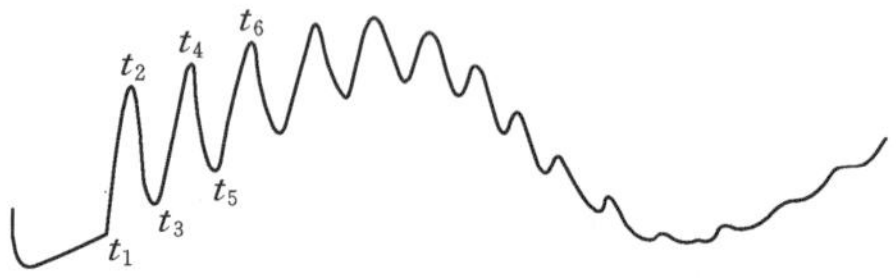

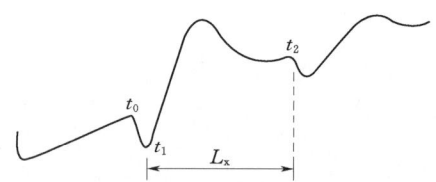

图2-14-7-44 故障点位于首端及其附近的波形

**4. 故障点在末端反射到达故障点后才击穿的波形**

故障点在末端反射到达故障点后才击穿的波形如图2-14-7-45所示。

![图2-14-7-45]

图2-14-7-45 故障点在末端反射到达故障点后击穿波形

由图2-14-7-45可见，这个波形与标准波形的差别是在第一个正脉冲之前有一个负脉冲。这是由于电缆在加负冲击高压时，故障点的电离放电需要一段延迟时间$\Delta T$，若故障点与电缆末端的距离$L'_x$较近，常有下式成立

$$\Delta T > \frac{2L'_x}{v}$$

当上式成立时，在故障点放电之前，冲击电压波已经到达电缆末端，并在那里产生正反射，通过故障点传向测试端。在此之后，故障点才被电离击穿，产生正向脉冲电压向测试端传播，因此在第一个反射正脉冲之前出现负脉冲。这时测量故障距离应特别注意，只能从故障点放电脉冲正突跳拐点（$t_1$）算起，到第一故障反射脉冲的负突跳拐点（$t_2$），即

$$T = t_2 - t_1$$
$$L_x = \frac{1}{2}v(t_2 - t_1)$$

实际上，当所加的冲击电压不足够高时，即使故障点距离末端还有相当距离，也可能会出现冲击电压波在电缆末端被反射回来，并到达故障点以后才电离击穿故障点的情况，这主要是故障点的电离击穿延迟太长的缘故。

**（五）终端冲闪法**

脉冲反射电压取样冲闪法与直闪法相类似，也可以采用终端冲闪法进行故障测试。终端冲闪法接线原理如图2-14-7-46所示。图中各参数均与图2-14-7-35中相应参数相同。

由终端冲闪法波形的形成过程可知，终端冲闪法测试的波形幅值几乎是所加冲击直流电压的4倍，而常规的直闪法和冲闪法的测试波形最大幅值只是所加冲击直流电压的2倍。因此，测试波形幅值大是终端冲闪法的主要特点，即终端冲闪法适用于故障距离较大的测试场合。

终端冲闪法的测试波形与常规冲闪法波形完全相同，这里不再赘述。只是该方法测试的故障距离为故障点到终端的距离。

如果故障电缆有好相或并行好电缆时，与终端直闪法相类似，可以在始端按终端冲闪法进行电缆故障测试，其测试线路如图2-14-7-47所示。

由图2-14-7-47可见，把球间隙$J_s$放在电缆终端，冲击高压通过好相或并行的好电缆，经球间隙$J_s$加到电缆故障相。当故障点闪络放电后，可在始端测得无异于常规冲闪法的波形，需要指出的是，测得的故障距离为故障点到始端的距离。

该测试方法中，电缆的等效电容与贮能电容并联，从而增大了电容量，使故障点容易击穿放电。尤其是故障电缆较长时，效果更明显。

**（六）回路冲闪法**

回路冲闪法是在被测电缆两端与同一好相或另一并运电缆短接，再按常规冲闪法进行测试的方法，所用设备与参数均与常规冲闪法完全相同。

在回路冲闪法测试中，当直流高压升高到球间隙击穿临界值时，球间隙被击穿，电容器对电缆放电。若该脉冲电压使故障点电离击穿放电，则可产生一阶跃电压波同时向电缆的测试端与终端传播。经故障相直接传回的电波于$t_1$时刻到达测试端，传播到电缆终端的脉冲电波经短接线到达好相（或并行电缆）的终端，再经好相于$t_2$时刻到达测试端。显然，同回路直闪法一样，从电缆终端经好相回到测试端的脉冲电波，滞后于从故障点直接传回到测试端的电波$T'$时间，多行程故障点到电缆终端距离的两倍，即$2L'_x$，因此有下式成立：

$$T' = t_2 - t_1$$
$$L'_x = \frac{1}{2}vT'$$

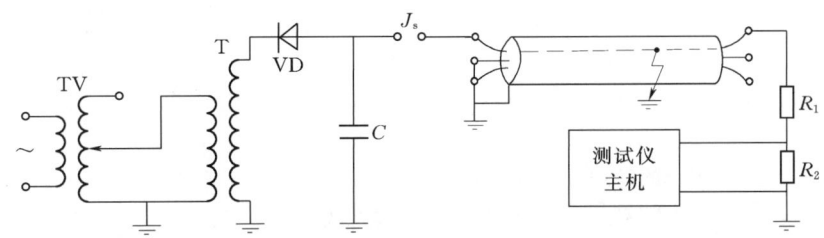

图 2-14-7-46　终端冲闪法接线原理 Ⅰ

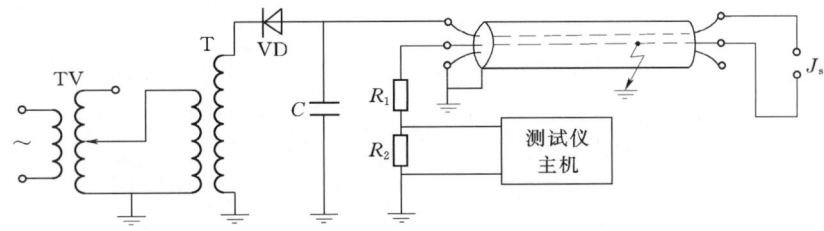

图 2-14-7-47　终端冲闪法测试线路 Ⅱ

电压取样回路冲闪法波形如图 2-14-7-48 所示。

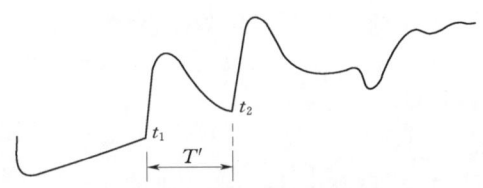

图 2-14-7-48　电压取样回路冲闪法波形

实际上，电压取样和电流取样回路冲闪法的波形形成机理与各自的常规冲闪法完全相同，只是回路冲闪法测得的波形是在常规冲闪法波形上叠加了从终端返回到测试端的波形。我们只是利用这两个故障点放电脉冲的时间差 $T'$ 来测量故障点到电缆终端的距离 $L'_x$。

由于回路冲闪法的反射脉冲数量增加一倍，使得测试波形更为复杂。因此，回路冲闪法在实际测试工作中很少应用。

**（七）粗测案例**

【案例 2-14-7-8】

电缆型号：ZLQ22-10 3×120。

电缆长度：3200m。

故障性质：C 相试验击穿，$R_A = R_B = 1000MΩ$，$R_C = 20kΩ$，典型的泄漏性高阻故障。

测试方法：冲闪法。

测试波形：①C 相冲 R 法波形如图 2-14-7-49 所示，图中 $L_x = 1180m$；②C 相冲 L 法波形如图 2-14-7-50 所示，图中 $L_x = 1180m$。

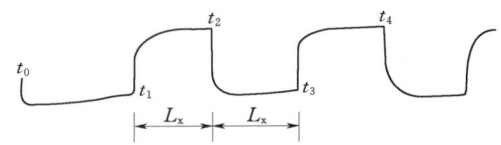

图 2-14-7-49　C 相冲 R 法波形

【案例 2-14-7-9】

电缆型号：YJLV22-6/10 3×150。

电缆全长：380m。

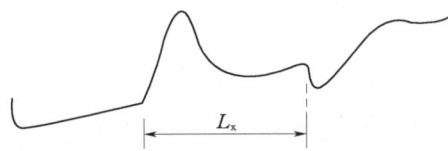

图 2-14-7-50　C 相冲 L 法波形

故障性质：单相（B）运行接地，$R_B = 200kΩ$，属泄漏性高阻故障。

测试方法：冲 L 法。

测试波形：当冲击电压为 10kV 时，测得波形如图 2-14-7-51 所示，图中 $L_x = 192.0m$。

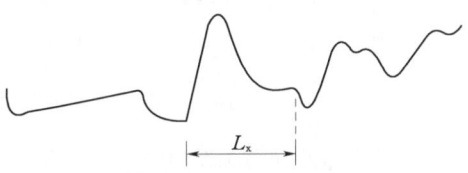

图 2-14-7-51　冲 L 法波形

如果提高冲击电压，故障点放电延迟时间将会缩短，终端反射也会减小，甚至消失。

【案例 2-14-7-10】

电缆型号：ZQ22-10 3×120。

电缆全长：920m。

故障性质：A 相运行接地，$R_A = 100MΩ$，属泄漏性高阻故障。

测试方法：冲 L 法。

测试波形：在 18kV 冲击电压下的冲闪波形如图 2-14-7-52 所示，图中 $L_x = 548m$。

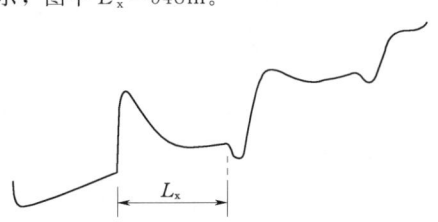

图 2-14-7-52　冲 L 法波形

## 【案例 2-14-7-11】

电缆型号：ZLQ22-10 3×185。

电缆全长：280m。

故障性质：A 相运行接地，$R_A = 4k\Omega$，属泄漏性高阻故障。

测试方法：冲 L 法。

测试波形：①在 21kV 冲击电压下的冲闪波形如图 2-14-7-53 所示，由于故障点反射特征拐点不明显，所以故障距离难以测准；②在 21kV 冲击电压下的终端冲闪波形（扩展波形）如图 2-14-7-54 所示，图中 $L'_x = 16.0\text{m}$。

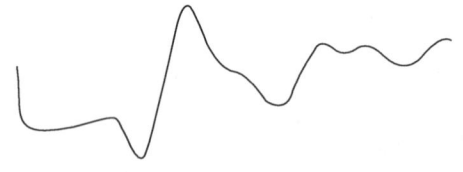

图 2-14-7-53　冲 L 法波形

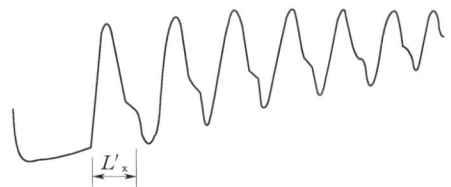

图 2-14-7-54　终端冲闪波形

## 五、多次脉冲闪络法

多次脉冲闪络法测试技术是目前国际上最先进的电缆故障测试技术，是对现代脉冲反射测试技术的最新发展。该技术适用于各种电力电缆的高阻泄漏性故障、闪络性故障、低阻接地、短路或断路性故障。尤其对极端的高阻泄漏性故障或闪络性故障，在其他测试方法较为困难甚至无法测试的情况下，更能显示出多次脉冲闪络法的有效性和测试优势。

多次脉冲闪络法的先进之处，在于它能将复杂的高压冲击闪络波形，转变成为非常容易判读的类似于低压脉冲法的短路故障波形，使测得的故障波形得到极大的简化，降低了对故障波形分析的难度，从而有效地提高了故障测试的成功率和准确性。

多次脉冲闪络测试技术，从理论上讲同样可以细分为直闪法或冲闪法、电流取样或电压取样等，但是由于电流取样冲闪法简单、便捷、有效等技术特点，使其应用最为广泛和普遍。因此，本书在无特别说明的情况下，多次脉冲闪络法均指多次脉冲电流取样冲闪法。

### （一）多次脉冲闪络法测试系统的组成

DGC-2010A 多次脉冲闪络法测试系统的组成如图 2-14-7-55 所示。

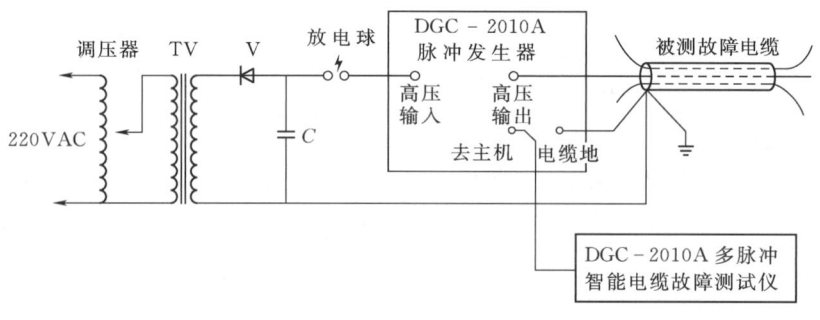

图 2-14-7-55　DGC-2010A 多次脉冲闪络法测试系统的组成

图 2-14-7-55 中：调压器为输出功率为 1~5kVA；TV 为高压变压器，功率 1~5kVA；D 为高压整流硅堆，大于 50kW/0.2 A（高压试验变压器已内置）；C 为高压电容，容量 1~8μF，耐压大于 10~40kV。

多次脉冲闪络法的电缆故障测试系统，由可以产生单次冲击高压的"一体化高压发生器""多脉冲产生器"和波形测试与分析处理的"DGC-2010A 多脉冲智能电缆故障测试仪"三部分组成。

### （二）多次脉冲闪络法测试前期准备工作

在使用多次脉冲闪络法测试电缆故障前，应预先测试故障电缆的全长。

使用低压脉冲法测试故障电缆的全长，并且保存此全长波形。其目的是便于与下面多次脉冲闪络法测试的故障波形的比较和故障距离的判读，并且可以检验仪器的完好性。

低压脉冲法全长波形与界面如图 2-14-7-56 所示。

### （三）DGC-2010A 多次脉冲法测试要点

（1）先将故障电缆与其他一切设备断开，并进行充分放电。

（2）按图 2-14-7-55 原理接线。测试线的红色线夹接在被测电缆故障相的端子上，黑色线夹接在被测电缆的地线上。

（3）打开主机电源开关，仪器首先加载 Windows 操作系统，然后进入仪器程序，显示设备名称 8s 左右，自动进入工作界面。

（4）在"测量"菜单下，选择"多次脉冲"测量方式。

（5）在"速度"菜单下，根据被测电缆的绝缘介质来选择电波传播速度。

在以下速度值中选择 144m/μs、160m/μs、172m/μs、184m/μs 或自选键入新的速度值。当有测量结果显示时，改变速度值后自动修改测量结果并显示。

（6）在"脉冲宽度"菜单下，根据所测电缆的长度选择脉冲宽度。

选择测量用的脉宽：4μs，2μs，0.5μs，0.1μs。

（7）在"频率"菜单下，根据所测电缆的长度选择采样频率。

选择测量用采样频率：30MHz、60MHz、90MHz、120MHz。

（8）调节"幅度调节"电位器至 1/3 位置。

（9）调整球隙、幅度调节旋钮后，对故障电缆升压，电压升到一定值时，球隙放电。

(10) 点击"采样"功能按键,仪器记录采集波形。根据波形大小可重新调整球隙、幅度调节的大小,重复采样,直至获得理想的多脉冲法测试波形,如图 2-14-7-57 所示。

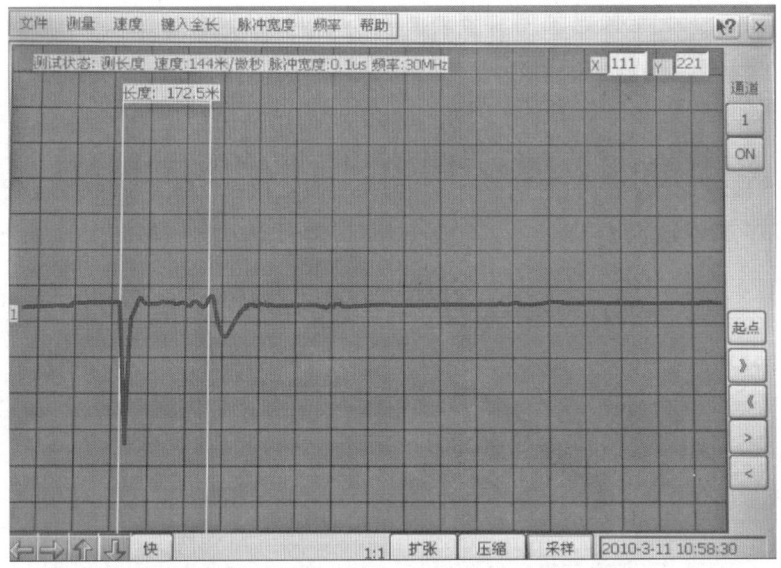

图 2-14-7-56 低压脉冲法全长波形与界面

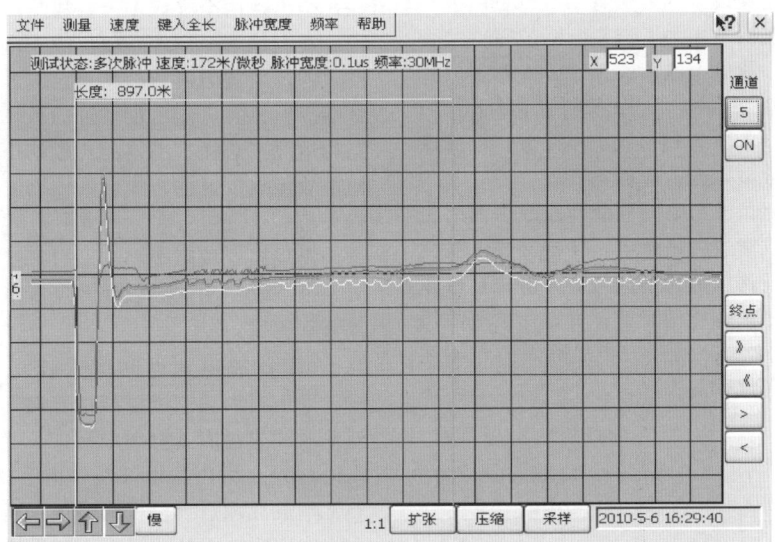

图 2-14-7-57 多脉冲法电流取样测试波形

如果加冲击高压后测得的波形为全长波形,反射脉冲的极性与发射脉冲的极性一致,游标定位显示的是电缆全长,说明故障点未被高压击穿。须重新按"采样"键,并且在升高冲击电压的同时,按"采样"键、调节"幅度调节"电位器和屏幕监视。直至采集到与发射脉冲极性相反的反射脉冲为止。这时屏幕显示的测试波形可以用来进行波形操作(见图 2-14-7-57)。

(11) 波形处理:按荧屏下方模块中的"扩张"或"压缩"键,使测试的波形宽度比较适合故障距离的判读。然后,按"◇、◇、◇、◇"键,将上下两波形重叠。可以看出,故障回波前的那部分重叠较好,故障回波后的波形部分有明显的发散。

(12) 移动测量光标判读故障距离。在显示屏右侧有"起点"/"终点"和光标移动按键。在按键显示"起点"状态下,按光标位移键时起点光标移动,否则终点光标移动。直至将两条光标分别移到发射脉冲和反射脉冲起始拐点位置上。

在完成上述操作后,两光标间显示的数字即为故障点到测试端的距离(见图 2-14-7-56)。

(13) 为资料积累,可使用"文件"菜单下的"保存"或"打印"功能。

(14) 粗测结束。

**(四) DGC-2010A 多次脉冲法的操作技巧**

尽管多脉冲法测试波形极易判断、准确性也较高,但要获得一个较为理想、方便判读的波形还需掌握一定的技巧才能应用自如。

现场按多脉冲法接好线路后,第一次施加冲击高压往往得不到较为理想的测试波形,只能算一次试测。因为事前并不知道故障的距离,故障点的耐电强度也不清楚。如果冲击电压加得不够高,故障点没有被冲击高压击穿产生电弧,是采集不到故障反射波的。必须提高冲击电压直到看到故障反射波为止。

由于在多次脉冲法测试过程中，高压设备与故障电缆之间串有"多脉冲产生器"，实际加到电缆故障相上的冲击高压比高压发生器输出的电压低一些。如果高压发生器的输出电压已经达到35kV，而故障点仍未被击穿，此时可将多脉冲发生器和测试仪主机暂时移除测试回路，对故障电缆进行单纯性冲击放电，迫使故障点闪络放电，然后再恢复多脉冲测试回路并进行故障测试。也可以直接将多脉冲测试法改为常规冲击高压闪络法进行测试。

### 六、故障距离测试中的问题与处理

#### （一）故障点未击穿

在冲闪法测试中，缺乏经验的人员常认为球间隙放电时，故障点也同时放电；或认为只要球间隙放电，就可以测到所需的波形，其实这两种观点都是片面的。球间隙的击穿，取决于球间隙距离的大小与所加电压的高低。距离越大，击穿所需的电压越高，击穿时加到电缆上的电压也越高。而故障点的击穿与否是取决于故障电阻的大小与电缆上受到的冲击电压的高低。对于具有某一故障电阻值的故障点，若球间隙太小，球隙击穿时加到电缆上的电压就很低，甚至可能低到无法电离击穿故障点。

判断故障点是否闪络击穿放电的方法主要有以下两种。

（1）通过检测高压整流回路中的电流来判断故障点是否闪络击穿放电。一般来说，放电电流不大于10mA时，故障点未被击穿；放电电流大于20mA时，故障点已闪络击穿；放电电流在10~20mA时，常常表现为放电不充分。故障点已充分放电时，球间隙的放电声音清脆而响亮。

（2）通过观察测试仪测试波形来判断故障点是否闪络击穿放电。对于直闪法，若故障点闪络放电，仪器屏幕上就会显示直闪波形，否则将无任何波形显示。对于冲闪法，故障点未击穿时，测得的波形上只有终端反射脉冲，而没有故障点放电脉冲，如图2-14-7-58所示。当故障点放电不完善时，屏幕上会出现一些无规律的波形，而不是大余弦振荡波形。

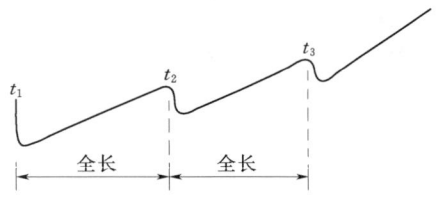

图2-14-7-58 故障点未击穿冲闪波形

当故障点不放电或放电不完善时，将造成无故障点反射波形或波形不规则，给测距工作带来困难。这时，可以考虑增大冲击放电能量。

由 $W=\frac{1}{2}CU^2$ 可知，加大电容量和提高冲击电压均可增大冲击放电能量，当电容量足够大（不小于4μF）时，提高冲击电压的效果更明显。

#### （二）故障点产生二次放电

在实际测试中，有些故障点因某种原因，在一次测试过程中产生两次（或两次以上的）闪络放电，使测试波形变得更加复杂。如图2-14-7-59所示为一例具有二次放电的冲L波形。

图2-14-7-59中，$t_1$时刻为故障点第一次闪络放电

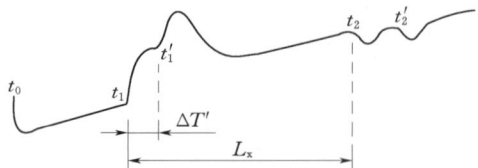

图2-14-7-59 二次放电冲L波形

形成的正突跳反射波，此时故障点尚未完全被放电电弧短路，经过$\Delta T'$时间后，在$t_1'$时刻，故障点第二次闪络放电，形成二次正突跳反射波，从而在$t_2$、$t_2'$时刻有两次故障点的反射波（由于电缆衰减较大，使$t_2$和$t_2'$时刻的反射波幅值很小）。因此，故障点到测试端的距离$L_x$为

$$L_x=\frac{1}{2}v(t_2-t_1)=\frac{1}{2}v(t_2'-t_1')$$

二次放电现象，一般是由于冲击电压过高造成的。除了掌握对二次放电波形的分析方法以外，还可以通过降低冲击电压，来测取理想的波形。

#### （三）多点故障的同时放电

在实际测试中，有时存在故障电缆的一相上有两点（或两点以上）故障的情况。对这类故障进行闪络方式测试时，往往会出现两个（或多个）故障点同时放电的现象。一般来说，在测试端得到的是较近故障点的放电波形，后面故障点产生的反射波因前面故障点已被放电电弧短路而不能到达测试端。但也有可能出现较近的故障点没有被放电电弧完全短路的情况，这样，测得的波形就比较复杂了，是一个叠加着两个故障点反射的合成波形。该波形可由电波的叠加原理进行分析。

出现多点故障叠加波形时，如果难以分析与测量故障距离，可以改变测试参数使多点故障的击穿不同步，逐个故障点分别测试。

#### （四）放电延迟时间太长

采用直闪法测试电缆故障时，不存在放电延迟的问题。而采取冲闪法测试电缆故障时，就产生了放电延迟的问题。无论是冲L法还是冲R法，由于故障点放电延迟时间太长，经常造成故障点没放电的错误判断。

在实际冲闪法测试中，如果屏幕上显示的波形只有终端开路反射，而无故障点击穿反射时，应使用"压缩"键观察波形全貌，从而来准确判断故障点是否击穿。

故障点放电延迟时间较长时，不影响故障距离的粗测结果。但对故障点的精测有一定的影响。提高冲击电压会明显地缩短故障点的放电延迟时间。

#### （五）冲击电压过高

在冲闪法测试过程中，不应使冲击直流高压太高。原因为：①过高的冲击直流高压会引起测试波形的畸变；②当被测试相上有两个以上的故障点时，可能引起多个故障点同时放电，使测试波形复杂化；③过高的冲击直流高压可能会将故障点电阻降低太快，甚至变成金属性接地故障，从而给定点工作带来麻烦。

基于上述三个原因，冲闪法测试电缆故障时，冲击直流高压应由低到高逐渐调整，并且能使故障点充分放电即可。

#### （六）故障电缆严重受潮

在电缆故障的实际测试中，有时会遇到这种情况：故障电缆的泄漏电流很大，根本加不上直流高压而无法使用直闪

法。当采用冲闪法测试时，从球间隙击穿放电的声音及冲击电流数值上看，都可以判断故障点已被电离击穿，但闪测仪并不显示出放电波形。造成这种现象的主要原因是故障部位大面积受潮。

当电缆故障部位大面积受潮时，由于故障点放电面积大、爬距长、能量不集中，电弧不足以使故障点形成瞬间短路，因此不能形成理想的放电波形。

受潮严重的故障电缆，虽然不能测得较为理想的波形，却往往在故障部位附近，能听到清晰的放电声，这对故障的定点极为有利。另外，受潮严重的故障部位，经过长时间冲击放电而发热，当停止冲击放电而冷却时，将进一步吸潮（水），这时常使故障电阻显著下降，甚至可降低成为低阻故障。

**（七）陈旧式接头故障**

故障点发生在电缆本体，一般来说是容易判断的，无论是采用低压脉冲法，还是直闪法或冲闪法，都会测取到较为典型的测试波形。但是，如果故障点发生在油浸纸电力电缆的陈旧式中间接头或终端头时，往往会发生判断困难，而且还可能会出现一些不易理解的怪现象。

这里指的陈旧式三头包括：充油头、沥青头、环氧树脂头等。它们往往由于拙劣的制作工艺而使接头内部存在气隙、亚微观裂纹及有害杂质，造成事故隐患，在不利的环境温度、湿度和过负荷或预防性试验中极易形成故障。这种电缆头出现故障，在测试时可能出现以下几种情况。

（1）粗测时，开始故障点电阻值较低，由于加不上直流高压而使直闪法失效，加冲击高压后，绝缘电阻越来越高，测取的波形上，往往没有故障点反射波出现，也就是故障点未被电离击穿。

（2）在采用冲闪法测试时，球间隙放电声音清脆响亮，似乎故障点已被击穿，但是观察不到故障点反射脉冲波。

（3）作预防性耐压试验时，泄漏电流特别大，而在冲击电压很高（35kV左右）时，仍无故障点反射脉冲波。

实测中，如果出现上述反常现象，则应考虑故障点发生在陈旧式接头处，此时的处理办法是：增大储能电容器的容量或提高冲击电压。

**（八）故障点位于电缆两端及其附近**

当故障点位于电缆两端及其附近时，由于故障波形的改变，给测试工作带来很大的困难，常规的测试方法已无法测试故障距离。本章已介绍了低压脉冲法、直闪法和冲闪法对故障点位于电缆两端及其附近的波形分析与测试方法。这里将介绍几种其他的测试方法。

1. 低压脉冲法

在低压脉冲法中，从测试端故障波形的分析来看，其波形比常规波形复杂得多，取点较为困难，但故障点位于终端及其附近时，波形几乎没有改变。因此，当测试端波形过于复杂、难以理解时，可以考虑测试故障点到电缆终端的距离 $L'_x$，这样就把测试端故障转化为终端故障了。

把测试仪与设备搬到终端测试，可将测试端故障转化为终端故障，也可采用回路法在测试端测取故障点到终端的距离 $L'_x$。

2. 直闪法

故障点位于电缆终端及其附近时，直闪波形变化不大。因此，当测试始端故障波形有困难时，可以改为测试故障点到电缆终端的距离 $L'_x$。$L'_x$ 的测试途径之一是将测试仪与设备搬迁到电缆终端侧进行测试，即始端与终端交换。另一种办法是采用终端直闪法进行测试 $L'_x$。对于较长电缆来说，如果故障点靠近终端，常规直闪法测取的波形往往拐点比较圆滑，使测试精度下降，这时可以采用终端直闪法或回路直闪法进行测试，以提高测试精度。

3. 冲闪法

如前所述，故障点位于电缆两端时，其冲闪波形都将发生较大的变化。因此，只是简单地把两端故障互相转化的做法对测试工作益处不大。此时可采用终端冲闪法或回路冲闪法测取故障点到电缆终端的距离 $L'_x$ 后，再与测试端的其他测试数据：电缆全长 $L$ 和故障距离 $L_x$ 进行比较与分析，从而可以确认和验证测试结果的准确性。

**（九）闪络性高阻故障的暂闪过程**

由于直闪法具有波形比较简单、变化小、特征拐点明显、测量误差小等优点，因此测试闪络性高阻故障的首选方法是直闪法。但在实际测试工作中，相当一部分闪络性高阻故障，只存在几次暂闪过程，如果把握不好，常使直闪法测试失败。暂闪过程通常有以下三种情况。

（1）几次闪络过后，故障点转变为泄漏性高阻故障或低阻故障。这时应立即停止直闪测试，改用冲闪法或低压脉冲法测试。从这方面来讲，在进行直闪法测试时，用电流表检测电缆的泄漏电流是十分必要的。

（2）几次闪络过后，故障点转变为泄漏性高阻故障。改用冲闪法测试后，尚未测出比较理想的波形，故障点闪络放电就消失了，又变为闪络性高阻故障，如此反复变化。

（3）暂闪过程结束后，故障点也随之"消失"，经过一段时间以后，暂闪过程又重新开始。对这种较为特殊的故障，应采用直闪法或多次脉冲法测试，特别之处在于所施加的直流电压更高些（但不得高于直流耐压的标准值），直至使故障点闪络放电。这种类型的故障一般出现在陈旧式的注油接头中。

**（十）故障测试误差**

测试仪是电缆故障距离的粗测设备，其测试误差的主要来源有以下几个方面。

1. 仪器误差

测试仪最小读数分辨率为 0.5m，因此仪器自身误差很小，可以忽略不计。

2. 速度误差

由于电波在电缆（等效为长线）中的传播速度与电缆的绝缘介质有关，因此不同绝缘介质的电缆，其电波传播速度不同。就是同种电缆，由于其制造工艺或老化状况的差异，其电波传播速度也不完全相同。仪器中预存的几种速度是平均值，在测试工作中，最好首先校准一下速度，以求更加精确。

3. 丈量误差

用测试仪测试电缆故障距离时，测得的数据是故障点到测试端的实际电缆长度，而丈量时对电缆的预留余量、自然弯曲、绕过障碍物等因素很难估算准确。因此，丈量距离总是小于仪器的测试距离。实际上，丈量误差是主要的误差来源。

4. 取点误差

当故障点距离测试端较近时，测试波形中反射波比较密集；而在故障点距离测试端较远时，测试波形产生畸变，拐

# 第十四章 电力电缆线路运维与故障诊断

点比较圆滑或不明显。在这两种情况下，要准确地将游标移到反射波的特征拐点处是很困难的。可见游标取点不当会给测试结果带来一定的误差，特别是在压缩波形下，这种测试误差还会增大。

## 第八节 电缆路径探测

直埋电缆若无翔实的电缆线路图时，就需要探测电缆的路径走向与埋设深度，以便建立准确的档案资料。特别在故障电缆的精测定点之前，尤其需要准确测出电缆的敷设路径，以便沿电缆的走向顺利、精确地确定故障点的具体位置。对于敷设在电缆隧道、沟道内的多根电缆，有时需要将故障电缆或其中的一根电缆区别出来。以上工作都可以利用"路径仪"进行准确的测试。

### 一、基本原理

采用路径信号产生器（即路径仪），向被测电缆中输入一音频电流，由此产生电磁波，然后用电感线圈接收音频信号，该接收信号经放大后送入耳机或指示仪表，再根据耳机中的音峰、音谷或指示仪表指针的偏转程度来判别电缆的埋设路径和深度，这种方法称为音频感应法。

我国所采用的路径信号产生器多为 15kHz 的音频信号发生器，它再配以作为接收信号用的"定点仪"，用其"路径"挡作为接收机使用，即可完成电缆路径的测试工作。路径仪的组成框图如图 2-14-8-1 所示。

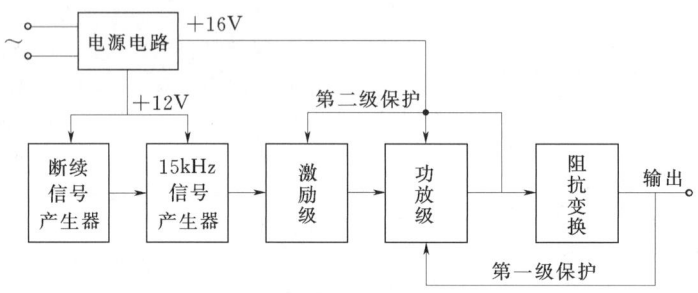

图 2-14-8-1 路径仪组成框图

随着社会的进步与工农业生产的发展，电力电缆日益增加，各种电磁波也越来越多。如工厂中的电弧（电焊机、电机车集电弓、各种高压开关的分合闸）等都将产生干扰电磁波。当被测电缆是若干根并列运行电缆中的一根时，运行电缆中的零序电流与高次谐波电流，也将产生干扰电磁波，因此我们采用音频信号发生器，发送区别于一般工频电流、高次谐波电流和其他干扰电磁场所发出的信号，并使其有节奏地间断发出，使耳机或接收仪表中得到有规律的信号，以区别于其他任何干扰信号，减少外界影响，提高测量精度。

**（一）探测电缆路径**

**1. 音谷法**

音谷法的接收线圈轴线与地面始终保持垂直，当接收线圈（即探棒）位于被测电缆的正上方时，由于音频电流磁力线垂直于接收线圈轴线，即不穿过线圈，因此线圈中无感生电动势，接收机中亦无音频信号产生。当接收线圈向被测电缆两侧（垂直于电缆走向）移动时，就有音频电流磁力线穿过接收线圈，接收线圈中亦将产生感生电动势，随着移动距离 $x$ 的变化，其感生电动势也将发生变化，使其接收信号发生变化。当接收线圈移动到 $A$ 或 $A'$ 点时，接收线圈中穿过的音频电流磁力线最多，其感生电动势最大，即产生的信号电流最大，因此耳机中的音量或指示仪表指针偏转角最大。当接收线圈移动的距离 $|x|$ 继续增大时，音频磁场逐渐减弱。由此，可得出音量（或指示仪表指针的偏转角）与距离 $x$ 的关系曲线——对称的马鞍形"双峰曲线"，如图 2-14-8-2 所示。

由图 2-14-8-2 的双峰曲线可知，接收线圈位于电缆正上方时，音量为零（或很小），形成音谷。而在电缆两侧的音量形成峰值，即音峰，如图 2-14-8-2 中的 $A$ 点和 $A'$ 点。该测量方法由于电缆位于音谷的下面而称为"音谷法"。音谷法也可以用来鉴别电缆。

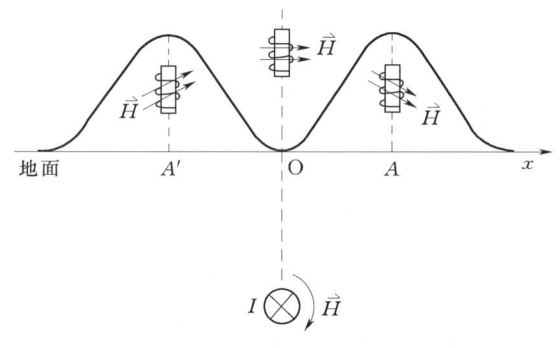

图 2-14-8-2 双峰曲线

以上定性地给出了音谷法的双峰曲线，下面将简要地进行定量分析，参见图 2-14-8-3。

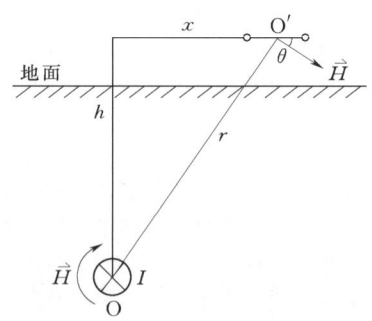

图 2-14-8-3 双峰曲线定量分析

设接收线圈平面中心点为 $O'$，电缆中心点为 $O$，电缆中音频电流的方向与磁场方向如图 2-14-8-3 所示，则 $O'$ 点的磁场强度 $H$ 为

$$H = \frac{I}{2\pi r} \quad (2-14-8-1)$$

式中 $I$——音频电流强度；

$r$——电缆中心 O 与接收线圈平面中心 O′ 的距离。

接收线圈中的感生电动势 $E$ 为

$$E = hH\sin\theta$$

将式（2-14-8-1）代入上式得

$$E = h\frac{I}{2\pi r} \times \frac{|x|}{r} = \frac{Ih}{2\pi} \times \frac{|x|}{h^2+x^2}$$

$$(2-14-8-2)$$

式中　$\theta$——$h$ 与 $r$ 的夹角；

$h$——接收线圈平面到电缆中心的距离；

$x$——O′点与 $h$ 的水平距离。

对于已敷设完毕的电缆，$h$ 值即已确定为常数，当音频电流 $I$ 恒定时，由式（2-14-8-2）可以确定接收线圈中感生电动势 $E$ 随 $x$ 的变化规律。当 $|x| \ll h$ 时，随着 $|x|$ 增加，式（2-14-8-2）的分子成正比例增大，而分母却增加很小，因此感生电动势增大，双峰曲线呈上升趋势；当 $|x|$ 增加到一定程度后，随着 $|x|$ 的增加，式（2-14-8-2）中的分子虽然成正比例增加，但因分母中含有 $x^2$ 项而增加幅度比分子大，从而使感生电动势 $E$ 反而减小，双峰曲线呈下降趋势。可见，式（2-14-8-2）定量地描述了双峰曲线的变化规律。

2．音峰法

音峰法的接收线圈轴线与地面始终保持平行且与电缆走向垂直，当接收线圈位于被测电缆正上方时，穿过接收线圈的磁力线最多，因此耳机中的音量或指示仪表指针的偏转角最大。当接收线圈向被测电缆的两侧（垂直电缆走向）移动时，穿过接收线圈的音频电流磁力线逐渐减少，耳机中的音量或指示仪表指针的偏转角也就越来越小。音量或偏转角与移动距离 $x$ 的关系曲线——单峰曲线如图 2-14-8-4 所示。

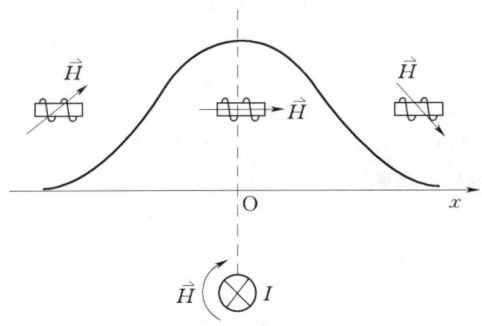

图 2-14-8-4　单峰曲线

由图 2-14-8-4 可知，接收线圈位于被测电缆正上方时音量（或偏转角）最大，即形成音峰。而在电缆两侧的音量（或偏转角）较小。就是说电缆位于音峰下。因此，该测量方法得名为"音峰法"。与音谷法相同，音峰法也可以用来鉴别电缆。

音峰法的单峰曲线定量分析可参考图 2-14-8-5 进行。图 2-14-8-5 中所有参数均与图 2-14-8-3 中各相应参数相同。

O′点的磁场强度 $H$ 为

$$H = \frac{I}{2\pi r}$$

接收线圈中的感生电动势 $E$ 为

$$E = hH\cos\theta$$

连解上述两式并代入三角关系可得

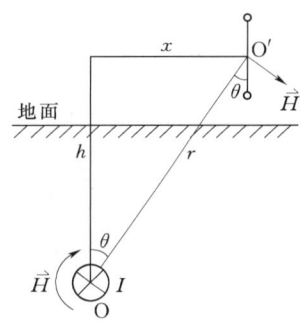

图 2-14-8-5　单峰曲线定量分析

$$E = h\frac{I}{2\pi r} \times \frac{h}{r} = \frac{Ih^2}{2\pi} \times \frac{1}{h^2+x^2} \quad (2-14-8-3)$$

上式中各量的物理意义与式（2-14-8-2）相同。

当音频电流 $I$ 恒定时，由式（2-14-8-3）可知，接收线圈中的感生电动势 $E$ 是随 $x$ 的变化而改变的，因此耳机中的音量或指示仪表指针的偏转角也是随 $x$ 的变化而改变的。当 $x$ 为零时，$E$ 有最大值，即耳机中的音量或指示仪表指针的偏转角最大；当 $|x|$ 逐渐增大时，感生电动势 $E$ 开始减小，即音量或偏转角随之减小，但开始时减小很慢；当 $|x|$ 增大到一定值以后，感生电动势 $E$ 衰减加快。因此，形成了如图 2-14-8-4 所示的单峰曲线。

（二）探测电缆埋设深度

采用音谷法先测量出电缆的埋设路径，再将接收线圈轴线垂直于地面放置，在被测电缆的正上方找出音谷点，如图 2-14-8-6 中的 A 点，并做好标记；然后，在垂直于电缆路径的平面内（A 点在该平面上），将接收线圈轴线倾斜 45°，并向左或右移动，找出另一音谷点 B，这时，AB 的距离即为电缆的埋设深度，如图 2-14-8-6 所示。

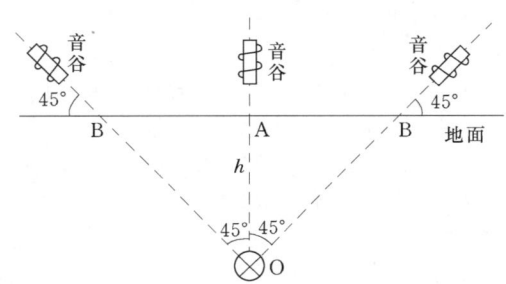

图 2-14-8-6　电缆的埋设深度

根据图 2-14-8-6，利用简单的几何知识不难推导出 $h$ = AB，这里不再证明。但是当地面并非水平，而是具有与水平面成 $\theta$ 夹角的坡面时，电缆的埋设深度应重新推导，如图 2-14-8-7 所示。

根据图 2-14-8-7，设电缆中心点为 O，电缆的正上方位于地面上的 A 点，将接收线圈轴线倾斜 45°角后，在电缆两侧分别找到音谷点 B 和 C，则

在 △OAB 中，由正弦定理可得

$$\frac{h}{\sin\alpha} = \frac{AB}{\sin 45°}$$

在 △OAC 中，由正弦定理可得

$$\frac{h}{\sin\beta} = \frac{AC}{\sin 45°}$$

因此

$$h = AB\frac{\sin\alpha}{\sin 45°} = AC\frac{\sin\beta}{\sin 45°}$$

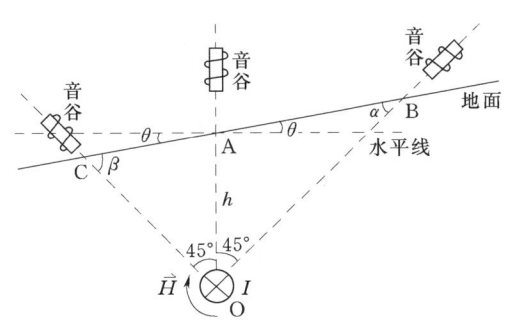

图 2-14-8-7 坡面电缆的埋设深度

式中 $\alpha = 45° - \theta$；$\beta = 45° + \theta$

所以

$$h = AB\frac{\sin(45°-\theta)}{\sin 45°}$$

$$= \sqrt{2}AB\sin(45°-\theta)$$

$$= AC\frac{\sin(45°+\theta)}{\sin 45°}$$

$$= \sqrt{2}AC\sin(45°+\theta) \quad (2-14-8-4)$$

当 $\theta = 0°$ 时，上式变成

$$h = AB = AC \quad (2-14-8-5)$$

可见，式（2-14-8-5）即为水平地面电缆埋设深度计算公式。

### 二、电缆路径的探测方法

使用路径仪（音频信号发生器）探测电缆路径、鉴别电缆和测量电缆埋设深度时，路径仪与被测电缆的连接方式主要分为直接式和耦合式两大类。直接式又可分为相间连接法和相地连接法；耦合式可分为直接耦合法和间接耦合法，本节将逐一介绍并做出比较。

**（一）直接式连接**

直接式连接是指将路径仪的输出端直接与被测电缆相接的测量方式。当路径仪的两输出端分别与被测电缆的两相相连接时，称为相间连接法。当路径仪的两输出端分别接地和被测电缆的一相时，称为相地连接法。

1. 相间连接法

相间连接法接线原理如图 2-14-8-8 所示。

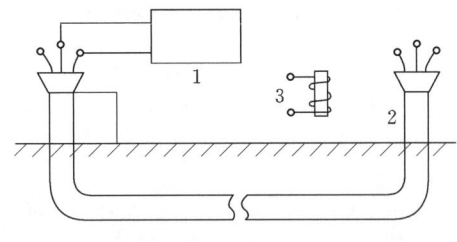

图 2-14-8-8 相间连接法接线原理
1—音频信号发生器；2—被测电缆；
3—接收线圈

在相间连接法中，被测电缆末端开路与否，应视具体条件和使用不同的音频信号发生器而定。一般地，对于 1kHz 路径仪，末端要求短路；15kHz 路径仪，末端要求开路。对于 DGC-2010A 型电缆故障智能测试仪的配套产品，电缆末端应开路。如果误将电缆末端短路或存在其他接线错误时，仪器将启动自动保护功能。

由于直埋电缆的钢铠（或铅包）对磁场有屏蔽作用，当加入同样大小的音频电流时，相间连接法要比相地连接法接收到的信号弱得多。因此，在电缆埋设较深（1m 以上）、干扰较大的场合，相间法效果不如相地法。

2. 相地连接法

相地连接法接线原理如图 2-14-8-9 所示。

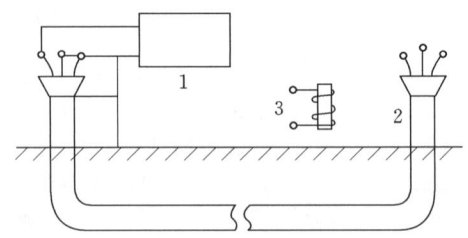

图 2-14-8-9 相地连接法接线原理
1—音频信号发生器；2—被测电缆；
3—接收线圈

在相地连接法中，应将音频信号加在好相上。电缆末端情况与相间法相同。对于 1kHz 的路径仪，电缆末端应短路接地；对于 15kHz 路径仪，电缆末端应开路。

电缆的容抗直接影响音频电流输出的大小，亦即控制着接收信号的强弱。电缆的电容量与电缆绝缘材料的介电系数、电缆线芯截面积、电缆的长度均成正比；与电缆的绝缘等级成反比。而电缆的容抗不仅与电缆的电容量有关，还与音频电流频率的高低有关，电容量越大、频率越高、容抗越小。在实际测试工作中，应根据上述原理选择适当的接线方式和参数。

3. 相间连接法与相地连接法的比较

（1）相间连接法比相地连接法更灵敏。采用音谷法探测电缆路径时，相间连接法可得陡然骤减的音谷，而相地连接法的音谷就不太明显；若采用音峰法探测电缆路径，相地连接法的音峰范围太宽，不易确定峰的顶点而相间连接法就显得非常优越。

（2）在输出相同音频电流的情况下，由于电缆铠装对音频电流磁场的屏蔽作用，使得相间连接法接收的信号比相地连接法弱。因此，在电缆埋设较深（1m 以上）或外界干扰较大时，相地连接法比相间连接法更适用。

另外，相间连接法和相地连接法所要求的音频输出电流的大小均应视电缆的埋设深度、测试环境的干扰情况，以及电缆线路的长短、土质等实际情况而定。一般地，15kHz 路径仪的输出电流为 1～2A 即可，而 1kHz 音频信号发生器的输出电流为 5～10A。

**（二）耦合式连接**

耦合式连接的路径仪输出端与电缆各相均没有电的联系，而是通过耦合的方式把音频信号加在电缆上。耦合的方法有直接法和间接法两种。

1. 直接耦合法

直接耦合法是将音频信号发生器的输出端，直接与绕在被测电缆上的耦合线圈相连接的测量方式。该耦合线圈的匝数以 5～7 匝为宜，直接耦合法的接线原理如图 2-14-8-10 所示。

直接耦合法的原理是通过耦合线圈向被测电缆发射一音频电流，此时可将电缆等效为一个电感，其产生的感生电流发出电磁波，然后由接收线圈接收，以确定电缆路径。

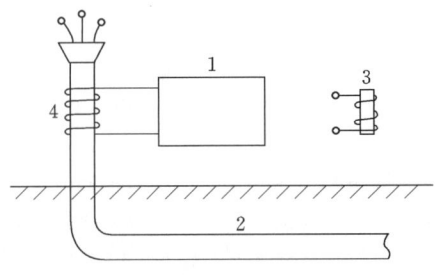

图 2-14-8-10 直接耦合法的接线原理
1—音频信号发生器；2—被测电缆；
3—接收线圈；4—耦合线圈

直接耦合法最大的优点是：可以在不停电的情况下探测电缆路径。但是它也有一定的局限性和缺点。由于电磁波在传播过程中损耗大，衰减快，因而探测距离较近，一般仅为几百米，在无干扰的良好测试环境下，也不超过 1000m。

2. 间接耦合法

当需要了解某一局部区域地下是否有地下电缆或金属管道时，使用音频信号发生器和一平板接收线圈（电容探头），且以该接收线圈（电容探头）为中心，将音频信号发生器的发射线圈的纵向轴线对准该中心，沿着半径为 R（一般为 10m）的圆周进行探测，当移动发射线圈经过地下电缆或金属管道的正上方时，接收机中的接收信号将出现峰值。间接耦合法接线原理如图 2-14-8-11 所示。

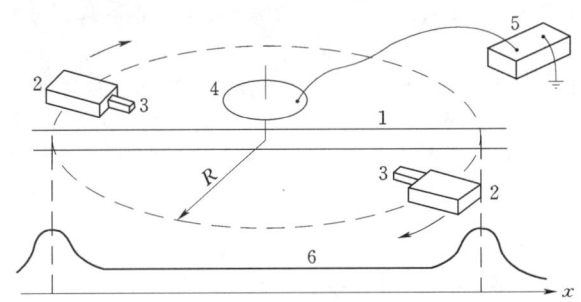

图 2-14-8-11 间接耦合法接线原理
1—被测电缆或金属管道；2—音频信号发生器；3—发射线圈；4—电容探头；5—接收机；6—音量曲线

间接耦合法的实质是：靠地面上的发射线圈发射电磁波，耦合到地下的电缆或金属管道上，再用接收机接收这一耦合信号。

以上介绍了直接式连接和耦合式连接的探测方法。在这里提一句，由于耦合法的测试范围与测试精度不够理想，而在实际测试工作中应用较少。直接式的音峰法和音谷法最为常用，这两种方法既可以单独使用，也可以结合使用，必要时可互为补充和验证。

**（三）鉴别电缆**

当需要从若干根电缆中鉴别出某一根时，可以使用路径仪（即音频信号发生器）来识别电缆。根据路径仪的测试原理，采用直接式相地法接线时，由于通过音频信号的电缆线芯不位于电缆轴线上（单芯电缆除外），因此，采用音峰法接收信号时，在电缆周围可以得到具有强弱变化的信号，如图 2-14-8-12 所示。当采用直接式相间法接线时，利用音谷法接收信号，在电缆周围可以得到对称变化的信号，如图 2-14-8-13 所示。

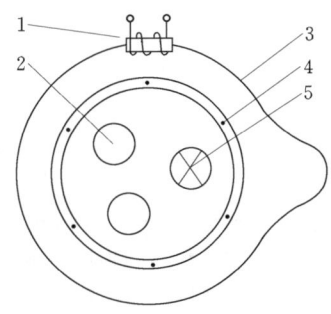

图 2-14-8-12 相地法识别电缆
1—接收线圈；2—电缆线芯；3—音量曲线；4—电缆铠装层中的电流方向；5—音频电流方向

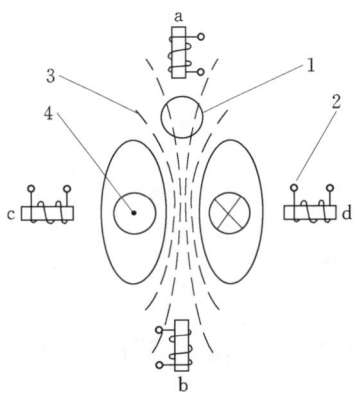

图 2-14-8-13 相间法识别电缆
1—电缆线芯；2—接收线圈；
3—磁力线；4—电流方向
a、b 处出现音峰；c、d 处出现音谷

**三、路径仪的使用方法与注意事项**

目前，国内使用的路径仪大都是 15W、15kHz 正弦信号发生器。使用大功率管在工作中易发热，甚至损坏大功率管。而使用小功率管在干扰较大的场合下，将给电缆路径探测带来一定的困难。近年来，一种大功率路径仪（音频信号发生器）的应用，给电缆路径的探测工作带来了很大的方便。下面，简要地介绍一下 DGC-2010A 型智能电缆故障测试仪配套的路径仪的技术指标、使用方法与注意事项。

**（一）技术指标**

(1) 信号频率：15kHz 断续方波。
(2) 输出功率：大于 50W。
(3) 仪器电源：交流 220V±10%，50Hz。
(4) 仪器体积：80mm×120mm×150mm。
(5) 仪器重量：1kg。

**（二）使用方法与注意事项**

(1) 将仪器的测试线（输出端的 $Q_9$ 电缆）接在被测电缆的好相上。红色线夹接被测电缆线芯，黑色线夹接地线，然后开机。注意：关机时，应先关闭路径仪的电源，再断开测试线。

(2) 探棒接于定点仪的输入插孔，定点仪工作于路径状态，耳机插头插入定点仪的输出插孔。探棒（绕有线圈的磁棒）与地面垂直（音谷法）并左右移动，在耳机中听到的音频信号（嘟嘟声）大小不同，当信号最小（音谷点）时，探棒下面即是电缆的埋设位置。一边向前走，一边左右摆动探棒，耳机中听到的音量最小点（音谷点）的连线即为地下电缆的埋设路径。

（3）一般情况下，输出不宜过大，以信号清晰为原则，以防在多根电缆并列运行的情况下，由于相互感应而产生测量偏差。

（4）若欲判断电缆的埋设深度，如前所述，可在已测准的电缆路径上的某一点，将探棒与地面倾斜45°，垂直于该段电缆路径的走向，向左或右移动，当耳机中音量信号最小时，探棒所平移的距离，即为电缆的埋设深度。

（5）在测试电缆较长（一般为800m以上）时，电缆的终端可以短路，以增大电缆沿途的信号强度。当电缆较短时，由于其直流阻抗较低，不可将被测电缆终端短路，必须终端开路，否则路径仪将发生"自保"而停止工作。

（6）当电缆发生三相短路故障，且故障距离较近时，为避免路径仪的自保现象，可在路径仪与被测电缆之间串接一个20Ω左右的10W电阻，以确保信号的正常输出。

（7）若探棒有故障需要修理时，可参考以下数据：在$\phi 10\times 140$mm的中波磁棒上，绕285匝漆包线，两端并联0.2μF的电容器，构成15kHz谐振回路。在70匝处抽头。与插头的隔离芯线相连接，在线圈的始端与隔离线相连接。

## 第九节　电缆故障的精测定点

探测电缆故障的一般步骤是：确定故障性质、粗测距离、探测路径和精测定点四步。在前面的几章里，曾先后对电缆故障测寻的前三步做过详细的阐述，并介绍了所用的设备及其使用方法和注意事项。本章将对电缆故障的精测定点做以全面的介绍。

精测定点是电缆故障测寻工作的最后一步，也是十分重要的一步，定点的准确与否，直接影响故障处理工作的效率，对于直埋电缆也决定着开挖土方量的大小。

电缆故障的精测定点，视其故障电阻的高低，可分别采取不同的方法。一般来说，95%以上的电缆故障是故障电阻不等于零的非金属性接地故障，它们均可采用声测定点法精测定点。但是，在实际测试时，音响效果与故障电阻成正比，对于不足5%的金属性接地或电阻极低的故障，由于声测定点法的音响效果太差，难以精测定点，此时应采用音频感应法精测定点。

### 一、声测定点法

声测定点法，首先需要有一个能使故障点产生规则放电的装置，利用该装置使故障点放电，然后才可以在粗测的距离附近，沿电缆线路，用拾音器来接收故障点的放电声波，以此来确定故障点的精确位置。如图2-14-9-1所示，B为拾音器，其余各参数均与冲击高压闪络法粗测距离时接线图中的对应参数相同。

#### （一）基本原理

如图2-14-9-1所示，声测定点法是利用直流高压设备，向电容器充电、储能，当电容器电压达到球间隙击穿值时，电容器通过球间隙放电，向被测电缆的故障线芯施加冲击电压，当故障点击穿时，电容器中储存的电能将通过等效故障间隙$J_x$或故障电阻$R_x$放电，与此同时，将产生机械振动波和电磁波，然后利用拾音器，在粗测的故障距离附近，沿电缆路径进行听测，地面上振动最大、声音最响处，即为故障点的实际位置。

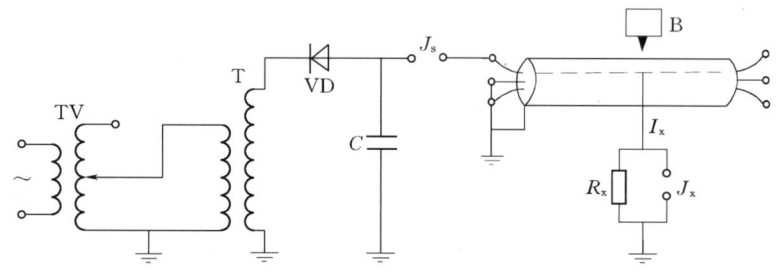

图2-14-9-1　声测定点法原理

声测定点法简便、易行，准确性好，其绝对误差不大于±0.4m。

储能电容器的放电能量为$W_c=\frac{1}{2}CV^2$，当该放电能量不能使故障点击穿时，就需要提高放电能量$W_c$。途径之一是增加电容器的电容量$C$；途径之二是提高电容器的放电电压$U$。在电容器具有足够的电容量（一般为不小于4μF）的情况下，提高电容器放电电压$U$的效果更显著。另外，故障点的放电能量与放电电流$I_x$的平方成正比，与故障电阻$R_x$成正比。因此，当故障电阻$R_x$很低或金属性接地（$R_x=0\Omega$）时，由于放电能量太小，而使听测的音响效果极差，甚至听不到放电声音。这就是声测定点法不适于极低故障电阻或金属性接地故障的原因。因此，在实际测试工作中，当故障点放电声音太小或听不到音响时，切不可盲目增加放电能量。

#### （二）测试设备与仪器

1. **冲击放电设备**

声测定点法的冲击放电装置与前文介绍的直闪、冲闪法粗测距离时所用的直流高压试验装置完全相同，图2-14-9-1中各元件的符号及参数如下。

TV——调压器：0～200V，2kVA；

T——高压变压器：0～50kV，1～2kVA；

VD——高压整流二极管：反向电压大于200kV，正向电流大于100mA；

$C$——储能电容：10kV，2～4μF电力电容器或专用脉冲电容器；

$J_s$——放电球间隙；

B——拾音器；

$I_x$——放电电流；

$R_x$——故障电阻；

$J_x$——等效故障间隙。

**2．定点仪**

（1）技术性能。定点仪是用于声测法定点和感应法探测电缆路径的专用设备，其主要技术性能和指标如下。

1）在输入信号为300Hz，幅值为100μV时，可保证2V不失真输出。

2）在2V不失真条件下，使输入为零，定点仪的内部噪声电平不大于150mV。

3）工作种类：

a．"定点"工作方式：确定电缆故障点位置时使用。

b．"路径"工作方式：探测电缆路径和埋设深度时使用，此时需配用探棒。

4）工作电压：9V±10%。

5）工作电流：>10mA。

6）输入阻抗：>1kΩ。

7）环境温度：-40～40℃。

8）重量：1.0kg。

（2）组成部分。定点仪由以下几个部分组成。

1）主机（定点仪）。定点仪内部由放大部分、滤波电路和15.5kHz振荡器及差拍检波系统构成。

2）接收线圈（探棒）。在φ10×140mm的中波磁棒上，绕285匝漆包线，两端并联0.2μF的电容器，构成15kHz振荡回路。在探测电缆路径时，接在定点仪的输入端，并将定点仪的"工作种类"旋钮置于"路径"挡使用。

3）压电晶体探头。探头内具有压电晶体片，其作用是将机械振动声波信号转换成电信号，然后输入定点仪进行放大收听。压电晶体探头在定点时使用，使用时将探针轻轻插入土内或置于硬质地表面（此时取下探针）仔细听测，并每间隔1m左右移动一次，直至找到故障点。

4）耳机。定点仪配备一套2×2200Ω耳机。在使用定点仪探测路径和定点时，均需将耳机插头插在定点仪的输出孔内，以收听接收信号。

**（三）测试步骤**

（1）按图2-14-9-1接好线路。当故障为相间或相地型式时，被测电缆末端应开路；当故障为断线型式时，被测电缆加信号相的末端应接地。

（2）将调压器TV调回零位。

（3）适当调整球间隙距离，以控制放电电压的高低。一般地，放电电压不宜太高，只要故障点能够连续良好放电即可。对于低压电缆，放电电压应控制在10kV以内；对于10kV电缆，放电电压应控制在25kV以内；对于35kV电缆，放电电压应控制在40kV以内。当冲击放电电压较高时，应考虑贮能电容器的承压能力。

（4）合上电源开关，调节调压器匀速升压，根据放电电压的高低，重新调整放电球间隙的距离，直至达到所需要的放电电压，放电间隔时间以3～4s为宜。每次停电调整球间隙时，应进行充分放电，并挂牢地线，以免伤人。

（5）做好上述工作以后，即可按每间隔3～4s放电一次的规律进行冲击放电，同时在粗测的故障距离附近，沿电缆线路进行听测。在听测过程中，需要有人监护冲击放电系统的工作状态，以免发生意外。

（6）故障定点以后，应立即将调压器调回零位，切断电源，在电缆线芯及电容器上进行充分放电，并挂牢地线。

**（四）测试技巧**

（1）当故障相加上直流高压，使故障点产生闪络放电时，既发射电磁波，又有机械振动波，定点仪接收的是机械振动波。当定点仪屏蔽不够理想时，电磁波可能会窜入，并形成假信号。电磁波与机械振动波的区别方法是：由于电磁波的音响是均衡的（无强弱变化），因此可以将探头离开地面听测，此时如果仍然有放电信号，则该信号为窜入的电磁波造成的假信号；此时若无放电信号，则探头放在地面上所听到的放电信号，就是故障点放电的机械振动波。

（2）有时因环境干扰大，土质或电缆具体损坏情况不同等因素，故障点闪络放电传给探头的机械振动波很弱（塑料电缆易发生这种情况），定点比较困难。这时可以利用电缆故障点闪络放电时即发射电磁波又有机械振动波这一现象，使用两台定点仪，一台配用探头，并工作在"定点"挡；另一台配用探棒，并工作在"路径"挡。当两台定点仪在同一时刻，都接收到"啪！啪！"的音响信号时，说明该音响信号确为故障点发出的放电信号（电磁波和机械振动波），再找出最响点，即可定出准确的故障点。

（3）寻找最响点的方法是：在定点过程中，如果已经听到有规律的"啪！啪！"的机械振动声（放电声）以后，故障点就在离此不远的地方，此时应沿电缆走向，前后移动定点仪进行比较测量，同时减小定点仪的输出音量，逐渐缩小听测范围，最后集中于一个最响点。

（4）对于极少数的（5%以下）金属性接地或故障电阻极低（$R_x$<10Ω）的电缆故障，由于故障点根本不放电或放电能量太小，不产生机械振动波或机械振动波极其微弱，也就无法听到音响信号，此时用声测定点法已不能确定故障点，应改用音频感应法精测定点。

**（五）使用定点仪的注意事项**

（1）采用声测法进行定点时，放电球间隙不宜调得太大，以免由于长时间、高冲击电压的作用，使故障点转变成金属性接地故障而不再放电，造成定点的困难与麻烦。

（2）定点仪在使用中要注意保护探头，探针插入土地时，应按既定方向（一般是垂直于地面）稍用力插，不得撬、旋转和摔跌，探头和探棒均不可随意拆卸，以免损坏。

（3）若需要在硬路面或水泥路面上定点时，可将探头上的探针拧下，然后将探头平置于地面进行听测。

（4）定点仪不用时，应及时关闭电源，以节约电池。

（5）定点仪若出现杂音变大、灵敏度降低时，可能是电池不足，可将定点仪上的电池插门推开更换新电池。

（6）若耳机中出现广播电台声，可能是输入馈线屏蔽层接触不良，及时修理馈线即可得到改善。

**二、音频感应定点法**

音频感应定点法适用于故障电阻小于10Ω的低阻故障定点。对于这种故障，当采用低压脉冲法粗测出大概的故障距离并确定好路径以后，由于故障点放电的机械振动波的传导受到屏蔽或相当大的外界干扰；或因故障电阻太小，放电能量极低，机械振动微弱，因而声测定点法不易定点。特别是金属性接地故障，由于故障点根本不放电，而使声测定点法无法定点，这时就需要采用音频感应法进行定点测试。

**（一）基本原理**

音频感应定点法和音频感应法探测电缆路径的原理是一样的。即：将音频信号发生器（路径仪）的输出端接在被测电缆的两故障相上，音频电流将从一芯通过故障点传到另一线芯，并回到音频信号源，然后用接收线圈（探棒），采用音峰法沿被测电缆的路径，接收音频信号电流的电磁波信号，根据耳机中音量的高低（或指示仪表指针偏转角的大小）来确定故障点的位置。

当音频电流沿电缆一芯通过故障点，并经过另一线芯回到音频信号源时，沿途各点的电磁效应由于音频电流"去"和"来"的方向相反而趋于抵消。但由于电力电缆在制造成缆时，各线芯是互相扭绞在一起的，因此沿线任意两点被测线芯的连线可能垂直于地面，也可能平行于地面。这样，沿线各点的电磁场的合成量就是不一样的。当在地面上采用音峰法探测时，测得的信号强度随两线芯相对于地面的相对位置而变化。当两线芯连线与地面垂直时，接收到的信号较强；当两线芯连线与地面平行时，接收到的信号较弱。在故障点，由于短路电流的磁通相同不能抵消，所以接收到的信号最大。最后，测到的信号最大值处即为故障点。过了故障点以后（大约1.5m），由于电缆内只有杂散电流而无音频电流，所以接收到的信号几乎为零且振幅不变。如图2-14-9-2所示。

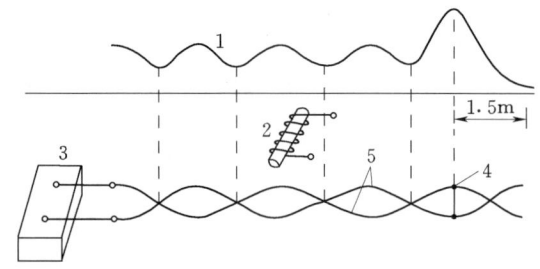

图2-14-9-2 音频感应定点法原理
1—音量曲线；2—接收线圈；3—音频信号发生器；
4—故障点；5—电缆线芯

#### （二）仪器与设备

**1. 音频信号发生器**

音频信号发生器是音频感应定点法的主要设备，可分为电子管和晶体管音频信号发生器两大类，前者虽然输出功率大，但其体积大、笨重、携带不方便，因此应用较少。目前，应用最广的15kHz、50W、断续方波信号发生器，即前文介绍的路径仪，其技术性能指标及使用方法这里不再赘述。

**2. 接收机**

在故障电缆线路上，根据故障性质的不同，选用不同的探头来接收故障点磁场或电场的变化，并将接收的信号送入接收机进行放大，然后输出给耳机或指示仪表。测试人员根据耳机中信号音量或指示仪表指针的偏转角来判断故障点的位置。

实际上，接收机就是一个低频放大器，对它主要有三点要求。

（1）放大倍数。一般来讲，放大倍数越大，接收机的灵敏度越高。但是，当放大倍数过大时，外界干扰也就显得更加突出了，这个矛盾由以下两点要求来解决。

（2）选频特性。要使接收机具有良好的选频特性，一般可采用两种方法：其一是在接收机中采用双T电桥选频网络，即由RC构成选频网络；其二是使用有源滤波器，只让某一频带的音频信号通过。

（3）滤波特性。主要是在接收机中使用滤波电容，以滤去50Hz的工频干扰。

**3. 接收机用探头**

（1）电感探头。在 $\phi10\times140$mm 的中波磁棒上，绕285 匝漆包线，两端并联 $0.2\mu F$ 的电容器，构成15kHz振荡回路，亦即电感探头。电感探头主要接收磁场变化信号。一般在相间短路（或接地），而且故障点前后电流有变化的场合使用电感探头。电感探头原理如图2-14-9-3所示。

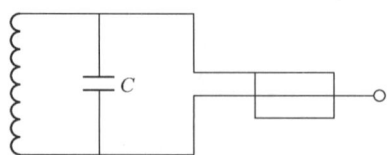

图2-14-9-3 电感探头原理

（2）电容探头。电容探头是由一块金属片制成的。主要用于探测电场的变化。在电缆发生断线时，故障点前电位高、电场强；故障点以后电位趋于零、电场弱；故障点处电场最强，音量最大。根据电容探头探测到的故障点前后的电场强弱变化，即可判断出断线故障点的准确位置。可见，电容探头适用于探测断线故障，电容探头原理如图2-14-9-4所示。

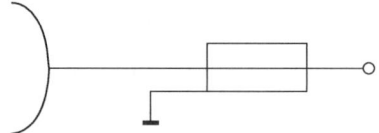

图2-14-9-4 电容探头原理

（3）差动电感探头。差动电感探头是由两个相同的电感探头组合而成。它通过输出变压器T，与放大器的输入端相接，主要用于具有强电场干扰的场合探测直埋电缆的故障点，特别适用于短路或接地性故障。差动电感探头原理如图2-14-9-5所示。

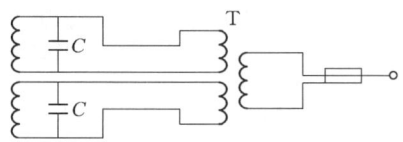

图2-14-9-5 差动电感探头原理

#### （三）测试方法

**1. 相间短路故障的探测**

采用音频感应定点法探测两相或三相的相间短路故障点位置时，是向两短路线芯施加音频电流，然后在地面上用电感探头接收信号，并将其送入接收机进行放大，再用耳机或指示仪表鉴别信号的变化。沿电缆线路，直至测到信号的最后一个峰值和突然中断处，即可判断出故障点的准确位置。其接线原理和音量曲线参见图2-14-9-2。

相间短路或接地故障，采用音频感应定点法确定故障点比较灵敏。

**2. 单相接地故障的探测**

单相接地故障点位置的探测，首先应将音频信号发生器的输出端接在被测电缆的故障相与地线（金属铠装或铅包）上，当所施加的音频电流 $I$ 到达故障点以后，经过故障电阻

$R_x$ 分成两路。一路 $I_e$ 由故障点沿电缆地线（金属铠装或铅包）和大地直接返回测试端；另一路 $I'_e$ 经由电缆地线（金属铠装或铅包）和大地流向电缆的末端，再经大地返回到测试端。这样就使整个电缆线路都有音频信号电流流过。如图 2-14-9-6 所示。

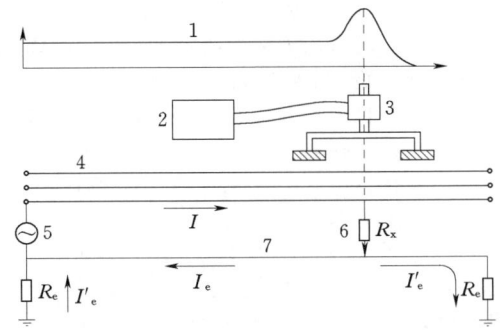

图 2-14-9-6　单相接地故障音频感应定点原理
1—音量曲线；2—接收机；3—差动
电感探头；4—电缆线芯；5—音频
信号发生器；6—故障电阻；
7—电缆金属护套或钢铠

根据图 2-14-9-6，可以做出以下简单的定量分析。
因为
$$I = I_e + I'_e$$
所以故障点之前的合成电流 $I_合$ 为
$$I_合 = I - I_e$$
故障点之后的合成电流 $I'_合$ 为
$$I'_合 = I'_e = I - I_e$$

由此可见，在故障点前后，产生磁通的电流（或合成电流）$I_合$ 与 $I'_合$ 大小相等，方向相同。此时若采用一般的电感探头接收信号，则会在整个电缆线路都能接收到大小相等的均衡信号，因而无法确定故障点。

遇到上述情况，必须采用特殊的差动电感探头来测试。使用差动电感探头时，在故障点之前和之后，由于差动的作用，接收到的信号都极弱。在故障点之前，因为电缆线芯绞合的缘故，可以接收到略大于故障点之后的信号。但是，当差动电感探头跨越故障点时，由于故障点前后的信号强度略有差异，因此，差动电感探头可以接收到很强的信号。根据这一现象，即可确定故障点的准确位置，见图 2-14-9-6。

在使用差动电感探头时，应让探头的两个探棒都平行于电缆，并沿电缆的走向进行探测，不应偏移或转向。若发现差动不起作用，杂散干扰大，可将两个探头中的任意一个，在水平面内旋转 180° 即可。

**3. 断线故障的探测**

在探测电缆断线故障时，被测电缆的末端应连同金属铠装（或铅包）一同短路并接地。而被测电缆的测试端与音频信号发生器的连接方法，要视断线的相数情况而定。

（1）单相断线：音频信号发生器的两输出端分别接在断线相和另外两好相上。

（2）两相断线：音频信号发生器的两输出端分别接在两断线相和另一好相上。

（3）三相断线：音频信号发生器的两输出端分别接在三个断线相和地（金属铠装或铅包）上。

在探测断线故障时，应尽量提高音频信号发生器的输出功率，然后采用电容探头接收该电场的变化信号。在故障点之前，接收到的信号较强，但恒定不变；在故障点处，接收到的信号有峰值产生；过故障点之后，接收到的信号骤然下降。如图 2-14-9-7 所示，峰值下面即为故障点。

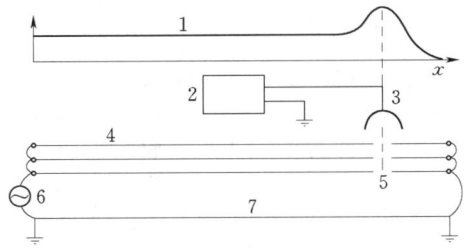

图 2-14-9-7　断线故障音频感应定点原理
1—音量曲线；2—接收机；3—电容探头；
4—电缆线芯；5—故障点；6—音频信
号发生器；7—电缆金属护套或钢铠

**（四）注意事项**

采用音频感应定点法进行电缆故障的精测定点时，所用的仪器与设备，除特殊探头（差动电感探头和电容探头）以外，均与音频感应法探测电缆路径的设备完全相同，对其使用方法和注意事项，已在前面章节中做过详细的阐述与说明。对上述两种特殊探头，也已在本章中做过介绍，在这里一并略去，不再重复。下面，对直埋电缆故障的音频感应法定点时的注意事项做以简单的介绍。

在采用音频感应定点法进行定点时，感应线圈在地面上接收到的信号往往会突然变弱，甚至完全消失，其原因大致有以下三点。

（1）电缆的埋设深度突然增加。
（2）电缆上面有铁质覆盖物。
（3）电缆穿入铁质导管中。

实际上，在现场应用音频感应定点法确定故障点的精确位置并不十分容易，因为有许多随机变化的因素。例如：合成电磁场的幅值、相角与故障电阻的大小有关，与故障点前后电缆的长度有关，也与所采用的音频信号的频率有关。所以，在实际测试工作中，真正能熟练掌握这种方法的人并不多，这主要还是实际中的纯短路故障极少，人们用该方法实践的机会与条件匮乏的缘故。

**三、时差定点法**

时差定点法接线原理图与声测定点法完全相同，各对应参数也相同，只有图 2-14-9-1 中的拾音器 B 不同。时差定点法采用的时差定点仪可以同时接收放电声信号和电磁波信号，并显示出它们的时间差。

当采用高压冲击放电装置，对故障电缆施加高压（20~30kV）冲击脉冲（周期为 3~4s）时，电缆故障点闪络放电，产生很强的闪络声，同时也将产生瞬时强磁场。闪络声和电磁场均由同一点在地下向外传播，利用时差定点仪接收器在地面接收这两个信号，磁场的传播速度近似于光速，而闪络声在地下与空气中的传播速度相当。由于光速远远大于声速，因此电磁场与闪络声到达同一接收点（接收器所在位置）的时间是有差异的，故障点与接收器所在处的距离越小，这个时间差值就越小。时差定点仪将自动探测两种信号，并指示出时间差。移动接收器的位置，直至时间差达到最小值时，接收器就在故障点的正上方。

时差定点法能有效地避免声测定点法时异常声响对测试工作的干扰。

时差定点法的测试方法与测试注意事项与声测定点法完全相同，这里不再赘述。

### 四、同步定点法

同步定点法接线原理图与声测定点法完全相同，各对应参数也相同，只有图 2-14-9-1 中的拾音器 B 不同。同步定点法采用的同步定点仪可以同时接收放电声信号和电磁波信号，用这两个信号来共同控制输出门电路。同步定点仪原理方框图如图 2-14-9-8 所示。

与时差定点法类似，当故障电缆处于噪声较大的环境周围时，噪声干扰严重影响了声测定点法的定位精度，此时可选择时差定点法，也可采用同步定点法。同步定点法如同时差定点法一样，首先使故障点放电，放电产生的声信号和电磁信号都将被同步定点仪接收，而且只有在同时接收到声信号和电信号时，控制门才能有输出，耳机中才可以听到清晰的"啪、啪"声，同时微安表才有输出指示。否则输出为零，即耳机中无声响，微安表无指示。沿电缆线路移动接收器的位置，直至耳机中声音最响，同时微安表输出最大时，接收器就在故障点的正上方。

同步定点法的测试方法与测试注意事项与声测定点法完全相同，这里不再赘述。

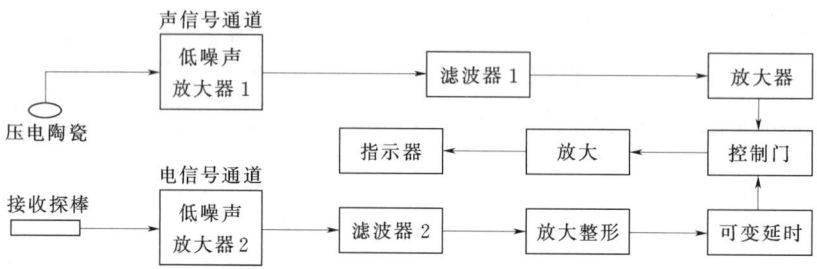

图 2-14-9-8 同步定点仪原理方框图

### 五、特殊定点法

#### （一）明敷电缆故障的定点

在电缆沟、隧道、桥架等裸露部位明敷的电缆发生低阻故障时，由于故障电阻太低（$R_x<10\Omega$）或金属性接地等原因而使声测定点法失效。对于多并运行的电缆，用一般的音频感应定点法也难以判断故障点的位置，这时可以使用下面介绍的简单、直观、方便的特殊方法来进行精测定点。

**1. 局部过热法**

在粗测出故障距离以后，对故障电缆进行冲击放电，或用直流耐压击穿故障点的方法，使故障点通过一定的电流，由于故障点具有一定的电阻，当电流流过该电阻时，将产生热效应。经过一段时间（20~30min）的冲击放电（或反复的耐压击穿）后，停止冲击放电，并进行充分放电、挂牢地线，然后立即在粗测的故障距离附近用手触摸电缆，故障电缆上的温度最高点，即为故障点。

这种方法适用于电缆三头部位和电缆线路上便于用手触摸部位的故障点定点。该方法能准确地确定故障点的位置。但是，在应用过程中必须注意安全，用手触摸前，一定要充分放电并挂牢地线。

**2. 跨步电压法**

对于单相接地或多相短路或接地故障，特别是金属性接地故障，只要是明敷的裸露电缆均可采用跨步电压法进行精测定点。

跨步电压法的测量方法是：在故障相与地（金属屏蔽层或铅包）之间，接上可调的直流电源，然后在粗测出的故障距离附近，在跨距 500mm 的两端，轻轻撬起一小块外护层和钢带，露出屏蔽铜带或铅包并处理干净，上述准备工作就绪以后，接通直流电源，使故障点流过 5~10A 的电流，同时用毫伏表或微安计测量跨步电压，如图 2-14-9-9 所示。

根据图 2-14-9-9，加在电缆故障相上的直流电流 $I$，

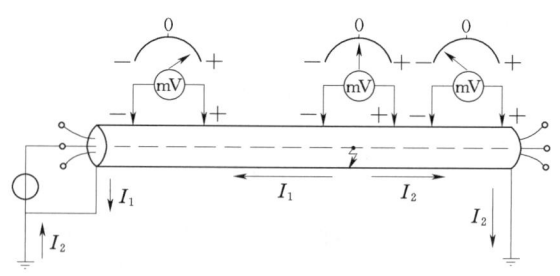

图 2-14-9-9 跨步电压法原理

沿电缆线芯流向故障点，到达故障点以后分成两路，一路沿电缆金属屏蔽层（或铅包）和大地直接返回测试端，即 $I_1$；另一路沿电缆金属屏蔽层（或铅包）和大地流向电缆末端，然后经大地返回测试端，即 $I_2$。可见，故障电缆金属屏蔽层（或铅包）上的电流方向以故障点为界，两端的电流方向是相反的。根据这一现象，将毫伏表或微安计两表笔方向恒定，在粗测出的故障点附近，测量电缆金属屏蔽层（或铅包）上的跨步电压或电流。测得的跨步电压或电流的方向，在故障点前后是相反的。当故障点位于两表笔之间时，跨步电压或电流为零，这样即可精确地确定故障点的具体位置。

该方法的定点精度很高，但在测试时需要多次破坏电缆外护层，因此在实际测试工作中应尽量避免使用；采用该方法定点以后，应立即将电缆外护层的破损处修复。

**3. 偏心磁场法**

对于单相接地，特别是金属性接地故障，在故障相与地之间通入电流 $I$，当电流 $I$ 到达故障点后，流入钢铠或铅包，并分成两路向故障电缆的两端流去，从而引起整个电缆线路都有音频信号电流。其原因已在前文中做过详细的阐述，这里不再赘述。

发生上述情况时，除整个电缆线路上都有音频信号电流以外，还有另一个特点。即：由于该电流是加在电缆单芯上的，偏离了电缆的中心轴线（单芯电缆除外），因此它产生的磁场也是偏离电缆中心轴线的，称为偏心磁场。根据这一

特点，在故障点之前，由于音频电流产生偏心磁场，当接收线圈围绕故障电缆周围表面旋转一周时，线圈中接收到的磁场（音量）信号将有强弱变化；而在故障点之后，由于只有均匀分布的钢铠或铅包电流，无线芯电流，则接收线圈围绕故障电缆周围表面旋转一周时，线圈中接收到的磁场（音量）信号无强弱变化，因此可以确定故障点的位置。偏心磁场法原理如图2-14-9-10所示。

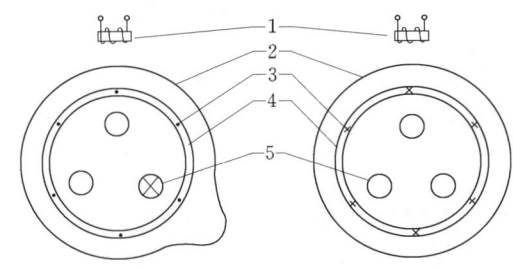

图2-14-9-10 偏心磁场法原理
1—接收线圈；2—音量曲线；3—音频电流方向；4—电缆金属护套或钢铠；5—电缆线芯

### （二）低压电力电缆故障的定点

这里所谈的低压电力电缆，系指220～380V动力电缆。低压电力电缆多以橡胶或塑料作为绝缘材料，其绝缘层厚度较薄，在结构上，一般没有屏蔽层。因此，在测寻低压电力电缆故障时，不能照搬高压电力电缆故障的测寻方法。对于故障距离的粗测和路径的探测，可参照高压电力电缆故障的测寻方法，但精测定点时有所不同，高压电力电缆多采用声测定点法，其冲击放电电压可达20～30kV，这样高的冲击电压如果长时间作用于低压电力电缆，则对绝缘层是不利的。因此，测寻低压电力电缆故障时，应尽量避免采用高压冲击放电的方式进行较长时间的精测定点。若采用声测定点法进行较长时间的精测定点时，应首先根据电缆的绝缘材料及其厚度和导体线芯的半径，推算出绝缘层的耐电强度，调整冲击放电电压，不得超过绝缘层耐电强度到2/3，以免损伤绝缘层。一般来讲，低压电力电缆应采用以下办法定点。

**1. 断线故障的定点**

低压电力电缆的截面一般较小，多为明敷且移动频繁，容易受到损伤，造成断线故障。这类故障在粗测出故障距离以后，应采用音频感应法定点，最好配合使用电容探头接收电场变化信号。

电场的强弱与电位的高低有关。在故障电缆埋设较深、外界干扰较强的情况下，除需要一台灵敏度高、抗干扰能力强的接收机以外，还应提高音频信号发生器的输出量。直埋电缆故障的探测要比明敷电缆故障的探测困难得多。

**2. 相间短路和接地故障的定点**

低压电力电缆相间短路和接地故障的测寻，在相间短路（两相或三相短路故障）或一相接地（单相接地）时，其定点的方法应采用音频感应定点法。

测寻相间短路故障时，应采用电感探头；测寻单相接地故障时，特别在干扰较大的情况下，最好采用差动电感探头。

以上提到的各种探头与定点方法，其具体的测试步骤与方法，同本章前文介绍的完全相同，此处略去，不再赘述。

上述低压电力电缆故障的测寻方法，也适用于通信电缆的故障测试。

## 第十节 电力电缆实测案例与分析（29例）

### 一、实测案例一

**1. 一般情况**

(1) 电缆型号：ZLQ2-10-3×95。
(2) 运行电压：10kV。
(3) 敷设方式：电缆沟。
(4) 电缆全长：212m。
(5) 运行时间：19年。

**2. 故障性质**

(1) 运行跳闸故障。
(2) 两端测绝缘电阻均为：$R_A=R_B=500M\Omega$，$R_C=\infty$。
(3) 导通试验结果：C相断线。

**3. 实测过程**

(1) 采用低压脉冲法，并进行不同脉冲宽度波形的比较，如图2-14-10-1所示，$L_x=120m$，$L=216m$。

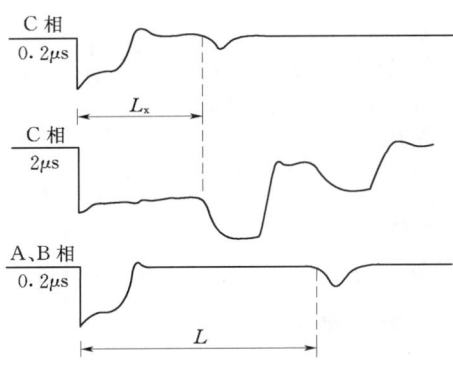

图2-14-10-1 实测低压脉冲比较波形

(2) 声测定点。
1) 冲击电压：19kV。
2) 放电频率：1/3～1/4（1/s）。
3) 故障点放电状态：良好。
4) 定点位置：在118m处。

**4. 误差计算**

(1) 绝对误差：120-118=2（m）。
(2) 相对误差：$\frac{2}{118}=1.69\%$。
(3) 精测工程误差：0m。

### 二、实测案例二

**1. 一般情况**

(1) 电缆型号：ZLQ2-10-3×95。
(2) 运行电压：10kV。
(3) 敷设方式：直埋。
(4) 电缆全长：504m。
(5) 运行时间：22年。

**2. 故障性质**

(1) 运行跳闸故障。
(2) 两端测绝缘电阻：始端$R_A=R_B=R_C=2000M\Omega$；

终端 $R_B=180\Omega$，其余同始端。

(3) 导通试验结果：B 相断线。

3. 实测过程

(1) 低压脉冲法。在脉冲宽度为 $0.2\mu s$ 时测得图 2-14-10-2 波形，图中 $L_x=154.6m$。

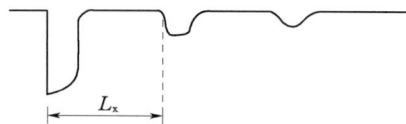

图 2-14-10-2　实测低压脉冲波形（一）

(2) 低压脉冲法。在脉冲宽度为 $2\mu s$ 时测得图 2-14-10-3 波形，图中 $L_x=154.6m$。

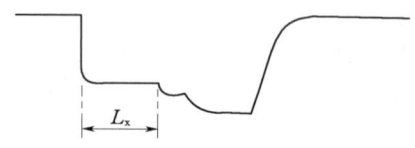

图 2-14-10-3　实测低压脉冲波形（二）

(3) 声测定点。

1) 冲击电压：17kV。

2) 放电频率：$1/2\sim1/3$（1/s）。

3) 故障点放电状态：良好。

4) 定点位置：在 155m 处精确点。

4. 误差计算

(1) 绝对误差：154.6－155＝－0.4（m）。

(2) 相对误差：$\dfrac{|-0.4|}{155}=0.26\%$。

(3) 精测工程误差：0m。

### 三、实测案例三

1. 一般情况

(1) 电缆型号：ZLQ2-10-3×95。

(2) 运行电压：10kV。

(3) 敷设方式：电缆沟＋直埋。

(4) 电缆全长：562m。

(5) 运行时间：21 年。

2. 故障性质

(1) C 相试验击穿。

(2) 测绝缘电阻：$R_C=200M\Omega$，$R_B=R_A=1000M\Omega$。

3. 实测过程

(1) 首先选用直闪法。由于故障电阻太高，电压升至 38kV 仍无闪络，因此改用冲闪法。

(2) 冲闪法。测得故障点放电不完善波形（冲击电压 18kV），经提高电压（23kV），增大放电能量，波形无改变。故决定先冲击放电 20min 再测。冲击放电后，绝缘电阻降低到 150Ω，立即采用低压脉冲法测试。

(3) 低压脉冲法。波形如图 2-14-10-4 所示，$L_x=240m$。

(4) 声测定点。

1) 冲击电压：16kV。

2) 放电频率：$1/2\sim1/3$（1/s）。

3) 故障点放电状态：良好。

4) 定点位置：由于在 240m 处是柏油马路，听不到放

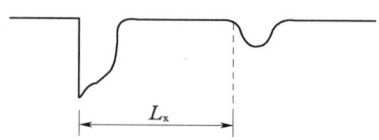

图 2-14-10-4　实测低压脉冲波形

电声响。最后在 240m 处挖开后，发现故障点位于该处接头内，接头外有铁壳，壳内充填沥青胶，埋深 1.6m。

4. 结果分析

接地性故障，出现开路性反射波形的原因分析如下。

设该电缆特性阻抗 $Z_c=30\Omega$，则根据长线理论，$P_u$ 为

$$P_u=\dfrac{Z_x-Z_c}{Z_x+Z_c}\approx -0.09$$

可见该接地性反射很弱。另外，该处恰好是一个中间接头，由于接头反射大于接地反射，所以出现了图 2-14-10-4 的波形。

### 四、实测案例四

1. 一般情况

(1) 电缆型号：YJLV22-8.7/10-3×185。

(2) 运行电压：3kV。

(3) 敷设方式：直埋。

(4) 电缆全长：660m。

(5) 运行时间：13 个月。

2. 故障性质

(1) 运行跳闸故障。

(2) 两端测绝缘电阻均为：$R_A=800k\Omega$，$R_B=R_C=1000M\Omega$。

(3) 导通试验结果：B、C 两相断线。

3. 实测过程

(1) 低压脉冲法。B、C 相与 A 相波形如图 2-14-10-5 所示，图中 $L_x=215m$，$L=662.2m$。

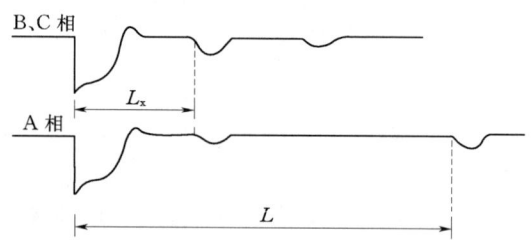

图 2-14-10-5　实测低压脉冲波形

(2) 声测定点。

1) 冲击电压：21kV。

2) 放电频率：$1/2\sim1/3$（1/s）。

3) 定点位置：由于 B、C 两相断线，而且电阻太高，不易放电。因此，选择受故障影响，绝缘电阻较小的 A 相进行冲击放电。最后精确定点在 214m 处的中间接头。

4. 结果分析

(1) A 相波形在故障部位也出现了微弱的正反射波，难道是 800kΩ 的高阻故障低压脉冲法也能测试吗？答案是否定的。

(2) 如果一定把它看成是高阻接地故障，根据脉冲反射原理，其反射系数约为 $-1.25\times10^{-5}$，这显然与该处的反射波不符，它只能是接头造成的反射波。

## 五、实测案例五

**1. 一般情况**

(1) 电缆型号：ZQ2-10-3×35。
(2) 运行电压：10kV。
(3) 敷设方式：直埋。
(4) 电缆全长：425m。
(5) 运行时间：24年。

**2. 故障性质**

(1) 运行跳闸故障。
(2) 始端测绝缘电阻：$R_A=R_B=R_C=500\text{M}\Omega$。

在用摇表测绝缘电阻时，其中C相阻值上升很慢，A、B两相阻值上升很快，故判断为A、B两相断线，立即用脉冲法测试验证。

**3. 实测过程**

(1) 低压脉冲法波形如图 2-14-10-6 所示，图中 $L_x=160\text{m}$，$L=424\text{m}$。

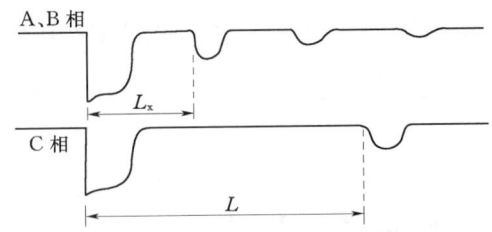

图 2-14-10-6 实测低压脉冲法波形

(2) 声测定点。
1) 冲击电压：32kV。
2) 放电频率：1/2~1/3 (1/s)。
3) 故障点放电状态：良好。
4) 定点位置：在160m处精确定点。故障点位于保护管内，埋深3m。

**4. 测试体会**

对于同一根电缆的三相，如果原绝缘电阻相同，则在断线故障状态下，测试绝缘电阻（某一定值）所需的时间，可用来估算故障距离，即

$$\frac{\text{断相需时 } t_x}{\text{好相需时 } t} = \frac{\text{故障距离 } L_x}{\text{电缆全长 } L}$$

$$\frac{t_x}{t} = \frac{L_x}{L} \text{ 或 } L_x = \frac{t_x}{t} L$$

## 六、实测案例六

**1. 一般情况**

(1) 电缆型号：ZLQD22-10-3×240。
(2) 运行电压：10kV。
(3) 敷设方式：电缆沟。
(4) 电缆全长：388m。
(5) 运行时间：5年。

**2. 故障性质**

(1) C相试验击穿。
(2) 测绝缘电阻：$R_C=60\text{k}\Omega$，$R_A=R_B=2000\text{M}\Omega$。

**3. 实测过程**

(1) 冲闪法。在21kV冲击电压下，经过2h测试未出现理想波形，停止冲击放电，再测绝缘电阻时得：$R_C=36\Omega$，立即改用低压脉冲法测试。

(2) 低压脉冲法波形如图 2-14-10-7 所示，图中 $L_x=320.0\text{m}$，$L=389.2\text{m}$。

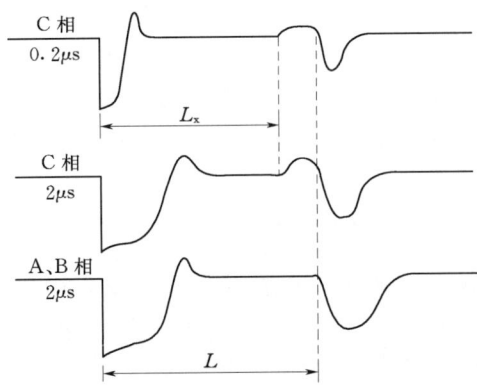

图 2-14-10-7 实测低压脉冲法波形

(3) 声测定点。
1) 冲击电压：21kV。
2) 放电频率：1/3~1/4 (1/s)。
3) 故障点放电状态：良好。
4) 定点位置：在故障点附近很长一段都有放电声响，降低冲击电压至16kV，将定点仪音量减小后，在320m处定点无误。

**4. 结果分析**

(1) 该故障在进行冲闪法测试时，冲击电压（21kV）偏高，造成故障二次放电，使故障波形更加复杂。这一点也可从故障电阻的快速降低和故障点附近大面积的放电声音来加以判断。

(2) 由于故障电阻小（36Ω），其等效阻抗接近于 $Z_c$，反射系数 $P_u$ 大约为12%，因此，接地性反射很弱。

## 七、实测案例七

**1. 一般情况**

(1) 电缆型号：ZLQ2-10-3×95+ZLQD2-10-3×150。
(2) 运行电压：10kV。
(3) 敷设方式：直埋。
(4) 电缆全长：720m。
(5) 运行时间：17年。

**2. 故障性质**

(1) B相试验击穿。
(2) 击穿现象是：电压升到20kV时，泄漏电流迅速升至满刻度（1000μA）而击穿。
(3) 测绝缘电阻：$R_B=100\text{k}\Omega$，$R_A=R_C=500\text{M}\Omega$。

**3. 实测过程**

(1) 直闪法波形如图 2-14-10-8 所示，图中 $L_x=536\text{m}$。

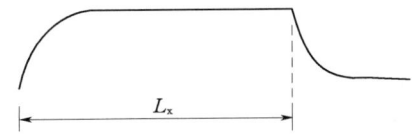

图 2-14-10-8 实测直闪法波形

(2) 声测定点。
1) 冲击电压：22kV。

2) 放电频率：1/3～1/4（1/s）。
3) 故障点放电状态：良好。
4) 定点位置：在520m处。

4．误差计算

(1) 绝对误差：536－520＝16（m）。

(2) 相对误差：$\frac{16}{520}=3.08\%$。

(3) 精测工程误差：0m。

5．结果分析

(1) 该电缆由油浸纸电缆和不滴流电缆两段连接而成，测试端为油浸纸电缆，故障点位于不滴流段上。由于波速$v_{油浸纸}>v_{不滴流}$，所以，测试距离产生了较大的正误差。

(2) 如果已知两段电缆的实际长度，可以计算出实际电缆的故障距离，避免上述测试误差。

### 八、实测案例八

1．一般情况

(1) 电缆型号：ZQ2-3-3×120。

(2) 运行电压：3kV。

(3) 敷设方式：电缆块＋电缆井。

(4) 电缆全长：866m。

(5) 运行时间：24年。

2．故障性质

(1) A相试验击穿。

(2) 击穿现象是：当电压升到15kV时，因泄漏电流突然增大而击穿。

3．实测过程

(1) 直闪法波形如图2-14-10-9所示，图中$L_x=360m$。

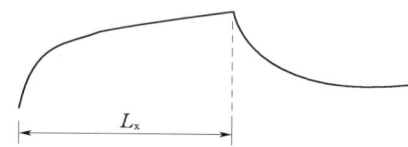

图2-14-10-9　实测直闪法波形

(2) 声测定点。

1) 冲击电压：24kV。

2) 放电频率：1/2～1/3（1/s）。

3) 故障点放电状态：良好。

4) 定点位置：在360m处的井内准确定点。故障部位是一个中间接头。

4．结果分析

(1) 绝缘电阻没测，不进行准确的故障性质判断，就选用直闪法测试，既没有道理，又欠妥当。

(2) 一般的泄漏性故障应选用冲闪法测试，而该例却选择了直闪法，而且还顺利地得到了理想的测试波形。

### 九、实测案例九

1．一般情况

(1) 电缆型号：ZLQ2-10-3×120＋ZQ2-10-3×120＋ZQ2-10-3×70。

(2) 运行电压：10kV。

(3) 敷设方式：直埋＋电缆井。

(4) 电缆全长：1424m。

(5) 运行时间：27年。

2．故障性质

(1) B相试验击穿。

(2) 测绝缘电阻：$R_B=250MΩ$，$R_A=R_C=300MΩ$。

3．实测过程

(1) 直闪法波形如图2-14-10-10所示，图中$L_x=200m$。

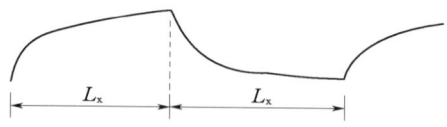

图2-14-10-10　实测直闪法波形

(2) 声测定点。

1) 冲击电压：26kV。

2) 放电频率：1/3～1/4（1/s）。

3) 故障点放电状态：不理想。

4) 定点位置：由于故障点放电状态不理想，因此放大球间隙、并联使用两片电容器（1μF/片），提高冲击电压到32kV，放电频率达1/12（1/s），此时放电效果良好，最后在197m处准确定点。

4．误差计算

(1) 绝对误差：200－197＝3（m）。

(2) 相对误差：$\frac{3}{197}=1.52\%$。

(3) 精测工程误差：0m。

### 十、实测案例十

1．一般情况

(1) 电缆型号：ZQ2-10-3×35＋ZQ2-10-3×70。

(2) 运行电压：10kV。

(3) 敷设方式：直埋＋架空。

(4) 电缆全长：320m。

(5) 运行时间：10年。

2．故障性质

(1) A相试验击穿。

(2) 击穿现象是：电压升到28kV以后，泄漏电流迅速增大而击穿。

(3) 测绝缘电阻：$R_A=8MΩ$，$R_B=R_C=2000MΩ$。

3．实测过程

(1) 冲闪法波形如图2-14-10-11所示，图中$L_x=115.8m$。

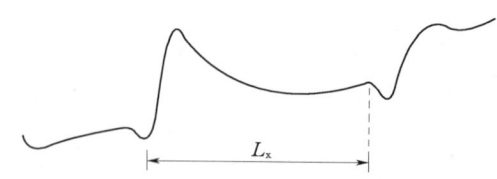

图2-14-10-11　实测冲闪法波形

(2) 声测定点。

1) 冲击电压：20kV。

2) 放电频率：1/2～1/3（1/s）。

3) 故障点放电状态：尚可。

4) 定点位置：在115.5m处（架空部分）定点无误。

4．误差计算
(1) 绝对误差：115.8－115.5＝0.3（m）。
(2) 相对误差：$\frac{0.3}{115.5}=0.26\%$。
(3) 精测工程误差：0m。

## 十一、实测案例十一

1．一般情况
(1) 电缆型号：ZQ2－10－3×150。
(2) 运行电压：10kV。
(3) 敷设方式：直埋。
(4) 电缆全长：601m。
(5) 运行时间：31年。

2．故障性质
(1) B相试验击穿。
(2) 测绝缘电阻：$R_B=16k\Omega$，$R_A=R_C=2000M\Omega$。

3．实测过程
(1) 首先选用直闪法。由于试验击穿后反复耐压，破坏了故障点的闪络特性，因而直闪法测不出波形。改用冲闪法测试。
(2) 冲闪法波形如图2－14－10－12所示，图中$L_x=$600m。

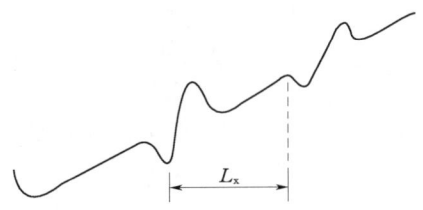

图2－14－10－12　实测冲闪法波形

(3) 波形解释：该波形提供以下两条故障点位于终端的判断依据。
1) 明显的负脉冲。
2) $L_x\approx$全长。
(4) 声测定点。
1) 冲击电压：24kV。
2) 放电频率：1/2～1/3（1/s）。
3) 故障点放电状态：理想。
4) 定点位置：当走近终端时，用耳朵可直接听到终端头的放电声。

4．测试体会
电缆试验发生击穿故障后，不应进行反复升压试验，更不能不经粗测就先进行冲击放电定点。因为，反复耐压或冲击放电的结果是使故障点形成碳化通道，故障电阻下降，所以加不上直流高压，直闪法测不出波形。

## 十二、实测案例十二

1．一般情况
(1) 电缆型号：ZQ2－1－3×120。
(2) 运行电压：380V。
(3) 敷设方式：直埋。
(4) 电缆全长：1010m。
(5) 运行时间：22年。

2．故障性质
(1) A相试验击穿。
(2) 测绝缘电阻：$R_A=4k\Omega$，$R_B=R_C=20M\Omega$。

3．实测过程
(1) 首先选用直闪法。由于直闪法测不出反射波形，于是改为冲闪法测试。
(2) 冲闪法波形如图2－14－10－13所示，图中$L_{1x}=42m$，$L_{5x}=198m$，$L'_x=\frac{L_{5x}}{5}=39.6m$。

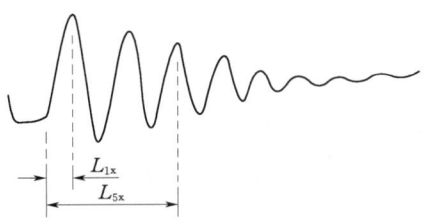

图2－14－10－13　实测冲闪法波形

(3) 声测定点。
1) 冲击电压：18kV。
2) 放电频率：1/2～1/3（1/s）。
3) 故障点放电状态：良好。
4) 定点位置：在39m处精确定点。

4．误差计算
(1) $L_{1x}$的绝对误差：42－39＝3（m）。$L_{1x}$的相对误差：$\frac{3}{39}=7.69\%$。
(2) $L'_x$的绝对误差：39.6－39＝0.6（m）。$L'_x$的相对误差：$\frac{0.6}{39}=1.54\%$。
(3) 精测工程误差：0m。

5．测试体会
在故障距离较近时，测取一个故障反射波的误差大于测取$n$个反射波的平均值的误差。

## 十三、实测案例十三

1．一般情况
(1) 电缆型号：YJLV22－8.7/10－3×185。
(2) 运行电压：3kV。
(3) 敷设方式：直埋。
(4) 电缆全长：660m。
(5) 运行时间：10个月。

2．故障性质
(1) C相运行接地。
(2) 测绝缘电阻：$R_C=300\Omega$，$R_A=R_B=1000M\Omega$。

3．实测过程
(1) 首先选用低压脉冲法，无故障反射波，改用直闪法。
(2) 采用直闪法测试时，由于故障点电阻太低，加不上直流高压而无法测试，改用冲闪法。
(3) 采用冲闪法测试时，冲击电压为16kV，测得的波形如图2－14－10－14所示，图中几乎看不到故障点的反射脉冲，其原因是放电能量太小，因此提高冲击电压到21kV再测。此时测取的波形如图2－14－10－15所示，图中$L_x=231m$。
(4) 精测定点。在声测定点时，遇到了如下困难：由于

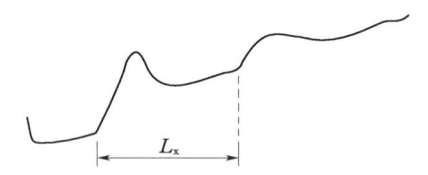

图 2-14-10-14　实测冲闪法波形（一）

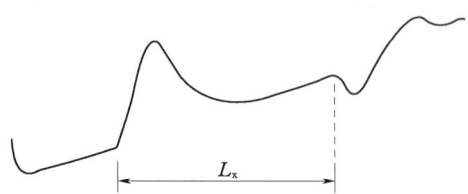

图 2-14-10-15　实测冲闪法波形（二）

交联电缆护套完好，单相对铜屏蔽层的放电声被钢铠和外护套所屏蔽。在（231±20）m 的范围内精测均未听到放电声，于是决定在（231±3）m 的范围内挖出电缆，然后将定点仪直接放在电缆上进行精测。这时可听到明显的故障点放电声，经仔细听测，将故障点确定在 233m 处。

4．误差计算

(1) 绝对误差：231－233＝－2（m）。

(2) 相对误差：$\frac{|-2|}{233}=0.86\%$。

(3) 精测绝对误差：0.15m。

5．遗留问题

塑料绝缘电缆故障的粗测并不困难，但对于护套完好故障点的精测定点就比较困难了。因此，需要测试者不断积累经验，当然，从设备上改进更好。

### 十四、实测案例十四

1．一般情况

(1) 电缆型号：YJV22-8.7/10-3×185。

(2) 运行电压：10kV。

(3) 敷设方式：直埋。

(4) 电缆全长：310m。

(5) 运行时间：4 年。

2．故障性质

(1) 运行跳闸故障。

(2) 测绝缘电阻为：$R_A=500\text{k}\Omega$，$R_B=\infty$，$R_C=90\text{k}\Omega$。

(3) 导通试验结果：无断线。

3．实测过程

(1) C 相冲闪法波形如图 2-14-10-16 所示，图中 $L_x=22\text{m}$，$4L'_x=86\text{m}$，则 $L'_x=21.5\text{m}$。

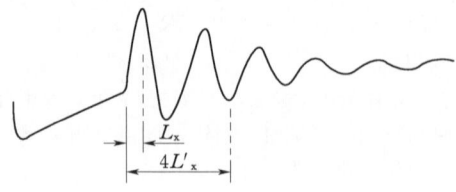

图 2-14-10-16　实测冲闪法波形

(2) 声测定点。

1) 冲击电压：22kV。

2) 放电频率：1/2～1/3（1/s）。

3) 故障点放电状态：良好。

4) 定点位置：在 21m 处精确定点。

4．结果分析

由于故障点位于测试端附近，反射波比较密集，取一个波测试的故障距离 $L_x$ 比取四个反射波的平均值 $L'_x$ 误差大，应予注意。

### 十五、实测案例十五

1．一般情况

(1) 电缆型号：YJLV22-8.7/15-3×150。

(2) 运行电压：10kV。

(3) 敷设方式：直埋。

(4) 电缆全长：438m。

(5) 运行时间：5 年。

2．故障性质

(1) B 相运行接地故障。

(2) 测绝缘电阻为：$R_B=40\text{M}\Omega$，$R_A=R_C=2000\text{M}\Omega$。

3．实测过程

(1) 冲闪法波形如图 2-14-10-17 所示，图中 $L_x=278.6\text{m}$。

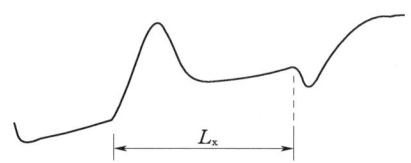

图 2-14-10-17　实测冲闪法波形

(2) 声测定点。

1) 冲击电压：15kV。

2) 放电频率：1/3～1/4（1/s）。

3) 故障点放电状态：良好。

4) 定点位置：由于全线路都有放电声响，所以降低放电电压到 8kV，但此时全线路都没有放电声响，故决定到终端再测。

(3) 在终端采用冲闪法测得的波形如图 2-14-10-18 所示，图中 $L'_x=160\text{m}$。

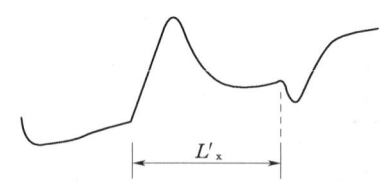

图 2-14-10-18　实测冲闪法波形

(4) 断电缆：以上两个波形很标准，而且两侧测得的故障距离之和为故障电缆的全长。因此，尽管在 $L_x=278.6\text{m}$ 处没听到故障点的放电声响，但还是决定在故障部位开挖，定点仪置于电缆表面时仍无放电声响，于是在 $L_x=278.6\text{m}$ 处切断电缆。两端做解除试验，并在未解除段电缆的距第一断点 5m 处再断第二点，至此两侧故障解除。

4．故障解剖

将切下来的 5m 故障段电缆解剖，其结果是：在距第一断点 1.2m 处为故障点。故障点已严重烧损（接地时间较长），主绝缘材料热熔后流失，线芯有 80mm 左右已裸露，几乎贴到铜带上，并存有大量集水。集水是故障点放电无声响的主要原因。

### 十六、实测案例十六

1. 一般情况
(1) 电缆型号：YJV22-8.7/10-3×120。
(2) 运行电压：6kV。
(3) 敷设方式：电缆沟+架空。
(4) 电缆全长：533m。
(5) 运行时间：17个月。

2. 故障性质
(1) B相试验击穿。
(2) 测绝缘电阻：$R_B=3MΩ$，$R_A=R_C=2000MΩ$。

3. 实测过程
(1) 冲击电压为14kV时的冲闪波形如图2-14-10-19所示。

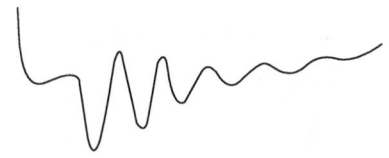

图2-14-10-19 实测冲闪法波形（一）

该波形为故障点未击穿波形。提高冲击电压到20kV再测。

(2) 冲击电压为20kV时的冲闪波形如图2-14-10-20所示，图中$L_x=183.4m$。

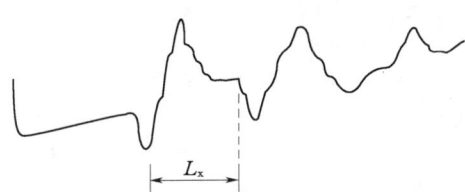

图2-14-10-20 实测冲闪法波形（二）

(3) 声测定点。
1) 冲击电压：20kV。
2) 放电频率：1/3～1/4（1/s）。
3) 故障点放电状态：良好。
4) 定点位置：在183m处顺利定点。

4. 波形分析
图2-14-10-20波形中，在故障点闪络击穿正突跳之前有一个负脉冲，它是由于故障点放电延迟较大、冲击电压较低，造成的终端反射脉冲先于故障点闪络击穿脉冲到达测试端。

### 十七、实测案例十七

1. 一般情况
(1) 电缆型号：ZQ2-3-3×70+ZLQ2-3-3×95。
(2) 运行电压：3kV。
(3) 敷设方式：直埋。
(4) 电缆全长：568m。
(5) 运行时间：37年。

2. 故障性质
(1) B相耐压试验击穿。

(2) 测绝缘电阻：$R_B=1500MΩ$，$R_A=R_C=2000MΩ$。

3. 实测过程
(1) 首先选用直闪法。在直流电压达35kV时故障点不闪络，故改用冲闪法测试。
(2) 冲闪法波形如图2-14-10-21所示，图中$L_{x1}=37.2m$，$L_{x2}=50.6m$。

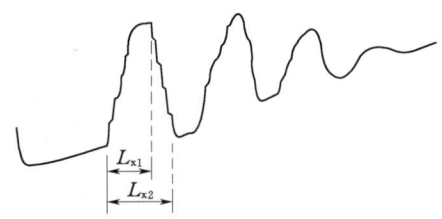

图2-14-10-21 实测冲闪法波形

(3) 声测定点。
1) 冲击电压：27kV。
2) 放电频率：1/3～1/4（1/s）。
3) 故障点放电状态：良好。
4) 定点位置：在$x_1$点附近（±5m范围）没有听测到故障点放电声响。在$x_2$点听测到良好的放电声响，最终将故障点确定在50m处。

4. 波形分析
开始在$x_1$处取值的原因是：$x_1$点的负向脉冲拐点较明确。从波形的形成原理上看，$x_2$处才是故障点闪络脉冲的反射起始点。因此，$L_{x2}$为实际电缆故障距离。

### 十八、实测案例十八

1. 一般情况
(1) 电缆型号：ZQ2-10-3×150。
(2) 运行电压：10kV。
(3) 敷设方式：直埋+电缆井。
(4) 电缆全长：1238m。
(5) 运行时间：28年。

2. 故障性质
(1) B、C两相耐压试验击穿。
(2) 测绝缘电阻为：$R_A=2000MΩ$，$R_B=200kΩ$，$R_C=300kΩ$。

3. 实测过程
(1) B、C相冲闪波形如图2-14-10-22和图2-14-10-23所示。图2-14-10-22中$8L_{xB}=320m$，即$L_{xB}=40m$；图2-14-10-23中$L_{xC}=1240m$。

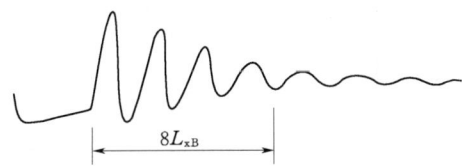

图2-14-10-22 实测B相冲闪法波形

(2) 按图2-14-7-46接线，进行终端冲闪法测试，其B、C相波形均为图2-14-10-24所示波形，图中$L'_{xB}=1200m$；$L'_{xC}=1240m$。

(3) 声测定点。
1) 冲击电压：21kV。

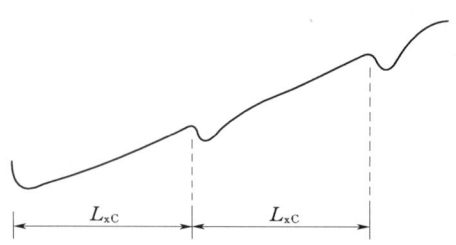

图2-14-10-23 实测C相冲闪法波形

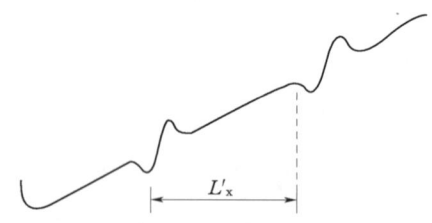

图2-14-10-24 实测终端冲闪法波形

2) 放电频率：1/2～1/3 (1/s)。
3) 故障点放电状态：良好。
4) 定点位置：B相故障在 $L_{xB}=40$m 处顺利定点；C相故障在始端户内头下250mm处定点。

4．结果分析

（1）始端测试波形说明：B相故障较近（$L_{xB}=40$m），形成反射密集波形。C相波形上测得的 $L_{xC}$ 近似电缆全长，是典型的故障点未击穿波形，出现的反射脉冲为终端反射脉冲。

（2）终端冲闪法波形说明：$L'_{xB}=1200$m，这与 $L_{xB}=40$m 的测试结果相互呼应。而 $L'_{xC}=1240$m $=L_{xC}$（近似电缆全长），波形呈现故障点击穿状态，同时看到两次反射的形态和幅值十分相似，说明故障点位于电缆两端及其附近。经精测定点验证，上述分析是正确的。

5．测试体会

（1）一根电缆上，有可能同时出现几个故障点。

（2）始端故障（如C相故障）在声测定点时，由于故障点与放电球间隙的放电是同步进行的，不易区分与识别，此时应将冲击放电装置（或放电球间隙）移到电缆另一端。否则应采取其他措施，如屏蔽球间隙或用绝缘杆触及故障电缆感受故障振动波（注意安全）等来辅助定点。

（3）该故障测试过程中，测取的波形不太标准。如果泄漏电流不大，确属闪络性高阻故障时，采用直闪法或多脉冲法测试，可能会测得更为理想的波形。

## 十九、实测案例十九

1．一般情况

（1）电缆型号：ZLQ2-10-3×185。
（2）运行电压：10kV。
（3）敷设方式：直埋。
（4）电缆全长：3200m。
（5）运行时间：26年。

2．故障性质

（1）耐压试验中发现三相均泄漏电流很大，直流高压加不上。
（2）测得三相绝缘电阻为：$R_A=R_B=R_C=20$kΩ。

3．实测过程

（1）在15kV冲击电压下冲闪波形全貌如图2-14-10-25所示，图中 $L=3200$m。

（2）在20kV冲击电压下冲闪波形全貌如图2-14-10-26所示。

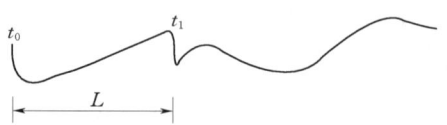

图2-14-10-25 实测冲闪法波形全貌（一）

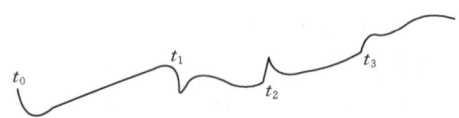

图2-14-10-26 实测冲闪法波形全貌（二）

（3）在25kV冲击电压下冲闪波形全貌如图2-14-10-27所示，展开后即可测量故障距离 $L_x=1004$m。

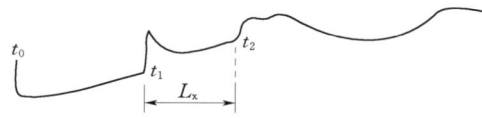

图2-14-10-27 实测冲闪法波形全貌（三）

（4）声测定点。

1) 冲击电压：25kV。
2) 放电频率：1/3～1/4 (1/s)。
3) 故障点放电状态：良好。
4) 定点位置：在1002m处顺利定点。

4．波形分析

（1）图2-14-10-25波形为典型的故障点没闪络放电波形，$t_1$ 处的反射脉冲为电缆终端的开路反射。

（2）图2-14-10-26波形为故障点已闪络放电的波形，$t_1$ 处仍为电缆终端开路反射，$t_2$ 处为故障点闪络放电脉冲，$t_3$ 处（不明显）为故障点闪络放电脉冲的第一次反射。这个波形表明了故障点放电不充分，且放电延迟较大。

（3）图2-14-10-27为比较理想的故障点放电波形。与图2-14-10-26波形相比，放电延迟明显减小，且故障点的放电脉冲先于终端反射到达测试端。

5．测试体会

图2-14-10-27所示波形上 $t_2$ 处的故障点反射脉冲很弱，增加了测距的难度与误差。其主要原因是故障距离较远或线路波形衰减较大，提高冲击电压可改善上述情况。

## 二十、实测案例二十

1．一般情况

（1）电缆型号：ZLQ22-10-3×240。
（2）运行电压：10kV。
（3）敷设方式：直埋。
（4）电缆全长：2000m。
（5）运行时间：7年。

2．故障性质

（1）耐压试验中发现三相泄漏电流均超标。
（2）测得三相绝缘电阻为：$R_A=R_B=R_C=150$MΩ。

3. 实测过程

(1) 冲击电压为 15kV 时的冲闪波形如图 2-14-10-28 所示。

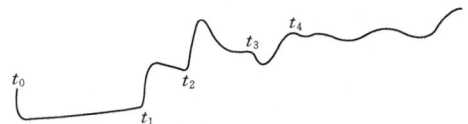

图 2-14-10-28　实测冲闪法波形（一）

(2) 冲击电压为 10kV 时的冲闪波形如图 2-14-10-29 所示，图中 $L_x=560m$。

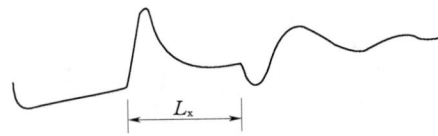

图 2-14-10-29　实测冲闪法波形（二）

(3) 声测定点。

1) 冲击电压：10kV。
2) 放电频率：1/3~1/4 (1/s)。
3) 故障点放电状态：良好。
4) 定点位置：在 560m 处定点无误。

4. 波形分析

图 2-14-10-28 的波形是一个典型的冲击电压过高，造成了二次放电的波形。$t_1$ 和 $t_2$ 分别是故障点第一次放电和第二次放电的正突跳的前沿，$t_3$ 和 $t_4$ 分别是故障点第一次放电和第二次放电的第一次反射波。因此，存在如下关系：

$$L_x = L\left|\begin{array}{c}t_3\\t_1\end{array}\right. = L\left|\begin{array}{c}t_4\\t_2\end{array}\right.$$

5. 测试体会

在进行冲闪法测试时，冲击电压不宜加得太高，否则会造成故障点的多次放电，使测试波形复杂化。

## 二十一、实测案例二十一

1. 一般情况

(1) 电缆型号：YJLV22-8.7/10-3×185。
(2) 运行电压：3kV。
(3) 敷设方式：直埋。
(4) 电缆全长：660m。
(5) 运行时间：15 个月。

2. 故障性质

(1) C 相运行接地。
(2) 测绝缘电阻：$R_C=70\Omega$，$R_A=R_B=1000M\Omega$。

3. 实测过程

(1) 低压脉冲法波形如图 2-14-10-30 所示，图中 $L_x=51.2m$。

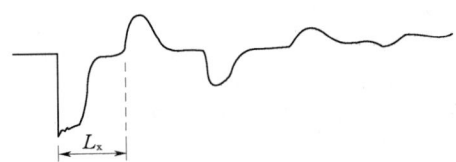

图 2-14-10-30　实测低压脉冲波形

(2) 在冲击电压为 18kV 时的冲闪法波形如图 2-14-10-31 所示，图中 $5L_x=258m$，即 $L_x=51.6m$。

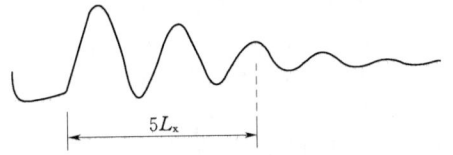

图 2-14-10-31　实测冲闪法波形

(3) 声测定点。

1) 冲击电压：18kV。
2) 放电频率：1/3~1/4 (1/s)。
3) 故障点放电状态：良好。
4) 定点位置：在 51m 处精确定点。

## 二十二、实测案例二十二

1. 一般情况

(1) 电缆型号：YJV22-8.7/10-3×95。
(2) 运行电压：10kV。
(3) 敷设方式：电缆沟+直埋+架空。
(4) 电缆全长：670m。
(5) 运行时间：3.5 年。

2. 故障性质

(1) 运行跳闸故障。
(2) 测绝缘电阻：

1) 始端：$R_A=R_B=1000M\Omega$，$R_C=3M\Omega$。相间均好。
2) 将终端三相短接共地后再测：$R'_B=1000M\Omega$，$R'_A=R'_C=0M\Omega$。

因此，故障性质判断为：B 相断线，C 相高阻接地，无相间短路。

3. 实测过程

(1) 三相低压脉冲波形如图 2-14-10-32 所示，图中 $L_x=475.0m$。

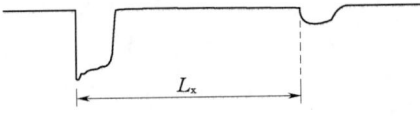

图 2-14-10-32　实测低压脉冲波形

(2) C 相冲闪波形如图 2-14-10-33 所示，图中 $L_{xC}=335.4m$。

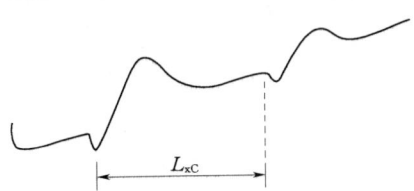

图 2-14-10-33　实测冲闪法波形

(3) 声测定点。

1) 冲击电压：19.5kV。
2) 放电频率：1/3~1/4 (1/s)。
3) 故障点放电状态：B 相放电良好，C 相放电不佳。
4) 定点位置：B 相在 475m 处精确定点无误。C 相没有听到放电声响，于是提高冲击电压到 26kV，在 335m 处定点成功。

## 4. 测试体会

(1) 电缆线路发生跳闸故障时,由于故障瞬间的过渡过程容易造成线路其他弱点的损坏,因此一次故障可以造成一个故障点,也可能造成多个故障点,电缆故障的测试工作应全面、细致,尽快找出所有故障点。

(2) 根据故障性质判断结果,只有 B 相断线。而三相低压脉冲波均为开路性故障反射波形,造成这一矛盾现象的原因是:在进行故障性质判断中的导通试验时,采用了高压摇表(2500V,2500MΩ),2500V 的电压将 A、C 两相断开很小的间隙击穿,呈导通状态,则判断 A、C 两相没有断线。当采用低压脉冲法测试时(脉冲电压约为 250V),由于电压低,不能击穿 A、C 相断开很小的间隙,呈开路状态。因此,产生了上述矛盾。避免这种矛盾的根本办法是:不使用高压摇表做导通试验。

## 二十三、实测案例二十三

### 1. 一般情况

(1) 电缆型号:ZLQ2-10-3×70+ZLQ2-10-3×95。
(2) 运行电压:6kV。
(3) 敷设方式:直埋。
(4) 电缆全长:122m。
(5) 运行时间:21年。

### 2. 故障性质

(1) 运行跳闸故障。
(2) 两端测绝缘电阻:始端 $R_B=50$MΩ。$R_A=R_C=2000$MΩ;终端 $R_A=R_B=R_C=0$MΩ。
(3) 导通试验结果:三相断线。

### 3. 实测过程

(1) 三相低压脉冲始端波形和终端波形参见图 2-14-10-34 和图 2-14-10-35,图中 $L_x=96$m,$L'_x=26$m。

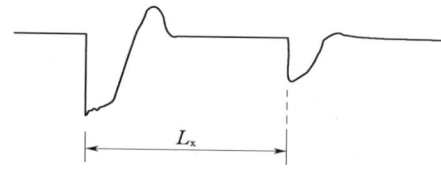

图 2-14-10-34 实测始端低压脉冲波形

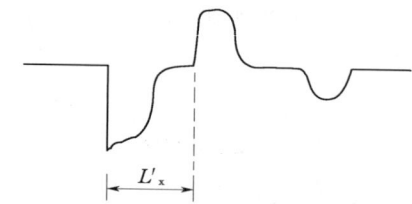

图 2-14-10-35 实测终端低压脉冲波形

(2) 声测定点。
1) 冲击电压:18kV。
2) 放电频率:1/3~1/4 (1/s)。
3) 故障点放电状态:良好。
4) 定点位置:在 $L_x=96$m 处精确定点。

在解除试验时,B 相耐压合格,A、C 两相均在 15kV 时击穿,说明另有故障,需重新测试。

### 4. 重测过程

(1) 将 96m 处线芯连接线打开,测两段电缆绝缘电阻:始端段 $R_A=R_C=500$MΩ,$R_B=2000$MΩ。终端段 $R_A=R_B=R_C=2000$MΩ。

故障性质确认为始端段 A、C 两相高阻接地故障。

(2) A、C 两相冲闪波形均为如图 2-14-10-36 所示,图中 $L_x=62$m。

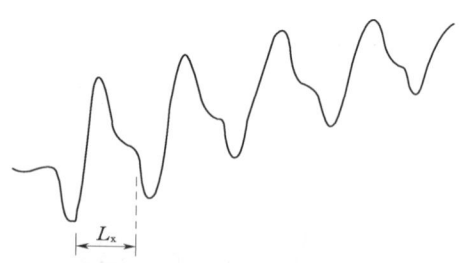

图 2-14-10-36 实测冲闪法波形

(3) 声测定点。
1) 冲击电压:15kV。
2) 放电频率:1/2~1/3 (1/s)。
3) 故障点放电状态:良好。
4) 定点位置:在 62.2m 处精确定点。

### 5. 测试体会

(1) 一次故障可以造成两个以上的故障点。
(2) 采用低压脉冲法测试时,只发现了开路性故障点,未能同时发现另外一个(62m 处)高阻故障。

## 二十四、实测案例二十四

### 1. 一般情况

(1) 电缆型号:ZLQ2-3-3×240。
(2) 运行电压:3kV。
(3) 敷设方式:直埋。
(4) 电缆全长:736m。
(5) 运行时间:20年。

### 2. 故障性质

(1) B 相运行接地。
(2) 测绝缘电阻:$R_B=150$MΩ,$R_A=R_C=1000$MΩ。

### 3. 实测过程

(1) 直闪法波形如图 2-14-10-37 所示,图中 $L_{xB}=480.0$m。

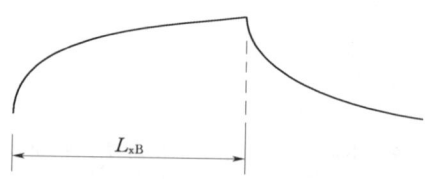

图 2-14-10-37 实测直闪法波形

(2) 声测定点。
1) 冲击电压:16kV。
2) 放电频率:1/2~1/3 (1/s)。
3) 故障点放电状态:良好。
4) 定点位置:由于听不到放电声,无法定点,故决定重测,此时,$R_B=180$kΩ。

### 4. 重测过程

(1) B 相冲闪波形如图 2-14-10-38 所示,图中 $L_{xB}=480$m。

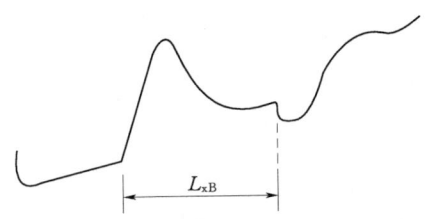

图 2-14-10-38 实测冲闪法波形图

(2) 将 B、C 两相在终端短接后,在始端测试 C 相冲闪波形如图 2-14-10-39 所示,$L_{xC}=L+L'_{xB}=992$m,则 $L'_{xB}=L_{xC}-L=992-736=256$(m)。

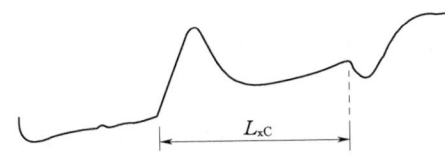

图 2-14-10-39 实测冲闪法波形

(3) 声测定点。

1) 冲击电压:21kV。
2) 放电频率:1/3~1/4 (1/s)。
3) 故障点放电状态:良好。
4) 定点位置:在 $L_{xB}=484$m 处。但挖开后发现下面是一条暗沟,上盖 100mm 厚的钢板,实际故障点确实在 480m 处。

## 二十五、实测案例二十五

1. 一般情况

(1) 电缆型号:ZQD22-10-3×185。
(2) 运行电压:10kV。
(3) 敷设方式:直埋+电缆沟。
(4) 电缆全长:668m。
(5) 运行时间:6.5 年。

2. 故障性质

(1) C 相耐压试验击穿。
(2) 测绝缘电阻:$R_C=1.5$MΩ,$R_A=R_B=40$MΩ。

3. 实测过程

(1) 在 22kV 冲击电压下的 C 相冲闪波形如图 2-14-10-40 所示,$L'_x=554.0$m,$L'=115.2$m。

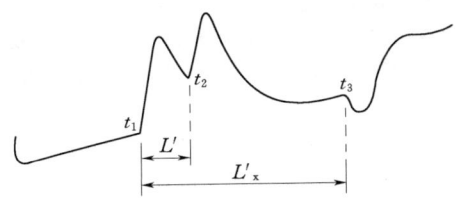

图 2-14-10-40 实测冲闪法波形

(2) 声测定点。

1) 冲击电压:22kV。
2) 放电频率:1/3~1/4 (1/s)。
3) 故障点放电状态:良好,但没有检测到放电声响。

4. 波形分析

图 2-14-10-40 所示的波形上出现了 $t_1$、$t_2$ 两个正突跳,从理论上讲,$t_1$ 点为故障点闪络放电脉冲的前沿,$t_2$ 点的正脉冲应为终端反射脉冲的叠加致使二次击穿所致。因此,故障距离应取 $L_x|^{t_3}_{t_1}$,而不是 $L_x|^{t_3}_{t_2}$。

5. 再次精测

保持原冲击电压不变,将贮能电容由 1μF 增加到 2μF,放电频率调整到 1/6~1/7 (1/s),此时,放电状态良好,在 554m 处定点成功。

6. 测试体会

该测试波形酷似回路冲闪法波形,在非回路法中比较少见,形成该波形的主要原因是:冲击电压太高,或故障点放电不完善。增大放电能量可改善故障点的放电状态。

## 二十六、实测案例二十六

1. 一般情况

(1) 电缆型号:ZLQ29-10-3×240。
(2) 运行电压:10kV。
(3) 敷设方式:直埋。
(4) 电缆全长:960m。
(5) 运行时间:16 年。

2. 故障性质

(1) 预防性试验中发现 A 相泄漏电流太大(电压加到 26kV 时,泄漏电流已达到 400μA),故停电检修。
(2) 测绝缘电阻:$R_A=R_B=R_C=1000$MΩ。

3. 实测过程

(1) 击穿故障点。做 A 相直流耐压试验,在 35kV 时,泄漏电流由 800μA 迅速增大而击穿。

(2) 直闪法。由于电压升至 35kV 时故障点不闪络,受设备容量限制,不能再升高电压,故而改用冲闪法。

(3) 冲闪法。采用 2μF 储能电容,冲击电压达 35kV,球隙闪络,出现放电不完善波形。同时球隙放电强度逐渐减弱,放电几次后就不再放电了。

(4) 情况分析。上述试验结果表明,故障点没放电或放电不完善。由于故障电阻太高,在 35kV 电压下故障点对地不放电,泄漏也较小。球隙放电一次,电缆被充电一次,同时使电缆电位升高,亦即降低了球间隙两端电压。因此,几次放电以后,球隙两端电压降至不能击穿该球隙时,球隙放电就停止了。

(5) 冲击故障点,使其放电良好。冲击电压为 35kV,放电频率为 1/6~1/7 (1/s),冲击放电半小时后(此时,取样电阻和测试仪不应接在测试回路里),测绝缘电阻:$R_A=500$kΩ,立即采用冲闪法测试。

(6) 在冲击电压为 21kV 时的冲闪测试波形如图 2-14-10-41 所示,图中 $L_x=160$m。

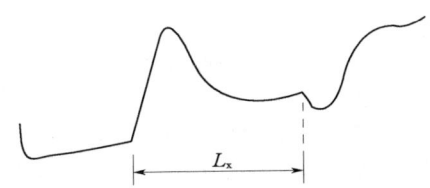

图 2-14-10-41 实测冲闪法波形

(7) 声测定点。

1) 冲击电压:21kV。
2) 放电频率:1/4~1/5 (1/s)。
3) 故障点放电状态:良好。

4）定点位置：在160m处准确定点。实际故障点是一个陈旧式充油中间接头。

4．测试体会

（1）泄漏性故障，由于故障电阻太高（MΩ级），不易放电或放电不完善。

（2）当球隙击穿的频率及强度逐渐降低时，说明故障点放电不充分，应采取措施改善放电状况。

（3）在测试过程中，故障电阻变化无常，甚至越冲击放电故障电阻越变大时，这种特征的故障点多位于传统式接头部位，特别是充油电缆头。

### 二十七、实测案例二十七

1．一般情况

（1）电缆型号：ZLQ2-10-3×240。
（2）运行电压：10kV。
（3）敷设方式：直埋。
（4）电缆全长：1440m。
（5）运行时间：5年。

2．故障性质

（1）C相试验击穿。
（2）测绝缘电阻：$R_A=R_B=R_C=250\text{M}\Omega$。

3．实测过程

（1）直闪法波形如图2-14-10-42所示，图中$L_x=736\text{m}$。

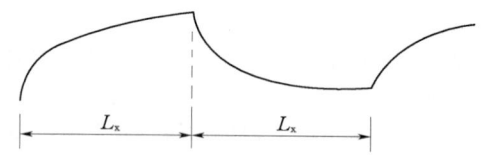

图2-14-10-42　实测直闪法波形

（2）冲闪法波形如图2-14-10-43所示，$L_x=736\text{m}$。

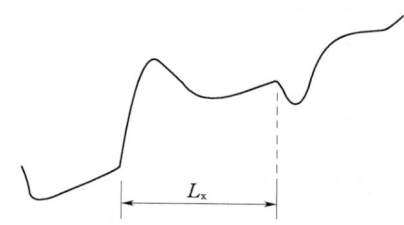

图2-14-10-43　实测冲闪法波形

（3）声测定点。
1）冲击电压：24kV。
2）放电频率：1/3～1/4（1/s）。
3）故障点放电状态：良好。
4）定点位置：在736m处顺利定点。

4．测试体会

（1）冲闪法是将电容器储能到一定值，通过球间隙放电，向故障电缆施加一冲击电压，最初的几次冲击，不一定能使故障点良好放电，因此常测出一些无规则的波形。此时应继续进行冲击放电，并重复采样，直至采到较为理想的波形为止。

（2）直闪法是将直流高压直接加在故障电缆上，只有当故障点闪络放电时，才有电压跃变脉冲进入测试仪。因此，直闪法测试中，极少出现冲闪法前几个波形不理想的问题。

### 二十八、实测案例二十八

1．一般情况

（1）电缆型号：YJLV22-8.7/10-3×185。
（2）运行电压：10kV。
（3）敷设方式：直埋。
（4）电缆全长：1600m。
（5）运行时间：17个月。

2．故障性质

（1）B相试验击穿。
（2）测绝缘电阻：$R_B=20\text{M}\Omega$，$R_A=R_C=80\text{M}\Omega$。

3．实测过程

（1）B相冲闪法波形如图2-14-10-44所示，$L_{x1}=111.8\text{m}$。

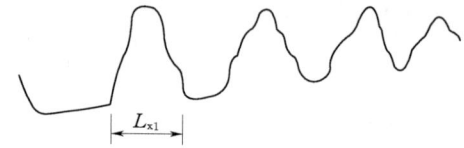

图2-14-10-44　实测冲闪法波形（一）

（2）声测定点。
1）冲击电压：23kV。
2）放电频率：1/3～1/4（1/s）。
3）故障点放电状态：良好。
4）定点位置：在112m处准确定点。但在修复$x_1$点故障后的耐压试验中，C相击穿。再测C相故障。

（3）在电缆终端C相进行冲闪法测试，其压缩波形如图2-14-10-45所示，$L_{x2}=940.3\text{m}$。

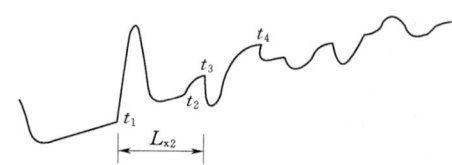

图2-14-10-45　实测冲闪法波形（二）

（4）声测定点。
1）冲击电压：23kV。
2）放电频率：1/3～1/4（1/s）。
3）故障点放电状态：良好。
4）定点位置：在940m处准确定点。挖出故障点后，在解除试验中C相再次击穿。故决定将$x_2$点断开，在始端再测C相。

（5）始端C相冲闪法压缩波形如图2-14-10-46所示。$L_{x3}=412.8\text{m}$。

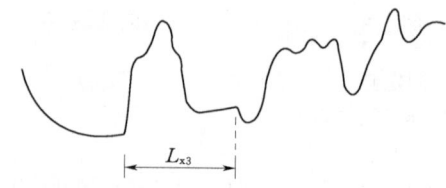

图2-14-10-46　实测冲闪法波形（三）

（6）声测定点。
1）冲击电压：23kV。

2) 放电频率：1/3~1/4（1/s）。
3) 故障点放电状态：良好。
4) 定点位置：在412m处定点无误。

4. 波形分析

图2-14-10-45所示的C相终端冲闪波形上，已显示出多点故障同时闪络击穿的叠加状态（$t_2$点以后）。$t_1$点为较近故障（$x_2$）点的闪络脉冲前沿，$t_2$为较远故障（$x_3$）点的闪络脉冲前沿，$x_2$与$x_3$点闪络脉冲先后到达测试端，并在测试仪上形成叠加波形。

5. 测试体会

高阻多点故障，可在一次冲闪测试中都闪络击穿，出现叠加冲闪波形，应注意分析与总结。

## 二十九、实测案例二十九

1. 一般情况
(1) 电缆型号：YJLV22-8.7/15-3×150。
(2) 运行电压：10kV。
(3) 敷设方式：直埋。
(4) 电缆全长：2400m。
(5) 运行时间：9个月。

2. 故障性质
(1) B相运行接地。故障后经过整个冬季（6个月），到第二年春天才测试。
(2) 测绝缘电阻：$R_B=6kΩ$，$R_A=R_C=145MΩ$。

3. 实测过程
(1) 首端冲闪法波形如图2-14-10-47所示的震荡式微弱波形，$L_x=34m$。

图2-14-10-47 实测首端冲闪法波形

(2) 同步定点。

1) 冲击电压：25kV。
2) 放电频率：1/4~1/5（1/s）。
3) 故障点放电状态：尚可。
4) 定点位置：在（34±10）m的范围内定点失败。

情况分析：由于波形无规律、未出现理想的冲闪波，考虑到电缆比较长，故决定到末端再测。

(3) 末端的终端冲闪法波形如图2-14-10-48所示，$L'_x=34.6m$。

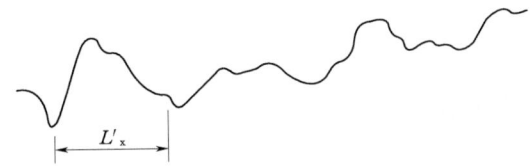

图2-14-10-48 实测终端冲闪法波形

(4) 同步定点。

1) 冲击电压：25kV。
2) 放电频率：1/4~1/5（1/s）。
3) 故障点放电状态：尚可。
4) 定点位置：在36m处准确定点。

挖出故障点后，发现电缆被施工损坏，绝缘层严重破损，已漏出导体，破损处充满泥浆。

4. 波形分析

(1) 图2-14-10-47所示的首端冲闪波形，是一种震荡式微弱波形，说明故障点虽然已击穿，但放电不完善。波形微弱的原因是：储能电容器太小（0.9μF）、故障点进水所致。

(2) 图2-14-10-48所示的终端冲闪波形，虽然出现了较为理想的波形，但是仍然是一种震荡波形。这进一步证明了故障点的放电状态不理想（进水所致）。

5. 测试体会

使用同步定点仪进行故障点精确定位时，抗干扰能力强，精度高。本例故障点放电状态不好，使用非同步定点仪时无法定点，但使用同步定点仪时方便、灵敏、准确。

# 第十五章

## 电力电缆带电检测技术

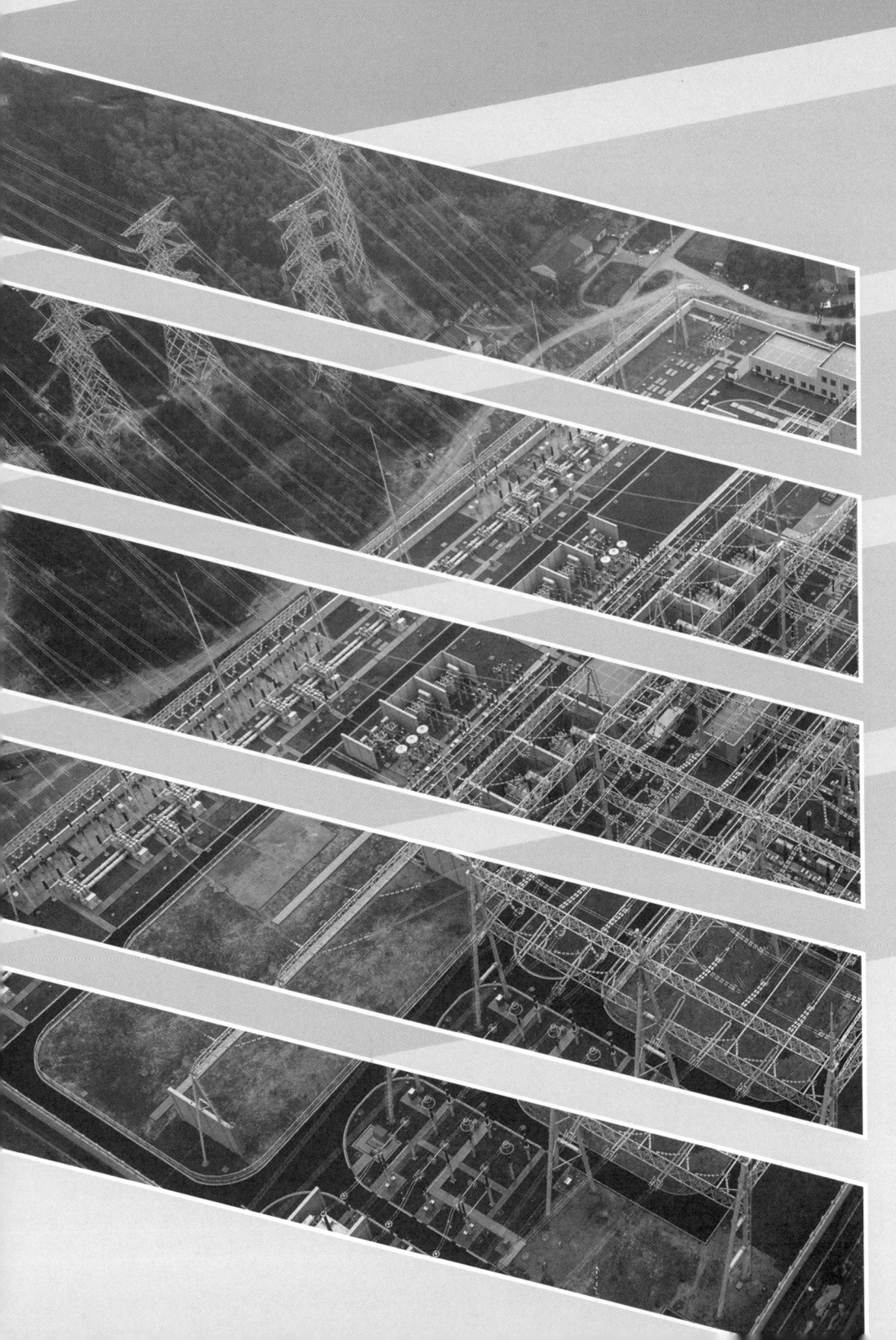

随着社会不断发展，我国城市化水平不断提高，电力电缆对于城市与工业输配电的重要性越来越强，在城市电网中电力电缆扮演着越来越重要的角色。运行中的电缆线路中，电压等级为110kV、220kV的电缆已经成为主流。同时，随着电力电缆的使用场景越来越多，运行环境越来越复杂，部分电缆及其附件在电、热、环境和机械等应力的长期作用之下，电气性能逐步下降，电力电缆在运行中出现缺陷的概率也随之提高，因此对电力电缆进行带电检测的手段也必须进行同步跟进。

设备制造水平的不断提高以及检测方法的不断更新，要求电力电缆的特定检测方法必须具备更高的准确性，同时也对从业人员知识储备和现场工作经验积累提出了新的要求。

本章将电力电缆带电检测理论和现场实践相结合，作为知识普及、检测技术指导、诊断分析用书，重点对电力电缆结构特点、现场行之有效的局部放电检测、封铅涡流法探伤检测、外护套接地电流检测的理论和方法进行了详细阐述，最后通过现场检测典型案例加强对检测方法的理解和检测实践的指导。

## 第一节 概 述

带电检测是在电力设备通电运行状态下进行监测的一种高新技术。利用传感技术和微电子技术对运行中的设备进行实时监测，获取设备运行状态的各种物理量数据，并对其进行分析处理，预测运行状况，根据实时数据得出检测报告。带电检测是为了保证电力系统的安全运行，对系统的重要设备的运行状态进行的监视与检测，及时发现设备的各种劣化过程的发展，以求在可能出现故障或性能下降到影响正常工作之前，及时维修、更换，避免产生危及安全的事故。如何做到不停电就能实现对高压电缆绝缘状态的检测是近年来新的研究热点。通过近年来国内外专家学者对电气设备状态检测方面的研究，高压电缆局部放电的带电检测已成为高压电缆绝缘诊断的发展趋势。

电力电缆带电检测技术的研究始于20世纪80年代的日本及欧美，其中日本的相关研究更为深入。低频叠加法、直流叠加法以及直流分量法属于基于相关电参数检测水树枝的方法。近年来随着行业科技的发展，新的电缆工艺得到实现，比如抗水树交联聚乙烯工艺，使得交联聚乙烯绝缘部分的纯净度极大提高、杂质含量大幅度降低，水树枝现象获得明显减少，从而使得以上所述的基于相关电参数的检测方法的适用性明显降低。

对于电力电缆，如何找出表征电缆绝缘状态的特征信号及其判据是高压电缆绝缘带电检测技术的关键，也关系到高压电缆的检修从预防性检修向状态检修的成功转变。随着电子通信技术、计算机技术行业的发展，局部放电带电检测技术得以获得飞速发展，逐渐替代了以上技术，成为研究热点。国内外权威机构一致推荐使用局部放电检测技术为XLPE电缆进行绝缘状态评价。电缆金属护套接地电流检测和附件封铅涡流检测也是评估运行中电缆绝缘状况的有效手段，得到了广泛应用。

运行中带电检测实际应用比较多的是局部放电、涡流检测、电缆护层接地电流检测等。

### 一、局部放电检测

电缆及电缆附件在加工、安装和运行过程中会形成气隙、尖刺等缺陷，这些缺陷会使电缆及其附件绝缘体内发生局部放电。由于固体绝缘介质的累积效应，这些局部放电会使电缆绝缘介电性能逐渐劣化并使局部缺陷扩大，最后导致电缆绝缘的完全损坏。通过对电缆绝缘的局部放电的测量，可以实现对可能危及电缆安全运行缺陷的检测，从而确保电缆的可靠运行。

### 二、附件封铅涡流检测

封铅是高压电缆附件制作的关键工序之一，它用来使附件的铜壳或尾管与电缆铝护套电气连接，同时起到密封防水作用。一旦铅封发生开裂，附件就会进水受潮，极易引起击穿故障。封铅涡流探伤是检测封铅质量的有效手段，对于导电材料表面上或近表面的裂纹、孔洞以及其他类型的缺陷，实现在不停电状态下进行监控，具有良好的检测灵敏度并能提供缺陷的深度信息，为预先了解铅封运行状态提供数据支持。

### 三、电缆护层接地电流检测

电缆外护套发生破损，或者电缆屏蔽层发生断裂破损时，电缆护层接地电流都会发生变化，不同的电缆护层接地方式下接地电流会有显著区别。通过对电缆护层接地电流的带电检测可以发现安装过程中接地方式的错误、交叉互联系统中接线的错误，发现电缆护层多点接地、屏蔽层断裂等缺陷。电缆护层接地电流检测是检查电缆接地系统是否正常的有效手段，状态检修试验规程将电缆护层接地电流带电检测作为电缆的例行项目之一。

### 四、带电检测优势与不足

电力电缆带电检测具有如下优势：
（1）带电检测是在设备正常运行的情况下检测，减少了停电次数。
（2）对于无法承受瞬时高压的老式设备也能进行检测。
（3）带电检测可以依据设备运行状态灵活安排检测周期，便于及时发现设备的隐患，了解隐患的变化趋势。

同时，电力电缆带电检测具有如下劣势：
（1）现场噪声大、干扰多，而采样获取的局部放电信号相对极为微弱，极易淹没于现场干扰之中。
（2）电缆所特有的分层结构以及电缆附件所具有的复杂结构，使得局放信号不易采集，特别是信号的高频成分呈现严重畸变。
（3）缺乏电力电缆故障情况、绝缘劣化状态的评判基础以及运行状态判据等研究基础。当下对于电缆的带电检测的重点在于电缆附件位置（电缆终端及中间接头）。

## 第二节 电力电缆局部放电检测及其应用技术

### 一、电力电缆局部放电理论

#### （一）局部放电理论概述

局部放电是指高压设备中的绝缘介质在高电场强度的作用下，发生在电极间的未贯穿放电。这种放电只存在于绝缘的局部位置,而不会立即形成贯穿性通道,故而被称为局部放电。研究发现,电力电缆的局部放电量与其绝缘状况密切相关,局部放电量的变化情况往往预示着电缆绝缘可能存在一定的缺陷,如任其继续发展,可能最终导致电缆故障。

局部放电是一种复杂的物理过程,除了伴随着电荷的转移和电能的损耗之外,还会产生电磁辐射、超声波、光、热以及新的生成物等。从电气方面分析,产生放电时,在放电处有电荷交换、电磁波辐射、能量损耗,最明显的是反映到试品施加电压的两端有微弱的脉冲电压出现。如果绝缘中存在气泡,当工频高压施加于绝缘体的两端时,气泡上承受的电压没有达到气泡的击穿电压时,气泡上的电压就随外加电压的变化而变化。若外加电压足够高,即上升到气泡的击穿电压时,气泡发生放电,放电过程使大量中性气体分子电离,变成正离子和电子或负离子,形成了大量的空间电荷,这些空间电荷,在外加电场作用下迁移到气泡壁上,形成了与外加电场方向相反的内部电压,这时气泡上剩余电压应是两者叠加的结果。当气泡上的实际电压小于气泡的击穿电压时,气泡的放电暂停,气泡上的电压又随外加电压的上升而上升,直到重新到达其击穿电压时,又出现第二次放电,如此出现多次放电。当试品中的气隙放电时,相当于试品失去电荷 $q$,并使其端电压突然下降 $\Delta U$,这个一般只有微伏级的电源脉冲会叠加在千伏级的外施电压上。所有局部放电测试设备的工作原理,就是将这种电压脉冲检测出来。其中电荷 $q$ 称为视在放电量。

局部放电检测具有如下重要性:
(1) 绝缘劣化、缺陷是破坏性的,会引起高压电气设备的损坏。
(2) 绝缘系统故障很难在例行维护中被发现。

**(二) 局部放电测试的机理**

**1. 局部放电的发生机理**

局部放电发生时,电力电缆局部放电缺陷可以用放电间隙和电容组合的电气等值回路来代替,在电极之间放有绝缘物,对它施加交流电压时,在电极之间局部出现的放电现象,可以看成是在导体之间串联放置着2个以上的电容,其中一个发生了火花放电。

按照这样的考虑方法,图 2-15-2-1 所示的电力电缆局部放电缺陷等效电路可用图 2-15-2-2 所示的电极组合电气等值回路表示。

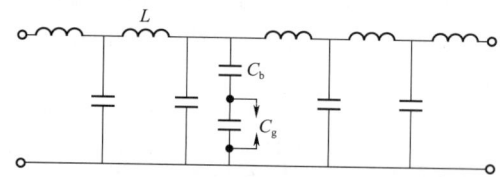

图 2-15-2-1 电力电缆局部放电缺陷等效电路
$L$—电缆等效电感;$C_g$—串入绝缘物中间的放电间隙的电容;
$C_b$—与 $C_g$ 串联的绝缘物部分的电容

设电极间总的电容为 $C_a$,则

$$C_a = C_m + \frac{C_g C_b}{C_g + C_b} \quad (2-15-2-1)$$

式中 $C_g$——串入绝缘物中放电间隙(比如气泡)的电容,pF;
$C_b$——与 $C_g$ 串联的绝缘物部分的电容,pF;
$C_m$——除了 $C_b$ 和 $C_g$ 以外的电极之间的电容,pF。

在这样的等值回路中,当对电极间施加交流电压 $V_t$(瞬时值)时,在 $C_g$ 上不发生火花放电的情况下,加在 $C_g$ 上的电压 $V_a$ 由下式表示:

$$V_a = V_t \frac{C_b}{C_g + C_b} \quad (2-15-2-2)$$

式中 $V_t$——对电极间施加交流电压,V。

在图 2-15-2-2 中,随着外施电压 $V_t$ 的升高,$V_a$ 也随着增大,$V_a$ 达到 $C_g$ 的火花电压 $V_p$ 时,在 $C_g$ 上就产生火花放电。这时,$C_g$ 间的电压和式中的 $V_a$ 逐渐发生差异,如设它为 $V_g$,由于放电的原因,$V_g$ 迅速地从 $V_p$ 下降到 $V_r$(剩余电压)。现设在 $C_g$ 间经过时间 $t$ 后放出的电荷为 $Q(t)$,则

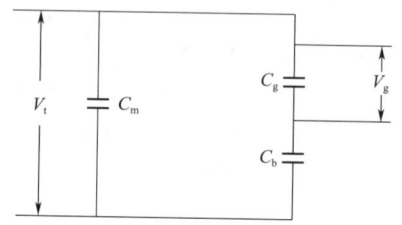

图 2-15-2-2 电极组合电气等值回路

$$V_g(t) = V_p - \frac{1}{C_{gr}} \times Q(t) \quad (2-15-2-3)$$

$$C_{gr} = C_g + \frac{C_m + C_b}{C_m + C_b} \quad (2-15-2-4)$$

式中 $Q(t)$——经过时间 $t$ 后放出的电荷,pC;
$V_p$——火花电压,V;
$C_{gr}$——从 $C_g$ 两端看到的电容,pF。

所以得到

$$V_p - V_r = V_p - V_g(\infty) = \frac{1}{C_{gr}} \times Q(\infty)$$

$$(2-15-2-5)$$

这里,将 $V_g$ 从 $V_p$ 大致变成 $V_r$ 的时间称为局部放电脉冲的形成时间。当将这些量表示成时间的函数时,成为如图 2-15-2-3 所示的曲线。

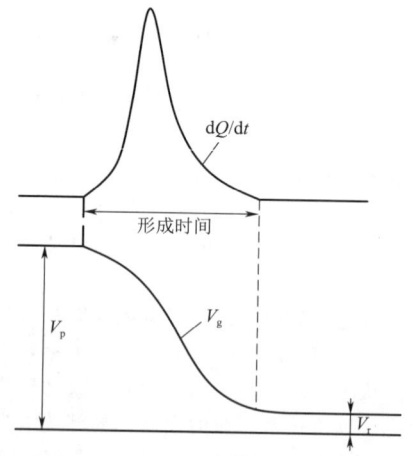

图 2-15-2-3 $C_g$ 间的放电电荷和电压随时间变化的曲线

局部放电脉冲的形成时间,除了极端不均匀电场和油中放电的情况之外,一般是在 0.01μs 以下,而且认为 $V_r$ 大致是零。在上述前提下,局部放电的几个主要参数含义如下:

(1) 视在放电电荷 $q$。它是指将该电荷瞬时注入试品两

端时，引起试品两端电压的瞬时变化量与局部放电本身所引起的电压瞬时变化量相等的电荷量，视在电荷一般用 pC（皮库）来表示。

(2) 局部放电的试验电压。它是指在规定的试验程序中施加的规定电压，在此电压下，试品不呈现超过规定量值的局部放电。

(3) 局部放电能量 $W$。它是指因局部放电脉冲所消耗的能量。

(4) 局部放电起始电压 $V_i$。当加于试品上的电压从未测量到局部放电的较低值逐渐增加时，直至在试验测试回路中观察到产生这个放电值的最低电压。实际上，起始电压是局部放电量值等于或超过某一规定的低值的最低电压。

(5) 局部放电熄灭电压 $V_e$。当加于试品上的电压从已测到局部放电的较高值逐渐降低时，直至在试验测量回路中观察不到这个放电值的最低电压。实际上，熄灭电压是局部放电量值等于或小于某一规定值时的最低电压。

下面所述的电压、电容、电荷及电能的单位分别采用 V、F、C 及 J 表示。

根据式 (2-15-2-5)，各个局部放电脉冲的放电电荷为

$$q_r = Q(\infty) = C_{gr}(V_g - V_r) \quad (2-15-2-6)$$

设 $C_g \gg C_b$，$V_r \approx 0$，则可得

$$q_r \approx C_g V_p \quad (2-15-2-7)$$

应用式 (2-15-2-4) 及式 (2-15-2-6)，各个局部放电能量 $W$ 为

$$W = \int_0^{q_r} V_g dQ = V_p q_r - \frac{1}{2} \times \frac{1}{C_{gr}} \times q_r^2 = \frac{1}{2} C_{gr}(V_p^2 - V_r^2) \quad (2-15-2-8)$$

设 $C_g \gg C_b$（即 $C_{gr} \approx C_g$），$V_r = 0$，则可得

$$W = \frac{1}{2} C_g V_p^2 \quad (2-15-2-9)$$

设由于局部放电引起试品电极间的电压变化为 $\Delta V$，则

$$\Delta V = \frac{C_b}{C_m + C_b}(V_p - V_r) \quad (2-15-2-10)$$

利用式 (2-15-2-6)，消去 $(V_p - V_r)$，可得

$$\Delta V = \frac{C_b q_r}{C_g C_m + C_g C_b + C_m C_b} \quad (2-15-2-11)$$

引入新的参数 $q$，则

$$q = \frac{C_b}{C_g + C_b} \times q_r \quad (2-15-2-12)$$

利用式 (2-15-2-1)，经过变换后，$\Delta V$ 可写成下列形式

$$\Delta V = \frac{(C_g + C_b)q}{C_g C_m + C_g C_b + C_m C_b} = \frac{q}{C_a} \quad (2-15-2-13)$$

从电极间来看，就好像是 $q$ 的电荷已经放掉一样，发生了 $\Delta V$ 的电压变化，$q$ 称为视在的放电电荷。由式 (2-15-2-12) 可知，$q < q_r$。在 $C_m \gg C_g$，或 $C_m \gg C_b$ 时，$q$ 为

$$q \approx C_b V_p \quad (2-15-2-14)$$

在实际测量中，由于测量 $\Delta V$ 和 $C_a$ 是可能的，所以，能够求出 $q$，但是 $q_r$ 一般是求不出的。

根据式 (2-15-2-8)，放电能量 $W$ 为

$$W = \frac{1}{2} C_{gr}(V_p^2 - V_r^2) = \frac{C_g C_m + C_g C_b + C_m C_b}{C_m + C_b}(V_p - V_r)(V_p + V_r) \quad (2-15-2-15)$$

利用式 (2-15-2-6) 和式 (2-15-2-13)，可得

$$W = \frac{1}{2} \times q \times \frac{C_g + C_b}{C_b}(V_p + V_r) \quad (2-15-2-16)$$

现设，$C_g$ 放电时的外施电压瞬时值为 $V_s$（局部放电起始电压的波峰值），利用式 (2-15-2-2)，可得 $\frac{C_g + C_b}{C_b} = \frac{V_t}{V_a}$，此时 $V_z = V_p$，$V_t = V_s$，$W$ 成为下列形式：

$$W = \frac{1}{2} \times q \times \frac{V_s}{V_p}(V_p + V_r) \quad (2-15-2-17)$$

当 $V_r \approx 0$ 时，$W$ 近似为

$$W \approx \frac{1}{2} q V_s \quad (2-15-2-18)$$

对于单一气泡放电的情况，若能测量局部放电起始电压 $V_i \left( \frac{V_s}{\sqrt{2}} \right)$ 和 $q$ 的话，就可求出放电能量。

**2. 局部放电的分类**

局部放电是由于电气设备绝缘内部存在的弱点，在一定外施电压下发生的局部的和重复的击穿和熄灭现象。随着绝缘内部局部放电的发生，将伴随着光、热、噪声、电脉冲、介质损耗增大和电磁波放射等现象的发生。这种放电可能出现在固体绝缘的空隙中，也可能在液体绝缘的气泡中，或不同介电特性的绝缘层间，或金属表面的边缘尖角部位，所以局部放电大致可分为绝缘材料内部放电（常见于电缆内部）、表面放电（绝缘表面）及电晕放电（电缆连接部分），如图 2-15-2-4 所示。

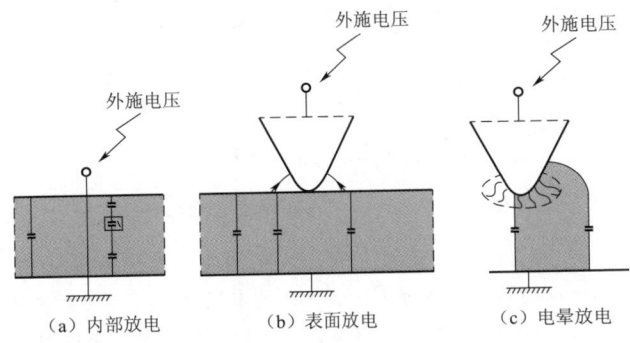

图 2-15-2-4 局部放电分类

(1) 内部放电。在电气设备的绝缘系统中，各部位的电场强度往往是不相等的，当局部区域的电场强度达到电介质的击穿场强时，该区域就会出现放电，但这种放电并没有贯穿施加电压的两导体之间，即整个绝缘系统并没有击穿，仍然保持绝缘性能。发生在绝缘体内的放电称为内部局部放电。

当绝缘介质内出现局部放电后，外施电压在低于起始电压的情况下，放电也能继续维持。该电压在理论上可比起始电压低一半，即绝缘介质两端的电压仅为起始电压的一半，这个维持到放电消失时的电压称之为局放熄灭电压。而实际情况与理论分析有差别，在固体绝缘中，熄灭电压比起始电压低 5%~20%。在油浸纸绝缘中，由于局部放电引起气泡迅速形成，所以熄灭电压低得多。这也说明在某种情况下电气设备存在局部缺陷而正常运行时，局部放电量较小，就是运行电压尚不足以激发大放电量的放电。当其系统有一过电压干扰时，则触发幅值大的局部放电，并在过电压消失后如

果放电继续维持，最后导致绝缘加速劣化及损坏。

（2）表面放电。如在电场中介质有一平行于表面的场强分量，当其这个分量达到击穿场强时，则可能出现表面放电。这种情况可能出现在套管法兰处、电缆终端部，也可能出现在导体和介质弯角表面处，如图2-15-2-5所示。图2-15-2-5中电场强度为 $E$，平行于介质表面的分量和垂直于介质表面的分量是 $E_r$ 和 $E_d$，内介质 $b$ 与电极 $a$ 间的边缘处，在 $r$ 点的电场有一平行于介质表面的分量，$\delta$ 为表面拐弯角度，当电场足够强时则产生表面放电。在某些情况下，可以计算空气中的起始放电电压。

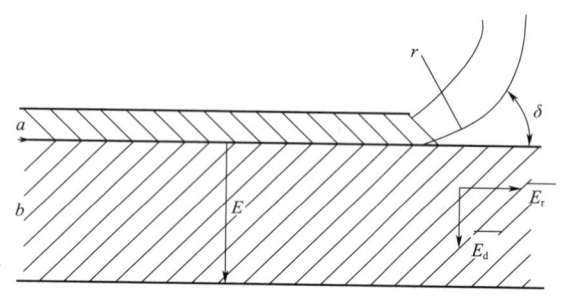

图2-15-2-5 介质表面出现的局部放电

表面局部放电的波形与电极的形状有关，如电极为不对称时，则正负半周的局部放电幅值是不等的，如图2-15-2-6所示。当产生表面放电的电极处于高电位时，在负半周出现的放电脉冲较大、较稀；正半周出现的放电脉冲较密，但幅值小。此时若将高压端与低压端对调，则放电图形也相反。

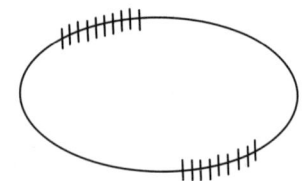

图2-15-2-6 表面局部放电波形

（3）电晕放电。电晕放电是在电场极不均匀的情况下，导体表面附近的电场强度达到气体的击穿场强时所发生的放电。在高压电极边缘、尖端周围可能由于电场集中造成电晕放电。电晕放电在负极性时较易发生，即在交流时它们可能仅出现在负半周。电晕放电是一种自持放电形式，发生电晕时，电极附近出现大量空间电荷，在电极附近形成流注放电。现以棒-板电极为例来解释，在负电晕情况下，如果正离子出现在棒电极附近，则由电场吸引并向负极运动，离子冲击电极并释放出大量的电子，在尖端附近形成正离子云。负电子则向正极运动，然后离子区域扩展，棒极附近出现比较集中的正空间电荷而较远离电场的负空间面电荷则较分散，这样正空间电荷使电场畸变。因此负棒时，棒极附近的电场增强，较易形成。

在交流电压下，当高压电极存在尖端、电场强度集中时，电晕一般出现在负半周，或当接地电极也有尖端点时，则出现负半周幅值较大、正半周幅值较小的放电。

**3. 常规局部放电测量中干扰的分类**

局部放电测量中的干扰信号是多种多样的，按频带可分为窄带干扰和宽带干扰两种，而按其时域波形特征通常可分为连续的周期性干扰、脉冲型干扰和白噪声三类。

连续的周期性干扰包括电力系统载波通信和高频保护信号引起的无线电干扰。此类干扰的波形通常是高频正弦波，有固定的谐振频率和频带宽度。

脉冲型干扰信号包括供电线路或高压端的电晕放电，电网中的开关、可控硅整流设备闭合或开断引起的脉冲干扰，电力系统中其他非检测设备放电引起的干扰，试验线路或邻近处的接地不良引起的干扰，浮动电位物体放电引起的干扰，设备的本机噪声和其他随机干扰等。此类干扰在时域上是持续时间很短的尖冲信号，而在频域上是包含多种频率成分的宽带信号，具有与局部放电信号相似的时域和频域特征。

白噪声包括各种随机噪声，如变压器绕组的热噪声、配电线路及变压器继电保护信号线路中由于耦合进入的各种噪声以及监测系统中的半导体器件的散粒噪声等。理论上，白噪声干扰的功率谱为恒定常数，分布在整个频段上，而在实际应用中，若其频谱在较宽频段上为连续平缓的，即可认为是白噪声。

**4. 局部放电特高频检测中的干扰特性分析**

特高频法局部放电检测技术的检测频带较高，特高频传感器与设备本身没有电气上的连接，可以避免线圈热噪声、地网中的噪声以及变压器、动力电源线、继电保护线路以及各种信号线路耦合进入的随机噪声，另外工频及其谐波干扰、高频振荡干扰、载波通信干扰频率在一定范围内，而特高频检测频段基本上在百兆赫以上，可以有效避开这类干扰。

在我国，常见的通信干扰信号波形通常是正弦波，有固定的频率和频带宽度，对于采用检波技术的局部放电特高频检测系统来说，这类干扰的检波波形为规律性很强的检波波形，采用软件方法比较容易剔除。

对于局部放电特高频检测技术而言，同其他局部放电检测方法一样，脉冲型干扰信号的排除同样是其面对的一个难题。脉冲型干扰信号包括周期性脉冲干扰和随机性脉冲干扰。此类干扰在时域上是持续时间很短的脉冲信号，而在频域上是包含多种频率成分的宽带信号，具有与局部放电信号相似的时域和频域特征。对于特高频局部放电检测技术而言，仍需要从干扰的传播途径上以及信号处理方法上采取措施。

**5. 局部放电带电检测中的抗干扰技术**

现有抗干扰技术可归纳为以下三类：

1）频域开窗法，其可根据信号频域特征加以抑制。
2）时域开窗法，其可利用时域特征加以抑制。
3）时频开窗法，其可根据脉冲沿小波分解尺度传播特性的不同（即小波分析法）来提取局部放电信号。

以上为根据抗干扰手段进行的分类。而在实际应用中，还可以根据干扰类型分类。现场的干扰信号根据时域特征可分为以下三类：

1）连续周期性干扰。
2）脉冲型干扰（包含周期型、随机型脉冲干扰）。
3）白噪声。

（1）频域开窗法。频域开窗算法一般用于抑制周期性干扰，因周期干扰信号频率固定，比如常见的1MHz左右的谐波干扰。此算法的实现方式分为硬件、软件两种。

1）硬件实现方法。此方法是改造电流传感器为某固定频带和带通（或高通）滤波的放大器。此方法只能针对某种干扰，而不能作为通用形式的方法。而且每次使用都需要寻找最佳频带，使用不够便利。另外，窄频带处理方式会造成波形的严重畸变，频域信息大量丢失，而局部放电本身是一种宽频谱的信号。因此这种方法需要用在特定场合，且需要寻找特定的补充配合方法，弥补其不足。有的文献提出使用分频聚类算法，进行抗干扰处理。

2) 软件实现方法。在软件编程时采用数字滤波算法，包括自适应滤波算法、通带滤波算法、FFT算法、非自适应频域滤波算法。通过对现场干扰信号的分析，发现窄带干扰（无线电干扰或载波干扰等）占整体干扰信号的较大比重。对此可选择"多带通滤波算法"处理，但仍非尽善尽美，因为局部放电信号非常微弱，即使干扰信号还剩下很少，但只要没有滤除干净就仍会对局部放电带电检测造成很大的不利影响。对此印度学者提出需要对各类数字滤波算法进行系统性的评估（如干扰抑制比、波形畸变程度等指标），他们在尝试建立评估体系之后，也进行了自己的评估尝试。评估后，他们认为二阶级联IRR陷波固定系数滤波器在各种滤波方法中为最佳方法，这种滤波器具有以下优点：

a. 周期性干扰抑制比性能高。
b. 对局部放电波形畸变影响最小。
c. 对脉冲干扰处理稳定性好。
d. 信号处理所用时间较少。

但是，这种方法也有不足之处，如对于周期型干扰信号（含有多谐波干扰成分）的处理，其参数调整困难，处理时间长，需要计算机性能高。窄带抑制算法虽然发展时间比较长、发展比较成熟，可选择性很多，但从应用效果来看，多带通滤波器和固定系数滤波器值得选择。

(2) 时域开窗法。当需要处理周期型脉冲干扰信号时，一般可使用时域处理算法，此算法可分为两类，即模拟算法、数字算法。模拟算法主要为差动平衡法、脉冲极性鉴别法。其实现原理为利用极性特征的不同来抑制外部干扰脉冲，具体方法为两个传感器同时测量，测到一个同步信号，当信号极性相同时，认为信号源来自两个测量点之外；当信号极性相反时，认为信号源来自两个测量点之间。这一理论在试验室表现良好，但在现场应用时，仍有许多不便之处，原因如下：

1) 两个传感器所测得的信号源的传播途径不同，衰减、畸变的程度也就不同，其在相位、幅值、波形上均有很大差别，从而造成电路设计调整困难。

2) 当遇到较为复杂的设备（比如变压器绕组）时，需要更复杂的分布参数模型，其电感、电阻、电容繁多，传播途径复杂，也会导致所测得的两路脉冲信号不符合极性特征规律，无法产生有效干扰抑制效果。

数字方法为通过软件算法在波形层面抑制周期性放电，其原理为从局部放电与周期型脉冲干扰（比如手机通信干扰）具有不同的形状考虑（手机通信干扰的波形是宽而平的），可滤除干扰。这种方式成功应用在特高频局部放电检测中，因为常见的通信干扰频带正处于特高频检测频带。

数字方法还有一种方式，即利用局部放电相位谱图（PRPD谱图）等统计谱图相位分散的特点（即从谱图看，其形状边缘为逐渐过渡变化的），将周期型的局部放电脉冲干扰滤除，因为此类干扰从谱图看，其形状边缘变化极为快速，没有渐进过程，大多呈"带状"形态。

(3) 时频开窗法。时频开窗法可用于处理白噪声信号。假设检测现场有局部放电信号隐藏在较强的、无规律的白噪声之下，如何将其识别、分解出来，是视频开窗算法的目标。时频开窗算法的实现原理为根据放电脉冲和干扰的小波分解传播特性的不同，从而提取放电信号。分析白噪声信号的规律可知，时域上其为无规律随机脉动，在频域上其为整个检测频带均匀分布，因此单从频域、时域都无法有效抑制。对此，小波去噪算法能够有效地解决白噪声问题。小波去噪算法主要分为两类：模极大值法、阈值法。模极大值法由Mallat首先提出，他通过系统性的理论分析，发现白噪声、局部放电信号两者之间的小波变换系数中的某个参数（模极大值参数）沿小波尺度具有不同的传递特性，因此其提出可据此滤除白噪声。这一理论较为有效地解决了白噪声难题，但是此算法较为复杂，需要进行十几次交错投影，计算速度较慢，算法发展方面还不够成熟稳定。另外，参数模极大值点在计算确定时，具有很大主观随意性，难以做到标准化、流程化。综合以上因素，此算法在实际应用中使用不多。Donohn在统计估计理论研究的基础上提出了阈值法，此算法为利用小波变换的门限值去噪。Donohn对此算法进行深入的研究后发现，该方法具有以下优点：

1) 对于去除白噪干扰和载波干扰均有效。
2) 易于实现。
3) 计算量小。

但此方法的缺点为在应用时需考虑小波函数、小波分解及重构算法、分解的尺度及门限值的选择等问题，当参数选择不恰当时，将极大影响白噪声去噪的效果。

(4) 模式识别法。上述算法在处理随机干扰时具有难度，因为很多时候此干扰和局部放电的信号特征相似。其实有些随机脉冲干扰的信号源即为外部的真实的局部放电信号，因此难以使用一般的、通用的方法进行抑制。模式识别法用于处理随机脉冲干扰比较有效。

识别法可以分为两类：逻辑判断方法、模式识别方法。逻辑判断方法是指抑制周期型的脉冲干扰的差动平衡法及脉冲极性鉴别法。其只能抑制外部耦合型的干扰，且抑制效果并不十分理想。模式识别方法是通过提取脉冲特征量，并进行统计识别各类特征量的方法，可达到区分干扰放电类型、滤除干扰信号的目的。从行业发展趋势看，模式识别法较为有可能成为抑制随机型脉冲干扰的可选择的最佳方法。

1) 因模式识别技术的实现，需要高度依赖样本指纹库的建立与不断完善，而这又进一步需要对各种局部放电故障类型、现场干扰情况进行系统的、细致的分析与总结。

2) 特征参量的选择以及模式识别方法的选择都会影响最终结果。

3) 应该有新的可用于识别的智能算法被提出，从而让现场分析数据时更合理、分析后的数据能够真正利用起来。

6. 局部放电干扰信号的现场判别

现场测试中很多干扰信号需要通过人工经验识别，以此来提高缺陷和隐患检出效率。通常识别方法如下：

(1) 相间信号对比法（极性判断）。相间信号对比法是针对三相电缆而言的，它实际上就是根据信号的记录时刻来搜索两相或三相同步发生的脉冲信号来排除干扰的方法。局放脉冲体现在相位上结果是缺陷相与另外两相相位相反。通过比较同步信号的相似性和幅值的大小方向，可以确定信号是否来自同一外部干扰源或具体缺陷相别，相间比较法接线图与波形图如图2-15-2-7、图2-15-2-8所示。

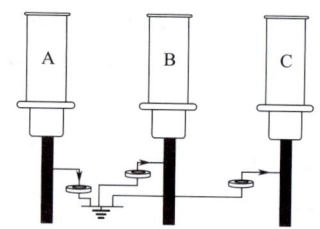

图 2-15-2-7 相间比较法接线图

(2) 信号多周期分析法。信号多周期分析法是用于排除连续的周期型脉冲干扰的一种方法。周期型的脉冲干扰在一个工频周期上出现的相位相对固定且幅度变化很小，如由电弧炉变压器中的拉弧和熄弧产生的放电干扰、周期性火花放电干扰等，而局部放电信号的幅度和相位都具有一定的随机性，在某段相位范围内以"跳舞"式的形式出现。另外，周期脉冲干扰比局部放电信号的持续时间长。信号多周期分析方法就是利用周期性干扰的这些特点，通过利用信号多周期分析方法判断在连续几个工频周期内，脉冲信号是否在固定的相位位置出现，幅值和波形是否几乎不变，来检测周期脉冲干扰信号，最后在采集信号中把它剔除。

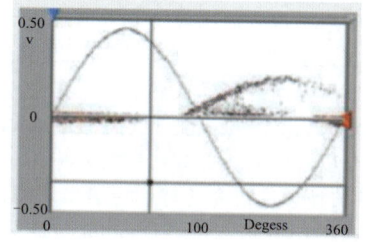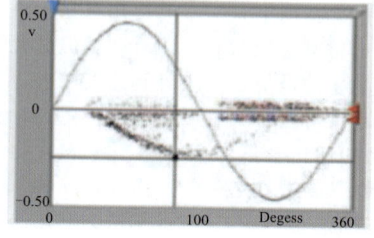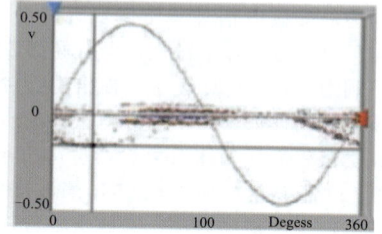

图 2-15-2-8 相间比较法波形图

(3) 随机性脉冲干扰的排除方法。随机性脉冲信号是指偶发性的干扰脉冲信号，如变电站现场刀闸操作引起的电弧放电信号、监测系统中的触发器开关动作信号以及变压器内部非放电故障引起的随机干扰信号等。这类干扰脉冲信号在相位分布以及幅值分布上比较分散，没有任何规律性。这类干扰可通过软件里的一些算法（基于网格和密度聚类方法与模糊聚类分析方法等），最终将随机干扰脉冲点从统计结果中排除，并把反映放电特征的脉冲信号提取出来，排除随机脉冲干扰后的统计谱图同样能够反映出局部放电故障的放电特征，不会影响到放电类型识别等后续的诊断效果。

此外，还可以通过测试软件的时频域分析、噪声分离、超宽带测试等方法识别局部放电信号。

**7. 有关局部放电试验的规程**

《高电压试验技术 局部放电测量》（GB/T 7354）参照 IEC 270，制定了电气设备在交流电压下的局部放电试验一般导则。《电线电缆电性能试验方法 第12部分：局部放电试验》（GB/T 3048.12）参照 IEC 60885-3，规定了不同长度挤包绝缘电力电缆局部放电的试验设备、试样制备、试验步骤及注意事项等。在《电力设备局部放电现场测量导则》（DL/T 417）中，没有介绍电力电缆的局部放电试验，但可作为参考。

**8. 局部放电的测量方法**

当电缆绝缘内部发生局部放电时，在放电点将发生许多物理现象，如电现象有电脉冲及其反射、电磁波、介质损耗增大等，非电现象有声、红外、光、热、化学变化等，因此在检测方法上大致也分为电测量法和非电测量法两大类。

## 二、电力电缆超声波局部放电检测及其应用技术

### (一) 超声波局部放电检测概述

**1. 超声波局部放电检测的发展**

在非电量局部放电测量的方法中，超声波法是研究比较早的一种，超声波局部放电检测技术凭借其抗干扰及定位能力的优势，在众多的检测法中占有非常重要的地位。20世纪80年代以来，随着微电子技术和信号处理技术的飞速发展，由于压电换能元件效率的提高和低噪声的集成元件放大器的应用，超声波法的灵敏度和抗干扰能力得到了很大提高，该方法在实际中的应用才重新得到重视。经过几十年的发展，目前超声波局部放电检测已经成为局部放电检测的主要方法之一，特别是在带电检测定位方面。该方法具有可以避免电磁干扰的影响、定位便捷以及应用范围广泛等优点。传统的超声波局部放电检测法是利用固定在电力设备外壁上的超声波传感器接收设备内部局部放电产生的超声波脉冲，由此来检测局部放电的大小和位置。由于此方法受电气干扰的影响比较小，以及它在局部放电定位中的广泛应用，人们对超声波法的研究逐渐深入。目前，超声波检测局部放电的研究工作主要集中在定位方面，原因是与电测法相比，超声波的传播速度较慢，对检测系统的速度与精度要求较低，且其空间传播方向性强。此外，将超声波法与射频电磁波法（包括射频法和特高频法）联合起来进行局部放电定位的声电联合法成为一个新的发展趋势，在工程实际中得到了较为广泛的应用。

**2. 超声波局部放电检测原理**

(1) 声波的产生与传递。发声体产生的振动在空气或其他物质中的传播叫作声波，声波可借助各种介质向四面八方传播。声波所到之处的质点沿着传播方向在平衡位置附近振动，声波的传播实质上是能量在介质中的传递。

一般来说，超声波是指振动频率在 20kHz～1GHz 的声波，如图 2-15-2-9 所示。因超声波的频率超出了人耳听觉的一般上限，故人们将这种听不见的声波叫作超声波。超声波与声波一样，是物体振动状态的传播形式。按声源在介质中振动的方向与波在介质中传播的方向之间的关系，可以将超声波分为纵波和横波两种形式。纵波又称疏密波，其质点运动方向与波的传播方向一致，能存在于固体、液体和气

体介质中；横波又称剪切波，其质点运动方向与波的传播方向垂直，仅能存在于固体介质中。

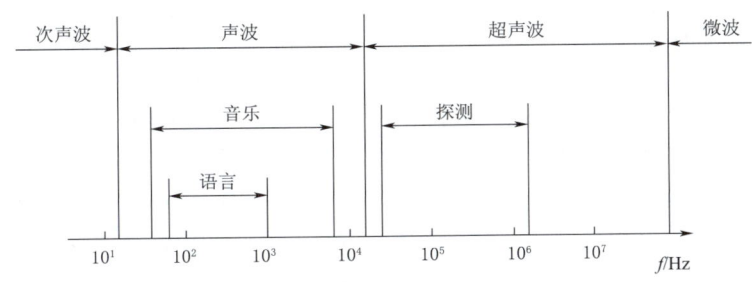

图 2-15-2-9　声波的频率界限图

除了空气，水、金属、木头等弹性介质也都能够传递声波，它们都是声波的良好介质。当声波穿透物体时，其强度会随着与声源距离的增加而衰减。由于几何衰减、经典吸收、分子弛豫吸收的原因，声音在传播过程中将越来越微弱，导致了声波的衰减。其声压和声强的衰减规律为

$$P_x = P_o e^{-ax} \quad (2-15-2-19)$$

$$I_x = I_o e^{-2ax} \quad (2-15-2-20)$$

式中　$P_x$、$I_x$——声波在距声源 $x$ 处的声压和声强；

$P_o$、$I_o$——声波在生源处的声压和声强；

$x$——声波与声源间的距离；

$a$——衰减系数。

(2) 超声波局部放电带电检测优势与不足。

1) 超声波局部放电带电检测具有如下优点：

a. 抗电磁干扰能力强。目前采用的超声波局部放电检测法是利用超声波传感器在电力设备的外壳部分进行检测。电力设备在运行过程中存在着较强的电磁干扰，而超声波检测是非电检测方法，其检测频段可以有效躲开电磁干扰，取得更好的检测效果。

b. 便于实现放电定位，确定局部放电位置既可以为设备缺陷的诊断提供有效的数据参考，也可以减少检修时间。超声波信号在传播过程中具有很强的方向性，能量集中，因此在检测过程中易于得到定向而集中的波束，从而方便进行定位。在实际应用中，GIS 设备常采用幅值定位法，它是基于超声波信号的衰减特性实现的；变压器常采用空间定位法，目前市面上已有比较成熟的定位系统。

c. 适应范围广泛。超声波局部放电检测可以广泛应用于各类一次设备。根据超声波信号传播途径的不同，超声波局部放电检测可分为接触式超声波检测和非接触式超声波检测。接触式超声波检测主要用于检测如电缆终端、GIS、变压器等设备外壳表面的超声波信号；而非接触式超声波检测可用于检测开关柜、配电线路等设备的超声波信号。

2) 超声波局部放电检测技术也存在一定的不足，如对于内部缺陷不敏感，受机械振动干扰较大，进行放电类型模式识别难度大以及检测范围小等。在电力电缆局部放电检测中电缆外表的绝缘层对高频波声波的牺牲能力较强，这样就导致了原始超声信号里高频波大幅衰减，这一原因限制了超声法的推广应用，因此超声法多是用来检测电缆接头的故障。

**（二）超声波局部放电检测**

1. 超声波局部放电检测基本原理

高压电气设备内部存在局部放电，在放电过程中，分子间会剧烈撞击，介质会随着聚集的热量而瞬间体积膨胀，伴随着爆裂声的发射，进而产生频率大于 20kHz 的脉冲压力波（超声波）。超声波信号由局部放电源沿着绝缘介质和金属件传导到电力设备外壳，并通过介质和缝隙向周围空气传播。

局部放电所产生的脉冲压力波在介质因数不同的介质中传播时，其传播速度也不尽相同。由于脉冲压力波具有球面波的传播规律与特性，会在介质因数不同的介质交界面产生波的反射和折射现象。超声波频率较高、波长较短，因此它的方向性较强，能量较为集中，容易进行局部放电检测。进行带电检测时，可以在所需检测设备的金属外壳部分安装声电转换器，经过声电转换电路，把所采集的超声信号转换成电信号，通过对所采集电信号进行分析与处理即可得到代表设备局部放电信息的特征量，如图 2-15-2-10 所示。

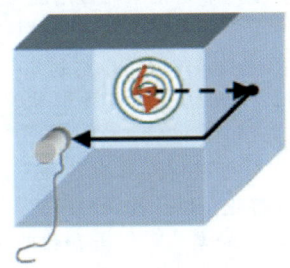

图 2-15-2-10　超声波局部放电检测基本原理

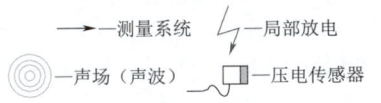

超声法的核心元器件就是超声传感器，大多采用的是压电晶体传感器，它的工作原理是把接收到的超声信号转换成电量，在传感器的外端连接分离放大器，把声音信号放大，再经过光电转换模块，再通过光纤将转换后的信号传输到数据采集卡里，然后再与采集卡相连接的工控机上展现波形和数据。因为局部放电产生的超声信号特别小，传输的环节上的衰减会对原始信号影响较大，这样导致该方法并没有得到推广。最近几年，由于技术的进步，传感器的性能和信号分离放大器的性能也取得大幅进步。

在电力电缆中，发生局部放电时产生的声音信号频带很宽，超声传感器和相连接的分离放大器就放置在需要监测的电缆附近，当有局部放电发生时，就会检测到信号。而且超声传感器有设定好的接收信号的带宽，这也使外界的环境或者电缆和其他设备运行产生的干扰影响降到最低，保证了检测精度，所以超声检测法在电缆运行现场有

很好的应用。

**2. 超声波局部放电测量系统组成**

典型的超声波局部放电检测装置一般可分为硬件系统和软件系统两大部分。硬件系统用于检测超声波信号，软件系统对所测得的数据进行分析和特征提取并做出诊断。硬件系统通常包括超声波传感器、前置放大器与信号处理终端，软件系统包括人机交互界面，数据分析、处理和存储模块及缺陷类型识别模块等。

（1）硬件系统。电力电缆超声波局部放电监测系统如图 2-15-2-11 所示。图 2-15-2-11 中：S 为 220V 交流电源；$T_1$ 为自耦变压器；$T_2$ 为无局部放电高压试验变压器；$Z$ 的阻值为 200kΩ；$C_x$ 为局部放电试品等效电容。

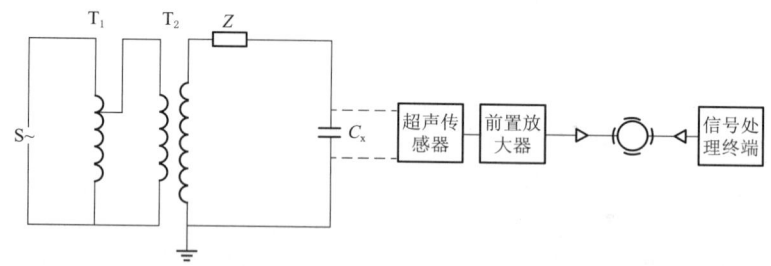

图 2-15-2-11 电力电缆超声波局部放电监测系统

1）超声传感器。超声法检测局部放电的硬件核心是高灵敏度且抗电磁干扰的超声传感器。超声传感器将声发源在被探测物体表面产生的机械振动转换为电信号，它的输出电压是表面位移波和它的响应函数的卷积。理想的传感器应该能同时测量样品表面位移或速度的纵向和横向分量，在整个频谱范围内（0～100MHz 或更大）能将机械振动线性地转变为电信号，并具有足够的灵敏度，以探测很小的位移。目前人们还无法制造上述这种理想的传感器，现在应用的传感器大部分由压电元件组成，压电元件通常采用锆钛酸铅、钛酸铅、钛酸等多晶体和铌酸锂、碘酸锂等单晶体，其中钛酸铅接收灵敏度高，是声发射传感器常用的压电材料。压电陶瓷是目前超声研究及应用中极为常用的材料，其优点如下：

a. 机电转换效率高，一般可以达到 80% 左右。

b. 容易成型，可以加工成各种形状，如圆盘、圆环、圆筒、矩形以及球形等。

c. 通过改变成分可以得到具有各种不同性能的超声换能器，如发射、接收型以及收发两用型。

d. 造价低廉，不易老化，机电参数的时间和温度稳定性好，易于推广应用。

由于现场存在强烈的电磁辐射干扰，而压电晶体是最易耦合各种电磁干扰的敏感元件，因此需要将所选用的传感器置于特制的内屏蔽金属套内。同时还要对内部的滤波、放大电路采取特殊的屏蔽措施，并用屏蔽优良的引出线引出信号。局部放电的超声波信号经电缆多层介质衰减后，传到外壳上超声波传感器处已经十分微弱，干扰信号可能将监测信号淹没。因此，压电晶体的合理设计、传感器检测频带的合理设计与传感器检测频带的合理选择是提高传感器检测灵敏度的关键因素。

电力设备局部放电检测用超声波传感器通常可分为接触式传感器和非接触式传感器，如图 2-15-2-12 所示。接触式传感器一般通过超声耦合剂贴合在电力设备外壳上，检测外壳上传播的超声波信号；非接触式传感器则是直接检测空气中的超声波信号，其原理与接触式传感器基本一致。传感器的特性包括频响宽度、谐振频率、幅度灵敏度、工作温度等。

a. 频响宽度。频响宽度即为传感器检测过程中采集的信号频率范围，不同的传感器其频响宽度也有所不同，接触式传感器的频响宽度大于非接触式传感器。

图 2-15-2-12 接触式传感器与非接触式传感器

b. 谐振频率。谐振频率也称为中心频率，当加到传感器两端的信号频率与晶片的谐振频率相等时，传感器输出的能量最大，灵敏度也最高。不同的电力设备发生局部放电时，由于其放电机理、绝缘介质以及内部结构的不同，产生的超声波信号的频率成分也不同，因此对应的传感器谐振频率也有一定的差别。

c. 幅度灵敏度。灵敏度是衡量传感器对于较小的信号的采集能力的参数。随着频率逐渐偏移谐振频率，灵敏度也逐渐降低，因此选择适当的谐振频率是保证较高的灵敏度的前提。

d. 工作温度。工作温度是指传感器能够有效采集信号的温度范围。由于超声波传感器所采用的压电材料的居里点一般较高，因此其工作温度比较低，可以较长时间工作而不会失效，但一般要避免在过高的温度下使用。

2）前置放大器。压电晶体产生的微伏级电压信号必须经过放大器后才能传输，才能减弱干扰信号的影响，并提高信噪比。

3）信号处理终端。信号处理终端包括信号处理与数据采集系统两部分，信号处理与数据采集系统一般包括前端的模拟信号放大调理电路、高速 A/D 采样、数据处理电路以及数据传输模块。

由于超声波信号衰减速率较快，在前端对其进行就地放大是有必要的，且放大调理电路应尽可能靠近传感器。超声波传感器采集到的信号经过放大后，传入信号处理终端时，首先进入带通滤波单元，选取带通滤波器带宽为 10～100kHz。经过滤波后的信号较弱，因此还要经过一个 1～3000 倍可调的主放大单元。带通滤波器、主放大器等电路有可能会给信号添加一些杂波，为了消除这些干扰信号，需要添加一个平滑滤波单元。设置平滑参数为 1s 可以消除

1MHz 以上的信号。

A/D 采样将模拟信号转换为数字信号，并送入数据处理电路进行分析和处理。数据传输模块用于将处理后的数据显示出来或传入耳机等供检测人员进行观察、检测。数据采集系统应具有足够的采样速率和信号传输速率，测量频带应能覆盖被测信号频谱中的主要分量，同时还能排除或减少各种干扰。高速的采样速率保证传感器采集到的信号能够被完整地转换为数字信号，而不会发生混叠或失真；稳定的信号传输速率使得采样后的数字信号能够流畅地展现给检测人员，并且具有较快的刷新速率，使得检测过程中不致遗漏异常的信号。

(2) 软件系统。

1) 人机交互界面。人机交互界面是指检测装置将其采集处理后的数据展现给检测人员的平台，一般可分为两种：一种是通过操作系统编写特定的软件，在检测装置运行过程中通过软件中的不同功能将各种分析数据显示出来，供检测人员进行分析；另一种是将传感器检测到的信号参数以直观的形式显示出来，如进行电力电缆的超声波局部放电检测时，通常可通过记录信号幅值和听放电声音的方式来完成。

2) 数据的分析、处理和存储模块。超声波局部放电检测装置通过对其采集的信号进行分析和处理，利用人机交互界面将结果（即检测中的各种参数）展现给检测人员。常用的检测模式包括连续模式、脉冲模式、相位模式、特征指数模式以及时域波形模式等，检测的参数包括信号在一个工频周期内的有效值、周期峰值、被测信号与 50Hz、100Hz 的频率相关性（即 50Hz 频率成分、100Hz 频率成分），信号的特征指数以及时域波形等。在利用超声波局部放电检测方法检测开关柜时，检测装置通过混频处理，将超声波信号转为人耳能够听到的声音。由于检测过程中存在一定的干扰源，检测装置显示的超声波强度可能会比较大，但是只要没有在装置中听到异常的声音，即可初步认定开关柜可能不存在放电现象。此外，超声波局部放电检测装置均配有数据存储功能，在检测背景噪声信号以及可疑的异常信号时，可以对数据进行存储，以便进行对比和分析。

(3) 缺陷类型识别模块。目前，常用的超声波局部放电检测对于缺陷类型的识别主要依靠检测人员对检测参数进行分析后加以判断。由于超声波信号传播具有较强的方向性特点，因此超声波局部放电检测被广泛应用于精确定位。

## 三、电力电缆高频局部放电检测及其应用技术

### (一) 高频局部放电检测的发展

高频局部放电检测方法是用于电力设备局放电缺陷检测与定位的常用测量方法之一，其检测频率范围通常在 3～30MHz 之间。高频局部放电检测技术可广泛应用于电力电缆的局放检测，其高频脉冲电流信号可以由电感式耦合传感器或电容式耦合传感器进行耦合，也可以由特殊设计的探针对信号进行耦合。电感式传感器的优点是可以补装在已敷设好的电缆上，电容式传感器可以全部集成在电缆附件上，费用较低。电感型传感器中高频电流传感器（High Frequency Current Transformer，HFCT）具有便携性强、安装方便、现场抗干扰能力较好等优点，因此应用最多，其工作方式是对流经电力设备的接地线、中性点接线以及电缆本体中放电脉冲电流信号进行检测，高频电流传感器多采用罗哥夫斯基线圈结构。

在世界范围内对于罗哥夫斯基线圈传感器的研究，于 20 世纪 60 年代兴起，在 20 世纪 80 年代取得突破性进展，20 世纪 90 年代开始进入实用化阶段。21 世纪以来，随着微处理机和数字处理器技术的成熟，为研制新型的高频电流传感器奠定了基础。近几年国内的研究机构研制了基于罗氏线圈传感器以及高频局放检测装置，许多高校对于罗氏线圈传感器进行了深入的研究和探索，并取得了大量成果。

在局放图谱显示设备方面，应用最广泛的是示波器，但随着计算机技术的发展，出现许多数字化多功能专用局放测量仪，除具有对放电量、放电次数、放电能量的测试外，还具有给出电量和相位、放电量和放电次数等各种谱图报告打印、放电电源定位、系统自检等功能。

目前应用较多的一种方式是在高压和超高压电缆上定向检测电缆的接头或重要部位的局放量。通过在已知电缆接头处或重要部位事先安装好专用传感器，然后通过专用局放测量仪在装有专用传感器的电缆部位上测量电缆的局放量。测量可在电缆运行状态下或停电状态加外施电压下随时进行。

### (二) 高频局部放电带电检测优势与局限性

1. 技术优势

(1) 可进行局部放电强度的量化描述。由于高频局放检测技术应用高频电流传感器，与传统的脉冲电流法具有类同的检测原理，如果传感器及信号处理电路相对确定，可以对被测局部放电的强度进行理化描述，以便于准确评估被检测电力设备局部放电的绝缘劣化程度。

(2) 具有便于携带、方便应用、性价比高等优点。高频电流传感器作为一种常用的传感器，可以设计成开口电流互感器的安装方式，在非嵌入方式下能够实现局放脉冲电流的非接触式检测，因此具有便于携带、方便应用的特点。

(3) 检测灵敏度较高。高频电流传感器一般由环形铁氧体磁芯构成，铁氧体配合经磁化处理的陶瓷材料，对于高频信号具有很高灵敏度。局部放电发生后，放电脉冲电流将沿着接地线的轴向方向传播，即会在垂直于电流传播方向的平面上产生磁场，电感型传感器是从该磁场中耦合放电信号。除此之外利用 HFCT 进行测量，还具有可校正的优点。

2. 局限性

(1) 高频电流传感器的安装方式限制了该检测技术的应用范围。由于高频电流传感器为开口电流互感器的形式，这就需要被检测的电力设备的接地线或末屏引下线具有引出线，而且其形状和尺寸能够卡入高频电流传感器。而对于变压器套管、电流互感器、电压互感器等容性设备来说，若其末屏没有引下线，则无法应用高频局放检测技术进行检测。

(2) 抗电磁干扰能力相对较弱。由于高频电流传感器的检测原理为电磁感应，周围及被测串联回路的电磁信号均会对检测造成干扰，影响检测信号的识别及检测结果的准确性。这就需要从频域、时域、相位分布模式等方面对干扰信号进行排除。

### (三) 高频局部放电检测

1. 高频局部放电检测基本原理

高频局放法也叫脉冲电流法，它是一种定量的测量方法，其原理为：当电力设备发生局部放电时，通常会在其接地引下线或其他地电位连接线上产生脉冲电流，通过高频电

流传感器检测流过接地引下线或其他地电位连接线上的高频脉冲电流信号,实现对电力设备局部放电的带电检测。基于罗哥夫斯基线圈原理的高频传感器结构图及等效电路图如图 2-15-2-13 所示。

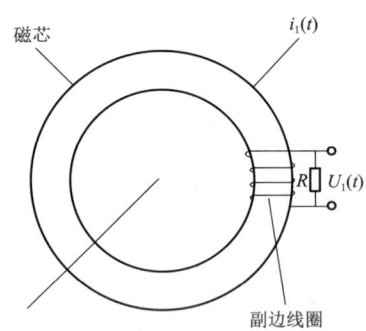

图 2-15-2-13 高频传感器结构图及等效电路图
$R_1$—积分电阻;$L_1$—线圈互感;$L_2$—线圈电感;
$R$—线圈等效电阻;$C$—线圈杂散电容

由分析可知,积分电阻 $R_1$ 增大,电流传感器的工作频带降低,但积分电阻的增大有利于提高传感器的灵敏度;绕线匝数 $N$ 增大,线圈的自感 $L_1$ 增大,电流传感器的工作频带变宽,但其灵敏度降低,因此 $R_1$ 和 $N$ 有一个最佳匹配的问题。

实际测试结果还表明,选用不同材料的磁芯以及不同的绕制工艺时,传感器的幅频特性均会有所不同。

高频法局放主要测定的物理量如下:

(1) 电力电缆在一定电压下的局部放电量,用皮库(pC)来表示。

(2) 电力电缆局部放电的起始电压和熄灭电压。

**2. 高频局放测量系统组成**

(1) 结构组成。电力设备高频局部放电检测系统由高频电流传感器、工频相位单元、信号采集单元、信号处理分析单元等构成,高频法局部放电带电检测仪结构图如图 2-15-2-14 所示。

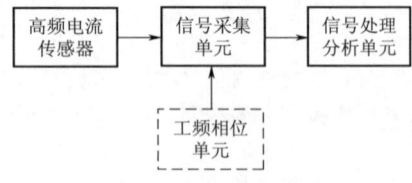

图 2-15-2-14 高频法局部放电带电检测仪结构图

高频电流传感器完成对局部放电信号的接收,一般使用钳式高频电流传感器;工频相位单元获取工频参考相位;信号采集单元将局部放电和工频相位的模拟信号进行调理并转化为数字信号;信号处理分析单元完成局部放电信号的处理、分析、展示以及人机交互。

(2) 信号取样部位。对于电力电缆及附件,可以在电缆终端接头接地线、电缆中间接头地线、电缆中间接头交叉互联接地线、电缆本体上安装高频局部放电传感器,在电缆单相本体上安装相位传感器。如果存在无外接地线的电缆终端接头,高频局部放电传感器也可以安装在该段电缆的本体上,使用时应注意放置方向,应保证电流入地方向与传感器标记方向一致,电力电缆不同部位高频局部放电检测原理如图 2-15-2-15~图 2-15-2-18 所示。

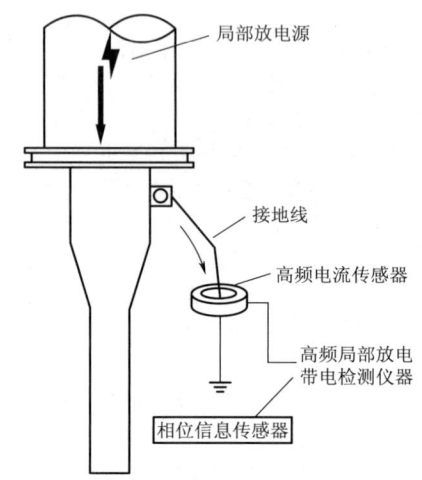

图 2-15-2-15 经电缆终端接头接地线安装传感器高频局部放电检测原理

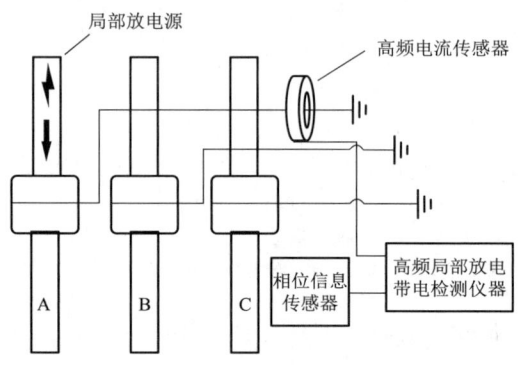

图 2-15-2-16 经电缆中间接头接地线安装传感器高频局部放电检测原理

(3) 诊断步骤。

1) 根据电缆类别,按照图 2-15-2-15~图 2-15-2-18 所示方法可靠安装传感器和相位信息传感器。

2) 背景噪声测试。测试前将仪器调节到最小量程,测量空间节背景噪声值并记录。

3) 对于已知频带的干扰,可在传感器之后或采集系统之前加装滤波器进行抑制,对于不易滤除的干扰信号,或现场不易确定的干扰,可记录所有信号波形数据,在放电识别与诊断阶段通过分离分类技术剔除干扰,其他抗干扰措施可参考《高电压试验技术 局部放电测量》(GB/T 7354)及《电力设备局部放电现场测量导则》(DL/T 417)中推荐的方法。

4) 若同步信号的相位与缺陷部位的电压相位存在不一

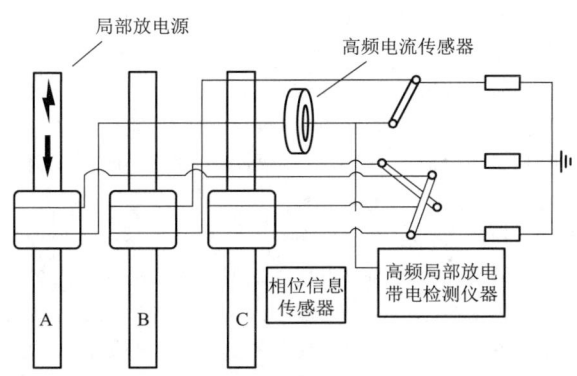

图 2-15-2-17 经电缆中间接头交叉互联接地线
安装传感器高频局部放电检测原理

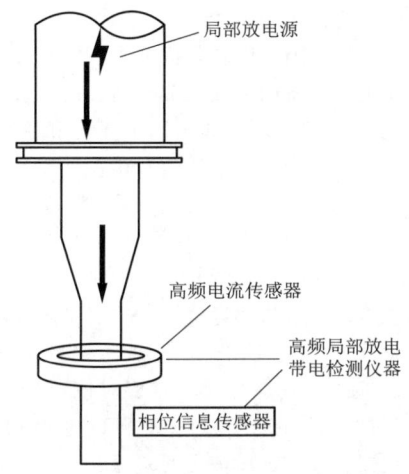

图 2-15-2-18 经电缆本体安装传感器的
高频局部放电检测原理

致，宜根据这些因素对局部放电图谱中参考相位进行手动校正，然后进行下一步的分析。

5) 如果存在异常信号，应进行多次测量，并对多组测量值进行幅值对比和趋势分析，同时对附近有电气连接的电力设备进行检测，查找异常信号来源。

6) 对于异常的检测信号，可以使用其他类型仪器进行进一步的诊断分析，也可以结合其他检测方法进行综合分析。

（4）结果分析方法。缺陷判据及缺陷识别诊断方法如下：

1) 相同安装部位同类设备局部放电信号的横向对比。相似设备在相似环境下检测得到的局部放电信号，其测试值和测试谱图应比较相似，例如对同一电缆 A、B、C 三相接头的局部放电图对比，可以为确定是否存在放电，同变电站的同类设备也可以作类似横向比较。

2) 同一设备历史数据的纵向对比。通过在较长的时间内多次测量同一设备的局部放电信号，可以跟踪设备的绝缘状态劣化趋势，如果测量值有明显增大，或出现典型局部放电谱图，可判断此测试点内存在异常。

3) 如果检测到有局部放电特征的信号，当放电幅值较小时，判定为异常信号，当放电特征明显，且幅值较大时，判定为缺陷信号。

4) 对于具有等效时频谱图分析功能的高频局放检测仪器，应将去噪声和信号分类后的单一放电信号与典型局部放电图谱相类比，可以判断放电类型、严重程度、放电信号远近等。

5) 对于检测到的异常及缺陷信号，要结合测试经验和其他试验项目测试结果对设备进行危险性评估。

## 四、电力电缆特高频局部放电检测及其应用技术

### （一）特高频局部放电检测的发展

特高频（简称 UHF）是电缆本体或附件发生局部放电时产生的特高频电磁波，检测频段通常为 300～3000MHz。根据这一特点，人们开发出了通过监测高频电磁波来实现对电缆的在线监测。国内外研究机构对特高频局放检测技术进行了广泛研究，涵盖了 UHF 传感器模型和性能、各种绝缘缺陷模型、局放脉冲量、取放电类型识别、放电量估计、局放传播特性、局部放电定位等各个方面，目前对局放源的识别和定位新方法的研究、对 UHF 检测装置的研究与开发是重点开展方向。

### （二）特高频局部放电带电检测优势与局限性

1. 技术优势

（1）现场抗低频电晕干扰能力较强。由于电力设备运行现场存在着大量的电磁干扰，给局部放电检测带来了一定的难度。高压线路与设备在空气中的电晕放电干扰是现场最为常见的干扰，其放电产生的电磁波频率主要在 200MHz 以下。特高频法的检测频段通常为 300～3000MHz，有效地避开了现场电晕等干扰，因此具有较强的抗干扰能力。

（2）利于绝缘缺陷类型识别。不同类型绝缘缺陷的局部放电所产生的特高频信号的脉冲幅值、数量、相位分布、频谱不同，具有不同的谱图特征，可根据这些特点判断绝缘缺陷类型，实现绝缘缺陷类型诊断。

2. 局限性

（1）容易受到环境中特高频电磁干扰的影响。由于 UHF 局放检测技术的检测频率范围为 300～3000MHz，在如此宽的频带范围内可能存在手机信号、雷达信号、电机碳刷火花干扰等环境电磁干扰信号，在超高压敞开式变电站内也存在着较强的电磁干扰信号。这些干扰信号可能会造成对 UHF 检测的干扰，从而影响到检测的准确性。

（2）外置式传感器对电缆内部缺陷检出率降低。对铠装电力电缆，内部局部放电激发的电磁波无法及时传播出来且衰减较快，检测范围受限。

（3）尚未实现缺陷劣化程度的量化描述。目前国内外尚没有该检测技术、检测装置的技术标准，同时受到电磁波信号传播路径、缺陷放电类型差异等因素的影响，虽然其检测信号幅值与缺陷劣化程度在趋势上基本具有一致性，但尚不能实现与脉冲电流法类似的缺陷劣化程度的准确量化描述。

### （三）特高频局部放电检测

1. 特高频局部放电检测基本原理

交联聚乙烯电缆局部放电产生的放电脉冲具有很短的上升时间，可激发出频率达"GHz"数量级的电磁波，虽然电缆本体有良好的屏蔽层，但是特高频电磁波可以从电缆终端或中间接头的屏蔽断开处辐射出来，特高频法采用天线传感器在电缆接头附近接收局部放电辐射到空间的电磁波，这样

能够降低信号的衰减,更有效地对电缆进行监测。

用特高频法监测电缆时,传感器信号频段的选取对测量的准确度影响很大,合适的传感器将会降低干扰信号,信噪比也有一定提升。因此,传感器的性能是决定特高频法测量精度的关键。

阿基米德螺旋天线传感器原理图如图 2-15-2-19 所示。从实用角度出发,特高频天线不仅要有一定的响应带宽,同时要求其具有较小的驻波比和较高的灵敏度。

图 2-15-2-19 阿基米德螺旋天线传感器原理图

**2. 特高频局放测量系统组成**

特高频局部放电检测装置一般由特高频传感器、信号放大器、检测仪器主机及分析诊断单元组成,其原理图如图 2-15-2-20 所示。特高频传感器负责接收电磁波信号,并将其转变为电压信号,再经过信号调理与放大,由检测仪主机完成信号的 A/D 转换、采集及数据处理工作。然后将预处理过的数据经过网线或 USB 数据线传送至分析诊断单元,分析诊断软件将数据进行 PRPS(Phase Resolved Pulse Sequence)、PRPD(Phase Resolved Partial Discharge)的谱图实时显示,并可根据设定条件进行存储,同时可利用谱图库对存储的数字信号进行分析诊断,给出局部放电缺陷类型诊断结果。另外,应用高速法波器还可以实现局部放电源定位的功能。

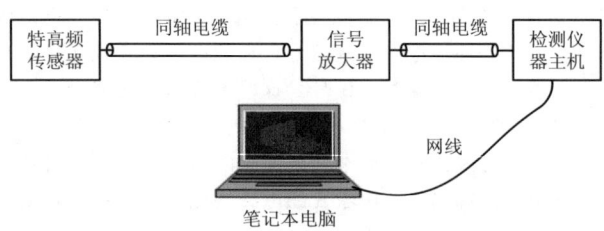

图 2-15-2-20 特高频局放测试仪组成示意图

根据检测频带的不同可分又为窄带和宽带监测方式。UHF 宽带监测系统利用前置的高通滤波器测取 300～3000MHz 频率范围内的信号;UHF 窄带监测系统则利用频谱分析仪对特定频段信号进行监测,通过选择合适的中心频率能够有效提高系统的抗干扰能力。

(1) 特高频传感器。特高频传感器也称为耦合器,用于传感 300～3000MHz 的特高频无线电信号,其主要由天线、高通滤波器、放大器、耦合器和屏蔽外壳组成,天线所在面为环氧树脂用于接收放电信号,其他部分采用金属材料屏蔽,以防止外部信号干扰。特高频传感器的检测灵敏度常用等效高度 $H$ 来表征,单位为 mm。其计算方法为 $H=U/E$,

其中:$U$ 为传感器输出电压,单位为 V;$E$ 为被测电场,单位为 V/mm。

(2) 信号放大器。信号放大器一般为宽带通放大器,用于传感器输出电压信号的处理和放大。通常信号放大器的性能用幅频特性曲线表征,一般情况下在其通带范围内放大倍数为 17dB 以上。

(3) 检测仪器主机。检测仪器主机用于接收、处理耦合器采集到的特高频局部放电信号。对于电压同步信号的获取方式,通常采用主机电源同步、外电源同步以及仪器内部自同步三种方式,获得与被测设备所施电压同步的正弦电压信号,用于特征谱图的显示与诊断使用。

(4) 分析诊断单元。安装专门的局放数据处理及分析诊断软件,对采集的数据进行处理,识别放电类型,判断放电强度。

**3. 诊断步骤和结果分析**

(1) 排除干扰。测试中的干扰可能来自各个方位,干扰源可能存在于电气设备内部或外部空间。在开始测试前,尽可能排除干扰源的存在,比如关闭荧光灯和手机。尽管如此,现场环境中还是有部分干扰信号存在。

(2) 记录数据并给出初步结论。采取降噪措施后,如果异常信号仍然存在,需要记录当前测点的数据,给出一个初步结论,然后检测相邻的位置。

(3) 尝试定位。假如邻近位置没有发现该异常信号,就可以确定该信号来自电缆内部,可以直接对该信号进行判定。假如附近都能发现该信号,需要对该信号尽可能地定位。放电定位是重要的抗干扰环节,可以通过强度定位法或者借助其他仪器,大概定出信号的来源。

(4) 对比谱图给出判定。一般的特高频局部放电检测仪都包含专家分析系统,可以对采集到的信号自动给出判定结果。测试人员可以参考系统的自动判定结果,同时把所测谱图与典型放电谱图进行比较,确定其局部放电的类型。

(5) 保存数据。局部放电类型识别的准确程度取决于经验和数据的不断积累,检测结果和检修结果确定以后,应保留波形和谱图数据,作为今后局部放电类型识别的依据。

## 第三节 电力电缆封铅涡流法探伤检测及其应用技术

### 一、电力电缆封铅介绍

高压电缆附件封铅技术是电力电缆连接的关键。封铅对金属铅护套或铝护套电缆的各种终端头、中间连接有着极为重要的密封防水作用,可使电缆的金属外护层与其他电气设备连接成良好的接地系统。封铅技术是关键的工艺,封铅质量做得好,可延长电缆的使用寿命,能保证电缆长期可靠地安全运行。反之,将导致潮气侵入,绝缘强度降低,直至电缆击穿,造成严重的爆炸断电事故和经济损失。电力电缆封铅实物图如图 2-15-3-1 所示。

目前制作电缆封铅有两种方法:触铅法和浇铅法。

(1) 触铅法。用喷灯加热封铅焊条和要被封焊部分,边加热边涂擦,使被封焊面先镀上一层封铅,然后再加热焊条。待熔化时即触于封焊面,先将接缝处全部触上,再在两

图 2-15-3-1 电力电缆封铅实物图

边继续触上,要求触铅均匀、适量。当被封焊部分已触铅总量达到一定量之后,即可用喷灯一边加热,一边用抹布抹光,直至成型。

(2)浇铅法。先将特制的熔铅缸放在炉子上,把封铅焊条放进缸中,使其加热熔化。但温度不宜太高,可维持在熔融状态,颜色呈黄褐色即可。操作时,将铅缸拎下,放在接头边,一只手用一小铁勺均匀地搅动几下,舀出一勺,浇于铅套管和铅包接口处;另一只手拿块大抹布接住淌下的封铅,并且朝接缝口处压实、按紧,每舀一勺都同样操作,并逐渐按、揩成圆球形。基本成型后,再用喷灯一边加热,一边用小抹布抹光,直到光洁、匀称、无砂眼、气孔等为止。

两种方法均采用加热方法熔化,均匀地加到封铅部位,用抹布在封铅部位抹至光滑成型。触铅法封焊时间长,所用工具少,适用于终端头封铅;浇铅法必须边浇边用抹布抹,速度快,质量好,适用于中间接头封铅。电力电缆接头封铅制作图如图 2-15-3-2、图 2-15-3-3 所示。

图 2-15-3-2 电力电缆接头封铅制作图(一)

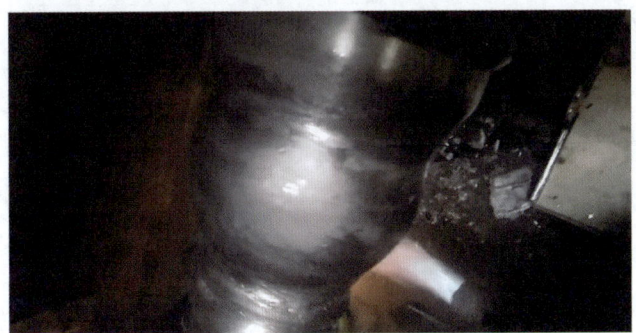

图 2-15-3-3 电力电缆接头封铅制作图(二)

然而,由于高压电缆接头铅封在运行过程中,因地质沉降、机械振动或接头固定不当等原因,电缆接头铅封往往会受力开裂,导致接头进水,进而造成爆炸等断电事故,已成为困扰高压电缆安全运行监控的一大难题。目前,局部放电检测、光纤测温、金属护层接地电流监测等多种技术已经广泛应用于电缆的缺陷诊断,但是对高压电缆铅封检测技术的研究很少,有必要寻求一种有效的检测手段对附件铅封开展检测状态评估。目前在电力设备缺陷检测中,利用射线透视强度的差异性对电气设备内部的检测,实现可视性检测诊断方法,可以实现在不停电状态下进行静态监控,然而 X 射线无法穿透中间部位铅封,故完整的一周铅封 X 射线检测需多次变化射线源和 DR 板布置角度,由于现场接头处空间有限,且无专用的射线源和 DR 板固定工具,无法完成完整的铅封 X 射线成像检测。

涡流检测是以电磁感应原理为基础的一种常规无损检测方法,它适用于导电材料。在电缆封铅检测中,有着其自身特有的以下优势:

(1)对封铅表面上或近表面的裂纹、孔洞以及其他的缺陷,具有良好的检测灵敏度,有很高的检出度,无须直接接触。

(2)包覆层(如热缩套)对铅封表面的缺陷检测影响可控,包覆层(厚度小于15mm)铅封可以检测。在一定的范围内具有良好的线性指示,可对大小不同的缺陷进行评价,及时发现开裂铅封缺陷,结合金属接地电流检测可实现附件铅封运行状态监控,在故障发生之前,发现并确认内部缺陷裂化程度。

由于检测信号为电信号,所以可对检测结果进行数字化处理,并将处理后的结果进行存储、再现及进行数据比较和处理。

金属表面感应的涡流的渗透深度随频率而异,激励频率高时金属表面涡流密度大,检测灵敏度高,但是涡流渗透深度低;随着激励频率的降低,涡流渗透深度增加,但表面涡流密度下降,检测敏度降低,所以检测深度与检测灵敏度是相互矛盾的,很难两全。当对电缆封铅进行涡流检测时,须要根据材质、表面状态、检验标准进行综合考虑,确定检测方案与技术参数。

## 二、电力电缆封铅涡流探伤原理及其应用

### (一)电缆封铅涡流探伤原理

电磁感应现象是指电与磁之间相互感应的现象,包括电感生磁和磁感生电两种情况。众所周知,在通电导线附近会产生磁场,这是电感生磁的现象。另外,当穿过闭合导电回路所包围面积的磁通量发生变化时,回路中就产生电流,这种现象就是磁感生电的现象,如图 2-15-3-4 所示。

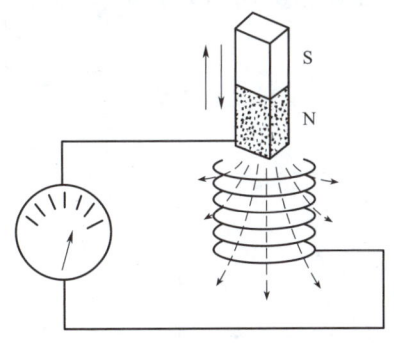

图 2-15-3-4 磁感生电示意图

在任何电磁感应现象中,不论是怎样的闭合路径,只要穿过路径围成的面内的磁通量有了变化,就会有感应电动势产生。感应电流的方向可以用楞次定律来确定。闭合回路内的感应电流所产生的磁场总是阻碍引起感生电流的磁通变化,这个电流的方向就是感应电动势的方向。根据法拉第电

磁感应定律,当闭合回路所包围面积的磁通量发生变化时,回路中就会产生感应电动势 $E$,其大小等于所包围面积中的磁通量 $\Phi$ 随时间变化的负值,即

$$E=-\frac{d\Phi}{dt} \quad (2-15-3-1)$$

式中 $\Phi$——磁通量,Wb;
$t$——时间,s。

如果将上述方程用于一个绕有 $N$ 的线圈,线圈绕得很紧密,穿过每个线圈磁通量相同,则回路的感应电动势为

$$E=-N\frac{d\Phi}{dt} \quad (2-15-3-2)$$

式中 $N$——线圈匝数。

当通有电流的两个线圈相互接近时,由线圈 1 中电流所引起的变化磁场在通过线圈 2 时,会在线圈 2 中产生感应电动势;同样,线圈 2 中的电流所引起的变化磁场在通过线圈 1 时,也会在线圈 1 中产生感应电动势,这种线圈间相互激起感应电动势的现象就叫互感现象,所产生的感应电动势称作互感电动势。当两线圈形状、大小、匝数、相互位置及周围磁介质一定时,相互产生的感应电动势为

$$E_{21}=-M_{21}\frac{dI_1}{dt} \quad (2-15-3-3)$$

$$E_{12}=-M_{12}\frac{dI_2}{dt} \quad (2-15-3-4)$$

式中 $M_{21}$、$M_{12}$——线圈 1 对线圈 2 的互感系数和线圈 2 对线圈 1 的互感系数,简称互感,二者相等。

互感不仅与线圈的形状、尺寸和周围媒质及材料的磁导率有关,还与线间的相互位置有关。

当两个线圈之间产生上面的耦合时,它们之间的耦合程度用耦合系数 $K$ 来表示,其大小为

$$K=\frac{M}{\sqrt{L_1L_2}} \quad (2-15-3-5)$$

式中 $L_1$、$L_2$——线圈 1、线圈 2 的自感系数。

由于电磁感应,当导体处在变化的磁场中或相对于磁场运动时,其内部会感应出电流,这些电流的特点是:在导体内部自成闭合回路,呈漩涡状流动,因此称为涡旋电流,简称涡流。例如,含有圆柱导体芯的螺管线圈中有交变电流时,圆柱导体芯中出现的感应电流就是涡流,如图 2-15-3-5 所示。

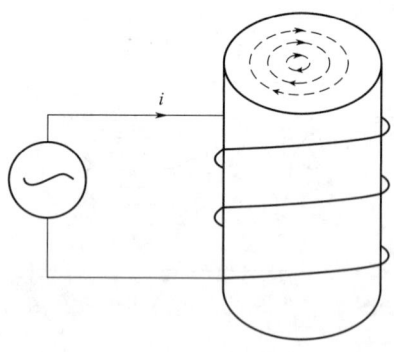

图 2-15-3-5 涡流感应示意图

事实上涡流的磁场分布是不均匀的,这种不均匀的磁场分布给理论计算带来困难,为了处理方便,特引进有效磁导率。用一个恒定的磁场和变化的磁导率取代事实上变化的磁场和恒定不变的磁导率,这个引进的磁导率就称为有效磁导率,涡流磁场分布示意图如图 2-15-3-6 所示。

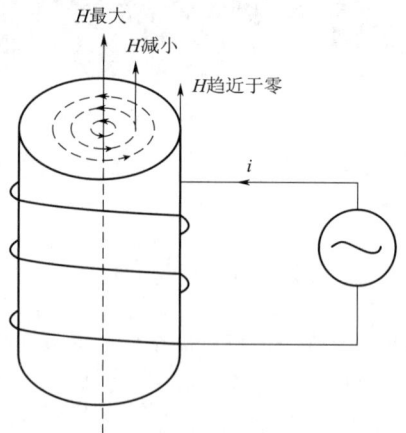

图 2-15-3-6 涡流磁场分布示意图

对于非磁性材料,磁导率为

$$\mu=\mu_r\mu_{eef} \quad (2-15-3-6)$$

对于磁性材料,磁导率为

$$\mu=\mu_0\mu_r\mu_{eef} \quad (2-15-3-7)$$

式中 $\mu_0$——真空磁导率,H/m;
$\mu_r$——相对磁导率,H/m;
$\mu_{eef}$——有效磁导率,H/m。

在讨论有效磁导率的计算公式之前,先进行如下三个假设:

(1) 圆柱体充分长,并完全充满线圈。
(2) 激励电流为单一的正弦波。
(3) 试件的电导率、磁导率不变。

在以上假设条件下,根据磁通量的概念,可以得出圆柱体内的总磁通为

$$\Phi=\mu_0\mu_r\mu_{eef}H_0\pi a^2 \quad (2-15-3-8)$$

式中 $a$——圆柱体半径,m。

根据理论麦克斯韦方程组可以求出圆柱体内实际的总磁通

$$\Phi=\int_s B_z ds=\int_0^a 2\pi r\mu_0\mu_r H_z(r)dr=2\pi\mu_0\mu_r H_0\frac{a}{K}\times\frac{J_1(Ka)}{J_0(Ka)}$$

$$(2-15-3-9)$$

式中 $Ka$——总磁通计算公式的唯一自变量。

由此导出有效磁导率为

$$\mu_{eef}=\frac{\Phi}{\mu_0\mu_r H_0\pi a^2}=\frac{2}{Ka}\times\frac{J_1(Ka)}{J_0(Ka)}$$

$$(2-15-3-10)$$

$$K=\sqrt{-j\omega\mu\sigma}=\sqrt{-j2\pi f\mu\sigma}$$

式中 $a$——圆柱体半径,m;
$J_0$、$J_1$——零阶、一阶贝塞尔函数。

$$J_0(x)=\frac{x}{2}\sum_{n=0}^{\infty}(-1)^n\frac{x^{2n}}{2^{2n}(n!)^2}$$

$$(2-15-3-11)$$

$$J_1(x)=\frac{x}{2}\sum_{n=0}^{\infty}(-1)^n\frac{x^{2n}}{2^{2n}n!(n+1)!}$$

$$(2-15-3-12)$$

实际应用中,把函数变量 $Ka$ 的模等于 1 的频率称为特征频

率或界限频率，用 $f_g$ 表示。

令 $|Ka|=1$，即 $|Ka|=a\sqrt{2\pi f_g \mu \sigma}=1$，得

$$f_g = \frac{1}{2\pi\mu_0\mu_r\sigma a^2} \quad (2-15-3-13)$$

式中 $\mu_0$——真空中磁导率，$\mu_0=4\pi\times10^{-7}\,\text{H/m}$；

$\mu_r$——相对磁导率，非磁性材料，$\mu_r=1$；

$\sigma$——试样的电导率，S/m；

$a$——圆柱体的半径，m。

对于非铁磁性材料，$\mu_0=4\pi\times10^{-9}\,\text{H/cm}$，$a=\dfrac{d}{2}$，以 cm 为单位时，式（2-15-3-13）变为

$$f_g = \frac{5066}{\mu_r\sigma d^2} \quad (2-15-3-14)$$

式中 $d$——圆柱体直径，cm。

对于一般的试件频率，贝塞尔函数的变量可表示为

$$Ka = a\sqrt{-\mathrm{j}2\pi f\mu\sigma} = \sqrt{-\mathrm{j}\frac{f}{f_g}}$$

$$(2-15-3-15)$$

以此代入计算有效磁导率的公式得

$$\mu_{\text{eff}} = \frac{2}{\sqrt{-\mathrm{j}f/f_g}} \times \frac{J_1(\sqrt{-\mathrm{j}f/f_g})}{J_0(\sqrt{-\mathrm{j}f/f_g})}$$

$$(2-15-3-16)$$

由式（2-15-3-16）可知，有效磁导率是一个含有实部和虚部的复数，它是变量频率比的函数，与其他的因素无关。有效磁导率随着 $f/f_g$ 的增大，虚部先增大后减小，实部逐渐减小。

电缆封铅涡流检测就是运用电磁感应原理，将激励信号加到放置式线圈（又称点式线圈或探头），当探头接近封铅金属表面时，线圈周围的交变磁场在金属表面产生感应电流。这种线圈体积小，线圈内部一般带有磁芯，因而具有磁场聚焦的性质，灵敏度高。它适用于各种板材、带材和大直径管材、棒材的表面检测，还能对形状复杂的工件某一区域做局部检测。采用放置式线圈检测，效果的好坏很大程度上取决于线圈外形与被检测零件形面的吻合状况，良好的吻合是保证检测线圈平稳扫查、与被检测零件形成最佳电磁耦合的重要前提。涡流探伤监测系统如图 2-15-3-7 所示。

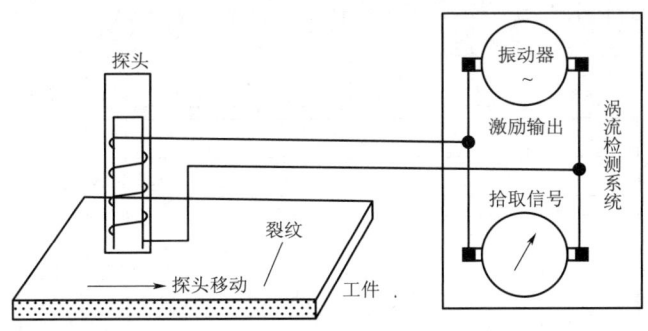

图 2-15-3-7 涡流探伤监测系统

涡流检测是涡流效应的一项重要应用，其基本原理可表述为：当载有交变电流的检测线圈靠近导电试件时，由于激励线圈磁场的作用，试件中会产生涡流，而涡流的大小、相位及流动形式受到试件导电性能的影响，同时产生的涡流也会形成一个磁场，这个磁场反过来又会使检测线圈的阻抗发生变化。电缆涡流检测时，当封铅表面或近表面出现缺陷或测量的金属材料发生变化时，将影响到涡流的强度和分布，涡流的变化又引起了检测线圈电压和阻抗的变化，因此，通过测定检测线圈阻抗的变化可以间接地发现封铅内缺陷的存在及封铅材料的性能是否有变化。

### （二）电缆封铅涡流检测影响因素

**1. 材料的影响**

高压电缆附件封铅材料的主要成分是铅和锡的合金材料，其比例分别为 65% 和 35%。电阻率越小，金属材料导电性越好，纯金属最好，合金的导电性比纯金属次之，不同金属在试验电源频率为 50Hz 下的电阻率对阻抗的影响如图 2-15-3-8 所示。

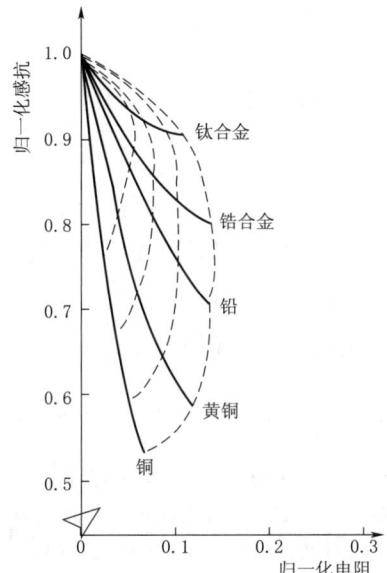

图 2-15-3-8 电阻率对阻抗的影响
（试验电源频率为 50Hz）

**2. 检测频率的影响**

在分析检测线圈的阻抗时，常把实际的检测频率 $f$ 除以特征频率 $f_g$ 作为一参考值，在实际的涡流检测中，为了分离各种影响因素（如电导率效应、直径效应、裂纹效应等），有必要选择最佳的试验频率，而最佳试验频率的选择随检测目的和对象有所不同。在电缆封铅涡流检测中 $f/f_g$ 一般取 10~40。若 $f/f_g$ 过小（其中 $f$ 为试验频率，$f_g$ 为材料特征频率，特征频率是工件的一个固有特性，取决于工件自身的电磁特性和几何尺寸），则电导率变化方向与直径变化方向的夹角很小，用相位分离法难以分离，但也不宜过大。频率增大时，由于集肤效应，涡流会局限于表面薄层流动；频率降低时，渗入深度增大，阻抗值沿曲线向上移动，电阻率为 3.25% 的金属在不同试验频率下的阻抗分布如图 2-15-3-9 所示。

电流密度从表面至中心的变化规律为

$$I_x = I_0 \mathrm{e}^{-x\sqrt{\pi f\mu\sigma}} \quad (2-15-3-17)$$

式中 $I_x$——无限大导体半表面的涡流密度，A；

$I_0$——至表面 $x$ 深处的涡流密度，A；

$x$——至表面的距离，m；

$f$——电流频率，Hz；

$\mu$——导体磁导率，H/m；

$\sigma$——导体电导率，S/m。

涡流透入导体的距离称为透入深度，标准透入深度（集

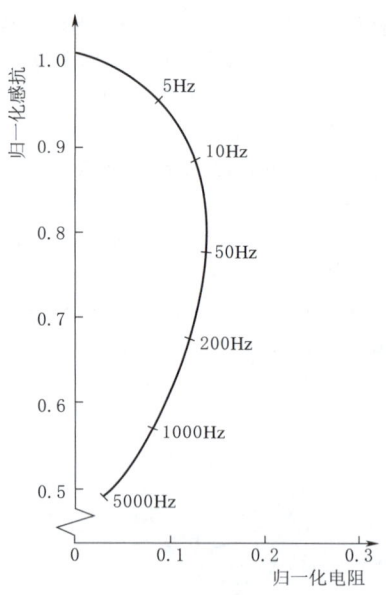

图 2-15-3-9 频率对阻抗的影响
（电阻率为 3.25% 的金属）

肤深度）$\delta$ 定义为当涡流密度衰减到其表面值的 $1/e$ 时的透入深度，$\dfrac{1}{e} \approx 37\%$。对于非铁磁性材料，$\mu = \mu_0 = 4\pi \times 10^{-7}\ \text{H/m}$，$\delta = \dfrac{503}{\sqrt{f\sigma}}$。

3. 检测材质特性的影响（工件尺寸）

检测工件尺寸的变化可改变频率比，从而改变有效磁导率。当试件是铁磁性材料时，工件的增加引起有效磁导率的增加，用相敏技术可以鉴别电导率的变化和半径的变化。频率比大于 4，具有良好的分辨率。适当的选择工作频率（频率比小于 10），可以进行检测。实际涡流检测中，频率比为 5～150 具有实际意义。

4. 提离效应的影响

提离效应这一概念是针对放置式线圈而言，是指随着检测线圈离开被检测对象表面距离的变化而感应到涡流反作用发生改变的现象，由于线圈和工件之间距离的变化会使到达工件的磁力线发生变化，改变了工件中的磁通，从而影响到线圈的阻抗。提离效应是指应用点式线圈时，线圈与工件之间的距离变化会引起检测线圈阻抗的变化。在检测过程中，由于封铅部位包覆层的厚度不同造成了不可回避的提离距离，从而影响了线圈的阻抗，造成涡流场的变化。提离效应作用规律均较为显著和一致，即该因素变化引起检测线圈阻抗的矢量变化具有固定的方向，且在通常采用的检测频率条件下，该方向与缺陷信号的矢量方向具有明显的差异，因此采用适当的信号处理办法或相位调整可比较容易地抑制或消除这类干扰因素的影响。

5. 电流对涡流的影响

电流对涡流的影响见下式：

$$H = \dfrac{12.56NI}{10L} = \dfrac{12.56nI}{10} \quad (2-15-3-18)$$

式中  $H$——磁场强度，A/m；
　　　$N$——线圈圈数；
　　　$I$——线圈电流，A；
　　　$L$——线圈长度，cm；
　　　$n$——单位长度的圈数，$n = N/L$。

6. 温度对涡流的影响

温度的变化会对被测材料的电导率、磁导率产生影响，进而影响到涡流的变化。温度的变化也会引起检测线圈阻抗的变化，从而影响到涡流的变化。

### （三）电缆封铅涡流检测试样

封铅接头的涡流探伤检验通常在附件封铅接头的全部生产工序完成之后的检测或运维过程中的在役检测，被检验附件封铅接头的外表面应光滑洁净，无金属覆盖，并具有良好的表面光洁度，非金属包覆层与封铅表面保持密贴，以保证检验结果的可靠性。在检测时，借助与对比试样人工缺陷和自然缺陷显示信号的幅值对比，通过幅值比较和阻抗图显示（即当量比较法）对附件封铅接头涡流探伤设备进行设定和校准。

为使附件封铅接头能在整个封铅圆周面上都能进行探伤检查，使用差动式桥式探头进行涡流检测，如图 2-15-3-10 所示。

图 2-15-3-10 涡流探伤现场测试图

对比试样主要用于高压电缆封铅制造、在役运行过程中检测灵敏度的校准和比对，是缺陷检测质量评估的重要依据，根据电缆附件封铅质量要求，设计人工缺陷的类型和尺寸如图 2-15-3-11 所示，图 2-15-3-11 中 $L$、$h$、$d$ 分别表示人工缺陷的长度，深度和半径。

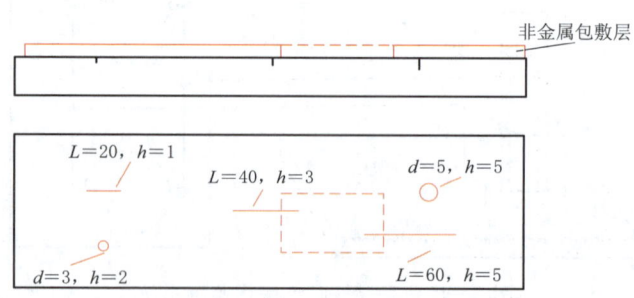

图 2-15-3-11 人工缺陷对比试验块
尺寸与结构（单位：mm）

进行试样对比前，应对试样进行如下准备：

（1）用于制备对比试样的附件封铅接头应与被检附件封铅接头的公称尺寸、封铅材料、表面状态、热处理状态相似，即应有相似的电磁特性。

(2) 对比试样表面应圆滑，表面应不沾有异种技术附属物，无影响校验的缺陷，非金属包覆层厚度不大于 15mm。

(3) 对比试样用来对非破坏性检测的涡流探伤设备进行设定和校准，对比试样上人工缺陷的尺寸不应解释为检测设备可以检测到缺陷的最小尺寸。

**(四) 电缆封铅涡流检测步骤**

涡流检测系统由高塔检测模块、地面检测模块、信号传输电缆、专用检测探头传感器和计算机数据处理终端等组成，如图 2-15-3-12 所示。

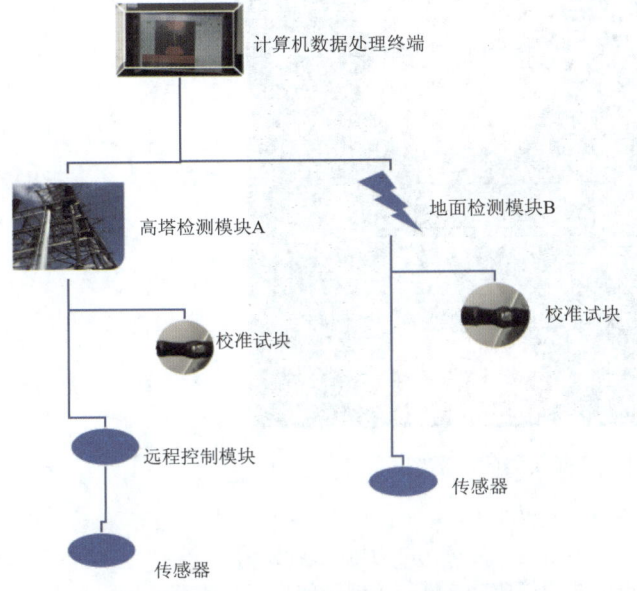

图 2-15-3-12　涡流检测系统组成

检测前，应确认检测线路的详细信息，包含线路名称、电压等级、杆塔号、经纬度、导线型号、跨越挡距内的检测接头数量、检测杆塔的其他地理位置信息等；指定现场负责人，施工前一天开工作票；攀登杆、塔人员核对双重名称、杆塔号、色标，防止误登杆塔，必须核对线路双重名称和杆号；作业人员检查登杆工具双控安全带，防止探伤仪屏蔽防护罩破损；作业人员对主要工器具、材料进行检查合格后方可开始工作。

涡流检测步骤如下：

(1) 探伤设备通电后，必须进行不小于 5min 的系统预运行。

(2) 当对比试样通过检测设备校验时，探伤设备应调整到稳定地产生清楚的区别信号的状态。这种信号用来设定检查设备的触发-报警电平。

(3) 在对比试样上所得到的最小信号的幅值用来设定检测设备的触发电平。

(4) 在设定期间，对比试样和检测传感器之间的相对移动速度应与被检附件封铅接头探伤检测时的相对移动速度相同或相近，并采用相同的设备设定值，如频率、灵敏度、相位鉴别、滤波率等。为提高检测能力，可对设定的灵敏度提高若干分贝。

(5) 在对相同直径的非金属包覆层和封铅工艺的附件封铅接头进行探伤检验期间，应定期检查和核对设备的设定值，其方法是利用对比试样，校核不同的刻槽幅值。检查和核对设备设定值的频度为：至少每 2h 核对一次，并且在设备操作人员交换或在探伤检验开始和结束时各核对一次。

(6) 在任一系统进行调整以后或被检附件封铅接头的外径、非金属包覆厚度、封铅工艺改变时，均应对探伤检验设备重新进行设定和核对。

(7) 在连续探伤检验期间，在任何时间对设备功能发生怀疑时，都要对设定值加以核对。如果设备灵敏度降低，允许提高 3~6dB，此时，若仍然不能使对比试样上每个人工缺陷均达到要求的幅值水平，则按下列规定进行处理。

1) 重新校准设备，然后把在上次核对后检查过的所有附件封铅接头，全部复探。

2) 即使在上一次设定之后测量灵敏度下降了 3dB，但只要对每根附件封铅接头的检查记录清楚可识别，并能精确地区别是合格或可疑的附件封铅接头，就可不必对附件封铅接头重新进行检测，然后重新对设备进行设定，继续检测。

(8) 探伤结果的评定。

1) 对于任一附件封铅接头，通过涡流探伤设备检测时，其产生的信号低于触发-报警电平，应判定为该接头检验合格，即图 2-15-3-13 中中心曲线（产生的信号）不超过图中红圈（报警电平）。

2) 对于任一附件封铅接头，通过涡流探伤设备检测时，其产生的信号等于或高于触发-报警电平，即图 2-15-3-14 中中心曲线（产生的信号）超过图中红圈（报警电平），且呈现明显的"8"字形，则此接头认定为可疑附件封铅接头，其波形图如图 2-15-3-14 所示。

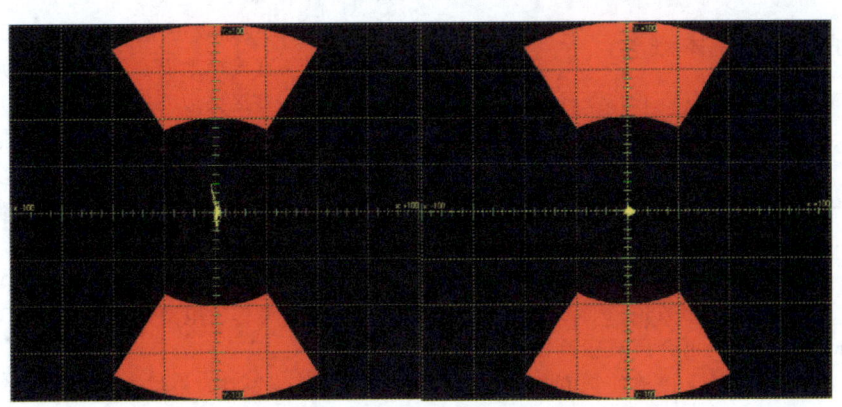

图 2-15-3-13　测试合格时波形图

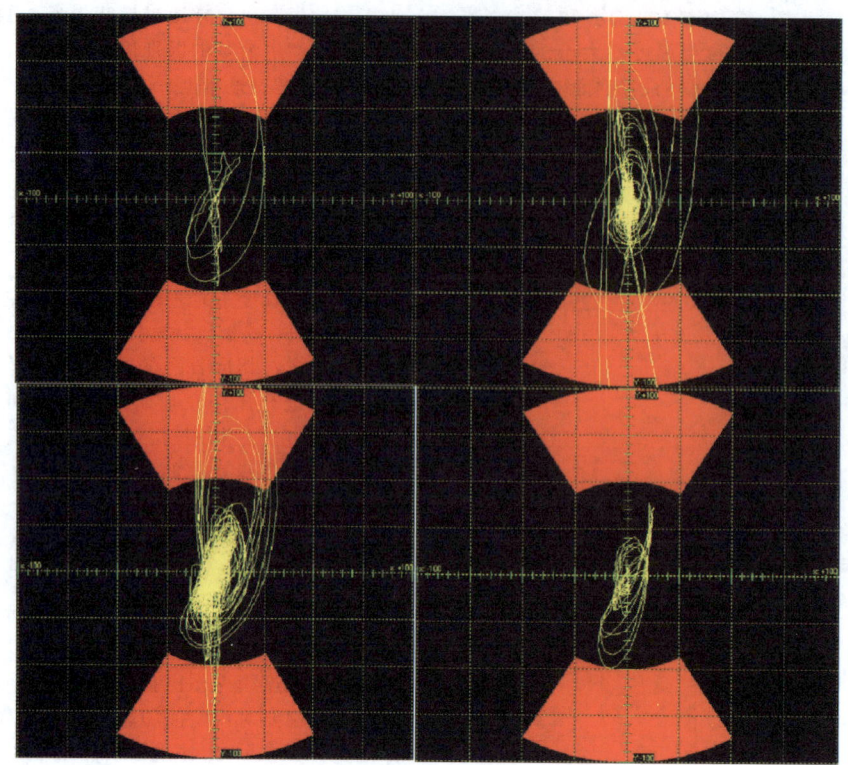

图 2-15-3-14 几种探测到可疑缺陷的波形图

3) 对于可疑附件封铅接头的处置，取决于封铅接头的质量要求，可以采取下列一种或几种措施处置：

a. 发现可疑接头，此时可按本步骤所规定的方法重新进行涡流探伤检验，当可疑附件封铅接头再次进行涡流探伤检验时，其产生的信号不再等于或高于触发-报警电平，则该附件封铅接头应判定为检验合格。

b. 对可疑附件封铅接头的怀疑部位加以修磨，该附件封铅接头按本规定的方法重新进行涡流探伤检验，若产生的信号不再等于或高于触发-报警电平，则该附件封铅接头应判定为合格。

c. 未通过涡流检测的可疑附件封铅接头判定为不合格。

## 第四节　电力电缆外护套接地电流检测及其应用技术

### 一、电力电缆护套环流基本概念

电缆导体和金属护套间的关系可以看作变压器的初级绕组与次级绕组的关系。当电缆导线通过电流时，其周围产生的一部分磁力线将与金属护套交链，使护套产生感应电压。感应电压的大小与电缆的长度和流过导线的电流成正比。当电缆很长时，护套上的感应电压叠加起来可达到危及人身安全的程度。当线路不对称或发生短路故障时，金属护套上的感应电压会达到很大的数值。当线路遭受操作过电压或雷击过电压时，护套上也会形成很高的感应电压，将护套绝缘击穿。如果护套两点接地使护套形成闭合通路，护套中将产生环行电流，电缆正常运行时，护套上的环行电流与导线的负荷电流基本上为同一数量级，将产生很大的环流损耗，使电缆发热，影响电缆的载流量，这是很不经济的。

国家电网公司《电力电缆线路运行规程》（2010 年）对电缆线路接地方式进行了明确的规定，具体如下：

（1）三芯电缆线路的金属屏蔽层和铠装层应在电缆线路两端直接接地。当三芯电缆具有塑料内衬层或隔离套时，金属屏蔽层和铠装层宜分别引出接地线，且两者之间宜采取绝缘措施。

（2）单芯电缆金属屏蔽（金属套）在线路上至少有一点直接接地，任一点非直接接地处的正常感应电压应符合下列规定：

1）采取能防止人员任意接触金属屏蔽（金属套）的安全措施时，满载情况下不得大于 300V。

2）未采取能防止人员任意接触金属屏蔽（金属套）的安全措施时，满载情况下不得大于 50V。

（3）单芯电缆线路的金属屏蔽（金属套）接地方式的选择应符合下列规定：

1）电缆线路较短且符合感应电压规定要求时，可采取在线路一端直接接地而在另一端经过电压限制器接地，或中间部位单点直接接地而在两端经过电压限制器接地。

2）上述情况以外的电缆线路，应将电缆线路均匀分割成三段或三的倍数段，采用绝缘接头实施交叉互联接地。

3）水底电缆线路可采取线路两端直接接地，或两端直接接地的同时，沿线多点直接接地。

（4）单芯电缆金属屏蔽（金属套）单点直接接地时，下列情况下宜考虑沿电缆邻近平行敷设一根两端接地的绝缘回流线。

1）系统短路时电缆金属屏蔽（金属套）上的工频感应电压超过电缆外护层绝缘耐受强度或过电压限制器的工频耐压。

2）需抑制电缆对邻近弱电线路的电气干扰强度。

## 二、电力电缆接地方式

### (一) 一端直接接地

当电缆线路长度在500m及以下时,电缆护套可以采用一端直接接地(通常在终端头位置接地),另一端经保护器接地的接地方式。护套其他部位对地绝缘,这样护套没有构成回路,可以减少及消除护套上的环流,提高电缆的输送容量。为了保障人身安全,非直接接地一端护套中的感应电压不应超过50V,假如电缆终端头处的金属护套用玻璃纤维绝缘材料覆盖起来,该电压可以提高到100V。

护套一端接地的电缆线路,还必须安装一条沿电缆线路平行敷设的导体,导体的两端接地,这种导体称为回流线。为了避免正常运行时回流线内出现环行电流,敷设导体时应使它与中间一相电缆的距离为0.7S(S为相邻电缆轴间距离),并在电缆线路的一半处换位,如图2-15-4-1所示。

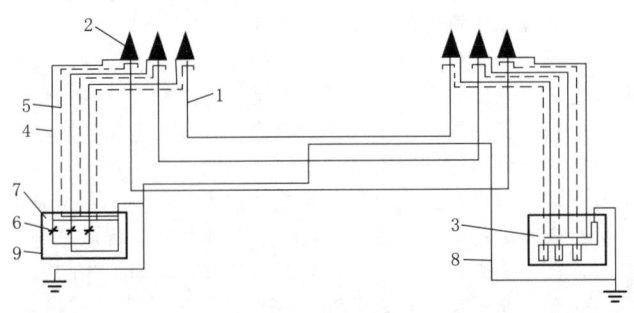

图2-15-4-1 护套一端接地的电缆线路示意图
1—电缆本体;2—终端;3—接地箱;4—接地线;
5—屏蔽(与电缆护套外石墨层连接);6—保护器;
7—导体连接母排;8—回流线;9—接地箱

### (二) 双端接地方式

66kV及以上电压等级XLPE绝缘单芯电缆金属护套上的感应电压与电缆的长度和负荷电流成正比。当电缆线路很短,传输功率很小时,护套上的感应电压极小。护套两端接地形成通路后,护层中的环流很小,造成的损耗不显著,对电缆的载流量影响不大。当电缆线路很短,利用小时数较低,且传输容量有较大裕度时,电缆线路可以采用护套双端接地,如图2-15-4-2所示。

### (三) 护套中点接地方式

采用一端接地电缆线路太长时,可以采用护套中点接地的方式。这种方式是在电缆线路的中间将金属护套接地,电缆两端均对地绝缘,并分别装设一组保护器。每一个电缆端头的护套电压可以允许值为50V,因此中点接地的电缆线路可以看作一端接地线路长度的两倍,如图2-15-4-3所示。

### (四) 护套断开接地方式

当电缆线路长度为两盘电缆长度,不适合中点接地时,可以采用护套断开的方式。电缆线路的中部(断开处)装设一个绝缘接头,接头的套管中间用绝缘片隔开,使电缆两端的金属护套在轴向绝缘。为了保护电缆护套绝缘和绝缘片在冲击过电压时不被击穿,在接头绝缘片两侧各装设一组保护器,电缆线路的两端分别接地,如图2-15-4-4所示。

### (五) 交叉互联接地方式

通常,当电力电缆较长时,采用交叉互联接地方式。电

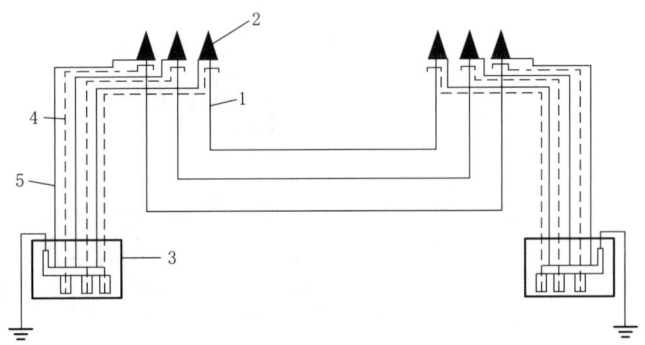

图2-15-4-2 双端接地的电缆线路示意图
1—电缆本体;2—终端;3—接地箱;4—屏蔽
(与电缆护套外石墨连接);5—接地线

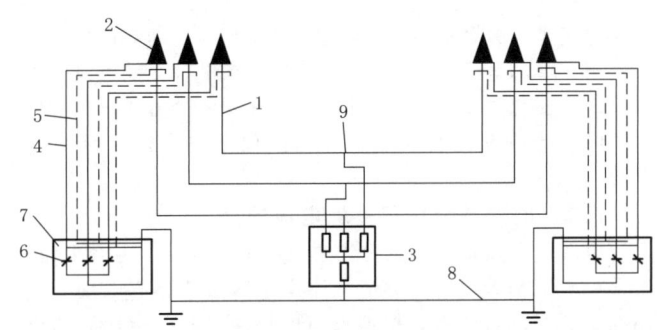

图2-15-4-3 护套中点接地的电缆线路示意图
1—电缆本体;2—终端;3—接地箱;4—接地线;
5—屏蔽(与电缆护套外石墨层连接);6—保护器;
7—导体连接母排;8—回流线;9—接地箱

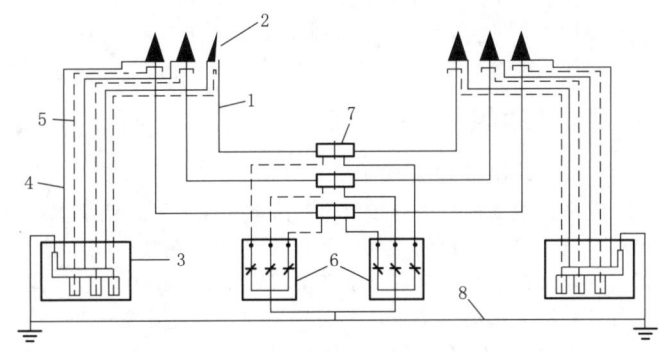

图2-15-4-4 护套断开的电缆线路示意图
1—电缆本体;2—终端;3—接地箱;4—接地线;
5—屏蔽(与电缆护套外石墨层连接);6—保护器;
7—绝缘触头;8—回流线

力电缆的交叉互联不是为了两端接地,而是实现将较长的电缆用绝缘接头分割成多段分别接地,并且通过交叉互联在满足外护层电压要求的同时,将外护层的电流通过三相中和降到最小,如图2-15-4-5所示。

## 三、电力电缆护层接地电流形成机理

### (一) 电力电缆护层感应电动势的产生

对于三芯电缆,因三根芯线在同一个金属护层内,当三相电流基本平衡时,三相合成电流接近于零,合成磁通也接近于零。此时金属护层上感应电动势很小,可以忽略不计。只有在非对称短路时,破坏了三相电流的对称性,合成磁通

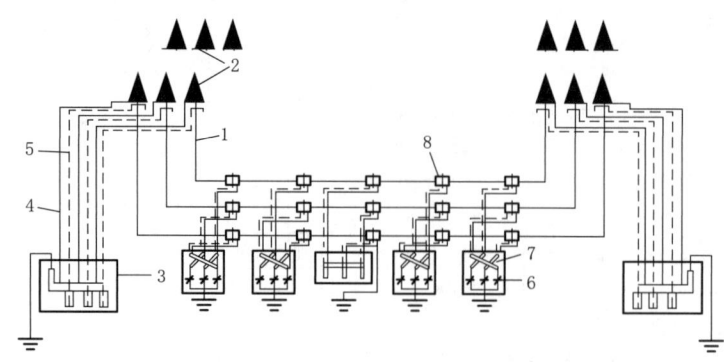

图 2-15-4-5 交叉互联接地的电缆线路示意图
1—电缆本体；2—终端；3—接地箱；4—接地线；5—屏蔽（与电缆护套外石墨层连接）；
6—保护器；7—互联母排；8—绝缘接头

不再等于零，金属护层上才会有不平衡感应电动势产生。

对于单芯电缆，当芯线流过交变电流时，交变电流的周围会产生交变磁场，形成与电缆回路相交链的磁通，其必然与电缆的金属护层相交链，金属护层上将会产生感应电动势。

**（二）电力电缆护层接地电流的产生**

电缆护层接地线上的电流主要由感应电流、电容电流、泄漏电流三部分组成。感应电流由金属层的感应电动势作用在金属层的自阻抗、接地点间的导通电阻、接地线的电阻等阻抗上形成，感应电流的大小与感应电动势成正比，与回路中的总阻抗成反比，当电缆护层仅单点接地时，感应电流为零。电容电流由工作电压作用在导体与金属护层间电容上而产生，与电缆长度、电缆截面尺寸、工作电压等因素有关。泄漏电流由工作电压作用在电缆主绝缘层的绝缘电阻上产生，绝缘正常时泄漏电流幅值极小，通常可以忽略不计。

**四、电力电缆接地电流分析**

**（一）单端接地方式**

在高压电缆的特殊连接中，最简单的连接形式就是单端接地，就是将要接地的三根单相电缆的护套在其一端接地，另一端通过过电压保护器（小避雷器）接地。在护套上的其他各点，随着远离接地端，金属护层的接地电压逐渐升高，离接地点最远的点金属护层电压达到最高值。当过电压保护器动作形成接地点时，单端接地方式变为双端接地方式，否则在其他情况下电缆金属护套中是没有电流的，不会出现护套循环电流的功率损失。单端接接地方式下的电缆排列方式包括水平排列、大品字形排列、小品字形排列这三种基本排列方式。

**（二）双端接地方式**

与单端接地方式不同，双端接地方式下电缆护套两端均直接接地，电缆护套与大地形成完整回路。这种接线方式下，高压电缆金属护层上所承受的电压为金属护套的电阻与大地回路电阻和两端接地电阻之和的分压。相比接地电阻而言，金属护层的电阻可忽略不计，所以金属护层上所承受的电压几乎为零。

**（三）交叉互联接地方式**

交叉互联分段方式包括分段交叉互联、改进型分段交叉互联、连续型交叉互联和混合型系统等接线方式。在交叉互联换位过程中，有金属护层换位和电缆线芯换位两种换位方式。为了节约高压电缆敷设空间，我国主要采用金属护层换位、电缆线芯不换位的交叉互联方式。

目前，单芯高压电力电缆广泛采用三段式交叉互联方式进行连接。三段式交叉互联方式就是俗称的交叉互联接线方式，是将护套分为三个小段，然后将各部分的金属护层在每个小段的连接处进行交叉换位连接，以此来中和总的三相感应电压。三段交叉互联具体的连接方式为：对位于一个完整交叉互联段的首端与末端的金属护层，通过直接接地箱将其接地；在两个交叉互联小段相接触的位置，将同一相的金属护层断开，通过交叉互联箱与相邻段的金属护层进行换位，再通过电压保护器接地。

当交叉互联换位出现错误时，会导致接地电流显著增大。电缆接地系统中，一组完整的交叉互联段内交叉互联换位次序应该前后一致，即同时为"A→B→C→A"或者"A→C→B→A"。典型的交叉互联换位次序错误如图2-15-4-6所示，此时金属护层内环流将很大。

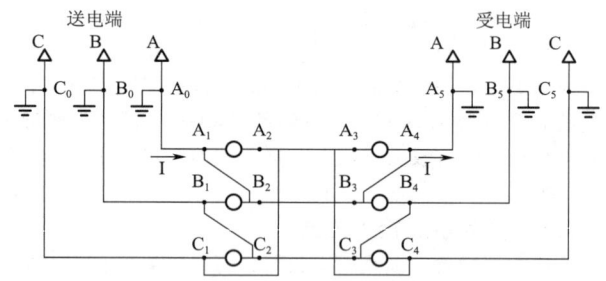

图 2-15-4-6 错误的交叉互联换位次序示例

**五、电力电缆接地电流检测**

不同的电缆护层接地方式下接地电流会有显著区别。电缆外护套发生破损，或者电缆屏蔽层发生断裂破损时，电缆护层接地电流都会发生变化。因此，通过对电缆护层接地电流的带电检测或在线监测可以发现安装过程中接地方式的错误、交叉互联系统中接线的错误，发现电缆护层多点接地、屏蔽层断裂等缺陷。

实践证明，电缆护层接地电流检测是检查电缆接地系统是否正常的有效手段。

**（一）检测仪器基本要求**

（1）检测仪器主要是钳形电流表。钳形电流表应携带方便、操作简单、测量精度高,交流电流测量分辨率达到0.2A,测量结果重复性好。

(2) 钳形电流表应具备多量程交流电流挡。

(3) 钳形电流表钳头开口直径应略大于接地线直径。

**(二) 仪器操作注意事项**

(1) 使用钳形电流表测量时,应注意钳形电流表的电压等级和电流值挡位。测量时,应戴绝缘手套,穿绝缘鞋,要特别注意人体头部与带电部分保持足够的安全距离。

(2) 电流表钳口套入导线前应充分调节好量程,不应在套入后再调节量程。因为仪表本身电流互感器在测量时副边是不允许断路的。当套入后发现量程选择不合适时,应先把钳口从导线中退出,然后才可调节量程。

(3) 电流表钳口套入导线后,应使钳口完全密封,并使导线处于正中,否则会因漏磁严重而使所测数值不正确。

**(三) 接地电流测试周期、诊断标准**

(1) 测试周期。基准周期为12个月。电力电缆护层接地电流测试一般在每年大负荷来临前、大负荷过后或者度夏高峰前后加强该项测试,对于运行环境差、陈旧或者有缺陷的设备,应增加接地电流检测次数。

(2) 诊断标准。接地电流小于100A,且接地电流与负荷电流比值小于20%。

对接地电流数据分析,要结合电缆线路负荷情况,并综合分析接地电流异常发展变化趋势进行判断,判断基本依据是三相不平衡度以及接地电流与负荷电流比值。

**(四) 电缆接地电流检测的注意事项**

对电缆护层接地电流的判断应视不同接地方式具体分析,电缆投运初期和后期日常巡视的侧重点也应不同,不能套用同一个标准。分析数据时,要结合电缆线路的负荷情况以及接地电流异常的发展变化趋势,综合分析判断。

(1) 对于电缆护层单端接地方式,接地电流主要为电容电流,不应随负荷电流变化而变化,单芯电缆的三相接地电流应基本相等,电流绝对值不应与负荷电流比较,而应当与设计值或计算值比较,偏差较大时应查明原因。

(2) 对于电缆护层两端接地方式,接地电流主要为感应电流,其大小与负荷电流近似成正比。当三相非正三角形布置时,单芯电缆的三相接地电流会有差别(边相比中相大),但最大值与最小值之比应小于2,接地电流的绝对值应不超过负荷电流的10%,否则应采取措施,如改为电缆护层单端接地或交叉互联系统等。

(3) 对于交叉互联系统,正常情况下应当三相平衡且数值都不大,当接地电流大于负荷电流的10%或三相差别较大时,应检查交叉互联接线是否错误,分段是否合理。

在电缆投运初期测量中,应重点分析是否存在电缆安装、设计错误;在日常巡视中,应注重与初期值的比较,有较大差异时,应查找电缆外护套绝缘及电缆接地系统故障。

## 第五节 现场检测典型案例及其分析

### 一、局部放电测试

**(一) 案例1 某变电站110kV电缆高频局放测试**

1. 案例经过

2020年1月,某单位运用电缆高频局放设备对某变电站进行电缆局部放电测试,该电缆为110kV单芯电缆,单芯电缆型号为YJLW03-64/110,截面积为$1\times300mm^2$,长度为90m,投运日期为2009年7月,电缆外屏蔽层单端接地。

2. 检测分析方法

测试时采用高频电流传感器地线耦合方式,当本体、绝缘或附件绝缘中存在一点或多点缺陷时,缺陷部位的局部场强增强到超过所处绝缘介质的耐电强度时发生局部放电,产生的高频脉冲信号沿着电缆的屏蔽层传播入地,利用高频电流传感器捕获接地线上不同的频率区间的局部放电信号。由于电压同步信号相位与电缆实际电压相位不一致,不能作为判断依据,故在分析图谱中不显示电压同步信号。

对试验线路的三相单芯电缆进行带电局放测试,高频电流传感器捕获三相电缆接地线上的局部放电信号,测试系统在不同频率区间对数字信号进行一段时间的采集。回放录波信息,对数字信号进行噪声分离,识别具备放电特征的图谱。其局部放电脉冲信号如图2-15-5-1所示。

在2MHz/4MHz/6MHz发现局部放电特征的信号,利用三相幅值关系图式对采集到的疑似信号进行分离,如图2-15-5-2、图2-15-5-3所示。

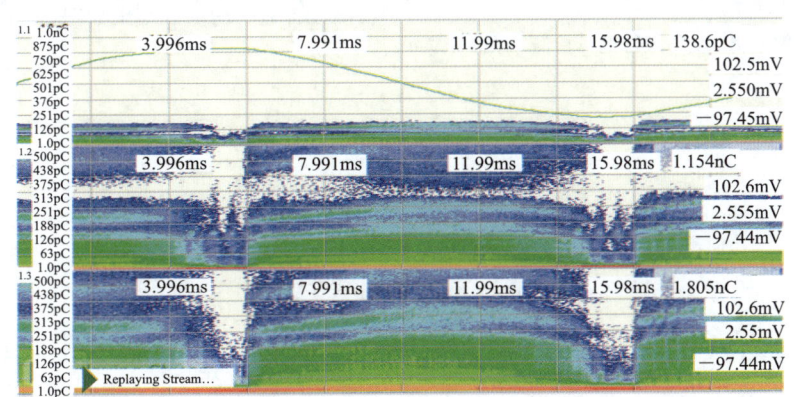

图2-15-5-1 采集到的局部放电脉冲信号(从上到下分别为A、B、C相)

# 第十五章 电力电缆带电检测技术

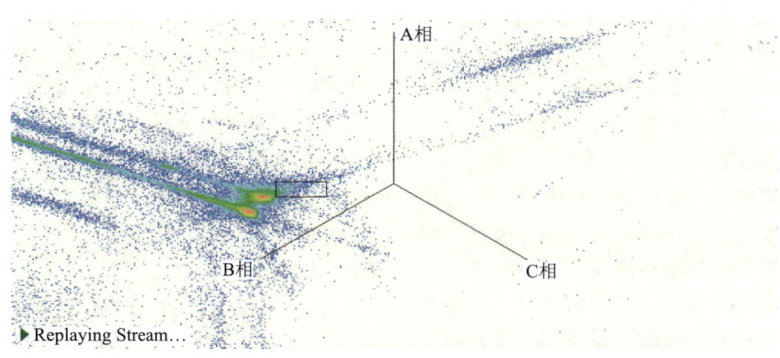

图 2-15-5-2 利用三相幅值关系图式对疑似信号分离

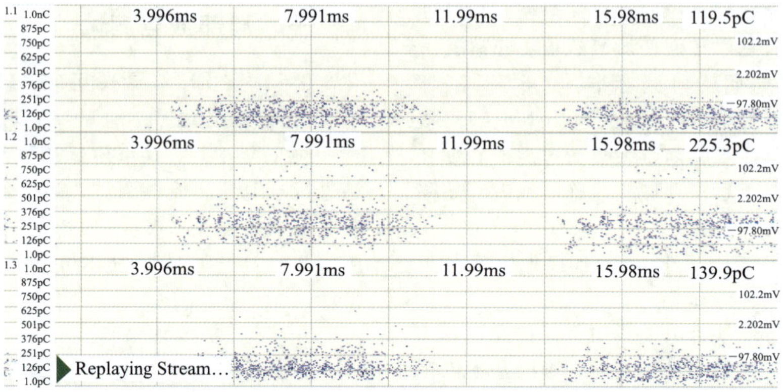

图 2-15-5-3 疑似信号分离结果（从上到下分别为 A、B、C 相）

在 14MHz/16MHz/18MHz 上述信号依然存在，利用三相幅值关系图式对采集到的疑似信号进行分离，如图 2-15-5-4、图 2-15-5-5 所示。

3. 数据分析与结论

综合分析某变电站 110kV 电缆局部放电带电测试结果，该线路检测到一个疑似局放信号，疑似局放现象特征为电晕或悬浮放电，可能在 C 相，位置在近端。

本次测试结果建议重点检查电缆头附近高场强区域是否存在接触不严或电位不固定的导体，在适当的时机再次开展局部放电带电测试，关注放电信号的强度和放电模式的变化，综合评估安全运行风险。

**（二）案例 2 超声超高频联合检测出 35kV GIS 电缆头表面局放**

1. 案例经过

某公司对某站各电压等级 GIS 设备进行例行检测，在 35kV GIS 的 A 和 B 间隔靠近电缆终端处（测试点在电缆层内）测到明显的超高频和超声局放信号，进行初步定位确定问题来自电缆后，结合高频电流互感器（HFCT）进行局放测试分析。

超高频（UHF）和高频电流传感器（HFCT）的布置如图 2-15-5-6 所示。

检测仪器测得的数据如图 2-15-5-7、图 2-15-5-8 所示。

打开两个电缆间隔 GIS 侧挡板后发现，电缆接头处铜质桩头严重锈蚀，电缆头绝缘外壳上有白色环状痕迹（疑为放电痕迹），如图 2-15-5-9 所示。

用红外成像仪对该处进行热成像测温，发现白色环状处明显发热，红外热成像图如图 2-15-5-10～图 2-15-5-13 所示。

随后又对 B 间隔电缆终端进行紫外线电场分布检测，检测设备显示的测试结果如图 2-15-5-14、图 2-15-5-15 所示。

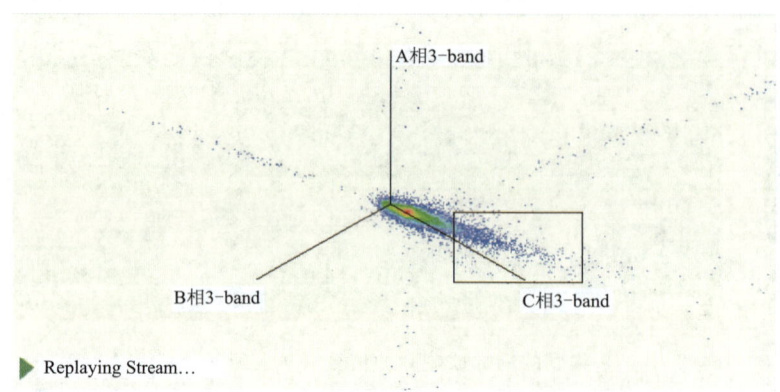

图 2-15-5-4 利用三相幅值关系图对疑似信号分离

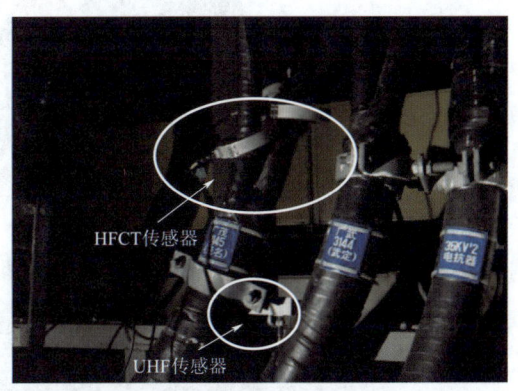

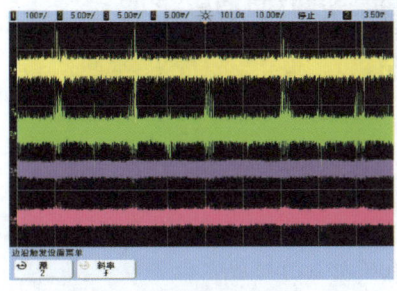

图2-15-5-5 疑似信号分离结果（从上到下分别为A、B、C相）

图2-15-5-6 传感器布置图

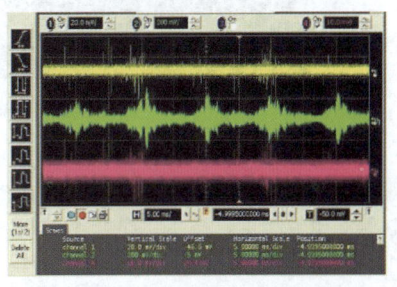

图2-15-5-7 A间隔中测得的放电信号
（UHF+HFCT方法设备截图）

图2-15-5-8 B间隔中测得的放电信号
（AE+UHF方法设备截图）

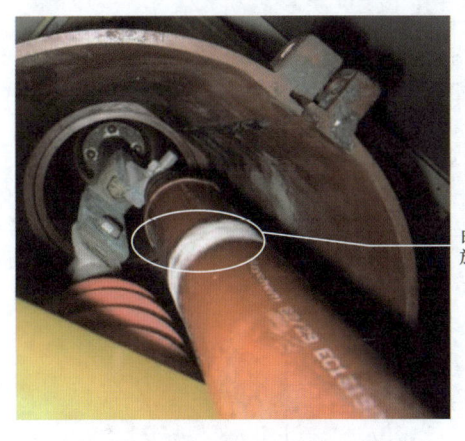

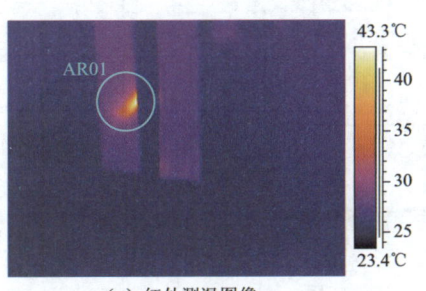

图2-15-5-9 白色环状痕迹

图2-15-5-10 A间隔C相（AR01：最大值43℃）

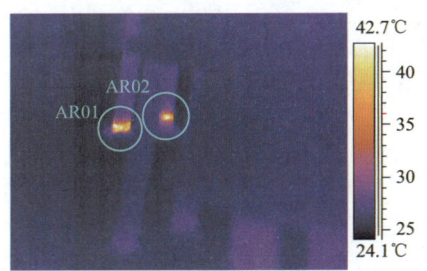

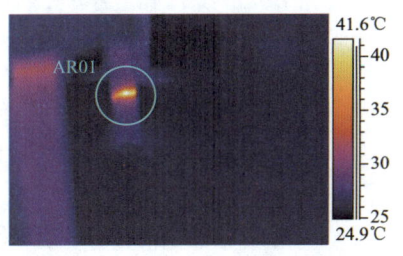

图2-15-5-11 A间隔A相（AR01：最大值46℃；AR02：最大值43℃）

图2-15-5-12 B间隔B相（AR01：最大值43℃）

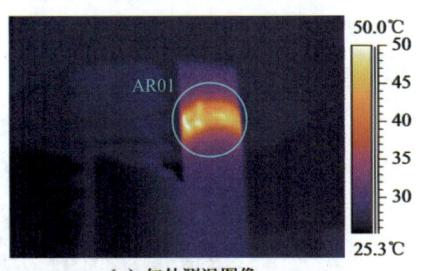

(a) 红外测温图像　　　　　(b) 现场位置

图 2-15-5-13　B 间隔 C 相（AR01：最大值 51℃）

图 2-15-5-14　B 间隔 B 相紫外图片

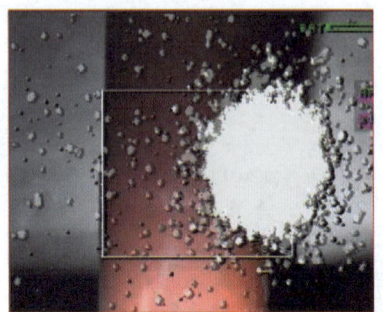

图 2-15-5-15　B 间隔 C 相紫外图片

2. 数据分析与结论

各种检测方法均表明，这两个间隔电缆终端表面存在局部放电，且放电程度比较严重，需要立即处理。

**（三）案例 3　高频局放检测出 220kV 电缆中间接头局放**

1. 案例经过

2010 年 5 月，电缆运维单位对某 220kV 电缆线路进行现场耐压验收试验（试验电压 220kV，耐压时间 1h），在耐压过程中同步对隧道内电缆的接头进行分布式局放监测。测试中 $1.4U_0$ 下在电缆线路 17 号接头上发现 10pC 左右的局放，设备输出图如图 2-15-5-16 所示。

$1.2U_0/4MHz$ 测试频率下 17 号接头与前后接头的信号图谱比较设备输出图如图 2-15-5-17 所示。

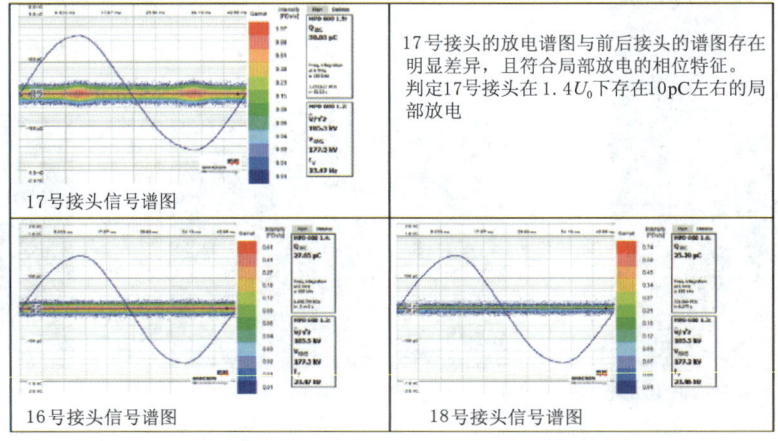

图 2-15-5-16　$1.4U_0$ 条件下 17 号接头与前后接头的信号图谱比较

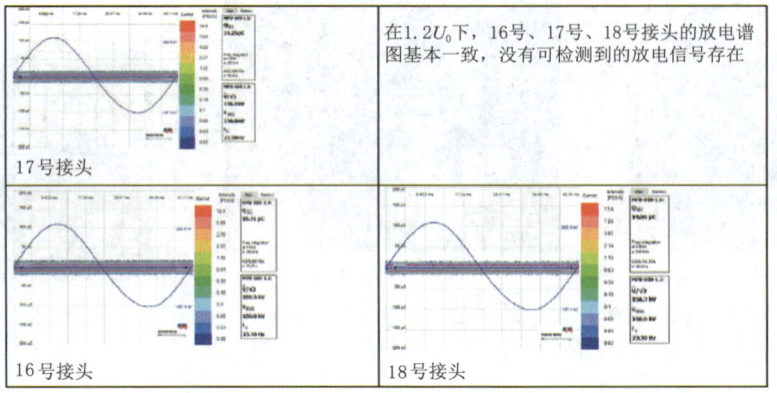

图 2-15-5-17　$1.2U_0/4MHz$ 测试频率下 17 号接头与前后接头的信号图谱比较

## 2. 数据分析与结论

(1) 解体电缆接头时发现接头内电缆本体上有微小局放缺陷，如图 2-15-5-18 所示。

(2) 经验体会。为了提高电缆运行的可靠性，有必要在现场耐压验收的过程中同步进行局放测试。

图 2-15-5-18 解体电缆接头发现微小局放缺陷（逐级放大）

### （四）案例 4　高频局放检测出 110kV 电缆终端内部放电

**1. 案例经过**

2008 年 7 月，对某 220kV 变电站 110kV 出线电缆终端进行测试，经测试发现 C 相终端头的一类信号疑似内部放电信号，具体情况如下：

(1) C 相放电的相位图谱及分类图谱设备输出图如图 2-15-5-19、图 2-15-5-20 所示。

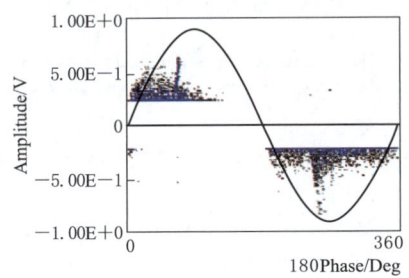

图 2-15-5-19 放电图谱（设备输出图）

(2) 提取出其中黑色区域对应一类放电信号，对应的相位图谱、放电脉冲波形和频图谱设备输出图如图 2-15-5-21 所示。

(3) 为进一步确认，使用开窗功能，单独测量该频段内的信号，其相位图谱设备输出图如图 2-15-5-22 所示。

**2. 数据分析与结论**

此类放电最大幅值在 500mV 左右，是电缆终端内部放电，其原因如下：

(1) 对应相位关系明显，一、三象限为主。

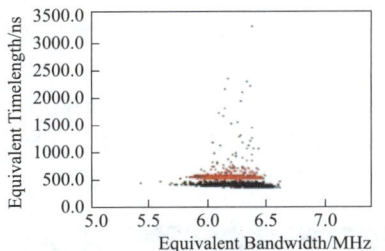

图 2-15-5-20 在特征图谱上对信号进行分类（设备输出图）

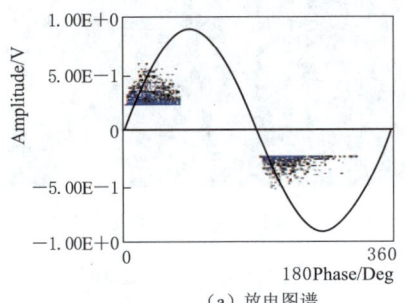

(a) 放电图谱

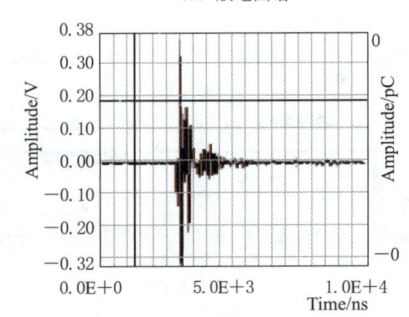

(b) 放电波形

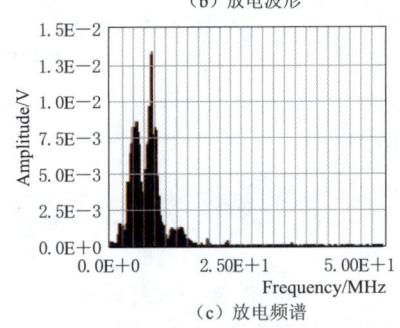

(c) 放电频谱

图 2-15-5-21 相位图谱、放电脉冲波形以及对应的频谱（设备输出图）

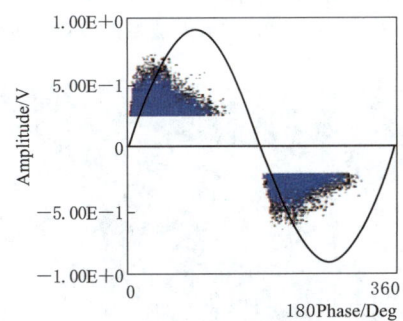

图 2-15-5-22 开窗后的相位图谱（设备输出图）

(2) 对应信号波形比较明显，为放电衰减波形。

(3) 对应信号频率较高，为 6~8MHz，为近点放电。

**（五）案例 5　某 110kV 线路高频局放检测与定相**

1. 案例经过

某 110kV 线路前后共开展了三次局部放电现场测试。

(1) 8 月 11 日第一次测试。采用高频 MC 接触式传感器确定局放源几何位置，如图 2-15-5-23 所示。

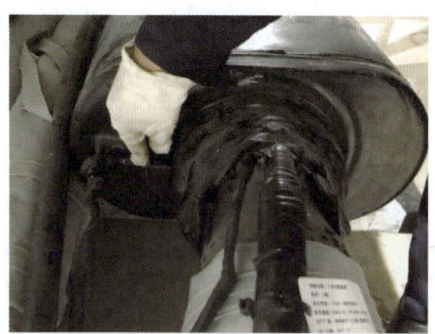

图 2-15-5-23　测试现场几何位置图

PRPD 图谱、分类图谱设备输出图如图 2-15-5-24 所示。

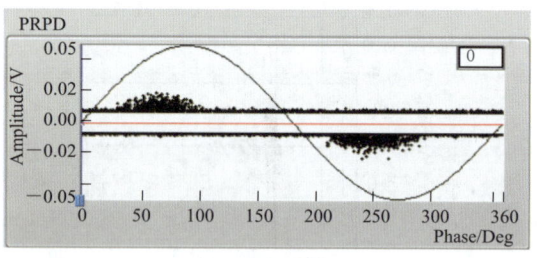

（a）PRPD 图谱

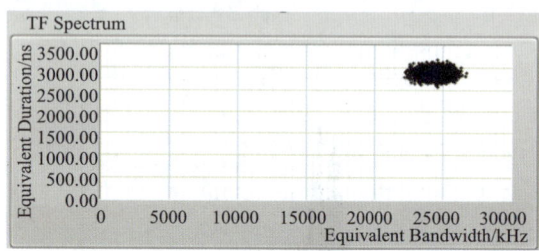

（b）分类图谱

图 2-15-5-24　第一次测试 PRPD 图谱、分类图谱（设备输出图）

通过分析，可知局部放电位于 Y 形接头 A 相。

(2) 8 月 12 日第二次测试。高频传感器 Y 形接头接地箱复测，图 2-15-5-25 所示为被测接地箱现场图。

图 2-15-5-25　被测接地箱现场图

接地箱的 PRPD 图谱、单脉冲波形图、频域波形图（设备输出图）如图 2-15-5-26 所示。

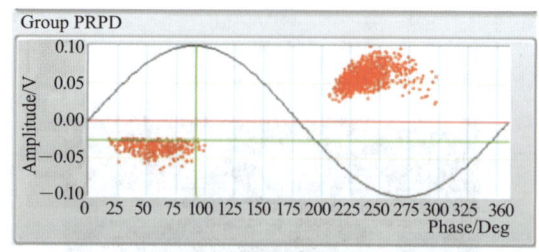

（a）PRPD 图谱

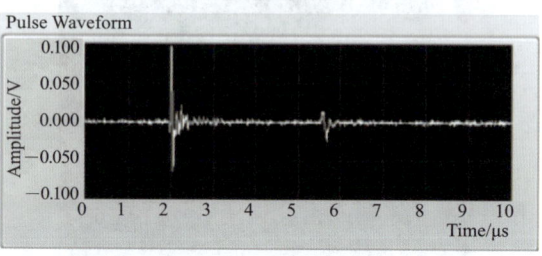

（b）单脉冲波形图

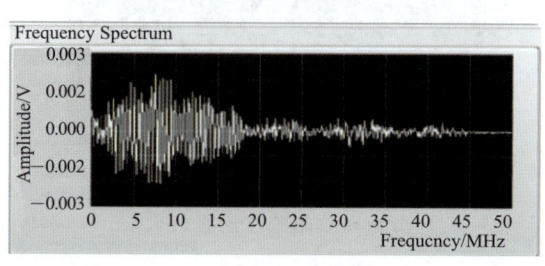

（c）频域波形图

| NO. | Name | Value | Unit |
|---|---|---|---|
| 1 | Pulse Amp. | 97.656 | mV |
| 2 | Discharge | 97.656 | pC |

（d）局放数值

图 2-15-5-26　接地箱的 PRPD 图、单脉冲波形图、频域波形图（设备输出图）

经测试，该接地箱最大放电量为 97.656mV。

(3) 12 月 16 日第三次测试。使用高频传感器 Y 形接头对接地箱进行复测。

接地箱进行复测的 PRPD 图谱、单脉冲波形图、频域波形图（设备输出图）如图 2-15-5-27 所示。

测试得其最大放电量为 189.8mV。

本次测试的三相 PRPD 图（设备输出图）如图 2-15-5-28 所示。

2. 数据分析与结论

(1) 通过比较三相的幅值与极性，可以确定放电源在 A 相。

(2) 通过第二次、第三次测试趋势比较，可以看到最大放电量增一倍，密度也有明显增加，并且有新的放电点簇出现。

**（六）案例 6　高频法检测到某 GIS 终端电缆局部放电**

1. 案例经过

高频局放检测传感器与相位线圈分别钳在 A、B、C 三

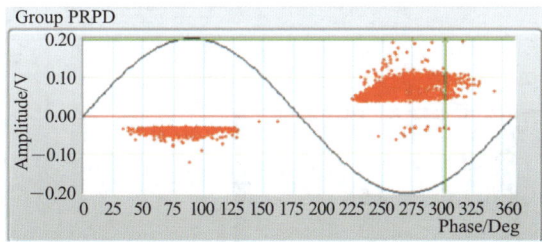

(a) PRPD图谱

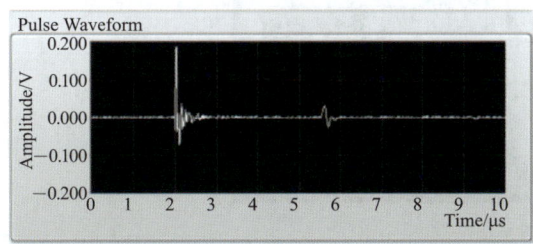

(b) 单脉冲波形图

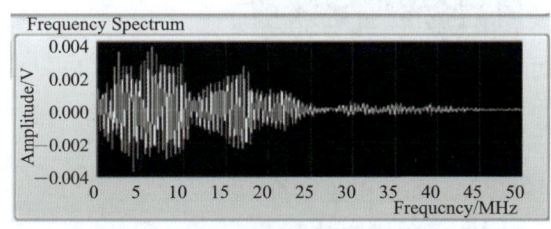

(c) 频域波形图

| NO. | Name | Value | Unit |
|---|---|---|---|
| 1 | Pulse Amp. | 189.819 | mV |
| 2 | Discharge | 189.819 | pC |

(d) 局放数值

图 2-15-5-27 接地箱进行复测的 PRPD 图谱、单脉冲波形图、频域波形图（设备输出图）

相电缆 GIS 终端的接地线上，在三相的地线处均检测到局放信号，且 A 相 GIS 终端局放信号幅值最大约为 230mV，检测结果如下：

（1）A 相 GIS 终端。现场测得 A 相 GIS 终端局放谱图如图 2-15-5-29 所示，局放信号特征谱图呈"眼眉"状，局放信号最高幅值约为 230mV，最高幅值对应的相位为 270°。放电单脉冲核心频率为 7MHz，如图 2-15-5-29 所示。

（2）B 相 GIS 终端。现场测得 B 相 GIS 终端局放谱图如图 2-15-5-30 所示，局放信号特征谱图呈"眼眉"状，局放信号最高幅值约为 94mV，最高幅值对应的相位为 150°。放电单脉冲核心频率为 7MHz，如图 2-15-5-30 所示。

（3）C 相 GIS 终端。现场测得 C 相 GIS 终端局放谱图如图 2-15-5-31 所示，局放信号谱图特征呈"眼眉"状，局放信号最高幅值约为 65mV，最高幅值对应的相位为 30°。放电单脉冲核心频率为 7MHz，如图 2-15-

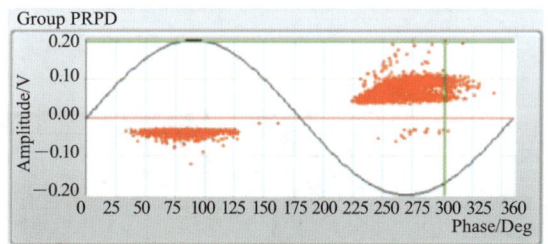

(a) A相PRPD图谱

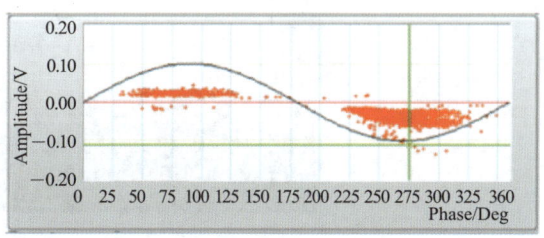

(b) B相PRPD图谱

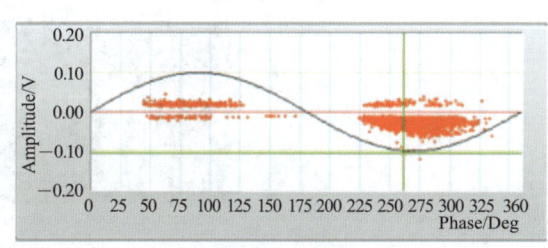

(c) C相PRPD图谱

图 2-15-5-28 测试 A、B、C 三相 PRPD 图（设备输出图）

5-31 所示。

采用特高频对放电源定位，其传感器布置位置如下：1 号探头放置于电缆终端环氧套，2 号探头放置于 13A-7 观察窗处，两探头距离 170cm。从示波器读出两传感器时间差为 1.35ns，放电源距离两探头位置 41cm，放电源距离 1 号探头 65cm。传感器波形如图 2-15-5-32 所示。

2. 数据分析与结论

通过对高频法、特高频法检测结果进行分析，可将分析结果总结如下：

（1）高频法、特高频法检测结果均表明 A 相 GIS 终端局放信号最大。高频法显示局放最高幅值分别为 A 相 230mV、B 相 90mV、C 相 65mV。

（2）对高频法的特征谱图进行分析，发现 A、B、C 三相电缆 GIS 终端的放电谱图特征相似，均出现"眼眉状"放电谱图。通过对三相 GIS 终端的放电谱图相位调整与比较分析，可知三相 GIS 终端的相差 120°，因此判断高频法在三相电缆 GIS 终端处检测的局放信号为同一个放电源产生。

（3）通过局放定位最终确定局放信号产生于 A 相电缆 GIS 终端。

后经试验室分析排查，切开环氧套管查找缺陷点，在环氧套管高压电极与环氧树脂之间发现气腔，如图 2-5-15-33 所示。

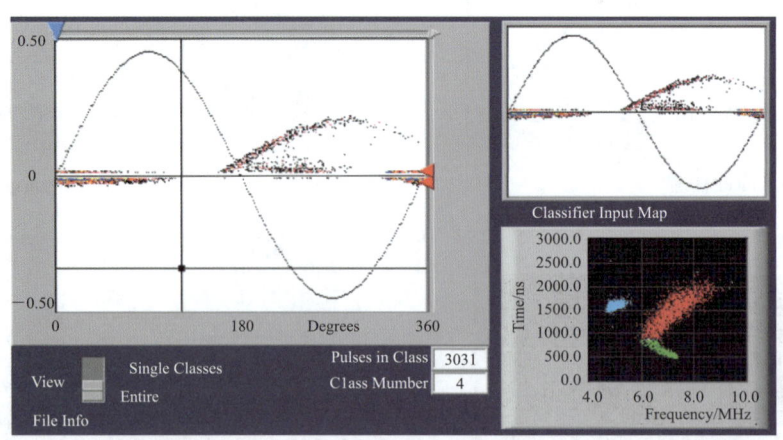

图 2-15-5-29 A 相 PRPD 图谱、局部放电单脉冲波形及频谱试验设备输出图

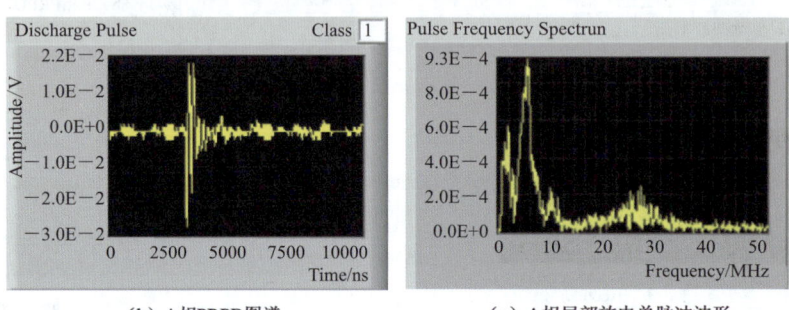

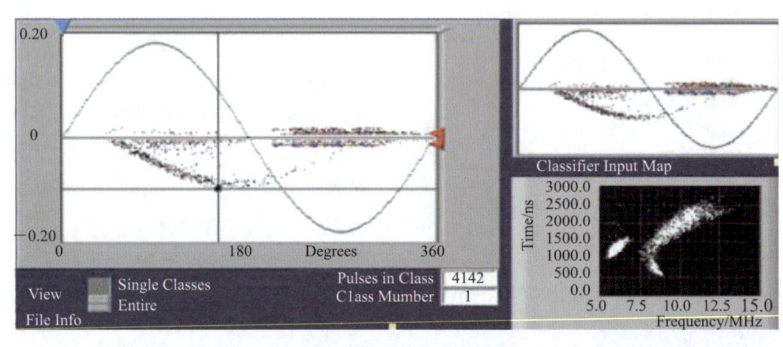

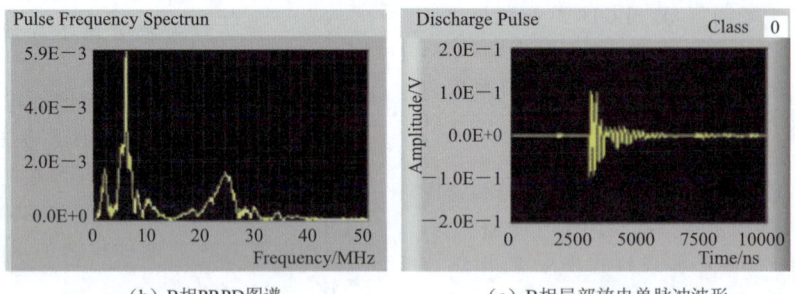

图 2-15-5-30 B 相 PRPD 图谱、局部放电单脉冲波形及频谱试验设备输出图

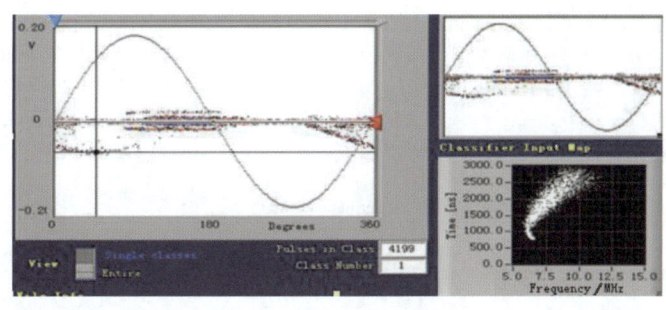

（a）局放信号特征谱图

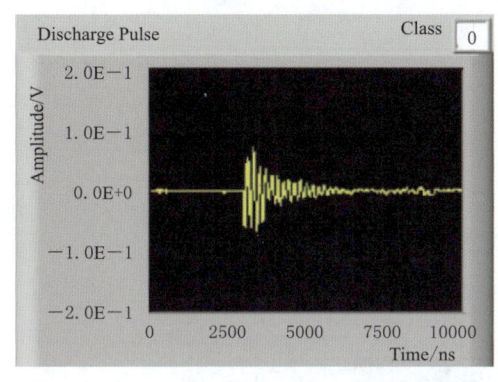

（b）C相PRPD图谱

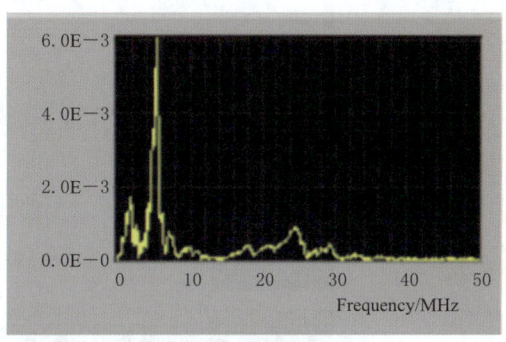

（c）C相局部放电单脉冲波形

图 2-15-5-31　C 相 PRPD 图谱、局部放电单脉冲波形及频谱试验设备输出图

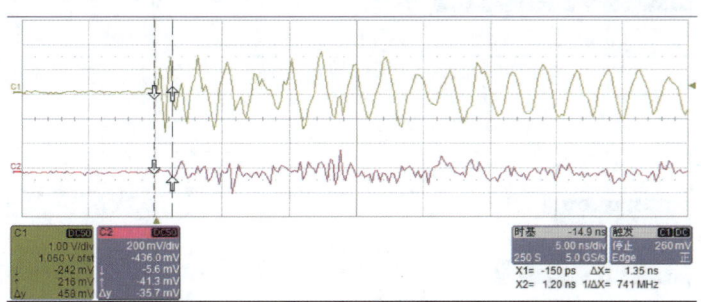

图 2-15-5-32　两传感器测得信号波形

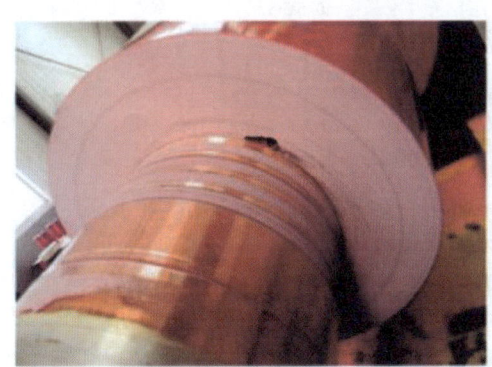

图 2-15-5-33　环氧套管气腔缺陷

### （七）案例 7　特高频法、超声波法和高频电流法相结合检出电缆终端放电缺陷

**1. 案例经过**

某 110kV GIS 变电站投运不久开展带电检测工作，通过高频局部放电与超声局部放电综合检测发现 504 电缆终端气室特高频、超声波局部放电异常，初步判断 504 间隔电缆终端存在绝缘缺陷。

首先运用特高频法检测到测试信号异常，试验设备输出图如图 2-15-5-34 所示。由于 GIS 盆式绝缘子为带金属法兰，仅预留一个较小的浇注孔，在电缆相近的盆式绝缘子浇注口处未检测带特高频异常信号。

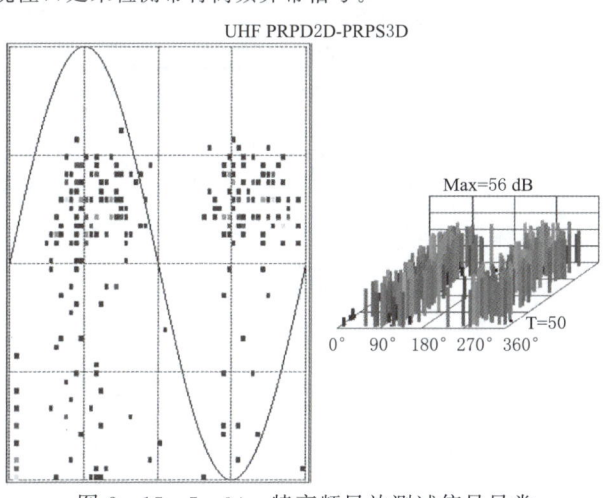

图 2-15-5-34　特高频局放测试信号异常检测设备输出图

随后通过超声波信号检测发现 A、B 相电缆终端处存在超声波异常信号。A、B、C 三相电缆终端超声波信号图谱（试验设备输出图）如图 2-15-5-35 所示，其中 C 相超声波信号图谱与背景图谱一致。

为进一步查找缺陷位置，采用特高频定位仪器，对检测到的特高频信号进行了定位分析，判断特高频信号来源。特高频平面定位分析测试位置示意图如图 2-15-5-36 所示，其中黄色传感器与绿色传感器距离为 120cm。根据图 2-15-5-36 所示的各检测位置，检测到的时延定位图谱如图 2-15-5-37 所示。

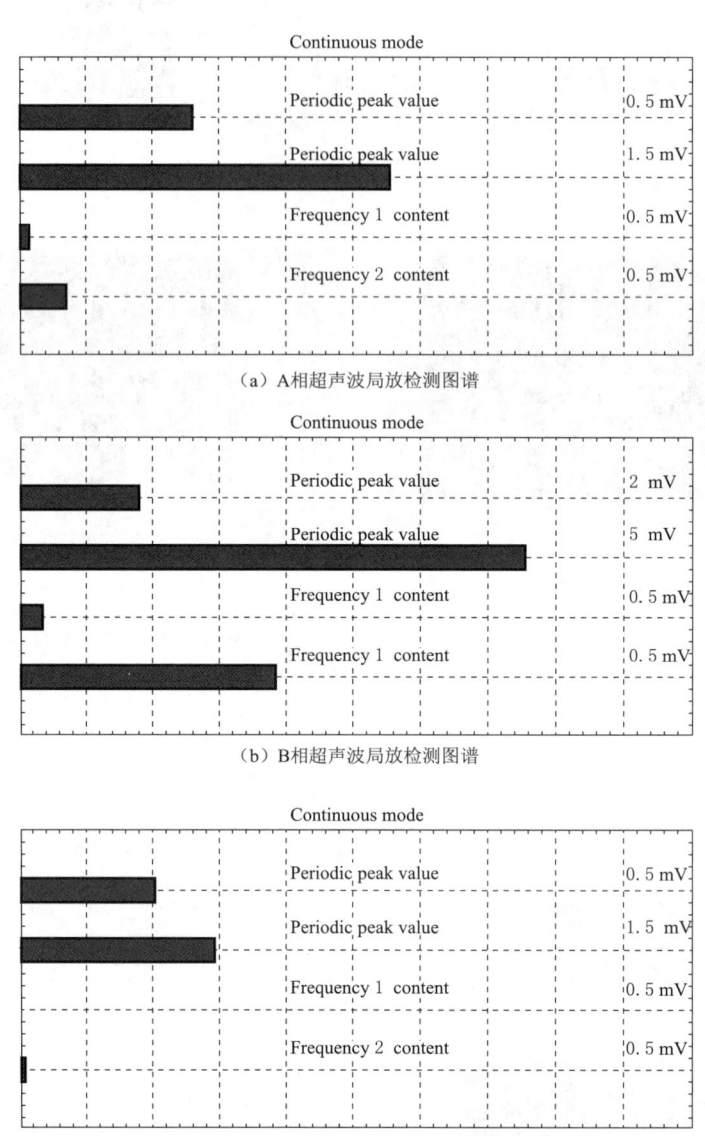

（a）A 相超声波局放检测图谱

（b）B 相超声波局放检测图谱

（c）C 相超声波局放检测图谱

图 2-15-5-35　A、B、C 三相电缆终端超声波信号图谱（试验设备输出图）

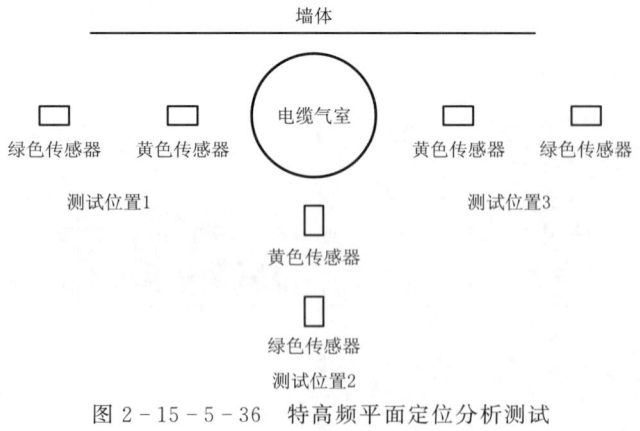

图 2-15-5-36　特高频平面定位分析测试位置示意图

如图 2-15-5-37 所示，三个测试位置中黄色传感器信号均超前绿色传感器信号 4ns 左右。在垂直方向上采用特高频检测法开展定位分析，检测位置如图 2-15-5-36 所示，两传感器垂直方向距离为 90cm，黄色传感器信号超前绿色传感器信号约 3ns。

采用高频电流法进行定相，检测三相高频电流如图 2-15-5-38 所示，A、B 相高频电流相位相同，与 C 相高频电流相位相反。

**2. 数据分析与结论**

（1）根据图 2-15-5-37 中图谱可知，一个周期内有两簇信号集聚，在不同幅值范围内均有分布，具有悬浮电位放电或绝缘类放电缺陷特征。

（2）由图 2-15-5-35 超声波信号图谱可知，超声波信号连续图谱具有明显的 100Hz 相关性，相位图谱在一个周期内具有两簇明显的集聚，且打点在不同幅值范围内均有

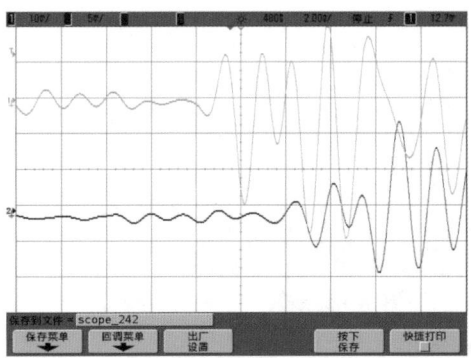

(a) 测试位置1

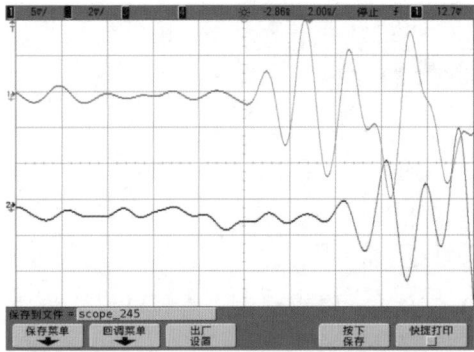

(b) 测试位置2

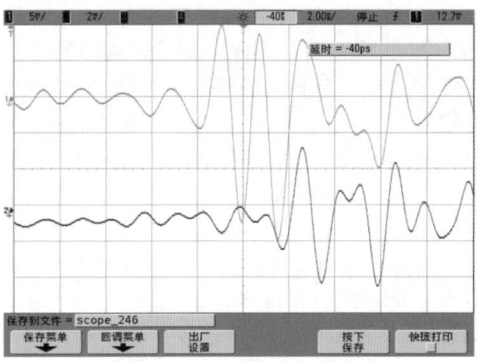

(c) 测试位置3

图 2-15-5-37 时延定位图谱

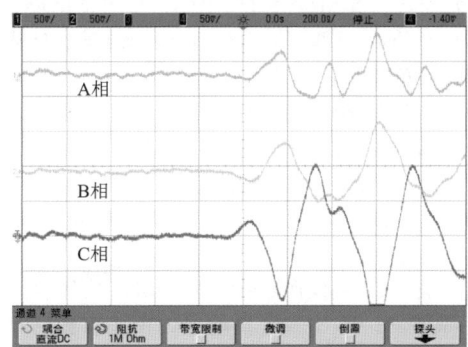

图 2-15-5-38 高频电流检测图谱

分布,具有绝缘类放电缺陷特征。

(3) 综合分析缺陷类型可能为绝缘类放电缺陷。

3. 缺陷定位分析

(1) 图 2-15-5-37 中黄色传感器信号超前绿色传感器大约 4ns,根据特高频传播速度计算,两传感器间计算距离大概为 120cm,计算距离与三个测试位置两传感器间实际距离基本相同,垂直方向黄色传感器信号超前绿色传感器信号 3ns 左右。根据特高频传播速度计算,两传感器间计算距离大概为 90cm,计算距离与两传感器间实际距离基本相同。根据图 2-15-5-36、图 2-15-5-38 可知,可以排除特高频信号来自外部干扰的可能,检测到的特高频异常信号很可能来自电缆终端。

(2) 根据图 2-15-5-35 可知,超声波检测仅在 A、B 相电缆终端检测到超声波异常信号,C 相电缆终端检测信号与背景信号相同,说明缺陷很可能发生在 A、B 两相。

(3) 根据图 2-15-5-38 可知 A、B 相高频电流相位相同,且与 C 相高频电流相位相反,则可能是 C 相存在缺陷或 A、B 相同时存在缺陷,结合超声波检测可知,A、B 相同时存在缺陷的可能性较大,结合特高频、超声波及高频电位定位定相分析,可判断 504 间隔电缆终端 A、B 相存在放电缺陷。

(八) 案例 8 特高频法、超声波法相结合检出某 110kV 电缆终端放电缺陷

1. 案例经过

某 110kV 电缆,型号为 YJLW-03-64/110,总长度为 64m,2013 年 9 月投入运行。2018 年 1 月 30 日对该电缆进行日常巡视发现电缆终端存在"嗡嗡"异响声,随后组织进行局部放电带电检测。

通过横向测试对比发现,2 号主变 102 间隔 A、C 两相电缆终端超声信号与背景值几乎一致,而 B 相电缆终端处有明显异常的超声信号,但未检测到特高频、高频异常信号。将该主变空载运行后,异常信号幅值有所降低。初步判断为变压器机械振动所致。

随后对该电缆进行特高频与高频联合局放检测,在 2h 的测试时间中,捕捉到 2 次明显的特高频局放信号,试验设备输出图如图 2-15-5-39 所示。特高频信号明显有集中信号成簇出现,由于出现时间较短,保存结果时信号已在 PRPS 3D 图谱的时间轴上行进了一段距离,但在持续的检测中一直未发现高频电流异常信号。

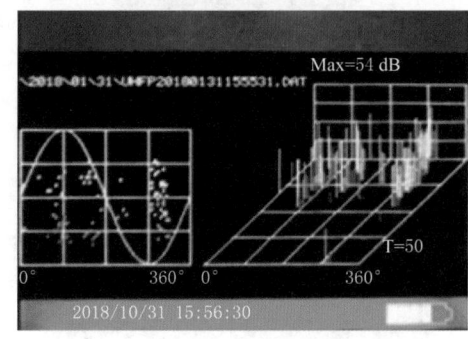

图 2-15-5-39 特高频局放图谱

翌日,再次在 2 号主变空载情况下对 402 间隔 B 相电缆终端进行局部放电检测,检测设备为上海华乘 PDS-T90 局部放电测试仪和 C-I500 局部放电定位仪。PDS-T90 测试结果显示,超声波信号依然很明显,捕捉到的 4 次特高频信号,检验设备输出图如图 2-15-5-40 所示。前两次与第四次特高频信号在 90°相位处较为明显,第三次捕捉到的信号在 270°相位处较为明显,较上次测试时出现频率更高且更容易捕捉,测试幅值也更大,高频电流信号依然没有出现。综合来看,电缆外层存在气隙放电。

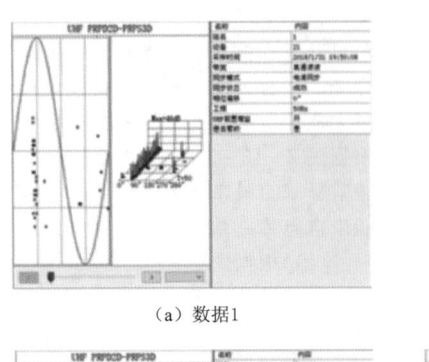
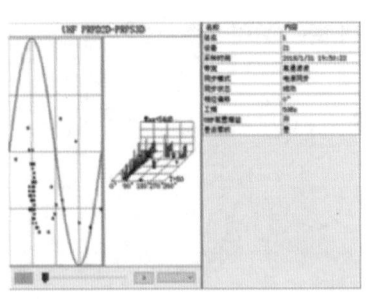

(a) 数据1　　　　　　　　　(b) 数据2

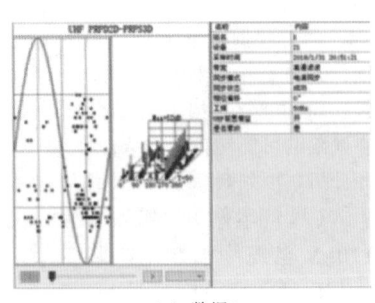
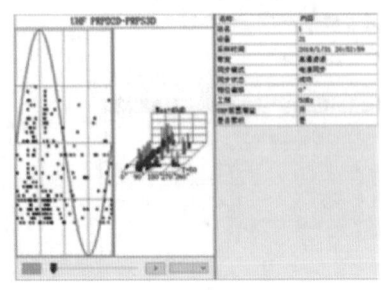

(c) 数据3　　　　　　　　　(d) 数据4

图 2-15-5-40　PDS-T90 测试 4 次的特高频信号图谱

为了进一步确定局放存在位置，接下来采用 G-1500 进行超声波定位测试。传感器贴合位置如图 2-15-5-41 所示，示波器检测结果如图 2-15-5-42 所示，可以看出两个传感器获取的脉冲信号起始沿基本一致，说明信号来自两个传感器中间位置，也就是图 2-15-5-41 所示的标注位置，与听到声音最大处基本一致。

图 2-15-5-41　超声波传感器贴合位置

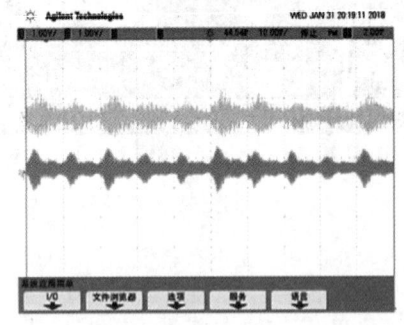

图 2-15-5-42　超声波纵向定位示波器测试结果

2. 数据分析与结论

综合上述测试结果，怀疑该电缆终端存在较大幅值的机械振动，同时电缆终端如图 2-15-5-41 处存在局部放电信号，结合超声波信号和特高频信号特征，初步判断该缺陷为空穴或污秽类局放缺陷，且空穴位于电缆外层。

### （九）案例 9　特高频法、高频电流法相结合检出某 110kV 电缆终端放电缺陷

1. 案例经过

2013 年 1 月，例行带电检测工作发现 1 号主变压器 110kV 侧 B 相电缆终端存在异常信号，随后利用变压器局放超声波定位系统对 B 相电缆终端进行了局部放电源定位，依据带电检测情况与分析结果，确定放电源集中在尾管中部外侧位置。考虑到局部放电信号的串扰影响，为排除设备缺陷隐患和验证带电检测结果，对 1 号主变侧和 GIS 侧电缆终端进行了更换。

高频、特高频局放检测情况：采用高频钳形电流传感器和相应数据采集单元对发现异常信号的 1 号主变压器 10kV 侧出线 A、B、C 三相电缆终端进行了高频局放检测。检测设备输出结果图谱如图 2-15-5-43 所示，从高频局放检测图谱可以看出 A、C 相局放信号最大幅值约为 200mV，且相位相同，而 B 相局放信号最大幅值为 600mV，远远大于 A、C 两相，且其相位恰好与 A、C 相相位相反。由此可以判定局放源位于 B 相，A、C 相检测到的局放信号是 B 相局放信号传播的结果。

采用特高频局放检测仪对 B 相电缆终端进行测试，所得测试设备输出图谱如图 2-15-5-44 所示。由图 2-15-5-44 可知，所测部位局放幅值已达 70%～90%，且局放信号正好出现在 +pk 和 -pk 处，符合悬浮放电的谱图特征。

确定设备存在局部放电后，利用超声波局放定位系统进行放电源定位。通过多次移动定位探头位置，发现其电缆终端尾管中部超声波幅值最大，其测试设备输出波形如图 2-15-5-45 所示，放电源实际位置如图 2-15-5-46 所示。

2. 数据分析与结论

在本案例中，通过高频、特高频检测将局放源定位到了 1 号主变压器 110kV 侧 B 相电缆终端，再通过超声波定位系统最终确定放电源为其电缆终端尾管中部外侧位置。

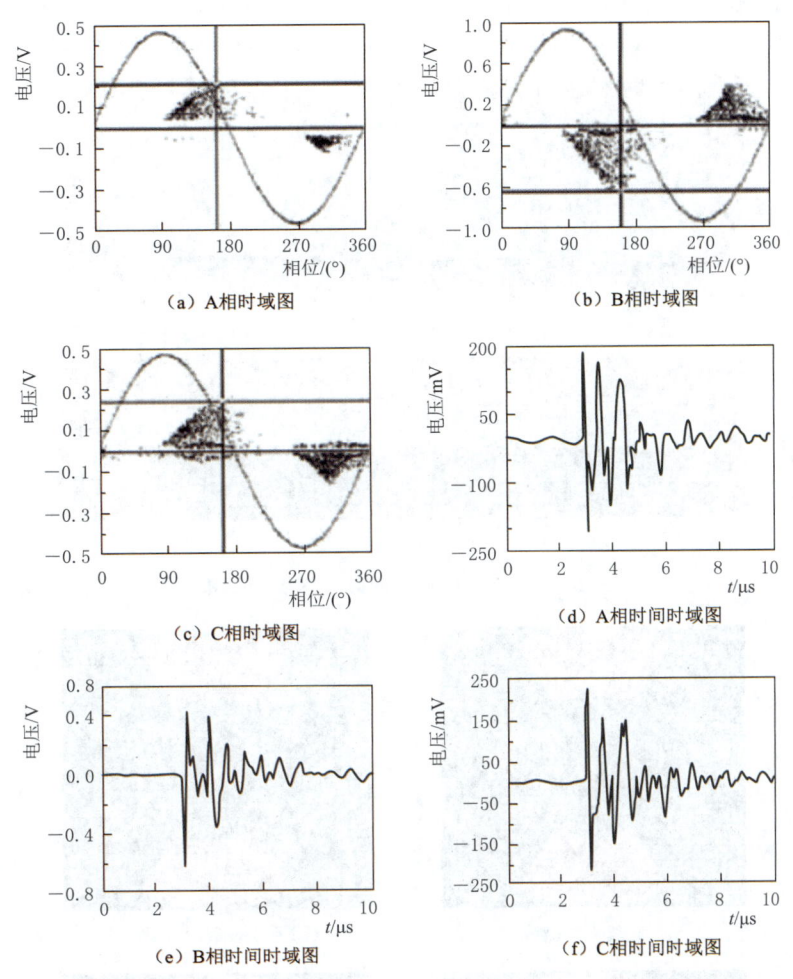

(a) A相时域图　(b) B相时域图　(c) C相时域图　(d) A相时间时域图　(e) B相时间时域图　(f) C相时间时域图

图 2-15-5-43　高频局放检测相位时域图与时间时域图图谱

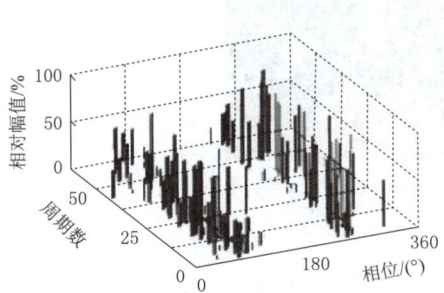

图 2-15-5-44　特高频局放检测图谱

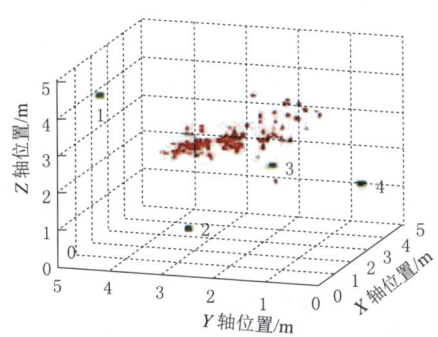

图 2-15-5-45　超声波定位测试波形

图 2-15-5-46　放电源实际位置

## 二、附件封铅涡流测试

### (一) 案例1　某变电站110kV电缆接头封铅涡流探伤检测

**1. 案例经过**

使用 JWY-18-30R 型电缆涡流探伤仪对多座变电站 110kV 电缆接头封铅进行封铅涡流检测，在试验开始前，先用不同深度的标准铅块对封铅裂纹进行模拟，标准铅块如图 2-15-5-47 所示。对标准铅块进行测试，其不同裂纹深度型号波形及无缺陷表面波形测试示意图如图 2-15-5-48 所示，通过对标准铅块进行测试,设置检测电源频率为55Hz,基准增益为45dB、调整相位角为45°,使波形中轴线与示波器Y轴重合。

在得到标准图谱后,对电缆接头处封铅进行测试,检测时,被试电缆均处于正常运行状态。

(a) 标准铅块主视图

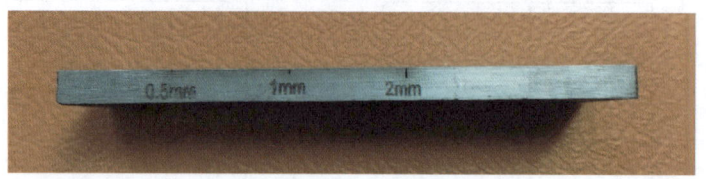

(b) 标准铅块侧视图

图2-15-5-47 具有不同裂纹深度的标准铅块

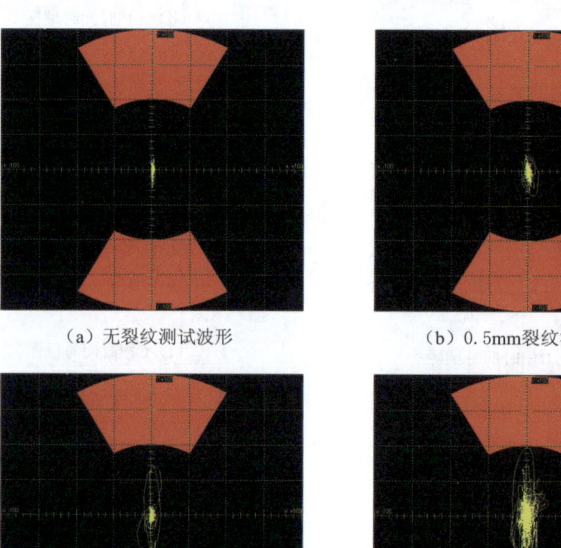

(a) 无裂纹测试波形　　　　　　(b) 0.5mm裂纹测试波形

(c) 1mm裂纹测试波形　　　　　(d) 2mm裂纹测试波形

图2-15-5-48 不同裂纹深度型号波形及无缺陷表面波形测试示意图

对被试电缆接头封铅测试时,工作人员手持仪器探头,沿电缆头表面进行来回刷动,同时观察示波仪中所显示的波形形态,如图2-15-5-49所示。

通过对检测试块进行灵敏度调校设置,对曙光站内的110kV曙丰Ⅰ线、110kV曙丰Ⅱ线进行检测时,发现110kV曙丰Ⅰ线-B线相存在缺陷,其现场测量图与缺陷波形图如图2-15-5-50所示。从可以明显缺陷波形中看到代表存在缺陷"8"字形波形。

对西郊站110kV临西线和110kV曙西Ⅱ线进行测试,测试时发现110kV临西线A相线存在异常信号,其现场测量图与缺陷波形图如图2-15-5-51所示。从缺陷波形中可以明显看到代表存在缺陷"8"字形波形。

2．数据分析与结论

现场测试的故障点如图2-15-5-52所示。现场测试结果表明电缆被测部位可能存在封铅工艺不当、漏封铅或封铅厚度稀薄、封铅表面有沟槽、有较大的凸起或者凹陷、封铅不均匀等问题,由此造成了涡流信号的畸变。

**(二) 案例2　两条电缆封铅检测出异常信号及解体分析**

1．案例经过

对A、B两条电缆进行封铅涡流检测。

对于电缆A,其现场测试图、异常信号图和解体图如图2-15-5-53~图2-15-5-55所示。

对于电缆B,异常信号图和解体图如图2-15-5-56、图2-15-5-57所示。

2．原因分析

造成电缆头塘铅破损的主要原因为是电缆终端头封铅工艺差,封铅时存在空隙或气泡,导致焊接时,与铝管无法紧密结合,或者封铅过程中混入杂质。

采用上述测量和分析方法其他单位检出的缺陷如图2-15-5-58所示。

## 第五节 现场检测典型案例及其分析

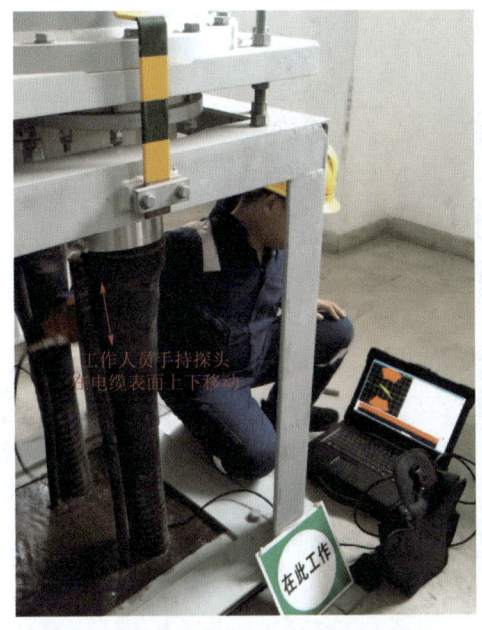

图2-15-5-49 工作人员测试图

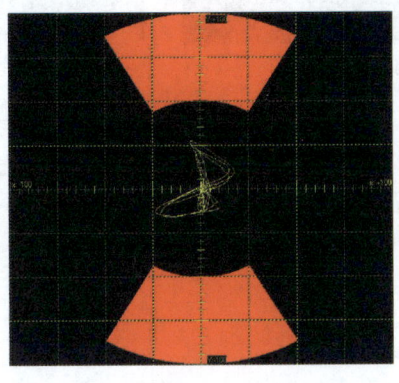

图2-15-5-50 110kV曙丰Ⅰ线-B线涡流探伤现场检测波形图

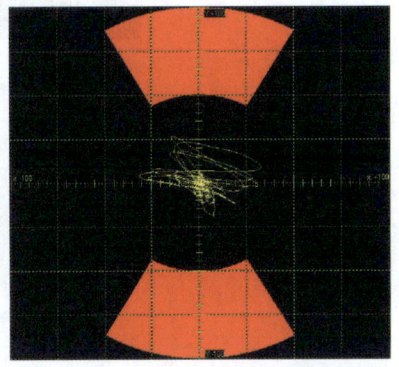

图2-15-5-51 110kV临西线A相涡流探伤现场检测波形图

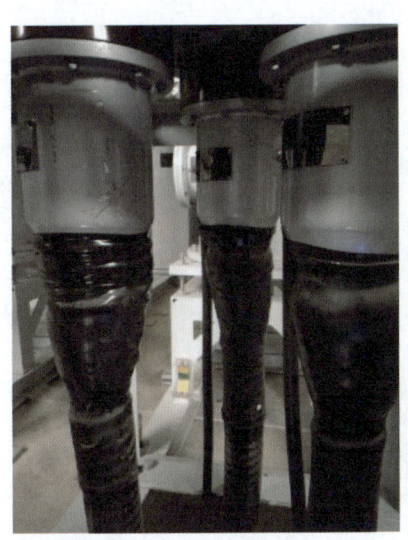

图2-15-5-52 现场测试电缆终端封铅表面

图2-15-5-53 现场检测图

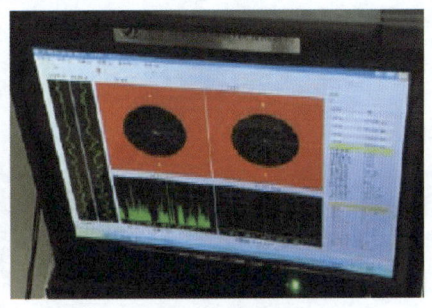

图2-15-5-54 异常信号现场测试图谱

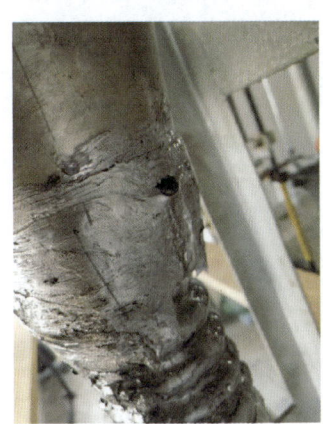

图2-15-5-55 解体后的封铅空隙

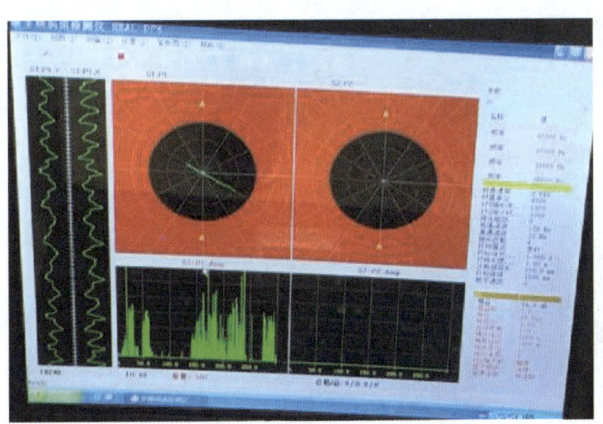

图2-15-5-56 异常信号现场测试图谱

图2-15-5-57 解体后的封铅内有异种金属

 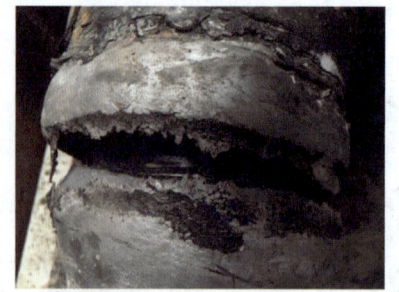

(a) 封铅大面积脱落　　　　　　　(b) 封铅贯穿性裂纹

图 2-15-5-58　其他单位检出缺陷

3. 分析与结论

(1) 未正确选用封铅方法、封铅工艺流程控制不严、封铅材料配比不当均可导致封铅附着不牢固的现象出现。

(2) 运行年久的老旧电缆，在垂直布置承受纵向受力或者水平布置承受侧向受力的情况下，容易导致封铅形成贯穿性裂纹。

# 第十六章

## 二次回路及其故障处理

# 第一节 二次回路运行

二次回路是指变电站的测量仪表、监察装置、信号装置、控制和同期装置、继电保护和自动装置等所组成的电路。二次回路的任务是反映一次系统的工作状态，控制一次系统并在一次系统发生事故时能使事故部分迅速退出工作。二次回路的巡视检查往往会被值班人员忽视。运行经验证明，所有二次回路在系统运行中都必须处于完好状态，应能随时对系统中发生的各种故障或异常运行状态做出正确的反应，否则造成的后果是严重的。为此在运行中应加强巡视检查，其类型如下。

## 一、综合检查

二次回路综合检查的内容如下：

(1) 检查二次设备有无灰尘，应使其保证绝缘良好。值班员应定期对二次线、端子排、控制仪表盘和继电器的外壳等进行清扫。

(2) 检查表针指示是否正确，有无异常（每班抄表时进行）。

(3) 检查监视灯、指示灯指示是否正确，光字牌是否完好，保护连接片是否在要求的投、停位置（交接班时进行）。

(4) 信号继电器有无掉牌（在保护动作后进行）。

(5) 检查警铃、蜂鸣器是否良好。

(6) 检查继电器的接点、线圈外观是否正常，继电器运行有无异常现象。

(7) 检查保护的操作部件，如熔断器、电源小闸刀、保护方式切换开关、保护连接片、电流和电压回路的试验部件是否处在正确位置，接触是否良好。

(8) 各类保护的工作电源是否正常可靠。

(9) 断路器跳闸后，应检查保护动作情况，并查明原因。

值得注意的是，送电时必须将所有保护装置的信号复归。

## 二、交接班检查

交接班时，对二次回路检查的主要内容如下：

(1) 各断路器控制开关手柄的位置与断路器位置及灯光信号是否相对应。

(2) 检查各同步回路的同步开关，其上应无开关手柄。检查主控制室供同步开关操作的开关手柄，应只有一个，并且同步转换开关应在"断开"位置，同步闭锁转移开关应在"投入"位置，电压表、频率表及同步表的指示应在返回状态。

(3) 检查事故信号、预告信号及闪光信号的音响、灯光及光字牌显示是否正常。

(4) 检查控制屏和继电保护屏是否清洁，屏上所有元件的标示应齐全。

(5) 检查继电保护屏上的压板、组合开关的接入位置是否与一次设备的运行位置相对应，信号灯显示是否正常。

(6) 检查继电器、表计外壳是否完整、是否盖好。

(7) 检查端子箱、操作箱、端子盒的门是否关好，有无损坏。

(8) 检查故障录波器是否正常。

(9) 检查直流电源监视灯是否亮。

(10) 用直流绝缘监察装置检查直流绝缘是否正常。

(11) 检查二次设备屏是否清洁，屏上标示是否齐全，接线有无脱落和放电现象，各断电器的工作状态是否与实际相符，有无异常响声。各继电器铅封是否完好。

(12) 检查表计指示是否正常，有无过负荷。

## 三、值班中检查

值班中检查的项目和内容如下：

### (一) 特殊巡视检查

(1) 高温季节应加强对微机保护及自动装置的巡视。

(2) 高峰负荷以及恶劣天气应加强对二次设备的巡视。

(3) 当断路器事故跳闸后，应对保护及自动装置进行重点巡视检查，并详细记录各保护及自动装置的动作情况。

(4) 对某些二次设备进行定点、定期巡视检查，如每日（一般在上午10时左右）对高频通道进行定点检测。

### (二) 班中巡视检查

班中巡视检查的主要内容如下：

(1) 检查信号继电器是否掉牌或动作灯，是否在恢复位置。

(2) 检查屏上的表计指示正常，负荷是否超过允许值。

(3) 检查并核对上一班改过的整定值，操作的压板和转换开关的位置是否符合要求。

(4) 用直流绝缘监察装置检查直流绝缘是否正常。

(5) 观察各断电器触点状态是否正常。

(6) 当装置发出异常或过负荷信号时，要适当增加对该设备的巡视检查次数。

### (三) 班中的维护

在值班中应进行的维护工作如下：

(1) 每天应清洁控制屏和继电保护屏正面的仪表及继电器二次元件一次。

(2) 每月至少作一次控制屏、继电保护屏、开关柜、端子箱、操作箱的端子排等二次元件的清洁工作，最好用毛刷（金属部分用绝缘胶布包好）或吸尘器来清扫。并定期对户外端子箱和操作箱进行烘潮。

(3) 注意监视灯光显示和音响信号的动作情况。

(4) 注意监视仪表的指示是否超过允许值。

(5) 在夏季，装有微机型保护及自动装置的继电器室的室温应保持在25～35℃之间，当开动空调降温时，应经常注意空调机的运转是否正常。

(6) 配合设备停电，用短路继电器触点方法对35kV及以下设备的电流电压保护及自动重合闸做整组动作试验（一个月内多次停电的只做一次），其余保护及安全自动装置的整组动作试验由继电保护专业人员在定期检查时会同值班员进行。

(7) 在维护中，若带电清扫二次线时，应注意：

1) 禁止用水和湿布擦洗二次线，清扫工具应干燥，金属部分应包好绝缘，防止触电或短路。

2) 清扫标有明显标志的出口继电器时，应小心谨慎，不许振动或误碰继电器外壳，不许打开保护装置外罩。

3) 清扫人员应摘下手表（特别是金属表带的手表），应穿长袖工作服，戴线手套。

4) 不许用压缩空气吹尘的方法，以免灰尘吹进仪器仪表或其他设备内部。

5) 清扫高于人头的设备时，必须站在坚固的凳子上，防止跌倒触动保护装置。

**（四）装置或机构动作后的处理**

当继电保护和安全自动装置动作、开关跳闸或合闸以后、值班员应做的工作如下：

(1) 恢复音响信号。

(2) 根据光字牌、红绿灯闪光等信号及表计指示判明故障原因，恢复音响及灯光信号或将控制开关搬至相应的位置。

(3) 在继电保护屏上详细检查继电保护和安全自动装置及故障录波器的动作情况并作好记录，然后恢复动作信号；并向当值调度员汇报，根据调度命令进行事故后处理。

(4) 低频减载装置动作，开关跳闸，此时不能合闸送电，应做好记录，向当值调度员汇报，听候处理。

(5) 向主管领导及主管技术部门汇报事故情况。

**（五）在继电保护、仪表等二次回路上工作的规定**

(1) 工作前应做好准备，了解工作地点一次及二次设备运行情况和上次的检验记录、图纸。

(2) 现场工作开始前，应查对已做的安全措施是否符合要求，运行设备与检修设备是否明确分开，还应看设备名称，严防走错位置。

(3) 在全部或部分带电的盘上进行工作时，应将检修设备与运行设备前后明显的标志隔开（例如盘后用红布帘，盘前用"在此工作"标志牌等）。

(4) 在保护盘上或附近进行打眼等振动较大的工作时，应采取防止运行中设备掉闸的措施，必要时经值班调度员或值班负责人同意，将保护暂时停用。

(5) 在继电保护屏间的通道上搬运或安放试验设备时，要与运行设备保持一定距离，防止误碰运行设备，造成保护误动作。清扫运行设备和二次回路时，要防止振动，防止误碰，要使用绝缘工具。

(6) 继电保护装置做传动试验或一次通电时，应通知值班员和有关人员，并由工作负责人或他派人到现场监视，方可进行。

(7) 所有电流互感器和电压互感器的二次绕组应有永久性的、可靠的保护接地。

(8) 在带电的电流互感器二次回路上工作时，应采用的安全措施如下：

1) 严禁将电流互感器二次侧开路。

2) 短路电流互感器二次绕组，必须使用短路片或短路线，短路应妥善可靠，严禁用导线缠绕。

3) 严禁在电流互感器与短路端子之间的回路和导线上进行任何工作。

4) 工作必须认真、谨慎，不得将回路的永久接地点断开。

5) 工作时，必须有专人监护，使用绝缘工具，并站在绝缘垫上。

(9) 在带电的电压互感器二次回路上工作时，应采取的安全措施如下：

1) 严格防止短路或接地。应使用绝缘工具，戴手套。必要时，工作前停用有关保护装置。

2) 接临时负载，必须装有专用的刀闸和熔断器（保险）。

(10) 二次回路通电或耐压前，应通知值班员和有关人员，并派人到各现场看守，检查回路上确无人工作后，方可加压。

电压互感器的二次回路通电试验时，可防止由二次侧向一次侧反充电，除应将二次回路断开外，还应取下一次熔断器（保险）或断开刀闸。

(11) 检验继电保护和仪表的工作人员，不准对运行中的设备、信号系统、保护压板进行操作，但在取得值班人员许可并在检修工作盘两侧开关把手采取防误操作措施后，可拉合检修开关。

(12) 试验用刀闸必须带罩，禁止运行设备上直接取试验电源，熔丝配合要适当。要防止越级熔断总电源熔丝。试验接线要经第二人复查后，方可通电。

(13) 保护装置二次回路变动时，严禁寄生回路存在，没用的线应拆除，临时所垫纸片应取出，接好已拆下的线头。

# 第二节 二次回路运行异常及故障处理

## 一、异常运行

**（一）继电保护装置异常**

1. 保护拒动

设备发生故障后，由于继电保护的原因使断路器不能动作跳闸，称为保护拒动。拒动的原因如下：

(1) 继电器故障。

(2) 保护回路不通，如电流回路开路，保护连接片、断路器辅助触点、继电器触点等接触不良及回路断线。

(3) 电流互感器变比选择不当，故障时电流互感器严重饱和，不能正确反应故障电流的变化。

(4) 保护整定值计算及调试中发生错误，造成故障时保护不能启动。

(5) 直流系统多点接地，将出口中间继电器或跳闸线圈短路。

(6) 保护误动。

2. 保护装置误动

保护装置误动的主要原因如下：

(1) 直流系统多点接地，使出口中间继电器或跳闸线圈励磁动作。

(2) 运行中保护定值变化，使保护失去选择性。

(3) 保护接线错误，或极性接反。

(4) 保护整定值或调试不正确，如整定值过小，用户负荷增大过多。对双回路供电线，若其中一回停电，另一条线路运行，而保护未按规定改大定值等造成误跳闸。

(5) 保护回路工作的安全措施不当，如未断开应拆开的接线端子或联跳连接片，误碰、误触及误接线等，使断路器误跳闸。

(6) 电压互感器二次断线，如电压互感器的熔断器熔断，有些断线闭锁不可靠的保护可能误动，此情况下，一般会有"电压回路断线"信号、电压表指示不正确。

## (二) 自动装置异常

自动装置异常，通常是重合闸拒动，其主要原因如下：

(1) 重合闸失掉电源。
(2) 断路器合闸回路接触不良。
(3) 重合闸装置内部时间继电器或中间继电器线圈断线或接触不良。
(4) 重合闸装置内部电容器或充电回路故障。
(5) 重合闸连接片接触不良。
(6) 防跳跃中间继电器的常闭触点接触不良。
(7) 合闸熔断器熔断或合闸接触器损坏。

## (三) 继电保护回路常见异常

(1) 继电器故障，线圈冒烟，回路断线。
(2) 继电器触点粘连分不开或接触不良。
(3) 保护连接片未投、误投、误切。
(4) 继电器触点振动较大或位置不正确。

继电保护回路出现上述异常时应立即停用有关保护及自动装置，并尽快报告调度员及保护专责人员，以便进行处理。

## (四) 中央信号装置异常

中央信号装置是监视变电站电气设备运行中是否发生了事故和异常的自动报警装置。当电气设备或系统发生事故或异常时，相应的信号装置将会发出各种灯光及音响信号，以使运行值班人员能迅速准确地判断处理。

中央信号装置按用途可分为事故信号、预告信号和位置信号三类。事故信号包括音响信号和发光信号，例如当断路器跳闸后，蜂鸣器发生音响，通知值班人员有事故发生，同时跳闸的断路器位置指示灯闪光，光字牌亮，显示出故障的范围和性质。预告信号包括警铃和光字牌，例如当电气设备发生危及安全运行的情况时，警铃动作，同时光字牌显示电气设备异常的种类。位置信号是监视断路器的开合状态及操作把手的位置是否对应。

中央信号装置在运行中的异常如下。

1. 事故音响信号不响

断路器自动跳闸后，蜂鸣器不能发出音响，其原因如下：

(1) 蜂鸣器损坏。
(2) 冲击继电器发生故障。
(3) 跳闸断路器的事故音响回路发生故障，如信号电源的负极熔断器熔断触点、控制开关触点接触不良。
(4) 直流母线电压太低。

检查时，首先按事故信号试验按钮，如果喇叭不响，说明事故信号装置故障，应检查冲击继电器及喇叭是否断线或接触不良，正、负电源熔断器是否熔断或接触不良。若按试验按钮时喇叭响，则应检查事故音响信号装置控制开关断路器不对应启动回路，该回路包括断路器辅助触点（或断路器跳闸位置中间继电器的触点）、控制开关触点及电阻等，实践证明，熔断器熔断或接触不良、控制开关触点接触不良、切换不准确及该继电器线圈断线等原因造成喇叭不响的概率较高，应重点检查。

2. 预告信号不动作

当电力设备发生异常时，相应的预告信号不动作，其原因如下：

(1) 警铃故障。检查时，按下试验按钮，若警铃不响，说明警铃损坏。
(2) 冲击继电器故障。
(3) 预告信号回路不通等。通常是光字牌中的两灯泡均已损坏或接触不良、信号电源熔断器接触不良或启动该信号的继电器的触点接触不良等。

检查时，若光字牌信号发出，警铃不响，首先按预告信号试验按钮。若警铃还是不响，说明预告信号装置故障，这时应检查冲击继电器及警铃是否断线或接触不良。按试验按钮后，若警铃响，则应检查光字牌起动回路电流值是否太小，达不到继电器的冲击启动电流值。

3. 信号电源异常

信号电源异常的主要现象及原因如下：

(1) 光字信号与警铃响。当信号系统发出"事故信号电源熔断器熔断"光字牌信号，并伴随警铃声响时，其原因是事故信号电源回路中的熔断器熔断或接触不良。
(2) 白灯闪光。中央信号控制屏上的白灯闪光是由于预告信号电源熔断器熔断或接触不良所致。
(3) 白灯熄灭。中央信号控制屏上的白灯熄灭是由于其回路中熔断器熔断或接触不良所致。
(4) 光字牌起火冒烟。这种现象，通常是由于电压过高、电流过大、光字牌质量差等原因引起。发生这种现象时，应立即断开该光字牌的直流电源，然后进行灭火，将其隔离，再恢复直流电源。注意勿造成直流短路和接地，同时通知继电保护专业人员处理。

## (五) 指示仪表无指示

指示仪表是运行人员的"眼睛"，如果指示有错误，将会造成运行人员的错误判断。仪表无指示的原因如下：

(1) 回路断线，接头松动。
(2) 指示电压的仪表熔断器熔断。
(3) 表针卡压或损坏。

## 二、故障处理

### (一) 查找故障

1. 查找故障的步骤

查找二次回路故障的一般步骤如下：

(1) 根据故障现象分析原因。
(2) 保持原状进行外部检查和观察。
(3) 检查出故障可能性大的、易出的问题。
(4) 检查出故障可能性大的、易出问题、常出问题的部分和元件。
(5) 用"缩小范围法"缩小范围。
(6) 查明具体故障点并消除故障。

2. 查找方法

(1) 二次回路断路的检查方法。

1) 导通法（回路不通时使用仪表查故障的方法之一）。此方法是用万用表的欧姆挡测量电阻。不能使用兆欧表，因为兆欧表对回路中各元件接触不良或电阻元件变值的故障测不出来。

用导通法检查时，必须先断开被测回路的电源，否则会烧坏表计。

用导通法查找回路不通的原理，是通过测某两点之间电阻值的变化来判别故障。对于接触良好的接触点，电阻应为零，严重接触不良时有一定的阻值，未接通的触点其两端电阻非常大；对于电流线圈，其电阻应很小（近于零）；对于电压线圈和电阻元件，其限值应与标称值相近。

用导通法查回路不通时，必须断开回路电源，某些情况下继电器失磁变位（返回）后，不易查出其接触不良问题，一般不带电压、电流的回路不通可用此方法测量检查。

2）测电压降法（回路不通时使用仪表查故障的方法之二）。测电压降法是用万用表的直流电压挡，测回路中各元件上的电压降。查回路不通故障无须断开电源，因此无导通法的缺点。测量时所选用表计量程应稍大于电源电压。

该方法的原理是：在回路接通的情况下，接触良好的接点两端电压应等于零，若不等于零（有一定值）或为全电压（电源电压），则说明回路其他元件良好而该触点接触不良或未接触。电流线圈两端电压应近于零，过大则有问题，电阻元件及电压线圈两端则应有一定的电压，回路中仅有一个电压线圈且无串联电阻时，线圈两端电压不应比电源电压低得很多。线圈两端电压正常而其接点不动，说明线圈断线。

3）对地电位法（回路不通时使用仪表查故障的方法之三）。用此法查二次回路不通故障，也无需断开电源。测前应首先分析回路各点的对地电位，然后再进行测量，将分析结果和所测值及极性相比较。

将电位分析和测量结果比较，所测值和极性与分析相同，误差不大，表明各元件良好。若相反或相差很大，表明该部分有问题。

测量各点对地电位，应使用万用表直流电压挡（量程应大于电源电压），将一支表笔接地（金属外壳），另一表笔接被测点。若被测点应带正电，则应将正表笔接被测点，负表笔接地；反之，将负表笔接被测点而正表笔接地。若表计指示为直流电源电压的一半左右（电源电压220V时约为110V），则表明该点到电源正极或电源负极之间是通的。

测对地电位时，读数为电源电压的1/2左右，是因为变电站直流系统中的绝缘监察装置的影响。

用测对地电位法检查回路不通的故障，方便、准确，且不受各元件和端子安装地点的影响，回路中有两个不通点也能准确查出（两断开之间对地电位是零）。

为了更有效地检查回路不通点或接触不良问题，可以用测对地电位法和测电压降法配合使用，这样更便于判别查找。

（2）二次回路短路的检查方法。二次回路发生短路时，电路熔断器熔断，某些熔断器（如控制回路熔断器，事故信号熔断器，电压互感器熔断器等）熔断能报出信号，如未排除故障点，熔断器更换后还会再次熔断。触点通过短路电流时会烧熔损坏，短路点会有电弧损伤现象。接点有烧伤的，该接点所控制的回路内可能有短路（因通过短路电流所致）。冒烟的线圈或烧坏的部件也可能是短路点，还要查回路中各元件的接线端子、接线柱等有无明显相碰，有无异物落上造成短路及碰金属外壳现象。

若发现某一触点烧伤，可进一步查该接点所在回路中各元件。可测该回路电阻值是否较小，回路中各元件（主要是电阻、线圈、电容器等）电阻值是否变小，有无损坏等。

经上述检查未发现明显问题，或是需查找的范围较大（回路分布较广）应采取措施缩小范围。方法有以下几种。

1）拆开每一分支回路，逐一回路试投入法。也可以将每一回路的正极或负极拆开，依次逐个测回路电阻值，正常后接入所拆接线，装上熔断器试送一次。对回路电阻小于正常值较多的或试送上后熔断器再次熔断的回路，故障点多在该回路内，可进一步具体检查出故障点。用表计测量回路电阻，只靠测量不能完全准确地发现故障，可能因万用表电压低或短路点经一定的电阻值，也可能因短路点在一个回路的一点与另一个回路的另一点之间，故测量不能发现问题。

（a）将每一分支回路正极或负极拆开。

（b）装上一只熔断器（不使之再形成短路）。如装上正极熔断器，若熔断器投入即熔断，说明此回路和电源负极形成短路的可能性很大（若第一次亦是只有正极熔断的话）；若装上正极熔断器正常，可将其拔下，换装上负极熔断器试一下。

（c）假设正极熔断器装上后正常，可在断开的负极熔断器两端测有无电压，或在负极熔断器下边测对地是否有正电，若有说明故障点在两熔断器以下的干线上；若无支回路拆下，正极接入后，再进行上述相同的测量。

（d）当某一分支回路正极接入，测量负熔断器两端有电压或负熔断器对地带正电，说明故障点即在该回路内，应进一步查明故障元件。

2）逐级分段（分网）测量电压法。对于分布范围大的二次回路中的短路故障，可采用逐级分段（分网）测量电压的方法，即：先装上一只熔断器后，测另一极熔断器座（未装上熔断器）两端有无电压或测熔断器下面对地电位，再逐级用拉开隔离开关或拆开接线的方法分段（分网）后，仍进行上述测量以逐级逐段缩小范围。若测量结果无电压指示，说明故障点仍在被断开的以下网络之内；反之，说明故障在电源熔断器至被断开部分以前的范围以内。

缩小范围后，可仍用前述方法检查具体的故障点。必要时应进一步地缩小范围。二次回路短路的检查，同样应重视分析判断，少走弯路。若交流回路还应首先判定短路相别。如回路无异状，仅当操作时熔断器熔断，则短路点可能在执行操作的回路中。合闸时操作熔断器熔断，故障与合闸回路有关，可以先对合闸回路范围内进行详细检查。同时注意重点先查故障范围内的绝缘薄弱点及可能性较大的部分。

3. 查找中的注意事项

在查找二次回路故障时，首先必须遵守行业标准《电业安全工作规程（发电厂和变电所电气部分）》（DL 408—91）和其他有关规程的规定，其次还应注意以下具体事项：

（1）必须按符合实际的图纸进行查找。

（2）在电压互感器二次回路上查找故障时，必须考虑对继电保护及自动装置的影响，防止因失去交流电压而使保护误动作。

（3）拔直流电源熔断器时，应同时拔掉正负极熔断器，以利于分析查找。

（4）带电用表计测量方法查找回路故障时，必须使用高内阻电压表（如万用表），防止误动跳闸，禁止使用灯泡查找故障。

（5）防止电流互感器二次开路和电压互感器二次短路及接地。

（6）使用的工具应合格且绝缘良好，尽量使必须外露的金属部分减少（可包绝缘），防止发生接地或短路及人身触电。

（7）拆动二次接线端子，应先核对图纸及端子标号，做好记录和明显标记，拆接线并核对无误，检查接触是否良好。

(8) 不许触动继电器的机械部分。及时恢复站用电。

(9) 交、直流回路，强、弱电回路不应相混。常见的某些直流接地，查其根源，往往是这个原因造成的。

二次回路故障查找，重在分析判断，只有正确的分析判断，才能正确处理少走弯路。先根据接线情况、故障特征、设备状态及信号等情况分析判断可能出现故障的范围后，再用正确方法、步骤检查，以缩小范围。检查、测量中根据其结果和现象进行再分析判断，并加以恰当的方法检查测量和其他手段证实判断，从而能准确无误地查出故障点。

## (二) 常见故障及处理

### 1. 断路器控制回路的故障处理

(1) 断路器的红、绿灯指示熄灭的处理。此时应由二人进行检查处理，在进行检查处理时，如换灯泡，要尽量不断开其操作电源，如果必要，应向调度汇报，防止造成直流接地。注意投退操作电源时可能误动的保护装置。

断路器红、绿灯指示熄灭的原因可以从以下几个方面去查找：

1) 检查指示灯泡灯丝是否烧断，控制熔断器是否熔断、松动或接触不良。
2) 检查灯具和附加电阻是否接触不良或断线。
3) 检查断路器的辅助触点是否接触不良。
4) 检查操作机构的储能是否足够和气体断路器的气压是否足够，其闭锁触点是否粘接。
5) 检查跳、合闸线圈是否断线或接触不良。
6) 检查控制开关的触点是否接触不良。
7) 检查防跳继电器的电流线圈是否断线或接触不良。
8) 检查控制回路的其他连接线是否断线。

(2) 断路器合不上闸的处理。合闸前，若绿灯不亮，应按上述方法检查处理，若绿灯亮而合不上闸，则应首先检查电气回路情况：

1) 是否有保护装置动作，发出跳闸脉冲。
2) 合闸熔丝是否熔断或松动，合闸接触器触点的接触是否良好（电磁式操作机构）。
3) 合闸时，合闸线圈端电压是否过低（电磁式操作机构）。
4) 控制开关有关触点接触不良。或者由于操作控制开关不到位，造成其触点接触不良或控制开关返回过早。

当经上述检查后，未发现异常现象，可判断为机械故障，应与检修人员联系，进行处理。

(3) 断路器不能分闸的处理。此时可以人为地启动分闸铁心，若断路器能分闸，则系电气回路故障，若仍不能分闸，则系机械故障。

电气回路故障：若红灯不亮，应按第 (1) 条进行检查处理；若红灯亮，而不能分闸，则系控制开关有关触点接触不良，或者操作控制开关不到位，造成其触点接触不良或者控制开关返回过早。

若判明系断路器机械故障，则应用旁路断路器代替故障断路器运行，而将故障断路器退出运行，并通知检修人员检查处理。

(4) 电磁式操作机构的断路器合闸后合闸接触器的触点打不开。对于电磁式操作机构的断路器，在其合闸后，若发现直流电流表的指针不返回，应判断为合闸接触器的触点未打开，此时应立即断开断路器的合闸电源，否则合闸线圈会因较长时间通过大电流而烧毁。然后处理合闸接触器触点，待其正常后，方可投入断路器的合闸电源。

### 2. 电压回路故障处理

(1) 交流电压切换回路故障的处理。当变电所具有两段以上母线，或者电压互感器装在几条高压进线上。在运行上需要将两段母线电互感器二次并列运行时，可利用切换电压小母线，通过刀闸开关手动进行。或者通过由隔离开关或断路器辅助触点控制中间继电器实现自动切换。目前，大型变电所装有两段母线的，一般在中央信号屏上没有 TV 二次切换开关，供同电压等级两组 TV 二次并列操作时切换，切换操作后，相应的"电压互感器切换"光字牌应亮，告诉值班员电压切换成功。如果 TV 二次并列后，"电压互感器切换"光字牌不亮（非光字牌本身原因），值班员应立即停止操作，查明原因汇报调度和上级，其原因如下：

1) 母联断路器在分闸位置，或母联断路器在合闸位置，但在非自动状态（控制熔断器取下）。
2) 母联断路器的母线侧隔离开关辅助触点接触不良。
3) 中央信号控制屏后的相关熔断器熔断。
4) 切换继电器线圈烧坏。

(2) 交流电压回路消失的处理。距离保护运行中，发出"交流电压消失"信号时，应立即检查，并汇报调度，若不能复归，应停用距离保护，防止误动，在正常运行中，发出"交流电压消失"信号时，应立即检查，并汇报调度，若不能复归，应停用距离保护，防止误动，在正常运行中，发出"交流电压消失"信号的原因如下：

1) 隔离开关辅助触点接触不良。
2) 母线电压互感器二次或本线电压小开关脱扣。

(3) 直流电压消失的处理。对整流型距离保护，在运行中，发出"直流电压消失"信号的同时，也发出"振荡闭锁动作"信号。此时，应查明原因，设法恢复。原因如下：

1) 系统有故障，有负序电流产生，能自行消除。
2) 隔离开关辅助触点接触不良。
3) 母线 TV 二次或本线电压小开关脱扣，应停用距离保护及高频闭锁保护后，试合一次。
4) 直流控制电源中断，此现象还同时发现"控制回路断线"信号。应设法恢复电源。

(4) 交流电压回路断线处理。交流回路断线的现象是电压回路断线信号发出、有功及无功表指示不正常、电度表停转或走慢、断线相的相电压为下降、其他两相的相电压正常。电压互感器一次侧熔断器熔断时，其现象与此类似，但电压互感器二次侧开口三角形处有较高电压。

这时运行人员首先应停用电压回路断线可能误动的保护及自动装置。其次，由于电压回路断线而使指示不正确时，应尽可能根据其他仪器的指示，对设备进行监视。如系空气开关跳闸（熔断器熔断），应立即投试一次，若再次跳闸，则二次回路有故障，不得再试投。若空气开关未跳闸（熔断器未熔断），则应查出发生断线的地点，并及时处理。若一时处理不好，应将该电压回路中的负荷倒至另一电压回路，并停用该组电压互感器，并通知继电保护专业人员处理。

(5) 交流电压回路短路的处理。交流电压回路短路查找及处理如下：

1) 断开该电压二次回路的所有负荷。注意退出可能误动的保护。

2) 试投空气开关（熔断器）。试投一次，若再发生故障跳闸，则对短路发生在电压互感器二次侧者，应查明故障点，若不能查明时，应将所带二次负荷倒至另一电压互感器二次回路。

若空气开关试投后不跳闸，则应逐一地恢复所带负荷，若在恢复过程中遇上故障跳闸，应停用该负荷，然后恢复其他负荷的正常运行，并通知有关人员处理有短路故障的二次负荷回路。

**3. 交流电流回路故障的处理**

交流电流回路的故障一般为开路，其现象是：电流回路断线信号发出电流表指示为零，电流互感器发出"嗡嗡"的响声，导线的端子处还可能出现放电火花。

若是操作二次交流回路引起的开路，应立即将其复原，以消除开路故障。

若不能即时找出开路地点，应立即将开路的那一组电流互感器二次侧短接。在处理过程中应穿绝缘靴、戴绝缘高压手套，然后检查开路地点，并予以消除，若不能消除时，应将该回路停用，并通知有关人员处理。应当注意的是，在发生故障时，应先停用可能误动的保护装置及自动装置。

**4. 隔离开关电气闭锁接线的运行监察及异常处理**

电磁锁动作不灵活的情况时有发生，尤其在室外易受风雨侵蚀的地方，在运行中应注意监视其正常状态和外表。电磁锁钥匙的存放应防止受潮。

当电磁锁操作不能动作时，首先应检查锁的状态是否正常，钥匙是否良好，如无不良，应检查锁的插座两端是否有电，且电压是否正常。若无电压则应检查回路的熔断器是否熔断，相应断路器的辅助触点和连接回路是否导通。只能在找出并消除故障后，才能进行操作，未经批准，不允许作取消闭锁的解锁操作方法。

**（三）事故实例**

**1. 电流互感器二次开路事故**

某变电站一条 220kV 线路，母线保护用 B 相电流互感器二次接线端子开路，如图 2-16-2-1 所示。引起该线路 GCH-1A 型高频相差动保护误动作跳闸。其原因是：

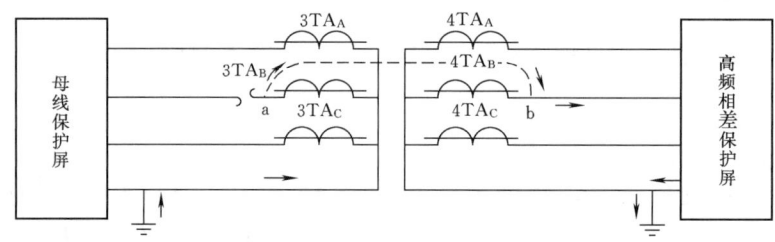

图 2-16-2-1 B 相电流互感器开路，引起高频相差动保护动作说明图

在电流互感器二次接线盒内，各组电流绕组经电缆引出，而电缆均套有铁管子。由于该铁管子固定不牢靠，而检修人员清扫电流互感器瓷套时，常需借助铁管子向上攀登，所以铁管子经常受到拉力。相应的电缆也受到拉力的作用，导致接线端子松动，引起 $3TA_B$ 的 a 端子开路，如图 2-16-2-1 所示。a 点出现高电压，飞弧至 b 点，致使高频相差动保护 B 相电流增大，出现负序和零序电流，造成跳闸事故。

防止对策是：

在安装施工时，电流互感器二次接线盒的电缆线，穿入铁管子后，一定要将铁管子固定牢靠，并设此处禁止攀登警告牌。铁管和电缆沟应有效地防止积水，避免冻断电缆。

**2. TV 二次回路两点接地，线路保护误动跳闸**

某变电站的一条 110kV 高压电缆出线因电缆头爆炸而发生 C 相永久性接地故障，该线路保护正确动作，重合不成功跳三相。与此同时，该站 220kV 某线两侧的纵联距离保护跳 C 相，重合不成功跳三相。经查线证实，事故发生时 220kV 系统无故障。纵联距离保护误动作。其接线如图 2-16-2-2 所示。事故原因分析如下：

故障录波以及误动线路的纵联距离保护打印报告表明：220kV 某线两侧纵联距离保护中的零序方向元件均判别为正方向，且误动线路所在母线的故障电压与另一母线的故障电压有一定差异（事故时该站 220kV 母联断路器为合入状态），经检查发现：该站尚未完全贯彻落实"反措要点"，其两条 220kV 母线的电压互感器二次中性点分别在开关场就地接地，并在控制室内连到一起，因此，该站的 TV 二次电压中性线回路中存在两个接地点。当区外发生接地故障时，由于地电位差的影响，造成该站 220kV 母线的电压互感器二次电压的相位和幅值发生改变，导致该线该侧纵联距离保护中的零序功率方向元件方向判别错误，并将收发信机停信，从而导致两侧保护误动。

事故后采取的措施是，将开关场的两个接地点拆除，而把电压互感器二次回路中性点移至控制室一点接地。经验证不再产生误动。

**3. 电流互感器二次接线错误引起误动**

某厂的高压厂用变压器的高、低压侧绕组均为星形接线，高压侧为电源侧，其绕组的中性点直接接地；低压侧为负荷侧，无电源且为不接地系统，变压器差动保护用的高、低压侧 TA 二次绕组均 Y 接线。自投产运行以来，在变压器高压侧（电源侧）发生区外单相故障时，变压器差动保护多次误动作。经继电保护专业人员反复验算定值、检查保护装置均未见异常。

经分析认为，尽管变压器低压侧无电源，但当变压器的高压侧发生区外接地故障时，由于变压器高压侧的中性点直接接地，因此，变压器依然向故障点提供含有零序分量的故障电流，该故障电流的大小与变压器及整个系统中诸元件的正、负、零序电抗的大小及分布状况有关。

变压器高压侧的故障电流中含有正、负、零序分量，其中正、负序电流由于可以通过负荷形成回路而传至变压器的低压侧；零序电流则由于变压器低压侧为不接地系统，无零序通路而仅存在于高压侧。当用于变压器差动保护 TA 二次侧均采用 Y 接线，且不考虑如何消除高压侧零序电流的影响时，高压侧故障电流中的零序电源将全部成为差动保护继电器的不平衡电流，当这种不平衡电流足够大时，便会导致保护装置的误动作。

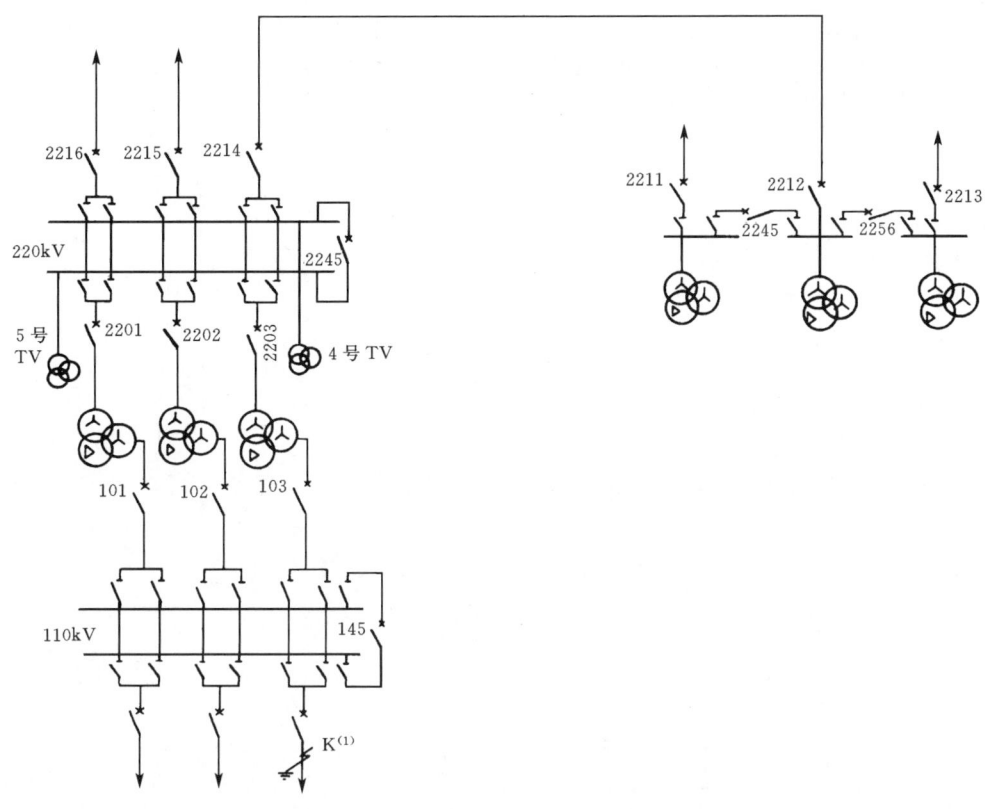

图 2-16-2-2 系统接线、故障点及误跳的线路

为避免 $Y_0/Y$ 变压器差动保护在电源侧（中性点直接接地侧）发生接地故障时的误动作，应设法消除中性点直接接地侧零序电流分量的影响，一般需将此类变压器差动保护用的 TA 二次侧均接为三角形接线，使高压侧的零序电流仅在电流互感器二次绕组内环流，不流入差动继电器，以避免误动。

**4. 电压继电器触点接触不良，导致母差拒动**

某电厂 220kV 4 号母线检修，5 号母线单母线运行，3 号机停运。1 号、2 号变压器接地运行，系统为正常方式。在检修过程中，大风导致 5 号母线对树放电，故障最初为 C 相接地故障，经 380ms 发展成 BC 相故障。又经 870ms 发展成 ABC 三相故障，该厂 220kV 母差保护拒动，厂内各发电机组保护相继动作跳闸，8710ms 后故障又波及该厂的一条 220kV 出线，线路保护正确动作。故障持续十几秒后由对端线路后备保护及上一级线路后备保护越级动作切除故障。其接线如图 2-16-2-3 所示。

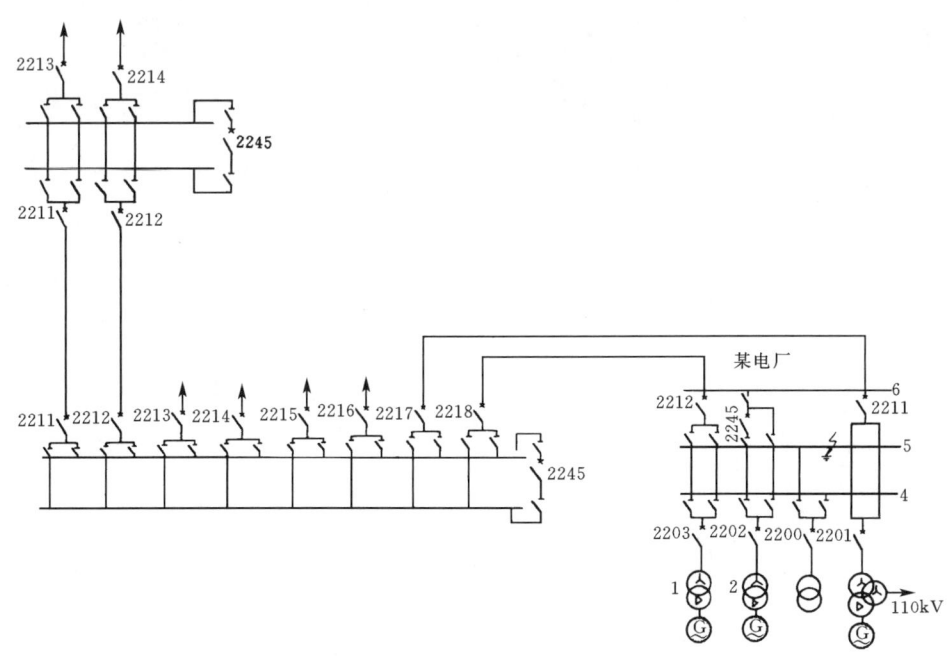

图 2-16-2-3 系统接线、故障点及越级动作的断路器

# 第十六章 二次回路及其故障处理

现场分析表明，拒动的母差保护为晶体管相位比较式，在此次故障中确已动作，但因用做防误闭锁的低压继电器（接于出口继电器的线圈回路）常闭触点压力不够且有氧化现象，闭合不好，导致母差动作而不能出口，最后后备保护越级动作切除故障。

为避免类似情况发生，应经常对母差保护及其附属元件，其他快速保护进行检查；对运行时间较长、缺陷出现频繁的保护装置应尽快进行改造。

# 第十七章

## 智能配电线路的运维与快速自愈方案

# 第一节 配电网自动化现状

电力系统是由发电、变电、输电、配电和用电等环节组成的电能生产与消费系统，配电网在电力网中起着分配电能的作用，进而满足社会经济及人民群众生活的需要。

配电网自动化也称配电自动化，是以一次网架和设备为基础，以配电自动化系统为核心，综合利用多种通信方式，实现对配电系统的监测与控制，并通过与相关应用系统的信息集成，实现配电系统的科学管理。其主要目标是提高供电可靠性、改善电能质量和提高运行管理水平及经济效益。

通常意义上，配电网自动化系统是指对10(20)kV及以下配电网进行监视、控制和管理的自动化系统，一般由主站、子站、远方终端设备、通道构成。配电网自动化系统的终端装置，一般称为配电自动化终端或配网自动化终端，用于中压配电网中的开闭所、重合器、柱上分段开关、环网柜、配电变压器、线路调压器、无功补偿电容器的监视与控制，与配网自动化主站通信，提供配电网运行控制及管理所需的数据，执行主站给出的对配网设备进行调节控制的指令。智能配电终端是配电网自动化系统的基本组成单元，其性能及可靠性直接影响到整个系统能否有效地发挥作用。

配电自动化是指利用现代电子技术、通信技术、计算机及网络技术与电力设备相结合，将配电网在正常及事故情况下的监测、保护、控制、计量和供电部门的工作管理有机地融合在一起，改进供电质量，与用户建立更密切更负责的关系，以合理的价格满足用户要求的多样性，追求更好的经济性和更高的企业管理效率。从保证用户供电质量、提高服务水平、减少运行费用方面来看，配电自动化系统是一个统一的整体，包括馈线自动化、配变自动化、配电管理、需求侧管理等。配电系统故障检测和处理是配电自动化系统的核心内容。配电故障检测和处理在配电自动化中有两类表现方式：一类是以馈线自动化为基础的方法；另一类是以故障指示器为基础的方法。

## 一、国外配电自动化现状

国外配电自动化技术起源于20世纪70年代，欧美发达国家最先开始的配电自动化是为了缩短馈线停电时间。如美国，在开展配电自动化工作的初期，采用配电线路上装设多组重合器、分段器方式，使线路故障不影响变电站馈线供电。在纽约曼哈顿地区，27kV线路上任一路故障时真空重合器和变电站内的断路器配合，经过小于3次的开合操作，自动隔离故障，使非故障段恢复供电。1997年全纽约的用户平均停电时间（含检修、故障等各种因素停电时间）为104min，而曼哈顿地区仅为9min。1994年，美国长岛电力公司配电自动化系统采用850台FTU和无线数字电台组成了故障快速隔离和负荷转移的馈线自动化，在4年内避免了59万个用户的停电故障（根据美国事故统计标准，对用户停电达到或超过5min就是停电事故），并因此获得IEEED/DSM大奖。配电自动化整个系统的形成大致经历了三个阶段：第一阶段使线路运行达到能自动分段；第二阶段建立通信通道实现SCADA（监控和数据采集）功能；第三阶段实施非故障段的自动恢复供电。日本配电网自动化的发展途径和美国、英国等国家不同，它首先是在配电线路上安装具有判别故障及按时限顺序合闸的柱上开关，并与安装在线路上的重合器、分段器及变电站馈线开关的保护相配合，当线路发生故障经过二次合闸，重合器、分段器能自动判别故障，自动隔离线路故障段，使线路非故障段恢复供电；在上述基础上又进一步增设通信功能，将柱上自动配电开关的信息送至中央控制室，由配电自动化系统对配电网进行监控，其功能包括SCADA、AM/FM/GIS、负荷控制（LC）等。日本在20世纪50年代送配电损耗约为25%，到80年代已降到5%。日本九州电力每户平均停电时间从6min下降到1min，均是依赖配电自动化实现的。

综上所述，国外的配电自动化的实现，大致是先实施馈线自动化（Feeder Automation，FA），然后建立通信通道和配电自动化主站系统，再完善各项功能。然而，在这过程中留有大量的有待开发的自动化功能和一些已开发的功能之间的重叠。配电自动化的发展经历了各种单功能的自动化罗列，号称"多岛自动化"的配电系统，向开放式、一体化和集成化的综合自动化方向发展的过程，目前已具有相当的规模，并从提高配电网运行可靠性和效率、提高供电质量、降低劳动强度、充分利用现有设备的能力、缩短停电时间和减少停电面积等方面，带来了可观的经济效益和社会效益。

## 二、国内配电自动化现状

国内配电终端的研究开发始于20世纪80年代中期，从90年代初开始研制配电终端。到1998年我国投资数千亿元巨资对城市配电网进行大规模改造时，已有数个厂家的配电终端产品投放市场。经过10年不断的改进、完善，目前我国配电终端技术已趋于成熟，产品制造成本不断降低，其性能与可靠性完全能够满足工程应用要求。这期间，国内供电企业与配电自动化设备制造商积累了大量的产品选型设计、安装调试与管理维护经验，为合理地应用配电终端，提高整个配网自动化系统工程实用化水平创造了条件。未来，配电终端技术将进一步向高可靠性、多功能、组合式、小型化、低功耗、低成本、免维护或少维护发展。

国内配电自动化技术起源于20世纪90年代初，比国外发达国家晚了接近20年。尽管如此，由于近年来，全国规模的城乡电网改造以及智能配电网思想的产生，配电自动化的工作取得了长足的进步，众多科研机构与技术开发企业、制造商纷纷开发研制配电系统自动化技术，也有许多供电企业进行了不同层次、不同规模的试点，这些都为供电企业的供电可靠性、电能质量、设备安全、劳动生产率、现代管理水平的提高发挥了较大的作用，为我国配电系统自动化的发展积累了经验。

我国配电自动化的发展大致可以分为三个阶段。第一阶段引进国外自动化开关设备，通过智能配电终端、开关设备之间的配合，实现故障定位、隔离和自动恢复供电的就地控制的馈线自动化模式。这种模式仅在故障处理时才起作用，且不能检测出中性点不接地或经消弧线圈接地系统的单相接地故障。然而，在我国绝大多数城市中，故障停电占用户的停电时间比例很小，而引入的自动重合器、分段器和负荷开关价格昂贵，投入很大，收效甚微。第二阶段实现配电层次的SCADA功能，在配电网调度中心建立主站系统，在各变电站、开闭所设置配电RTU、FTU等远方终端，通过通信通道联系，从而实现对配电网监控的功能。这种模式的故障处理时间大大缩短，而且在配电网正常运行时可以对配电网进行监控和运行管理,实现系统的优化运行。这也是近年来国内所采用的主要配电自动化的模式,但是这种模式需要借助通信系统,而且故障的处理依赖主站进行。第三阶段通过多年的配电网的改造和各单项自动化(如负荷控制、远程抄表系统、配网系统管理系统等)的发展,借助现代计算机技术、网络技术和通信技术实现各子系统之间资源共享,达到配电系统分层分布式控制、保护。

### 三、馈线自动化技术

馈线自动化技术经历了从无通信通道到有通信通道,从适应于简单辐射型网架结构到复杂多电源的网架结构,从慢速的故障处理到快速故障处理的演变过程。馈线自动化技术先后出现了电压型、电流型和集中型三种形式。

1. 电压型

电压型即完全依靠控制器检测正常运行时电压的存在和故障时电压的消失为依据的故障检测技术,通过对电压的检测和延时重合的方法来进行故障的判断和处理,最早出现在20世纪50年代的日本。由电压型故障检测技术发展起来的馈线自动化是比较传统的馈线自动化模式,在我国和发达国家的早期得到了应用。

电压模式不需通信信道,但要更换变电站出线开关为重合器,并且要多次重合才能隔离故障。电压模式虽然实现了故障隔离、非故障区段供电恢复,整体减少了停电范围,缩短了停电时间,但故障判断、隔离、非故障供电恢复时间较长,而且电网受到多次冲击,并且不能远方遥控。尤其是环网网架结构,由于从另一个电源恢复供电时,停电面积大,对电网和用户的冲击大,影响了许多非故障区域。

2. 电流型

电流型以通过控制器检测正常运行时电流的存在和故障时电流超过一定限值为主判据,辅助检测电压。当线路发生故障时,从电源点到故障点会流过故障电流,通过检测馈线各开关是否流过故障电流就可以判断出故障。电流型模式最早出现在20世纪70年代的美国,是一种集中控制模式。

电流型馈线自动化适合复杂结构的配网,可以对网络重构进行优化。该模式对于实现故障的处理,实现配网自动化是比较合适的。但该模式需要架设通信网络,馈线自动化要配电子站或主站参与,系统比较庞大,投资也比较大。

3. 集中型

集中型馈线自动化主要利用主站的智能算法,依赖SCADA系统提供的实时数据对已发生的故障进行处理。即现场的FTU将故障信息通过一定的通道送到控制中心,控制中心根据开关状态、故障检测信息、网络拓扑分析,判断故障区段,下发遥控命令,跳开故障区段两侧的开关,重合变电站开关和闭合联络开关,恢复非故障线路的供电。该种方式控制准确,适合各种复杂系统,但需要有可靠的通信通道和控制中心的计算机软、硬件系统,停电时间通常为分钟级。

### 四、故障指示器技术

故障指示器是一种安装在电力线(架空线、电缆及母排)上指示故障电流的装置。大多数故障指示器仅可以通过检测短路电流的特征来判别、指示短路故障。在分支点和用户进线等处安装短路故障指示器,可以在故障发生后借助于指示器的指示,迅速确定故障分支和区段,大大减少寻找故障点的时间,有利于快速排除故障,恢复正常供电,提高供电可靠性。

基于故障指示器技术的故障自动定位系统的工作原理是:先对现场安装的故障指示器分别进行地址编码,故障发生时这些动作了的故障指示器借助通信通道,将地址信息发送到装有基于地理信息系统的故障定位软件的监控中心。当发生故障后,现场发回来的动作了的故障指示器的地址码在网络接线图上会反映出来,经计算机系统自动进行网络拓扑分析、故障定位分析,就可自动给出故障位置信息。

### 五、配网自动化系统方式

配网自动化系统方式可以分为简易型、实用型、标准型、集成型、智能型五种方式。

1. 简易型

简易型配电自动化系统是基于就地检测和控制技术的一种准实时系统。它采用故障指示器来获取配电线路上的故障信息,将故障指示信号上传到相关的主站,由主站来判断故障区段。配电开关采用重合器或配电自动开关,可以通过开关之间的时序配合就地实现故障的隔离和恢复供电。

2. 实用型

实用型配电自动化系统是利用多种通信手段(如光纤、载波、无线公网/专网等),以二遥(遥信、遥测)为主,并对具备条件的一次设备实行单点遥控的实时监控系统。其主站具备基本的SCADA功能,对配电线路、设备实现数据采集和监测,根据配电终端数量或通信方式的需要,该系统可以增设配电子站。

3. 标准型

标准型配电自动化系统是在实用型的基础上实现完整的SCADA功能和FA(馈线自动化)功能,能够通过主站和终端的配合,实现故障区段的快速切除与自动恢复供电,能与上级调度自动化系统和配电生产管理系统/配电地理信息系统实现互联,建立完整的配网模型,应能支持基于全网拓扑的配电应用功能。该系统主要为配网调度服务,同时兼顾配电生产和运行管理部门的应用。对于基于主站控制的馈线自动化,一般需要采用可靠、高效的通信手段(如光纤)。标准型配电自动化系统如图2-17-1-1所示。

4. 集成型

集成型配电自动化系统是在标准型的基础上,通过信息交换总线或综合数据平台技术,与企业内各个与配电相关的系统实现互联,整合配电信息,外延业务流程,扩展和丰富配电自动化系统的应用功能,支持配电调度、生产、运行以及用电营销等业务的闭环管理,为供电企业的安全和经济指标的综合分析以及辅助决策服务。集成型配电自动化系统如图2-17-1-2所示。

5. 智能型

智能型配电自动化系统是在标准型或集成型配电自动化系统的基础上,扩展对于分布式电源/储能/微电网等接入功能,实现配电网的自愈控制和经济运行分析功能,实现与上级电网的协同调度以及与智能用电系统的互动功能。智能型配电自动化系统如图2-17-1-3所示。

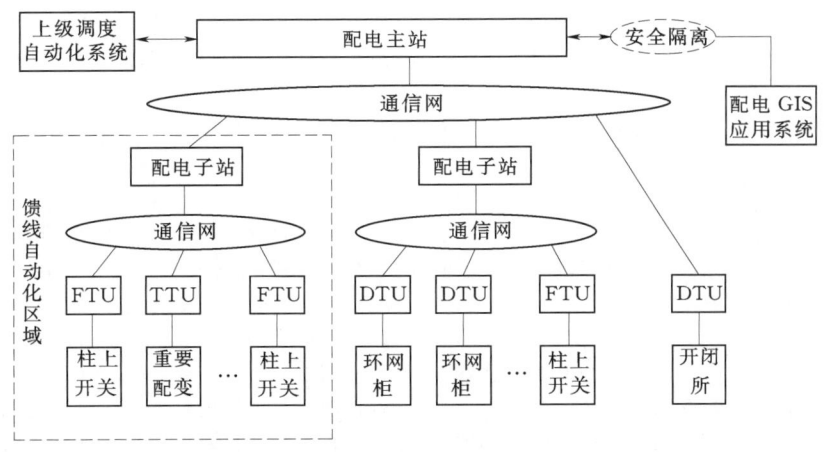

图 2-17-1-1 标准型配电自动化系统

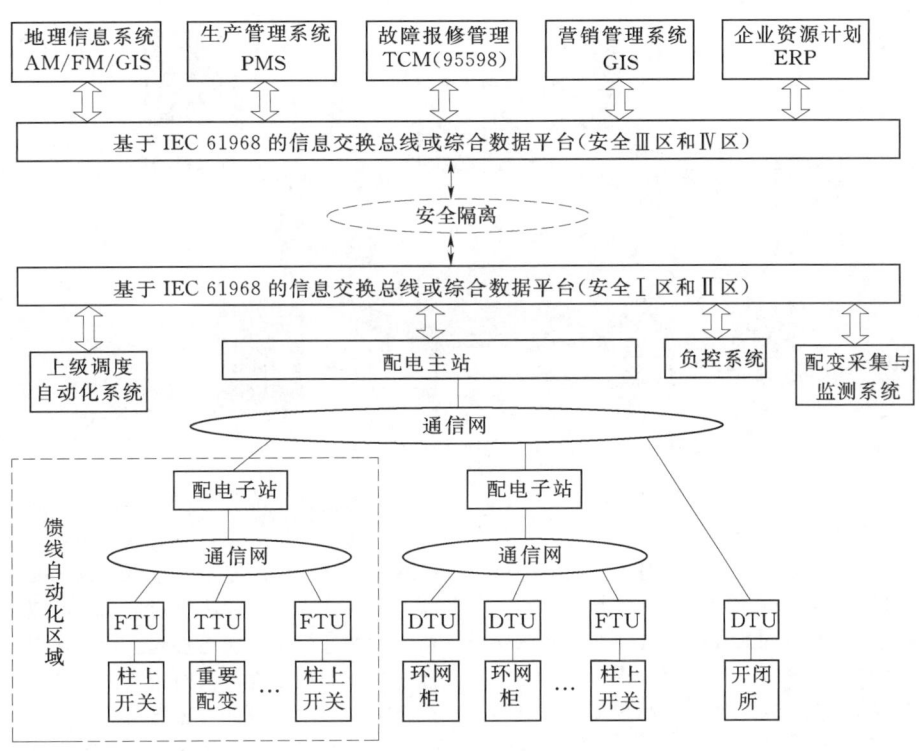

图 2-17-1-2 集成型配电自动化系统

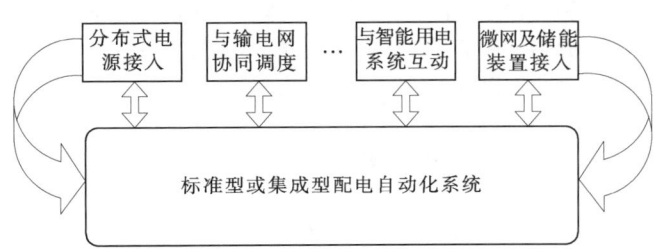

图 2-17-1-3 智能型配电自动化系统

上述五种配电自动化系统可以由各供电公司根据自身特点分阶段选择合适的方式，依据当地配电网结构、一次设备、通信条件的改善以及相关应用系统的成熟度和供电区域的用户重要性进行配置，也可以在一个阶段的配电网的不同区域上并存。其中：

（1）简易型方式适用于单辐射或单联络的一次网架仅需简单故障指示功能的配电线路。

（2）实用型方式适用于具备通信条件，以配电 SCADA 监控功能为主，但不具备条件实现馈线自动化功能的线路。

（3）标准型方式适用于配电网架比较完善，具备馈线自动化实施条件的对供电可靠性要求较高的区域。

（4）集成型方式适用于配电一次网架比较成熟、配电自动化系统已初具规模、各种管理应用系统比较成熟的供电公司。

（5）智能型方式适用于已开展或拟开展分布式电源/储能/微电网等方面的建设，配电自动化系统已具有较好的应用水平并正在同步开展智能用电系统建设的供电公司。

对一般放射性网络配电自动化系统选择方案：

（1）电缆网络：采用落地式手动操作负荷开关，加短路故障指示器和遥信、遥测的简易型或实用型方式。

（2）架空网络：采用柱上手动操作负荷开关加短路故障指示器和遥信、遥测的简易型或实用型方式。

对供电可靠性要求较高的放射性网络配电自动化系统选

择方案：

(1) 电缆网络：采用落地式重合器和分段加遥信、遥测的实用型或标准型方式。

(2) 架空网络：采用柱上重合器和分段器加遥信、遥测的实用型或标准型方式。

对供电可靠性要求高、允许开环运行的网络配电自动化系统选择方案：

(1) 电缆网络：采用具有远方操作功能的环网开关，加电流互感器、远方终端方案的实用型或标准型方式。

(2) 架空网络：

1) 采用具有远方操作功能的柱上开关，加电源互感器、远方终端方案的实用型或标准型方式。

2) 采用柱上重合器和分段器组合方式，加电流互感器、远方终端方案的实用型或标准型方式。

对供电可靠性要求很高，必须闭环运行的网络配电自动化系统选择方案：采用免维护真空或 $SF_6$ 开关，实现远方故障自动诊断、遥控、遥测、遥信的标准型或集成型方式，并最终向智能型方式发展。配网自动化应与地理信息系统相结合，实现实时信息远传监控功能。

## 六、配电自动化系统

配电自动化系统是实现配电网运行监测和控制的自动化系统。具备 SCADA、馈线自动化、电网分析应用及与相关应用系统互联等功能，主要由配电主站、配电终端、配电子站（可选）和通信通道等部分组成。配电自动化系统总体架构如图 2-17-1-4 所示。由于配网自身的诸多特点，配电网自动化技术发展呈现多样化、集成化、智能化的趋势，配电网自动化项目具备综合程度高、覆盖范围广的特征，因此将配电网自动化系统划分为 4 个部分进行规划和设计，同时各部分间关系紧密，相互依托，形成一个有机整体。

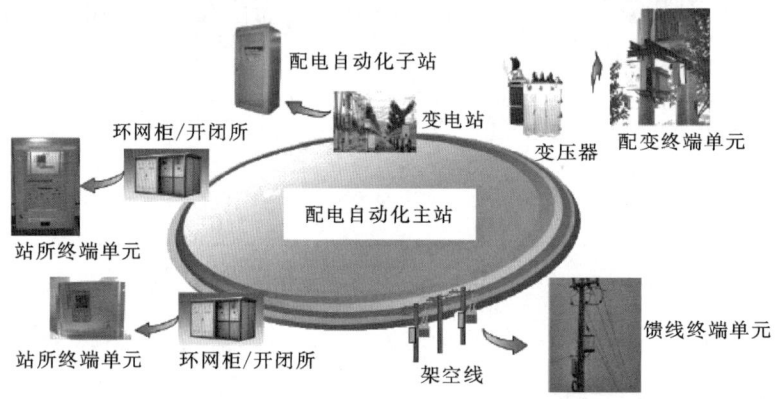

图 2-17-1-4 配电自动化系统总体架构

### 1. 主站系统

配电主站应构建在标准、通用的软硬件基础平台上，具备可靠性、可用性、扩展性和安全性，并根据各地区的配电网规模、实际需求和配电自动化的应用基础等情况选择和配置软硬件。根据不同安全区域不同业务，主站分别部署在安全Ⅱ区和Ⅲ区。安全Ⅲ区部分负责配电网统一模型的建立，并以配电 GIS 为平台实现配网运行分析、故障报修管理、配电工作调度、站所环境监测等各项面向生产管理的业务功能，同时也可采集各类以 GPRS 等为传输信道的装置地信息；安全Ⅱ区部分以安全Ⅲ区 AM/FM/GIS 建立的统一模型为基础，通过光纤/载波网络对 DTU、FTU、TTU 进行采集和控制，实现 DSCADA、D-PAS、安全预警和配电网运行状况相关的在线实时应用。

### 2. 综合数据平台

配电自动化涉及面很广，不仅有自身实时信息采集部分，需要从其他应用系统中获取相当多的实时、非实时和准实时信息。因此，国际电工委员会制订了《配电管理的系统接口》(IEC 61968) 系列标准，提出运用企业集成总线将若干个相对独立的、相互平行的应用系统整合起来，实现各系统信息交换，形成一个有效的应用整体。综合数据平台以 IEC 61968 为基础，既实现和外部各系统的信息交互，也完成了位于Ⅱ区/Ⅲ区不同安全区域的主站的模型和数据的交互，使各业务应用构建在一体化电网模型和完整数据的基础上，是主站系统的重要支撑。

### 3. 通信网络

配电通信系统可利用专网或公网，配电主站与配电子站之间的通信通道为骨干层通信网络，配电主站、子站至配电终端的通信通道为接入层通信网络。在配网自动化系统实施过程中，通信问题是一个难点问题，配电自动化建设的成功与否，一定程度上取决于通信系统的建设。在配电自动化通信方式的选择中，应注意先进性、实用性、可行性、可扩展性。应充分利用现有电网的通信条件，满足可靠性、目前传输速率的要求，设计上留有足够的带宽，以满足今后发展的需要。以光纤网络为主体，开闭所和环网柜统一接入骨干光纤环网，有条件的配电房也可通过星型光纤网络接入，为后期的客户互动业务扩展打好基础。在光纤不可达或建设成本巨大的区域，可采用载波通信方式，特别对于只需二遥的配变，可使用 GPRS 方式信道来采集。

### 4. 智能配电终端

配电终端应用对象主要有开关站、配电室、环网柜、箱式变电站、柱上开关、配电变压器、线路等。根据应用的对象及功能，配电终端可分为馈线终端（Feeder Terminal Unit，FTU）、站所终端（Distribution Terminal Unit，DTU）、配电终端（Transformers Terminal Unit，TTU）和具备通信功能的故障指示器等。配电终端功能还可采用远动装置（RTU）、综合自动化装置或重合闸控制器等装置。对开闭所实现"五遥"（遥信、遥测、遥控、遥调、遥视），对于环网柜和柱上开关实现"三遥"（遥信、遥测、遥控），对配变实现"二遥"（遥信、遥测）。各类智能配电终端是配网自动化的重要组成部分，智能配电终端要求运行稳定性高，FTU/TTU/DTU 等设备的技术要求进行明确的规定，制造标准统一,接口标准,自动化施工难度降低。

自动化和数字化是智能化的基础。我国目前配电网的调度自动化、变电站自动化等"孤岛"自动化系统经过多年的发展已基本实用化,而配电自动化和用户用电信息采集等系统绝大部分都没有实用化或者没有充分发挥系统本身的作用,信息化水平明显不足,数字化还处于起始阶段,致使早期建设的配电管理建设作用不明显,主要原因是以下方面:

(1) 系统应用主体不明确。对配电自动化的定位不清楚,应用主体(应用对象)不明确,造成建设的系统没有一个部门可以真正使用起来,满足不了配网调度、生产、运行和管理的实际需要。

目前的配网自动化,定位低,管理和应用投入不够。一是培训投入不够;二是后期运行维护不够;三是扩展性不强,造成目前的局面——起初建设的模式一直延续,没有后期的持续跟进管理、升级、动态维护。

(2) 配电管理的信息化程度不高。配电管理基础薄弱,管理手段落后,配网信息化程度不高,没有形成配电网的信息化、数字化模型描述规范,不能有效支撑配电自动化的功能应用;配电自动化的图形、数据维护与配电网基、改、建脱节,造成数据的准确性、及时性和完整性差,导致系统信任度下降。

各个子系统都具备,但是拓扑关系不强,互相脱离,不具备系统管理的条件,因此建立完整的拓扑关系也是加强管理所必需的。

(3) 配电GIS不满足动态应用。GIS是配电自动化的重要基础平台之一,是配电建模和图形的来源,但二次开发厂商对供电企业配网管理流程不熟悉,对需求了解不深,因此在GIS对配网的建模上缺乏深入的研究,导致只满足了静态应用(即图资管理)而不能满足动态应用(如实时应用和分析计算)。

对应配网建模、电子地图和图形输入必须满足动态应用,这是系统发挥作用的条件之一。

(4) 忽略对相关"信息孤岛"的利用和整合。配电管理的点多量大、涉及面很广,单单依靠实时数据采集建设周期很长且投资很大。而当时的系统只关注在少数馈线搞自动化而没有立足于对整个配网实现科学管理,过分强调实时应用,忽略了管理应用,忽视了对其他相关系统(信息孤岛)的整合和对现有基础数据的整理和利用,对相关系统和信息的整合和关联缺乏整体的考虑。

(5) 配电网数据采集不够准确和完整。配电网的基础数据采集面不宽、技术规范不统一、各类设备监测系统没有综合平台接入;生产管理中存在薄弱点,通风、排污、空调、消防、保卫、水喷雾系统等生产辅助类设备缺乏实时管控。

系统将实现对配电站各类生产辅助设备(如空调、采暖、通风、给排水、门禁、技防等)的实时监控,通过与手持终端、工业电视、PMS/OMS(移动操作系统)的联动,实现对辅助设备的统一管理,弥补目前设备管理的薄弱点。可在背景地图上提供配电网各类监测装置的地理分布图,并可按各种方式以组态图形式进行分层展示和控制。按照规范化、标准化、模块化的原则制定相关标准,并结合配网自动化试点的建设进行应用。

(6) 配电网优化不足。由于模型的建立不全面,线损的计算不完整,不能真正反映配电网的情况,配电网优化的依据不充分。

(7) 配电网设备状态传感、测量及故障状态检修技术研究及应用缺失,导致配电网维修还处于计划检修和故障抢修的传统维修模式。

(8) 灵活接入、即插即用、友好开放的互动用电模式尚未展开任何实质性的研究,难以实现先进的需求侧管理。

(9) 配电网控制的智能化水平低,难以开展基于电网实时数据的各种高级分析和智能监控,导致无法实现配电网"自愈"。

(10) 电网规划所需要的信息不全,造成电网规划存在不合理。

(11) 企业资源优化调配和业务协同性差,难以实现企业整体运营的最优化。

上述主要技术问题的存在,导致供电企业目前无法实现电力流、数据流和业务流的有机融合以及配电网"自愈"功能,因而无法支撑未来智能配电业务的发展。只有通过解决智能配电网建设中的关键技术问题,进而提出具有区域特色的智能配电网建设模式和方案,并通过示范应用,才能提高智能配电网技术经济水平和安全可靠性水平,促进智能配电网企业、社会目标的实现。

## 第二节　智能电网及智能配电网

### 一、智能电网的概念

目前就全世界来说,由于经济发展状况、电网建设水平、内外部发展环境不同,各国对于智能电网建设的愿景和侧重点有所差异,对智能电网概念的描述也不尽相同。直到现在,世界范围内尚没有一个统一的定义,智能电网概念仍处在不断探索中。

**1. 美国智能电网基本概念**

智能电网通过利用数字技术提高电力系统的可靠性、安全性和效率,利用信息技术实现对电力系统运行、维护和规划方案的动态优化,对各类资源和服务进行整合重组。智能电网涵盖了配电、用电、输电、运行、调度等方面。具有以下特征:

(1) 自愈。快速隔离故障、自我恢复,从而避免大面积停电的发生,减少停电时间和经济损失。

(2) 互动。商业、工业和居民等能源消费者可以看到电费价格、有能力选择最合适自己的供电方案和电价。

(3) 安全。提高电网应对物理攻击和网络攻击的能力,可靠处理系统故障。

(4) 优质。提供高性能的电能质量,没有电压跌落、电压尖刺、扰动和中断等电能质量问题,适应数据中心、计算机、电子和自动化生产线的需求。

(5) 兼容。适应所有的电源种类和电能储存方式。允许即插即用地连接任何电源,包括可再生能源和电能储存设备。

(6) 可市场化交易。现代化的电网支持持续的全国性的交易,允许地方性与局部的革新。

(7) 高效。优化电网资产,提高运营效率。

**2. 欧盟智能电网基本概念**

智能电网通过采用创新性的产品和服务,使用智能检测、控制、通信和自愈技术，有效整合发电方、用户或者同时具有发电和用电特性成员的行为和行动，以期保证电力供应持续、经济和安全。它能够交互运行，可容纳广大范围的小型分布式发电系统并网。研究重点在于研发可再生能源和分布式电源并网技术、储能技术、电动汽车与电网协调运行技术以及电网与用户的双向互动技术，以便带动欧洲整个电力行业发展模式的转变。其主要特征为：

（1）灵活：满足社会用户的多样性增值服务。

（2）易接入：保证所有用户的连接通畅，尤其对于可再生能源和高效、无二氧化碳排放或二氧化碳排放很少的发电资源要能方便接入。

（3）可靠：保证供电可靠性，减少停电故障；保证供电质量，满足用户供电要求。

（4）经济：实现有效的资产管理，提高设备利用率。

**3. 中国坚强智能电网基本概念**

坚强智能电网是以特高压电网为骨干网架、各级电网协调发展的坚强网架为基础，以通信信息平台为支撑，具有信息化、自动化、互动化特征，包含电力系统的发电、输电、变电、配电、用电和调度各个环节，覆盖所有电压等级，实现"电力流、信息流、业务流"的高度一体化融合的现代电网。其主要特征在技术上要实现信息化、自动化、互动化。

（1）信息化：能采用数字化的方式清晰表述电网对象、结构、特性及状态，实现各类信息的精确高效采集与传输，从而实现电网信息的高度集成、分析和利用。

（2）自动化：提高电网自动运行控制与管理水平。

（3）互动化：通过信息的实时沟通及分析，使整个系统可以良性互动与高效协调。

其主要内涵如下：

（1）坚强可靠：是指拥有坚强的网架、强大的电力输送能力和安全可靠的电力供应，从而实现资源的优化调配、减小大范围停电事故的发生概率。

（2）经济高效：是指提高电网运行和输送效率，降低运营成本，促进能源资源的高效利用。

（3）清洁环保：在于促进可再生能源发展与利用，提高清洁电能在终端能源消费中的比重，降低能源消耗和污染物排放。

（4）透明开放：意指为电力市场化建设提供透明、开放的实施平台，提供高品质的附加增值服务。

（5）友好互动：即灵活调整电网运行方式，友好兼容各类电源和用户的接入与退出，激励电源和用户主动参与电网调节。

从技术层面上讲，智能电网是集计算机、通信、信号传感、自动控制、电力电子、超导材料等领域新技术在输配电系统中应用的总和。这些新技术的应用不是孤立的、单方面的，不是对传统输配电系统进行简单地改进、提高，而是从提高电网整体性能、节省总体成本出发，将各种新技术与传统的输配电技术进行有机地融合，使电网的结构以及保护与运行控制方式发生革命性的变革。

从功能特征层面上讲，智能电网在系统安全性、供电可靠性、电能质量、运行效率、资产管理等方面较传统电网有着实质性的提高；支持各种分布式发电与储能设备的即插即用；支持与用户之间的互动。

智能电网建设在欧美国家已逐步上升到国家战略层面，成为国家经济发展和能源政策的重要组成部分。目前，美国、欧洲等国家和地区电网架构趋于稳定、成熟，具备较为充裕的输配电供应能力，对电力供应的安全性、灵活性以及电能质量等问题愈加关注，围绕与用户之间的双向互动、可再生能源和分布式电源发展与管理、电力供应商业模式和技术手段创新等方面，重点着眼于配电和用户环节，陆续启动了一系列相关研究和实践，有关智能电网的建设和应用理念由此逐步形成。

## 二、智能电网的发展

尽管智能电网的概念是在2003年提出的，但智能电网技术的发展最早可追溯到20世纪60年代计算机在电力系统的应用。20世纪80年代发展起来的柔性交流输电（FACTS）与20世纪90年代产生的广域相量测量（WAMS）技术，也都属于智能电网技术的范畴。进入21世纪，分布式电源（Distributed Electric Resource, -DER），包括分布式发电与储能迅猛发展。人们对DER并网带来的技术与经济问题的关注，在一定程度上催生了智能电网。

近年来，国际上对智能电网的研究可谓方兴未艾。2002年，美国电科院创立了"Intelli Grid"联盟（原名称为GEIDS），开展现代智能电网的研究，已提出了用于电网数据与设备集成的 Intelli Grid 通信体系；2003年7月，美国能源部发表"Grid 2030"报告，提出了美国电网发展的远景设想，之后美国能源部先后资助了 Grid Wise、Grid Works、MGI（现代电网）等智能电网研究计划。在实际应用方面，得克萨斯州的 Center Point 能源公司、圣地亚哥水电公司（SDG&E）等都在着手智能电网项目的实施或制定发展规划；作为美国盖尔文电力行动计划（GEI）的一部分，伊利诺伊工学院（IIT）正在实施"理想电力（Perfect Power）"项目。

欧洲国家也在积极推动智能电网技术研发与应用工作。欧盟于2005年成立了"智能电网技术论坛"；以欧洲国家为基础的国际供电会议组织（CIGRE）于2008年6月召开了"智能电网"专题研讨会。在智能电网建设方面，意大利电力公司（ENEL）在2002—2005年投资了21亿欧元实施智能抄表项目，使高峰负荷降低约5%，据报道每年可节省投资近5亿欧元；法国电力公司（EDF）以改造其配电自动化系统为重点发展智能电网。

我国对智能电网的研究与讨论起步相对较晚，但在具体的智能电网技术研发与应用方面基本与世界先进水平同步。我国地区级以上电网都实现了调度自动化，35kV 以上变电站基本都实现了变电站综合自动化，有200多个地级城市建设了配电自动化。广域相量测量系统（WMAS）、FACTS 等技术的研发与应用都有突破性进展。国家电网公司在分析经济社会和能源电力发展趋势，借鉴国外智能电网有关研究的基础上，结合基本国情和电力工业实际，提出了立足自主创新，加快建设以特高压电网为骨干网架，各级电网协调发展，具有信息化、自动化、互动化特征的坚强智能电网发展目标，力争使电网具备坚强的网架结构，能支持各类电源的友好接入及使用，能提供大范围资源优化配置能力，给用户提供全面的服务，以实现安全、可靠、优质、清洁、高效、互动的电力供应，推动电力行业及相关产业的技术升级，满足经济社会全面、协调、可持续发展要求。智能电网的构成如图2-17-2-1所示。

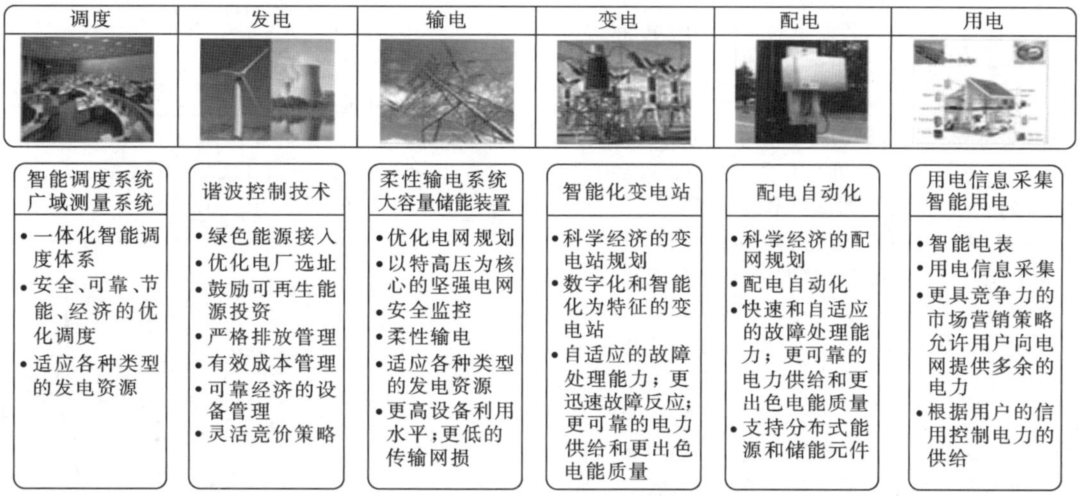

图 2-17-2-1 智能电网的构成

中国坚强智能电网建设的重点发展方向分以下方面：

(1) 提高电网输送能力，确保电力的安全可靠供应，具有坚强的网架结构，打造坚强可靠的电网。通过灵活交直流输电技术的研究和应用，提高电网输送能力和控制灵活性；进一步开展大电网安全稳定、智能调度、状态检修、全寿命周期管理和智能防灾等技术的研究，以提高大电网的安全稳定运行水平。

(2) 提高能源资源的利用效率，提高电网运行和输送效率，打造经济高效的电网。研究先进储能技术、电力电子等技术，提高发电资源利用效率；进一步深入研究各类电网优化分析技术，安排合理运行方式，降低源网全局损耗；研究需求侧智能化管理技术，提高用户侧能源资源利用效率。

(3) 促进可再生能源发展与利用，降低能源消耗和污染物排放，合理配置我国电源结构，打造清洁环保的绿色电网。研究可再生能源并网、监视、预测、分析、控制相关技术，服务于节能减排和清洁能源振兴规划；研究分布式电源接入和微电网等技术，促进用户侧可再生能源的利用，提升用电可靠性。

(4) 促进电源、电网、用户协调互动运行，打造灵活互动的电网。研究机网协调运行控制技术，推进机网信息双向实时交互；研究推广发电厂辅助服务考核技术，提高发电企业主动参与电网调节的积极性；研究互动营销、智能电表等技术，提高电网、用户间的互动水平和用户服务质量。

(5) 实现电网、电源和用户的信息透明共享，打造友好开放的电网。研究用电信息采集技术和营销信息化技术，确保电网与用户间信息透明开放；研究多周期、多目标调度计划技术、电力市场交易相关技术，构建公正透明的调度计划运作平台、电力市场交易平台，确保电网与电源信息的透明共享。

国家电网公司在认真分析国内经济发展形势和技术水平的基础上，根据国情现状，按照统筹规划、统一标准、试点先行、整体推进的原则，分阶段推进坚强智能电网的建设。

(1) 2009—2010 年为规划试点阶段，重点开展电网智能化发展规划工作，制定技术标准和管理标准，开展关键技术研发和设备研制，开展各环节的试点工作。

(2) 2011—2015 年为全面建设阶段，加快特高压电网和城乡配电网建设，初步形成智能电网运行控制和互动服务体系，关键技术和装备实现重大突破和广泛应用。

(3) 2016—2020 年为引领提升阶段，基本建成坚强智能电网，使电网的资源配置能力、安全水平、运行效率，以及电网与电源、用户之间的互动性显著提高。

### 三、智能配电网及其发展

智能电网的内容很宽，涵盖发电、输电、变电、配电、用电各个环节，要求实现安全、自愈、高效、清洁、优质、互动。智能配电网（Smart Distribution Grid，SDG）是智能电网的重要组成部分。

**1. 智能配电网概念**

智能配电网是集成了配电工程技术、高级传感和测控技术、现代计算机与通信技术的配电系统，更加安全、可靠、优质、高效，支持分布式电源大量接入，并为用户提供"择时用电"等与配电网的互动服务。

智能配电网是智能电网中配电网部分的内容，与传统的配电网相比，有以下主要功能特征：

(1) 自愈。SDG 能够及时检测出已发生或正在发生的故障并进行相应的纠正性操作，使其不影响对用户的正常供电或将其影响降至最小。自愈主要是解决"供电不间断"的问题，是对供电可靠性概念的发展，其内涵要大于供电可靠性。例如，目前的供电可靠性管理不计及一些持续时间较短的断电，但这些供电短时中断往往都会使一些敏感的高科技设备损坏或长时间停运。

(2) 安全性。SDG 能够很好地抵御战争攻击、恐怖袭击与自然灾害的破坏，避免出现大面积停电；能够将外部破坏限制在一定范围内，保障重要用户的正常供电。

(3) 更高的电能质量。SDG 实时监测并控制电能质量，使电压有效值和波形符合用户的要求，即能够保证用户设备的正常运行并且不影响其使用寿命。

(4) 支持 DER 的大量接入。这是 SDG 区别于传统配电网的重要特征。在 SDG 里，不再像传统电网那样，被动地硬性限制 DER 接入点与容量，而是从有利于可再生能源足额上网、节省整体投资出发，积极地接入 DER 并发挥其作用。通过保护控制的自适应以及系统接口的标准化，支持 DER 的"即插即用"。通过 DER 的优化调度，实现对各种能源的优化利用。

(5) 支持与用户互动。与用户互动也是 SDG 区别于传统配电网的重要特征之一。采用智能电表实行分时电价、动态实时电价，让用户自行选择用电时段，在节省电费的同时，为降低电网高峰负荷作贡献。允许并积极创造条件让拥有 DER（包括电动车等）的用户在用电高峰时向电网送电。

(6) 对配电网及其设备进行可视化管理。SDG 全面采集配电网及其设备的实时运行数据以及电能质量扰动、故障停电等数据，为运行人员提供高级的图形界面，使其能够全面掌握电网及其设备的运行状态，克服目前配电网因"盲管"造成的反应速度慢、效率低下问题。对电网运行状态进行在线诊断与风险分析，为运行人员进行调度决策提供技术支持。

(7) 更高的电网资产利用率。SDG 实时监测电网设备温度、绝缘水平、安全裕度等，在保证安全的前提下增加传输功率，提高系统容量利用率；通过对潮流分布的优化，减少线损，进一步提高运行效率；在线监测并诊断设计的运行状态，实施状态检修，以延长设备使用寿命。

(8) 配电管理与用电管理的信息化。SDG 将配电网实时运行与离线管理数据高度融合、深度集成，实现设备管理、检修管理、停电管理以及用电管理的信息化。

现代配电网具有以下特点：
(1) 集中式发电和分布式发电并行。
(2) 大量采用储能装置。
(3) 电网环网运行，交直流混合电网。
(4) 高峰时峰谷差加大。
(5) 电动汽车正在快速出现。
(6) 消费者正在变成发供者。

为了应对配电网物理结构的变化，充分利用配电网的特点，必须建设现代配电网。现代配电网就是所谓的智能电网，尽管定义千差万别，但目标是相同的：①增强电网运行可靠性；②提高能源利用效率；③消纳可再生能源发电；④加强与用户的互动。

为了实现上述目标，必须加强以下技术的研究：①借助于现代计算机技术和分析手段，实时分析电网运行状态，实时做出最优决策；②借助现代通信技术将系统中的各个元件联系起来；③利用现代传感和计算技术实现对各个装置的全面感知。

2. 主动式配电网概念

(1) 主动式配电网的 CIGRE 定义：主动配电网（Active Distribution Network，AND），即内部具有分布式或分散式能源且具有控制和运行能力的配电网。主动式配电网体系如图 2-17-2-2 所示。

(2) 主动式配电网的愿景。

1) 在主动式配电网中，随着分布式发电的发展和电力市场的建立，将出现一批售电公司，分为：负荷、发电和发用聚合体，组织起来参与电力市场，提供电能和辅助服务。

2) 作为连接用户与输电网的重要配电基础设施，不仅承担确保配电网安全运行的配电调度员的职责；还将肩负使用户可以方便参与电力市场买卖电能、协调控制分布式发电的重任，即使市场的经营者。

3) 主动式配电网的目标是在确保电网运行可靠性和电能质量的前提下，增加对现有配电网对可再生能源发电的容纳能力。

(3) 主动式配电网的核心理念。充分利用主动式配电网

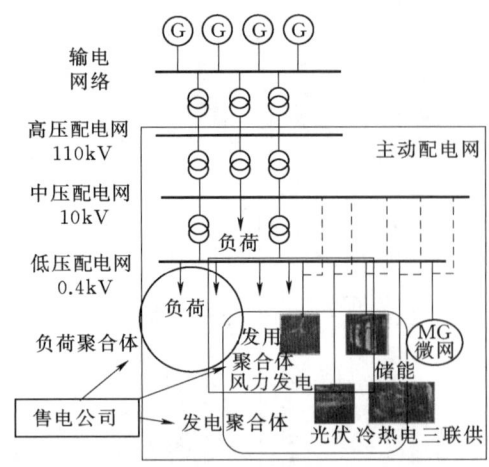

图 2-17-2-2 主动式配电网体系

的可控资源，研究可以实现电网侧的主动规划、管理、控制与服务、负荷侧的主动响应和发电侧的主动参与的核心技术（装置与系统），变被动接受为主动利用，实现主动式配电网的运行目标。主动式配电网构成的理念如图 2-17-2-3 所示。

(4) 主动式配电网建设的具体措施。

1) 借助于现代计算机技术和分析手段，实时分析电网运行状态，实时做出最优决策。

2) 借助现代通信技术，将系统中的各个元件联系起来。

3) 利用现代传感器和计算机技术实现对各个装置的全面感知。

3. 智能配电网的基础设施

(1) 坚强可靠的一次网络。包括变电站、馈线和变压器，是配电网的基础装备，提高一次设备可靠性的手段包括：

1) 以电缆代替架空线。
2) 配电线路建在路边，远离树林。
3) 以补偿接地代替隔离接地。
4) 把 10kV 电压等级提高到 20kV。
5) 简化主变和高压电网的拓扑结构。
6) 增加调压器和有载调压变压器。
7) 低压直流配网、电力电子设备。

(2) 灵活高效的二次系统。包括重合闸和断路器，快速切换开关及通信系统。其中中压馈线、二次变电站和低压电网的监测包括：

1) 除了传统的电压、电流监测，还要增加温度传感器、门位置传感器和各种类型的可视化传感器以增强资产管理能力。

2) 电能质量监测仪、故障记录仪、配网 PMU 和局部放电监测设备。

(3) 通信系统包括各种通信技术：

1) 光纤、无线网络、电力线载波和卫星等。
2) 以太网等。

(4) 智能配电网中可控资源，具体包括以下方面。

1) 光伏发电、风电等：有功功率一般不能调节，特殊情况下，可向下调节；无功功率可调，可参与电压控制。

2) 生物质发电、地热、三联供机组等：有功功率、无功功率均可控。

3) 储能及充电桩：有功功率可控。

4）电容、电抗、调压变压器、静止无功补偿器：无功功率可控。

5）需求侧响应：包括大用户、小用户集群控制。

6）负荷控制：直接负荷控制、电压敏感负荷。

(5) 智能配电网各要素及相互关系如图 2-17-2-4 所示。

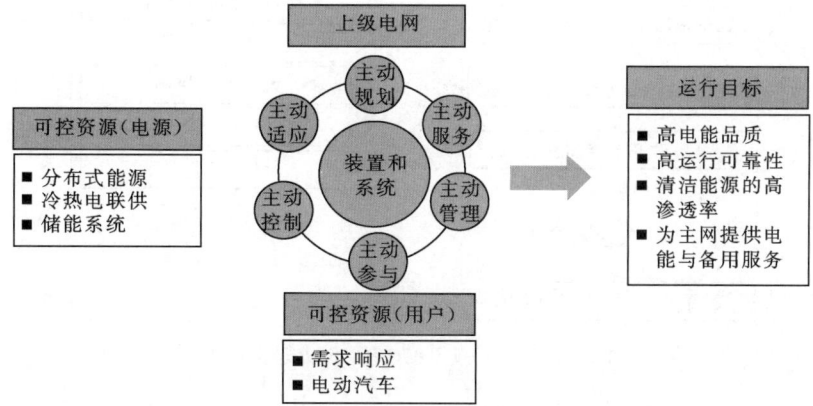

图 2-17-2-3 主动式配电网构成的理念

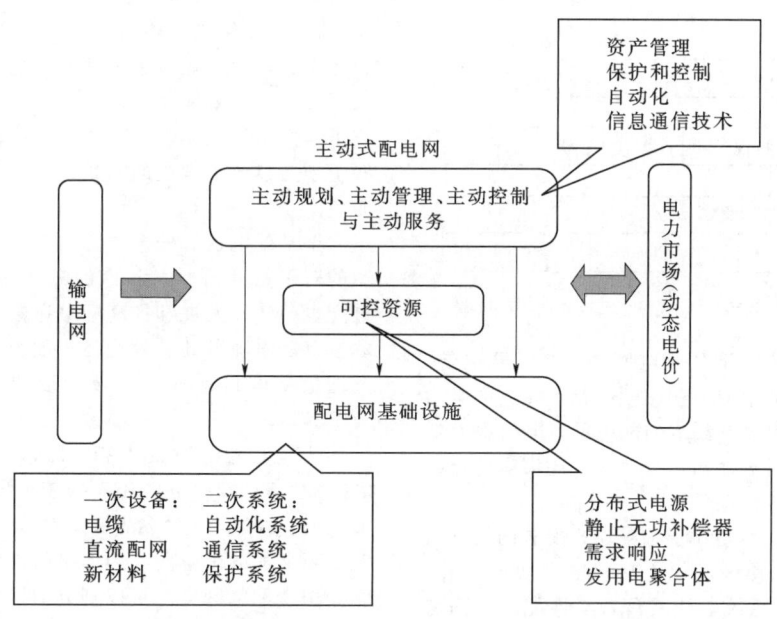

图 2-17-2-4 智能配电网各要素及相互关系

1）分布式电源、电动汽车和高品质供电需求的出现改变了传统配电网的形态，产生了一系列新的问题需要解决。

2）信息通信技术的快速发展与现代配电网的密切结合，产生了主动配电网。

3）主动式配电网的核心理念是配电网侧的主动规划、主动管理、主动控制与主动服务，用户侧的主动响应和发电侧的主动参与。

4）以信息集成为基础，结合主动配电网理念和大数据技术的配电网规划运行控制技术是智能电网的重要研究方向。

(6) 基于全面量测技术的智能配电网。

1）目前配电网量测现状。

a. 电网监控自己的设备。

b. 用户管理自己的设备。

2）目前配电网量测的缺点。

a. 信息不完整。

b. 系统决策依据不足。

3）主动式配电网基础是全面量测，依据完整的信息，作为系统决策的依据。

a. 主动拓宽量测范围，兼容用户侧信息。

b. 配电终端监测设备（IDU）。

c. 完善的用户信息，包括分界室的用户端信息、同步信息、智能电表信息、分布式发电信息、用户配电设备信息。

4）适用于智能配电网的综合配电单元（IDU）。IDU 装置包括数据存储单元，在当地保留电能质量监测、故障录波和谐波等信息，当需要时可上传系统。IDU 装置的功能及特点如图 2-17-2-5 所示。

5）智能配电网态势感知技术。基于状态估计、快速仿真分析和风险预警的多信息源主动式配电网态势感知技术的功能框架如图 2-17-2-6 所示。

### 四、柔性配电网（FDN）

柔性配电网是指可实现柔性闭环运行的配电网。

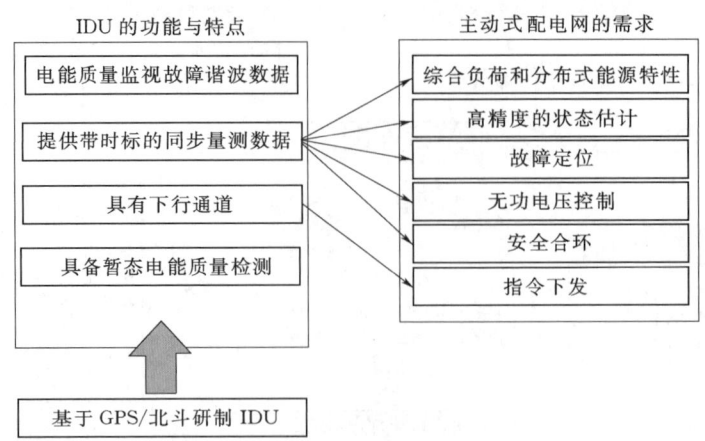

图 2-17-2-5 IDU 装置的功能及特点

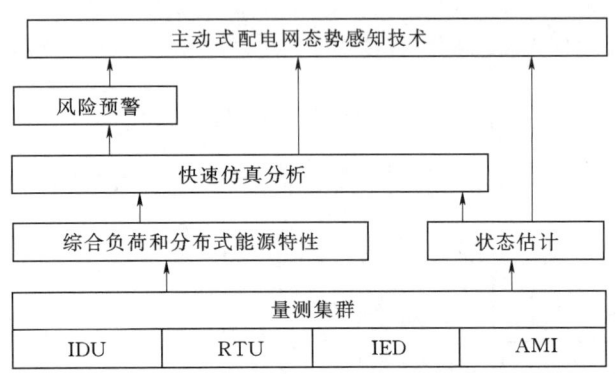

图 2-17-2-6 主动式配电网态势感知技术功能框架

利用柔性电力电子技术改造的配电网是一个重要趋势，能有效解决传统配电网发展中的一些瓶颈问题。先进的电力电子技术可以构建灵活、可靠、高效的配电网，既可提升城市配电系统的电能质量、可靠性与运行效率，还可应对传统负荷以及平抑可再生能源的波动性。

与主动式配电网概念的不同在于，主动式配电网是针对分布式电源（DG）进行主动调度，让其与电网协同工作；而 FDN 则是针对电网一次系统，让其具备柔性能力。两者也存在联系：柔性化提高了电网潮流转移调节的能力，有助于间歇性 DG 的消纳，对提高整个配电网的主动调节性也是有益的。

与传统配电网相比，FDN 的优势在于：

(1) 正常运行方面，FDN 能较好地均衡馈线以及变电站主变的负载，安全裕度更高。

(2) 安全性方面，由于柔性开关在多回馈线间具有连续负荷分配能力，能充分利用网络相互支持，安全性更高。

(3) 供电能力方面，FDN 不仅会提升电网最大供电能力（TSC），并且 TSC 能在各种负荷分布下达到，在实际中容易实现。

柔性化是配电网发展的一个重要趋势，FDN 概念会带来很多令人感兴趣的课题，如柔性化程度如何衡量、如何确定合理的柔性度等。后续研究还将提高计算精度，计及损耗和柔性开闭站（FSS）无功输出的独立性，并考虑 DG、储能、用户响应等因素，研究 FDN 对消纳间歇性 DG 的作用。

随着电力事业的不断向前发展，电力体制改革的不断深化，同样也衍生出了各种如增量配电、售电侧改革和电力辅助服务市场等新兴市场。

## 五、增量配电网

### 1. 增量配电网概念

自 2002 年电力体制改革实施以来，在党中央、国务院领导下，电力行业破除了独家办电的体制束缚，从根本上改变了指令性计划体制和政企不分、厂网不分等问题，初步形成了电力市场主体多元化竞争格局；电力行业发展还面临一些亟须通过改革解决的问题，于是新一轮电力体制改革应运而生。

增量配电这一概念便是由《关于进一步深化电力体制改革的若干意见》（中发〔2015〕9 号）提出，按照有利于促进配电网建设发展和提高配电运营效率的要求，探索社会资本投资配电业务的有效途径，逐步向符合条件的市场主体放开增量配电投资业务，鼓励以混合所有制方式发展配电业务。

增量配电网原则上指 110kV 及以下电压等级电网和 220（330）kV 及以下电压等级工业园区（经济开发区）等局域电网。"增量"顾名思义，就是原来没有，现在有了，也就是新增加的配电网称为增量配电网。

增量配电网资产可以划分为以下部分：

(1) 满足电力配送需要和规划要求的新建配电网及混合所有制方式投资的配电网增容扩建。

(2) 除电网企业存量资产外，其他企业投资、建设和运营的存量配电网。

### 2. 增量配电网运营

2016 年国家发展和改革委员会（以下简称"国家发展改革委"）和国家能源局曾以特急的等级下发了一份关于增量配电网业务试点申报的文件，拟以增量配电设施为基本单元，确定 105 个吸引社会资本投资增量配电业务的试点项目。

## 六、智能电网用户端系统

### 1. 智能电网用户端系统概念

智能电网用户端系统包括了从电力变压器到用电设备之间，对电能进行传输、分配、控制、保护、电能管理以及双向互动服务的所有设备及系统，包括智能电器及系统、电能管理系统、智能楼宇控制系统及双向互动服务系统。智能电网用户端系统框图如图 2-17-2-7 所示。

图 2-17-2-8 给出了一个在智能电网下智能用户端系统特例，包括可接入分布式可再生能源发电系统、可接入分

布式储能系统、高效的电能管理系统、智能的控制与保护系统、人性化的双向互动服务体系,具有全面的系统解决方案。用户端系统位于智能电网末端,是智能电网"高速公路"的"最后一公里",重要度极高,是智能电网能否取得广泛成效的关键。用户端系统能够推动分布式可再生能源的发展,实现绿色环保;实现智能化电能管理,减少电能损耗,促进节能减排;打破传统生产—消费模式,形成双向互动服务体系;推动多种系统的兼容和集成,实现系统互联和信息共享,形成系统全面的解决方案;让广大用户真正感知智能电网所带来的成效和收益。

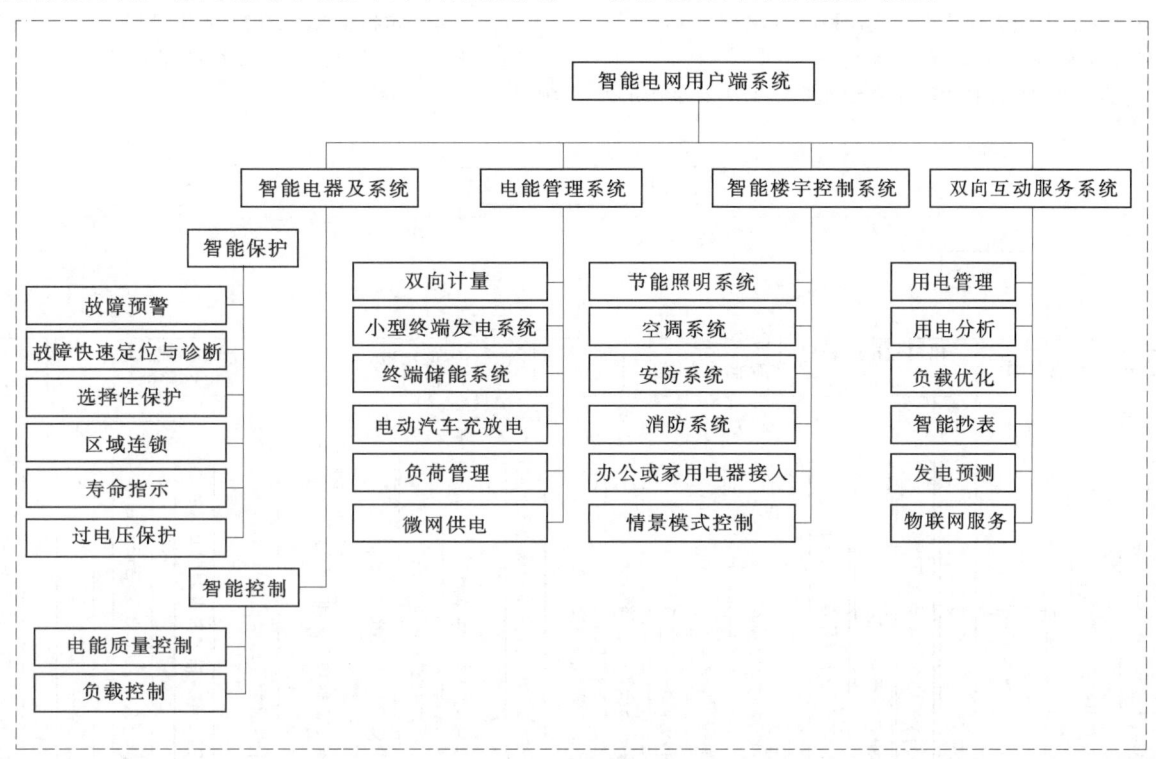

图 2-17-2-7 智能电网用户端系统框图

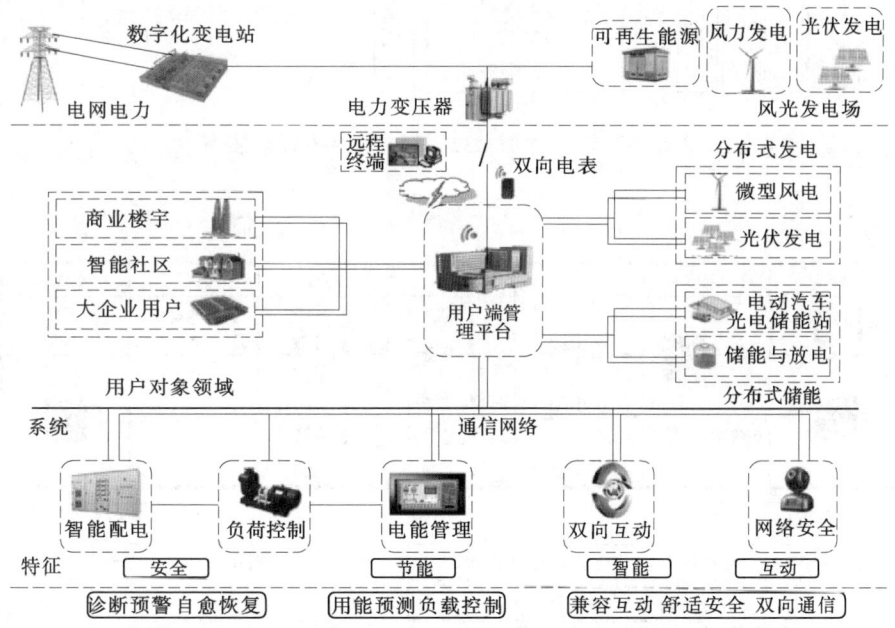

图 2-17-2-8 智能用户端系统特例

2. 智能用户端在智能电网系统中的作用

(1) 用电更安全、更可靠。

1) 引进先进传感技术、通信技术、计算机技术和网络技术。

2) 主要设备具有高性能及高可靠性(提高终端电网坚强度)。

(2) 系统更节能、更环保。

1) 分布式可再生能源发电与预测。

2) 负载管理。

3) 系统与设备节能。

4) 选用绿色可回收材料。

(3) 控制与保护更智能化。

1) 多系统兼容。
2) 统一控制与保护平台。
(4) 生活更舒适、更人性化。
1) 智能家电、办公设备和智能控制系统使生活更舒适。
2) 低碳节能、双向互动使生活更美好。
3) 信息化的电能管理使生活更便捷。

3. 智能电网用户端系统关键技术

(1) 智能电网用户端技术标准体系如图 2-17-2-9 所示，包括智能用电及智能配电系统。

(2) 智能电网用户端系统关键技术。

1) 智能电器及智能配电系统关键技术如图 2-17-2-10 所示。
2) 电能管理系统关键技术如图 2-17-2-11 所示。
3) 智能楼宇控制系统关键技术如图 2-17-2-12 所示。
4) 双向互动服务系统关键技术如图 2-17-2-13 所示。

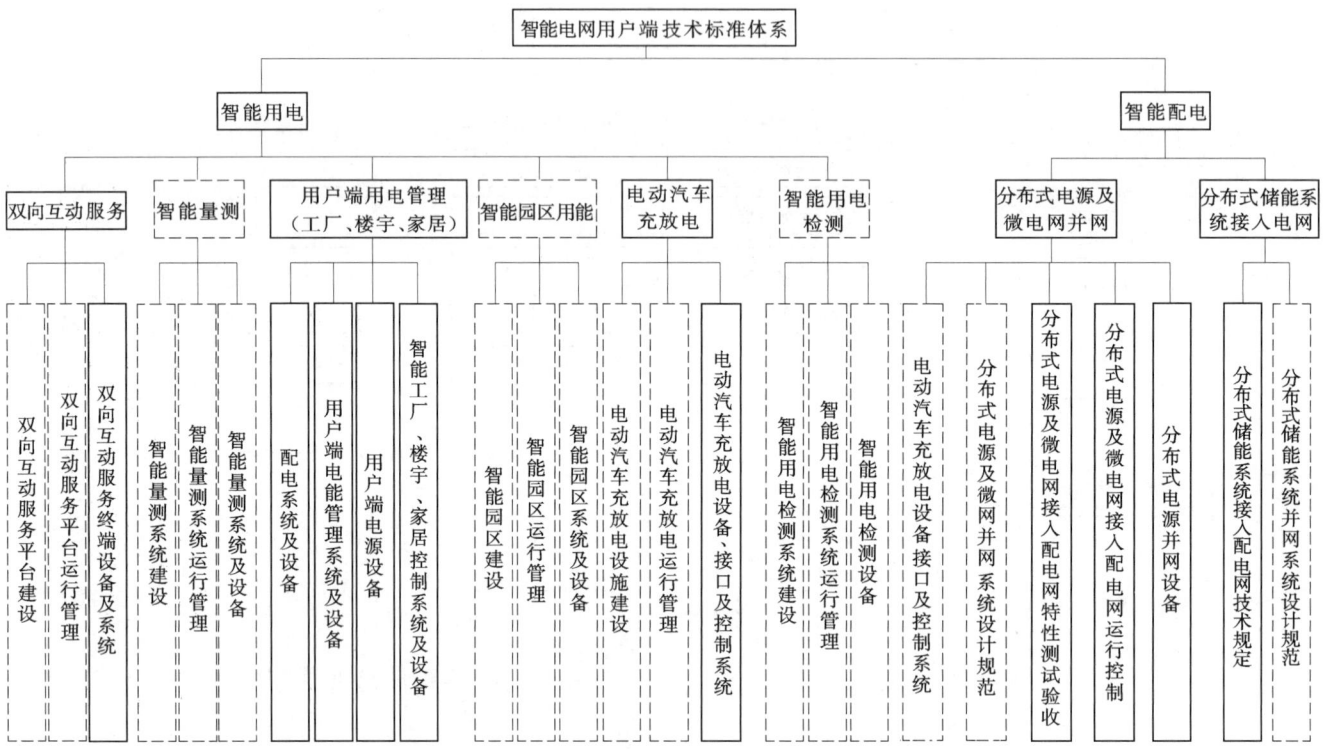

图 2-17-2-9　智能电网用户端技术标准体系

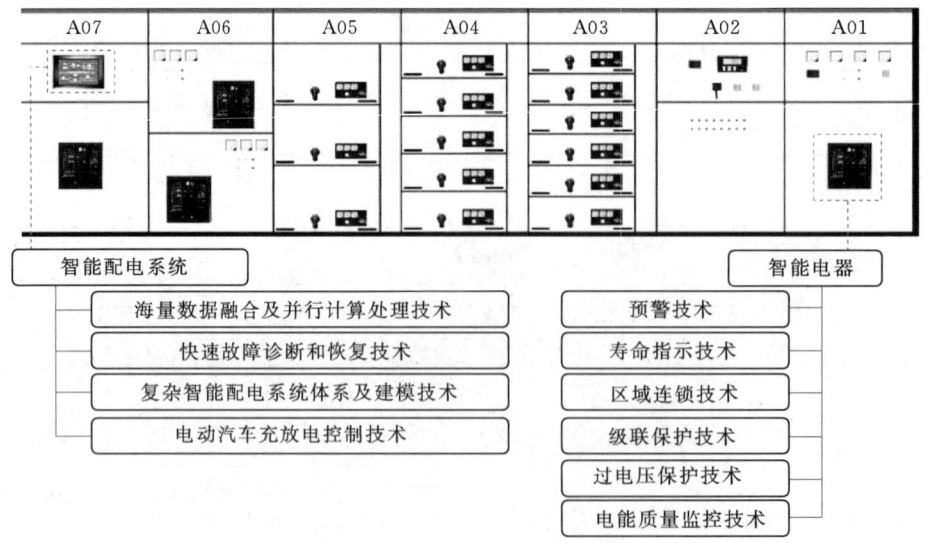

图 2-17-2-10　智能电器及智能配电系统关键技术

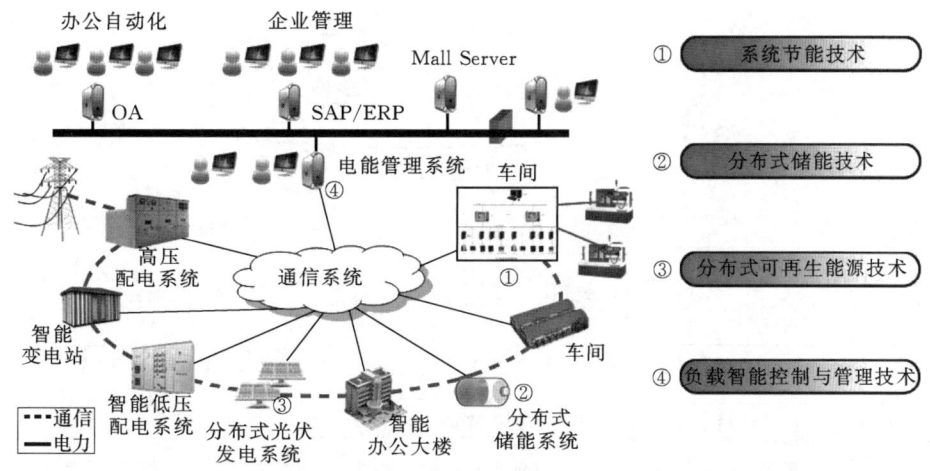

图 2-17-2-11 电能管理系统关键技术

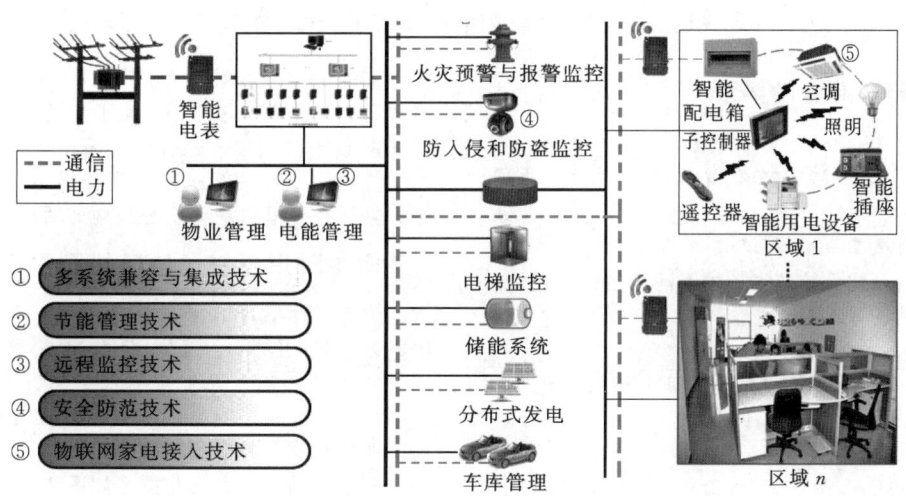

图 2-17-2-12 智能楼宇控制系统关键技术

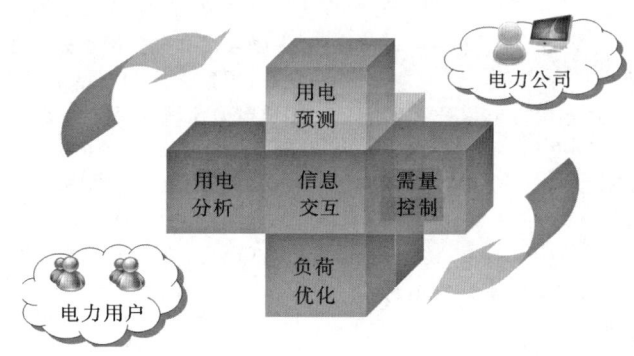

图 2-17-2-13 双向互动服务系统关键技术

## 第三节  新一代配电自动化

### 一、新一代配电自动化功能定位

1. 智能配电网信息化整体架构

智能配电网信息化整体架构包括配电自动化、供电服务指挥平台、PMS 2.0 系统，如图 2-17-3-1 所示。

2. 建设目标

(1) 配电网营配调信息和业务在线化高效协同。

(2) 配电网信息和业务透明化精益管理，涉及电网和设备状态、优质服务资源和业务开展过程。

(3) 配电网信息和业务移动化即时作业，涉及检修、抢修、巡视、建设、服务等环节。

(4) 配电网信息和业务智能化分析决策，通过云计算、大数据、人工智能等手段，从动态远景规划、设备动态评估、经济运行、供电能力评估、安全风险评估及投资效益评估，实现科学规划、精准建设、灵活运行、高效运检、优质服务。

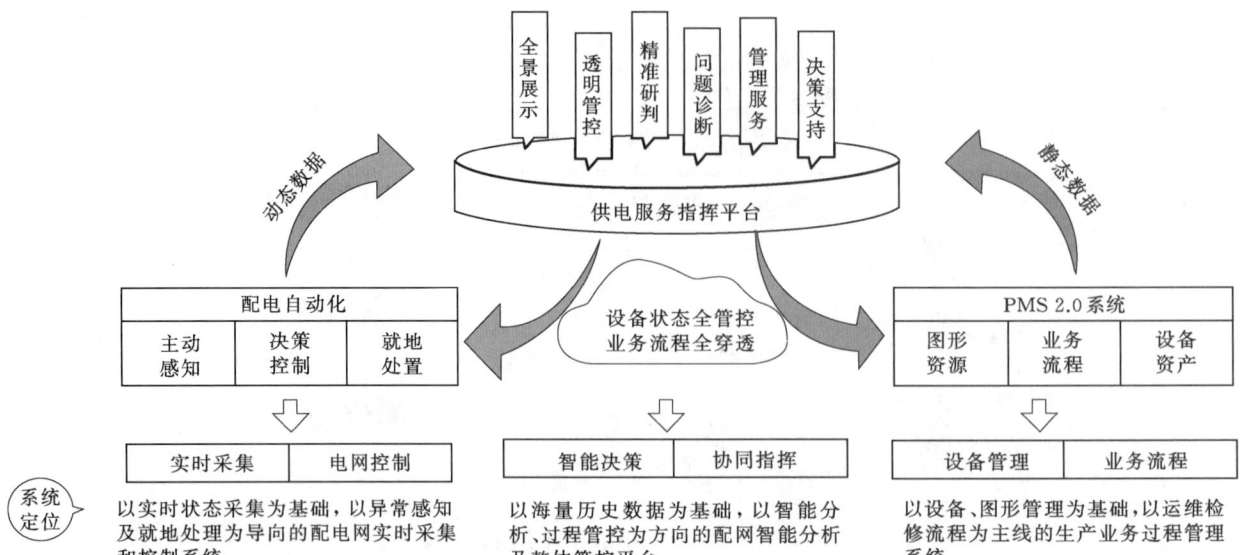

图 2-17-3-1 智能配电网信息化整体架构

## 二、新一代配电网建设要求

国家电网公司共有 138 个地市公司,有 9.1 万余条线路,线路覆盖率达 35%。其中故障指示器 32 万套、FTU 15.2 万台、DTU 9.8 万台。

### 1. 传统主网调度自动化系统

传统主网调度自动化系统技术架构无法满足一流现代配电网对于自动化技术的要求。

(1) 规模庞大。

1) 点多。配电变压器 440 万台(三相变为主),电力用户 4.47 亿户,供电服务人口超过 11 亿人。

2) 线长。6~20kV 配电线路长度 369 万 km,0.4kV 配电线路长度 554 万 km。

3) 面广。经营区域覆盖 26 个省(自治区、直辖市),覆盖国土面积的 88% 以上,市公司 336 个,县公司 1683 个。

(2) 结构复杂。

1) 网架结构多样且多变。A+、A、B、C、D、E 六类供电区域;架空、电缆、架混多样。

2) 分布式能源渗透率高。分布式光伏发电累计并网容量 2810 万 kW,累计并网户数 74.28 万户。

3) 电动汽车发展迅速。智慧车联网,平台累计接入充电桩 17 万个,接入电动汽车 1.7 万辆。

### 2. 配电自动化支撑作用

强化以客户为中心的理念,建设开放式新一代配电自动化系统,全面支撑配电网全业务管理。

(1) 传统配电自动化改进。

1) 有效消除配电网"盲调"工作状态。

2) 有效促进配电调度一体集中管理。

3) 有效提升配电网故障快速处理能力。

(2) 有效支撑配电网调控运行管理。

1) 支撑配电网运维检修专业管理。

2) 支撑客户优质服务专业管理。

3) 支撑配电网网架规划专业管理。

4) 支撑配电网工程建设专业管理。

## 三、新一代配电自动化系统架构

在传统 SCADA 的基础上,创新管理信息大区功能应用,实现从运行监测到状态管控、从被动故障处理到主动异常预警、从单一调控支撑到全业务功能提升,打造面向能源互联网的数据采集、融合、决策的智能化中枢,大幅提升"站-线-变-户"中低压配电网全链条智能化监测与管理水平。新一代配电自动化系统架构如图 2-17-3-2 所示。

## 四、配用电统一信息模型中心

遵循国际标准《能量管理系统应用程序接口》(IEC 61970) 和《电气设施的应用集成 配电管理系统接口》(IEC 61968),从业务需求层、功能实现层、信息模型支撑层三个层构建配电网统一信息模型中心,实现跨系统、跨专业的数据贯通、信息共享、专业协同和业务融合的目标。配电自动化信息交互技术如图 2-17-3-3 所示。

## 五、网络与信息安全防护

为了加强配电自动化系统安全防护,保障系统安全,《中华人民共和国网络安全法》、《电力监控系统安全防护规定》(国家发展和改革委员会令 2014 年第 14 号)和《关于印发电力监控系统安全防护总体方案等安全防护方案和评估规范的通知》(国能安全〔2015〕36 号)等对配电监控系统的安全防护做出了原则性规定。

### 1. 传统配电自动化系统

(1) 主站层面。通过配电自动化系统攻击 EMS;通过终端、通信设备攻击主站。

(2) 终端层面。通过终端远程遥控其他终端;配电终端采用软加密模块,效率低,密钥安全性无法保证。

### 2. 新一代配电自动化系统

(1) 在配电自动化系统跨区边界,调度自动化系统边界、安全接入区边界加装正反向物理装置。

(2) 在安全接入区与通信网络边界安装安全接入网关,实现对通信链路的双向身份认证和数据加密。

(3) 配电终端采用了内置专用安全芯片方式,实现通信链路保护、身份认证、业务数据加密。

## 六、新型一二次融合

### 1. 传统设备一二次融合

(1) 一次设备。

1) 型式结构标准化。
2) 机构设计简单化。
3) 可靠稳定高质化。
(2) 二次设备。
1) 硬件"四统一",包括面板外观、安装尺寸、运行指示、接口插件等方面统一。
2) 软件"三标准",包括功能实现、通信规约、运维工具三方面。

2. 一二次融合

(1) 一次设备。包括总体设计标准化、功能模块独立化、设备互换灵活化和电气测量数字化。

(2) 二次设备。包括:
1) 扩展就地型馈线自动化功能。
2) 增加单相接地故障检测功能。
3) 深化电能量采集功能。

## 七、智能配电终端

### 1. 深化就地型馈线自动化应用

综合考虑配电网网架、通信通道、供电可靠性等因素,以提高供电可靠性、提升配电网运行管理水平为目标,因地制宜、注重实效地推进就地型馈线自动化建设。内容如图2-17-3-4所示。

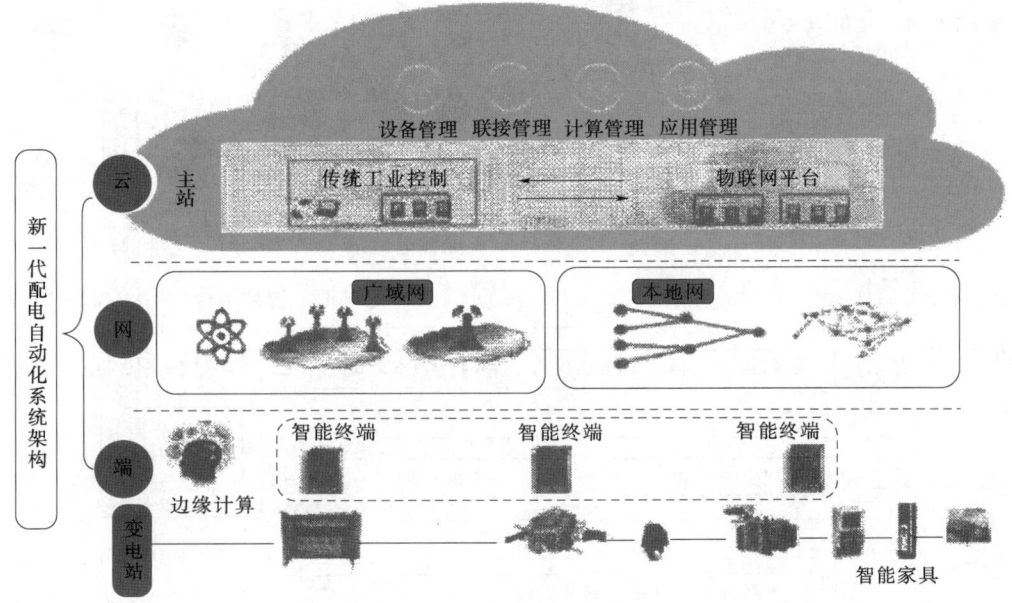

图 2-17-3-2 新一代配电自动化系统架构

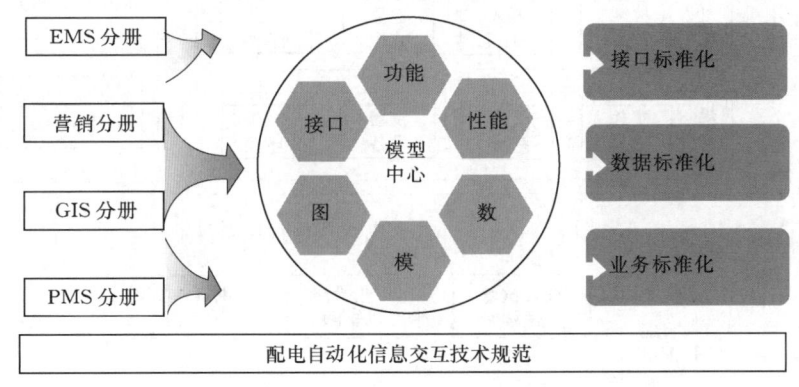

图 2-17-3-3 配电自动化信息交互技术

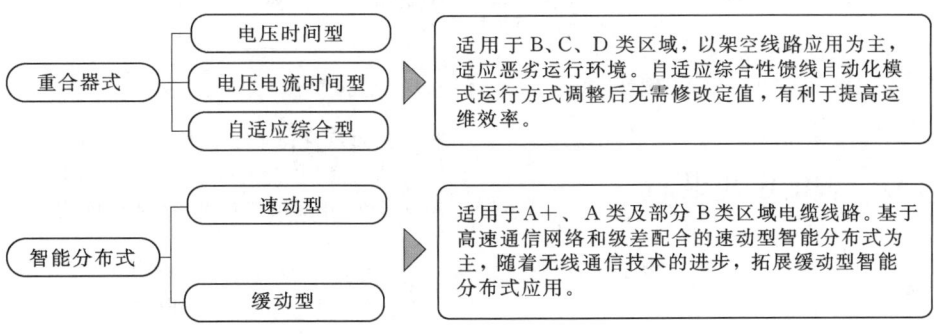

图 2-17-3-4 就地型馈线自动化应用

## 2. 分布式DTU

集测量、保护、控制、通信等多种功能一体化集成，实现标准化设计、工厂化生产、模块化安装、更换式检修等功能。

## 3. 分布式边缘计算技术

(1) 硬件：标准化、模块化、平台化。
(2) 软件：高灵活、App化、低成本。
(3) 智能配电终端如图2-17-3-5所示。

## 八、加强设备质量管控

依托两级电力科学研究院（以下简称"电科院"）配电终端设备质量管控平台，建立配电自动化设备质量全生命周期管控体系，强化配电终端和故障指示器入网检测、到货全检、运行评估三级质量管控，实现检测报告、运行数据与缺陷记录在线贯通，开展分批次、分厂家、分型号、分区域、分周期对比分析，通过质量评价实现产品质量全过程跟踪、同步追责和及时处置。

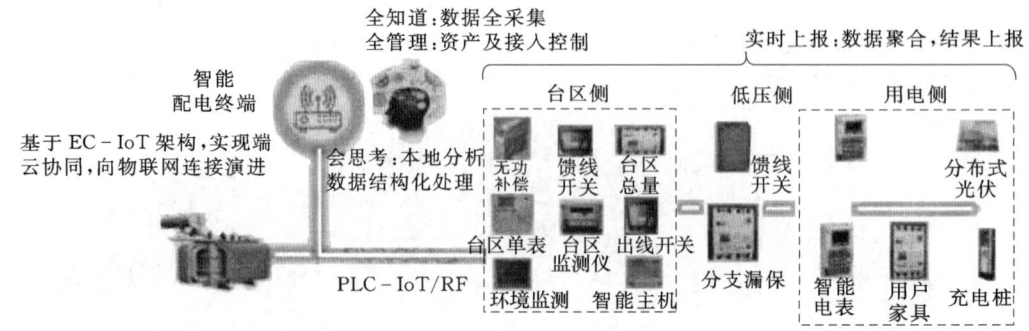

图2-17-3-5 智能配电终端

(1) 配电设备评价体系如图2-17-3-6所示。
(2) 配电设备管控平台如图2-17-3-7所示。

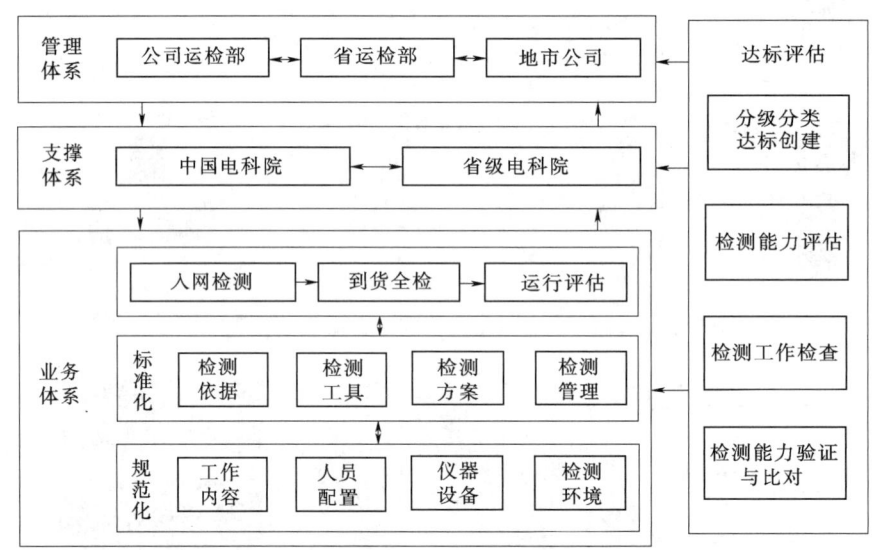

图2-17-3-6 配电设备评价体系

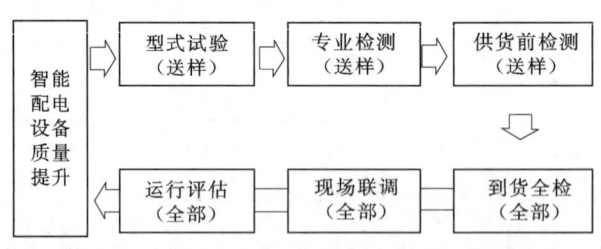

图2-17-3-7 配电设备管控平台

# 第四节 智能配电装置

## 一、配电终端

### （一）概述

配电终端是安装于中压配电网现场的各种远方监测、控制单元的总称，主要包括配电开关监控终端（即FTU，馈线终端）、配电变压器监测终端（即TTU，配变终端）、开关站和公用及用户配电所的监控终端（即DTU，站所终端）等。

配电终端应用对象主要有开关站、配电室、环网柜、箱式变电站、柱上开关、配电变压器、配电线路等。

根据应用的对象及功能，配电终端可分为馈线终端（FTU）、站所终端（DTU）、配变终端（TTU）和具备通信功能的故障指示器等。配电终端功能还可通过远动装置（Remote Terminal Unit，RTU）、综合自动化装置或重合闸控制器等装置实现。

**(二) 配电终端的基本要求和基本功能**

1. 配电终端的基本要求

（1）配电终端应根据不同的应用对象选择相应的类型。

（2）配电终端应采用模块化设计，具备扩展性。

（3）配电终端应具备运行信息采集、事件记录、对时、远程维护和自诊断、数据存储、通信等功能。

（4）除配变终端外，其他终端应能判断线路相间故障的能力。

（5）支持以太网或标准串行接口，与配电主站/子站之间的通信宜采用符合《远动设备及系统》（DL/T 634）标准的101、104通信规约和CDT通信协议。

2. 配电终端的基本功能

按照《配电自动化系统功能规范》（DL/T 814—2013）的要求，配电终端的基本功能和选配功能见表2-17-4-1。

**(三) 配电终端模块化设计的总体技术要求**

配网自动化终端设备采用模块化设计，可以根据监测需求灵活配置和扩充电流、电压、遥信和遥控量。根据开关房/综合房的空间环境条件及运行维护需求，优先采用壁挂安装方式。总体技术要求如下：

（1）开关状态、接地开关状态采集。

（2）故障指示器信号采集。

表2-17-4-1 配电终端的基本功能和选配功能

| 终端类别 | | 配电柱上开关监控终端 | | 配电柱上变压器监控终端 | | 开闭所监控终端 | | 配电所监控终端 | | 用户配电所监控终端 | |
|---|---|---|---|---|---|---|---|---|---|---|---|
| 功能 | | 基本功能 | 选配功能 | 基本功能 | 选配功能 | 基本功能 | 选配功能 | 基本功能 | 选配功能 | 基本功能 | 选配功能 |
| 数据采集 | 状态量 1. 开关位置 | √ | | | √ | √ | | √ | | √ | |
| | 2. 终端状态 | √ | | √ | | √ | | √ | | √ | |
| | 3. 开关储能、操作电源 | √ | | | | √ | | √ | | √ | |
| | 4. SF$_6$开关压力信号 | | √ | | | √ | | √ | | | √ |
| | 5. 通信状态 | | √ | | √ | | √ | | √ | | |
| | 6. 保护动作和异常信号 | √ | | | | √ | | √ | | √ | |
| | 模拟量 1. 中压电流、电压 | √ | | | | √ | | √ | | √ | |
| | 2. 中压有功、无功功率 | | √ | | | | √ | | √ | | √ |
| | 3. 功率因数 | | √ | | | | √ | | √ | | √ |
| | 4. 低压电流、电压 | | | √ | | | | | | | √ |
| | 5. 低压有功、无功功率 | | | √ | | | | | | | √ |
| | 6. 低压零序电流及三相不平衡电流 | | | √ | | | | | | | √ |
| | 7. 温度、湿度 | | | | √ | | | | | | √ |
| | 8. 电能量 | | | √ | | | | √ | | √ | |
| 控制功能 | 1. 开关分合闸 | √ | | | | √ | | √ | | | √ |
| | 2. 保护投停 | | | √ | | | | √ | | √ | |
| | 3. 重合闸投停 | | | √ | | | | √ | | √ | |
| | 4. 备用电源自动装置投停 | | | | | | | √ | | √ | |
| 数据传输 | 1. 上级通信 | √ | | √ | | √ | | √ | | √ | |
| | 2. 下级通信 | | | √ | | √ | | √ | | | √ |
| | 3. 校时 | √ | | √ | | √ | | √ | | √ | |
| | 4. 其他终端信息转发 | √ | | | | √ | | √ | | | |
| | 5. 电能量转发 | | | | | | | √ | | √ | |
| 维护功能 | 1. 当地参数设置 | √ | | √ | | √ | | √ | | √ | |
| | 2. 远程参数设置 | √ | | √ | | √ | | √ | | √ | |
| | 3. 远程诊断 | | √ | | √ | | √ | | √ | | √ |
| 其他功能 | 1. 馈线故障检测及故障事件记录 | √ | | √ | | √ | | √ | | | |
| | 2. 设备自诊断 | √ | | √ | | √ | | √ | | √ | |
| | 3. 终端用后备电源及电源投入 | √ | | √ | | √ | | √ | | √ | |
| | 4. 事件顺序记录 | | | | | √ | | √ | | | |
| | 5. 当地显示 | | √ | | √ | | √ | | √ | | √ |
| | 6. 保护及单/多次重合闸 | | | √ | | | | | | | |
| | 7. 备用电源自动投入 | | | | | | | √ | | √ | |
| | 8. 最大需量及出现时间 | | | √ | | | | √ | | √ | |
| | 9. 失电数据保护 | | | √ | | | | √ | | √ | |
| | 10. 断电时间 | | | √ | | | | √ | | √ | |
| | 11. 电压合格率统计 | | | √ | | | | √ | | √ | |
| | 12. 谐波分析 | | √ | | √ | | | | √ | | √ |
| | 13. 频率计算 | | √ | | √ | | | | √ | | √ |
| | 14. 模拟量定时存储 | | | √ | | | | √ | | √ | |

续表

| 终端类别 | 配电柱上开关监控终端 | | 配电柱上变压器监控终端 | | 开闭所监控终端 | | 配电所监控终端 | | 用户配电所监控终端 | |
|---|---|---|---|---|---|---|---|---|---|---|
| 功能 | 基本功能 | 选配功能 | 基本功能 | 选配功能 | 基本功能 | 选配功能 | 基本功能 | 选配功能 | 基本功能 | 选配功能 |
| 当地功能 1. 配电变压器有载调压 | | | | √ | | | | √ | | √ |
| 2. 配电电容器自动投停 | | | | √ | | | | √ | | √ |
| 3. 终端、开关蓄电池自动维护 | | √ | | √ | | √ | | √ | | √ |
| 4. 其他当地功能 | | √ | | √ | | √ | | √ | | √ |

(3) 电流、电压量采集；检测、判别相电流、零序电流越限，并将越限告警信息主动上报主站。

(4) 支持"识别多重故障"功能。

(5) 事件顺序记录功能。

(6) 接收并执行遥控及复归指令，保存最近至少 10 次动作指令。

(7) 远程和就地参数设置及对时功能。

(8) 自诊断、自恢复功能。

(9) 具有远方和本地闭锁及控制切换功能，支持开关的就地操作功能。

(10) 支持数据转发功能，支持 IEC 101、IEC 104 通信协议。

(11) 提供 RS232、RS485 及以太网通信接口；对于采用公网通信的终端设备，需要根据用户要求配置 GPRS 或 CDMA 通信模块；对于采用光纤、载波等通信方式的终端设备，要求可以根据需要加装光纤、载波等通信设备。

(12) 过载越限识别、报警及上传功能。

(13) 能够根据需要设置限值、数据上传周期等参数。

(14) 失电或通信中断后数据长期保存，支持历史数据补充上传。

(15) 具有后备电源，提供智能电源管理功能，电池可自动、手动充放电。

(16) 在交流失电的情况下，三遥配置的配电终端能够对开关进行 3 次以上分合操作。

(17) 输入、输出回路具有安全防护措施。

(18) 实现二遥功能的主控单元能够通过扩展插件或模块实现遥控功能。遥控功能扩展不需要更改终端结构。

(19) 实现二遥功能的主控单元能够方便扩展电池，以实现遥控功能所需要的后备电池容量。扩展电池不需要更改终端结构。

**(四) 配电自动化测控终端的主要特色**

**1. 软件方面**

(1) 采用最流行的 VxWorks 嵌入式实时操作系统，充分保证了系统的实时性、稳定性和可移植性。

(2) 系统软件采用模块式设计，开放式体系结构，可以根据不同的设备和应用任意加载相应模块，具有很好的灵活性和可裁减性。

(3) 预留功能接口，易与第三方功能模块（如规约模块）相驳接。

(4) 提供功能丰富的组态软件接口，使得用户可以利用组态软件完成复杂的参数定制、工况显示和事件模拟（如模拟故障发生）。

(5) 完善的自诊断功能，远方及当地维护功能，能接收主站端或子站端的召唤、修改定值及参数命令，拥有参数设定、工况显示、系统诊断等维护功能；具有当地液晶显示，可以在装置面板上直接进行参数设置及定值修改；各功能模块及主要芯片的自诊断及告警功能。

(6) 具有信息转发及同类装置的扩展功能，以其中一台为主单元，可以通过通信方式采集其他装置的信息，集中处理并向主站或子站进行转发。

**2. 硬件方面**

(1) 基于双高速 DSP+MCU 作为核心，支持双以太网技术，功耗低，可靠性高，具有完善周密的电路设计和强大的技术支持。主 CPU 采用 32 位 MCU，信息处理容量大，升级方便，其容量的扩充几乎不受限制。采用了微处理器的 DSP 高速采样技术，实现了对线路故障识别、三遥监控功能。故障信息拥有独立的上传通道，保证故障信息的快速准确上报。

(2) 16 位 AD 采样。模拟量采集精度：电压电流为 0.2%，功率 0.5%、直流 0.5%。遥信采集分辨率不超过 1ms。

(3) 具有电源失电保护功能，可以记录失电时线路负荷情况，电源失电时装置信息可在内部掉电保护的存储器中保存，可达 10 年。可以保存线路负荷曲线数据，保存周期 5min、15min、30min 或 1h 等可设；具有电压、电流、功率的极值统计功能，极值统计记录保存 30d。

(4) 装置采用工业级的芯片设计，具备较宽的工作温度范围。

(5) 装置采用积木式设计、背板总线式结构，遥测、遥信、遥控功能分别集成在不同的插件上，扩展方便。

(6) 支持双路交流电源备份供电。采用软切换技术，确保交流电、蓄电池的快速投入与切除，保证装置供电电源的可靠。支持多种电压等级的供电电源。为适应配网多样化的供电模式，兼容 AC220V/AC110V/DC48V/DC24V 等电压输入。

(7) 与一次设备开关接口多元化。配电终端数据采集与控制是通过一次设备开关来完成的，配电终端与一次设备之间接口是配电自动化工程中现场问题最多的一个环节。配电终端必须满足不同类型开关设备不同接口要求，即配电终端与一次设备接口多元化。如 ZCT/ZPT、常规 TV、电容分压式 TV、永磁开关接口、VSP5 开关等。

(8) 具备完整的蓄电池运行监测及控制。CPU 可根据蓄电池本身的充放电曲线对蓄电池的运行进行控制，可进行蓄电池的保护切除、均充/浮充控制等，最大限度地使蓄电池工作在最佳状态，合理地控制蓄电池充放电深度。蓄电池保护切除时可以实现蓄电池两端的零负载。可以定期自动对蓄电池进行活化，活化状态主动上传，并且具有自动停止活化、外部干预停止活化以及硬件强制停止活化 3 种恢复手段，防止出现具有工作电源而装置处于活化状态无法工作的现象（蓄电池放电欠压）。

(9) 可接入多路外接电源并具有备自投功能。

3. 维护方面

(1) 预留 Web 接口，运行人员可随时使用 Web 浏览器进行工况显示和简单数据定制。

(2) 采用大液晶汉字显示，菜单式界面，键盘操作，提供良好的人机交互环境。

(3) 提供各种指示灯指示运行状态。

(4) 提供远程和本地维护接口，使得运行人员可在本地或主站等远方对其进行维护。

(5) 支持手持无线维护，可以方便地进行调试。

(6) 强大后台维护软件，具有信息描述，维护通道监视工作通道通信情况，终端运行信息设置，针对各个测点所有信息的文件存储，读取装置所用历史数据并分析等功能。数据任意排序及转发功能；双点遥信的处理功能。

4. 通信方面

装置集成 2 个串行口、2 个以太网通信接口，适用于光纤、载波、无线公网、专线等各种通信方式，可接入其他站端设备（如 TTU 等）。具备丰富的规约库，可与多家的主站连接。通信规约有：IEC 870-5-101、IEC 870-5-104、CDT、SC 1801、DNP3.0、MODBUS 等。还包括一些与微机保护、智能电能表通信的规约。

5. 环境方面

(1) 适应严酷环境，工作温度 $-40 \sim +85$℃，防磁、防震、防潮。

(2) 电磁兼容符合《远动终端设备》（IEC 61000-4、GB/T 13729—2019）、《交流采样远动终端技术条件》（DL/T 630—1997）、《配电自动化远方终端》（DL/T 721—2013）标准，可适应强电磁环境。

6. 故障处理方面

(1) 支持常规 DTU/FTU，能灵活配置适应电流型 DA 和电压型 DA。

(2) 支持网络保护（面保护、对等通信），在没有主站的情况下迅速查找和隔离故障。

(3) 支持看门狗控制器功能，迅速切除用户分支线故障。

(4) 带重合功能 FTU 安装在变电站出口第一个开关替代出口开关，避免出口开关频繁跳闸。

(5) 具有大容量高速的故障检测功能，单装置最大能检测 8 条线路，能辨别零序过流过压、线路过负荷、线路三相过电流、单相接地故障、相间短路故障等。装置根据采集的电流大小及设置的定值，能够判别故障电流、快速计算故障电流大小，进行比较，并将故障信息及性质主动上报给主站，以便进行故障隔离。

每个地区都要对配电终端（DTU、FTU）主要元器件明细表进行确定，某省电力公司配电终端主要元器件明细表见表 2-17-4-2。

表 2-17-4-2 **某省电力公司配电终端主要元器件明细表**

| 序号 | 元器件名称 | 推荐元器件 |
|---|---|---|
| 1 | 32 位微处理器 | ATMEL、SAMSUNG、TI、FREESCALE |
| 2 | 16 位及以上 DSP | TI、ANALOG、MICROCHIP |

续表

| 序号 | 元器件名称 | 推荐元器件 |
|---|---|---|
| 3 | 阻容元件 | 华达、红宝石、意杰、风华、中国台湾国矩、TDK、MURATA |
| 4 | 集成电路 | NATIONAL、TI、MAXIM-DALLAS、MICROCHIP、ATMEL、PHLIPS、SPEIX、MICRON |
| 5 | 连接件 | 中国台湾南士等 |
| 6 | 航空接线端子 | LG、中航光电、凤凰、魏德米勒、中国台湾 DECA |
| 7 | 继电器 | 松下、TYCO、OMRON、HONGFA、魏德米勒 |
| 8 | 蓄电池 | CTD、华达、海志、汤浅、阳光 |

**（五）配电终端安装方式**

配电终端的安装方式通常分为集中组屏和分散安装两种，其优缺点比较见表 2-17-4-3。

表 2-17-4-3 **配电终端安装方式的优缺点比较**

| 安装方式 | 优 点 | 缺 点 |
|---|---|---|
| 集中组屏 | (1) 对开关柜无空间要求。<br>(2) 二次设备与一次设备距离远，不易受一次设备干扰。<br>(3) 电源易管理 | (1) 各种二次电缆需要集中，施工量大。<br>(2) 一个间隔终端设备故障或维护可能影响其他间隔正常运行。<br>(3) 必须考虑开闭站空间问题 |
| 分散安装 | (1) 对各开关柜的监控相互不受影响，1 个间隔故障不影响其他间隔。<br>(2) 无须开闭站提供额外空间 | (1) 开关柜必须具备配电终端安装空间。<br>(2) 每一个开关柜内终端需提供电源和通信接口，成本比集中式高。<br>(3) 电磁兼容问题突出 |

一般而言，集中组屏适用于开闭站有空间而开关柜内无合适安装空间的场合；而分散安装适用于开闭站内无安装空间，开关柜具备安装空间的场合。

1. 模块型配电终端的安装

如果配电终端具备模块化特点，就可以同时支持集中安装和分散安装两种方式。模块化的配电终端，是指配电终端由一个或多个独立模块单元组成，每一个模块具备独立的采样单元、电源和通信接口，每个模块可分散安装单独工作，也可集中安装，协调处理。分散安装时将各模块单元安装于开关柜内，用通信电缆连接；集中安装时只需将各模块单元集中组屏，且对一个单元的维护不会影响其他单元。

2. 配电终端的工作电源

如果开闭所内具备直流屏，则可使用直流屏作为电源；如果没有直流屏，则需加装后备电源。采用 UPS 是成本较低的方式，但 UPS 应满足户外安装的环境特性。电池应使用铅酸免维护电池，后备工作时间一般大于 2h。

如果开关本身不具备操作电源，需加装直流屏或 UPS。

**（六）配电终端的通信接入方式**

开闭所、环网柜、柱上 FTU 承担配网实时监控的任务，负责故障检测、隔离、远方控制等主要功能，必须保证通信可靠和实时性。因此 FTU 的接入应采用光纤方式。

TTU 一般作为台变或箱变的监测，获取电压合格率、过负荷等信息，数据的实时性要求不强，一般无控制功能，可以考虑采用无线传输方式如 GSM。如果箱变位置距离光缆很近，也可以采用光纤接入。

电子式多功能表采集电量信息，大部分具备通信接口和采样计算功能，可取代 TTU，一般数据实时性要求不强，也可以考虑采用无线传输方式如 GSM。但应保证数据的传输可靠性，要采取数据校验、重传等机制。

## 二、智能终端单元模块及基本功能要求

### （一）智能终端单元模块

配网自动化终端单元采用模块/插件式设计，如系统电源模块、主控模块、各种功能模块、各种接口模块等。可以根据用户的实际需要配置各种通信设备。要求配网自动化终端配置方式灵活，在基本配置的基础上，能够根据实际需要扩展监测功能及监测容量。

智能配电终端由主控模块、遥控模块、遥信模块、系统电源模块等构成，它们之间通过通信相连。各个模块功能要求如下。

1. 主控模块

（1）主控模块作为配网自动化终端装置的核心部分，要求采用先进的工业级芯片，满足电气隔离、电磁屏蔽、抗干扰要求。

（2）采用软、硬件看门狗。

（3）要求至少具有两个串行通信接口，一个维护接口和一个标准 10BASE-T RJ45 以太网接口。

（4）交流采样模块。

（5）要求交流采样模块可以根据需要组合交流采集容量。扩展灵活，安装方便。

（6）单模块的故障不影响其他模块的正常运行，支持热插拔，支持在线扩充。

2. 遥控模块

（1）要求遥控模块采用严密的防干扰、防误动措施，保证在任何情况下模块都不出现误动。

（2）要求采用三级遥控模式，即遥控对象预置、遥控对象返校、遥控执行。

（3）要求可以根据需要扩展遥控容量，扩展灵活，安装方便。

（4）单模块、单插件的故障不影响其他模块的正常运行，支持热插拔，支持在线扩充。

3. 遥信模块

（1）要求遥信模块能够根据状态量灵活配置，所有输入部分具有光电隔离措施。

（2）要求可以根据需要扩展遥信容量，扩展灵活，安装方便。

（3）单模块的故障不影响其他模块的正常运行，支持热插拔，支持在线扩充。

4. 系统电源模块

（1）要求系统电源能够根据需要配置输出电压。对于配置了三遥功能的配网终端，至少提供两个电源输出回路，能够为配网自动化终端、通信设备（24V）及开关操作提供电源。

（2）交流电源输入部分要求支持接入两路 220V±20%（50Hz）交流电源，具有双路电源切换功能，具有防雷、滤波功能、过流、过压保护功能及防雷器失效指示等功能。

（3）能够根据需要配置固体锂电池，并具有对电池进行智能管理的功能。具有电源的状态显示，当电池充电完成后自动停止充电，防止电池过充电。

（4）备用电源采用可靠性高、大容量、长寿命（8～10年）免维护固体锂电池，锂电池应通过国家级权威部门的充放电特性及安全性检测。电动操作机构和终端采用相互独立的电源回路。

（5）在交流断电时电池可切换为向自动化终端、通信设备、电动操作机构不间断供电，不影响系统正常工作，同时具有防止电池过放电的保护功能。

（6）具有电池活化功能，手动或通过外部信号自动对电池进行活化维护。

（7）对于配置了遥控功能的终端，要求能够提供 DC48V 开关操作电源；具有输出短路、过热、过压等保护功能。

（8）当电池放电至欠压告警点时，要求能够输出电池欠压告警信号，当地具有欠压指示灯，以状态量变位的方式上报并有时间记录功能。

（9）要求电池安装、维护方便，便于拆卸。

### （二）智能终端基本功能要求

1. 遥控、遥测、遥信功能

（1）遥控功能。

1）可以正常地遥控跳闸、合闸。

a. 终端接收并执行来自主站或子站的遥控命令，完成开关的分、合闸操作。

b. 采取"选择控制对象—返送校核—操作执行命令"的方式。

c. 在同一时刻只允许选择一个控制对象。

d. 具有远方/本地转换开关：同时转换 2 组开关控制权限，可就地实现开关的分、合闸操作。

e. 分别记录并保存主站及当地遥控记录。

f. 软硬件防误动措施，保证控制操作的可靠性。

g. 每个遥控接点可以单独设置动作保持时间。

2）遥控控制流程。

a. 终端接收到主站下发的遥控预置命令后，终端检验遥控命令的正确性。

b. 遥控命令正确时，终端合上控制对象继电器，检测对象继电器动作是否正确。

c. 对象继电器正确动作后，终端向主站发送遥控正确返校应答。

d. 主站接收到遥控正确返校应答后，下发遥控执行或遥控撤销命令。

e. 终端接收到遥控执行命令后，合上执行继电器，经设置的遥控持续时间后，断开执行继电器及对象继电器，同时断开输出继电器电源。

3）遥控保护措施。

a. 软件保护：只有接收到正确的遥控预置命令及遥控执行命令才动作。

b. 出口继电器平时没有工作电源，只有接收到遥控预置命令后才上电。

c. 软硬件结合的控制闭锁,保证终端运行不正常时控制不出口。

d. 对象继电器的硬件返校,确保对象继电器误动时控制不动作。

e. 电源控制继电器、对象继电器、执行继电器顺序动作时,才有控制出口,加大了控制的可靠性。

(2) 遥测功能。遥测量(YC)采集:包括 $U_a$、$U_b$、$U_c$、$I_a$、$I_b$、$I_c$、$F$、$P$、$Q$、$S$、$\cos\varphi$、$3I_0$、$3U_0$ 等模拟量。通过积分计算得出有功电度、无功电度,所有这些量都在当地实时计算,实时累加。

采集蓄电池电压等直流量、电流电压的谐波分量等。

将现场标准二次电压(100V)和电流(5A 或 1A)经高精度小 PT、CT 隔离变换成弱信号后,经数据采集系统处理,送入 DSP 处理模块进行计算处理。计算得到下列遥测量:

1) 三相电压、三相电流。
2) 三相有功功率。
3) 三相无功功率。
4) 三相功率因数。
5) 频率。
6) 电流电压相位。
7) 电流、电压的 2~19 次谐波。
8) 零序电压 $U_0$ 和零序电流 $I_0$ 等。

(3) 遥信功能。遥信量采集:采集遥信变位,事故遥信并可向主站或子站发送状态量。有事件顺序记录 SOE,遥信分辨率小于 2ms。遥信输入信号以空接点的方式经光电隔离器后送入遥信采集模块进行处理。经硬件滤波、软件滤波,得到遥信输入信号的分合状态。

软件滤波时间可设,从而确保稳定的遥信动作时才产生遥信变位,减少遥信的误报。

1) 采集开关和接地开关的合、分状态量信息。
2) 采集终端电源状态信息。
3) 采集终端故障、异常信息等虚拟遥信。
4) 遥测越限、过流、接地等虚拟遥信。
5) 采集各种故障指示器接入状态量。
6) 采集柜门开闭状态信息。
7) 采集开关储能状态。

(4) 信息采集和处理。

1) 采集状态量信息,每路开关不少于 4 个遥信量采集。
2) 具有重要状态量变位信息快速主动上报及时间记录功能。
3) 采集电流量,每路开关采集 3 个电流量(A、C 和零序)。
4) 采集交流输入电压,能够采集两个电压量。
5) 识别馈线发生的短路故障,以状态量变位的方式上报并有时间记录功能。
6) 开关两侧电压相位角计算。
7) 具有采集数据当地存储功能;能够保存极值记录及事件记录 SOE 等数据,存储容量不小于 2MB。
8) 能够每 0.5h 保存一次电流值,保存不少于 30d 的数据。
9) 具有遥测量越限上传功能,遥测量限值可以设置,并可设置多个越限级别。
10) 遥测越限告警信号上传。

## 第四节 智能配电装置

2. 参数设置功能

终端具有参数远方设置功能和当地设置功能,具备以下指示及设定内容:

(1) 时钟设置,接收上级的校时命令。
(2) 参数设置,可设置电流、电压整定值等各种组态参数。能远方修改和设置保护功能的投退、定值、限值。
(3) 可随时查看定值、限值情况。
(4) 配置电源、自检、闭锁等指示控制器运行状态的指示灯;配置控制器运行状态、通信状态指示灯;配置故障告警指示灯,并可通过复位按钮消除告警指示。
(5) 当地及远方操作闭锁设置。

3. 电源失电保护功能

(1) 具有失电数据保护功能,记录的数据能长期保持,不丢失。
(2) 对于配置了三遥功能的配网终端,主电源失电后至少能维持设备(包括通信设备)正常运行 8h 以上。
(3) 对于配置了二遥功能的配网终端,主电源失电后至少能维持设备(包括通信设备)正常运行 0.5h 以上。
(4) 具有电源监视功能,在主电源失电以及备用电源输出电压过低时产生故障信号,以状态量变位的方式上报并有时间记录功能。
(5) 对于三遥功能终端,低电压报警后,要求后备电源至少维持正常工作 60min 以上。对于二遥功能终端,低电压报警后,要求后备电源至少维持正常工作 10min 以上。

4. 对时功能

终端具备主站及终端自身对时功能。可以通过维护软件或者主站对时命令对终端进行对时。

5. 自诊断、自恢复功能

装置在正常运行时定时自检,自检的对象包括 CPU、定值、系统参数、开出回路、采样通道等各部分。自检异常时,发出告警报告,点亮告警指示灯,并且闭锁分、合闸回路。

(1) 具有自诊断功能。支持板级的自检、互检及自恢复功能。
(2) 具有上电及软件自恢复功能。
(3) 具有软、硬件看门狗。

6. 历史记录及上报功能

装置应具有线路故障记录 SOE,可反映故障发生时的故障性质(如单相接地、过负荷、短路)、故障发生时间、故障时的电流值以及当时控制器的整定值;SOE 数量应不少于 100 条。

记录系统真实遥信信息及故障发生、系统运行状态信息。

(1) 告警记录,主要对三相过电流、$3U_0$、$3I_0$、三相过负荷进行检测,并上报。
(2) 遥控信息,记录遥控发生的时刻、状态及类型,并上报。
(3) 遥信变位记录,记录遥信变位的时间及状态,并上报。

7. 故障及越限检测

(1) 故障检测功能:零序过流过压检测;线路过负荷检测;线路三相过电流检测。
(2) 故障判别功能:终端根据采集的电流大小及设置的

定值，能够判别故障电流、快速计算故障电流大小，进行比较，并将故障信息及性质主动上报给主站或子站（状态变位优先传送），以便进行故障隔离。

(3) 遥测越限检测功能：电流越限检测；电压越限检测；零序电压越限检测。

(4) 遥测越限判别功能：终端根据采集的电流大小及设置的定值，能够判别线路零序电压及电流、快速计算零序电压及电流大小，进行比较，越限信息将以遥信形式产生SOE记录，主动上报给主站或子站。

(5) 故障识别策略。

1) 故障类型、故障信号的识别由FTU完成；FTU采取高速采样的原理，采样电流瞬时值，作为故障判别的依据。故障采样频率为32点/周、64点/周。

2) 当线路中发生相间短路的情况时，FTU会采样到电流的瞬变，并超过电流限值，以判断出故障的发生。在故障发生的30ms内（一个半周波），即可判断出故障。

3) 单相接地故障判断，必须依据零序分量才能有效。单相接地点的零序功率分量，与正常运行时的零序功率分量在相位上是相反的，且非故障相电压比故障相电压升高1.5倍及以上，根据这一特征，能判断出单相接地故障的发生。

4) 由于我国配电网多是中性点不接地或经消弧线圈接地，零序分量幅值相当小，单相接地故障判断的准确性比较低。因此，可以采用拉合开关的排除法找出单相接地故障。这一功能可以在主站程序设计上完成，使之具有开关操作序列提示的功能，以保证操作的正确性。

8. 通信功能

(1) 将采集和处理的信息向上发送并接收上级站或站控终端的命令。

(2) 支持串行及以太网络通信方式。

(3) 支持 IEC 60870-5-101（2002版）、IEC 60870-5-104、DNP3.0等多种通信规约与主站和子站进行通信。要求 IEC 60870-5-101（2002版）、DNP3.0支持平衡式、非平衡式通信模式。

9. 当地调试功能

(1) 终端有专用调试接口 RS232，供便携机当地调试使用。

(2) 具备蓝牙无线手持维护调试功能。

(3) 终端面板上配有各种运行指示灯，如电源运行指示灯、线路故障指示灯、遥信运行指示灯等。

10. 输入、输出回路安全防护功能

(1) 电压输入回路具有熔断器保护。

(2) 控制输出回路可提供明显断开点。

(3) 遥信输入回路采用光电隔离，并具有软、硬件滤波措施，可防止输入接点抖动或强电磁场干扰误动。

11. 高级故障处理功能

(1) 高级故障处理功能的三个层次。馈线自动化系统的故障检测、定位、隔离与恢复控制分为三个层次：一是以配电终端为基础的故障检测；二是以配电子站为辐射中心的低层区域控制；三是以主站为管理中心的高层全局控制。站端、子站、主站分别承担不同的任务。在配网发生故障时，配电终端监测到故障电流或线路失压过压信息，形成故障信息报告，配电子站或主站，根据一定时间段内多个故障信息报告与网络拓扑分析结合，对故障发生的位置进行定位；配电主站或子站根据故障定位结果，对故障两侧的开关进行分闸操作把故障区域与非故障区域隔离开来；配电主站根据故障隔离的情况和各种恢复方式下潮流计算的结果，给出各种恢复方案供调度员参考或自动根据一定约束目标下的最优方式进行自动遥控操作完成对非故障区域的供电恢复。

(2) 智能终端可以提供如下的故障处理能力。

1) 过流跳闸功能（三段式保护）：支持三段式电流过流跳闸功能，支持零序过流上报及过流跳闸功能。

2) 重合闸功能：重合闸次数可以设置。

3) 双电源备自投功能。

4) FA故障处理功能：具有专门的FA配置界面，可以根据不同的要求实现不同的FA保护策略的设置。

5) DA故障处理功能：具有专门的DA配置界面，可以根据不同的要求实现不同的DA保护策略的设置；可以快速实现多电源点之间的故障识别、故障上传（定位）、故障隔离以及非故障区域的恢复。

6) 支持常规 DTU/FTU，能灵活配置适应电流型DA和电压型DA。

7) 支持网络保护（面保护、对等通信），在没有主站情况下迅速查找和隔离故障。

8) 支持看门狗控制器功能，迅速切除用户分支线故障。

9) 带重合功能的设备安装在变电站出口第一个开关替代出口开关，避免出口开关频繁跳闸。

**(三) 智能终端基本性能指标**

配网自动化终端基本性能指标要满足《配电自动化系统验收技术规范》（Q/GDW 567—2010）的要求。

1. 采样

(1) 交流采样。

1) 交流采样容量可根据需要单独选择配置。

2) 电压输入标称值：220V/100V，50Hz。

3) 电流输入标称值：1A/5A。

4) 电压电流采样精度：0.5级。

5) 有功采样精度：1.0级。

6) 无功采样精度：1.0级。

7) 在标称输入值时，每一回路的功率消耗小于0.25VA。

8) 短期过量交流输入电流施加标称值的2000%（标称值为5A），持续时间小于1s，系统工作正常。

(2) 遥信采集。

1) 遥信采集容量可根据需要单独选择配置。

2) SOE分辨率小于2ms。

3) 软件防抖动时间可设10～60000ms。

2. 遥控

(1) 遥控容量可根据需要单独选择配置。

(2) 输出方式：继电器常开接点。

(3) 接点容量：AC277V，10A；DC30V，10A。

3. 电源

(1) 配电终端主电源：交流220V，允许偏差−20%～20%，支持TV取电。

(2) 三遥终端备用电源优先采用锂电池（DC48V，电池容量不小于7Ah）；交流失电后维持正常工作8h以上。

(3) 二遥终端备用电源优先采用锂电池（DC24V，电池容量不小于2Ah）；交流失电后维持正常工作0.5h以上。

(4) 通信电源输出标称电压：DC24V，电压范围

DC24V±1V。

(5) 开关操作电源输出电压/功率：+48V，短时300W（负载接开关3～5s内）。

(6) 整机功耗小于10W（不含通信模块）。

**4．机械特性**

(1) 机箱防护性能：防护等级不低于GB/T 4208规定的IP43级要求。

(2) 工业级产品，宽温度范围（−40～70℃），防磁、防震、防潮、防雷、防尘、防腐蚀。

(3) 壁挂式或柜式安装，扩展方便。

**5．可靠性指标**

装置的快速瞬变干扰试验、高频干扰试验、浪涌试验、静电放电干扰试验、辐射电磁场干扰试验等应满足《配电自动化远方终端》（DL/T 721—2013）规定中的4级要求；平均无故障时间不小于50000h。

**6．工作条件**

(1) 环境温度范围：−20～70℃。

(2) 环境温度最大变化率：1℃/min。

(3) 湿度：5%～100%。

(4) 最大绝对湿度：35g/m³。

(5) 大气压力：70～106kPa。

**7．电磁兼容及安全性要求**

配电自动化终端的设计应符合如下电磁兼容及安全试验要求：

(1) 静电放电。按照IEC 1000-4-2中规定，并在下述条件下进行：

1) 接触放电。
2) 严酷等级：4。
3) 试验电压：8kV。

(2) 高频电磁场。按照IEC 1000-4-3中规定，并在下述条件下进行：

1) 终端在正常工作状态。
2) 频率范围：80～1000MHz。
3) 严酷等级：4。
4) 试验场强：10V/m。

(3) 快速瞬变脉冲群。按照IEC 1000-4-4中规定，并在下述条件下进行：

1) 终端在正常工作状态下，试验电压加于终端的电源电压端口与地之间；严酷等级：4。
2) 终端在非工作状态下，试验电压加于终端的电源电压端口与地之间；严酷等级：4。
3) 终端在正常工作状态下，试验电压加于终端的电流、电压输入端；严酷等级：4。
4) 终端在正常工作状态下，用电容耦合夹将试验电压耦合至输入/输出信号、数据、控制及通信线路上；严酷等级：4。

(4) 浪涌。按照IEC 1000-4-5中规定，并在下述条件下进行：

1) 严酷等级：4。
2) 试验电压：2kV（电源电压两端口之间）；4kV（电源电压各端口与地之间）。
3) 波形：1.2/50μs。

(5) 阻尼振荡波。按照IEC 1000-4-12中规定，并在下述条件下进行：

1) 电压上升时间（第一峰）：75ns±20%。
2) 振荡频率：100kHz和1MHz±10%。
3) 电压峰值：共模方式2.5kV，差模方式1.25kV。

(6) 交流电磁场。在正常工作状态下，将终端置于与系统电源电压相同频率的随时间正弦变化的、强度为0.5mT（400A/m）的均匀磁场的线圈中心，工作正常。

(7) 绝缘电阻。输入、输出回路对地和各回路之间的绝缘电阻不低于10MΩ（正常条件下测试）和1MΩ（湿热条件下测试）。

(8) 耐电强度。电源、交流输入、输出回路及输出继电器常开触点之间能承受额定频率为50Hz、有效值为2.0kV、时间为1min的交流耐压试验，无击穿与闪络现象。

(9) 冲击电压。电源、输入、输出回路对地和各回路之间能承受5kV标准雷电波的短时冲击电压检验。

**（四）配网无线采集设备类型及性能要求**

**1．基本功能要求**

(1) 内嵌PPP、TGP/IP协议栈。

(2) 支持各种无线通信方式：GPRS通信、CDMA通信。

(3) 通信部分采用模块化设计，若更换通信网络类型，只需更换通信模块，不需更换自动化终端。

(4) 可显示通信信号强度（无线通信）、通信状态（在线、不在线）等信息。

(5) 在GPRS/CDMA网络通信方式下，可设置"连续在线方式""非连续在线方式"和"短信唤醒方式"等工作方式。

(6) 数据传送模式支持故障主动上报、定时招测（具体招测时间或招测频率可调）和后台轮询等。

(7) 可设置主站IP地址、用户专网、通信端口号等。

(8) 当作为独立通信设备时采用直流（DC24V或DC48V）供电方式，与FTU其他单元的接口是RS485/RS232接口。

(9) 当作为自动化终端设备的嵌入模块时，由自动化终端设备供电。

(10) 与FTU等配网自动化终端设备的通信规约参照101、104规约。

**2．设备性能要求和技术指标**

(1) 无线信号指示要求。

1) 无线模块和天线安装在终端机壳内，且有外引天线的位置。
2) 表示正比于无线信号场强的指示，保证在其规定的范围内，能够进行正常通信。
3) 应有防止无线通信模块死机的断电自复位功能。

(2) 数据传输要求。

1) 数据接口波特率可设。
2) 支持UDP、TCP。
3) TCP断链数据不丢失。
4) 支持发送数据帧控制。
5) 发送缓冲区大小可设。
6) 心跳间隔及心跳超时可设。
7) 节省带宽。
8) 智能尝试间隔。
9) 支持用户嵌入程序。

(3) 多种工作模式。

1) 支持永远在线：设备加电自动上线、掉电自动重拨、线路保持。
2) 支持休眠中数据触发上线、数据端口触发上线。
3) 支持定时上线。
4) 支持短信及振铃唤醒。
(4) 网管要求。
1) 支持短信配置。
2) 支持远程 TELNET 配置。
3) 支持权限管理。

### 三、各种智能终端举例

配电一次设备种类繁多，接口复杂，需根据不同的设备类型和管理要求，配置对应的自动化装置，其主要划分如图 2-17-4-1 所示。

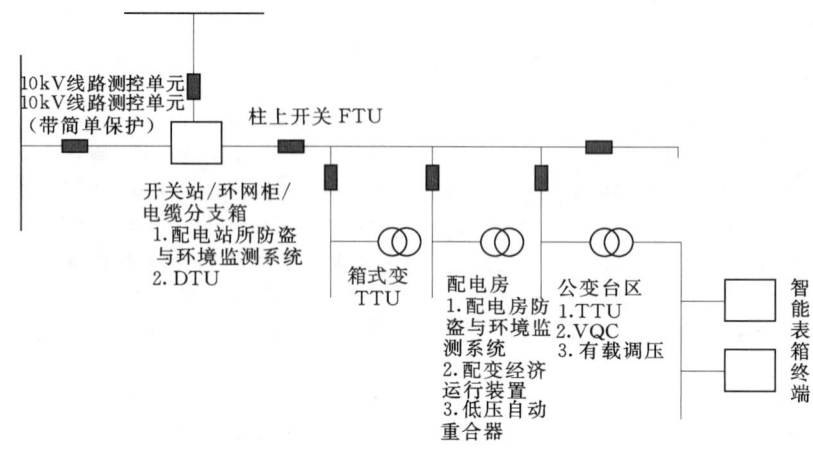

图 2-17-4-1 智能终端配置划分

#### (一) 开闭所/环网柜/电缆分支箱

配电站、所包括开闭站、环网柜、电缆分支箱等站所类设备，是城市配电网系统的重要组成部分，由于数量众多，地理位置分散，加上城市环境的改造，较难架设通信光缆，造成了对配电监控和运行管理的困难。配电站、所的防盗、消防、环境和设备运行等安全隐患，由于不能及时发现处理而造成更大损失；缩短巡视周期，又造成了较大的工作负担。对配电站、所的运行和安全监视工作处于被动的状态。

实施配电站、所运行智能监控系统，对配电站、所安全防范、环境状况和对付自然灾害等有着重大意义，能切实起到提高配电站、所的安全水平，进一步推动配电网管理逐步向智能化、自动化、综合化、集中化方向发展。

1. 主要设备组成

(1) 温、湿度（模拟型、数字型、网络型）传感器：采集温度和湿度数据。

(2) 离子烟雾（开关型）传感器：用于火灾烟雾的监测，当有火警时产生报警信号。

(3) 浸水（开关型）传感器：用于配电站、所房内外电缆沟内雨水水位或机房内空调冷凝水泄漏以及其他需要防水部位的监测。

(4) 智能门禁系统（包括门禁开关系统控制器、电磁门锁或红外线门禁开关、读卡器、门磁、识别卡、网络接口、安装支架等）：用于防止配电站所的院落和机房的非法入侵。

(5) 高压脉冲电子围栏（包括高压脉冲发生器、信号监测发送器、声光报警器、UPS 电源、高低压不锈钢合金绞线围栏、不锈钢安装支架、绝缘子、避雷器等）：用于防范偷盗人员翻爬变电站围墙。当有人接触电子围栏的电网时，或电子围栏发生断路、短路时，信号监测发送器将自动产生报警信号，并保持 30s。

(6) 远红外摄像机（包括摄像机、云台、解码器、电源、红外灯、安装支架）：用于对配电站所内设备和人员活动实施全天候不间断的监控。

(7) 高速球形摄像机（包括摄像机、云台、解码器、电源、安装支架）：用于对配电站所内外设备和人员活动实施全天候（夜晚需灯光配合）不间断的视频监控。

(8) 视频服务：用于摄像机云台的控制；视频信号的采集、处理、传输。

(9) 照明控制器：在夜晚系统有报警信号发生时，此控制器立即产生响应，立即接通受控光源，用以震慑非法入侵者和配合视频监控。

(10) 终端数据采集装置：用于浸水传感器；温湿度（模拟量）传感器、电子围栏、门禁开关、远红外传感器、UPS、PM 表等的（开关量、模拟量）数据采集、报警信息采集，并将采集的信息通过终端服务器传输给前置机。

(11) 交换机：用于网络数据交换。

(12) 声光报警器：当系统有报警信号发生时，此报警器立即产生响应，发出声响和闪光，用以震慑非法入侵者和提醒维护人员。

(13) 语音对讲系统（包括：驱动软件、声卡、话筒、前置放大器、功放、扬声器和输入输出线）：①用于人工调度之间的通话；②在无人值守情况下发现非法入侵事件时，用于向非法入侵者喊话，对其起到震慑作用。

(14) 10/100M 网络：用于数据的传送和接收。

2. 视频监控

(1) 在配电站、所内对各个室内和各级屋外配电装置、变压器等重要设备，通常可采用变方向及距离的图像监控设备，对重要仪器仪表采用特写放大镜头。

(2) 在配电站、所前区和大门可配置固定方向及距离的图像监控设备。

(3) 在专用通信值班室、独立所用电室、独立装有感烟探头的蓄电池室、大型枢纽站专用通信蓄电池室、层高 1.8m 及以上并装有感烟探头的电缆夹层，可以根据需要选配图像监控设备。

(4) 对于室内配电站、所需要考虑摄像设备的防尘、防湿、散热通风条件良好，并有远动功能。

(5) 对于室外配电站、所需要考虑摄像设备对各种环境和气候变化的适应（升温降温、防雨除霜、通风防尘以及雨刷等功能），并有远动功能。

(6) 对特别重要的配电站、所可采用红外热成像摄像机进行高压设备的运行温度监控。

3. 环境及设备监控

(1) 门禁系统。可以采用智能门禁系统采集门磁传感器或远红外门禁传感器的信号。各门禁传感器应在配电站、所的各直接入口处和各级屋内重要入口处安装。

(2) 红外对射（或电子围栏）设备。无人值守配电站所围墙通常需设置红外对射（或电子围栏）报警系统，当发生非法入侵时，应能立刻发出报警信息，同时联动切换至系统的相应画面并启动录像功能，呼叫110报警。

(3) 火灾探测设备。

1) 烟雾探测器不论烟雾从任何方向（即360°）进入都能响应，并且具有分辨空气流入与烟雾流入的能力。

2) 烟雾探测器探头的位置和间距需考虑所保护的具体设备。

3) 烟雾监测准确率大于99.9%。

(4) 空调或抽湿机等设备。能在监控中心观察到具有智能接口的空调的当前运行状态，并能够根据室内温度或湿度手动或自动进行远程遥控进行加减温或除湿；启动或停止。

能在监控中心直接控制换气扇的运行状态，并能够根据室内温度启动或停止换气扇。

(5) UPS监视。监视UPS的运行工况，运行报警信息等。

(6) 电气屏的运行电气参数。

1) 通过传感器监视电气屏的运行状态，采集电气屏内电器运行参数，给出超标报警信息。

2) 通过具有智能接口的配变监测设备采集传输被监测的电压、电流、功率参数。给出超标报警信息。

3) 通过具有智能接口的开关监测设备采集开关的适时运行状态，在发生异常时，及时发出报警信息。

(7) 温度、湿度。监控系统能准确地监测出机房内和机柜内的温度、湿度。

温度测量范围：0～50℃；精度：±2%。

湿度测量范围：5%～95%；精度：±10%。

(8) 语音通话系统。通过语音软件的支持，进行主站与配电站、所之间的语音通话。

（二）开闭所/环网柜馈线监控单元DTU

1. 集中式开闭所终端装置

集中式开闭所终端装置用于开闭所的集中测控，由测控单元、开关操作控制回路、操作面板、智能充电电源、后备电源（免维护铅酸蓄电池或超级电容器或锂电池）、通信终端及标准屏柜集中组成。其功能特点如下：

(1) 插箱式测控单元，可根据需求灵活配置，便于实现二遥或三遥功能。

(2) 测控单元之间通过CAN总线组网，满足不同规模开闭所的测控需求。

(3) 当地可编程逻辑控制（PLC）功能可以不依赖于主站实现开闭所备用电源自投，故障线路保护、重合、隔离及非故障线路的自动恢复供电。

(4) 开闭所DTU具有PLC可编程逻辑控制功能，对开闭所所有的进出线路实施测控。当线路发生故障时，利用PLC功能，不依赖于控制主站/子站自动完成当地故障隔离、恢复非故障线路的供电。PLC功能包括过流保护、失压保护、过流后失压保护、后加速保护、重合闸、备用电源自投、系统重构等逻辑功能，实现对于本开闭所的进线故障、出线故障、母线故障以及级联线路（本开闭所的出线作为下一开闭所的进线）故障的当地自动处理，并将故障处理结果上报控制主站/子站。

2. 分布式开闭所终端装置

分布式开闭所终端装置用于开闭所的分布测控，由多台在开闭所各开关间隔内分散安装的测控单元通过CAN/RS485总线联网组成，其中一台作为主单元，与上级主站通信。在开关间隔内分散安装的单元由核心测控单元、电源、操作控制回路、机箱等组成。其功能特点如下：

(1) 在各开关间隔内就近分散安装，与其他单元通过一对通信线连接，无需铺设大量的二次电缆，从而缩短施工时间。

(2) 可以逐台调试和维护，简单、方便。

(3) 可靠性高。多台测控单元之间通过CAN现场总线组网，任何一台单元故障均不会影响其他单元的运行。

(4) 当地PLC功能可以不依赖于主站实现开闭所备用电源自投，故障线路保护、重合、隔离及非故障线路的自动恢复供电。

（三）实现三遥功能的开关房/综合房标准配置

实现三遥功能的开关房/综合房终端设备配置分为两类。终端配置一按照不少于6路三遥功能配置；每路开关配置3个电流量、6个遥信量和1路遥控；包括电源模块、电池和用于安装载波、光纤等通信设备的通信机箱。终端配置二按照6路三遥、6路二遥或12路二遥配置，其中6路二遥单元能够扩展成为12路二遥单元。两种终端设备根据电房实际使用需求进行灵活组合配置。终端配置二通过网络线或航空插头和终端配置一进行互联，数据统一由"终端配置一"中的通信设备上传至主站。三遥功能终端配置要求见表2-17-4-4～表2-17-4-7。

表 2-17-4-4　三遥功能终端配置一（6路三遥）要求

| 序号 | 项目 | 配置参数 |
|---|---|---|
| 1 | 电源系统 | 支持接入2路220V交流 |
| 2 | 电池 | 48V、不低于7Ah锂电池 |
| 3 | 遥测量 | 18个电流量（6回路） |
| 4 | 遥信量 | 36个遥信（6回路） |
| 5 | 遥控量 | 6路遥控（6回路） |
| 6 | 电压量 | 支持2个电压量采集 |
| 7 | 通信 | 提供RS232、以太网通信接口和通信机箱 |
| 8 | 安装附件 | 角铁挂件、膨胀螺丝等 |

表 2-17-4-5　三遥功能终端配置二（6路三遥）配置要求

| 序号 | 项目 | 配置参数 |
|---|---|---|
| 1 | 电源系统 | 提供装置的工作电源 |
| 2 | 遥测量 | 18个电流量（6回路） |
| 3 | 遥信量 | 36个遥信（6回路） |
| 4 | 遥控量 | 6路遥控（6回路） |
| 5 | 安装附件 | 角铁挂件、膨胀螺丝等 |

表 2-17-4-6 三遥功能终端配置二（6路二遥）配置要求

| 序号 | 项目 | 配置参数 |
|---|---|---|
| 1 | 电源系统 | 提供装置的工作电源 |
| 2 | 遥测量 | 18个电流量（6回路） |
| 3 | 遥信量 | 24个遥信（6回路） |
| 4 | 安装附件 | 角铁挂件、膨胀螺丝等 |

表 2-17-4-7 三遥功能终端配置二（12路二遥）配置要求

| 序号 | 项目 | 配置参数 |
|---|---|---|
| 1 | 电源系统 | 提供装置的工作电源 |
| 2 | 遥测 | 36个电流量（12回路） |
| 3 | 遥信 | 48个遥信（12回路） |
| 4 | 安装附件 | 角铁挂件、膨胀螺丝等 |

**（四）实现二遥功能的开关房/综合房标准配置**

实现二遥功能的开关房/综合房终端设备配置分为两类。终端配置一按照6路二遥功能配置；每路开关配置3个电流量和6个遥信量，预留遥控扩展功能。对于采用载波通信的电房，终端配置一包括用于安装载波设备的通信机箱；对于采用公网通信的电房，终端配置一内要嵌入无线公网通信模块。终端配置二按照6路二遥或12路二遥配置。其中6路二遥单元能够扩展成为12路二遥扩展单元。两种终端设备根据实际使用需求进行灵活组合配置，终端配置二通过网络线或航空插头和终端配置一进行互联，数据统一由终端配置一中的通信设备上传至主站。二遥功能终端配置要求见表2-17-4-8～表2-17-4-10。

表 2-17-4-8 二遥功能终端配置一（6路二遥）配置要求

| 序号 | 项目 | 配置参数 |
|---|---|---|
| 1 | 电源系统 | 支持接入2路220V交流 |
| 2 | 电池 | 24V，不低于2Ah锂电池 |
| 3 | 遥测量 | 18个电流量（6回路） |
| 4 | 遥信量 | 24个遥信（6回路） |
| 5 | 遥控量 | 预留6路遥控 |
| 6 | 电压量 | 支持2个电压量采集 |
| 7 | 通信（方式一） | 嵌入无线公网通信模块 |
| 8 | 通信（方式二） | 提供RS232、以太网通信接口和通信机箱 |
| 9 | 安装附件 | 角铁挂件、膨胀螺丝等 |

表 2-17-4-9 二遥功能终端配置二（6路二遥）配置要求

| 序号 | 项目 | 配置参数 |
|---|---|---|
| 1 | 电源系统 | 提供装置的工作电源 |
| 2 | 遥测 | 18个电流量（6回路） |
| 3 | 遥信 | 24个遥信（6回路） |
| 4 | 安装附件 | 角铁挂件、膨胀螺丝等 |

表 2-17-4-10 二遥功能终端配置二（12路二遥）配置要求

| 序号 | 项目 | 配置参数 |
|---|---|---|
| 1 | 电源系统 | 提供装置的工作电源 |
| 2 | 遥测 | 36个电流量（12回路） |
| 3 | 遥信 | 48个遥信（12回路） |
| 4 | 安装附件 | 角铁挂件、膨胀螺丝等 |

**（五）机柜式终端配置要求**

机柜式配网自动化终端要求采用标准化配置，其端子排按照16路三遥＋8路二遥满配置。8路三遥、8路三遥＋8路二遥、8路三遥＋16路二遥、16路三遥、8路二遥、16路二遥、24路二遥、16路三遥＋8路二遥等8种标准配置方案分别报价，其中前7种配置可以根据实际需要灵活扩展。要求投标方根据以下基本要求给出详细配置清单，包括设备安装，调试所需要的所有附件、备品备件及专用工具，其中，安装附件包括在每个需要单独安装的单元中。机柜式终端配置要求见表2-17-4-11～表2-17-4-18。

表 2-17-4-11 8路三遥功能配置要求

| 序号 | 项目 | 配置参数 |
|---|---|---|
| 1 | 电源系统 | 支持接入2路220V交流 |
| 2 | 电池 | 48V，不低于7Ah锂电池 |
| 3 | 遥测量 | 24个电流量（8回路） |
| 4 | 遥信量 | 48个遥信（8回路） |
| 5 | 遥控量 | 8路遥控（8回路） |
| 6 | 电压量 | 支持2个电压量采集 |
| 7 | 通信 | 提供RS232网络通信接口和通信机箱 |
| 8 | 安装附件 | |

表 2-17-4-12 8路三遥＋8路二遥功能配置要求

| 序号 | 项目 | 配置参数 |
|---|---|---|
| 1 | 电源系统 | 支持接入2路220V交流 |
| 2 | 电池 | 48V，不低于7Ah锂电池 |
| 3 | 遥测量 | 48个电流量（16回路） |
| 4 | 遥信量 | 80个遥信（16回路） |
| 5 | 遥控量 | 8路遥控（8回路） |
| 6 | 电压量 | 支持2个电压量采集 |
| 7 | 通信 | 提供RS232网络通信接口和通信机箱 |
| 8 | 安装附件 | |

**表 2-17-4-13　8 路三遥＋16 路二遥功能配置要求**

| 序号 | 项目 | 配置参数 |
|---|---|---|
| 1 | 电源系统 | 支持接入 2 路 220V 交流 |
| 2 | 电池 | 48V、不低于 7Ah 锂电池 |
| 3 | 遥测量 | 72 个电流量（24 回路） |
| 4 | 遥信量 | 112 个遥信（24 回路） |
| 5 | 遥控量 | 8 路遥控（8 回路） |
| 6 | 电压量 | 支持 2 个电压量采集 |
| 7 | 通信 | 提供 RS232 网络通信接口和通信机箱 |
| 8 | 安装附件 | |

**表 2-17-4-14　16 路三遥功能配置要求**

| 序号 | 项目 | 配置参数 |
|---|---|---|
| 1 | 电源系统 | 支持接入 2 路 220V 交流 |
| 2 | 电池 | 48V、不低于 7Ah 锂电池 |
| 3 | 遥测量 | 48 个电流量（16 回路） |
| 4 | 遥信量 | 96 个遥信（16 回路） |
| 5 | 遥控量 | 16 路遥控（16 回路） |
| 6 | 电压量 | 支持 2 个电压量采集 |
| 7 | 通信 | 提供 RS232 网络通信接口和通信机箱 |
| 8 | 安装附件 | |

**表 2-17-4-15　8 路二遥功能配置要求**

| 序号 | 项目 | 配置参数 |
|---|---|---|
| 1 | 电源系统 | 支持接入 2 路 220V 交流 |
| 2 | 电池 | 24V、不低于 7Ah 锂电池 |
| 3 | 遥测量 | 24 个电流量（8 回路） |
| 4 | 遥信量 | 32 个遥信（8 回路） |
| 5 | 电压量 | 支持 2 个电压量采集 |
| 6 | 通信 | 提供 RS232 网络通信接口和通信机箱 |
| 7 | 安装附件 | |

**表 2-17-4-16　16 路二遥功能配置要求**

| 序号 | 项目 | 配置参数 |
|---|---|---|
| 1 | 电源系统 | 支持接入 2 路 220V 交流 |
| 2 | 电池 | 24V、不低于 7Ah 锂电池 |
| 3 | 遥测量 | 48 个电流量（16 回路） |
| 4 | 遥信量 | 64 个遥信（16 回路） |
| 5 | 电压量 | 支持 2 个电压量采集 |
| 6 | 通信 | 提供 RS232 网络通信接口和通信机箱 |
| 7 | 安装附件 | |

**表 2-17-4-17　24 路二遥功能配置要求**

| 序号 | 项目 | 配置参数 |
|---|---|---|
| 1 | 电源系统 | 支持接入 2 路 220V 交流 |
| 2 | 电池 | 24V、不低于 7Ah 锂电池 |
| 3 | 遥测量 | 72 个电流量（24 回路） |
| 4 | 遥信量 | 96 遥信（24 回路） |
| 5 | 电压量 | 支持 2 个电压量采集 |
| 6 | 通信 | 提供 RS232 网络通信接口和通信机箱 |
| 7 | 安装附件 | |

**表 2-17-4-18　16 路三遥＋8 路二遥功能配置要求**

| 序号 | 项目 | 配置参数 |
|---|---|---|
| 1 | 电源系统 | 支持接入 2 路 220V 交流 |
| 2 | 电池 | 48V、不低于 7Ah 锂电池 |
| 3 | 遥测量 | 72 个电流量（24 回路） |
| 4 | 遥信量 | 128 个遥信（24 回路） |
| 5 | 遥控量 | 16 路遥控（16 回路） |
| 6 | 电压量 | 支持 2 个电压量采集 |
| 7 | 通信 | 提供 RS232 网络通信接口和通信机箱 |
| 8 | 安装附件 | |

### (六) 柱上开关 FTU

柱上开关 FTU 适用于 10kV 架空配电线路分段点或联络点回线路测控，与柱上负荷开关或断路器配套，采集并上传线路电压、电流、设备状态等运行及故障信息，具备多种方式的通信接口和多种标准通信规约，与后台软件构成配电网自动化系统，实现对配电网及其设备的运行监视、故障检测、当地及远程控制。馈线测控保护装置 FTU 与配电网自动化主站（SCADA）或子站系统配合，可实现多回线路的采集与控制。通过对线路数据的分析判断达到故障检测、故障的迅速定位从而实现故障区域的快速隔离及非故障区域恢复供电，有效提高供电可靠性。

柱上开关 FTU 一般采用耐腐蚀材料（如不锈钢）制成的防雨、防潮、防尘的机箱，直接挂装在架空线杆上。监控单元及其外围的操作控制回路、蓄电池、通信终端等，都安装在机箱内部。柱上开关 FTU 配置见表 2-17-4-19。

柱上开关 FTU 的要求（以南京磐能科技公司生产的 DMP2200 系列智能终端为例）如下：

(1) 独特的软硬件设计。

1) 双 CPU 结构，采用 32 位 RISC 微处理器（MCU），具有强大的实时信号处理能力，满足通信、系统管理、人机

## 表 2-17-4-19  柱上开关 FTU 配置表

| 规格型号 | 配置说明 | 适用场合 |
|---|---|---|
| 馈线测控保护装置 FTU | (1) 3路电压输入，3路电流输入。<br>(2) 2路直流输入。<br>(3) 16路遥信输入（无源，24V）。<br>(4) 4路遥控输出（合、分闸，常开触点）。<br>(5) 2×RS232＋2×RS485/2×RS422＋1×RS232本地维护。<br>(6) 2个10M/100M自适应以太网口 | 柱上开关 |
| 主要技术参数 | | |
| 电流测量 | 1A(10A)/5A(50A) | |
| 电压测量 | 110V/220V | |
| 直流输入 | DC30V | |
| 遥信输入 | DC24V | |
| 遥控输出 | DC10A24V/AC10A250V | |
| 通信规约 | IEC 60870-5-101、IEC 60870-5-104、CDT92、DNP3.0、MODBUS，可按需求修改特殊通信规约 | |

交互等比较复杂的功能。

2）软件设计具有良好的开放性，能够方便植入新应用功能和各种通信规约。

3）采用软硬件冗余设计，具有强大的容错和自诊断、自恢复功能。装置具有较高的可靠性，功耗和体积都很小。

4）具有智能电源（蓄电池）管理功能。

5）配备CAN总线接口，可实现多个装置的局域互联。

6）配备就地远方维护接口，可方便地实现系统的维护和升级。

7）工业级芯片，适应环境温度范围广（−40～85℃）。

8）独特的结构设计，具有良好的防雨、防潮、防污、防振和通风散热能力。

9）严密的防雷及抗电磁干扰设计，抗干扰能力到达IEC标准Ⅳ级要求。

(2) 完善的配网自动化功能。

1）测量功能。

a）交流采样和电力系统故障检测，保证系统的准确度及稳定性。可以接入 $I_a$、$I_b$、$I_c$、$3I_0$ 保护电流，$I_{am}$、$I_{bm}$、$I_{cm}$ 测量电极及 $U_a$、$U_b$、$U_c$ 电压。

b）除电压、电流、有功、无功、视在功率、功率因数、有功电量、无功电量、频率测量外，还能够测量零序电流、负序电流等反应系统不平衡程度的电气参数。

c）优化的自动校准，频率跟踪交流采样技术，实现交流测量的免调节、免维护、免校准，保证长期稳定性。

2）短路故障检测。

a）测量并记录故障发生的时间、故障电流幅值及方向及故障类型。

b）具有冷启动检测功能，能够躲过线路上变压器、大型电动机投入引起的电流冲击，避免误报故障。

c）能够适应含分布式电源（如风能、太阳能）的接入。

d）接入保护型电流互感器时，利用过电流检测原理检出电网故障；接入测量性电流互感器/传感器时，根据波形是否出现饱和间断现象，检出电网故障。

e）可实现3次重合闸。

3）小电流接地故障检测。

a）基于高速数据采集及处理技术，各终端装置检测并记录小电流接地系统单相接地故障电流及电压信号（包含 $3U_0$）。

b）可直接接入零序电流互感器的二次输出，也可通过采集三相电流合成零序电流信号。

c）适用于不接地和经消弧线圈接地系统。

d）不需要附加其他设备，也不需要其他设备动作配合，实施简便、安全性高。

(3) 通信功能。

1）配有RS485、GPRS、以太网、光纤以太网、RS232、无线网等多种通信接口。

2）具有CAN现场总线接口，多台核心测控单元可通过该接口用双绞线、光纤或其他类型的通信介质联网，构成分布式开闭所、环网柜终端装置。

3）支持规约：新部颁CDT、扩展CDT、Polling规约、DNP3.0、IEC 60870-5-101/103/104、N4F规约以及用户要求增加的规约。

4）设置就地及远方维护口，用于上载、下载配置方式字、运行程序、程序升级、更新、历史数据查询。

5）灵活的通信组网方案，适应多种通信方式（光纤、音频电缆、配电载波、无线、移动公网等）。

(4) 在线配置功能。

1）支持远方、当地配置方式，配置、维护方便。

2）通信参数设置：IP地址、站址、波特率、校验位及停止位等。

3）测控、保护功能系统参数及定值设置、SCADA数据表配置。

(5) 其他可选择及扩展功能。DMP2200系列终端装置功能完善、通用性强，可方便地通过改变配置方式字适应不同的应用要求，也可以根据用户要求进行专门设计。

1）电能质量监视：测量电压谐波、电压剧降等参数。

2）PLC功能：集RTU与PLC的功能于一身，实现装置开关量输出（DO）的编程逻辑控制。

3）通用数据转发功能：用以转发附近其他智能装置的数据。

4）断路器在线监视：记录断路器累计切断故障电流的水平、动作时间、断路器动作次数、为实现断路器状态检修提供依据。

5）故障或扰动录波功能。

(6) 智能配电网高级应用功能。

1）支持IP网络通信、即插即用。

2）支持相关节点上终端装置之间的实时数据交换、进行线路故障快速自愈操作（分布智能式FA）。

3）支持配电网广域同步相量测量。

4）具有广域测控功能，如实时测量、比较线路上分布式电源并网点与母线电压相量，实现孤岛运行监测。

(7) 防火墙功能。采用具有永磁操作机构的快速开断特性和独特保护动作原理的智能防火墙解决方案，减少了保护配合的时限阶梯，可以在变电站保护0.5s动作前，实现开闭所内部故障和高速信道连接的开闭所之间线路故障的选择性速断跳闸，从而达到快速隔离配电网故障（包括单相接地故障）的目的，有效地避免用户侧故障和下游配电网故障对配电主干网的影响。通过采用具有智能开关和开闭所运行独特分布式智能算法的配电网解决方案,实现三级故障自愈措施(即就地保护;通信连接的开关之间的故障隔离和网络重构;通信连接的开关与配电主站之间的配电网故障隔离和网络重构),将有问题的元件从系统中隔离出来,尽可能多地回复非故障线路供电。提高供电可靠性,减少故障影响范围(不依赖主网 DA 功能)。

(8) 广域保护功能。广域网络保护技术是解决配电网保护快速性及选择性矛盾的最优方案。城市配电网中线路距离较短,短路电流都特别大,级联开关比较多,不能简单靠延时实现选择性。将线路上相连的开关当成一个对象实施广域保护,将所有相关联的开关的模拟等级及状态量在一个子站上获得,通过人工智能及广域保护、线路纵差保护及方向保护等原理,将线路各开关的模拟量、开关状态等信息进行综合判断,给出保护判别的结果,达到不同地点保护之间的协调和配合,让离故障点最近的开关速断跳闸,使全线正常供电。

(9) 电池管理功能。FTU 内蓄电池作为智能终端的后备电源,当失去电源时,保证断路器完成 3 次重合闸功能,并能满足 FTU 装置及通信装置工作 8h,满足 FTU 不间断供电要求。正常工况下,电源充电模块为 FTU 及断路器操作、通信系统等供电的同时,也为蓄电池浮充。后备电源可以选择铅酸电池、锂电池及超级电容等。选择时需考虑电池的性能、成本、可靠性、寿命、维护量等因素。FTU 都要具备完善的电池管理功能。

1) 输出短路保护功能。在输出发生短路故障,输出电流过大时,必须立即关断电源输出,以防止电源模块及电池烧毁。

2) 充电功能。在具备外部电源的情况下,电源本身除对负载输出电流外,还必须同时对电池进行恒流恒压充电。当充电完成后,自动转为浮充电状态。

3) 电池无缝隙切换功能。当外部电源消失时,电池需进行 0s 切换,给 FTU 继续供电。

4) 电池过放电保护功能。在电池出现过放电时,需及时关断电流输出。

5) 电池短时大电流放电功能。在操作开关时,经常需要提供短时大电流的操作电源,这个电流往往超出电源提供的最大电流,此时需电源自身保护关断,负载电流完全由电池提供。

6) 电池活化维护功能。当电池长时间处于浮充电状态,应对电池进行活化,以免电池极板钝化。活化方式可以是定期活化、当地手动控制活化、远方遥控活化。

7) 告警信号。为了便于当地或者远方监视电源及电池的工作状态,一般应有外部电源丢失告警、电池欠压告警、电池活化告警、过压告警、过热告警等告警信号。

(10) 提高系统可靠性的方案。

1) 在线可编程维护技术。自主版权的大规模专用集成电路(ASIC),多层板和表面贴装工艺,使系统集成度大为提高,更加安全可靠。

2) 装置采用低功耗设计,装置功耗小于 5W。

3) FTU 的电源为特殊设计的双交流输入,即可将控制回路两侧同时接入,当一侧失电后,另一侧自动接入,这样可更加有效地保护测控单元的供电。

4) 双重掉电保护功能,可实现蓄电池自动无扰切换和无电条件下数据保护。

5) 采用多种保护及屏蔽措施,大幅提高了装置的抗干扰能力。

6) 全密封防护外壳,抗干扰能力强,能经受高压、雷电及高频信号干扰,电磁兼容性负荷严酷级行业标准。

7) 工作温度范围高,可工作于 $-40\sim70℃$。

8) 多种多样的后备电源供电方式,如铅酸电池、锂电池及超级电容等。

**(七) 数字化配电房**

**1. 数字化配电房方案构成**

数字化配电房方案由配电房智能监控装置、配变经济运行控制装置、低压自动重合装置、有载调压装置和电压无功控制装置(VQC)等多种智能监控装置构成,监控配电房防盗和环境运行数据、电气运行数据、二次设备状态数据等信息,实现对配电房运行环境、资产设备状态、供电可靠性和运行经济性的全面和实时的管理。数字化配电房方案构成框图如图 2-17-4-2 所示。

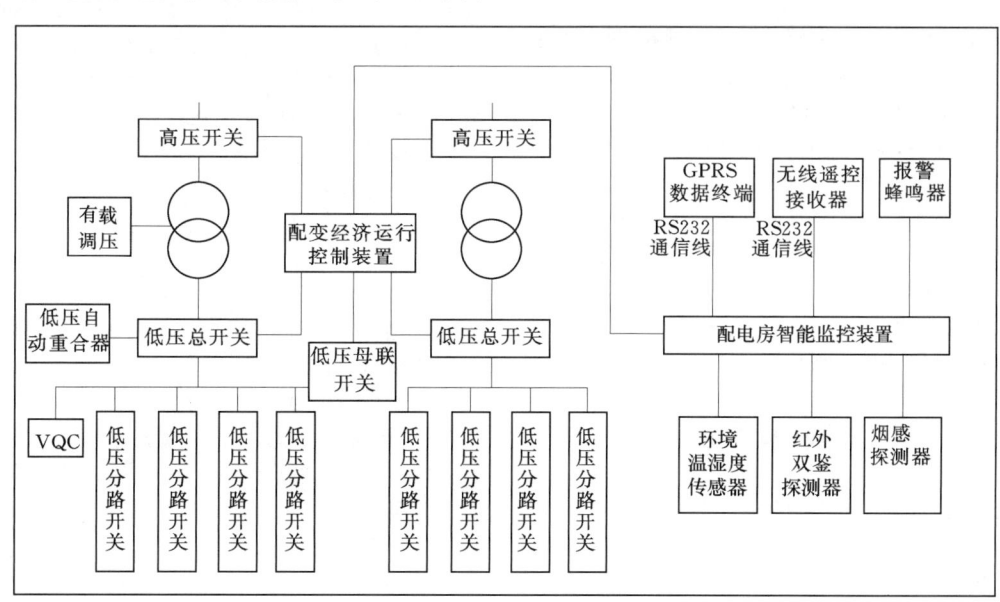

图 2-17-4-2 数字化配电房方案构成框图

## 2. 配电房智能监控装置

(1) 装置主要功能。

1) 通过无线遥控器布防和撤防。遥控器第一次按下时，进入撤防状态，此时，蜂鸣器叫，若警报器在叫，则关闭警报器。撤防状态下，红外变位不处理，蜂鸣器叫 30s 后停。遥控器第二次按下时，进入布防状态，此时，若蜂鸣器叫，则停，系统进入正常运行状态。

2) 遥信变位 SOE 发送。在布防状态时，如有遥信（遥控器信号、红外、烟感、浸水等）发生变位（合到分或分到合），则主动发送 SOE 到主站，并保存到 Flash 中，等待系统查询。通信单元中保存的 SOE 记录数为 20 个。

3) 非法进入时告警。在布防状态时，若有人非法进入，则启动警报器，并保持鸣叫 2.5min，同时发送变位 SOE 到主站，提醒值班人员注意。

4) 遥测越限告警。当温度和湿度等遥测量大于上限或小于下限时，发送遥测越限 SOE；当数据回归后，发送遥测越限回归 SOE。遥测的上、下限值可通过主站设置，并保存在 Flash 中。

5) 湿度大于设定值时启动抽风机和除湿器。当湿度越过上限值 2min 后启动抽风机和除湿器，当湿度低于上限的 90% 超过 10s 后，若抽风机和除湿器还在运行，则关闭。

6) GPRS 通信中断后自动复位。当检测到 10min 还没有接收到主站数据时，则关闭 GPRS 电源 30s，让其重新上电注册。

(2) 箱内主要设备及功能。

1) 空气开关。为箱内设备电源的总开关，电源为交流 220V，开关容量为 3A。

2) 开关电源。将交流 220V 电源转换为 DC24V 和 DC5V，为箱内/外设备提供工作电源。输入电压为 220V±20%，电源容量为：DC24V/2A，DC5V/1A。

3) 测控单元。可测量 16 路遥信，4~8 路直流遥测，8 路遥控输出；两个通信接口：一个为 RS232，另一个可为 RS232/RS485，通信协议为简化的 101。一般 RS232 口接主机，RS232/RS485 口接设备，主要功能为数据检测和输出控制。

4) 通信单元。主要负责与主站及站内设备通信，进行规约解析并进行相应的逻辑控制。

5) 继电器。输出控制转换，继电器 1 控制抽风机，继电器 2 控制除湿器，继电器 3 控制 GPRS 的工作电源。

6) 蜂鸣器。撤防时鸣叫 30s，提请人员注意。

7) 警报器。有人非法进入时闪光、鸣叫，起警示作用。

8) 复位按钮。当烟感动作时，人工现场确认后，对烟感复位，以便烟感正常工作。

(3) 外接主要设备及功能。

1) 双元红外移动探测器。当检测到有人移动时，继电器接点断开（正常时为闭合）。

2) 离子烟感。当探测到烟时，接点闭合，发光二极管亮，蜂鸣器叫。

3) 浸水。探测到水时，接点闭合。

4) 遥控器。用于现场的布防和撤防，第一次按下时接点闭合，第二次按下时接点断开。

5) 温湿度变送器。检测现场环境的温度和湿度。

## 3. 配变经济运行装置

(1) 装置说明。配电变压器的数量和容量都很庞大，在运行过程中变压器自身产生的有功功率损耗和无功功率消耗非常可观。该产品是在配电房等双主变环境下，当负荷变化较大时，择优选取变压器经济运行方式，自动控制变压器的投入和切除，从而降低损耗、节约电能并延长变压器使用寿命的装置。

(2) 技术参数。

1) 电源：输入 AC85~265V，交直流两用，最大功率 20W。

2) 开关量输入：32 路，无源接点，装置提供电源。

3) 控制输出：16 路，继电器输出，节点容量 AC220V/5A。

4) 模拟量输入：8 路，DC0~5V 或 4~20mA。

5) 串行通信：6 路，其中，1 路与上位机通信，其他 5 路与智能设备通信。

(3) 主要功能。

1) 经济运行投退。只有经济运行"投入"，装置才根据各参数投退变压器。若要手工控制变压器的运行，必须将经济运行设置为"退出"。缺省为"退出"。

2) 单变运行阈值。现在的控制参数是变压器三相电流的平均值，即当变压器平均电流小于单变运行阈值，且持续时间达到后，就将切换到一台变压器运行。缺省是 300A。

3) 双变运行阈值。即当变压器平均电流大于双变运行阈值，且持续时间达到后，就将切换到两台变压器运行。缺省是 450A。

4) 灵敏度系数。用于适当调整阈值的大小。缺省为 3.00%。

5) 持续时间。当变压器平均电流大于双变运行阈值或小于单变运行阈值，且持续时间达到该参数后，就将对变压器进行控制。缺省为 30min。

## 4. 低压自动重合器

(1) 装置说明。低压配电中广泛运用的低压失压自动脱口开关需要大量的运行或抢修人员去手动恢复供电，带来了极大的工作量，延长了停电时间，降低了供电可靠性。本产品采用智能重合的方式，保证线路重新带电时，有序地自动重合低压自动开关，并在重新合闸时判断合闸两侧的相序和电压幅值，对出现异常情况时实施合闸闭锁，避免电网的运行方式变更引起的人工误操作。

(2) 技术参数。

1) 输入电压范围：AC220V±20%。

2) 功耗：小于 3W。

3) 控制接点输出容量：AC220V/5A。

4) 重合闸时间延时范围：5~180s，随机产生。合闸脉冲持续时间：4s。

5) 储能脉冲时间：大于 8s。

6) 辅助接点输入方式：无源干接点方式。

7) 工作环境温度：-25~65℃；工作环境湿度：小于 85% 不凝露。

(3) 主要功能。

1) 进线有压重合功能。当线路失压引起低压自动开关失压脱扣后，线路再次来电时负荷侧又无电压的情况下，通过一个随机的延时后自动给出一个合闸信号，来控制低压自动开关的合闸，达到自动恢复供电的目的。

如果脱扣是由于开关的人工分断或保护动作分断，则装置不会输出合闸信号。

2) 负荷侧有压闭锁重合功能。当控制器负荷侧由于各种原因而带电时，闭锁进线重合闸，并发出告警，防止在用户有自备电源时，发生向系统倒送电事件。

3) 自动开关二次重合功能。当第一次合闸由于各种不明原因失败后，本装置将再进行一次重合闸试验，两者之间的合闸间隔时间大于45s，以确保开关的合闸成功率。二次合闸失败后，不再重合，并给出"合闸失败"报警信号。

4) 开关弹簧储能保护功能。对带有弹簧储能的自动开关，为了保证开关能可靠合闸，必须在合闸前检查弹簧储能与否。通过检查自动开关的储能辅助接点来判别开关是否已储能。对没有储能功能的自动低压开关，在实际使用时，短接该装置的储能输入接点即可。

5) 两侧有压、手动合闸智能闭锁功能。本功能主要是针对系统低压失电时或低压合环运行时的情况而设计的，其主要功能有两个：其一，当合环两侧变压器分接开关的位置不在同一挡位，两者压差大于设定值时，为了保护设备的安全，闭锁手动合闸；其二，在新设备投运时，有的设备是没有经过相位确认的，该装置可以自动识别设备两侧电压是否同相位，非同相位的话，即闭锁手动合闸。

6) 远程通信功能。具有远程三遥功能，可测量进线电压的幅值和相角、开关和储能接点的实际位置，可遥控开关的合闸及分闸。通信接口为RS485，装置内可设置地址，可以通过GPRS或其他通信方式与主站相连接，为低压配电自动化的实现打好基础。

**5. 配电综合测控仪 TTU**

(1) 作用。配电系统测控终端以数字信号处理器 DSP 为核心，采用交流取样，是集数据采集、通信、无功补偿、电网参数分析等功能于一体的新型配电测控设备，适用于交流 0.4kV、50Hz 低压配电系统的监测及无功补偿控制。

配电系统测控终端可根据系统中开关状态自动判别运行方式并根据电压、无功功率（或功率因数）以及运行方式智能地控制变压器的有载调压装置及电容器的投切，使得系统电压和无功功率满足要求，有效减少网损和提高电压合格率，确保一次系统运行在最佳状态。

(2) 技术参数。

1) 遥信回路输入信号电平：DC12～48V。

2) 遥控接点负载：AC250V/5A，DC30V/5A。

3) 模拟量测量回路精度：输入直流：0～5V、0～20mA、4～20mA；温度、直流：0.5 级。

4) 事件顺序记录（SOE）分辨率：1ms。

5) 遥测路数：直流4路（可扩为8路，订货时说明），输入 0～5V、0～20mA、4～20mA。

6) 遥信路数：16路（常开或常闭无源接点），光电隔离。

7) 遥控路数：8路（分为两组输出，每组4路，以便现场两种电源控制，如一组可为DC24V，一组可为AC220V）。

8) 通信接口：两路RS232，其中一路可跳线为RS485，

两路均有隔离保护；集成 IEC 870-5-101：1995 通信规约。

9) 绝缘性能：正常实验大气条件下，各等级的各回路绝缘电阻不小于 50MΩ。

10) 工作环境温度：-20～70℃；储存温度：-25～85℃。

11) 工作相对湿度：5%～95%（产品内部既不应凝露，也不应结冰）。

(3) 主要功能。

1) 数据采集。

a) 三相电压/电流/功率因数、有功功率/无功功率、有功电量/无功电量、频率/谐波电压/谐波电流、日电压/电流极值、停电时刻/来电时刻、累计停电时间、电压超限/缺相时间。

b) 谐波分析至13次，数据存储为2个月。

2) 数据通信。

a) 具有RS232/RS485通信接口；可采用现场通信或远程通信。

b) 可实现定时、实时召唤，响应预置参数的修改及远程控制。

3) 显示。

a) 采用128×64背光液晶显示器。

b) 实时显示电网有关参数、直观显示预置参数。

4) 无功补偿与有载调压。

a) 取样物理量为无功功率，无投切振荡、无补偿区。

b) Y+△的组合方式。

5) 运行保护。

a) 当电网某相电压过压、欠压及谐波超限时逐一切除补偿电容器。

b) 当电网缺相时快速切除补偿电容器，同时报警信号输出。

c) 每次通电，测控终端进行自检并复归输出回路，使输出回路处于断开状态。

### 四、智能配电终端的选型

**(一) 智能配电终端选型的原则**

配电终端选型时，应遵循稳定可靠、抗干扰、经济性等基本原则。由于配电终端数量大，安装点分散，必须选择质量可靠、运行成熟的产品，以减少日后的维护工作量。此外可考虑以下原则：

(1) 系列化原则。配网一次设备种类繁多，环网柜、箱式变、柱上开关、配电变压器、开闭所开关柜等。如果各种一次设备选用不同的测控装置，势必造成接口复杂、维护费用高、备品备件多、协调不顺、用户掌握困难等一系列问题，应选择满足各种配网一次设备测控需求的系列化电力监控模块。

(2) 标准化原则。配电终端应提供标准化和系列化的接口，包括数据接口、通信接口等。

(3) 模块化原则。配电终端由一个或多个独立模块单元组成，每一个模块具备独立的采样单元、电源和通信接口，每个模块可分散安装单独工作，也可集中安装，协调处理。

(4) 可扩展性原则。配电终端结构设计应易于实现功能和容量扩展。

## (二) 根据配电自动化基本模式及网络结构合理选取智能配电终端

**1. 对一般放射性网络**

(1) 电缆网络：采用落地式手动操作负荷开关，加短路故障指示器和遥信、遥测的简易型或实用型方式。

(2) 架空网络：采用柱上手动操作负荷开关加短路故障指示器和遥信、遥测的简易型或实用型方式。

**2. 对供电可靠性要求较高的放射性网络**

(1) 电缆网络：采用落地式重合器和分段加遥信、遥测的实用型或标准型方式。

(2) 架空网络：采用柱上重合器和分段器加遥信、遥测的实用型或标准型方式。

**3. 对供电可靠性要求高、允许开环运行的网络**

(1) 电缆网络：采用具有远方操作功能的环网开关，加电流互感器、远方终端方案的实用型或标准型方式。

(2) 架空网络：

1) 采用具有远方操作功能的柱上开关，加电源互感器、远方终端方案的实用型或标准型方式。

2) 采用柱上重合器和分段器组合方式，加电流互感器、远方终端方案的实用型或标准型方式。

**4. 对供电可靠性要求很高，必须闭环运行的网络**

采用免维护真空或 $SF_6$ 开关，实现远方故障自动诊断、遥控、遥测、遥信的标准型或集成型方式，并最终向智能型方式发展。配电自动化应与地理信息系统相结合，实现实时信息远传监控功能。

## (三) 配电网建设或改造时对一次设备及智能终端的具体要求

(1) 要求实现一遥功能的应至少具备辅助触点。

(2) 要求实现二遥功能的应至少具备电流互感器或故障指示器、电压互感器和辅助触点。

(3) 要求实现三遥功能的应至少具备电流互感器或故障指示器、电压互感器、辅助触点以及电动操动机构。

(4) 要求实现故障告警和定位的应至少具备电流互感器或故障指示器、电压互感器、辅助触点。

(5) 要求实现故障自动隔离的应具备电流互感器或故障指示器、电压互感器、辅助触点以及电动操动机构、后备电源。开关设备在失去交流电源的情况下至少能进行自动合闸和自动分闸各一次。

(6) 所有环网开关柜的辅助接点除在本柜使用外，均应各带有能连动的二开二闭的辅助接点。

(7) 配电站网低压开关柜进线、分段断路器配本体通信模块，带符合 IEC 标准的接口，采用符合 IEC 标准的通信协议实现遥信、遥测功能。

(8) 电流互感器、电压互感器均应满足《互感器　第2部分：电流互感器的补充技术要求》(GB 20840.2—2014)、《互感器　第3部分：电磁式电压互感器的补充技术要求》(GB 20840.3—2013) 标准要求。其中电流互感器一次电流宜采用 200A、400A、600A，二次电流应采用 1A。

(9) 开关站要求选择 10kV 户内单相开启式电流互感器 (保护、测量一体化双绕组双变比配置，容量 5VA。保护绕组精度 10P10，变比为 600/5 带 400/5 抽头。测量绕组精度 0.5，变比分 3 种：变比 600/5 带 400/5 的抽头；变比 400/5 带 200/5 的抽头及 200/5 带 100/5 的抽头)；零序电流互感器 (变比：100/1，精度：10P10，容量：1VA，兼顾小电阻接地系统)；电压互感器 (10kV 户内三相全绝缘星形接线电压互感器，带消谐电阻，变比 $10kV/\sqrt{3}\,kV$、$0.1kV/\sqrt{3}\,kV$、$0.1kV/3kV$、$0.22kV/\sqrt{3}\,kV$，容量 15VA/100VA/500VA，精度 0.5/6P/3 级)。

(10) FTU 要求选择户外组合式互感器 (TV、测量 TA 一体化，设置 1 组 VV 接法 TV，变比 10kV/0.1kV/0.22kV，容量 15VA/500VA，精度 0.5/3 级；1 组 3 相 TA，容量 5VA。测量绕组精度 0.5，两类变比：变比 600/5 带 400/5 的抽头；变比 400/5 带 200/5 的抽头)。

(11) DTU 要求选择电流互感器 (10kV 户内单相开启式电流互感器，保护、测量一体化双绕组双变比配置，容量 5VA。保护绕组精度 10P10，变比为 600/5 带 400/5 抽头。测量绕组精度 0.5，变比分 3 种：变比 600/5 带 400/5 的抽头；变比 400/5 带 200/5 的抽头及 200/5 带 100/5 的抽头)；零序电流互感器 (10kV 户内三相开启式零序电流互感器，精度 10P10，变比 100/1，容量 1VA，兼顾小电阻接地系统)；电压互感器 (10kV 户内三相全封闭全绝缘肘头式星形接线电压互感器，带消谐电阻，变比 $10kV/\sqrt{3}\,kV$、$0.1kV/\sqrt{3}\,kV$、$0.1kV/3kV$、$0.22kV/\sqrt{3}\,kV$，容量 15VA/100VA/500VA，精度 0.5/6P/3 级)。

(12) TTU 要求选择电流互感器 [10kV 户内单相开启式电流互感器，单绕组，容量 5VA。测量精度 0.5，变比分 3 种：变比 600/5 带 400/5 的抽头 (用于分支箱的正线电缆进、出线)；变比 400/5 带 200/5 的抽头及 200/5 带 100/5 的抽头 (用户、分支出线)]；零序电流互感器 (10kV 户内三相开启式零序电流互感器，精度 10P10，变比 100/1，容量 1VA，兼顾小电阻接地系统)。

(13) 户内单相开启式电流互感器要求安装时一次与二次对应，同一回路的两组电流互感器的安装方向应一致，开启式磁环必须对齐，卡紧。电流回路二次电缆须采用不低于 R-KVVP2/22-1000V 规格；电流互感器外壳的接地裸线、二次回路接地线必须可靠接地。零序电流互感器安装时，开启式磁环必须对齐，卡紧；电缆通过零序电流互感器时，电缆金属护层和接地线应对地绝缘，电缆接地点 (电缆接地线与电缆金属屏蔽的焊点) 在互感器以下时，接地线应直接接地，接地点在互感器以上时，接地线应穿过互感器接地，接地线必须接在开关柜内专用接地铜排上，接地线须采用铜绞线或镀锡铜编织线，接地线的截面必须符合规程要求。

(14) 户外组合式互感器要求靠电源侧一次、二次对应安装，二次电缆应采用不低于 ZR-KVVP/2-22-1000V 规格；互感器外壳的接地线必须可靠接地。

(15) 电压互感器要求按一次相序对应安装，二次电缆应采用不低于 ZR-KVVP2/22-1000V 规格；TV 底板上的接地桩，须接到 TV 柜内接地铜排；接地线采用规格 $6mm^2$ 的黄绿双色软铜线，线端采用 OT6-8 型接线端子连接。

(16) 配电网开关设备的额定参数应考虑到系统发展规划要求，宜采用以封闭型、免维护的设备为主。操作电源必须可靠、适用。

## (四) 配电设备自动化配置要求

配电设备自动化配置要求见表 2-17-4-20。

表 2-17-4-20　　　　　　　　　　　配电设备自动化配置要求

| 设备 | 简易型 | 实用型 | 标准型、集成型、智能型 |
|---|---|---|---|
| 开关站 | 辅助接点（6常开6常闭）、RTU、直流屏、光纤 | 辅助接点（6常开6常闭）、电压互感器（计量、测量、动力）、中压电流互感器、RTU、直流屏、光纤 | 开关电动操作机构、辅助接点（6常开6常闭）、直流屏、TV（计量、测量、动力）、中压TA、RTU、光纤 |
| 配电室 | 辅助接点（6常开6常闭）、DTU、直流屏、光纤 | 辅助接点（6常开6常闭）、电压互感器（计量、测量、动力）、中压电流互感器、DTU、直流屏、光纤 | 开关电动操作机构、辅助接点（6常开6常闭）、直流屏、TV（计量、测量、动力）、中、低压TA、DTU、光纤 |
| 环网柜 | 辅助接点（6常开6常闭）、DTU、直流模块、光纤 | 辅助接点（6常开6常闭）、电压互感器（计量、测量、动力）、中压电流互感器、DTU、直流模块、光纤 | 开关电动操作机构、辅助接点（6常开6常闭）、直流模块、TV（计量、测量、动力）、中压TA、DTU、光纤 |
| 柱上开关 | 辅助接点（6常开6常闭）、FTU、直流模块、光纤 | 辅助接点（6常开6常闭）、中压电流互感器、FTU终端、直流模块、流模块、光纤 | 开关电动操作机构、辅助接点（6常开6常闭）、中压TA、直流模块、TV（测量、动力）、FTU终端、直流模块、光纤 |
| 箱变 | 辅助接点（6常开6常闭）、DTU终端、直流模块、无线通信模块 | 辅助接点（6常开6常闭）、中、低压电流互感器、DTU终端、直流模块、无线通信模块 | 开关电动操作机构、辅助接点（6常开6常闭）、中、低压TA、TTU终端、直流模块、无线通信模块 |
| 配电变压器 | | 低压电流互感器、TTU终端、直流模块、无线通信模块 | 低压TA、TTU终端、直流模块、无线通信模块 |

注　1.综合自动化装置与远动装置RTU应用于开关站；站所终端DTU应用于配电室、环网柜、箱变；馈线终端FTU应用于柱上开关；配变终端TTU应用于配电变压器。
　　2.开关辅助接点（6常开6常闭）用途：开关状态量2对（遥信、当地指示）、防跳回路1对、闭锁回路2对（分合闸回路、联锁回路）、备用1对。

### 五、智能配电终端的测试

为加强公司系统配电自动化建设工作，进一步完善配网生产管理标准化水平，规范配电自动化终端设备选型，根据国家电网公司的有关规定，各个省公司组织编写了《××省电力公司配电自动化终端技术规范（试行）》和《××省电力公司配电自动化终端入网及验收检验规范（试行）》，由省公司生产技术部负责，并委托省电科院对产品进行测试。

#### （一）三遥FTU测试要求

三遥FTU测试要求见表2-17-4-21～表2-17-4-23。

表2-17-4-21　FTU基本技术参数

| 序号 | 参数名称 | 单位 | 要求参数值 |
|---|---|---|---|
| 1 | 交流电流回路过载能力 | | $2I_n$，连续工作；$10I_n$，10s；$20I_n$，1s |
| 2 | 交流电压回路过载能力 | | 交流电压回路过载能力$1.5U_n$，连续工作 |
| 3 | 遥信分辨率 | ms | ≤10 |

续表

| 序号 | 参数名称 | 单位 | 要求参数值 |
|---|---|---|---|
| 4 | 交流电压回路功率损耗（每相） | VA | ≤0.55 |
| 5 | 交流电流回路功率损耗（每相） | VA | ≤0.5（$I_n=1A$）；≤1（$I_n=5A$） |
| 6 | 装置消耗 | VA | 非通信状态下不大于20，通信状态下不大于30 |

表2-17-4-22　后备电源为电池时的电池技术参数

| 序号 | 参数名称 | 单位 | 要求参数值 |
|---|---|---|---|
| 1 | 电池组容量 | Ah | ≥15 |
| 2 | 电池组电压 | V | 24 |
| 3 | 电池组寿命 | 年 | ≥5 |

表2-17-4-23　　　　　　　　　　　FTU具体功能及技术指标

| 序号 | 名称 | 参数 |
|---|---|---|
| 1 | TA二次额定电流 | 5A |
| 2 | TV二次额定电压 | 100V |
| 3 | 馈线终端屏柜颜色 | 304不锈钢 |
| 4 | 馈线终端屏柜尺寸 | 馈线终端机柜尺寸为：600mm（宽）×400mm（深）×800mm（高），预留通信终端设备安装空间，采用一体化设计，并可根据现场实际情况定制机柜尺寸 |
| 5 | 馈线终端外箱颜色 | 铝氧化为本色 |
| 6 | 馈线终端外箱尺寸 | 19寸标准机箱 |

续表

| 序号 | 名称 | 参数 |
|---|---|---|
| 7 | 遥信回路电压等级 | DC24V |
| 8 | 操作回路电压等级 | DC24V |
| 9 | 开出接点输出方式 | SBO |
| 10 | 开出接点输出时间 | 0～20s可调 |
| 11 | 馈线终端环境、湿度分级 | C3 |
| 12 | 基本功能要求 | (1) 采集并向远方发送状态量，状态变位优先传送，支持馈线电压上限、下限告警功能，电流上限告警功能。<br>(2) 采集正常交流电流与电压并向远方传送。<br>(3) 接收并执行遥控命令或当地控制命令，以及返送校核，与各种类型重合器、断路器和负荷开关配合执行操作。<br>(4) 采集馈线故障电流并向中压监控单元（配电自动化及管理系统子站）或主站传送。过流故障或单相接地故障之后，记录相关的故障测量信息和故障特征信息。故障测量信息包括故障前、故障起始、故障结束以及故障后的电压、电流幅值及故障发生时间、持续时间。<br>(5) 经扩展，具备开关在线测温、环境控制和自适应局域网功能。<br>(6) 具备软硬件防误动措施，保证控制操作的可靠性。<br>(7) 具有后备电源和外接后备电源的接口，其容量应能维持远方终端正常工作不少于24h，当主电源故障时能自动无缝投入。<br>(8) 采集和监视FTU装置本身主要部件及后备电源的状态，故障时能传送报警信息。<br>(9) 主供电源失电后，备用电源能满足对每一个开关最少进行分、合操作三次同时还能工作8h以上。<br>(10) 具有程序自诊断、自恢复功能；各装置模块具备运行、网络等状态指示灯。<br>(11) 当地和远方可进行参数设置及对时功能。<br>(12) 事件顺序记录功能。<br>(13) 输入、输出回路具有安全防护措施。<br>(14) 有远方和本地控制切换功能，支持开关的就地操作功能 |
| 13 | 电源及功耗要求 | (1) 支持交直流供电，AC220V/DC220V。<br>(2) 支持电压互感器二次100V交流电源。<br>(3) 支持双交流电源进线配置，具备双电源切换功能。<br>(4) 电池为模块化设计，采用CTD、华达、海志、汤浅、阳光等名牌产品，寿命不低于5年。<br>(5) 通信设备提供直流电源，并为通信设备设置独立的开关。<br>(6) 具备智能电源管理功能，可对蓄电池自动进行活化 |
| 14 | 遥信要求 | (1) 采集开关合、分状态量信息并向远方发送双位置遥信。<br>(2) 采集装置电源状态信息并向远方发送。<br>(3) 采集设备故障、异常信息并向远方发送。<br>(4) 遥测越限、过流、接地等故障信息上报。<br>(5) 采集各种故障指示器接入状态量并向远方发送。<br>(6) 可根据现场实际要求采集相关开关量并向远方发送。<br>(7) 有功能独立的遥信插件配置10路遥信，并可按需配置。<br>(8) 分辨率小于10ms。<br>(9) 软件防抖动时间10～60000ms可设 |
| 15 | 遥测要求 | (1) 采集A、B、C三相电流或采集A、C相电流和零序电流。<br>(2) 采集三相交流电压。<br>(3) 采集后备电源电压。<br>(4) 有功能独立的交流采样插件配置9路遥测，并可按需配置。<br>(5) 电流输入标称值：1A/5A 50Hz。<br>(6) 电压电流采样精度：0.5级。<br>(7) 在标称输入值时，每一回路的功率消耗小于0.5VA。<br>(8) 短期过量交流输入电流施加标称值的2000%（标称值为5A），持续时间小于1s，系统工作正常 |
| 16 | 遥控要求 | (1) 接收并执行遥控命令或当地控制命令，并可返送校核，能与各种类型重合器、断路器和负荷开关配合执行操作。<br>(2) 分区保存主站和当地遥控记录。<br>(3) 具备可整定的电动机构保护装置，在终端执行遥控或就地控制命令时投入电动机操作机构电源，延时断开操作电源，延时时间可整定，保护装置节点容量应满足电动机构断弧要求。<br>(4) 有功能独立的遥控插件，容量可按需求配置。<br>(5) 输出方式：继电器常开接点。<br>(6) 接点容量：DC24V、10A |

第四节　智能配电装置

续表

| 序号 | 名　称 | 参　数 |
| --- | --- | --- |
| 17 | 数据处理 | （1）根据参数设置，选择越死区值的遥测变化数据，采用主动或召唤方式上报。<br>（2）遥信变位按事件顺序记录（SOE）处理，并将 SOE 信息主动上报。<br>（3）实现电压、电流、有功功率、功率因数等数据的存储，存储容量大于 30 天（按照每 5min 记录一次）。<br>（4）事故遥信变位 SOE 等信息需当地存储，存储容量大于 128 条。<br>（5）遥测越限、过流、接地等故障信息上报。<br>（6）记录电压、电流、功率等数据的极值。<br>（7）支持主站召唤全数据（当前遥测值、遥信状态）。<br>（8）支持主站召唤历史数据（遥测定点记录、极值记录） |
| 18 | 通信要求 | （1）通信协议满足：IEC 60870-5-101、IEC 60870-5-104 等协议。<br>（2）上级通信，采用光缆通信、载波通信等通信方式，并预留有充足的安装空间供灵活应用，支持 RS232、RJ45 接口，要求具有备用上传接口，一主一备冗余处理。<br>（3）设备采用身份认证方式，设备有唯一 MAC 地址，避免接入设备地址冲突 |
| 19 | 维护和调试 | （1）支持本地和远方参数设置、更改及调试。<br>（2）具备通道监视功能。<br>（3）终端应有明显的装置运行、通信等运行状态指示。<br>（4）终端应具备明显的遥信状态指示，方便调试。<br>（5）终端应可根据需要配置就地人机操作界面。<br>（6）终端具有就地运行工况显示功能，可就地查询采集数据。<br>（7）要求维护工具使用方便，维护软件统一、全中文界面。能查看实时数据，能查询及导出历史数据，具有遥控功能，遥测、遥信可人工置数。历史数据（故障信息、SOE、定点数等）至少保存 1 个月。<br>（8）维护软件具有通信报文监视功能，收发报文能同屏分开显示 |
| 20 | 外箱结构的技术要求 | （1）配电自动化终端机柜内功能区域界限明显，使用维护简单方便。安装接线及操作均在箱体前面。<br>（2）配电自动化终端机柜的机械结构应能防卫：灰尘、潮湿、盐污、虫和动物、高温和低温，防护等级不低于《外壳防护等级（IP 代码）》（GB/T 4208—2017）规定的 IP65 要求。<br>（3）配电自动化终端的电池安装结构设计灵活，不借助工具可方便安装、拆卸，能够根据需要扩充电池，无需更改箱体结构。<br>（4）运行状态指示灯为绿色，信号告警灯为红色。<br>（5）终端柜内装置（包括继电器、控制开关、压板、指示灯等其他独立设备）都应有标签框，以便清楚地识别。外壳可移动的设备在设备的本体上也应有同样的识别标记。<br>（6）机柜采用不锈钢。<br>（7）配电自动化终端应有良好的接地处理，机箱应采取防静电及电磁辐射干扰的防护措施以及防雷击和防过电压的保护措施。机箱的不带电金属部分应在电气上连成一体，并汇接到接地铜排可靠接地。<br>（8）装置遥控、遥信、遥测端子应采用航空接插件方式，可靠防止凝露、结霜等影响。航空接插件应采用防插错设计，安装方式采用外置式，航空插头及底座应配保护套（航空插头包含公母头） |
| 21 | 屏柜结构的技术要求 | （1）配电自动化终端箱体内正面具有操作面板，面板上安装远方/就地选择开关、分合闸执行按钮和各路带指示灯的分合闸按钮及压板；合位指示灯为红色，分位指示灯为绿色。<br>（2）面板上的远方/就地选择开关、分合闸执行按钮独立布置 |
| 22 | 硬件平台 | （1）要求采用不低于 32 位微处理器系列芯片。<br>（2）采用专用的 DSP 芯片。<br>（3）采用工业级元器件 |
| 23 | 软件平台 | （1）终端应用程序应基于（嵌入式）实时多任务操作系统软件平台进行开发，用以保证终端进行故障识别、终端通信、数据计算处理等复杂功能要求。<br>（2）终端应具备程序死锁自恢复（看门狗）功能 |
| 24 | 抗干扰特性要求 | （1）在雷击过电压、一次回路操作、一次设备故障、二次回路操作及其他强干扰作用下，装置不应误动作或损坏。<br>（2）装置的快速瞬变干扰试验、高频干扰试验、辐射电磁场干扰试验、冲击电压试验、静电试验和绝缘试验等应至少满足 IEC 60255-22-1、IEC 60255-22-2、IEC 60255-22-3、IEC 60255-22-4、IEC 60255-22-5 等相应规定中Ⅳ级的要求 |
| 25 | 可靠性要求 | （1）遥控正确率不小于 99.99%。<br>（2）信号正确动作率不小于 99.99%。<br>（3）线路板及端子应专门做防潮、防凝露处理。<br>（4）装置平均无故障运行时间（MTBF）不小于 20000h |
| 26 | 基本结构要求 | （1）装置应采用总线式结构，遥测、遥信、遥控功能分别集成在不同的插件上，通过总线方式扩展，以方便后期维护和检修。<br>（2）装置遥控、遥信、遥测端子应采用航空接插件方式，可靠防止凝露、结霜等影响。<br>（3）外接端子排任意相邻三路端子短路，不应造成任何重大误操作（如误跳误合开关） |

## （二）三遥站、所 DTU 测试要求

三遥站、所 DTU 测试要求见表 2-17-4-24～表 2-17-4-26。

**表 2-17-4-24　　三遥站、所 DTU 基本技术参数**

| 序号 | 参 数 名 称 | 单位 | 要 求 参 数 值 |
|---|---|---|---|
| 1 | 交流电流回路过载能力 |  | $2I_n$，连续工作；$10I_n$，10s；$20I_n$，1s |
| 2 | 交流电压回路过载能力 |  | 交流电压回路过载能力 $1.5U_n$，连续工作 |
| 3 | 遥信分辨率 | ms | ≤10 |
| 4 | 交流电压回路功率损耗（每相） | VA | ≤1 |
| 5 | 交流电流回路功率损耗（每相） | VA | ≤0.5（$I_n$=1A），≤1（$I_n$=5A） |
| 6 | 装置消耗 | VA | 非通信状态下不大于 30，通信状态下不大于 50（光纤） |

**表 2-17-4-25　　后备电源为电池时的电池技术参数**

| 序号 | 参 数 名 称 | 单位 | 要 求 参 数 值 |
|---|---|---|---|
| 1 | 电池组容量 | Ah | ≥15 |
| 2 | 电池组电压 | V | 48 |
| 3 | 电池组寿命 | 年 | ≥5 |

**表 2-17-4-26　　FTU 具体功能及技术指标**

| 序号 | 名　称 | 参　数 |
|---|---|---|
| 1 | TA 二次额定电流 | 5A |
| 2 | TV 二次额定电压 | 100V |
| 3 | 站所终端屏柜颜色 | 按色卡 |
| 4 | 站所终端屏柜尺寸 | （1）一控四壁挂式机柜尺寸为：310mm(宽)×335mm(深)×670mm(高)，并可根据现场实际情况定制机柜尺寸。<br>（2）一控六（八）落地式机柜尺寸为：600mm(宽)×400mm(深)×1400mm(高)，并可根据现场实际情况定制机柜尺寸。<br>（3）一控六（八）卧式机柜尺寸为：1200mm(宽)×400mm(深)×400mm(高)，并可根据现场实际情况定制机柜尺寸。<br>（4）一控十六壁挂式机柜尺寸为：620mm(宽)×335mm(深)×670mm(高)，并可根据现场实际情况定制机柜尺寸。<br>（5）一控十六落地式机柜尺寸为：800mm(宽)×600mm(深)×1600mm(高)，并可根据现场实际情况定制机柜尺寸 |
| 5 | 站所终端外箱颜色 | 铝氧化为本色 |
| 6 | 站所终端外箱尺寸 | 19 寸标准机箱 4U/6U |
| 7 | 遥信回路电压等级 | DC24V |
| 8 | 操作回路电压等级 | DC48V |
| 9 | 开出接点输出方式 | SBO |
| 10 | 开出接点输出时间 | 0～20s 可调 |
| 11 | 站所终端环境、湿度分级 | C3 |
| 12 | 基本功能要求 | （1）采集并向远方发送状态量，状态变位优先传送，支持馈线电压上限、下限告警功能，电流上限告警功能。<br>（2）采集正常交流电流与电压并向远方传送。<br>（3）接收并执行遥控命令或当地控制命令并可返送校核，与各种类型重合器、断路器和负荷开关配合执行操作。<br>（4）采集馈线故障电流并向中压监控单元（配电自动化及管理系统子站）或主站传送。过流故障或单相接地故障之后，记录相关的故障测量信息和故障特征信息。故障测量信息包括故障前、故障起始、故障结束以及故障后的电压、电流幅值及故障发生时间、持续时间。<br>（5）经扩展，具备开关在线测温、环境控制和自适应局域网功能。<br>（6）具备软硬件防误动措施，保证控制操作的可靠性。<br>（7）具有后备电源和外接后备电源的接口，其容量应能维持远方终端正常工作不少于 24h，当主电源故障时能自动无缝投入。 |

续表

| 序号 | 名　称 | 参　　数 |
|---|---|---|
| 12 | 基本功能要求 | (8) 采集和监视 DTU 装置本身主要部件及后备电源的状态，故障时能传送报警信息。<br>(9) 主供电源失电后，备用电源能满足对每一个开关最少进行分、合操作各 1 次同时还能工作 8h 以上。<br>(10) 具有程序自诊断、自恢复功能；各装置模块具备运行、网络等状态指示灯。<br>(11) 当地和远方可进行参数设置及对时功能。<br>(12) 支持接入各种类型的故障指示器，通信方式采用 MODBUS 通信。<br>(13) 事件顺序记录功能。<br>(14) 输入、输出回路具有安全防护措施。<br>(15) 有远方和本地控制切换功能，支持开关的就地操作功能。<br>(16) 采用模块化设计插件，支持在线热插拔，8 路和 16 路支持模块互换 |
| 13 | 电源及功耗要求 | (1) 支持交直流供电，AC220V/DC220V。<br>(2) 支持电压互感器二次 100V 交流电源。<br>(3) 支持双交流电源进线配置，具备双电源切换功能。<br>(4) 电池为模块化设计，采用 CTD、华达、海志、汤浅、阳光等名牌产品，寿命不低于 5 年。<br>(5) 通信设备提供直流电源，并为通信设备设置独立的开关。<br>(6) 具备智能电源管理功能，可对蓄电池自动进行活化 |
| 14 | 遥信要求 | (1) 采集开关合、分状态量信息并向远方发送双位置遥信。<br>(2) 采集装置电源状态信息并向远方发送。<br>(3) 采集设备故障、异常信息并向远方发送。<br>(4) 遥测越限、过流、接地等故障信息上报。<br>(5) 采集各种故障指示器接入状态量并向远方发送。<br>(6) 可根据现场实际要求采集相关开关量并向远方发送。<br>(7) 有功能独立的遥信插件，容量可按需求配置（每路配置不少于 8 路遥信，即具有 8 路遥控功能的不少于 64 路）。<br>(8) 分辨率小于 10ms。<br>(9) 软件防抖动时间 10~60000ms 可设 |
| 15 | 遥测要求 | (1) 采集 A、B、C 三相电流或采集 A、C 相电流和零序电流。<br>(2) 采集三相交流电压。<br>(3) 采集后备电源电压。<br>(4) 有功能独立的交流采样插件配置 9 路遥测，并可按需求配置。<br>(5) 电流输入标称值：1A/5A，50Hz。<br>(6) 电压电流采样精度：0.5 级。<br>(7) 在标称输入值时，每一回路的功率消耗小于 0.5VA。<br>(8) 短期过量交流输入电流施加标称值的 2000%（标称值为 5A），持续时间小于 1s，系统工作正常 |
| 16 | 遥控要求 | (1) 接收并执行遥控命令或当地控制命令，并可返送校核，能与各种类型重合器、断路器和负荷开关配合执行操作。<br>(2) 分区保存主站和当地遥控记录。<br>(3) 具备可整定的电动机构保护装置，在终端执行遥控或就地控制命令时投入电动机操作机构电源，延时断开操作电源，延时时间可整定，保护装置节点容量应满足电动机构断弧要求。<br>(4) 有功能独立的遥控插件，容量可按需求配置。<br>(5) 输出方式：继电器常开接点。<br>(6) 接点容量：DC48V、10A |
| 17 | 数据处理 | (1) 根据参数设置，选择越死区值的遥测变化数据，采用主动或召唤方式上报。<br>(2) 遥信变位按事件顺序记录（SOE）处理，并将 SOE 信息主动上报。<br>(3) 实现电压、电流、有功功率、功率因数等数据的存储，存储容量大于 30d（按照每 5min 记录一次）。<br>(4) 事故遥信变位 SOE 等信息需当地存储，存储容量大于 128 条。<br>(5) 遥测越限、过流、接地等故障信息上报。<br>(6) 记录电压、电流、功率等数据的极值。<br>(7) 支持主站召唤全数据（当前遥测值、遥信状态）。<br>(8) 支持主站召唤历史数据（遥测定点记录、极值记录） |
| 18 | 通信要求 | (1) 通信协议满足：IEC 60870-5-101、IEC 60870-5-104 等协议。<br>(2) 上级通信，采用光缆通信、载波通信等通信方式，并预留有充足的安装空间供灵活应用，支持 RS232、RJ45 接口，要求有备用上传接口，一主一备冗余处理。<br>(3) 下级通信采用 MODBUS 等现场总线方式，下级通信主要为接故障指示器。<br>(4) 设备采用身份认证方式，设备有唯一 MAC 地址，避免接入设备地址冲突 |

续表

| 序号 | 名　称 | 参　数 |
|---|---|---|
| 19 | 维护和调试 | （1）支持本地和远方参数设置、更改及调试。<br>（2）具备通道监视功能。<br>（3）终端应有明显的装置运行、通信等运行状态指示。<br>（4）终端应具备明显的遥信状态指示，方便调试。<br>（5）终端应可根据需要配置就地人机操作界面。<br>（6）终端具有就地运行工况显示功能，可就地查询采集数据。<br>（7）要求维护工具使用方便，维护软件统一、全中文界面。能查看实时数据，能查询及导出历史数据，具有遥控功能，遥测、遥信可人工置数。历史数据（故障信息、SOE、定点数等）至少保存1个月。<br>（8）维护软件具有通信报文监视功能，收发报文能同屏分开显示 |
| 20 | 外箱结构的技术要求 | （1）配电自动化终端机柜均采用前开钢化玻璃门、内带可开启式前面板形式。<br>（2）配电自动化终端机柜内功能区域界限明显，使用维护简单方便。安装接线及操作均在箱体前面。<br>（3）配电自动化终端机柜的机械结构应能防卫：灰尘、潮湿、盐污、虫和动物、高温和低温，防护等级不低于《外壳防护等级（IP代码）》（GB/T 4208—2017）规定的IP54要求，即防尘和防滴水。<br>（4）配电自动化终端的电池安装结构设计灵活，不借助工具可方便安装、拆卸，能够根据需要扩充电池，无需更改箱体结构；电池的电源线必须与电池本体接线柱抱箍螺丝连接或焊接，电源线必须用可插拔式接头，接口必须牢固。<br>（5）配电自动化终端所有设备的运行状态指示灯、信号告警灯可在不开启终端柜的情况下进行监视；运行状态指示灯为绿色，信号告警灯为红色。<br>（6）终端柜内装置（包括继电器、控制开关、压板、指示灯等其他独立设备）都应有标签框，以便清楚地识别。外壳可移动的设备，在设备的本体上也应有同样的识别标记。<br>（7）机柜采用镀锌钢板，厚度不小于2mm。挂箱外配蚀刻不锈钢铭牌，厚度0.8mm，标示内容包含名称、型号、装置电源、操作电源、额定电压、额定电流、产品编号、制造日期及制造厂名等。<br>（8）配电自动化终端应有良好的接地处理，机箱应采取防静电及电磁辐射干扰的防护措施以及防雷击和防过电压的保护措施。机箱的不带电金属部分应在电气上连成一体，并汇接到接地铜排可靠接地。<br>（9）装置遥控、遥信、遥测端子应采用航空接插件方式，可靠防止凝露、结霜等影响，航空接插件应采用防插错设计，安装方式采用外置式，航空插头及底座应配保护套，控制电缆接口采用10芯矩形航空插头（HDC. HESS. 010.4. LM20型），TA电缆接口采用5芯圆形航空插头（YP21ZJ9UY型）。航空插头包含公母头 |
| 21 | 屏柜结构的技术要求 | （1）配电自动化终端箱体内正面具有操作面板，面板上安装远方/就地选择开关、分合闸执行按钮和各路带指示灯的分合闸按钮及压板；合位指示灯为红色，分位指示灯为绿色。<br>（2）面板上的远方/就地选择开关、分合闸执行按钮独立布置。<br>（3）操作面板至少可提供6个空气开关控制电气回路通断，从左到右依次为交流电源1、交流电源2、蓄电池电源、装置电源、通信电源、电机电源 |
| 22 | 硬件平台 | （1）要求采用不低于32位微处理器系列芯片，处理器性能不低于100MIPS。<br>（2）采用专用的DSP芯片。<br>（3）采用工业级元器件 |
| 23 | 软件平台 | （1）终端应用程序应基于（嵌入式）实时多任务操作系统软件平台进行开发，用以保证终端进行故障识别、终端通信、数据计算处理等复杂功能要求。<br>（2）终端应具备程序死锁自恢复（看门狗）功能 |
| 24 | 抗干扰特性要求 | （1）在雷击过电压、一次回路操作、一次设备故障、二次回路操作及其他强干扰作用下，装置不应误动作或损坏。<br>（2）装置的快速瞬变干扰试验、高频干扰试验、辐射电磁场干扰试验、冲击电压试验、静电试验和绝缘试验等应至少满足IEC 60255-22-1、IEC 60255-22-2、IEC 60255-22-3、IEC 60255-22-4、IEC 60255-22-5等相应规定中Ⅳ级的要求 |
| 25 | 可靠性要求 | （1）遥控正确率不小于99.99%。<br>（2）信号正确动作率不小于99.99%。<br>（3）线路板及端子应专门做防潮、防凝露处理。<br>（4）装置平均无故障运行时间（MTBF）不小于20000h |
| 26 | 基本结构要求 | （1）装置应采用总线式结构，遥测、遥信、遥控功能分别集成在不同的插件上，通过总线方式扩展，以方便后期维护和检修。<br>（2）装置可以通过级联的方式扩展，以其中一台为主发。<br>（3）装置遥控、遥信、遥测端子应采用航空接插件方式，可靠防止凝露、结霜等影响。<br>（4）外接端子排任意相邻三路端子短路，不应造成任何重大误操作（如误跳误合开关） |

## 六、智能配电终端研究

### (一) 智能配电终端研究目的和研究内容

研究适用于配电网实际监测和控制、功能集中整合的新型装置,同时结合各种通信信道进行远程连接。主要研究内容包括:

(1) 研究满足简易型、实用型、标准型、集成型、智能型要求的分布式智能控制需求的智能配电网终端,实现分布式智能控制模式的馈线自动化。

(2) 研究开发长寿命、低成本、低功耗、高可靠性及满足各种通信要求的智能配电终端设备。

(3) 研究FTU及DTU等智能配电终端系统的分布操作电源的长寿命、免维护技术,包括铅酸电池、锂电池及超级电容等后备电源的供电方式。

(4) 研究利用智能终端之间相互通信实现快速故障定位、故障区域隔离、非故障区域恢复供电技术。

(5) 研究基于智能断路器及智能配电终端有机结合实现"防火墙功能的技术",迅速将故障客户从配电网隔离出来,以提高供电可靠性,减小故障的影响范围。

(6) 研究将智能配电终端的遥信、遥控及遥测功能扩展为完善的测控、自动化、保护、通信、电能质量监测、集抄、计量、状态检修、线损和网损监测以及图像监控等功能的系统集成。

(7) 研究对于重要负荷的线路实施广域网络保护。广域网络保护技术是解决配电网保护快速性和选择性矛盾的最优方案,通过人工智能及广域保护、线路纵差保护等原理进行综合判断,给出保护判别的结果,达到不同地点保护之间的协调和配合。

(8) 研究利用智能配电终端实现对分布式电源以及储能器件等的监视和控制。

(9) 研究智能配电终端的电能质量监测功能。

### (二) 未来配电自动化终端的发展方向

(1) 近10年的经验教训:电源问题、通信问题。

(2) 装置的稳定性和可靠性。

(3) 低功耗设计、新型电池的使用:超级电容、各种锂电池等。

(4) 通信方式的改进。

(5) 光纤以太网、无线专网、中压低压载波技术、5G通信等。

(6) 一次设备的在线检测。

(7) 电能质量的检测。

(8) 满足分布式电源的接入要求。

(9) 基于IEEE 1588的局域同步采样。

(10) 基于全生命周期立足于物联网的各种配电终端。

## 七、配电终端的入网检测

### (一) 配电终端到货检测

配电终端到货检测项目与要求见表2-17-4-27。

表2-17-4-27 配电终端到货检测项目与要求

| 序号 | 检测项目 | | 检测要求 |
|---|---|---|---|
| 1 | 外观与结构检查 | 全检 | 配电终端应具备唯一的ID号和二维码,硬件版本号和软件版本号应采用统一的定义方式 |
| | | 抽检 | (1) 应有独立的保护接地端子,接地螺栓直径不小于6m,并可以和大地牢固连接,接地端子有明显的接地标识。<br>(2) 外接端口采用航空接插件时,电流回路接插头应具有自动短接功能。<br>(3) 馈线终端底部上具备外部可见的运行指示灯和线路故障指示灯;运行指示灯为绿色,运行正常时闪烁;线路故障指示灯为红色,故障状态时闪烁,闭锁合闸时常亮,非故障和非闭锁状态下熄灭 |
| 2 | 接口检查 FTU三遥 | 全检 | (1) 采集不少于2个线电压量、1个零序电压。<br>(2) 采集不少于3个电流量。<br>(3) 采集不少于2个遥信量,遥信电源电压不低于DC24V。<br>(4) 不少于1路开关的分、合闸控制 |
| | | 抽检 | 具备不少于1个串行口和2个以太网通信接口 |
| | FTU二遥基本型 | 全检 | 无 |
| | | 抽检 | (1) 具备至少1个串行口。<br>(2) 应具备汇集至少3组(每组3只)故障指示器遥信、遥测信息,并具备故障指示器信息的转发上传功能 |
| | FTU二遥标准型 | 全检 | (1) 采集不少于2个线电压量、1个零序电压。<br>(2) 采集不少于3个电流量。<br>(3) 采集不少于2个遥信量,遥信电源电压不低于DC24V |
| | | 抽检 | 具备不少于1个串行口和1个以太网通信接口 |

续表

| 序号 | 检测项目 | | | 检 测 要 求 |
|---|---|---|---|---|
| 2 | 接口检查 | FTU 二遥动作型 | 全检 | (1) 采集不少于 2 个线电压量、1 个零序电压。<br>(2) 采集不少于 3 个电流量。<br>(3) 采集不少于 2 个遥信量,遥信电源电压不低于 DC24V。<br>(4) 不少于 1 路开关的分、合闸控制 |
| | | | 抽检 | 具备不少于 1 个串行口和 1 个以太网通信接口 |
| | | DTU 三遥 | 全检 | (1) 采集不少于 4 个母线电压和 2 个零序电压。<br>(2) 每回路至少采集 3 个电流量。<br>(3) 采集不少于 2 路直流量。<br>(4) 采集不少于 20 个遥信量,遥信电源电压不低于 DC24V。<br>(6) 不少于 4 路开关的分、合闸控制 |
| | | | 抽检 | 具备不少于 4 个可复用的 RS232/RS485 串行口和 2 个以太网通信接口 |
| | | DTU 二遥标准型 | 全检 | (1) 采集不少于 4 个母线电压和 2 个零序电压。<br>(2) 每回路至少采集 3 个电流量。<br>(3) 采集不少于 2 路直流量。<br>(4) 采集不少于 12 个遥信量,遥信电源电压不低于 DC24V |
| | | | 抽检 | 具备不少于 2 个串行口和 1 个以太网通信接口 |
| | | DTU 二遥动作型 | 全检 | (1) 采集不少于 1 个电压量。<br>(2) 采集不少于 3 个电流量。<br>(3) 采集不少于 2 个遥信量,遥信电源电压不低于 DC24V。<br>(4) 实现开关的分闸控制 |
| | | | 抽检 | 具备不少于 1 个串行接口 |
| | | TTU | 全检 | (1) 采集不少于 3 个电压量。<br>(2) 采集不少于 3 个电流量 |
| | | | 抽检 | 具备 2 个串行口,并内置 1 台无线通信模块 |
| 3 | 绝缘性能试验 | 绝缘电阻试验 | 全检 | 无 |
| | | | 抽检 | 额定绝缘电压 $U_i \leqslant 60$,绝缘电阻不小于 5MΩ(用 250V 兆欧表)。额定绝缘电压 $U_i >$ 60,绝缘电阻不小于 5MΩ(用 500V 兆欧表) |
| | | 绝缘强度试验 | 全检 | 无 |
| | | | 抽检 | 额定绝缘电压 $U_i \leqslant 60V$ 时,施加 500V;额定绝缘电压 $60V < U_i \leqslant 125V$ 时,施加 1000V;额定绝缘电压 $125V < U_i \leqslant 250V$ 时,施加 2500V。试验时无击穿、无闪络现象。<br>被试回路为:<br>(1) 电源回路对地。<br>(2) 控制输出回路对地。<br>(3) 状态输入回路对地。<br>(4) 交流工频电流输入回路对地。<br>(5) 交流工频电压输入回路对地。<br>(6) 交流工频电流输入回路与交流工频电压输入回路之间 |
| 4 | 主要功能试验 | | 全检 | 具备短路故障、不同中性点接地方式的接地故障处理功能,并上送故障事件,故障事件包括故障遥信信息及故障发生时刻开关电压、电流值 |
| | | | 抽检 | (1) 具备历史数据循环存储功能,电源失电后保存数据不丢失,支持远程调阅,历史数据包括事件顺序记录、定点记录、极值记录、遥控操作记录等。<br>(2) 具备终端运行参数的当地及远方调阅与配置功能,配置参数包括零漂、变化阈值(死区)、重过载报警限值、短路及接地故障动作参数等。<br>(3) 具备终端固有参数的当地及远方调阅功能,调阅参数包括终端类型及出厂型号、终端 ID 号、嵌入式系统名称及版本号、硬件版本号、软件校验码、通信参数及二次变比等。<br>(4) 具备当地及远方操作维护功能,支持程序远程下载,提供当地调试软件或人机接口。<br>(5) 应满足通过通信口对设备进行参数维护,在进行参数、定值的查看或整定时应保持与主站系统的正常业务连接。<br>(6) 具有明显的线路故障和终端状态、通信状态等就地状态指示信号 |

续表

| 序号 | 检测项目 | | | 检 测 要 求 |
|---|---|---|---|---|
| 4 | 主要功能 | FTU 三遥 | 全检 | (1) 具备就地采集模拟量和状态量，控制开关分合闸，数据远传及远方控制功能。<br>(2) 具备电压越限、负荷越限等告警上送功能。<br>(3) 具备线路有压鉴别功能。<br>(4) 具备双路电源输入和自动切换功能 |
| | | | 抽检 | (1) 具备就地/远方切换开关和控制出口硬压板，支持控制出口软压板功能。<br>(2) 具备故障指示手动复归、自动复归和主站远程复归功能，能根据设定时间或线路恢复正常供电后自动复归。<br>(3) 具备双位置遥信处理功能，支持遥信变位优先传送。<br>(4) 配备后备电源，当主电源供电不足或消失时，能自动无缝投入 |
| | | FTU 二遥基本型 | 全检 | 无 |
| | | | 抽检 | (1) 具备汇集采集单元的遥测数据并进行数据转发功能。<br>(2) 具备汇集采集单元遥信信息功能，包括接地故障、短路故障等信号。<br>(3) 具备监视采集单元运行状态的功能。<br>(4) 具备终端及采集单元远程管理功能 |
| | | FTU 二遥标准型 | 全检 | (1) 具备就地采集模拟量和状态量功能，并具备测量数据、状态数据远传的功能。<br>(2) 具备电压越限、负荷越限等告警上送功能。<br>(3) 具备线路有压鉴别功能 |
| | | | 抽检 | (1) 具备双位置遥信处理功能，支持遥信变位优先传送。<br>(2) 具备故障指示手动复归、自动复归和主站远程复归功能，能根据设定时间或线路恢复正常供电后自动复归 |
| | | FTU 二遥动作型（分界开关配套） | 全检 | (1) 具备就地采集模拟量和状态量功能，并具备测量数据、状态数据远传的功能。<br>(2) 具备电压越限、负荷越限等告警上送功能。<br>(3) 具备线路有压鉴别功能。<br>(4) 具备单相接地故障检测功能，发生故障时直接切除。<br>(5) 具备短路故障判别功能，配合负荷开关使用时结合变电站出线开关的动作逻辑实现故障的有效隔离。配合断路器使用时，具备故障直接切除功能并可选配一次自动重合闸功能，支持重合闸后加速 |
| | | | 抽检 | (1) 具备双位置遥信处理功能，支持遥信变位优先传送。<br>(2) 具备故障指示手动复归、自动复归和主站远程复归功能，能根据设定时间或线路恢复正常供电后自动复归。<br>(3) 具备非遮断电流闭锁功能。<br>(4) 具备故障动作功能现场投退功能 |
| | | FTU 二遥动作型（分段/大分支开关配套） | 全检 | (1) 具备就地采集模拟量和状态量功能，并具备测量数据、状态数据远传的功能。<br>(2) 具备电压越限、负荷越限等告警上送功能。<br>(3) 具备线路有压鉴别功能。<br>(4) 具备来电延时合闸功能，自适应延时合闸和单侧失电延时投入功能 |
| | | | 抽检 | (1) 具备双位置遥信处理功能，支持遥信变位优先传送。<br>(2) 具备故障指示手动复归、自动复归和主站远程复归功能，能根据设定时间或线路恢复正常供电后自动复归。<br>(3) 具备正向闭锁合闸功能，若开关合闸之后在设定时间内失压，则自动分闸并闭锁合闸；具备反向闭锁合闸功能，若开关合闸之前在设定时间内掉电或出现瞬时残压，则反向闭锁合闸。<br>(4) 具备闭锁遥信记录的存储和上传功能 |
| | | DTU 三遥 | 全检 | 具备就地采集开关的模拟量和状态量以及控制开关分合闸功能，具备测量数据、状态数据的远传和远方控制功能 |
| | | | 抽检 | (1) 可实现监控开关数量的灵活扩展。<br>(2) 具备就地/远方切换开关和控制出口硬压板，支持控制出口软压板功能。<br>(3) 当配合断路器使用时，可直接切除故障，具备现场投退功能。<br>(4) 具备故障指示手动复归、自动复归和主站远程复归功能，能根据设定时间或线路恢复正常供电后自动复归。<br>(5) 具备双位置遥信处理功能，支持遥信变位优先传送。<br>(6) 具备双路电源输入和自动切换功能。<br>(7) 具备接收电缆接头温度、柜内温湿度等状态监测数据功能，具备接收备自投等其他装置数据功能 |

续表

| 序号 | 检测项目 | | | 检 测 要 求 |
|---|---|---|---|---|
| 4 | 主要功能 | DTU 二遥标准型 | 全检 | (1) 具备接收采集单元或就地采集开关遥信、遥测信息功能,并具备信息远传功能。<br>(2) 具备负荷越限等告警上送功能 |
| | | | 抽检 | (1) 可实现接收采集单元数量的灵活扩展。<br>(2) 具备双位置遥信处理功能,支持遥信变位优先传送。<br>(3) 具备故障指示手动复归、自动复归和主站远程复归功能,能根据设定时间或线路恢复正常供电后自动复归 |
| | | DTU 二遥动作型 | 全检 | (1) 具备就地采集模拟量和状态量功能,并具备测量数据、状态数据远传的功能。<br>(2) 具备单相接地故障检测功能,发生故障时可直接切除。<br>(3) 具备短路故障判别功能,当配合断路器使用时,具备故障直接切除功能,并支持上送故障事件。当配合负荷开关使用时结合变电站出线开关的动作逻辑实现故障的有效隔离,并支持上送故障事件。<br>(4) 具备电压越限、负荷越限等告警上送功能。<br>(5) 具备线路有压鉴别功能 |
| | | | 抽检 | 具备故障指示手动复归、自动复归和主站远程复归功能。能根据设定时间或线路恢复正常供电后自动复归 |
| | | TTU | 全检 | (1) 具备对配电变压器电压、电流、零序电压、零序电流、有功功率、无功功率、功率因数、频率等测量和计算功能。<br>(2) 具备 3~13 次谐波分量计算、三相不平衡度的分析计算功能 |
| | | | 抽检 | (1) 具备定时数据上传、实时召唤以及越限信息实时上传等功能。<br>(2) 电源供电方式应采用低压三相四线供电方式,可缺相运行。<br>(3) 具备越限、断相、失压、三相不平衡、停电等告警功能。<br>(4) 电压监测、统计电压合格率等功能 |
| 5 | 录波功能试验 | | 全检 | (1) 具备故障录波功能。<br>(2) 录波文件格式遵循《量度继电器和保护装置 第 24 部分:电力系统暂态数据交换(COMTRADE)通用格式》(GB/T 14598.24—2017)中定义的格式,只采用 CFG(配置文件,ASCII 文本)和 DAT(数据文件,二进制格式)两个文件 |
| | | | 抽检 | (1) 支持录波数据循环存储至少 64 组,支持录波数据上传至主站。<br>(2) DTU 需满足至少 2 个回路的录波。<br>(3) 录波功能启动条件包括过流故障、线路失压、零序电压、零序电流突变等,可远方及就地设定启动条件参数。<br>(4) 录波应包括故障发生时刻前不少于 4 个周波和故障发生时刻后不少于 8 个周波的波形数据,录波点数为不少于 80 点/周波,录波数据应包含电压、电流、开关位置等 |
| 6 | 基本性能试验 | 交流工频电量基本误差试验 | 全检 | (1) 电压、电流准确度等级为 0.5,误差极限为±0.5%。<br>(2) 有功功率、无功功率准确度等级为 1,误差极限为±1% |
| | | | 抽检 | 无 |
| | | 交流工频电量影响量试验 | 全检 | 无 |
| | | | 抽检 | (1) 频率变化引起的改变量应不大于准确等级指数的 100%。<br>(2) 谐波含量引起的改变量应不大于准确等级指数的 200% |
| | | 故障电流误差试验 | 全检 | 无 |
| | | | 抽检 | 输入 10 倍电流标称值,误差应不大于 5% |
| | | 交流工频电量短时过量输入能力试验 | 全检 | 无 |
| | | | 抽检 | 在短时输入 20 倍电流标称值后,交流工频电流量误差应满足等级指标要求 |
| | | 状态量试验 | 全检 | (1) 控制输出。<br>(2) 状态输入 |
| | | | 抽检 | SOE 分辨率不大于 5ms |
| 7 | 录波性能试验 | | 全检 | (1) 稳态录波电压基本误差:$0.05U_N \leq 5.0\%$,$0.1U_N \leq 2.5\%$,$0.5U_N \leq 1.0\%$,$1.0U_N \leq 0.5\%$,$1.5U_N \leq 1.0\%$。<br>(2) 稳态录波电流相对误差:$0.1I_N \leq 5.0\%$,$0.2I_N \leq 2.5\%$,$0.5I_N \leq 1.0\%$,$1.0I_N \leq 0.5\%$,$5.0I_N \leq 1.0\%$,$10I_N \leq 2.5\%$ |
| | | | 抽检 | 暂态录波中最大峰值瞬时误差不大于 10% |

续表

| 序号 | 检测项目 | | 检 测 要 求 |
|---|---|---|---|
| 8 | 遥信防抖试验 | 全检 | 无 |
| | | 抽检 | 采取防误措施，过滤误遥信，防抖时间为10～1000ms |
| 9 | 对时试验 | 全检 | 无 |
| | | 抽检 | (1) 具备对时功能，支持规约等对时方式。<br>(2) 接收主站或其他时间同步装置的对时命令，与系统时钟保持同步。<br>(3) 守时精度每24h误差应小于2s |
| 10 | 电源试验 | 全检 | 无 |
| | | 抽检 | (1) 装置配套电源应满足配电终端、配套通信模块、开关电动操作机构同时运行要求。<br>(2) 终端配套GPRS/CDMA通信模块时通信电源稳定输出容量不小于DC24V/3W，且瞬时输出容量不小于DC24V/5W，持续时间不小于50ms。<br>(3) 终端配套xPON或者其他通信设备时通信电源稳定输出容量不小于DC24V/15W，且瞬时输出容量不小于DC24V/20W，持续时间不小于50ms。<br>(4) 配套弹簧操作机构开关设备的操作电源输出容量：储能电源容量不小于DC24V/10A或DC48V/5A，持续时间不小于15s，合分闸电源容量不小于DC24V/16A或DC48V/8A，持续时间不小于100ms。<br>(5) 配套永磁机构开关设备的操作电源输出容量宜不小于DC220V或160V或110V，电流不小于40A，持续时间不小于60ms |

注　1. 绝缘性能试验检测应在外观与结构检查后，其他检测项目前进行。
　　2. 抽检比例：每批次每个型号到货100台及以下全检；每批次每个型号到货100台以上的，按×(1+20%)台抽检。

### (二) 配电终端检测能力验证

配电终端检测能力验证项目与要求见表2-17-4-28。

**表2-17-4-28　　配电终端检测能力验证项目与要求**

| 序号 | 验证项目 | 验 证 要 求 | 项目属性 |
|---|---|---|---|
| 1. 外观结构验证 | | | |
| 1.1 | 安装方式 | 检测平台应采用组屏式安装方式，外观尺寸不大于1400mm×1000mm×2200mm（宽×深×高），组屏柜体应配备万向滚轮，移动方便、布局灵活 | 参考项 |
| 1.2 | 接地 | 检测平台接地与建筑的接地网连在一起，不考虑设立单独的接地网，保护接地电阻不大于4Ω | 参考项 |
| 1.3 | 状态量/模拟量接口数量 | 检测系统电压量不小于12路，电流量不小于12路，直流量不小于2路，遥信量不小于30路，遥控量不小于30路，RS485、RS232通信接口不小于4路，网络通信接口量不小于4路，录波通道不小于8路；模拟负载接口不小于4路；可调电源接口不小于3路；三相电源接口不小于3路 | 关键项 |
| 2. 管理功能验证 | | | |
| 2.1 | 检测项目管理 | 检测平台应能支持建立检测项目、配置检测项目参数，并可在检测工程项目中增加和删减测试项目，设置单步/序列执行检测项目，自动保存检测数据和检测结果 | 参考项 |
| 2.2 | 人员权限管理 | 检测平台应能对检测人员、人员角色以及每个角色所拥有的权限进行统一的管理。主要包括人员的增加和删除、人员名称和登录密码的修改以及人员角色的管理 | 参考项 |
| 2.3 | 检测任务管理 | 检测平台应能按照检测流程新建测试任务以及对检测任务进行配置，包括配电终端检测案例维护与升级、检测人员维护、终端检测流程管理 | 参考项 |
| 2.4 | 配电终端案例管理 | 检测平台能进行检测条目信息维护和分配等操作，实现检测条目的新建、删除以及对原有条目参数的更新和检测平台包含的试验升级；根据历史条目生成的检测案例进行加载和快速分配，可选择按照检测试验类型和配电终端的类型自动加载案例；可由用户自定义维护配置，支持平台移植和在线发布；能根据用户需求灵活扩展和更新 | 参考项 |
| 3. 平台功能验证 | | | |
| 3.1 | 电源断相 | 检测平台应能对电源模块控制调节供电电源断相，并采集电源断相状态下的配电终端运行状态，检测配电终端在电源断相状态下是否能够正常工作 | 关键项 |
| 3.2 | 后备电源管理 | 检测平台应能对电源模块进行控制，实现装置电源的通断，通过直流采集接口采集后备电源的数据，实现配电终端后备电源功能的检测 | 关键项 |
| 3.3 | 遥信功能 | 检测平台能控制状态量模拟单元向配电终端施加遥信变位，通过获取配电终端的遥信及SOE数据，实现对配电终端遥信可靠性、遥信防抖、SOE分辨率、双位置遥信等功能的检测 | 关键项 |

# 第十七章 智能配电线路的运维与快速自愈方案

续表

| 序号 | 验证项目 | 验 证 要 求 | 项目属性 |
|---|---|---|---|
| 3.4 | 配套电源的带载能力 | 检测平台应能控制负载模拟配电终端配套电源在通信或开关动作过程中的状态，实现对配电终端配套电源的带载能力检测。应满足配套通信模块、开关电动操作机构同时模拟负载的要求 | 关键项 |
| 3.5 | 遥控功能 | 检测平台能模拟主站向配电终端发送遥控命令并通过开入采集模块获取配电终端开出数据，实现对配电终端遥控正确性、遥控输出闭锁、故障保护功能投退、遥控软压板、蓄电池远方维护等功能的检测 | 关键项 |
| 3.6 | 数据采集与处理 | 检测平台应能自动控制高精度功率源/状态量模拟单元向配电终端施加激励量，通过获取配电终端的采集及计算数据，实现对配电终端模拟量采集、温湿度采集、告警、遥测死区范围等功能的检测。<br>(1) 交流输入模拟量误差，包括配电终端电压、电流基本误差、有功功率、无功功率基本误差、功率因数基本误差、谐波分量基本误差检测。<br>(2) 交流模拟量输入的影响量，包括频率变化、谐波含量引起的改变量、功率因数变化对有功功率、无功功率引起的改变量、不平衡电流对三相有功功率和无功功率引起的改变量、被测量超量限引起的改变量、输入电压变化引起的输出改变量、输入电流变化引起的输出改变量检测。<br>检测平台自动采集平台输出数据和配电终端实时数据，并自动生成检测报告 | 关键项 |
| 3.7 | 参数调阅与配置 | 检测平台能对配电终端中的运行参数进行通信调阅与配置，对固有参数进行调阅，实现对配电终端进行参数调阅与配置功能检测 | 关键项 |
| 3.8 | 故障检测与处理 | 检测平台能控制高精度功率源/状态量模拟单元向配电终端施加激励量，通过获取配电终端的采集数据，实现对配电终端故障检测与判别功能检测。包括有压鉴别、电压越限、负荷越限、零漂、变化阈值（死区）、重过载报警限值 | 关键项 |
| 3.9 | 配电终端的 ID 号和二维码、硬件版本号和软件版本号读取与验证 | 能够支持自动录入二维码信息，支持规约测试软件读取固有参数，并将二者自动进行对比，自动生成对比结果 | 参考项 |
| 3.10 | 故障录波检测能力验证 | (1) 检测平台应能触发录波条件生成录波文件，读取配电终端录波，实现配电终端故障录波功能检测。支持每台配电终端录波数据循环读取存储 64 组。<br>录波功能触发条件包括过流故障、线路失压、零序电压、零序电流突变等，可远方设定配电终端启动条件参数。显示并判断 COMTRADE 标准录波文件，CFG 和 DAT（数据文件、二进制格式）两个文件。<br>(2) 检测平台能进行稳态录波和暂态录波两种波形功能和性能检测，能反演 COMTRADE 波形文件，并自动获取和计算波形数据，并自动截取波形图生成测试报告 | 关键项 |
| 3.11 | 对时守时 | (1) 检测平台应配备高精度卫星钟，提供 SNTP 对时。<br>(2) 检测平台能模拟主站与标准时钟向配电终端发送对时命令并采集配电终端 SOE 信息，实现对配电终端对时守时功能检测。<br>(3) 检测平台能模拟干扰对时报文，并下发至被测配电终端。<br>(4) 对时守时自动计算超前或滞后误差 | 关键项 |
| 3.12 | 通信规约验证 | (1) 检测平台应能模拟主站提供规约接口，根据《远动设备及系统 第 5101 部分：传输规约 基本远动任务配套标准》(DL/T 634.5101—2002)实施细则、《远动设备及系统 第 5104 部分：传输规约 采用标准传输协议集的 IEC 60870-5-101 网络访问》(DL/T 634.5104—2009)实施细则，实现对配电终端通信规约验证。<br>(2) 检测平台应能进行物理层、链路层、基本应用功能、控制方向系统信息的应用服务数据单元、监视方向系统信息的应用服务数据单元、控制方向过程信息的应用服务数据单元、监视方向过程信息的应用服务数据单元、事件循环记录、定点记录、极值记录、遥控操作记录历史文件读取、固有参数、故障录波文件读取的规约验证 | 关键项 |
| 4. 平台性能验证 | | | |
| 4.1 | 电压模拟量输出 | 输出范围 0~450V，最大总功率不小于 300VA | 关键项 |
| 4.2 | 电流模拟量输出 | 输出范围 0~100A，最大总功率不小于 500VA | 关键项 |
| 4.3 | 模拟负载电压输出 | 0~300V | 关键项 |
| 4.4 | 模拟负载功率输出 | 0~5kW | 关键项 |
| 4.5 | 供电电源 | 0~300V | 关键项 |
| 4.6 | 电压电流测量准确度 | 0.5~10A，≤±0.05%；40~300V，≤±0.05% | 关键项 |

续表

| 序号 | 验证项目 | 验证要求 | 项目属性 |
| --- | --- | --- | --- |
| 4.7 | 电压电流输出稳定度 | 0.5～10A，≤±0.02%；40～300V，≤±0.02% | 关键项 |
| 4.8 | 开出响应时间 | ≤200μs | 关键项 |
| 4.9 | 同步检测能力 | 检测平台支持对各种类型的配电终端的自动化、批量同步检测功能，支持不同厂家、不同额定参数的FTU、DTU、TTU进行检测，各被试品接线相互独立。同步检测配电终端数量不少于5台 | 关键项 |

# 第五节 故障指示器

## 一、故障指示器概述

随着用户对供电质量要求的不断提高，供电企业必须不断提高配电系统的运行和管理水平，与输电及用电系统比较而言，配电系统数据量大，运行设备的种类和环节更多，涉及的计算机系统及应用程序也更复杂。因此，建立配电管理系统是一个复杂庞大的工程，应首先发展配电自动化系统，提高供电可靠性。国家能源局在《配电网建设改造行动计划（2015—2020）》文件中对提高配网自动化水平及技术路线做了明确要求：变"被动保修"为"主动监控"，缩短恢复时间，提升服务水平。中心城区推广集中式配网自动化方案，合理配置配电终端，缩短故障停电时间，逐步实现网络自愈重构。乡村地区推广简易配网自动化，提高故障定位能力，切实提高实用化水平。

配电线路故障定位装置作为简易配网自动化的主要方案。故障定位装置主要由故障指示器、通信终端及后台主站系统组成。故障指示器起到传感器的作用，实时采集线路数据，通过通信终端初步处理后发送至主站。主站对采集数据进行综合分析后确定故障区段，从而为运维工作节省了大量的故障排查时间，能切实提高用电可靠性。

根据《配电网规划设计导则》（Q/GDW 1738—2012）要求，表2-17-5-1给出了故障指示器的使用范围。

表2-17-5-1　　　　　　　　故障指示器的使用范围

| 典型模式 | 适用区域类型 | 配电自动化模型无故障率 | 适应通信方式 | 监测设备 |
| --- | --- | --- | --- | --- |
| 全三遥模式 | A+ | ≥99.999% | 光纤通信为主 | 配电终端 |
| 混合模式 | A、B、C | 99.897%～99.990% | 根据三遥、二遥的配置方式确定采用光纤或无线公网通信 | 配电终端故障指示器 |
| 二遥模式 | D、E | ≥99.828% | 无线公网通信为主 | 故障指示器 |

配电线路故障指示器作为变电站接地选线装置的有效补充与延伸扩展，有助于进一步提升对于配电线路单相接地故障的快速准确检测定位能力。

配电线路故障指示器均应具备配电线路相间短路故障检测和单相接地故障检测的能力，旨在实现配网故障的准确检测和快速定位。配电自动化建设可采用装设远传型故障指示器方式，提高配电自动化覆盖率。

其中：架空线路干线分段处、较长支线首端、电缆支线首端、中压用户进线处应安装线路故障指示器；环网室（箱）、配电室、箱式变电站及中压电缆分支箱应配置电缆故障指示器。

图2-17-5-1给出配电终端与故障指示器的特点。

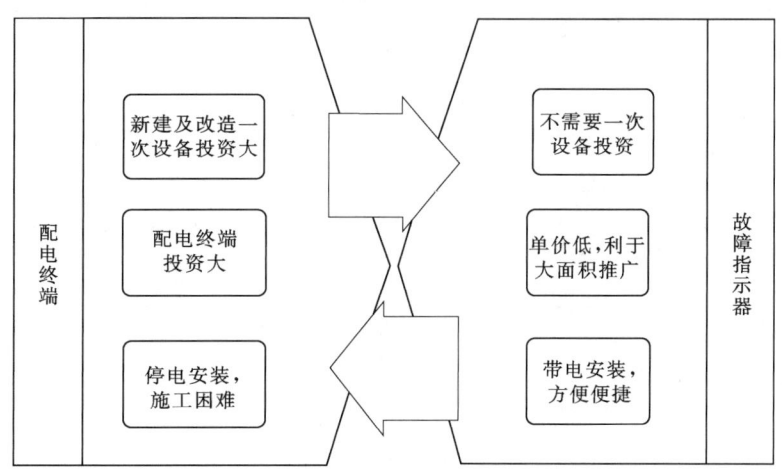

图2-17-5-1　配电终端与故障指示器的特点

配电线路故障指示器应尽量通过不停电作业方式进行安装，避免线路停电；寿命不低于8年，所有产品投运前均应通过专业试验检测。

故障指示器考核指标如下：

（1）故障定位。

（2）快速定位。

（3）故障识别准确率。

## 二、故障指示器分类与特点

### （一）按照控制功能分类及其特点

**1. 一遥型故障指示器**

（1）作用：实现故障的快速定位，减少故障巡查和故障处理时间，发生故障后只能本地告警显示，需由巡线人员到现场勘查故障区域。

（2）优点：安装方便、成本低，基本满足简易型配电自动化系统。

（3）缺点：误判率高，运维人员无法直观监视线路负荷以及故障指示器运行情况，且线路发生故障后，需由巡线人员沿着变电站（开闭所）出口开始向线路下游一段一段地排查故障区域。

**2. 二遥型故障指示器**

二遥型故障定位装置用于3～35kV架空线路运行状况和短路接地故障监测，具备分布监测、集中管理、即时传递故障信息的简易型配网自动化系统。在非故障情况下，实时监测电网负荷变化，起到预防线路故障，优化一次结构并及时消除隐患的作用；在故障情况下，及时将故障信息传递至运维人员，快速定位故障，处理故障恢复供电，从而有效提升供电可靠性。

架空型故障定位装置根据接地故障检测原理，可分为无源型和有源型两类。

**3. 几种故障指示器的比较**

几种故障指示器的比较见表2-17-5-2。

### （二）按技术规范分类

根据《配电线路故障指示器技术规范》（Q/QDW 436—2010），按照适用线路类型分为架空型与电缆型两类；按照信息传输方式分为远传型与就地型两类；按照单相接地故障检测方法分为外施信号型、暂态特征型、暂态录波型和稳态特征型等四类。

表2-17-5-3对故障指示器分类进行了说明，其中常用类型包括架空外施信号型远传故障指示器、架空暂态特征型远传故障指示器、架空暂态录波型远传故障指示器、架空外施信号型就地故障指示器、架空暂态特征型就地故障指示器、电缆外施信号型远传故障指示器、电缆稳态特征型远传故障指示器、电缆外施信号型就地故障指示器、电缆稳态特征型就地故障指示器等。

表2-17-5-2　　　　　　　　　几种故障指示器的比较

| 定位模式 | 功能 | 优点 | 缺点 |
| --- | --- | --- | --- |
| 一遥 | 短路、接地故障诊断 | 成本低 | 接地故障准确率低（30%～60%） |
| 二遥无源型 | 短路、接地故障诊断 | 故障排查时间短（较第一种模式） | 接地故障准确率低（30%～60%） |
| 二遥有源型 | 短路、接地故障诊断 | 接地故障准确率高（60%～90%） | 预停电 |

表2-17-5-3　　　　　　　　　故障指示器分类

| 适用线路类型 | 信息传输方式 | 单相接地故障检测方法 | 故障指示器类型 | 说明 |
| --- | --- | --- | --- | --- |
| 架空型 | 远传型 | 外施信号型 | 架空外施信号型远传故障指示器 | 需安装专用的信号发生装置连续产生电流特征信号序列，判断与故障回路负荷电流叠加后特征 |
| | | 暂态特征型 | 架空暂态特征型远传故障指示器 | 线路对地通过接地点放电形成的暂态电流和暂态电压有特定关系 |
| | | 暂态录波型 | 架空暂态录波型远传故障指示器 | 根据接地故障时零序电流暂态特征并结合线路拓扑综合研判 |
| | | 稳态特征型 | | 该方法应用范围较窄，且在外施信号型、暂态特征型和暂态录波型故障指示器中均已包含 |
| | 就地型 | 外施信号型 | 架空外施信号型就地故障指示器 | 需安装专用的信号发生装置连续产生电流特征信号序列，判断与故障回路负荷电流叠加后特征 |
| | | 暂态特征型 | 架空暂态特征型就地故障指示器 | 线路对地通过接地点放电形成的暂态电流和暂态电压有特定关系 |
| | | 暂态录波型 | | 就地型无通信，目前暂无此类 |
| | | 稳态特征型 | | 该方法应用范围较窄，且在外施信号、暂态特征和暂态录波型故障指示器中均已包含此方法 |
| 电缆型 | 远传型 | 外施信号型 | 电缆外施信号型远传故障指示器 | 需安装专用的信号发生装置连续产生电流特征信号序列，判断与故障回路负荷电流叠加后特征 |
| | | 暂态特征型 | | 电缆型电场信号采集困难，目前暂无此类 |

续表

| 适用线路类型 | 信息传输方式 | 单相接地故障检测方法 | 故障指示器类型 | 说 明 |
|---|---|---|---|---|
| 电缆型 | 远传型 | 暂态录波型 | | 电缆型电场信号采集困难,目前暂无此类 |
| | | 稳态特征型 | 电缆稳态特征型远传故障指示器 | 检测线路的零序电流是否超过设定阈值 |
| | 就地型 | 外施信号型 | 电缆外施信号型就地故障指示器 | 需安装专用的信号发生装置连续产生电流特征信号序列,判断与故障回路负荷电流叠加后特征 |
| | | 暂态特征型 | | 就地型无通信,且电缆型电场信号采集困难,目前暂无此类 |
| | | 暂态录波型 | | 就地型无通信,且电缆型电场信号采集困难,目前暂无此类 |
| | | 稳态特征型 | 电缆稳态特征型就地故障指示器 | 检测线路的零序电流是否超过设定阈值 |

## 三、故障指示器工作原理

### (一)暂态录波法

1. 工作原理

变电站同一母线3条以上出线安装有故障指示器。3个相序采集单元通过无线对时同步采样。单相接地故障后,汇集单元接收3只采集单元发送的故障波形,并合成暂态零序电流波形,转化为波形文件后上传主站。如图2-17-5-2所示。

主站收集故障线路所属母线所有故障指示器的波形文件,根据零序电流的暂态特征并结合线路拓扑综合研判,判断出故障区段,再向故障回路上的故障指示器发送命令,进行故障就地指示(图2-17-5-3)。

暂态录波故障检测原则如下:

(1) 非故障线路间暂态零序电流波形相似。

(2) 故障线路与非故障线路的暂态零序电流波形不相似。

(3) 故障点上游的暂态零序电流波形相似。

(4) 故障点下游的暂态零序电流波形相似。

(5) 故障点下游与上游的暂态零序电流波形不相似。

根据上述原理,图2-17-5-3中线路2与线路3暂态零序电流波形相似,并且与线路1暂态零序电流波形不相似,则判断出线路1为故障线路;线路1监测点①、监测点②暂态零序电流波形相似,监测点③暂态零序电流波形与①、监测点②不相似,因此判断出①、监测点②为故障点上游,监测点③为故障点下游,最终推断出接地故障区域在监测点②与监测点③之间。

2. 暂态录波型故障指示器特点

(1) 采用突变量法检测短路故障,暂态录波法检测接地故障,实现线路短路就地判断,远传故障波形至主站综合判断接地故障。

(2) 仅适用于架空线路,依赖通信远传波形,依赖配电主站实现接地故障定位分析。

(3) 不适用于接地电阻1000Ω以上的故障识别。

(4) 可检测瞬时性、间歇性接地故障。

(5) 故障指示器指示单元要实现高速采样录波,功耗较大,依赖线路感应取电(线路负荷要大于5A),在负荷较低的线路上无法正常工作。

(6) 故障指示器将所录异常波形送至配电主站系统,通过波形分析与样本积累,可对线路运行状态进行综合评价,发现线路设备异常状态,提前采取检修措施。

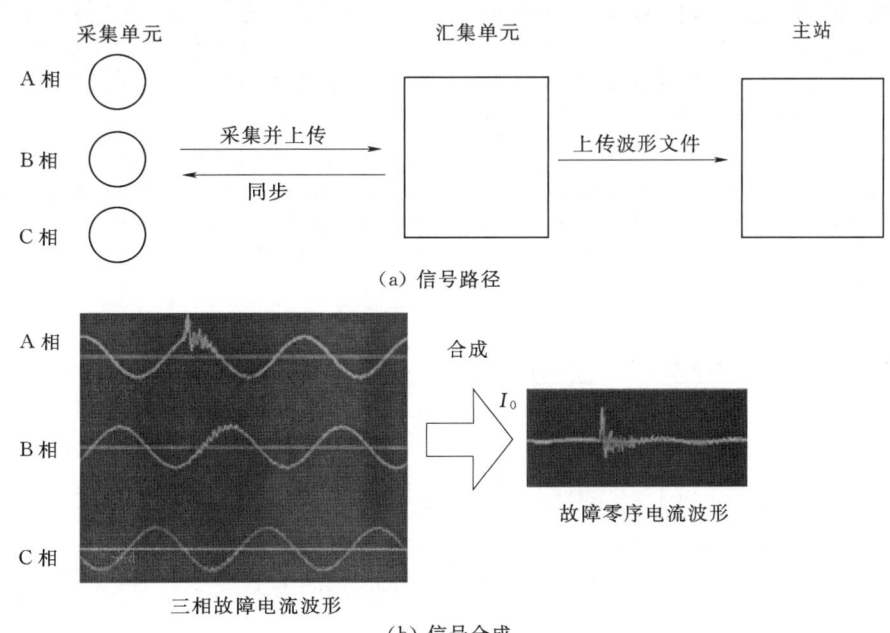

图2-17-5-2 故障录波合成暂态零序电流原理

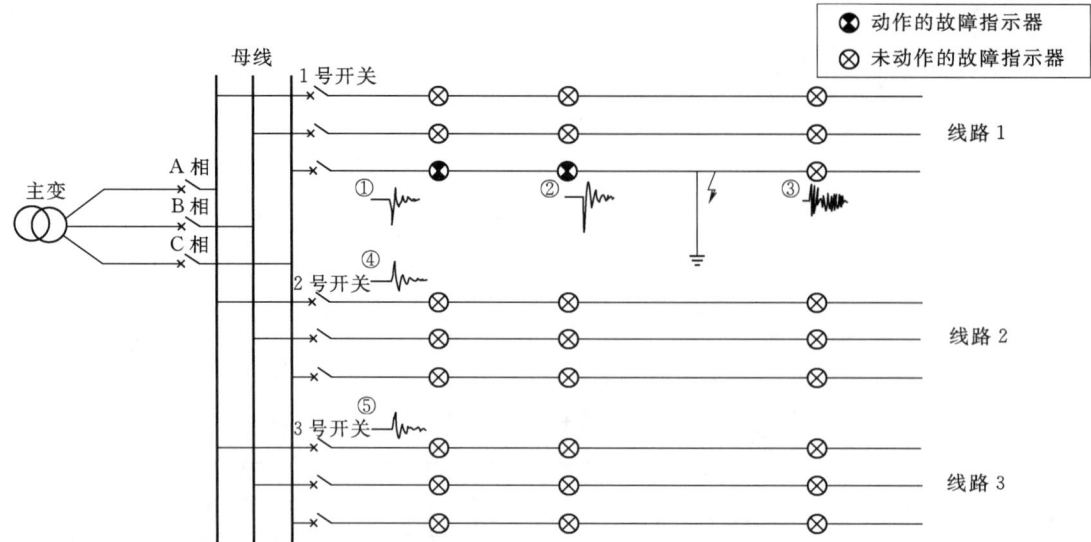

图 2-17-5-3 单相接地故障判断及定位原理
①～⑤—监测点

### （二）外施信号法

**1. 工作原理**

在变电站或线路上安装专用的单相接地故障检测外施信号发生装置（变电站每段母线只需安装1台）。发生单相接地故障时，根据零序电压和相电压变化，外施信号发生装置自动投入，连续产生不少于4组工频电流特征信号序列（图2-17-5-4），叠加到故障回路负荷电流上，故障指示器通过检测电流特征信号判别接地故障，并就地指示。

根据外施信号发生装置安装位置的不同，分为中电阻型和母线型。中电阻型外施信号发生装置安装在变电站的10kV母线中性点上，采用中电阻投切法产生一定特征信号。母线型外施信号发生装置安装在变电站10kV母线或某条配电线路上，按外施信号的不同，主要有不对称电流法和工频特征信号法。

（1）中电阻投切法。单相接地故障时，安装在变电站内与消弧线圈并联的中电阻有规律的投入和退出（图2-17-5-5），使故障相上产生具有一定特征的电流信号，若故障指示器检测到的电流信号与中电阻投切产生的电流信号特征相符，则告警。

（2）不对称电流法。单相接地故障时，安装在线路上的外施信号发生装置在故障相上产生具有一定特征的半波脉冲电流信号（图2-17-5-6），若故障指示器检测到的电流信号与中电阻投切产生的电流信号特征相符，且波形属于不对称的半波信号，则告警（非故障相）。

（3）工频特征信号法。单相接地故障时，安装在线路上的外施信号发生装置产生工频特征电流信号（图2-17-5-7），并在故障相与外施信号发生装置安装点的回路上流动，若故障指示器检测到该特征工频电流信号，则告警。

**2. 外施信号型故障指示器特点**

（1）采用突变量法检测短路故障，外施信号法检测接地故障，实现线路短路和接地故障就地判断。

（2）适用于架空线路和电缆线路，包括远传型和就地型故障指示器。

（3）不适用于检测瞬时性、间歇性单相接地故障，适用于接地电阻800Ω以下的单相接地故障识别。

（4）故障指示器指示单元工作电源主要依靠自带电池，辅以线路感应取电，在负荷较低的线路上能正常工作。

（5）须与变电站母线（或安装于出线上）外施信号发生装置搭配使用，外施信号装置需停电安装。

### （三）暂态特征法

**1. 工作原理**

在发生单相接地故障瞬间，线路对地分布电容的电荷通过接地点放电，形成一个明显的暂态电流和暂态电压，二者存在特定的相位关系（图2-17-5-8），以此判断线路是否发生了接地故障。

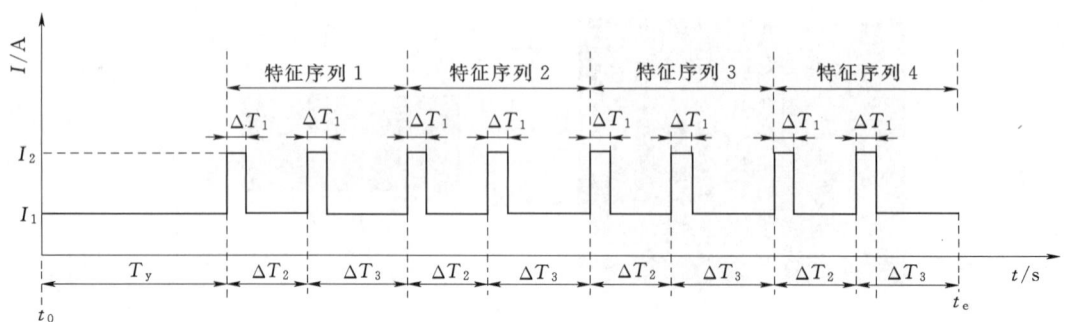

图 2-17-5-4 外施特征信号典型波形图

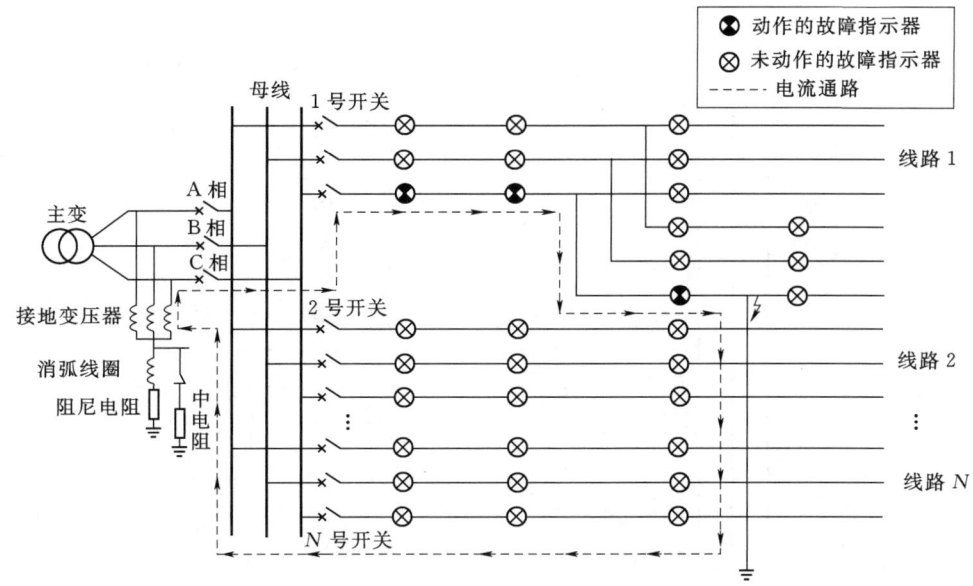

图 2-17-5-5 变电站中电阻投切示意图

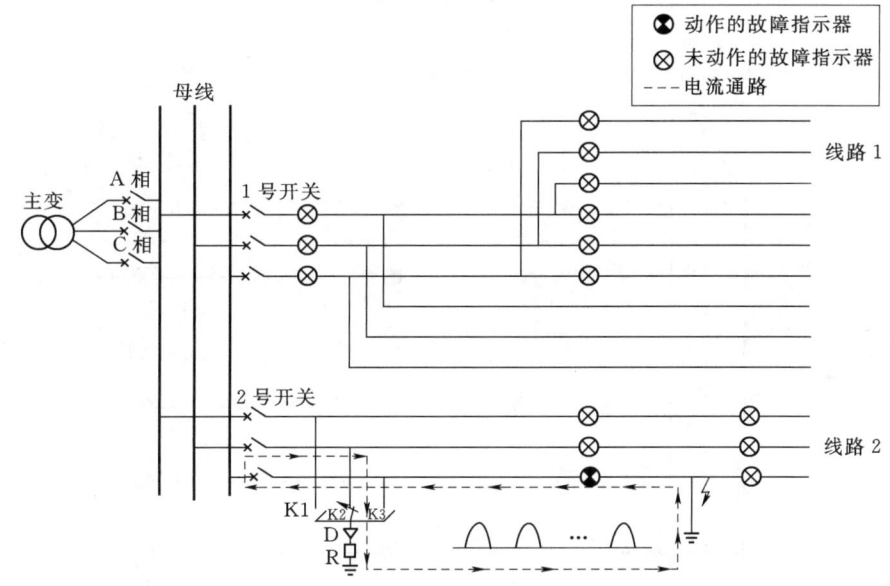

图 2-17-5-6 外施不对称电流信号发生装置投切示意图

根据暂态特征法工作原理，线路3中，监测点①、监测点②的电流、电压波形如果在工频的正半周接地瞬间的电容电流首半波为正脉冲，或者在工频的负半周接地瞬间的电容电流首半波为负脉冲，监测点①、监测点②单相接地故障告警，则判断出线路1为故障线路，且接地故障区域在监测点②与监测点③之间。

2. 暂态特征型故障指示器特点

(1) 采用突变量法检测短路故障，暂态特征法检测接地故障，实现线路短路和接地故障就地判断。

(2) 仅适用于架空线路，包括远传型和就地型故障指示器。

(3) 适用于接地电阻800Ω以下的单相接地故障识别。

(4) 故障指示器指示单元工作电源主要依靠自带电池，辅以线路感应取电，在负荷较低的线路上能正常工作。

**(四) 稳态特征法**

1. 工作原理

通过检测线路的零序电流，零序电流超过阈值时，完成接地故障就地判断，如图2-17-5-9所示。

根据稳态特征法工作原理，线路1中，监测点①、监测点②的电流、电压波形存在特定相位关系，监测点①、监测点②单相接地故障告警，则判断出线路1为故障线路，且接地故障区域在监测点②与监测点③之间。

2. 稳态特征型故障指示器特点

(1) 采用突变量法检测短路故障，稳态特征法检测接地故障，实现线路短路和接地故障的就地判断。

(2) 仅适用于中性点经小电阻接地的配电线路，主要用于电缆线路，包括远传型和就地型故障指示器。

(3) 故障指示器指示单元工作电源主要依靠自带电池，辅以线路感应取电，在负荷较低的线路上能正常工作。

**四、智能型故障指示器**

传统故障定位技术普遍存在接地故障准确率不高、能提供的遥测数据较少且精度较差等缺陷。智能型故障定位装置通过对线路电流的精确测量、精确合成零序电流并通过高速

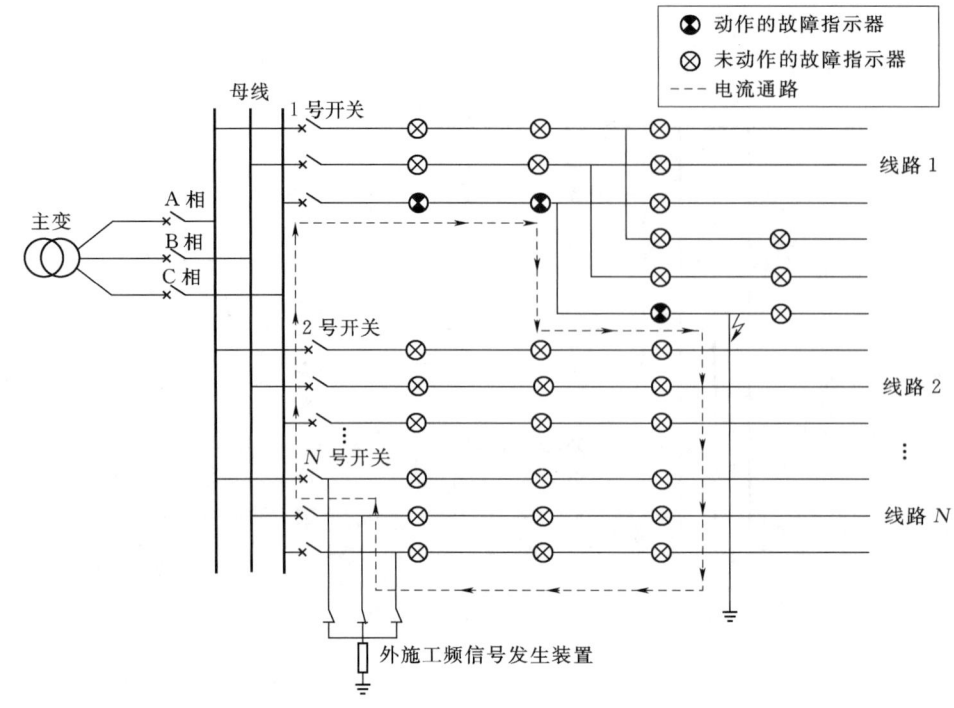

图 2-17-5-7 外施工频特征信号发生装置投切示意图

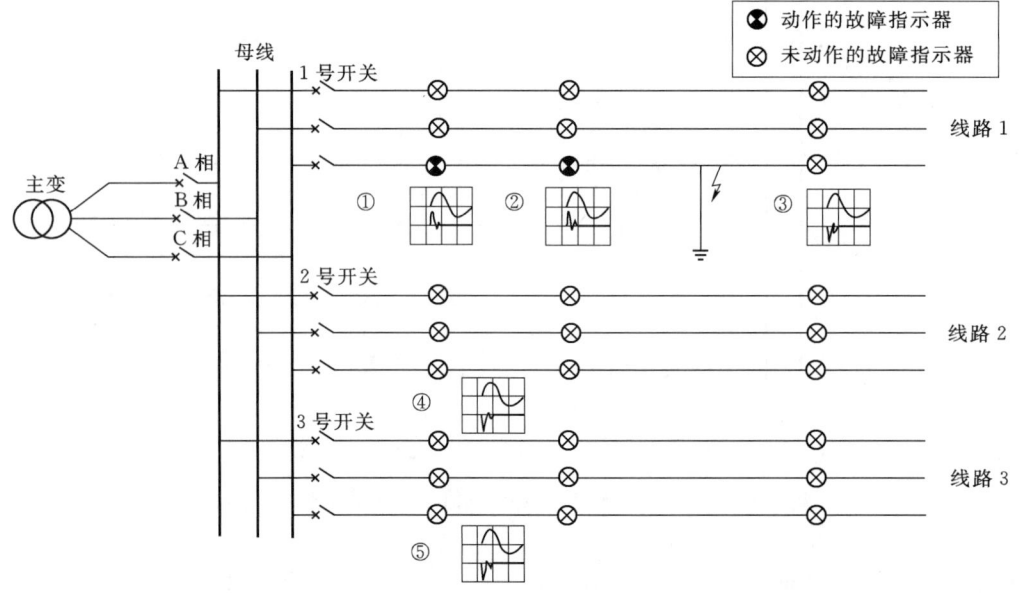

图 2-17-5-8 暂态特征法波形示意图
①～⑤—监测点

录波进行故障追溯，可快速确定故障类型并定位故障区段，从而有效缩短故障排查时间，提高故障处理效率，从而切实提高供电可靠性。

智能型故障定位装置故障定位技术属于无源法范畴，由采集单元、汇集单元和后台主站系统三部分组成，采集单元安装在线路 A、B、C 三相上对线路状态进行监测，实时监测线路的电流和对地电场，并在线路电流或电压异常变化时启动故障录波，同时通过汇集单元合成零序电流，并将故障信息和录波数据、测量数据（实时电流、电场）上传给至后台主站定位系统，系统通过相应线路全局数据进行综合判断最终确定故障区段及类型，并将故障信息通过采集单元就地显示、主站系统界面提示和短信推送的等方式传递给电网运行维护人员。

对于短路故障，采集单元通过电子式开口电流互感器（罗氏线圈）实时采集线路电流，可准确检测出短路故障电流变化过程，同时启动故障录波，便于进行故障追溯；对于接地故障，采集单元支持电流及对地电场 4kHz 录波，能准确捕捉故障波形，同时通过汇集单元对三相采集单元进行时间同步，时间误差小于 $100\mu s$，可以合成高精度的零序电流。主站通过汇集单元传递的信息综合判断接地区段。

**（一）功能及关键技术**

1. 功能

（1）检测功能：采集三相电流和对地感应电压，合成零序电流。

（2）录波：4kHz 采样录波，多达 16 周，记录故障全过程。

（3）故障检测。短路故障就地检测，接地故障录波上送

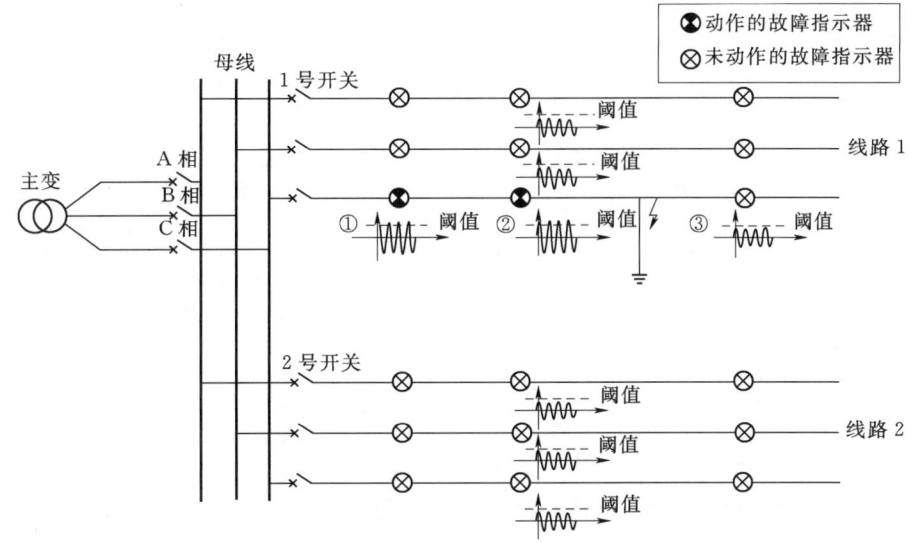

图 2-17-5-9　稳态特征法波形示意图

(4) 对时：配置 GPS 或北斗对时芯片。
(5) 线路适应性：适应负荷电流较小或波动大的线路。

2．关键技术

(1) 采用高精度电子式电流互感器（罗氏线圈），具有低噪声、高精度、高带宽的特点，避免电磁式 TA 大电流时饱和问题。

(2) 架空线零序电流测量技术，基于高精度无线同步对时，将三相电流合成得到零序电流，解决架空线零序电流测量的难题。

(3) 高效取电与电源管理技术，采用高磁导率的闭合式 TA 取电，结合超级电容平滑电流波动，有效解决录波功耗大与 TA 取电效率低相矛盾的难题。

(4) 基于暂态录波的单相接地故障定位技术，采用 4kHz 高速采样，准确记录接地时三相电流暂态波形，合成零序电流后综合分析，实现接地故障区段定位。

3．暂态录波型故障指示器接地故障判别

图 2-17-5-10 给出了单相接地故障电流、电压波形图。

对于中性点不接地或经消弧线圈接地，接地故障瞬间将产生一个持续时间在 5~20ms 的暂态过程，零序电流上会产生高频暂态信号，暂态信号幅值远远大于稳态信号。

因此，暂态录波型故障指示器采集单元以每周至少 64 点高速采样，记录三相电流波形。其特征为：

(1) 故障线路和非故障线路的零序暂态电流波形不同。

(2) 故障线路上接地故障点前后的暂态零序电流波形不同。

**（二）各组件分析**

1．采集单元

(1) 小电流感应取电。取能（电）模块选用高导磁坡莫合金材料，采用封闭式结构，结合低功耗系统设计。同时，取能开口 TA 选用防锈、防腐蚀材料。

(2) 高精度电流采集。采用罗氏线圈设计，PCB 绕线辅以屏蔽处理，使 0~630A 范围内精度达到 ±1%；①当负荷电流大于 20A 时，测量精度小于 2%；②当负荷电流小于 20A 时，测量精度为 ±0.5A；③校准挡位减少，提高生产效率和产品稳定性。

(3) 高精度无线同步与零序电流合成。

1) 高精度无线同步技术，保证合成后的零序电流的准确性。

2) 无线同步误差小于 $20\mu s$。

3) 高精度积分电路保证硬件相位的一致性和稳定性。

4) 三相电流综合角度误差小于 $3°$。

采集单元性能指标见表 2-17-5-4。

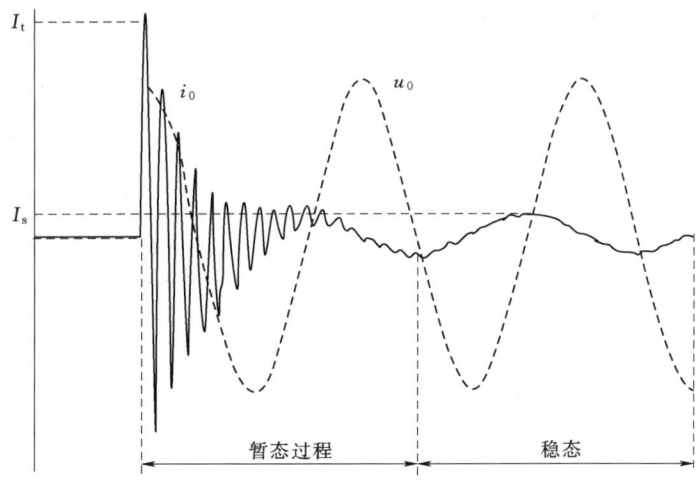

图 2-17-5-10　单相接地故障电流、电压波形图

表 2-17-5-4　　　　　　　　采集单元性能指标

| 配置 | 项目 | 指标 |
|---|---|---|
| 适用场合 | 适用电压 | 6～35kV |
| | 中性点接地方式 | 适应各种接地方式 |
| | 适用导线类型 | 架空绝缘及裸导线 35～240mm² |
| 电源 | 主电源 | 线路自取电（5A 全功能运行） |
| | 后备电源 | 一次性锂电池 3.6V，8.5Ah |
| | | 超级电容续航运行时间大于 12h |
| 功耗 | 静态 | ≤100μA |
| 遥测精度 | 电流 | 测量范围：0～630A，测量精度：±1% |
| | 对地电场 | 测量范围：0～4095，测量精度：±1% |
| 采样频率 | 故障录波 | 4096Hz |
| 故障检测 | 可识别故障类型 | 相间短路，各类单相接地 |
| | | 瞬时故障和永久故障 |
| | 重合闸最小识别时间 | 0.2s |
| 线路状态指示 | 指示类型 | 高亮 LED，360°全向 |
| | 停电后连续闪光时间 | ≥3000h |
| | 故障复位方式 | 定时自动复位，时间 1～48h 可设置 |
| | | 上电自动复位及远程手动复位 |
| 本地通信方式 | 频段 | 470～510MHz |
| | 通信距离 | >100m |
| | 发射功耗 | <3mA |
| | 接收功耗 | <25mA+10dBm |
| | 通信速率 | 100kbit/s |
| 机械特性 | 重量 | <1kg |
| | 防护等级 | IP68 |
| 工作环境 | 工作温度 | -40～70℃ |
| | 湿度 | 10%～100% |
| 使用寿命 | 运行寿命 | >8 年 |
| | 平均无故障时间 | MTBF≥70000h |

**2. 汇集单元**

汇集单元是采集单元和后台主站通信的桥梁，负责管理上行远传通道和下行微功率无线组网通信通道。该设备具备稳定可靠的上下行通道管理机制，可确保通信通道畅通，具备系统自检自恢复能力和极端情况下数据续传功能。同时为确保通信安全，支持数据加密功能选配。

汇集单元有太阳能取电式和线路取电式两种配置，可提供通信通道实时在线，并确保一次电流大于 10A 时通信通道实时在线，一次电流小于 10A 时通信通道准实时在线，确保故障信息及时上传。

（1）汇集单元特点。

1）远程及本地无线通信模块选用国际主流工业级模块，具备通道监测及自恢复能力。

2）软硬件结合的低功耗设计，确保上下行通信通畅前提下，最大限度降低设备功耗。

3）线路取电型取能模组采用高导磁材料，结合低功耗系统设计，确保一次电流大于 10A 时通信通道实时在线。

4）可选配 GPS 提供精度达 1μs 的绝对时标，同时通过本地微功率无线为管理的三相采集单元进行精度小于 100μs 的授时，确保零序电流合成精度。

5）支持程序远程升级和维护。

6）太阳能取电式汇集单元选用标准通信铝机箱，确保设备具备 IP55 防护等级要求；线路取能式汇集单元可达到 IP67 防护等级要求。

（2）汇集单元的性能指标见表 2-17-5-5。

**（三）后台故障处理流程**

（1）后台接收到前端发送的故障简报信息后，按照简报中的终端信息去召唤录波文件目录。

（2）后台对接收到的录波文件目录中文件进行筛选，选择出合适的文件并向前端召唤该文件。

（3）后台成功召唤到文件后，就将文件相关信息保存到单相接地故障信息缓存表，同时通过拓扑分析查找录波文件所属区域。

（4）当监听模块接收到录波文件保存模块发送的文件保存成功消息后，启动故障特征量计算模块。

（5）将故障特征量计算模块计算出的特征量转化成馈线自动化启动的信号。

表 2-17-5-5　　　　　　　　　　　　　　汇集单元的性能指标

| 配置 | 项目 | 指标 |
|---|---|---|
| 电源 | 主电源 | 线路自取电或太阳能供电<br>（光伏板额定输出 15V 电压，15VA 容量） |
| | 后备电源 | 一次性锂电池 3.6V，8.5Ah |
| | | 超级电容续航运行时间大于 12h<br>充电电池：DC12V/7Ah（HX810S） |
| 功耗 | 静态 | ≤0.2VA |
| 远程通信方式 | 网络接入 | 支持公网及 APN 专网 |
| | 网络制式 | GSM、GPRS、EDGE、3G、4G 可选 |
| | 数据加密 | 软加密及硬件可选 |
| 远程通信协议 | 规约 | 《远动设备及系统　第 5101 部分：传输规约　基本远动任务配套标准》（DL/T 634.5101—2002）<br>《远动设备及系统　第 5104 部分：传输规约　采用标准传输协议子集的 IEC 60870-5-101 网络访问》（DL/T 634.5104—2009）或其他定制规约 |
| 卫星授时（选配） | 模式 | GPS 或北斗可选 |
| | 首次启动时间 | ≤35s |
| | 再次启动时间 | ≤1s |
| | 授时精度 | ≤1s/d |
| 接入能力 | 采集单元接入数量 | ≥12 只 |
| 本地通信方式 | 频段 | 470～510MHz |
| | 通信距离 | >100m |
| | 发射功耗 | <3mA |
| | 接收功耗 | <25mA+10dBm |
| | 通信速率 | 100kbit/s |
| 机械特性 | 重量 | <1.5kg（HX810L）；<5kg（HX810S） |
| | 防护等级 | IP67（HX810L）；IP55（HX810S） |
| 工作环境 | 工作温度 | -40～70℃ |
| | 湿度 | 10%～100% |
| 使用寿命 | 运行寿命 | >8 年 |
| | 平均无故障时间 | MTBF≥70000h |

## 五、故障指示器入网检测

相关项目表见表 2-17-5-6～表 2-17-5-8。

表 2-17-5-6　　　　　　　　　配电线路故障指示器到货后检测项目表（非暂态录波型）

| 序号 | 检测项目 | | 检测要求 |
|---|---|---|---|
| 1 | 外观与结构检查 | 全检 | 每套（只）指示器都应设有持久明晰的铭牌，应包含型号及名称、制造厂名、出厂编号、制造年月、二维码信息 |
| | | 抽检 | (1) 采集单元上应具有圆形相序颜色标识，安装对线路潮流方向有要求的采集单元应在外壳以"→"标识方向。<br>(2) 应具备唯一硬件版本号、软件版本号、类型标识代码、ID 号标识代码和二维码，并按照统一方式进行识别。<br>(3) 采集单元重量不大于 1kg，架空导线悬挂安装的汇集单元重量不大于 1.5kg，电缆型故障指示器零序电流采集单元重量不大于 1.5kg。<br>(4) 架空型故障指示器采集单元应采用翻牌和闪光形式指示报警。指示灯应采用不少于 3 只红色高亮 LED 发光二极管，布置在采集单元正常安装位置的下方，地面 360°可见。内部报警转体颜色应采用 RAL3020 交通红。<br>(5) 电缆型故障指示器采集单元应采用闪光形式指示故障，报警指示灯应采用不少于 3 只红色高亮 LED 发光二极管，布置在采集单元正常安装位置的上方。 |

续表

| 序号 | 检测项目 | | 检 测 要 求 |
|---|---|---|---|
| 1 | 外观与结构检查 | 抽检 | (6) 电缆型故障指示器采集单元和显示面板之间采用光纤或电缆进行连接。带显示面板的电缆型故障指示器除采集单元应具备就地故障闪光指示外,显示面板也应具有故障报警指示灯和低电量报警指示色卡。电池工作正常时色卡显示白色,电池低电量时色卡显示黄色。<br>(7) 采集单元应有电源、电池正负极等外接端子。汇集单元应有 SIM 卡槽。<br>(8) 卡线结构应可在不同截面线缆上安装方便可靠,安装牢固且不造成线缆损伤,支持带电安装和拆卸。结构件经 50 次装卸应到位且不变形,不影响故障检测性能。<br>(9) 外观应整洁美观、无损伤或机械形变,内部元器件、部件固定应牢固,封装材料应饱满、牢固、光亮、无流痕、无气泡。<br>(10) 汇集单元应具备至少 1 个串行口 |
| 2 | 绝缘性能试验 | 抽检 绝缘电阻试验 | (1) 架空型指示器电杆固定安装汇集单元电源回路与外壳之间绝缘电阻不小于 5MΩ(使用 250V 绝缘电阻表,额定绝缘电压 $U_i{\leqslant}60V$)。<br>(2) 电缆型指标器汇集单元电源回路与外壳之间绝缘电阻应不小于 5MΩ(使用 250V 绝缘电阻表,额定绝缘电压 $U_i{\leqslant}60V$;使用 500V 绝缘电阻表,额定绝缘电压 $U_i{>}60V$) |
| | | 绝缘强度试验 | 汇集单元电源回路与外壳之间:<br>(1) 额定绝缘电压 $U_i{\leqslant}60V$ 时,施加 500V/min 工频电压应无击穿、无闪络。<br>(2) 额定绝缘电压 $U_i{>}60V$ 时,施加 2000V/min 工频电压应无击穿、无闪络 |
| 3 | 功能试验 | 全检 | (1) 短路故障检测和报警功能。当线路发生短路故障时,故障指示器应能判断出故障类型(瞬时性故障或永久性故障)。<br>1) 架空型采集单元应能以翻牌、闪光形式就地指示故障。<br>2) 电缆型采集单元应能以闪光形式就地指示故障。<br>3) 汇集单元应能接收采集单元上送的故障信息,同时能将故障信息上传给配电主站。<br>(2) 故障自动检测。应自适应负荷电流大小,当检测到线路电流突变,突变电流持续一段时间后,各相电场强度大幅下降,且残余电流不超过 5A 零漂值,应能就地采集故障信息,就地指示故障,且将故障信息上传到主站。<br>(3) 接地故障检测和报警功能。当线路发生接地故障时,故障指示器应能以外施信号检测法、暂态特征检测法、稳态特征检测法等方式检测接地故障。<br>1) 架空型采集单元应能以翻牌、闪光形式就地指示故障。<br>2) 电缆型采集单元应能以闪光形式就地指示故障。<br>3) 汇集单元应能接收采集单元上送的故障信息,同时能将故障信息上传给配电主站。<br>(4) 故障后复位功能。<br>1) 架空型故障指示器应能在规定时间或线路恢复正常供电后自动复位,也可根据故障性质(瞬时或永久性)自动选择复位方式。<br>2) 电缆型故障指示器应能在手动、在规定时间或线路恢复正常供电后自动复位,也可根据故障性质(瞬时或永久性)自动选择复位方式。<br>(5) 防误报警功能。<br>1) 负荷波动不应误报警。<br>2) 变压器空载合闸涌流不应误报警。<br>3) 线路突合负载涌流不应误报警。<br>4) 人工投切大负荷不应误报警。<br>5) 非故障相重合闸涌流不应误报警。<br>(6) 重合闸识别功能。<br>1) 应能识别重合闸间隔为 0.2s 的瞬时性故障,并正确动作。<br>2) 非故障分支上安装的故障指示器经受 0.2s 重合闸间隔停电后,在感受到重合闸涌流后不应误动作 |
| | | 抽检 | (1) 低电量报警功能。<br>1) 架空型故障指示器采集单元应能以翻牌锁死的形式指示电池低电量。<br>2) 电缆型故障指示器采集单元、显示面板均应以变化色卡颜色的形式指示电池低电量。<br>(2) 监测与管理功能。<br>1) 汇集单元至少应能满足 3 条线路(每条线路 3 只)采集单元接入要求,可扩展至 6 路接入;并具备采集单元信息的转发上传功能。<br>2) 应具备历史数据存储能力,包括不低于 256 条事件顺序记录、30 条本地操作记录和 10 条装置异常记录等信息。<br>3) 应具有本地及远方维护功能,且支持远方程序下载和升级。<br>(3) 带电装卸。架空型故障指示器应具有带电装卸功能,装卸过程中不应误报警 |

续表

| 序号 | 检测项目 | | 检 测 要 求 |
|---|---|---|---|
| 4 | 通信试验 | 全检 | 应能通过无线通信方式主动上送告警信息、复归信息以及监测的负荷电流、故障数据等信息至配电主站，故障信息上送至配电主站时间应小于60s，并支持主站召测全数据功能 |
| | | 抽检 | (1) 具备对时功能，接收主站或其他时间同步装置的对时命令，与系统时钟保持同步。守时精度为2s/d。<br>(2) 当后备电源电池电压降低到低电量报警值时，应将其状态上传至主站，也可根据需要进行本地报警。当外部电源失去时，后备电源应能自动无缝投入，且能保证将失去外部电源前完整的故障数据信息上传至配电主站。<br>(3) 采集单元和汇集单元之间应能以无线、光纤等通信方式进行数据通信，无线通信宜采用微功率方式。<br>(4) 汇集单元应适应无线传输要求，在网络中断后续传，具有本地存储模式和调用模式，保存故障信息等关键数据。<br>(5) 汇集单元可以通过实时在线或准实时在线的通信方式与配电主站通信，并能以不大于24h的时间间隔上送负荷曲线数据到配电主站 |
| 5 | 电气性能试验 | 全检 | (1) 短路故障报警启动误差应不超过±10%。<br>(2) 最小可识别短路故障电流持续时间应不大于40ms。<br>(3) 接地故障识别正确率应符合以下：<br>1) 金属性接地应达到100%。<br>2) 小电阻接地应达到100%。<br>3) 弧光接地应达到80%。<br>4) 高阻接地（800Ω以下）应达到70% |
| | | 抽检 | (1) 负荷电流误差应符合以下要求：<br>1) $0 \leq I < 100A$ 时，测量误差为±3A。<br>2) $100A \leq I < 600A$ 时，测量误差为±3%。<br>(2) 上电自动复位时间小于5min。定时复位时间可设定，设定范围小于48h，最小分辨率为1min，定时复位时间允许误差不大于±1% |
| 6 | 临近抗干扰试验 | 全检 | 无 |
| | | 抽检 | (1) 当相邻300mm的线路出现故障时，不应发出本线路误报警。<br>(2) 当本线路发生故障时，相邻300mm的导线不应影响发出本线路正常报警 |
| 7 | 电源及功率消耗试验 | 全检 | 无 |
| | | 抽检 | (1) 线路负荷电流不小于10A时，TA取电5s内应能满足全功能工作需求。<br>(2) 采集单元非充电电池单独供电时，最小工作电流应不大于40μA。<br>(3) 采用太阳能板供电的汇集单元电池充满电后额定电压不低于DC12V。采用TA取电的汇集单元电池额定电压应不低于DC3.6V。<br>(4) 就地型故障指示器采集单元、显示面板静态功耗应小于15μA；远传型故障指示器采集单元静态功耗应小于40μA，汇集单元整机正常运行功耗不大于5VA |

注　绝缘性能试验检测中：①应在外观与结构检查后，其他检测项目前进行；②抽检比例：每批次每个型号到货100台及以下全检；每批次每个型号到货100台以上的，按×（1+20%）台抽检。

表2-17-5-7　　　　　　　　　　　暂态录波型故障指示器到货后检测项目表

| 序号 | 检测项目 | | 检 测 要 求 |
|---|---|---|---|
| 1 | 外观与结构检查 | 全检 | 每套（只）指示器都应设有持久明晰的铭牌，应包含型号及名称、制造厂名、出厂编号、制造年月、二维码信息 |
| | | 抽检 | (1) 采集单元上应具有圆形相序颜色标识，安装对线路潮流方向有要求的采集单元应在外壳以"→"标识方向。<br>(2) 应具备唯一硬件版本号、软件版本号、类型标识代码、ID号标识代码和二维码，并按照统一方式进行识别。<br>(3) 采集单元重量不大于1kg，悬挂安装的汇集单元重量不大于1.5kg。<br>(4) 采集单元报警指示灯应采用不少于3只超高亮LED发光二极管，布置在采集单元正常安装位置的下方，地面360°可见。汇集单元的底部应具备绿色运行闪烁指示灯，在杆下明显可见。<br>(5) 采集单元应有电源、电池正负极等外接端子。汇集单元应有SIM卡槽。<br>(6) 卡线结构应在不同截面线缆上安装方便可靠，安装牢固且不造成线缆损伤，支持带电安装和拆卸。结构件经50次装卸应到位且不变形，不影响故障检测性能。<br>(7) 外观应整洁美观、无损伤或机械形变，内部元器件、部件固定应牢固，封装材料应饱满、牢固、光亮、无流痕、无气泡 |

续表

| 序号 | 检测项目 | | 检 测 要 求 |
|---|---|---|---|
| 2 | 绝缘性能试验 | 抽检 绝缘电阻试验 | 电杆固定安装汇集单元电源回路与外壳之间绝缘电阻不小于5MΩ（使用250V绝缘电阻表，额定绝缘电压$U_i$≤60V） |
| | | 绝缘强度试验 | 电杆固定安装汇集单元电源回路与外壳之间额定绝缘电压$U_i$≤60V时，施加500V工频电压应无击穿、无闪络 |
| 3 | 功能试验 | 全检 | (1) 短路和接地故障识别。<br>1) 应自适应负荷电流大小，当检测到电流突变且突变启动值宜不低于150A，突变电流持续一段时间后，各相电场强度大幅下降，且残余电流不超过5A零漂值，应能就地采集故障信息，以闪光形式就地指示故障，且能将故障信息上传至主站。<br>2) 接地故障判别适应中性点不接地、经消弧线圈接地、经小电阻接地等配电网中性点接地方式；满足金属性接地、弧光接地、电阻接地等不同接地故障检测要求。<br>3) 当线路发生故障后，采集单元应能正确识别故障类型，并能根据故障类型选择复位形式：<br>a. 能识别重合闸间隔为不小于0.2s的瞬时性和永久性短路故障，并正确动作。<br>b. 线路永久性故障恢复后上电自动延时复位，瞬时性故障后按设定时间复位或执行主站远程复位。<br>(2) 故障录波功能。<br>1) 故障发生时，采集单元应能实现三相同步录波，并上送至汇集单元合成零序电流波形，用于故障的判断。<br>2) 录波范围包括不少于启动前4个周波、启动后8个周波，每周波不少于80个采样点，录波数据循环缓存。<br>3) 汇集单元应能将3只采集单元上送的故障信息、波形，合成为一个波形文件并标注时间参数上送给主站，时标误差小于100μs。<br>4) 录波启动条件可包括电流突变、相电场强度突变等，应实现同组触发、阈值可设。<br>5) 录波数据可响应主站发起的召测，上送配电主站的录波数据应符合COMTRADE文件格式要求，且只采用CFG和DAT两个文件，并且采用二进制格式。<br>(3) 防误报警功能。<br>1) 负荷波动不应误报警。<br>2) 大负荷投切不应误报警。<br>3) 合闸（含重合闸）涌流不应误报警 |
| | | 抽检 | (1) 故障电流、相电场强度。<br>(2) 防误报警功能。采集单元、悬挂安装的汇集单元带电安装拆卸不应误报警。<br>(3) 数据存储功能。<br>1) 汇集单元可循环存储每组采集单元的电流、相电场强度定点数据、64条故障事件记录和64次故障录波数据，且断电可保存，定点数据固定为1天96个点。<br>2) 支持采集单元和汇集单元参数的存储及修改，断电可保存。<br>3) 具备日志记录及远程查询召录功能，日志内容及格式应参照标准要求。<br>(4) 远程配置和就地维护功能。<br>1) 短路、接地故障的判断启动条件。<br>2) 故障就地指示信号的复位时间、复位方式。<br>3) 故障录波数据存储数量和汇集单元的通信参数。<br>4) 采集单元上送数据至汇集单元时间间隔和汇集单元上送数据至主站时间间隔。<br>5) 采集单元故障录波时间、周期和汇集单元历史数据存储时间。<br>6) 汇集单元、采集单元备用电源投入与告警记录。具备自诊断功能，应能检测自身的电池电压，当电池电压低于一定限值时，上送低电压告警信息。<br>7) 汇集单元支持通过无线公网远程升级，采集单元支持接收汇集单元远程程序升级，升级前后应功能兼容 |
| 4 | 通信试验 | 全检 | 无 |
| | | 抽检 | (1) 采集单元应支持实时故障、负荷等信息召测，同时并能根据工作电源情况定期或定时上送至汇集单元。<br>(2) 采集单元定时发送信息给汇集单元，汇集单元在10min内没有收到采集单元信息，即视为通信异常。采集单元与汇集单元通信故障时应能将报警信息上送至配电主站。<br>(3) 可通过配电主站对汇集单元和采集单元进行参数设置。<br>(4) 汇集单元应支持数据定时上送，最小上送时间间隔为15min。<br>(5) 汇集单元应支持主站及北斗或其他同步时钟装置对时，守时精度不大于2s/24h |

## 第五节 故障指示器

续表

| 序号 | 检测项目 | | 检 测 要 求 |
|---|---|---|---|
| 5 | 电气性能试验 | 全检 | (1) 短路故障报警启动误差应不大于±10%。<br>(2) 最小可识别短路故障电流持续时间应不大于40ms。<br>(3) 接地故障识别正确率符合以下标准：<br>1) 金属性接地应达到100%。<br>2) 小电阻接地应达到100%。<br>3) 弧光接地应达到80%。<br>4) 高阻接地（1kΩ以下）应达到70%。<br>(4) 负荷电流误差应符合以下要求：<br>1) $0 \leqslant I < 300A$ 时，测量误差为±3A。<br>2) $300A \leqslant I < 600A$ 时，测量误差为±1%。<br>(5) 录波稳态误差应符合以下要求：<br>1) $0 \leqslant I < 300A$ 时，测量误差为±3A。<br>2) $300A \leqslant I < 600A$ 时，测量误差为±1%。<br>(6) 故障录波暂态性能中最大峰值瞬时误差应不大于10%。<br>(7) 故障发生时间和录波启动时间的时间偏差不大于20ms。<br>(8) 每组采集单元三相合成同步误差不大于100μs |
| | | 抽检 | 上电自动复位时间小于5min。定时复位时间可设定，设定范围小于48h，最小分辨率为1min，定时复位时间允许误差不大于±1% |
| 6 | 电源及功率消耗试验 | 全检 | 无 |
| | | 抽检 | (1) 线路负荷电流不小于5A时，TA取电5s内应能满足全功能工作需求。线路负荷电流低于5A且超级电容失去供电能力时，应至少能判断短路故障，定期采集负荷电流，并上传至汇集单元。<br>(2) 采集单元非充电电池额定电压应不小于DC3.6V。在电池单独供电时，最小工作电流应不大于80μA。<br>(3) 采用太阳能板供电的汇集单元电池充满电后额定电压不低于DC12V。采用TA取电的汇集单元电池额定电压应不低于DC3.6V。<br>(4) 汇集单元整机功耗（在线，不通信）不大于0.2VA |

注　绝缘性能试验检测中：①应在外观与结构检查后，其他检测项目前进行；②抽检比例：每批次每个型号到货100台及以下全检；每批次每个型号到货100台以上的，按×(1+20%)台抽检。

表2-17-5-8　　　　　　　　　　配电线路故障指示器检测能力验证项目表

| 序号 | 验证项目 | 验 证 要 求 | 项目属性 |
|---|---|---|---|
| 1. 外观结构验证 | | | |
| | 外观验证 | (1) 模拟线路周长（每相）不小于3m。<br>(2) 模拟线路故障指示器安装数量不小于15套 | 参考项 |
| 2. 管理功能验证 | | | |
| 2.1 | 检测项目及判断依据更新 | 检测平台应能根据检测标准的变更，配置相应的检测项目，更新维护检测结果判断依据，提高检测结果的准确度和一致性 | 参考项 |
| 2.2 | 故障案例扩充 | 检测平台应能根据差异化的应用需要，对故障案例进行更改、扩充，满足差异化的使用环境对配电线路故障指示器接地故障的检测需求 | 参考项 |
| 2.3 | 检测任务管理 | 检测平台应能支持检测案例统一部署，支持入网专业检测报告、供货前及到货后检测报告集成共享，便于入网专业检测及不同省公司开展的供货前及到货后检测案例、检测方法、判断依据、检测结果统一共享 | 参考项 |
| 3. 平台功能验证 | | | |
| 3.1 | 三相电压、电流同步输出、相位可变 | (1) 三相电流输出验证。<br>1) 短时：模拟线路电流输出不小于1000A。<br>2) 长时：能长时间输出600A（30min）。<br>(2) 三相电压输出验证。模拟线路电压输出不小于10kV（30min）。<br>(3) 电压、电流模拟量相位改变验证。<br>(4) 谐波电流、电压验证。<br>(5) 平台暂态信号输出能力。检测平台能模拟和反演故障（短路、接地）信号 | 关键项 |
| 3.2 | 负荷监测及暂态故障检测能力 | (1) 三相负荷电流监测验证。可持续监测1000A的正常负荷电流。<br>(2) 三相负荷电压监测验证。可持续监测10kV的正常负荷电压 | 关键项 |

续表

| 序号 | 验证项目 | 验 证 要 求 | 项目属性 |
|---|---|---|---|
| 3.3 | 二维码扫描读取功能 | 能够支持扫码枪或其他扫码工具自动录入二维码信息,实现样品厂商单位名称、型号、ID号、硬件版本号读取及将信息录入到平台 | 参考项 |
| 3.4 | 四种模式输出 | 检测平台应支持稳态输出、暂态响应、状态序列输出、波形反演四种模式,支持状态序列、波形回放批量输出,便于检测案例的统一部署 | 关键项 |
| 3.5 | 系统输出电流谐波含量 | 检测平台输出电流高频谐波含量应不大于0.2%,验证功放系统是否为线性功率放大技术 | 关键项 |
| 3.6 | 故障反演 | (1) 应能反演COMTRADE不同模拟故障波形。<br>(2) 应能反演COMTRADE不同现场故障波形。<br>(3) 根据检测要求选择相应状态序列或故障案例,自动执行检测案例 | 关键项 |
| 3.7 | 故障指示器就地信号识别验证 | 支持配电线路故障指示器就地翻牌、闪光图像的自动采集、识别与上送 | 关键项 |
| 3.8 | 录波功能 | (1) 录波设置。<br>1) 录波设置验证。<br>2) 录波长度或录波周期数设置验证。<br>3) 录波启动条件验证。<br>4) 录波采样率设置或选择验证。<br>(2) 故障录波功能。<br>1) 具备故障暂态录波功能。<br>2) 故障发生时,能实现三相同步录波。<br>3) 录波范围包括不少于启动前4个周波、启动后8个周波,每周波不少于80个采样点。<br>4) 录波文件应符合COMTRADE的格式要求,且只采用CFG和DAT两个文件,并且采用二进制格式。<br>5) 应能接收汇集单元上送的录波数据 | 关键项 |
| 3.9 | 检测结果分析比对与判定 | 检测结果支持检测结果自动分析、比对、计算、判定 | 关键项 |
| 3.10 | 故障模拟 | (1) 模拟故障序列能够进行不同方式的灵活组合。<br>(2) 模拟故障序列可进行相关参数修改和保存。<br>(3) 模拟配电线路短路故障。能模拟瞬时性故障或永久性故障,并能将故障指示器检测到的信息回传至检测平台。<br>(4) 模拟配电线路接地故障。能模拟不接地系统和小电阻接地系统的不同接地故障。<br>(5) 防误动模拟或反演。<br>1) 能模拟或反演负荷波动误报警。<br>2) 能模拟或反演变压器空载合闸涌流误报警。<br>3) 能模拟或反演线路突合负载涌流误报警。<br>4) 能模拟或反演人工投切大负荷误报警。<br>5) 能模拟或反演非故障相重合闸涌流误报警 | 关键项 |
| 3.11 | 通信规约验证 | (1) 通信规约应符合国家电网公司配电自动化《远动设备及系统 第5101部分:传输规约 基本远动任务配套标准》(DL/T 634.5101—2002) 实施细则要求。<br>(2) 应支持对采集单元实时故障、负荷等信息召测。<br>(3) 应支持接收采集单元定时上送至汇集单元的信息,应支持接收采集单元与汇集单元通信故障时上送的故障信息 | 关键项 |
| 4 平台性能验证 | | | |
| 4.1 | 输出精度 | (1) 电压输出精度不大于0.1%。<br>(2) 电流输出精度不大于0.1%。<br>(3) 电压、电流输出稳定度不大于0.05% | 关键项 |
| 4.2 | 采集精度 | (1) 电压采集精度不大于0.1%。<br>(2) 电流采集精度不大于0.1%。<br>(3) 波形频率不小于100kHz | 关键项 |
| 4.3 | 带载能力 | (1) 电流输出功率(每相)不小于3kVA。<br>(2) 电压输出功率(每相)不小于20VA。<br>(3) 模拟线路带载周长(每相)不小于3m。<br>(4) 模拟电流幅值(每相)不小于1000A,电压(每相)不小于10kV。<br>(5) 故障指示器安装数量不小于15套 | 关键项 |

# 第六节 智能配变终端

## 一、概述

### (一) 低压配电台区

低压配电台区是配电网的最小单元和数据源头，是智能配电网的关键环节。

1. 配电台区的现状

(1) 规模庞大，以国网公司为例，涵盖6～20kV系统。

1) 分支节点多：配电变压器共计 476.8 万台（城市 113.1 万台，县域 363.7 万台）；配电开关 468.8 万台（城市 252.4 万台，县域 186.4 万台）。

2) 输电线路长：6～20kV 线路长度 394.7 万 km（城市 80.3 万 km，县域 314.3 万 km）。

3) 覆盖面积广：覆盖 27 个省（自治区、直辖市），占国土面积的 88%，市公司 336 个，县公司 1683 个。

(2) 结构复杂。

1) 区域发展不平衡：A+、A、B、C、D、E 六类供电区域。

2) 线路形式多样：架空、电缆、架混。

3) 光伏发电渗透率高：光伏发电量达到约 1800 亿 kW·h；分布式光伏累计装机容量达到 50.61GW。

4) 电动汽车发展迅速：充电桩总量达到 76 万个。电动汽车销售 80 万辆每年。

(3) 通信困难。

1) 标准化程度不足：设备接口不统一，主要有 RS485、RS232；通信规约不统一，主要有多种版本《多功能电能表通信协议》（DL/T 645—2007）规约扩展、《电能信息采集与管理系统》（DL/T 698）规约、多种版本的 MODBUS；设备功能不统一，各厂家设备功能各异，无法实现互联互通。

2) 通信联网程度低：大量设备不具备通信功能；具备通信功能的设备，由于二次线安装困难，未实现通信连接。

2. 低压配电网面临的挑战

(1) 涉及专业部门多，缺乏顶层设计。各系统、设备间接口标准、通信规约存在差异，互联互通性较差。

(2) 无法满足高服务要求。需要以低成本的方式快速实现功能改造与业务调整的解决方案，适应能源互联网的快速发展。

(3) 频繁改造，重复建设。无法形成整体优势，造成大量经济资源、数据资源浪费。

(4) 配电网冲击。

1) 清洁能源消纳压力大。

2) 电动汽车充电桩等可变负荷冲击力大。

### (二) 低压配电网数字转型——智能配变台区

包括实时采集（瞬态捕捉数据聚合）、状态可观（远程可观测、全局可视化）、接入可控（光伏发电、电动汽车充电等）智能分析（风险预警、故障研判）等环节，其体系如图 2-17-6-1 所示。

### (三) 智能配变台区的关键技术

(1) 阻抗实时测量技术。

(2) 配电线路自动拓扑技术。

(3) 相别标识与识别技术。

(4) 电弧识别与保护技术。

(5) 时间同步技术。

(6) 配电装置自动编号技术。

(7) 配电装置工作电源储能技术。

(8) 非合规负荷识别与定位。

(9) 网络化节点协同计算技术。

## 二、低压配电物联网技术架构

### (一) 技术架构

低压配电物联网技术架构如图 2-17-6-2 所示。

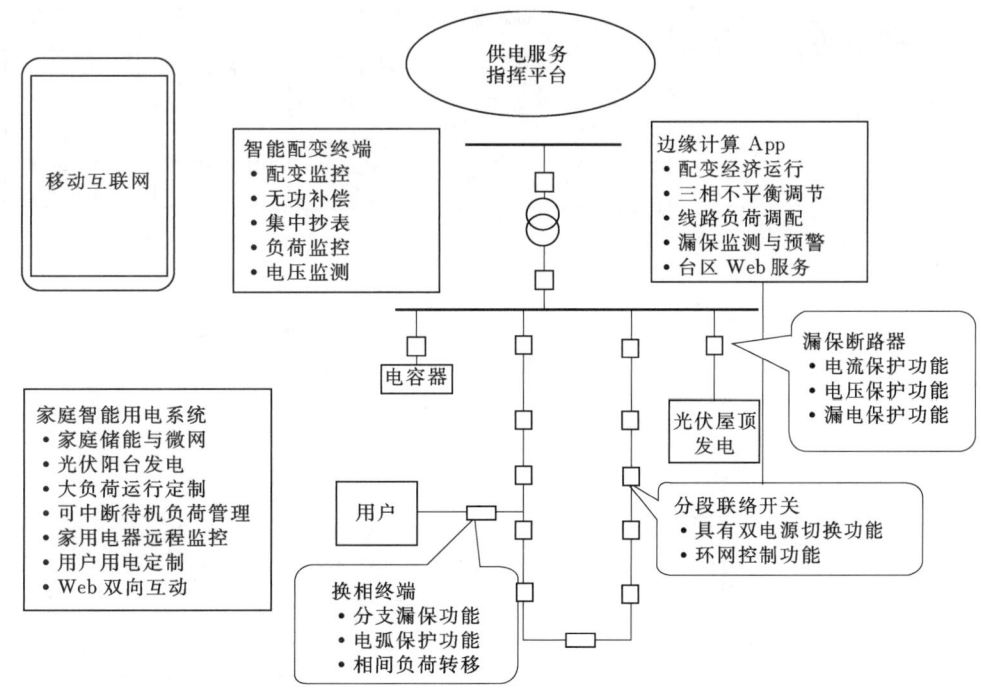

图 2-17-6-1 智能配变台区体系

# 第十七章 智能配电线路的运维与快速自愈方案

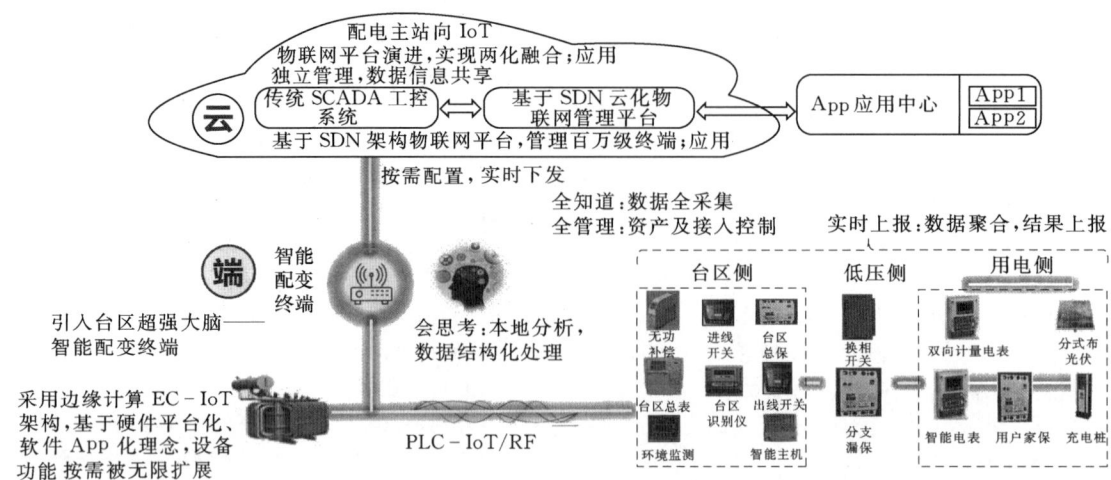

图 2-17-6-2 低压配电物联网技术架构

**（二）配电自动化主站**

配电自动化主站引入基于 SDN 云化架构的物联网平台技术，与传统 SCADA 工控系统实现信息共享，实现工业化和信息化的"两化"融合，在实现传统 SCADA 运行、监控功能的基础上，通过站、端协同，实现台区精益化管理；配变终端采用边缘计算 EC-IoT 架构，基于硬件平台化、软件 App 化理念，App 按需配置，实时下发，实现对低压台区设备信息全采集，进行本地分析，与主站配合实现端-云协同；支持百万级设备接入与智能运维管理。

各架构的功能如图 2-17-6-3 所示。

**（三）App 应用中心**

依托中国电科院统一建设智能配变终端 App 应用中心，承担 App 应用检测、发布、运维、升级等全生命周期管理；各单位可根据每个配电台区实际应用需求，通过远程"零接触"点对点方式实现 App 应用灵活定制化部署，提高运维效率。

对外构建 App store 平台，实现 App 检测、发布、运维、升级等；对内应用按需配置，实时下发。

App 应用中心如图 2-17-6-4 所示。

**（四）本地无线通信技术**

**1. 低压配电网本地无线技术的选择**

常见低压配电网本地无线技术及其特点如下：

（1）NBIoT、GPRS 等运营商网络：无法做到本地化的水平、汇聚通信。

图 2-17-6-3 各架构的功能

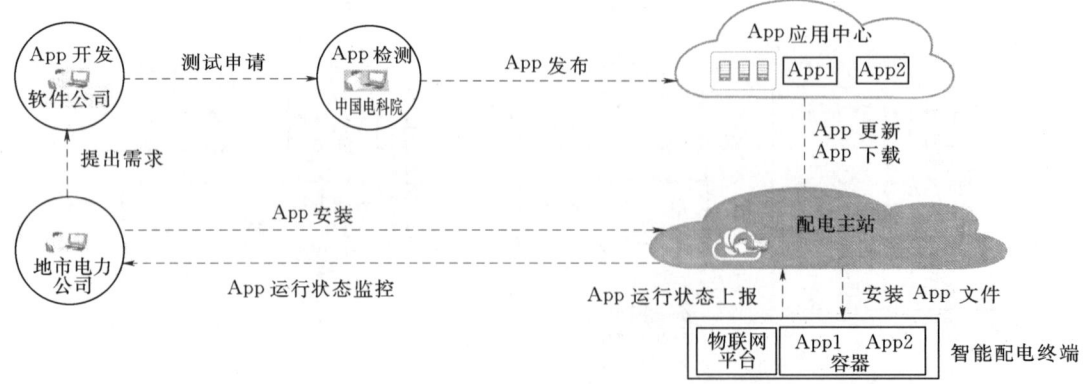

图 2-17-6-4 App 应用中心

（2）ZigBee－IP网络：支持IPv6的ZigBee网络，法定无线功率过低，无线频率高，无线信号在户外穿透绕射能力很弱。

（3）LORA网络：长距离模式下通信速率过低，无法满足业务数据通信要求，且国内目前可能有政策法规限制。

（4）CGMESH：支持本地化的水平、汇聚通信，法定允许功率较高，穿透绕射能力相对较强，通信速率基本满足业务要求。

综上所述，CGMESH技术现阶段是适合作为智能台区的本地通信技术。

CGMESH无线网络，是一套符合IPv6标准网络协议栈的网络，如图2－17－6－5所示。网络协议栈内的各层均运行在一系列国际公开标准、规范的基础上，具有自愈式，多跳mesh网状网的特点。应用上，有就地平行延伸及汇聚通信特性。无线网络主要参数如下：①无线频率为920.5～924.5MHz；②调制方式为FSK调制；③信道数量为9个；④射频功率为不大于2W；⑤扩频方式为FHSS跳频扩频，减少干扰概率，提升成功率；⑥网络拓扑为mesh多跳网状网；⑦网络跳数为无线中继最大7跳。

2. 无线通信技术的主要性能

几种无线通信技术的主要性能见表2－17－6－1。

**表2－17－6－1　几种无线通信技术的主要性能**

| 项目 | CGMESH | NBIoT | LORA | GPRS | ZigBee－IP |
|---|---|---|---|---|---|
| 频段 | RFID公用频段920MHz | 运营商专用授权频段800～900MHz | 433～510MHz公用或计量频段 | 运营商专用授权频段900MHz | 2.4GHz公用频段 |
| 空中速率 | 150kbit/s | 100kbit/s | 几千比特每秒到几十千比特每秒 | 170kbit/s | 250kbit/s |
| 法定发射功率 | 2W | 几百兆瓦 | 10MW | 2W | 10MW |
| 绕射穿透能力 | 较强 | 较强 | 强 | 较弱 | 弱 |
| 扩频方式 | FHSS跳频扩频 | 不详 | 硬件跳频 | 无 | 直接序列扩频 |
| 网络拓扑 | mesh网状网 | 星形网 | 星形网 | 星形网 | mesh网状网 |
| 本地水平/汇聚通信 | 支持 | 否 | 否 | 否 | 支持 |
| 网络容量 | 单网络5000点，网络间互通 | 运营商模式，按需购买 | 运营商模式，按需购买 | 运营商模式，按需购买 | 单网络几百点，网络间可互通 |
| 端到端IPv6直接通信 | 是 | 否 | 否 | 否 | 是 |
| 流量费用 | 无 | 运营商收费 | 运营商收费，自建免费 | 运营商收费 | 无 |

## （五）低压侧物联网化

通过智能设备内置通信芯片和操作系统的方式，统一物联网协议标准，适应宽带载波、微功率无线NBIoT等多种物联网通信技术，实现智能设备与智能配变终端的方便、快捷互联。图2－17－6－6给出了通信性能需求。

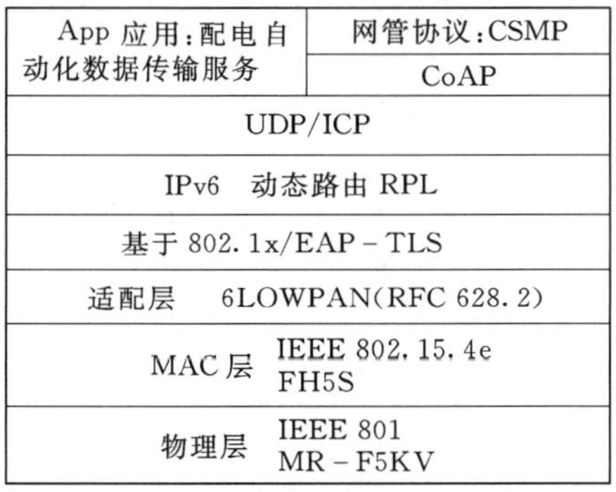

App应用：配电自动化数据传输服务
网管协议：CSMP
CoAP
UDP/ICP
IPv6　动态路由RPL
基于802.1x/EAP－TLS
适配层　6LOWPAN(RFC 628.2)
MAC层　IEEE 802.15.4e FH5S
物理层　IEEE 801 MR－F5KV

图2－17－6－5　CGMESH无线网络运行协议栈

协议
应用协议：MQTT
网络协议：IPv6
网络
通信方式：PLC，RF－Mesh，NBIoT…
装置
操作系统：Lite OS
智能设备：智能配电终端、智能电表、智能开关、充电桩、分布式能源…

图2－17－6－6　通信性能需求

## （六）台区拓扑自动辨识技术

台区拓扑自动辨识技术在配变首端侧安装汇集单元（TTU），在电表箱和线路分支点安装分布单元（CTU）。基于台区本地无线网络，使CTU主动发生脉冲式工频小功率信号，利用TTU及CTU的快速高精度采样技术同步对母线上特征信号进行检测，根据每个CTU检测到对应脉冲序列信号的相似度，进行前后逻辑关系的判断，由遍历搜索算法确定定拓扑网络节点前后关系和并行关系，实现台区“配变—分支—表箱”的电气物理拓扑自动辨识，联合营配贯通的“表箱—用户”档案信息可以最终建立低压配电台区的完整的“变—线—箱—户”物理拓扑图，是实现台区可视化运维管理的基础。

（1）应用一：基于台区拓扑自动辨识技术实现的台区精益化线损管理。智能配变终端结合配变变压器侧、分支点负荷测量信息及用户侧计量数据，基于低压配电线路的网络拓

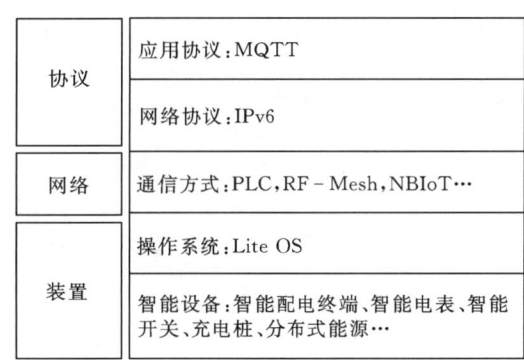

扑进行低压侧线损精益化分析,可实现台区总表(TTU)与分支箱、分支箱与表箱、表箱与户表、台区总表与户表四级线损计算分析,快速定位高线损点及窃电点。

(2) 应用二:基于台区拓扑自动辨识技术实现的台区供电回路阻抗智能化分析。利用 CTU 节点可主动注入特征无功功率的特性,通过快速采集节点的电压变化值(ms级间隔)可有效过滤台区供电回路负载变化引起的阻抗计算误差,计算出线路的电抗。该方法是主动施加信号进行测量,称为主动测量;分别采集线路两点的负荷电气参数,进行潮流计算,可以计算出线路电阻,称为被动测量。

通过主、被动测量计算出的电抗及电阻数值,赋值到线路阻抗模型($Z=R+jX$)中,最终较准确地计算出台区供电回路阻抗数据,通过一定时间对特定范围(线路、区域)阻抗数据的采集和积累,同时结合电网拓扑关系,可以开展以下基于阻抗智能化分析的高级应用,如:

1) 供电回路故障预判。基于低压配电线路的网络拓扑以及线路阻抗,通过阈值设定可定位出线路老化或故障点。从而提前发现故障类型并定位,及时安排现场检修。

2) 理论线损与防窃电。基于低压配电线路的网络拓扑以及线路阻抗,可以较为准确地计算出低压配电台区各条线路的理论损耗。利用理论线损与实测分段线损的比对可以估算出电网窃电、新增用户点等状况。

3) 全局最优的分散式无功补偿。基于低压配电线路的网络拓扑、线路阻抗以及所积累的历史数据,利用电压无功灵敏度等方法对安装点的数量、安装位置以及容量作出一定评估,从而提高分散式无功补偿实施的有效性。

### 三、配电物联网实现

**(一) 低压配电网八大业务**

(1) 停电事件监测:通过智能台区终端(TTU)实时监测配变、出线开关、表箱进线、户表的状态,实现配变、出线开关、表箱、用户的实时停电告警。

(2) 配变运行监测:通过智能台区终端(TTU)实时监测配变的温度、负载、进出线温度、电流、电压,实现配变重过载告警和环境异常告警。

(3) 户变关系识别:通过智能台区终端(TTU)采集配变、表箱和户表的所属关系并生成注册信息文件,然后把注册信息文件上送主站系统,实现智能台区的户变关系自动识别。

(4) 环境监测及控制:通过智能台区终端(TTU)对接环境监测装置,实现环境(温度、湿度)数据的采集及全景化监测;通过对接设备控制装置,实现对空调、风机、烟感、门禁的遥控,改变以往只依靠人工巡查造成的高成本、低效率状况。

(5) 充电桩应用:通过智能台区终端(TTU)与充电桩对接,实现对充电桩的电流、电压、用电量的采集,并实现充电桩故障告警。

(6) 回路阻抗分析:通过智能台区终端(TTU)采集低压分支箱进线、出线和表箱的电流、电压数据,每日计算阻抗;留存变化曲线,设置告警阈值。

(7) 谐波整治、无功补偿:通过智能台区终端(TTU)采集波形并计算出谐波,上送告警到主站系统;采集配变进线及出线功率因数和无功补偿控制器投切状态,本地计算确认无功装置能否满足台区的补偿。

(8) 负荷预测:通过智能台区终端(TTU)采集设定周期的台区负荷数据,本地算法实现未来 24h 是否重过载,并把重过载信息上送主站系统,主站系统进行大数据分析,推测出未来 24h 的负载。

**(二) 配电物联网总体架构**

配电物联网总体架构如图 2-17-6-7 所示。

该物联网实现低压线路全覆盖、设备状态全采集、环境信息全监控等功能。

1. 中低压电气量

配电物联网电气量及设备如图 2-17-6-8 所示。

2. 状态量

(1) 变压器本体温度。

(2) $SF_6$ 相关的参数。

(3) 高压柜线缆接头温度。

(4) 高压柜局放。

(5) 低压柜线缆接头温度。

(6) 铜排温度。

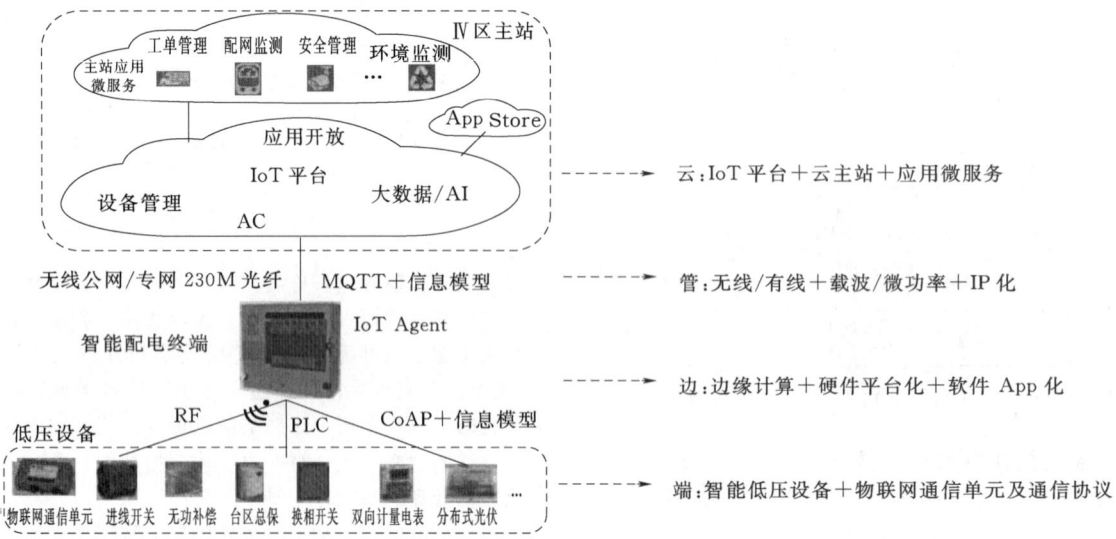

图 2-17-6-7 配电物联网总体架构

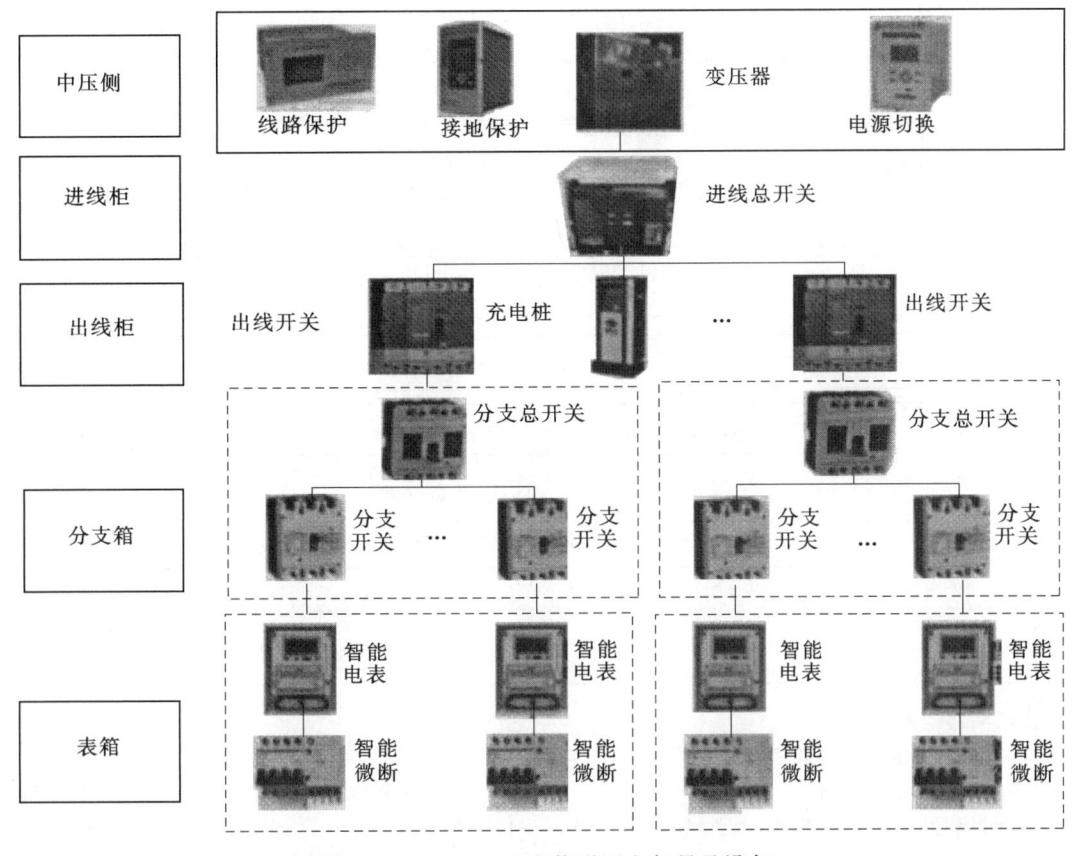

图 2-17-6-8 配电物联网电气量及设备

3. 环境量
(1) 烟雾报警。
(2) 灯控。
(3) 排风扇。
(4) 环境温湿度。
(5) 门磁开关。
(6) 水浸。
(7) 视频监控。
(8) 门禁系统。
(9) 红外系统。

4. 配电物联网建设原则及其应用方案

配电物联网建设原则是：泛在化连接、场景化配置、灵活化建设：①通过物联网通信单元，实现设备连接全物联网化；②标准模型、规范协议、通用流程全面支持即插即用；③三种产品形态覆盖所有应用场景。

(1) 方案一：外置通信单元＋设备。适用于带通信的设备改造、新建，比如塑壳断路器、微型表后开关、温湿度传感器等，是以后的主要应用方式。

(2) 方案二：通信单元与设备一体式。物联网化的最终形态，通信单元通过外挂、内置等方式，完全融入设备，实现一体化。

(3) 方案三：不带通信功能类设备。如断路器可通过加装线路采集装置及通信单元进行改造；开关量传感器直接接入通信单元。

### (三) 配电物联网设备

1. 智能配变终端

(1) 智能配变终端的主要特性。

1) "边"层核心设备，边缘计算关键平台。
2) 硬件平台化、软件 App 化，支持应用快速扩展和灵活部署。
3) 虚拟化容器技术，隔离软件故障，增强系统运行稳定性。

(2) 智能配变终端的功能。

1) 支撑全台区信息采集，本地分析。
2) 组合数据分析实现风险预警与故障研判。
3) 分布式电源并网智能管控与状态监测。
4) 台区线损实时分析与预警。
5) 电能质量监测与分析。
6) 台区拓扑主动识别与精准校核。
7) 配变异常运行状态监测与评估管控。
8) 台区安防联动管理。
9) 电动汽车充放电有序控制。
10) 营配数据互联互通支撑。

2. 物联网通信单元

(1) 通信单元系统架构如图 2-17-6-9 所示。通信单元采用集成轻量级物理网操作系统，采用 IP 化电力载波技术，实现 CoAP 物联网通信协议，支持产品远程升级等技术，实现"端"级设备物联网化，协议差异本地终结，支持端级设备即插即用。

(2) 通信单元可分为模组级、模块级、装置级。

1) 模组级物联网通信单元集成在低压设备内部，具有功能集中化、封装小型化电路简单化等特点，实现载波物理层、链路层、网络层功能，支持模组软件在线升级、故障诊断、远程管理等功能。其性能指标如表 2-17-6-2 所示。

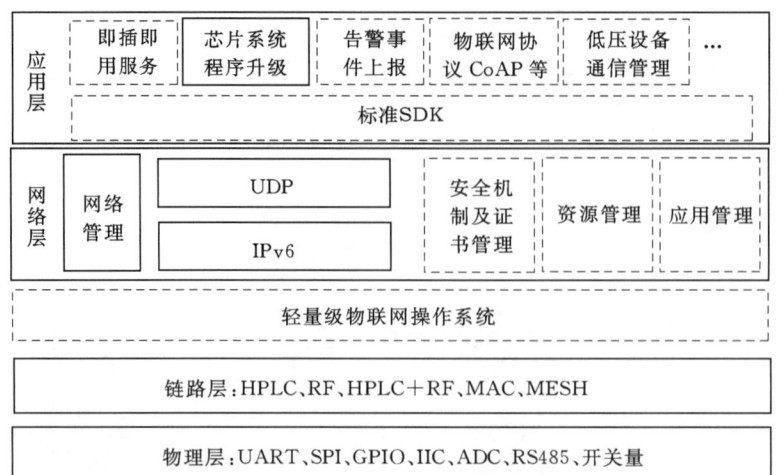

图 2-17-6-9 通信单元系统架构

表 2-17-6-2　　模组级物联网通信单元性能指标

| 工作电压 | 频率范围 | 灵敏度（直连） | 组网规模能力 | 组网级数能力 | 应用层带宽 | 通信接口 |
|---|---|---|---|---|---|---|
| DC12V±5% | 0.7~12MHz | 优于-105dBm | >256 节点 | >8 跳 | >100kbit/s | UART、SPI、GPIO、$I^2C$、差分 I/O |

2）模块级物联网通信单元。

非独立工作模式设计：需要低压设备配合提供电源、接口驱动等外设，实现物联网通信功能。

通用性：以模组级通信单元为核心，增加载波耦合电路、过零检测电路、备用电源等进行功能扩展。

标准化：采用标准化接口、通用型外观、可插拔设计，实现不同厂家通信单元可互换的要求，支持设备热插拔设计。

模块级物联网通信单元性能指标如表 2-17-6-3 所示。

3）装置级物联网通信单元。独立于低压设备运行，基于模组级通信单元进行扩展。

接口丰富：增加本地通信接口驱动、开关量检测、运维调试接口、状态指示、交直流电源转换等电路。

安装方便：融合导轨、壁挂等多种安装方式。

应用广泛：适用于带通信的老旧设备升级改造、各类新设备的物联网集成等各种应用场景。

装置级物联网通信单元性能指标如表 2-17-6-4 所示。

4）物联网通信单元路由器。

物联网通信单元路由管理，支持管理低压台区下属的物联网通信单元。

管理类型多：支持模组级、模块级、装置级通信单元。

支持功能多：具有设备发现、信号收发、程序升级、远程维护等功能。

设备标准化：采用标准化设计，支持带电可插拔安装。

物联网通信单元路由器性能指标如表 2-17-6-5 所示。

3. 低压分路监测单元

（1）知变量多：采集低压电缆的电压、电流和温度，线路的遥测信号，做出故障逻辑判断，上送遥测和遥信信息。

（2）故障定位快：集故障告警、监测、通信等功能于一体，与智能配变终端配合，快速定位低压故障信息和原因。

（3）安装快速方便：采用卡线安装方式，具有集成度高、配置灵活等特点，支持不停电安装。

低压分路监测单元性能指标如表 2-17-6-6 所示。

表 2-17-6-3　　模块级物联网通信单元性能指标

| 工作电压 | 频率范围 | 后备电源 | 组网规模能力 | 组网级数能力 | 应用层带宽 | 通信接口 |
|---|---|---|---|---|---|---|
| DC12V±5% | 0.7~12MHz | 超级电容，DC12V，工作时间不低于1min | >256 节点 | >8 跳 | >100kbit/s | UART、GPIO |

表 2-17-6-4　　装置级物联网通信单元性能指标

| 工作电压 | 频率范围 | 后备电源 | 对外供电 | 外观尺寸 | 应用层带宽 | 通信接口 |
|---|---|---|---|---|---|---|
| AC220V | 0.7~12MHz | 超级电容，DC12V，工作时间不低于1min | DC12V, 8W，支持不低于8个开关同时工作 | 155mm×80mm×40mm | >100kbit/s | RS485、RS232、开关量±12V 输出 |

表 2-17-6-5　　物联网通信单元路由器性能指标

| 工作电压 | 频率范围 | 组网级数能力 | 应用层带宽 | 通信接口 |
|---|---|---|---|---|
| AC220V | 0.7~12MHz | >8 跳 | >100kbit/s | RS485、RS232、开关量、+12V 输出 |

表2-17-6-6　　　　　　　　　　低压分路监测单元性能指标

| 工作电压 | 额定值 | 整机功耗 | 交采测量精度 | 温度测量能力 | 结构尺寸 | 通信接口 |
|---|---|---|---|---|---|---|
| DC24V | 电压：AC220V<br>电流：600A | <1W | 电流电压误差不大于0.5%<br>有功无功误差不大于1.0%<br>保护电流测量误差不大于8% | 误差不大于2℃<br>范围-20~60℃ | 50mm×85mm×110mm（高×宽×长），孔径尺寸28 | RS485 |

**（四）应用举例**

(1) 多网络融合实现海量互联，如图2-17-6-10所示。

1) 通信组网：远程通信基于4G/5G公网；本地通信基于IP化宽带载波和微功率无线，实现低压台区"零接线"通信网。

2) 物联网通信协议：验证MQT和CoAP的应用场景和适用性；边与端实现低延时状态采集和实时控制，边与云实现面向"主题"发布和订阅的数据共享和交互。

3) 海量异构设备接入：通过物联网智能通信单元实现海量异构协议的本地终结，成功解决设备类型与数量多、安装位置分散、布线困难和施工停电等问题。

(2) 边缘计算及云-边协同，如图2-17-6-11所示。

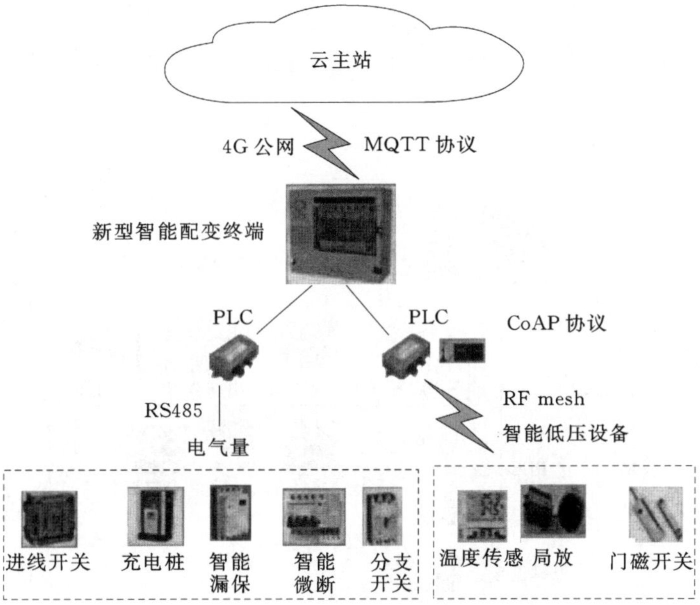

图2-17-6-10　多网络融合实现海量互联

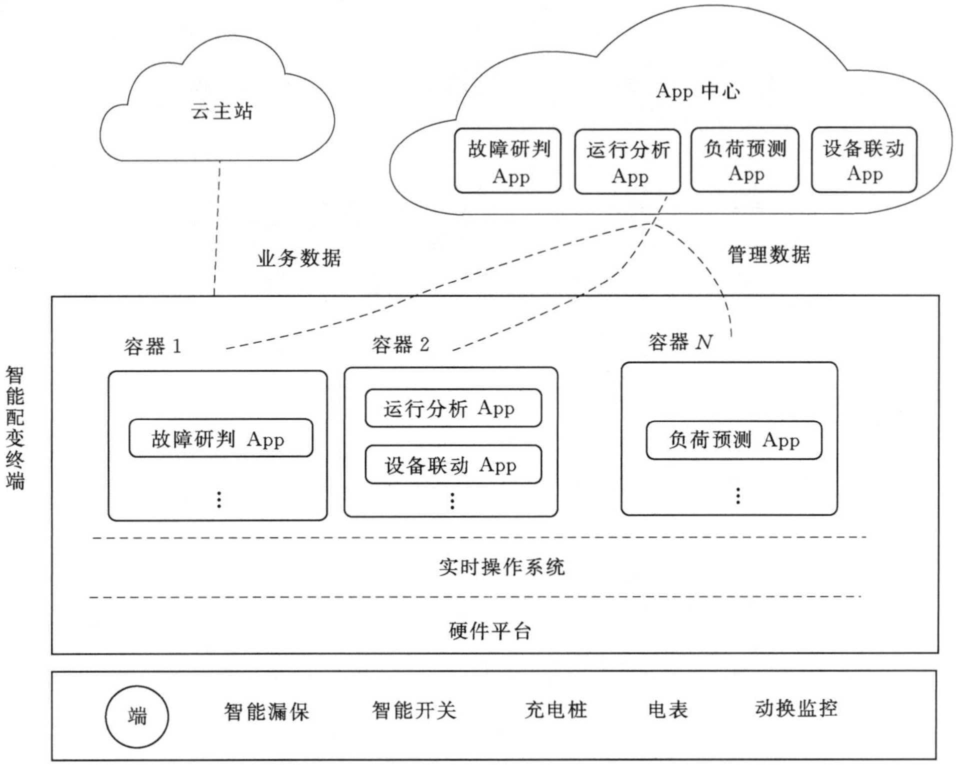

图2-17-6-11　边缘计算及云-边协同

1) 多源数据融合共享：依托智能配变终端的容器和边缘计算能力，建立配电设备标准模型与数据存储标准，优化App应用软件架构，实现多源数据的融合共享。

2) 微应用助力智能决策：研究本地智能决策分析算法及应用开发，实现故障研判、运行分析、负荷预测、设备联动、风险预警等微应用。

3) 高效协同提升处理能力：建立云-边高效协同机制，实现关键数据实时交互、全量数据定期备份，分工协同提升云主站处理能力。

（3）台区设备状态全感知，如图2-17-6-12所示。

1) 物联网通信单元实现台区设备通信全覆盖：装置级、模块级两类基于IP化宽带载波的通信单元，实现端设备的物联网接入。

2) 智能化低压设备实现所有结点信号高精度采集：电气量、运行状态量、环境量均通过高精度设备实现全感知。

（4）全面支持物联网化即插即用，如图2-17-6-13所示。

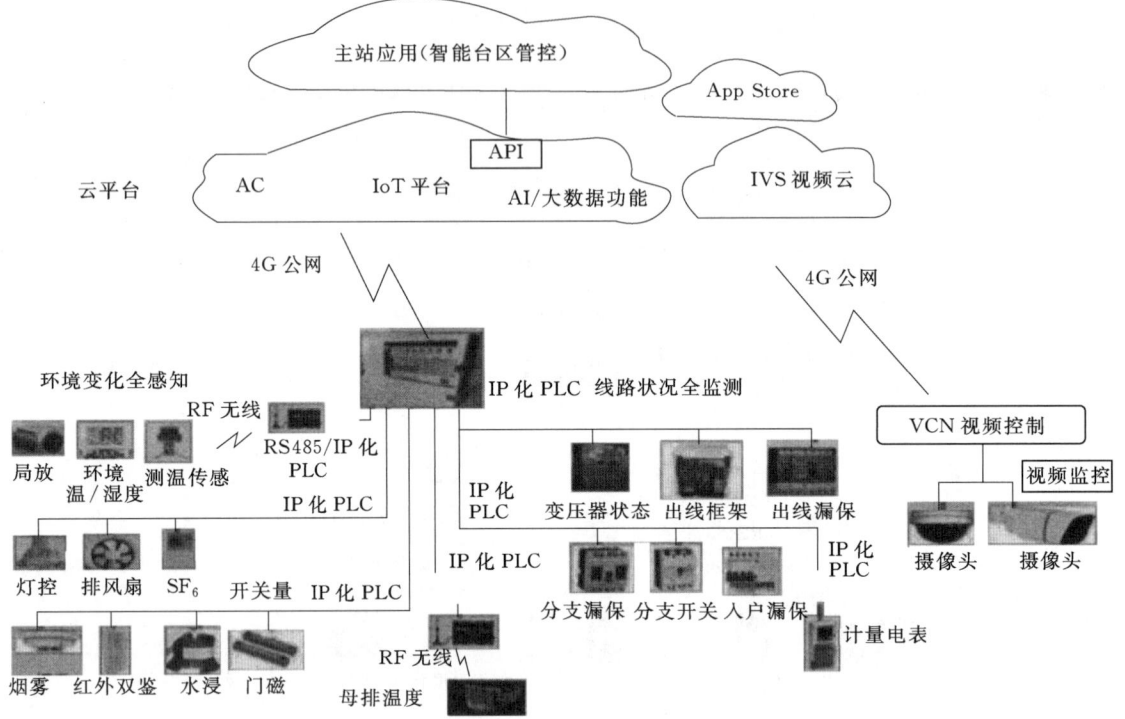

图2-17-6-12　台区设备状态全感知

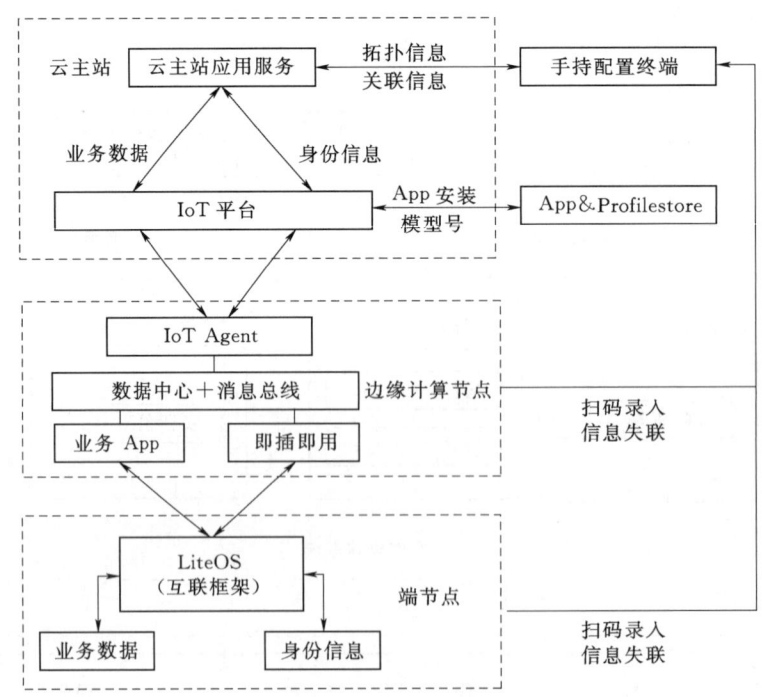

图2-17-6-13　物联网化即插即用

1) 标准通信：采用标准智能"端"设备自描述模型及服务接口定义规范。

2) 便捷流程：手持终端现场扫码并快速建立与一次设备关联关系和测点映射，实现"端"到"边"、"边"到"云"的自发现、自注册和自动建模，改变传统依赖人工配置的施工模式。

3) 新能源接入：支持充电桩、光伏等各类用户终端快速接入，以最小化配置最大化提升调试效率。

### 四、智能配变终端实现

#### （一）基于 EC-IoT 的智能配变终端解决方案

（1）SDN（软件定义网络）架构。实现弹性管理，分布式部署，支撑海量设备链接，实现平滑扩容。

（2）边缘计算。本地数据聚合，实现数据的结构化输出，实现数据就地分析、存储，本地决断，快速响应。

（3）安全接入。接入、传输、访问控制全方位的安全机制，构筑端到端的生态安全。

基于 EC-IoT 的智能配变终端解决方案如图 2-17-6-14 所示。

#### （二）智能配变终端架构

从"端"入手，智能配变终端给台区引入最强大脑，功能随需扩展。

智能配变终端作为低压配电物联网的核心，充分考虑低压配电网现状与发展趋势，采用分布式边缘计算技术架构，RTOS实时操作系统，多容器等关键技术，和硬件平台化、功能 App 化设计理念，满足配网业务的灵活、快速发展和安全生产的需求。

（1）分布式边缘计算技术架构，具备强大的就地化数据处理能力。

（2）支撑全台区信息采集，本地分析，本地决断，快速响应。

（3）硬件平台化，软件 App 化，应用按需配置，实时下发。

智能配变终端架构如图 2-17-6-15 所示。

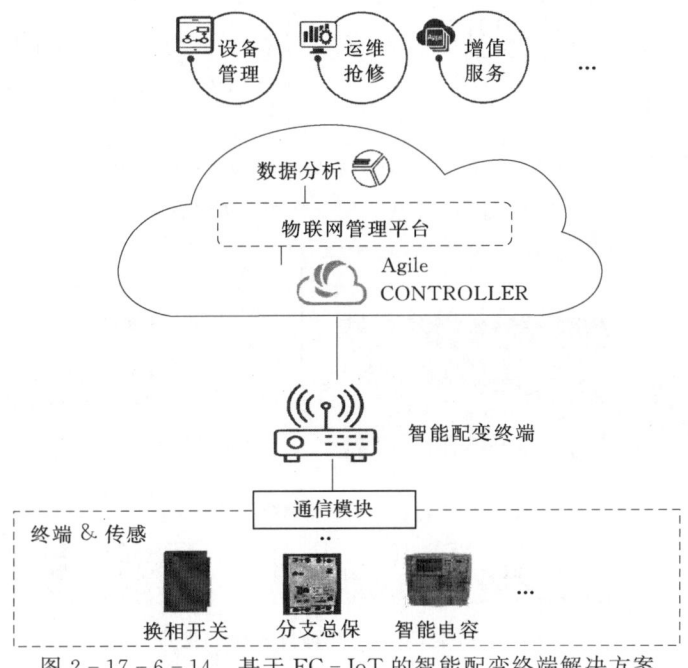

图 2-17-6-14 基于 EC-IoT 的智能配变终端解决方案

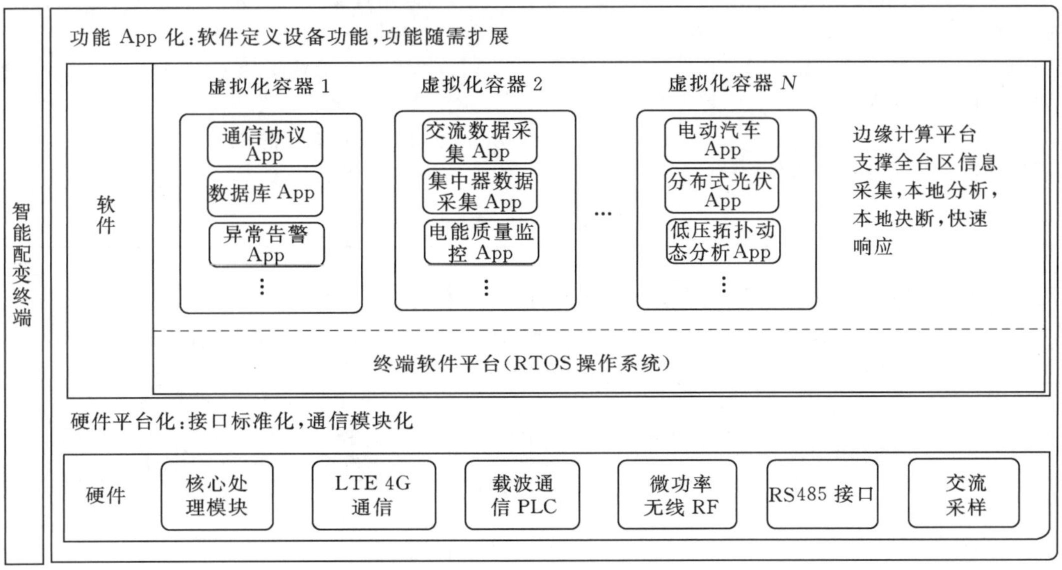

图 2-17-6-15 智能配变终端架构

### (三) 智能配变终端的边缘计算

智能配变终端对下实现数据全采集、全管控，对上与配电主站实时交换关键运行数据。为满足实时快速响应需求、减少主站计算压力、弱化对主站的高度依赖，终端采用"边缘计算"技术，就地化实现配电台区运行状态的在线监测、智能分析与决策控制，同时支持与配电主站云端的计算共享与数据交互，实现端、云协同保障可靠性，如图 2-17-6-16 所示。

几种计算协同处理如图 2-17-6-17 所示。

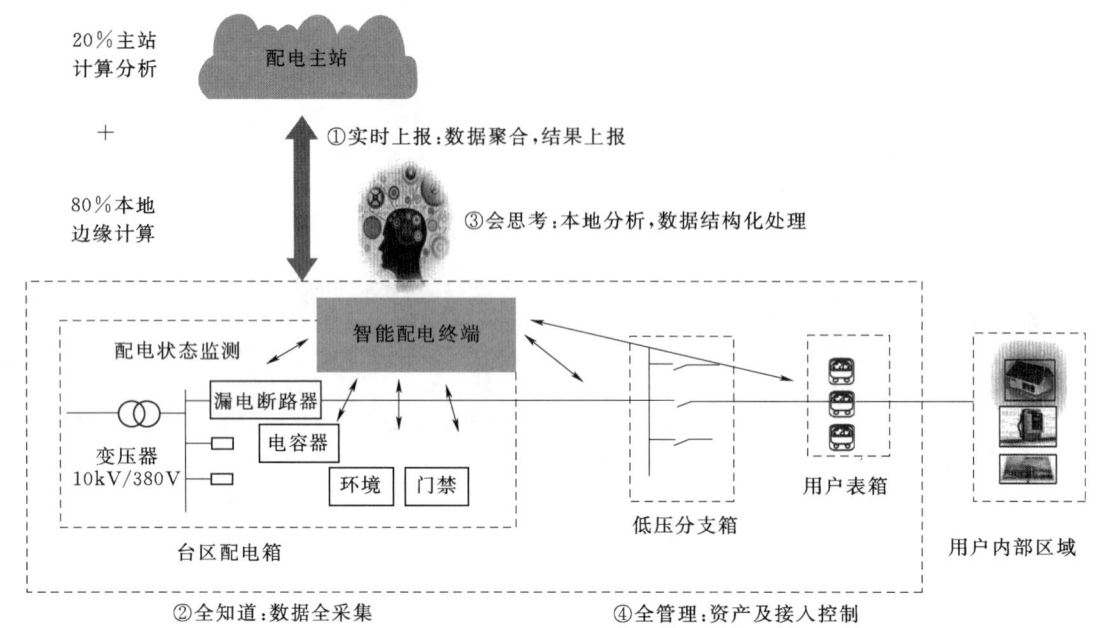

图 2-17-6-16 配变终端的边缘计算

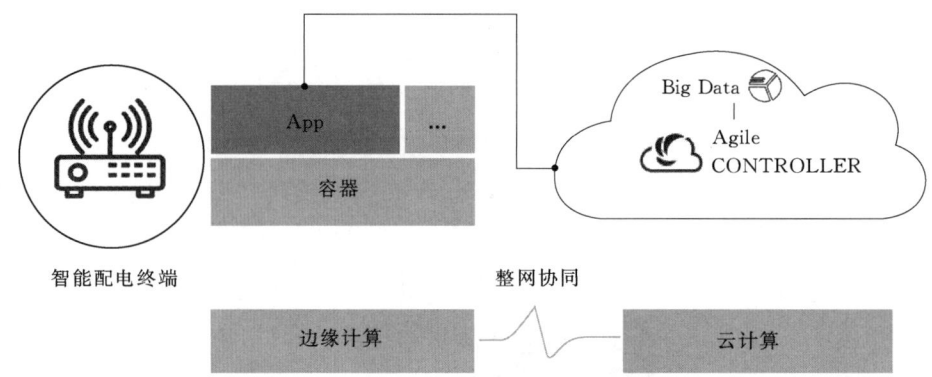

图 2-17-6-17 几种计算协同处理

智能配变终端的边缘计算有以下优点：

(1) 实时可靠。
1) 分层决策，更低时延（毫秒级）。
2) 降低 WAN 可靠性要求。
(2) 数据聚合。
1) 整网协同，本地解决数据异构与分散的问题。
2) 数据过滤，节省 WAN 流量。
(3) 数据安全。
1) VPN、TPM 安全芯片。
2) 行业安全芯片。

### (四) 配变终端需求

配变终端需求见表 2-17-6-7。

表 2-17-6-7　　　　　　　配 变 终 端 需 求

| 需　　求 | | | | | | | | 功　　能 |
|---|---|---|---|---|---|---|---|---|
| 容器管道工具 kbs-Agent | 台变监测 App | 低压用户接入 App | 无功补偿 App | 三相不平衡治理 App | 阻抗测量计算 App | 分布式电源并网状态监测 App | 充电桩实时状态监测与管理 App | 业务 App 层：容器化封装，实现硬件解耦，系统解耦 |
| 容器引擎（Docker Engine） | | | | | | | | (1) 统一操作系统层：开放、兼容。<br>(2) Docker 版本为 17.03.1。<br>(3) 操作系统为 Ubuntu 16.04 |
| 边缘计算操作系统（Ubuntu） | | | | | | | | |
| 智能配变终端硬件（TTU Hardware） | | | | | | | | (1) 硬件层：开放、标准。<br>(2) MPU：IMX6 系统列处理器，Cortox-A9，双核，频率 800MHz。<br>(3) DDR3-1GB，FLASH-4GB |

为支撑边缘计算，以平台化设计思路，引入更高性能的工业级 A9 系列双核 CPU，进一步强化硬件计算及存储能力。

为了能够更好地适应未来远程通信技术、本地通信技术的发展，以及通信接口多样化，采用硬件接口模块化的设计理念，硬件接口模块以总线的模式接入主 CPU，实现热插拔，即插即用，以及自动识别。远程通信模块以更高速的 CSB 总线接入主 CPU，其速率可达 12Mbit/s。本地通信模块及接口扩展模块则选用更高性价比的 RS422 全双压总线，其速率可达 1～5Mbit/s。同时基于芯片厂家标准 MPU 构建统一操作系统平台，为业务 App 的开发提供一致环境，实现业务 App 与硬件级操作系统的解耦。配变终端需求描述见表 2-17-6-8。

表 2-17-6-9 给出智能配变终端与传统 TTU 性能比较。

通过验证，对比传统 TTU，智能配变终端具有极大的优势，并带来巨大的好处，见表 2-17-6-10。

表 2-17-6-8　　　　　　　　　　配变终端需求描述

| 项目 | 需求描述 | 项目 | 需求描述 |
|---|---|---|---|
| 工作温度 | −40～70℃ | 绝缘等级 | EC62052-11 Class2 |
| 存储温度 | −40～85℃ | 整机 EMC 需求 | ClassA |
| 散热方式 | 自然散热 | IP 等级 | IP51 |
| 工作湿度 | 5%～95%，非凝露 | 主控 CPU 系统 | CPU：ARM 2core@700MHz 以上<br>内存：512MB<br>FLASH：1GB<br>支持 RTC |
| 工作海拔 | 0～4000m（标准 0～1000m） | | |
| 整机尺寸 | 宽×深×高：280mm×230mm×95mm | | |
| 安装方式 | 挂墙、DIN | | |

表 2-17-6-9　　　　　　　　　　智能配变终端与传统 TTU 性能比较

| 类型 | 功能视角 | 技术视角 | 架构视角 | 未来业务演进视角 | 管理运维视角 |
|---|---|---|---|---|---|
| 传统 TTU | 二遥/三遥 | "各显神通" | 只关注功能实现，架构封闭 | 基本不可演进 | 弱 |
| 智能配变终端 | 二遥（三遥）+通信增强，计算增强 | "各显神通" | 只关注功能实现，架构封闭 | 弱 | 较弱 |
| 基于边缘计算的智能配变终端 | 二遥（三遥）+通信增强，计算增强 | 借鉴 SDN 的实现：软、硬解耦；"软件定义终端" | 借鉴 IT 和云的思想：标准/开放/生态（ARM + Linux） | 平滑演进 | 云化统一运维 |

表 2-17-6-10　　　　　　　　　　智能配变终端的优势

| 序号 | 优势 | 带来的好处 |
|---|---|---|
| 1 | 灵活扩展：业务灵活扩展，通过业务 App 化打破"硬件决定业务"模式 | (1) 按需，快速自主定制化已知或扩展未来潜在的业务。<br>(2) 让业务功能和应用场景需求、基层配网管理者更加快速匹配 |
| 2 | 智能，自治：低压配网智能化下移，实现分层管理 | (1) 通过边缘计算技术直接管理本地智能开关和数据，实时分析处理，和主站协作，最大程度实现"台区自管理"。<br>(2) 降低和主站通信通道的带宽消耗和提高可靠性，如故障研判，预计减少误报率 20%，减少上行流量 20% |
| 3 | 海量，易维：物联化管理平台，支持海量终端全自动化、免本地维护 | 设备首次安装连线后，通过在云端物联网管理平台上的精细化运维管理，免除一切现场人工维护 |
| 4 | 面向未来演进：以智能配变终端为核心，使能低压配电网整体物联化演进 | 实现低压智能开关等规约的归化，标准化，基于 IPv6、LiteOS 物联网操作系统，使能低压配电网整体物联化演进 |
| 5 | 可靠，安全：高可靠性，极致安全 | (1) 硬件最大程度模块化设计，软件引入容器隔离安全技术，提升系统可靠性，确保业务稳定性，降低维护成本。<br>(2) 芯片级、接入、传输、访问控制层全方位的安全机制，构筑端到端的安全保障 |
| 6 | 高性能：提升业务管理质量，从容面对新业务需求挑战 | (1) 拓扑分析，预计将低压拓扑准确性常态化保持在 70% 以上。<br>(2) 全面掌握谐波、无功补偿的实际情况及补偿情况，支撑台区电能质量精准治理。<br>(3) 分布式电源，终端与逆变器信息互联，实现公司企业标准中反孤岛检测、功率支持、功率预测、有序并网等技术要求。<br>(4) 充电桩管理，终端与充电桩信息互联，减少充电桩对配电网的影响，提高配电线路及相关设备的利用率 |

## 五、智能台区的发展

结合配电台区实际运行情况与管理需求，针对性地开展了配电变压器状态监测评估、低压故障研判、分布式电源接入管理等App开发以及应用工作，并对App应用进行功能审核与效果评价，择优进行推广应用，全面提升低压配电网精益化运维管理水平。智能配变终端App应用如图2-17-6-18所示。

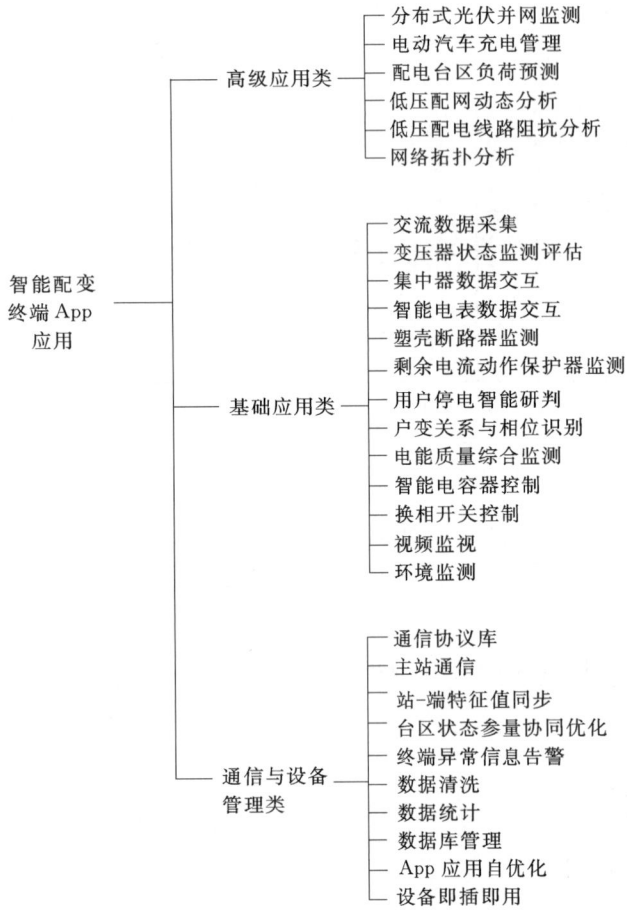

图2-17-6-18 智能配变终端App应用

## 六、智能配变终端技术要求

集配电台区供电信息采集、设备状态监测及通信组网、就地化分析决策、主站通信及协同计算等功能于一体的二次设备（以下简称终端），采用平台化硬件设计和分布式边缘计算架构，以软件定义方式支撑业务功能实现及灵活扩展。

### （一）总体要求

(1) 终端应定位于低压配电物联网核心，采用平台化硬件设计和边缘计算架构，支持就地化数据存储与决策分析。

(2) 终端应采用模块化、可扩展、低功耗、免维护的设计标准，适应复杂运行环境，具有高可靠性和稳定性。

(3) 终端应采用统一标准的系统开发环境，实现软、硬件解耦。

(4) 终端功能应以应用软件方式实现，满足配网业务的灵活、快速发展需求。

### （二）环境条件

**1. 参比温度及参比湿度**

参比温度为23℃；参比湿度为40%~60%。

**2. 环境温度、湿度**

工作场所环境温度和湿度分级见表2-17-6-11。

表2-17-6-11 工作场所环境温度和湿度分级

| 级别 | 环境温度 | | 湿度 | | 使用场所 |
|---|---|---|---|---|---|
| | 范围/℃ | 最大变化率/(℃/min) | 相对湿度/% | 最大绝对湿度/(g/m³) | |
| C1 | -5~45 | 0.5 | 5~95 | 29 | 非推荐 |
| C2 | -25~55 | 0.5 | 10~100 | 29 | 室内 |
| C3 | -40~70 | 1.0 | 10~100 | 35 | 遮蔽场所、户外 |
| CX | | | 待定 | | |

注 CX级别根据需要由用户和制造商协商确定。

**3. 海拔**

(1) 能在海拔0~4000m的范围内正常工作。

(2) 对于安装在海拔1000m的终端应依据标准《高层开关设备和控制设备标准的共用技术要求》（GB/T 11022—2011）第2.3.2条要求的耐压测试规定执行。

### （三）供电电源

**1. 供电方式**

使用交流三相四线制供电，在系统故障（三相四线供电时任断二相电）时，交流电源可供终端正常工作。

**2. 电源技术参数指标要求**

(1) 额定电压：AC220V/380V，50Hz。

(2) 允许偏差：-20%~20%。

(3) 终端上电、断电、电源电压缓慢上升或缓慢下降，均不应误动或误发信号，当电源恢复正常后应自动恢复正常运行。

(4) 电源恢复后保存数据不丢失，内部时钟正常运行。

(5) 电源由非有效接地系统或中性点不接地系统的三相四线配电网供电时，在接地故障及相对地产生10%过电压的情况下，没有接地的两相对地电压将会达到1.9倍的标称电压，维持4h，终端不应出现损坏。供电恢复正常后终端应正常工作，保存数据应无改变。

**3. 后备电源**

(1) 终端宜采用超级电容作为后备电源，并集成于终端内部。当终端主电源故障时，超级电容能自动无缝投入，并应维持终端及终端通信模块正常工作至少3min，具备三次上报数据至主站的能力。

(2) 失去工作电源，终端应保证保存各项设置值和记录数据不少于1年。

(3) 超级电容免维护时间不少于8年。

### （四）通信接口

**1. 通信协议**

(1) 网络层协议要求。

1) 对于使用以太网进行通信的终端，其所使用的TCP/IP协议中的网络层IP协议应同时支持IPv4和IPv6相关要求。

2) 终端远程通信应使用一个无线通信通道，业务和管理数据流使用不同端口号。

(2) 应用层协议要求。终端本地通信协议应支持《多功能电能表通信协议》(DL/T 645—2007)、《电能信息采集与管理系统 第4-5部分：通信协议——面向对象的数据交换协议》(DL/T 698.45—2017)、《电力用户用电信息采集系统通信协议 第1部分：主站与采集终端通信协议》(Q/GDW 1376.1—2013)、《电力用户用电信息采集系统通信协议 第2部分：集中器本地通信模块接口协议》(Q/GDW 1376.2—2013)、MODBUS等，满足与智能电容器、剩余电流动作保护器等设备的通信要求；终端与主站通信规约应满足《配电自动化系统网络安全防护方案》(运检三〔2017〕6号)、《远动设备及系统 第5101部分：传输规约 基本远动任务配套标准》(DL/T 634.5101—2012)、《远动设备及系统 第5104部分：传输规约 采用标准传输协议集的IEC 60870-5-101网络访问》(DL/T 634.5104—2009)实施细则的要求。

2．终端远程通信

(1) 业务数据流应符合《配电自动化系统网络安全防护方案》(运检三〔2017〕6号)、《远动设备及系统 第5101部分：传输规约 基本远动任务配套标准》(DL/T 634.5101—2012)、《远动设备及系统 第5104部分：传输规约 采用标准传输协议集的IEC 60870-5-101网络访问》(DL/T 634.5104—2009)实施细则，传输遥信、遥测、遥控等业务相关数据。

(2) 管理数据流可通过NETCONF RPC协议，传输设备管理、容器管理和应用软件管理等管理相关数据。

3．终端本地通信

(1) 本地通信应支持RS232、RS485、电力线载波、微功率无线等方式。

(2) RS232/RS485接口传输速度可选用9600bit/s、19200bit/s。

(3) 以太网接口传输速率应为10/100Mbit/s自适应。

4．接口

(1) 终端远程通信接口：终端应具备1路无线公网或无线专网远程通信接口。

(2) 终端本地通信接口：终端应至少具备2个RS485、2个RS232/RS485可切换串口、1个电力线载波通信接口/微功率无线通信接口。

(3) 终端应具备2路以太网，既可作终端远程通信接口，也可作为本地通信接口。

(4) 终端应具备至少4路开关量输入接口，采用无源节点输入。

(5) 终端宜具备三线制PT00接口。

(6) 终端无线公网、无线专网、电力线载波、微功率无线等通信模块应采用模块化设计，根据需求更换和选择。

**(五) 软件功能**

终端软件由平台软件和应用软件组成。

1．平台软件

(1) 平台软件功能。

1) 平台软件应支持设置查询本地时间和时区。

2) 平台软件应支持终端网络配置的修改和查询。

3) 平台软件应支持对软件包合法性校验。软件包被破坏后，程序应启动失败。

4) 平台软件应支持设备软件、容器、应用软件的远程升级，同时支持断点续传。

5) 平台软件应支持设置和查看系统的CPU占用率、内存占用率、内部存储占用率等告警门限。

6) 平台软件应支持监测系统异常上报，异常信息包括但不限于设备CPU占用率越限、设备内存越限、设备存储空间不足、设备复位等。

7) 平台软件支持的运维功能宜符合规定。

(2) 容器。

1) 平台软件应提供分配容器运行的CPU核数量、内存、存储资源、接口资源的功能。

2) 平台软件应支持容器运行管理，包括容器启动、停止等。

3) 平台软件应支持容器监控功能，包括容器重启、CPU占用率、内存使用率、存储资源越限等情况。存储资源越限、容器重启上报告警，CPU占用率和内存占用率越限上报告警并重启容器。

4) 平台软件应支持容器升级，升级过程中自动停止容器中应用软件的运行，容器升级完成后应用软件自动恢复正常运行。

(3) 应用软件管理。

1) 平台软件应支持应用软件的启动、停止、安装、卸载等功能。

2) 平台软件应支持查看应用软件的CPU占用率、内存占用率。

3) 平台软件应支持监测应用软件异常的功能，包括应用软件重启、CPU占用率超限、内存使用率超限。CPU占用率超限和内存使用率超限时，应上报告警并重启应用软件。

2．应用软件

(1) 应用软件设计应基于平台软件数据，与硬件实现解耦，支持独立开发，实现终端业务功能的灵活、快速扩展。

(2) 应用软件应由专业机构测试验证并统一发布。

**(六) 功能要求**

1．硬件性能要求

终端主CPU应满足单芯多核，主频不低于700MHz，内存不低于512MB，FLASH不低于1GB，CPU芯片应为国产工业级芯片。

2．模拟量

(1) 测量条件。电压：176～264V；电流：0～6A；频率：45～55Hz。

(2) 测量精度。终端应具备电压、电流等模拟量采集功能，测量电压、电流、功率、功率因数等，其测量精度等级宜达到0.5S级。

电压误差极限：±0.5%；电流误差极限：±0.5%；频率误差极限：0.01Hz；有功功率误差极限：±1%；无功功率误差极限：±1%；功率因数误差极限：±1%；视在功率误差极限：≤1.0%；电度量误差极限：1.0%。

3．输入状态量

(1) 支持单点遥信。

(2) 软件防抖动时间100～60000ms可设，事件记录分辨率不大于100ms。

4．交流工频电量允许过量输入能力

对于交流工频电量，在以下过量输入情况下应满足其等级指数的要求：

(1) 连续过量输入。对被测电流、电压施加标称值的

120%；施加时间为24h，所有影响量都应保持其参比条件。在连续通电24h后，交流工频电量测量的基本误差应满足其等级指数要求。

（2）短时过量输入。在参比条件下，按表2-17-6-12的规定进行试验。

在短时过量输入后，交流工频电量测量的基本误差应满足其等级指标要求。

表2-17-6-12　　短时过量输入

| 被测量 | 与电流相乘的系（倍）数 | 与电压相乘的系（倍）数 | 施加次数 | 施加时间/s | 相邻施加间隔时间/s |
|---|---|---|---|---|---|
| 电流 | 标称值(5A)×20 | — | 5 | 1 | 300 |
| 电压 | — | 标称值(220V)×2 | 10 | 1 | 10 |

**（七）配变终端运维功能**

配变终端运维功能见表2-17-6-13。

## 七、台区线损

**（一）影响残损的不利因素**

1. 线路方面

（1）线路布局不合理（迂回供电）。

（2）导线面积小（过负荷运行）。

（3）线路轻负荷运行，固定损耗大。

（4）接户线过长、过细、年久失修、破损等。

（5）绝缘子污染、击穿，表面泄露。

（6）线路接头发热损耗。

（7）对地距离不够（通过树林漏电）。

（8）大风碰线漏电流增加。

（9）三相不平衡负载。

（10）低压线路过长、末端电压低，损耗增加。

表2-17-6-13　　　　　　　　　配变终端运维功能

| 分类 | 功能项 | 备注 |
|---|---|---|
| 终端支持查看的设备信息 | 设备类型 | |
| | 设备名称 | |
| | 电子标签 | |
| | 厂商信息 | |
| | 设备状态 | |
| | 设备MAC地址 | |
| | 设备当前时间 | |
| | 设备启动时间 | |
| | 设备运行时长 | |
| | 设备内存 | |
| | 设备内部存储 | |
| | 设备软件及其补丁版本信息 | |
| | 容器及其补丁版本信息 | |
| | App及其补丁版本信息 | |
| | 硬件版本信息 | |
| | 设备上行通信接口信息 | 包含eth接口和3G/4G接口 |
| 终端支持配置的设备信息 | 设备名称 | |
| | 设备当前时间 | |
| | 系统启动与升级 | 支持远程配置系统启动与升级 |
| | 设备温度 | |
| 终端支持检测的设备故障 | RTC故障检测 | RTC芯片读取失败 |
| | 温感故障检测 | 温度超出设定阈值或者芯片温度读取失败 |
| 终端支持的软件运维机制 | 软件看门狗机制 | 监控系统软件进程，系统软件进程异常时触发软件进程复位；如该软件进程反复重启失败，则重启整个系统软件 |
| | 硬件看门狗机制 | 在硬件设定时间内，看门狗未收到相应处理信号，即重启终端硬件 |
| | 应用软件状态监控 | 监控应用软件的CPU使用率、内存使用率，如超过用户设置的门限，则上报告警；应用软件进程异常退出时，系统守护进程可以重新启动该进程，同时上报告警 |
| | 容器状态监控 | 当容器的CPU使用率、内存使用率连续2min超过90%，终端会上送告警，并且重启容器。当容器的FLASH使用率连2min超过80%会上送告警，但不会重启容器 |

续表

| 分类 | 功能项 | 备注 |
| --- | --- | --- |
| 日志 | 日志基本功能 | 支持日志查询、日志过滤搜索、日志压缩功能，同时日志缓存到内存中，内存中的日志定时保存到存储介质，以提高存储介质的寿命 |
| | 应用软件日志记录接口 | 平台软件为应用软件提供日志记录功能接口，提供日志基本功能 |
| | 异常复位日志记录 | 平台软件支持异常复位日志记录功能、记录内容包括复位类型，复位时间等内容；软件平台支持内核黑匣子日志，记录内核崩溃时的错误信息 |
| | 用户操作日志记录 | 平台软件应记录重要操作、将日期时间修改，用户/组修改，配置系统网络环境，用户登入和登出，未经授权访问文件，删除文件等重要操作都应自动记录存储到日志中 |
| | 日志远程上载 | 日志可通过主站远程上载日志 |

2. 用电方面

(1) "小马拉大车"或"大马拉小车"。

(2) 无功补不合理。

(3) 电表未周期检查。

(4) 互感器不符合规定要求，接线错误（是否单独，误差等级）。

(5) 计量容量与负荷不匹配，长期空载计量。

(6) 计量设备安装不合规定（环境、倾斜等）。

(7) 无表或违章用电。

(8) 抄表日不固定或抄表不到位。

(9) 窃电或认为引起的其他漏电。

3. 管理方面

(1) 检修安排不合理，造成线路或变压器超负荷运行。

(2) 不坚持计划检修，不进行定期清扫。

(3) 不进行电压和负荷测试，不经常平衡低压三相负荷。

### (二) 降低残损的措施

1. 技术措施

(1) 做好规划和计划，加强电源点建设，提升电压等级。

(2) 准确预测负荷，科学选择变压器容量，合理确定变压器布点，缩短低压供电半径。

(3) 改造"卡脖子"和迂回供电线路。

(4) 淘汰高耗能变压器，选择节能型变压器。

(5) 淘汰、更换技术等级低的计量装置。

(6) 合理进行无功补偿（确定补偿点、补偿容量和补偿方式）。

(7) 提高线路绝缘水平（目前绝缘线、电缆线的使用）。

(8) 做好三相平衡（配变出口平衡度不超过10%，低压干线及主干支线不超过20%）。

2. 管理措施

(1) 实事求是，合理确定指标。

(2) 不允许线损考核"全奖全赔"。

(3) 严格抄表制度的建立和考核。

(4) 量化指标，落实到人。

(5) 加强审核环节（数据异常必检查核实）。

(6) 严格线损考核，定期公布完成情况。

(7) 加强宣传，杜绝窃电。

(8) 加强流程管理，提高安装工艺和质量。

### (三) 台区线损计算治理方案

1. 低压台区监测方案

图 2-17-6-19 给出了低压台区能耗监测方案。通过对变压器出线及用户表箱处进行监测，实现变压器能耗和用户能耗。通过对台区能耗数据的监测，有针对性地提出治理方案。

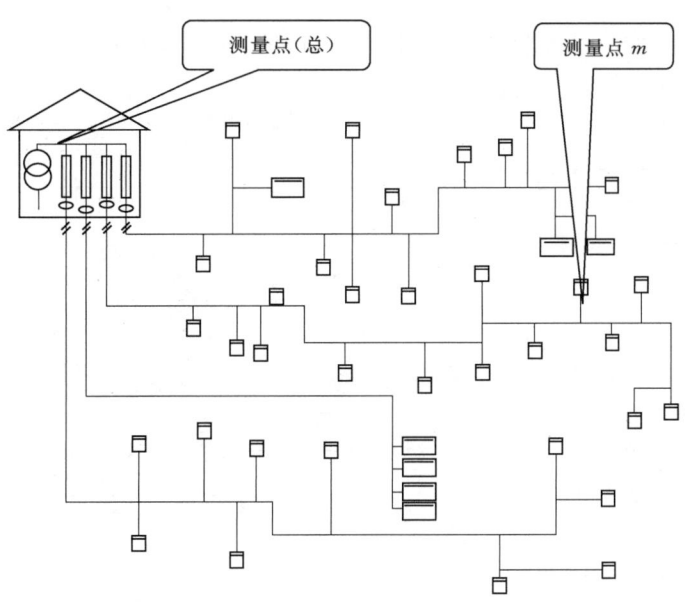

图 2-17-6-19 低压台区能耗监测方案

本方案价值点如下:
(1) 实时监测线损数据。
(2) 对于异常数据及时发现及时处理(功率因数等)。
(3) 对于供电风险实现主动感知(漏电、接地等)。

**2. 减少低负载率变压器损耗系统**

图2-17-6-20给出了减少低负载率变压器损耗系统。

当变压器1T或2T处于低负载率或者均处于低负载率,可以关闭一台变压器,将负荷切换到另一台变压器上。

本系统价值点如下:
(1) 减少变压器低负载率损耗。
(2) 手动、自动切换功能;手动开列切换实现不断电切换,变压器并列运行200ms。
(3) 高等级的EMC电磁兼容性,保证设备安全使用。

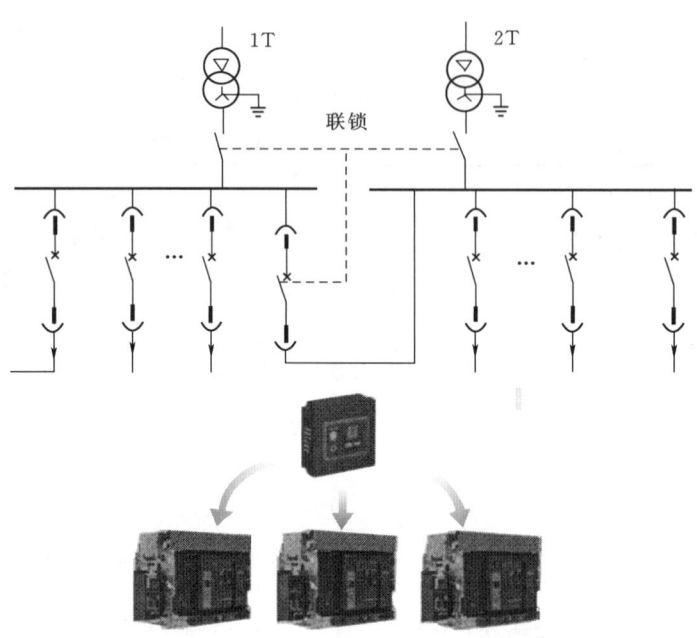

图2-17-6-20 减少低负载率变压器损耗系统

## 第七节 智能配电网运行维护

### 一、配电自动化系统运行管理

#### (一) 基于全生命周期管理的配电自动化运行管理

基于全生命周期管理的配电自动化运行管理如图2-17-7-1所示,其核心观点如下:

(1) 配电自动化运行管理应建立从规划、设计、建设、测试、运行、维护的全生命周期管理理念。

(2) 随着配电网规模的不断扩大,在制度、标准、执行等方面缺乏依据,配网设备的检修管理存在一定的问题。需要使用培训和设备维护管理,备有相当严格的制度,明确规定对配电自动化系统进行日常检修、定期检修、临时检修、巡视和数据检查的工作内容、实施人员和实施频率。

(3) 配电自动化测试系统应具备便利性、完整性、适应性和先进性。

(4) 对配电自动化相关从业人员进行技术培训,是配电自动化能否实用化的关键因素之一。

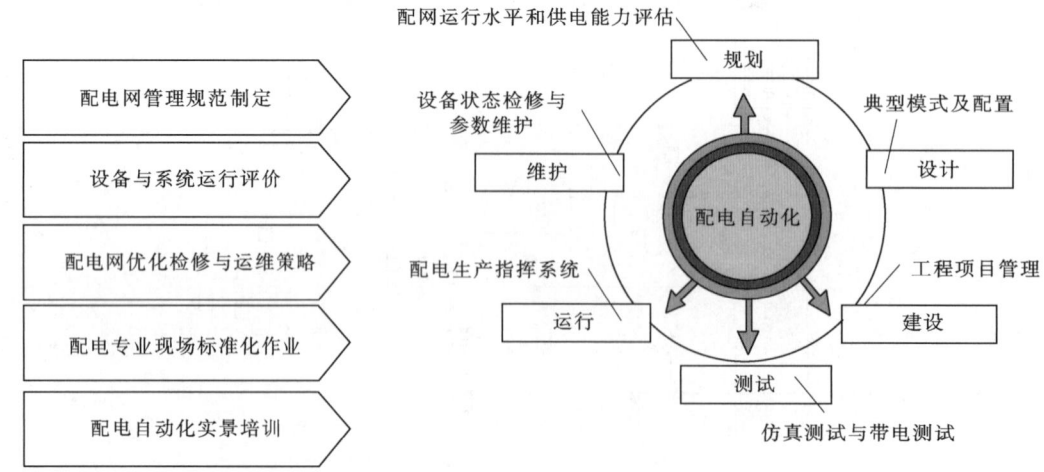

图2-17-7-1 基于全生命周期管理的配电自动化运行管理

## （二）配电自动化规划阶段

本阶段主要针对当前现状，分析配电网运行水平和供电能力评估，在此基础上进行规划，配电网结构如图 2-17-7-2 所示。

## （三）配电自动化设计阶段

### 1. 配电自动化主站模式

主站系统具备的特征如下：

(1) 支持多通信方式的信息传输。
(2) 符合国际/国内标准的架构和模型。
(3) 实时数据准确处理。
(4) 配网拓扑分析。
(5) 配网调度和故障处理。
(6) 与其他系统的互联。
(7) 智能决策支持。

图 2-17-7-3 给出几种类型的主站系统。

### 2. 配网自动化的通信模式

(1) 载波通信。配电线载波通信组网采用一主多从组网方式，一台主载波机可带多台从载波机，组成一个逻辑载波网络，主载波机通过通信管理机接入骨干光纤通信网。

(2) 无线公网。采用无线公网方式时，每个配电终端均应配置 GPRS/CDMA/3G 的无线通信模块，配电终端即可以接入运营商建造的无线公网，在主站端，移动公司通过移动专线将汇总的配电终端的数据信息经路由器和防火墙接入主站系统。

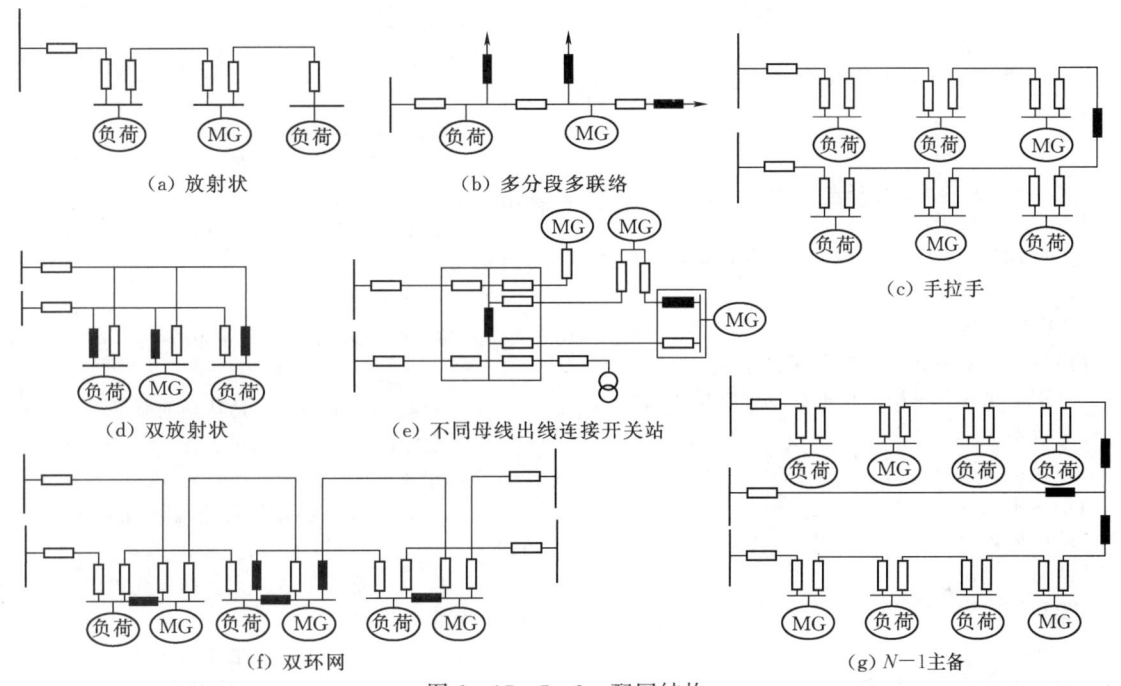

图 2-17-7-2 配网结构

图 2-17-7-3 几种不同类型的主站系统

(3) 无线专网。采用无线专网方式时，一般将无线基站建设在变电站中，负责接入附近的配电终端信息，为每个配电终端配置相应的无线通信模块，负责和基站通信。变电站中通信管理机将无线基站的信息接入，进行协议转换，再接入到骨干光纤通信网中。

(4) 光纤专网。

1) EPON。配电子站和配电终端的通信采用以太网无源光网络 EPON 技术组网，EPON 网络由 OLT、ODN 和

ONU 设备组成。

2）工业以太网。配电子站和配电终端的通信采用工业以太网自愈环通信时，工业以太网从站设备和配电终端通过以太网接口连接，工业以太网主站设备配置在变电站内，负责收集光纤自愈环上所有站点数据。

**3．配电自动化馈线自动化模式**

（1）简易型馈线自动化。

1）不需要通信系统和主站而独立工作，结构简单，成本低，易于实施。

2）适用于农村单辐射配电线路和城市中无通信条件区域的配电线路。

（2）集中型馈线自动化。

1）结构比较简单，以监测为主、具备简单的控制功能，对通信系统要求主从通信方式，实用性强。

2）适用于中等规模配电网且已设立或准备设立配网调度机构的供电企业。

（3）分布式馈线自动化。

1）不需要主站而独立工作，只需要局部信息，对于配电线路的变更有更好的适用性。

2）适用于对供电可靠性有特殊需求，具备对等通信条件的区域。

**4．配电自动化的建设**

随着配电网规模的不断扩大，在制度、标准、执行等方面明确规定，对配电自动化系统建设进行合理安排和监管。

（1）配电室设备改造。

（2）开关站设备改造。

（3）环网柜和箱式变。

（4）变电站通信建设。

（5）开关站通信建设。

（6）环网柜和箱式变。

**5．配电自动化测试**

建立智能配电自动化仿真系统测试平台对馈线自动化逻辑正确性与可靠性的验证。

（1）用典型测试用例库测试馈线自动化逻辑正确性。

（2）用现场网络与配置测试待安装馈线自动化装置与系统的正确性。

**6．配电自动化运行管理**

（1）对配电自动化系统各种故障处理结果进行有效监管。

（2）对正在投运的配电自动化系统在线路或设备变更后的及时测试，保证运行在正确的状态。

**7．配电自动化维护**

随着配电网规模的不断扩大，在制度、标准、执行等方面缺乏依据，配电设备的检修管理存在一定的问题。需要使用培训和设备维护管理，备有相当严格的制度，明确规定对配电自动化系统进行日常检修、定期检修、临时检修、巡视和数据检查的工作内容、实施人员和实施频率。

**8．配电自动化的运维测试**

（1）配电自动化系统的定值及相关系统参数的维护管理。

（2）故障处理能力各种试验管理。

## 二、配电工作票

### （一）配电工作票的种类和使用范围

配电"两票"包括工作票和操作票两种，如图 2-17-7-4

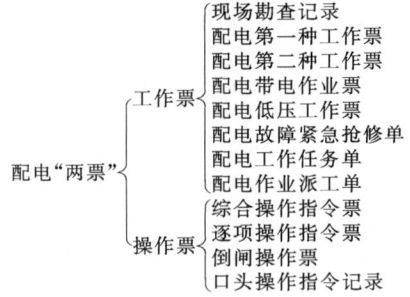

图 2-17-7-4　配电工作票的种类

所示。

其中配电工作票包括：

（1）现场勘查记录。

1）施工作业。

2）带电及复杂作业。

3）没有把握的作业。

（2）配电第一种工作票。高压需要停电或做安全措施者。

（3）配电第二种工作票。高压设备附近不需要高压停电及做安全措施者。

（4）配电带电作业票。

1）使用绝缘斗臂车进行带电作业。

2）使用绝缘杆处理异物。

（5）配电低压工作票。适用所有低压工作。

（6）配电故障紧急抢修单。需短时恢复供电，且连续进行的抢修作业。

（7）配电工作任务单。配合配电第一种工作票分组时使用。

（8）配电作业派工单。无登高、无触电、无改动接线等风险较低的作业。

配电工作票及使用范围如图 2-17-7-5 所示。

### （二）配电工作票填写流程与操作要求

配电工作票填写流程如图 2-17-7-6 所示。

从流程图来看，主要分为图 2-17-7-7 的 7 个环节。

主要配电设备的配电倒闸操作顺序要求（停电与送电顺序相反）如图 2-17-7-8 所示。

配电操作票现场执行重要要求如图 2-17-7-9 所示。

### （三）配电第一种工作票填写

配电第一种工作票归纳起来即什么人、什么时间、到什么地方去、干什么事，需要采取什么样的安全措施。图 2-17-7-10 是配电第一种操作票的安全措施。

### （四）配电现场勘察

**1．勘察主体**

（1）工作负责人、签发人。

（2）设备运维单位。

（3）抢修单位。

**2．勘察内容**

（1）停电范围。

（2）带电部位。

（3）作业条件、环境危险点。

**3．勘察的重点**

现场勘察是正确办理工作票的依据，特别强调防触电、防高坠、防倒杆等。

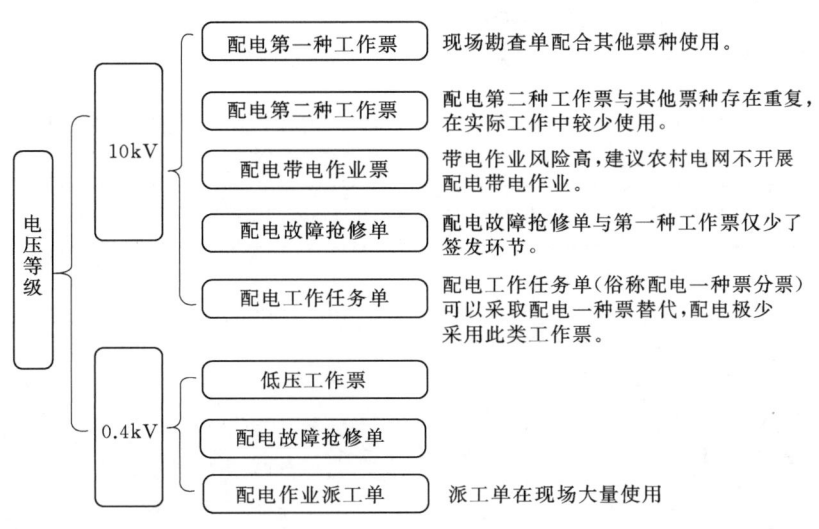

图 2-17-7-5 配电工作票及使用范围

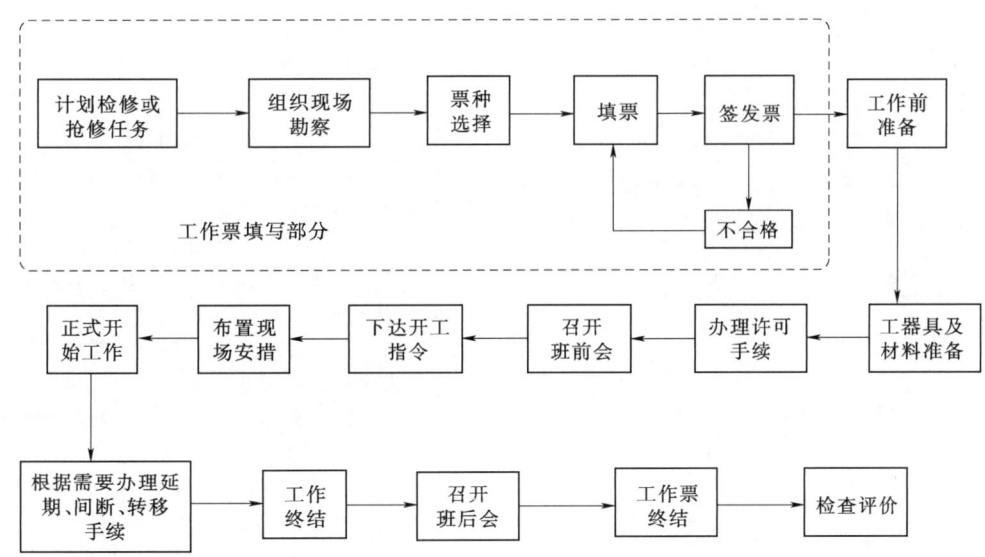

图 2-17-7-6 配电工作票填写流程

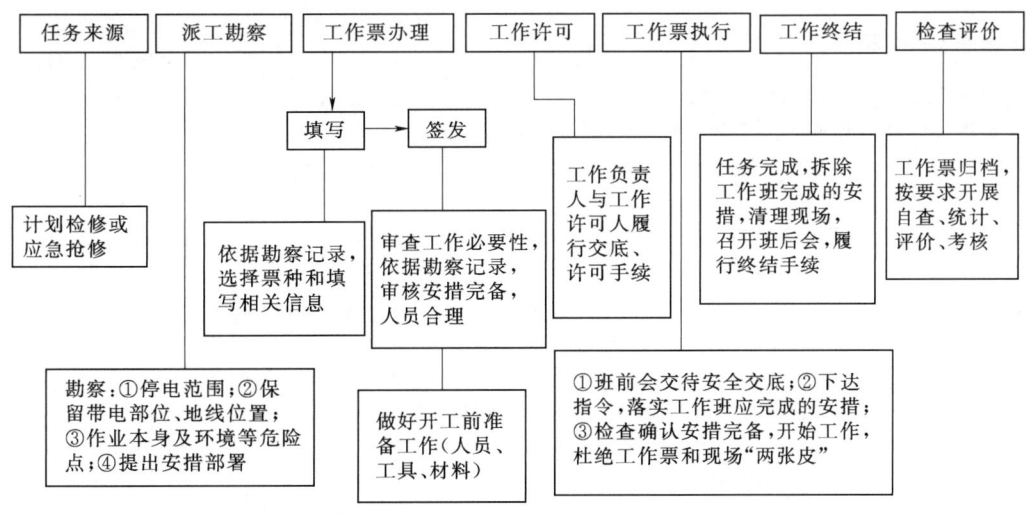

图 2-17-7-7 工作票填写的 7 个环节

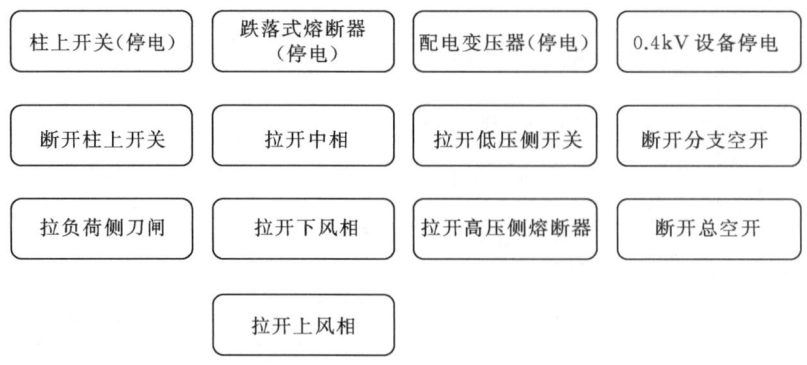

图 2-17-7-8 配电倒闸操作顺序

图 2-17-7-9 配电操作票现场执行重要要求

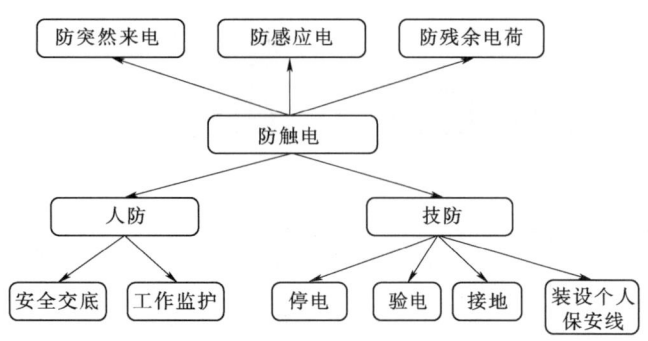

图 2-17-7-10 配电第一种操作票的安全措施

## 三、配电设备精益运维

### （一）配电网系统设备精益运维的迫切性

在配电网规模体量越来越大和供电服务质量要求日益提高的双重背景下，配网故障抢修管理正面临巨大挑战，是运维人员的痛点。

(1) 电力用户对电力依赖程度高，有多层次的服务要求。2016 年户均停电 283min，需要降低到 A＋(A) 区域的不高于 5(26) min。

(2) 供电企业需要在用户感知到停电前，主动开展故障抢修。

(3) 客户需要实现基于设备健康状态的全寿命运维闭环管理。

(4) 运维管理移动化、数字化、实用化。

据统计，在电气运维人员严重不足情况下，配电资产却逐年增加：电气运维人员平均下降 5.7%，过去三年配电资产数量年均增长 8.9%，平均每人维护的开关站数量上升 30%。

### （二）基于智能化全覆盖的主动性状态运维抢修管理

1. 主动运维的功能

(1) 故障主动预警。
(2) 故障自动研判。
(3) 故障快速恢复。
(4) 快速抢修。
(5) 运维策略优化。
(6) 核心能力强化。

2. 主动运维抢修管理内容

(1) 设备个性差异化运维和主动性状态运维检修管理可提升运维工作效率和效益。

(2) 基于智能开关设备的寿命预测数据，可优化设备维修改造策略，使运维投入更加合理，有效提升设备整体可靠性水平。

(3) 实现从传统开关设备到智能配网设备的运维方式的过渡，强化核心检修业务。

(4) 环网自愈-系统决策替代调度员决策，1min 内自动隔离恢复 80% 以上停电用户。

(5) 中低压一体化全监测。

### （三）全生命周期运维闭环管理

配电设备全生命周期包括配网规划设计阶段、设备选型入网阶段、工程建设阶段、运维检修阶段、退役处理阶段。全生命周期运维管理内容如下：

(1) 在设备选型入网环节，从全寿命经济运维理念角度出发，进一步严格优化设备入网管控要求，完善源头管控程序。

(2) 依托 RFID 等物联网技术和运维辅助系统，建立设备唯一身份证编码及其健康数据档案库，将设备运维过程信息服务于设备全寿命管理。

(3) 智能开关设备助力供电企业降低运维 OPEX 成本。

(4) 坚强可靠配电设备助力供电企业延长设备平均在网运行年限，摊薄年均 CAPEX。

(5) OPEX＋CAPEX 综合成本降低，支撑设备入网环节的选优。

(6) 模块化设计持续提升设备质量和优化检修策略的良性闭环，深挖设备服役潜能，进一步延长设备安全运行年限。

(7) 全生命周期可回收，有标识、可分解、可回收，符合环保要求。

### （四）基于移动终端实用化的运维过程信息化管理

(1) 实现现场作业信息化、智能化、移动化、无纸化。

(2) 基于移动互联实现内外网数据直接交换，减少基层人员数据重复录入负担，提高基层员工效率，同时提升数据准确性与及时性。

(3) 通过应用地理信息定位、指纹认证、人脸识别等技术手段，实现了对一线人员定人、定时、定点三位一体的管理。

(4) 采用 AR 技术，实现电力设备深度巡检，构建配电物联网数据可视化，与现场运维场景紧密结合，落实精益化运维。

### 四、配电网健康指数评价

配电设备量大面广，个体重要性和价值相对较低，配电网目前采用的单体设备健康评价的思路和方法有待改进。配电网是实时动态系统，健康受外界环境和自身需求不断变化影响。因此，如何研究量大面广的配电设备和复杂多变的配电网络健康状态是现代电网发展提出的新问题。由中国电力科学研究院主导的"现代配电网健康指数理论与工程实现体系研究及示范应用"项目从基础理论、应用方法、数据平台和示范应用 4 个方面取得了一系列成果，为科学化、精益化、系统化的现代配电网资产管理提供了先进的技术手段和实用工具。

#### (一) 配电网健康指数

**1. 健康指数**

健康指数是对健康状态的量化，是衡量和表征被研究对象健康状态的一个数值，可基于对象的关键特征量经过复杂的逻辑和数学运算获得。可以安全、可靠、经济、绿色 4 个维度来描述配网健康指数，开放互动将在用户侧响应比较成熟时作为第 5 个维度。

**2. 配电网健康等级划分**

配电网健康指数量化了配电网健康状态，不同的数值对应不同的状态。根据目前的研究和现场应用情况，将配电网健康指数的取值范围确定为 (0，5]，对应为健康、亚健康、一般缺陷、严重缺陷和危急缺陷 5 个等级，分值越大，健康状态越好。

**3. 配电网健康指数计算**

健康指数计算主要包括两部分：一是输入数据，即表征健康状态的关键特征量；二是健康指数计算方法与模型。具体如图 2-17-7-11 所示。

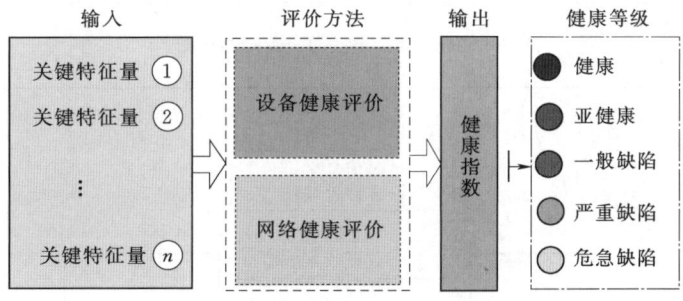

图 2-17-7-11 配电设备与网络健康指数评价过程

#### (二) 配电网健康评价

(1) 采用配电思维和大道至简、科学实用的原则，通过参考现有导则规程，结合故障原因统计分析、国内外文献调研和一线专家的实际经验，采用科学、可行、全面、简洁及开放性的准则，分别提出了描述配电设备与配电网络健康指数的关键特征量。根据不同部门、不同专业现有的 100 多个影响配电网络健康指数的因素和评价指标，将大量底层数据映射至 9 项关键特征量，再进而映射到 4 个评价维度中，其具体计算公式详见表 2-17-7-1。

(2) 在设备层采用自下而上、切除病灶的西医理论，针对个体设备的差异化特征和健康老化趋势，采用融合模糊集理论、证据理论和层次分析法的个体设备健康指数模型，其计算流程如图 2-17-7-12 所示。对同类同源的群体设备，采用基于分组 Logistic 回归的健康指数评价模型；对配电网络，则借鉴中医经络理念，建立融合模糊层次分析法和证据理论的配电网络健康指数模型，提出自上而下的配电网络健康指数评价体系。此外，内嵌专业知识和经验的引导学习方法，通过知识函数，可将相关专业知识经验采用一定的数学表征方式融入学习目标中，从而有效应对工程实际中样本空间存在的高维稀疏性技术难题，为配电网健康状态评估提供了一种新的思路。

#### (三) 实例分析

分别将南京和北京试点区某 110kV 变电站供电范围内的配电网作为研究对象，计算其健康指数并分析自然因素对架空线路健康状态的影响。根据前文提到的方法，南京某 110kV 变电站在评价周期内的健康指数为 3.61，为亚健康状态；北京某 110kV 变电站在评价周期内的健康指数为 2.84，为一般缺陷状态，如图 2-17-7-13 和图 2-17-7-14 所示。从计算结果可知，南京和北京试点区主要区别在负荷转供率和负荷相对损失率这两个关键特征量，这是因为南京某 110kV 变电站试点区配电网结构连接紧密，线路分段和联络水平合理，所以负荷转供路径充足，负荷转供率较高。在其他指标都差不多的情况下，南京某 110kV 变电站供电范围内的配电网总体健康水平较高。

### 五、电力设备故障可视化

#### (一) 简述

基于光学、声学、电学传感检测，并结合图像处理技术和人工智能技术，以实现电力设备状态的可视化和电力运维中的视觉拓展。

**1. 光学/光电手段**

以波长为划分标准，光可以依次被分为 γ 射线、X 射线、紫外光、可见光、红外光和微波。电力设备的典型故障过程中将产生特定波长的光信号，通过检测光信号实现电力设备状态评估，如图 2-17-7-15 所示。

**2. 声学手段**

以频率为划分标准，声可以依次被分为次声波、可闻声波、超声波及量子声波。而电力设备的谐波振动、异常振动、局部放电、外绝缘爬电等故障均伴随着不同特征波段的声发射，可通过检测声信号实现电力设备状态评估，如图 2-17-7-16 所示。

表 2-17-7-1 配电网健康评价

| 评价维度 | 所属类别 | 关键特征量 | 含义 | 计算公式 |
|---|---|---|---|---|
| 安全 | 负荷转供能力 | 负荷转供率 $T_S$ | 成功转供的负荷占受影响的总负荷的比例 | $T_S=P_S/(P_S+P_{lost})=P_S/P$ |
| 可靠 | 电能质量 | 电压合格率 $\gamma$ | 在典型负荷运行工况下，系统节点电压在允许偏差范围内的节点数占比 | $\gamma=(1-n/N)\times100\%$ |
| 可靠 | 电能质量 | 谐波合格率 $\chi$ | 系统节点电压总谐波畸变率在允许偏差范围内的节点数占比 | $\chi=(1-m/M)\times100\%$ |
| 可靠 | 供电可靠性 | 故障恢复时间 $\Delta t$ | 系统状态从故障到恢复至故障前状态的时间 | $\Delta t=\Delta t_1+\Delta t_2+\Delta t_3$ |
| 可靠 | 供电可靠性 | 负荷相对损失率 $\mu_s$ | 评价周期内，系统损失的电量占总电量的比例 | $\mu_s=W_{lost}/(P_\Sigma\cdot\Delta t)$ |
| 经济 | 运行经济性 | 网络损耗 $C_{S1}$ | 当前潮流下的有功损耗占总负荷的比例 | $C_{S1}=\Delta P_S/P_\Sigma$ |
| 经济 | 运行经济性 | 网络运行效率 $\zeta_s$ | 主要配电设备（线路和配变）的平均负载率 | $\zeta_s=(\overline{\lambda}_T+\overline{\lambda}_L)/2$ |
| 经济 | 运行经济性 | 运维费用占比 $C_{S2}$ | 评价周期内，网络运维总费用占总售电收入的比例 | $C_{S2}=C_M/(W_S P)$ |
| 绿色 | 分布式能源渗透率 | 分布式能源渗透率 $\eta_s$ | 分布式能源消纳容量占总负荷量的比例 | $\eta_s=P_G/P_\Sigma$ |

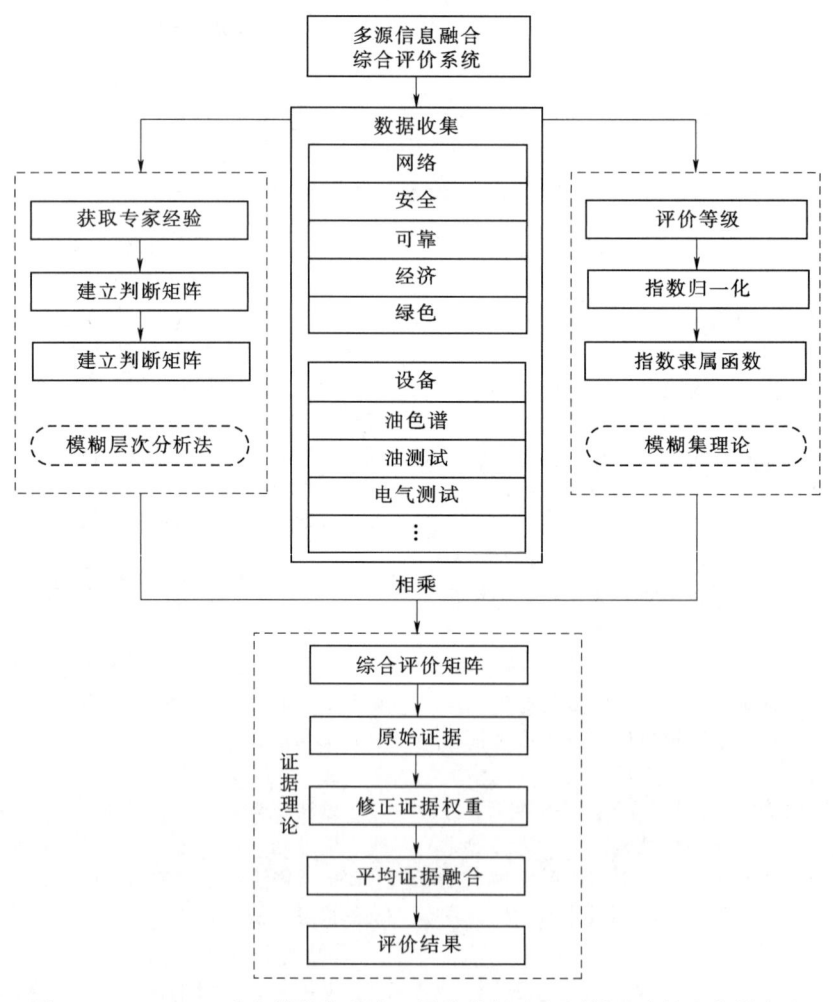

图 2-17-7-12 融合模糊集理论、层次分析法和证据理论的配电设备和网络健康指数计算方法流程图

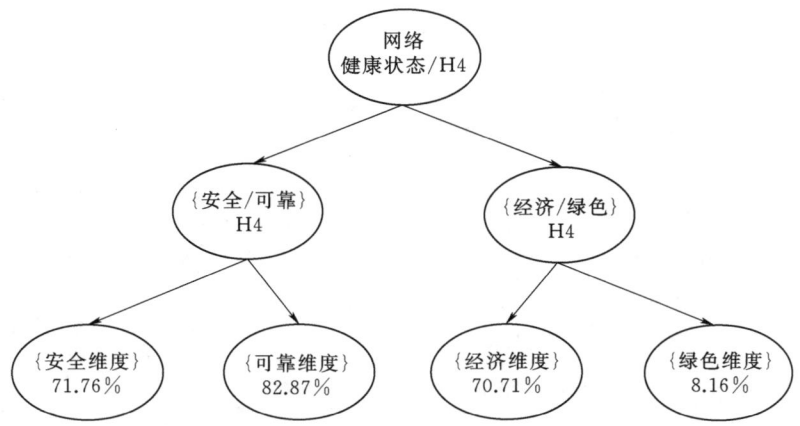

图 2-17-7-13　南京某 110kV 变电站健康指数计算结果

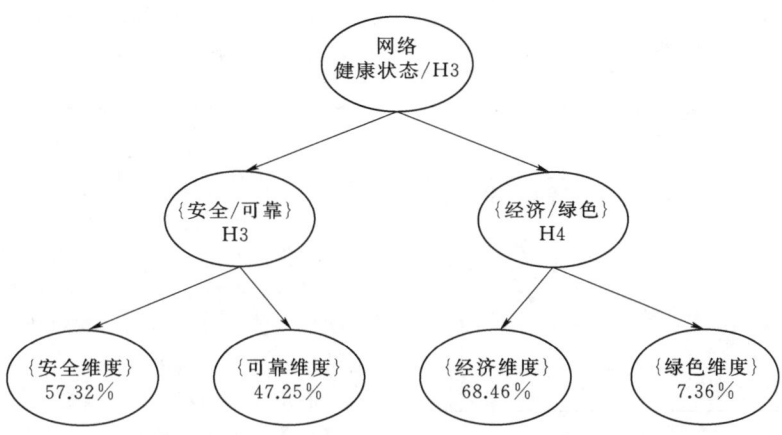

图 2-17-7-14　北京某 110kV 变电站健康指数计算结果

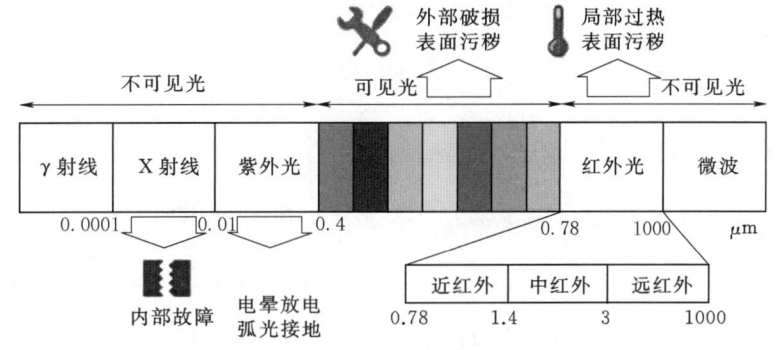

图 2-17-7-15　光学光电手段

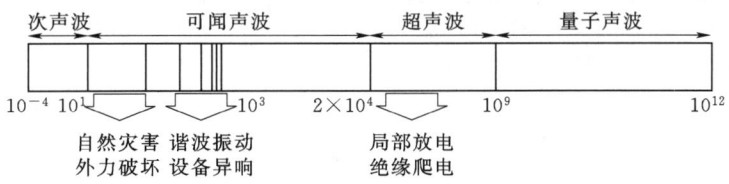

图 2-17-7-16　声学手段

**(二) 故障可视化技术的应用**

**1. 红外成像技术**

红外成像技术主要检测对象是电力设备温度分布。光学系统采集设备表面发射的热辐射聚焦于 FPA。FPA 将红外辐射转化为电信号，经过信号处理后，以热分布图像的形式显示在显示屏上，热分布图像包含了被测区域内所有点的温度信息。

(1) 技术特点。红外成像技术的特点见表 2-17-7-2。

(2) 适用故障类型。

1) 电流致热。这类故障主要是由于接触不良和绝缘老化引起的，主要表现在载流装置中。

2) 电压致热。这类故障是由电压效应引起的，在高压下混入杂质的电绝缘介质会消耗电能发热。

3) 铁芯损耗致热。这类故障是由铁芯的磁滞和涡流引起的,当励磁回路施加工作电压时,会产生能量损失和热量。

4) 其他类型故障。包括零值绝缘子、$SF_6$ 气体泄漏等。

(3) 适用一次设备。红外成像技术适用一次设备见表 2-17-7-3。

表 2-17-7-2　　红外成像技术的特点

| 特点 | 描述 |
|---|---|
| 快速响应 | 红外传感器响应速度可达毫秒级 |
| 测量范围广 | 可测量绝对零度（-273℃）以上任意温度 |
| 非接触测量 | 对原始温度场不产生影响且不改变设备工作状态 |
| 抗干扰能力强 | 红外热成像仪工作在 $3\sim5\mu m$ 和 $7.5\sim13\mu m$ 波段,不受变电站电磁环境干扰 |
| 测量结果直观 | 温度分布直观显示为热图像 |

表 2-17-7-3　　红外成像适用一次设备

| 设备名称 | 检测部位 |
|---|---|
| 高压开关柜 | 连接器、电缆伞裙、柱形绝缘子、穿透套管、隔离开关等 |
| 变压器 | 箱体、连接件、油枕、输油管、高压套管、高压连接器等 |
| 避雷器 | 避雷器阀片电阻等 |
| 电抗器 | 电抗器箱体、套管等 |

**2. 可见光成像技术**

可见光图像是人类最直观的图像。一般可见光图像高频成分较多,低频成分较少,色彩、色调、亮度丰富,边缘纹理信息丰富。目前可见光成像技术的研究主要集中在外部绝缘破损以及设备表面污秽程度检测方面。

在可见光下很难探测到电、热、磁等特性。因此,在大多数情况下,可见光成像技术与其他光学可视化技术一起作为信息融合的辅助手段。

适用于架空线巡检、光伏系统检测绝缘子污秽程度检测等。

**3. 紫外成像技术**

日盲区紫外成像技术是检测外绝缘电晕放电最有效的方法之一。在电晕放电过程中,放电区域会辐射出包括紫外波长在内的大范围电磁波。近年来,紫外探测技术在设备外绝缘检测、线路状态检测、解体分析方面发挥越来越重要的作用。

(1) 技术特点。紫外成像技术的特点见表 2-17-7-4。

表 2-17-7-4　　紫外成像技术的特点

| 特点 | 描述 |
|---|---|
| 快速响应 | 紫外成像仪能实现实时响应 |
| 远距离测量 | 测距距离可达到 100m 以上 |
| 灵敏度高 | 紫外成像技术具有较高的灵敏度,能够及时发现设备的潜在缺陷和隐患 |
| 检测结果直观 | 可以直观地从紫外图像中确定放电位置和放电程度 |

(2) 适用故障类型。适用于结构性破损或安装错误,设备表面积污检测。

(3) 影响因素。紫外成像影响因素见表 2-17-7-5。

表 2-17-7-5　　紫外成像影响因素

| 影响因素 | 影响结果 |
|---|---|
| 环境温度 | 湿度的影响是复杂的。一方面,随着湿度的增加,设备表面的起晕场强度和绝缘能力会降低,因此放电次数也会增加;另一方面,由于空气对紫外辐射的吸收系数随着湿度的增加而增加,因此,紫外成像仪接收到的紫外辐射传播会减小 |
| 海拔 | 高海拔地区起晕电压较低,即在相同电压、相同增益下,低海拔地区探测到的光斑面积大于高海拔地区 |
| 气压与温度 | 这两个因素的影响主要集中在符合气体放电理论的放电过程上 |
| 检测距离 | 距离对检测精度的影响显著,检测到的紫外信号随检测距离的增加呈指数衰减。因此,在达到安全距离后,检测距离应尽可能短 |

**4. X 射线成像技术**

X 射线具有极强的穿透性,因此可以实现对电力设备内部结构性故障的透视性监测。在电力设备中,X 射线在不同介质中传播时衰减不均匀,因此当强度均匀的 X 射线通过电力设备时会因为不同基材的缺陷部件和辐射衰减特性导致到达检测器的 X 射线强度不再均匀,生成具有电力设备内部结构信息的数字化图像。

值得注意的是,X 射线是一种具有很高能量的射线,对电力设备的绝缘会造成一定的破坏,因此 X 射线是否适用于电力设备在线监测依然存在争议。

**5. 声成像技术**

可闻声成像和超声成像技术为电力系统谐波振动、异响、局部放电、绝缘爬电等故障的可视化检测提供新的技术手段,具有应用灵活性强、覆盖对象丰富、成本相对较低等优点。

**6. 几种技术的比较**

几种技术的比较见表 2-17-7-6。

表 2-17-7-6　　几 种 技 术 比 较

| 检测技术 | 红外成像技术 | 可见光成像技术 | 紫外成像技术 | X 射线成像技术 | 声成像技术 |
|---|---|---|---|---|---|
| 适用对象 | 外绝缘设备本体电缆 | 线路外绝缘设备状态 | 线路外绝缘 | 设备内部机械结构 | 设备异响局部放电绝缘爬电 |
| 故障时期 | 早期 | 后期 | 早期 | 后期 | 早期 |
| 检测距离 | 近 | 近 | >100m | 很近 | >20m |
| 故障定位 | 精准定位 | 精准定位 | 精准定位 | 精准定位 | 大致定位 |
| 故障类型 | 致热性故障 | 浅表性损伤 | 局部场强集中 | 机械性故障 | 机械/绝缘故障 |

**(三) 智能图像处理及分析**

**1. 预处理**

预处理是图像处理与分析技术的基础,原始图像总是受到不同程度的干扰,如噪声、几何变形、色彩失调等,因此有必要对原始图像进行预处理。

(1) 图像灰度化。图像灰度化是指将彩色图像转换为灰度图像的过程。灰度图像只包含亮度信息。每个灰度图像是一个 M×N×1 的数组，每个点分为 256 个层次，"0"表示最暗的区域，"1"表示最亮的区域。

（2）几何校正。由于图像采集过程中的干扰，原始图像上检测对象的几何位置、形状、大小、尺寸、方位等特征与检测对象实际特征的不一致称为几何变形，消除几何变形的过程就称为几何校正。

几何校正主要分为位置变换和形状变换。位置变换主要包括平移、镜像、旋转、插值等，形状变换主要包括缩小放大错切变换、几何畸变校正等。

（3）噪声去除。均值滤波、中值滤波和自适应滤波作为降噪的基本方法得到了广泛的应用，在此基础上出现了许多先进的算法。小波变换、过完备稀疏表示理论、卷积神经网络等智能算法的应用，大大提高了图像去噪的精度和速度。

2. 目标提取

目标提取是指从图像中将感兴趣的目标与背景分割开来，并对目标进行识别和特征提取的操作。目标提取主要包括图像分割和目标识别。

（1）图像分割。图像分割是将图像分割成几个具有独特特征的特定兴趣区域并提出兴趣目标的技术和过程。从数学角度看，图像分割是将数字图像分割成互不相交的区域的过程。现有的图像分割方法可以分为基于边缘的分割、基于像素分类的分割和基于区域相似性的分割。

（2）图像识别。特征提取是图像识别的前提，由于不同的电气设备具有不同的故障特征，为了对具有热故障的电气设备做出清晰地诊断，必须要对图像中的电气设备进行识别。一般来说，形状特征是电气设备特征识别的最佳方法。

BP 神经网络是一种经过误差反向传播算法训练的多层前馈网络，在图像识别领域有着成熟的应用。此外，基于深度学习的卷积神经网络（CNN）也是一种重要的识别方法。在此基础上，提出了更先进的卷积神经网络算法，如 R-CNN、Fast R-CNN、Faster R-CNN 等。

3. 故障诊断

由于从图像中提取的数据类型不同，不同的检测技术得到的图像的故障诊断方法也不同。对于红外图像，温度解析矩阵和器件类型是研究的重点。对于可见光图像和 X 射线图像，需重点关注纹理特征；对于紫外图像，主要关注光子数和器件类型。

一般来说，基于阈值的故障诊断应用最为广泛，此外，模糊诊断、指纹诊断、基于人工神经网络的诊断、专家系统也应用于故障诊断。目前，红外成像技术和紫外成像技术故障诊断方法已经比较成熟。但是对于可见光成像技术和 X 射线成像技术，仍然缺乏可以广泛推广的诊断标准。

红外成像技术应用见表 2-17-7-7。

表 2-17-7-7　　红外成像技术应用

| 故障类型 | 相对温差 | | |
|---|---|---|---|
| | 正常 | 警告 | 紧急 |
| SF$_6$ 断路器 | 20% | 80% | 95% |
| 真空断路器 | 20% | 80% | 95% |
| 充油套管 | 20% | 80% | 95% |
| 高压配电板 | 35% | 80% | 95% |
| 开关 | 35% | 80% | 95% |

紫外成像技术应用见表 2-17-7-8。

表 2-17-7-8　　紫外成像技术应用

| 放电类型 | 放电形状和大小 | 放电程度 |
|---|---|---|
| 外绝缘沿面放电 | 局部放电小于 5000 光子/s，闪络距离小于 1/3 外绝缘距离 | 一般 |
| | 局部放电超过 5000 光子/s 或闪络距离超过 1/3 外绝缘距离 | 严重 |
| | 局部放电超过 5000 光子/s，闪络距离超过 1/3 外绝缘距离 | 危险 |
| 金属带电位置 | 放电小于 5000 光子/s | 一般 |
| | 放电 5000~10000 光子/s | 严重 |

4. 图像信息融合

（1）红外成像技术。电力系统中发热设备很多，通过红外检测装置得到的红外成像结果，往往无法准确从红外图像中识别出放电。

（2）超高频技术（UHF）。通过超高频传感器实现超高频技术内绝缘检测时，检测结果容易受到现场电磁干扰的影响。

（3）紫外成像技术。通过紫外检测装置进行紫外定位成像时，障碍物遮挡会影响定位效果。

（4）超声技术。超声信号衰减较快，容易受到现场噪声干扰的影响。

（5）综合分析系统。几种技术融合构成综合分析系统，如图 2-17-7-17 所示。

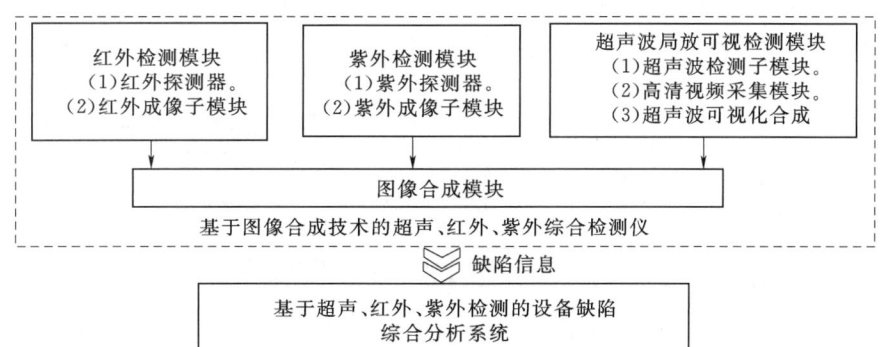

图 2-17-7-17　综合分析系统

## 六、关键电力设备的状态感知

### (一) 变压器状态感知

**1. 变压器设备各类状态参量**

(1) 局部放电。
(2) 油中气体。
(3) 油中水分。
(4) 套管性能。
(5) 铁芯接地电流。
(6) 电压/电流。
(7) 绕组热点温度。
(8) OLTC。
(9) 油温及环境温度。
(10) 冷却器状态。
(11) 绕组变形。

**2. 运维管理新转变**

以变压器的各类状态参量为对象，采集多种传感信息，是状态感知的基础。变压器的运维管理理念发生巨大转变，从"以例行停电试验、事后诊断处理为主"变为"以设备内部状态自我感知、状态智能诊断、趋势自动跟踪、异常提前报警"的主动预警模式，其特点如下：

(1) 传感不少：在线、离线检测技术较为丰富。
(2) 感知不足：各个参量无法相互印证，缺乏关联分析能力、数据整合困难。
(3) 传感技术仍有很大发展空间，如哪些参量更为可靠有效及其变化规律等。
(4) 数据整合与自动预警模型：从元数据到数据链的整合传输、预警机制的自学习更新均有很多研究和应用需求。

**3. 频域介电谱（FDS）绝缘材料状态感知**

频域介电谱中含有丰富的绝缘状态信息，这种测试不需取样，不损害自身绝缘，同时与绝缘含水量、老化程度等参数高度关联，有望非常好地解决绝缘纸的状态诊断难题。

基于中低频自适应放大、时变温度校正及对称反馈阻抗阵列的宽频域介电响应测试仪，解决了现场油纸绝缘电力设备介电响应测试慢、测量精度差等技术难题。装置可以确诊变压器、互感器和套管存在的老化及受潮问题，并及时给出诊断结果及运维建议。

**4. 局部放电感知**

可以感知变压器绝缘状态。关键技术聚焦在多源放电分离、放电点定位和成熟好用的现场数据处理分析软件。超高频、超声传感器具备数据分析单元，嵌入模型数据库亦是发展趋势。

**5. 绕组变形感知**

变压器绕组状态、应力与形变特性是感知其抗短路能力和突发应力的基础。噪声与振动传感和扫频阻抗法测量是判断绕组状态的主流技术。数据挖掘和深度学习在绕组参数辨识、绕组动稳定性评估方向有很大潜力。

振动声学感知关键问题如下：

(1) 绕组与铁芯振动噪声产生机理。
(2) 绕组振动传播及声学辐射特性。
(3) 变压器振动声学数据挖掘与深度学习。

**6. 变压器套管状态感知**

变压器套管综合在线监测系统通过对变压器套管油中溶解的氢气、油压、油温、介损、电容量、局放综合测量的实时感知，实现对少油设备的绝缘状态评估。

**7. 变压器损耗状态感知**

采用电网供电、无线通信和GPS同步手段，实现变压器带电空载损耗和负载损耗测量，解决了现场测量需要大容量电源的需求，取得良好效果。

**8. 状态主动预警与评价**

根据变压器当前和未来状态等级变化情况，以及故障和缺陷的轻重缓急程度快速、主动发出预警信息，并给出合理的针对性反事故措施。

基于变压器状态的电网实时风险分析及控制优化管理系统架构如图 2-17-7-18 所示。

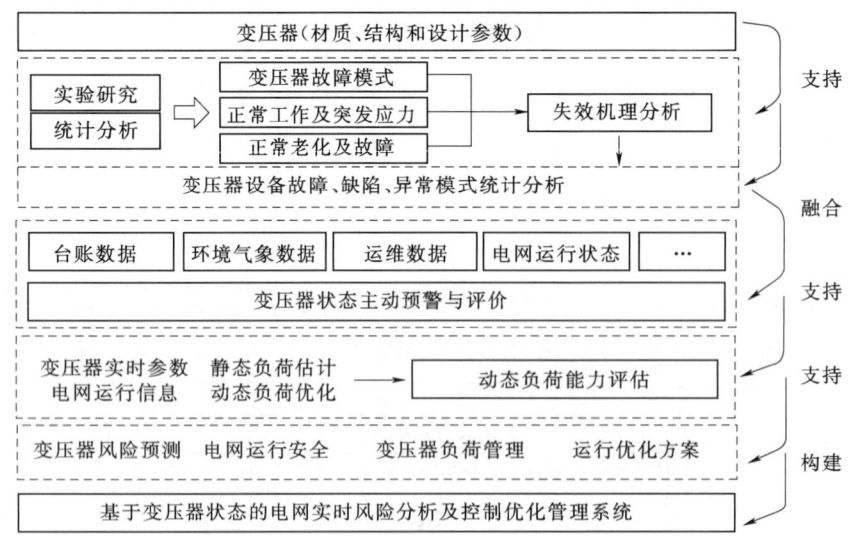

图 2-17-7-18 基于变压器状态的电网实时风险分析及控制优化管理系统架构

(1) 建立分层预警体系。
(2) 针对关键参量开展主动预警学习。
(3) 通过状态知识求得变压器可能状态。
(4) 随着案例库扩充实现自我优化。

(5) 形成主动预警和反事故措施。

**(二) 开关设备状态感知**

1. 开关设备机械状态

通过融合分合闸线圈电流信号、振动信号和行程信号，采用无监督的模糊聚类算法，分析各机械信号特征参量集合与不同故障的相关性，可以感知开关设备机械状态。

2. 开关设备的电寿命

(1) 关键技术。

1) 弧触头单独接触行程获取方法。

2) 燃弧能量与弧触头单独接触行程的降指数关系。

(2) 基于弧触头单独接触行程的开关设备电寿命预测流程如图 2-17-7-19 所示。

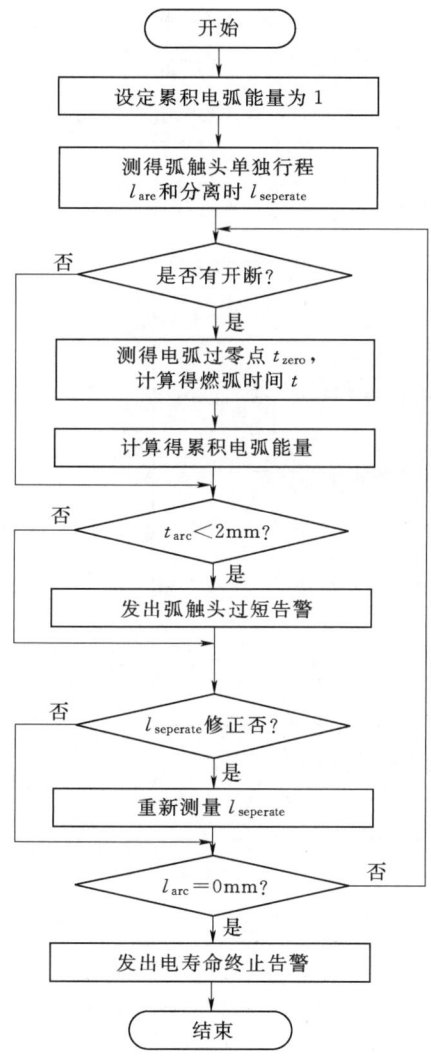

图 2-17-7-19 电寿命预测流程

**(三) GIS 局部放电感知**

提出一种 GIS 局部放电特高频-光学联合检测方法，形成复合传感技术。

(1) 光信号：荧光光纤 $\xrightarrow{\text{光纤连接器}}$ 传输光纤 $\longrightarrow$ 光电倍增管。

(2) 光电转换：光信号 $\longrightarrow$ 光电倍增管 $\xrightarrow{\pm 5\text{V 直流电源}}$ 电信号 $\longrightarrow$ 检测系统。

(3) UHF：特高频信号 $\longrightarrow$ 放大滤波 $\longrightarrow$ 检测系统。

将光纤安全植入设备内部，使光纤检测 GIS 局部放电可应用于现场。

**(四) 输电线路状态感知**

1. 电缆局部放电感知

(1) 现状。故障频发、检测效率低、疲于"救火式"抢修。

(2) 传感器技术。

1) 高灵敏度：不大于 5pC/mV。

2) 超带宽：不小于 100MHz，实现沿面、电晕、空穴等多种缺陷类型的全覆盖。

3) 小型化：体积不大于 8cm×8cm×8cm，重量不大于 50g。

4) 低成本。

(3) 广域分布式系统。

1) 漏磁取能。

2) 高灵敏小型宽带电容/感应式传感器。

3) 多端脉冲注入精确时间同步。

4) 低功耗、大深度、小型高速数据采集。

5) 无线通信单元。

(4) 多节点数据数据融合技术。

1) 大动态范围、高速数据采集。

2) 基于"乒乓"机制的多节点同步技术：脉冲频率不低于 10kHz，上升沿不大于 5ns，同步时间误差不大于 20ns。

(5) 边缘计算。

1) 局部放电脉冲参数快速提取算法。

2) 基于无线网络的多端数据融合方法。

(6) 云端应用。

1) 危险性评估。

2) 运维策略。

2. 配电电缆走廊小型巡检

(1) 现状。配电电缆走廊存量大且空间狭小，缺乏有效巡检方法。人工巡检耗时耗力，效率低下，盲区多。

(2) 解决方案。

1) 小型巡检机器人可持续产生升力，从配网电缆走廊上端通过。

2) 考虑配电电缆走廊空间，进行小型巡检机器人尺寸优化和防碰撞设计。

3) 通过所搭载的视觉、温度等传感器收集相关数据，克服目前巡检盲点。

配电电缆走廊的巡检如图 2-17-7-20 所示。

(3) 基于双目视觉及深度学习的无人机巡检。

**(五) 柔性直流系统关键元件状态感知**

1. 金属化膜电容器

具有自愈特性，基于控制变量实时计算状态特征参量，实现状态感知。

2. 压接型高压 IGBT 器件

压接型高压 IGBT 利用功率循环试验提取劣化特征量。基于结温与功率的迭代关系实时获取 IGBT 结温，解决状态感知的关键问题。

3. 桥臂电抗器状态感知

桥臂电抗器承受多频电应力作用。利用高频电磁波折反射、轴向振动特性分布进行匝间绝缘故障定位和状态感知，利用多频损耗信息进行桥臂电抗器绝缘状态整体感知。

**(六) 变电站站域局部放电感知**

站域局部放电巡检系统由双锥形无线、采集系统、操作界面等构成。

根据概率定位和波达方向估计的站域空间多源放电缺陷定位技术，建立基于"克拉美罗"下界分析的定位性能评价模型，构成可移动变电站域多源放电检测与定位系统，实现站域空间多源放电的快速定位。

**（七）电力设备声学成像**

通过分析异响产生机理，研究声音传播机理，实现异响感知和定位。典型案例有：传感阵列+移动及手持终端，实现 GIS 异响声学成像、变压器异响声学成像，电抗器异响频谱及松动处声学成像。

**（八）配电网绝缘状态监测的无线智能感知系统**

1. 系统架构

基于 LPWA（LoRa）技术的无线传感器网络框架如图 2-17-7-21 所示。

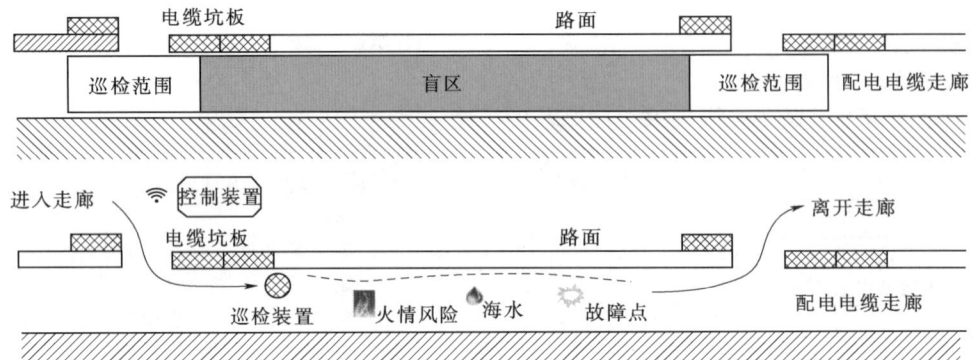

图 2-17-7-20 配电电缆走廊的巡检

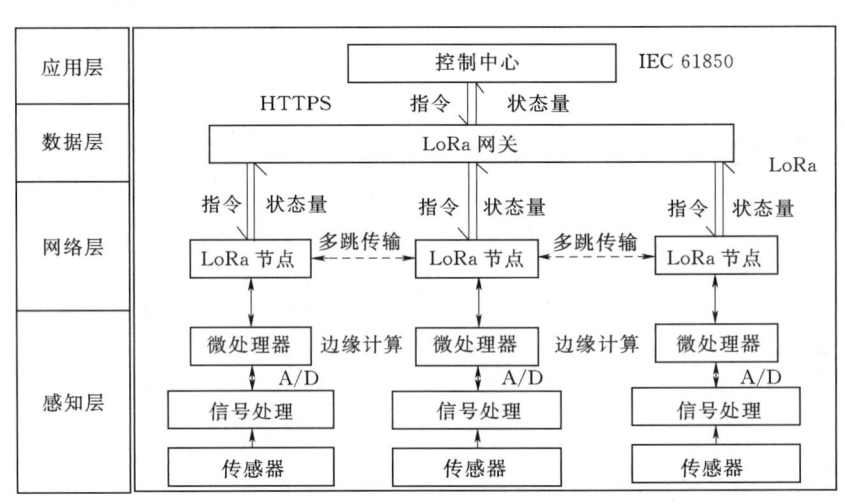

图 2-17-7-21 基于 LPWA（LoRa）技术的无线传感器网络框架

2. 特点

（1）通过 TEV 传感器耦合局放产生的局部放电信号。

（2）通过 LoRa 通信，实现超远传输距离（5km）和超低功耗，电池使用寿命可达 3 年。

（3）采用"边缘计算"，局部状态评估及故障预警应用程序植入传感器终端。

（4）大规模配电柜、电缆的局部放电分布式监测。

（5）传感器中 ARM 芯片和 LoRa 模块采用 SOE 设计，在启动模式、空闲模式、休眠模式之间自动切换。

（6）基于 SVM 的 PD 模式识别。

3. 风险等级划分及状态预警策略

风险等级划分及状态预警策略见表 2-17-7-9。

表 2-17-7-9 风险等级划分及状态预警策略表

| 局放强度 $P$/dB | 风险等级 | 状态预警策略 |
|---|---|---|
| $P \leq 25$ | 正常 | 常规监控 |
| $25 < P \leq 40$ | 注意 | 缩短监控间隔 |

续表

| 局放强度 $P$/dB | 风险等级 | 状态预警策略 |
|---|---|---|
| $40 < P \leq 55$ | 警告 | 缩短监控间隔并上传数据到 LoRa 网关 |
| $P > 55$ | 危险 | 上传数据到 LoRa 网关并开启实时监控模式 |

**（九）基于泛在电力物联网的智能配电房系统**

1. 建设目标

针对配电房存在的监控孤岛、运维经济性差、精益化管理缺失等问题，提出建设目标。

（1）利用"云、大、物、移、智"等前沿技术，打造可视、可测、可控的智能配电房。

（2）延长设备使用寿命，减少故障率。

（3）实现远程智能化巡检，提高运维水平。

（4）实现运行设备台账的物联网标签管理。

（5）满足综合管理和扩展业务扩展的需求。

2. 系统架构

区域的配电房运维系统包括感知层、通信层、平台层、应用层，系统架构如图 2-17-7-22 所示。

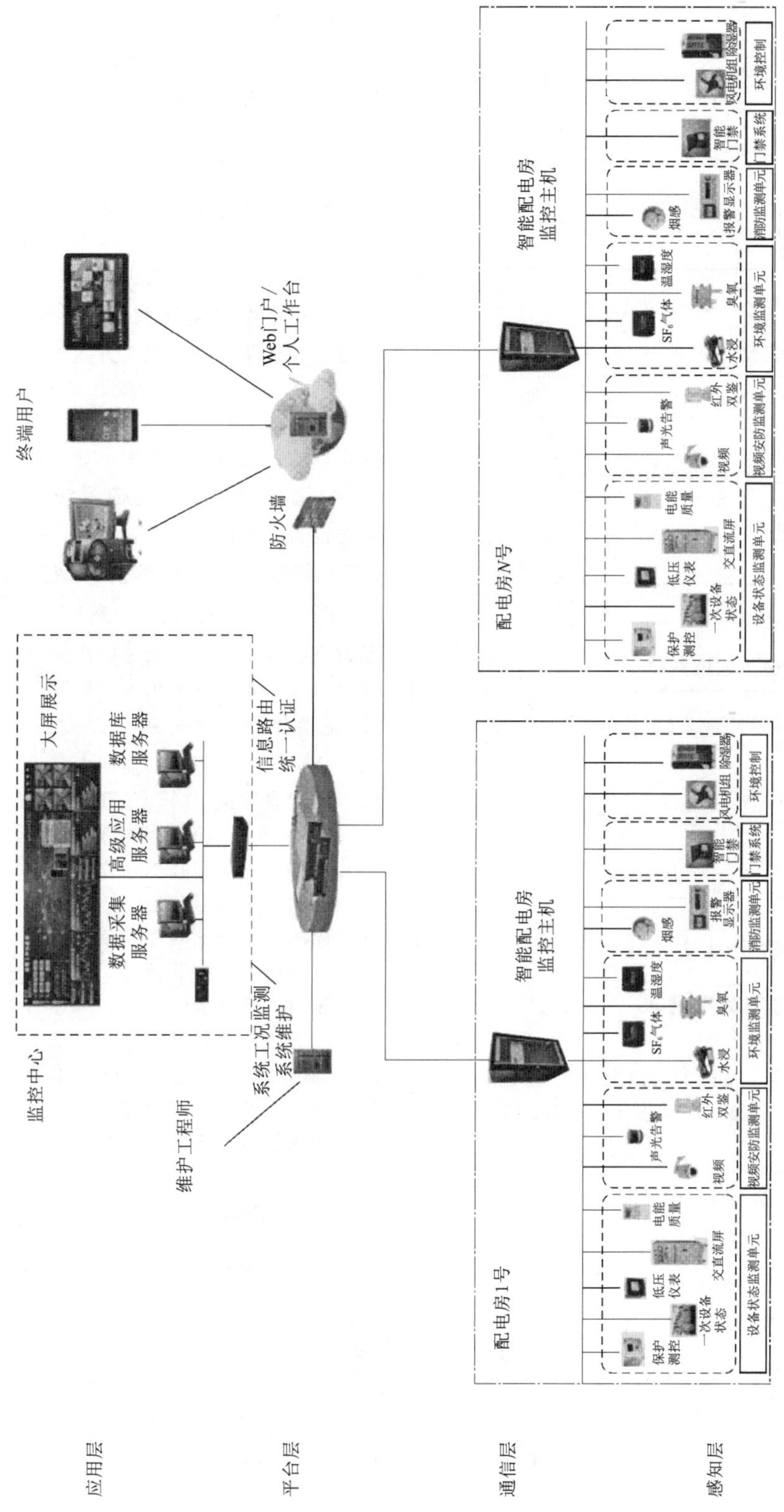

## 第七节 智能配电网运行维护

图 2-17-7-22 智能配电房系统

其中，感知层与通信层包括设备状态监测、综合环境监测、消防安防监控系统。

(1) 设备状态监测数据见表 2-17-7-10。

表 2-17-7-10　设备状态监测数据

| 类型 | 因素 | 类型 | 因素 |
|---|---|---|---|
| 状态量 | 温度 | 电气量 | 电流 |
| | 湿度 | | 电压 |
| | 局放 | | 频率 |
| | 机械特性 | | 有功、无功 |
| | 开关状态 | | 电能质量 |
| | 气压 | | |

(2) 综合环境监测数据见表 2-17-7-11。

表 2-17-7-11　综合环境监测数据

| 类型 | 因素 | 类型 | 因素 |
|---|---|---|---|
| 监测 | 温度 | 控制 | 灯光控制系统 |
| | 湿度 | | 环境调控系统 |
| | 水浸 | | 驱鼠控制 |
| | 有害气体 | | 噪声调控 |

(3) 消防、安防监控数据见表 2-17-7-12。

表 2-17-7-12　消防、安防监控数据

| 类型 | 因素 | 类型 | 因素 |
|---|---|---|---|
| 安防 | 门禁 | 消防 | 烟雾 |
| | 附属设施门控 | | |
| | 视频 | | 气体灭火系统 |
| | 入侵 | | |

### 七、智能电力消防和防灾减灾

#### (一) 智能电力消防和防灾减灾需求

1. 站室环境在线监测报警系统

包括站室视频监控（远程）、站室安防（防人、物非法进入）、站室环境实时在线监测（温度、湿度等）、水位监测报警（火灾）、门禁等。

2. 电气火灾监控防护

(1) 电气火灾监控系统。包括电气设备绝缘、温升等火灾起因关键点监测（预防火灾）。

(2) 消防电源监控系统。包括消防电源监测报警（火灾、减灾）系统。

3. 凝露综合治理

用堵、疏方式控制设备内部凝露形成机理，通过封装提升电气连接部位防凝露能力。配电网一、二次融合技术可以很好地解决凝露问题。

4. 电弧光监测保护系统

按功能包括弧光保护、电弧监测、电弧保护；按应用对象包括成套开关设备弧光监测和保护（预防火灾）、低压线路电弧监测和保护（预防火灾）。

#### (二) 智能电力消防和防灾减灾方案

智能电力消防和防灾减灾方案包括监控室、配电端、末端箱，如图 2-17-7-23 所示。以施耐德系统为例，系统通过监测剩余电流、异常温升、故障电弧、过电流、过电压、异常局放等参数实现检测、处理。

#### (三) 消防设备电源监控系统

消防设备电源监控系统如图 2-17-7-24 所示。

#### (四) 智能电力消防和防灾减灾价值

1. 全面防护，防患未"燃"

通过完备的电气火灾隐患解决方案，对变电站等设备实时在线监控，真正实现防患未"燃"。

2. 提供智能可靠的解决方案

(1) 全天候 24h 不间断监测电气火灾隐患。
(2) 内置多种接口，开放 TCP 协议，灵活组网。
(3) CAN 非主从网络架构，快速响应。
(4) 总线冲突仲裁技术，报警信息分优先等级。
(5) 全数字量信号传输。
(6) 固有漏电补偿功能。
(7) 宽剩余电流探测范围。
(8) 延时报警功能。
(9) 仪表级监测精度。
(10) CAN 总线长达 3000m 通信距离。

利用全天候数字化手段监控电气火灾，提升人员效率，全面提升建筑、设备和人员电气火灾灾害的防护能力。

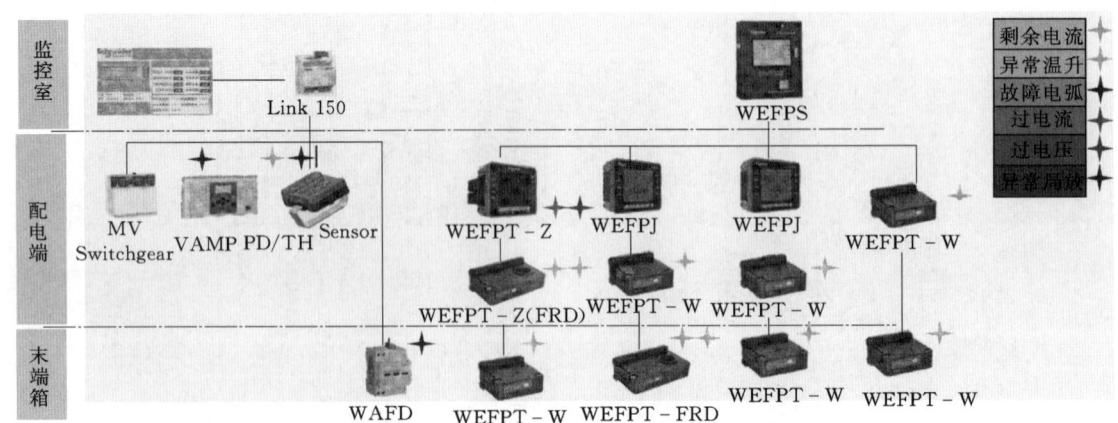

图 2-17-7-23　智能电力消防和防减灾方案

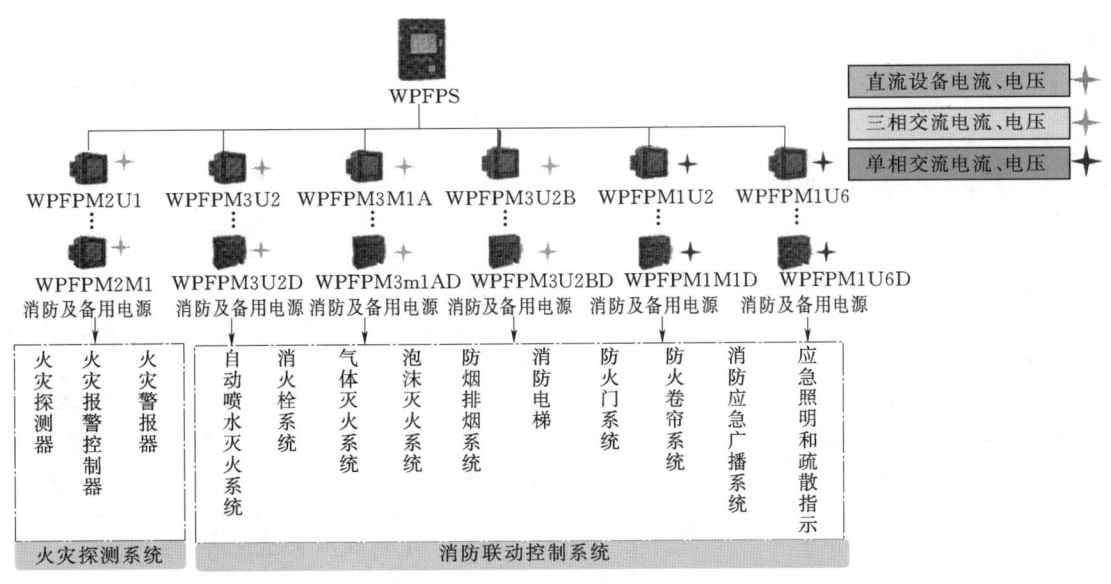

图 2-17-7-24 消防设备电源监控系统

## 第八节 配电线路快速自愈方案

### 一、馈线自动化系统

#### (一) 配电网典型网架

1. 架空线路

(1) 供电区域。

1) 城区结合部和广大的农村地区。

2) 城区或县城中心。

3) 负荷密度高、重要负荷地区。

(2) 典型接线。

1) 单辐射接线方式。

2) 单环网接线。

3) 多分段多联络接线。

2. 电缆线路

(1) 供电压域。

1) 城市核心区建设初期或城市外围。

2) 城市核心区,负荷密度发展到较高水平。

3) 高密度区域。

(2) 典型接线。

1) 单环网接线和不同母线出线连接开关站。

2) 双环网接线。

3) N 供一备,如两供一备、三供一备。

3. 配电网现状

(1) 架空线路多数是开关本体,基本不具备自动化接口和改造条件。

(2) 电缆线路多数是开关柜,除新装设备,基本未配置自动化终端。

#### (二) 配电线路故障分析

配电网靠近用户端,设备众多,运行环境恶劣,故障发生频繁,处理故障是配电网最重要的日常工作。从表 2-17-8-1 中我国某大城市和某地区供电局 2010 年配电网故障统计数据中可以看出,我国配电网故障具有如下典型特征:

(1) 单相接地故障多于相间故障。

(2) 架空线路故障多于电缆线路故障。

(3) 瞬时故障多于永久故障。

(4) 随着国家城农网改造的深入,主干配电网越来越坚强,分支线路和用户侧故障在配电网故障中所占比重逐年增加。

表 2-17-8-1 我国某大城市和某地区供电局 2010 年配电网故障统计数据

| 地 区 | 总跳闸次数 | 单相接地 | | 瞬时故障 | | 支线故障 | | 用户故障 | |
|---|---|---|---|---|---|---|---|---|---|
| | | 次数 | 比例 | 次数 | 比例 | 次数 | 比例 | 次数 | 比例 |
| 某大城市 | 4312 | 2895 | 64.14% | 3401 | 78.87% | 1164 | 27.00% | 858 | 19.90% |
| 某地区供电局 | 1359 | 795 | 58.50% | 992 | 73.00% | 468 | 34.43% | 176 | 12.95% |

1. 架空线路

(1) 故障类型特点。

1) 馈线故障频繁出现。

2) 瞬时性故障多数。

3) 单相接地故障多。

4) 用户故障不断增加。

(2) 故障类型分析。

1) 短路故障造会造成大面积停电。

2) 小电阻系统中接地故障会造成停电。

3) 接地故障会破坏绝缘、损伤设备。

4) 用户出门故障会造成大面积停电。

2. 电缆线路

(1) 故障类型特点。

1) 馈线故障少出现。

2) 永久性故障占多数。
3) 蔓延发展型故障占多数。
4) 用户故障不断增加。
(2) 故障类型分析。
1) 馈线故障发生概率小,停电次数少。
2) 故障多为永久性故障,大面积停电。
3) 发展型故障会破坏绝缘,损伤设备。
4) 用户出门故障会造成大面积停电。
需重点解决架空线路和架空电缆混合线路故障停电问题。

### (三) 馈线自动化

当配电网发生故障(包括单相接地故障)后,尽快将故障点从配电网中隔离出来,实现快速隔离故障、保障非故障线路供电、缩小停电范围,对提高配电网供电可靠性具有重要意义。

**1. 馈线自动化**

馈线自动化(Feeder Automation,FA)指对配电线路运行状态进行监测和控制,在故障发生后实现快速准确定位和迅速隔离故障区段,恢复非故区域供电。馈线自动化包括:

(1) 故障定位和隔离(常规技术手段)。
(2) 非故障区域恢复供电(常规技术手段)。
(3) 配电线路运行状态监测与控制。
(4) 不是建立在所有设备必需的三遥的基础上。

馈线自动化是配电自动化的重要组成部分,对馈出线路进行配网馈线运行状态监测、控制、故障诊断、故障隔离、网络重构。故障时,及时准确地确定故障区段,迅速隔离故障区段并恢复健全区段供电。馈线自动化配置按照集中式馈线自动化、就地式馈线自动化、分布智能式馈线自动化。

**2. 就地控制技术**

就地控制技术利用智能设备的自身逻辑功能,可以不依赖通信,独立实现故障的诊断、定位、隔离及恢复供电。在建立通信之后,即可接入配电自动化主站系统,实现二遥或三遥。

就地控制技术包括电压时间型、电压电流型、分布智能型、用户分界型等。具体实现以下功能:

(1) 利用重合器与分段开关进行顺序重合控制,实现故障隔离与恢复供电。
(2) 多次重合到永久故障上,对系统多次冲击,造成电压骤降,且不能用于电缆线路。需要多次重合,故障隔离和供电恢复时间长,停电时间较长。
(3) 发达国家 20 世纪 50 年代起应用,美国、日本等国有大面积应用。我国在 20 世纪 80 年代石家庄、南通等地开始试点,北京、贵阳、济宁等地已有 10 多年的运行经验。

**3. 集中控制技术**

集中控制技术由监控终端、通信网和控制主站三部分组成。故障发生后,主站根据终端送来的信息进行故障定位,自动或手动隔离故障点,恢复非故障区的供电。可实现三遥。

集中控制技术包括主站集中全自动型和主站集中半自动型两种。具体实现以下功能:

(1) 由控制主站集中处理 FTU 的故障检测信息进行故障定位,遥控实现隔离故障与非故障区段恢复供电。
(2) 能够提高系统供电可靠性,在一定程度上缩短停电时间。
(3) 功能完善,不会对系统造成额外的过流冲击。
(4) 利用主站判断故障位置、隔离故障,响应时间长,供电恢复时间在分钟级。
(5) 需要通信通道与主站,投资较大。

**4. 分布式智能控制技术**

(1) 基于终端之间对等通信。
(2) 实现协同控制。
(3) 提高控制响应速度。
(4) 应用基于广域测控平台的分布式智能,实现馈线故障定位、故障隔离与恢复供电控制。
(5) 不依赖主站控制,数秒内完成故障隔离与恢复供电。
(6) 中需要对等通信网,对 FTU 智能程度要求高,投资较大。
(7) 适用于接有重要敏感负荷的馈线。

### (四) 馈线故障就地智能处理原则

**1. 处理步骤**

(1) 故障报告。
(2) 故障定位。
(3) 故障隔离。
(4) 非故障区域快速送电。
(5) 故障抢修。
(6) 故障区段恢复送电。
(7) 故障前运行方式恢复。

**2. 评估方法**

(1) 经济因素。投资少、见效快、易实现。
(2) 技术因素。免维护、不依赖通信、不依赖主站。
(3) 馈线自动化一般故障处理策略包括:

1) 主站方式。这种方式对终端要求低,现场实现简单,但可靠性最差,主站或通信一旦有问题系统就会瘫痪。
2) 主站+就地方式。这种方式可靠性好,主站或通信一旦有问题就地方式会立即投入。
3) 就地方式。这种方式可靠性最好,但对终端要求最高,要求具有最高级的就地智能。

(4) 最佳解决方案。通过"知停电""少停电""防停电"等措施,使架空线路和架空电缆混合线路故障停电范围最小,如图 2-17-8-1 所示。

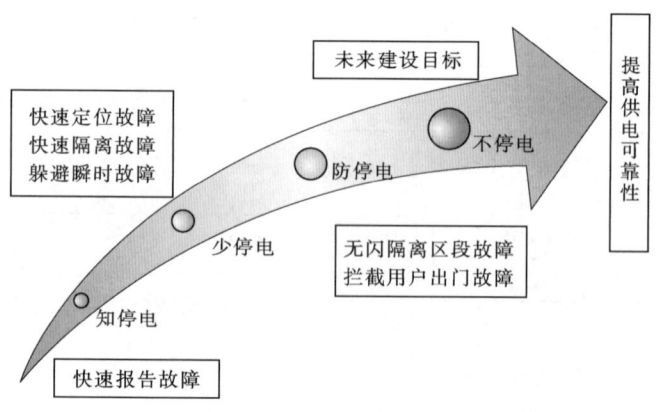

图 2-17-8-1 提高可靠性供电方法

**3. 馈线自动化的自愈**

(1) 事前:概率风险评估与预防性控制。结合负荷预测进行方式调整避免过负荷;结合在线检测(温度、局部放电）进行相应控制避免酿成严重后果。

（2）事中：馈线自动化。

（3）事后：配网自动化修正性控制（转供电）。

## 二、就地式馈线自动化

### （一）就地式馈线自动化方式

就地式馈线自动化方式包括：

（1）智能分布式。通过配电终端之间的故障处理逻辑，实现故障隔离和非故障区域恢复供电，并将故障处理的结果上报给配电主站。配电主站和子站可不参与处理过程。

（2）重合器方式。在故障发生时，通过线路开关间的逻辑配合，利用重合器实现线路故障的就地识别、隔离和非故障线路恢复供电。

重合器指断路器、继电保护、操动机构为一体，具有控制和保护功能的开关，能按预定开断、重合顺序自动操作，并可自动复位、闭锁故障后重合器跳闸，按预定动作顺序循环分、合若干次，重合成功则自动终止后续动作，重合失败则闭锁在分闸状态，手动复位。重合器的动作特性是根据动作时间-电流特性分快速动作特性（瞬动特性）、慢速动作特性（延时动作特性）两种。其动作特性整定包括"一快二慢""二快二慢""一快三慢"。

分段器指与电源侧前级开关配合，失压或无电流时自动分闸的开关设备。永久故障时，分合预定次数后闭锁在分闸状，隔离故障区段；若未完成预定分合次数，故障已被其他设备切除，则保持在合闸状（经一段延时后恢复到预定状态，为下次故障做准备）。分段器一般不能开断短路故障电流。其关键部件为故障检测继电器（Fault Detecting Relay，FDR），根据判断故障方式的不同分为电压-时间型、过流脉冲计数型两种。

（1）电压-时间型分段器。根据加压、失压时间长短控制动作，失压后分闸，加压时合闸或闭锁。FDR整定参数：$X$时限、$Y$时限。$X$时限：分段器电源侧加压至该分段器合闸的时延。$Y$时限：分段器合闸后未超过$Y$时限的时间内又失压，则该分段器分闸并被闭锁在分闸状，下一次再得电时不再自动重合。$Y$时限又称故障检测时间。FDR功能有两套。第一套功能：作为常闭状态的分段开关，用于辐射、树状、环状网；要求$X$时限大于$Y$时限大于电源端断路器跳闸时间。第二套功能：作为常开状态的联络开关，用于环网联络开关常开状态。

（2）过流脉冲计数型分段器。记忆前级开关开断故障电流动作次数，达到预定记忆次数时，在前级开关跳闸的无电流间隙内，分段器分闸，隔离故障区段。前级开关开断故障电流动作次数未达到预定记忆次数时，分段器经一定延时后计数清零，复位至初始状态。FDR整定参数：前级开关过流开断次数，前级开关开断过电流动作计数与记忆。当记忆次数等于设定次数时，分段器闭锁。

基于重合器方式的馈线自动化就地控制利用重合器与分段器的配合，进行顺序重合控制，无需通信，实现故障隔离与恢复供电。其实现模式：重合器与重合器配合模式、重合器与电压-时间型分段器配合模式、重合器与过流脉冲计数型分段器配合模式。优点：不需要通信条件，投资小，易于实施。缺点：多次重合到永久故障上，对系统多次冲击，造成电压骤降；不能用于电缆线路。适用场合：农村、城郊架空线路。图2-17-8-2给出了重合器方式的配置图。

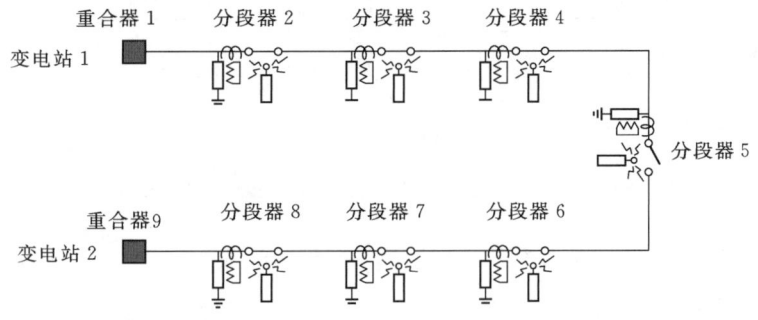

图2-17-8-2 重合器方式的配置图

（1）重合器与电压-时间型分段器配合：

1）出现故障时，重合器分闸，分段器完全失压后跳闸，重合器延时重合，分段器依次按时限顺序延时$X$时间自动合闸。

2）若再次合闸到故障区段，重合器分闸，最靠近故障区段的电源侧分段器因为在合闸后$Y$时间内检测到失压而跳闸并闭锁，实现故障隔离。

3）重合器第2次重合恢复电源侧非故障区段的供电；联络开关在检测到一侧失压后可以延时合闸，恢复负荷侧非故障区段的供电。

（2）重合器存在的缺陷：

1）切断故障时间较长，动作频繁，减少开关寿命。

2）故障由重合器或变电所断路器分断，系统可靠性降低；多次短路电流冲击、多次停送电，对用户造成严重影响。

3）重合器或断路器拒动时，事故进一步扩大。

4）环网时使非故障部分全停电一次，扩大事故影响。

5）不能寻找接地故障。无断线故障判断功能，一相、多相断线，重合器不动作。

6）变电站出线开关需改造，目前出线开关具有一次重合闸功能，安装重合器后，需改造为多次重合型。重合器保护与出线开关保护配合难度大，要靠时限配合。

7）不具备四遥功能，无法进行配电网络优化等工作。

基于分布式智能控制方案是利用"电动开关+智能控制器"实现故障自动隔离和自动转供电。在故障情况下可以自主判断故障位置，自动跳开故障区段的两侧开关，自动合上联络开关，实现故障区段的自动隔离和非故障区域的恢复供电。这是在原来的电压分段器、电流分段器、重合器技术基础之上发展出来的一种技术，集中了电压分段器、电流分段器和重合器的优点，综合检测电流电压，具有投资省、见效快、可靠性高、不依赖通信的优点。可以与各种开关集成构成智能开关，适合在主环路或分支回路。在增加通信通道和主站系统后，控制器可以自动升级为标准的FTU，实现三遥（遥测、遥信、遥控）功能，比较适合手拉手供电的环网系统使用。

综合型分布智能模式在架空网中的应用如图 2-17-8-3 所示。

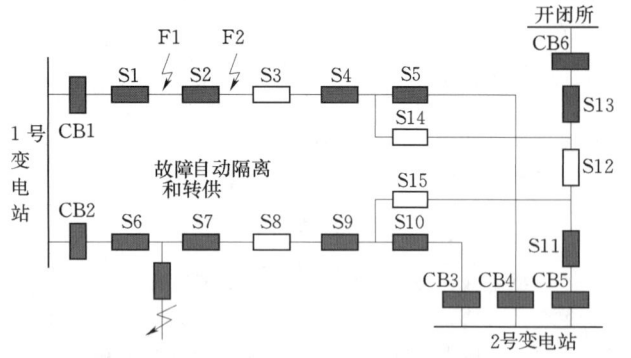

图 2-17-8-3  综合型分布智能模式在架空网中的应用

(1) 柱上开关可选负荷开关或断路器。
(2) 实现故障自动隔离、自动转移供电。
(3) 支持两电源或三电源、四电源系统。
(4) 没有通信时也可以实现故障隔离和电源转供及恢复。
(5) 故障就地处理可靠性高、速度快。
(6) 适应不同阶段的自动化要求。有通信时可自动升级实现远程自动化功能。

分布式智能模式在电缆网应用如图 2-17-8-4 所示。
(1) 智能环网柜进出线开关可任选负荷开关或断路器。
(2) 出线故障只跳出线。
(3) 内部故障自己隔离。
(4) 主环自动隔离故障区段、自动转移供电。
(5) 不依赖通信实现自动化功能，支持有无通信两种工作模式。

**（二）故障处理策略**

以下以"手拉手"环网供电（图 2-17-8-5）为例，给出几种故障处理策略。

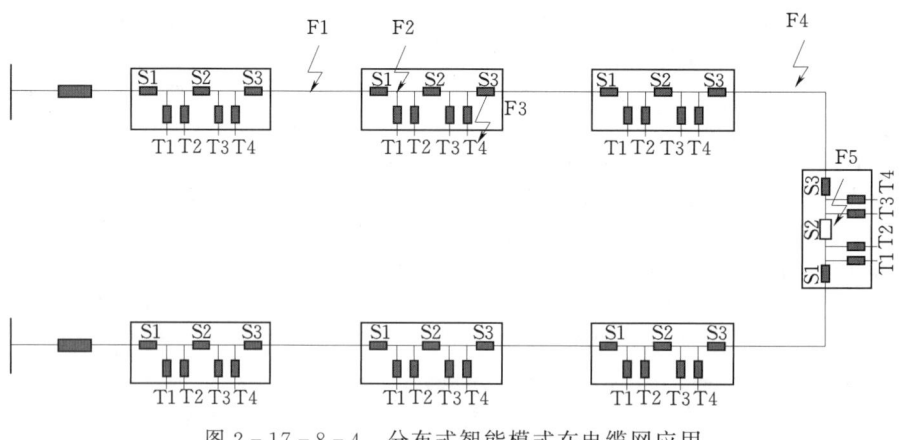

图 2-17-8-4  分布式智能模式在电缆网应用

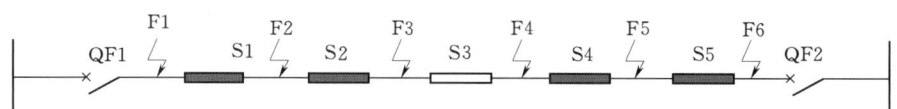

图 2-17-8-5  "手拉手"环网供电

**1. 一般厂家断路器（重合器）开关构成的环网供电策略（无通信或通信故障）**

(1) F1 故障点。QF1 延时 0.3s 保护跳闸并闭锁，S1 和 S2 失电延时 100ms 分闸，S3 单侧失压延时 5s 合闸成功，S2 得电延时 2s 合闸成功，S1 不整定负荷侧得电合闸功能，保持分闸状态，将故障隔离，转移供电结束。

(2) F2 故障点。S1 速断保护动作跳闸，QF1 保护延时未到，自动返回。S2 失电延时 100ms 分闸。S1 延时 1s 重合到故障再次跳闸并闭锁；同时 S2 检测到残压脉冲并闭锁（处于分位），将故障隔离，S3 单侧失压延时 5s 合闸成功，转移供电结束。

(3) F3 故障点。S1 速断保护动作跳闸，QF1 保护返回。S2 失电延时 100ms 分闸。S1 延时 1s 重合成功，启动短时 5s 闭锁继电保护功能。S2 得电延时 2s 合闸到故障立即跳闸并闭锁，将故障隔离，此时 S1 短时闭锁了保护，不会动作，QF1 保护返回，同时 S3 检测到残压脉冲并闭锁（处于分位），恢复供电结束。

**2. 一般厂家断路器（重合器）开关构成的环网供电策略（有光纤通信并设置专用通道）**

(1) F1 故障点。QF1 延时 0.3s 保护跳闸并闭锁，S1 失电延时 100ms 分闸，将故障隔离，S3 单侧失压延时 5s 合闸成功，转移供电结束。

(2) F2 故障点。S1 跳闸，QF1 保护返回（S1 根据需要可以设置一次重合闸，重合闸不成功后分闸闭锁）；S2 通过通信知道故障在自己的上方，自动分闸闭锁，隔离故障，S3 单侧失压延时 5s 合闸成功，转移供电结束。

(3) F3 故障点。通过信息交互，已知故障点在 S2 下方，S2 跳闸，将故障隔离，QF1、S1 保护返回，S3 通过通信知道故障在自己的上方，中止"失压延时合闸"功能，不再合闸转移供电，恢复供电结束。

**3. 负荷开关构成的"手拉手"环网供电网络（无通信或通信系统故障）**

(1) F1 故障点。QF1 保护跳闸，S1、S2 失电延时分闸，QF1 重合，如瞬时性故障则 QF1 重合成功，S1 得电延时 5s 合闸成功，S2 得电延时 5s 合闸成功，S3"单侧失压延时合闸"功能因延时未到复归，处理过程结束。如果是永久性故障则 QF1 重合闸失败并闭锁，S1 检测到残压脉冲并闭锁（处于分位）将故障隔离，S3 单侧失压延时 10s 合闸成功，S2 得电延时 5s 合闸成功，转移供电结束。

(2) F2 故障点。QF1 保护跳闸，S1、S2 失电延时分闸，QF1 重合成功，S1 得电延时 5s 合闸，如瞬时性故障则合闸成功，同时"短时闭锁失电分闸"功能启动，S2 得电延时 5s 合闸成功，S3"单侧失压延时合闸"功能因延时未到复归，处理过程结束。如果是永久性故障，QF1 再次跳闸，S1 因 $T_y$ 时间未到即电压再次消失，合闸不成功，再次分闸并闭锁，同时 S2 检测到残压脉冲并闭锁（处于分位）将故障隔离，QF1 可再次试送电成功（人工送电或设置二次重合闸），S3 单侧失压延时 10s 合闸成功，恢复和转移供电结束。

(3) F3 故障点。QF1 保护跳闸，S1、S2 失电延时分闸，QF1 重合成功，S1 得电延时 5s 合闸，同时"短时闭锁失电分闸"功能启动，S1 合闸后电压正常时间超过 $T_y$ 时间，S1"短时闭锁失电分闸"功能执行，S2 得电延时 5s 合闸，如瞬时性故障则合闸成功，S3"单侧失压延时合闸"功能因延时未到复归，恢复供电结束。如果是永久性故障，QF1 再次跳闸，S2 因 $T_y$ 时间未到即电压再次消失，合闸不成功，再次分闸并闭锁，将故障隔离；由于 S1 执行"短时闭锁失电分闸"功能，不再分闸，S3 检测到残压脉冲并闭锁（处于分位），QF1 可再次试送电成功，恢复和转移供电结束。

4. 负荷开关构成的"手拉手"环网供电网络（光纤通信并设置专用通道）

(1) F1 故障点。QF1 保护跳闸，S1 失电延时分闸，QF1 重合，如瞬时性故障则 QF1 重合成功，S1 得电延时 5s 合闸，S3"单侧失压延时合闸"功能因延时未到复归，恢复供电结束。如果是永久性故障则 QF1 重合闸失败并闭锁，S1 检测到残压脉冲并闭锁（处于分位）将故障隔离，S3 单侧失压延时 10s 合闸成功，转移供电结束。

(2) F2 故障点。QF1 保护跳闸，通过信息交互，已知故障点在 S1 下方，在无电状态下，S1 跳闸闭锁，S2 分闸闭锁，将故障隔离，QF1 重合成功，S3 单侧失压延时 10s 合闸成功，恢复和转移供电结束。

(3) F3 故障点。QF1 保护跳闸，通过信息交互，已知故障点在 S2 下方，在无电状态下，S2 跳闸闭锁将故障隔离，S3 分位闭锁，QF1 重合成功，恢复供电结束。

5. 无须通信的故障处理及网络重构方案

(1) 站出口保护整定 0.3s；分段 1 左侧装 TV 整定失压立即分、得电延时合、合至故障分闸闭锁；分段 2 右侧装 TV 整定失压立即分、得电延时合、合至故障分闸闭锁；联络开关整定保护 0s 重合闸 1s，并设定失压 5s 延时合闸和合至故障分闸闭锁。

(2) F1 故障时：站出口 0.3s 跳闸，分段 1 失压分闸隔离故障，分段 2 失压分闸联络开关延时合闸、分段 2 得电延时合恢复供电。

(3) F2 故障时：站出口跳闸、分段 1 失压分闸、站出口重合闸、分段 1 得电延时合、合至故障分闸闭锁；分段 2 失压分闸、联络开关延时合闸、分段 2 得电延时合、合至故障分闸闭锁隔离故障；联络开关保护 0s 跳闸，然后重合闸成功恢复供电。

(4) F3 故障时：站出口跳闸，分段 1、分段 2 失压分闸，站出口重合闸，分段 1 得电延时合恢复供电；联络开关失压延时合闸、合至故障分闸闭锁隔离故障。

(5) 优点：无须通信、无须主站；变电站出口无须更改配置无须多次重合闸；各开关无须多次开合冲击；实施简单，不用通信 100% 可靠实现网络重构的就地智能方案。

### (三) 多级保护配合方案

**1. 多级保护配合的可行性**

(1) 对于供电半径短的城市配电网，电流、阻抗定值都难以整定以实现选择性，只有依赖级差配合来实现选择性。

(2) 变电站 10kV 后备保护（母线进线开关过流保护）延时时间一般整定为 0.6~1.0s 以上，在此范围内可以设置级差配合而不影响上级保护配置。

**2. 两级级差继电保护配合方案**

(1) 馈线开关的动作时间。包括保护检测及逻辑判断时间、继电器动作、开关动作时间：20ms（检测）+10ms（继电器动作）+80ms（开关动作）<120ms。永磁机构更快。

(2) 两级保护配合。

1) 第 1 级（分支开关或用户开关）：0s。

2) 第 2 级（变电站出线开关）：0.2~0.3s 延时。

(3) 两级保护 FA 配合典型设计。

1) 主干线采用负荷开关（经济）。

2) 分支线开关及用户开关采用断路器。

3) 分支线开关及用户开关与变电站出线开关实现两级保护配合，以分支线故障不影响主干线，减少停电用户数为依据。

4) 依靠集中智能 FA 进行修正性控制，以处理主干线故障、决定分支线是否需要重合为依据。

(4) 两级级差继电保护配合的优点。

1) 分支线或用户故障不影响主干线。

2) 级差整定方便。

3) 瞬时故障时只需 0.5s 就可以恢复。

4) 瞬时故障与永久故障判别简单。

5) 配电自动化执行修正性控制，且逻辑简单，经济实用。

**3. 三级级差继电保护配合方案**

(1) 三级级差继电保护配合。

1) 变电站出线断路器 0.4~0.6s。

2) 分支断路器 0.2~0.3s。

3) 用户断路器 0s。

(2) 三级级差继电保护配合的优点。

1) 用户故障不影响分支线，分支线故障不影响主干线。

2) 瞬时故障时只需 0.5s 就可以恢复。

3) 瞬时故障与永久故障判别简单。

4) 配电自动化执行修正性控制，且逻辑简单。

(3) 三级级差继电保护配合适用性。

1) 开环或闭环运行配电网。

2) 含分布式电源配电网。

3) 架空和电缆或混合配电网。

**4. 集中配网方案的比较**

集中配网方案比较见表 2-17-8-2。

表 2-17-8-2　集中配网方案比较

| 项　目 | 原　理 | | | |
|---|---|---|---|---|
| | 集中式 | 重合器 | 传统面保护 | 分布自愈 |
| 解决越级跳闸能力 | 无 | 无 | 中 | 强 |
| 故障隔离速度 | 约200ms | 约1s | <150ms | <100ms |
| 非故障区停电时间 | 约600ms | 约2s | <400ms | <300ms |
| 开关动作次数 | 中 | 多 | 少 | 少 |
| 可靠性 | 低 | 高 | 高 | 高 |
| 自愈能力 | 强 | 弱 | 弱 | 强 |
| 通信方式 | RS485、CAN等 | 无 | CAN、RS232等 | GOOSE以太网 |
| 通信速度 | 慢 | 慢 |  | 快 |
| 适应分支和多电源系统能力 | 强 | 弱 | 中 | 强 |

## 三、集中型全自动馈线自动化

### (一) 集中型全自动馈线自动化原理

配电主站根据各智能终端检测到的故障信息，结合相关变电站、开闭所等的继电保护信号、开关跳闸等故障信息，启动故障处理程序，确定故障类型和发生位置。采用声光、语音、打印事件等报警形式，并在自动推出的配网单线图上，通过网络动态拓扑着色的方式明确地表示出故障区段。配电主站根据需要可提供事故隔离和恢复供电的一个或两个以上的操作预案，辅助调度员进行遥控操作，达到快速隔离故障和恢复供电的目的。

1. 故障定位

配电主站根据智能终端传送的故障信息，快速自动定位故障区段，并在调度员工作站显示器上自动调出该信息点的接线图，以醒目方式显示故障发生点及相关信息。

2. 故障区域隔离

配电主站能够处理配电网络的各种故障。对于线路上同时发生的多点故障时，能根据配电线路的重要性对故障区段进行优先级划分，重要的配电网故障可以优先进行处理。同时配电主站进行故障定位并确定隔离方案，故障隔离方案可以自动或经调度员确认后进行。

很多地区配网结构是：除变电站出口为断路器外，其余线路上设备均为负荷开关型。对于瞬时性故障，由变电站出口断路器通过速断保护动作切除故障，启动重合闸进行重合。由于故障已切除，此时不启动馈线自动化即可恢复供电。对于永久性故障，首先由变电站出口断路器通过速断保护动作切除故障，启动重合闸进行重合，失败后主站启动馈线自动化，在无故障电流的情况下隔离故障区段。对于不投重合闸的线路，故障隔离时主站直接启动馈线自动化隔离故障区段。

3. 非故障区域恢复供电

可自动设计非故障区段的恢复供电方案，并能避免恢复过程导致其他线路的过负荷；在具备多个备用电源的情况下，能根据各个电源点的负载能力，对恢复区域进行拆分恢复供电。

### (二) 典型案例

以图2-17-8-6为例来说明最典型的集中型全自动馈线自动化方案。图中CK1和CK7代表两个变电站出口断路器，K2~K8代表线路上的分段负荷开关，其中K4为联络开关负荷开关，FTU2~FTU8代表监控相应分段开关的FTU，F1~F4代表4个不同的故障点。

1. F1点发生永久性故障

(1) CK1检测到故障后跳闸，启动重合闸，再次检测到故障并跳闸，重合闸闭锁。

(2) 主站收到CK1的开关变位和事故信号后，将故障点定位在CK1和K2之间。

(3) 主站发出控分命令，跳开K2，将故障区域隔离。

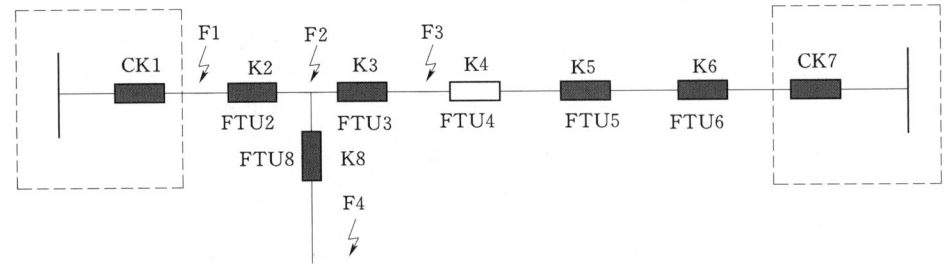

图2-17-8-6　"手拉手"线路图

(4) 隔离成功后，主站接着发出控合命令，合上K4，恢复非故障区域的供电。

2. F2点发生永久性故障

(1) CK1检测到故障后跳闸，启动重合闸，再次检测到故障并跳闸，重合闸闭锁。

(2) FTU2检测到电流越限且失压生成故障遥信事件，并上传。

(3) 主站根据收到CK1的开关变位和故障信号及FTU2的故障信号，将故障点定位在K2和K3之间。

(4) 主站发出控分命令，跳开K2和K3，将故障区域隔离。

(5) 隔离成功后，主站接着发出控合命令，合上CK1和K4，恢复非故障区域的供电。

3. F3点发生永久性故障

(1) CK1检测到故障后跳闸，启动重合闸，再次检测到故障并跳闸，重合闸闭锁。

(2) FTU2和FTU3在检测到电流越限且失压后，生成故障遥信事件，并上传。

(3) 主站根据收到CK1的开关变位和事故信号及FTU2和FTU3的故障信号，将故障点定位在K3和K4之间。

(4) 主站发出控分命令，跳开K3，将故障区域隔离。

(5) 隔离成功后，主站接着发出控合命令，合上CK1，恢复非故障区域的供电。

**4. F4点发生永久性故障**

(1) CK1检测到故障后跳闸，接着延时重合闸，再次检测到故障并跳闸，重合闸闭锁。

(2) FTU2和FTU8检测到电流越限且失压后，产生故障遥信事件，并上传。

(3) 主站根据收到CK1的开关变位和事故信号及FTU2和FTU8的故障信号，将故障点定位在K8之后。

(4) 主站发出控分命令，跳开K8，将故障区域隔离。

(5) 隔离成功后，主站接着发出控合命令，合上CK1，恢复非故障区域的供电。

### 四、智能分布式馈线自动化

考虑到保护级差的配置问题，常规配电自动化在故障隔离及恢复时一般都会进行变电站出口断路器重合闸，会造成部分非故障区段用户的短时停电。即使线路重合成功，由于部分用户设置了低压脱扣保护，仍然导致了不能迅速恢复供电。再加之部分重要用户对供电可靠性的敏感性，因此最大限度地提高供电可靠性仍是一直追求的目标。

为此，将"面保护"原理引入到配电自动化中，实现故障的精确定位和快速隔离，从而不影响其他非故障用户。为此需实现智能配电终端的对等式通信。因此，配电终端除了与主站的通信网络之外，还需要智能终端间交换故障信号的专用光纤直连通信网。

#### （一）智能分布式馈线自动化原理

如果线路发生故障，在故障点电源侧的配电终端检测到故障信号，相反，负荷侧的配电终端检测不到故障。相邻配电终端之间通过保护信号专用网来交换故障信息，允许故障点两侧配电终端保护跳闸而闭锁其他终端保护跳闸功能，通过故障点两侧配电终端快速保护跳闸来隔离故障区域。

利用高速光纤以太网通信技术，配电终端要在200ms内完成故障的检测以及故障隔离工作。变电站的出口断路器的主保护满足智能分布式馈线自动化的要求，在200ms内完成故障的检测以及故障隔离工作；变电站的出口断路器的后备保护由原自身保护装置实现，动作时间设定在400~500ms之间。这样在线路发生故障时，变电站出口断路器不会动作，达到最大程度减少停电范围，故障隔离的目的。故障隔离的全过程及设备动作时间配合如图2-17-8-7所示。

#### （二）智能分布式馈线自动化技术要求

(1) 线路上任何一点发生故障，将故障隔离在最小的范围内，全部处理过程（直到断路器分闸）时间要控制在200ms以内。

(2) 当故障点不在变电站出线开关和第一级分段开关之间时，变电站出线开关不能跳闸（变电站出线开关后备保护动作及跳闸延时为400~500ms），不出现非故障段（变电站出线开关—故障点前侧开关）的停电。

(3) 当故障点在变电站出线开关和第一级分段开关之间时，全部处理过程（直到断路器分闸）时间也要控制在200ms以内。

(4) 故障点前侧开关拒动时，要实现将故障点前侧开关的前一级开关跳开。

(5) 考虑T接线路情况、空投变压器及带电机重合及其他波动等异常不会引起各个开关误动。

#### （三）典型案例

图2-17-8-8所示环网为全电缆线路，K1、K10不投入重合闸。当发生故障后，FTU1、DTU1同时检测到故障信号，FTU1、DTU1即时通过对等通信网与相邻终端设备交换故障信息。由于DTU1仅收到前侧FTU1的故障信号，而未收到后侧DTU2故障信号，因此DTU1确定故障点在DTU1与DTU2之间。FTU1闭锁保护跳闸功能，DTU1发允许保护跳闸信号给DTU2，并跳开自己控制的K3开关；DTU2收到允许保护跳闸信号后立刻跳开自己控制的K4开关，从而完成故障区域的隔离，整个过程时间控制在200ms之内。

整个过程中，联络开关控制终端DTU3未收到闭锁信号，将启动延时合闸功能，合上K6，恢复非故障区域（K4与K6之间的区域）的供电。故障处理过程完成。

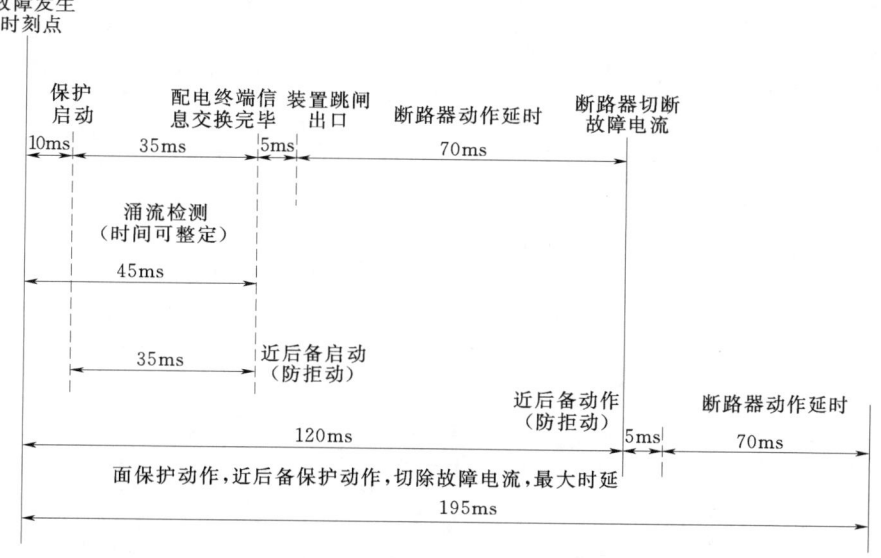

图2-17-8-7 故障隔离的全过程及设备动作时间配合图

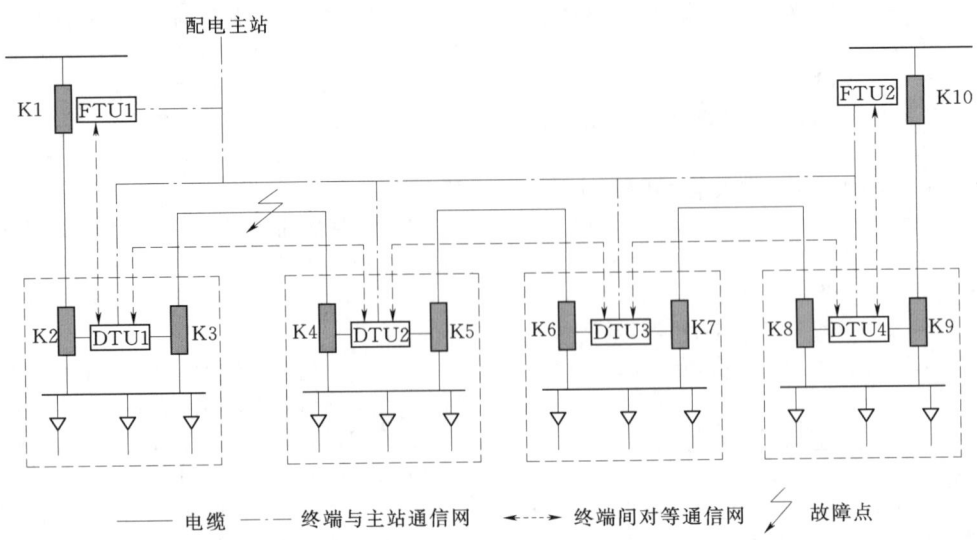

图 2-17-8-8 环网实现智能分布式馈线自动化图

### 五、集中型＋智能分布式馈线自动化

考虑到线路联络点可能发生变化，为减轻逻辑改变带来现场工作量，采用环网实现集中型＋智能分布式馈线自动化方案。其中，故障检测、定位和隔离功能按照智能分布模式来实现，恢复非故障停电区域供电的功能由配电主站来实现。

在这种模式中，仍需实现配电终端的对等式通信，因此配电终端除了与主站的通信网络之外，还需要配电终端间交换故障信号的专用光纤直连通信网。

#### （一）集中型＋智能分布式馈线自动化原理

故障判断、处理及隔离故障区域处理方式如前述。隔离完成后，配电主站根据终端上报的故障信息来恢复非故障区域的供电。

#### （二）集中型＋智能分布式馈线自动化技术要求

(1) 线路上任何一点发生故障，将故障（瞬时性故障）隔离在最小的范围内，全部处理过程（直到断路器分闸）时间要控制在 200ms 以内，同时要实现重合成功，恢复停电段供电。

(2) 当出现永久性故障时，隔离完成后，由配电主站根据网络拓扑及负荷情况，恢复非故障停电段供电。

(3) 当故障点不在变电站出线开关和第一级分段开关之间时，变电站出线开关不能跳闸（变电站出线开关后备保护动作及跳闸延时为 400～500ms），不出现非故障段（变电站出线开关—故障点前侧开关）的停电。

(4) 当故障点在变电站出线开关和第一级分段开关之间时，全部处理过程（直到断路器分闸）时间也要控制在 200ms 以内。

(5) 故障点前侧开关拒动时，要实现将故障点前侧开关的前一级开关跳开。

(6) 应考虑 T 接线路情况、空投变压器（励磁涌流）及带电动机合闸及其他波动等异常不会引起各个开关误动。

#### （三）典型案例

如图 2-17-8-9 所示 D 点发生故障，基于对等通信处理模式的动作过程如下：

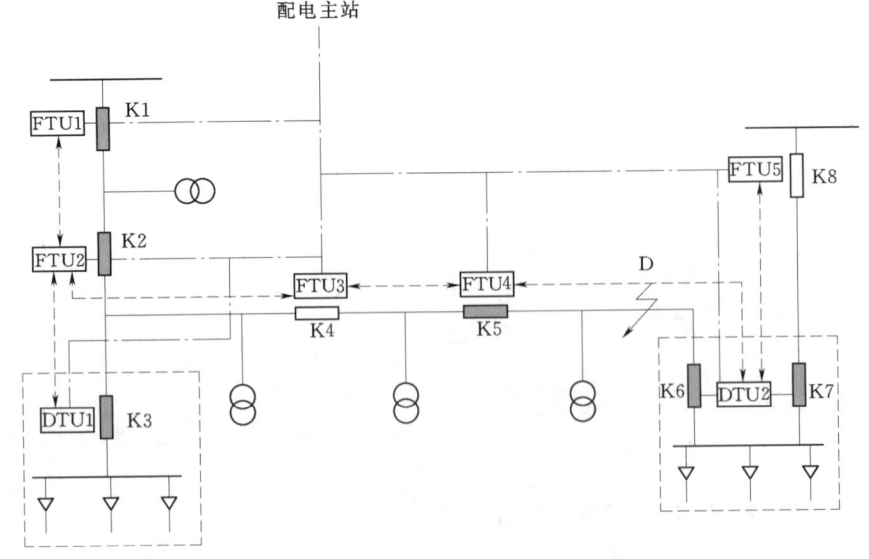

图 2-17-8-9 环网实现集中型＋智能分布式馈线自动化图

(1) DTU5 回线 K6、K7，FTU5 回线 K8 均检测到故障，向各自相邻的终端查询故障信息。

(2) DTU2 K6 回线收到 FTU5、DTU2 K7 回线上报的故障信息，而 FTU4 无故障信息上报，因此 DTU2 K6 判断故障在 K6 和 K5 之间，故判断故障点为 D 点，经过短延时（防止空投变压器引起电流波动）跳开 DTU2 开关 K6。

(3) DTU2 K6 回线经过重合闸延时后合 K6，如果是瞬时性故障，故障消失，故障处理结束；否则判断为永久故障，立即跳开 DTU2 控制的开关 K6 并向 FTU4 发送跳闸命令跳开 K5。DTU2 K6 回线同时向 DTU2 K7 回线发送 K6 回线故障跳闸信息。

(4) 如果此时开关 K6 拒动，DTU2 K7 回线等待固有延时后 K6 开关没有跳开，DTU2 K7 回线依然检测到故障，则跳开 K7 开关隔离故障。

(5) 线路中各 FTU 向主站发送故障动作信息，由主站遥控合开关 K4，恢复 K4～K5 段线路供电，实现非故障区域的恢复与控制。

此环网的联络开关的合闸不是通过自己的合闸延时来实现，而是通过主站的控制来完成合闸操作。

## 六、分布式自愈控制的配电网故障处理技术

分布式自愈控制通过采用现代计算机技术、通信技术、电子技术的综合运用，实现智能配电网自愈控制，包括分布式就地自愈与主站集中式自愈两种方式。分布式就地快速自愈功能是在常规配电自动化功能基础上实现的智能化技术，实现配网越级跳闸和快速自愈的目的，同时解决变电站 10kV 出线的控制技术问题。对常规的系统功能没有影响，不需要对主站故障判断和隔离处理程序进行特殊改造。实际运行时，采用分布式就地自愈与主站集中式自愈相结合的方式。

分布式就地自愈功能可以由运行人员设置为"投运"或"禁止"模式。当设置为"禁止"时，智能终端不启动就地自愈控制功能，由主站系统集中进行故障判断及处理。当设置为"投运"时，智能终端单元启动就地自愈控制功能，完成故障快速隔离与健全区恢复供电，同时向上级主站报告故障检测信息。主站系统也可进行故障判断，但主站生成的故障处理过程在人机交互时不再允许下传执行。分布式自愈控制的过程同样会上报主站，调度员可以对分布式自愈控制处理故障的过程和主站生成的故障处理过程进行对比，分析两者是否一致与科学合理。在故障处理人工交互式过程中即使调度员不慎下发了主站故障处理的控制命令，由于隔离故障的开关跳闸命令和恢复健全区域的合闸命令已由智能装置下发执行完成，不会导致开关误动。

### （一）分布式自愈控制的基本原理

1．分布式自愈智能馈线自动化系统的基本组成

(1) 变电站出线开关配置具有速断和过流保护控制功能的智能终端。

(2) 馈线开关配置具有分布智能自愈控制功能的智能终端。智能终端具备向其相邻开关的智能终端发送故障信息、开关拒动信息和接收来自其相邻开关的智能电子设备发来的故障信息、开关拒动信息的功能，通过智能终端间相互配合实现自愈式故障处理。

(3) 各个智能终端可与站控层设备通信，并实现数据采集与远程控制功能。

(4) 智能终端间通信及智能电子设备与站控层设备通信采取基于 GOOSE 的光纤自愈环网，并遵循 IEC 61850－9－2 协议。

(5) 可以通过远程设置方式将任一馈线开关设置为联络开关或分段开关，相对应的智能终端具有合法性检验功能，即确保所设置的联络开关必须处于分闸状态。

(6) 可以通过远程设置方式对智能终端进行系统参数、整定值等参数的设置。

2．开环配电网分布式自愈控制机制

(1) 根据开环配电网故障定位机理，每一个开关的智能设备根据自己检测到的故障信息和收到的相邻开关的信息，判断故障是否在自己所处的配电区域内部。

(2) 根据开环配电网自动故障隔离机制，只有当与某一个开关相关联的一个配电区域内部发生故障时，该开关才需要跳闸来隔离故障区域。

(3) 根据开环配电网健全区域自动恢复供电机制，联络开关收到相关信息后，确定合闸或保持分闸状态，来恢复健全区域供电。

3．闭环配电网分布式自愈控制机制

(1) 闭环配电网故障定位机理，在开环配电网故障定位机理基础上考虑故障电流的功率方向，实现闭环配电网故障定位。

(2) 闭环配电网自动故障隔离机制与开环配电网自动故障隔离机制基本相同。

(3) 闭环配电网健全区域自动恢复供电机制：对于各个电源的容量都比较大的情形，不必再采取其他控制措施。对于存在容量较小电源（比如可再生能源）的情形，有时需要由主站进行优化重构。

4．瞬时故障和永久故障的自愈控制区分机制

(1) 首先按开环配电网分布式自愈控制机制或闭环配电网分布式自愈控制机制定位并隔离故障区域。

(2) 故障区域的电源点开关（即切除故障的跳闸开关）进行一次重合，其他开关不重合。

(3) 若重合成功则为瞬时故障，恢复健全区域供电。

(4) 若重合失败则为永久故障，重新启动开环配电网分布式自愈控制机制或闭环配电网分布式自愈控制机制，进行故障定位、隔离、恢复健全区域供电。

(5) 仅允许一次重合闸功能。

### （二）智能配电终端主要功能指标要求

1．保护功能

配电网通常的保护方案：①两级过流保护配合方案：分支线断路器过流速断保护，变电站出线开关断路器过流延时速断，主干线采用负荷开关；②馈线上的差动保护方案：主干线采用断路器，利用通信实现纵差保护。

(1) 进出线保护。配置纵联差动保护作为联络开关站、配电站进出线的主保护，实现配电网环内所有进出线发生故障时的保护全线速动，快速且有选择性地隔离故障。

1) 纵联差动保护。采用光纤以太网组网方式，本侧与对侧的智能配电终端进行通信交换数据以完成电流差动保护功能。电流差动保护固有动作时间小于 50ms。

2) 过电流保护。设两段定时限过电流保护。

3) 零序过流保护。设两段零序过流保护，不带方向。第一段动作于跳闸，第二段动作于告警。

(2) 母线保护。实现配电站、联络开关站内母线差动保护，固有动作时间小于 50ms。

(3) 失灵保护。

1) 配电站、联络开关站内馈线（变压器）故障，馈线开关失灵，失灵保护切除进出线开关、分段开关、联络开关，最小范围并快速隔离故障。

2) 进出线开关失灵，失灵保护切除与之相邻的进、出线开关，最小范围并快速隔离故障。延时可整定。

(4) 馈线保护。

1) 电流速断保护。

2) 过电流保护。配置两段可经过复压方向闭锁的定时限过电流保护。

3) 零序过流保护。设两段零序过流保护，不带方向。第一段动作于跳闸，第二段动作于告警。

(5) 配变保护。

1) 高压侧电流速断保护。保护动作跳开配变高压侧断路器。

2) 高压侧过电流保护。设两段定时限过电流保护，保护动作跳开配变高压侧断路器。

3) 非电量保护。设 1 路非电量跳闸功能，可通过装置参数设置投退此功能。定值清单中不应含非电量保护的相关内容。

(6) 智能配电终端主要自愈功能。

1) 故障检测功能。

2) 通过 GOOSE 通信向其相邻开关的智能终端发送故障信息功能。

3) 接收来自其相邻开关的智能终端发来的故障信息的功能。

4) 按照判定规则，判定故障信息是否在本配电区域，实现故障定位。

5) 根据故障定位判断结果，分段开关发出跳闸或闭锁命令，实现故障自动隔离，联络开关发出合闸或闭锁命令，实现健全区域自动恢复供电。

6) 相邻下级开关应该跳闸但没有跳闸时（开关拒动、失灵等）控制本开关立即跳闸。

7) 闭锁功能的延时撤销。

8) 自愈控制其他需要的功能。

**2．测控功能**

(1) 遥测功能。采集三相电压、三相电流，实现电压、电流、有功功率、无功功率、功率因数的测量。

(2) 遥信功能。实时采集开入量信号、保护动作信号、运行告警、装置自检等状态信息，通过总召查询、变位主动上送等方式将状态信息远传。

1) 采集开关位置、开关储能状态、隔离开关、接地开关、合后位置、遥控把手远方/就地信号、保护投入等开入量信号。

2) 保护动作信号。

3) 运行告警信息。

4) 装置自检异常信息。

5) 其他用户自定义开入的遥信状态。

(3) 遥控功能。

1) 接受远程命令，遥控开关的分、合闸。

2) 具备软硬件防误动措施，保证控制操作的可靠性。

3) 具备对每个遥控接点单独设置动作保持时间的功能。

**3．控制功能**

在不增加设备、更换设备的前提下，智能配电终端与控制主站、控制子站配合，具备扩展以下控制功能的能力：

(1) 备自投功能。

(2) 与控制子站进行信息交互，接收及完成控制子站下发的远方备自投、切机切负荷、孤网运行控制等命令。

**4．通信功能**

智能配电终端配置至少两个独立的通信端口，功能如下：

(1) 保护控制通信的物理端口为多模（或单模）光纤以太网口或者 RJ45 电以太网口，采用 IEC 61850－9－2 GOOSE 协议。一方面，实现纵联差动保护数据交互；另一方面，与其他智能配电终端交互保护控制信息，数据交换延迟要求小于 10ms。

(2) 自动化通信的物理端口为多模（或单模）光纤以太网口或者 RJ45 电以太网口。经过加密防护接入环形供电区域通信子网，一体化配电终端自动化信息传输采用 IEC 60870－5－104 规约，对 104 报文无特殊的传输延时要求。

(3) 支持远方投退软压板、切换定值区、远方复归等控制功能。

(4) 可扩展远方修改定值功能。

**5．对时功能**

接收并执行本地或主站的对时命令。

**6．MMI 显示功能**

(1) 为便于操作，保护装置应具备液晶显示屏，且全部采用汉字显示。

(2) 在正常运行时显示必要的参数、运行及异常信息，包括主接线、采样、差流、保护运行状态、定值区等。默认状态下，相关的数值显示为二次值。

(3) 显示保护动作报告，包括故障相别及类型、保护动作元件、保护各元件动作时间和故障点距离等相关信息。

(4) 设有断路器合闸位置和跳闸位置指示灯、运行指示灯、动作信号灯、告警信号灯。

**7．故障录波功能**

(1) 依据保护实际功能，应记录故障时的输入模拟量和开关量、输出开关量、动作元件、动作时间、故障相别、最大相故障电流、最大零序电流、差流等。

(2) 保护启动、保护跳闸等全过程录波（记录故障前 2 个周波后 6 个周波）。

(3) 记录保护动作全过程的所有信息，存储 32 次以上最新动作报告。

(4) 记录时间分辨率不大于 2ms。

(5) 当系统发生故障时，装置不应丢失故障记录信息。

(6) 装置直流电源消失后，不应丢失已记录信息。

**(三) 典型案例**

本方案适合已具备光纤通道且希望故障在最小范围、最短时间内切除的场合。图 2－17－8－10 所示的配电网自动化系统主要包括配电主站、控制主站、控制子站、智能配电终端及相关通信设备。每个联络开关站、配电站配置一套智能配电终端。保护监测的范围由一个点扩大到相联开关甚至串联的一组开关，则上下级保护的配合可以理解为保护的内部协调。其中，变电站 20kV 馈线开关配置的综保装置需配置纵联保护，通过光纤电缆交换故障方向、断路器状态等信

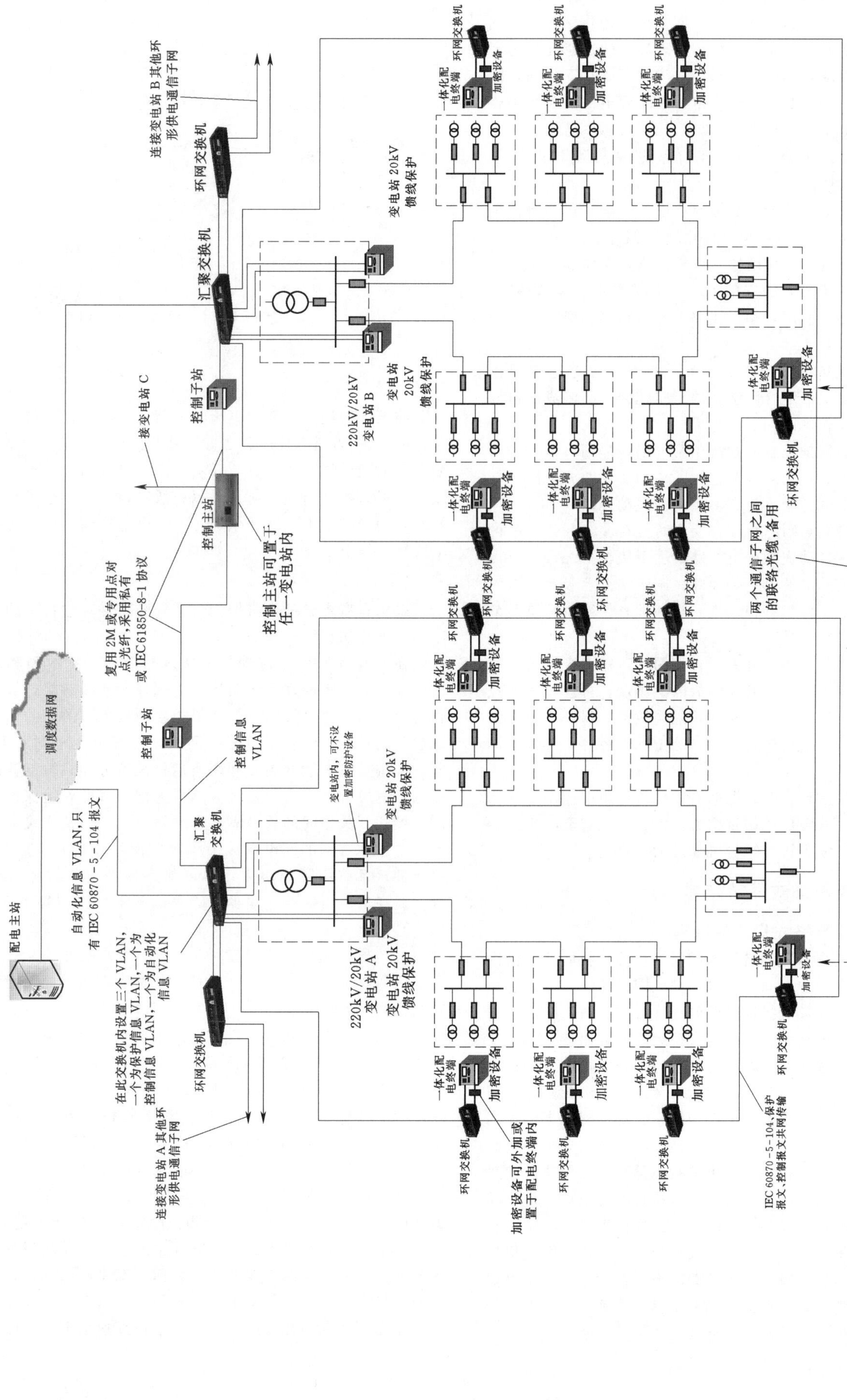

# 第八节 配电线路快速自愈方案

图 2-17-8-10 配电网二次系统结构逻辑图

息，并与智能配电终端的纵联保护配合，实现快速保护，自动切除馈线故障，不会造成系统内供电中断，内部故障对系统供电的影响降至最小。不同地点的模拟量在当地检测完成，只是将检测结果的数据信息、保护判别结果的状态信息、开关状态信息等通过网络由不同保护进行共享，以达到不同地点保护之间的协调和配合，实现保护的快速性和选择性的统一。实现故障的就地清除，故障时变电站不跳闸，同时实现故障自动隔离和自动转供电。系统停电范围最小、停电时间最短、效率高、投资省、见效快、可靠性高。

**（四）分布式智能保护及控制是解决故障时谁先跳闸问题的最优方案**

实现故障的就地清除，故障时变电站不跳闸；同时实现故障自动隔离和自动转供电。停电范围最小、停电时间最短、效率高、投资省、见效快、可靠性高，在局部系统上实施。在分布式智能方案的基础上，增加局部光纤自愈环网。一般只在特殊场合使用，解决线路上多断路器的保护配合困难问题。

传统电流保护因线路短、多开关串联，短路电流差别小，保护的电流定值配合困难。用时间配合，会造成出口保护的动作时间较长等问题。

分布式智能保护及控制系统中配电终端之间可以进行信息交换，从而更有效地对故障进行隔离和实现非故障段的转移供电（不需要试合闸，没有多余的开关动作）：

（1）配电终端与断路器配合使用时，在多级开关串联的环网中，故障时自动实现配电线路的上下级保护配合，可以让离故障点最近的电源侧开关速断跳闸，不需上级和变电站出口跳闸，保证了保护的快速性和选择性，使得故障点前的负荷不受故障影响。

（2）配电终端与负荷开关配合使用时，在多级开关串联的环网中，在变电站出口开关因故障跳闸后，可让离故障点最近的电源侧负荷开关快速跳闸，隔离故障，保证变电站出口开关 0.3s 内重合成功，故障点前的负荷基本不受故障影响。

（3）当有主站存在时，根据需要可使用集中控制与分布式智能相结合的故障后网络重构方案，分布式智能与集中控制互为备用，网络重构方案的可靠性大大提高。

### 七、广域网络式保护技术

**（一）广域网络式保护的原理**

现代计算机技术和网络技术的发展，使得我们可以借助于网络通信实现保护之间的协调。广域网络保护技术是解决配电网保护快速性及选择性矛盾的最优方案。城市配电网中线路距离较短，短路电流都特别大，级联开关比较多，不能简单靠延时实现选择性。将线路上相连的开关当成一个对象实施广域保护，保护监测的范围由一个点扩大到相联开关甚至串联的一组开关，则上下级保护的配合可以理解为保护的内部协调。不同地点的模拟量在当地检测完成，只是将检测结果的数据信息、保护判别结果的状态信息、开关状态信息等通过网络由不同保护进行共享，以达到不同地点保护之间的协调和配合。将所有相关联的开关的模拟等级及状态量在一个子站上获得，通过人工智能及广域保护、线路纵差保护及方向保护等原理，将线路各开关的模拟量、开关状态等信息进行综合判断，给出保护判别的结果，达到不同地点保护之间的协调和配合，让离故障点最近的开关速断跳闸，实现保护的快速性和选择性的统一，使全线正常供电。一个典型的广域网络式保护如图 2-17-8-11 所示。

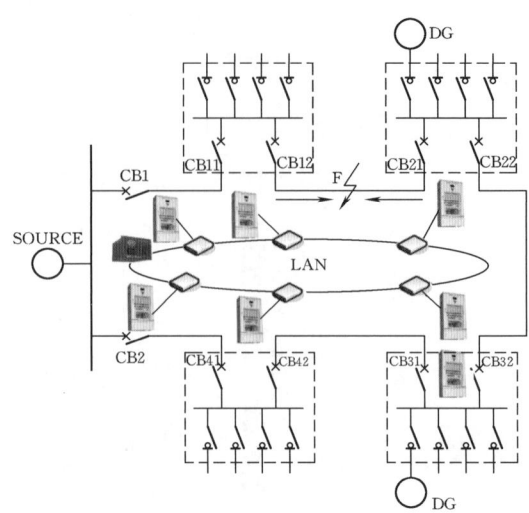

图 2-17-8-11 典型的广域网络式保护

如果环网柜出线开关也为断路器，出线上发生短路故障时，FTU 检测到出线过流，直接跳开出线断路器切除故障。如果环网柜出线开关是负荷开关，则由进线断路器动作切除故障，然后跳开出线负荷开关隔离故障，再合上进线开关恢复对环网柜的供电。这种处理方式，会造成环网柜上非故障出线短时停电。

**（二）防火墙功能**

采用具有永磁操作机构的快速开断特性和独特保护动作原理的智能防火墙解决方案，减少了保护配合的时限阶梯，可以在变电站保护 0.5s 动作前实现开闭所内部故障和高速信道连接的开闭所之间线路故障的选择性速断跳闸，从而达到快速隔离配电网故障（包括单相接地故障）的目的，有效地避免用户侧故障和下游配电网故障对配电主干网的影响。通过采用具有智能开关和开闭所运行独特分布式智能算法的配电网解决方案，实现三级故障自愈措施（即就地保护；通信连接的开关之间的故障隔离和网络重构；通信连接的开关与配电主站之间的配电网故障隔离和网络重构），将有问题的元件从系统中隔离出来，尽可能多地恢复非故障线路供电，提高供电可靠性，减少故障影响范围（不依赖主网 DA 功能）。

一个典型的防火墙方案如图 2-17-8-12 所示。当 F 处发生故障时，CU、BU1、BU2 装置分别进行故障判定，它们之间靠 CAN 网相连。BU1、BU2 定时（5ms 间隔）将故障判断及动作信息（运行信息）送至 CU。CU 根据 BU1、BU2 的信息，判定出故障位置为 MK1 及故障类型，向 BU1 发跳闸命令，经延时确认无压后，拉掉负荷开关 MK1；同时，合上 QF2 开关。恢复供电。对于各种故障，故障处理结果仅仅是操作 QF1、QF2 或 QF3，不会引起系统停电。

图 2-17-8-13 给出了 10kV 某线架空线路无通信防火墙方案。电源由某变电站 10kV 出线引出。环线各个节点根据实际需要，引出至用户高压侧。因线路沿线分布企业多，所带负荷复杂，在用电高峰期间经常发生用户端故障顶跳上级开关甚至变电站的出线开关。如何提高供电可靠性，快速排查故障点，迅速恢复供电，是智能化改造工作的重点。

考虑到短期内此线路沿线不会建设高速信道，因此采用

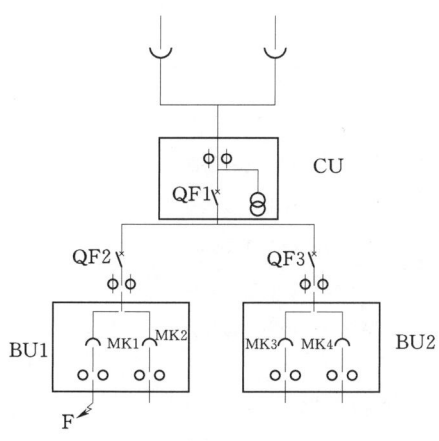

图 2-17-8-12 典型防火墙方案

智能开关柜与柱上开关的保护时限阶梯配合方案。采用局部节点改造方案。

沿九威西线选择变电站出口九威西线 1 号杆，九威西线 27 号杆，至九威东线 50 号、75 号、108 号杆作为主线路的节点。分别选取郭桥次支线 1 号杆、东光支线 8 号杆、潘家湾次支线 1 号杆、友诚制衣专用 100 台变作为改造的支线节点，鲁板支线 22 号杆、煤源粉灰 8 号、10 号杆作为用户端隔离点。当位于支线节点以下用户端发生故障时，故障电流顶跳相应节点开关。变电站出口时限整定为过流保护，时延为 0.3s，用户侧开关配置速断保护，时延为 0s。其中时限极差依次为 $\Delta T$、$2\Delta T$、$3\Delta T$ 及 $4\Delta T$。由于采用特殊工艺及原理的开关，其动作时间小于 20ms，加上保护动作时间不大于 30ms，$\Delta T$ 可设为 60～70ms。其中发生故障时，线路各个开关在各种工况下保护快速性及选择性，充分保证整条线路运行的稳定性和可靠性。

### （三）广域网络式保护的实现

广域网络式保护主要研究内容包括：

（1）通过智能配电终端设备将现场配电网的各种运行信息进行采集监视，根据研究的算法，实现快速自愈及恢复供电。

（2）通过将采集的各种信息上送到监控中心的计算机主站系统，对智能配电网运行状况进行总体监视，并进行故障识别、故障区域判定、故障区域隔离、非故障区域恢复供电方案分析计算，和现场自愈控制装置设备配合，进行线路自愈控制网络重构。

（3）研究传统单向潮流配电网与双向潮流有源配电网短路故障自动定位、隔离和供电恢复技术。

（4）研究基于分布式智能控制的快速故障自愈与无缝故障自愈技术。

（5）研究中性点非有效接地系统的单相（小电流）接地故障自愈（消弧）控制技术，接地线路选择与故障定位技术。

（6）研究配网闭环运行故障隔离技术，配电网闭环运行且分段开关采用短路器，并配备差动保护，则可在线路出现故障时快速（200ms 之内）切除故障，而使非故障线路的供电基本不受影响。

图 2-17-8-14 给出了某企业从总降变电站到用电的三个电压等级（110kV、10kV、380V）的系统主接线。该系统存在的主要问题有：

（1）高、中、低压存在电磁环网风险。

（2）两个 110kV 进线构成供电瓶颈，来自同一变电站。

（3）10kV 配网太复杂（两级配电）。

（4）380V 供电可靠性低。

（5）三个电压等级母线出线问题，将导致越级或扩大跳闸范围（无选择性）。

（6）10kV 单相接地对 380V 母线电动机的影响。

**1. 常规保护配置**

（1）110kV 系统。

1）进线保护。

2）变压器保护。

3）分段保护。

4）备自投。

（2）10kV 系统。

1）馈线保护。

2）分段保护。

3）电动机保护。

4）电容器保护。

5）配电变保护。

（3）380V 系统。无保护，塑壳开关可能备用简单的保护（过流或反时限）。

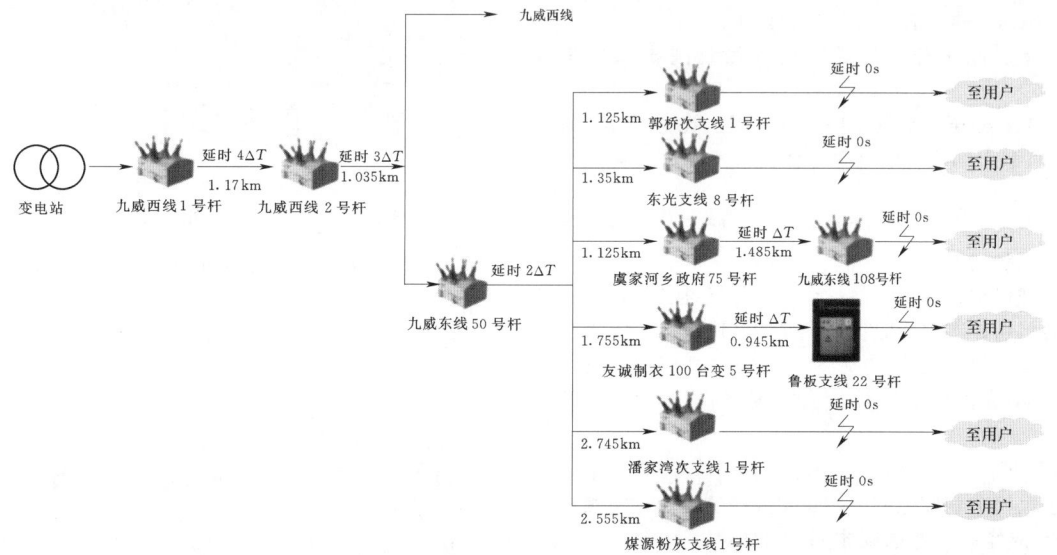

图 2-17-8-13 10kV 某线架空线路无通信防火墙方案

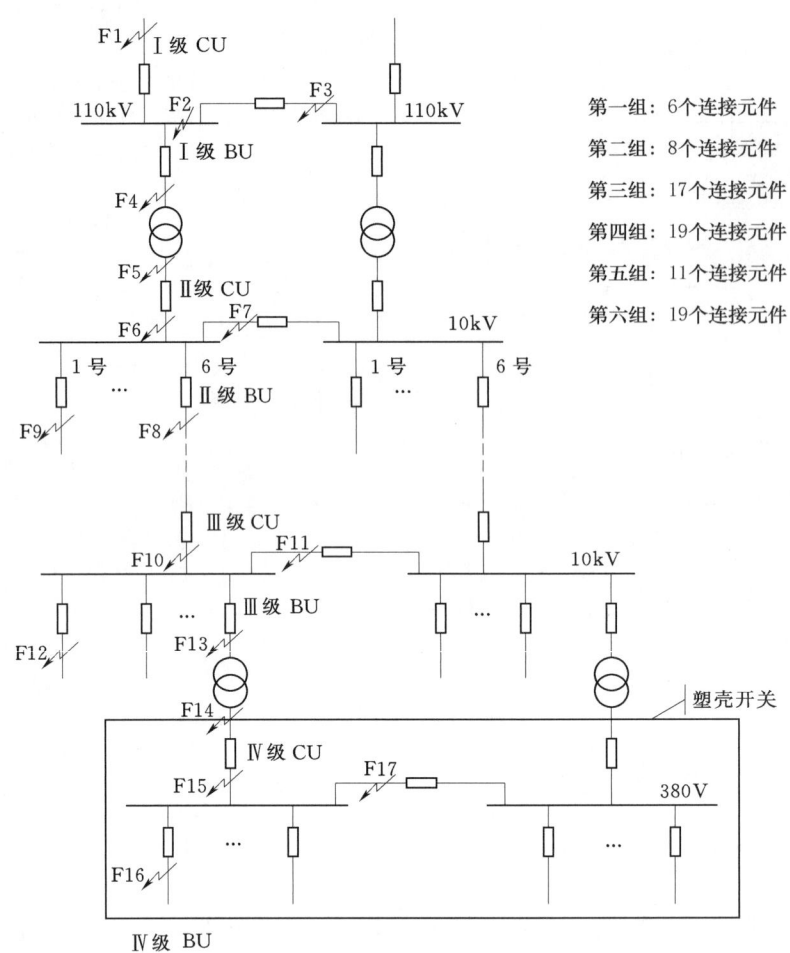

图 2-17-8-14 某企业系统主接线

第一组：6个连接元件
第二组：8个连接元件
第三组：17个连接元件
第四组：19个连接元件
第五组：11个连接元件
第六组：19个连接元件

### 2. 保护问题

（1）无广域保护来协调三个电压等级的保护配置，保护动作靠时差整定较困难。

（2）380V塑壳开关脱机动作时间30～50ms，而高、中压侧故障发生及切除需150～200ms。

（3）10kV两级需母线保护。

（4）小电流接地选线处理非常麻烦。

（5）低周减载、电压保护等实现较困难。

（6）高、中、低压开关失灵造成越级跳闸扩大停电范围。

（7）高、中、低压母线电压出现过电压，低电压时，对380V、10kV负载，如旋转电机等感性负载及容性负载（电容器）影响较大。

（8）高、中压TA饱和造成变压器后备保护、馈线保护拒动，造成越级跳闸。

需设置广域保护，获得全网三个电压等级设备保护的动作信息，协同判别，实现智能化广域保护。同时广域保护与小电流接地、低周减载、备自投、VQC的有机配合，改善保护全局性，自动装置快速性，大幅度提高二次系统的性能。

### 3. 方案实现

根据国家电网公司智能变电站思想并借鉴我国现有煤矿变电站实际运行经验，考虑到本系统110kV、10kV系统，380V系统具体情况，给出二次系统配置方案。

（1）将380V侧塑壳开关保护拆除，配置互感器，配置设备保护（电动机、电容器、电阻等负载）。

（2）在110kV、10kV各电压母线上对设备增加广域保护装置（以单母线为研究对象）。

以单母线为例，所有进线用CU装置（最多负责3个进线，分段算进线、出线）；所有出线用BU装置（一个负责3个出线保护），如图2-17-8-15所示。

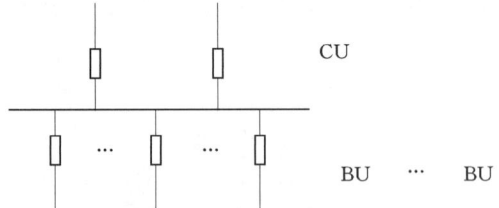

图 2-17-8-15 单母线系统CU、BU

CU：完成2个进线及母线电压判断$3U_0$单相接地和通信。

模拟量：$U_A$、$U_B$、$U_C$（自产$3U_0$）；$(I_A、I_C、3I_0)\times 2$，10kV。

开入量：8路。

开出量：6路。

通信：CAN；RS232/RS485、以太网、自愈双环网；GPRS。

BU：完成3条出线的保护。

模拟量：$(I_A、I_C、3I_0)\times 3$，10kV；或$(I_A、I_B、$

$I_C$、$3I_O$)×2,110kV。

开入量:8路。

开出量:6路。

通信:CAN。

CU、BU 完善的继电保护功能及自动化功能,完成同段母线上保护之间的协调,并实现本母线段的母线保护、断路器失灵保护,且具备较强的抗 TA 保护能力;另外,能够很好地选择故障的类型及位置,具有良好的选择性。

对于单母分段接线,其 CU、BU 配置如图 2-17-8-16 所示。

每 5ms CU 对母线上所有 BU 进行通信,CU 控制 BU 跳闸,BU 根据保护动作信息识别故障发生在母线、出线或进线侧,使 CU 有选择地跳闸。

同一母线 BU 与 CU 通过 CAN 进行通信,其通信结构如图 2-17-8-17 所示。

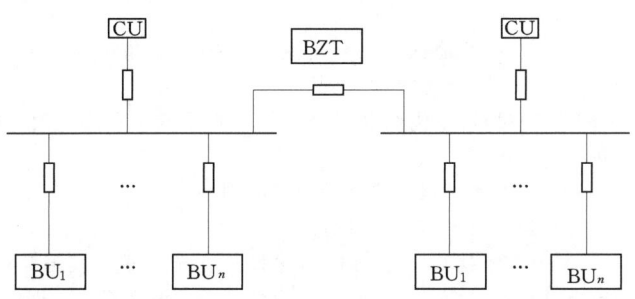

图 2-17-8-16 单母线系统 CU、BU 配置

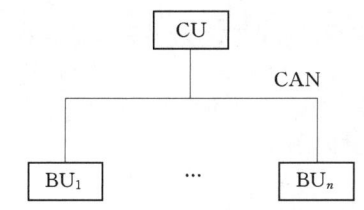

图 2-17-8-17 CU、BU 通信结构

(3) 380V 母线:用同样的方案,设置 CU、BU,考虑到 380V 分散性较强,可按照间隔设置 BU,即 1 个间隔配置 1 个 BU。

(4) 110V、10kV、380V 三个电压的母线的所有 CU 装置通过光纤自愈双环网,构成广域保护,由一个主 CU 装置控制,遵循 IEC 61850 标准,完成 GOOSE、SMV、MMS、IEEE588 等功能。如图 2-17-8-18、图 2-17-8-19 所示。主 CU 装置定时(5ms)与各 CU 通信,获得全网(3 个电压等级)所有连接元件的动作行为,并将关联信息转发给各 CU,再转发给 BU,实现广域测量、广域保护(增加母线保护、断路器失灵保护等),根据全网的共享信息(5~10ms),实施各种自适应保护、备自投、小电流接地选线、低周减载、低压、过压、电能质量检测等功能。比如备自投逻辑,由于已经知道全网的故障类型及故障位置,实现备自投功能时,就可以直接将继电保护的动作判断及延时与备自投协同处理,减少中间环节及时延,提高备自投的准确性、快速性,克服原有保护、自动化的弊端,实现全网安全稳定运行。

4. 方案评价

(1) 本方案的技术特点如下:

1) 系统基于分层分布的架构,以母线为研究对象实施应用模型及功能描述。

2) 采用两级通信框架,本母线内的二次设备采用 CAN 网通信;不同电压等级、不同母线之间采用自愈双环网光纤通信。

3) 两级通信采用快速通信(间隔时间为 5ms),解决了全站数据间隔层毫秒级的共享问题,使得接地选线的问题迎刃而解,不但每条线路具有零序功率方向保护,同时变电站还具有综合接地选线的功能,对变电站的线路进行多重保护,提高了接地选线的正确率。此外,母线保护、断路器失灵保护等低压系统不可能实现的保护配置可自动实施。

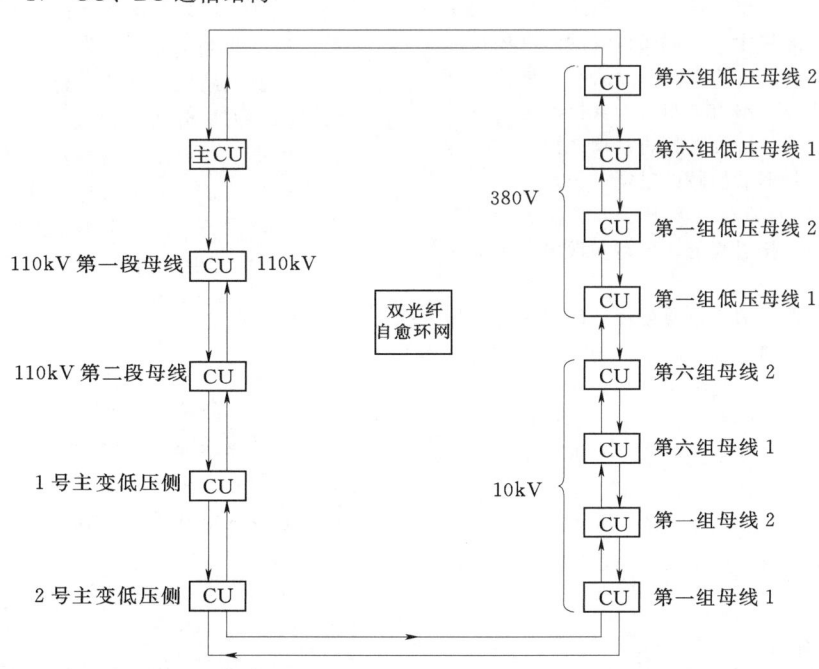

图 2-17-8-18 CU 构成的光纤自愈环网结构

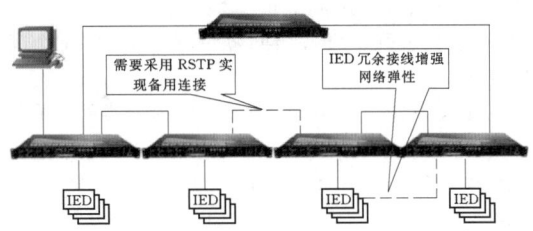

图 2-17-8-19 光纤自愈环网交换机的
光纤自愈环网结构
（N+1 网络冗余容错能力；采用 RSTP 自动
重新组态；多环连接可以组成网格形拓
扑结构）

4) 变电站的电压无功自动装置、低频低压解列装置、小电流接地选线、低压、过压、电能质量检测备自投装置（包括进线备自投、主变备自投）都增加了新的实现方式来实现，减少了硬件设备的投入，从而减少了硬件的故障量，降低了设备的检修期维护费用。

5) 大大减少二次电缆及二次设备种类，降低了变电站成本投入，减少了维护费用。该系统非常易于升级扩充。

(2) 本方案带来的技术优势如下：

1) 全站数据共享，内部消息传递机制代替了传统的硬接点传递，可靠并且快速；增加母线保护及断路器失灵保护，并提高断路器失灵保护的可靠性和速动性；保护抗 TA 饱和的能力大大加强。

2) 根据全系统准同步采集的数据（低压侧 380V、10kV 母线、线路、110kV 母线、线路），实时（毫秒级）监测各个间隔的电气参数，实时实施 3 个电压等级的广域保护，协调从低压负载到 10kV 馈线再到 110kV 变压器、线路各个间隔，实现广域的光纤纵差保护、方向保护及安全稳控及自动化功能，提高系统可靠性。（可提供解列装置的优化方案，按照各条线路的优先等级和负载情况，确定切除线路，做到停电范围最小且最优；全站零序电流共享，强化小电流接地选线判据；当发生操作机构失灵，线路保护未跳闸成功时，启动后备保护加速功能，保证在较短的时间内切除故障；基于全站进线和出线电流的全站差流启动元件能可靠区别变电站内部和外部故障，作为主变差动保护的启动元件能更加可靠避免主变差动 TA 断线引起的差动保护误动；方便地实现母线差动保护，且不增加硬件投资……）

3) 单元采集控制装置安装在 TA 附近采集模拟量，避免了由于模拟量采集电缆过长引起的 TA 饱和现象，提高了保护的可靠性。

总之，本系统设计参考了国家电网公司智能变电站、智能配电自动化及未来智能电网技术、电力系统安全稳控等规范及要求，涵盖广域继电保护、测控、自动化功能以及安全稳控功能，是多学科多功能的集合体。本方案必将提高继电保护系统的可靠性及选择性，使全网系统的继电保护、自动化、安全稳定等水平跃升一个数量级，整个系统的监控、保护、自动化、安全稳控等将得到完整的统一融合，系统也将有了更快速、更灵活、更经济、更安全、更可靠的保护自动化应用方案。

## 八、馈线自动化建设

### (一) 建设思路

(1) 应按照配网自动化规划实施。

(2) 以提高供电可靠性、提升配电网运行管理水平为主要目标。

(3) 综合考虑配电网网架、通信通道、供电可靠性等情况。

(4) 因地制宜、注重实效地推进馈线自动化建设。

### (二) 馈线自动化选取

(1) 各类供电区馈线自动化方案选择如表 2-17-8-3 所示。

表 2-17-8-3　馈线自动化方案选择

| 类型 | 主站集中型 | 电压电流型 | 电压时间型 |
|---|---|---|---|
| A、B 类供电区 | √ | √ | |
| C 类供电区 | | √ | (√) |
| D、E 类供电区 | | | √ |

(2) 具体实施方案如下：

1) A、B 类地区，已建有主站，按主站集中型建设；未建主站按电压电流型建设。

2) C 类地区，优选电压电流型，故障定位和隔离时间最短。备选电压时间型，设备投资少 20% 左右。

3) D、E 类地区，宜采用电压时间型。

(3) 建设过程有以下部分：

1) 一次性建设。包括自动化设备、光纤式无线通信、配电自动化主站等。特点是：一次到位，建设周期长；投资大，有主站、通信和终端运维，技术要求高，对通信要求高。

2) 分步实施。边投资边收益，建设周期短，投资小，快速有效，在技术经验积累基础上逐步提高智能化水平。

3) 主站系统接入升级路线图如图 2-17-8-20 所示。

### (三) 关键问题

1. 设备选型问题

(1) 负荷开关与断路器如何选型？

(2) 免维护型后备电源如何选型？

(3) 设备智能化如何选型？

(4) 与变电站出线开关配合如何选型？

2. 设备布点问题

(1) 主干设备如何选点与布置？

(2) 分支设备如何选点与布置？

(3) 用户设备如何选点与布置？

3. 设备配套问题

(1) 设备如何一体化和小型化？

(2) 设备如何免调试和免维护？

(3) 成套设备连接如何防误防护？

(4) 现场安装调试如何避免二次停电？

### (四) 智能设备选型与布点总体原则

1. 主干线设备布点

(1) 减少变电站跳闸次数。

(2) 缩小故障停电范围。

(3) 提高变电站重合成功率。

2. 分支线设备布点

(1) 考虑投入产出，智能设备总数不宜过多。

(2) 多故障线路适当增加智能设备数量。

(3) 分支线故障不应造成主干线停电。

(4) 分支线无故障可不分闸,实现快速送电。

3. 用户分界设备布点

避免用户出门故障波及主干线路和相邻用户停电。

4. 总体原则

一言一蔽之,"故障快速恢复供电"。

(五) 举例说明

1. 电压电流型馈线自动化技术模式

电压电流型馈线自动化技术模式如图 2-17-8-21 所示。

(1) 主干分段点布点原则。

1) 线路长度相等分段原则。

2) 线路负荷相等分段原则。

3) 线路用户数相等分段原则。

(2) 分支分界点。

1) 大分支线路首端。

2) 长距离辐射网线路中间位置。

3) 运行负荷较大、故障率较高的公网大分支线路。

2. 电压时间型馈线自动化技术模式

电压时间型馈线自动化技术模式如图 2-17-8-22 所示,按照主干线三分段原则设置 2 台分段开关和 1 台联络开关,较长线路酌情增加 1 台分段开关。

3. 用户分界智能设备选型与布点

用户分界智能设备选型因素如图 2-17-8-23 所示。

带"T"接分界点单独安装看门狗智能设备选择如图 2-17-8-24 所示。

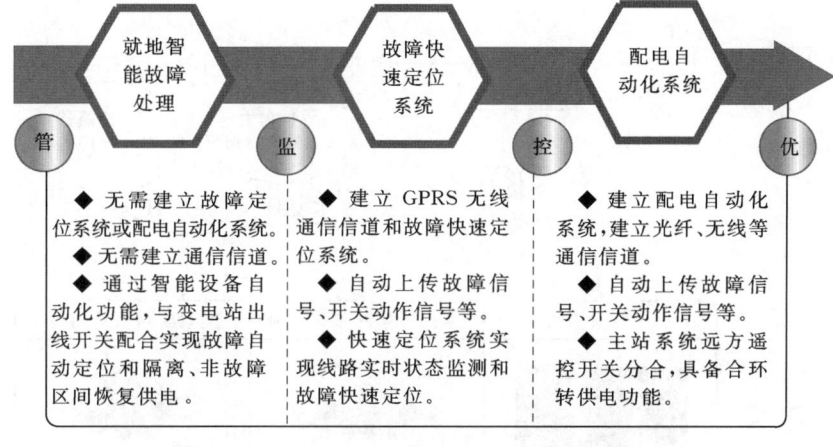

图 2-17-8-20　主站系统接入升级路线图

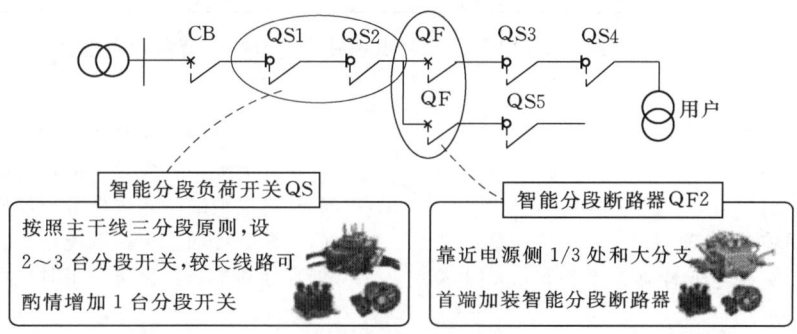

图 2-17-8-21　电压电流型馈线自动化技术模式

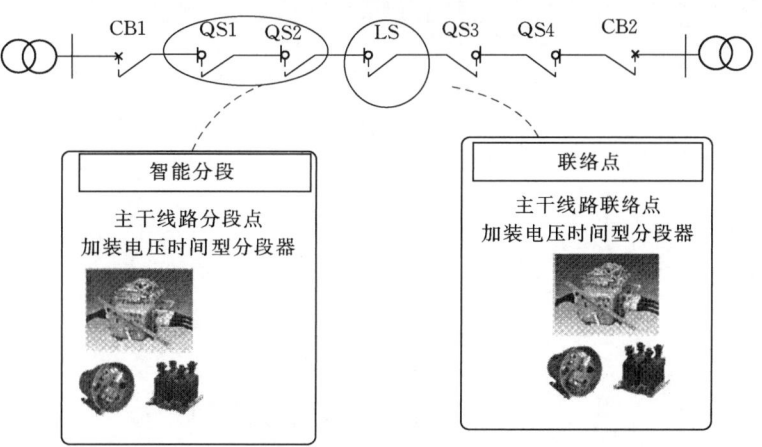

图 2-17-8-22　电压时间型馈线自动化技术模式

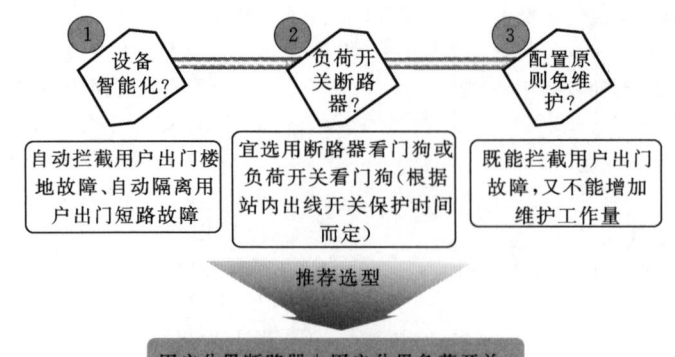

图 2-17-8-23 用户分界智能设备选型因素

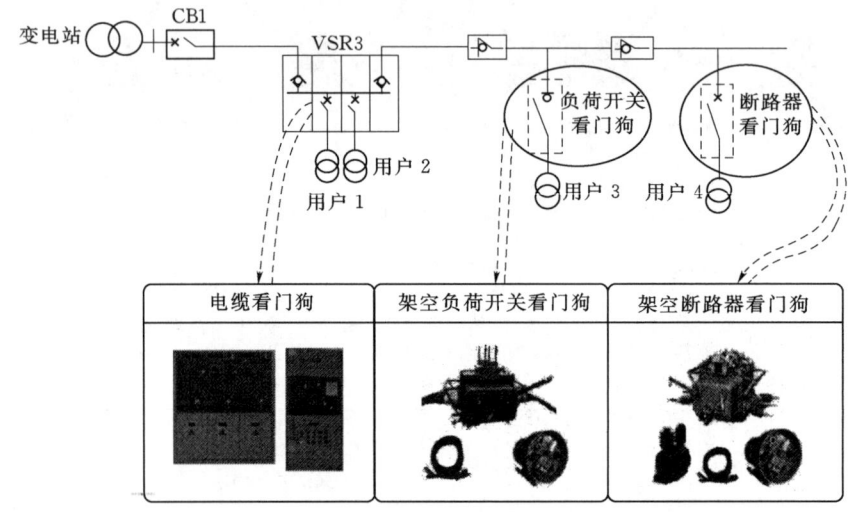

图 2-17-8-24 带"T"接分界点单独安装看门狗智能设备选择

布点原则如下：
(1) 故障较频繁用户线路。
(2) 线路或设备老旧线路。
(3) 较长距离用户线路。

**(六) 配电终端和通信运维项目**

运维项目种类多，频次高专业性强、工作量大，主要包括：
(1) 定值维护：线路节点扩容和负荷转供电。
(2) 电池维护：失效、损坏蓄电池更换。
(3) 终端消缺：装置异常现场检修、排查。
(4) 设备传动：包括系统一次、二次设备传动。
(5) 计划检修：预防型定时现场检修。

# 参 考 文 献

[1] 刘振亚. 智能电网技术 [M]. 北京：中国电力出版社，2010.
[2] 李超英，王瑞琪，宋海涛，等. 智能配电网运维管理 [M]. 北京：中国电力出版社，2016.
[3] 郑波，郭艳红，杨少鲜. 我国无人机产业发展现状及趋势特点 [J]. 军民两用技术产品，2014 (8)：12-14.
[4] 陈黎. 战争新宠儿——军用无人机现状及发展 [J]. 国防科技工业，2013 (6)：58-59.
[5] 郑波，汤文仙. 全球无人机产业发展现状与趋势 [J]. 军民两用技术产品，2014 (8)：8-11.
[6] 刘国高，贾继强. 无人机在电力系统中的应用及发展方向 [J]. 东北电力大学学报，2012，32 (1)：53-56.
[7] 李磊. 无人机技术现状与发展趋势 [J]. 硅谷，2011 (1)：46.
[8] 常于敏. 无人机技术研究现状及发展趋势 [J]. 电子技术与软件工程，2014 (1)：242-243.
[9] 李力. 无人机输电线路巡线技术及其应用研究 [D]. 长沙：长沙理工大学，2012.
[10] 厉秉强，王骞，王滨海，等. 利用无人直升机巡检输电线路 [J]. 山东电力技术，2010，172 (1)：1-4.
[11] 汤明文，戴礼豪，林朝辉，等. 无人机在电力线路巡视中的应用 [J]. 中国电力，46 (3)：35-38.
[12] 王柯，彭向阳，陈锐民，等. 无人机电力线路巡视平台选型 [J]. 电力科学与工程，2014，30 (6)：46-53.
[13] 李春锦，文泾. 无人机系统的运行管理 [M]. 北京：北京航空航天大学出版社，2011.
[14] 孙毅. 无人机驾驶员航空知识手册 [M]. 北京：中国民航出版社，2014.
[15] 张祥全，苏建军. 架空输电线路无人机巡检技术 [M]. 北京：中国电力出版社，2016.
[16] 周安春. 电网智能运检 [M]. 北京：中国电力出版社，2020.
[17] 邵瑰玮. 超特高压输电线路运行维护及检修技术 [M]. 北京：中国电力出版社，2016.
[18] 华北电力科学研究院有限责任公司，北京电机工程学会，国家电网公司华北分部. 紧凑型输电技术与应用 [M]. 北京：中国电力出版社，2017.
[19] 中国电力建设企业协会. 电力建设科技成果选编（2014 年度）[M]. 北京：中国电力出版社，2015.
[20] 徐建中，赵成勇. 架空线路柔性直流电网故障分析与处理 [M]. 北京：中国电力出版社，2019.
[21] 本书编委会. 架空输电线路无人机巡检应用技术 [M]. 北京：中国电力出版社，2020.
[22] 国家电网有限公司. 输电电缆运检 [M]. 北京：中国电力出版社，2020.
[23] 葛雄，金哲，刘志刚，等. 超、特高压输电线路无人机巡检典型案例分析 [J]. 电工技术，2017 (9)：100-103.
[24] 国家电网公司运维检修部. 架空输电线路无人机巡检影像拍摄指导手册 [M]. 北京：中国电力出版社，2018.
[25] 国家电网公司运维检修部. 架空输电线路无人机巡检作业安全工作规程 [M]. 北京：中国电力出版社，2015.
[26] 苏奕辉，梁伟放. 架空输电线路隐患、缺陷及故障表象辨识图册 [M]. 北京：中国电力出版社，2017.
[27] 李春锦，文泾. 无人机系统的运行管理 [M]. 北京：北京航空航天大学出版社，2011.
[28] 辛愿，刘鹏. 论我国民用无人机领域的立法规制 [J]. 职工法律天地，2018 (8)：105.
[29] 刘季伟. 论民用无人机"黑飞"的法律规制 [D]. 青岛：山东科技大学，2017.
[30] 程建登. 特高压直流运维技术体系研究及应用 [M]. 北京：中国电力出版社，2017.
[31] 中国南方电网有限责任公司. 架空输电线路机巡技术 [M]. 北京：中国电力出版社，2019.
[32] 国网天津市电力公司. 输变电工程建设管理工作手册 [M]. 北京：中国电力出版社，2015.
[33] 国网新疆电力公司. 脉动天山 新疆 750kV 电网建设与发展 [M]. 北京：中国电力出版社，2016.
[34] 全国输配电技术协作网. 2017 带电作业技术与创新 [M]. 北京：中国水利水电出版社，2017.
[35] 胡其秀. 电力电缆线路手册：设计、施工安装、运行维护 [M]. 北京：中国水利水电出版社，2005.
[36] 史传卿. 电力电缆安装运行技术问答 [M]. 北京：中国电力出版社，2002.
[37] 李宗廷，王佩龙，赵广庭，等. 电力电缆施工手册 [M]. 北京：中国电力出版社，2002.
[38] 牟磊. 电力电缆局部放电带电检测技术研究 [D]. 济南：山东大学，2017.
[39] 何宝昌. 高压电缆局部放电带电检测系统研究 [D]. 北京：华北电力大学，2013.
[40] 杨永明. 电力变压器局部放电在线监测中干扰识别和抑制方法的研究 [D]. 重庆：重庆大学，1999.
[41] 国家电网公司运维检修部. 国家电网公司电网设备状态检修丛书电网设备带电检测技术 [M]. 北京：中国电力出版社，2014.
[42] 蒲金雨，黎大健，赵坚. 用于电力电缆局部放电检测的高频与特高频传感器研究 [J]. 广西电力，2015，38 (5)：19-22.
[43] 陈庆国，蒲金雨，丁继媛，等. 电力电缆局部放电的高频与特高频联合检测 [J]. 电机与控制学报，2013，17 (4)：39-44.
[44] 邵先军，何文林，李晨，等. GIS 特高频局部放电检测与诊断技术的研究进展 [J]. 浙江电力，2016，35 (10)：

7-14.
- [45] 王彩雄. 局部放电特高频检测抗干扰与诊断技术的研究 [D]. 北京：华北电力大学，2009.
- [46] 刘汝峰. 特高频局部放电检测的优点分析 [J]. 科学大众（科学教育），2015（10）：187.
- [47] 内蒙古电力（集团）有限责任公司. 变电检测通用技术标准（试行）：Q/ND 10503 93—2020 [S]. 呼和浩特，2020.
- [48] 中国电力企业联合会. 电力工程电缆设计标准：GB 50217—2018 [S]. 北京：中国计划出版社，2018.
- [49] 中国电力企业联合会. 高压电缆选用导则：DL/T 401—2017 [S]. 北京：中国电力出版社，2017.
- [50] 秦家远，刘赟，孙利朋. 110kV GIS 电缆终端带电检测诊断与分析 [J]. 湖南电力，2019，39（2）：30-32，52.
- [51] 蒋沁知，肖懿，胡露. 110kV 主变侧电缆终端带电检测异常原因及防范措施分析 [J]. 电线电缆，2020（6）：35-38.
- [52] 程序，陶诗洋，王文山. 一起 110kV XLPE 电缆终端局放带电检测及解体分析实例 [J]. 中国电机工程学报，2013，33（S1）：226-230.
- [53] 国家电网公司运维检修部. 电网设备状态检修技术应用典型案例 [M]. 北京：中国电力出版社，2012.
- [54] 刘子玉. 电气绝缘结构设计原理 [M]. 北京：机械工业出版社，1981.
- [55] 上海供电局. 电力电缆安装运行技术问答 [M]. 北京：电力工业出版社，1981.
- [56] 西北电讯工程学院 201 教研室. 脉冲电路 [M]. 北京：国防工业出版社，1979.
- [57] 陈季丹，刘子玉. 电介质物理学 [M]. 北京：机械工业出版社，1982.
- [58] 郭朝元，李德华. 电力电缆施工 [M]. 北京：中国铁道出版社，1988.
- [59] 中华人民共和国国家质量监督检验检疫总局，中国国家标准化管理委员会. 额定电压 1kV（$U_m=1.2kV$）到 35kV（$U_m=40.5kV$）挤包绝缘电力电缆及附件：GB/T 12706—2008 [S]. 北京：中国标准出版社，2008.
- [60] 中华人民共和国国家质量监督检验检疫总局，中国国家标准化管理委员会. 电缆的导体：GB/T 3956—2008 [S]. 北京：中国标准出版社，2008.
- [61] 中华人民共和国建设部，中华人民共和国国家质量监督检验检疫总局. 电力工程电缆设计规范：GB 50217—2007 [S]. 北京：中国标准出版社，2007.
- [62] 杨阿德. 变配电装置的故障分析 [M]. 北京：煤炭工业出版社，1967.
- [63] 徐名通. 电力变压器的运行与检修 [M]. 北京：水利电力出版社，1989.
- [64] 陈家斌. 常用电气设备故障排除实例 [M]. 郑州：河南科学技术出版社，2003.
- [65] 安顺合. 工厂常用电气设备故障诊断与排除 [M]. 北京：中国电力出版社，2002.
- [66] 武汉水利电力学院《过电压及保护》编写组. 过电压及保护 [M]. 北京：水利电力出版社，1977.
- [67] 北京供电局用电管理处. 实用电工问答 [M]. 北京：水利电力出版社，1982.
- [68] 包头供电局，《实用电工技术问答》编写组. 实用电工技术问答 [M]. 呼和浩特：内蒙古人民出版社，1981.
- [69] 周晓东. 电气安全事故分析及其防范 [M]. 北京：机械工业出版社，2002.
- [70] 宁岐. 架空配电线路实用技术（设计·施工·运行）[M]. 北京：中国水利水电出版社，2009.
- [71] 左亚芳. 无人值守变电站运行维护 [M]. 北京：中国电力出版社，2016.
- [72] 本书编委会. 电力电缆线路全寿命周期管理实训应用实例 [M]. 北京：中国电力出版社，2016.
- [73] 张华，杨成，朱涛，等. 电力变压器现场运行与维护 [M]. 北京：中国电力出版社，2015.
- [74] 张福华. 变电设备运行异常及事故处理 [M]. 北京：化学工业出版社，2015.
- [75] 本书编委会. 架空输电线路施工与巡检新技术 [M]. 北京：中国水利水电出版社，2021.
- [76] 国家电网公司运维检修部. 输电线路六防工作手册 防风害 [M]. 北京：中国电力出版社，2015.
- [77] 国家电网公司运维检修部. 输电线路六防工作手册 防冰害 [M]. 北京：中国电力出版社，2015.
- [78] 国家电网公司运维检修部. 输电线路六防工作手册 防雷害 [M]. 北京：中国电力出版社，2015.
- [79] 国家电网公司运维检修部. 输电线路六防工作手册 防污闪 [M]. 北京：中国电力出版社，2015.
- [80] 国家电网公司运维检修部. 输电线路六防工作手册 防鸟害 [M]. 北京：中国电力出版社，2015.
- [81] 国家电网公司运维检修部. 输电线路六防工作手册 防外力破坏 [M]. 北京：中国电力出版社，2015.
- [82] 黄新波，等. 输电线路在线监测与故障诊断 [M]. 2版. 北京：中国电力出版社，2014.
- [83] 国网安徽省电力有限公司. 电网企业安全生产巡查工作手册（2022年版）[M]. 北京：中国电力出版社，2015.
- [84] 国网吉林省电力有限公司. 图解电网安全生产严重违章及典型案例 [M]. 北京：中国电力出版社，2023.
- [85] 国家电网有限公司安全监察部. 2020年生产安全事故事件分析报告 [M]. 北京：中国电力出版社，2021.
- [86] 国家电网有限公司安全监察部. 典型违章图册合订本 [M]. 北京：中国电力出版社，2022.
- [87] 国网浙江省电力有限公司培训中心. 电网企业员工安全等级培训系列教材输电线路 [M]. 2版. 北京：中国电力出版社，2023.
- [88] 国网浙江省电力有限公司培训中心. 电网企业员工安全等级培训系列教材变电运维 [M]. 2版. 北京：中国电力出版社，2023.
- [89] 黄国义. 电力消防安全与火灾案例分析 [M]. 北京：中国电力出版社，2016.

[90]　国家电网有限公司. 国家电网有限公司作业安全风险管控工作规定［M］. 北京：中国电力出版社，2021.
[91]　国家电网有限公司. 国家电网有限公司安全生产风险管控管理办法［M］. 北京：中国电力出版社，2022.
[92]　国家电网有限公司. 国家电网有限公司安全隐患排查治理管理办法［M］. 北京：中国电力出版社，2022.
[93]　国家电网有限公司. 国家电网有限公司电力建设起重机械安全监督管理办法［M］. 北京：中国电力出版社，2021.
[94]　国网新疆电力有限公司培训中心. 电网企业员工自救互救应急手册［M］. 北京：中国电力出版社，2019.
[95]　国网江西省电力有限公司安全监察部. 图说电网企业人身风险典型违章［M］. 北京：中国电力出版社，2022.
[96]　崔景春，等. 电气设备运行及维护保养丛书　气体绝缘金属封闭开关设备［M］. 北京：中国电力出版社，2016.
[97]　王洪明. 变配电设备典型事故或异常100例［M］. 北京：中国电力出版社，2017.
[98]　陈蕾. 变电运行与管理技术［M］. 2版. 北京：中国电力出版社，2017.